向月不忘初心
巡天犹是赤子

張履謙

張履謙印

吴偉仁先生

吴伟仁院士简介

吴伟仁，1953 年 10 月出生，四川平昌人，航天测控通信与深空探测工程总体技术专家、国防科工局探月与航天工程中心研究员、中国探月工程总设计师、深空探测实验室主任兼首席科学家、中国工程院院士、国际宇航科学院院士、十三届全国政协常委。

负责研制成功我国第一代计算机遥测系统和远程航天测控通信系统，推动研制建设了测控距离达到数十亿千米远的我国深空测控通信网；主持实现了嫦娥二号对月球、日 – 地拉格朗日 L2 点和小行星等多目标探测，嫦娥三号月球着陆和巡视探测，嫦娥四号国际首次月球背面着陆巡视探测；提出无人月球采样返回、月球南极科研站研制建设、太阳系探测等发展战略和总体技术方案，为我国深空探测事业发展做出了杰出贡献。

先后获国家科学技术进步奖特等奖 3 项、一等奖 2 项；发表学术论文 100 余篇，出版专著 10 余部，授权发明专利 20 余项。曾获首届全国创新争先奖章、何梁何利科学与技术成就奖、钱学森最高成就奖、国际宇航联合会世界航天最高奖等。鉴于他在航天领域的杰出贡献，经国际天文学联合会（IAU）批准，将国际编号 281880 号小行星命名为“吴伟仁星”。

吴伟仁院士论文选集

中国宇航出版社
·北京·

内 容 简 介

本文集是吴伟仁院士40余年来从事航天测控通信与深空探测科学研究的结晶，从一个侧面反映了我国航天测控通信和深空探测工程的发展历程。文集从深空探测战略研究与总体技术、航天遥测与测控通信、深空自主导航与控制、深空探测其他关键技术、国防科技研究五个部分，客观呈现了吴伟仁院士及其团队的部分代表性学术研究成果，对相关学科专业教学、科研和工程实践具有重要参考价值。

图书在版编目（CIP）数据

吴伟仁院士论文选集 / 吴伟仁著. -- 北京 : 中国宇航出版社, 2023.5

ISBN 978-7-5159-2176-1

Ⅰ.①吴… Ⅱ.①吴… Ⅲ.①航天测控－文集 Ⅳ.①V556-53

中国版本图书馆CIP数据核字(2022)第244620号

责任编辑 马 喆 **封面设计** 宇星文化

出版发行 中国宇航出版社

社 址 北京市阜成路8号 **邮 编** 100830

(010)68768548

网 址 www.caphbook.com

经 销 新华书店

发行部 (010)68767386 (010)68371900

(010)68767382 (010)88100613（传真）

零售店 读者服务部 (010)68371105

承 印 北京中科印刷有限公司

版 次 2023年5月第1版

2023年5月第1次印刷

规 格 787×1092

开 本 1/16

印 张 43.75 **彩 插** 4面

字 数 1075千字

书 号 ISBN 978-7-5159-2176-1

定 价 338.00元

本书如有印装质量问题，可与发行部联系调换

前 言

时光荏苒，岁月如梭。回首当年走出大学校门，怀揣梦想，踏上为航天事业奋斗的旅程，如今已然 40 余年。40 多年来，我守正执着、不忘初心，在前辈们的教导和带领、同事们的帮助和配合、领导们的支持和关怀下，从一个青涩的航天遥测技术员逐渐成长为探月工程总设计师。

我的工作大体分为三个阶段。1978 年至 1998 年，主要从事航天遥测和测控通信的系统设计、技术研究和设备研制，主持研制了第二代 S 频段基本型遥测系统，率先开展了深空测控技术研究和系统方案设计，推动了第三代以 X 频段为主的深空测控技术发展。1998 年至 2008 年，主要从事国防科技管理、国家相关科技规划和国家重大科技工程论证等工作，组织推动相关重大工程立项。2008 年至今，主要从事探月工程研制实施及深空探测规划论证等工作，成功实现嫦娥二号、三号、四号任务目标，开启月球探测新征程。

目前，我已年近古稀，虽朱颜翠发不再，但落红化泥护花。伴随着中国航天的日新月异和蓬勃发展，经多年累积，个人的学习和研究成果日渐丰富，单独或与他人合作撰写的学术论文已逾百篇。听几位好友相劝，今回顾遴选成集，一则系统梳理，二则温故总结，望能为年轻读者提供借鉴和参考。

本文集包括“深空探测战略研究与总体技术”“航天遥测与测控通信”“深空自主导航与控制”“深空探测其他关键技术”与“国防科技研究”五部分，共收录论文 57 篇。在编辑出版过程中，深空探测实验室张哲、唐玉华、林杉，国际宇航科学院研究中心刘隽康、石仲川，中国宇航出版社张铁钧、曹晓勇、彭晨光、马喆等同志给予了很多帮助，付出了辛勤劳动，在此一并致谢。

由于水平所限，书中疏漏不足之处在所难免，恳请读者不吝指正。

作 者

2023 年 2 月

目　录

深空探测战略研究与总体技术

深空探测之前沿科学问题探析……………………………… 吴伟仁，王赤，刘洋，等 / 3

我国太空活动现代化治理中的若干重大问题 ………… 吴伟仁，于登云，刘继忠，等 / 35

嫦娥四号工程的技术突破与科学进展 …………………… 吴伟仁，于登云，王赤，等 / 46

月球极区探测的主要科学与技术问题研究 ……………… 吴伟仁，于登云，王赤，等 / 61

Lunar farside to be explored by Chang'E-4 ………………………………………… WU Weiren，LI Chunlai，ZUO Wei，等 / 76

太阳系边际探测研究 ……………………………………… 吴伟仁，于登云，黄江川，等 / 79

中国探月工程 ……………………………………………… 吴伟仁，刘继忠，唐玉华，等 / 97

嫦娥四号月球背面软着陆任务设计……………………… 吴伟仁，王琼，唐玉华，等 / 114

嫦娥三号月球软着陆工程中的关键技术……………………………… 吴伟仁，于登云 / 126

深空探测发展与未来关键技术………………………………………… 吴伟仁，于登云 / 135

嫦娥二号后续小行星飞越探测任务设计………………… 刘磊，吴伟仁，唐歌实，等 / 156

Pre-LOI trajectory maneuvers of the Chang'E-2 libration point mission ………………………………………… WU Weiren，LIU Yong，LIU Lei，等 / 164

嫦娥二号日地拉格朗日 L2 点探测轨道设计与实施 …… 吴伟仁，崔平远，乔栋，等 / 178

国外深空探测的发展研究………………………………………… 吴伟仁，刘晓川 / 186

航天遥测与测控通信

中国深空测控网现状与展望……………………………… 吴伟仁，李海涛，李赞，等 / 195

Design of communication relay mission for supporting lunar-farside soft landing ………………………… WU Weiren，TANG Yuhua，ZHANG Lihua，等 / 218

Overview of deep space laser communication ……………………………………… WU Weiren，CHEN Ming，ZHANG Zhe，等 / 238

月球中继通信卫星系统发展综述与展望……………………………… 张立华，吴伟仁 / 255

Effect of orbital shadow at an Earth-Moon Lagrange point on relay communication mission ………… TANG Yuhua，WU Weiren，QIAO Dong，等 / 270

嫦娥三号月面探测器同波束干涉测量系统的设计与实现 ……………………………………………………… 吴伟仁，刘庆会，黄勇，等 / 283

深空测控通信中 GMSK 体制非相干解调算法研究 … 吴伟仁，节德刚，丁兴文，等 / 296

嫦娥二号工程 X 频段测控技术 ……………………… 吴伟仁，李海涛，董光亮，等 / 307

基于 ΔDOR 信号的高精度 VLBI 技术 ……………… 吴伟仁，王广利，节德刚，等 / 319

喷泉码的遥测抗闪断技术应用研究…………………… 吴伟仁，林一，节德刚，谌明 / 331

面向日地拉格朗日 L2 点探测的深空遥测数传系统设计与试验 ………………………………………………………… 吴伟仁，罗辉，谌明，等 / 340

Joint source channel VL coding / decoding for deep space communication networks based on a space trellis …… WU Weiren，TU Juan，TU Guofang，等 / 351

嫦娥二号工程 X 频段测控通信系统设计与试验………… 吴伟仁，黄磊，节德刚，等 / 368

嫦娥二号工程月球辐射噪声影响研究 ………………… 吴伟仁，董光亮，李海涛，等 / 382

基于网络的实时计算机遥测数据处理系统……………………………… 吴伟仁，李华 / 391

A network based distributed real time computer telemetry system ……………………………………………………………… WU Weiren，LI Hua / 399

基本型实时遥测数据系统体系结构…………………………………… 李华，吴伟仁 / 405

深空自主导航与控制

基于视觉的嫦娥四号探测器着陆点定位…………………… 王镓，吴伟仁，李剑，等 / 419

惯导 / 测距 / 测速相结合的安全软着陆自主导航方法 …………………………………………………… 吴伟仁，李骥，黄翔宇，等 / 434

月球软着陆自主障碍识别与避障制导方法…………… 吴伟仁，王大轶，黄翔宇，等 / 444

嫦娥三号玉兔号巡视器遥操作中的关键技术………… 吴伟仁，周建亮，王保丰，等 / 458

基于月面单幅图像的软着陆障碍识别与安全区选取方法 …………………………………………………… 吴伟仁，王大轶，毛晓艳，等 / 474

New celestial assisted INS initial alignment method for lunar explorer …………………………………………… WU Weiren, NING Xiaolin, LIU Lingling / 484

火星探测器转移轨道的自主导航方法……………………… 吴伟仁，马辛，宁晓琳 / 501

Novel autonomous orbit determination method for lunar rendezvous and docking ……………………………… WU Weiren, WANG Dayi, HU Haixia / 515

一种环月交会对接航天器的自主导航方法………… 吴伟仁，王大轶，胡海霞，等 / 529

月球车巡视探测的双目视觉里程算法与实验研究……… 吴伟仁，王大轶，邢琰，等 / 542

月球软着陆避障段定点着陆导航方法研究……………… 吴伟仁，王大轶，李骥，等 / 550

深空探测器自主天文导航技术综述（上）………………… 宁晓琳，吴伟仁，房建成 / 560

深空探测器自主天文导航技术综述（下）………………… 宁晓琳，吴伟仁，房建成 / 567

Autonomous optical navigation for interplanetary exploration based on information of earth-moon …… WU Weiren, TIAN Yulong, HUANG Xiangyu / 575

Image matching navigation based on fuzzy information ……………………………… TIAN Yulong, WU Weiren, TIAN Jinwen, 等 / 585

深空探测其他关键技术

近地小行星撞击风险应对战略研究…………………… 吴伟仁，龚自正，唐玉华，等 / 593

地月空间近地小行星观测系统研究…………………… 唐玉华，吴伟仁，李明涛，等 / 609

空间核反应堆电源研究……………………………… 吴伟仁，刘继忠，赵小津，等 / 627

放射性同位素热源 / 电源在航天任务中的应用 ……… 吴伟仁，王倩，任保国，等 / 645
Remote sensing image compression for deep space based on region of interest
……………………………… WANG Zhenhua，WU Weiren，TIAN Yulong，等 / 655

国防科技研究

突出重点 整体推进 大力提高国防科技自主创新能力……………………… 吴伟仁 / 665
加强自主创新　推动军工先进制造技术快速发展…………………………… 吴伟仁 / 667
全力推动国防科技工业工艺技术跨越发展……………………………………… 吴伟仁 / 671
实施知识产权战略　建设创新型国防科技工业………………………………… 吴伟仁 / 676
提高自主创新能力　建设创新型国防科技工业………………………………… 吴伟仁 / 680
军工制造业与信息化……………………………………………………………… 吴伟仁 / 682

深空探测战略研究与总体技术

深空探测之前沿科学问题探析*

吴伟仁，王赤，刘洋，秦礼萍，林巍，叶生毅，李晖，沈芳，张哲

摘　要　深空探测的驱动力源于人类探索未知的天性，是科学研究的前沿领域之一。自20世纪六七十年代的月球探测高潮以来，人类的深空探测任务已经实现了对太阳系八大行星等主要天体的探测，获得了大量的科学发现，同时也发现了更多未解之谜。进入21世纪以后，人类深空探测迎来了又一次高潮，参与探测的国家和探测任务的数量都有了巨大提升，技术的发展也提高了探测的成功率。从太阳系形成到生命出现并演化到智慧生物，太阳系经历了复杂的演化过程，地球和其他行星环境经历了剧烈变化。要证实和重建这个过程还有大量科学问题有待回答，需要依赖更多精密计划的深空探测任务去寻找线索。太阳系的形成与演化、行星宜居性、地外生命探索等是当前深空探测的核心科学内容。前太阳系物质组成、太阳系的初始状态、行星系统的形成过程是太阳系形成与演化研究的关键科学问题，类地行星沿不同路径演化的原因是行星宜居性研究的重要方面。地外生命探测是深空探测的核心内容之一，生命的起源与演化、地外生命信号识别、地球极端环境类比等是主要的研究内容。针对已经计划和正在论证的深空探测任务，系统梳理其中的前沿科学问题及其研究现状和研究手段，能够为深空探测任务的科学规划提供参考，孕育更多的科学发现和前沿突破。

关键词　深空探测；太阳系演化；月球；行星；地外生命

深空探测通常是指对月球及更远的地外天体进行的空间探测活动[1]。深空探测是回答关于我们所处的物质世界和人类生命起源等终极问题的必要途径。从屈原仰天叩问“日月安属？列星安陈?”到阿姆斯特朗在月表留下人类足迹并采回样品，探索未知世界、拓展生存疆域一直是人类文明发展和进步的原动力。自20世纪60年代阿波罗计划实施以来，人类进行了240余次深空探测活动，探测了太阳系八大行星等主要天体并实现了对月球和小行星的采样返回，这些任务大多是美国国家航空航天局（NASA）主导实施的。深空探测任务返回的数据和样品极大地提高了人类对太阳系的认知，对科技进步和人类文明的发展具有极为重大的意义。同时，探测活动也发现了更多未解之谜，亟待未来的探测任务和科学研究来解答。探测更深、更远、更广阔的深空已成为人类航天活动的重点方向[2]。

* 科学通报，2022，67：1-22.

从 21 世纪初开始，中国从无到有开展了对月球和火星的探测[1]。嫦娥工程六战六捷，获取了 7 m/像素的高分辨率全月影像，实现了国际上首次月球背面巡视探测，返回了最年轻的月海玄武岩样品。中国首次火星探测任务天问一号同时实现了轨道环绕探测和表面软着陆巡视探测。利用探月卫星对图塔蒂斯小行星进行了飞掠探测。在此基础上，中国正在论证众多后续的探测计划[1]。深空探测中的前沿科学主题包括太阳系起源和演化、行星宜居性（包括宜居地球的形成）、生命起源及地外生命探测等，梳理和归纳这些科学主题中的前沿科学问题，能够为我国未来深空探测任务提供启示，促进获得“更多、更好、更大”的科学发现和突破。

1 太阳系的初始状态和行星系统的形成

揭示太阳系起源与演化是当前开展深空探测的核心科学目标之一。从太阳星云塌陷到行星系统形成，太阳系经历了复杂的演化过程（见图 1），要证实和重建这个过程需要通过深空探测任务在当前的太阳系中去寻找蛛丝马迹。前太阳系物质、太阳系的初始状态、行星系统的形成是主要研究内容。月球是距离地球最近的天体，是研究其他天体和开展更远深空探测的前哨站，对深空探测技术验证和研究太阳系的起源与演化具有特殊意义。

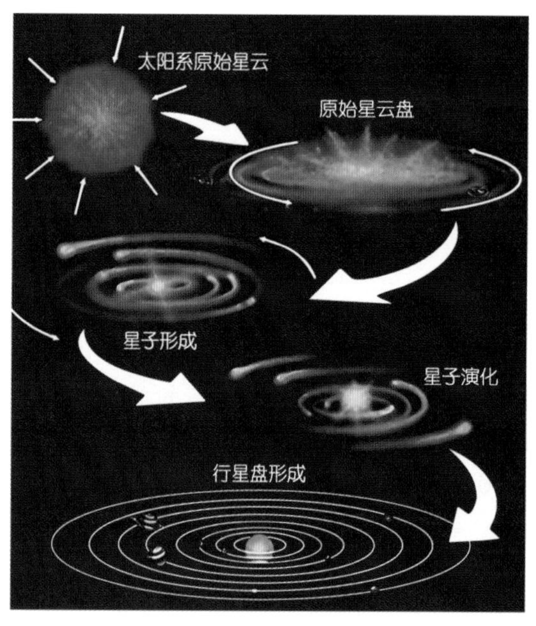

图 1　太阳系的初始状态和行星系统形成过程。原始星云团发生重力塌缩，形成中心星和原始星云盘，星云盘内的物质吸积、碰撞形成星子，星子进一步演化形成行星，后经轨道迁移重新排布构成现在的行星系统。修改自文献 [3]

1.1 太阳系的初始状态

目前关于太阳系形成的最为广泛接受的模型是星云模型[3,4]（见图 1）：太阳星云塌陷收缩，大部分气体形成中心星，有一部分气体和尘埃由于自转和离心力无法向中心靠拢，形成原行星盘，行星盘在赫姆霍兹收缩作用下不断被加热；太阳形成之后，赫姆霍兹收缩作用停止，气体开始冷却，不同的物质根据熔沸点的高低先后凝聚出来，这些物质经历静电胶结和质量不稳定等作用形成小行星，小行星相互碰撞最终形成行星。太阳系的原始状态、物质组成以及其在原行星盘上的分布很大程度上决定了各类行星的物质组成和形成过程。围绕着太阳系初始状态和行星盘物质分布，前人已经通过大量的研究工作取得了很多新的认识，但一些关键科学问题仍需要进一步研究。

1.1.1 前太阳系颗粒与星际尘埃

太阳星云物质是由多种前太阳恒星核合成过程的产物混合而成。这些核合成过程的产物来自不同的前太阳恒星，被吸积到太阳星云区域。早期认为太阳系形成过程中的高温环境足以破坏掉前太阳系颗粒物质，然而随着在球粒陨石中发现了具有极端同位素异常的前太阳系颗粒，逐渐打破了传统认识[5-8]。前太阳系颗粒既保留了恒星演化的信息，也是构成原始太阳星云的重要初始物质之一，是太阳星云演化的基础。目前已发现的前太阳系颗粒有十余种，指示了多种恒星来源。人们发现不同化学群陨石中前太阳系颗粒的丰度相似，但却不同于采集的行星际尘粒和彗星物质；而不同恒星来源颗粒的贡献比例在不同小天体中也有差异。但是，前人对前太阳系颗粒的研究还主要集中在碳质球粒陨石中，其代表的是原始行星盘中相对氧化环境的物质组成，目前仍缺少对极端还原环境中物质组成的研究。另外，近十几年来，随着现代质谱仪的高速发展，大量的研究发现并证实了在陨石全岩尺度上（也即行星尺度上）存在同位素异常[9-12]。虽然全岩同位素异常的变化范围非常小，但已经成为研究行星物质间继承关系的“指纹”依据。对于全岩同位素异常产生的原因，有研究认为这反映了前太阳系颗粒初始分布的不均一性，也有研究认为反映了星云上发生的热作用对一部分前太阳系颗粒进行了选择性地破坏。最新的研究表明，太阳系物质存在着两个同位素异常特征截然不同的储库[13]，然而对这两个储库的形成机制现有的研究还没有得到一个清楚的认识。

关于前太阳系颗粒与星际尘埃最重要的科学问题是原始星云盘中前太阳系颗粒的物质组成与空间分布，以及太阳系行星物质同位素储库二分性（从同位素组成来看，太阳系行星物质来自两个同位素组成截然不同的储库）的形成机制。其主要研究内容包括：鉴别前太阳系颗粒，识别类型和特征，分辨恒星来源，约束不同质量恒星内部的核反应过程以及恒星的形成与演化过程；研究不同类型前太阳系颗粒在各类小天体的丰度，确定不同恒星来源物质的相对比例，认识原始太阳星云的物质组成，探讨原始星云盘中初始物质的空间分布以及后期的蚀变历史，反演原始太阳星云盘不同位置星子的物质来源、形成与演化过程；结合核合成来源不同、化学性质不同的元素的同位素异常研究来制约同位素异常的来源；研究不同类型陨石的同位素异常特征，结合同位素定年结果，认识同位素异常的时间和空间分布规律，对行星物质同位素储库二分性的原因进行进一步的制约。

1.1.2 水和其他挥发分的分布

水、碳、氮等挥发分的含量是影响行星宜居环境、地质活动、生命演化的关键要素，因此太阳系形成早期挥发分的时空分布一直是地球科学和行星科学的研究热点之一。根据模型估算，类地行星的增生区域（即内太阳系）是贫水的，现有研究普遍认为，类地行星挥发分主要来自后增生过程，即原始行星在核幔分异后小行星或彗星等富含挥发分的物质加入所致[14,15]，但是对增生发生的时间、机制以及物质来源还没有达成共识。此外，目前对各类小行星中水的来源、赋存状态还存在着诸多的争议。

未来需要进一步厘清太阳系初始挥发分的分布，探明类地行星挥发分的后增生过程、来源和机制。主要研究内容包括：不同类型小天体中水的赋存状态和来源，反演挥发分的演化历史；类地行星挥发分后增生发生的时间和持续时间，如地球、月球、火星、灶神星等天体后期增生事件的同位素年代学和同位素示踪；挥发分后增生的物质来源和性质，地球等分异型天体的氢、碳、氮、硫等挥发分的来源，地外物质的高精度同位素分析等；挥发分后增生的机制，综合天体动力学、天体化学、天体物理、计算机模拟等学科，剖析后增生过程的动力学机制，模拟后增生对行星演化的影响等。

1.1.3 太阳系早期物质的凝聚和分异历史

一般认为，太阳系行星系统的形成经历了 3 个阶段：太阳星云的凝聚和吸积形成小星子；小星子的碰撞聚合形成原行星；原行星之间的碰撞形成了太阳系。近 20 年来多种灭绝核素体系（如^{26}Al-^{26}Mg、^{53}Mn-^{53}Cr、^{182}Hf-^{182}W）得到了长足的发展和广泛的应用，极大地推动了太阳系早期事件的年代学研究，使得我们在太阳系中不同行星物质的凝聚和分异时间以及行星形成各个阶段所对应的时间等方面的研究中取得很多新突破[16-18]。但随着同位素分析水平的提高，更加系统和精细的研究工作亟待开展。另外，地外样品的非传统稳定同位素测量为各种行星过程（包括星云的凝聚和挥发以及行星的分异过程）提供了新的制约[14,19]。

为了进一步厘清太阳系早期物质的凝聚和分异历史，主要研究内容包括：通过更加系统、准确的太阳系早期物质凝聚与分异历史的短半衰期同位素定年结果（如短半衰期同位素体系宇宙射线辐射效应的定量校正、多短半衰期同位素体系结果的系统整合），制约不同类型小天体物质吸积时间和分异时间，进一步认识太阳系行星形成与演化的起点，评估其对太阳系后续演化过程的影响；测定星云物质和类地行星的非传统稳定同位素组成，进一步制约星云原始物质组成，结合高温高压实验模拟，探讨各类行星过程，例如挥发与凝聚、核-幔和壳-幔分异过程，对不同同位素体系分馏的影响。

1.1.4 太阳系早期碰撞历史

撞击作用是太阳系行星形成和演化过程中最重要的物理过程之一。各类陨石中广泛存在的冲击变质现象，水星、月球和火星表面遍布的撞击坑，以及地球大气圈、水圈和生物圈的形成等都与小天体的撞击作用有密切关系。因此，研究小行星的冲击碰撞对认识太阳系的演化历史也具有重要的科学意义。虽然我们目前对月球的后期撞击历史有了比较充分的研究，特别是月球在后期 41 亿～38 亿年经历了一次（或多次）小行星密集撞击事件[20]，但对最早期的小行星撞击历史研究不足。有学者根据现有的放射性同位素证据指出巨星的迁移开始于～44.8 亿年前，由此导致了太阳系小行星的剧烈扰动和大量撞击事件，模型估算这个时期外来物质加入地球的通量最高，随时间递减[21]。

太阳系早期碰撞历史是研究太阳系早期演化的重要科学问题。目前，学界对于太阳系的小行星撞击历史这一科学问题的认识仍然存在很大不足，主要原因是已有的研究工作很大程度上集中在月球样品，采用的定年方法也比较单一（K-Ar 法为主）。应优先开展针对太阳系的小行星撞击历史的研究，力争在前人工作的基础上，通过对各种类型的陨石样品开展以同位素年代学为主的综合研究，并结合行星动力学理论模拟，揭示太阳系形成以来小行星撞击事件的年代学特征和演化规律。

陨石是现阶段研究太阳系和类地行星演化起点最主要的研究对象。陨石大部分来自小行星带，由于体积小、热历史短暂等因素，其演化进程“冻结”在太阳系早期。其中一些未分异陨石（如碳质球粒陨石）保留了太阳系演化初始阶段和类地行星原始物质组成的信息，而经历了岩浆作用的分异陨石样品种类繁多，反映了不同条件下的分异过程（核幔分异、壳幔分异）。除了陨石，对小行星直接原位观测和采样能获得未经地球大气和风化改造的小行星信息，目前隼鸟二号已经成功返回了龙宫小行星样品，多方面研究正在开展之中；美国的奥西里斯-REx 已经成功对本努小行星进行采样并将在 2023 年返回地球；我国也计划 2024 年对近地小行星 2016HO_3进行采样返回并对主带彗星进行探测。随着这些小行星探测计划的顺利执行和相关科学研究的开展，我们将对太阳系的初始物质状态获得更深刻的认识。最后，利用多种方法（如空间站的星际尘粒采集装置）收集的宇宙尘和星际物质也是太阳系原始物质研究的辅助研究对象。

1.2 行星系统的形成

生命起源需要行星或其卫星已成为人们的基本认知。为了了解宇宙中生命可能的分布，研究行星系统的形成和演化过程是非常重要的一环。基于大样本的系外行星系统的观测可管窥行星系统演化所处的不同阶段，进而揭示行星系统形成与演化的全貌，追溯太阳系的起源与早期演化历史，从而为行星形成相关理论模型提供约束。行星形成过程研究涉及多种不同尺度与物理机制，研究对象的尺度跨度可达 17 个数量级，从亚微米级的尘埃颗粒到超过 10^4 km 的超级地球或气态巨行星。在不同的尺度与不同的生长阶段，起作用的物理机制也有所不同[22]。随着观测技术的发展与观测数据的积累，人们对行星形成理论的研究取得了很大进展，但仍有一些关键科学问题需要未来的探测任务来解决。

1.2.1 气态巨行星的成核过程与轨道迁移

要形成类似木星的气态巨行星，首先要求在原行星盘内还有大量残留气体前就形成足够质量的固体核（如～10 倍地球质量），这样才有足够的引力将周围的气体快速地吸引过来[23]。根据核吸积模型的估算，木星内核生长和吸积气体过程持续时间小于 5 百万年，在此过程中需要原行星盘持续提供气体物质以供包层质增长。但是目前的观测研究表明，年轻恒星周围原行星盘的平均寿命是 3 百万～5 百万年，且有一半观测到有行星盘的系统，其行星盘寿命只有 3 百万年[24]。研究者试图用卵石吸积理论来解释气态巨行星内核（十多个地球质量）的形成过程。核吸积模型表明，原行星盘中有大量在恒星形成初期生成的尘埃和卵石，星子形成后与气体盘之间的角动量交换将使其发生轨道迁移，进而逐渐接近或远离中央恒星。星子经历轨道迁移过程中，将进一步通过引力吸积行星盘中的尘埃和卵石，像滚雪球一样迅速变大，最终长成构建气态巨行星的内核[25]。

现有的行星形成模型可以很好地解释太阳系的行星分布规律，但是却面临着系外行星观测结果的挑战。以太阳系作为参考会发现，近距离轨道上分布的都是岩石质行星，而气态巨行星则都出现在远距离轨道上。在太阳形成后，在其引力作用下，原始星云盘中较重的物质被吸引到距离太阳更近的区域，这导致外太阳系的 4 颗行星在形成之初就主要以气体元素（氢、氦）为主。太阳形成后，向外持续辐射高能粒子，即太阳风。现今的观测结果表明，太阳风可能具有足够的强度来吹走靠近太阳的 4 颗行星周围的大多数气体，导致这些雪线以内的行星相对都比较小，并且只有岩石和金属组分能够较完整地保存下来。外太阳系的 4 颗巨行星因为距离太阳比较远，质量大、引力强，束缚其外层大气，太阳风的强度不足以吹走这些行星周围的冰和气体，最终这 4 颗行星整体以气态形式存在。

迄今，发现的大量系外行星呈现为大小不一、形态各异的族群，通常可分为气态巨行星、冰巨星、类地行星（岩石行星）等。此外，还包括一些特殊的热木星、超级地球等，揭示了行星形成过程具有多样性和复杂性。尤其是热木星的发现，这类行星具有与木星相当的质量与半径，但是其非常靠近中心恒星，并且轨道周期只有几天。现有行星形成理论模型难以解释热木星的存在，在如此近距离的轨道上，来自中心恒星的强烈辐射通常会使气体物质难以聚集。另外，一般认为，形成巨行星所需的固体核只有在较远距离轨道上才有可能快速地形成，因为低温环境中，星子中水冰占比较多，在碰撞时有更大的黏附性，从而加速吸积增生过程。一种观点认为，这些热木星是形成于距离恒星较远的轨道，是后期才迁移到距离恒星较近的位置[26]。要解决这一问题，就需要利用地基和太空望远镜进行更多的天文观测，尤其是对处于不同演化阶段的系外热木星进行观测，获取这些行星的质量和大气组成，进而推测它们的形成和演化过程。

1.2.2 行星形成过程中的径向漂移屏障

径向漂移是行星形成理论中面临的另一大挑战，一般随着尘埃颗粒逐渐增生，在环绕原行星盘运动的过程中，尘埃所受盘中气体的阻力也逐渐增大。初期微米级的尘埃可通过表面范德华力和静电作用碰撞粘在一起生长，当颗粒增长到足够大（比如：1 mm 量级或更大）时，由于气体的轨道速度与固体物质的速度不同，盘内的固体颗粒将会发生径向漂移，最终这些固体颗粒会运动到中央恒星表面，以致无法生长成星子或行星。径向漂移是否存在可通过对云盘中尘埃与气体的分布进行观测来确认。尘埃盘与气体盘的大小可以通过毫米尘埃连续发射谱与 CO 同位素分子线发射谱来进行区分。通常观测到的尘埃云盘尺寸要比气体云盘尺寸大很多，表明毫米级颗粒的径向漂移已经发生[22]。另外，在原行星盘中观测到的一些次级结构也表明了径向漂移的存在，如空洞、环带结构与缝隙。

卵石级颗粒的径向漂移也导致气体云盘中的化学组分呈径向分布。例如：原行星盘中CO分子在CO冰点线外会凝结成固体，但是在冰点线内会升华成气体。由于一部分C被保存在难熔物质中，如果没有径向漂移的话，气体云盘内部到CO冰点线范围内的物质C/H比应该会比恒星的比值（Stellar value）要低。但是，随着卵石颗粒持续向内迁移，并且跨过了CO冰点线，大量的C被带到了冰点线内侧并升华成了气体，从而使得冰点线内侧物质的C/H比增大[27]。最新的观测与研究结果证实了大规模径向漂移的存在[28]。

为了解决行星形成理论中的这一难题，人们提出了不同的猜想，其中被广泛接受的一种可能机制是：尘埃捕获（Dust trapping）机制，即原行星盘中能长期存在的涡流将捕获的尘埃颗粒困住以阻止其漂移向盘内侧[19,29]。在存在湍流的盘里，尘埃可在局部聚集形成密度足够高的区域（局部密度可达平均密度的80多倍），然后经由盘引力不稳定性塌缩形成星子。以往的观测设备很难观测到此类现象，但是利用阿塔卡玛大毫米/亚毫米阵列（Atacama Large Millimeter/submillimeter Array，ALMA）对猎户座V1247星云的观测结果显示，该星云包含了一个呈环形、非对称的内盘组分，以及一个尖锐的呈新月形的结构，这很可能就是预测中的尘埃旋涡[30]。未来更高分辨率的观测数据或将为这一猜想提供更多的支撑。例如，如果上述机制是真实存在的，那么在毫米波段将可以观测到原行星盘中存在特定明亮的非对称结构。若能获取处于不同演化状态的系外行星盘的结构与物质分布特征等，将为行星形成理论的发展提供重要支撑。

1.2.3 太阳系内小行星的时空分布演变

在类地行星与气态行星之间存在大量的小行星，包含了太阳系形成后残存下来的石质、冰及金属质小天体。小行星区的初始物理-化学条件导致该区域星子生长慢，可吸积的物质被转移到木星区，因而星子生长到半成品状态就停顿了，不能形成大行星。由于轨道的变化，小行星带内不断有小天体撞击到内太阳系行星表面。这些撞击一方面显著改造了行星表面的环境，一方面可能带去了大量水或其他与生命起源有关的物质。同时在地球生命漫长的演化历史中，来自小行星带天体的撞击也可能导致了物种灭绝事件。通过巡天光谱观测，我们可以大致了解现今不同类型小行星的分布，但在这之前各类小行星的分布是怎样的？撞击到地球等类地行星的小天体类型是怎么演变的？这些问题对了解太阳系内各天体的轨道演化具有重要意义。月球上保留了大量的撞击记录，通过在月壤中寻找以往的撞击体残留物，或可作为探索上述问题的重要途径。

通过研究前太阳系颗粒、行星幔部陨石、球粒陨石与难熔包体的样品，可以重塑太阳系形成与演化不同阶段的物理化学条件，从而为行星形成与演化相关研究提供重要参考。通过观察前太阳系颗粒的外层与核部的成分差异可以了解在星际环境中所发生的化学过程。类地行星的形成过程持续时间可以通过短周期放射性同位素元素来进行测定。其中Hf-W同位素体系被广泛采用，通过测定现今地球幔部的Hf/W比例可以用来约束行星核部的形成与分异程度。相关研究表明：地球核部形成于太阳系形成之后的30百万～100百万年间[22]。基于火星陨石的分析结果表明：火星形成过程的持续时间在几百万年以内[22]，与原始太阳星云的存在时间相当。陨石可以提供研究太阳系早期颗粒生长的关键证据。在最原始的陨石中存在一些亚毫米至厘米级富含钙铝的包体（Calcium-Aluminium-rich Inclusion，CAI）。这些难熔包体被认为是从早期太阳系星云中凝结的最早固体物质。基于Pb-Pb同位素的定年分析显示，这类CAIs形成于45.67亿年前[31]。CAIs的尺寸可以支持凝聚驱动增生猜想（Coagulation-driven growth of con-densates）。另外，在球粒陨石中还存在具有火成结构的球状体。这些球粒的典型尺寸在0.1～1 mm之间[32]。年代学研究表明，有一小部分球粒的形成时代可能与CAIs一样早，大部分球粒形成于CAIs形成之后的2百万～4百万年间[31]。这类球粒与CAIs的存在表明太阳系中存在颗粒生长这一过程。

为了更好地了解行星的形成与演化过程，有必要在深空探测任务规划中布局针对火星、小行星等的采样返回任务。此外，在空间站上组建星际尘粒收集平台将极大地扩充与行星形成时间相关的研究样本。

1.3 月球的形成与演化

作为地球唯一的卫星，月球是人类走向深空的前哨站，对其开展探测和研究有助于认识地月系统的过去、现在和未来，对太阳系的形成和演化以及地球生命的生存条件与走向有重要的研究价值。自20世纪六七十年代美国阿波罗计划实施以来的50多年里，我们对月球形成和演化的认识取得了重大进展，但探索未知、获取新知识永无止境，一些尚未解决的重大科学问题仍需要后续的一系列探测任务来逐一解答。

1.3.1 月球的形成与内部结构

首先是关于月球形成和初始状态的重大科学问题。这些问题的不确定和多解性造成之后一系列问题存在多种演化路径。月球形成的大碰撞成因模式已基本确立[33]，但大碰撞事件的发生时间即月球的年龄还存在争议，也无法进一步回答地月系统究竟是形成于一次什么样的碰撞，迫切需要发展新的模型理论并确定月球的物质主要来源于碰撞体还是地球。目前，多数研究结果认为月球形成于45亿年前，即太阳系形成之后的30百万～60百万年内[34]。但数值模拟结果认为，月球早期的岩浆洋冷却固化时间在几十百万年内，按照最后残余富含不相容元素岩浆的成岩时间约43.5亿～44亿年推算[35]，月球有可能形成于44.2亿年之前[36]。来自月幔、无后期污染和改造的样品可以解决这一问题，比如大撞击事件有可能挖掘出上月幔的物质，对来自月幔样品的同位素测量可以确定月球是形成于45亿年之前还是之后[35]。经典的月球大碰撞模型[33]无法解释地月系统的同位素一致问题，虽然后续一系列模型尝试通过寻找能够使形成月球的物质大部分来源于原始地球地幔的碰撞方式[37,38]，从而满足同位素组成一致的约束条件，但这些模型又产生了“角动量过剩”等新的缺陷。大碰撞数值模型和理论还不能完全解释月球形成的机制，大碰撞理论的各种约束条件和过程机理还需要更深入的研究和探讨[39]，比如月球内部水和挥发分的制约。因此，进一步甄别月球形成的大碰撞事件的初始状态和物理参数无疑是现今大碰撞领域亟待解决的问题。

其次，月球内部结构的研究不仅对研究月球起源与演化有重要意义，而且对研究太阳系其他类似天体的内部结构同样具有重要意义。岩浆洋假说是美国阿波罗计划最重要的成果之一[40]。岩浆洋初期结晶橄榄石和辉石形成原始月幔，当 70%～80%岩浆洋结晶完成时，斜长石开始结晶，并浮到岩浆洋表面形成斜长岩月壳[41]。这个标准模型可以解释很多月球一级地质地球化学和地球物理特征，比如月海玄武岩表现为 Eu 异常[42]。岩浆洋过程奠定了月球的基本圈层结构。但对具体的过程还存在诸多争论，比如，斜长岩月壳的成因及不均一性（地形地貌、表面元素分布以及月壳厚度等）、月球内部水和挥发分对岩浆洋演化的制约、月球内部圈层结构的精确限定等。目前的主流观点认为：(1) 月壳平均厚度约为 30～40 km；(2) 上下月幔的分界线约在深度 500 km 处，并在 1 000 km 深度可能存在一个熔融层；(3) 月核的推测半径可能为 150～360 km，但月核的固、液状态还没有定论。要解决以上科学问题，需要更为精准的重力、磁场和月震等多源物理场数据，建立相应的理论模型，精确测量月球内部分界面位置及空间变化细节，并辅以热力学模拟实验和高温高压实验为月球岩浆洋结晶分异过程提供约束。

1.3.2 月球的撞击历史与热演化

月球撞击坑年代学和返回样品、陨石同位素测年方法建立的月球热演化历史也是认识月球和太阳系其他固态天体演化和地质史的基础。月球是目前唯一具有定点采样的类地天体，Apollo、Luna 和我国嫦娥五号任务返回的样品提供了几个月球地质单元的同位素年龄。将这些样品与相应的地层联系起来，并统计这些地层上原生撞击坑的大小-频率分布，即可得到年代学方程和撞击坑产率方程，用以估算其他地质单元的绝对年龄。通过校正月球与太阳系其他天体表面的撞击频率，此套定年技术也在其他天体上广泛使用，获得的年龄信息对建立天体地球化学和地球物理演化模型至关重要。关于目前撞击通量建立的年代学曲线，行星科学界存在的主要争议包括：(1) 撞击体类型及来源以何种方式发生变化，距今约 39 亿年前是否存在撞击通量峰值（即晚期大轰炸[43]），还是自从行星吸积阶段末期开始撞击通量呈持续单调递减趋势[44]；(2) 现有撞击年代学函数的准确性有待考验，Apollo 和 Luna 返回的样品缺乏 38 亿年前及 31 亿～10 亿年的定标样，虽然嫦娥五号样品提供了时间节点约 20 亿年的定标样，但仍需未来探测任务补充更多不同地点和年龄的样品才能精确标定和优化现有撞击通量年代学曲线。

月球最早的火山作用始于岩浆洋事件末期，即 43 亿年之前，但月球年轻火山作用的时间下限依然未知，也是月球科学领域长期存在的研究热点。目前的热演化模型显示月球火山作用止于 20 亿年之前[45]，这与我国嫦娥五号返回样品的实验室同位素定年结果一致[46,47]。但撞击坑统计定年分析[48]和小型火山地貌形貌学测量分析结果[49]显示月球火山作用可能延伸到距今 10 亿年内。对一个小型石质天体而言，如何保持如此长时间的热演化历史？驱动机制和热源是什么？这些问题的解决对正确认识月球演化进程、热演化历史和建立月球热演化模型至关重要。要解决月球热演化进程中的年代学问题，需要对月球撞击坑年代学曲线进一步修正和完善，而解决该问题的关键是：遥感观测和分析提供月表潜在的研究目标，着陆巡视或采样任务对其进行就位勘查、采样返回以及实验室分析，结合已有科学认知和理论分析，我们可以建立更为准确的月球热演化模型和历史。

1.3.3 月球的空间环境

月球代表的是一类无气体天体，它没有浓密大气和全球性磁场保护，来自周围的太阳风粒子、银河宇宙线、太阳光以及微流体星体等可以直接轰击月面，并与月表相互作用，形成了月表复杂的辐射、气体、等离子体、电磁场以及尘埃环境。月球的辐射环境相对来说比较恶劣，根据嫦娥四号最新观测结果，月表平均辐射剂量当量为 1 369 μSv/d[50]，约为国际空间站剂量当量的 2.6 倍，因此在未来探月任务中需要做好辐射防护。另外，月球虽然没有浓密大气，但是有稀薄的气体外逸层，目前已经探明的气体成分有 He、Ne、Ar、N_2、CO、CO_2、Na、K、Al、Ca、Fe 等，其中惰性气体占主导，月表附近数密度可达 104 cm^{-3}，特征高度约为 10 km[51]。月球等离子体环境按尺度可分为大尺度环境和小尺度环境两类。大尺度空间环境包括月球周围的太阳风、地球风以及它们与月球相互作用形成的月球尾迹等[52]。小尺度空间环境包括太阳风与月表局部剩磁相互作用形成的微磁层[53]以及靠近月面的等离子体鞘[54]等。目前月球微磁层的观测数据多来自卫星观测，获得的主要是微磁层的磁鞘区，微磁层内部结构以及它与月面漩涡现象之间的联系都不是很清楚，有待未来更多探测数据进一步研究。月面等离子体鞘是伴随月面带电而形成的：在向阳面，月面电势约为正几伏；在靠近晨昏线附近，月表可带负几十伏电势；在背阳面，随着周围电子温度的升高，月表电势可达－1 000 V[55]。月表带电会使月表尘埃粒子在静电排斥力作用下离开月面，形成月面附近稀薄的尘埃外逸层[56]。阿波罗时期观测到的地平辉光现象表明，尘埃外逸层密度在 10 km 高处约为 10^4 m^{-3}。然而，后续探月任务都没有发现类似辉光现象，因而月球地平辉光现象的成因一直是个谜[57]。最近，有学者发现，在晨昏线附近撞击坑周围，尘埃密度会局部增强，从而提出地形遮挡带来尘埃静电喷泉理论，并用该理论成功解释了阿波罗时期观测到的地平辉光现象[58]。此外，与地形遮挡类似，人类探测器周围也可能存在局部遮挡效应，并造成探测器周围电场和尘埃活动的增强，这将给月面电场及尘埃密度的就位测量带来影响。同时，这些局部加密的尘埃颗粒也会对人类健康及探测仪器造成伤害。因此，在未来月面探测任务中，我们需要对局部遮挡效应的影响区域及程度进行定量评估，以避免它对仪器测量及人类健康带来的影响。

2 行星宜居性演化

理解行星宜居性演化是当前开展深空探测的另一个核心目标。太阳是影响宜居性的重要因素，瞬时爆发的太阳活动能够对太阳系空间环境产生重大影响。太阳系各个行星具有不同的环境及演化过程，虽然目前只能确认地球上存在生命，但其他天体在演化过程中也可能具有宜居性条件，理解这些天体的宜居环境演化对理解宜居地球的形成和演化具有重要意义。

2.1 太阳与日球层

太阳在其演化的不同阶段能够产生直接影响地球生命演化的高能粒子，因此太阳的状态及其演化特征对地球和行星宜居性有着显著影响。太阳表面由于高温电离产生的磁化等离子体被称为太阳风。高速太阳风吹过太阳系行星轨道后，与邻近星际介质相互作用形成了包裹太阳系天体的巨大磁化等离子体泡，称之为日球层，其边界距太阳 80～150 AU（1 AU 为太阳到地球的平均距离，约 1.5 亿 km）（见图 2）。日球层将太阳系的行星及其磁层和大气层（如果存在的话）包裹起来，控制着它们的结构、动力学和辐射等级，也保护着地球和其他行星免遭来自遥远宇宙高能宇宙射线的轰击，对行星宜居性有巨大的影响。

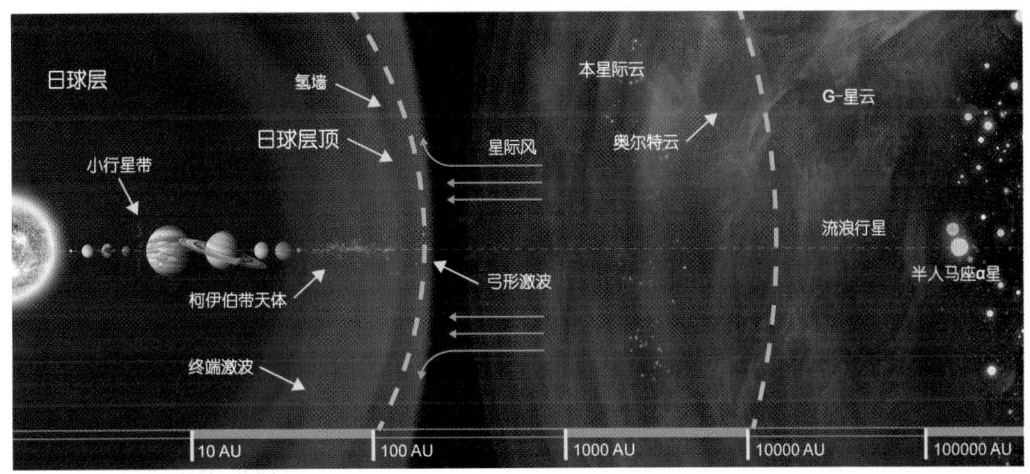

图 2 太阳活动及其影响的行星际范围。改自 Charles Carter/Keck Institute for Space Studies

2.1.1 太阳活动与空间环境

源自瞬时爆发太阳活动的物质，如日冕物质抛射（Coronal Mass Ejection，CME）、太阳高能粒子（Solar Energetic Particle，SEP）等，通常会引起日地空间环境的剧烈变化，对地球的空间环境带来灾害性影响，被称为空间天气（Space weather）[59]。太阳活动所产生的电磁和粒子辐射不仅主导着近地空间环境的变化，也对地球气候和人类活动等产生重要的影响。太阳爆发活动及其对行星际空间造成的扰动，也是影响宜居带行星空间环境的外部关键因素，由此造成的行星空间环境扰动将进一步影响行星宜居性。近年来，围绕太阳物理、太阳活动及空间天气的研究已经取得一系列重要进展，然而仍然存在一些亟待解决的关键科学问题。

近年，国际上连续部署了一系列太阳及日地系统方面的探测计划，如太阳和日球层天文台（SOHO[60]）、日地关系天文台（STEREO[61]）、太阳动力学天文台（SDO[62]）、帕克太阳探针（PSP[63]）、太阳轨道探测器（Solar Orbiter[64]）等多个探测计划。这些计划利用不同波段谱线，不同区域成像探测以及行星际磁场和等离子体的就位探测等方法，在太阳磁场与活动周的演化、日冕加热机制、太阳风起源、太阳爆发活动的触发机制及传播演化规律、灾害性空间天气事件的起源和预报等关键科学问题上都取得了一系列重要进展，但还有待继续研究。首先，在太阳活动周的起源和演化研究方面，人们通常认为其与太阳发电机理论相关[65]。有学者曾尝试解释百年来最弱的第 24 太阳周的产生机制并对该机制对太阳周预测的影响进行了分析[66]。基于太阳内部动力学和太阳表面的磁场探测对研究太阳活动的起源和演化是非常必要的手段，然而目前由于探测手段有限，观测数据多为沿日地方向的单点观测，缺乏多视角、多角度的观测是制约太阳活动周起源、日冕加热机制等研究中亟待解决的问题。

其次，太阳爆发活动的触发机制和传播研究方面也取得了若干重要突破。借助于高分辨率高精度的矢量磁场探测数据和紫外成像图像，人们利用日冕三维磁场外推方法定量给出磁场能量和拓朴结构在太阳爆发过程中的演化、重建并模拟了 CME 源区日冕磁场的观测特征，提出多种太阳爆发模型并模拟重现了多种爆发伴随的观测特征[67,68]。基于已有的探测数据，人们对 CME 的动力学演化、CME 偏转、相互作用过程以及对地效应等方面有了重大发现，并建立了一系列研究和预报模型[68-71]。同时，人们对 SEP 在日冕和行星际空间传播及加速过程方面的研究也有了突破性进展。例如，利用多点探测数据分析指出，激波加速形成的 SEP 可以在大范围内影响行星际空间环境，提出行星际 CME 中 SEP 通量异常增强主要是由于激波与 CME 相互作用等引起的[71]。然而在以上研究中，关于 CME、SEP 等太阳爆发活动的起源、太阳爆发活动对地球及其他行星上游太阳风参数的影响，以及近地空间、行星际空间的变化对人类的影响等关键科学问题仍然尚未解决，仍需结合未来更多的探测任务来实现。如，中国即将发射的太阳综合探测卫星——先进天基太阳天文台（Advanced Space-based Solar Observatory，ASO-S），以及多角度全方位太阳观测卫星群——太阳环计划（Solar Ring）等[72]探测任务，有望得到更为丰富、更高时空分辨率、全日面以及太阳高纬的观测数据。

2.1.2 日球层

早在 20 世纪 70 年代末，NASA 就发射了旅行者 1 号和 2 号飞船，开始了探索日球层的漫长之旅。尽管旅行者 1 号和 2 号已相继穿过日球层边界进入星际空间，极大地拓展了人类对太阳系天体和外日球层甚至日球层边际的认识，但仍有一些科学谜团有待解决[73]。

首先，日球层内太阳风的动力学过程和特性仍有待揭示。观测表明，太阳风在外日球空间传播过程中会不断地减速，并且其温度的衰减要慢于绝热过程的温度变化[74]。这种局地加热过程与太阳风湍流以及拾起过程的关系、背后的物理过程和机制仍有待深入研究。此外，异常宇宙线的强度在日球层鞘区中还在不断增加[75]，终止激波下游仍保持“超声速”[76]等，这些现象都大大超过科学理论预期，仍待更先进载荷的就位探测来研究。其次，对邻近星际空间环境特性仍缺乏深入认识。一些遥感反演的方法发现，日球层边际的星际 H、He 和 O 的丰度分布并不重合[77]且不同环境下的 Ne/O 比也不相同[78]。星际磁场的就位探测还相当缺乏，旅行者号的磁场探测结果还存在很大的不确定性[79]。此外，太阳风与星际介质相互作用规律仍不清晰。日球层整体结构似乎偏离地球磁层的“水滴状”，而更接近球形[80]，日球层外没有发现典型的弓激波结构[81]，能段在 1 keV 左右的能量中性原子在日球层边界存在明亮飘带状（Ribbon）分布结构[82]，这些现象也与传统的理论预测不相符合。星际介质的电离率对日球层结构和位置的具体影响等，也亟待新的观测和理论认知。

为了深入理解太阳风动力学演化及其与星际介质相互作用机制、太阳系演化与外太阳系天体分布特征等日球层物理的重要科学前沿问题[73]，国际上提出了一系列关于日球层边际和邻近星际空间探测的卫星概念，如美国最新的星际探针计划[83]，以及中国的太阳系边际探测计划[2]，旨在通过专门设计的先进载荷的就位观测，探索新发现、提供新认知。

2.2 行星环境与演化

行星环境及其演化规律与行星的宜居性和生命起源密切相关，是开展深空探测的重要内容和科学研究目标。太阳系行星主要包括内太阳系类地行星（水星、金星、地球和火星）和外太阳系巨行星（木星、土星、天王星和海王星）。它们的成分、结构、地质活动和空间环境等是否在一定时期满足宜居性，蕴含着理解宜居地球形成和生命起源与演化的关键信息。

2.2.1 类地行星

水星、金星和火星同地球一样具有硅酸盐成分的壳层，是太阳系的类地行星。火星是距离地球最近的类地行星，火星和地球存在多个相似之处，位于太阳系的潜在宜居带，但如今火星成为大气稀薄、寒冷干旱的沙漠星球。是什么让一颗行星处于潜在的宜居带，又能在漫长的地质时期保持宜居性？与地球和金星不同，火星前十亿年的大部分地壳被保存在地表或近地表的地层环境中，提供了理解宜居性早期演化所需的地质记录。与月球、水星或冰冷的卫星不同，火星早期的地壳记录了一个有浓密大气和液态水的岩石天体演化.

自 20 世纪 60 年代以来，人类对火星的探测从未停止，对火星的形成与演化认识取得了重要的进展[84]。现今火星没有全球磁场，但在诺亚纪南部高原的部分地区具有强烈的局部磁异常，这指示火星过去存在“发电机”[85]。但目前对火星内部结构的理解尚不清晰，对古代“发电机”开始和停止时间仍不清楚。了解火星古代“发电机”的开始与停止时间对理解火星内部热演化与古大气环境有重要意义。由于火星比地球小，相对表面积与体积成反比而较大，因此火星核心也冷却得比地球的快，地质活动趋缓，磁场和板块运动消逝，太阳风带走大气成分导致大气变薄、气压偏低，而造成液态水在低温就会沸腾、无法稳定存在[86]。火星大气逃逸以中性 H 原子金斯逃逸为主，这一过程对逃逸面处的 H 原子密度和温度十分敏感，展现出丰富的变化性。虽然目前对火星 H 原子逃逸获得了丰富的认知，但依然存在一些悬而未决的问题，如基于理想逃逸面假设的传统金斯理论能在何种程度上反映真实的火星 H 原子逃逸状况，火星 H 冕结构是否存在额外的非热成分，在太阳系演化早期火星 H 原子逃逸如何发生以及如何影响火星气候演化历程[87]。火星早期气候特点对理解火星生命起源的宜居条件至关重要。目前存在两种尚存争议的主流气候模型：一种认为火星长期暖湿，曾经有全球性的海洋、河流、湖泊，适宜生命形成和保存；另一种认为火星长期干冷，只有间歇性的暖湿气候，适宜生命形成的条件有限[88]。在火星漫长的演化进程中，偶发性变暖事件背后的驱动机制仍不清楚，如撞击、火山活动和轨道自转轴倾角变化等，都可能起到了重要作用。火山喷发的热液环境与火星的宜居性有密切的联系[89]。目前对中心式火山建造和熔岩平原的活动时间缺乏较为系统的时间约束[90]，对热液环境及其活动的区域、火山喷发物的体积以及超级火山[91]缺乏系统的认识。水是宜居环境的必备条件之一，水文地貌和含水矿物记录了火星早期水环境对地壳侵蚀的证据，如古海洋、河谷网络和冲积三角洲以及含水矿物。多种证据表明，火星北部可能存在过古海洋，但古海洋形成时的气候条件，水活动范围和时间，水的去向等问题仍不明确。针对河谷网络，前人提出了与大气降水、地下水、冰川融水等相关的多种水源供给模型[92]，但对河谷网络的形貌及其与水源类型的关系缺少系统的研究，对于不同区域、不同时代古湖泊的水源供给特征尚待查明。目前在火星的沉积物中发现了层状硅酸盐、硫酸盐等多种含水矿物[93]，但对火星沉积剖面的研究，包括其记录的火星早期水的持续时间、活动范围、化学活性的认识不足。

以上尚未解决的重大科学问题亟需后续探测任务来回答，如更高分辨率的轨道器、灵活的空中平台直升机或气球、分析能力更强的就位巡视器，进行天-空-地立体观测。为了解早期和现在的火星环境，圈定潜在宜居区域，需要开展多项关键观测：(1) 对火星通量、地下结构和磁场的更高分辨率测量以及绝对年龄测定将为火星空间环境和圈层结构提供新认识；(2) 结合火星主要火山省喷发通量及大气环流模型限定火山活动对早期气候的影响；(3) 巡视器对岩石和土壤原位岩石学测量，研究地幔温度随时间的变化规律，约束火星岩浆洋分异演化机制；(4) 原位稀土元素和惰性气体同位素分析，约束地表和大气之间挥发分和尘埃的交换过程；(5) 评估火星过去和现在水及其他挥发性储层时空分布，寻找沉积物和沉积环境中保存的生命标志物。

与火星一样，距离太阳平均距离为 0.72 AU 的金星，也处于太阳系的潜在宜居带内。金星被称为地球的“孪生星”，却沿着截然不同于地球的路径演化，成为一个环境极端且地表不具宜居性的星球。初始金星是否与地球类似？早期金星表面是否存在大量的液态水甚至海洋？控制金星演化路径的关键因素是什么？金星与地球的差异如何产生、何时产生？金星是否曾经孕育过生命？现在的金星气候是地球的昨天还是明天？已有探测获取了金星大气的主要物质组成和大气分层结构及温度剖面，研究了金星各层大气热力结构、初步物质成分和大气环流特征，发现金星存在比地球更为有效的温室效应（“超温室效应”）[94]。金星快车和拂晓号还获取了金星诱发磁层特征、电离层粒子运动、云霾层物质组成、厚度及变化，以及大气逃逸离子的主要形式；绘制了金星全球表面温度图、金星大气的热剖面和热结构、大气化学组成剖面，发现了新的大气组分（O_3 和 OH）；为大气的动力学过程及火山活动提供了重要数据[95]。拂晓号发现了金星大气中存在大尺度的弓形特征；首次报导了赤道区域上方低云层中存在的急流风；发现上云层和中云层之间过渡带附近存在小颗粒的厚层云[96]；提出了金星大气超旋的维持机制[97]。

目前金星探测研究仍存在亟待解决的重大科学问题。首先，金星大气与气候是金星探测研究最为深入的领域，但仍然处于观测数据积累阶段。大气关键现象和特征及其成因机理和时空分布演化，仍是未来探测的重点。其次，固体金星的内外动力演化过程，如金星表面地质形貌特征、变化及其成因、地层划分和地表重塑历史等，仍待解决。再次，金星地表与大气的相互作用及耦合过程是理解金星气候演化和原因的关键，其中金星近地表12 km高度以内的深层大气和火山是探测研究的重点区域。最后，金星早期演化和潜在宜居性仍是未解之谜。在早期地球孕育地球生命的同时，金星有没有产生生命，是关系生命起源和产生的重大科学问题。针对金星生命形式和潜在生命相关的挥发组分的时空分布（H_2O、PH_3、NH_3 等）是金星宜居性探测的关键。目前，金星重新进入了深空探测热点研究的行列，NASA 已经规化了两次探测任务，分别是 VERITAS 和 DAVINCI+，而欧洲航天局（ESA）也规划了 EnVision 金星探测任务。同时，中国科学院战略性先导科技专项空间科学卫星金星火山和气候探测任务（Venus Volcano Imaging and Climate Explorer，VOICE）已经处于工程立项的遴选阶段。这些任务的成功实施将对金星的大气气候和地质演化历史进行综合探测和研究。

水星是太阳系中体积最小、净密度最大、表面反照率最低、距离太阳最近的行星。目前，对水星科学的认识主要来自信使号探测任务和地基雷达观测获取的数据。水星的核部富铁，由硅酸盐矿物组成的壳和幔的厚度小于 420 km[98]。水星表面的铁含量远低于2 wt%，钛含量低于 0.8 wt%，但是 S 含量高达 4 wt%，Mg 含量高达 10 wt%[99]。水星表面的岩石类似于玻古安山岩和科马提岩，独特的地球化学特征指示了极还原的内部环境[98]。水星极低的氧逸度、极高的 C 和 S 含量、内部富 Fe 而表面贫 Fe 等观测事实难以用传统的太阳系原始星盘内的物质分布解释。关于水星的科学问题主要包括以下几个方面：（1）水星的形成过程：形成水星的原始物质是什么？与形成其他类地行星的原始物质有什么差异？大撞击、行星迁移和所处位置对水星的结构和成分有何影响？水星的全球元素组成和稳定同位素组成是怎样的？水星的成分对认识原始行星盘有何启示？（2）水星的分异及其内部结构：水星的高金属-硅酸盐比值是如何产生的？水星内部分层结构（如固态和液态的核、幔和其他层）的成分约束是什么？水星有岩浆洋吗？如果有的话，它的结晶如何影响后期演化？水星的核是何时形成的？（3）水星的磁场演化及其产生机制：水星内部弱的、轴对称而半球不对称磁场的起源是什么？水星壳剩余磁化强度如何分布？年龄是多少？什么矿物质在水星上具有磁化作用？水星内部磁场一直在运转吗？水星古磁场的几何结构和强度与现在有何差异？（4）水星挥发分的来源、演化历史和含量：挥发物在水星壳的内部熔融、岩浆上升和输运，以及表面喷发方式中都扮演了什么角色？水星氧逸度低的原因是什么？挥发分是否在其中起作用？水星极区沉积物的来源是什么？水星逃逸层能提供关于挥发分随时间再分布的哪些信息？水星的挥发分丰度能告诉我们哪些关于它们在内太阳系和原行星盘内的分布情况？目前，ESA 和日本宇宙航空研究开发机构（JAXA）联合实施的 BepiColombo 任务正在飞往水星，计划 2025 年进入水星轨道，将对水星的磁场、磁层以及内部和表面结构等进行全面探测。新的探测任务有望全面提升对水星的地质、地球化学、地球物理和空间环境的认识。另一方面，在地球上的陨石样品库中仍然没有发现确切的水星陨石，而遥感观测的多解性需要样品信息作为约束。因此，软着陆和采样返回将是未来水星探测的发展趋势。

2.2.2 外太阳系巨行星

太阳系的小行星带以外在大约 5、10、20、30 AU 处有 4 颗巨行星，按照化学成分和物态又可以分为气态巨行星（木星和土星）和冰巨星（天王星和海王星）。在太阳系形成的初期，雪线以内的吸积盘演化成了类地行星，雪线之外的吸积盘物质则演化成了巨行星。巨行星的漫长演化过程中会有大范围的迁移，木星甚至曾经到达雪线以内的火星轨道附近。大迁移理论可以解决一些观测和数值模拟结果之间的分歧。巨行星的组成、结构、形成和演化历史对太阳系的早期历史以及类地行星和其他天体的形成都具有重要意义。

木星和土星的成分主要是氢和氦，因为任何其他元素都不可能在同样的条件下达到同样低的密度。这两种元素在“气态”巨行星内部的主要形态并不是气态，由于内部高压形成的金属氢是其磁场的来源。模拟结果显示，天王星和海王星的成分可能是水、甲烷、硫化氢和氨，它们在行星内部主要以流体而非固态存在。冰巨星也有可能主要由氢/氦和岩石组成[100]。气态巨行星形成于新诞生的恒星周围气体和尘埃组成的原行星盘中[101]。大多数学者接受的一个模型是内核不稳定性（Core instability）模型：行星成长的初始阶段与类地行星近似，由小行星体聚合成行星胚胎，当内核足够大时（通常几个地球质量），它开始从周围的原行星盘中聚集气体。与木星和土星相比，天王星和海王星还有更少的氢和氦，暗示冰巨星从来没有达到失控气体吸积条件，可能是因为较慢的小行星体吸积[23]。由于行星和原行星盘之间的角动量交换，行星的演化过程中可能会发生大迁移，在这个过程中行星捕获附近的小行星体和气体在迁移轨道所达到的范围内形成一个空白地带。外太阳系的吸积与内太阳系类地行星成长过程有质的差异，因为更大的行星胚胎质量和较低的轨道速度使得它们更容易被引力散射。太阳系早期在星云雪线附近产生的较大天体可能是巨行星形成的主要种子小行星体。这些种子星体可以在没有竞争的情况下实现失控增长。对巨行星系统的探测提供了巨行星演化 46 亿年之后的信息，但无法帮助验证上述巨行星形成的模型。太阳系内的小天体（小行星、彗星、微流星、尘埃）保留了太阳系形成初期的信息。对这些小天体的直接探测采样分析有助于揭示太阳系以及巨行星形成的过程。对系外行星开展天文观测（开普勒、TESS、韦伯太空望远镜）可以发现正在形成中的巨行星，帮助我们验证巨行星形成和太阳系演化理论。

关于巨行星演化尚有许多问题需要回答。巨行星聚合 3 个不同阶段（不受控固体吸积、固体和气体吸积、不受控气体吸积）的时间尺度是怎样的？巨行星是否有过大迁移？如何迁移？挥发物以什么形态（冰或窗格体）被捕获？如何解释木星形成过程中对小行星体的低温捕获？巨行星以及系外行星的内核大小。目前，这些问题的研究主要依靠理论计算、数值模拟和非常有限的观测数据。在未来的行星探测任务中，一个关键的测量参数是巨行星的元素及同位素丰度比值。未来下降式就位探测器可以对天王星、海王星进行更准确的测量。朱诺和卡西尼的精确重力测量可以帮助我们更好地了解气态巨行星的内部结构。

巨行星大气的探测主要基于光学遥感，通过光谱分析确定巨行星大气的化学成分和元素丰度。卡西尼惠更斯着陆器对土卫六泰坦的大气和表面成分进行了就位探测，轨道器也获得了土星大气的成分、光化学和总体循环的宝贵信息[102,103]。巨行星大气的元素丰度与太阳比较，结果如何？木星与土星对流层中的氧/氢比要比太阳的小，木星的这个异常被归因于局部天气效应，土星的是否也是如此？巨行星内部循环的机制是怎样的？另一个挑战的问题是天王星和海王星的差异。为什么天王星没有内部能量？为什么天王星的涡流扩散系数比海王星的小很多？为什么海王星的平流层中有更多的 CO 和氰化氢（HCN）？它们的来源是什么？赫雪尔太空望远镜、哈勃太空望远镜和詹姆斯韦伯望远镜已经或者即将为巨行星及卫星的大气组成等提供重要观测数据。此外，地基亚毫米阵列和光学望远镜也可以帮助我们研究巨行星及卫星的大气环境。

太阳系巨行星都具有内秉磁场，巨行星内部的磁场“发电机”可以产生足够强的磁场将太阳风挡在十几到几十个行星半径之外。每个巨行星磁层都是射电源，并且存在极光现象和辐射带。其中木星的十米波射电由木星磁场和木卫一相互作用产生，因此受木卫一相位调制。十米波射电可以利用地面天线阵列观测，为系外行星射电探测提供重要参考。与类地行星相同，巨行星系统的运转也要依靠重力和电磁力来耦合行星和其卫星、磁层中的等离子体、尘埃。巨行星系统都有多个卫星，并且个别卫星存在活跃的地质活动，成为巨行星磁层中等离子体的来源，如木卫一和土卫二。与类地行星磁层主要受太阳风驱动不同，由于太阳风的影响在外太阳系逐渐减弱，巨行星磁层中的能量和物质循环主要是由行星快速自转和引力导致的卫星地质活动所驱动。不过太阳风对巨行星磁层中的能量释放依然存在重要影响，甚至对巨行星快速能量释放过程（极光、射电等现象）有所调制[104,105]。

巨行星磁层系统展现出丰富的多样性。木星和土星的磁轴与自转轴夹角较小，所以形成了类似于地球磁层结构的相对稳定的空间磁层构型。这两个磁层已经被多个航天器任务探测过，而天王星和海王星仅被旅行者二号飞船造访过。冰巨星自转轴和磁轴之间的夹角很大，使得整个磁层绕着自转轴持续“翻转”。天王星的自转轴几乎在黄道面内，因此磁层的结构会有很大的季节差异。国际上对未来探测冰巨星的探讨已经越来越多[106,107]。冰巨星内部更高的重元素含量导致其内部特殊的结构和动力学过程，尤其是冰巨星独特的磁场，使冰巨星的空间环境与地球或者土星/木星都有巨大差异。因此，冰巨星的空间环境提供了独特的磁化等离子体环境，帮助我们研究磁重联等基本等离子体物理问题。目前，已知的 5 000 多颗系外行星大部分与太阳系的冰巨星特征接近，冰巨星的探测会为系外行星研究提供至关重要的基本事实依据。NASA 刚刚公布的 10 年调查报告将天王星系统探测确定为下一个 10 年的首要任务目标，预计 2031～2032 年发射一个环绕探测器和一个天王星大气沉降式探针。如果计划顺利实施将提供关于天王星内部结构、物质组成、重力场、磁场、空间环境、天王星卫星 Miranda 等的关键信息。

此外，对于木星伽利略卫星，有丰富的科学问题值得去研究。这些卫星的环境呈现多样化，例如，Io 有着活跃的火山喷发，Europa、Ganymede、Callisto 都具有地下海洋，Ganymede 的内秉磁场与木星磁场相互作用形成一个微磁层，Europa 在木星变化的磁场作用下形成诱导磁层，土卫六 Titan 表面有湖泊，土卫二 Enceladus 存在地下海洋及羽流喷泉[108]。木星和土星的多颗卫星上存在表面或内部的液态海洋/湖泊，因此是太阳系生命信号搜索的关键目标。未来对木星、土星的探测都聚焦在这些卫星上，譬如探测木卫二的地下海洋、土卫二南极冰层下面的液态海洋以及冰火山的能量来源[109,110]。土卫二轨道降落器（Enceladus Orbilander）在 NASA 十年调查报告考虑的 6 个旗舰级探测计划中排列第二，仅次于天王星探测计划，并且很可能作为其他级别的计划实施。行星形成的时间尺度为百万年，而行星的卫星的形成时间尺度仅为万年。由于形成时间较晚，木卫四（Callisto）的轨道距离木星较远，没有与其他伽利略卫星形成轨道共振。木星的潮汐力对木卫四内部结构演化的影响有限，所以木卫四的内部没有形成分异结构。因此，木卫四保留了太阳系和木星系统形成初期物质组成的关键信息。针对木卫四的环绕探测器或者携带地震仪和光谱质谱分析载荷的着陆器将揭示木星系统形成初期的秘密，增进对太阳系初期演化过程的理解。

3 地外生命

地外生命探测是深空探测中的一项重要科学内容，对探索宇宙中生命的起源、演化、分布和未来等具有深远意义（见图 3）。自 20 世纪 60 年代以来，全球开展了一系列针对金星、火星、小天体、巨行星及其卫星等太阳系内天体以及系外天体的探测任务，人们对于地外生命搜寻有了新的认知，然而探索地外生命仍任重道远[111]。当前地外生命信号探测研究中亟待解决的重要科学问题主要涉及四个方面：生命起源与演化、地外宜居环境、生命信号识别、地球极端环境类比。相关的科学问题主要有：前生命化学反应如何实现向生命反应跨越？生命的早期如何演化？宜居环境如何界定？太阳系宜居环境如何分布？如何定义生命？如何探测并有效识别生命信号？生命的生存极限是什么以及如何适应？这些科学问题的深入研究将为地外生命探测提供重要参考。

图 3　太阳系地外生命探测

3.1 生命起源与演化

生命如何起源，即前生命化学反应如何演化到生命反应，是地外生命探测研究中的重要科学问题。地球是目前已知唯一存在生命的星球，对地球生命起源的研究是开展地外生命探测的前提和基础。目前普遍认为，地球从非生命到生命演化的过程中存在着一个前生命时期，该时期的地球是缺氧、高辐射、富铁的环境，其主要特点是前生命分子的出现和增多[112]。早期地球大气-海洋环境的模拟实验（即米勒实验及其变体）揭示，辐射光化学反应可以诱导小分子无机物产生大量前生命分子（如氨基酸、核苷酸、糖类、羟基酸）[113]。高辐射环境在太阳系其他天体上也较普遍存在，因此在这些天体上也发现了类似的有机物[114]。

有研究表明，在前生命分子生成后，黏土矿物表面可能为单体氨基酸或核糖核酸（RNA）之间共价键的生成提供了催化媒介，但关于前生命分子组装以及演化成最早生命的过程仍然未知[115]。这个过程中有机分子可能会逐渐产生对同手性的偏好，即地球生命中的脱氧核糖核酸（DNA）双链几乎都是右手螺旋，其结构单元单糖都是右手性；而组成蛋白质的结构单元氨基酸几乎都是左手性的。同手性产生的驱动力可能是不对称自催化反应，但同手性是否是生命的固有特征还有待进一步探索[116]。由于 RNA 既可作为能够自我复制且携带遗传信息的载体，也能够作为催化生化反应的核酶，还可作为遗传物质表达的调节因子，因此有学者提出了 RNA 世界学说（RNA World），认为在 DNA 和蛋白质出现之前还存在一个以 RNA 为主要生命分子的世界，尽管该学说被较广泛地接受，但仍然存在一些争议[117]。此外，还有学者提出了基于氰化氢和硫化氢（H_2S）合成氨基酸、脂类和 RNA 前体的前生命化学反应模型[118]。在火星及其他天体的地外生命研究中，探索 RNA 世界学说和前生命化学是当前的前沿研究方向[119]。

3.2 地外宜居环境

早期生命如何与环境相互作用并协同演化是另一个引人关注的问题，对了解生命的过去与未来具有重要意义。在地质历史早期，地球环境演化中最瞩目的事件是两次大氧化事件和多次冰期事件[120]，在这些事件中，早期生命与环境不仅协同演化，而且相互影响。古元古代大氧化事件使适应氧气的生物开始繁盛，而新元古代大氧化事件可能促进了早期动物的出现和分化[121]。然而还有许多问题亟待约束，如地球表层氧化与生物演化如何相互影响？海洋氧化促进生物演化，还是生物促进海洋氧化？生物生存的需氧极限是多少？地球的氧化历程在其他天体上是否存在？上述问题的深入研究不仅有助于更好地理解生命与环境的协同演化过程，而且为探索地外宜居天体提供了新认识。在地质历史早期，磷被认为是限制海洋和陆地生产力的重要营养元素，已有研究表明，古元古代休伦冰期和新元古代雪球事件中陆地磷输入增加，使得海洋总体初级生产力结构发生变化，可能逐步建立起与现今海洋类似的生物地球化学循环[122]。雪球事件和地球生态系统转变在时间上存在一定的关联，但其关系仍需要进一步探究，这将为认识太阳系冰天体（如木卫二、土卫二）中潜在生命及其演化提供参考。

地外生命探测的重要前提是确认目标天体是否具有可能的宜居环境，因此宜居环境的界定及其在太阳系内和系外的分布是地外生命探测中的重要科学问题。在天体生物学研究中，宜居环境通常被认为需要具备液态水、能量、生源要素（C、H、N、O、P、S）、适宜的理化环境等基本条件。此外，轨道参数、天体质量、大气成分、磁场、板块运动等也是衡量环境是否宜居的重要参数[123]。除了刻画这些宜居要素外，从时间尺度与空间尺度上对宜居环境进行深入界定不可或缺[124]。例如，虽然现今火星的环境极端恶劣，但是地质学和地球化学等证据表明，火星在大约 38 亿年前存在大量的液态水，可能具备演化出生命的一些基本条件[125]。这表明天体在不同的演化阶段可能具有不同的环境，因此需要从时间演化上来探讨目标天体的宜居潜力。另一方面，宜居环境在空间尺度上的界定也至关重要，宜居环境的空间范围可以大至一个行星系统，也可以小至微尺度环境[124]。例如，虽然现今火星的表面不适宜生命的生存，但是火星的地下可能具有支持生命生存的潜在条件，因此火星地下环境的生命探测是近年来火星研究的热点。此外，金星虽然由于失控的温室效应使其表面环境不具有宜居性，但其大气的部分区域推测可能适合一些嗜酸微生物生存[126]。综上所述，在未来的深空探测中，从时间与空间的角度对地外天体的宜居环境进行综合评估将是地外生命研究的重要方向。

3.3 生命信号

生命信号的识别与解译是当前地外生命探测亟须解决的难题。首先，生命很难被准确定义，在实际探测中，NASA 将生命定义为是能够进行达尔文式演化的一种自我维持的化学系统（Self-sustaining chemical system capable of Darwinian evolution）。根据该定义，病毒就不是生命，因为病毒无法独立复制和繁衍[127]。此外，有别于目前已知生命的氮基、硅基、砷基或硫基生命是否可能存在，也需要深入研究。鉴于对生命的定义尚未达成共识，有学者提出可以将化学系统的复杂性作为一个相对客观的生命判定标准[128]。

目前国际公认的生命信号包括但不限于细胞与胞外基质形态、化石、生物矿物、有机分子、有机物对映体过剩率、同位素信号、生命过程产物、遥感特征信号、时间变异性、高等文明科技信号等[129]。由此可见，生命信号种类多样，如何划分信号的优先等级以及如何科学地配备探测载荷是开展地外生命信号探测时重要的科学和工程考量。近期，有天体生物学家提出，如果在地外天体上探测到疑似的生命信号，需要进行一系列后续研究进行验证：首先要排除污染并确认所有已知的非生命过程无法在该环境背景下产生相同的信号，其次至少需要另一种生命信号来佐证，最后还需要其他研究团队的独立验证[130]。近年来，随着国际深空探测任务的增多，地外生命信号的合理筛选和有效识别以及多个生命信号的协同解译是未来地外生命探测中应重点发展的方向。

3.4 地球极端环境类比

除了对地外天体开展原位和飞掠探测之外，地球上的极端环境与地外天体环境的类比研究也可以为地外生命探测提供新思路。地球上具有许多可以类比地外天体的极端环境，如酸性、碱性、高盐、干燥、高温、低温、高压、高辐射等自然环境，并且在这些类地外天体的极端环境中大都发现了生命（主要是微生物）的存在，这些研究和发现拓展了人们对地球生命生存边界的认知[131]。当前对微生物适应不同极端环境的机制已经有了较系统的认识，但还需要进一步的研究。值得注意的是，许多地外天体的环境往往是复杂的，在此背景下，地球上单一的极端环境就不能很好地类比这些地外天体环境，因此未来有必要开展综合极端环境下的生命研究。此外，地外天体具有在地球上不常见的地貌和地质体，其形成机制和形成条件各不相同，利用比较行星学思路来研究这些地质体的形成和演化，将有助于深入理解地外天体在特定时间和空间的宜居环境演化。以火星为例，火星表面存在众多含铁矿物，其中子午线平原的赤铁矿小球成因及其天体生物学意义有待进一步的约束[132]；火星地表碳酸盐岩主要分布在超基性地台上，由陆相碳酸镁矿物组成，其成因也尚不清楚[133]；火星拥有众多的卤水沉积，这些卤水沉积是否有利于生命信号的保存也是未来重要的研究方向[134]。对地球上类地外天体环境和地貌的研究有望为上述问题的解决提供新途径。

3.5 火星生命探测

火星是地外生命探测研究的热点，被认为是最有可能发现生命的地外天体之一。火星生命探测的重要科学问题主要包括火星环境演化（即火星是否具有支持生命存在的宜居环境）和生命信号探测（即火星是否存在过生命）。

在火星环境演化研究方面，1997 年的火星探路者（Mars Pathfinder）在火星阿瑞斯谷的探测任务中发现火星土壤的颜色接近铁的氧-氢氧化态，支持早期火星更加温暖湿润的理论[135]。同年到达的火星全球探勘者（Mars Global Surveyor）探测了火星全球的磁场特征、气候和大气的热构造，并研究了火星表面矿物、岩石和冰的组成与分布，完成火星地形数据采集[136]。2001 年，火星奥德赛号（Mars Odyssey）探测卫星到达火星，调查了整个火星表面的元素分布和亚表面的氢含量（用于计算水含量），获得了表面矿物成分的高清图像和光谱，研究了火星表面辐射对人体的危害，为未来人类登陆火星做准备[137]。火星探测漫游者（Mars Exploration Rover）任务发射了两辆火星车——勇气号（Spirit）和机遇号（Opportunity），于 2004 年初分别成功着陆在古瑟夫撞击坑和子午线高原鹰撞击坑。此次任务的主要科学目标是寻找并鉴定受到水活动影响的岩石和土壤，寻找含水矿物或水成矿物（如含铁碳酸盐），探索火星早期存在液态水环境的证据，评估着陆点周围环境是否适宜生命生存[138]。火星勘测轨道器（Mars Reconnaissance Orbiter）于 2006 年到达火星轨道，主要观测火星气候、大气循环和环境的季节变化，寻找过去和现在水的痕迹，理解水分影响火星地貌的机制。凤凰号（Phoenix）火星探测器于 2008 年成功降落在火星北部平原，其科学目标是研究火星的气候变迁和水存在的地质历史，以及评估地表冰-土壤交界层的宜居性。凤凰号发现火星大气中的卷云有降雪现象，表明部分云是由水冰组成的[139]；发现高氯酸盐作为一类比较活跃的电子受体，可以作为潜在的能量源供生命利用；发现碳酸盐和碳酸氢盐的存在，表明该地区在早期地质历史处于温暖湿润的环境[139]。2012 年抵达火星盖尔撞击坑的好奇号（Curiosity）火星车以评估着陆点宜居性为主要科学目标，探寻生命信号、有机物的储备量、表面与近表面物质化学/同位素/矿物组成、大气进化过程、水/二氧化碳的分布与循环以及表面广谱辐射等。研究发现，盖尔撞击坑保存有旧河床遗迹和生命所必需的元素，并在火星原位探测到了岩石中的氯苯和大气中的甲烷[140]。2021年降落在火星耶泽罗撞击坑的毅力号（Perseverance）火星探测器将鉴别可能支持微生物生存的古环境，在特殊的岩石种类里寻找生命信号，收集岩心和基岩样品返回地球，为未来人类登陆火星做准备。我国于2020年7月成功发射了天问一号，其环绕器和巡视车共携13套科学载荷。2021年5月15日，祝融号火星车成功着陆火星乌托邦平原南部，开始开展火星地质、水冰、浅表物质、大气、粒子辐射、磁场及内部结构等就位探测。

已有火星探测研究表明，火星曾经具有过较宜居的环境，现代火星的局部区域也可能可以支持微生物等生命生存，但人类目前尚没有在火星上发现生命存在的确切证据。1976年着陆火星的海盗1号和2号（Viking 1和Viking 2）的主要探测目标就是寻找生命存在的证据，携带探测生命的实验设备包括热解释放实验设备、标记释放实验设备、气体交换实验设备，并同时携带一个气相色谱质谱仪用以测量火星土壤中有机物的组成和丰度。尽管部分实验组发现了疑似阳性信号，但至今未能证实这些信号一定来自于生命[141]。1996年，美国学者在火星陨石ALH84001上发现了多个疑似生命信号的证据，但后来这些信号被证明可以通过化学过程或地球生物污染而形成[142]。2003年，ESA的火星快车号（Mars Express）探测卫星侦测到火星大气中存在甲烷，且后续多个遥感观测支持了这一发现，但始终未能明确甲烷的产生和变化是否来源于生命过程[143]。时至今日，火星生命信号的探测、识别和解译仍然是火星研究的热点。

多生命信号探测和火星样品返回有望实现火星生命探测的突破。欧洲航天局ExoMars 2022罗莎琳德·富兰克林号（Rosalind Franklin）将携带多款国际联合研发的地外生命探测仪器开展火星生命探测。这些仪器包括火星有机分子分析仪、红外高光谱显微镜、拉曼激光光谱仪、深达2 m的土壤钻探设备和内置于钻头的火星亚表层多光谱成像仪等[144]。规划中的火星采样返回任务是具有跨时代意义的创举，NASA与ESA联合的火壤返回计划自2021年9月毅力号收集到第一批火星样品开始，已在稳步推进中，毅力号与未来发射的罗莎琳德·富兰克林号会将采集的样品运送至火星轨道，随后于2031年前后，由ESA主导研发的火星探测卫星回收样品并返回地球。基于嫦娥五号月壤顺利返回的成功先例，我国也计划将于2028年前后开展火星采样返回任务，并于2030年左右携火壤返回地球。可以预见，这些规划中的火星任务将开辟火星探测的新篇章，火星生命研究有望在未来10～20年内取得新突破。

4 未来探测与展望

无论是国内还是国外，深空探测已经成为科学研究的重要领域，吸引了越来越多的国家参与其中，为解决以上前沿科学问题提供了重要基础，也为推动技术发展和资源开发利用提供了重要机会。NASA以重返月球并为火星探测提供中转为目标的Artemis计划规划了一系列探测任务，将建立月球空间站和月球表面基地并探测月球极区水冰资源[145]。NASA 还将通过 Artemis 计划发展一批商业公司，为将来的探测和资源开发培养力量。美国白宫国家航天委员会 2020 年发布的蓝皮书指出：美国在新一轮的太空探索运动中将增加商业公司在其中扮演的角色，培养和发展一批商业公司，以发展太空经济，扶持新工业和新技术，增加就业机会并培养高技能劳动力（https：//spp. fas. org/eprint/new-era-2020. pdf）。蓝皮书将 NASA 开展探测的科学主题总结为地球生命的起源、火星宜居性、太阳历史及其与地球相互作用、射电天文等方面。其他即将实施的科学探测任务主要还包括探测金星的 VERITAS 和 DAVINCI+任务、与 ESA 联合的火星采样返回、探测小行星的 Psyche 任务、探测木卫二的 Europa Clipper 任务，以及探测土卫六的 Dragonfly 任务等。ESA 一直以来都是深空探测的主力之一，未来一方面将参与 NASA 的 Artemis 计划等探测活动，另一方面也将努力发展自己主导的探测任务。ESA 在 2021 年发布了面向 2035～2050 年的新版空间科学中长期规划《远航 2050》（*Voyage* 2050）白皮书，涉及三类不同量级的科学任务，包括 3 个旗舰任务（L 级）、6～7 个中型任务（M 级）和若干小型任务（S 级），涉及空间天文、行星科学、日球层物理，以及空间基础物理实验[146]。ESA 即将实施的探测任务主要包括探测金星的 EnVision 任务、与 NASA 联合的火星采样返回任务、探测木星系统的 JUICE 任务，以及与 NASA 联合开展小行星防御技术验证的 Hera 任务等。

虽然起步较晚，但中国的深空探测发展迅速，未来主要围绕两大主题开展："宇宙和生命是如何起源和演化的"及"太阳系与人类的关系是怎样的"[147]。《2021 中国的航天》（http：//www. scio. gov. cn/zfbps/32832/Docu-ment/1719689/1719689. htm）白皮书明确指出："深空探测……未来 5 年，中国将继续实施月球探测工程，……继续实施行星探测工程，发射小行星探测器、完成近地小行星采样和主带彗星探测，完成火星采样返回、木星系探测等关键技术攻关。论证太阳系边际探测等实施方案。"在空间科学探索方面，白皮书指出："未来 5 年，中国将围绕极端宇宙、时空涟漪、日地全景、宜居行星等科学主题，研制空间引力波探测卫星、爱因斯坦探针、先进天基太阳天文台、太阳风-磁层相互作用全景成像卫星、高精度地磁场测量卫星等，持续开展空间天文、日球物理、月球与行星科学、空间地球科学、空间基础物理等领域的前瞻探索和基础研究，催生更多原创性科学成果"。中国已经立项启动探月工程四期任务，包括嫦娥六号、嫦娥七号和嫦娥八号任务，这 3 个任务将在未来 10 年之内陆续实施，实现月球南极区域的采样返回，并初步建立国际月球科研站（ILRS）。未来将与俄罗斯合作完成月球科研站的全部建设，服务月球探测与开发。国际月球科研站的科学目标主要包括月球地形地貌与地质构造、月球物理与内部结构、月球化学（物质成分与年代学）、地月空间环境、月基天文观测、月基对地观测，及月基生物医学实验。中国已经确定了"天问二号"任务，将进行小行星采样返回，并与彗星会合探测。小行星样品保留了太阳系早期的记录，将为认识太阳系的演化提供关键信息。未来还将开展"天问三号"火星采样返回任务，为研究火星的地质演化与行星宜居性等科学问题提供重要支撑。正在论证的"天问四号"木星系探测任务，将为行星系统的形成和地外生命等科学问题寻找答案。此外，中国正对太阳系边际探测进行论证，探测任务将有助于回答日球物理、星际空间物理和太阳系演化等有关的重要科学问题。

深空探测是揭示自然和宇宙奥秘的重要途径，也是技术发展的重要推力，在未来的科技发展中将扮演越来越重要的角色。我国已经在此领域取得了一系列进展，奠定了坚实的基础，是国际上开展深空探测的核心成员之一。目前，中国和国外已经规划了大量深空探测任务（见图 4），它们的顺利实施将极大提高人类关于太阳系起源与演化、行星宜居性和生命起源等科学问题的认识，促进人类文明的进步。

图 4　中国深空探测任务计划与月球科研站。修改自文献［148］

4 致谢

感谢汪毓明教授、季江徽研究员、胡森研究员、张锋研究员、赵宇鴳研究员、肖智勇教授、刘倍贝研究员、郭弟均副研究员、杨亚洲副研究员和谢良海副研究员对本文提出的宝贵意见。

参考文献

［1］ 叶培建，邹乐洋，王大轶，等. 中国深空探测领域发展及展望. 国际太空，2018，10：4-10.

［2］ 吴伟仁，于登云，黄江川，等. 太阳系边际探测研究. 中国科学：信息科学，2019，49：1-6.

［3］ Marov M. The Formation and Evolution of the Solar System. Oxford：Oxford University Press，2018.

［4］ Woolfson M M. The solar-system：Its origin and evolution. Q J R Astron Soc，1993，34：1-20.

［5］ Lin Y，Guan Y，Leshin L A，et al. Short-lived chlorine-36 in a Ca- and Al-rich inclusion from the Ningqiang carbonaceous chondrite. Proc. Natl. Acad. Sci. U. S. A.，2005，102：1306-1311.

［6］ McKeegan K D，Aleon J，Bradley J，et al. Isotopic compositions of cometary matter returned by Stardust. Science，2006，314：1724-1728.

［7］ Xu Y C，Lin Y T，Zhang J C，et al. The first discovery of presolar graphite grains from the highly reducing Qingzhen (Eh3) meteorite. Astrophys J，2016，825：111.

[8] Kodolányi J, Stephan T, Trappitsch R, et al. Iron and nickel isotope compositions of presolar silicon carbide grains from supernovae. Geochim Cosmochim Acta, 2018, 221: 127-144.

[9] Qin L, Alexander C M O D, Carlson R W, et al. Contributors to chromium isotope variation of meteorites. Geochim Cosmochim Acta, 2010, 74: 1122-1145.

[10] Fischer-Gödde M, Kleine T. Ruthenium isotopic evidence for an inner Solar System origin of the late veneer. Nature, 2017, 541: 525-527.

[11] Dauphas N. The isotopic nature of the Earth's accreting material through time. Nature, 2017, 541: 521-524.

[12] Budde G, Burkhardt C, Kleine T. Molybdenum isotopic evidence for the late accretion of outer Solar System material to Earth. Nat Astron, 2019, 3: 736-741.

[13] Kruijer T S, Burkhardt C, Budde G, et al. Age of Jupiter inferred from the distinct genetics and formation times of meteorites. Proc Natl Acad Sci USA, 2017, 114: 6712-6716.

[14] Varas-Reus M I, König S, Yierpan A, et al. Selenium isotopes as tracers of a late volatile contribution to Earth from the outer Solar System. Nat Geosci, 2019, 12: 779-782.

[15] Fischer-Gödde M, Elfers B M, Münker C, et al. Ruthenium isotope vestige of Earth's pre-late-veneer mantle preserved in Archaean rocks. Nature, 2020, 579: 240-244.

[16] Qin L, Dauphas N, Wadhwa M, et al. Rapid accretion and differentiation of iron meteorite parent bodies inferred from ^{182}Hf-^{182} Wchronometryandthermalmodeling. Earth Planet Sci Lett, 2008, 273: 94-104.

[17] Dauphas N, Pourmand A. Hf-W-Th evidence for rapid growth of Mars and its status as a planetary embryo. Nature, 2011, 473: 489-492.

[18] Luu T H, Young E D, Gounelle M, et al. Short time interval for condensation of high-temperature silicates in the solar accretion disk. Proc Natl Acad Sci USA, 2015, 112: 1298-1303.

[19] Shen J, Xia J, Qin L, et al. Stable chromium isotope fractionation during magmatic differentiation: Insights from Hawaiian basalts and implications for planetary redox conditions. Geochim Cosmochim Acta, 2020, 278: 289-304.

[20] Bottke W F, Norman M D. The late heavy bombardment. Annu Rev Earth Planet Sci, 2017, 45: 619-647.

[21] Mojzsis S J, Brasser R, Kelly N M, et al. Onset of giant planet migration before 4480 million years ago. Astrophys J, 2019, 881: 44.

[22] Liu B, Ji J. A tale of planet formation: From dust to planets. Res Astron Astrophys, 2020, 20: 164.

[23] Pollack J B, Hubickyj O, Bodenheimer P, et al. Formation of the giant planets by concurrent accretion of solids and gas. Icarus, 1996, 124: 62-85.

[24] Haghighipour N. The formation and dynamics of super-Earth planets. Annu Rev Earth Planet Sci, 2013, 41: 469-495.

[25] 季江徽. 环绕恒星的原行星盘：行星的"诞生摇篮". 科学通报, 2019, 64: 2369-2373.

[26] Storch N I, Anderson K R, Lai D. Chaotic dynamics of stellar spin in binaries and the production of misaligned hot Jupiters. Science, 2014, 345: 1317-1321.

[27] Krijt S, Schwarz K R, Bergin E A, et al. Transport of CO in protoplanetary disks: Consequences of pebble formation, settling, and radial drift. Astrophys J, 2018, 864: 78.

[28] Zhang K, Bosman A D, Bergin E A. Excess C/H in protoplanetary disk gas from icy pebble drift across the CO snowline. Astrophys J Lett, 2020, 891: L16.

[29] Lambrechts M, Johansen A. Rapid growth of gas-giant cores by pebble accretion. Astron Astrophys, 2012, 544: A32.

[30] Kraus S, Kreplin A, Fukugawa M, et al. Dust-trapping vortices and a potentially planet-triggered spiral wake in the pre-transitional disk of V1247 Orionis. Astrophys J, 2017, 848: L11.

[31] Connelly J N, Bizzarro M, Krot A N, et al. The absolute chronology and thermal processing of solids in the solar protoplanetary disk. Science, 2012, 338: 651-655.

[32] Simon J I, Cuzzi J N, McCain K A, et al. Particle size distributions in chondritic meteorites: Evidence for pre-planetesimal histories. Earth Planet Sci Lett, 2018, 494: 69-82.

[33] Canup R M, Asphaug E. Origin of the Moon in a giant impact near the end of the Earth's formation. Nature, 2001, 412: 708-712.

[34] Tartèse R, Anand M, Gattacceca J, et al. Constraining the evolutionary history of the Moon and the inner solar system: A case for new returned lunar samples. Space Sci Rev, 2019, 215: 1-50.

[35] Snape J F, Nemchin A A, Bellucci J J, et al. Lunar basalt chronology, mantle differentiation and implications for determining the age of the Moon. Earth Planet Sci Lett, 2016, 451: 149-158.

[36] Connelly J N, Bizzarro M. Lead isotope evidence for a young formation age of the Earth-Moon system. Earth Planet Sci Lett, 2016, 452: 36-43.

[37] Reufer A, Meier M M M, Benz W, et al. A hit-and-run Giant Impact scenario. Icarus, 2012, 221: 296-299.

[38] Rufu R, Aharonson O, Perets H B. A multiple-impact origin for the Moon. Nat Geosci, 2017, 10: 89-94.

[39] Agnor C B, Canup R M, Levison H F. On the character and consequences of large impacts in the late stage of terrestrial planet formation. Icarus, 1999, 142: 219-237.

[40] Elkins-Tanton L T. Magma oceans in the inner solar system. Annu Rev Earth Planet Sci, 2012, 40: 113-139.

[41] Warren P H. Lunar anorthosites and the magma-ocean plagioclase-flotation hypothesis importance of FeO enrichment in the parent magma. Am Mineral, 1990, 75: 46-58.

[42] Wood J A. Moon over Mauna Loa: A review of hypotheses of formation of Earth's Moon. In: Proceedings of the Origin of the Moon. 1986. 17-55.

[43] Marchi S, Bottke W F, Kring D A, et al. The onset of the lunar cataclysm as recorded in its ancient crater populations. Earth Planet Sci Lett, 2012, 325-326: 27-38.

[44] Morbidelli A, Nesvorny D, Laurenz V, et al. The timeline of the lunar bombardment: Revisited. Icarus, 2018, 305: 262-276.

[45] Ziethe R, Seiferlin K, Hiesinger H. Duration and extent of lunar volcanism: Comparison of 3D convection models to mare basalt ages. Planet Space Sci, 2009, 57: 784-796.

[46] Che X, Nemchin A, Liu D, et al. Age and composition of young basalts on the Moon, measured from samples returned by Chang'e-5. Science, 2021, 374: 887-890.

[47] Li Q L, Zhou Q, Liu Y, et al. Two-billion-year-old volcanism on the Moon from Chang'e-5 basalts. Nature, 2021, 600: 54-58.

[48] Braden S E, Stopar J D, Robinson M S, et al. Evidence for basaltic volcanism on the Moon within the past 100 million years. Nat Geosci, 2014, 7: 787-791.

[50] Zhang F, Head J W, Wöhler C, et al. The lunar mare ring-moat dome structure (RMDS) age conundrum: Contemporaneous with Imbrian-aged host lava flows or emplaced in the Copernican? J Geophys Res Planets, 2021, 126: e2021JE006880.

[50] Zhang S, Wimmer-Schweingruber R F, Yu J, et al. First measurements of the radiation dose on the lunar surface. Sci Adv, 2020, 6: eaaz1334.

[51] Benna M, Mahaffy P R, Halekas J S, et al. Variability of helium, neon, and argon in the lunar exosphere as observed by the LADEE NMS instrument. Geophys Res Lett, 2015, 42: 3723-3729.

[52] Halekas J S, Saito Y, Delory G T, et al. New views of the lunar plasma environment. Planet Space Sci, 2011, 59: 1681-1694.

[53] Lin R P, Mitchell D L, Curtis D W, et al. Lunar surface magnetic fields and their interaction with the solar wind: Results from Lunar Prospector. Science, 1998, 281: 1480-1484.

[54] Stubbs T J, Farrell W M, Halekas J S, et al. Dependence of lunar surface charging on solar wind plasma conditions

and solar irradiation. Planet Space Sci, 2014, 90: 10-27.

[55] Halekas J S, Lin R P, Mitchell D L. Inferring the scale height of the lunar nightside double layer. Geophys Res Lett, 2003, 30: 2117.

[56] Stubbs T J, Vondrak R R, Farrell W M. A dynamic fountain model for lunar dust. Adv Space Res, 2006, 37: 59-66.

[57] Feldman P D, Glenar D A, Stubbs T J, et al. Upper limits for a lunar dust exosphere from far-ultraviolet spectroscopy by LRO/LAMP. Icarus, 2014, 233: 106-113.

[58] Xie L, Zhang X, Li L, et al. Lunar dust fountain observed near twilight craters. Geophys Res Lett, 2020, 47: e2020GL089593.

[59] Temmer M. Space weather: The solar perspective an update to Schwenn (2006). Living Rev Sol Phys, 2021, 18: 4.

[60] Domingo V, Fleck B, Poland A I. The SOHO mission: An overview. Sol Phys, 1995, 162: 1-37.

[61] Kaiser M L, Kucera T A, Davila J M, et al. The STEREO mission: An introduction. Space Sci Rev, 2008, 136: 5-16.

[62] Pesnell W D, Thompson B J, Chamberlin P C. The Solar Dynamics Observatory (SDO). Sol Phys, 2012, 275: 3-15.

[63] Fox N J, Velli M C, Bale S D, et al. The Solar Probe Plus mission: Humanity's first visit to our star. Space Sci Rev, 2016, 204: 7-48.

[64] Muller D, St Cyr O C, Zouganelis I, et al. The Solar Orbiter mission: Science overview. Astron Astrophys, 2020, 642: A1.

[65] Karak B B, Jiang J, Miesch M S, et al. Flux transport dynamos: From kinematics to dynamics. Space Sci Rev, 2014, 186: 561-602.

[66] Jiang J, Cao J. Predicting solar surface large-scale magnetic field of Cycle 24. J Atmos Sol-Terr Phys, 2018, 176: 34-41.

[67] Barczynski K, Aulanier G, Janvier M, et al. Electric current evolution at the footpoints of solar eruptions. Astrophys J, 2020, 895: 18.

[68] Feng X. Magnetohydrodynamic Modeling of the Solar Corona and Heliosphere. Singapore: Springer, 2020.

[69] Riley P, Mays M L, Andries J, et al. Forecasting the arrival time of coronal mass ejections: Analysis of the CCMC CME scoreboard. Space Weather, 2018, 16: 1245-1260.

[70] Zhang J, Temmer M, Gopalswamy N, et al. Earth-affecting solar transients: A review of progresses in solar cycle 24. Prog Earth Planet Sci, 2021, 8: 1.

[71] Shen F, Shen C L, Xu M J. Propagation characteristics of coronal mass ejections (CMEs) in the corona and interplanetary space. Rev Mod Plasma Phys, 2022, 6: 8.

[72] Wang Y M, Ji H S, Wang Y M, et al. Concept of the solar ring mission: An overview. Sci China Technol Sci, 2020, 63: 1699-1713.

[73] 王赤，李晖，郭孝城，等. 太阳系边际探测项目的科学问题. 深空探测学报，2020，7：517-524，535.

[74] Wang C, Richardson J D. Energy partition between solar wind protons and pickup ions in the distant heliosphere: A three-fluid approach. J Geophys Res, 2001, 106: 29401-29407.

[75] Cummings A C, Stone E C, McDonald F B, et al. Anomalous cosmic rays in the heliosheath. In: Proceedings of the Particle Acceleration and Transport in the Heliosphere and Beyond: 7th Annual International AstroPhysics Conference. 2008. 343-348.

[76] Li H, Wang C, Richardson J D. Properties of the termination shock observed by Voyager 2. Geophys Res Lett, 2008, 35: L19107.

[77] Möbius E, Bochsler P, Bzowski M, et al. Direct observations of interstellar H, He, and O by the interstellar boundary explorer. Science, 2009, 326: 969-971.

[78] Bochsler P, Petersen L, Möbius E, et al. Estimation of the neon/oxygen abundance ratio at the heliospheric

termination shock and in the local interstellar medium from IBEX observations. Astrophys J Suppl Ser, 2012, 198: 13.

[79] Burlaga L F, Ness N F. Observations of the interstellar magnetic field in the outer heliosheath: Voyager 1. Astrophys J, 2016, 829: 134.

[80] Dialynas K, Krimigis S M, Mitchell D G, et al. The bubble-like shape of the heliosphere observed by Voyager and Cassini. Nat Astron, 2017, 1: 134.

[81] McComas D J, Alexashov D, Bzowski M, et al. The heliosphere's interstellar interaction: No bow shock. Science, 2012, 336: 1291-1293.

[82] McComas D J, Allegrini F, Bochsler P, et al. Global observations of the interstellar interaction from the Interstellar Boundary Explorer (IBEX). Science, 2009, 326: 959-962.

[83] McNutt Jr R L, Wimmer-Schweingruber R F, Gruntman M, et al. Near-term interstellar probe: First step. Acta Astronaut, 2019, 162: 284-299.

[84] Carr M H, Head Iii J W. Geologic history of Mars. Earth Planet Sci Lett, 2010, 294: 185-203.

[85] Langlais B, Purucker M E, Mandea M. Crustal magnetic field of Mars. J Geophys Res, 2004, 109: E02008.

[86] Ehlmann B L, Anderson F S, Andrews-Hanna J, et al. The sustainability of habitability on terrestrial planets: Insights, questions, and needed measurements from Mars for understanding the evolution of Earth-like worlds. J Geophys Res Planets, 2016, 121: 1927-1961.

[87] 崔峻，顾浩，黄旭. 当前火星大气氢原子逃逸及其变化性. 中国科学：物理学力学天文学, 2022, 52: 239502.

[88] Wordsworth R D. The climate of early Mars. Annu Rev Earth Planet Sci, 2016, 44: 381-408.

[89] Skok J R, Mustard J F, Ehlmann B L, et al. Silica deposits in the Nili Patera caldera on the Syrtis Major volcanic complex on Mars. Nat Geosci, 2010, 3: 838-841.

[90] Werner S C. The global martian volcanic evolutionary history. Icarus, 2009, 201: 44-68.

[91] Michalski J R, Bleacher J E. Supervolcanoes within an ancient volcanic province in Arabia Terra, Mars. Nature, 2013, 502: 47-52.

[92] Fassett C I, Head Iii J W. The timing of martian valley network activity: Constraints from buffered crater counting. Icarus, 2008, 195: 61-89.

[93] Ehlmann B L, Edwards C S. Mineralogy of the martian surface. Annu Rev Earth Planet Sci, 2014, 42: 291-315.

[94] Taylor F W. The Scientific Exploration of Venus. Cambridge: Cambridge University Press, 2014.

[95] Drossart P, Montmessin F. The legacy of Venus Express: highlights from the first European planetary mission to Venus. Astron Astrophys Rev, 2015, 23: 5.

[96] Nakamura M, Titov D, McGouldrick K, et al. Special issue "Akatsuki at Venus: The first year of scientific operation". Earth Planets Space, 2018, 70: 144.

[97] Horinouchi T, Hayashi Y Y, Watanabe S, et al. How waves and turbulence maintain the super-rotation of Venus' atmosphere. Science, 2020, 368: 405-409.

[98] Zolotov M Y, Sprague A L, Hauck Ii S A, et al. The redox state, FeO content, and origin of sulfur-rich magmas on Mercury. J Geophys Res Planets, 2013, 118: 138-146.

[99] Nittler L R, Starr R D, Weider S Z, et al. The major-element composition of mercury's surface from MESSENGER X-ray spectrometry. Science, 2011, 333: 1847-1850.

[100] Hubbard W, Podolak M, Stevenson D. The interior of Neptune. Nept Triton, 1995, 109: 109-138.

[101] Wuchterl G. Extrasolar giant planets: Masses and luminosities from in-situ formation theories. In: Proceedings of the From Extrasolar Planets to Cosmology: The VLT Opening Symposium. Berlin and Heidelberg: Springer, 2000. 408-414.

[102] Young R E, Smith M A, Sobeck C K. Galileo Probe: In situ observations of Jupiter's atmosphere. Science, 1996,

272：837-838.

[103] Serigano J, Horst S M, He C, et al. Compositional measurements of Saturn's upper atmosphere and rings from Cassini INMS. J Geophys Res Planets, 2020, 125: e2020JE006427.

[104] Gurnett D A, Kurth W S, Hospodarsky G B, et al. Control of Jupiter's radio emission and aurorae by the solar wind. Nature, 2002, 415: 985-987.

[105] Yao Z H, Grodent D, Kurth W S, et al. On the relation between Jovian aurorae and the loading/unloading of the magnetic flux: Simultaneous measurements from Juno, Hubble Space Telescope, and Hisaki. Geophys Res Lett, 2019, 46: 11632-11641.

[106] Fletcher L N, Simon A A, Hofstadter M D, et al. Ice giant system exploration in the 2020s: An introduction. Philos Trans R Soc A-Math Phys Eng Sci, 2020, 378: 20190473.

[107] Blanc M, Mandt K, Mousis O, et al. Science goals and mission objectives for the future exploration of ice giants systems: A Horizon 2061 perspective. Space Sci Rev, 2021, 217: 1-59.

[108] Spilker L. Cassini-Huygens' exploration of the Saturn system: 13 years of discovery. Science, 2019, 364: 1046-1051.

[109] Phillips C B, Pappalardo R T. Europa Clipper mission concept: Exploring Jupiter's Ocean Moon. Eos Trans AGU, 2014, 95: 165-167.

[110] Lunine J I. Ocean worlds exploration. Acta Astronaut, 2017, 131: 123-130.

[111] 田丰. 宜居环境与地外生命. 科学通报，2016，61：2093-2100.

[112] Cleaves II H J. Prebiotic chemistry: What we know, what we don't. Evo Edu Outreach, 2012, 5: 342-360.

[113] Barge L M, Rodriguez L E, Weber J M, et al. Determining the "biosignature threshold" for life detection on biotic, abiotic, or prebiotic worlds Astrobiology, 2021, 22: 481-493.

[114] Kate I L T. Organic molecules on Mars. Science, 2018, 360: 1068-1069.

[115] Erastova V, Degiacomi M T, G. Fraser D, et al. Mineral surface chemistry control for origin of prebiotic peptides. Nat Commun, 2017, 8: 2033.

[116] Blackmond D G. Asymmetric autocatalysis and its implications for the origin of homochirality. ChemInform, 2004, 35: 5732-5736.

[117] Neveu M, Kim H J, Benner S A. The "Strong" RNA World Hypothesis: Fifty years old. Astrobiology, 2013, 13: 391-403.

[118] Rimmer P B, Thompson S J, Xu J, et al. Timescales for prebiotic photochemistry under realistic surface ultraviolet conditions. Astrobiology, 2021, 21: 1099-1120.

[119] Mojarro A, Jin L, Szostak J W, et al. In search of the RNA world on Mars. Geobiology, 2021, 19: 307-321.

[120] Hoffman P F, Abbot D S, Ashkenazy Y, et al. Snowball Earth climate dynamics and Cryogenian geology-geobiology. Sci Adv, 2017, 3: e1600983.

[121] Knoll A H, Nowak M A. The timetable of evolution. Sci Adv, 2017, 3: e1603076.

[122] Planavsky N J, Rouxel O J, Bekker A, et al. The evolution of the marine phosphate reservoir. Nature, 2010, 467: 1088-1090.

[123] Cockell C S, Bush T, Bryce C, et al. Habitability: A review. Astrobiology, 2016, 16: 89-117.

[124] 林巍，李一良，王高鸿，等. 天体生物学研究进展和发展趋势. 科学通报，2020，65：380-391.

[125] Solomon S C, Aharonson O, Aurnou J M, et al. New perspectives on ancient Mars. Science, 2005, 307: 1214-1220.

[126] Seager S, Petkowski J J, Gao P, et al. The Venusian lower atmosphere haze as a depot for desiccated microbial life: A proposed life cycle for persistence of the Venusian aerial biosphere. Astrobiology, 2021, 21: 1206-1223.

[127] Gil-Garcia M, Iglesias V, Pallarès I, et al. Prion-like proteins: From computational approaches to proteome-wide

analysis. FEBS Open Bio, 2021, 11: 2400-2417.
[128] Pross A. What is Life? How Chemistry Becomes Biology. Oxford: Oxford University Press, 2016.
[129] Voytek M A. NASA astrobiology strategy 2015. Astrobiology, 2016, 16: 654-656.
[130] Green J, Hoehler T, Neveu M, et al. Call for a framework for reporting evidence for life beyond Earth. Nature, 2021, 598: 575-579.
[131] Merino N, Aronson H S, Bojanova D P, et al. Living at the extremes: Extremophiles and the limits of life in a planetary context. Front Microbiol, 2019, 10: 780.
[132] Jiang Z, Liu Q, Roberts A P, et al. The magnetic and color reflectance properties of hematite: From Earth to Mars. Rev Geophys, 2022, 60: e2020RG000698.
[133] Bosak T, Moore K R, Gong J, et al. Searching for biosignatures in sedimentary rocks from early Earth and Mars. Nat Rev Earth Environ, 2021, 2: 490-506.
[134] Bristow T F, Grotzinger J P, Rampe E B, et al. Brine-driven destruction of clay minerals in Gale crater, Mars. Science, 2021, 373: 198-204.
[135] Smith P H, Bell I J F, Bridges N T, et al. Results from the Mars Pathfinder camera. Science, 1997, 278: 1758-1765.
[136] Albee A L, Arvidson R E, Palluconi F, et al. Overview of the Mars Global Surveyor mission. J Geophys Res, 2001, 106: 23291-23316.
[137] Saunders R S, Arvidson R E, Badhwar G D, et al. 2001 Mars Odyssey mission summary. Space Sci Rev, 2004, 110: 1-36.
[138] Crisp J A, Adler M, Matijevic J R, et al. Mars exploration rover mission. J Geophys Res, 2003, 108: 8061.
[139] Hecht M H, Kounaves S P, Quinn R C, et al. Detection of perchlorate and the soluble chemistry of Martian soil at the Phoenix lander site. Science, 2009, 325: 64-67.
[140] Freissinet C, Glavin D P, Mahaffy P R, et al. Organic molecules in the Sheepbed Mudstone, Gale Crater, Mars. J Geophys Res Planets, 2015, 120: 495-514.
[141] Klein H P, Horowitz N H, Levin G V, et al. The Viking biological investigation: Preliminary results. Science, 1976, 194: 99-105.
[142] McKay D S, Gibson Jr E K, Thomas-Keprta K L, et al. Search for past life on Mars: Possible relic biogenic activity in Martian meteorite ALH84001. Science, 1996, 273: 924-930.
[143] Yung Y L, Chen P, Nealson K, et al. Methane on Mars and habitability: Challenges and responses. Astrobiology, 2018, 18: 1221-1242.
[144] Leslie M. Three new missions head for Mars. Engineering, 2020, 6: 1336-1338.
[145] Smith M, Craig D, Herrmann N, et al. The Artemis Program: An overview of NASA's activities to return humans to the Moon. In: Proceedings of the 2020 IEEE Aerospace Conference. NewYork: IEEE, 2020. 1-10.
[146] Favata F, Hasinger G, Tacconi L J, et al. Introducing the Voyage 2050 White Papers, contributions from the science community to ESA's long- term plan for the scientific programme. Exp Astron, 2021, 51: 551-558.
[147] 王赤，时蓬，宋婷婷，等. 远航 2050：欧洲空间科学规划及启示. 科技导报，2022，40：6-15.
[148] 刘继忠，胡朝斌，庞涪川，等. 深空探测发展战略研究. 中国科学：技术科学，2020，50：1126-1139.

Frontier scientific questions in deep space exploration

WU Weiren, WANG Chi, LIU Yang, QIN Liping, LIN Wei, YE Shengyi, LI Hui, SHEN Fang, ZHANG Zhe

Abstract Deep space exploration is one of the frontiers of scientific research and driven by human instincts to explore the unknown. Since the Moon Race in the 1960s and 1970s, deep-space probes have explored many celestial bodies in our solar system, including eight planets. These explorations have yielded tremendous scientific discoveries, but they also revealed many more unsolved mysteries. The 21st century has witnessed a remarkable increase in deep-space exploration activities, with several new agencies launching their spacecraft in the past few decades. As a result of technological advancement, exploration success rates have improved significantly.

A systematic review of frontier scientific questions can provide invaluable references for mission planning strategies and boost scientific discoveries and breakthroughs in the future. In general, these questions are related to three primary scientific subjects: (1) One of the primary scientific objectives of deep-space exploration is to study the origin and evolution of solar systems. From the collapse of the solar nebula to the formation of the planetary system, the solar system has undergone a complex evolutionary process. The components of the current solar system, particularly the residual presolar material, can provide critical information for understanding the initial conditions and evolution of the solar system. The Moon, being the nearest celestial body to Earth, serves as an outpost for exploring other planetary bodies and is especially important for testing deep-space exploration equipment and studying solar system evolution. (2) Another objective of deep space exploration is to better understand the evolution of planetary habitability. The sun is an important factor affecting habitability, and eruptions of solar activities can have a substantial impact on the space environment of the solar system. The environment of the Earth and other planets has changed dramatically over billions of years of evolution. Although life has only been confirmed on Earth, other celestial bodies might also have had habitable conditions along the evolutionary process. Decoding the evolution of the habitable environment of solar system planetary bodies is of great significance for understanding the formation and evolution of habitable Earth and the origin of life on Earth. (3) Extraterrestrial life detection is a critical scientific topic in deep space exploration, with far-reaching implications for understanding the origin, evolution, and distribution of life in solar and extrasolar systems. The current scientific challenges in the detection of extraterrestrial life primarily involve four aspects: the origin and evolution of life, extraterrestrial habitable environments, life signal identification, and analogy of terrestrial extreme environments.

In endeavors to answer these scientific questions, more well-planned deep-space exploration missions are required to collect evidence. In order to outpace opponents in the continuing space exploration endeavor, the National Aeronautics and Space Administration (NASA), the European Space Agency (ESA), and other rising roles have made their ambitious roadmaps. NASA will encourage commercial companies to join future missions through the Artemis program, and has planned missions to explore Venus, asteroids, and icy bodies. The ESA proposed tens of missions in its white paper Voyage 2050. In the coming decades, China will lay the groundwork for the International Lunar Research Station through three Chang'e and four Russian Luna missions. Furthermore, Tianwen-2 and Tianwen-3 will return samples from asteroids and Mars, respectively; Tianwen-4 is intended to explore the Jupiter system. The success of these missions will yield unprecedented information for deciphering the mysteries of the solar system and life, as well as considerably expanding our knowledge of the universe we live in.

Keywords deep space exploration; solar system evolution; the Moon; planet; extraterrestrial life

我国太空活动现代化治理中的若干重大问题*

吴伟仁，于登云，刘继忠，胡朝斌，唐玉华，王大轶，侯宇葵，
张哲，李明，王冀莲，王彤，吴克，杜辉，申志强，黄晓峰

太空活动治理现代化是国家治理现代化的战略支撑，是国家参与全球治理的重要手段，更是实现航天强国目标的基本保障。太空活动治理体系分为制度、协调、全球和技术手段等 4 个方面。太空活动现代化治理就是在制度、协调、全球和技术手段等几个方面，改革不适应新时代发展的体制机制障碍、法律法规及技术短板，实现太空活动治理系统化、制度化、法治化、科学化。新时期太空活动治理面临的新形势主要包括太空安全形势日趋严峻、太空战略资源争夺激烈、太空治理国际主导权争夺不断加剧、太空治理技术能力亟待提升 4 个方面。在此基础上，本文从组织管理、法律法规、国际合作和支撑技术等 4 个方面梳理了当前我国太空活动治理发展现状，并分析了我国太空活动治理能力不够、现代化治理能力不足和国际话语权主导权不强等三方面问题。针对上述问题，本文提出强化太空活动治理在国家治理体系中的作用、建立开展太空活动治理常态化研究的机制、推进太空治理相关法律法规立法进程、加大国际合作的政策支持与投入力度、加强对商业航天活动的引导和监管工作等一系列举措，加快推动我国太空活动治理体系与能力现代化，为航天强国建设奠定坚实基础。

党的十九届四中全会指出："坚持和完善中国特色社会主义制度、推进国家治理体系和治理能力现代化，是全党的一项重大战略任务。"治理能力现代化就是要适应时代变化，勇于改革不适应实践发展要求的体制机制障碍、法律法规短板，实现各项事务治理的制度化、规范化、程序化、科学化。

太空是继陆、海、空之后人类活动的第四疆域。太空活动治理是国家治理的重要组成部分，是对进入、探索、开发和利用太空各种活动的管理与规范，涵盖组织管理、法律法规、国际治理、技术支撑等多个方面。经历 60 多年的发展，我国航天事业取得了辉煌的成就，但依然存在空间资源统筹力度不够、创新能力不足、法律法规建设滞后、国际话语权主导权不强等制约我国航天发展的突出问题，凸显我国太空活动现代化治理能力不足。

开展太空活动现代化治理若干重大问题研究，探索构建我国太空活动现代化治理体系架构，是贯彻落实十九届四中全会精神、推动航天强国建设的重要举措。

---

* 科学通报，2021，66（15）：7.

1 太空活动现代化治理概念及其意义

1.1 太空活动及太空活动治理

太空（Space），又称外层空间或空间，一般是指地面 100 km 以上大气层外的宇宙空间，包括近地空间、深空等。太空是陆、海、空之外人类活动的第四疆域，具有重大的政治、军事和经济价值。

太空活动（Space Activity）是人类进出太空、利用太空、探索太空和控制太空的各种活动。太空活动的划分如图 1 所示。进出太空是指航天运输系统制造、航天器发射、航天器从太空返回到地面等。利用太空是指开发利用太空高位置、真空、低重力、能源物质等资源的活动。探索太空是指空间天文、空间物理、空间生命研究以及深空探测等宇宙探索活动。控制太空是指获取“制天权”的太空军事行动。

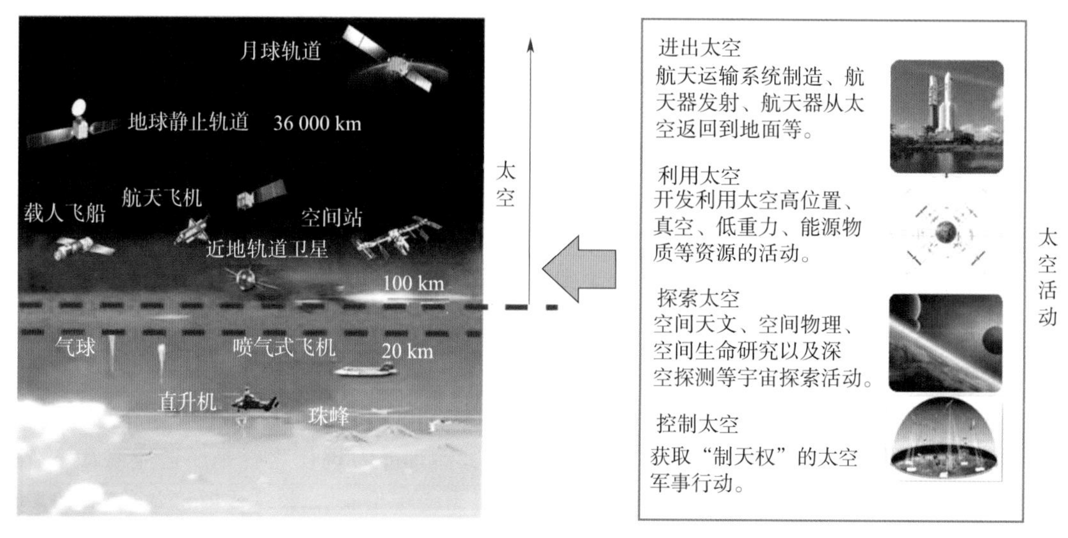

图 1　太空活动的划分

太空活动治理是国家治理的重要组成部分，是国家治理在太空活动领域的具体实践。国家通过相关机构依据法律、政策等规则，运用技术手段对太空领域活动进行妥善安排和处置。从治理对象角度来看，太空活动治理可分为国内治理和国际治理，两者具有不同的特点。

太空活动治理体系如图 2 所示，分为制度、协调、全球和技术手段 4 个方面。太空活动现代化治理就是在制度、协调、全球和技术手段等几个方面，改革不适应新时代发展的体制机制障碍、法律法规及技术短板，实现太空活动治理系统化、制度化、法治化、科学化。

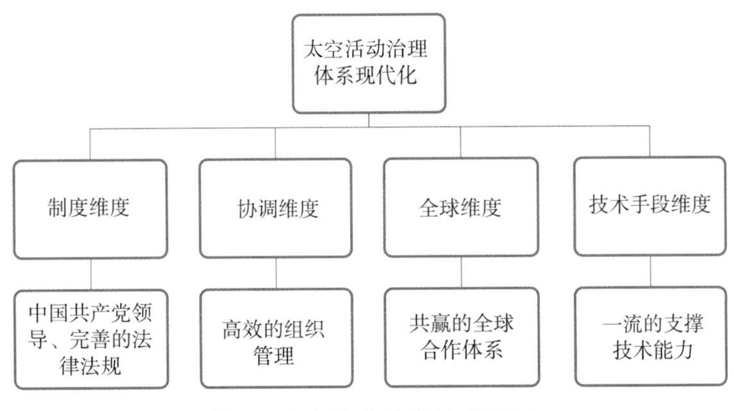

图 2　太空活动治理体系框图

1.2 太空活动现代化治理的重要意义

1）太空活动现代化治理是国家治理现代化的重要组成。太空活动治理是国家治理在太空领域的延伸。由于太空蕴含着丰富的资源，利用其位置高远、疆域广阔等特征，可给国家其他领域治理带来大量发展机遇和发展利益。当前，航天已深入经济社会各领域，促进太空信息、能源、生物、材料等战略新兴产业发展，太空经济规模不断扩大，“航天＋”产业成为国民经济中的新的增长点；太空系统在资源开发、环境保护、防灾减灾、反恐应急、交通物流等领域发挥着不可替代的作用[1]。同时，航天技术代表着高新技术发展的方向，是一个国家经济社会发展和科技进步的重要推动力量，起着引领、带动、辐射的重要作用，可促进基础科学、基础材料、基础工艺和微电子、光电子、增材制造、空间机器人等高新技术和前沿技术发展。航天技术成果移植到国民经济各领域，牵引了新能源、煤化工等新兴产业，孕育了智慧城市、太空育种、太空制药等新业态。

2）太空活动现代化治理是实现航天强国目标的基本保障。航天强国建设是一项长期的任务，在不同的建设阶段会遇到不同的矛盾与问题。太空活动治理现代化是在党的集中统一领导下，与时俱进、不断自我完善的过程，是航天强国建设的方向保障、法治保障、机制保障。在决策管理方面，加强对太空治理建设的集中统一领导，建立完善组织管理体制和机制，高效配置资源，为太空活动高质量发展提供制度保障；在依法治理方面，不断完善以航天法为主体的法律规章体系，更好地为太空活动提供政策与战略保障；在国际化治理方面，不断增强我国在国际空间法规、规则、标准制定以及其他太空活动中的话语权与影响力，为人类文明发展做出贡献；在技术创新方面，坚持创新驱动，通过不断探索，持续夯实太空技术与产业发展基础。

3）太空活动现代化治理是国家参与全球治理的重要抓手。太空活动治理是全球公共区域治理的战略制高点。国际社会对全球公共区域治理极为关注，作为全球公共区域治理一部分的太空活动及其治理，自然也是国际社会高度关注的问题[2]。推动“天基丝路”建设，可以丰富“一带一路”高质量发展的内涵。以重大航天工程项目为载体，可以开辟新型国际合作途径。太空规则的制定尚处于初期，为基于“人类命运共同体”理念构建更加公正合理的国际治理体系提供具体实践的良好机遇。

2 新时期太空活动治理面临的形势

2.1 太空安全形势日趋严峻

以天基系统为核心的全球感知、全球抵达、全球打击格局逐步形成。美国成立太空司令部，负责统一指挥美全球太空作战行动，明确太空是物理作战域和战场，立法组建第六军种“天军”，组建国防部航天发展局，并发布包括“传输层、跟踪层、监管层、威慑层、导航层、作战管理层、支持层”等组成的下一代太空活动体系架构。俄罗斯持续推进太空战略能力升级换代，计划形成对低轨卫星和高轨卫星的战略威慑制衡能力。法、英、澳、加等相继设立太空作战指挥机构。印度成立国防航天局，成功实施首次反卫星试验。日本筹备组建宇宙监视部队，协同美国强化太空战场监视。

2.2 太空战略资源争夺激烈

太空探索成为抢占宇宙资源的重要手段，航天强国不断扩展对地外天体的到达和探测能力，地外天体资源开发和利用成为太空活动的重要目的。越来越多的国家重视并参与太空活动，力求成为新的竞赛规则的重要制定者、新的竞赛场地的重要主导者[3]，在太空利益争夺中占据主动地位。

航天发射活动持续高度活跃。2019 年，全球共开展 102 次航天发射，是自 20 世纪 90 年代冷战结束以来的第二高位水平；全年发射航天器 492 个，创造了航天器年度发射数量的历史新高。频繁的太空活动使得空间轨道、位置、无线电频率等成为稀缺资源，争夺日趋激烈。静止轨道 C、Ku、Ka 等频段以及轨道资源主要被美、俄等国家和欧洲地区垄断。目前在轨空间物体为 1 396 个，原则上可容纳 1 800 个，预计 30 年后轨位将饱和，无新的轨位资源可用。以 Ka 频段为例，全球共申报了 636 个轨位，平均每 1°弧段范围内就有两份卫星网络资料。欧洲和亚太地区上空最为拥挤，我国仅在亚太上空还留存有一定的静止轨道卫星发展和布局空间。

2.3 太空治理国际主导权争夺不断加剧

太空活动治理在大国博弈中具有举足轻重的战略地位。美国在太空领域积极布局太空集体安全机制，迄今为止，已与 25 个国家、2 个国际组织和 78 个商业实体签署太空态势感知数据共享协议[4]，构建以美国为核心的“太空军事联盟”。

2020 年 10 月 13 日，美国国家航空航天局（National Aeronautics and Space Administration，NASA）宣布与澳大利亚、加拿大、意大利、日本、卢森堡、阿联酋、英国 7 个国家的航天机构签署《阿尔忒弥斯协定》（Artemis Accords），该《协定》计划在 2024 年之前将宇航员送上月球，并计划为人类登陆火星做准备。该《协定》的达成为这些国家参与美国的新登月计划铺平了道路，进一步巩固了美国的太空活动主导权。

2.4 太空治理技术能力亟待提升

2013 年以来，随着 SpaceX、亚马逊等公司提出并陆续建设千颗乃至万颗级的低轨宽带卫星互联网星座，商业化的低轨大规模星座进入爆发式发展阶段。以 SpaceX 公司的星链计划为例，该星座规模将达到 42 000 颗，轨道高度从 300 多千米延伸到 1 000 多千米，按照计划，星链计划将在 10 年内完成部署。卫星数量的爆发性增长对监管相关的太空治理技术提出了严峻挑战。

航天活动的快速发展使低轨环境更为复杂。一是频率和轨道资源被掠夺性抢占。以 SpaceX 公司为例，其已经超前占有 42 000 多份频率资源，涵盖 Ka、V、Q 频段，后来者将陷于无资源可用的境地。二是废弃或失效航天器造成空间碎片问题加剧，尤其是巨型星座将严重加剧空间碎片环境的恶化。目前已知的在轨撞击事件及后果见表 1[5]，空间碎片对太空活动安全构成潜在威胁[6]。无序的缺乏统筹的航天发展与当前治理技术限制形成矛盾，亟须提升太空治理技术能力以适应新的太空形势。

表 1 卫星撞击事件统计表[5]

卫星	撞击时间	撞击后果	
日本太阳-A 卫星 Solar-A	1991 年 8 月	望远镜可视区损伤	失效
欧空局通信卫星 Olympus	1993 年 8 月	服务中断	失效
美国绳系卫星 SEDS-2	1994 年 3 月	实验终止	失效
美国军用卫星 MSTI -2	1994 年 9 月	捆扎电缆短路，失联	失效
法国 CERISE 电子侦察卫星	1996 年 7 月	重力梯度稳定杆断裂	异常
美法联合卫星 Jason-1	2002 年 3 月	轨道异常，电流扰动	异常
俄罗斯地理测绘卫星 BLITS	2013 年 1 月	自旋稳定速度上升	异常
厄瓜多尔立方体卫星飞马座	2013 年 5 月	寿命终止	失效
ESA 卫星 Sentinel-1A	2016 年 8 月	轨道和姿态变化，太阳翼受损	异常

3 我国太空活动治理发展现状

3.1 组织管理现状

自 1956 年我国航天事业创建开始，我国太空活动的组织管理架构基本由决策层、管理层、执行层三个层次构成。决策层为党中央、国务院。管理层负责太空活动具体事务管理，由于具体任务的不同，管理层呈现主体多元化的特征。执行层负责具体航天任务的实施，包括产品制造、服务提供等，主要由运载器、卫星系统、应用系统、有效载荷、测控设备、软件系统等研制、生产、开发实体单位构成，当前形成了以航天科技、航天科工两大集团为主，中国科学院、中国电子科技集团有限公司、高等院校、商业航天公司等既协同实施又互相竞争的格局[7]。

经过多年的实践，我国已经取得了较丰富的太空活动管理经验，主要体现在以下两个方面。

1）走出了一条自力更生、自主可控的发展道路。我国航天事业自起步之时就深刻认识到，作为关系国家安全的战略性高科技领域，航天的核心技术是买不来的。在由仿制到自行研制再到自主创新的发展历程中，自力更生始终是我国航天事业发展的不竭动力[8]。

2）建立了具有中国特色的集中力量办大事的举国体制。我国航天是在非常薄弱的工业基础上发展起来的，极度不健全的工业体系和发展航天事业的战略需求之间存在突出的矛盾，而解决这一矛盾的有效途径就是集中力量办大事的举国体制。一方面航天发展由中央高层决策直接领导，充分体现国家意志；另一方面是全国大协作，调动全国各行各业的力量大力协同，克服了工业基础薄弱等诸多困难，成为我国航天发展的一条宝贵经验。

3.2 法律法规现状

我国航天法治经历了3个阶段：第一阶段（1956—1998年）为政令管制阶段，第二阶段（1998—2012年）为服务行政阶段，2012年后进入第三阶段，即法治航天建设阶段，国家航天立法正式纳入国家立法规划。

当前，我国主要是通过制定部门规章和规范性文件对航天活动实施管理，其中部门规章和管理制度主要包括2001年的《空间物体登记管理办法》、2002年的《民用航天发射项目许可证管理暂行办法》、2010年的《民用航天科研项目管理暂行办法》和《空间碎片减缓与防护管理暂行办法》、2015年的《高分辨率对地观测系统重大专项卫星遥感数据管理暂行办法》、2019年的《关于促进商业运载火箭规范有序发展的通知》等。

3.3 国际合作现状

随着中国航天的不断发展，中国的航天国际合作内涵日渐丰富，当前已经形成较为完善的政府间多边合作、政府双边合作以及非政府主导合作三种模式。

1）积极支持政府间多边合作。我国相继加入了《外空条约》《登记公约》《营救协定》与《责任公约》等国际条约，参加了联合国外空委等十几个多边组织/机构会议，与多个国际组织签署了和平利用外层空间的合作协定或谅解备忘录，我国联合亚太地区8个国家成立政府间国际组织——亚太空间合作组织（Asia-Pacific Space Cooperation Organization，APSCO），为本地区发展中国家推动和平利用空间发展提供了合作机制。

2）建立多种形式的政府双边合作机制。截至目前，中国政府已与30多个国家和机构签署了航天合作协议。中国与俄罗斯、部分欧洲国家开展了全面、深入的航天国际合作；持续加强与发展中国家的航天合作，在商业发射、整星出口等国际合作基础上，积极探索联合研制、技术转让、人员培训、规划对接等更广泛的合作方式与途径；持续开展中巴地球资源卫星合作，该项目被誉为南南合作的典范。同时，中国也与美国开启民用航天对话机制。

3）非政府主导合作活跃。中国持续向国际组织推荐专家任职，提升中国航天在国际组织的话语权，推动中国航天融入世界航天。目前，我国已完成 10 余颗国际商业卫星在轨交付，宇航产品及服务出口已覆盖欧洲、非洲、南美洲、亚太地区、北美洲等众多国家和地区，出口额连年增长，太空活动成果在更广范围、更深层次、更高水平上服务和增进人类福祉。

3.4 支撑技术现状

目前，我国在空间态势感知、碎片减缓等支撑太空活动治理技术手段方面取得了一定进展[9,10]。1）建立了以地基为主的空间碎片监测系统，具备对近地小行星、低轨大于 10 cm 碎片等监测能力。2）空间碎片减缓技术工程化研究取得阶段进展，基本解决了长征系列运载火箭星箭分离后上面级的“钝化”问题，制定出 GEO 卫星任务后离轨处置技术方案，开展了运载火箭末级任务后离轨技术措施研究、近地轨道卫星的空间碎片减缓技术研究和航天器再入风险评估技术研究。3）探索了激光驱动移除技术、机械臂、飞网等机械抓捕移除、膨胀增阻离轨技术，“北理工 1 号”卫星对柔性展开增阻帆球技术进行了在轨验证。4）通过一系列试验卫星项目，我国已突破了空间机械手、导航制导与控制、遥操作等一系列空间维护和服务的关键技术，天宫二号在轨期间开展了我国空间机械臂在轨服务的首次在轨试验，具备一定的空间资产维护技术能力。

4 存在的问题

当前，我国在轨航天器数量已居世界第二，空间活动范围正在由近地空间向月球、小行星、火星等更深远的空间延伸，商业航天蓬勃兴起，我国正在由航天大国向航天强国迈进，但仍存在以下问题。

1）空间资源统筹力度不够。空间资源是国家的宝贵财富，只有共建共享共用才能实现效益最大化。但是，目前各类空间数据仍停留在“谁建设，谁使用”的模式，军民卫星资源共享壁垒突出，军用卫星平战结合不够；基础设施没有完全开放共享，封闭、低水平重复建设现象严重；社会优质资源、优势力量尚未充分参与航天发展，空间经济的巨大潜力远未释放。

2）现代化治理能力不足。航天发展顶层统筹协调不够，军民需求对接机制尚未健全，规划缺乏统筹衔接；政府航天管理涉及多部门多单位，职责分工不合理，“九龙治天”现象较为突出；国际合作多头对外，难以形成合力。我国是世界航天大国中唯一没有颁布航天法的国家，与航天大国地位严重不符。我国从 1998 年就提出制定航天法，至今没有结果。由于上位法的缺失，航天法律法规体系推进缓慢，与依法治国的要求远不适应。

3）国际话语权主导权不强。近年来，我国在国际空间舞台上取得了长足的进展。但是，在国际空间组织和国际活动的话语权、主导权远远不够，与航天大国的地位不相称。对国际空间法规、国际标准等缺乏系统的、深入的持续研究。我国一些重大空间工程和活动对外开放不够，我们参与国际重大空间工程和活动也极其有限，严重制约了影响力和辐射度。由于多方面原因，国际交流的广度和深度、国际会议的参与、国际组织的任职没有得到应有的重视和鼓励。因此，在国际太空治理方面难以发挥主导作用。

5 推动太空活动现代化治理的主要措施建议

5.1 强化太空治理在国家治理体系中的作用

1）将太空活动视为确保国家安全和经济利益、谋取全球竞争优势的战略制高点，强化太空活动现代化治理的地位。

2）设立国家太空活动治理专门部门，定期发布“国家太空战略”，明确宣示我国太空发展立场、态度、权益，加强我国太空活动的顶层设计、战略引领。

5.2 建立开展太空活动治理常态化研究的机制

1）发挥政府、工业界、学术界的协同作用，打造多个有影响力的太空活动治理研究智库。

2）长期开展太空活动热点、难点及前沿问题研究，构建新时期太空活动治理理论体系。

3）积极塑造我国太空活动国内、国际表达方式，开展丰富多样的、全方位的宣传推介活动，提高中国航天的影响力和美誉度。

5.3 推进太空活动治理相关法律法规立法进程

我国从 1998 年就提出制定航天法，2012 年全国人大常委会将其纳入五年立法规划，至今没有结果，与依法治国的要求远不适应。应加强部门间协调，梳理航天法立法过程中存在的矛盾和问题，以改革发展推动航天法治化进程，按照“分步推进，急用先行”的原则，加快推动顶层航天法的立法进程，为下位法制定提供顶层依据[11,12]。

5.4 加大国际合作的政策支持与投入力度

1）国家制定有效措施，为国际合作设立稳定的专项经费渠道，深度参与国际空间法规及政策的制定，提高参与国际交流频次，促进在国际规则制定中发挥主导作用。

2）争取国际和地区空间组织在我国落地，大力支持我国专家在国际空间组织任职，在重要航天国家驻外大使馆设立太空处，打造国际太空活动治理专业化外交人才队伍。

3）针对国际合作特点，制定外事制度，放宽出国任职人数比例、出国时间、一次出访国家数量等方面的限制。

5.5 加强对商业航天活动的引导和监管工作

1）把商业航天作为太空活动治理的重要组成力量予以推进，改善商业航天发展环境，实施市场准入负面清单制度，简化各类许可流程，形成公平、有序的产业竞争格局。

2）加强商业航天活动监管，特别是在遵守国家安全法、国际空间条例、进出口管制、发射场及试验场安全管控等方面严加监管，确保合法合规。

3）发挥商业航天机制灵活、创新性强等优势，鼓励其积极开拓空间目标监测、碎片移除等国际商业市场，在国际太空活动治理中发挥积极作用。

6 结论

60 多年来，我国航天始终以服务国家战略为己任，紧跟时代前沿，取得了以“两弹一星”、载人航天、月球探测为标志的辉煌成就。

进入新时代，我国航天面临新形势、新任务、新要求和新挑战，我们应深入贯彻十九届四中全会精神，全面实现太空活动治理体系和治理能力现代化，为航天强国建设奠定坚实基础！

致谢

感谢中国工程院咨询研究项目“太空活动现代化治理体系发展战略研究”（2019-ZD-29）资助。

参考文献

[1] 胡朝斌，侯宇葵，申志强．弘扬新时代航天精神 走航天强国新长征路［J］．中国航天，2020，(5)：48-51.

[2] 何奇松．国际太空法与太空军事利用［J］．复旦国际关系评论，2017，(2)：35-54.

[3] 李莎，付中梁，杜辉．深空探测领域国际学术组织及交流平台浅析［J］．中国航天，2017，(6)：52-55.

[4] 唐玉华．深空探测国际合作的趋势分析［J］．国际太空，2007，(10)：31-33.

[5] Anz-Meador P D，Opiela J N，Shoots D，et al. History of On-Orbit Satellite Fragmentations. 15th Ed. Technical Memorandum，2018，https：//ntrs. nasa. gov/citations/20180008451.

[6] Del Portillo I，Cameron B G，Crawley E F. A technical comparison of three low earth orbit satellite constellation systems to provide globalbroadband ［J］．Acta Astronaut，2019，159：123-135.

[7] 葛令民．C集团军民融合企业战略研究［D］．哈尔滨：哈尔滨工业大学，2010.

[8] 肖晞，樊丛维．构建东亚新型太空合作模式：制约因素与路径选择［J］．社会科学战线，2019，(1)：219-230.

[9] 李明，龚自正，刘国青．空间碎片监测移除前沿技术与系统发展［J］．科学通报，2018，63：2570-2591.

[10] 龚自正，李明，陈川，等．小行星监测预警、安全防御和资源利用的前沿科学问题及关键技术［J］．科学通报，2020，65：346-372.

[11] 刘继忠，唐玉华，龙杰，等．关于建立我国空间核动力源应用安全机制的建议［J］．科学通报，2020，65：875-881．

[12] 尹玉海，刘飞．俄罗斯减缓空间碎片的技术与法律措施［J］．中国航天，2007，（8）：25-27，32．

Key issues of modernization of space governance

WU Weiren, YU Dengyun, LIU Jizhong, HU Chaobin, TANG Yuhua, WANG Dayi, HOU Yukui, ZHANG Zhe, LI Ming, WANG Jilian, WANG Tong, WU Ke, DU Hui, SHEN Zhiqiang, HUANG Xiaofeng

Abstract Space is the fourth domain of human activities after land, sea and air. After 60 years of development, the number of China's in-orbit spacecraft has ranked the second in the world. The scope of space activities is extending from near-Earth space to the moon, asteroids, Mars and other deep space objects. Commercial space industry grows vigorously. The governance of space activities is the management and regulation of various activities of entering, exploring, developing and utilizing space, including organization management, laws and regulations, international governance, technical support, etc. The governance modernization of space activities is the strategic pivot in modernization of national governance. It serves as means for nations that participate in global governance, and is also the prerequisite for becoming one of the leading nations in space domain. The governance system of space activities incorporates four aspects: Regime, protocol, global coordination, and technical means. The governance modernization of space activities is to reform the system and mechanism barriers, laws and regulations, and technical thresholds that are not suitable for present development, and to expedite its systematization, regularization, legalization, scientization. In this paper, the newest situation in the current space governance is analyzed from four perspectives, including the increasingly severe space security situation, the fierce competition for space resources, the increasing competition for international space dominance, and the necessity to improve the technical capabilities of space governance. On this basis, the development status of space governance in China is presented from four aspects, including the organization and management, laws and regulations, international cooperation, and pertinent technologies. Subsequently the three issues of space activities governance capabilities and modernization requirements are analyzed, including insufficient space resource coordination, inadequate space governance capabilities, and weak dominance of international dialogue.

In respect of the above aspects, this paper proposes to strengthen the role of space activity governance in the national governance, to establish a mechanism for conducting research on the normalization of space activity governance, to promote the process of legislation related to space governance, to increase policy support and investment in international cooperation, and to carry out a series of measures such as strengthening the guidance and supervision of commercial space activities.

In terms of organization and management, it is necessary to focus on the research of organizational optimization, efficient operation mechanisms, and organization and management effectiveness evaluation. In terms of laws and regulations, it is necessary to focus on the framework of the legal and regulatory system, the formulation of key laws and regulations, and the efficient implementation mechanism of laws and regulations. In terms of international cooperation, it is necessary to focus on the research of long-term sustainable international cooperation goals and policies, international rules based on the concept of a community with a shared future for mankind, and major projects to facilitate international cooperation. In terms of technical support systems, it is necessary to focus on space object monitoring, space data application, space spectrum monitoring, space debris mitigation, space facility maintenance, near-Earth object defense and other technical research of space activities in the governance support technology system. The methods mentioned above will accelerate the modernization of China's governance system and capability of space activities and lay a solid foundation for becoming a space power.

Keywords governance of space activity; governance capability; national governance; modernization

嫦娥四号工程的技术突破与科学进展*

吴伟仁，于登云，王赤，刘继忠，唐玉华，张熇，张哲

摘　要　嫦娥四号工程首次实现人类探测器在月球背面着陆和巡视探测，在国际月球探测史上树立了新的里程碑。本文简要介绍了国际月球探测态势，回顾了嫦娥四号工程的实施历程，对工程在地-月中继通信、月球背面高精度着陆、空间同位素电源研制等方面所实现的重要技术突破进行了阐述，并总结了在月球背面形貌、矿物组分和环境探测等方面已取得的多项原创性科学研究成果。本文可为后续深化月球和行星领域探测与科学研究提供借鉴。

关键词　嫦娥四号；技术突破；科学进展；设计与分析；任务实现

0　引言

月球作为距离地球最近的天体，是人类深空探测的首选目标，人类已先后实施了约118次探测活动，除20多个探测器实施了月球正面着陆探测以外，其他都是对月球的环绕和飞越探测[1]。月球背面是人类在地球上始终无法观测的未知世界，具有最大、最深、最古老的撞击坑，加之始终背对地球，屏蔽了来自地球的电磁干扰，是开展射电天文观测的理想场所，不仅有助于研究解决宇宙的暗黑时代以及黎明时期等重大科学问题，而且对研究月球和太阳系早期历史和演化也具有重要意义[2-5]。美国、欧洲都曾设想着陆月球背面，但于月球背面无法直接对地通信，且地形崎岖复杂，技术挑战极大，因此至今尚未涉足该区域。

近年来，欧洲空间局提出了月球南极探测规划，在月球南极建立月球村；俄罗斯制定了月球南极探测计划，拟通过月球-25至月球-28共4次任务的实施，在南极建立月球基地；印度在2019年实施月船2号南极着陆失败后，又计划在2021年前后发射月船3号任务，再次进行南极着陆探测；美国2015年提出月球背面探测设想，2017年提出“重返月球”，2019年正式发布“阿尔忒弥斯”计划（Artemis Program），将在2024年实施月球南极登陆，以主导国际月球探测的新格局[6-8]。由此可见，月球南极探测已成为航天大国竞相抢占的战略制高点。

* 中国科学：信息科学，2020，50（12）：15.

我国于 2014 年提出实施嫦娥四号工程，率先开展月球背面着陆探测，并于 2018 和 2019 年分别首次实现人类地-月拉格朗日 L2 点中继通信和探测器在月球背面南极-艾特肯盆地（South Pole-Aitken Basin）冯·卡门（Von Kármán）撞击坑软着陆，开展科学探测和实验，树立了人类探月史上又一新的里程碑。迄今，已突破了一批关键技术，并取得了多项重要阶段性科学成果。

1 工程主要研制历程

嫦娥四号工程由工程总体和探测器、运载火箭、发射场、测控、地面应用等 5 大系统组成（见图 1）。任务共配置了 13 台（套）科学探测仪器（见图 2），其中包括荷兰、沙特、瑞典、德国等 4 台（套）国际合作载荷，并研制搭载了首个环月天文观测龙江号微卫星。嫦娥四号工程包括中继星和探测器两次发射任务[9,10]。

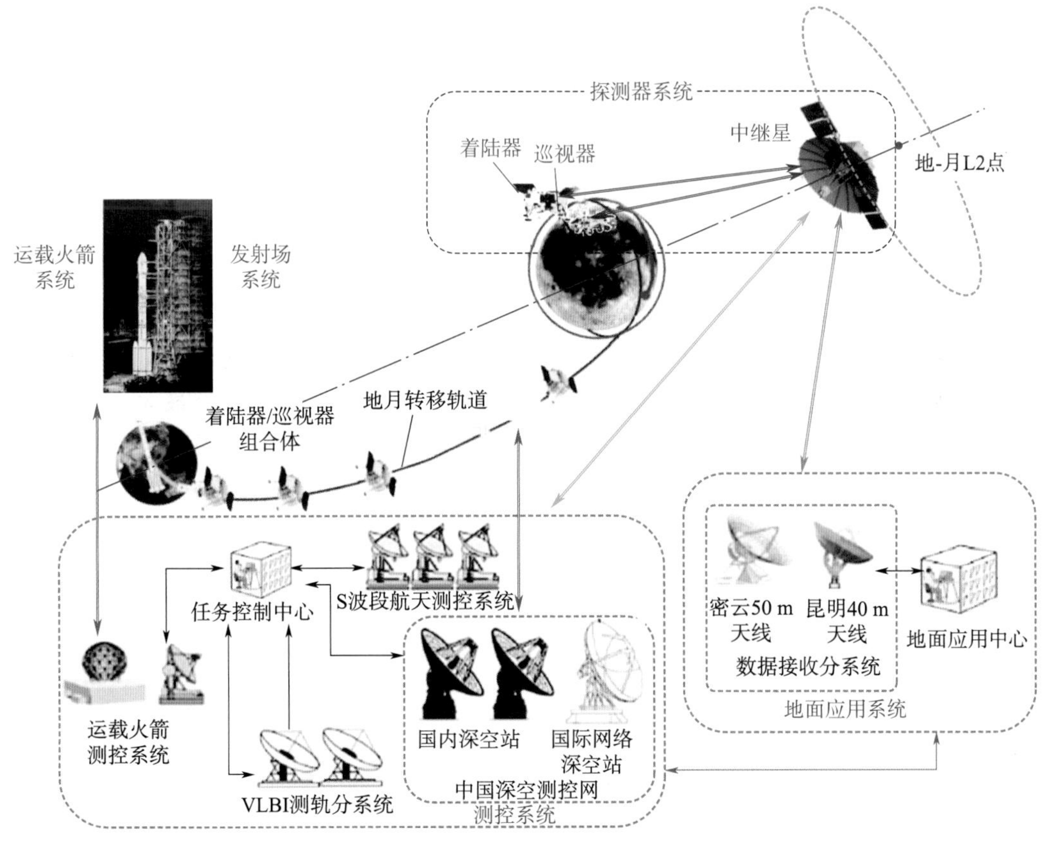

图 1 嫦娥四号工程组成

2014 年 7 月启动实施方案论证工作。经过深化论证和多方案反复比较，2015 年 5 月确定了研制一颗工作在地-月 L2 点的中继星，研制适应月球背面着陆和巡视的由着陆器和巡视器（后命名为玉兔二号月球车）组成的探测器，实现在月球背面着陆，开展就位和巡

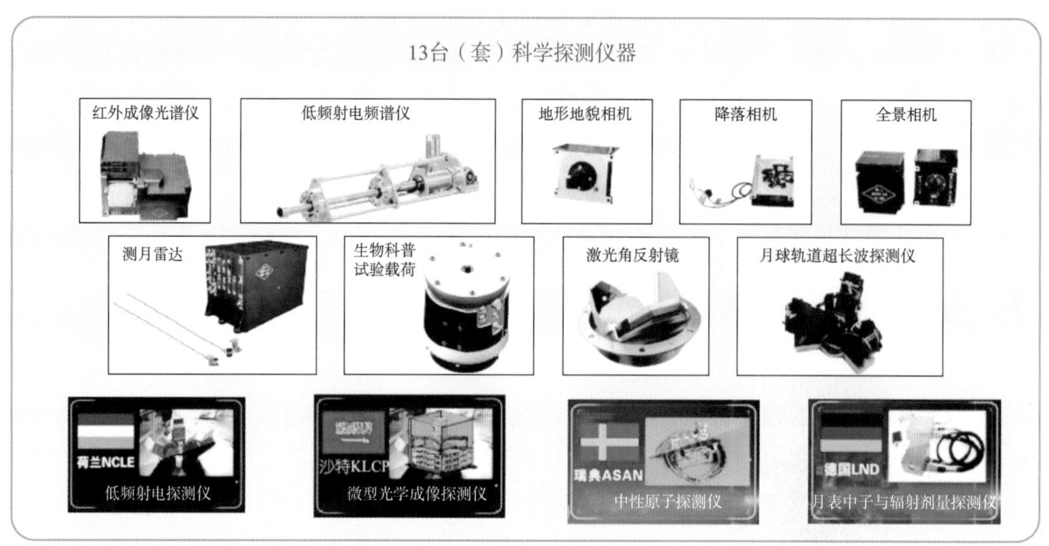

图 2　嫦娥四号科学探测仪器

视探测的实施方案。2016 年 1 月正式立项实施。

2018 年 5 月 21 日，鹊桥中继星由长征四号丙（CZ-4C）运载火箭送入地月转移轨道。经过多次轨道机动与捕获，24 天后成功进入距月球约 7 万 km、距地球约 45 万 km 的 L2 点使命轨道并稳定运行[11]。中继星飞行轨道如图 3 所示。

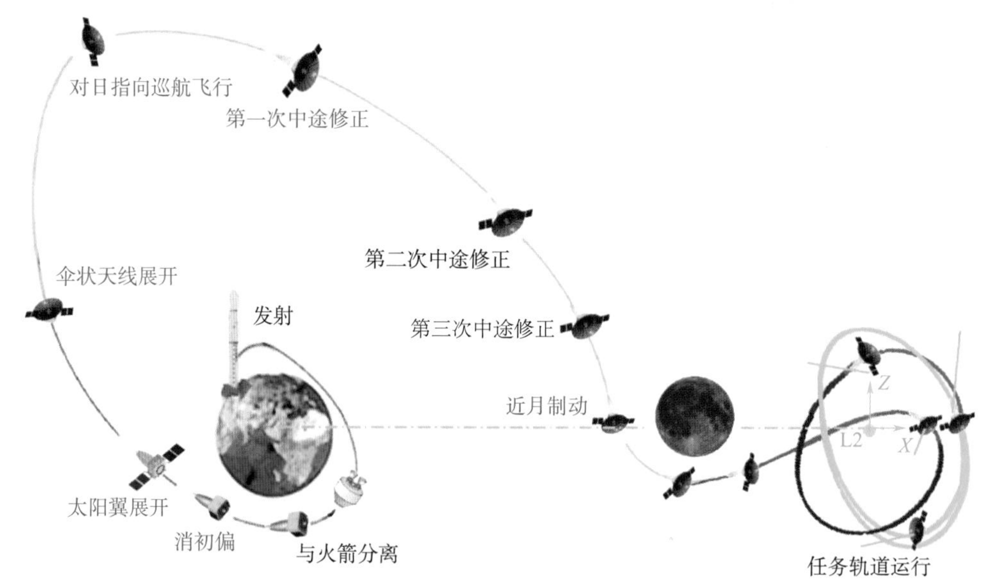

图 3　中继星飞行轨道

2018 年 12 月 8 日，探测器由长征三号乙（CZ-3B）运载火箭送入远地点 42 万 km 的地月转移轨道。经过中途修正、近月制动和环月降轨，在距月面 15 km 高度开始动力下降，经历近 700 s 的主减速、快速调整、接近、悬停、避障和缓速下降等过程后，探测器于 2019 年 1 月 3 日 10 时 26 分安全着陆在月球背面冯・卡门撞击坑预选着陆区，先后完成两器分离、互相拍照，并在中继星的支持下，开始长期科学探测与实验[10,12]。探测器飞行轨道如图 4 所示。

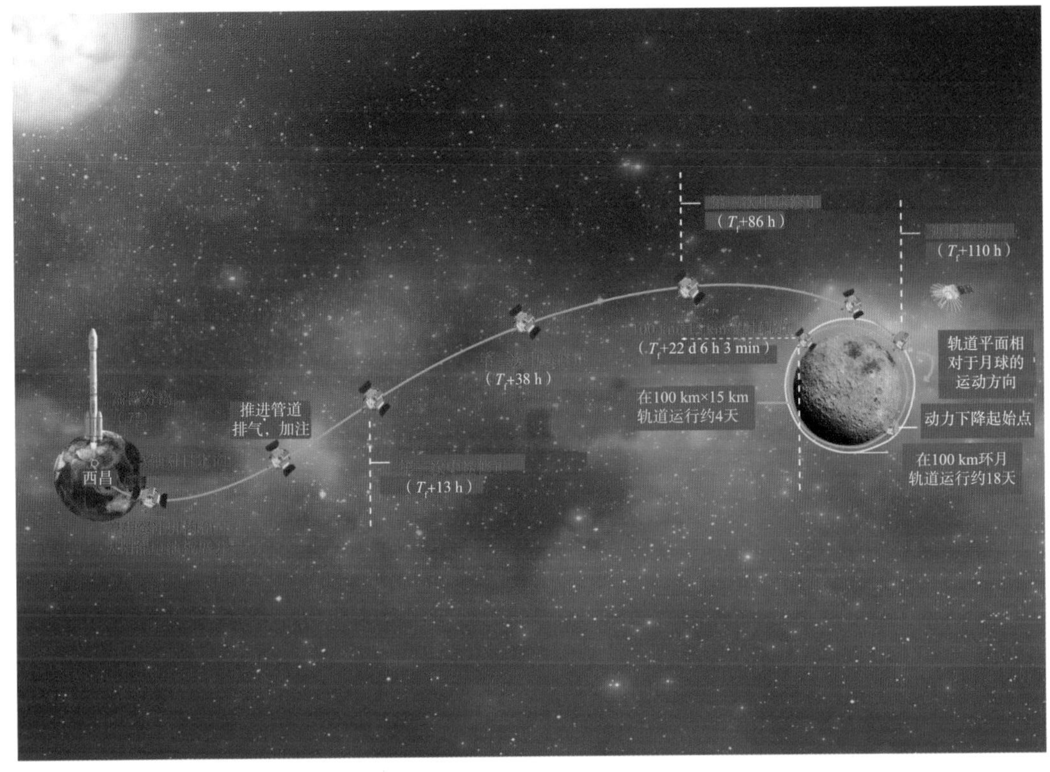

图 4　探测器飞行轨道

2 工程主要技术突破

嫦娥四号工程创新性强、技术难度大、任务复杂度高、国际影响大，自实施以来，实现了多项技术突破，主要表现在如下 6 个方面。

2.1 在国际上首次实现月球背面与地球间的连续可靠中继通信

提出了基于地-月 L2 点轨道的再生转发深空中继通信方案，其中继通信链路如图 5 所示。突破了远距离微弱信号的快速扫描捕获和逼近理论门限解调等关键技术，实现了低信噪比宽带信号的可靠中继，使中继通信能力由 4 万 km 跃升到 45 万 km[13]。

发明了一种地-月 L2 点 Halo 使命轨道构型设计（地-月 Halo 轨道构型如图 6 所示）和“三脉冲”轨道捕获控制方法，突破了多约束耦合条件下的轨道设计和控制等关键技术，解决了中继星对月球背面探测器全时段稳定中继通信的难题[14]。

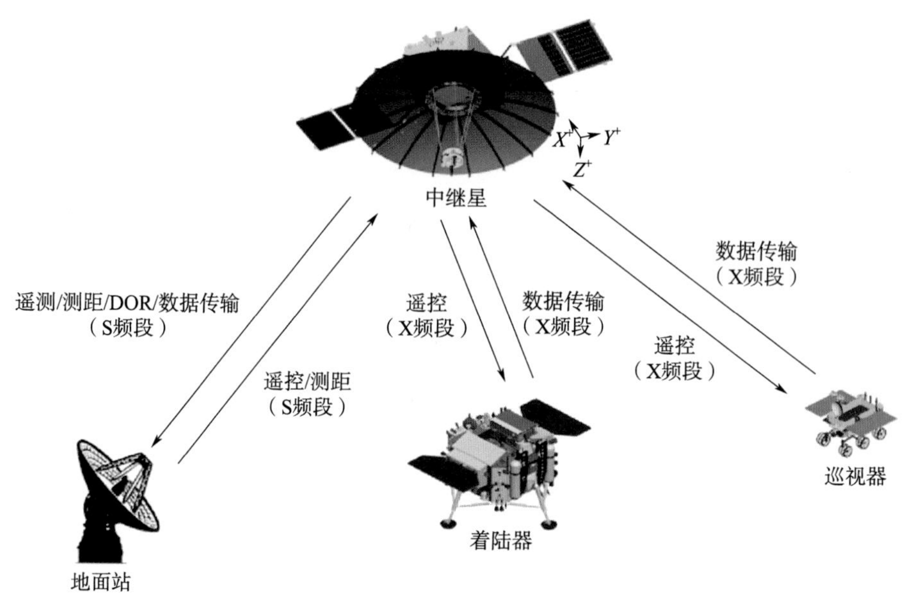

图 5　中继通信链路图

研制了首个用于深空的轻小型、长寿命中继星和耐低温的轻质、高增益、大口径中继天线（见图 7），突破了网状天线材料和型面保持技术，天线耐低温能力由 2 h 提升至 6 h，温度由−180 ℃扩展至−235 ℃，实现极低温环境下的安全运行和精确指向[15]。中继星网状天线热变形数值分析如图 8 所示。

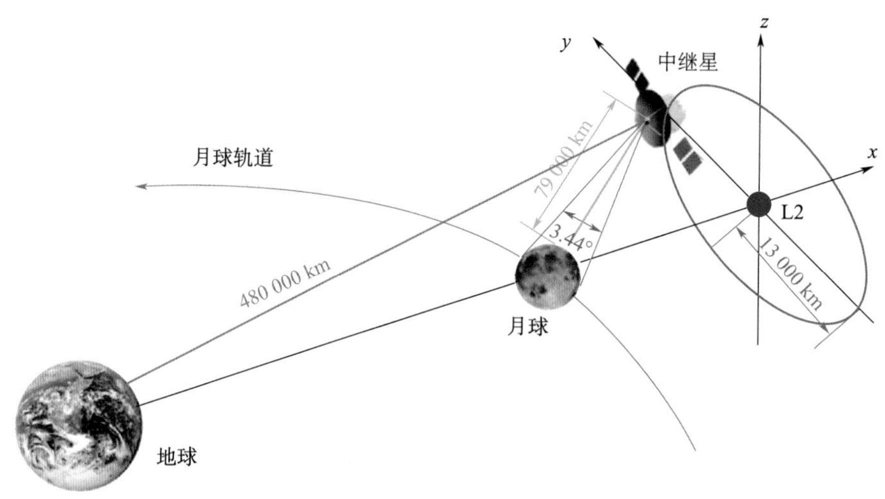

图 6　地-月 Halo 轨道构型图

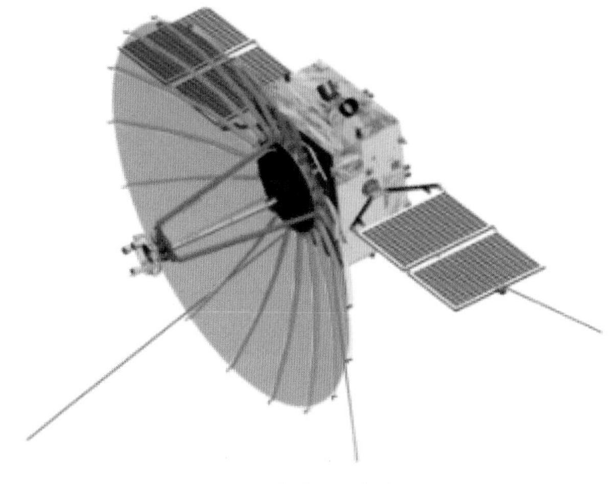

图 7　鹊桥号中继星

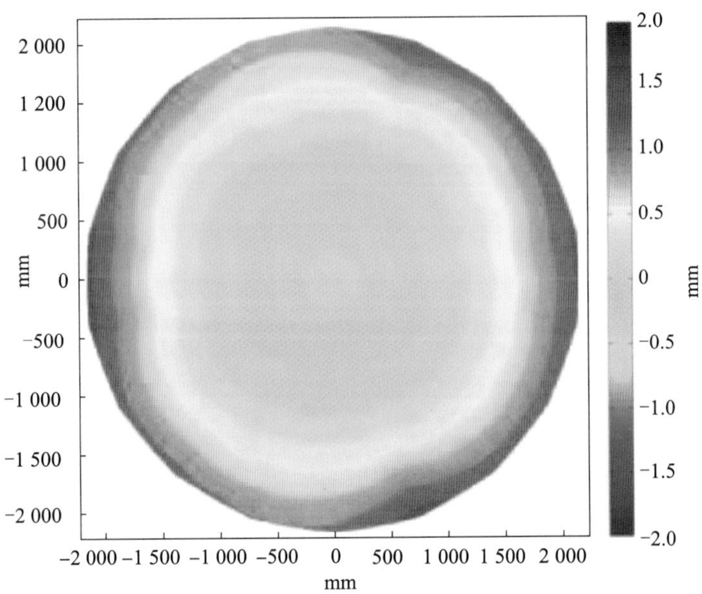

图 8　中继星网状天线热变形分析图

2.2 在国际上首次实现月球背面复杂崎岖地形自主避障和高精度着陆

针对月球背面地形崎岖、可选着陆区范围仅为嫦娥三号 5%的严酷条件，发明了基于近月制动和环月修正双层迭代的轨道联合控制方法，具备了在多个发射窗口条件下均在同一狭小区域“定时定点”着陆的能力[16,17]。

针对航迹起伏高达 7 km 的安全着陆难题，提出了一种接近垂直降落的动力下降控制方法，突破了自主粗避障和精避障异构融合、故障快速自主诊断和系统重构等关键技术[18-20]，实现了着陆点自主选择和精确避障，避障范围高达 300 m。探测器动力下降过程如图 9 所示，着陆区三维高程分布如图 10 所示。

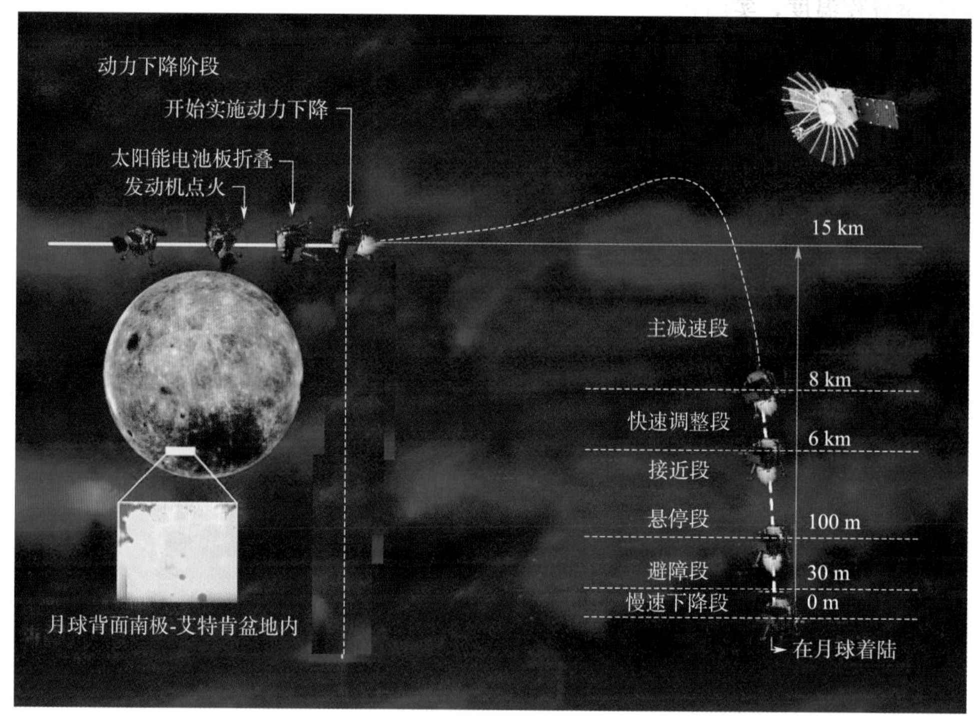

图 9　动力下降过程示意图

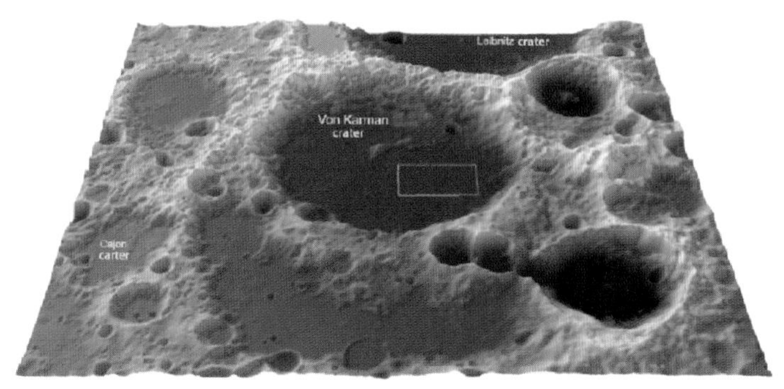

图 10　着陆区三维高程图

2.3 实现了我国空间同位素电源的国产化

突破了剧毒的钚-238 放射性空间同位素电源（见图 11）制备、4 大类 19 项空间应用安全性综合实验及评价技术，实现了同位素电源国产化；攻克了放射性同位素电源设计、热电转换材料研制、高效热传递等关键技术，研制了适应边界温差高达 210 ℃、可稳定发电的同位素电源[21]，构建了我国空间核能源的研制体系和技术规范，解决了未来深空探测任务能源供给的核心关键难题。

提出了月夜基于同位素电源供电的月壤温度自动测量方法，在国际上首次获得月球背面浅层月壤昼夜温度，实测到最低温为－196 ℃（月表昼夜温度测量曲线如图 12 所示），改变了人类以往对月球环境的认知。

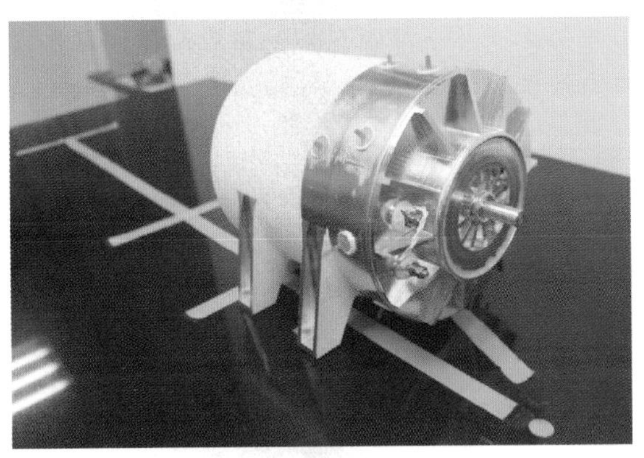

图 11　空间同位素电源

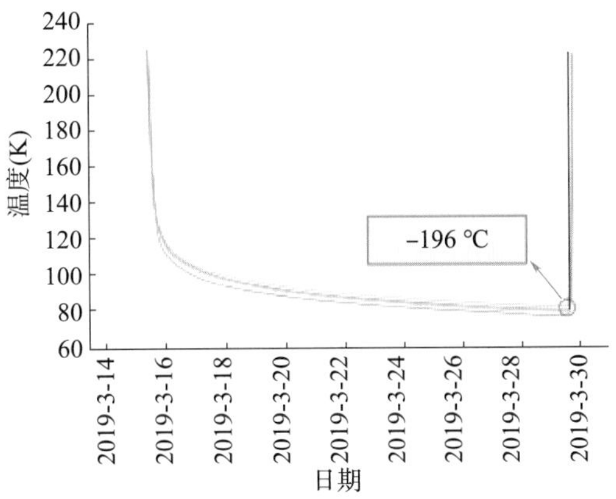

图 12　月表昼夜温度测量曲线

2.4　突破了火箭多窗口可靠发射和组合导航滤波优化技术

针对中继星高精度入轨要求，提出了多窗口优化发射轨道设计方法，突破了多干扰综合环境下的高精度制导技术，使 CZ-4C 火箭入轨精度实现了数量级的提高[11,22]，其火箭飞行高度比对如图 13 所示；攻克了常温推进剂高精度温控技术，实现了连续 3 天 5 个窗口可随时发射和对发射任务的适应能力。

突破了组合导航滤波优化技术，使 CZ-3B 火箭在远地点高度达 42 万 km 的情况下，入轨精度从千 km 级提高至百 km 级。突破了氢氧推进剂加注后推迟发射的处置保障技术，首次具备了推迟 24 h 发射的工程能力[23]。

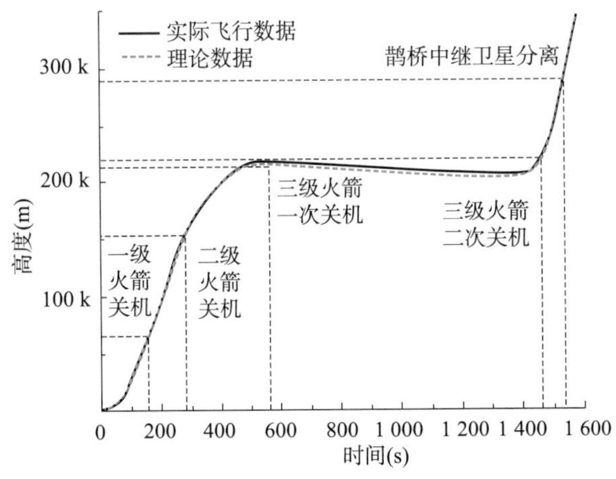

图 13　CZ-4C 火箭飞行高度对比

2.5 实现了月球探测六目标测控和 Halo 轨道中继星的高精度长期控制

提出了全球布站的多目标深空测控方案，突破了多信道并行与多任务协同处理技术。首次实现了任务期间对中继星、着陆器、微卫星等多达 6 个深空目标的可靠测控。具备探月任务的多目标近全天时可靠测控能力[24,25]。嫦娥四号任务多目标测控示意图如图 14 所示。

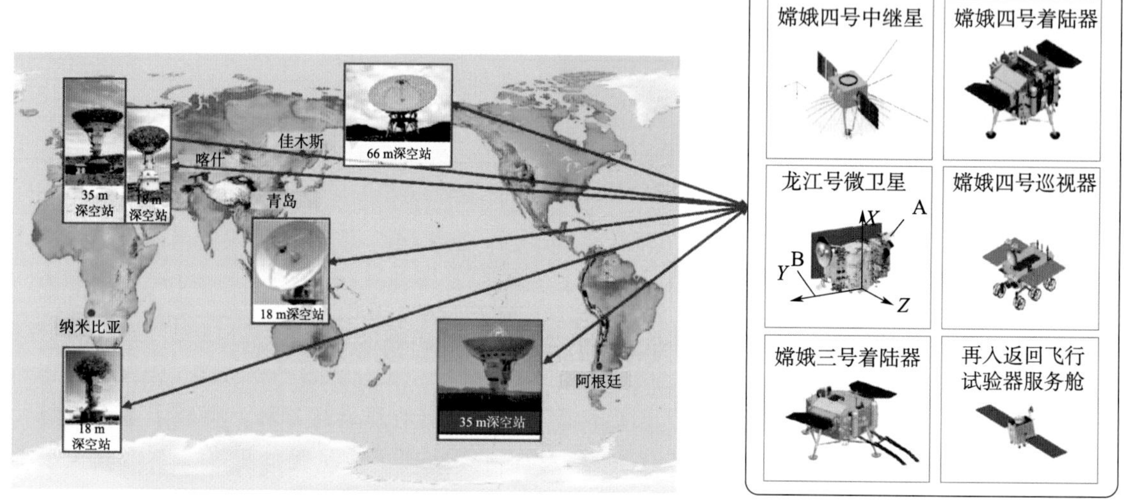

图 14　多目标测控示意图

提出差分单向测距、再生伪码测距等多种手段联合的高精度测定轨方法，攻克了动量轮卸载与轨道维持联合规划、逐次收敛的 Halo 轨道最优维持技术[26-28]，实现了地-月 L2 点动力学弱约束条件下的高精度轨道测定、预报和长期运行控制，节省的推进剂可使中继星寿命由 3 年提升至 10 年。

2.6 突破了环月微卫星系统技术

龙江号微卫星（见图 15）搭载中继星发射，成为全球首个独立完成地月转移、近月制动和环月飞行的微卫星，开展了月球轨道超长波天文观测和 VLBI 高精度测定轨实验，验证了深空探测微纳卫星平台技术，推动了微纳卫星在深空探测领域的发展与应用。同时，微卫星上还搭载了沙特研制的光学相机，开展了对月成像观测。

3 主要阶段性科学成果

嫦娥四号工程共装载了 13 台（套）科学探测与实验仪器，其中，在着陆器和玉兔二号月球车上，共搭载了 8 台科学载荷和 1 台生物科普实验载荷。到目前为止，着陆器和玉兔二号月球车已在月面稳定探测 17 个月昼，创造了世界月球车最长巡视工作记录，获取

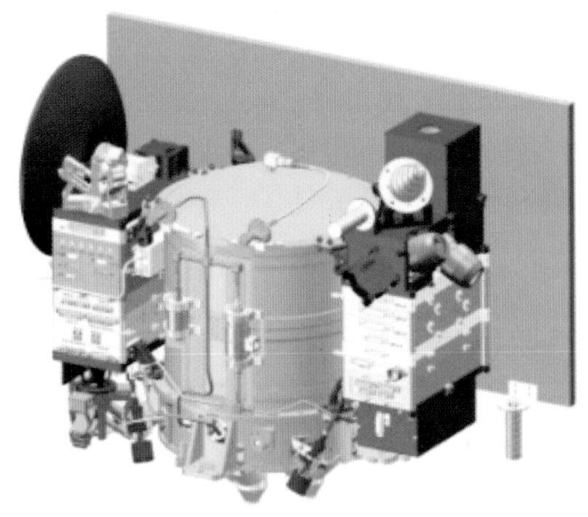

图 15　龙江号微卫星示意图

了大量探测数据，为开展月球科学研究提供了宝贵的第一手资料。在国际上首次实现月球背面形貌、矿物组分和环境探测，获得多项原创性科学成果。

3.1 揭示了月球背面地下 40 m 深度内的地质分层结构

利用玉兔二号月球车上搭载的测月雷达，通过开展巡视路线上（巡视探测路线如图 16 所示）月球次表层结构探测，研究了巡视区月壤厚度与月壳浅层结构，首次揭示了月球背面着陆区域地下 40 m 深度内的地质分层结构。根据获得的物性参数和雷达图像，沿着月球车行走的 106 m 路径，在深度 40 m 的范围内，获得了月表下物质的特性参数，以及溅射物内部地层序列，识别出了 3 个不同物理特性的次表层地层单元，发现地下物质由低损耗的月壤物质和大小不同的大量石块组成。研究结果极大地提高了人类对月球撞击和火山活动历史的理解，并为月球背面的地质演化研究带来新的启示[29]。月球次表层结构剖面如图 17 所示。

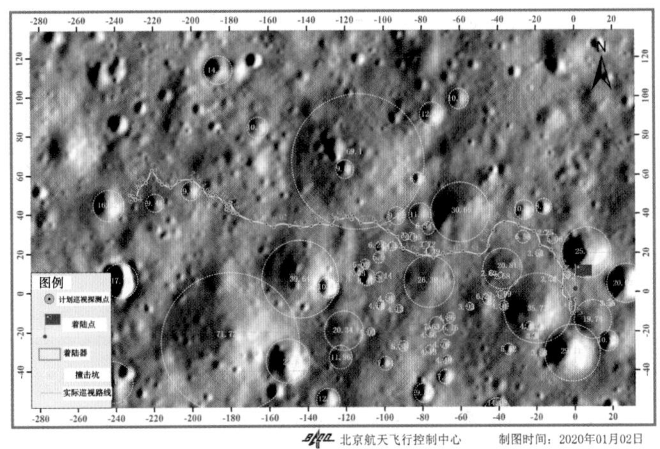

图 16　玉兔二号月球车巡视路线

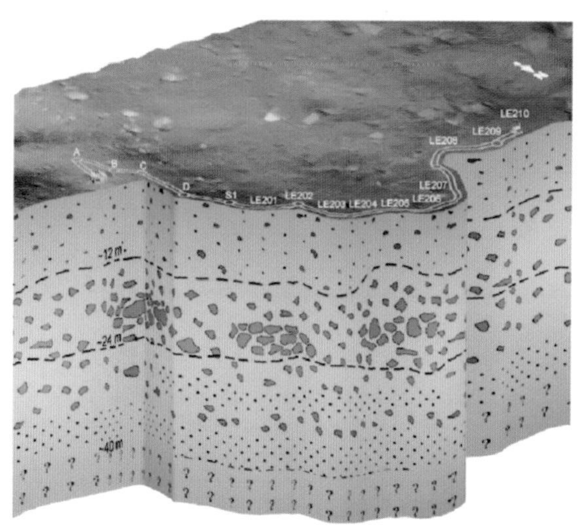

图 17　月球次表层结构剖面示意图[29]

3.2 初步揭示了月球的深部物质组成

利用玉兔二号月球车携带的可见光和近红外光谱仪的探测数据，嫦娥四号着陆区月壤光谱的吸收特征与月球正面月海玄武岩质月壤光谱的吸收特征存在着显著差异，展现出低钙辉石的光谱特征，并暗示有大量橄榄石的存在。进一步的分析证实，嫦娥四号着陆区月壤物质中橄榄石相对含量最高，低钙辉石次之，仅含有很少量的高钙辉石。这种矿物组合很可能代表了源于月幔的深部物质[30]。

玉兔二号月球车不仅获取了很多的月壤光谱数据，还测量了一个石块，其受到风化程度较小，保留了岩石本身的光谱特征。玉兔二号月球车巡视区月壤和石块具有相似的光谱特征，表明石块与月壤母岩可能是同源的，而且它们的光谱特征与 Finsen 陨石坑物质更接近（见图 18）。进一步印证了嫦娥四号着陆区物质主要来源于 Finsen 撞击坑，代表了南极-艾特肯盆地的深部物质。基于辐射传输模型得出石块为含橄榄石苏长岩，与月幔成分不一致；而且石块具有中等-细粒的岩石结构，表明可能是快速结晶形成的，不大可能是下月壳的原始深成岩。这可能是由于南极-艾特肯盆地在形成过程中，巨大的撞击能量使得下月壳和上月幔物质混合熔融，形成一个岩浆湖，而观测到的石块是从这个岩浆湖中分异结晶形成的[31]。

3.3 获得了月球背面空间环境数据

嫦娥四号着陆器搭载了中德合作的月表中子与辐射剂量探测仪（LND）用来探测月表粒子辐射及其剂量。玉兔二号月球车搭载的中瑞合作的中性原子探测仪（ASAN）则用来观测巡视探测点的能量中性原子（Energetic Neutral Atom）。ASAN 探测数据表明，能量大于 30 eV 的能量中性原子，其能谱结构及反照率与印度的 Chandrayaan-1 卫星和美国的 IBEX 卫星观测结果一致性较好，主要为太阳风质子直接反向散射的氢原子；而能量小于

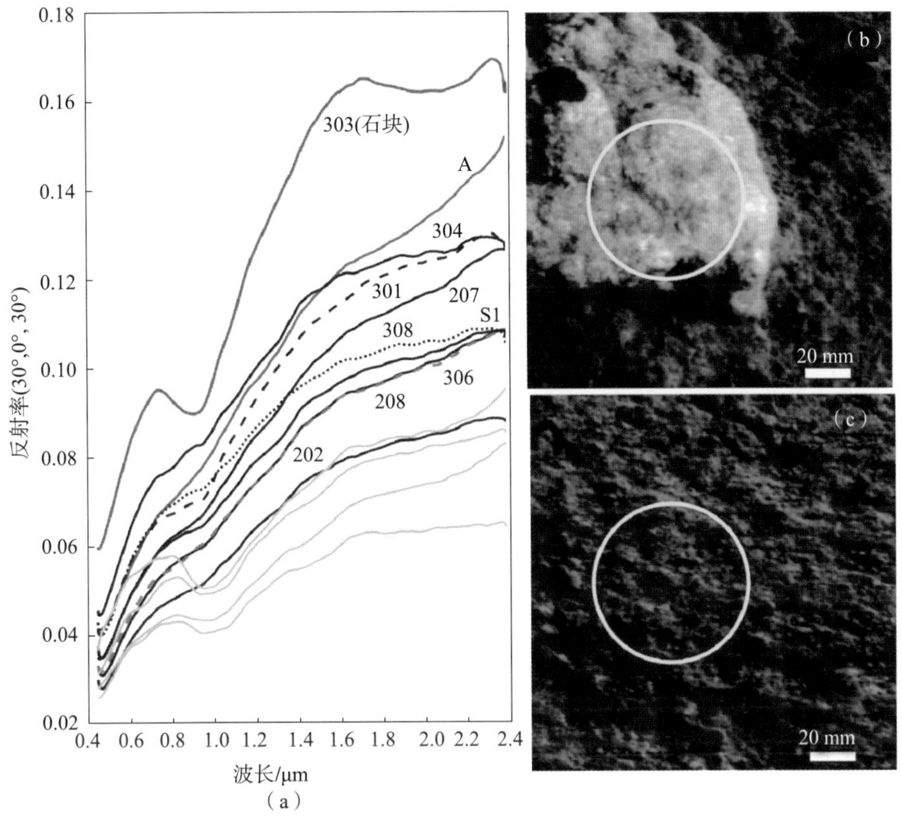

图 18　月球石块物质组成[31]

30 eV 的能量中性原子通量和反照率则明显高于以上卫星观测结果：这可能是因为嫦娥四号着陆区特殊的月壤特性（微孔多少、颗粒大小，以及成分等）导致产生了较多能量较低的溅射能量中性原子[32]，LND 在国际上首次在月表获得了粒子辐射环境数据，包括辐射剂量率、线性能量转移谱（LET 谱）、带电粒子和中子能谱，通过 LND 的数据得到在月表的辐射剂量率为 13.21±1.01 μGy/h（微格瑞/小时），中性粒子的剂量率为 3.05±0.43 μGy/h，平均品质因子为 4.32±0.65，银河宇宙线的剂量当量为 57.06±10.57 μSv/h（微西弗/小时）。这对于人类对月球背面空间环境特征和变化规律的了解有重要的科学价值，并对未来载人登月的空间环境保障提供了实测环境数据的支持。

3.4　首次获得了空间低频射电频谱信号数据

研制了低频射电频谱仪，突破了空间低频射电信号探测技术，首次在月球背面进行了超宽带甚低频（10 kHz～40 MHz）射电天文信号观测，获得了高分辨率低频射电三分量时变波形数据[5,33,34]，对于研究太阳低频射电特征和月表低频辐射环境具有重要的科学意义。

3.5 开展了系列科学实验

研制生物科普实验载荷，攻克了复杂环境下的生物固定、自主温控、月面条件下的导光等关键技术，将动物、植物和微生物构成的生物组合搭载在着陆器上，实现了人类首次在月球表面生物培育实验，观测到了棉花种子在月面密闭环境下的生长发育过程[10]。

成功研制满足中继星激光测距要求的角反射器，突破了地基激光测距望远镜高精度指向与跟踪等关键技术，在国际上首次开展超地月距离的反射式激光测距，将显著提高深空卫星激光测距的精度[35-37]。利用改造后的中国科学院云南天文台 1.2m 望远镜和中山大学新建的珠海 1.2 m 望远镜，在国内首次实现对 20 世纪美国发射的阿波罗-11、阿波罗-14、阿波罗-15 和苏联发射的月球-17、月球-21 任务安置的激光反射器的激光测距实验。

4 结束语

嫦娥四号工程自 2018 年成功实施以来，已取得多项技术突破和重要的阶段性科学成果，获得授权发明专利 150 余项；在《中国科学》系列、*Nature*、*Science* 等国内外主要刊物和会议上发表论文 140 余篇；出版专著 4 部，这些成果不仅促进了我国空间射电天文学、行星科学的发展，实现了全月面到达、自主精准着陆、地-月 L2 点中继、高精度高可靠发射、多目标月球测控通信、空间同位素电源国产化等能力，而且带动了新能源、新材料、新工艺、人工智能、先进电子等技术的进步，对推动航天强国和科技强国建设、提高民族凝聚力，具有重大的现实意义和深远的历史影响。

在探月工程中，嫦娥四号首次面向全国大、中学生开展了科普载荷搭载实验，极大地激发了青少年的探索热情。还首次搭载了德国、沙特等多个国家的科学载荷，建立了科学数据的国际合作共享机制。

嫦娥四号着陆点被国际天文联合会命名为“天河基地”，成为继阿波罗 11 号着陆点被命名为“静海基地”之后的第 2 个“基地”，嫦娥四号研制团队被英国皇家航空学会授予 2019 年度唯一金奖，这是该学会成立 153 年来首次为中国项目授奖；嫦娥四号任务被国际月球村协会授予 2019 年度优秀任务奖，被美国航天基金会评为 2020 年度唯一的太空探索奖，这些成果的取得显著提升了我国的国际影响力。

参考文献

[1] 吴伟仁，刘继忠，唐玉华，等. 中国探月工程 [J]. 深空探测学报，2019，6：405-416.

[2] 欧阳自远. 月球科学概论 [M]. 北京：中国宇航出版社，2005.

[3] 孙泽洲. 深空探测技术 [M]. 北京：北京理工大学出版社，2018.

[4] 李飞，吴波，杨眉，等，嫦娥四号冯·卡门撞击坑着陆区地形及月面遮挡分析 [J]. 中国科学：技术科学，2019，49：1385-1396.

[5] 纪奕才，赵博，方广有，等. 在月球背面进行低频射电天文观测的关键技术研究 [J]. 深空探测学报，2017，4：

150-157.

[6] 范唯唯，杨帆，韩淋，等．俄罗斯未来月球探索与开发计划解析［J］. 科技导报，2019，37：6-11.

[7] 李意，何慧东．美国2024年前载人重返月球情况分析［J］. 国际太空，2019，8：18-25.

[8] 卢波．世界月球探测的发展回顾与展望［J］. 国际太空，2019，1：12-18.

[9] 吴伟仁，刘继忠，唐玉华．嫦娥四号工程［M］. 北京：中国宇航出版社，2019.

[10] 叶培建，孙泽洲，张熇，等．嫦娥四号探测器系统任务设计［J］. 中国科学：技术科学，2019，49：124-137.

[11] 张立华，熊亮，孙骥，等．嫦娥四号任务中继星“鹊桥”技术特点［J］. 中国科学：技术科学，2019，49：138-146.

[12] 张熇，吴学英，李飞．“嫦娥”四号探测器任务概貌［J］. 中国航天，2019，4，16-23.

[13] 孙泽洲，吴学英，刘适，等．地月中继链路系统设计与验证［J］. 中国科学：技术科学，2019，49：147-155.

[14] 于登云，周文艳，高珊．地月系平动点轨道动力学建模与控制策略研究［J］. 航天器工程，2019，28：9-18.

[15] 陈国辉，王波，华岳，等．嫦娥四号中继星伞状可展开天线关键技术研究［J］. 中国科学：技术科学，2019，49：166-174.

[16] 孙泽洲，张熇，吴学英，等．嫦娥四号着陆器在轨实践总结与评估［J］. 中国科学：技术科学，2019，49：1397-1407.

[17] 王镓，吴伟仁，李剑，等．基于视觉的嫦娥四号探测器着陆点定位［J］. 中国科学：技术科学，2020，50：41-53.

[18] 刘德成，周文艳，高珊，等．嫦娥四号着陆器月面定时定点着陆轨道控制策略设计与实施［J］. 航天器工程，2019，28：16-21.

[19] 于登云．月球软着陆探测器技术［M］. 北京：国防工业出版社，2016.

[20] 张洪华，关轶峰，程铭，等．嫦娥四号着陆器制导导航与控制系统［J］. 中国科学：技术科学，2019，49：1418-1428.

[21] 宋馨，陈向东，雷英俊，等．嫦娥四号着陆器月夜热电联供系统设计与验证［J］. 航天器工程，2019，28：64-69.

[22] 刘晓正．嫦娥四号中继星成功发射［J］. 导弹与航天运载技术，2018，3：14.

[23] 魏京华．“长征”三号B运载火箭成功发射“嫦娥”四号探测器［J］. 中国航天，2018，12：30-31.

[24] 董光亮，耿虎军，李国民，等．中国深空网：系统设计与关键技术［M］. 北京：清华大学出版社，2016.

[25] 刘适，黄晓峰，毛志毅，等．嫦娥四号着陆器测控通信系统设计与验证［J］. 航天器工程，2019，28：85-93.

[26] 陈略，谢剑锋，韩松涛，等．“嫦娥4号”中继星开环测速方案设计与试验验证［J］. 深空探测学报，2019，6：236-240.

[27] 段建锋，陈明，张宇，等．“嫦娥4号”中继星使命轨道段定轨计算与分析［J］. 深空探测学报，2019，6：247-253.

[28] 吴伟仁，董光亮，李海涛．深空测控通信系统工程与技术［M］. 北京：科学出版社，2013.

[29] Li C L，Su Y，Pettinelli E，et al. The Moon's farside shallow subsurface structure unveiled by Chang'e -4 lunar penetrating radar. Sci Adv，2020，6：6898.

[30] Li C L，Liu D w，Liu B，et al. Chang'e -4 initial spectroscopic identification of lunar far-side mantle-derived materials. Nature，2019，569：378-382.

[31] Lin H L，He Z P，Yang w，et al. Olivine-norite rock detected by the lunar rover Yutu -2 likely crystallized from the SPA-impact melt pool. Natl Sci Rev，2020，7：913-920.

[32] Zhang A，Wicser M，Wang C，et al. Emission of energetic neutral atoms measured on the lunar surface by Chang'e -4. Planet Space Sci，2020，189：104970.

[33] 贾瑛卓，薛长斌，邹永廖．月球背面低频射电天文观测的圣地［J］. 现代物理知识，2019，4：101-108.

[34] 徐海涛，薛长斌，刘鹏，等．嫦娥四号着陆器有效载荷任务设计与验证［J］. 航天器工程，2019，28：101-108.

[35] 李春晓，高清鹏，李语强．地月系 L2 点中继星激光测距成功率的估算 [J]. 天文研究与技术，2019，16：44-53.
[36] 何芸，刘棋，田伟，等．地月第二拉格朗日点卫星激光测距技术研究 [J]. 深空探测学报，2017，4：130-137.
[37] 高清明，李春晓，李荣旺，等．鹊桥卫星激光测距时间窗口及测距成功概率分析 [J]. 天文研究与技术，2019，16：422-430.

Technological breakthrough and scientific achievement of Chang'E-4 project

WU Weiren, YU Dengyun, WANG Chi, LIU Jizhong, TANG Yuhua, ZHANG He, ZHANG Zhe

Abstract Chang'E -4 is the first man-made probe that accomplished landing and roving on the far side of the moon, setting a new mile-stone in lunar exploration. This paper gives a brief introduction to the state of international lunar exploration and reviews the implementation process of the Chang'E -4 project. After sorting the important technological breakthroughs in the aspects such as Earth-Moon relay communications, high-precision landing on the far side of the moon and radioisotope thermoelectric generators (RTG), this paper summarizes a number of original scientific research achievements in the topography of the far side of the moon, mineral composition and environmental detection. It could provide references for further lunar exploration, planetary exploration and scientific research.

Keywords Chang'E -4; technological breakthrough; scientific achievement; design and analysis; mission implementation

月球极区探测的主要科学与技术问题研究*

吴伟仁，于登云，王赤，刘继忠，唐玉华，张熇，邹永廖，
马继楠，周国栋，张哲，卢亮亮

摘　要　月球极区探测是目前各航天大国竞相角逐的战略制高点。在简要总结国内外月球探测发展动态的基础上，研究分析了月球极区探测需关注的主要科学问题和需要突破的主要技术问题，旨在为我国后续开展极区探测提供参考。

关键词　月球极区；科学问题；关键技术

0 引言

月球作为距离地球最近的天体，是人类深空探测的首选目标。人类已先后实施了约118次探测活动，先后有20多个探测器实施了月球正面探测。2019年，我国的嫦娥四号任务实现了月球背面首次探测。近年来，月球极区因矿产资源丰富、可能存在水冰，以及地理位置资源独特等因素，其科学价值和研究意义重大，正成为国际月球探测新的热点[1]。

月球极区分为南极和北极，相较于北极，月球南极具有最古老、最大、最深的撞击坑，科学研究意义更大。近年来，欧洲空间局（European Space Agency，ESA）提出了月球南极探测计划，在月球南极建立“月球村”；俄罗斯也制定了月球南极探测计划，拟通过“LUNAR-25”～“LUNAR-29”共5次任务的实施，在南极建立“月球基地”；印度在2019年实施的“月船2号”（Chandrayaan-2）在南极着陆失败后，又计划在2021年前后发射“月船3号”（Chandrayaan-3）任务，再次进行南极着陆探测；美国更是高度重视南极，2017年提出“重返月球”计划，2019年正式发布“阿尔忒弥斯”（Artemis）计划，要不惜一切代价在2024年实施月球南极登陆，并明确提出要主导国际月球探测的新格局。中国学者早在2012年就针对月球基地建设，提出了月球基地结构形式设想[2]。月球极区探测已成为航天大国竞相抢占的战略制高点。

开展月球极区探测，首先需要关注的是两个方面：一是月球极区需重点关注哪些科学问题；二是亟需突破和解决哪些关键技术问题，才能到达月球极区并实现科学探测目标。本文在这两方面进行了初步研究，目的是促进未来中国月球极区探测项目实施。

---

* 深空探测学报（中英文），2020，7（3）：10.

1 极区探测的主要科学问题

根据嫦娥二号（Chang'E-2，CE-2）探测器获取的高分辨率全月图和美国“月球勘测轨道器”（Lunar Reconnaissance Orbiter，LRO）长时间探测的结果发现，月球极区地形地貌复杂，存在永久阴影区的撞击坑众多。这些撞击坑内，很可能存在水冰[3,4]。比如，月球南极分布着大大小小几十个撞击坑，大部分撞击坑直径在 10 km 以上，深度达 3 km 左右。根据黄道面、白道面推算，月球极区存在长达 100 多天的连续光照区，这都是月球极区特有的环境条件。

与中低纬度地区相比，月球极区还存在一些特殊的需要深入研究的科学问题，主要包括月球水冰及挥发组分来源与分布、月球深部物质与内部结构、月球形貌构造和撞击历史、近月表环境及其过程、月球金属矿产和稀有气体资源等方面[5,6]。

1.1 月球水冰及挥发组分来源与分布

关于月球水和挥发组分的学术争论主要在两个层面：第一层面是月球中的水和挥发组分特别是其早期含量问题，涉及月球“干湿论”之争、月球的起源与演化、岩浆洋理论体系等重大科学问题，其中月壤中的挥发组分还涉及漫长的月球演化历史、太阳风和宇宙射线与月面表层物质相互作用等学术难题（见图 1），而且月壤中的挥发组分还是未来月球资源开发利用的重要对象；第二层面是关于月面永久阴影区是否有水（冰）存在及其赋存状态、含量、分布和来源的科学问题，而这一问题尽管目前理论上和间接测量上认为月球永久阴影区确实存在水（冰），但直接的测量证据及其赋存状态、含量、分布、来源等都没得到解决。就月球资源利用和开发而言，月球永久阴影区水（冰）是未来月球基地重要的战略资源。因此，月球中的水和挥发组分及其在永久阴影区水（冰）存在与否等系列关联问题一直是国际学术界研究的热点和未来工程任务的探测重点[7-9]。月球南极分布着大量的撞击坑，其中很多区域属于永久阴影区，是揭示上述科学难题和评估未来资源的重要场所。由于之前的探测和研究是基于轨道遥感中子谱仪、合成孔径雷达、光谱仪等技术手段，只能得到阴影区存在水（冰）的间接证据，且难于判断其存在的深度和赋存状态等，无法从根本上解决上述系列问题。

如果使用更先进的高精度中子-伽马谱仪、合成孔径雷达，同时对永久阴影区原位直接测量H_2O 分子及其 H 同位素，不但能直接证认水冰的存在并揭示来源，而且可通过原位测量结果与全月面永久阴影区遥感探测结果的对比分析，从而获取月球阴影区水（冰）的分布、含量，评估其储量及其未来战略资源开发利用价值，再结合月球样品中水和挥发组分的实验室精细测试分析和研究，不但对解决上述系列科学问题有重要意义，进而为月球的起源、岩浆洋理论和月球“干湿论”等重大科学命题的研究提供关键证据和条件约束。

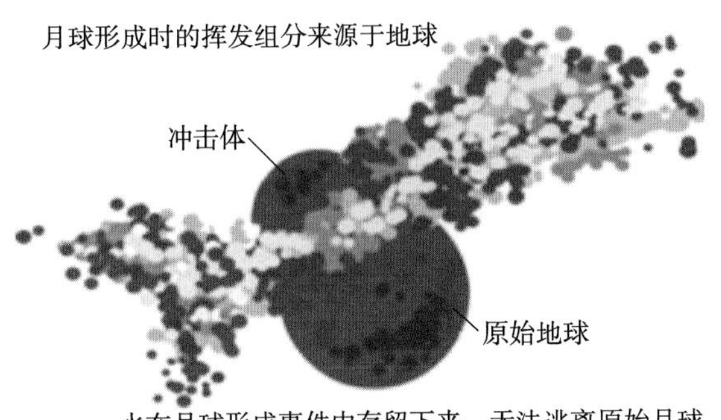

水在月球形成事件中存留下来，无法逃离原始月球

（a）月球形成时继承

向地月系统输送挥发组分

冲击体

地球

月球

地球和月球在行星分化的初始阶段受到携带挥发组分的小行星和彗星的撞击

（b）小行星和彗星撞击引入

图1　月球水和挥发组分的来源机制

1.2 月球深部物质与内部结构

月球深部物质和内部结构是理解月球起源和演化的核心要素，也是目前月球科学研究最为薄弱的环节。月球南极-艾特肯盆地（South Pole-Aitken Basin）是月球上最古老、最大和最深的撞击盆地[10]，提供了研究深部物质的天然地质剖面。该盆地地势较低且月壳较薄，有可能挖掘出深部物质乃至月幔物质。虽然该区域表面可能有月海玄武岩覆盖，但后期形成的撞击坑又可能重新将较新鲜的月幔物质暴露出来[11]。因此对月球南极区域的探测，获取该区物质成分特别是来自艾特肯盆地成坑期间溅射物信息，有望获取到下月壳甚至月幔物质特性，对精准揭示月壳早期成分及其构造演化具有重要的科学价值。由于尚无法通过遥感手段直接获得准确的深部物质成分，也没有采集到月球深部的岩石样品，目前对月球深部物质和内部结构特性的认识主要来自早期月震、月球重力场的探测和理论模型反演的结果。月震的探测仅限于 Apollo 时期在月球正面布置的几个观测点[12]，特别是由于阿波罗时代的地震仪性能的局限性，对月球全球的内部结构研究结果越来越多地受到质疑，如阿波罗时代得出的探测结果认为月核半径约为 700 km，20 世纪 90 年代得出约为 400 km，而最新的研究则表明可能只有 200 km。此外，由于月球南极地块是月球大地块中可能最古老的地质体，人类从未在该区进行过着陆与巡视就位探测，月球极区是研究月壳早期物质成分特征及其演化历史的理想场地（见图 2）。

利用探测器对该区物质成分进行精细的就位探测和月震的长期连续测量，结合月球返回样品的实验室测试分析，可以获取原始月壳物质特性、月球深部物质特性和内部圈层结构特性，重现月球南极区域地质演化历史，进而揭示月球化学成分的演化进程。

1.3 月球形貌构造和撞击历史

小天体撞击是太阳系早期普遍和重要的事件，对地球、火星等行星的环境和演化产生了重大的影响。由于长期和强烈的地质作用，地球早期的撞击痕迹已基本被抹除。月球南极-艾特肯盆地不但是太阳系类地行星中的最大和最深的撞击盆地，也是全月面撞击坑分

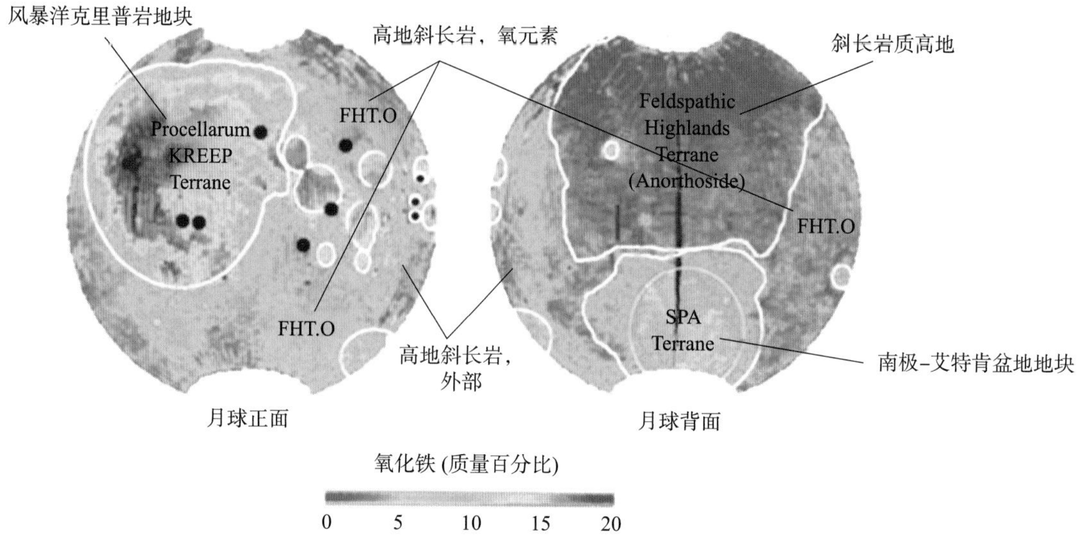

图 2 月球三大地体：风暴洋克里普岩地块、斜长岩质高地、南极-艾特肯盆地地块分布及特征

布密度最大的区域，而且相对于地球、金星、火星等类地行星，月球是地质构造演化程度最低的天体，保留了早期地质构造的遗迹，不但是研究月球早期构造、撞击历史以及撞击影响的绝佳场所（见图 3），而且是研究太阳系类地行星早期地质构造特征、演化历史和撞击历史的天然标本。特别地，根据目前利用撞击坑统计定年分析结果，表明南极-艾特肯盆地的撞击年龄有可能是在 40 亿年左右，这对揭示目前困扰学术界关于太阳系 40 亿年前后为撞击高峰期的科学问题具有重要的启示[13,14]。

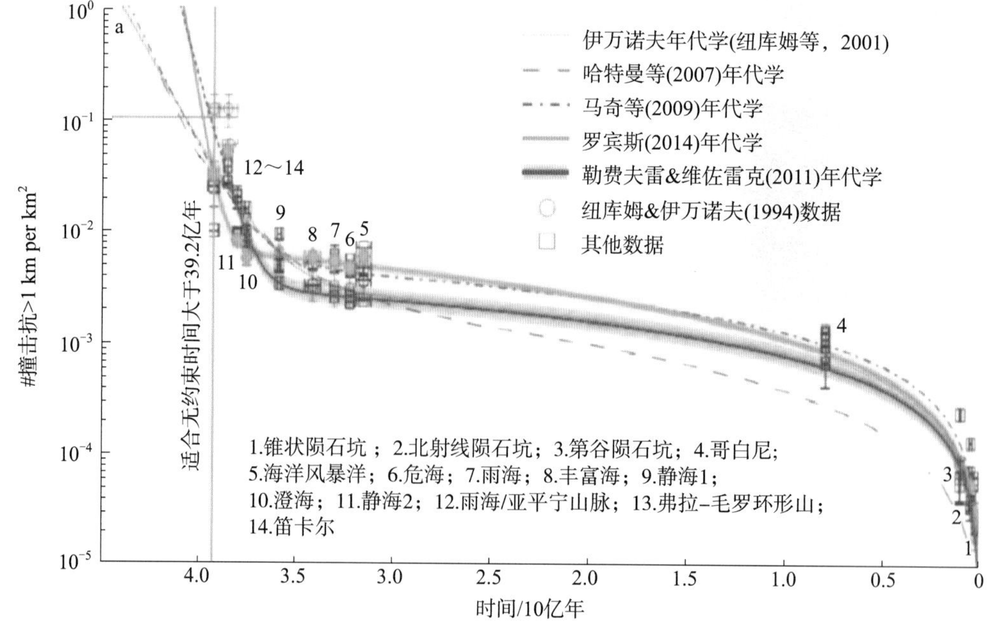

图 3 月球撞击年代曲线与地质事件[15]

此外，由于月球南极的撞击坑中有很多区域是永久性阴影区，此前对其地形地貌、地质构造的信息少且精度不够，大大影响了对该区形貌构造的了解。利用高精度遥感光学相机和雷达，以及着陆区的光学相机和雷达，以就位和巡视的方式联合开展探测，能够获取月球南极全覆盖的形貌构造、撞击坑及其分布特征，结合物质成分的探测结果，可全方位再造月球早期形貌构造演化历史和撞击历史。

1.4 近月表环境及其过程

月表环境不但是月球科学研究领域重要的科学问题，而且也是未来人类、机器人月面作业需要了解的关键参数。本文探讨的月表环境特指月表电磁场、尘埃、等离子体和粒子辐射，这些环境特性涉及许多微观物理过程，主要有太阳风粒子和宇宙线在月面的溅射/反射、月面带电与等离子体鞘层、带电尘埃的动力学过程、带电粒子与月面物质的作用等（见图 4）。

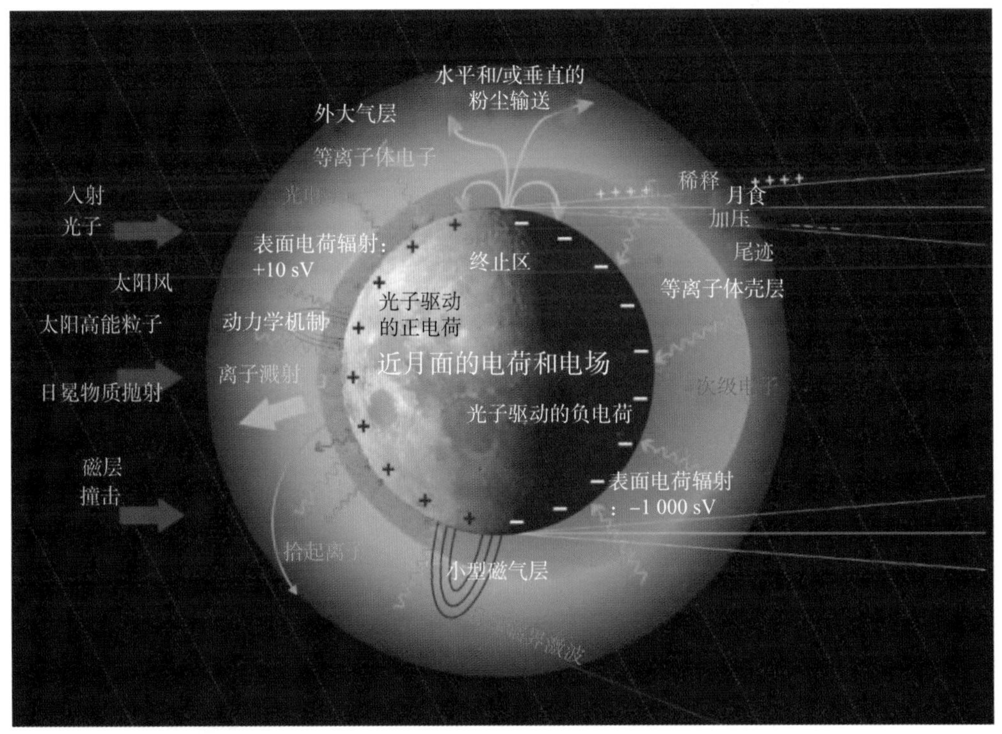

图 4　近月面空间环境及其过程[16]

这些过程不仅与入射的粒子、辐射状况有关，还涉及局部的形貌、磁场等地质条件。只有在月面开展原位测量，才能深入了解其本质。开展对月球环境的探测和研究，有助于人类进一步认识月球与太阳风、宇宙线等相互作用的基本物理规律，还可以服务于人类探索月球的航天活动，为生物在月球生存、航天装备的安全保障等提供必要的环境要素。

利用月表等离子体参数的探测数据，有助于了解太阳风、磁尾等离子体与月表相互作用的过程和特性[17]，确定月表等离子体环境的形成机制及其与太阳活动和月面地质条件的关系，结合月表电磁场的探测，研究太阳风与月表磁场的相互作用机理；通过对月表带电尘埃的探测，结合等离子体参数的探测，有助于研究着陆区局部月面电场及其对月尘动力学过程的影响，确定月表电场的分布以及尘埃等离子体迁徙的规律，研究月表电场以及尘埃悬浮和输运的机制；通过探测月球表面粒子辐射环境，与电场仪探测结果综合分析，有助于揭示月表局部高压带电环境的形成机制，进而探索可能的月尘喷发的诱因[18,19]；通过月球附近等离子体、高能带电粒子、电磁场的观测，获得月表溅射粒子的特征，有助于研究月球稀薄大气成分的逃逸机制。

1.5 月球金属矿产和稀有气体资源

月球蕴含着丰富的各类资源，除了上述介绍的在月球永久性阴影区可能存在大量的水（冰）外，还含有月面物质赋存的海量的金属矿产资源和稀有气体资源等。月球分布有 22 个月海，其覆盖了厚厚的一层月海玄武岩，对阿波罗样品的分析表明，月海玄武岩（特别是高钛玄武岩）中钛铁矿的含量极高，而且开采钛铁矿的副产品——水和氧气也是未来月球科研站的重要战略资源。月球几乎没有大气，太阳风直接注入，稀有气体特别是氦-3 等赋存于月壤中。对阿波罗样品的分析表明，不同成分的月壤，其稀有气体的含量和赋存状态都不一样。氦-3 还可以作为一种可长期使用、清洁、高效、安全的核聚变发电燃料[20]。有专家初步估算，月壤中氦-3 的储量高达 500 万 t，若能实现商业化利用，可供地球能源需求达数万年[21,22]，是未来月球资源开发利用的重要战略资源。

利用遥感技术，在对月球南极矿产资源进行普查的基础上实施就位精细勘查，进而开展稀有气体资源的就位分析和提取试验，可为未来月球资源开发与利用提供重要的科学依据和技术支撑。

2 主要技术问题

要解决月球极区的上述主要科学问题，不仅需要采用月球环绕探测，还需要开展月球极区着陆、巡视或飞跃等多种探测活动。鉴于极区复杂地形环境和特殊地理位置，要能够适应极区光照、温度、地形等特殊环境，探测器和载荷在工程实现上需要突破一系列关键技术，主要包括极区精细勘察、狭小区域的精准着陆、阴影区到达、长期能源供给、多目标测控通信、资源开发利用、极端环境下长寿命、地面试验验证等多项技术[22-24]。

2.1 极区精细勘察

月球的极区，并没有严格的定义。如果比照地球的划分方法，是指南北纬 66.5°以上地区。实际上，考虑月球白道与黄道的夹角，真正可能存在永久阴影坑、真正具有“极夜极昼”现象的地区，应该在南北纬 86°以上[25]。而这些地区，太阳高度角很低，目前的光学遥感探测效果并不好，激光、微波等方式获得的探测结果往往分辨率也不够高。因此，目前对极区的地貌环境的探测数据颗粒度较大，缺乏详细和精细的极区地貌环境探测数据。为获取地形地貌的精细科学数据以及开展精准着陆探测和后续资源开发利用，需要对极区实施大范围精细勘察，详细了解极区地貌环境、矿物组成、水冰等资源分布等。如何实现对极区精确勘察是一个需要优先突破的技术难题。

对极区实施大范围精细勘察，需在月球轨道布置环月器进行低轨精细勘察。极区精细勘察技术主要涉及轨道器的系统总体技术、高精高稳控制技术、高分辨率的光学和雷达探测技术等内容。

2.2 狭小区域的精准着陆

月球极区，遍布大大小小的撞击坑，且撞击坑内部坡度较为陡峭[26]，地形起伏较大，而太阳高度角就只有 1°～4°。这样的地形和光照条件，使选择满足地形、光照、科学探测等各方约束条件的着陆区变得极端困难，即可供着陆的区域非常有限，必须实现精准着陆。如果着陆点偏离百米以上，就可能造成探测器着陆后处于无光照的困难境地，甚至不能安全着陆。因此，在狭小区域的高精度着陆控制，是极区探测必须解决的关键技术。

我国嫦娥三号、嫦娥四号任务实现的软着陆探测，基本是依靠惯性导航加对月测距测速和局部地形识别避障的方式。其中轨道倾角控制偏差、主发动机推力偏差会给着陆精度带来较大的影响，一般着陆精度在千米量级[27]，而在极区着陆则需要保证百米量级的着陆精度，因此，需研究基于图像匹配或基于信标导航的更高精度着陆控制技术（见图 5）。图像匹配方法的核心是：在主减速段是通过图像导航的方式，不断预报落点偏差，通过调

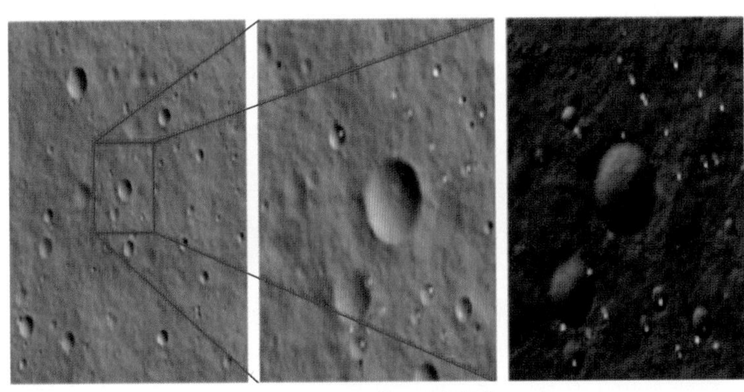

（a）基于图像匹配的导航

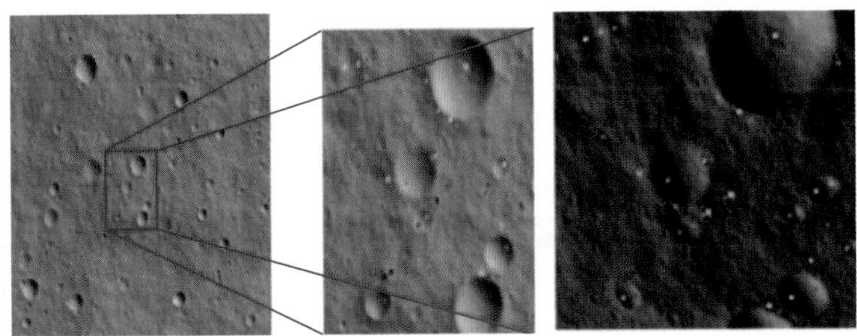

（b）基于信标的导航

图 5　图像匹配导航过程示意图

节发动机推力实现落点偏差修正；在着陆末段，通过图像识别和避障算法，实现安全着陆。信标导航方法则是通过先在月面设置无线电信标，然后着陆器着陆过程与信标通信，实时获取相对信标的三维坐标，在信标的导引下实现定点着陆。信标导航方式的着陆，更适合后续月面多探测器着陆到较接近的区域，开展联合探测。

2.3 阴影区到达

永久阴影区多位于月球极区一些较深撞击坑的底部（见图 6），由于太阳高度角较低和坑壁的遮挡，使其终年处于无光照的条件。目前，利用 LRO 和“月亮女神号”月球探测器（SELenological and ENgineering Explorer，SELENE）的探测数据，对月球南北极可能存在的永久阴影坑有了较好的预测[28]，但由于阴影坑恶劣的条件，使人类的探测器还未能涉足开展就位探测。阴影坑内部的地形地貌、物质成分、水（冰）以何种形式赋存等科学问题，都是亟待解决的难题。而要解决这些难题，最有效的方式是探测器到达阴影区，开展原位精细探测。

图 6　月球南极具有多个永久阴影区的撞击坑

但阴影区的到达，相比月球上其他地区的到达，具有更大的难度。首先，阴影坑的坑壁坡度一般达到 30°～40°[29]，一般的月球车很难在坑壁上移动；第二，阴影坑内部，没有光照，着陆时无法采用光学成像进行导航避障，必须采用激光或者主动照明技术，而阴影坑内部物质对激光和可见光的反照率存在不确定性，也给导航敏感器的设计带来挑战；第三，阴影坑内部，由于可能存在水（冰），其月壤的特性与中低纬地区会有较大差异，受水（冰）丰度的影响，土壤力学、化学特性也会有所不同，这对于着陆缓冲以及着陆后的钻取等工作也会带来很大的困难；第四，永久阴影区内部，由于常年没有太阳辐射，其内部温度可能低至约 40 K[30]（见图 7），探测器面临的是无光照和极寒的温度边界。

采用低空飞跃技术研制飞跃探测器，也许可有效克服传统的巡视探测无法到达撞击坑内的问题。飞跃探测器可在月面光照区起飞，飞至撞击坑内的永久阴影区内，通过表面移

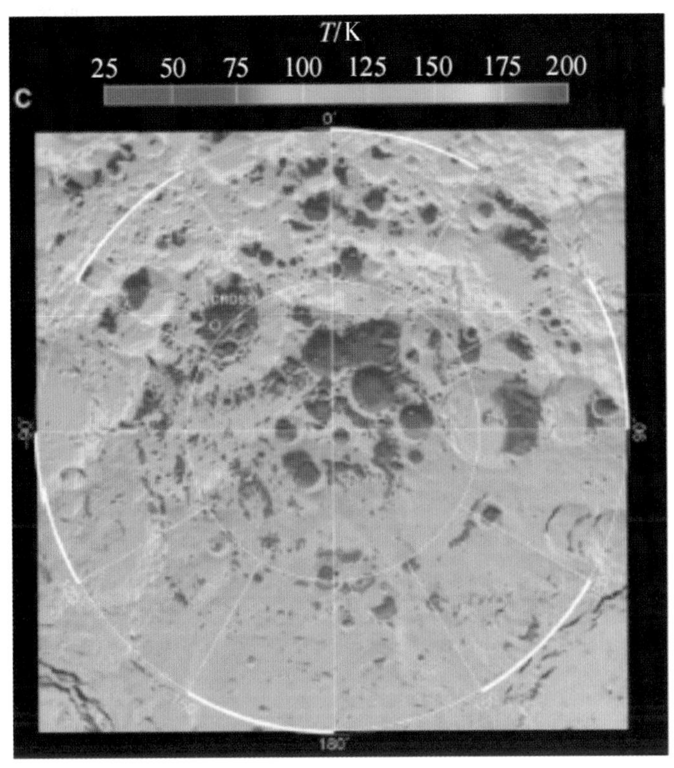

图 7 月球探测辐射计测得的月球南极范围内的表面温度分布图（80°S 至南极点）

动或飞跃，对可能存在水冰的区域开展原位多点探测。但是，研制飞跃探测器涉及的关键技术众多，需要重点研究和突破低空飞跃探测制导与控制、高比能量锂离子蓄电池、电子信息模块高集成轻小型化、极低温环境下新型热控、轻小型可重复主动缓冲/移动机构等技术。

2.4 长期能源供给

月球极区在光照区，太阳高度角只有几度（见图 8），在月面的辐照度只有 0～38 W/m^2[31]，月面温度在 100～160 K 左右，而且永久阴影坑没有太阳能可以利用。这些均给极区探测器能源的供给带来更大挑战。尽管如此，太阳能仍是必须有效利用的最主要的能源，而且采用太阳帆板竖立并跟踪太阳的方式，应尽量提高太阳入射角度，以获得有效的发电能力；同时，同位素热源、同位素电源，作为提供热能和电能的有效手段，在极区探测中仍然可发挥重要的作用，但要实现在诸如南极的月球极区开展长期探测，能源供给仍是需要优先解决的关键技术。

解决长期能源供给，重点需在两方面下功夫：一是提高现有能源技术效率，包括提高热能的利用效率，提高热能转化为电能的效率，实现热电综合高效使用等；二是开发新型能源或新型传输技术，包括无线能量传输技术等。

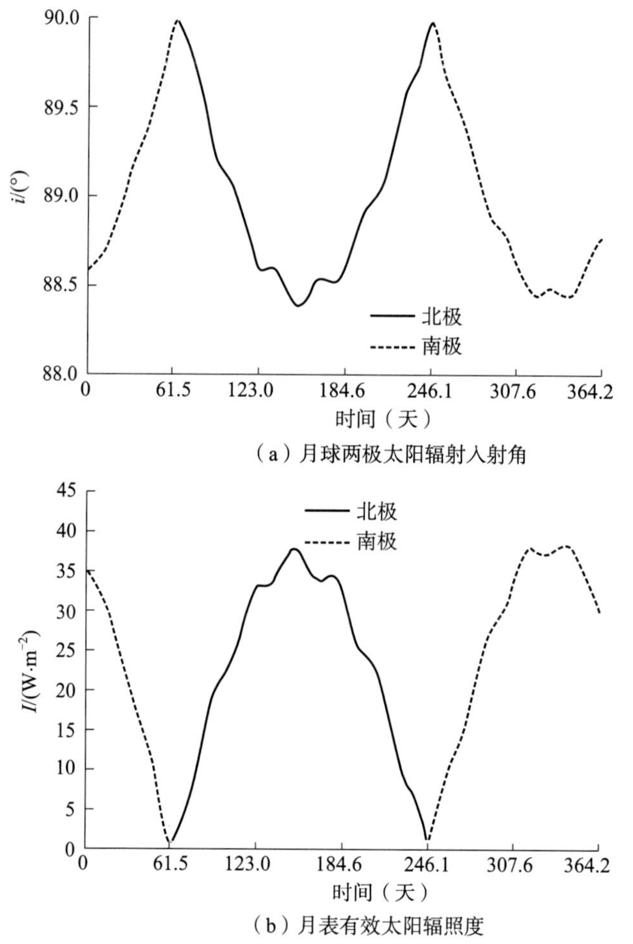

（a）月球两极太阳辐射入射角

（b）月表有效太阳辐照度

图 8 月球两极太阳辐射入射角和月表有效太阳辐照度的时间变化

2.5 多目标测控通信

月球极区探测可以采用中继星、轨道器、着陆器、飞跃探测器和巡视器等多个探测器联合工作的方式，因此，随着后续任务的实施，将有多个工作在环月轨道和月面的探测器。另外，在月球极区，不同于月球正面的大多数地区，由于月球的自转、天平动的影响以及局部地形影响，月球极区几乎不存在可以持续对地通信的区域，对地可见的高度角也往往只有几度（见图 9）。因此，如何利用有限的地面测控资源有效地对多个目标进行操作和管理，对各器进行控制、状态监视、定轨定位和协同操作，将是未来月球极区探测工程实施必须面对和解决的全新课题。

利用在月球轨道布置中继星，实现极区与地球间测控通信，是提高工作效率的有效途径。但需重点研究中继星的轨道选择、通信频点选择、中继转发方式、多通道实时支持能力等，综合通信量、可见弧段、资源需求等给出优化的设计。同时要对月面多器协同操作控制和管理技术进行认真研究，以确保在任务期间合理分配测控资源、提高多器联合操作的可靠性和协同性[32]。

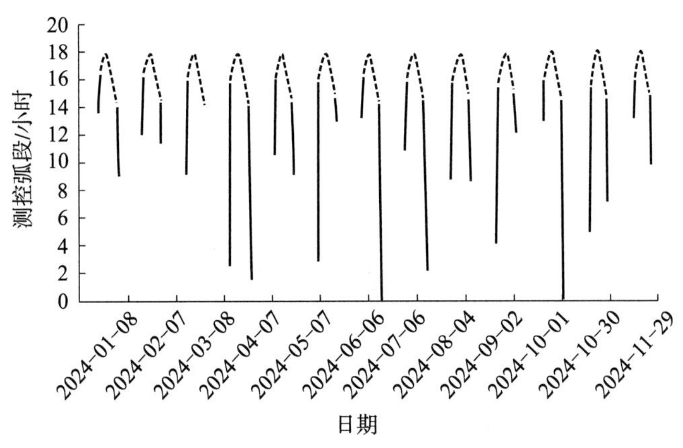

图 9　极区对地通信条件分析

2.6 资源开发利用

月球极区的资源，广义上说可以分为 3 类：位置资源、物质资源和信息资源。位置资源，是指月球在地月系中特殊的位置，可以使它成为监测地球、监测地外天体的一个有效窗口；物质资源，是指可能存在的有用矿物、水冰、氦-3 等物质成分，可以为人类的可持续发展提供资源和能源补充；信息资源，是指月球在太阳系、地月系的演化过程中，可能保存了更古老、更有用的信息，可为空间科学等基础学科的研究提供宝贵的依据[33]。

这些资源的开发利用，需要研究不同的探测和开发手段。例如用于对地球进行宏观观测的望远镜、辐射计，用于月球深部结构探测的月震仪，用于稀有气体提取的试验装置，用于月面水、氢、氧制造的装置，用于月壤就位制造构件的原位成型装置等。这些资源开发利用装置，需要满足月球极区特殊工作条件的轻小型、耐低温、低功耗、高可靠的要求[34]。

2.7 极端环境下长寿命

未来月球极区探测通常要考虑建立月球科研站或月球基地（见图 10），开展长期持续探测。因此，相比于以往探月工程任务，探测器的寿命可能需大幅增加至 8～10 年，探测器将面临月球极区极端环境下长期服役、月面自主任务管理和生存管理等诸多挑战，特别是极低温、1/6 g 重力、月尘影响等极端环境下高可靠元器件和长寿命执行机构将是影响成败的决定性因素之一。但当前尚未建立月球极端环境下元器件和执行机构的质量与可靠性数据体系，缺乏极区恶劣环境下机构产品可靠性数据融合分析及利用方法，缺少信息化工程研制管理和产品实现的工具平台，亟需开展极端环境下长寿命相关研究工作。

极端环境下长寿命技术研究，应以长寿命执行机构、高可靠元器件为研究对象，针对极区环境特点分类采集质量与可靠性数据，通过多源数据融合，开展可靠性评估和寿命预测、评价和质量一致性控制与评价等数据利用技术研究，形成支持后续月球探测器高可靠性长寿命设计的工程平台。重点突破月球探测器质量与可靠性数据分析、多源质量与可靠

图 10　月环基地建设示意图

性数据融合和极端环境数据处理及关键机构产品可靠性分析等关键技术，立足型号应用，优化数据项识别、采集、传递和管理模式，充分提取和利用研制试验数据和已有探测器产品数据，针对极低温、微重力等特殊环境，建立数据融合、可靠性评估与寿命预测、质量一致性控制等模型，支撑月球极端环境下典型元器件和关键机构产品薄弱环节识别和改进设计。

2.8 地面试验验证

为确保探测器在轨可靠工作，必须研究地面试验验证技术，实现地面验证的充分和有效。对于极区探测器，相对嫦娥三号、嫦娥四号已经形成的试验方法和具备的地面验证条件[35]（见图 11），主要应补充的试验技术研究主要体现在以下 4 个方面。

一是深冷低温环境下探测器的生存试验，需要模拟阴影坑内部 40 K 左右的温度边界，考察探测器热控系统的能力和舱内外设备的温度水平。这样的热真空试验装置，不能再使用以往的液氮热沉，而必须采用液氦流程，实现温度边界的有效控制。

二是深冷低温下月壤钻取技术验证。不同的温度条件，不同的水冰含量，不同的月壤颗粒级配，对月壤的钻取力学特性有较大影响。为验证探测器在阴影坑内的取样能力，必须在地面对取样装置开展相应的模拟试验，获取钻取机构与月壤相互作用的特性。同时，为尽量保证取样过程不破坏水冰的原有赋存状态，应开展低温采样地面验证技术的攻关。

三是羽流与探测器、与月壤的相互作用的试验验证。发动机工作，羽流会对探测器、月面形成力、热、污染等作用[36]。不同的探测器构型，不同的月面条件，相应的作用效果不同。应在数值分析的基础上，研究相关试验技术，模拟真实在轨环境，获得尽量真实的测量结果，以支持在轨程序的优化。

四是探测器长寿命高可靠验证技术。在月面长期工作的探测器，面临更为恶劣的环境。为满足未来月球极区探测工程任务的需求，要求工作寿命长达8～10年。在地面，如何验证各设备的长期工作能力，需分析影响寿命的敏感因素，构建寿命评价指标体系，建立加速寿命试验方法，从而既有效、又经济地实现探测器寿命的地面验证。

图11　着陆地面试验场

3 结束语

开展月球极区探测，尤其是开展极区水冰及挥发分、极区地貌环境、月球深部物质与内部结构等科学问题研究，是深化月球科学研究的必由之路。突破极区精细勘察、精准着陆、阴影区到达等多项技术，既是解决月球极区主要科学问题的必要手段，也是实现我国空间技术跨越发展的重要途径。

本文结合当前国际月球科学问题研究热点，细致梳理和分析了对月球极区实施探测的主要科学和技术问题，旨在为后续开展研究、引领月球探测可持续发展抛砖引玉。

参考文献

[1] 吴伟仁，刘继忠，唐玉华，等．中国探月工程[J]．深空探测学报，2019，6（5）：405-416.
[2] 于登云，葛之江，王乃东，等．月球基地结构形式设想[J]．宇航学报，2012，33（12）：1840-1845.

[3] 邹永廖，欧阳自远，徐琳，等．月球表面的环境特征［J］．第四纪研究，2002，22（6）：533-539.

[4] 王赤，张贤国，徐欣锋，等．中国月球及深空空间环境［J］．深空探测学报，2019，6（2）：105-118.

[5] 欧阳自远．月球科学概论［M］．北京：中国宇航出版社，2005.

[6] 肖龙，乔乐，肖智勇，等．月球着陆探测值得关注的主要科学问题及着陆区选址建议［J］．中国科学：物理力学天文学，2016，46（2）：029602.

[7] BARNES J J，KRING D A，TARTESE R，et al. An asteroidalicedeposition in polar cold traps［J］. Icarus，2011，215（1）：1-16.

[8] STEWART B D，PIERAZZO E，GOLDSTEIN D B，et al. Simulations of a comet impact on the Moon and associated ice deposition in polar cold traps［J］. Icarus，2011，215（1）：1-16.

[9] VATTUONE L，SMERIERI M，SAVIO L，et al. Accretion disc origin of the Earth's water［J］. Philosophical Transactions，Series a，Mathematical，Physical，and Engineering Sciences，2013，371（1994）：20110585.

[10] SPUDIS P D，GILLIS J J，REISSE A R，et al. Ancient multiring basinson the moon revealed by Clementine laser altimetry［J］. Science，1994，266（5192）：1848-1851.

[11] BLEWETT D T，TAYLOR G J，LUCEP P G，et al. High-resolution，quantitative remote sensing of south pole-Aitken basin［C］//Lunar and Planetary Science Conference. Houston，TX：Lunar and Planetary Institute，1999.

[12] MIMOUN D，WIECZOREK M A，ALKALAI L，et al. Farside explorer：unique science from a mission to the farside of the moon［J］. Experimental Astronomy，2012（33）：529-585.

[13] 刘建忠，郭弟均，籍进柱，等．月球的构造格架及其演化差异［J］．深空探测学报，2015，2（1）：75-79.

[14] 梁青，陈超，黄倩，等．基于"嫦娥一号"地形数据的月球布格重力异常与撞击盆地演化［J］．中国科学G辑：物理学力学天文学，2009，39（10）：1379-1386.

[15] LPI. Planetary science and astrobiology decadal survey white paper proposal［EB/OL］．（2020-1-13）．http：//www. lpi. usra. edu/exploration/science/.

[16] WATSON K，MURRAY B C，BROWN H. The behavior of volatiles on the lunar surface［J］. Journal of Geophysical Research，1961，66（9）：3033-3045.

[17] GREER R T，HAPKE B W. Electron microprobe analyses of powders darkened by simulated solar-wind irradiation［J］. Journal of Geophysical Research，1967，72（12）：3131-3133.

[18] NOBLE S K，KELLER L P，PIETERS C M. Evidence of space weathering in regolith breccias I：lunar regolith breccias［J］. Meteorieics& Planetary Science，2005，40（3）：397-408.

[19] PILLINGER C T. Solar wind exposure effects in the lunar soil［J］. Reports on Progress in Physics，1979，42（5）：897-961.

[20] MCKAY D S，FRULAND R M，HEIKEN G H. Grain size and evolution of lunar soils［C］//5th Lunar Science Conference. Houston，TX：NASA，1974.

[21] HEIKEN G，VANIMAN D，FRENCH M B. Lunar source book：a user's guide to the Moon［M］. England：Cambridge University Press，1991.

[22] 于登云．月球软着陆探测器技术［M］．北京：国防工业出版社，2016.

[23] 吴伟仁，于登云．深空探测发展与未来关键技术［J］．深空探测学报，2014，1（1）：5-17.

[24] 叶培建，邹乐洋，王大轶，等．中国深空探测领域发展及展望［J］．国际太空，2018，478（10）：6-12.

[25] BUSSEY D B J，MCGOVERN J A，SPUDIS P D，et al. Illumination conditions of the south pole of the Moon derived using Kaguya topography［J］. Icarus，2010，208（2）：558-564.

[26] ROSIEK M R. Lunar south pole digital elevation models from lunar reconnaissance orbiter narrow angel camera［C］//44th Lunar and Planetary Science Conference. Flagstaff：［s. n.］，2013.

[27] 孙泽洲，张熇，吴学英，等．嫦娥四号着陆器在轨实践总结与评估［J］．中国科学：技术科学，2019，49（12）：

1397-1407.

[28] MAZARICO E，NEUMANN G A，SMITH D E，et al. Illumination conditions of the lunar polar regions using LOLA topography [J]. Icarus，2011，211 (2)：1066-1081.

[29] ROSA D D，BUSSEY B，CAHILL T J，et al. Characterisation of potential landing sites for the European Space Agency's Lunar Lander project [J]. Planetary and Space Science，2012 (74)：224-246.

[30] PAIGE D A，SIEGLER M A，ZHANG J A. Diviner lunar radiometer observations of cold traps in the Moon's south polar region [J]. Science，2010，330 (6003)：479-482.

[31] 李雄耀，王世杰，程安云．月表有效太阳辐照度实时模型 [J]. 地球物理学报，2008，51 (1)：25-30.

[32] 于登云，吴学英，吴伟仁．我国探月工程技术发展综述 [J]. 深空探测学报，2016，3 (4)：307-314.

[33] 欧阳自远，邹永廖，李春来，等．月球探测与人类社会的可持续发展 [J]. 矿物岩石地球化学通报，2003 (4)：328-333.

[34] 孙辉先，李慧军，张宝明，等．中国月球与深空探测有效载荷技术的成就与展望 [J]. 深空探测学报，2017，4 (6)：495-509.

[35] 孙泽洲，张熇，贾阳，等．嫦娥三号探测器地面验证技术 [J]. 中国科学：技术科学，2014，44 (4)：369-376.

[36] 张熇，蔡国飚，许映乔，等．嫦娥三号着陆器软着陆过程中羽流仿真分析及试验研究 [J]. 中国科学：技术科学，2014，44 (4)：344-352.

Research on the main scientific and technological issues on lunar polar exploration

WU Weiren，YU Dengyun，WANG Chi，LIU Jizhong，TANG Yuhua，ZHANG He，ZOU Yongliao，MA Jinan，ZHOU Guodong，ZHANG Zhe，LU Liangliang

Abstract Lunar polar exploration is a strategic point to for all space powers to compete with each other. Based on the brief summary of the development of lunar exploration in domestic and globe，the main scientific and technical issues that need to be solved are studied and analyzed in order to provide a reference for China's future polar exploration.

Keywords lunar polar region；main scientific issues；key technology

Lunar farside to be explored by Chang'E-4*

WU Weiren, LI Chunlai, ZUO Wei, ZHANG Hongbo, LIU Jianjun, WEN Weibin, SU Yan, REN Xin, YAN Jun, YU Dengyun, DONG Guangliang, WANG Chi, SUN Zezhou, LIU Enhai, YANG Jianfeng, OUYANG Ziyuan

To the Editor— The Moon's farside eluded human observation until 4 October 1959, when the Soviet Luna 3 spacecraft flew by. Luna 3 photographed a surface in stark contrast to the lunar nearside; subsequent orbital exploration confirmed that the farside is characterized by thicker crust[1] and far fewer maria (volcanic plains)[2]. Despite this contrast, the 20 landings on the Moon before 2019 were all on the nearside (Fig. 1), because of the difficulty of communication between Earth and the farside. In 2018, a satellite (Queqiao) was successfully deployed to provide the communications relay capability for farside operations by the Chinese Lunar Exploration Program. This enabled the successful farside landing by Chang'E-4 on 3 January 2019, in the Von Kármán crater[3] on the floor of the South Pole-Aitken basin (Fig. 1).

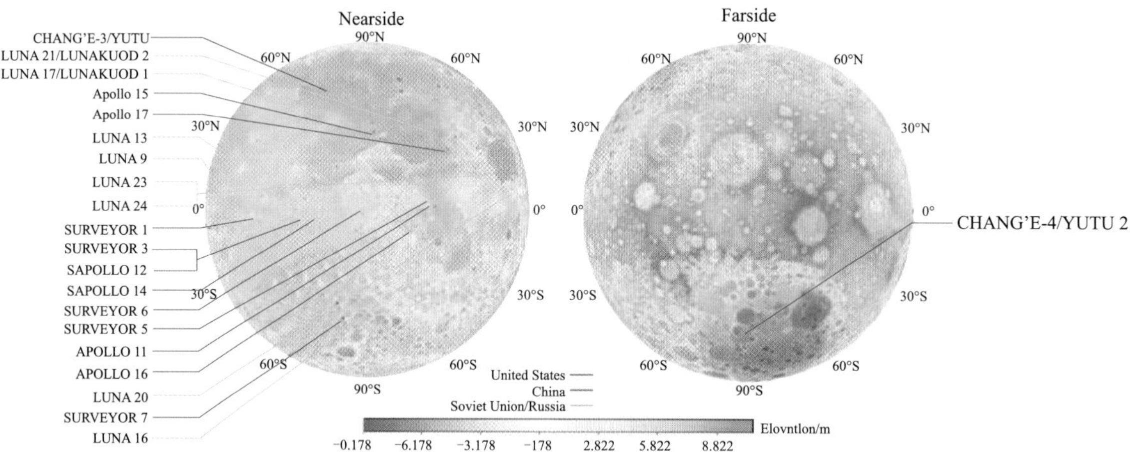

Fig. 1 Distribution of manned and unmanned landings on the Moon to date. Data (https://go.nature.com/2tT27ez) laid over a digital elevation model from Chang'E-2. China's Chang'E-4 is the first lander on the lunar farside.

* Nature Geoscience, 2019, 12 (40): 2.

Because the South Pole-Aitken basin, approximately 2 500 km in diameter and 13 km deep (refs. [4,5]), is thought to have formed from an impact that penetrated through the Moon's distinctive plagioclase- rich crust, the basin may expose fragments of the lunar mantle[4-7]. It also contains some of the relatively few farside maria. Therefore, exploration of this region may address some fundamental questions, such as on the nature of the lunar mantle, the cause of the greater crustal thickness on the farside, and how farside maria differ from their nearside counterparts. Furthermore, better constraints of the age of this basin may inform our understanding of the early impact flux on the Moon, and therefore also on Earth.

The Chang'E-4 landing site[3] is located at the eastern edge of the mare-containing Von Kármán crater, within the ejecta field of the nearby Finsen crater. This location was selected to optimize the likelihood of being able to investigate the crustal stratigraphy and regolith development, and to access material from farside maria, the deep crust, and possibly the mantle. Chang'E-4 and its rover, Yutu-2, carry a landing camera, a terrain camera, a panoramic camera, a visible and near- infrared imaging spectrometer, and ground- penetrating radar[8]. These instruments will enable analysis of the topography, regolith, shallow structure and rock and mineral compositions of the landing and roving sites. This information will be valuable for future farside missions, such as ones aiming to return samples. Preliminary analysis of in situ data from the first two lunar days reveals the morphological characteristics (Fig. 2) and underground structure of the landing site. The boundary between impact ejecta and underlying basalt is clearly identifiable, and there is potential evidence of excavated deep mafic material, which could reveal the mineralogy of the lunar mantle.

Chang'E-4 will also investigate the potential of the lunarfarside as a platform for astronomical observations[9], using a low-frequency radio spectrometer[8]. The Moon has only a thin ionosphere, so radio- frequency measurements down to 500 kHz are possible at the surface during the day, and at even lower frequencies at night[10]. The farside is shielded from radio interference from Earth, as well as from solar emissions during the lunar night[10], so it is expected to be an excellent location for low-frequency radio astronomy.

The scientific achievements of the Chang'E-4 mission will advance our understanding of both the Moon and the wider solar system.

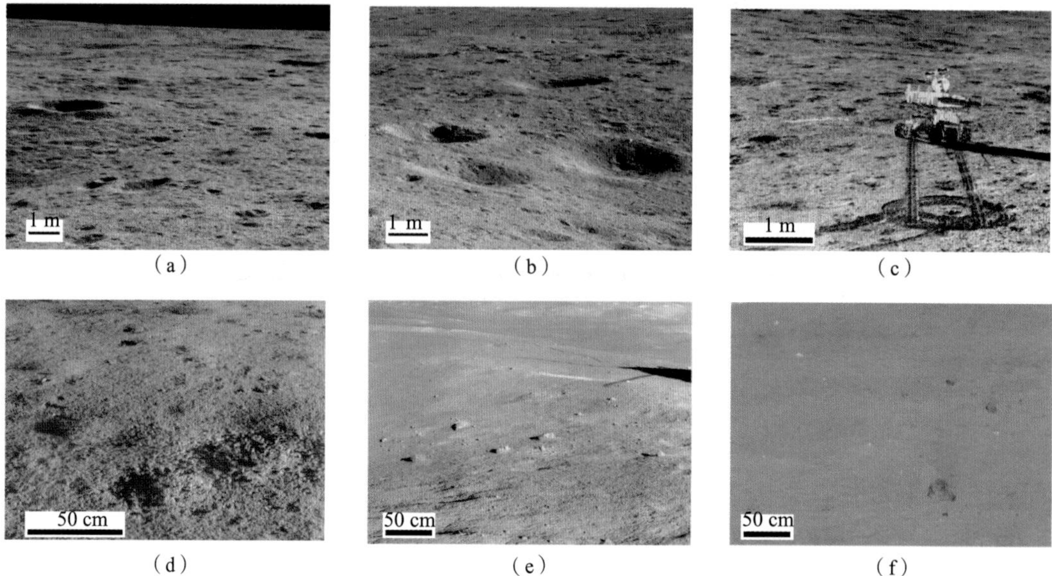

(a) (b) (c)

(d) (e) (f)

Fig. 2 Landing-site images taken by the Chang'E-4 lander terrain camera and Yutu-2 panoramic camera. a, b, Images of small craters around the landing site. c, Rover Yutu-2 exploring the surface. d, Close-up view showing rock debris in small craters (from Yutu-2). e, Small rocks near the traverse area (from Yutu-2). f, Unusually dark rocks near the landing site.

References

[1] Wieczorek, M. A. et al. Science 339, 6120 (2013).

[2] Head, J. W. Rev. Geophys. Space Phys. 14, 265-300 (1976).

[3] Huang, J. et al. J. Geophys. Res. 123, 1684-1700 (2018).

[4] Garrick-Bethell, I. & Zuber, M. T. Icarus 204, 399-408 (2009).

[5] Moriarty, D. P. & Pieters, C. M. J. Geophys. Res. 123, 729-747 (2018).

[6] Wieczorek, M. et al. in New Views of the Moon (eds Joliff, B. et al.) 221-364 (2006).

[7] Melosh, H. J. et al. Geology 45, 1063-1066 (2017).

[8] PeiJian, Y., ZeZhou, S., He, H. & Fei, L. Sci. China Tech. Sci. 60, 658-667 (2017).

[9] Jester, S. &Falcke, S. New Astron. Rev. 53, 1-26 (2009).

[10] Mimoun, D. et al. Exp. Astron. 33, 529-585 (2012).

太阳系边际探测研究*

吴伟仁，于登云，黄江川，宗秋刚，王赤，于国斌，赫荣伟，
王倩，康焱，孟林智，吴克，何建森，李晖

摘　要　本文在综述太阳系边际探测的发展历程和现状基础上，基于太阳系边际探测的发展趋势，阐释了太阳系边际探测的4类科学目标，提出了我国太阳系边际探测的总体目标、阶段目标及近期探测任务设想，给出了应重点研究和突破的6类关键技术，为我国太阳系边际探测的论证与实施提供参考。

关键词　太阳系边际；日球层；恒星际；探测器；太阳风；星际介质；发展路线

0 引言

太阳系边际一直是国际空间科学研究的前沿领域，对这个极远、极暗、极寒的未知区域，目前主要有两种定义：一是以太阳风控制范围作为依据，太阳系边际位于日球层边缘，距太阳约为80～150 AU（AU是天文单位，1 AU是指地球到太阳的距离，约1.5亿km），二是以太阳引力控制范围作为依据，太阳系边际位于奥尔特云（Oort Cloud）附近，距离太阳约为5～10万AU[1,2]。本文的太阳系边际探测，主要是对定义一“太阳风边际”的探测，愿景是对定义二“太阳引力边际”的探测。

在定义一中，太阳系边际具体位于如图1所示的日球层顶和终止激波构成的日球层边缘区域。日球层是指太阳风在银河系星际空间中吹出的巨大磁化等离子体“气泡”，该“气泡”的外边界就是日球层顶，它是太阳风和星际等离子体的交界面，属于太阳风与星际介质间的压力平衡结构；超声速的太阳风在接近日球层顶时开始减速，并在其内侧形成终止激波。终止激波是太阳系边际开始的标志[3,4]。

对极远、极暗、极寒的太阳系边际进行探测，一是能够在恒星系起源与演化、太阳系外物质组成与特性、日球层太阳风动力学过程等方面获得重大科学发现；二是有利于推动星载新型高效能源与推进、超远距离深空测控通信、深空自主技术等尖端空间技术的跨越式可持续发展；三是可构建我国航天器在太阳系全域到达能力，初步具备恒星际空间探索能力，带动我国科技水平与创新能力的大幅提升；四是蕴含了重要的人文精神，代表了人类对未知领域的不断探索，是深空探测“奥林匹克”精神的传承，更是中国传统文化“叩天问道”精髓的体现。

* 中国科学：信息科学，2019，49(1)：16.

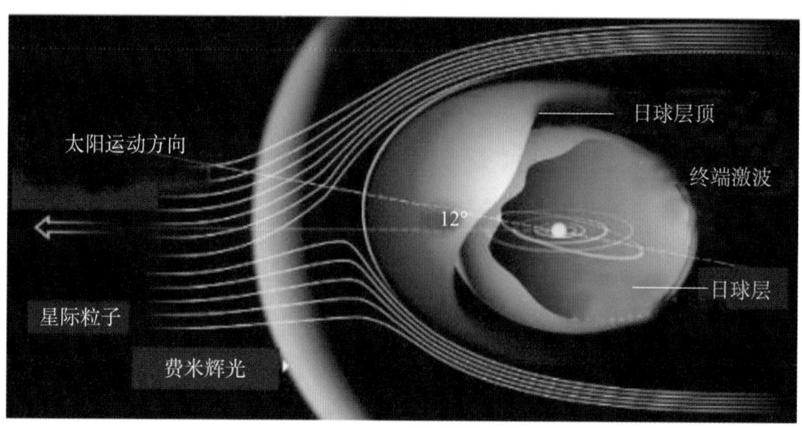

图 1　太阳系边际基本概念

1 太阳系边际探测发展概况

1.1 发展历程和已取得的成果

太阳系边际探测一直是国际空间科学研究的前沿领域，但由于其探测过程具有飞行距离远、任务周期长、探测环境未知多变、能源与动力要求高等特点，实施难度极大。国际上仅美国的先驱者 10 号和 11 号（Pioneer 10/11）、旅行者 1 号和 2 号（Voyager 1/2）以及新视野号（New Horizon）少数几次任务在完成预定目标后，开展了星际任务拓展，继续飞向更远的太阳系边际进行了一些探测，基本情况见表 1。

先驱者 10 号和 11 号（见图 2）是美国开展的第一次日球层空间探测任务，分别于 1972 年 3 月 3 日和 1973 年 4 月 6 日发射，在完成了对主带小行星、木星和土星探测后，继续飞往更遥远的深空[5]。由于能源限制，已分别于 2003 年 1 月 23 日和 1995 年 9 月 29 日与地面无线电通信中断，按照轨道外推，当时距太阳分别约 80 和 43 AU[6]。

先驱者号探测任务的主要成果包括：(1) 实现了对木星、土星等外太阳系天体的首次飞越探测；(2) 训练和验证了美国深空网获取和跟踪深空无线电信号的能力；(3) 携带了先驱者镀金铝板，铝板上刻画有男人、女人的图像和表明探测器来源的符号信息，以在外星智能生物发现探测器时向其传达信息[5,7]。

旅行者 1 号于 1977 年 9 月 5 日发射，主要任务是探测木星、土星以及土卫六[8,9]；旅行者 2 号于 1977 年 8 月 20 日发射，主要任务是探测木星、土星、天王星和冥王星，探测器示意图如图 3 所示[10,11]。截至 2018 年 9 月，旅行者 1 号已经距离太阳约 142AU，是距离太阳最远的探测器。目前，它们仍与地球保持着联系，预计 2025 年左右因放射性同位素温差电源[12]（Radioisotope Thermoelectric Generator，RTG）无法提供足够电能，探测器将中断与地面的联系。

表 1　探测任务基本情况

项目	先驱者 10 号	先驱者 11 号	旅行者 1 号	旅行者 2 号	新视野号
发射时间	1972-03-03	1973-04-06	1977-09-05	1977-08-20	2006-01-19
主任务	主带小行星、木星、土星	主带小行星、木星、土星	木星、土星、土卫六	木星、土星、天王星、海王星	冥王星、冥卫一、柯伊柏带天体
探测方式	飞越	飞越	飞越	飞越	飞越
发射质量	259 kg	259 kg	825.5 kg	825.5 kg	478 kg
结束时间	2003-01-23	1995-09-29	飞行中	飞行中	飞行中
探测器平台基本情况	六边形平台和直径 2.74 m 高增益抛物面天线，平台高度 36 cm，六面体边长 76 cm；平台顶部装有直径 2.74 m 的高增益抛物面天线；携带 4 个 SNAP-19 的 RTG，燃料为钚 Pu-238，发射时 155 W		主平台为高 0.47 m 的十面体，平台顶部装有直径 3.7 m 的抛物面高增益天线；携带 3 个百瓦级 RTG 提供能源，每个 RTG 质量为 39 kg，包含 24 个钚 Pu-238 燃料球，发射时 470 W		主平台结构近似三角形，高 0.7 m，长 2.1 m，最宽处约 2.7 m，以及直径 2.1 m 的高增益碟型天线；携带 1 个 RTG 作为能源，燃料为钚 Pu-238 燃料球，发射时 245.7 W

图 2　先驱者号探测器示意图

旅行者号探测任务主要成就包括：(1) 不仅完成了对外太阳系行星的探测，其科学探测还为研究太阳风与恒星际物质相互作用提供了第一手参数和数据，并为宇宙线研究提供了背景数据；(2) 旅行者 2 号利用 176 年一遇的“四星联游”窗口，实现了一个探测器对四颗外太阳系行星的飞越（1979 年木星、1981 年土星、1986 年天王星和 1989 年海王星）；(3) 携带了特制的镀金唱片，唱片的一面录制了世界 60 种不同语言的问候语、35 种自然

图 3　旅行者号探测器示意图

界声响和 27 首古今世界名曲，另一面录制了 115 张反映地球人类文明的照片，其中包括中国长城和中国家宴的照片[13-16]。

2006 年 1 月 19 日发射的新视野号是美国国家航空航天局（National Aeronautics and Space Administration，NASA）“新疆域计划”中的首个探测器，旨在探测冥王星、冥卫一以及柯伊柏带（Edgeworth-Kuiperbelt）天体，搭载了 7 种科学载荷[17]，如图 4 所示。新视野号已于 2015 年 7 月飞越了冥王星及其卫星，正以每年约 3.4 AU 的速度飞向柯伊柏带的 2014MU69 小天体，预计将于 2019 年 1 月 1 日抵达，并将于 2030 年前后飞临太阳系边际。

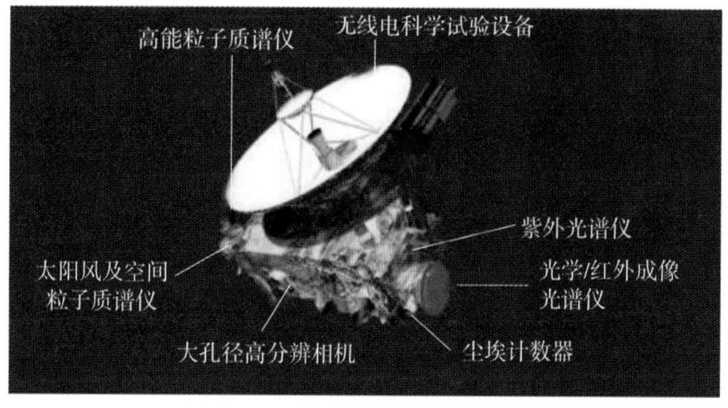

图 4　新视野号及科学载荷配置情况

新视野号已取得的主要成果包括：(1) 实现了冥王星的近距离探测，飞越高度约 1.25 万 km，传回了冥王星的首张高清图片；(2) 发现冥王星北极存在冰冠，主要成分为氮冰和甲烷冰；(3) 测算了冥王星的直径，降低了此前对冥王星直径数据估算中的不确定性；(4) 揭示了冥王星的富氮大气高度[18-20]。

太阳系边际除就位探测外，科学家还利用地球附近的卫星开展遥感探测。2008 年 10 月 19 日，NASA 发射了质量为 107 kg 的星际边界探测器（Interstellar Boundary Explorer）[21]，进入约 7 000 km×320 000 km 的高偏心率地球椭圆轨道，利用搭载的两台中性原子成像仪探测了来自日球层边缘的高能中性原子以及星际中性原子[22,23]。

近年来，太阳系边际探测活动又掀起了新一轮的热潮。美国发布的《2014—2033 年日球物理路线图》把其作为高优先任务之一[24]。NASA、欧洲航天局（European Space Agency，ESA）等均开展了新一轮的概念研究，并积极推进类似探测任务的实施。2015 年，NASA 支持了“太阳风层顶静电快速传输系统（Determination of the Solar Wind Slowdown Near Solar Maximum）”的概念研究[25]，计划利用电动帆技术使探测器在 10 年之内抵达太阳系边际以及更远的恒星际空间开展探测。2018 年，NASA 经多年的论证和关键技术研究，提出利用 RTG 等技术，借助木星和太阳的引力加速，目标是使探测器在 50 年内到达 1 000 AU。

自我国月球和深空探测工程的顺利实施以来，相关部门也开展了研究工作。2015 年，中国国家航天局启动太阳系边际探测计划的前期预先研究项目，中国空间技术研究院、北京大学及中国科学院国家空间科学中心联合参与开展；中国科学院空间科学战略性先导科技专项“空间科学预先研究项目”启动了“星际快车——‘神梭’探测计划初步方案研究”。2017 年，中国工程院在咨询研究项目中支持了相关课题研究。

1.2 发展趋势

通过以上分析可以看出，太阳系边际探测活动有如下发展趋势。

（1）太阳系边际是未来深空探测的重要方向之一，将是继月球、火星及系内其他天体之后，人类认识宇宙的新窗口

探索未知、不断拓展人类活动疆域一直是人类文明发展和不断进步的原动力，探测更深、更远、更广阔的深空已是人类航天活动的重点方向。深空探测遵循由近及远的发展规律，经历了由月球探测，到近地行星探测，到系内其他天体探测，到系外恒星际空间探测的发展过程[11]。

自进入太空以来，专家和学者就不断尝试提出新的概念、采用新的技术以尽快飞出太阳系，进入恒星际空间[13]。太阳系边际及其附近区域是距离人类最近的邻近恒星际区域，是人类开始恒星际探测的第一步。美国已经有 5 次任务的探测器达到太阳系逃逸速度，并不同程度地对太阳系边际进行了探测[10,17]。近年来，美国和欧洲的航天机构已提出了多个太阳系边际和恒星际空间探测计划。

未来随着航天技术的不断发展，人类迈向太阳系边际并开展恒星际旅行，不断拓展发现疆域，将是必然趋势。太阳系边际探测作为探索恒星起源，引领恒星际空间探测发展的先驱任务，已经成为世界航天强国争相发展的新领域、新方向。

（2）科学驱动是太阳系边际探测的源动力，将实现从行星飞掠之后的“自由探索”到进军星际空间的“有的放矢”转变

早期美国 NASA 的探测计划，如先驱者 10 号和 11 号、旅行者 1 号和 2 号、新视野号

等，其主要的设计目标是飞掠太阳系内的一些行星。在完成既定任务后，进行了星际任务扩展，从而对太阳系边际进行了自由式的探索，并不是一个明确针对太阳系边际的任务规划，而且无论探测器平台的自身能力，还是所携带科学载荷的探测手段和精度也未满足相应的探测要求。

现阶段，国际上对星际空间探测的概念研究强调的是针对关键未知区域开展有的放矢的专门探测和综合性探测[21-24,26-31]。比如，旅行者 1 号和 2 号分别从太阳系边际的中心原子“彩带”区的南北边界“擦肩而过”，而新规划的任务重点考虑从“彩带”中心，也就是“鼻尖”区穿越探测；另外，日球层尾部也是一个非常引人注目的未知关键区域；此外，在任务飞行途中，还会经过一系列“神秘地带”，如行星际尘云带、柯伊伯带等。如何最优化设计飞船的轨道，统筹配置其科学载荷，以期实现科学产出的最大化，也是现阶段研究的重点。

（3）先进技术的突破与成熟应用是太阳系边际探测的工程基础，并带动一批深空探测共性核心技术“台阶式”提升

太阳系边际探测是一项极具创新和挑战的系统工程，是当前最困难的深空探测任务之一。由于飞行距离远导致任务周期可长达数十年，为尽快抵达目标天域开展科学探测，探测器需以尽可能快的速度飞行，同时也要为应对极暗条件下的供电、极寒条件下的热控和极远距离下的遥测提供支持。

太阳系边际探测涉及多个尖端领域的大量技术难题，需要攻克适应极端环境条件的材料、仪器仪表、电子元器件等基础性技术，还需突破新型高效能源与推进技术、超远距离深空测控通信技术等一系列尖端空间技术，解决深空多动力模型轨道拼接、探测小天体轨道扰动大、强磁辐射环境防护、拾起粒子产生机理及探测形式等前沿技术，牵引带动我国航天研发能力进一步向高端挺进，引导国内优质创新资源向空间探索战略前沿集聚，有效突破和掌握深空探测共性核心技术，实现我国航天能力的跨越式发展。

（4）太阳系边际探测是国际大科学工程的重要平台之一，国际合作是“好、快、省”地实施探测活动的重要手段

太阳系边际探测是一个持续而宏大的科学任务，是人类在空间探索中面临的共同机遇，可有效吸引各国优势技术资源和科学资源，聚集国际科学家团队和高端科学人才，形成一个具有重大国际影响力的国际大科学工程，实现丰富科学目标、完善任务规划、合作科学载荷，确保科学目标先进性、载荷配置合理性和科学成果最大化。

借助各种平台，开展由中国发起，美、欧、俄等国广泛参与的国际日球层探测会议，深化论证科学目标和任务的顶层设计；围绕科学目标论证与有效载荷研制、探测器超远距离测控通信、同位素能源等方面积极开展国际合作，有效降低技术难度，节约任务经费。通过国际合作，培养和造就一批国际同行认可的领军科学家和学术骨干，形成具有国际水平的工程管理团队和良好机制，打造深空探测领域新的高端技术试验和协同创新平台。

2 太阳系边际探测科学目标

2.1 到达 100AU 左右的太阳系边际

2.1.1 星际中性原子、星际尘埃等侵入物质的空间分布特性探测

太阳风的拾起过程。太阳风等离子体与星际中性原子发生电荷交换，中性原子失去电子被太阳风磁场裹挟着前进并与原太阳风相互作用，称为拾起过程。观测表明：太阳风在外日球空间传播过程中会不断地减速，并且伴随着局地加热过程[25,32]。目前，太阳风的拾起过程则被认为是引起加热的主要原因之一。通过对拾起离子的径向分布和效应的深入观测和研究，对于理解太阳风的动力学演化非常重要。

银河宇宙线的日球层调制。银河宇宙线在日球层内的调制和扩散分布对于广义上的空间天气效应非常重要。目前主要是通过数值模拟来了解相关过程。最近地面观测表明极高能银河宇宙线进入日球层的全空间分布强度并不均匀[33-35]。通过银河宇宙线和异常宇宙线各向异性的就位观测，可有效揭示日球层可能的调制及作用大小，从而有助于开展宇宙线粒子数据反演理论和方法研究。

中性原子和尘埃的太阳引力聚焦。星际介质中的中性原子和宇宙尘埃可以不受太阳磁场的影响，进入日球层空间，并在太阳引力的作用下在尾部发生聚集。通过对日球层尾部的探测，可以了解中性原子和尘埃的引力聚焦分布，考察其对太阳风动力学过程的影响。

2.1.2 冰巨星及其卫星系统、半人马族天体、柯伊伯带天体、矮行星等天体探测

冰巨星及其卫星系统的特性。海卫一的状态十分特殊：质量稍小于冥王星；绕海王星公转方向是逆行的，自转轴与黄道面夹角几乎平行；太阳系内具有火山现象的 4 个天体之一。通过近距离的飞掠探测和释放穿刺探测器，将有效增加人类对它的认知。

半人马族小行星。半人马族小行星是一类非常有趣的太阳系小天体，理论分析认为具有冰环和牧羊卫星。通过近距离观测，能够有效回答起源、物理性质、轨道特性、喷气成分及损失速度等问题。

柯伊伯带天体。柯伊伯带天体几乎是太阳系最早形成时所留下的遗迹，保留了太阳系最早的信息，有着非常巨大的研究价值。创神星（Quaoar）是最令人感兴趣的柯伊伯带天体之一，非常适合作为太阳系边际探测过程中“边走边探”的任务。一些关键科学问题包括：物理特性及三维形态、甲烷斑块的深度和覆盖率等，火山口的成像、岩浆柱的光谱分析等。

行星际尘云之谜。行星际尘云更能代表太阳星云的初始丰度和同位素特征，有助于揭示生命诞生的秘密和太阳系形成最初线索。早期的探测不能覆盖行星际尘云在整个内太阳系的核心区域，通过对其径向分布的连续观测，可以解释一些关键的科学问题，如：来源问题、产生机制、成分及分布、地外行星系统的异同等。

2.1.3 太阳系边际的结构和特性

终止激波特性。依据现有理论，超声速太阳风在通过终止激波后将变为亚声速，而旅行者 2 号的实际观测表明：终止激波的下游仍是超声速的，等离子体温度比理论预期值低 10 倍以上[36,37]。通过对拾起离子的就位探测，能够揭示终止激波的真实特性。

异常宇宙线的起源和加速机制之谜。终止激波在很长一段时间内都被认为是异常宇宙线获得加速的源区。然而，旅行者号的观测显示：异常宇宙线的强度在鞘区中还在不断增加[38]，却在日球层顶之外突然消失，表明鞘区可能是异常宇宙线的源区。为确认异常宇宙线的产生机制和具体源区，还需要进一步的就位观测。

2.1.4 河外背景光之谜

黄道尘云散射太阳光形成黄道光，会严重干扰近日空间的河外背景光探测。随着探测器逐渐远离太阳，黄道光的强度会迅速衰减[3-41]。太阳系边际探测任务为观测河外星系背景光提供了非常好的良机，对其强度、光谱以及空间特性的观测，对于理解宇宙的起源和演化大有裨益。

2.2 到达 200 AU 左右，进入邻近恒星际空间

2.2.1 邻近恒星际空间环境探测

星际介质。利用一些遥测反演的方法，已发现日球层边际的星际 H、He 和 O 的丰度分布并不重合[42]；不同环境下的 Ne/O 比也不相同[43]。迄今为止，人类还没有对星际介质进行过就位探测，其真实的特性（如丰度、同位素比例、离化率、尘埃/气体比例、加热机制等）还有待通过专门的探测任务来获得。

星际磁场。目前，对星际磁场的就位探测还相当缺乏，旅行者号的磁场探测误差与观测量相当，得到的一些探测结果还存在很大的不确定性[44]，需要更高精度的就位探测以获得其方向、强度、变化特性以及湍动特征等。

星际风和星际尘云。结合前期的一些卫星观测，我们推断星际风方向会逐年变化[45]，这也预示着星际环境的不断变化，但其速度、方向以及变化特性还有待通过进一步的就位探测予以确定。星际空间充满了星际尘云，其成分、丰度、密度、温度等亟待通过就位观测来揭开其神秘面纱。

2.2.2 太阳风与星际介质相互作用规律

目前，人们对于太阳风与地球磁层的相互作用较为了解，有大量的观测和数值模拟研究予以阐述，但对太阳风与星际介质的相互作用还知之甚少。

日球层尾区。传统理论认为，日球层的整体结构类似于地球磁层的水滴状。IBEX 的遥测结果也表明日球层尾部可以延伸至很长的空间[46]。然而旅行者号和卡西尼号的观测结果表明日球层可能更圆[47]。目前人类的探测器还从未到达过日球层尾区，通过就位探测可确定日球层尾部构造，并通过比较恒星学的方式了解太阳的演化阶段。

弓激波。传统理论认为，太阳风与星际介质相互作用会形成类似于地球磁层外的弓激

波结构。最近旅行者号的一些观测结果表明：日球层外部的流动并非超声速的，也许只有波动结构，形成不了激波结构[48]。通过日球层 Nose 区的就位观测，可以确认弓激波的存在性，进一步了解日球层与星际介质的相关作用。

星际中性 H 原子对日球层结构的影响。数值模拟研究表明，星际介质的电离率对日球层结构有非常大的影响，其位置随中性氢密度而变化[49]。更深入的就位观测有助于理解该过程。

中性原子墙。传统理论认为，在日球层顶外会堆积形成一个中性原子墙[50,51]，但目前对此还缺乏就位探测，对其形成机制、厚度及空间分布、成分、密度及温度剖面、各向同性还是异性、太阳活动有无影响还知之甚少[52]。

2.3 到达 1 000 AU 的太阳引力透镜焦点区域

奥尔特云。从奥尔特云的概念提出以来，一直停留在假说阶段，没有得到观测认证。迄今为止还没有人类的探测器抵达如此远的地方，也没有足够强大的望远镜能直接观测到它的存在。一些假说还有待证实：奥尔特云的起源和结构；长周期彗星的发源地；地球上生物灭种与奥尔特云的关系等。

技术验证。飞抵太阳引力透镜焦点区域开展包括广义相对论验证、太阳引力透镜效应观测等。

3 我国太阳系边际探测设想

探月工程和首次火星探测任务突破的深空探测器研制技术，建成的深空测控网，以及长征五号大推力运载火箭成功首飞，标志着我国具备了实施太阳系边际探测的基本条件。在国际首次实施专门的太阳系探测任务，抵达太阳系边际开展综合性就位探测，能够获取丰富的原创性科学成果，推动我国深空探测从系内天体探测向恒星际空间探测的重大能力跨越。

3.1 太阳系边际探测总体目标

围绕太阳系及行星的起源与演化、太阳系边际及邻近星际空间特性、行星天体物理等空间科学重大问题，以建立我国太阳系全域到达并具备恒星际空间探索能力为目标，遵循由易到难、由近及远的发展规律，循序开展太阳系边际探测，争取重大科学发现和基本理论研究的突破。具体阶段目标如图 5 所示（背景图来源于 Keck Institute for Space Studies），包括：

近期目标（100 AU 左右）。2049 年前后，实现日球层大尺度三维结构特性及邻近恒星际空间的物质特性探测，认知太阳风暴在行星际空间的传播和演化；探测外太阳系典型天体，研究太阳系起源与演化。

远期目标（挑战 1 000 AU 级）。到 21 世纪末，突破 1 000 AU 飞行技术，飞抵太阳引力透镜焦点区域附近，开展引力透镜效应观测等探索工作。

此外，突破万个天文单位飞行技术，对5万～10万AU的太阳系引力边际，开展恒星际探测并取得重大科学发现，是太阳系边际探测未来发展的愿景目标。

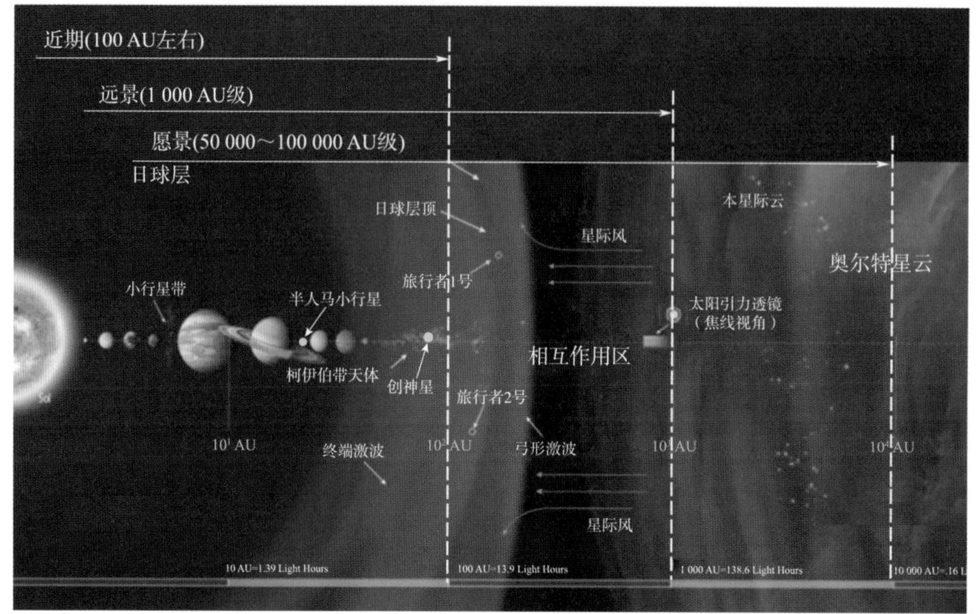

图5　太阳系边际探测阶段目标

3.2 近期太阳系边际探测任务设想

基于现有科学认知程度、航天技术发展水平和国家经济能力，瞄准我国21世纪中叶全面建成航天强国的战略目标，重点围绕太阳系边际探测的近期目标，开展探测任务设想，提出了3次任务设想（分别沿日球层的3个方向）。

其中，第1次和第2次任务在工程上同型设计、同期发射；在科学上相互配合、互为补充，构建双探测器组合、多目标探测模式，从而实现科学成果最大化，在有限经费条件下，整体上提高探测任务的综合效能。

第1次任务：日球层鼻尖方向探测（2024年前后发射）。

黄道面附近日球层鼻尖方向探测的目标天域为银河系中央方位，即日球层探测典型区域。飞往鼻尖方向的探测虽然与旅行者1号和2号的飞行区域一致，但旅行者1号和2号的最初设计目标只是为探测木星和土星，针对日球层和星际空间探测配置的科学载荷有限。我国可对太阳系边际及其邻近恒星际空间开展更全面的综合性探测，揭示太阳风和星际风的相互作用、异常宇宙线的产生机制等科学空白。

考虑到天体运动规律和相对位置，可在2024年前后实施本次探测，在飞抵太阳系边际的途中，边飞边探，途中择机开展天王星、半人马族小天体等多目标探测，提高探测任务的“性价比”。

该探测任务拟采用基于同位素能源的探测器系统。按照推进方式和运载火箭选型的不同，初步分析形成了以下两种探测器方案。

方案设想一：探测器基于嫦娥三号探测器构型，经适应性改进，采用双模式化学推进系统，采用 CZ-3B 运载火箭发射。发射质量约 3 300 kg，其中干重约 910 kg；双模式推进系统没有混合比的损失，能够节省出数十千克质量分配给干重，提高任务整体效益。

方案设想二：探测器配备离子电推进系统和太阳翼，采用 CZ-5 运载火箭发射。发射质量约为 800 kg；离子电推进系统工作功率需适应 0.5～5 kW，推力 20～200 mN，比冲 2 580～4 000 s，寿命≥20 000 h。探测器同时配备太阳翼，在木星借力前使用太阳翼为电推进系统供电。

上述两种方案的探测器基本参数见表 2，主构型如图 6 所示，二者除推进系统外，其余部分的设计基本一致。

表 2　探测器基本参数

<table>
<tr><th>序号</th><th>项目</th><th colspan="2">同位素电源探测器</th><th>10 kW 级核动力探测器</th></tr>
<tr><td>1</td><td>飞行方向</td><td colspan="2">Nose 方向和反方向</td><td>垂直于黄道面</td></tr>
<tr><td>2</td><td>寿命</td><td colspan="2">≥30 年</td><td>≥35 年</td></tr>
<tr><td>3</td><td>速度增量</td><td colspan="2">≥4 AU/年</td><td>≥6 AU/年</td></tr>
<tr><td>4</td><td>飞行距离</td><td colspan="2">≥100 AU</td><td>≥200 AU</td></tr>
<tr><td>5</td><td>发射质量</td><td>≥3 300 kg</td><td>≥800 kg</td><td>≥2 800 kg</td></tr>
<tr><td>6</td><td>发射 C3</td><td>≥20 km^2/s^2</td><td>≥77 km^2/s^2</td><td>≥30 km^2/s^2</td></tr>
<tr><td>7</td><td>推进系统</td><td>双模式化学推进系统</td><td>单组元电推进系统</td><td>单组元推进系统</td></tr>
<tr><td>8</td><td>电源系统</td><td colspan="2">飞抵太阳系边际的输出电功率≥200 W</td><td>系统输出电功率≮10 kWe，输出功率≥1 kW；
发射 3 年后推进系统停止工作</td></tr>
<tr><td>9</td><td>测控系统</td><td colspan="2">上行≥20 bps @ 100 AU（地面 35 m）
下行≥160 bps @ 100 AU（地面 66 m）</td><td>上行≥15 bps @ 200 AU（地面 35 m）
下行≥200 bps @ 200 AU（地面 80 m）</td></tr>
<tr><td>10</td><td>科学载荷</td><td colspan="2">≥50 kg</td><td>≥100 kg</td></tr>
</table>

第 2 次任务：日球层鼻尖反向探测（2024 年前后发射）。

黄道面附近日球层鼻尖反方向探测的目标天域为背离银河系中央方位，即飞往日球层尾部。国际上仅先驱者 10 号朝鼻尖反方向飞行过，但在飞到约 80 AU 后与地面无线电通信中断，专门针对鼻尖反方向日球层尾部区域的探测还是国际空白。我国开展的鼻尖反方向探测可首次对该区域开展探测，预期会有更多新进展。

第 3 次任务：日球层极区探测（2030 年前后发射）。

在前两次任务基础上，采用新型运载技术、电推进等技术，基于核反应堆电源或新型同位素电源，实现 6 AU/年以上的飞行速度。待上述技术达到一定成熟度后，实施此次任务，实现日球层极区就位探测及恒星际物质特性探测，开展宇宙线在日球层的全日球循环机理、日球层的外部宇宙物质作用机理等研究。

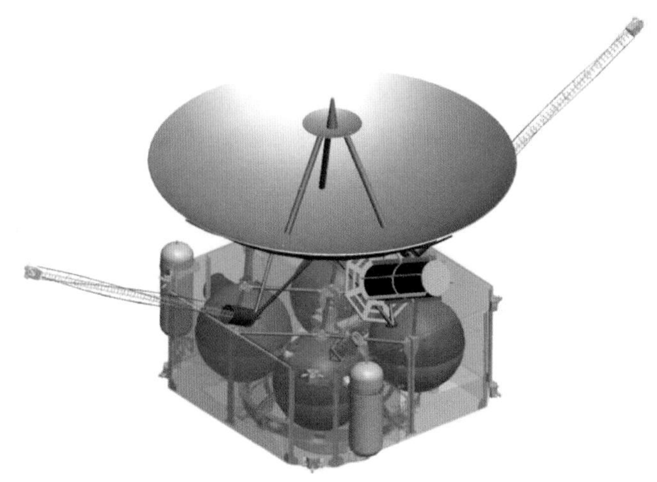

图 6　基于同位素能源的探测器示意图

其中，基于 10 kWe 级核反应堆电源的探测器系统哑铃型构型如图 7 所示，一端是核反应堆电源，另一端是探测器，两端通过可展开桁架结构连接。

图 7　核反应堆探测器主构型示意图

4 关键技术

太阳系边际探测的开展依赖于航天技术的进步和国家综合实力的提高。相对于月球、火星、木星等系内天体探测，太阳系边际探测将面临距离更遥远、飞行时间更长、数传速率更低、深空环境更复杂等一系列难题需要突破。

4.1 行星际轨道设计与优化技术

太阳系边际探测需要在较短时间内飞行至 100 AU 以远的距离、飞行时间长、飞行距离远，深空中繁多而各异的目标天体、多源而复杂的力场环境、丰富的运动机理，包括平动点应用、借力飞行等[11]，赋予了行星际轨道设计与优化技术的新内涵。

在太阳系边际探测任务中，轨道设计与科学目标的耦合性强，需综合考虑科学目标的需求和轨道实现的难度，通过迭代和优化，在确保可达性的基础上，尽可能提高任务的科学价值。需综合考虑多种行星借力序列及化学推进、电推进等不同推进方式，通过复杂序列多目标探测任务轨道设计研究，突破低能量转移、多动力模型轨道拼接、短周期的复杂序列多目标探测轨道优化设计技术[53]，实现对木星、小行星、谷神星等多个目标、多个天体的借力飞行或抵近观测。

4.2 新型能源与推进技术

核能源具有不依赖太阳、能量自主产生、能量密度高、寿命长等优点，是解决未来太阳系边际探测能源问题的一个基本途径。基于技术成熟度等方面考量，当前应以 RTG 为应用研究重点，兼顾探索核裂变反应堆电源的应用研究。

RTG 在 20 世纪经过多次飞行验证，技术成熟度高、安全性好，输出电功率为 5 We～1 kWe，在轨工作寿命最长到达 41 年（旅行者号，设计寿命 25 年）。按照 2024 年前后发射，2049 年探测器抵达太阳系边际电功率需求 200 W，后续需重点围绕同位素电源热电转化效率和年衰减率开展技术攻关，并优化探测器功率需求，降低 Pu-238 核源需求量。

空间核反应堆电源较之同位素电源，优点是功率大、比功率高和价格便宜，可极大提升探测器的推进、数传、科学探测方面的能力，当前存在的主要问题是成熟度低。拟采用热管快堆＋温差发电的技术途径，开展 10 kWe 级空间堆的研制工作，未来需重点突破总装集成、涉核地面试验和在轨飞行验证。

太阳帆推进、电帆推进等是未来先进推进技术的新领域，但由于材料与结构、展开与维持技术、结构姿态和轨道耦合技术等关键技术难度大，目前主要集中在理论建模和地面试验阶段，仅 2010 年日本“伊卡洛斯（Ikaros）”太阳帆航天器成功发射。

4.3 超远距离深空测控通信技术

深空测控通信系统是天地信息交互的手段，也是探测器正常运行、充分发挥其应用效能、高效回传探测数据不可或缺的重要保证[11]。

通过探月工程和首次火星探测任务，我国已基本建成了深空测控网，地面 66 m 和 35 m深空站均已具备使用条件，星载深空应答机、高灵敏通信技术、高效编码等技术已基本突破。

针对太阳系边际探测 100 AU（150 亿 km）以远的超远测控通信，需要分析采用 Ka 频段下行或 X/Ka 双频段下行、高效信道编译方式（如 LDPC)、降低地面接收系统噪声等方法，突破大口径地面天线组阵、超远距离极弱信号捕获与跟踪、高灵敏度极低码率接收与解调、具有先验知识的数据信息智能提取及高效压缩编码等关键技术，实现超远距离测控通信系统星地相聚 100 AU 以远的低电平低码速率信号捕获灵敏度不小于－157 dBm、双频高增益大天线增益不小于 46 dB（X 频段）/59 dB（Ka 频段），提升整体测控能力和水平，达到国际先进。

4.4 深空自主技术

太阳系边际探测距离远、探测目标远、任务周期长、所处环境动态多变、与地面通信存在较大时延，利用地面测控站进行探测器的遥测和遥控已经很难满足探测器操作控制的实时性和安全性要求[6]。深空探测器自主技术即通过在探测器上构建一套空间范围广泛、精度高、自主性强、系统简单的智能自主管理系统，实现长时间无人参与情况下的自主安全运行，并根据飞行阶段和周期环境，自动开展工程任务与科学任务的调度规划、命令执行、器上状态监测与故障时的系统重构，提高自主控制能力、自主故障应对能力和自主科学任务操作能力，减少对深空测控网的依赖，保持长期稳定运行，提高科学回报。为了实现太阳系边际探测在轨自主运行和管理，必须突破自主任务规划、自主导航、自主控制、自主故障处理、自主修复、自主功能重组等关键技术[11]。

4.5 高可靠长寿命技术

太阳系边际探测首次任务按 2024 年发射，2049 年抵达 100 AU，在轨运行超过 25 年，远远超过目前地球同步轨道卫星 15 年、遥感卫星 8 年的在轨使用寿命指标，我国尚无工作 25 年以上的长寿命卫星/探测器的工程研制经验。需要在新型高稳定性功能非金属材料研究、关键单机加固与地面摸底、系统级自主管理与故障诊断、面向超长寿命元器件筛选技术、超长任务周期寿命评估与保证研究等多个层次开展技术攻关，突破超长寿命探测器研制技术和在轨试验。

4.6 新型科学载荷技术

科学载荷是直接执行特定航天器任务的仪器设备，直接关系科学探测成果的获取和传输。太阳系边际探测的特点和探测目标的多样性对科学载荷的功能、精度、探测范围、高灵敏度、轻小型化等提出了新的要求。

根据探测对象的不同，行星际探测的科学载荷一般可分为 3 大类：粒子探测载荷（等离子体、高能带电粒子、中性原子和尘埃粒子）、磁场探测载荷和光学载荷（可见、紫外和红外）。粒子探测载荷和光学载荷在先驱者号、旅行者号和新视野号上均有配置[54]，磁场探测载荷在先驱者号、旅行者号上也都有配置。

国内相关载荷研制现状：等离子体、高能带电粒子、磁场和光学载荷均有较好的研制基础，具有在轨成功飞行经历；中性原子探测载荷已经完成关键技术攻关和地面试验验证；尘埃粒子探测载荷尚处于起步阶段。

太阳系边际探测不同于我国以往的空间探测项目，其特殊性对载荷提出了更高的要求，有 3 类关键技术需要进行攻关：大动态范围探测技术、小型化和低功耗技术、数据处理和压缩技术。

在行星际穿越过程中载荷探测对象的特征参数分布在很宽的范围内（如太阳风离子和拾起离子的通量最大约有 10^7 量级的差别），这就要求载荷必须能够实现被测参数大动态范围的探测。因此大动态范围探测技术是载荷的一项关键技术。

行星际探测项目对载荷的重量和功耗均有较大的限制，这就要求载荷必须实现小型化和低功耗，尽量节约能源。因此在满足性能指标的前提下实现载荷的小型化和低功耗设计是载荷的另一项关键技术。

由于行星际探测时数传传输距离遥远，科学数据下行带宽有限，而一般科学探测载荷的数据量又比较大，这就要求载荷探测的科学数据必须在轨进行最大限度的处理和压缩，从而降低数据率。因此数据处理和压缩技术是载荷的第 3 项关键技术。

5 结束语

对极暗、极寒、极远的太阳系边际开展探测和科学研究，是国际航天与空间科学研究的前沿热点领域。在科学上有效推动太阳系起源和演化、太阳系三维空间环境与动力学过程等方面的研究，相关成果能够对空间等离子体物理、广义相对论等科学理论的完善与修正提供依据；在工程上有效牵引空间核动力、超远距离深空测控通信、深空自主技术等尖端技术的跨越式发展，有效构建我国太阳系全域到达能力，并初步具备恒星系空间探索的能力。

受探测器飞行速度的制约，抵达太阳系边际需要 25～30 年的时间，考虑到天体间相对位置的不断变化对发射窗口的约束，建议 2024 年前后实施首次任务发射，实现中国探测器在 2049 年前后抵达 100 AU 太阳系边际开展科学探测。

实施过程中，坚持“人类命运共同体”的发展理念，积极推进太阳系边际探测国际大科学工程，提升我国深空探测工程的国际影响力，构建全球深空探索新格局，为 21 世纪中叶全面建成航天强国提供有力支撑，为新中国成立一百周年献礼。

参考文献

[1] Encrenaz T, Bibring J P, Blanc M, et al. The Solar System. 3rd ed. Berlin: Springer, 2004.

[2] Wang C, Belcher J W. Numerical investigation of hydrodynamic instabilities of the heliopause. J Geophys Res, 1998, 103: 247-256.

[3] Zank G P, Heerikhuisen J, Wood B E, et al. Heliospheric structure: the bow wave and the hydrogen wall. Astrophys J, 2013, 763: 20.

[4] Izmodenov V V, Kallen Bach R. The Physics of the Heliospheric Boundaries. ISSI Scientific Report SR-005. 2015.

[5] Hall C F. Pioneer 10. Science, 1974, 183: 301-302.

[6] Smith E J, Davis L, Jones D E, et al. Jupiter's magneticfield, magnetosphere, and interaction with the solar

wind-Pioneer 11. Science，1975，188：451-455.

[7] Dyal P，Fimmel R O. Exploring beyond the planets — the Pioneer 10 and 11 missions. J Brit Interpla Soc，1984，37.

[8] Decker R B，Krimigis S M，Roelof E C，et al. Voyager 1 in the foreshock，termination shock，and heliosheath. Science，2005，309：2020-2024.

[9] Stone E C，CummingsA C，Mcdonald F B，et al. Voyager 1 explores the termination shock region and the heliosheath beyond. Science，2005，309：2017-2020.

[10] Burlaga L F，Ness N F，Acuña M H，et al. Observations of the heliosheath and solar wind near the termination shock by Voyager 2. Astrophys J，2009，692：1125-1130.

[11] 吴伟仁，于登云．深空探测发展与未来关键技术［J］. 深空探测学报，2014，1：5-17.

[12] 吴伟仁，王倩，任宝国，等．放射性同位素热源/电源在航天任务中的应用［J］. 航天器工程，2013，22：1-6.

[13] Smith B A，Soderblom L A，Beebe R，et al. The Galilean satellites and Jupiter：Voyager 2 imaging science results. Science，1979，206：927-950.

[14] Smith B A，Soderblom L，Batson R，et al. A new look at the Saturn system：the Voyager 2 images. Science，1982，215：504-537.

[15] Smith B A，Soderblom L A，Beebe R，et al. Voyager 2 in the Uranian system：imaging science results. Science，1986，233：43-64.

[16] Smith B A，Soderblom L A，Banfield D，et al. Voyager 2 at Neptune：imaging science results. Science，1989，246：1422-1449.

[17] Fountain G H，Kusnierkiewicz D Y，Hersman C B，et al. The New Horizons spacecraft. Space Sci Rev，2008，140：23-47.

[18] Stern S A，Bagenal F，Ennico K，et al. The Pluto system：initial results from its exploration by New Horizons. Science，2015，350：aad1815.

[19] Moore J M，McKinnon W B，Spencer J R，et al. The geology of Pluto and Charon through the eyes of New Horizons. Science，2016，351：1284-1293.

[20] Sicardy B，Talbot J，Meza E，et al. Pluto's atmosphere from the 2015 June 29 ground-based stellar occultation at the time of the New Horizons flyby. Astrophys J，2016，819：L38.

[21] Schwadron N A，McComas D J. The interstellar boundary explorer（IBEX）：half a year to Launch. Space Sci Rev，2007，176：101-113.

[22] McComas D J，Allegrini F，Bochsler P，et al. Global observations of the interstellar interaction from the interstellar boundary explorer（IBEX）. Science，2009，326：959-962.

[23] McComas D J，Zirnstein E J，Bzowski M，et al. Seven years of imaging the global heliosphere with IBEX. Astrophys J Suppl Ser，2017，229：41.

[24] National Aeronautics and Space Administration. Our Dynamic Space Environment：Heliophysics Science and Technology Roadmap for 2014-2033. 2014. https：//explorers. larc. nasa. gov/HPSMEX/MO/pdf files/2014 HelioRoadmap Final Reduced 0. pdf.

[25] Wang C，Richardson J D. Determination of the solar wind slowdown near solar maximum. JGeophys Res，2003，108：1058.

[26] Mewaldt R A，Liewer P C. An interstellar probe mission to the boundaries of the heliosphere and nearby interstellar space. In：Proceedings of AIAA Space 2000 Conference and Exposition，Long Beach，2000.

[27] Liewer P C，Mewaldt R A，Ayon J A，et al. NASA's interstellar probe mission. In：Proceedings of Space Technology and Applications International Forum（STAIF）-2000，Albuquerque，2000.

[28] Jr McNutt R L，Andrews G B，McAdams J，et al. A realistic interstellar explorer. In：Proceedings of AIP

Conference，2000. 504：917.

[29] Jr McNutt R L，Gold R E，Krimigis T，et al. Innovative interstellar explorer. In：Proceedings of the IGPP 5th Annual International Astrophysics Conference，Oahu，2006.

[30] Gruntman M，McNutt R L，Jr Gold R E，et al. Innovative interstellar explorer. In：Proceedings of the 55th Interna- tional Astronautical Congress，Vancouver，2004.

[31] Wimmer-Schweingruber R F，McNutt R，Schwadron N A，et al. Interstellar heliospheric probe/heliospheric boundary explorer mission-a mission to the outermost boundaries of the solar system. Exp Astron，2009，24：9-46.

[32] Wang C，Richardson J D，Burlaga L. Propagation of the Bastille Day 2000 CME shock in the outer heliosphere. Sol Phys，2001，204：413-423.

[33] Desiati P，Lazarian A. Anisotropy of tev cosmic rays and outer heliospheric boundaries. Astrophys J，2013，762：44.

[34] Caballero-Lopez R A，Moraal H，Mcdonald F B. The modulation of galactic cosmic-ray electrons in the heliosheath. Astrophys J，2010，725：121-127.

[35] Florinski V，Ferreira S E S，Pogorelov N V. Galactic cosmic rays in the outer heliosphere：theory and models. Space Sci Rev，2013，176：147-163.

[36] Richardson J D，Kasper J C，Wang C，et al. Coolheliosheath plasma and deceleration of the upstream solar wind at the termination shock. Nature，2008，454：63-66.

[37] Li H，Wang C，Richardson J D. Properties of the termination shock observed by Voyager 2. Geophys Res Lett，2008，35：L19107.

[38] Cummings A C，Stone E C，McDonald F B，et al. Anomalous cosmic rays in theheliosheath. In：Proceeding of AIP Conference，2008. 1039：343-348.

[39] Hanner M S，Weinberg J L，DeShields L M，et al. Zodiacal light and the asteroid belt：the view from pioneer 10. J Geophys Res，1974，79：3671-3675.

[40] Hauser M G，Dwek E. The cosmic infrared background：measurements and implications. 2001. ArXiv：astro-ph/0105539.

[41] Primack J R，Gilmore R C，Somerville R S. Diffuse extragalactic background radiation. 2008. ArXiv：0811. 3230.

[42] Mobius E，Bochsler P，Bzowski M，et al. Direct observations of interstellar H，He，and O by the interstellar boundary explorer. Science，2009，326：969-971.

[43] Bochsler P，Petersen L，M¨obius E，et al. Estimation of the Neon/Oxygen abundance ratio at the heliospheric ter-mination shock and in the local interstellar medium from IBEX observations. Astrophys J Suppl Ser，2012，198：13.

[44] Burlaga L F，Ness N F. Observations of the interstellar magnetic field in the outer heliosheath：Voyager 1. Astrophys J，2016，829：134.

[45] Frisch P C，Bzowski M，Livadiotis G，et al. Decades-long changes of the interstellar wind through our Solar system. Science，2013，341：1080-1082.

[46] McComas D J，Dayeh M A，Funsten H O，et al. The heliotail revealed by the interstellar boundary explorer. Astrophys J，2013，771：77.

[47] Dialynas K，Krimigis S M，Mitchell D G，et al. The bubble-like shape of the heliosphere observed by Voyager and Cassini. Nat astron，2017，1：0115.

[48] McComas D J，Alexashov D，Bzowski M，et al. The heliosphere's interstellar interaction：no bow shock. Science，2012，336：1291-1293.

[49] Izmodenov V V，Alexashov D B. A model for the tail region of the heliospheric interface. Astron Lett，2003，29：

58-63.

[50] Linsky J L, Wood B E. The alpha centauri line of sight: D/H ratio, physical properties of local interstellar gas, and measurement of heated hydrogen (The 'Hydrogen Wall') near the heliopause. Astrophys J, 1996, 463: 254-270.

[51] Gayley K G, Zank G P, Pauls H L, et al. One- versus two-shock heliosphere: constraining models with goddard high resolution spectrograph Lyα spectra toward α centauri. Astrophys J, 1997, 487: 259-270.

[52] Desai M I, Allegrini F A, Bzowski M, et al. Energetic neutral atoms measured by the interstellar boundary explorer (IBEX): evidence for multiple heliosheath populations. Astrophys J, 2014, 780: 98.

[53] 崔平远，乔栋，崔祜涛. 深空探测轨道设计与优化 [M]. 北京：科学出版社，2013.

[54] 季江徽，蒋云，王素. “新视野”号成功飞掠冥王星及其卫星系统 [J]. 科学通报，2015，60：2349-2354.

Exploring the solar system boundary

WU Weiren, YU Dengyun, HUANG Jiangchuan, ZONG Qiugang, WANG Chi, YU Guobin, HE Rongwei, WANG Qian, KANG Yan, MENG Linzhi, WU Ke, HE Jiansen, LI Hui

Abstract This paper reviews the worldwide development course and current status of heliospheric boundary exploration. On the basis of the development trends revealed recently, we illustrate the four categories of scientific objectives of the solar system boundary exploration and propose some formulations for the overall objectives, phased goals, and short-term missions of China's explorations of the solar system boundary in the future. Additionally, we summarize six types of key techniques that may help make breakthroughs in the field. This study provides preliminary results for further demonstration and implementation of such a mission.

Keywords solar system boundary; heliosphere; interstellar space; spacecraft; solar wind; interstelar medium; development roadmap

中国探月工程*

吴伟仁，刘继忠，唐玉华，于登云，于国斌，张哲

摘　要　嫦娥四号于 2019 年 1 月 3 日成功实现人类航天器首次在月球背面软着陆，玉兔二号月球车率先在月背刻上了中国足迹。至今，国际月球探测活动共实施 126 次，期间出现两个探月高潮。20 世纪 50 至 70 年代，美苏两个航天大国之间的竞争引起第一轮探月高潮。20 世纪末至今，各航天国家意识到月球探测的战略意义，纷纷提出月球探测计划并积极实施，月球成为各国争先探测的热点，掀起第二轮探月热潮。中国自 2004 年首次绕月探测工程立项实施以来，共开展了嫦娥一号、嫦娥二号、嫦娥三号、嫦娥四号及再入返回飞行试验共 5 次月球探测任务，取得“五战五捷”，在空间技术、空间科学与应用、国际合作等方面取得了非凡成就，积累了丰富的经验，后续将继续开展以无人月球科研站为主的月球探测活动。

关键词　探月工程；嫦娥四号；热点；成就；启示

0 引言

最近，世界月球探测备受关注。2019 年 1 月 3 日，嫦娥四号实现了人类航天器首次在月球背面软着陆，玉兔二号月球车率先在月背刻上了中国足迹。今年 2 月，以色列借助美国火箭搭载发射了首颗月球探测器“创世纪号”，4 月 12 日在月球着陆失败，但它探索了商业探月的新模式。2019 年 3 月，美国副总统彭斯宣布，将不惜一切代价使美国航天员再次登月，登陆地点位于月球南极，时间从原计划的 2028 年提前至 2024 年，以保持美国在航天领域的全球领先地位，并以此主导太空探索新格局。2019 年 7 月 22 日，印度发射了月船 2 号探测器，计划着陆月球南极附近，开展水冰和矿物探测，9 月 7 日，月船 2 号探测器在月球南极软着陆失败。月球探测仍是全球高度关注的热点。

* 深空探测学报，2019，6（5）：12.

1 月球探测意义

地球是人类的摇篮，目前有 70 亿人寄居在地球，而地球只是宇宙中的沧海一粟，人类赖以生存的空间日益紧张，太阳系最终也要走向灭亡，寻求和拓展地外生存空间是人类繁衍的必然。

月球是地球唯一的天然卫星，地-月相距约 38 万 km，月球平均直径为 3 476 km，约为地球的 1/4，表面重力是地球的 1/6，月球一个昼夜相当于 27.3 个地球日，表面温度约为 130 ℃～－190 ℃。月球自转周期与围绕地球的公转周期相同且方向一致，所以人类在地球上始终看不到月球的背面。月球蕴藏了地球、太阳系起源和演化的无穷奥秘，拥有丰富的特有资源，也是人类走向深远空间的前哨站和试验场。据统计，现在起到 2030 年前，各国将计划实施 20 余次月球探测。预计未来数十年各航天大国及新兴航天国家将在月球资源勘探和开发利用方面展开激烈竞争。

1.1 探月是人类永恒的精神追求

月球是距离地球最近的天体，是人类探索浩瀚宇宙的起点。自古以来，月亮就激起了人类无限的遐想与憧憬，产生了各种神话传说、艺术作品和风俗传统。千百年来，人类一直利用一切手段认识、探索和利用月球，从早期的裸眼观测到后来伽利略利用望远镜观测，再到如今的飞抵探测，月球探索一直承载着人类追逐梦想、勇于探索的精神[1]。

奔月也是中华民族的千年夙愿。华夏民族对月亮赋予了诗意的赞美和丰富的遐想，常以月亮寄托相思之情、抒发惆怅之感。“嫦娥奔月、玉兔捣药”的美丽传说；“明月几时有？把酒问青天”等脍炙人口的经典咏月诗篇；经上千年观察形成的与月球有关的中国传统农历等，是中华民族灿烂文明的重要组成部分。

1.2 探月体现国家意志和责任担当

月球是人类开拓空间的新疆域，是国家利益新的战略制高点，是各国竞相争夺的竞技场。月球探测高度体现国家意志，是其科学技术发展水平和现代文明的重要标志，更是综合国力的集中体现，对提高国家的国际地位和影响力具有重要意义[2]。

月球探测是一项复杂的科技大工程，充满了挑战和风险，体现了一个民族“可上九天揽月”的豪情，凝聚着一个民族的智慧和力量，对振奋民族精神、增强民族自信心和自豪感具有重要作用，也激发了一代代青少年爱国的热情和献身科技事业的决心。

1.3 探月极大促进科学发展和技术进步

月球探测有助于提高人类对于宇宙及自身生存环境的认知，促进了空间地质学、比较行星学、空间物理学等新兴学科、交叉学科和基础学科的快速发展；相比于近地航天，月球探测具有探测距离远、飞行时间长、测控难度大、自主要求高等特点，提出了更高的工程技术需求，极大地激发了科技创新，带动了远程通信、高精度控制、高效特殊能源、特种材料以及人工智能等高新技术的跨越发展[3]。

1.4 探月可实现人类对月球资源的开发利用

月球丰富的矿物资源，是地球稀缺资源的重要补充，比如可用于核反应发电的氦-3，是地球总储量的数十倍，有望成为人类未来重要的能源资源[4,5]。

月球有特殊的自然环境，无大气，地质构造稳定，是基础科学实验、特殊生物制品、特种新型材料试验和生产的天然场所。

月球的位置资源特殊，可在月球上实现对地球长时间大尺度观测和监视，以及对空间天文的长期稳定观测；月球背面洁净的电磁环境是观察太阳、宇宙电磁辐射，探索宇宙早期起源的最佳场所；月球也是未来开展深空探测的前哨阵地。

“探索浩瀚宇宙，发展航天事业，建设航天强国是我们不懈追求的航天梦”。中华民族正走在伟大复兴的征程中，科技进步、经济发展、国力日益强盛，应当履行大国责任和担当。开展月球探测是当今我国依靠自主创新，实现跨越发展的重要领域，也是中华民族为构建人类命运共同体贡献中国智慧、中国方案、中国力量的重要机遇。

2 世界月球探测的发展

继苏联 1957 年发射了世界首颗卫星之后，1958 年又发射了首个月球探测器，拉开了人类月球探测的序幕。截至目前，全球共实施了 117 次无人月球探测和 9 次载人月球探测任务，其中成功 66 次，成功率约为 53%。我国完成了 5 次月球探测任务，实现了 100% 的成功率，参见图 1。月球探测经历了美苏争霸引发的第一轮高潮期、载人登月后的平静期，目前正处于发现月球水分子引发的第二轮高潮期中[6]。

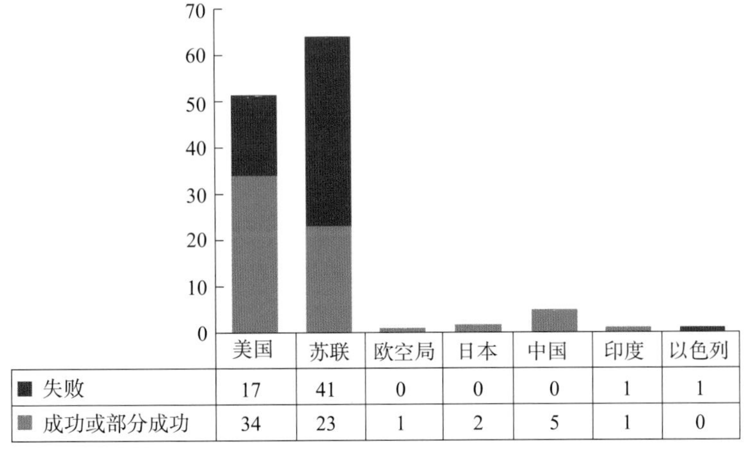

	美国	苏联	欧空局	日本	中国	印度	以色列
■ 失败	17	41	0	0	0	1	1
■ 成功或部分成功	34	23	1	2	5	1	0

图 1 主要航天国家已开展的探月任务统计

2.1 第一轮探月高潮（1958—1976 年）

这期间，美苏两国代表两大阵营展开了以月球探测为中心的空间竞赛，掀起了第一轮探月高潮。政治因素主导、任务规模庞大、巨额经费投入是这一时期的重要特点。在这场政治竞赛中，两国均由国家元首亲自领导。美国的“阿波罗计划”共有 2 万多家公司、200 余所大学、80 多个科研机构、数十万人参与，总耗资数百亿美元。

期间，两国开展了 100 次无人探测，其中苏联 64 次，美国 36 次。9 次“阿波罗”载人探测，其中 2 次载人环月，7 次载人登月。任务发射密集且不计代价，成功率约为 46%。竞赛初期，苏联创造了对月球撞击、飞越、软着陆和环绕等多项世界第一，参见图 2。后续，苏联载人登月计划屡遭挫折，用于载人登月的 N-1 重型运载火箭 4 次试验发射连续失败，特别是后两次发射爆炸造成塔毁人亡，损失惨重，最终苏联载人登月计划被迫取消。美国则在德裔天才科学家冯·布劳恩的带领下，顺利实施“阿波罗计划”，研制了土星 5 号重型运载火箭，发射了阿波罗飞船，并于 1969 年 7 月 21 日实现了人类首次登月，从“阿波罗 11”到“阿波罗 17”，其中共 6 次 12 人登陆月球，在月面共停留了 300 h。“阿波罗 13”在奔月途中距离月球 6 万 km 时，发生氧气箱爆炸的严重故障，3 名航天员被迫放弃了登月目标，在这生死关头，天地一体密切配合，最终创造了 3 名航天员安全返回地球的奇迹，被称为“辉煌的失败”。美国取得了探月竞赛的最终胜利。

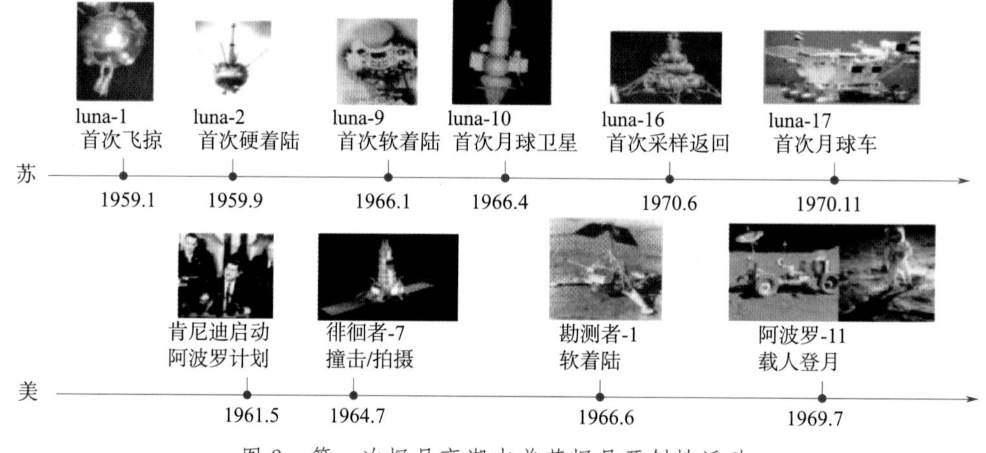

图 2　第一次探月高潮中美苏探月开创性活动

美苏两国通过月球探测，取得了重要的科学成果和巨大的技术进步。期间，美国采集了 385 kg 月球样本，苏联共实施 5 次无人采样任务，3 次成功，获得了 375 g 月球样本，两国都获得了大量的月球科学探测原始数据；建立了庞大的航天工业技术体系，带动了电子、计算机、自动控制、宇航推进等技术的快速发展；“阿波罗计划”产生的 3 000 多项技术成果转化为民用并形成产业化，取得了巨大经济效益；带动了系统工程科学的建立和发展，并成为系统工程管理的典范。

反思苏联登月计划失败的主要原因：一是违背科学规律压缩研制时间；二是重型火箭的技术路线有重大缺陷，特别是一级火箭采用 30 台发动机并联形成重大隐患；三是总设计师和卓越的组织者科罗廖夫突然离世。

在“登月竞赛”之后，美苏两国将重心转向近地轨道载人航天，苏联重点发展空间站，美国则重点发展航天飞机，探月进入近 20 年的寂静期，期间两国主要开展月球数据和样本的分析研究。

2.2 第二轮探月高潮（1994 年—至今）

1994 年，美国“克莱门汀”环月探测器发现在月球南极可能存在水冰，引起国际广泛关注。欧洲航天局（European Space Agency，ESA）、日本、印度和以色列等多个国家和组织纷纷加入月球探测行列，开启了延续至今的第二轮探月高潮。近 20 多年来，全球共实施了 15 次无人探测，多数为环月探测，中国成功实现了月面软着陆，成为继美苏之后第 3 个着陆的国家。多个国家参与、科学发现和技术发展并重、竞争而不竞赛是这一时期的重要特点。

2.3 当前发展态势

月球探测竞争态势更加激烈，各国竞相制定宏伟的实施规划。近年来，美国、俄罗斯、欧洲航天局、日本和印度等国家和组织都制定了长远的月球探测规划，欧洲航天局推动在月球南极建立月球村，俄罗斯规划在月球南极着陆并建立月球基地，尤其是美国高调宣布航天员重返月球，副总统彭斯表示：“与所有前沿领域一样，空间的规则和价值将由首先到达并驻留的人来制定”，美国国家航空航天局（National Aeronautics and Space Administration，NASA）局长布里登斯廷提出“国际探月只能在美国领导下进行”，充分反映了美国控制空间、控制月球的决心，月球探测将迎来更加激烈的竞争[7,8]。

更加注重月球资源的勘查、开发和利用。近年来，航天的应用及经济效益愈发受到重视，各国更加注重月球资源的应用潜力。未来任务重点将集中在月球南极的水资源和各类矿藏的勘查、开发和利用上，全月资源的高精度详查，构建长期无人值守、短期有人照料的月球基地。

国际合作和社会资源的参与度提高。月球属于全人类，联合国外空委规定任何国家和组织不得宣布占为己有。月球探测是一项和平利用空间的高风险探测活动，一些国家以国际合作的方式联合进行，如美国的“门廊计划”、俄罗斯的“月球系列任务”等，以实现风险共担、经费共摊、成果共享。月球的广阔应用前景引发了全社会的关注，在政府主导下，多国民营资本等社会资源正在加入月球探测队伍，美国以国家立法的方式，支持太空探索公司（SpaceX）、月球快车公司（Moon Express）、蓝色起源公司（Blue Origin）等民营企业开展月球探测，虽然引起国际空间法律界的争论，但美国依据强大实力，率先在月球上“跑马圈地”。

3 我国探月工程的进展

我国自 20 世纪 60 年代中期就开始着手月球科学领域的研究。1978 年，美国总统卡特向我国赠送了 1 g 月球岩石样品，我国科学家对其中的 0.5 g 进行了研究分析。20 世纪 90 年代初期和中期，我国开展了两次探月方案论证，均因当时航天测控通信能力和国家财力不足而搁浅。

随着我国经济和航天技术的发展，面对日本、印度竞相开展月球探测的严峻形势，20 世纪 90 年代末，原国防科工委再次组织专家论证，提出了“绕、落、回”三步走的无人月球探测规划（见图 3），一期工程：2007 年实现绕月探测；二期工程：2013 年前后实现月面软着陆探测与巡视勘察；三期工程：2020 年前实现月面采样返回。党中央、国务院 2004 年批准一期工程立项，拉开了我国深空探测的帷幕。

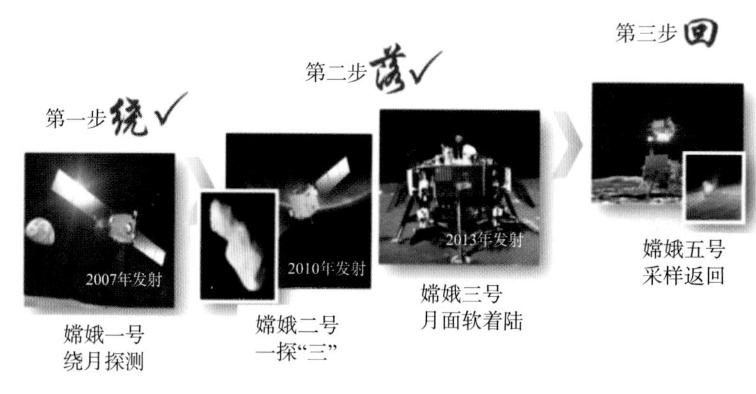

图 3 探月工程“三步走”规划

3.1 我国探月工程的实施

15 年来，我国先后完成了嫦娥一号、嫦娥二号、嫦娥三号、月地高速再入返回试验和嫦娥四号共 5 次任务，取得了“五战五捷”。

嫦娥一号实现绕月探测。嫦娥一号［见图 4（a）］于 2007 年 10 月 24 日在西昌卫星发射中心成功发射，在 200 km 环月轨道上绕月飞行，获取了我国首幅月面图像［见图 4（b）］和 120 m 分辨率全月球立体影像图[9]［见图 4（c）］，以及月球表面 14 种元素含量和物质分布特点等大量科学探测数据，圆满完成“绕”月任务。2009 年 3 月 1 日，受控撞月，在轨工作 494 天，实现了 38 万 km 的远程测控通信，掌握了绕探测技术，初步构建了月球探测的航天工程体系，成为我国继东方红一号卫星和神舟五号飞船之后航天发展的第 3 个里程碑，实现了中华民族飞天揽月的千年夙愿[10]。

嫦娥二号首次实现“一探三”［飞行轨道示意图如图 5（a）所示］。嫦娥二号卫星于 2010 年 10 月 1 日成功发射，在 100 km 环月轨道上，对全月球进行了高精度立体成像

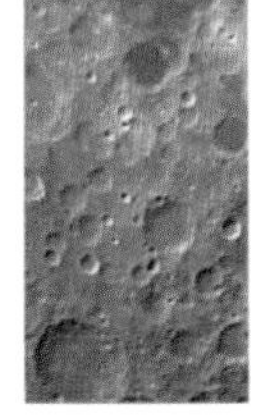

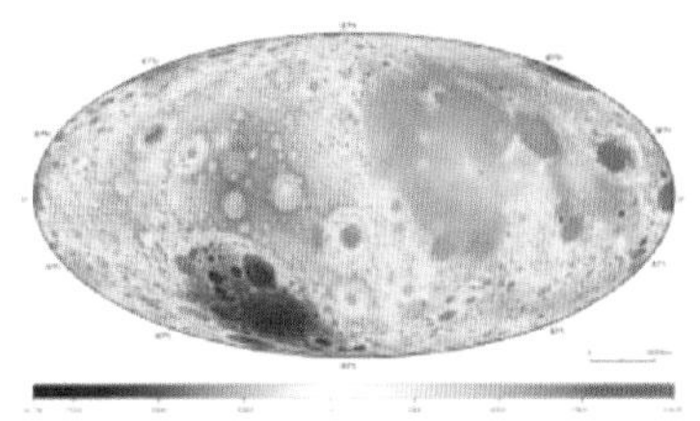

(a) 嫦娥一号卫星　　(b) 第一幅月图　　(c) 全月面立体图

图 4　嫦娥一号卫星、第一幅月图及全月面立体图

[见图 5 (b)]，并降至 15 km 的近月轨道，对嫦娥三号预选着陆区进行了详查；2011 年 8 月，飞抵距地 150 万 km 的日-地拉格朗日 L2 点，开展了环绕 L2 点的空间探测[11]；又于 2012 年 12 月，飞抵距地 700 万 km 处，实现了与 4179 号（图塔蒂斯）小行星的交会飞越探测[12]，首次获得了该小行星的高清图像 [见图 5 (c)]。实现了用一颗卫星对月球、日-地 L2 点和小行星的多目标探测，即“一探三”。首次获得 7 m 分辨率全月球影像图；发现了月表铬元素、微磁层、太阳风加减速等现象；使我国成为继美欧之后第 3 个实现日-地 L2 点和继美日欧之后第 4 个实现小行星探测的国家；目前，嫦娥二号已成为我国第一颗也是唯一一颗绕太阳飞行的人造行星，创造了中国航天器数亿千米的最远飞行纪录[13,14]。

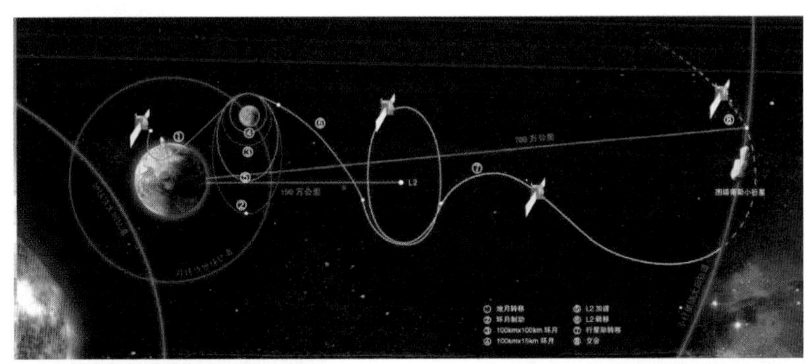

(a) “一探三”飞行轨道

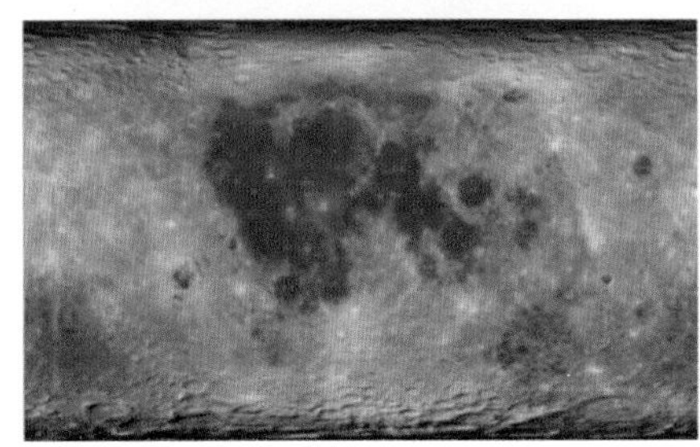

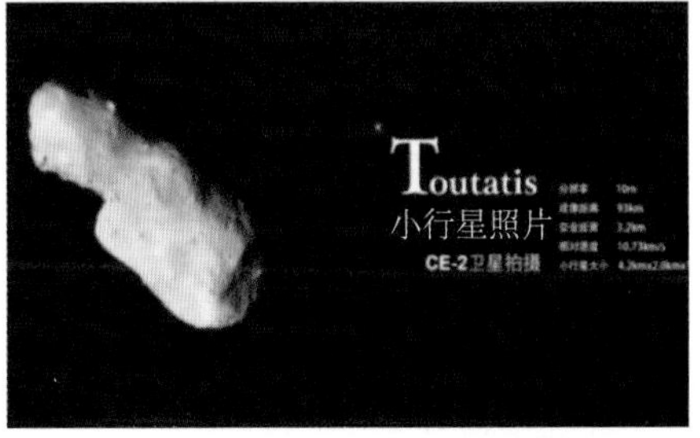

(b) 7 m全月图　　(c) 4 179小行星近距离实拍图

图 5　嫦娥二号“一探三”飞行轨道、7 m 全月图及 4179 小行星近距离实拍图

嫦娥三号实现了月球着陆探测。嫦娥三号探测器于 2013 年 12 月 2 日成功发射，13 天后在月球西经 19.5°、北纬 44.1°的虹湾区精准着陆，着陆器与玉兔号月球车成功分离、两

器互拍［见图 6（a）、（b）］，并分别开展了月面巡视和就位探测，圆满完成“落”月任务。着陆器已在月面工作近 6 年，目前仍在正常运行，刷新了国际月表探测的最长纪录。它实现了多个国际首次：采用全自主避障的软着陆技术，结束了国际上无人月球探测盲降的历史；采用月球 1/6 低重力下核热源的能量控制技术，保障了探测器在 −190 ℃极低温度环境下的长时间月夜生存；实现了在月球上同时开展“测月、巡天、观地”科学探测［见图 6（c）、（d）］，获取了大量宝贵的原始科学数据；首次研制建设了天线最大口径达 66 m 的大型地面深空测控通信网，实现了我国深空测控距离由几十万 km 到数亿 km 的重大跨越；一批中国元素被历史性地永远镌刻在月球上，嫦娥三号落月点被命名为“广寒宫”，五星红旗第一次在月球上熠熠生辉[15,16]。

（a）嫦娥三号着陆器

（b）玉兔号月球车

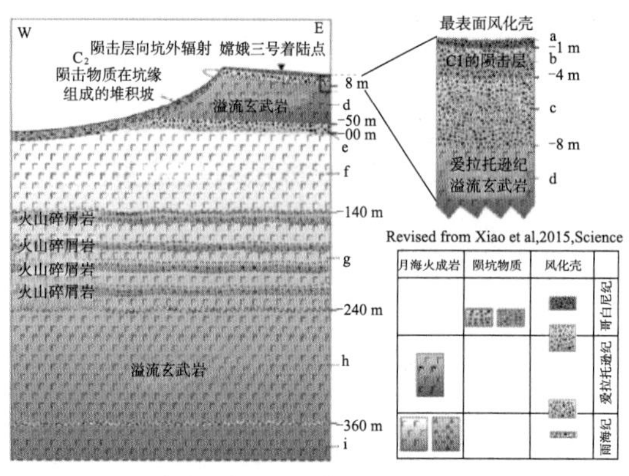

（c）巡视区地质剖面图

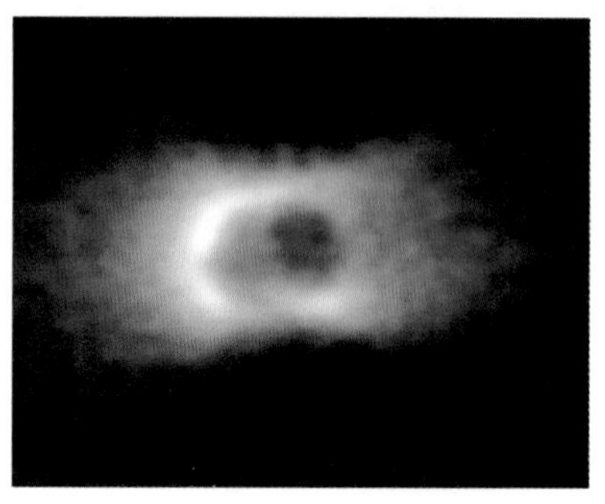

（d）等离子体层图像

图 6　嫦娥三号着陆器、玉兔号月球车、测月雷达探测的巡视区地质剖面图及极紫外望远镜获得的地球周围等离子体层图像

嫦娥四号实现了人类首次月球背面着陆探测[17,18]。2018 年 5 月 21 日，承担中继通信任务的鹊桥号中继通信卫星成功发射，进入地-月拉格朗日 L2 点使命轨道；搭载发射的国际首颗自主奔月的科学试验微卫星——龙江号，实现了绕月探测。2018 年 12 月 8 日探测器成功发射，2019 年 1 月 3 日成功着陆在月球背面预选着陆区，着陆器与玉兔二号月球车分离、两器互拍［见图 7（a）、（b）］，开展就位和巡视探测，任务取得圆满成功。

首次利用卫星中继通信［见图 7（c）］，支持探测器在月球背面着陆和巡视探测，是人类航天发展又一新的突破；直至第七月昼，月球车共行走 238 m［见图 7（d）］，获取了月球背面高清影像图，开展了巡视区的科学探测［见图 7（e）、（f）］，揭开了古老月背的神秘面纱；实现了空间同位素热/电源的研制和成功应用，使我国成为继美、俄之后第 3 个掌握核同位素热/电源空间应用的国家，并首次精确测量了月夜的最低温度－196 ℃，打破了以往（最低温度－180 ℃）的认知；首次开展了月基低频射电观测和生物科普试验；首次搭载了多个国家的科学仪器，开展了中外联合探测。

嫦娥四号的成功实施，拉开了探月工程四期的序幕。

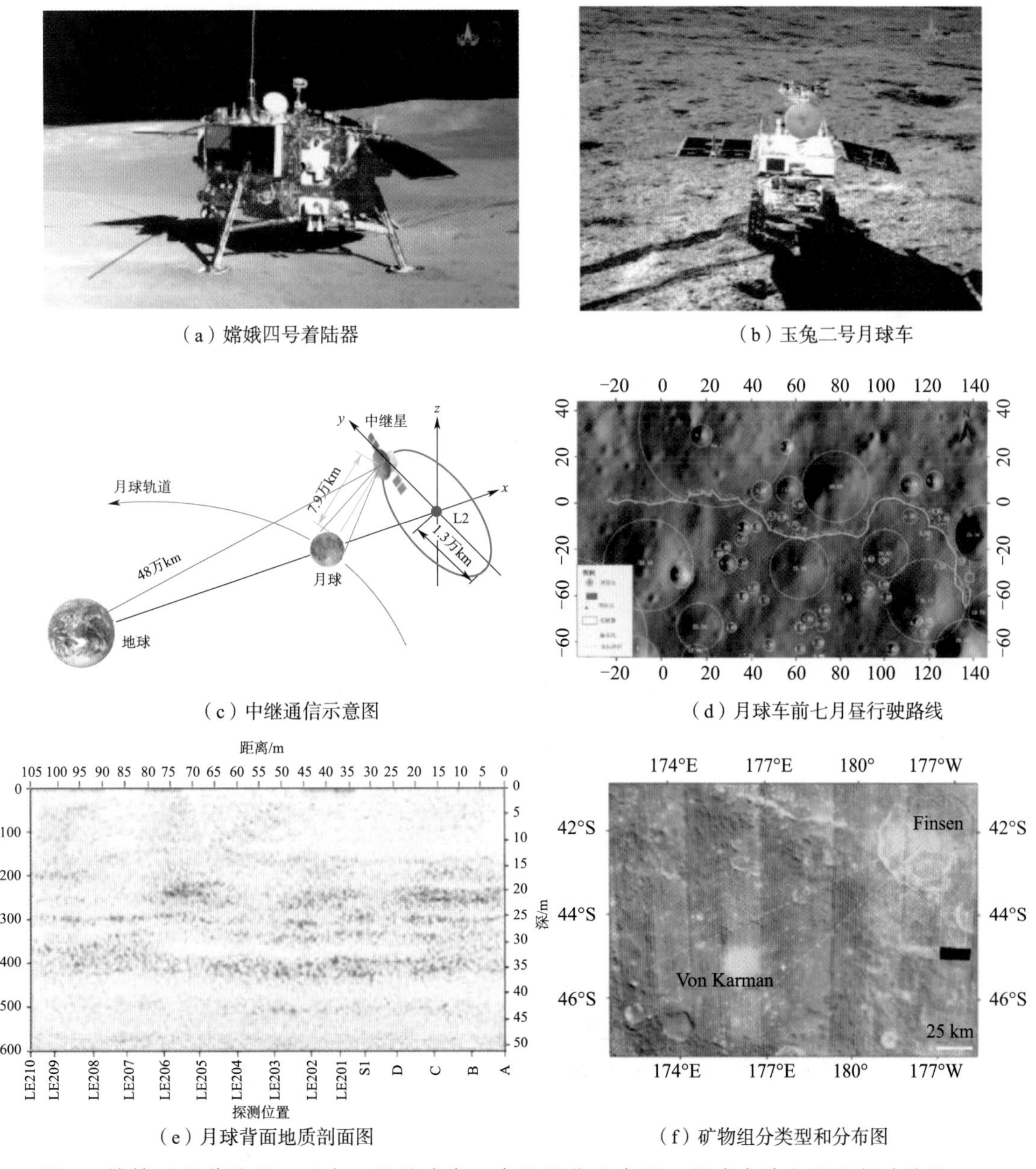

（a）嫦娥四号着陆器　（b）玉兔二号月球车

（c）中继通信示意图　（d）月球车前七月昼行驶路线

（e）月球背面地质剖面图　（f）矿物组分类型和分布图

图 7　嫦娥四号着陆器、玉兔二号月球车、中继通信示意图、月球车前七月昼行驶路线、测月雷达探测的月球背面地质剖面图及红外光谱仪获取的矿物组分类型和分布图

嫦娥五号将实现月球采样返回。它是三期工程主任务，将采用新研制的无毒无污染的长征五号大型运载火箭，在海南文昌发射场发射。探测器由月球轨道器、着陆器、上升器和返回器等 4 器组成，将突破月面采样［见图 8（a）］、月面起飞［见图 8（b）］、月球轨道交会对接、地球大气高速再入返回等四大关键技术。

（a）月面采样示意图

（b）月面起飞示意图

图 8　月面采样示意图及月面起飞示意图

为降低工程风险，2014 年 10 月，进行了月地高速再入返回飞行试验，返回器采用“半弹道跳跃式”高速再入返回地球（见图 9），精确着陆在内蒙古预选着陆区，验证了第二宇宙速度月-地精确返回技术，奠定了嫦娥五号任务基础。

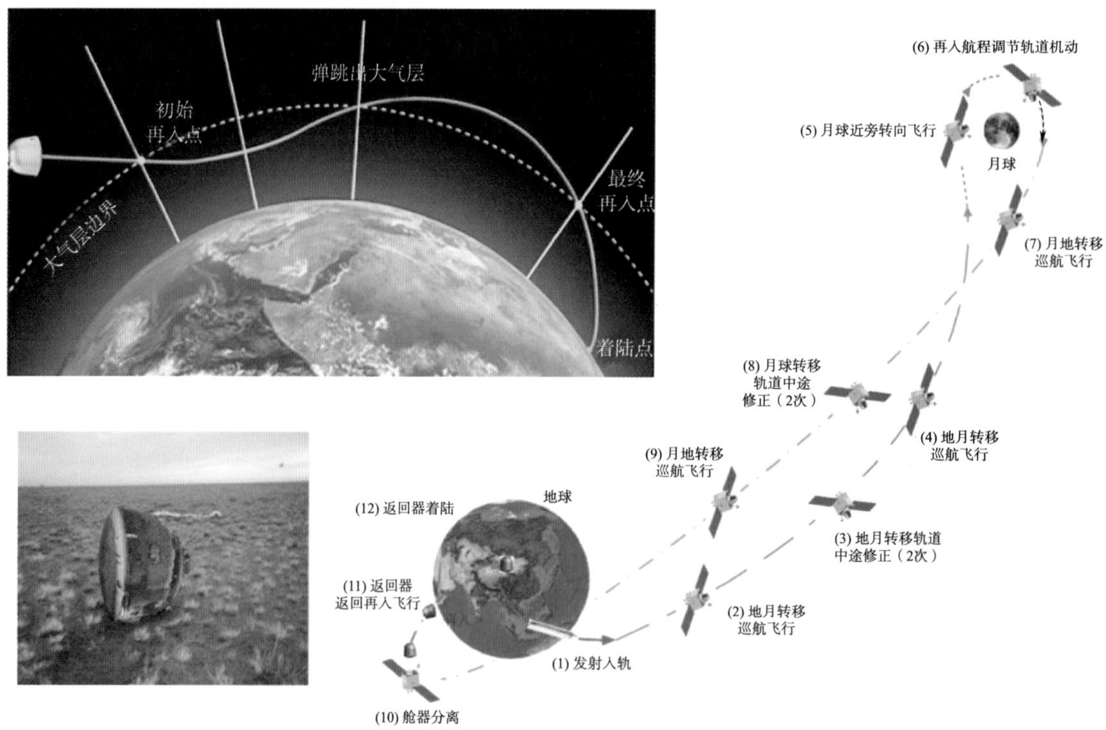

图 9　月地高速再入返回飞行试验飞行轨道示意图、返回舱

嫦娥五号从月球采样返回的成功，将验证除航天员生存以外的载人登月主要关键技术。

3.2 我国探月工程的成就

总体看，我国的探月工程起步晚但起点高，经费投入少但科技产出多，发射次数少但成功率高。15 年来中国探月整体水平和能力快速发展，在世界探月领域正从“跟跑、并跑”走向部分“领跑”。

1）空间技术能力实现重大跨越。全面掌握了月球探测器系统设计、自主导航与控制、地外天体高精度着陆与巡视等技术；研制建设了全球布局合理、全天候全天时、与美欧并列的全球深空测控网；构建了天地协同的月面遥操作、仿真和科学数据处理中心；具备了月球环绕、着陆、巡视探测和高速再入返回的能力；研制建设了一系列配套的大型、特种试验设施（见图 10）；创新形成了包括核热源、核电源空间应用的一系列先进试验方法、标准和规范，为后续火星、小行星等深空探测任务奠定了基础。工程完全是自力更生、独立自主完成的，所有技术和方案都是“中华牌”[19-21]。

图 10　中国深空测控网 1/6 重力着陆悬停试验塔架

2）空间科学探测实现多个首次，取得多项新发现[22]。获得当时国际上最高分辨率 7 m 全月图；发现了地球周围等离子体层的变化规律，引起国际高度关注；获得国际首幅月球正面和背面地质剖面图，为研究月球的演化历史提供了证据；氦-3、铀元素的地质分布数据被国际同行广泛采用；月球背面甚低频天文观测填补了国际空白。获得大量月球地质、环境、形貌等原始科学数据，彻底改变了过去我国科学家只能依赖别国二手、三手数据开展研究的局面，带动了我国空间物理、空间天文、行星科学等基础学科的发展，使我国月球科学研究迈入了世界前列。发现的新的地理实体，采用了“广寒宫”“天河基地”等 27 个中国文化元素命名［见图 11（a）、（b）］，极大增强了我国在国际上的话语权和影响力。

3）造就了一大批优秀的科技研究和管理人才。通过 10 多年的工程实施，一批年轻、优秀的高层次人才在多层级的总指挥、总设计师岗位上得到历练，逐步成长形成开拓创新、具有世界眼光、善打硬仗的领军人才；一批具有专业能力、献身精神的 30～40 岁科技、技能和管理人才脱颖而出，成为各自领域的核心骨干和中坚力量；涌现出一批杰出科学家和大国工匠，为后续工程和其他航天工程提供了有力的人才保障和智力支持。

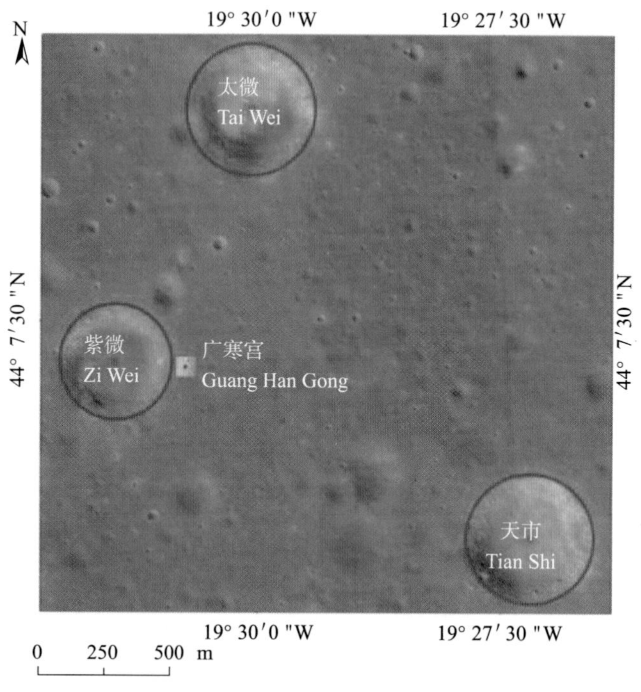

（a）嫦娥三号着陆区“广寒宫”地理实体名称

（b）嫦娥四号着陆区地理实体名称

图 11　嫦娥三号着陆区“广寒宫”地理实体名称及嫦娥四号着陆区地理实体名称

4）开创了以我为主的航天国际合作新局面。通过嫦娥四号，搭建了开放共享的国际科技合作的平台，建立了以我为主、多国参与、资源共享的高水平国际合作的新机制和新模式。嫦娥四号成功后，不仅美俄欧等航天大国和组织纷纷致电祝贺，而且美国还破天荒地主动提出了与我国开展探月合作的意愿，显著提升了中国国际影响力。

5）形成了具有时代特色的探月精神。重大工程带动国家科技水平和实力的整体跃升是国际成功的经验。美国的“曼哈顿计划”促成了原子弹的快速面世，“阿波罗工程”的实施使美国科技实力和综合国力大幅提升。同样，探月工程的持续成功，是中国人民攀登世界科技高峰的伟大壮举，是航天大国向航天强国迈进的重要标志，对增强民族凝聚力，托举民族伟大复兴的中国梦，具有重要的现实和历史意义。随着工程的成功实施，形成的“追逐梦想、勇于探索、协同攻坚、合作共赢”的探月精神，是继“两弹一星”和载人航天精神之后的又一精神食粮，将是激励我国科技工作者，探索浩瀚宇宙，发展航天事业，建设航天强国和科技强国的力量源泉，丰富了中华民族灿烂文明。

3.3 经验与启示

实施探月工程是党中央做出的重大战略决策。探月工程的成功实施，主要有 4 点经验与启示。

1）强有力的组织体系是工程顺利实施的保障。探月工程作为国家重大科技专项，由中央批准组建跨部门、跨行业、军民结合的工程领导小组，组织协调决策工程重大问题，从资金、人才队伍、政策、配套等给予充分保障，为工程的顺利实施提供强大支撑；探月工程技术挑战多、实施难度大、任务风险高，是一项复杂的大系统工程。全国航天、电子、核等工业部门，中国科学院，教育部所属高校等 2 000 多家单位，数万名科技工作者参加研制；通过竞争择优，广泛吸收优势民营企业参与，激发了多方创新创造的活力；从设计、生产、试验到发射和在轨运行，技术的每一次突破、工程的每一步跨越，都是各领域各部门大力协同、攻坚克难的结果，充分体现了新型举国体制的制度优势。

2）创新是工程不断实现跨越发展的根本动力。我国探月工程起步比美苏晚了近 50 年，所以必须立足国情，瞄准世界前沿，走高起点、低成本的创新发展道路。坚持系统创新，科学制定了环绕、着陆和采样返回的“三步走”15 年规划，每一步走、每一次任务都是有效衔接，又是重大的技术跨越，每一次任务都达到了国际先进水平，嫦娥四号更是实现了领跑。坚持技术创新，立足当代水平，合理制定有特色的工程目标和科学目标，强化顶层设计，狠抓核心关键。例如嫦娥二号一次任务实现 3 个目标探测，在国际上没有先例；相比于苏联连续多次着陆失败，嫦娥三号一次就取得着陆成功。坚持管理创新，实施之初即成立工程领导小组、工程指挥和设计师系统，高效领导和组织实施；工程总体、五大系统、分系统、单机自上而下成立分级的管理、技术、质量专门队伍，进行专项统筹管理，提高管理效力；设立顾问和专业专家组，严格监督、检查和评估。坚持开放合作，打开了以我为主、多个发达国家积极参与，开展高科技合作的新局面，特别是嫦娥四号搭载了德国、瑞典、荷兰、沙特等多个国家的科学仪器，实现了数据共享，联合研究，取得了很好的国际影响。部分创新成果如图 12 所示。

（a）月地合影

（b）同位素电源

（c）地月合影

图 12 嫦娥四号中继星任务搭载发射龙江号微卫星上哈工大学生研制的微型相机拍摄的月地合影，嫦娥四号任务中国内首次研制的同位素电源、沙特相机拍摄的地月合影

3）精神和理念是探月工程发展和成功的源泉。探月工程实施周期长，时间节点要求严。工程研制队伍始终坚持国家利益高于一切，以确保任务成功作为自己的神圣使命，心怀梦想、攻坚克难、团结协作、勇于担当。很多同志放弃国内外优厚待遇的诱惑，积极投身到探月事业；有的同志多年奋战在研制和试验的一线，加班加点，长期处于“5＋2”“白＋黑”的状态，有的同志甚至倒在了工作岗位上；为了完成嫦娥二号与小行星交会的测控任务，深空测控站建设队伍在东北冒着近－30 ℃的严寒进行施工，确保工程进度；发射队伍秉持“颗颗螺钉连着航天事业，小小按钮维系民族尊严”等理念，确保“零窗口”准时发射。飞控队伍本着“首次要有百倍的信心，百次坚持首次的标准”，确保精准测控。研制队伍自始至终地保持“严慎细实”的工作作风，强化“如临深渊、如履薄冰”的风险意识。正是这些担当、奉献、拼搏精神和严谨的理念意识，确保了工程的连续成功。

4 发展展望

当前，我国正处于由航天大国向航天强国迈进的关键时期，月球与深空探测是航天强国的重要标志和各国竞相抢占的战略制高点。我国月球探测虽然取得了举世瞩目的成就，但与基础雄厚、规模庞大、技术先进的美国和俄罗斯相比，我们还有不小的差距。面对国际竞争态势，我们应保持战略定力，不跟风、不竞赛，立足国情，按既定战略规划持续推进后续任务的实施，不断创造新的中国高度。从月球环境、技术发展和经费规模综合考虑，后续我国将重点发展无人月球科研站，适时开展载人登月活动。

月球南极古老的月坑可能存在水冰（见图 13），并蕴藏着丰富的矿物资源，具有重要的探测价值，且有 100 多天连续光照等特点，已成为国际月球探测的热点。因此，后续工程主要目标是实现以机器人为主要手段的月球南极科学探索研究和资源探测应用，形成复杂月面环境、长周期月球探测的能力，构建月球科研开发的基础设施（见图 14）。

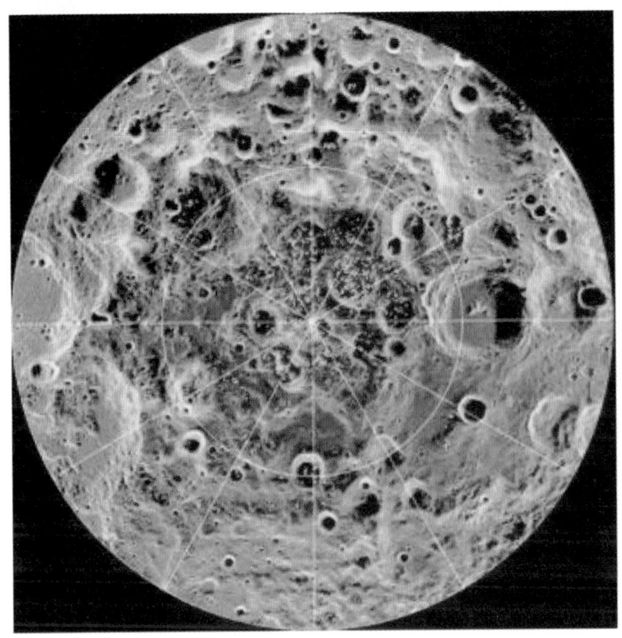

图 13　月球南极可能的水冰分布示意图

图 14　月球科研站基本型假想图

5 结束语

对未知世界的探索是人类发展的永恒动力，对浩瀚宇宙的探测是人类拓展生存空间的必由之路。当哥伦布从欧洲的港口起航，没有人知道他会发现一块新大陆；当莱特兄弟从自行车修理间制造出“飞行者 1 号”，没有人知道蔚蓝色的天空会迅速成为人类的活动疆域；600 年前，我们拥有世界上最强大的船队，但最终却放弃了海洋，因此不能再失去太空。世界航天 100 年，中国航天发展 60 年，航天深刻地改变了人类的生产生活方式和对宇宙的认知，今天我们从月球起步，不可想象 100 年后又将会到达哪里，取得怎样的辉煌成就！

探月与深空探测工程使命光荣、任务艰巨、充满挑战。我们将大力弘扬探月精神，坚定不移地走中国特色的太空探索之路，为人类和平利用太空、推动构建人类命运共同体贡献更多中国智慧、中国力量！

参考文献

[1] 吴伟仁．奔向月球［M］．北京：中国宇航出版社，2007.

[2] 吴伟仁．探月工程重大专项论证与实施［C］//中国深空探测第一届学术年会，北京：中国深空探测第一届学术年会，2003.

[3] 栾恩杰．国家航天局局长：我国为什么要启动探月工程［J］．中国航天，2003（4）：4-6+10.

[4] 欧阳自远，邹永廖，李春来，等．月球探测与人类社会的可持续发展［J］．矿物岩石地球化学通报，2003（4）：328-333.

[5] 邹永廖，欧阳自远．开发月球资源［J］．科学，2001，53（3）：12-15+2.

[6] 卢波．世界月球探测的发展回顾与展望［J］．国际太空，2019（1）：12-18.

[7] 王霄．俄罗斯近期月球探测发展态势分析［J］．国际太空，2019（5）：46-51.

[8] 张蕊．美国载人航天商业化发展评析［J］．卫星应用，2014（4）：72.

[9] 李春来，刘建军，任鑫，等．嫦娥一号图像数据处理与全月球影像制图［J］．中国科学：地球科学，2010，40（3）：294-306.

[10] 栾恩杰．中国的探月工程——中国航天第三个里程碑［J］．中国航天，2007（2）：3-7.

[11] 吴伟仁，崔平远，乔栋，等．嫦娥二号日地拉格朗日 L2 点探测轨道设计与实施［J］．科学通报，2012，57（21）：1987-1991.

[12] 刘磊，吴伟仁，唐歌实，等．“嫦娥二号”后续小行星飞越探测任务设计［J］．国防科技大学学报，2014，36（2）：13-17.

[13] 吴伟仁，李海涛，董光亮，等．嫦娥二号工程 X 频段测控技术［J］．中国科学：技术科学，2013，43（1）：20-27.

[14] 吴伟仁，黄磊，节德刚，等．嫦娥二号工程 X 频段测控通信系统设计与试验［J］．中国科学：信息科学，2011，41（10）：1171-1183.

[15] 吴伟仁，于登云．“嫦娥 3 号”月球软着陆工程中的关键技术［J］．深空探测学报，2014，1（2）：105-109.

[16] 吴伟仁，裴照宇，刘彤杰．嫦娥三号工程技术手册［M］．北京：中国宇航出版社，2013.

[17] 吴伟仁，王琼，唐玉华，等．“嫦娥 4 号”月球背面软着陆任务设计 [J]. 深空探测学报，2017，4 (2)：111-117.

[18] WU W R，TANG Y H，ZHANG T H，et al. Design of communication relay mission for supporting lunar-farside soft landing [J]. SCIENCECHINA Information Sciences，2018，61 (4)：0403051-04030514.

[19] 于登云，吴学英，吴伟仁．我国探月工程技术发展综述 [J]. 深空探测学报，2016，3 (4)：307-314.

[20] 吴伟仁，于登云．深空探测发展与未来关键技术 [J]. 深空探测学报，2014，1 (1)：5-17.

[21] 吴伟仁．月球与深空探测的关键技术 [C] //中国深空探测第六届学术年会．长沙：中国深空探测第六届学术年会，2008.

[22] 刘继忠，邹永廖．铸就辉煌：中国探月工程科学成果第一辑 [M]. 北京：中国宇航出版社，2019.

China lunar exploration program

WU Weiren，LIU Jizhong，TANG Yuhua，YU Dengyun，YU Guobin，ZHANG Zhe

Abstract The Chang'E-4 probe was successfully soft landed on the far side of the moon for the first time as a human spacecraft on January 3，2019，while the lunar rover named as “Yutu-2” leaving Chinese footprints on the Moon. So far，125 lunar exploration activities have been carried out in the world，during which there are two important periods. During the period from 1950s to 1970s，the first round of lunar exploration culminated with the purposes of the race between the two space powers the U. S. and the former Soviet Union. After that，from the end of last century to now，many countries realize the strategic significance of the Lunar exploration，proposing their new lunar exploration plans，which culminated the second round of lunar exploration. Starting from the Chang'E-1 orbiter project in 2004，China has implemented five successful lunar missions，include Chang'E-1，2，3，4，and Lunar Sample Return flight test. All five missions are successful，and great achievements have been made in space technology，space science and application，personal training，and international cooperation. China will continue lunar exploration activities mainly with unmanned Lunar Scientific Research Station.

Keywords lunar exploration program；Chang'E-4；hot spot；achievement；enlightenment

嫦娥四号月球背面软着陆任务设计*

吴伟仁，王琼，唐玉华，于国斌，刘继忠，张玮，宁远明，卢亮亮

摘　要　本文介绍了嫦娥四号月球背面软着陆任务设计方案。着陆区初步选定为月球背面南极-艾特肯（South Pole-Aitken，SPA）盆地内的冯·卡门（Von Kármán）撞击坑内。采用中继星实现着陆器和巡视器的对地通信，并选择环绕地月拉格朗日 L2 点的 halo 轨道作为其使命轨道。采用 CZ-4C 火箭和 CZ-3B 火箭，分别完成中继星和着陆器-巡视器组合体的发射。两器一星上共配置了 6 台国内研制科学载荷和 3 台国际合作科学载荷，开展以低频射电天文观测、巡视区形貌、矿物组分及浅层结构为主的科学探测。此外，还搭载了 2 颗月球轨道编队飞行微卫星、月面微型生态圈和大孔径激光角反射镜，分别开展超长波天文干涉测量试验、月面生态系统试验和超过地月距离的激光测距试验。通过创新设计顶层任务，充分继承成熟技术和产品，增加中继通信功能模块，开放资源引入高性能载荷和搭载项目，将实现一次低成本、短周期、大开放、高效益的月球探测任务。

关键词　月球背面；地月 L2 点；着陆器；巡视器；中继星

0　引言

由于月球的自转周期恰好等于其公转周期，因此月球有一面总是对地球不可见。人类历史上已经有多颗环绕探测器对月球背面进行了遥感探测，但从未有宇航员或探测器就位探测过这一片区域。

由于受到地球电离层的干扰，在地球上难以开展频率低于 10 MHz 的射电天文观测，在地球轨道甚至月球正面开展的空间射电天文观测也受到地球电离层反射和人工无线电的干扰，而月球背面屏蔽了人类活动产生的无线电干扰以及闪电、极光带来的无线电发射，因此被认为是开展低频射电天文观测的绝佳地点。利用月球背面独特的无线电环境，开展低频射电天文观测，将填补 0.1～1 MHz 频段的空白，有望在太阳风激波、日冕物质抛射和高能电子束的产生机理等方面取得原创性的成果，为未来对宇宙“黑暗时代”和“黎明时期”的探索打下基础。事实上，美国国家航空航天局（NASA）提出的 DARE（Dark Age Radio Explorer）任务、DALI（Dark Ages Lunar Interferometer）月球背面超长波探

* 深空探测学报，2017，4（2）：7.

测阵列设想，中欧联合提出的 DSL（Discovering the Sky at the Longest Wavelengths）任务设想等都是瞄准这一重大科学问题[1-3]。

此外，月球背面保存了最古老的月壳岩石，其斜长岩高地可能形成于月球岩浆洋的分异结晶，这是月球形成的两大学说之一。对其开展形貌、物质组成、月壤和月表浅层结构的就位综合探测，有望获得月球最古老月壳的物质组成、斜长岩高地的月壤厚度等重要数据，取得对月球早期演化历史的新认识。

在“中国空间科学未来十年发展战略”和“美国行星科学十年规划”中，这些科学探测活动均被列为优先发展方向[4,5]。因此，利用月球背面这一极为特殊的位置资源，开展近距离现场探测，具有显著的工程意义和科学价值。但对于月球背面任务来说，探测器无法直接同地球通信，必须采用卫星中继的方式实现器地通信。

在 20 世纪 60—70 年代的第一轮探月高潮中，美国和苏联开展太空竞赛，实现了无人月球软着陆探测和载人登月，但这些探月任务的着陆点都位于月球正面。由于缺乏中继通信技术、工程实现难度大等原因，两国都没能实现月球背面软着陆。

进入 21 世纪以来，各国科研人员提出了多个月球背面软着陆探测方案。Jack O. Burns 等提出了采用 Orion 多功能乘员舱在地月拉格朗日 L2 点遥操作着陆器/巡视器进行月球背面探测的任务方案[6]。文献［7］提出了一种采用着陆器、巡视器和地月 L2 点中继星进行月球背面探测的嫦娥四号任务设想。David Mimoun 等提出了被称为“Farside Explorer”的“宇宙憧憬”中等规模任务，由两个着陆器和一颗中继卫星组成[8]。这一任务设想在参加欧洲航天局（ESA）2014 年 M4 级任务方案征集时，缩减为一个着陆器和一颗中继卫星，名称则变为了 FARSIDE 任务[9]。

2014 年以来，中国探月与航天工程中心组织成立了论证组，按照“效益最优、承上启下、创新引领、体现开放”的原则，综合权衡科学价值、社会效应、技术难度等多种因素，论证确定了嫦娥四号着陆月球背面并开展巡视勘察这一任务目标和相应的技术方案。目前，嫦娥四号任务处于方案设计与验证阶段，即将转入正样研制阶段。

1 任务总体设计

通过探月工程二期的实施，月球软着陆探测所需的基础设施、关键技术[10]以及探测器部分平台产品已经具备。经过深入论证和多方案反复比较，确定对已有的着陆器和巡视器进行适应性改进，并新增一颗中继星及一枚火箭，开展月球背面软着陆和巡视探测，实现工程技术和空间科学的双重跨越和创新。此外，为充分利用工程余量、提高工程展示度和整体效益，经充分论证，遴选确定了 3 个创新性强、综合效益高、可实现性强的搭载试验项目。

嫦娥四号的技术路线是：瞄准当今世界前沿，创新设计顶层任务，引领月球探测；充分继承成熟技术和产品并进行适应性改进，完善部分功能模块，通过集成创新，实现低成本、短周期、高效益的任务；通过开放资源引入高性能载荷和搭载项目，进一步提升工程综合效益，形成国际合作、国内开放的平台。

1.1 任务目标

嫦娥四号任务的工程目标为[11]：①实现人类首次月球背面软着陆和巡视勘察；②实现首次地月 L2 点中继星对地对月的测控、数传中继。

科学目标主要包括以下 3 个方面[11]：①月基低频射电天文观测与研究；②月球背面巡视区形貌和矿物组分探测与研究；③月球背面巡视区浅层结构探测与研究。

1.2 着陆区

遵循工程技术上可行、科学上有特色的原则，初步考虑将嫦娥四号的着陆区选为月球背面南极-艾特肯（South Pole-Aitken，SPA）盆地内的冯·卡门（Von Kármán）撞击坑内。SPA 盆地被认为是太阳系内最大、最古老的撞击坑，保存了原始月壳的岩石，具有极高的科学研究价值。冯·卡门撞击坑位于 SPA 盆地的中部，直径约 186 km，中心坐标为(44.8°S，175.9°E)，如图 1 所示。

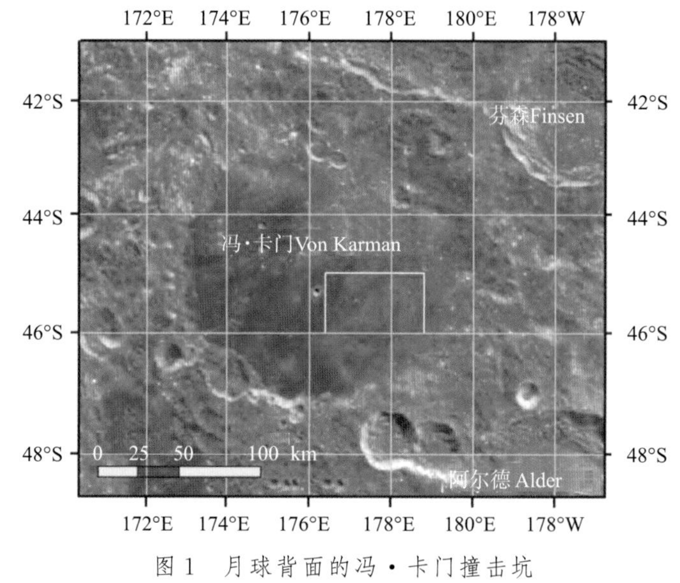

图 1　月球背面的冯·卡门撞击坑

该撞击坑是 SPA 盆地中典型地貌类型，物质成分和地质年代具有明显的代表性。撞击坑内的钍、氧化铁、二氧化钛等含量均较高，且高程很低，同时物质组成的异常空间分布可能提供该地区火山活动以及月壳活动线索，有利于开展月壳活动研究，并对月幔玄武岩起源研究有重要意义。因此，冯·卡门撞击坑具有较高的科学探测价值，被认为是未来载人月球探测的候选着陆点之一[12]。

另一方面，冯·卡门撞击坑的南部地势相对较为平坦，从北往南着陆航迹上的高程起伏较小，且其纬度与嫦娥三号的虹湾着陆区相近，因此在着陆安全性、热控、光照、测控通信等方面具有较为有利的条件和较强的工程可实现性。

1.3 发射窗口

月球和深空探测任务对发射窗口的要求十分严格，一方面由于天体之间相对关系使得发射机会十分有限，另一方面，发射窗口宽度的长短将影响探测器用于修正轨道的推进剂的用量的多少。

嫦娥三号任务要求实施发射的月份有连续 3 d 具备发射条件，每天两个相隔 40 min 以上的发射窗口，第一窗口宽度 4 min，第二窗口宽度 1 min[13]。

嫦娥四号任务在此基础上，进一步提升了发射场和运载火箭系统组织发射的能力，将每月连续 3 d 可发射的约束改为连续 2 d 可发射，为探测器轨道设计和推进剂携带量优化创造了有利条件。中继星和着巡组合体分 2 次发射，两次发射之间相隔约半年。

1.4 中继轨道

中继星轨道可采用环月轨道或地月 L2 点轨道。环月轨道的通信弧段短，会有连续若干天出现通信中断。地月 L2 点轨道是适合中继的理想地点，具有如下优点：①在此处地球和月球的引力之和使得中继星与月球同步绕地球运行，因此中继星能够连续对地球和对月球背面同时可见，提供全时段中继服务；②光照条件好，航天器很少被地球或月球遮挡；③此处受地球和月球的影响小，中继星长期运行所需轨道维持量较小。中继星与地球的可视性如图 2 所示。经过比较分析，选择地月 L2 点轨道作为嫦娥四号中继星使命轨道。

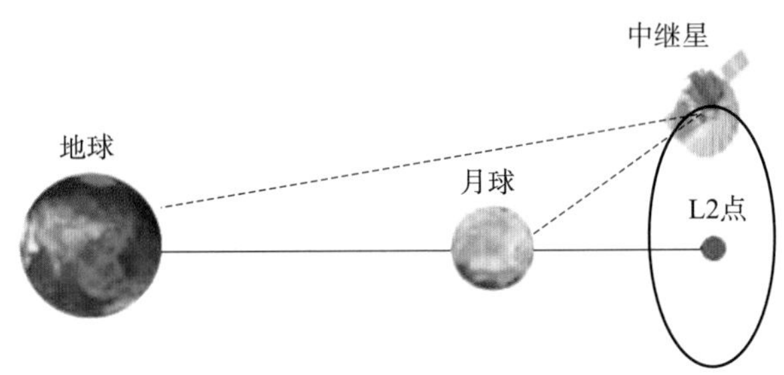

图 2　绕地月 L2 点运行的中继星和地球之间的可视性

2 系统方案

嫦娥四号工程由探测器、运载火箭、发射场、测控、地面应用五大系统组成。

2.1 探测器系统

探测器系统由着陆器、巡视器和中继星组成。

2.1.1 着陆器和巡视器

着陆器和巡视器基本继承了嫦娥三号的状态，并根据新的任务需求进行了适应性更改，主要包括：针对月球背面地形条件调整了着陆导航控制策略；针对中继通信的新需求更改了测控通信分系统软硬件，针对新的科学目标和国际合作需求调整了有效载荷配置。

特别地，为进一步深入认识月球特性，获取第一手工程参数，着陆器将开展月夜期间月壤温度测量。为此采用基于 238Pu 同位素热源（RHU）的同位素温差发电器（RTG），在月夜期间既可提供不小于 2.5 W 的电功率，还能提供大量热能用于舱内温度控制。

着巡组合体飞行状态构型如图 3 所示，其发射质量约 3 780 kg。着陆器设计寿命 6 个月，巡视器设计寿命 3 个月。

2.1.2 中继星

中继星基于成熟的 CAST100 卫星平台研制。卫星本体为长方体构型，采用板式结构形式，顶部安装大口径的伞状抛物面天线，如图 4 所示。

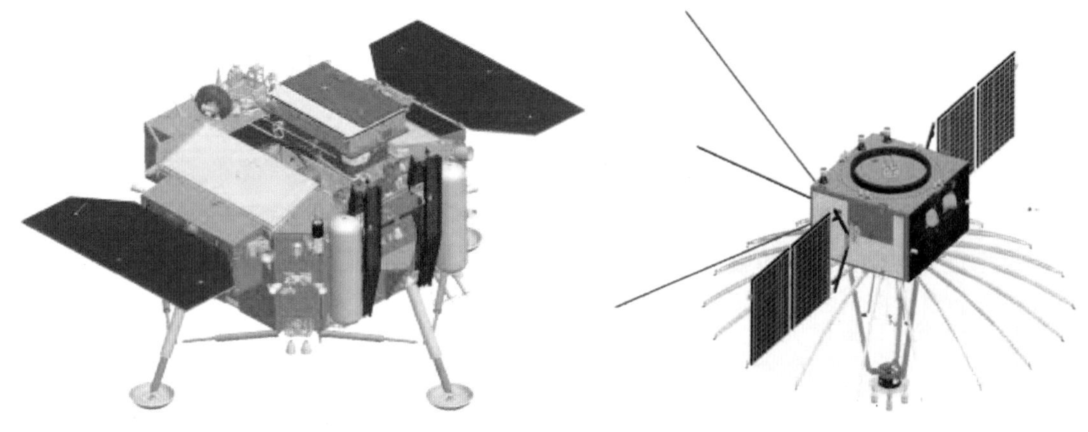

图 3 着巡组合体飞行状态构型　　图 4 中继星工作状态构型

中继星采用“星敏感器＋光纤陀螺”定姿方式和整星零动量控制方式，实现对地、对月、对日的三轴稳定控制。采用单组元推进系统，配置 12 个 5 N 发动机和 4 个 20 N 发动机，携带约 100 kg 无水肼推进剂，可提供超过 500 m/s 速度增量的轨道机动能力。采用三结砷化镓太阳电池阵和锂离子电池组为星上设备提供能源，采用半调节供电母线及分散式的配电体制。

中继星采用再生转发模式，对地测控数传与对月中继具备同时工作的能力。为避免发生干扰，对各通信链路频率进行兼容性设计。对地测控采用 S 频段统一载波体制，配置低增益螺旋天线。对月中继采用口径 4.2 m 的伞状抛物面天线，发射时收拢，入轨后展开，收发共用；其中前向链路采用 X 频段统一载波体制，返向链路采用 X 频段 BPSK 抑制载波体制，对着陆器的返向接收码速率最大为 560 kbit/s，对巡视器的返向接收码速率最大为 280 kbit/s。对地数传采用 S 频段 BPSK 抑制载波体制，配置中增益螺旋天线，码速率最大为 2 000 kbit/s；在分时工作模式下，还可通过姿态机动利用对月通信的大口径抛物面天线实现 X 频段对地数据传输，码速率可达 1 万 kbit/s。中继星通信链路如图 5 所示。

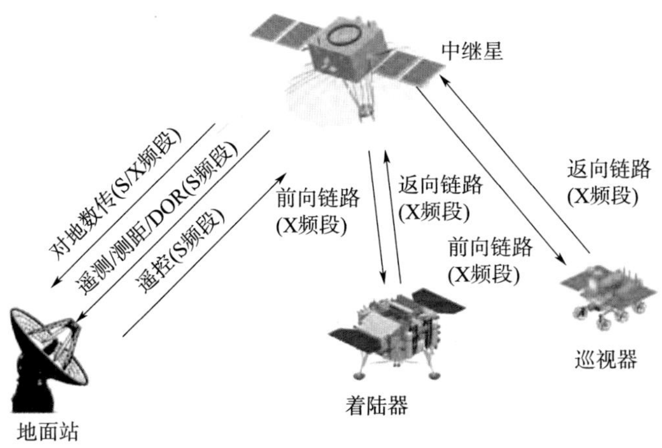

图5 中继星通信链路

2.2 运载火箭系统

运载火箭系统包括两枚运载火箭。采用长征四号丙（CZ-4C）运载火箭发射中继星，选用直径 2 900 mm 整流罩和直径 937 mm 卫星适配器。采用长征三号乙（CZ-3B）运载火箭发射着巡组合体，选用 4000F 型整流罩和直径 1 750 mm 接口有效载荷支架。

2.3 发射场系统

发射场均采用西昌卫星发射中心。其中，CZ-4C 火箭将首次在西昌卫星发射中心执行发射任务，因此需对发射工位和推进剂加注系统等相关设施进行适应性改造。

2.4 测控系统

测控系统由运载火箭测控网、S 频段航天测控网、深空测控网、VLBI 测轨分系统等组成。其中深空测控网主要包括佳木斯 66 m 深空站、喀什 35 m 深空站和即将建成的阿根廷 35 m 深空站以及 3 座 18 m 测控站。

着巡组合体地月转移段、环月飞行段的测控和中继星的测控以深空测控网为主，辅以 VLBI 测轨分系统，测控覆盖率达到 90%以上。

着巡组合体动力下降段和着陆器、巡视器月面工作期间，深空测控网通过中继星实现对月面着陆器和巡视器的遥控和数据接收。

2.5 地面应用系统

地面应用系统包括运行管理、数据接收、数据预处理、数据管理、科学应用与研究分系统。使用密云 50 m、昆明 40 m 两个数据接收站并行工作，接收中继星的探测数据以及转发的着陆器、巡视器探测数据。针对新增的科学载荷，进行适应性修改。

3 科学载荷

针对嫦娥四号任务的三大科学目标和国际合作需求，探测器共配置了 9 台科学载荷，其中包括 6 台国内研制载荷和 3 台国际合作载荷，见表 1。

表 1　嫦娥四号探测器配置的科学载荷和搭载试验项目

项目	着陆器	巡视器	中继星	其他	对应的嫦娥四号任务科学目标
国内研制载荷	低频射电频谱仪	——	——	——	（1）月基低频射电天文观测与研究
	降落相机、地形地貌相机	全景相机、红外成像光谱仪	——	——	（2）月球背面巡视区形貌和矿物组分探测与研究
	——	测月雷达	——	——	（3）月球背面巡视区浅层结构探测与研究
国际合作载荷	月表中子与辐射剂量探测仪	中性原子分析仪	低频射电探测仪	——	——
搭载试验项目	月面微型循环生态圈	——	激光角反射镜	月球轨道超长波天文观测微卫星	——

注：国际合作载荷和搭载试验项目均为试验性任务，其科学探测任务未纳入嫦娥四号任务科学目标中。

着陆器配置了 4 台科学载荷，包括国内研制的降落相机、地形地貌相机、低频射电频谱仪以及与德国合作的月表中子与辐射剂量探测仪。降落相机用于在着陆器降落过程中动态拍摄着陆区域的光学图像。地貌相机用于获取着陆区月表图像并监视巡视器月表移动。低频射电频谱仪用于探测 0.1～40 MHz 范围内的太阳低频射电特征和月表射电环境。月表中子与辐射剂量探测仪用于测量月表包括带电粒子、γ 射线和中子的综合粒子辐射剂量及 LET 谱，测量月表快中子能谱和热中子通量，为未来载人登月安全活动和月表综合粒子辐射模型修正提供最新数据支持。

巡视器配置了 4 台科学载荷，包括国内研制的全景相机、红外成像光谱仪、测月雷达以及与瑞典合作的中性原子分析仪。全景相机用于获取巡视区的月表图像，红外成像光谱仪用于获取巡视探测点的月表光谱数据和几何图像数据，测月雷达用于探测巡视路线上的月壤厚度和月壳浅层结构。中性原子分析仪用于观测巡视探测点 0.01～10 keV 能量范围内的能量中性原子及正离子，这将是国际首次在月表开展能量中性原子探测。

中继星配置了 1 台科学载荷，即与荷兰合作的低频射电探测仪，用于探测来自太阳系内天体和银河系的 0.1～80 MHz 低频射电辐射，为未来太阳系外的行星射电探测提供重要的参考依据。

4 搭载试验项目

嫦娥四号任务的搭载试验项目包括月球轨道超长波天文观测微卫星（以下简称微卫星）、月面微型生态圈科普载荷和月球中继激光测距项目，见表 1。

4.1 月球轨道超长波天文观测微卫星

利用 CZ-4C 运载火箭剩余发射能力，发射两颗微卫星，发射总质量为 91 kg。两颗微卫星分别搭载一台超长波探测仪，在月球轨道进行深空编队飞行关键技术演示验证，开展超长波天文干涉测量，进行超长波全天空图像获取、射电频谱测量、太阳和系内行星超长波射电活动观测等探索性研究。其中一颗微卫星还搭载了一台沙特阿拉伯研制的微型光学相机，开展地月空间成像。微卫星发射状态和绕月编队工作状态构型分别如图 6 和图 7 所示。

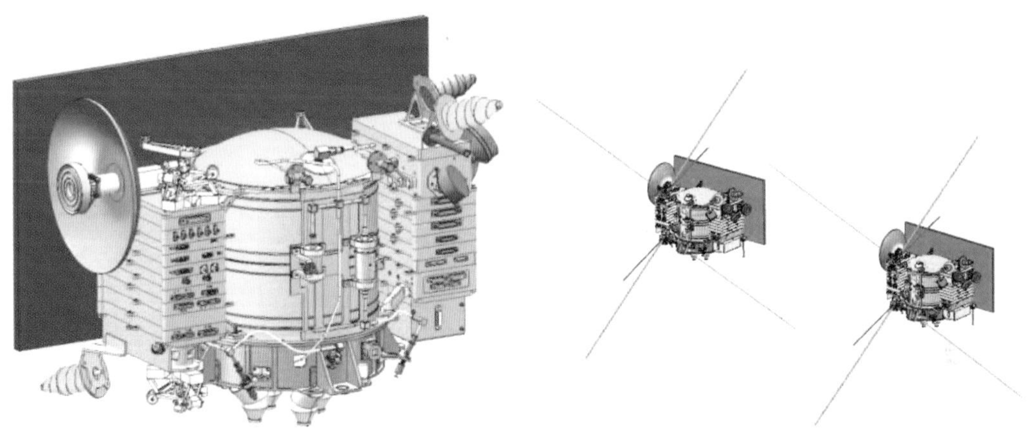

图 6　微卫星发射状态构型　　　图 7　微卫星绕月编队工作状态构型

4.2 月面微型生态圈科普载荷

在着陆器上搭载质量为 3 kg 的月面微型生态圈，内含植物种子及昆虫卵，构成简单生态系统，验证在月面太阳自然光照条件下植物的光合作用原理，观测月面低重力条件下动植物的生长状况，积累构建太空生命保障系统的技术与经验，并向公众普及生物学知识。

微型生态圈搭载的生物物种暂定为马铃薯种子和家蚕卵。采用圈柱式结构，通过顶部 10 mm 直径的光导管将太阳光引入设备内部，提供植物生长所需能源；采用聚酯薄膜保温层和半导体冷热片，实现载荷内部温度控制；采用着陆器供电与锂硫特种电池，协同实现昼夜连续供电。通过内置摄像头对生物生长过程进行图像拍摄并传回地面。

4.3 月球中继激光测距

在中继星上搭载 1.6 kg 重的单体 17 cm 大孔径中空角锥反射镜（见图 8），配合地面 0.5 m 口径激光发射望远镜和 1 m 口径激光接收望远镜，进行月球和中继星之间的激光测距，预计单程测距误差优于 15 mm。该项目将实现国际首次超过地月距离下的纯反射式激光测距实验，为嫦娥四号中继星提供轨道校验数据，并为未来月球激光测距科学实验和下一代月球激光反射器研制提供技术验证。

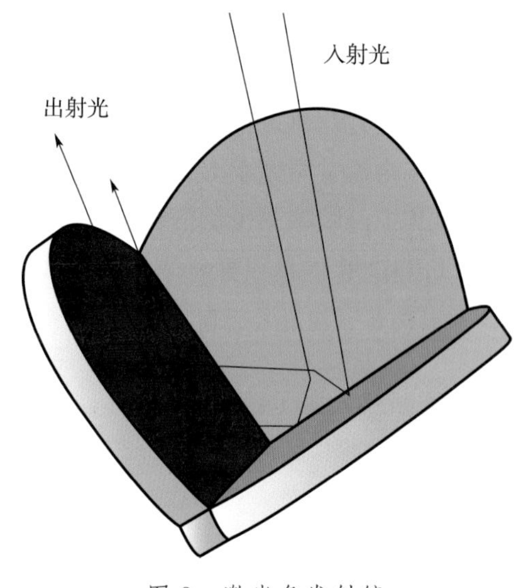

图 8　激光角发射镜

5 任务过程

中继星和微卫星将于 2018 年首先由 CZ-4C 运载火箭送入倾角 28.5°、近地点高度 200 km、远地点高度约 40 万 km 的地月转移轨道，并相继实施星箭分离。

中继星与火箭分离后，在地面测控支持下，经中途修正，在近月点实施近月制动和月球借力，进入月球至地月 L2 点的转移轨道，经地月 L2 点捕获后，进入环绕地月 L2 点的使命轨道。使命轨道为 Z 向振幅约 13 000 km、轨道平均周期约为 14 d 的南族 Halo 轨道。使命轨道运行期间，在测控和地面应用系统支持下，中继星实现月球背面的着陆器与地面站之间前向/返向的实时和延时测控数传中继。中继星飞行轨道如图 9 所示。

微卫星经过地月转移阶段飞行，实施近月制动，进入 300 km×3 000 km 的环月椭圆轨道。两颗微卫星进行编队飞行，开展基线长度为 1～10 km、基线变化周期 10 d 的干涉测量。

当中继星在工作轨道上稳定运行一段时间后，着巡组合体由 CZ-3B 运载火箭送入倾角 28.5°、近地点高度 200 km、远地点高度约 42 万 km 的地月转移轨道。着巡组合体在近月点实施制动，实现月球捕获，进入 100 km 环月圆轨道；在环月圆轨道运行期间，择机实

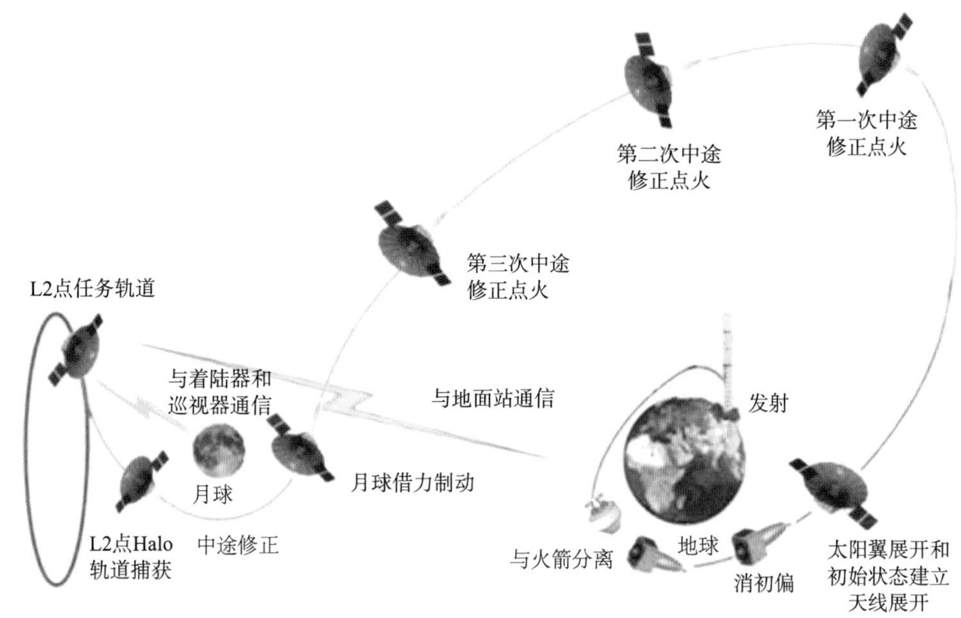

图 9　中继星飞行轨道

施轨道机动，进入 100 km×15 km 的椭圆轨道，并择机在近月点实施动力下降[15]。整个动力下降过程分为 6 个阶段：主减速段、快速调整段、接近段、悬停段、避障段、缓速下降段。

着巡组合体在月球背面冯·卡门撞击坑完成软着陆后，进行太阳翼展开并充电、定向天线展开并指向地球、推进剂钝化等一系列月面初始化工作。巡视器与着陆器配合完成巡视器解锁分离、转移释放、驶离等动作，巡视器到达月面。此后，在中继星的支持下，着陆器开展就位探测，巡视器按照任务整体规划逐个探测点进行科学探测，并把探测数据传回地面。

6 结论

嫦娥四号着陆器和巡视器将于 2018 年前后在月球背面 SPA 盆地内的冯·卡门撞击坑着陆，有望实现人类首次月球背面软着陆和巡视勘察。在月球背面开展低频射电天文观测和形貌、矿物组分、浅层结构、中子及辐射剂量和能量中性原子探测，有望填补 0.1～1 MHz 频段射电天文观测的空白，取得对月球早期演化历史的新认识。中继星将实现首次在地月 L2 点的中继通信，开展低频射电天文观测和开展超过地月距离的纯反射式激光测距实验，为未来太阳系外行星射电探测和月球激光测距提供参考依据和技术验证。搭载的月球轨道超长波天文观测微卫星、月面微型循环生态圈和激光角反射镜，将进一步丰富人类的科学认知，扩大科学普及作用，提高工程的整体效益。嫦娥四号任务特点鲜明，预期成果显著，将是一次低成本、短周期、大开放、高效益的示范性空间探测任务。

参考文献

[1] Burns J O, Lazio J, Bale S, et al. Probing the first stars and black holes in the early universe with the Dark Ages Radio Explorer (DARE) [J]. Advances in Space Research, 2011, 49 (3): 433-450.

[2] Lazio T J W, Burns J, Jones D, et al. The Dark Ages Lunar Interferometer (DALI) and the Radio Observatory for Lunar Sortie Science (ROLSS) [C] //Bulletin of the American Astronomical Society. USA: [s. n.], 2007.

[3] Boonstra A J, Garrett M, Kruithof G, et al. Discovering the sky at the Longest Wavelengths (DSL) [C] // IEEE Aerospace Conference. [S. l.]: IEEE, 2016: 1-20.

[4] 国家自然科学基金委员会，中国科学院．未来 10 年中国科学发展战略：空间科学 [M]. 北京：科学出版社，2012.

[5] National Research Council, Committee on the Planetary Science Decadal Survey. Vision and Voyages for Planetary Science in the Decade 2013-2022 [M]. Washington: National Academies Press, 2011.

[6] Burns J O, Kring D A, Hopkins J B, et al. A lunar L2-Farside exploration and science mission concept with the Orion Multi-Purpose Crew Vehicle and a teleoperated lander/rover [J]. Advances in Space Research, 2012, 52 (2): 306-320.

[7] Wang Q, Liu J. A Chang'E-4 mission concept and Vision of future chinese lunar exploration activities [J]. Acta Astronautica, 2016, 127: 678-683.

[8] Mimoun D, Wieczorek M A, Alkalai L, et al. Farside explorer: unique science from a mission to the farside of the moon [J]. Experimental Astronomy, 2012, 33 (2): 529-585.

[9] Wieczorek M. FARSIDE A mision to the farside of the Moon [R]. Call for a Medium-size mission opportunity in ESA's Science Programme for a launch in 2025 (M4) . [S. l.]: ESA, 2014.

[10] 于登云，吴学英，吴伟仁．我国探月工程技术发展综述 [J]. 深空探测学报，2016，3 (4)：307-314.

[11] 吴伟仁，于登云．嫦娥三号月球软着陆工程中的关键技术 [J]. 深空探测学报，2014，1 (2)：105-109.

[12] Snape J F, Fagan A L, Ennis M E, et al. Science-rich mission sites within South Pole-Aitken basin, Part 2: Von Kármán Crater [C] //Lunar and Planetary Science Conference. [S. l.]: Lunar and Planetary Science Conference, 2010: 1857.

[13] 裴照宇，王琼，田耀四．嫦娥工程技术发展路线 [J]. 深空探测学报，2015，2 (2)：99-110.

[14] Sun Z Z, Jia Y, Zhang H. Technological advancements and promotion roles of Chang'e-3 lunar probe mission [J]. Sci China Tech Sci, 2013, 56: 2702-2708.

Design of Chang'E-4 lunar farside soft-landing mission

WU Weiren, WANG Qiong, TANG Yuhua, YU Guobin,
LIU Jizhong, ZHANG Wei, NING Yuanming, LU Liangliang

Abstract The design of the Chang'E-4 lunar farside soft-landing mission is introduced in this paper. The landing area is initially selected as the Von Kármán crater inside the

South Pole-Aitken basin on the lunar farside. A relay satellite is used to realize the lander and rover to the ground communication, and a Halo orbit around the second Earth-Moon Lagrangian point is chosen as its mission orbit. The relay satellite and the lander-rover combination are launched by a CZ-4C rocket and a CZ-3B rocket respectively. The lander, rover and relay satellite containing six domestic scientific payloads and three international scientific payloads, have carried out scientific exploration focusing on VLF radio astronomical observation, roving area topography survey, mineral composition and shallow structure investigation. In addition, two formation flying microsatellites on lunar orbit, lunar microecosphere and large-aperture laser angle reflector are launched to carry out ultra-long-wave astronomical interferometry test, lunar surface ecosystem test and laser ranging test over the Earth-Moon distance respectively. By innovatively designing the top-level tasks, adequately inheriting mature technology and products, adding the function module of relay communication, and opening some resources to introduce high-performance payloads and test projects, a low-cost, short-duration, great-openness and high-efficiency lunar exploration mission would be achieved.

Keywords lunar farside; Earth-Moon L2 point; lunar landers; rover; relay satellite

嫦娥三号月球软着陆工程中的关键技术*

吴伟仁，于登云

摘　要　2013年12月14日，嫦娥三号月球探测器成功降落在月球北纬44.12°、西经19.51°的虹湾着陆区，巡视器与着陆器成功分离、转移并完成互拍，首次实现了中国航天器在地外天体软着陆与巡视勘察，使中国成为继美国和苏联之后第三个成功实现月球软着陆的国家。在简述嫦娥三号月球软着陆工程研制历程的基础上，分析总结了工程研制中突破的主要关键技术。

关键词　嫦娥三号；月球软着陆；关键技术

0 引言

嫦娥三号月球软着陆工程作为我国探月工程“绕、落、回”三步走规划的第二步，其主要任务目标是突破月球软着陆、月面巡视、月夜生存、多目标深空测控通信和地月转移轨道多窗口高精度发射等关键技术，实现月面软着陆；进行月面就位探测与巡视探测，并开展月面形貌与地质构造探测、月表物质成分和可利用资源调查，以及地球等离子体层探测与月基光学天文观测研究[1,2]。

嫦娥三号月球软着陆工程由探测器、运载火箭、发射场、测控和地面应用等五大系统组成[3]。其中，探测器系统由着陆器和月面巡视器（玉兔号月球车）组成。自2008年立项以来，先后经历了方案设计、初样研制和正样研制三个阶段，完成了设计分析仿真、产品制造、试验验证、独立评估、质量复查和出厂评审等研制建设工作，研制了新技术新产品占80%以上的着陆器和巡视器，首次研制建设了模拟低重力悬停、避障、着陆等大型试验设施；运载火箭系统采用双激光惯组和多窗口发射技术，测控系统新研制了66 m、35 m大口径天线的S/X频段深空站[4]，发射场系统首次实现了同位素核源状态下的成功发射[5]，地面应用系统建立了我国首个遥科学实验室。

2013年12月2日，嫦娥三号探测器在西昌卫星发射中心由长征三号乙运载火箭成功送入近月点200 km、远月点38万km的地月转移轨道；12月6日，嫦娥三号探测器飞抵月球，并成功实施近月制动顺利进入约100 km环月轨道；12月10日，在环月轨道成功实施变轨控制，进入预定的近月点15 km月面着陆椭圆轨道；12月14日，从近月点

* 深空探测学报，2014，1（2）：5.

15 km 开始着陆下降，在月球正面北纬 44.12°、西经 19.51°的预选虹湾着陆区成功实现软着陆；12 月 15 日，巡视器与着陆器成功分离，驶抵月面，并与着陆器实现两器互拍；随后，两器所有载荷正常工作，独立开展了相应的多种科学探测任务。这标志着嫦娥三号月球软着陆工程作为探月工程二期的标志性任务取得圆满成功。

嫦娥三号任务的创新性主要体现在我国首次实现地外天体软着陆、月表无人自动巡视、探测器月夜生存、月面就位与巡视科学探测等，首次研制建设了可满足火星等深空探测的测控通信网。这不仅涉及一系列需要突破的关键技术，而且具有技术新、平台新、产品新和环境新以及关键技术攻关难和地面试验验证难等特点。这一系列关键技术的突破确保了嫦娥任务的圆满成功。本文将对一些主要关键技术做简要分析。

1 主要关键技术

1.1 探测器总体技术

嫦娥三号探测器作为我国第一个地外天体软着陆探测器，也是继苏联 1976 年“月球24”着陆月球后重返月球的第一个软着陆探测器。它由着陆器和巡视器组成，着陆器携带巡视器着陆月面，与巡视器进行两器分离后开展就位探测；巡视器驶抵月面后，开展月面巡视探测。如何在着陆区位置与复杂环境、火箭的承载能力与入轨精度、测控通信弧段与精度等约束条件下，合理设计探测器运行轨道、指标分配、构型布局、能源需求、信道余量、数据传输和月面试验验证项目与方法，以及与各系统接口关系等，以实现嫦娥三号任务工程和科学目标，都是探测器总体必须考虑和突破的关键技术[3]。

嫦娥三号探测器作为工程五大系统中新技术最多、技术难度最大的系统，在工程研制总要求约束下，通过方案论证、系统仿真等工作，突破了任务分析、轨道设计、环境影响分析、发动机羽流影响分析等探测器总体关键技术，合理地确定了总体技术方案，为嫦娥三号任务顺利实施奠定了良好基础。

1.2 探测器着陆悬停避障技术

嫦娥三号任务首选虹湾地区作为探测器着陆区。虽然它具有地势较平坦 、科学意义大、测控通信好及从未探测过等特点 ，但从影像图上看，该地区也并不像人们想象中的那样平坦 ，地形坑坑洼洼，遍布几米甚至几十米直径的环形坑 ，同时还有大量分布 在环形坑底部、坑 缘及平面地区大小不等的零散石块（见图 1）。而且，嫦娥三号探测器要实现月面软着陆，需经历距月面 15 km 耗时、只有十几分钟的动力下降段。在动力下降段中，探测器无法依赖地面测控和人工干预，只能完全依靠自主导航控制，完成降低高度、确定着陆点、实施软着陆等一系列关键动作。但月球着陆器对地面平整度的要求非常高，因此在坡度、石块、环形坑等不确定的复杂月面环境和完全依靠自主导航控制的情形下[6]，为确保探测器实现安全软着陆，就必须突破着陆悬停避障技术。

图 1　巡视器全景相机所拍月面图

探测器着陆悬停避障技术，涉及着陆导航敏感器、控制算法、变推力发动机和金属膜片储箱等一系列控制与推进关键技术。通过攻克这些关键技术，设计了高精度、分段减速悬停式无人自主着陆控制方案，研制了测距测速敏感器、高动态激光测距敏感器和激光三维成像仪，以及大范围、高精度、高可靠的无级变推力发动机，从距月面 15 km 开始动力下降（见图 2），在主减速段、调整段、接近段、悬停段和避障段分别采取不同制导方式，并结合惯性测量单元，对着陆过程的距离、速度、姿态和地形地貌等进行综合、精确测量，实现大动态、高精度自主着陆导航控制，确保了探测器安全软着陆。

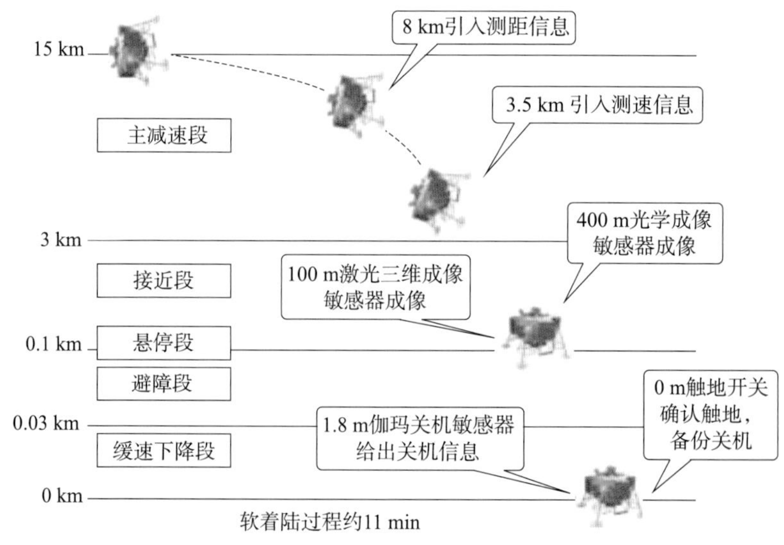

图 2　嫦娥三号软着陆过程示意图

1.3 探测器着陆缓冲与稳定技术

由于月球上是高真空状态，探测器着陆月面过程中不能用降落伞减速，只能采用着陆器底部的变推力发动机反向推进。虽然此方法可降低着陆器的下降速度，但由于发动机火焰会激起月球表面月尘，因此，发动机必须在距月面一定高度关机，使探测器以一定速度进行自由落体，从而与月面发生着陆撞击。同时，由于月面并不平坦且软硬不一，加之着陆器也不一定是四个腿同时着地，可能有先有后，因此，要确保探测器着陆月面时不会发生损坏、塌陷或倾斜翻滚，实现安全稳定着陆，就必须解决探测器着陆缓冲与稳定技术。

探测器着陆缓冲与稳定技术需要解决着陆缓冲、收拢压紧与展开锁定、抗着陆倾斜翻滚、稳定支撑及防着陆器过度塌陷等问题。通过技术攻关，设计了四腿式着陆缓冲与稳定机构，以平面对称方式安装在着陆器结构下部，每套着陆缓冲与稳定机构为具有吸收能量与缓冲作用的金属腿型结构，由主支柱、多功能辅助支柱、足垫和压紧释放装置组成。经验证，成功解决了探测器着陆月面时的安全稳定问题，如图 3 所示。

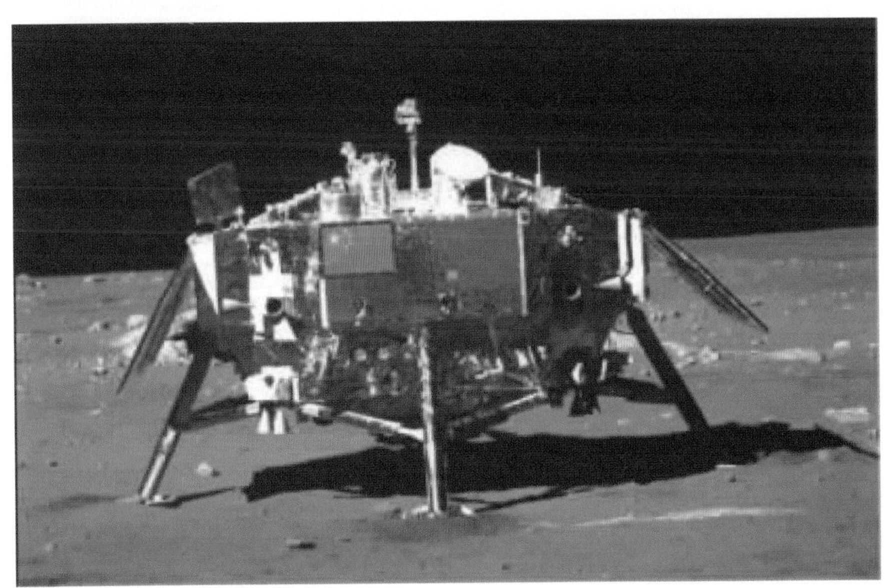

图 3　嫦娥三号着陆器安全着陆月面图

1.4 探测器两器分离与移动操控技术

根据工程总体设计，由着陆器和月面巡视器组成的嫦娥三号探测器组合体，在飞行与着陆月面前，由着陆器完成各项操控；在着陆月面后，月面巡视器与着陆器实施两器释放分离，并经着陆器转移机构驶抵月面。因此，确保探测器两器安全顺利分离，以及巡视器月面正常移动操控，成为满足工程要求和实现工程任务目标的关键[2-4]。

探测器两器分离与移动操控技术涉及巡视器连接解锁与抬升、分离与转移、行进与转向、导航与避障、任务支持与遥操作等一系列新技术。通过技术攻关，研制了多点固定抬升式连接解锁机构、四连杆转移机构，制定了解锁、展开、平移、下降、驶离的两器分离策略，实现了巡视器在复杂着陆姿态和复杂月面地形下的自主安全分离与转移；研制了板式主承力结构、六轮独立驱动、四轮转向机构和筛网式车轮，以及导航与避障相机和自主避障算法，建立了任务支持与遥操作系统，实现了自动导航、自动拐弯、自动选择路线、自动爬坡、自动避障和自主路径规划，满足月面多点就位科学探测要求。巡视器在月面工作如图 4 所示。

图 4　嫦娥三号巡视器月面工作图

1.5 探测器月夜生存与自动唤醒技术

由于月球自转速度与绕地球公转速度相近，月球的一个昼夜约等于地球的 28 个昼夜，月昼温度高达约 130 ℃，月夜温度低至－180 ℃。探测器如果在月球表面工作时间达一个地球月以上，则必然要经历近半个地球月的极端高温月昼和近半个地球月的极端低温月夜。在如此极端恶劣的温度环境下，若不采取新的技术措施，探测器无法保证安全，不是因极端高温使设备损坏，就是因极端低温使设备失效。因此，要保证探测器在月昼高温下长时间安全可靠工作，在月夜极低温下生存与自动唤醒，成为必须面对并解决的关键问题。

通过攻关研究，面对月昼高温和月夜低温交变的生存环境，在月夜期间，采用以放射性同位素（RHU）为热源、氨为工质的气液两相流体回路，实现 1/6 低重力条件下的自动运行，解决热量的有效导入和充分利用问题，确保仪器设备在极低温环境下能维持必要的温度而生存；在月昼期间，综合采用隔热、导热、辐射、遮阳和工况调整等措施，充分排散大量冗余热量，实现探测器极高温条件下安全可靠工作。在月夜休眠转月昼唤醒时，采用太阳光照使电流和功率增大而自然唤醒的方式，既简化了设计降低了重量，又提高了可靠性[3]。

1.6 探测器就位与巡视探测载荷技术

嫦娥三号任务主要包括工程任务和科学探测任务。要实现科学探测任务，首先必须确定科学合理先进的探测任务目标。而科学探测任务目标能否实现，其中关键之一就在于科学合理地确定探测器就位与巡视探测载荷，既要具有先进性和可行性，又要满足科学探测任务目标。

探测器就位与巡视探测载荷技术涉及科学探测载荷的确定和研制。为获得月球降落和巡视区的地形地貌和地质构造，着陆器上携带了降落相机和地形地貌相机，巡视器上携带了全景相机和测月雷达。为开展重要天区光变的长期连续监测和低银道带的巡天观测，观测太阳活动和地磁扰动对地球空间等离子层极紫外辐射的影响，研究该等离子层在空间天气过程中的作用，着陆器上携带了月基天文望远镜和极紫外相机。为开展月表物质成分和可利用资源调查，巡视器上携带了红外成像光谱仪和粒子激发 X 射线谱仪[7]。研制这些科学探测载荷，既要涉及满足科学探测任务要求所需的一系列载荷专业技术，又要涉及满足工程应用要求的轻量化、小型化技术和月面复杂环境适应性设计等技术。

1.7 多窗口窄宽度高精度发射入轨技术

嫦娥三号探测器采用我国目前推力最大的长征三号乙增强型运载火箭发射。根据嫦娥三号任务特点，火箭必须满足连续 3 天、每天连续 2 个窗口和所带推进剂的限制，要求火箭必须具有更高的发射入轨精度[3]。因此，如何在长征三号乙火箭的基础上实现多窗口窄宽度高精度发射，是工程必须解决的关键技术问题。

多窗口窄宽度高精度发射入轨技术，涉及低温推进剂火箭在多个窄窗口条件下的快速在线装订与切换、双激光惯组与卫星导航复合制导、两器多频段 RF 无线转发、长时间滑行热环境与热防护等多项技术。通过技术攻关，显著提高发射可靠性和发射入轨精度，地月转移轨道半长轴偏差由千 km 级提高到百 km 级。

1.8 新体制新频段多目标测控通信技术

根据嫦娥三号任务特点，探测器首次采用 X 频段测控体制，以提高数据传输速率和测控精度。同时，探测器在落月前是一体飞行，在落月后开始月面工作时，着陆器和巡视器分离为两个测控目标，因此，地面测控通信网需具备多目标测控支持能力。

新体制多目标测控技术包括新建两个深空测控站和组建深空测控网所涉及的多项关键技术，包括大口径高效率天线、超低温制冷接收机、高精度高稳定度氢原子钟、高效多频段大功率发射机、三向测量和同波束干涉测量等技术[4]。通过技术攻关，有效解决了低信噪比条件下的测控、高数传码速率传输和月面双目标的测控问题，提高了测定轨精度、天地测控性能，实现了有动力条件下的位置确定以及着陆器和巡视器的相对位置确定，研制建设了可覆盖火星探测的深空测控通信网，成功实现了嫦娥三号任务的高精度测控通信要求，首次开展了月面高真空状态下的 UHF 通信试验。

1.9 地面试验验证技术

针对嫦娥三号任务的一系列新要求、新技术和新环境，需要在地面进行有效和充分的模拟试验验证[2,3]。比如，着陆器动力下降时能否有效实现自主悬停避障及缓速下降、着陆月面时能否有效实现着陆缓冲和适应复杂月面环境保持稳定姿态；巡视器在复杂条件下能否有效实现与着陆器分离并移动到月面，在月面巡视勘察时能否适应复杂月面环境（月尘、斜坡、壕沟、岩石等），做到不失稳、不下陷、不翻车、不被卡或者变形；以及各种活动部件月球重力条件下能否有效工作等。

地面试验验证技术涉及一系列试验设备、试验设施、试验环境和试验方法，以确保实际执行任务过程中所有技术在地面得到有效和充分的模拟验证。这些地面试验验证技术是我国以往卫星和其他航天器研制过程中未曾遇到的，如着陆器悬停避障及缓速下降试验验证、着陆冲击与稳定性试验验证、着陆器与巡视器分离释放与转移试验验证、巡视器月面移动及遥操作试验验证等技术，这不仅需要研制专用试验设备、特殊的试验设施、典型的试验环境以及有效的试验方法（见图5），而且需要在工程研制中并行开展攻关研究并先于飞行产品完成，以便为飞行产品开展地面试验验证创造条件。

图5　着陆器悬停避障及缓速下降试验设施

1.10 探测器科学探测数据地面接收处理技术

探测器共携带8台科学载荷，执行不同的科学探测任务。其中，着陆器携带4台科学载荷即降落相机、地形地貌相机、极紫外相机和月基天文望远镜；巡视器携带4台科学载荷即全景相机、测月雷达、红外成像光谱仪和粒子激发X射线谱仪[3]。根据工程要求，这些珍贵的科学探测数据需要通过地面接收站进行准确接收与处理，有时还需要实时或准实时快速处理，以便及时验证探测效果和科学载荷工作状态。因此，做好科学探测数据地面接收处理是确保嫦娥三号科学探测任务圆满完成的又一关键。

科学探测数据地面接收处理技术涉及数据接收技术和数据处理技术，而数据处理技术又包括计算机技术、数据反演与解译技术等。通过这些技术攻关，实现科学探测数据的实时或延时接收与记录，各级数据产品的处理与制作以及对科学载荷设备运行状态的监视。

2 结论

当今世界，探测、开发和利用月球，已成为空间科技领域竞争的新的战略制高点。嫦娥三号工程是我国航天领域迄今最复杂、难度最大的航天工程之一，需要攻克的关键技术多，技术难度大，实施风险高。尤其作为我国自主研制的首个月球软着陆探测器，新技术、新产品高达80%以上。本文所列举的10大类关键技术只是嫦娥三号月球软着陆工程所涉及的主要关键技术，篇幅所限，不再一一分析。

太空探索征途漫漫，科技创新永无止境。嫦娥三号工程任务的圆满完成标志着我国探月工程的一批关键技术取得突破，也为探月工程后续任务奠定了一定技术基础。但随着社会发展和探索未知的不断深入，必然会催生出新的需求和新的航天工程，从而牵引出新的更多的关键技术。这些技术的突破，将为和平开发利用太空和促进人类科技进步做出更大贡献。

参考文献

[1] Zheng YC, Ouyang Z Y, Li C L, etal. China's lunar exploration program : present and future [J]. Planetary and Space Science, 2008, 56 (7): 881-886.

[2] 孙泽洲，贾阳，张熇，等．嫦娥3号探测器技术进步与推动 [J]. 中国科学 ：技术科学，2013，43（11）：1186-1192.

[3] 吴伟仁，裴照宇，刘彤杰，等．嫦娥3号工程技术手册 [M]. 北京：中国宇航出版社，2013.

[4] 吴伟仁，董光亮，李海涛，等．深空测控通信系统工程与技术 [M]. 北京：科学出版社，2013.

[5] 吴伟仁，王倩，任保国，等．放射性同位素热源/电源在航天任务中的应用 [J]. 航天器工程，2013，22（2）：1-6.

[6] 吴伟仁，王大轶，宁晓琳．深空探测器自主导航原理与技术 [M]. 北京：中国宇航出版社，2011：21-28.

[7] 梁晓华，吴明烨，王焕玉，等．嫦娥3号粒子激发X射线谱仪红外距离感知方法 [J]. 光谱学与光谱分析，2013，33（5）：1360-1363.

Key technologies in the Chang'E-3 soft-landing project

WU Weiren, YU Dengyun

Abstract On Dec. 14, 2013, Chang'E-3 lunar probe successfully landed on the Rainbow Bay area at 44.12°N/19.51°W of the moon, then the lunar lander and rover successfully separated and took photos of each other, which achieved the mission objective of our nation's first soft landing and roving exploration on a celestial body beyond the Earth, and made China the third country achieving lunar soft landing after the United States and the former Soviet Union. In this paper, based on the brief introduction of the development process of Chang'E-3 project, the key technologies of the project are summarized.

Keywords Chang'E-3 project; soft lunar landing; key technology

深空探测发展与未来关键技术*

吴伟仁，于登云

摘　要　深空探测指人类对月球及以远的天体或空间环境开展的探测活动，作为人类航天活动的重要方向和空间科学与技术创新的重要途径，是当前和未来航天领域的发展重点之一。在简要总结深空探测 50 多年的发展历程与未来发展趋势的基础上，重点分析了深空探测发展的 5 个特点，提出了未来深空探测应重点研究和突破的 6 类关键技术。

关键词　深空探测；历程与规划；发展特点；关键技术

0 引言

对未知世界的探索，是人类发展的永恒动力；对茫茫宇宙的认知，是人类的不懈追求。进入 21 世纪以来，随着航天技术与空间科学的飞速发展，人类认识宇宙的手段越来越丰富，范围也越来越广，开展地月日大系统研究[1]，探索更深更远更广阔的太空，已成为人类航天活动的重要方向。

关于深空探测的定义，目前存在几种不同的主张。1988 年国际电信联盟把深空探测定义为对 200 万千米以远的天体或空间环境进行的探测[2]；另一种定义是对月球及以远的天体或空间开展的探测活动[3]；也有把脱离地球引力场，进入太阳系空间或宇宙空间进行的探测称为深空探测。我们一般采用第二种定义。

开展深空探测活动是人类探索宇宙奥秘、寻求长久发展的必然途径，是在近地空间活动取得重大突破的基础上，向更广阔的太阳系空间的必然拓展。其意义一是有利于促进对太阳系及宇宙的形成与演化、生命起源与进化等重大科学问题的研究，从而进一步认识地球以及空间现象和地球之间的关系；二是有利于推动空间技术的跨越式可持续发展，从而不断提升人类进入太空的能力；三是有利于催生一系列基础性、前瞻性的新学科、新技术，从而促进一系列相关科学技术的发展；四是有利于培养和造就创新型人才队伍，从而推动人类社会可持续进步[4]。

本文在简要总结深空探测 50 多年发展历程与未来发展趋势的基础上，重点分析了深空探测发展的 5 个特点，提出了未来深空探测应重点研究和突破的 6 类关键技术。

---

* 深空探测学报，2014，1（1）：13.

1 深空探测发展历程与趋势

1.1 深空探测的发展历程

自 1958 年 8 月美国发射世界上第一颗月球探测器“先驱者 0 号”（Pioneer 0），至 2013 年 12 月欧空局发射“盖亚”（Gaia）探测器，世界各国共实施深空探测任务 242 次，成功或部分成功 136 次，失败 100 次，仍在飞行途中 6 次，成功率约为 56%。

深空探测 50 年的发展经历了两个高潮期：一为 1958—1976 年，二为 1994 年至今。

1958—1976 年的深空探测第一个高潮期，是美、苏两国在冷战背景下的空间竞赛期，共实施 166 次探测任务，其标志性成果是实现了无人月球采样返回和载人登月。这既充分展示了两个航天大国的国家意志和综合实力，又极大地促进了空间技术和空间科学的快速发展和巨大进步。

1994 年美国发射的“克莱门汀”（Clementine）月球探测器发现了月球可能存在水冰[5]，掀起了深空探测的第二次高潮，迄今共实施了 53 次探测任务。其显著标志一是欧空局、日本、中国和印度等加入深空探测国家行列，二是实现了小天体采样返回和火星巡视探测。

不同时期深空探测活动统计如图 1 所示。

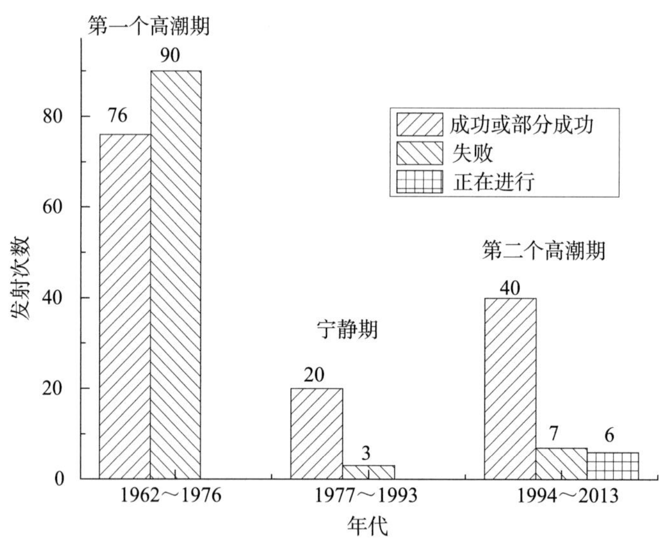

图 1　不同时期深空探测活动统计

迄今为止，世界上只有美国、苏联/俄罗斯、欧空局、日本、中国、印度开展了深空探测活动。美国是最早也是目前唯一对月球、太阳、行星、小天体及太阳系均进行过探测活动的国家，保持着绝对领先地位。苏联/俄罗斯早期的深空探测任务曾创造了多个第一，但自 1996 年“火星 96”（Mars 96）任务失败后，至今只于 2011 年发射了“福布斯土壤”（Phobos-Grunt）任务，且未能进入预定转移轨道。日本虽在行星探测方面受挫，但在小天体探测方面取得较大成功。欧空局对月球、火星、金星、小天体等进行了探测，且在较短时间内达到了很高的水平。

中国共实施了 3 次月球探测，均获圆满成功。2007 年 10 月首次成功发射嫦娥一号月球探测器，实现了“精确变轨，成功绕月”的预定目标，获取了 120 m 分辨率全月图和大量科学数据。2010 年 10 月发射的嫦娥二号月球探测器，获得了 7 m 分辨率全月图和 1.5 m 局部影像图，发现了铬元素和月球微磁场的存在，之后相继进行了日地拉格朗日 L2 点为期 10 个月的环绕探测和对图塔蒂斯（Toutatis）小行星的飞越探测，国际上首次获得该小行星的 10 m 分辨率图像（见图 2），验证了小行星目标选择和深空轨道设计技术。2013 年 12 月，成功发射嫦娥三号月球探测器，实现了月球软着陆和月面巡视勘察，并首次获得了地球等离子体层图像（见图 3）、月基观测天文图像和月表浅层剖面图等科学探测成果。

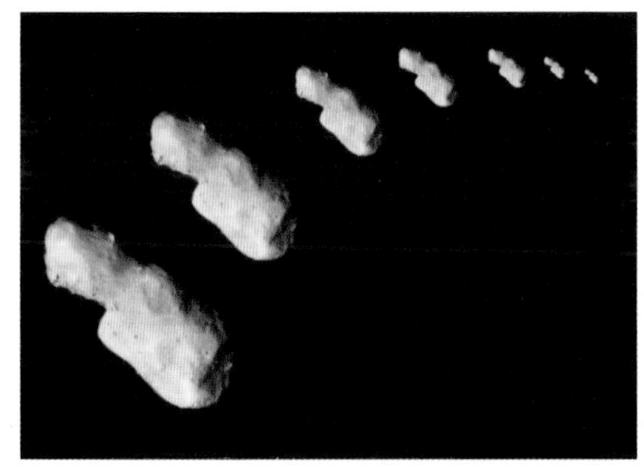

图 2　嫦娥二号所拍图塔蒂斯图

图 3　嫦娥三号所拍地球等离子体层图

世界各国和组织深空探测活动统计如图 4 所示。

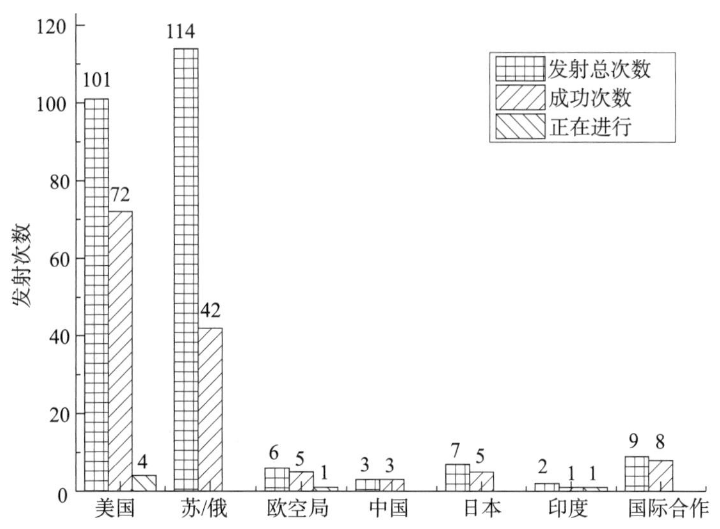

图 4　世界各国和组织深空探测活动统计

目前，人类开展的深空探测活动已基本覆盖太阳系各类天体，如月球、太阳、七大行星及其卫星、矮行星、小行星和彗星等，不同天体探测活动统计如图 5 所示。

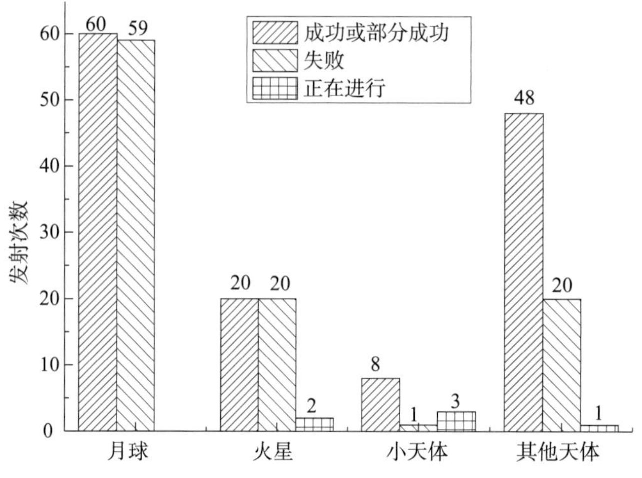

图 5　不同天体探测活动统计

通过 50 多年的深空探测活动，人类取得了载人登陆月球、小天体采样返回、发现火星表面存在水冰、深空环境信息获取等重要成就，使得对月球、火星、小天体、金星、太阳的认识更加深入，成功研制了大推力运载火箭、深空测控网等，人类进入太空的能力有了极大提高，同时也促进了力学、物理、天文、材料、信息等基础学科的发展。

1.2 深空探测发展趋势

进入 21 世纪，美国、俄罗斯、欧空局、日本和印度等主要航天大国和组织都制定了 20 年乃至更长远的深空探测发展规划，探测的重点集中在月球、火星、小天体等。未来国外较为明确的探测任务如表 1 所示。

表 1　国外深空探测活动规划

国家	目标	时间	名称	类型
美国	火星	2016	InSight	着陆探测
美国	火星	2020	待定	着陆探测
美国	小行星	2016	OSIRIS-Rex	采样返回
美国	太阳	2018	Solar Probe Plus	近距观测
美国	L2	2024	WFIRST	天文观测
俄罗斯	月球	2015	Luna-25	着陆探测
俄罗斯	月球	2016	Luna-26	环绕探测
俄罗斯	月球	2017	Luna-27	着陆探测
俄罗斯	月球	2018	Luna-Grunt	采样返回
俄罗斯	月球	2020	Lunny-Poligon	着陆探测
俄罗斯	火星	2022	Phobos-Grunt 2	采样返回

续表

国家	目标	时间	名称	类型
俄罗斯	火星	2024	Mars-Grunt	采样返回
俄罗斯	木卫三	2023	Laplas-P	着陆探测
俄罗斯	小行星	2020	Apophis	交会探测
欧空局	月球	2018	待定	着陆探测
欧空局	太阳	2017	Solar Orbit	近距观测
欧空局	火星	2016	ExoMars1	环绕探测
欧空局	火星	2018	ExoMars2	着陆探测
欧空局	木星	2022	JUICE	环绕探测
欧空局	L1	2015	LISA pathfinder	天文观测
欧空局	L2	2018	JWST	天文观测
欧空局	L2	2020	Euclid	天文观测
欧空局	L2	2024	P LATO	天文观测
日本	月球	2017	SELENE-2	着陆探测
日本	月球	2020	SELENE-X	着陆探测
日本	小行星	2014	Hayabusa-2	采样返回
日本	水星	2015	Bepi Colombo	环绕探测

美国将于2016年开展“洞悉号”(InSight)火星着陆任务，对火星内核进行探测（见图6)。2020年将再次开展火星着陆任务，为2025年左右实现火星取样返回、2035年左右实现载人环火探测和载人火星登陆作技术储备；将在2016年发射的“源光谱释义资源安全风化层辨认探测器”(OSIRIS-Rex)，对小行星1999RQ36进行采样，并于2023年返回地球，这是美国的首次小行星采样返回任务。美国还计划于2018年发射首颗飞入日冕的“太阳探针+”(Solar Probe Plus)探测器，采用行星借力飞行技术，通过7次金星借力到达距太阳表面约700万km处，探测其周围的等离子体、磁场、高能粒子和尘埃，为太阳日冕加热机制、太阳风的形成和演变等问题的研究提供科学数据[6]。

俄罗斯计划于2015—2018年发射月球轨道器及着陆器，对月球大气及土壤环境进行探测，同时对月球采样返回的新技术进行验证；此外“月球基地”(Lunny-Poligon)任务也在研究当中[7,8]；计划与欧空局合作，计划分别于2016年和2018年实施火星着陆任务，其中2016年将发射火星轨道探测器，执行火星微量气体探测；2018年发射火星车，实施着陆巡视探测[9]；2022年左右发射“福布斯土壤2号”(Phobos-Grunt 2)，再次尝试对火卫一进行采样返回探测；2024年后实施“火星土壤”(Mars-Grunt)任务，对火星进行采样返回探测。

日本的深空探测主要是无人探测，并以月球和小天体探测为主线，计划于2017年左右实施“月亮女神-2” (SELENE-2)着陆探测；2020年左右开展“月亮女神-X”(SELENE-X)着陆探测，并规划了长远的载人登月任务[10,11]；日本还计划于2014年发射“隼鸟-2号” (Hayabusa-2)，对1999JU3小行星开展采样返回探测[12]。欧空局计划于

图 6　美国“洞悉号”火星任务示意图

2018 年在月球南极着陆。印度 2013 年 11 月发射了火星探测器，目前正在奔向火星的途中。此外，中国计划 2020 年前实现月球无人采样返回。

从以上对未来深空任务的归纳总结可以看出，人类未来一段时期的深空探测仍以科学探索和技术创新为主要驱动力，探测方式将从飞越观测、环绕探测向着陆探测、采样返回、载人登陆以及地外基地建设方向发展。深空探测的主要目的一是对宇宙形成与演化及生命起源与进化进行更深入的探究，增进对太阳系及其天体的认识；二是促进航天技术创新发展，并带动一系列基础与支撑技术持续进步；三是服务国家整体战略，提升国家实力，促进国家经济社会可持续发展。

2　深空探测的发展特点

总结 50 多年来深空探测的发展历程，分析研究各主要航天大国和组织未来几十年的发展规划，可以看出深空探测活动有如下 5 个特点。

2.1　深空探测是航天发展的重要方向之一

为了实现走出地球、进入太空的梦想，人类需要不断揭示宇宙的奥妙，深化对宇宙的认识，并进一步通过各种形式的深空探测活动提升进入深空的能力。这是超越国家、民族和时代的人类的共同追求。深空探测是当今科学技术最为活跃、最受注目、取得成果最丰富的领域之一。

20 世纪中后期，美苏为展示各自的实力，在包括月球在内的深空探测方面开展了激烈的竞争，甚至有时冒着巨大的技术风险，强行实施某些任务以期超越对手。美国通过“阿波罗计划”一举确立了其在空间技术方面的领先地位，这极大地鼓舞了美国民众的士气，衍生出了一系列的科技创新和成果，这些成果后来广泛应用于美国科学技术和社会生活的各个领域，产生了难以估量的巨大效益。

进入新世纪以来，美国、俄罗斯、欧空局、日本都制定了长远的深空探测目标。从表1可以看出，各主要航天大国和组织，基本上都是以独立自主的方式开展深空探测活动，都把深空探测作为航天发展的重要方向。尤其是美国在继续开展月球探测的基础上，瞄准2030年前后载人登陆火星，正在进行重型运载，新型能源，进入、下降和着陆技术等多项关键技术攻关和试验验证。其主要目的就是以深空探测活动带动国家经济、技术和社会的发展，充分展示其强大的科技实力和综合国力，续写“阿波罗工程”的辉煌，确保在航天领域的世界领导地位。因此，深空探测可对一个国家产生多方面、多维度、综合性的影响，既是人类未来发展的必然选择，也是未来航天领域发展的重点方向之一。

2.2 遵循由近及远、由易到难的发展规律

纵观各国深空探测发展历程，都经历了由近及远的过程，美、苏早期无人深空探测大致分为3个递进阶段：第一步，地月系统探测，以探测月球为主要目标；第二步，近地行星探测，主要探测火星、金星两颗距离地球最近的类地行星；第三步，其他行星探测，主要针对木星、土星、水星、天王星、海王星、冥王星及其卫星、小行星和彗星的探测，遵循了由近及远的发展规律。

从探测方式来看，人类深空探测也经历了由易及难的过程，逐步发展出了飞越、撞击、环绕、软着陆、巡视、采样返回、载人登陆等多种探测方式。无论是对月球还是对火星、金星等其他天体的探测，基本都是从飞越探测起步，然后环绕，最后着陆甚至取样返回。

目前，已实施的小天体探测任务主要采用飞越和附着两种方式。1991年美国的“伽利略”探测器首次飞越951Gaspra小行星，从而拉开了小行星飞越探测的序幕，此后又开展了3次典型的飞越探测。对于离地球更远或质量较小的天体，目前基本处于飞越和环绕探测的阶段。比如，由于小天体引力场弱且不规则，容易受太阳光压和太阳系内其他天体摄动的影响，导致其周围动力学十分复杂，使得小天体探测非常困难[13]。

太阳系的巨行星包括木星、土星、天王星和海王星。人类对其开展的探测主要采用飞越探测，少部分实现了环绕探测。目前，人类对木星进行了5次飞越探测和1次环绕探测。1989年美国发射了“伽利略”(Galileo)轨道探测器，对木星及其卫星的化学成分和物理状态进行了探测，证实了木卫二、木卫三表面覆盖着冰层[14]。2011年8月又发射了“朱诺号”(JUNO)探测器，计划对木星进行环绕探测，目前正在飞行途中。土星是太阳系内第二大行星，1997年美国和欧空局联合发射的“卡西尼/惠更斯”(Cassini/Huygens)探测器首次对土星及其卫星开展了环绕探测。2004年，“卡西尼”与“惠更斯”分离，继续环土星轨道探测，“惠更斯”则成功着陆在土卫六表面[15]。天王星和海王星目前仅有美国1977年8月发射的“旅行者2号”(Voyager 2)分别于1986年和1989年对其进行了飞越探测。

从未来发展看，深空探测的任务形式将由无人探测向载人探测逐步过渡。但由于载人

探测难度很大，迄今也只有美国在 20 世纪 60 年代在冷战背景下实现了载人登月，所以在可知的未来，无人探测仍是主要方式。

2.3 月球和火星是探测的重点

月球作为地球的唯一天然卫星，具有可供人类开发和利用的各种独特资源，是人类进入深空的理想基地和前哨站，因此一直是深空探测的起点和重点。月球既是探测时间最早，也是探测次数最多的，还是唯一进行过载人探测的星体。世界各国已实施 119 次月球探测任务，占深空探测活动总次数的一半左右。

20 世纪 50 年代末至 70 年代中期，美国和苏联就竞相开展了大量的月球探测活动。美国 1969 年 7 月用“土星 5 号”（Saturn V）重型运载火箭将“阿波罗 11 号”（Apollo 11）送上了月球，实现了人类首次登月，此后又成功进行了 5 次，先后把 12 名宇航员送上月球，采回了 300 多 kg 月壤样品。苏联实现了三次无人月球采样返回，共采回了约 370 g 月壤样品，并将两个月球车送上月球，实现了无人巡视勘察。

自 1994 年美国发射“克莱门汀”月球探测器以来，标志性成果有欧空局 2003 年发射的“智慧 1 号”（Smart-1）月球探测器，验证了太阳能离子推进等新技术[16]；美国 2009 年发射的“月球侦查轨道器/月坑观测与探测卫星”（LRO/LCROSS），实现了月球周围空间环境测量以及月表形貌与资源分布图测绘，同时采用行星借力飞行技术对月球南极进行了两次撞击，证实了月球水冰的存在[17]，“LRO 探测器”如图 7 所示；2013 年 9 月美国发射的“月球大气与月尘环境探测器”（LADEE）进行了月球表面大气和尘埃探测，并首次实现了月地激光通信演示验证。

图 7　美国“LRO 月球探测器”示意图

中国迄今开展的 3 次深空探测活动也都是集中在月球。嫦娥一号探测器对月球进行了环绕探测。嫦娥二号在对月球进行探测后，目前已成为绕太阳飞行的人造小行星[18]。嫦娥三号探测器，实现了月球软着陆和自动巡视勘察。嫦娥三号着陆器和巡视器在月球表面的探测如图 8 和图 9 所示。

图 8　嫦娥三号着陆器安全着陆月面图

图 9　嫦娥三号巡视器月面工作图

而火星作为类地行星与地球最为相似，可能曾有过能孕育生命的气候条件，也是人类目前探测最为深入的类地行星。截至目前，人类已先后发射 42 颗火星探测器，分别进行了飞越、环绕、着陆和巡视探测，其中 9 次成功（或部分成功）实现了火星软着陆。

人类火星探测历程大致可分为两个阶段，第一阶段是以美国和苏联为主的初期探测，主要采用飞越、环绕和软着陆的方式，其中“海盗 1 号”（Viking 1）和“海盗 2 号”（Viking 2）是此阶段最为成功的例证，其科学目标是研究火星大气和土壤的结构与成分，并搜寻生命迹象[19]。

20 世纪 90 年代后，以美国为主开展了第二阶段探测任务。此间，美国先后实施了 11 次探测任务，实现了火星表面软着陆和巡视探测。其中，2003 年 6 月发射的“勇气号”（Spirit）和“机遇号”（Opportunity）验证了基于光学图像的自主导航和气囊缓冲着陆技术。两辆火星车对火星地质与气候特征进行了探测，并试图寻找生命存在的证据[20]。2007 年 8 月发射的“凤凰号”（Phoenix）首次实现了火星北极软着陆并验证了低成本的火星着陆技术，同时在北极地区发现了水冰的存在[21]。

美国 2012 年 8 月发射了最先进的“火星科学实验室”（Mars Science Laboratory，MSL），成功实现了“好奇号”（Curiosity）着陆火星表面并进行巡视探测。其目的是通过分析土壤及岩芯样本对火星过去和现在可能维持生命的有机化合物及环境进行研究。MSL 有两大特点：一是首次采用了“空中吊车”（Sky Crane）着陆方式，使着陆偏差缩小至 2 km，实现了精确着陆；二是全部采用钚-238 核能源电池，使“好奇号”火星车的承载能力、越障能力和寿命大幅度提高[22,23]。火星探测器进入大气及各种着陆过程如图 10 所示。

从各国的任务规划也可以看出，未来一段时间月球和火星探测仍将是深空探测活动的重点，而近期比较明确的探测任务均是为后续月球和火星采样返回、载人登陆乃至基地建设做铺垫。

图 10　火星各种着陆过程示意图

2.4 技术创新与科学发现双轮驱动

深空探测活动是技术创新和科学发现双轮驱动的结果，几乎每次探测都包含技术创新和科学发现。深空探测涉及各大行星及其卫星、小行星、太阳系空间等诸多天体，科学目标复杂多样，诸如太阳系和地球的起源与演化、寻找地外生命、探测和利用资源、探测空间环境及天体构造和成分等，都是重大科学问题。对这些问题的研究，有助于催生新学科的诞生。技术创新是人类破解科学难题的手段和工具，借助深空探测这一难得的空间技术创新和演示验证重要平台，开展近地空间和深空所需共性关键技术的演示验证，为提升直接服务于国民经济的应用卫星研制水平和深空探测能力奠定基础。

1998 年美国发射的“深空一号”（Deep Space 1）探测器，以技术验证为主，并对小行星和彗星进行了科学探测，其首次验证的离子推进、自主导航等新技术[24]，是未来深空探测关键技术的一个重要发展方向。2003 年 5 月，日本发射的“隼鸟号”（Hayabusa 1）探测器，首次实现了对“丝川”（Itokawa）小行星的附着采样，并于 2010 年 6 月成功返回地球。该任务的主要科学目标是通过小天体附着采样，研究小天体和地面获得的陨石样品之间的关系，工程目标是对离子推进、自主光学导航、深空通信、小行星采样与返回等新技术进行试验验证[25]。“隼鸟号”探测器如图 11 所示。

中国实施的 3 次月球探测任务，不仅获取了一批有助于深入认识月球和空间环境的科学成果，而且从工程上突破了一大批航天关键技术。

2.5 深空探测是一项长周期、高风险的航天活动

从深空探测发展历程看，由于距离远、未知因素多、任务周期长、环境复杂，与近地航天活动相比，往往具有更高的风险，迄今已开展的深空探测活动成功次数不足六成。深空探测活动极具战略性和公益性，其主要目的是推动技术进步，促进空间科学发展，更好

图 11 “隼鸟号”探测器示意图

地造福全人类，而且往往投入较高，因此主要是由国家层面支持和投资，但也不排除未来采用商业模式。

深空探测的对象往往位于广袤无垠的太阳系乃至更远的空间，例如，火星距离地球最远可达 4 亿 km，飞行时间长达 8 个月左右。1996 年美国发射的“勘察者号”资源探测器，经过 9 个月才到达火星轨道，并在轨运行长达 10 年。木星距地球 10 亿千米，飞行时间更长，1989 年发射的“伽利略号”木星探测器，6 年后才到达木星轨道；1975 年发射的“旅行者号”探测器，飞行时间更长，迄今已近 40 年。所以，深空探测活动往往是一项任务周期长，技术难度大的工程。

作为对未知世界的探索活动，深空探测的对象和环境往往具有不确定性，从而导致固有的高风险性。截止到 2013 年 12 月，世界共实施深空探测任务 242 次，其中成功和部分成功的 136 次，成功率不到六成。正是由于具有任务周期长、风险性高等一系列特点，所以在未来的深空探测活动中，需要系统谋划技术路线，充分识别和化解技术风险，并制定科学合理的任务目标和评价体系。

需要指出的是，在深空探测的早期，由于对地外天体的认识还处于初期，相关技术不成熟，加之美苏是在冷战背景下开展竞赛，深空探测任务主要针对单个目标展开。20 世纪 70 年代以后，为有效提升综合效益、促进新技术发展和最大限度地规避风险，大都在一次任务中对多个天体或对某个天体的多项任务目标进行探测，以及通过多个探测器组合体对不同目标进行探测，这已成为深空探测活动的重要形式之一。例如，“旅行者 1 号”对木星和土星及其卫星进行了飞越探测，“旅行者 2 号”对木星、土星、天王星和海王星等多颗巨行星进行了飞越探测，其飞行状态和轨迹分别如图 12 和图 13 所示。

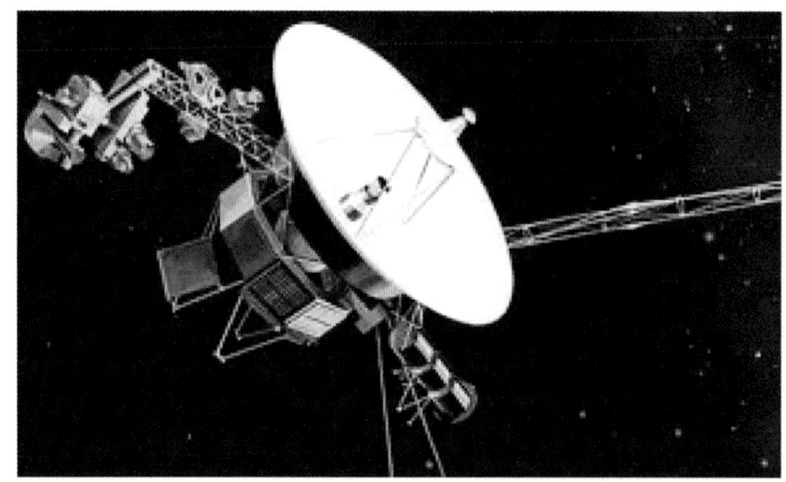

图 12 “旅行者”1号和2号飞行状态图

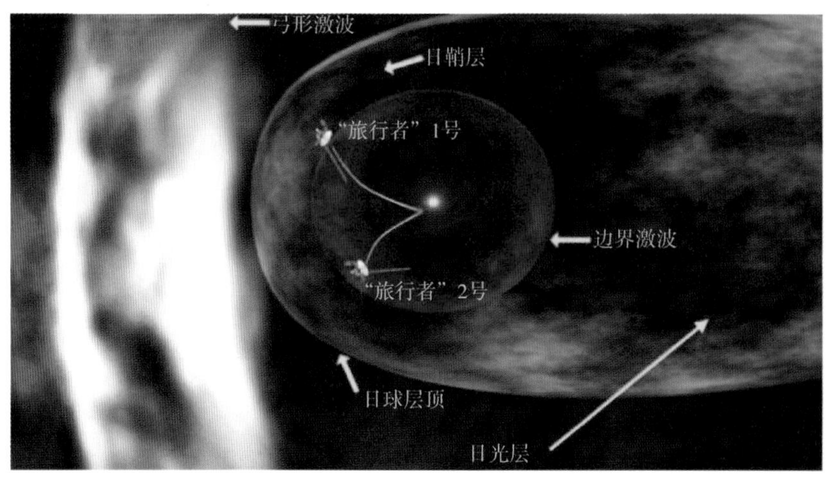

图 13 “旅行者”1号和2号飞行轨迹图

3 未来深空探测的主要关键技术

深空探测任务的开展依赖于航天技术的进步和国家综合实力的提高。相对于近地航天任务，深空探测任务面对距离遥远、飞行时间长、数据传输速率有限、深空环境复杂等一系列难题，需要不断地进行技术创新与验证。未来，对深空及其中的天体探测的深度与广度直接取决于一系列关键技术突破与支撑的程度。其中，深空轨道设计与优化、自主技术、能源与推进、深空测控通信、新型结构与机构、新型科学载荷技术等是急需突破和掌握的关键技术[26,27]。

3.1 轨道设计与优化技术

轨道设计与优化是航天任务设计中首要而关键的一环。相比近地卫星轨道，深空中繁多而各异的目标天体、多样而复杂的力场环境、丰富而奇妙的运动机理，包括平动点应用、借力飞行和大气减速等，赋予了轨道设计与优化技术新的内涵。迄今为止，深空探测轨道研究已经取得了丰硕的成果，同时也面临着诸多新的问题和挑战[28]。

3.1.1 多体系统低能量轨道设计与优化技术

天体引力为深空探测提供了丰富的动力资源，合理利用多个天体的引力作用实现探测器的低能量转移是多体系统轨道设计与优化的核心问题[29]。然而，多体系统中的很多动力学现象和机理尚未认识清楚，限制了此类轨道设计与优化技术的发展。动力学系统理论和大规模数值计算技术是目前解决该问题的常用途径[30]，在三体系统轨道中已得到了广泛应用[31]，但多体系统（特别是日地月系统和木卫系统）轨道仍存在着许多需要解答的问题。

3.1.2 不规则弱引力场轨道设计与优化技术

种类的多样性、形状的不规则和弱引力导致近小天体轨道动力学行为极其复杂，近小天体轨道设计与优化也成为近些年研究的热点问题。对于一些已知信息较多、运动特性简单的小天体（如 4769 Castalia 等）的研究已取得了一定进展[32]，但在引力场建模、轨道运动性态分析等基础问题方面，并未形成有效的解决途径[33]。对于双星、三星等复杂小天体系统附近轨道，更是面临运动稳定性、动力学耦合等亟待开展深入研究的基础性理论难题。

3.1.3 新型推进衍生的轨道设计与优化技术

电推进、核推进及太阳帆等新型推进系统的发展与应用为深空探测器提供了巧妙而高效的转移方式，同时，轨道的非开普勒特性也为设计与优化带来了许多难题。由于飞行时间长，这些新型推进系统衍生的轨道，其动力学非线性强，通常呈多圈螺旋状，脉冲轨道的许多理论方法不再适用[34]。直接法和间接法是设计此类轨道常用的两类方法[35]，但直接法的最优控制结构、间接法的收敛域等一系列问题仍未得到很好的解决。

此外，小天体探测任务目标选择[36]、复杂序列借力轨道[37]等也是未来深空探测轨道设计与优化技术重要的研究方向。随着深空探测技术的深入发展，会不断产生新的轨道设计与优化难题。这些难题的解决不仅依赖于先进数学工具的发展，更有赖于深空轨道本质的动力学行为和机理的认识，这也是深空探测轨道设计与优化技术深入发展的方向。

3.2 自主技术

深空探测器距离地球远、所处环境复杂、任务周期长、与地球通信存在较大时延（例如冥王星探测，信息往返地球超过 10 个小时），利用地面测控站进行深空探测器的遥测和遥控已经很难满足探测器操作控制的实时性和安全性要求。深空探测器自主技术即通过在探测器上构建智能自主管理软硬件系统，自主地进行工程任务与科学任务的规划调度、命令执行、星上状态监测与故障时的系统重构，完成无地面操控和无人参与情况下的探测器长时间自主安全运行。为了实现深空探测器在轨自主运行与管理，必须突破自主任务规划、自主导航、自主控制、自主故障处理等关键技术。

3.2.1 自主任务规划技术

深空探测领域复杂的资源约束、时间约束、并发性约束、探测环境的不确定性、星上资源有限等特点给传统的任务自主规划技术提出了新的挑战。深空探测自主任务规划技术重点要解决数值/逻辑混合规划知识建模、规划空间快速搜索、资源的优化和处理、时间约束的处理等问题。

3.2.2 自主导航技术

地面遥测遥控的方式无法满足交会飞越、下降着陆等任务阶段的实时性要求，需要深空探测器具备在轨自主导航能力。深空环境复杂、导航测量信息缺乏、动力学时变非线性等因素，给自主导航带来了挑战。导航信息获取与目标特征识别、多源信息融合与轨道快速自主估计等是实现深空探测器自主导航急需解决的技术难点。

3.2.3 自主控制技术

深空的特殊环境以及探测任务的要求对探测器自主控制提出了挑战，探测器只有具备自主快速控制能力，才能大幅提高应急水平、操作灵活性和多任务能力，减少对地面的依赖，克服大时延和测控遮挡所带来的影响。考虑深空探测器动力学以及各种约束，快速实现位置信息和姿态信息的解耦，完成多约束条件下的轨道姿态规划、机动与执行，是急需解决的深空探测自主控制关键技术。

3.2.4 自主故障处理技术

利用遥测的航天器信息对星上各系统的运行状况进行判断，诊断航天器的健康状况，并利用航天器冗余和容错技术对出现的故障进行实时处理是目前常用的自主故障处理方法。但对于深空探测任务而言，由于其对可靠性提出更为苛刻的要求，需要探测器能够在轨进行模式识别和故障处置。自主故障处理技术的研究，主要集中在状态实时监测与故障模式识别、在轨故障处置与系统重构等方面。

3.3 新型能源与推进技术

由于大部分探测目标天体距离地球遥远，探测器通常需要消耗巨量的燃料才能实现向目标的转移，而且还可能难以获得足够的太阳能。因此，高效的能源与推进系统是进行深空探测任务的基本保障。核能源具有能量密度高、寿命长的特点，是解决未来深空探测能源问题的一个有效途径。电推进、太阳帆等新型推进技术则是当前解决燃料消耗问题的有效手段。

3.3.1 核能源技术

放射性同位素温差电源（Radioisotope Thermoelectric Generator，RTG）具有高可靠性、安全性和长寿命的优点，已在通信卫星及深空探测任务中得到了成功应用[38-40]。RTG

的研制需要解决放射性同位素的选取和制备、温差电源转换及核安全等技术问题。未来一段时间，RTG 研究的重点将是大幅度提高热电转换效率和质量比功率。

核推进技术主要分为核电推进和核热推进两类。核电推进采用核电源作为推进系统能源，利用电推进系统产生推力。核电推进具有核能的高能量密度和电推进的高比冲优势，是当前各国的研究重心[41]。核热推进是利用核反应产生热能对推进剂加热，使之从喷管高速喷出产生推力，主要存在核燃料高温腐蚀、放射性污染等难点问题[42]。

3.3.2 电推进技术

电推进技术是利用电能加热或电离推进剂加速喷射而产生推力。根据系统内部的作用方式，电推进器可以分为三类：电热式；静电式；电磁式[43-45]。为满足深空探测未来应用的需求，电推进系统正在向高功率方向发展，高效大功率电源的研制已成为电推进系统研究的一个重点。另一方面，如何提高电推进系统的使用寿命也是当前电推进研究面临的一个难题。

3.3.3 太阳帆推进技术

太阳帆推进是利用太阳光的光压推动航天器进行宇宙航行的一种推进形式，具有无须消耗燃料和工作介质、飞行速度高的优点。尽管如此，但由于太阳帆的巨大尺寸，使得太阳帆航天器具有巨大的转动惯量，并且其姿态和轨道相互耦合，必须设计高效能、低燃耗的姿控系统[46]。此外，材料与结构方面也存在帆体薄膜的研制、超轻支撑结构和帆体的压缩包装与展开等技术难点[47]。目前国内外大部分太阳帆研究工作仍集中在理论建模和地面试验阶段。

3.4 测控通信技术

深空测控通信系统是天地信息交互的唯一手段，也是深空探测器正常运行、充分发挥其应用效能不可或缺的重要保证。深空探测器的测控通信面临着由于距离遥远所带来的信号空间衰耗大、传输时间长、传播环境复杂等一系列问题，是深空探测的难点之一。近十余年来，为解决深空探测测控通信时延、深空测角以及测控弧段等问题，世界主要深空测控通信网均在加大深空站天线口径、提高射频频段、探索深空光通信技术等方面进行了大量研究工作[48]。未来测控通信系统的发展主要体现在以下三个方面。

3.4.1 高频通信技术

为增强深空通信传输效率，通常可采取的有效手段是增加天线口径和提高通信频率。目前，美国 70 m 口径的深空站主用 X 频段，34 m 口径天线为 Ka 频段，可实现较高的数据传输速率和测控精度。从近期发展看，深空站传输带宽的提高将首先依赖于射频信号频率的提升，经历 S 频段到 X 频段再到 Ka 频段的发展。然而由于 60～70 m 大口径天线严重的热变形和负载变形，天线加工和调整精度要求高，且维护费用昂贵，使得其在 Ka 频段进行通信的难度较大。

3.4.2 天线组阵技术

由于最大天线口径的设计已经接近极限，因此将多个小型天线组成天线组阵，是深空通信技术的发展趋势之一[49]。天线组阵通过将相距一定距离的独立天线所接受的信号，进行全频谱或载波组合以及基带和复数信号流组合，使得等效接收信噪比大幅提高，由于小型天线可工作在较高的射频频率上，因此也可有效提高数据传输的速率。目前，国际上在天线组阵技术方面已开展多年研究。其中美国计划在2020年左右建成由多达400个12 m口径天线组成的大规模天线阵，最终实现240 m的等效天线口径，可获得在X频段相当于当前70 m口径天线约120倍的通信能力。

3.4.3 光通信技术

深空光通信技术是指以激光或空间自由光为载体，通过望远镜进行深空通信的技术。激光的频率比射频信号高4～5个数量级，极高的频率使得激光具有更好的方向性和更为丰富的宽带资源[50]，且可在相同数传速率情况下，实现结构质量更轻、投资费用更少。目前，国际对于光通信技术的研究还处于实验研究与在轨验证阶段。美国在2013年9月发射的“月球大气与粉尘环境探测器”（LADEE），对激光通信技术进行了演示验证，实现了月地间620 MB/s下行和20 MB/s上行的通信速率[51]。

此外，建立深空测控中继站、构建行星际网络以及采用量子通信技术等也将是未来深空测控发展的方向[52,53]。

3.5 新型结构与机构技术

深空探测器的结构与机构是承受有效载荷、安装设备和建构探测器主体骨架的基础。深空探测任务目标的多样性与特殊性决定了需要研发新型的结构与机构，尤其是对于在地外天体表面开展探测的巡视航天器。为了完成这一目标，就必须研究适应不同天体与目标要求的新型着陆器结构与机构、巡视器结构与机构、钻取采样结构与机构等技术[54]。

3.5.1 天体着陆类

着陆器的着陆缓冲机构是探测器实现软着陆的前提和基础。目前已有的着陆缓冲系统类型包括着陆缓冲机构、气囊缓冲装置和空中吊车机构等。其中，软着陆缓冲机构主要由着陆架、缓冲器和展开锁定机构组成，又可分为四腿悬臂式和三腿倒三角式等类型。这类机构具有结构简单、可靠性高等优点，在美国“勘测者”“阿波罗”、苏联“月球号”以及我国嫦娥三号等任务中进行了成功应用。气囊缓冲装置由气体发生器、气囊组件以及缩回与展开机构组成，具有包装容积小、着陆稳定性好等优点，主要在美国“勇气号”和“机遇号”任务中进行了成功应用。空中吊车机构由空中悬吊机和推进系统组成，具有着陆速度低、冲击小、着陆质量大等优点，主要在美国“火星科学实验室”任务中进行了成功应用。为适应未来不同天体着陆探测的需求，这类技术仍是需要深入研究的关键技术。

3.5.2 天体表面巡视类

巡视器携带科学仪器在行星表面移动、完成探测、采样、运输等任务。其结构与机构技术涉及构型设计、总体布局和一体化集成技术。目前，按照移动机构的不同，巡视器有轮式、腿式和履带式等类型。其中，轮式移动机构因具有良好的机动性和行星表面适应性等优点，被广泛采用。由于科学载荷种类多、操作复杂，加之探测目标和天体的多样性，根据不同科学载荷的操作要求，需要研制不同的机构，比如摆杆机构和多臂机构等。

3.5.3 天体钻取采样类

在月球、火星乃至未来其他星体的深空探测任务中，星球表面或表下土壤及岩石样品的采集对于研究星球环境、地质构造、资源以及物质组成等具有重要意义。钻取式自动采样机构相比其他采样机构（挖取式自动采样机构、钳取式自动采样机构、研磨式自动采样机构等），因能够保持所采样品的层理特性而备受关注。

由于深空探测任务的特殊性，采样机构的重量、功耗、构型等指标很大程度上受到探测器系统运载能力的约束。未来钻取式自动采样机构须具有重量轻、能耗低、兼容性好等优点。由于超声波钻头/取心器（USDC）钻取式自动采样机构能够取出岩芯和岩屑，因此随着技术的进步，综合有激光、超声波等轻小型、多杆技术的钻取式自动采样机构将会大幅度提高钻取机构的采样能力和效率，是未来深空采样机构主要发展方向之一。

3.6 新型科学载荷技术

科学有效载荷是直接执行特定航天器任务的仪器设备，直接关系科学探测成果的获取和传输。深空探测目标的多样性决定了需要不同的新型载荷，科学目标的新要求也需要载荷探测精度的提升。

3.6.1 地形地貌与构造探测载荷

视觉是人类获取信息的主要来源，科学家通过形、貌图像能够对所探测的未知天体进行直观的认识，获得未知天体第一印象，因此地形地貌类有效载荷在深空探测中占有重要的地位。

从认识天体的角度看，对地形地貌类有效载荷有两个方面的要求，一是有效载荷有足够大的视场，能从宏观上获取大尺度的图像信息，并解决由此带来的海量数据处理问题；二是有效载荷有足够的细节放大能力，从微观上认识天体。另外，科学探索更希望能够了解天体的内部构造，需要有效载荷能够探测内部结构，并以图像的形式表征。这类载荷重点研究可有效反演内部构造的技术途径。

3.6.2 天体物质成分和资源探测载荷

对组成成分的分析有利于科学家认识被探测对象的本质，而资源是人类活动中最关心的要素，在深空探测中同样重点关注。对天体物质成分和资源进行探测时，可从元素、化合物等多角度揭示。

元素层面的科学探测开展得较多，未来研究的重点在于如何提高探测载荷对元素的探测精度，对微量元素进行识别和检测，兼顾宏观探测和微观探测。另一研究重点是对化合物进行探测的有效载荷。鉴于化合物种类繁多，不仅要关注其化学特性，而且要关注其种类和含量。目前的有效载荷很难兼顾这些需求，需要研究如何提高区分化合物的能力，以及如何适应深空探测的恶劣环境。

3.6.3　空间环境探测载荷

空间环境是影响地球和人类生存的重要因素之一，广义上的宇宙空间环境也是影响宇宙演化的关键因素，探索深空中的空间环境对认识宇宙的起源和演化历史，预测未来发展趋势具有重要意义。

需研究的空间环境包括各种形式的电磁辐射，空间中存在的各种物质和能量粒子，各种磁场和引力场等。空间环境探测的重点在于识别空间存在的物质、辐射和场的时空分布特性，以及相互关系。此类有效载荷的难点，一是被探测的物质和辐射通常具有破坏性，将对载荷的性能和寿命带来影响；二是如何消除探测器本身的干扰，以免影响对某些较弱的电磁场的探测。

3.6.4　生命科学探测载荷

从历史发展和宇宙演化的角度看，地球只能是人类的摇篮，人类要想持续生存和发展，迟早需要走出地球甚至太阳系，开拓更广阔的空间。寻找适合生命存在和人类生存的场所，是深空探测的主要目标之一。通过对生命演化不同阶段的探测，将有助于科学家解决生命起源的难题。

生命探测是一个十分复杂的过程，既要探测所在星体的基本组成，例如是否存在足够的水，是否存在生命相关的无机小分子物质和有机小分子物质，甚至是大分子有机物，也要探测星体所在的空间环境。因此，这类科学载荷的研究难点在于如何实现对星体组成成分和空间环境的综合探测，以准确识别星体是否具有生命特征。

4　结束语

深空探测是人类探索宇宙奥秘、保护和建设美好地球家园的必然选择，也是一项高技术、高风险、高投入的航天活动。经过 50 多年的探索与发展，人类已对太阳系主要天体，尤其是月球和火星进行了比较深入的探测，取得了一系列巨大的工程技术和科学探测成果。

拓展人类生存发展的空间，寻找地外生命，是人类孜孜不倦的追求，也是人类文明发展的需要。但要实现这一目标需要人类长期而深入地开展深空探测活动，不断深化对太阳系和宇宙的认识。

进入新世纪以来，一些主要航天大国纷纷加入深空探测行列，并相继制定了未来深空探测发展规划，掀起了深空探测活动的又一个高潮。中国的深空探测刚刚起步，虽然取得了一些成绩，但与航天强国相比还有很大差距，未来的探测之路仍然漫长。应抓住新一轮探测高潮的难得机遇，尽快制定发展规划，着力突破关键技术，早日启动火星等深空探测活动，为人类文明进步做出更大贡献。

参考文献

[1] 栾恩杰．中国空间探索的切入点——“地月日大系统研究”的观念［J］．航天器工程，2007，16（3）：1-8.

[2] Documents of the World Administrative Radio Conference on the use of the geostationary-satellite orbit and the planning of the space services utilizing it（2nd session）［R］．Geneva：1988.

[3] 吴伟仁，董光亮，李海涛，等．深空测控通信系统工程与技术［M］．北京：科学出版社，2013.

[4] Wu W R，Liu WW，Qiao D，et al. Investigation on the development of deep space exploration［J］．Science China：Technological Sciences，2012，55（4）：1086-1091.

[5] Nozette S，Lichtenberg C L，Spudis P，et al. The Clementine bistatic radar experiment［J］．Science，1994，274：1495-1498.

[6] Guo Y P. Solar Probe Plus：mission design challenges and trades［J］．Acta Astronautica，2010，67：1063-1072.

[7] 栾恩杰．中国的探月工程——中国航天第三个里程碑［J］．中国工程科学，2006，8（10）：31-36.

[8] Gardini B，Zelenyi L，Khartov V，et al. ESA-ROSCOSMOS strategy for Moon exploration［C］．63rd International Astronautical Congress，Naples，Italy，1-5 October，2012.

[9] Perino M A，Fenoglio F，Pelle S，et al. Outlook of possible European contributions to future exploration scenarios and architectures［J］．Acta Astronautica，2013，88：25-34.

[10] Matsumoto K，Kamimori N，Takizawa Y，et al. Japanese lunar exploration long-term plan［J］．Acta Astronautica，2006，59：68-76.

[11] Hashimoto T，Hoshino T，Tanaka S，et al. Study status of Japanese Moon lander SELENE-2 in 2012［C］．63rd International Astronautical Congress，Naples，Italy，1-5 October，2012.

[12] Yoshikawa M，Yano H，Kawaguchi J. Japan′s future plans for missions to primitive bodies：Hayabusa-2，Hayabusa-Mk2，and Marco Polo［C］．39th Lunar and Planetary Science Conference，Houston，Texas，USA，10-14 March，2008.

[13] Scheeres D J. Orbital mechanics about small bodies［J］．Acta Astronautica，2012，72：1-14.

[14] Johnson T V，Yeates C M，Young R. Space science reviews volume on Galileo mission overview［J］．Space Science Reviews，1992，60：3-21.

[15] Matson D L，Spilker L J，Lebreton J P. The Cassini/Huygens mission to the Saturnian system［J］．Space Science Reviews，2002，104：1-58.

[16] Foing B H，Racca G D，Marini A，et al. Smart-1 mission to the Moon：status，first results and goals［J］．Advances in Space Research，2006，37（1）：6-13.

[17] Colaprete A，Schultz P，Heldmann J，et al. Detection of water in the LCROSS ejecta plume［J］．Science，2010，330：463-468.

[18] 叶培建，黄江川，张廷新，等．嫦娥二号卫星技术成就与中国深空探测展望［J］．中国科学：技术科学，2013，43（5）：467-477.

[19] Soffen G A，Young A T. The Viking missions to Mars［J］．Icarus，1972，16（1）：1-16.

[20] Crisp J A，Adler M，Matijevic J R，et al. Mars exploration rover mission［J］．Journal of Geophysical Research：Planets. 2003，108（E12）：8061.

[21] Smith P H，Tamppari L K，Arvidson R E，et al. H2O at the Phoenix landing site［J］．Science，2009，325：58-61.

[22] Grotziinger J P，Crisp J，Vasavada A R，et al. Mars Science Laboratory mission and science investigation［J］．Space Science Reviews，2012，170：5-56.

[23] 崔平远，于正湜，朱圣英．火星进入段自主导航技术研究现状与展望［J］．宇航学报，2013，34（4）：447-456.

[24] Rayman M D, Varghese P, Lehman D H, et al. Results from the Deep Space 1 technology validation mission [J]. Acta Astronautica, 2000, 47 (2): 475-487.

[25] Kawaguchi J, Fujiwara A, Uesugi T. Hayabusa—its technology and science accomplishment summary and Hayabusa-2 [J]. Acta Astronautica, 2008, 62 (10): 639-647.

[26] NASA space technology roadmaps and priorities [EB/OL]. [2013-06-05]. http://www.nap.edu/catalog.php?record_id=13354.

[27] Craig P, Tibor B, Andrea B, et al. Overview of high priority technologies for solar system exploration [C]. IEEE Aerospace Conference, Big Sky, MT, USA, 3-10 March, 2007.

[28] 崔平远，乔栋，崔祜涛．深空探测轨道设计与优化 [M]. 北京：科学出版社，2013.

[29] Davis D C, Howell K C. Characterization of Trajectories near the smaller primary in the restricted problem for applications [J]. Journal of Guidance, Control, and Dynamics, 2012, 35 (1): 116-128.

[30] Koon W S, Lo M W, Marsden J E, et al. Dynamical Systems, the Three-Body Problem and Space Mission Design [M]. Springer, Berlin, 2007.

[31] Wang S, Shang H B, Wu W R. Interplanetary transfers employing invariant manifolds and gravity assist between periodic orbits [J]. Science in China Series E: Technological Sciences. 2013, 56 (3): 786-794.

[32] Scheeres D J, Ostro S J, Hudson R S, et al. Orbits close to Asteroid 4769 Castalia [J]. Icarus, 1996, 121: 67-87.

[33] Wall J B, Conway B A. Shape-based approach to low-thrust rendezvous trajectory design [J]. Journal of Guidance, Control, and Dynamics, 2009, 32 (1): 95-101.

[34] Betts J T. Survey of numerical methods for trajectory optimization [J]. Journal of guidance, control, and dynamics, 1998, 21 (2): 193-207.

[35] Cui P Y, Qiao D, Cui H T, et al. Target selection and transfer trajectories design for exploring asteroid mission [J]. Science in China Series E: Technological Sciences. 2010, 53 (4): 1150-1158.

[36] 尚海滨，崔平远，徐瑞，等．结合行星借力飞行技术的小推力转移轨道初始设计 [J]. 宇航学报，2011，32 (1): 29-38.

[37] Sheikh S, Pines D, Wood K, et al. Spacecraft navigation using X-ray pulsars [J]. Journal of Guidance, Control, and Dynamics, 2006, 29 (1): 49-63.

[38] George R S, Thomas J S, Leonard A D. Radioisotope power: a key technology for deep space exploration [M]. Radioisotopes-applications in physical sciences, prof. NirmalSingh (Ed.), InTech, 2011.

[39] 张建中，任保国，王泽深，等．放射性同位素温差发电器在深空探测中的应用 [J]. 宇航学报，2008，3: 644-647.

[40] 吴伟仁，王倩，任保国，等．放射性同位素热源/电源在航天任务中的应用 [J]. 航天器工程，2013，22 (2): 1-6.

[41] Hack K J, George J A, Riehl J P, et al. Evolutionary use of nuclear electric propulsion [R]. AIAA-1990-3821, 1990.

[42] Nakagawa R Y, Grayson S. Concept for a Shuttle-Tended reusable interplanetary transport vehicle using nuclear electric propulsion [R]. NASA TM 2006-0030353, 2006.

[43] Zafran S, Murch C, Grabbi R. Flight applications of high performance electrothermal thrusters [C]. AIAA/SAE 13th Propulsion Conference, Orlando, Florida, July, 1977.

[44] Kaufman R, Reader P D. Electrostatic thrusters [C]. AIAA/SAE 8th Joint Propulsion Specialist Conference, New. Orleans, Lousiana, 1972.

[45] Kolm H H. Electromagnetic accelerators [C]. Space manufacturing 4, proceedings of the Fifth Conference, Princeton, 1981.

[46] 龚胜平．太阳帆航天器动力学与控制研究 [D]. 北京：清华大学，2009.

[47] 陈健，曹永，陈君．太阳帆推进技术研究现状及其关键技术［J］．火箭推进，2006，32（5）：37-42.
[48] 张乃通，李晖，张钦宇．深空探测通信技术发展趋势及思考［J］．宇航学报，2007，4：786-793.
[49] 姚飞，匡麟玲，詹亚峰，等．深空天线组阵关键技术及其发展趋势［J］．宇航学报，2010，31（10）：2231-2238.
[50] Boroson D M，Robinson B S，Murphy D V，et al. Overview and results of the lunar laser communication demonstration［C］. Proceeding of SPIE 8971，Free-Space Laser Communication and Atmospheric Propagation XXVI，89710S，San Francisico，California，USA，6 March，2014.
[51] 张靓，郭丽红，刘向南等．空间激光通信技术最新进展与趋势［J］．飞行器测控学报，2013，32（4）：286-293.
[52] Mukherjee J，Ramamurthy B. Communication technologies and architectures for space network and interplanetaryinternet［J］. IEEE Communications Surveys & Tutorials，2013，15（2）：881-897.
[53] 吴华，王向斌，潘建伟．量子通信现状与展望［J］．中国科学：信息科学，2014，44（3）：296-311.
[54] 于登云，杨建中．航天器机构技术［M］．北京：中国科学技术出版社，2011.

Development of deep space exploration and its future key technologies

WU Weiren，YU Dengyun

Abstract Deep space exploration is the term used for the exploration of the Moon and the celestial bodies or deep space beyond the Moon. It's a major part of human space activities and an important approach for space science and technology innovation. Based on the retrospection of the development and accomplishment of deep space exploration over the past 50 years and summary of the development route-map of deep space exploration of different space countries and regions，this paper analysed five developmental characteristics of deep space exploration，and proposed six kinds of key technology fields focused on and addressed for future deep space exploration activities.

Keywords deep space exploration；development process and route-map；developmental characteristics；key technology

嫦娥二号后续小行星飞越探测任务设计*

刘磊，吴伟仁，唐歌实，周建亮

摘　要　为了实现对4179小行星飞越之后的嫦娥二号卫星的最大限度利用，提出了后续小行星飞越探测计划，研究了相关飞行任务设计。基于嫦娥二号卫星轨道、剩余燃料和测控距离等约束，设计了能量最优的转移轨道，给出了合适的小行星交会目标。研究了不同轨道控制方式下的转移轨道中途修正。基于我国深空测控网分布，分析了嫦娥二号后续小行星飞越探测任务的测控情况。研究结果表明，基于嫦娥二号剩余燃料，合适的飞越探测目标为小行星1997XF_{11}和2005VS，转移过程中我国深空测控站每天可以实现8 h以上跟踪，中途修正速度增量小于10 m/s。

关键词　嫦娥二号；任务设计；飞越探测；小行星；中途修正

自2010年10月发射以来，我国嫦娥二号圆满完成了月球探测任务、日地L2平动点探测任务[1,2]和4179小行星飞越任务，尤其是2012年12月13日获得了宝贵的4 179小行星图像资料，实现了人类对该小行星的首次飞越探测，获得了国际社会高度评价。此后，嫦娥二号成为一颗围绕太阳公转的人造小行星，轨道周期约为388天。基于极其有限的卫星剩余燃料设计后续飞行任务，最大限度利用卫星资源，有望进一步提高嫦娥二号任务的科学意义和应用价值。

为此，文章基于卫星轨道和剩余燃料，提出了利用嫦娥二号飞越探测小行星的后续飞行任务计划，重点研究了任务转移轨道设计和不同轨道控制模式下的中途修正，给出了理想的小行星探测目标和对应的最优出发速度增量与时间，同时分析了转移轨道的测控情况。

1　数学模型

1.1　转移轨道优化设计

转移轨道初步设计作为经典的Lambert问题，相关研究较为成熟[3]，国际上如

*　国防科技大学学报，2014，36 (2)：5.

Hayabusa 和 Dawn 等小行星探测任务也取得较大成功[4,5]。

然而，由于嫦娥二号受限于剩余燃料和星地链路能力，出发时刻、速度增量和测控距离成为后续任务设计的首要因素，因此，可将其转移轨道的优化设计表示为如下约束优化问题

$$\begin{cases}\Delta\nu = \min(\text{Lambert}\{\sigma_1(t_1), \sigma_2(t_2), t_2 - t_1\}) \\ t_1 \leqslant t_0 + dt \\ R(t_2) \leqslant R_m\end{cases} \tag{1}$$

式（1）用 Lambert 问题计算出发速度增量 $\Delta\nu$，其中 σ_1 和 σ_2 分别为卫星和小行星目标的轨道参数，t_0、t_1 和 t_2 分别为轨道历元时刻、出发时刻和交会时刻，$R(t_2)$ 为交会时刻地心距，dt 和 R_m 分别为出发时刻约束和最大测控范围。式（1）可直接用二次规划方法求解[6]，或者将之转化为无约束优化问题，利用遗传算法[7]等智能优化算法进行求解。

式（1）给出了剩余燃料和距离约束下 dt 时段内出发的小行星交会选择结果及其能量最优转移轨道。在实际飞行任务中，有可能不会按照该最优转移轨道实施，因此还需要研究不同出发时刻的最优控制速度增量和到达时间，供实际任务选择。

基于 dt 时段内的最优转移轨道 σ_m 求解其他时刻的最优转移轨道 σ_{m1}，设 σ_m 和 σ_{m1} 的出发时刻分别为 t_m^0 和 t_{m1}^0，交会时刻分别为 t_m^1 和 t_{m1}^1，由小行星轨道 σ_2 可得交会时刻变化引起的位置变化量 $\delta\boldsymbol{r}$ 为

$$\delta\boldsymbol{r} = \boldsymbol{r}(\sigma_2(t_{m1}^1)) - \boldsymbol{r}(\sigma_2(t_m')) \tag{2}$$

于是得到 σ_{m1} 的速度的一阶修正量 $\delta\boldsymbol{v}_0$

$$\begin{cases}\delta\boldsymbol{v}_0 = B\delta\boldsymbol{r} \\ \Phi(t_1, t_0) = \begin{bmatrix} A & B \\ C & D\end{bmatrix}\end{cases} \tag{3}$$

式（3）中，$\Phi(t_1, t_0)$ 为转移轨道从初始 t_0 时刻到 t_1 时刻的状态转移矩阵[8]。利用微分修正法迭代求解式（3）即可得到 σ_{m1} 的出发速度增量 Δv，其中 σ_{m1} 的位置由轨道 σ_1 可知为 $\boldsymbol{r}(\sigma_1(t_{m1}^0))$，速度初值 $\boldsymbol{v}(\sigma_m(t_m^0))$。使 t_{m1}^1 在 $t_m^1 \pm \Delta t_m$ 范围内求解最优 Δv，及其对应的最优到达时刻 t_{m1}^1。

1.2 中途修正

由于轨道确定和控制误差，星际转移轨道设中途修正点正，由此带来最优控制问题。在实际飞行控制中，固定时间间隔的中途修正由于测控简单且便于实施而被广泛应用，文献［9，10］中给出了能量最优的标称轨道控制法，不过其控制量计算中并未考虑初始点位置偏差，本文对此进行改进，考虑初始位置和速度偏差求解最优中途修正控制量。

设速度误差分别为 $\Delta\boldsymbol{p}_0$ 和 $\Delta\boldsymbol{v}_0$，最优控制量为 $\Delta\boldsymbol{v}_m$，令控后目标位置偏差为 $\Delta\boldsymbol{p}$，定义最优控制目标函数为

$$F = \Delta\boldsymbol{v}_m^{\mathrm{T}}\boldsymbol{Q}\Delta\boldsymbol{v}_m + \Delta\boldsymbol{p}^{\mathrm{T}}\boldsymbol{R}\Delta\boldsymbol{p} \tag{4}$$

式（4）中 $\boldsymbol{R}$ 和 $\boldsymbol{Q}$ 分别为正定和半正定加权矩阵。

利用式（3）的 $\Phi(t_1, t_0)$ 可建立 $\Delta\boldsymbol{p}$ 与 $\Delta\boldsymbol{p}_0$、$\Delta\boldsymbol{v}_0$ 和 $\Delta\boldsymbol{v}_m$ 之间的一阶近似关系，进而

求解使得式（4）最小的 $\Delta \boldsymbol{v}_m$ ，省略推导过程，有

$$\Delta \boldsymbol{v}_m = -(\boldsymbol{Q} + \boldsymbol{B}^{\mathrm{T}} \boldsymbol{R} \boldsymbol{B})^{-1} (\boldsymbol{B}^{\mathrm{T}} \boldsymbol{R} \boldsymbol{A} \Delta \boldsymbol{p}_0 + \boldsymbol{B}^{\mathrm{T}} \boldsymbol{R} \boldsymbol{B} \Delta \boldsymbol{v}_0) \tag{5}$$

式（5）为对文献［9-10］方法的改进，考虑了初始位置偏差对控制量的影响。这里直接选择交会时刻位置作为控制目标，也可以增加中途修正间隔时刻的位置作为控制目标，只需在式（5）推导中简单增加对应项即可。

基于式（5）研究后续飞行任务的中途修正，考虑采用两种控制方式，其一为选择固定时间间隔进行修正，即方式 1。其二为在方式 1 的基础上，考虑推进器推力限制，设置控制量最小约束，即方式 2。

2 任务设计结果

由 1.1 小节可见，嫦娥二号后续飞越探测小行星的转移轨道设计也是小行星交会目标的选择问题，即在能量、时间和距离的约束下，综合考虑亮度和大小，选择合适的小行星作为交会目标，同时确定最优出发速度增量和出发时刻。小行星的观测资料和轨道等信息可由国际天文联合会下属的小行星中心获得，该中心 2012 年 4 月提供的数据库包含多达 584 082 颗小行星，下文将基于该数据库，确定理想的交会目标及其对应的最优出发速度增量。

2.1 转移轨道

基于 2013 年 1 月 15 日 16 点（t_0）嫦娥二号轨道情况并考虑尽早实施任务，以 50 天内出发（$dt=50$）且 2014 年 12 月 31 日（t_2）前实现交会的情况为例，R_m 取 1.5×10^8 km，由式（1）求解最优出发速度增量 Δv ，求解结果如表 1 所示，表 1 中特征参数 N、Φ 和 H 分别表示小行星的编号、尺寸和绝对星等。

由表 1 可见，交会小行星 1997XF$_{11}$ 所需速度增量较小，该小行星的尺寸也较大，该小行星属于潜在危险小行星，可能于 2028 年 10 月 26 日距离地球仅 93 万 km，因此研究人员对之极为关注。除 1997XF$_{11}$ 外的 3 颗小行星均属于临时编号小行星，尺寸较小，不过交会时刻距离地球较近，便于地面观测。综合而言，1997XF$_{11}$ 和 2005VS 是比较合适的飞越探测目标。

表 1　飞越探测目标选择结果

N	Δv / (m/s)	t_2	$R(t_2)$ /km	Φ /km	H
1997XF$_{11}$	44.3	19-12-2014	1.3×10^8	1.3～2.8	16.9
2008UC202	63.1	20-11-2013	5.7×10^7	0～0.01	28.3
2005VS	75.7	04-12-2013	6.2×10^7	0.1～0.24	22.2
2006TF	91.0	23-10-2013	5.9×10^7	0.1～0.4	25.9

基于式（3）和上述能量最优转移轨道，分析 90 天内出发交会 1997XF$_{11}$ 和 2005VS 所需要的最优速度增量及到达时刻，其中 1997XF$_{11}$ 的最优出发速度增量如图 1 所示。

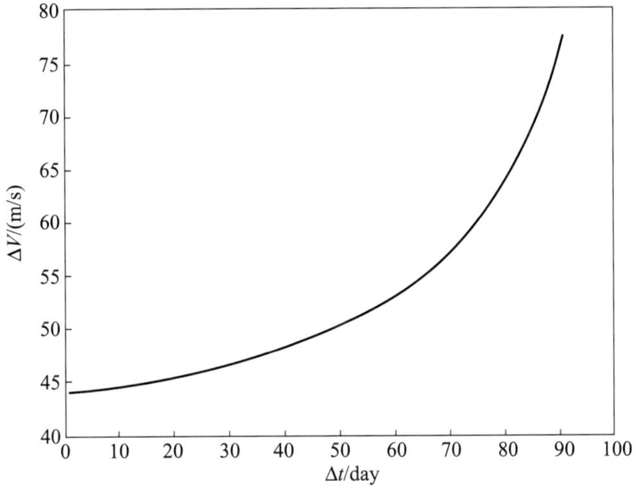

图 1 交会 1997XF$_{11}$ 小行星的最优出发速度增量

由图 1 可见，90 天内最优出发速度增量随出发时刻推迟而变大，最小约为 44 m/s，最大约为 77 m/s。最优到达时刻的分析结果表明，随着出发时刻推迟，最优到达时刻逐渐推后，变化关系大约为出发时刻推迟 6～7 天，最优到达时刻推迟 1 h。至于小行星 2005VS，出发速度增量也随时间推迟而增大。同时，由于转移时间较短，出发时刻的变化对最优交会时刻影响较小，1 个月内出发的最优交会时刻变化不超过 2 h，限于篇幅省略相关曲线图。

嫦娥二号交会小行星 1997XF11 和 2005VS 的过程如图 2 所示。

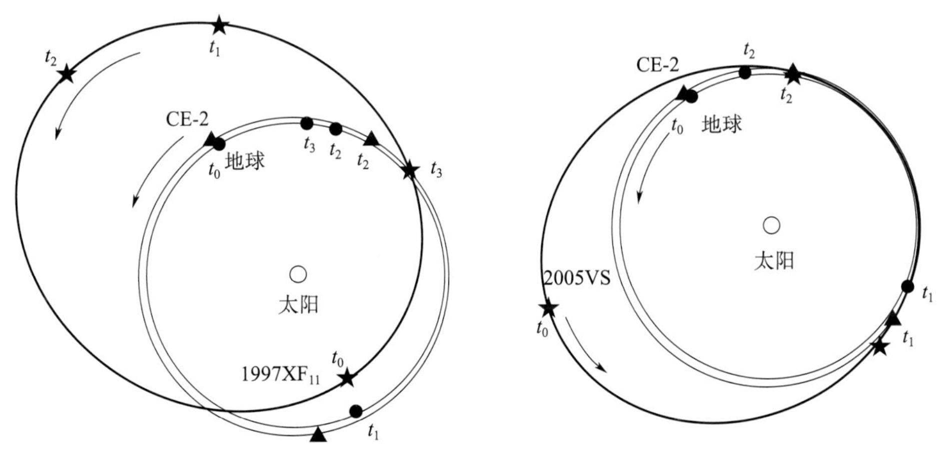

图 2 交会 1997XF$_{11}$（左）和 2005VS（右）过程

图 2 中，嫦娥二号、地球和小行星依次用▲、●和★表示，与 1997XF$_{11}$ 的交会过程给出了 t_0、t_1、t_2 和 t_3 共 4 个时刻的位置，依次为 2013 年 1 月 15 日、卫星距离地球 5 千万

km 时刻（2013 年 7 月 9 日）、小行星位于日心轨道远日点位置对应时刻（2013 年 12 月 15 日）和交会时刻（2014 年 12 月 20 日）。与 2005VS 的交会过程给出了 t_0、t_1 和 t_2 共 3 个时刻的位置，依次为 2013 年 1 月 15 日、卫星过二者轨道交点（2013 年 10 月 1 日）和交会时刻（2013 年 12 月 5 日）。

2.2 中途修正

基于 2.1 节最优转移轨道，给出 2013 年 2 月 15 日出发交会 1997XF$_{11}$ 的中途修正情况，修正间隔分别取 60 天和 90 天。基于测定轨能力估计，考虑测控精度为：定轨位置误差 10 km，速度误差 1 cm/s，控制不确定性误差为 10 cm/s，残余控制误差 2%。采用蒙特卡洛法分析中途修正的速度增量。在方式 1 下，60 天间隔的中途修正速度增量如图 3 所示。

分析可知，方式 1 下 60 天和 90 天间隔修正分别需要 11 次和 7 次，前者速度增量最大约 3.9 m/s，多数小于 0.5 m/s，后者速度增量最大约 6.2 m/s，多数小于 1 m/s。由此可见，如果中途修正的预定间隔较小，应考虑设置控制量约束，即采用方式 2。

交会小行星 1997XF$_{11}$ 和 2005VS 的中途修正情况如表 2 所示，表中给出了单次修正速度增量和总修正速度增量的最小值、最大值和平均值，尤其给出了方式 2 下的平均修正次数。考虑到方式 2 更适合于实际任务，2005VS 仅给出方式 2 的中途修正情况。

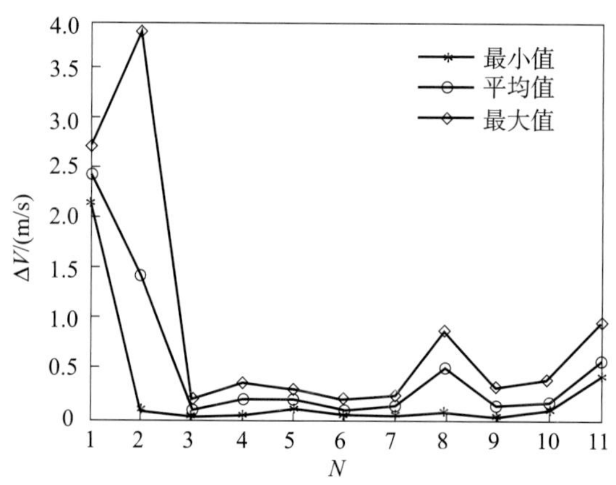

图 3　60 天间隔下交会 1997XF$_{11}$ 的中途修正（方式 1）

由表 2 可见，交会 1997XF$_{11}$ 的中途修正若采用方式 1，则总速度增量一般不超过 10 m/s，采用方式 2 的控制量变化不大，但是平均控制次数仅约为方式 1 的一半，可以大大降低地面测控压力。交会 2005VS 的总修正速度增量也不超过 10 m/s。综合以上分析，中途修正采用方式 2 且修正间隔取 90 天较为合适。

表 2　嫦娥二号后续小行星探测任务的中途修正情况

	方式	间隔（天）	单次修正速度增量（m/s）			总修正速度增量（m/s）			次数
			最小	最大	平均	最小	最大	平均	
1997XF$_{11}$	1	60	0.007 0	3.871 9	0.545 6	3.942 3	8.859 8	6.001 8	11
		90	0.002 1	6.195 7	1.023 7	5.970 4	8.574 1	7.165 7	7
		60	0.500 1	3.907 1	1.219 7	3.547 7	11.168 2	6.252 1	5
		90	0.500 0	7.137 5	1.983 5	5.529 6	14.706 4	7.6740	4
2005VS	2	30	0.500 0	2.551 4	1.185 3	2.717 5	4.907 6	3.591 5	3
		60	0.500 1	8.351 2	3.558 6	6.560 2	10.691 1	8.166 4	3
		90	0.500 0	3.359 1	1.779 8	3.150 8	4.390 9	3.559 7	2
		120	0.501 2	4.283 8	2.746 8	3.744 9	8.449 1	5.485 9	2

2.3 测控条件

交会之前，1997XF$_{11}$和 2005VS 的地心距最远超过 4 亿 km 和 2.5 亿 km，不过由于两颗小行星均属于可能会对地球造成危险的近地小行星，国际天文联合会等天文组织一直在密切关注其轨道变化，因此其轨道的监控测量应该不存在问题。

基于国内深空测控网，以 1997XF$_{11}$为例，分析交会之前卫星对国内测控站的测控可见性，结果如表 3 所示。

表 3　交会 1997XF$_{11}$前卫星的国内测控站可见性

测站	最小可见弧段（h）	最大可见弧段（h）	平均可见弧段（h）
北京	9.19	14.80	11.96
上海	10.00	14.00	11.97
昆明	10.50	13.54	11.98
乌鲁木齐	8.76	15.23	11.95
喀什	9.24	14.75	11.96
佳木斯	8.37	15.62	11.95
VLBI 两站	9.80	14.18	12.02
VLBI 三站	8.13	12.36	10.22
VLBI 四站	5.96	11.40	8.76

表 3 中，“VLBI 两站、三站、四站”分别表示 VLBI 测量时对卫星共视的最少测站数。由表 3 可见，国内测控站对于嫦娥卫星的单站可见弧段约 12 h，VLBI 测量时至少在 8 h 以上。卫星向 2005VS 转移过程中的可见性与 1997XF$_{11}$大致相同，因此卫星转移过程中的测控可见性不存在问题。

以 1997XF$_{11}$为例分析飞越探测的交会时刻的测控可见性，由图 1 和表 1 可知 90 天内出发，1997XF$_{11}$的最优交会时段为 2014 年 12 月 19 日 16 点至 20 日 5 点，该时段内国内测控站的可见性较差，如果通过改变出发时刻进行调整，则会增加出发速度增量。不过，交会时刻的测控不可见并不会造成严重影响，嫦娥二号月球探测时成功实施过地面盲区的测控，可以考虑在交会后进入地面测控区再下传成像数据，因而对小行星成像任务影响不大。当然，若后续计划实施精准控制以撞击小行星，则对国内观测有所影响，或可考虑利用国外深空网观测撞击任务。

3 结束语

嫦娥二号完成 4179 小行星飞越探测任务后，已经处于超期服役状态，剩余燃料极其有限，但是仍可以利用最后的剩余燃料，最大化卫星应用价值。为此，文章研究并提出了后续小行星飞越探测任务。研究结果表明，嫦娥二号利用剩余燃料可以飞越探测小行星 $1997XF_{11}$ 和 2005VS，交会之前我国深空测控站可以每天跟踪 8 h 以上，中途修正速度增量小于 10 m/s 且取 90 天修正间隔较合适。文章中的轨道设计与中途修正等方法可为我国嫦娥二号后续地外天体探测任务以及火星和小行星等深空探测任务提供有益借鉴。

参考文献

[1] Wu W R，Liu Y，Liu L，et al. Pre-LOI trajectory maneuvers of the CHANG'E-2 libration point mission [J]. Science China Information Sciences，2012，55 (6)：1249-1258.

[2] Liu L，Liu Y，Cao J F，et al. CHANG'E-2 lunar escape maneuvers to the Sun-Earth L2 libration point mission [J]. Acta Astronautica，2014，93：390-399.

[3] Escobal P R. Methods of orbit determination [M]. New York：John Wiley & Sons，1965.

[4] Kawaguchi J，Fujiwara A，Uesugi T. Hayabusa—Its technology and science accomplishment summary and Hayabusa-2 [J]. Acta Astronautica，2008，62 (10-11)：639-647.

[5] Russell C T，Capaccioni F，Coradini A，et al. Dawn mission to Vesta and Ceres symbiosis between terrestrial observations and robotic exploration [J]. Physics and Astronomy Earth，Moon，and Planets，2007，101 (1-2)：65-91.

[6] 粟塔山，彭维杰，周作益，等．最优化计算原理与算法程序设计 [M]. 长沙：国防科技大学出版社，2001：29-70.

[7] 周明，孙树栋．遗传算法原理及应用 [M]. 北京：国防工业出版社，1999.

[8] Montenbruck O，Gill E. Satellite orbits，models，methods，and applications [M]. Berlin：Springer Verlag Press，2000：233-255.

[9] Dwivedi N P. Deterministic optimal maneuver strategy for multi- target missions [J]. Journal of Optimization Theory and Applications，1975，17 (1-2)：133-153.

[10] Gordon S C. Orbit determination error analysis and station- keeping for libration point trajectories [D]. Indiana：Purdue University，1991.

Design of an asteroid flying-by mission for Chang'E-2

LIU Lei , WU Weiren , TANG Geshi , ZHOU Jianliang

Abstract An asteroid rendezvous plan for Chang'E-2 was put forward and the corresponding mission was designed to maximize the satellite utilization. First, the satellite status of Chang'E-2 at present was introduced. Based on the constraint of the current Chang'E-2 orbit and remaining fuel and TT&C (telemetry, track, and command) capacity, the design of optimal transfer trajectory and the selection of rendezvous asteroid were studied. The suitable asteroids for rendezvous were given as a result. Second, the mid-course correction was studied according to two orbit maneuver modes, i. e. , the fixed interval mode and the fixed interval mode with a least velocity increment constraint. Finally, the TT&C condition of the asteroid rendezvous mission was briefly analyzed according to the Chinese deep space network. The results show that the fuel remains can support the rendezvous of Chang'E-2 with Asteroid 1997XF$_{11}$ and 2005VS. Furthermore, the Chinese deep space network can provide an 8-h daily VLBI (Very Long Baseline Interferometry) tracking at least in the interplanetary course. The velocity increment for mid- course corrections is less than 10 m/s.

Keywords Chang'E-2; mission design; flying-by exploration; asteroid; transfer trajectory correction

Pre-LOI trajectory maneuvers of the Chang'E-2 libration point mission*

WU Weiren, LIU Yong, LIU Lei, ZHOU Jianliang, TANG Geshi & CHEN Yongzhi

Abstract This paper addresses pre-LOI (before Lissajous orbit insertion) trajectory maneuvers for the libration point mission of Chang'E-2, which is the first Chinese satellite to fly to the Sun-Earth L2 libration point and the first satellite ever to fly to the L2 point from lunar orbit. First, a transfer trajectory for the mission is designed based on InterPlanetary Superhighway theory under the constraint of the remaining propellant, TT&C (telemetry, track and command) and sunlight conditions. The effects of trajectory maneuver errors on the mission are also analyzed. Second, based on the analysis results, the article investigates the trajectory maneuver schemes for the lunar escape and transfer trajectory maneuvers employing mathematical models and operational strategies. The mission status based on our maneuver schemes is then presented, and the results of control operation and corresponding analysis are provided in detail. Finally, the future trajectory maneuver in the Lissajous orbit is discussed. According to the analysis of the Chang'E-2 TT&C data, the trajectory maneuver schemes proposed in the article work properly and efficiently.

Keywords Chang'E-2; libration point; trajectory maneuver; escape trajectory; transfer trajectory

1 Introduction

In April 2011, the Chinese satellite Chang'E-2 reached the end of its half-year design life and achieved all of its scheduled engineering and scientific goals. However, a mission in which Chang'E-2 was driven to the Sun-Earth L2 libration point was established several months before the deadline to take full advantage of the remaining propellant and other loading instruments and further expand lunar and deep-space exploration. There have been seven Sun-Earth libration point missions that serve as good references for the trajectory

* SCIENCE CHINA Information Sciences, 2012, 55 (6): 10.

maneuvers of our mission, including the InterPlanetary Superhighway (IPS) design and maneuvers of the Genesis mission[1-4]. However, our mission has unique characteristics. Chang'E-2 is the first satellite to fly from a lunar orbit to the L2 point. Furthermore, this craft is not designed specifically for this mission, which requires difficult trajectory maneuvers under the constraints of the remaining propellant and other considerations. Additionally, the farthest celestial body explored by China thus far is the Moon, whereas the L2 point is approximately four times further from the Earth than the Moon. Therefore, this type of mission, and its required trajectory maneuvers from the lunar orbit in particular, have not yet been attempted in Chinese spaceflight.

To technically support the mission, this paper addresses the pre-LOI (before Lissajous orbit insertion) trajectory maneuvers. First, a transfer trajectory for the mission is designed onthe basis of IPS theory under the constraint of remaining propellant, TT&C (telemetry, track and command) and sunlight conditions. The effects of errors in the trajectory maneuver on the mission are also analyzed. Second, using the results of this analysis, the article investigates the trajectory maneuvering schemes for the lunar escape maneuvers (LEMs) and transfer trajectory maneuvers (TTCMs) employing mathematical models and operational strategies. The mission status based on our maneuver schemes is then presented, and the results of control operation and corresponding analysis are provided in detail. Finally, the subsequent trajectory maneuver in the Lissajous orbit is discussed in the conclusion.

2 Orbit design

Orbit design is critical for the success of the mission; however, this paper only provides an overview of this issue because it focuses on the pre-LOI trajectory maneuvers. This section briefly introduces the constraints and the orbit design methodology and results and analyzes the effects of control errors on the mission.

2.1 Transfer trajectory design

The main constraints of the transfer trajectory design include sunlight, lunar eclipse, the amount of remaining propellant and the Moon-circling orbit of Chang'E-2. First, the remaining propellant can provide a velocity increment of approximately 867 m/s on May 31, 2011. Second, Chang'E-2 has a nearly circular lunar orbit with a height of approximately 100 km. Third, Chang'E-2 will experience a lunar eclipse on June 16, 2011. Fourth, the satellite energy system requires that no continuous Earth or Moon shadow be present for longer than 3 h during the mission. Fifth, TT&C desires sustained tracking by the Qingdao and Kashi stations from 2.5 h prior to the pulse maneuver time to 1 h after. Finally, the deadline for the mission is December 2012.

On the basis of these constraints, a transfer trajectory and target orbit are constructed using invariant manifolds[5-7]. First, a (non-inertial) synodic coordinate system $L\text{-}xyz$, centered at the L2 point and rotating with the Earth-Moon centroid is established[8,9]. The orientation of the x-axis is given by the line that connects the Sun to the L2 point. The z-axis has the direction given by the angular motion of the Earth-Moon centroid and the y-axis is orthogonal to the previous axes to establish a positively oriented coordinate system. According to the preliminary trajectory design Chang'E-2 will escape the Moon at 07:46:31 (UTC) on June 9, 2011 with a pulse velocity increment (PVI) of approximately 680.85 m/s along the initial velocity direction. The satellite arrives at the xz-plane of $L\text{-}xyz$ near the L2 point (i.e., the target Lissajous orbit insertion point or LOIP) at 04:06:42.13 (UTC) on September 1, 2011. The target Lissajous orbit has x-, y-, and z-oriented amplitudes of approximately 3×10^5, 9×10^5, and 4×10^5 km, respectively. Note that there is another escape scheme that requires a PVI of only 676.35 m/s; however, its sunlight condition is slightly worse than that of this design result.

The projections of the transfer trajectory and the target Lissajous orbit of the preliminary trajectory design result on the xy-plane of $L\text{-}xyz$ are shown in Figure 1.

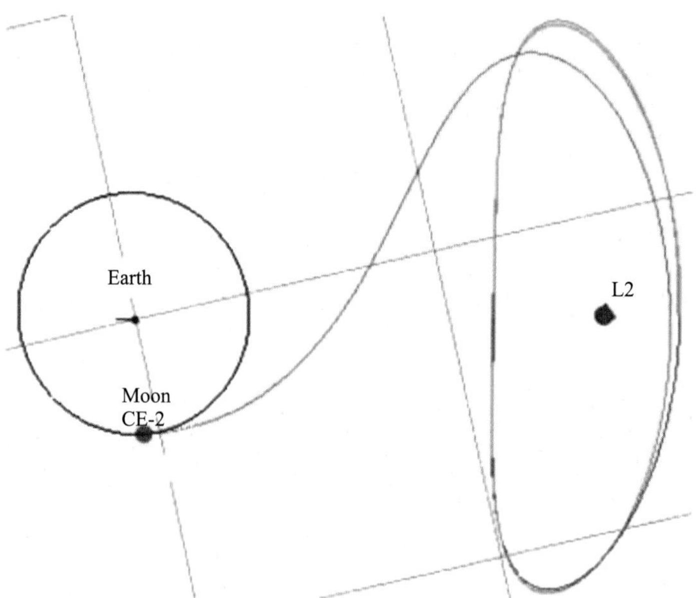

Fig. 1 Projections of the transfer trajectory and the target Lissajous orbit of the preliminary trajectory design result on the xy-plane of $L\text{-}xyz$.

2.2 Effects of the control errors

The trajectory design result in Subsection 2.1 is based on an ideal PVI, which is not accurate because real thrusters must use a finite thrust. Therefore, an error must be considered in transforming the PVI result into a finite thrust result. Aside from the transformation error, the transfer trajectory has long flight duration of approximately 84 days, and therefore, even small control errors are amplified to considerable LOIP state departures. Furthermore, the design is aggravated by the instability of the target Lissajous orbit and its high sensitivity to initial state errors and the initial velocity error. All these factors work together to make the trajectory maneuvers more difficult. Thus, the effects of control errors must be analyzed before the maneuver schemes and strategies are established.

On the basis of the minimal energy transfer trajectory, the position error ΔP and velocity error ΔV at the LOIP resulting from an initial LEM error Δv_0 are analyzed. The relations are shown in Figure 2, where the simulated range of Δv_0 is ± 1 m/s.

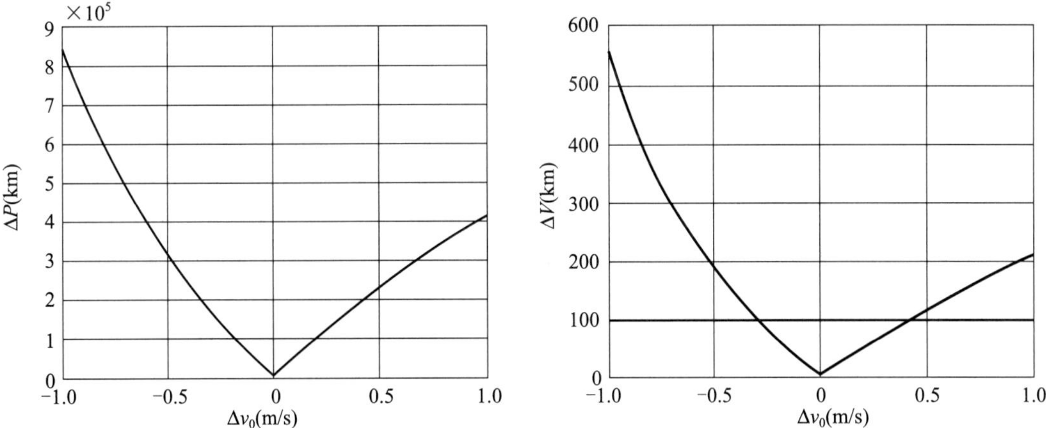

Fig. 2 Position and velocity errors at the LOIP resulting from the initial LEM error.

Figure 2 shows that ΔP has a maximum value of 850 000 km with ΔV of 565.5 m/s when Δv_0 is -1 m/s unless there is a TTCM in which case the satellite cannot be navigated back to the target Lissajous orbit. This study only analyzes the effect of the Δv_0 amplitude, and the state error at the LOIP may be much larger when the Δv_0 orientation is also considered.

The effect of the escape time error on ΔP and ΔV is also considered; consideration of this effect gives two relation curves that are similar to those shown in Figure 2. According to our numerical simulation, ΔP and ΔV exceed 30000 km and 16 m/s respectively when Δv_0 is only -1 min unless a TTCM is considered. The errors are less than those resulting from most values of Δv_0, but the chaos motion of the target Lissajous orbit would drive

Chang'E-2 out of its orbit of L2 with the errors after a rather short time.

These results show that small errors in Δt_0 and especially in Δv_0 can result in large LOIP state deviations, which may drive Chang'E-2 back to the Earth and potentially cause the satellite to crash. For example, thesatellite might fly by the Earth at a height of 300 km at 00: 19: 44.64 (UTC) on September 18, 2011 when Δv_0 is -1 m/s unless a TTCM is considered. Therefore, the mission requires proper maneuver schemes and strategies to provide an adequately high control accuracy. Otherwise, the mission might consume the remaining propellant or result in a disaster if the propellant is exhausted.

3 Pre-LOI trajectory maneuvers

The pre-LOI trajectory maneuvers of Chang'E-2 include LEMs and TTCMs. We first establish the LEM scheme according to Chang'E-2's finite thrust and the PVI trajectory obtained in Subsection 2. 1. We then discuss the TTCM mathematical model and algorithm based on the effects of the control errors obtained in Subsection 2. 2.

3.1 LEM

To minimize the energy consumed and control errors, the Chang'E-2 orbital plane parameters are not tuned in the LEM. As a result, the LEM targets are the semimajor axis, the argument of perilune and the escape time of the PVI transfer trajectory. Furthermore, the LEM should be divided into at least two segments owing to the finite satellite thrust and argument deviation of the PVI trajectory and Chang'E- 2 orbit at the escape time. Finally, an LEM scheme with two maneuvers that considers the propellant, sunlight, TT&C condition, and operational risk is chosen the first maneuver pushes Chang'E-2 into a phase-checkout orbit, and the second maneuver sends the satellite on the transfer trajectory.

The phase-checkout orbit after the first maneuver aims to make Chang'E-2's argument of latitude equivalent to the PVI trajectory at the escape time as shown in Figure 3.

In Figure 3, S_0, S_1 and S_2 represent the initial lunar orbit, phase-checkout orbit and escape orbit, respectively. t_0, t_1 and t_2 are the initial orbit epoch and the two PVI times respectively. The corresponding Chang'E-2 positions are O_0, O_1 and O_2, respectively. l_0 is the apse line of S_0. Assuming that the escape maneuver occurs at perilune, l_1 is the collective apse line of S_1 and S_2.

We designate the semimajor axes of S_0 and S_1 as a_0 and a_1, respectively, their eccentricities as e_0 and e_1, respectively and their arguments of perilune as ω_0 and ω_1, respectively, where ω_1 is one of the first maneuver targets. The true anomalies are f_0 in S_0

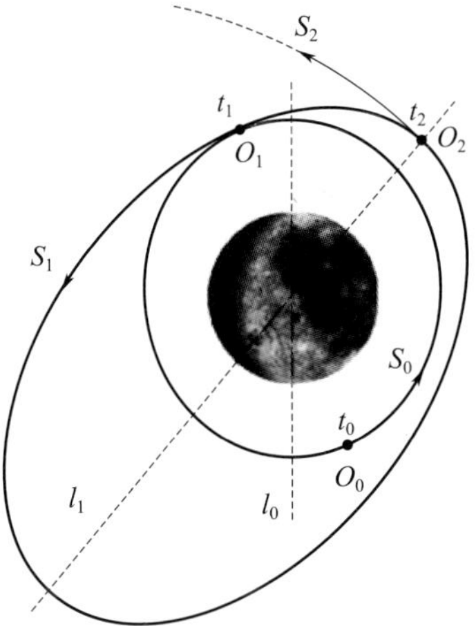

Fig. 3 LEM scheme with two maneuvers and the scheme's phase-checkout orbit.

at initial time t_0 and f_1 in S_1 at time t_1. The first maneuver is along the velocity direction at t_1 to reduce the amount of propellant used, resulting in

$$\begin{cases} \dfrac{e_0 \sin(f_1 + w_1 - w_0)}{1 + e_0 \cos(f_1 + w_1 - w_0)} = \dfrac{e_1 \sin f_1}{1 + e_1 \cos f_1} \\ \dfrac{a_0 (1 - e_0^2)}{1 + e_0 \cos(f_1 + w_1 - w_0)} = \dfrac{a_1 (1 - e_1^2)}{1 + e_1 \cos f_{1.}} \end{cases} \tag{1}$$

The mean anomalies M_0 at t_0 and $M_0(f_1)$ and $M_1(f_1)$ at t_1 in S_0 and S_1, respectively, can be conveniently derived from the two-body motion. The times t_0, t_1 and t_2 then have the relation

$$\sqrt{\frac{a_0^3}{\mu}}\,[M_0(f_i) - n_0 + 2k_0\pi] + \sqrt{\frac{a_1^3}{\mu}}\,[2k_1\pi - M_1(f_1)] = t_2 - t_0 \tag{2}$$

where μ is the lunar gravitational parameter, and k_0 and k_1 are nonnegative integers.

The parameters a_1, e_1 and f_1 can be obtained by solving (1) and (2) simultaneously. The LEM scheme can clearly be designed arbitrarily to a certain degree owing to the introduction of the two free parameters k_0 and k_1 into (2) .

Δv_1, the first PVI, is determined by selecting a proper k_0 and k_1 to design a phase-checkout orbit that takes the aforementioned constraints into account. Δv_2, the second PVI, is then the difference between Δv and Δv_1. According to the preliminary PVI trajectory and the Chang'E-2 lunar orbit at 12: 00: 00 (UTC) on June 7, 2011, we design $k_0 = 9$, $k_1 = 5$ and a 5.3-h-period phase-checkout orbit. From these values, we find that Δv_1 is 359.65 m/s and Δv_2 is 320.44 m/s. The sum of Δv_1 and Δv_2 is slightly larger than Δv owing to the tuning of Δv_2 to ensure that the transfer trajectory has an ideal LOI.

The PVI parameters are then transformed into finite thrust parameters according to the mass, thrust and specific impulse of the satellite. Owing to control errors, the transformation must use an iteration technique to ensure a precise semimajor axis and an accurate argument of perilune at the escape time. When the thruster acts, the inertial satellite attitude remains constant with a thrust along the PVI direction.

Some measures should be taken to minimize the LEM control error, such as setting t_0 close to the scheduled escape time and using the latest precise orbit determination result. Furthermore, a_1 can be adjusted to obtain a precise escape time by comparing the simulated escape time with the nominal PVI escape time to produce a difference $\Delta t(a_1)$ and then correcting the phase-checkout orbit period $T(a_1)$ to achieve a final a_1 using the iteration formula

$$[T(a_l)]_{n+1} = [T(a_1)]_n + \frac{[\Delta t(a_1)]n}{k_1} \quad (3)$$

where the subscripts n and $n+1$ denote the iteration number.

Eq. (3) typically converges to a precise escape time after two or three iterations. Considering the control errors, the actual phase-checkout orbit is not strictly that of the PVI. If the deviation is suffciently large, the second maneuver (i. e. , the escape maneuver) likely reconfigures the transfer trajectory to save propellant according to the finite thrust. The reconfiguration technique is also adopted by the latter TTCM and is therefore introduced in the next section.

3.2 TTCM

Theoretically, Chang'E-2 does not require a TTCM to enter the target Lissajous orbit following the invariant manifolds. However, the TTCM is essential in the actual mission owing to control errors and orbit determination errors[10]. The nominal TTCM is a traditional control technique in space missions that controls the satellite so that it reaches its destined nominal orbit position and it thus guarantees that the actual trajectory is in the neighborhood of the nominal orbit. The technique is simple and easy to implement, but a large trajectory deviation will increase the amount of propellant consumed.

Thus, this article introduces the reconfiguration control technique to save fuel for the TTCM. The technique takes the actual trajectory as an initial value and the TTCM velocity increment as a design target and then redesigns the target Lissajous orbit and its transfer trajectory. Therefore, the calculation is slightly more complex than that of the nominal TTCM, but this method is an economic way to correct a large trajectory deviation, as shown in Figure 4.

The reconfiguration technique requires that the motion near alibration point can be depicted in L-xyz coordinates to be investigated as a circular restricted three-body problem. Using L2 as an example, the motion can be linearized as[8,9,11]

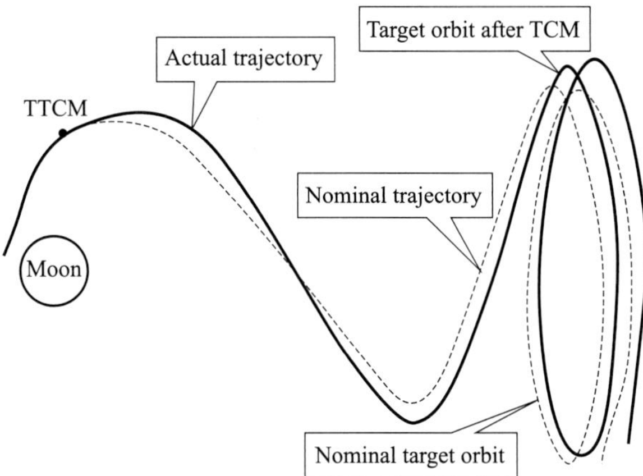

Fig. 4 Reconfiguration control technique for the TTCM.

$$\begin{cases} x = C_1 e^{d_1 t} + C_2 e^{-d_1 t} + C_3 \cos d_2 t + C_4 \sin d_2 t \\ y = a^1 C_1 e^{d_1 t} - a_1 C_2 e^{-d_1 t} - a_2 C_3 \sin d_2 t + a_2 C_4 \cos d_2 t \\ z = C_5 \cos d_3 t + C_6 \sin d_3 t \end{cases} \tag{4}$$

where C_1, C_2, …, C_6 are integral constants that depend on the initial position and velocity. If γ_2 is defined as the ratio of the distance between L2 and the Earth to that between the Sun and the Earth, then the other parameters in (4) are

$$\begin{cases} d_1 = \sqrt{\dfrac{1}{2}\left(9C\dfrac{2}{2} - 8C_2\right)^{1/2} - 1 + \dfrac{C_2}{2}} \\ d_2 = \sqrt{\dfrac{1}{2}\left(9C\dfrac{2}{2} - 8c_2\right)^{1/2} + 1 - \dfrac{C_2}{2}} \\ d_3 = \sqrt{c_2} \end{cases} \quad \begin{cases} a_1 = \dfrac{d_1^2 - 2c_2 - 1}{2d_1} \\ a_2 = \dfrac{d_2^2 + 2c_2 + 1}{2d_2} \\ c_2 = \dfrac{1-\mu}{(1-\gamma^2)^3} + \dfrac{\mu}{\gamma_2^3} \end{cases}$$

As shown in (4), $v_x = 0$ when $y = 0$, which clearly indicates that the reconfiguration target should be $v_x = 0$ at the LOIP. The differential correction iteration [7] is then used to obtain the required maneuver quantity $[\Delta v_{x0}, \Delta v_{y0}, \Delta v_{z0}]^T$, and the minimal norm solution is desired because there are more independent variables than target variables. Furthermore, (4) is only a linearized motion model and there is a severe motion distortion under a real ephemeris. Therefore, the reconfiguration should repeat the above steps to calculate the maneuver quantity for $v_x = 0$ at $y = 0$ after several iterations. According to our simulation, repeating the calculations four times is sufficient.

Another issue of the TTCM is its strategy which mostly focuses on the selection of the TTCM times and occasions. The 84-day transfer trajectory can amplify any small error in the initial state to a large LOIP deviation; thus, the maneuver quantity will be smaller for earlier TTCMs. However, earlier TTCMs have larger LOIP deviations owing to control errors. Thus, the actual TT&C capacity and initial state error should be combined to determine the proper TTCM times and occasions.

In this study, the Monte-Carlo technique is used to numerically simulate the PVI's TTCM times and occasions according to the assumptions that (1) the orbit determination errors of the transfer trajectory are 1 km for position and 0.1 m/s for velocity in three orthogonal directions and (2) the escape control errors are 6 km and 1.15 m/s for the tangential position and velocity, respectively, and 1 km and 0.15 m/s for the other two directions. Because the TTCM velocity errors are affected by ΔV (i.e., the PVI magnitude), we assume that the errors are $(0.005\Delta V + 0.15)$ m/s in the velocity direction and 0.15 m/s in the direction perpendicular to the velocity. Simulation provides the ΔV curve and TTCM timing t shown in Figure 5, where each point is obtained with 100 Monte-Carlo calculations.

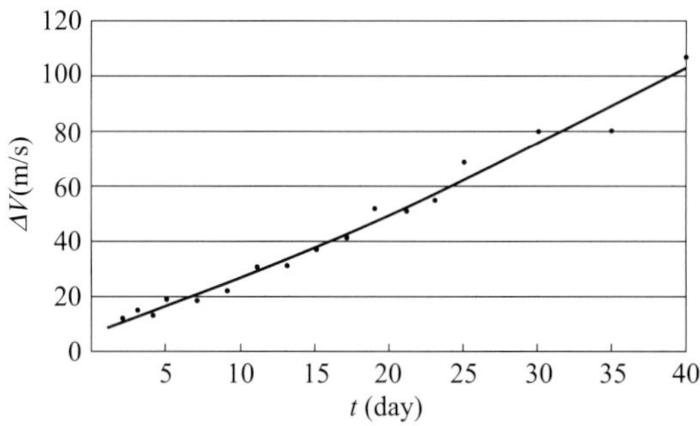

Fig. 5 Relation of the magnitude of the PVI and the TTCM timing

As shown in Figure 5, ΔV increases linearly as the TTCM timing is delayed. Before establishing the TTCM strategy based on the simulation, there are two additional considerations. First, it is improper to place two TTCMs in the same observation arc unless they are emergent because a TTCM requires an observation arc with a certain length to evaluate its effect and thus calculate the subsequent TTCM parameters. Second, according to the precise orbit determination requirement after the escape control, the first TTCM should be arranged at least two days after the escape.

Therefore, we establish a TTCM strategy of 2-4 maneuvers during the transfer trajectory based on our TT&C accuracy estimate and the transfer trajectory with the goal of circling L2 over three loops. Under the aforementioned simulation assumptions, the total TTCM velocity increment ΔV_{TCM} is analyzed for 30 different schemes, each with 100 Monte-Carlo calculations. The analysis indicates that the optimal ΔV_{TCM} depends on the timing of the first TTCM. Thus, the final TTCM scheme, wherein four TTCMs are planned on the 2nd, 15th, 30th, and 84th days after escape and ΔV_{TCM} is approximately 12.86 m/s, is established. The detailed data regarding this analysis are omitted in this paper owing to the limitation of the paper length.

4 Results of control operation and discussion

This section introduces the results of LEM and TTCM operation for Chang'E-2 based on the aforementioned schemes and strategies and discusses the results in detail.

4.1 LEM

According to the LEM mathematical model and operation scheme in Subsection 3. 1, two maneuvers are adopted in the Chang'E-2 mission. The Chang'E-2 thrusters work for 1 545 and 1 351 s and provide velocity increments of 380. 5 and 332. 2 m/s for the two maneuvers. The lunar escape course of Chang'E- 2 is shown in Figure 6, where Figure 6 (a) is the phase-checkout orbit and Figure 6 (b) is the theoretical transfer trajectory and target Lissajous orbit.

As shown in Figure 6, the theoretical transfer trajectory after the LEMs leads to a target Lissajous orbit in which L2 is only circled for one loop and then the satellite flies away. The transfer trajectory fully satisfies the operational requirement, but it is seen that Chang'E-2 must adopt a TTCM after the LEMs to avoid a negative outcome.

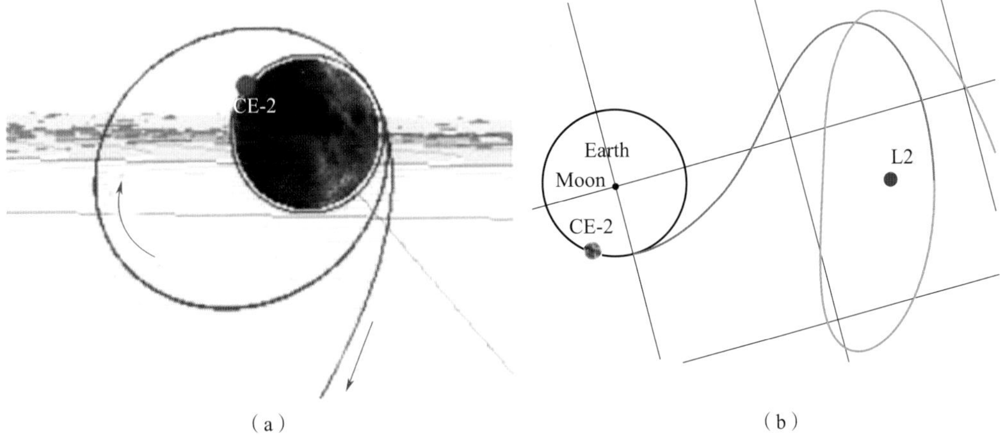

(a) (b)

Fig. 6 Lunar escape course and corresponding Chang'E-2 orbits.
(a) Phase-checkout orbit; (b) theoretical transfer trajectory and target Lissajous orbit.

The Moon-centroid position R and velocity V of Chang'E-2 in the phase-checkout orbit and transfer trajectory are shown as Figure 7, along with their deviations ΔR and ΔV from the PVI trajectory. In Figure 7, 'Pulse' refers to the PVI trajectory data while 'CE-2' refers to the data from our orbit determination results; i. e. , the actual Chang'E-2 orbits. The data period ranges from the first LEM pulse to 6 h after the second pulse. In Figure 7, 'o' indicates the two LEM pulses and ' * ' indicates the two Chang'E-2 thruster flameouts

Because the first thruster ignition occurs prior to the first LEM pulse, only the second thruster ignition is shown in the figure, marked as '△'.

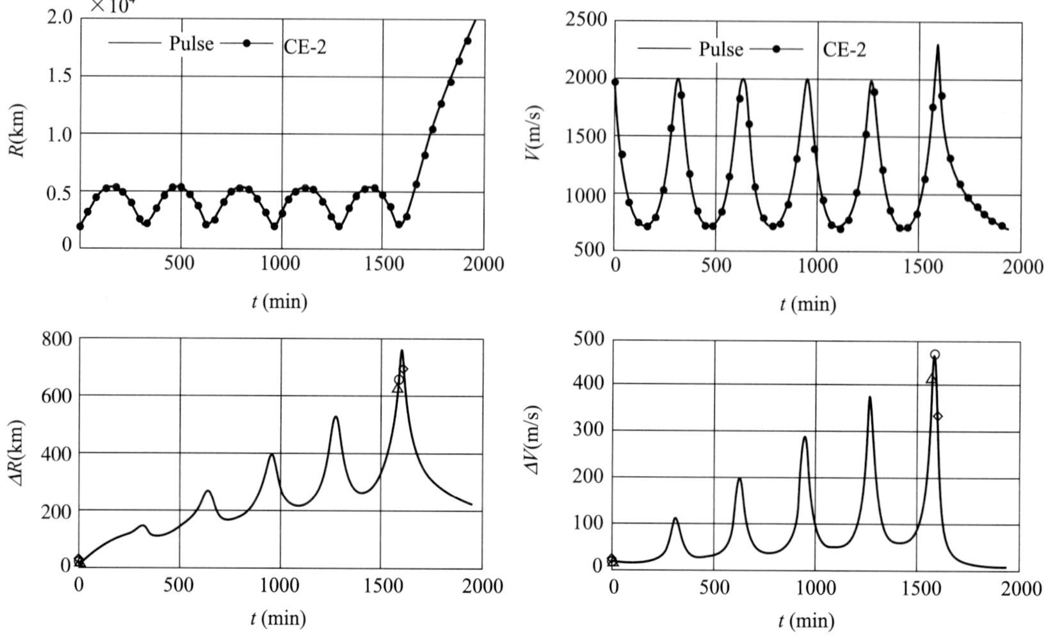

Fig. 7 Moon-centroid position and velocity with their deviations in the phase-checkout orbit and a 6 h transfer trajectory segment of Chang'E-2.

The R and V curves in Figure 7 indicate that the actual Chang'E-2 orbits and PVI results correspond well. However, the ΔR and ΔV curves show that the two actual velocity increments do not completely overlap in the PVI results. According to our precise orbit determination results, the semimajor axis of the actual phase-checkout orbit is approximately 8 km longer than that of the PVI so the actual orbit period is 1 min longer, resulting in periodic increases in both ΔR and ΔV, as shown Figure 7. We then calibrate the Chang'E-2 thrusters and adjust the second finite thrust LEM scheme. As a result, the position and velocity errors from the first LEM decrease rapidly after the second LEM. In Figure 7, ΔR and ΔV decrease to 220 km and 4.7 m/s respectively within 6 h of the second LEM and to 50 km and 0.3 m/s, respectively, by September 16. These results indicate that our efforts were successful.

4.2 TTCM

Employing the TTCM strategy in Subsection 3.2 and taking the LEM errors and Chang'E-2 thrusters into account, we use 3 m/s as the TTCM requirement criterion. By combining this criterion with the precise orbit determination of Chang'E-2 after two LEMs, we abort the first scheduled TTCM on the second day after the LEMs and take the second TTCM from the 15th scheduled day to 15：24：00 (UTC) on June 20，2011. The thrusters continue to work for 302 s and provide a velocity increment of 3. 15 m/s in this TTCM. Figure 8 gives the corresponding orbits of the TTCM，where ‘TTCM1’ refers to the TTCM time and ‘unTTCM’ and ‘CE-2’ denote the trajectory without the TTCM and with the TTCM，respectively.

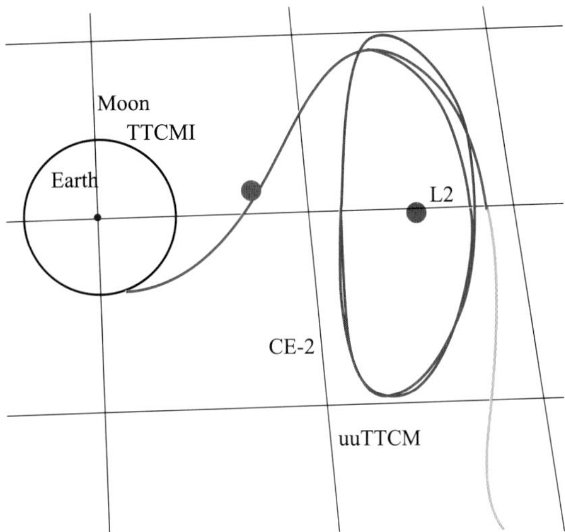

Fig. 8 First TTCM of Chang'E-2 and its effect.

According to Figure 8，Chang'E-2 can enter a target Lissajous orbit that circles L2 for more than two loops owing to the first TTCM. In the trajectory without the TTCM (i. e.，‘unTTCM’)，the satellite flies by L2 and into deep space according to our precise orbit prediction. Figure 8 also clearly shows a large effect of the control error and orbit mechanics model on the Chang'E-2 orbits when compared with Figure 6.

To further analyze the TTCM effect，we compare the ‘unTTCM’ and ‘CE-2’ trajectories with the PVI trajectory. Their positions and velocities in L-xyz from TTCM1 to LOI are shown in Figure 9，together with the deviations of ‘unTTCM’ and ‘CE-2’ from the PVI trajectory，where ‘Pulse’ denotes the PVI trajectory. ‘unTTCM’ and ‘CE-2’ in the R and V figures are the same as in Figure 8，but the mean deviations of ‘unTTCM’ and ‘CE-2’ from ‘Pulse’ are shown as ‘unTTCM’ and ‘CE-2’ in Figure 9，respectively.

Figure 9 shows that there are only small deviations between ‘CE-2’ and ‘Pulse’，while ‘unTTCM’ clearly deviates from ‘Pulse’ especially near the LOI point The data show that ‘unTTCM’ reaches the LOI point approximately 19. 5 h earlier than ‘Pulse’ with a position error of 87980 km and a velocity error of 40. 5 m/s. In contrast，‘CE-2’ reaches the LOI point 3. 5 h earlier than ‘Pulse’ with a position error of 4 584 km and a velocity error of 2. 2 m/s These errors are small considering the large size of the target orbit. Therefore，the TTCM is a successful control maneuver.

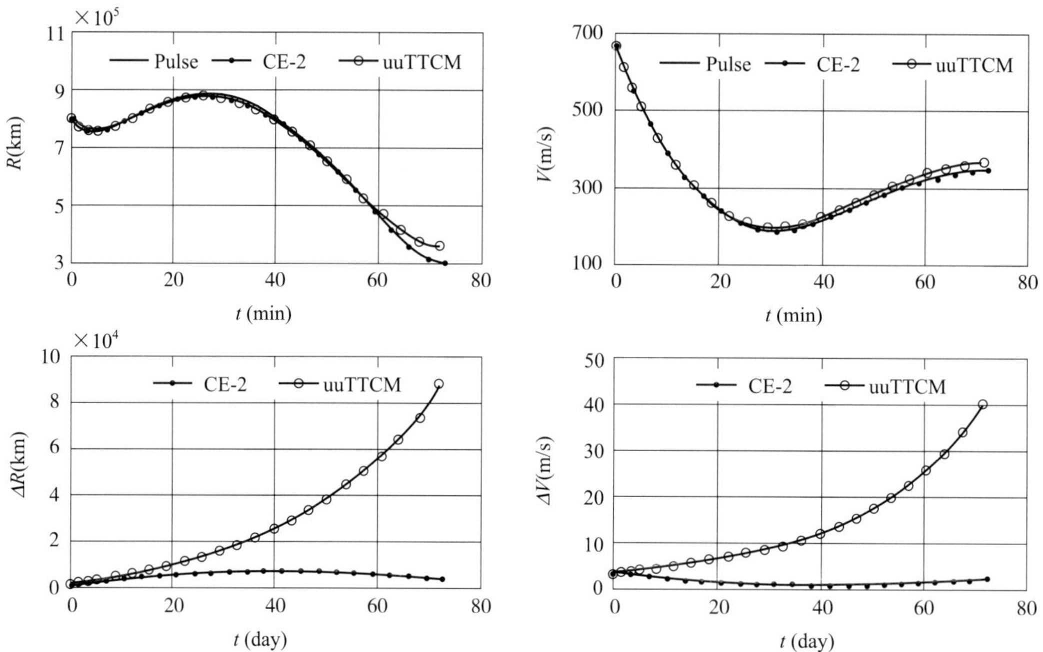

Fig. 9 Positions and velocities of the Chang'E-2 transfer trajectory, a transfer trajectory without the first TTCM and the PVI transfer trajectory and deviations of the former two from the PVI transfer trajectory.

5 Conclusion

This paper addresses pre-LOI (i. e. before Lissajous orbit insertion) trajectory maneuvers for Chang'E-2 libration point mission. The operational schemes and strategies of the lunar escape maneuvers and transfer trajectory maneuvers were investigated, and our control operation results and corresponding analysis were described in detail. According to the TT&C (i. e. , telemetry, track and command) data and corresponding analysis, the trajectory maneuver schemes proposed in this article worked properly and efficiently and resulted in a successful mission. As the first Chinese satellite to fly to the Sun-Earth L2 libration point and the first satellite ever to fly to the L2 point from lunar orbit, the Chang'E-2 mission is a significant milestone in Chinese space exploration and this paper, detailing the pre-LOI trajectory maneuvers for this mission, provides efficient operational schemes and strategies for future reference.

Because our analysis shows that the Chang'E-2 attitude checkout maneuver contributes significantly to the control errors, a maneuver scheme combined with attitude checkout will be investigated in the future.

Acknowledgements

This work was supported by Major Special Project of the National Lunar Exploration of China.

References

[1] Lo M W. The Interplanetary Superhighway and the origins program. In: IEEE Space 2002 Conference, Big Sky, MT, 2002.

[2] Serbana R, Koon W S, Lo M W, et al. Halo orbit mission correction maneuvers using optimal control. Autom, 2002, 38: 571-583.

[3] Koon W S, Lo M W, Ross S, et al. The Genesis trajectory and heteroclinic connections. In: AAS/AIAA Astrodynamics Specialist Conference Girdwood, Alaska, 1999. AAS99-451.

[4] Barden B T, Howell K C, Lo M W. Application of dynamical systems theory to trajectory design for alibration point mission. J Astronaut Sci, 1997, 45: 161-178.

[5] Go'mez G, Koon W S, Lo M W, et al. Invariant manifolds, the spatial three-body problem and space mission design. Adv Astronaut Sci, 2001, 109: 3-22.

[6] Go'mez G, Koon W S, Lo M W, et al. Connecting orbits and invariant manifolds in the spatial restricted three-body problem. Nonlinearity, 2004, 17: 1571-1606.

[7] Barden B T. Using stable manifolds to generate transfers in the circular restricted problem of three bodies. Master degree thesis. West Lafayette: School of Aeronautics and Astronautics, Purdue University, 1994.

[8] Howell K C, Pernicka H J. Numerical determination of Lissajous trajectories in the restricted three-body problem. In: Astrodynamics Conference, 1986.

[9] Szebehely V. Theory of Orbits, the Restricted Problem of Three Bodies. New York/London: Academics press, 1967.

[10] Li M T, Zheng J H, Yu X Z, et al. Research on transfer trajectory correction maneuvers forlibration point missions. Chin J Space Sci, 2010, 30: 540-546.

[11] Farquhar R W, Kamel A A. Quasi-periodic orbits about the translunar libration point. In: AIAA/AAS AstrodynamicsConference, California, 1972.

嫦娥二号日地拉格朗日 L2 点探测轨道设计与实施*

吴伟仁，崔平远，乔栋，黄江川

摘　要　嫦娥二号在国际上首次成功实现了从月球环绕轨道飞向日-地拉格朗日 L2 点的飞行任务。本文系统地研究了该任务的轨道设计问题，提出了高精度星历模型下日-地拉格朗日 L2 点附近 Lissajous 目标轨道的设计方案；针对复杂日-地-月系统动力学环境，基于非线性动力系统流形等理论，提出了日-地与地-月双三体系统下的低能量转移轨道方案。飞行试验结果证明了嫦娥二号日-地拉格朗日 L2 点探测轨道设计方案的正确性和可行性。

关键词　嫦娥二号；拉格朗日点；Lissajous 轨道；三体问题；低能量转移

嫦娥二号卫星作为我国探月二期工程的先导星，于 2010 年 10 月 1 日成功发射，在半年设计寿命期内，圆满完成了各项工程目标和科学探测任务。之后，又完成了一系列拓展试验，鉴于卫星飞行状态良好，经充分论证，开展从月球极轨飞向日-地拉格朗日 L2 点进行相关工程目标和科学目标的试验。

拉格朗日点是圆型限制性三体问题中存在的五个动力学平衡点的总称，其中包括三个共线平衡点（L1，L2 和 L3）和两个三角平衡点（L4 和 L5）。以日-地系统（本文中是指日-地＋月系统，其中地＋月表示地月质心）为例，如图 1 所示。不同的日-地拉格朗日点对于空间科学探测有着不同的意义。L1 点位于日-地连线之间，是观测太阳和持续监测日-地空间环境变化的理想位置。L2 点位于日-地连线的延长线上，是观测宇宙、研究天文的理想场所。鉴于其在空间科学研究方面的价值，目前国际上的探测活动主要集中在 L1 和 L2 点[1-3]。

嫦娥二号选择 L2 点进行工程任务试验和空间科学探测，主要开展卫星导航飞行控制和 1.5×10^6 km 远距离测控技术试验验证，利用星上科学载荷对地球远磁尾带电粒子、太阳耀斑爆发和宇宙伽马暴等进行科学探测。鉴于以上任务要求，轨道设计与轨道控制将面临以下三个方面的约束。

（1）燃料约束。嫦娥二号在完成预定任务后，可用于日-地拉格朗日 L2 点探测飞行试验的燃料有限，轨道设计优先考虑低能量转移。

（2）在轨时间约束。嫦娥二号除了完成科学探测任务以外，还将对我国即将建成的地

*　科学通报，2012，57（21）：5.

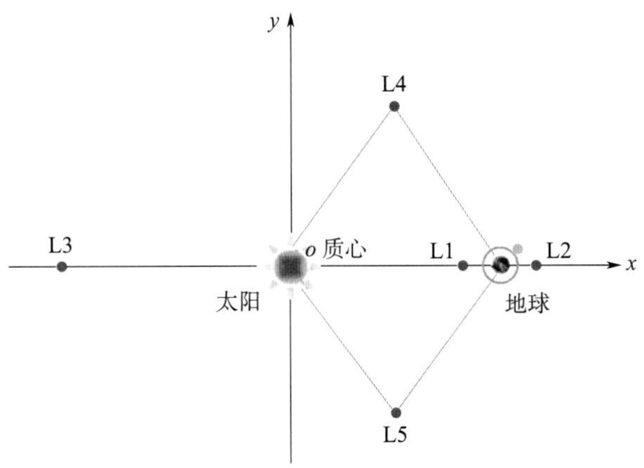

图 1　日-地系统的五个拉格朗日点

面深空测控站进行远距离测控试验，力争在轨飞行至 2012 年底。该约束要求轨道控制（轨道修正）应节省能量，满足任务要求。

（3）测控支持约束。嫦娥二号在转移飞行段和拉格朗日点环绕段将择机开展科学探测和测控试验，轨道设计要求飞行任务关键阶段无遮挡、可测控。

1 高精度星历模型的 Lissajous 轨道

1.1 限制性三体模型与 Lissajous 轨道

假设两个主天体分别为 P_1 和 P_2，第三体 P_3 相对于两个主天体质量可以忽略，P_1，P_2 和 P_3 的质量分别为 M_1，M_2 和 M_3，且 $M_1 > M_2 \gg M_3$。若约束两个主天体的运动为圆运动，则该问题为圆型限制性三体问题。定义 P_1 和 P_2 的质心为 B 点，P_1 和 P_2 的运动平面为 $\hat{X}\hat{Y}$ 平面，建立惯性坐标系 $B-\hat{X}\hat{Y}\hat{Z}$。同理，建立质心旋转坐标 $B-\hat{x}\hat{y}\hat{z}$，几何关系如图 2 所示。

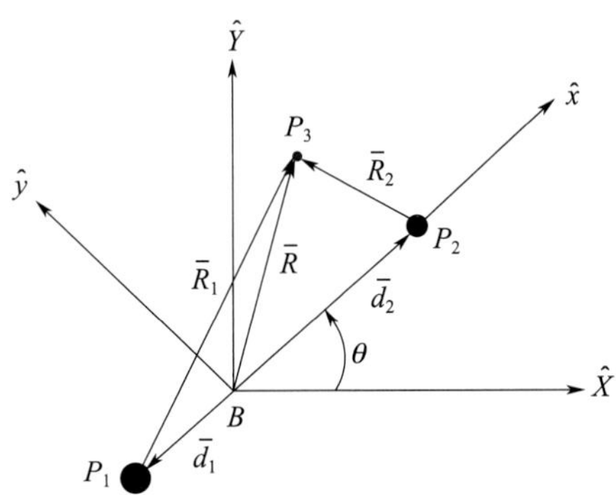

图 2　限制性三体问题的几何关系示意图

为简化问题，对系统的运动方程进行无量纲化。选取 $l^* = d_1 + d_2$ 为单位长度 1，$m^* = M_1 + M_2$ 为单位质量 1，平均角速度 $n-1$。定义 $M_2 = \mu$，则 $M_1 = 1 - \mu$ 。经推导可得，质心旋转系下 P_3 的动力学方程为

$$\begin{cases} \ddot{x} - 2\dot{y} - x = -\dfrac{(1-\mu)(\chi+\mu)}{r_1^3} - \dfrac{\mu(x-1+\mu)}{r_2^3}, \\ \ddot{y} + 2\dot{x} - y = -\dfrac{(1-\mu)y}{r_1^3} - \dfrac{\mu y}{r_2^3}, \\ \ddot{z} = -\dfrac{(1-\mu)z}{r_1^3} - \dfrac{\mu z}{r_2^3}, \end{cases} \tag{1}$$

式中 $r_1 = \sqrt{(x+\mu)^2 + y^2 + z^2}$，$r_2 = \sqrt{(x-1+\mu)^2 + y^2 + z^2}$

由以上三体运动的非线性动力学方程可看出，产生平衡点的条件是相对速度和加速度均为零，经方程的推导和求解，可得五个拉格朗日点[4]。对方程（1）进一步积分可得三体动力学方程的雅克比（Jacobi）积分 C

$$C = 2U - (\dot{x}^2 + \dot{y}^2 + \dot{z}^2) \tag{2}$$

式中

$$U = \frac{x^2 + y^2}{2} + \frac{1-\mu}{r_1} + \frac{\mu}{r_2}$$

为了进一步研究拉格朗日点附近的轨道动力学特性，将质心旋转系下的动力学方程在共线平衡点附近线性化，可得到共线平衡点附近的线性化运动方程[5]

$$\begin{cases} \ddot{\xi} - 2\dot{\eta} - (1+2c_2)\xi = 0, \\ \ddot{\eta} + 2\dot{\xi} + (c_2 - 1)\eta = 0, \\ \ddot{\xi} + c_2\xi = 0 \end{cases} \tag{3}$$

式中 c_2 是与质量相关的常数，即

$$c_2 = \frac{1}{\gamma^3}\left(\mu + (1-\mu)\frac{\gamma^3}{(1+\gamma)^3}\right),$$

其中 γ 为平衡点到 M_2 的距离。方程（3）的通解可描述为

$$\begin{cases} \xi(t) = A_1 e^{\lambda t} + A_2 e^{-\lambda t} + A_x \cos(\omega t + \varphi), \\ \eta(t) = c A_1 e^{\lambda t} - c A_2 e^{-\lambda t} + k A_x \sin(\omega t + \varphi), \\ \xi(t) = A_z \cos(\nu t + \psi), \end{cases} \tag{4}$$

式中 c，k，ω，λ 和 ν 是与 c_2 相关的常数，即

$$\omega = \sqrt{\frac{2 - c_2 + \sqrt{9c_2^2 - 8c_2}}{2}}, \lambda = \sqrt{\frac{c\ 2 - 2 + \sqrt{9c_2^2 - 8c_2}}{2}},$$

$$\nu = \sqrt{c_2}, c = \frac{\lambda^2 - 1 - 2c_2}{2\lambda}, k = \frac{-(\omega^2 + 1 + 2c_2)}{2\omega}$$

A_1 和 A_2 是双曲振幅，当它们都为零时，就可得到中心流形上的点，即拟周期轨道上的点；A_x 和 A_z 是中心振幅，即表示在平面内和平面外的振幅，且这两个振幅是相互独立的。它们的振动范围取决于雅克比积分常数；当 $A_1 \neq 0$ 且 $A_2 = 0$ 时，（4）式中包含正指数项，

随时间推移解向外扩散，可得到拟周期轨道不稳定流形；当 $A_1=0$ 且 $A_2\neq 0$ 时，(4) 式中包含负指数项，随时间的推移解向拟周期轨道逼近，可得到拟周期轨道稳定流形。A_x 和 A_z 描述了拟周期轨道的尺寸，而 A_1 和 A_2 则表征了一个点是在中心流形还是在双曲流形上，φ 和 ψ 则描述了每个具体的初始点。Lissajous 轨道属于拟周期轨道。

1.2 星历模型下的 Lissajous 轨道

圆型限制性三体模型仅适合于拉格朗日点相关轨道的概念设计或初始设计。在实际飞行任务轨道设计中，需要使用高精度星历轨道动力学模型。本文中嫦娥二号 Lissajous 目标轨道的动力学模型主要考虑了太阳、地球、月球的引力，其中地球的引力场采用了 8×8 阶的模型，此外还考虑了太阳光压摄动。动力学模型中天体的位置与速度均采用 JPL 的 DE405/406 行星星历。

星历模型下 Lissajous 轨道的设计通常采用近似解析解与数值修正相结合的方法。前者可提供较好的初值，后者可得到较高精度的解。近似解析解是根据 Lissajous 轨道的特征，采用 Lindstedt-Poincare 方法构造出来的若干阶近似解析表达式[6]。在数值修正方面，采用二级微分修正的方法[7]。嫦娥二号选择的 Lissajous 目标轨道相对于 L2 点的 x 向幅值为 29×10^4 km，z 向幅值为 39×10^4 km，轨道拟周期约为 180 d。星历模型 L2 旋转坐标系下该 Lissajous 轨道如图 3 所示。

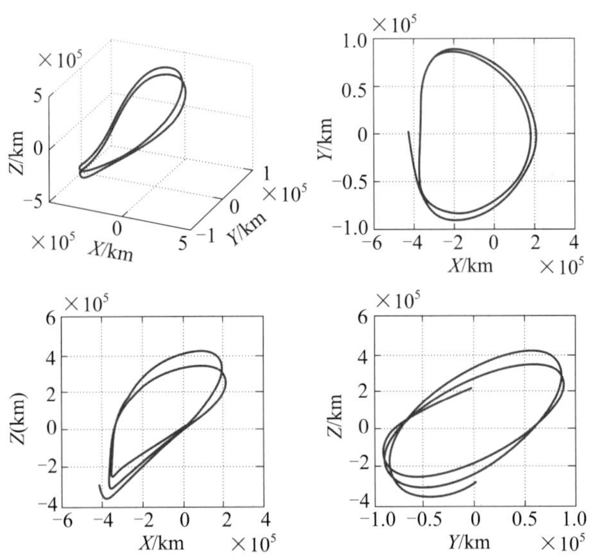

图 3　星历模型 L2 旋转坐标系 Lissajous 轨道

2 双三体系统的日地 L2 点转移轨道设计

2.1 低能量转移轨道与变轨机会选择

嫦娥二号从月球极轨出发飞向日-地系统拉格朗日 L2 点附近的 Lissajous 轨道，将经历日-地-月和卫星构成的复杂四体动力学系统。为便于分析，将此四体系统分成两个三体系统，即地-月-星构成的三体系统和日-地-星构成的三体系统，分别建立日-地质心旋转坐标系和地-月质心旋转坐标系，并建立坐标系之间及与星历模型之间的转化关系。为便于寻找低能量转移轨道，在日-地质心旋转坐标系中建立垂直于 x 轴、且过地月系统质心的庞加莱截面 S 。

根据约束条件分别设计和搜索地-月三体系统中的转移轨道和日-地三体系统中的转移轨道。在转移轨道初始搜索过程中，一方面，将日-地 L2 点目标 Lissajous 轨道上的点沿其稳定流形向月球方向递推至庞加莱截面 S 。稳定流形 W^S 递推的初值值 x_0^s 为[8]

$$x_0^s = x_0 \pm d v_s \tag{5}$$

其中 d 为摄动量，v_s 为系统单值矩阵稳定特征值对应的特征向量，x_0 为 Lissajous 轨道上的状态。另一方面，基于地-月系统，从环月轨道上施加切向速度脉冲后出发，递推至庞加莱截面 S 。控制施加速度脉冲后的雅克比积分常数，搜索低能量转移轨道。

由以上搜索过程可能得到三种初始搜索结果：（1）日-地 L2 点目标 Lissajous 轨道上的点沿其稳定流形向月球方向递推，在到达庞加莱截面 S 之前，就先到达月球附近；（2）两段轨道在庞加莱截面上相切，通过切点连接，状态连续；（3）两段轨道在庞加莱截面上相交，在交点处位置连续，而速度不连续。这里选择速度差最小的轨道，采用二级微分修正得到状态连续的转移方案作为潜在的变轨机会。

通过以上搜索可得到从月球附近直接转移至目标 Lissajous 轨道的变轨机会，结果如图 4 所示。

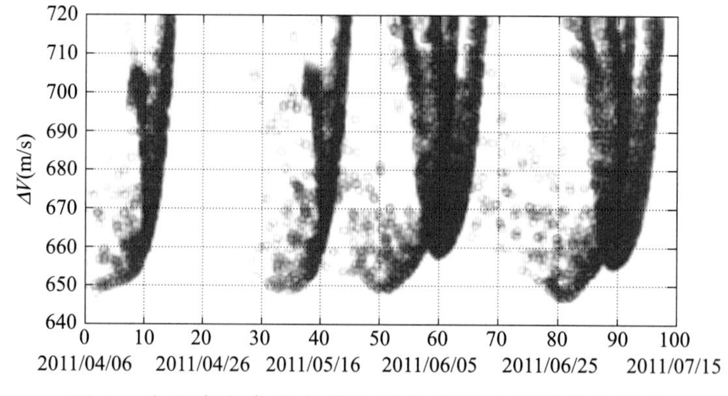

图 4 从月球出发的变轨时间与所需速度增量的关系

由图 4 可看出，在 2011 年 6 月 16 日月食之前，从月球轨道出发能量较省的变轨机会主要集中在三个时间段：2011 年 5 月 10 日附近（所需总的变轨速度增量约为 650 m/s）；2011 年 5 月 25 日附近（变轨速度增量约为 650 m/s）；2011 年 6 月 5 日附近（变轨速度增量约为 660 m/s）。根据以上分析，并结合嫦娥二号任务要求，选择 6 月 5 日附近的变轨逃逸机会。

2.2 工程转移轨道的确定

基于以上给出的目标 Lissajous 轨道及对变轨逃逸机会的分析，在选定目标 Lissajous 轨道可能的入轨时间段后，将该时间段内高精度星历模型下的目标 Lissajous 轨道按等时间间隔离散成 n 个点，在每个离散点处沿切向施加速度增量Δv ，在高精度星历模型下向月球方向递推，如图 5 所示。

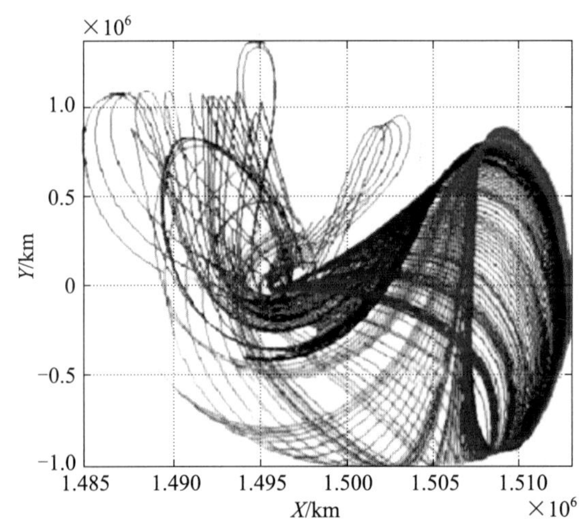

图 5　高精度星历模型下从目标 Lissajous 轨道向月球递推

选取递推后距离月球最近的转移轨道为初值，微调 Lissajous 轨道入轨点处速度增量Δv ，使其近月点满足嫦娥二号从月球工作轨道逃逸的约束条件。微调后可得转移方案：从月球出发的时间为 2011 年 6 月 9 日，变轨所需的速度增量、光照条件、测控支持等方面满足要求。

2.3 转移轨道方案与飞行试验

嫦娥二号日-地拉格朗日 L2 点探测轨道飞行过程包括三个阶段：月球逃逸段、转移与捕获飞行段、L2 点 Lissajous 轨道环绕段。卫星从 100 km 环月轨道经两次加速进入转移轨道，在到达 L2 点附近，捕获成 Lissajous 轨道，并在此轨道上环绕飞行。下面重点给出月球逃逸段和转移与捕获段的轨道方案与飞行试验情况。

（1）从月球逃逸。考虑到从 100 km 环月轨道上直接加速逃逸飞往 L2 点所需的脉冲速度增量较大，采用一次加速控制，开机时间过长，将导致重力损耗和控制误差较大。因此，综合考虑能量和逃逸过渡轨道阴影区时长对卫星的影响，设计采用两次加速控制的方式，第一次加速控制，卫星进入近月点约 100 km，远月点约 3 565 km，周期约 5.3 h 的椭圆过渡轨道。第二次加速，卫星逃逸，进入飞向日-地 L2 点的转移轨道。

嫦娥二号飞行试验第一次加速控制于 2011 年 6 月 8 日 14 时实施，控制后进入周期为 5.3 h 的椭圆轨道。第二次加速控制于 2011 年 6 月 9 日 16 时实施，轨控关机后，嫦娥二号进入距离月面高度约 322.6 km，倾角为 83°的双曲线轨道。

(2) 转移与捕获轨道。嫦娥二号 2011 年 6 月 9 日从月球逃逸后，沿转移轨道飞行，到达 L2 点附近后，捕获进入日-地 L2 点目标 Lissajous 轨道，飞行轨迹如图 6 所示。为保证能顺利进入目标轨道，计划转移飞行段将根据需要实施 3～6 次中途修正。中途修正的基本原则是轨道控制的速度增量大于 2 m/s 必须实施轨道机动，否则取消或推迟择机实施。

嫦娥二号进入转移飞行轨道后，根据设计方案和实际测控数据对比分析，若 2011 年 6 月 12 日执行第一次中途修正，所需速度增量为 1.43 m/s，根据修正原则，此次修正推迟实施。2011 年 6 月 20 日 23 时实施了第一次中途修正，根据测控数据分析，修正状况良好。后续计划的两次修正（7 月 23 日修正所需 0.927 m/s，8 月 2 日修正所需1.432 m/s），根据中途修正原则，全部取消。2011 年 8 月 25 日，在嫦娥二号飞经日-地 L2 点附近时，实施了捕获控制，消耗了 3.58 m/s 的速度增量。至此，嫦娥二号进入了绕日-地 L2 点 x 方向振幅约 29×10^4 km，y 方向振幅约 90×10^4 km，z 方向振幅约 39×10^4 km，轨道周期约 180 d 的 Lissajous 轨道。

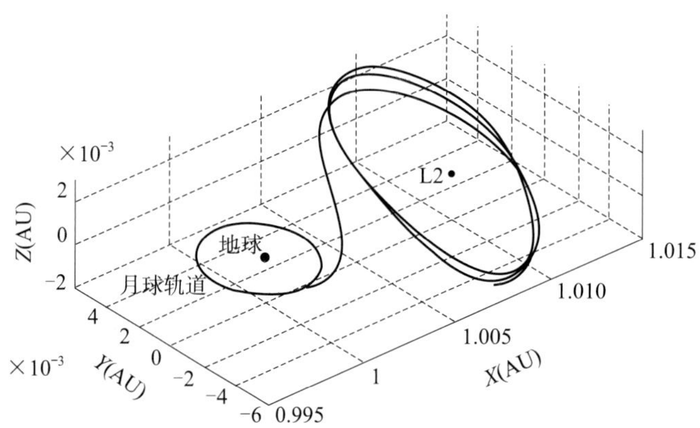

图 6 嫦娥二号日-地拉格朗日 L2 点探测任务转移轨道

3 结论

本文研究了日-地-月和卫星构成的四体动力学环境下，嫦娥二号从月球轨道飞向日地拉格朗日 L2 点的轨道设计问题，提出了满足任务约束的轨道设计方案，通过实际在轨飞行验证，得到以下结论：

(1) 卫星飞行轨道状态满足任务要求，在轨飞行试验验证了轨道方案设计的准确性和可行性，以及卫星控制的精准性。

(2) 在国际上首次实现了从月球轨道向日-地拉格朗日 L2 点的成功飞行探测，为我国深空探测轨道设计和实施奠定了技术基础，积累了工程经验。

参考文献

[1] 侯锡云，刘林．共线平动点的动力学特征及其在深空探测中的应用 [J]. 宇航学报，2008，29：736-747.

[2] 徐明．平动点轨道的动力学与控制研究综述 [J]. 宇航学报，2009，30：1299-1312.

[3] Xu M，Tan T，Xu S J. Research on the transfers to Halo orbits from the view of invariant manifolds. Sci China-Phys Mech Astron，2012，55：671-683.

[4] 耿长福．航天器动力学 [M]. 北京：中国科学技术出版社，2006. 318-327.

[5] Gomez G，Llibre J，Martinez R，et al. Dynamics and Mission Design Near Libration Points [J]. Singapore：World Scientific，2001. 305-379.

[6] Richardson D L. Analytic construction of periodic orbits about the collinear points [J]. Celest Mech，1980，22：241-253.

[7] Howell K C，Pernicka H J. Numerical determination of Lissajous trajectories in the restricted three-body problem [J]. Celest Mech，1988，41：107-124.

[8] Parker T S，Chua L O. Practical Numerical Algorithms for Chaotic Systems [M]. New York：Springer-Verlag，1989.

Design and performance of exploring trajectory to Sun-Earth L2 point for Chang'E-2 mission

WU Weiren，CUI Pingyuan，QIAO Dong & HUANG Jiangchuan

Abstract Chang'E-2 has firstly successfully achieved the flight mission which is from lunar orbit to Sun-Earth Lagrangian point L2 in the world. In this paper, we systematically investigate the trajectory design problem of this mission, and present the target Lissajous orbit of Sun-Earth L2 point based on the full ephemeris model. For complicated dynamics system of Sun-Earth-Moon, we design the low-energy transfer trajectory in double three-body system of Sun-Earth and Earth-Moon model using invariant manifolds theory. The results of flight test show that the tajectory design of Chang'E-2 mission is accurate and feasible.

Keywords Chang'E-2; Lagrangian point; Lissajous orbit; three-body problem; low-energy transfer

国外深空探测的发展研究*

吴伟仁，刘晓川

随着21世纪的到来，深空探测技术作为人类保护地球、进入宇宙、寻找新的生活家园的唯一手段，引起了世界各国的极大关注。

通过深空探测，能帮助人类研究太阳系及宇宙的起源、演变和现状，进一步认识地球环境的形成和演变，认识空间现象和地球自然系统之间的关系。从现实和长远来看，对深空的探测和开发具有十分重要的科学和经济意义。深空探测将是21世纪人类进行空间资源开发与利用、空间科学与技术创新的重要途径。

1 国外深空探测发展计划

随着航天技术的崛起，20世纪50年代末和70年代初，人类实现了对月球的探测和载人登月，对月球有了基本的认识。月球是人类至今了解得最详细的地外星体。20世纪70～80年代，美国和苏联发射了多颗探测器对太阳系内的星体进行了观测，积累了有关太阳系天体物理和化学组成的大量资料，为人类更深入地认识太阳系的起源和演化，并进一步加以开发和利用奠定了良好的基础。20世纪90年代开始的火星探测活动使火星成为近期深空探测的热点。

1.1 月球

从1959年7月至今，只有美国、苏联和日本向月球发射了探测器，共发射了86个无人探测器，美国进行了9次载人月球探测，其中包括6次载人登月。

从20世纪50年代末到70年代初，抵达月球的美国无人探测器有“先驱者”“徘徊者”“勘测者”“月球轨道器”“探险者”等几个系列。它们环绕月球飞行或在月球表面着陆，发回了大量的照片和化学分析数据。为登月行动做好了充分的准备。

在1969年7月至1972年12月的总共6次登月中，航天员对着陆点附近的月球表面进行了仔细勘察，收集了许多月球岩石样本，并在月球表面安装了大量科学仪器。

苏联的“月球”“宇宙”和“探测器”系列月球探测器，也分别进行了月球着陆探测、

* 中国航天，2004，(1)：5.

绕月飞行、取样并返回地面的飞行试验。

这些月球探测计划的实施，使人类对月球的了解程度仅次于地球，准确地向人类揭示了月球的表面景观、构造特征以及月球上的土壤和岩石的真实面貌。而且从月球带回来的岩石和月壤标本，对研究月球表面的岩石以及与地球对比起到了非常重要的作用，为研究月球和地球的起源提供了一些直接的证据。

图 1　阿波罗首次登月的场景

图 2　美国克莱门汀探测器

1976 年至 20 世纪 80 年代末，没有进行过任何成功的月球探测活动，为月球探测的宁静期。主要原因可能是需要有时间来消化、分析与综合研究浩如烟海的月球探测数据资料；向各种军用和民用领域转化和应用由月球探测带来的大量高新技术；总结空间探测耗资大、效率低、探测水平不高的经验与教训；以月球探测所取得的技术为基础，完善航天技术系统，研制新的天地往返运输系统、大推力火箭和高效探测仪器等在内的空间探测技术，为进一步开发利用月球资源进行科学和技术准备。

进入 20 世纪 90 年代，随着现代技术的进步和探测技术的发展，人们重新发现了月球的应用价值和开发潜力。月球探测所蕴藏的巨大价值吸引了各国的科研机构。

1900 年日本发射了“飞天号”月球探测器，用于地-月轨道环境探测。

1944 年 1 月，美国发射了“克莱门汀”月球探测器，获得了详细的月球表面图像。

1988 年 1 月，美国发射了“月球勘探者”探测器。根据“月球勘探者”对月球的勘测，有充分的证据表明月球两极存在大量零散的冰块，从而证明月球拥有更大的开发价值。

欧空局于 2003 年 9 月发射的“小型先进技术研究计划”探测器已踏上探测月球的征途。

今后几年，日本和印度将发射各自研制的月球探测器。日本的“月球”A 和“月女神”探测器将提供有史以来第一批有关月球背面的数据，并将对月面下 4.8 km 深度附近的亚表面结构进行测量和对大部分月面进行精确的测绘，预计分别于 2004 年和 2005 年发射。印度已经在艾哈迈达巴德的物理研究实验室建立了月球探测任务中心。科研人员已开始进行月球探测器的任务设计，预计将于 2007 年或 2008 年发射。

另外，美国宇航局已经制定了利用机器人对月球进行探测的计划，预计相关项目将于 2009 年开始实施。

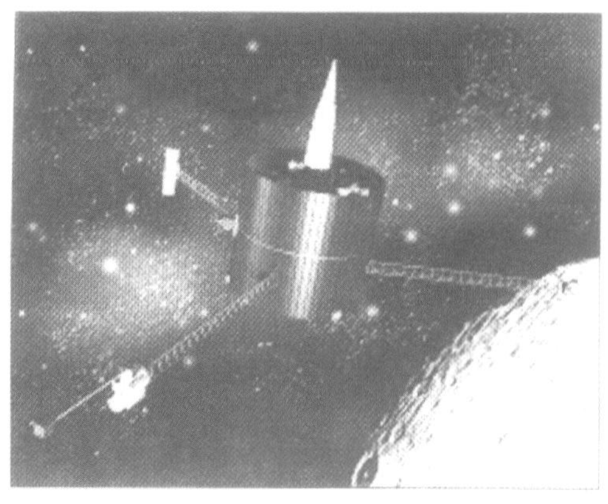
图 3　月球勘探者探测器

图 4　日本的月女神探测器

1.2 火星

截至 2001 年底，人类共发射了 33 颗火星探测器，其中美国 14 颗，苏联/俄罗斯 18 颗，日本 1 颗。共有 15 颗探测器成功地对火星进行了探测，有 5 颗飞越火星，6 颗成为火星轨道器，4 次在火星表面着陆。纵观火星探测的历史，可以分为两个阶段。

（1）第一阶段 1960～1976 年

美国在这一时期发射了“水手”3、4、6、7、8、9 和“海盗”1、2 火星探测器。

苏联在这一时期发射了“探测器”“斯普特尼克”22、24 火星探测器、“火星”系列探测器和“宇宙”419 火星探测器。

（2）第二阶段：20 世纪 90 年代至今

从 20 世纪 90 年代至今，人类深空探测的重点是火星探测，并已成为继月球探测之后的又一空间探索的热点。在此期间美国先后发射了“火星观测者”“火星全球勘探者”“火星探路者”“火星气候轨道器”“火星极地着陆器”和“奥德赛”火星探测器，其中“火星观测者”“火星气候轨道器”和“火星极地着陆器”都失败了。

俄罗斯仅在 1996 年发射了“火星”96 探测器，该探测器在发射阶段就失败了。

日本于 1998 年发射了“希望号”火星探测器，由于推进器出现故障导致这次探测计划失败。

2003 年，欧空局发射了“火星快车”轨道器。美国发射了“勇气号”和“机遇号”火星探测漫游车，其中前者已经在 2004 年 1 月 3 日成功着陆。

目前的火星探测主要是对火星进行深入的研究，而由“奥德赛”火星探测器发回的资料证实火星存在大量的冰，这预示着火星上存在生命的可能性。目前许多国家都制定了新一轮的火星研究计划。

美国计划于 2005 年发射“火星侦察轨道器”，2007 年发射“灵巧登陆器”和“长期漫游车”。

法国计划于 2007 年发射“火星登陆器网络”。

2002 年 4 月，俄美欧联合公布了登陆火星计划，参加火星登陆计划的各方已同意在

图 5 美国 2005 火星探测漫游车

2014 年至 2015 年间，派遣宇航员向火星进发。按计划，由各方选派的 6 名宇航员将乘飞船飞赴火星。国际火星登陆计划将耗资约 200 亿美元。俄罗斯、美国、欧空局成员国将各自支付近三分之一的经费。

1.3 金星

目前人类已经发射了 38 颗金星探测器，其中美国 7 颗，苏联 31 颗。22 颗探测器成功地对金星进行了探测（美国 6 颗，苏联 16 颗）其中 3 颗飞越金星，6 颗探测金星，4 颗绕金星轨道飞行，9 颗着陆金星。这些探测器都是 1989 年以前发射的。对金星进行探测的航天器主要有如下系列：

（1）苏联的“金星”系列，1963～1984 年发射，其中 7 颗探测器在金星表面实现软着陆。

（2）美国的“水手”系列，1962～1973 年发射，探测金星及其周围空间。

（3）美国的“先驱者”-金星系列，1978 年发射，在金星表面实现软着陆。

（4）美国的“麦哲伦”探测器，1989 年发射，绕金星观测飞行 243 天。

（5）美国的“伽利略”探测器，1989 年发射，1990 年 2 月飞越金星，进行遥感观测。

1900 年后，没有发射任何金星探测器。2002 年，日本制定了金星探测计划，将于 2008 年向金星发射一颗探测器，力争成为继美国、苏联之后第三个成功地发射金星探测器的国家。

日本的金星探测计划正由宇宙科学研究所组织实施。由该所及几所大学的 30 名专家组成的研究小组，计划于 2003～2004 年制作出模型，2005～2006 年制作出真正的探测器，2008 年初发射，次年进入金星轨道。该探测器名为“行星”C，重约 650 kg，发射后将在距金星约 300～80 000 km 的上空环绕飞行两年以上，探测器上的高性能红外和紫外数码相机将对金星实施大气观测。

1.4 水星、木星、土星

（1）水星

美国的“水手”10号探测器曾先后于1974年和1975年两次飞越水星。70年代后期，由于受飞船推进系统和放热需求等因素的制约，水星探测计划被延缓。在未来的探测计划中，美国计划于2004年发射“信使号”水星轨道器。日本计划于2009年发射水星轨道器。

（2）木星

美国的“先驱者”10、11号探测器分别于1974年和1975年飞越了木星，发回了300幅木星及其卫星的照片。美国的“旅行者”1、2号探测器于1979年飞越木星。用于深入研究木星的“伽利略”探测器于1989年发射，主要对木星及其卫星的化学成分和物理状态进行了研究。欧空局发射的“尤里塞斯”探测器在飞越木星并对木星进行探测后，进入太阳极轨道。

（3）土星

美国的“先驱者”11号于1979年9月飞过土星，探测到土星的两个新环。美国的“旅行者”1号于1980年11月接近土星，发回土星环照片。美国的“旅行者”2号于1981年8月飞近土星，观测了土星和土星环。

美国于1997年发射了“卡西尼”土星探测器，其上携带的欧空局的“惠更斯”探测器将在土卫六上着陆。目前探测器一切正常，预计将在2004年抵达土星，探测土星及土卫六的大气结构和成分。

1.5 天王星、海王星和冥王星

美国的“旅行者”2号探测器于1986年和1989年分别飞越了天王星和海王星。探测表明，天王星和海王星主要由冰、岩石、氢和氦组成。

由于没有探测器拜访过冥王星，人们对其了解得很少，主要是基于天文观测。美国计划于2004年发射“冥王星-凯帕快车”冥王星探测器。

1.6 小星体

美国、苏联、欧洲和日本先后进行或联合进行了有关小行星及彗星的探测。美国和欧空局1978年发射的“国际日地探险者”3号分别于1985年和1986年探测了贾可比尼彗星和哈雷彗星。苏联于1984年发射的“金星-哈雷彗星”探测器分别对金星和哈雷彗星进行了探测。欧空局1985年发射的“乔托号”探测器分别对哈雷彗星和格里格；斯克杰利厄普彗星进行了探测。日本1985年发射了“先驱”和“彗星”两颗探测器对哈雷彗星进行了探测。美国1996年发射的“近地小行星交会”对爱神小行星进行了探测。

近年来，美国相继发射了多颗小星体探测器。1998年发射的“深空”1号探测器用于进行小行星和彗星的探测，1999年发射的“星尘”探测器将对彗星进行取样返回探测。

未来的计划中，美国计划2004年发射“大冲撞”1号探测器完成彗星交会与撞击任务。

2 我国深空探测技术的发展现状与差距

2.1 航天技术发展现状

我国目前在近地空间卫星、运载和探测方面的技术已经成熟，空间探测与空间科学研究具备了一定的基础，而深空探测技术的研究则刚刚起步。

我国从 1970 年发射第一颗卫星以来，已经独立研制并发射了 45 颗各类地球轨道卫星，掌握了地球轨道卫星的运载、测控、在轨维持及返回技术，掌握了一箭多星技术。神舟号飞船的发射成功，使我国基本掌握了载人航天技术。特别是正在研制的大运载火箭，将为我国未来的深空探测提供重要的运载平台。除卫星平台本身的技术外，在地球轨道卫星的通信、遥控遥测和有效载荷方面，我国也有很好的技术储备。

1994 年，我国开始进行探月活动的必要性和可行性研究，1996 年完成了探月卫星的技术方案研究，1998 年完成了卫星关键技术研究，然后又开展了深化论证工作。可以说，我国月球探测工程有了比较扎实的技术储备。

2.2 国内外深空探测技术的比较

同国外相比，我国在深空探测方面存在的主要差距有：

(1) 深空探测技术研究起步时间比美国和俄罗斯滞后 40 多年，比日本滞后约 15 年；

(2) 在空间物理探测，太阳、月球、行星及宇宙空间探测方面，缺乏长远的规划和计划支持；

(3) 对深空探测的关键技术研究重视不够，相关领域的技术储备薄弱，技术创新成果少；

(4) 没有专门用于深空探测的工程试验和新技术检验类卫星，使我国卫星技术发展缓慢；

(5) 没有参与 20 世纪 90 年代以后的国际合作，失去了很多发展机遇。

2.3 关于深空探测的建议

(1) 充分认识当前全球深空探测与开发的迫切形势和重大意义，深刻分析我国开展深空探测与开发的必要性和可行性，尽早制定我国深空探测和开发利用月球资源的计划和规划，纳入国家各有关规划和计划。统筹安排，合理利用现有技术和预期可获得的技术以及使用有限的资金，开展国际合作，争取最大效益。

(2) 认真组织有关部门进行深空探测的概念研究和方案论证，区别对待，分阶段安排，尤其是选好技术途径，抓住发展重点，突破关键技术，尽早开展重要专用技术的探索性研究和预先研究。

(3) 密切跟踪国际深空探测与开发的进展动态，积极参与有关的研究和交流活动，采集和借鉴国外先进技术与经验，为我所用，以促进我国深空探测与开发事业的发展和技术的进步。

航天遥测与测控通信

中国深空测控网现状与展望*

吴伟仁，李海涛，李赟，王广利，唐玉华

摘　要　深空测控网是支持深空探测任务实施的核心系统，在深空探测任务中具有不可替代的重要地位和作用。在中国探月工程带动下，分阶段建成了功能完备、性能先进、全球布局的中国深空测控网。未来在后续月球与行星探测工程的带动下，通过应用天线组阵、光通信、相位参考干涉测量等新技术，中国深空测控网将实现更强的深空测控通信能力，并可同时用于深空科学探测活动。

关键词　深空测控网；功能与性能；深空通信；深空导航；科学探测

0 引言

对未知世界的探索，是人类发展的永恒动力；对茫茫宇宙的认知，是人类的不懈追求。进入 21 世纪以来，随着航天技术与空间科学的飞速发展，人类认识宇宙的手段越来越丰富，范围也越来越广，开展地月日大系统研究[1]，进行太阳系边际探测[2]，已成为人类航天活动的重要方向。

深空探测是指脱离地球引力场，进入太阳系空间和宇宙空间的探测活动。关于深空探测的定义，一种是国际电信联盟（International Telecommunication Union，ITU）在《无线电规则》第 1.77 款中关于深空的规定；另一种定义为对月球及以远的天体或空间开展的探测活动[3]。1988 年 10 月，世界无线电管理大会（World Administrative Radio Conference，WARC）ORB-88 会议确定将深空的边界修订为距离地球大于或等于 2.0×10^6 km 的空间，这一规定从 1990 年 3 月 16 日起生效[3]，国际空间数据系统咨询委员会（The Consultative Committee for Space Data Systems，CCSDS）在其建议标准书中也将距离地球 2.0×10^6 km 以远的航天活动定义为 B 类任务（即深空任务）；中国采用了第 2 种定义，将月球探测作为了深空探测的起点。

深空测控系统是用于深空探测任务航天器跟踪测量、监视控制和信息交换的专用系统[4]，其在深空探测任务中具有不可替代的重要地位和作用[5,6]。中国深空测控系统是伴

* 中国科学：信息科学，2020，50（1）：22.

随着探月工程“绕、落、回”三步走的战略步伐逐步建设和发展起来的[7]，历经了探月工程一期利用服务于地球轨道卫星任务的航天测控网完成 40 万 km 以远目标测控任务，实现了远距离测控技术的突破；探月工程二期建设了国内两个深空站，初步具备了独立实施深空探测任务测控支持的能力；在探月工程三期中，建设了位于南美洲的第 3 个深空站，从而形成了全球布局功能体系完备的深空测控网。北京航天飞行控制中心作为中国月球与深空探测任务的操作控制中心，负责完成深空探测全任务过程的操作控制和管理工作。

1 全球深空测控网概况

深空测控系统一般由深空航天器上的星载测控分系统、分布于地面的深空测控站、深空任务飞行控制中心以及将地面各组成部分连接在一起的通信网组成，如图 1[8] 所示。通常，将地面的多个深空测控站组成的测控网称为深空网或深空测控网，它特指专门用于深空航天器测控和数据传输的专用测控网。其特点是配有大口径抛物面天线、大功率发射机、极高灵敏度接收系统、信号处理系统以及高精度高稳定度时间频率系统，能完成对距离地球 200 万 km 以远深空航天器的测控任务[9]。

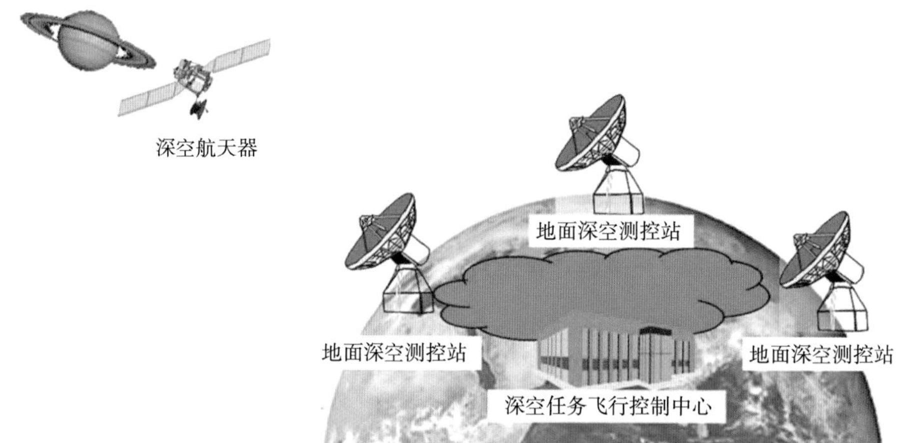

图 1　深空测控系统组成示意[8]

为了克服地球自转影响，实现对深空航天器的连续测控覆盖，深空测控网的布局通常是在全球范围内经度上间隔约 120°布站，这样可以确保对距离地球表面在 3 万 km 以上的航天器进行连续测控，图 2 所示为美国国家航空航天局（National Aeronautics and Space Administration，NASA）深空网布局对不同轨道高度航天器的测控覆盖示意。综合考虑跟踪弧段和天线性能等因素，深空站的站址纬度通常选择在南北纬 30°～40°之间[10]。

目前，美国、欧洲航天局（European Space Agency，ESA）、中国等已经建立了深空测控网[11]。俄罗斯、日本、印度、意大利、德国等国家也研制建设了自己的深空测控设备，但并未形成完整的深空测控网。全球深空测控设施分布如图 3 所示。

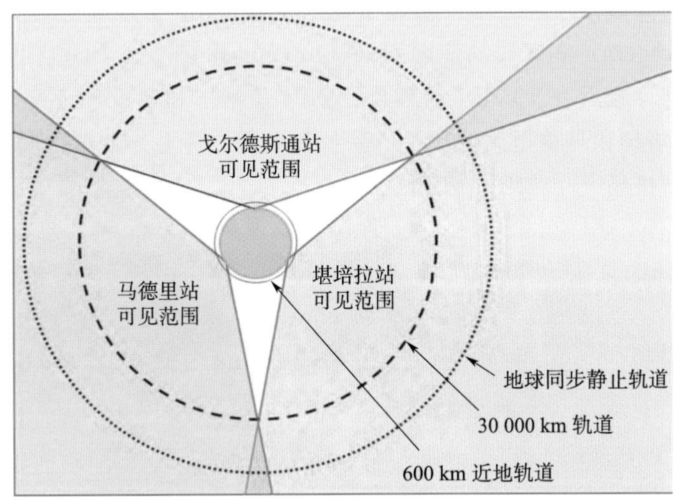

图 2　NASA 深空网布局对不同轨道高度航天器的覆盖示意[10]

图 3　全球主要深空测控设施布局

1.1 NASA 深空测控网

美国 NASA 深空网由在全球按经度间隔接近 120°分布的三处深空通信综合设施组成，分别位于美国加州的戈尔德斯通（Goldstone）、西班牙的马德里（Madrid）和澳大利亚的堪培拉（Canberra）。深空网的操作控制中心位于美国加州帕萨迪纳（Pasadena）的喷气推进实验室（Jet Propulsion Laboratory，JPL）。NASA 深空网是目前世界上能力最强、规模最大的深空测控通信系统。系统始建于 1958 年，1961 年建成包括戈尔德斯通、澳大利亚伍默拉（Woomera）和南非约翰内斯堡（Johannesburg）3 个深空站的系统，1963 年正式命名为深空网；之后在 1965 年新建了西班牙马德里和澳大利亚堪培拉两个深空站。直到 1974 年，堪培拉和马德里站取代了伍默拉和约翰内斯堡（NASA 关闭了两处设施），形成了目前的三站格局[12]，如图 4 所示。

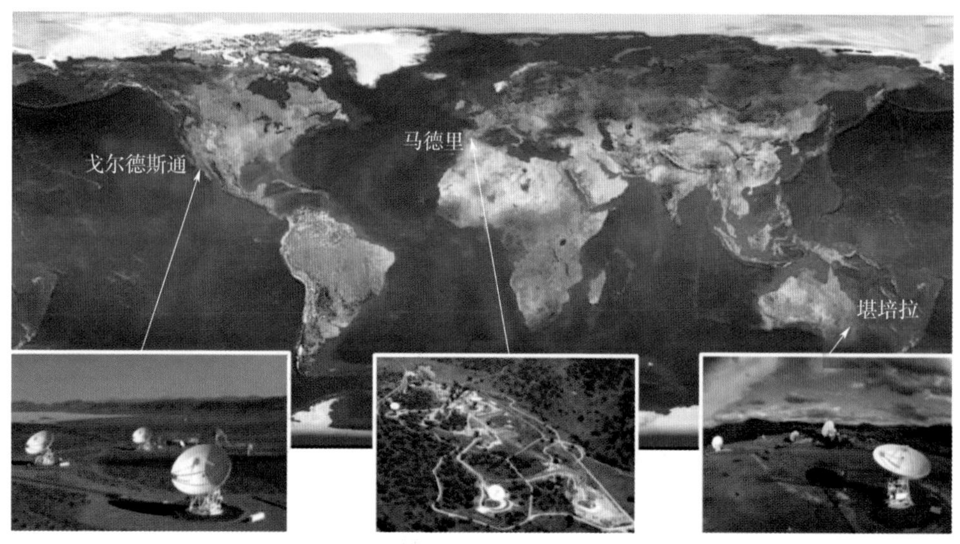

图 4　美国 NASA 深空网布局和组成

（1）戈尔德斯通深空通信综合设施（北纬 35°25′36″，西经 116°53′24″），位于美国加州的莫哈维沙漠。目前在运行的有 1 个 70 m 天线、3 个 34 m 波束波导（Beam Waveguide，BWG）天线，正在新建 1 个 34 m BWG 天线。

（2）马德里深空通信综合设施（北纬 40°25′53″，西经 4°14′53″），位于西班牙首都马德里以西 60 km。目前在运行的有 1 个 70 m 天线，1 个 34 m 高效率天线，2 个 34 m 波束波导天线，另有 2 个 34 m 波束波导天线在建。

（3）堪培拉深空通信综合设施（南纬 35°24′05″，东经 148°58′54″），位于澳大利亚首都堪培拉西南 40 km。目前在运行的有 1 个 70 m 天线，3 个 34 m 波束波导天线，有 1 个 34 m 波束波导天线在建。

1.2 ESA 深空测控网

ESA 深空网的建设始于 1998 年，目前已经建成了 3 个全球分布的具有 35m 口径天线的深空站，分别是澳大利亚新诺舍（New Norcia）站、西班牙塞夫雷罗斯（Cebreros）站和阿根廷马拉圭（Malargüe）站，3 个深空站可以由位于德国达姆施塔特（Darmstadt）的欧洲空间操作中心（European Space Operations Centre，ESOC）进行远程操作控制，其布局如图 5 所示。ESA 是世界上第 2 个建成全球布站深空测控网的航天机构。

（1）新诺舍深空站（南纬 31°2′53.61″，东经 116°11′29.40″），位于澳大利亚西部珀斯市以北 150 km 新诺舍镇以南 8 km，2003 年建成。

（2）塞夫雷罗斯深空站（北纬 40°27′09.68″，西经 04°22′03.18″），位于西班牙马德里以西的埃维拉省塞夫雷罗斯城以南 12 km，2005 年建成。

（3）马拉圭深空站（南纬 35°46′33.63″，西经 69°23′53.51″），位于南美洲阿根廷西部门多萨省马拉圭市以南 30 km，距离布宜诺斯艾利斯市（Buenos Aires）1 200 km，2012 年底建成。

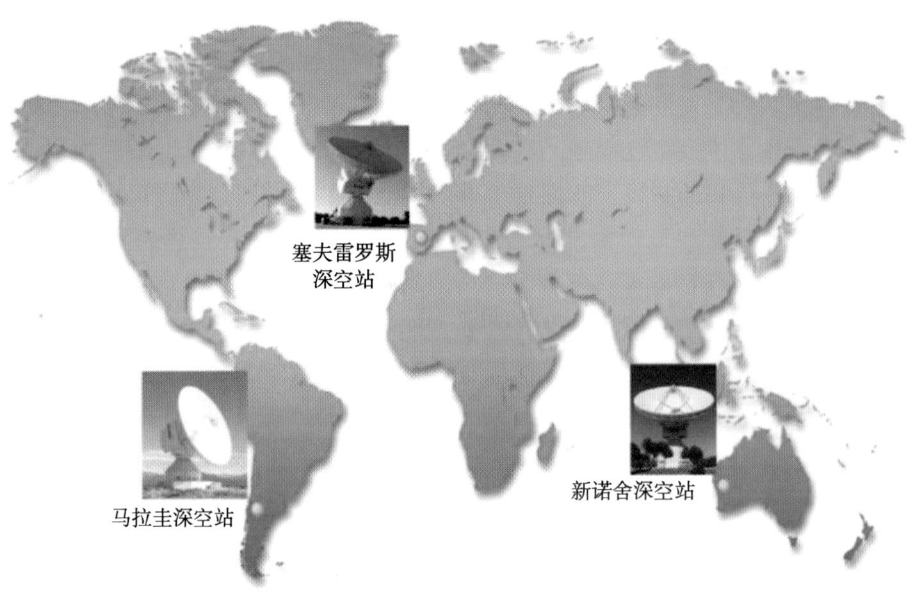

图 5　ESA 深空测控网布局示意图

2　中国深空测控网现状

目前，中国深空测控网由分布在中国东北部地区和西北部地区的 2 个深空站和位于南美洲阿根廷西部地区的 1 个深空站组成。具备支持各类月球和深空探测任务的多频段遥测、遥控、数据接收和跟踪测量等功能，是目前世界上功能完备全球布局的三大深空测控网之一。

2.1　总体概况

全球布局的中国深空测控网包括中国西北部喀什地区 35 m 深空站、中国东北部佳木斯地区 66 m 深空站和位于南美洲阿根廷西部内乌肯省萨帕拉地区的 35 m 深空站。从整体布局而言，中国深空测控网并不是最优的地理布局，国内两个深空站的经度差只有 54°，喀什深空站和阿根廷深空站的经度差为 146°，测控覆盖搭接时间约 2 小时，而阿根廷站和佳木斯站的经度差则达到了 160°，无法实现 10°仰角的测控覆盖搭接。因此，中国深空测控网对深空航天器的测控覆盖率只能接近90%，如图6所示。即便是在5°仰角状态，当星下点位于南纬20°以南时佳木斯深空站和阿根廷深空站之间也还存在一段测控无法覆盖的空档弧段，如图7所示。

中国深空测控网采用了国际标准的S，X和Ka三频段，频率范围覆盖NASA和ESA深空站的频率范围，符合国际电联和CCSDS的相关建议，如表1所示。目前S和X频段上下行链路均可用，Ka频段主要用于下行接收。

中国深空测控网在规模上与ESA的深空测控网相当，都是在全球范围内建设了3个深空站，具备独立支持深空探测任务的能力。中国深空测控网的建设起步晚、起点高，作为支撑国家重大航天工程任务的重要基础设施，中国深空测控网从规划设计之初就立足现实、着眼长远，在总体设计上提出了：（1）兼顾中国月球探测和未来深空探测任务；（2）具备测控、数传和长基线干涉测量等多种功能于一体，最大限度发挥深空测控网效能；（3）在技术体制上与国际主流的NASA，ESA深空任务测控体制相互兼容，利于国际合作与任务交互支持等基本原则[13]。

在深空站的站址选择上，重点从电磁环境方面考虑，以确保深空站极高灵敏度接收机尽可能不受外界电磁干扰，达到国际电联建议书（ITU-RSA.1157-1）给出的深空站干扰保护标准[14]。因此，所选深空站的站址基本上都处于远离微波中继通信干线、移动通信基站、高压线、高等级公路和电气化铁路的山区，从而避免外界电磁环境抬高接收的系统噪底所导致的接收灵敏度恶化；同时还充分利用站周围的地形遮蔽条件，进一步降低外界电磁干扰对深空站的影响，同时也避免了深空站大功率发射信号对外界环境的电磁辐射影响。

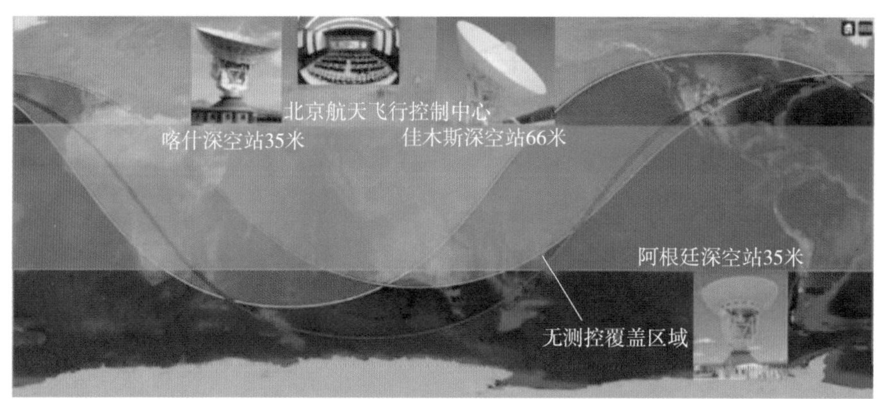

图6　中国深空测控网10°仰角测控覆盖示意图

表1　深空测控工作频段

频段	上行链路（MHz）	下行链路（MHz）
S	2 025～2 120	2 200～2 300
X	7 145～7 235	8 400～8 500
Ka	34 200～34 700	31 800～32 300

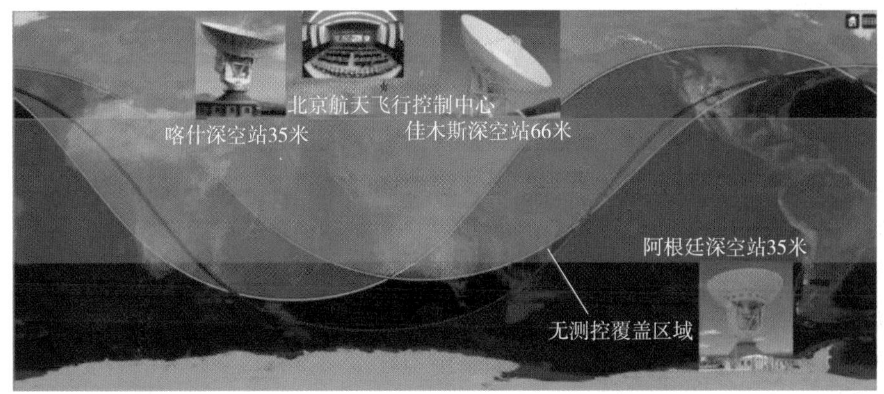

图 7　中国深空测控网 5°仰角测控覆盖示意图

（1）佳木斯深空站。佳木斯深空站（北纬 46°29′37″，东经 130°46′12″），位于中国黑龙江省佳木斯市东南约 45 km 桦南县境内。站址所处的区域，属于完达山支脉的低山丘陵地区，地势东北高、西南低，周边低山的海拔都在 300～400 m 左右，与山谷的相对高程差在 100 m 左右，66 m 口径的天线布设其中，可以形成较好的遮蔽条件，如图 8 所示。气候属温带大陆性季风气候，春季干旱风大少雨，夏季温热多雨，秋季降温急剧多早霜，冬季寒冷漫长。因此，在该站建设了一套具备 S/X 双频段测控能力的 66 m 深空测控设备（综合考虑气象等因素暂未考虑 Ka 频段），于 2013 年建成并投入使用。

图 8　佳木斯深空站 66 m 测控设备与站址周边地形

（2）喀什深空站。喀什深空站（北纬 38°26′34.7″，东经 76°43′40.3″），位于中国新疆维吾尔自治区喀什市以南约 130 km 莎车县境内。站址所处的区域位于昆仑山北麓、帕米尔高原脚下，塔克拉玛干沙漠西缘。站址西南方向是连绵高耸的昆仑山脉，周边的山峦与站址的高差也都在 100 m 以上，遮蔽条件良好，如图 9 所示。该区域属温带大陆性干燥型气候，四季分明、气候干燥、日照时间长、水分蒸发量大。因此，在该站建设了一套具备 S/X/Ka 三频段测控能力的 35 m 深空测控设备，于 2013 年建成并投入使用。

图 9　喀什深空站 35m 测控设备与站址地形

（3）阿根廷深空站。阿根廷深空站（南纬 38°11′28。90″，西经 70°8′58.20″），位于南美洲阿根廷西部内乌肯省萨帕拉市以北约 80 km，站址所处的区域，位于南美洲巴塔哥尼亚（Patagonia）高原的北缘，地势由西向东逐步降低。站址西面是高耸的安第斯山脉，周边的群山环绕，与站址的高差也都在 200 m 以上，遮蔽条件良好，如图 10 所示。该区域的气候介于温带大陆性气候和高原山地气候之间，有温季和干季之分。夏季热，大部分晴天，冬季寒冷，部分多云，全年干燥和多风。因此，在该站建设了一套具备 S/X/Ka 三频段测控能力的 35 m 深空测控设备，于 2017 年建成并投入运行。

图 10　阿根廷深空站 35 m 测控设备与站址地形

2.2 系统功能和性能

深空测控网利用深空测控设备上行或下行无线链路和深空航天器上的测控应答机，可以实现 3 种基本功能。第 1 个功能，也是最为重要的，就是获取无线电跟踪测量数据的功能。深空航天器在轨运行期间，任务中心利用许多无线电测量信息估计航天器的精确位置，包括多普勒（Doppler）信号数据、测距信息数据、两个测站构成的差分干涉测量数据等。第 2 个功能是利用加入上行链路（从深空测控站发出）和下行链路（从深空航天器发出）的调制信号，通过上行链路发送遥控指令至深空航天器，同时通过下行链路将航天器上的工程和科学数据发送回地球。第 3 个功能是利用深空测控网作为科学测量仪器用于无线电科学和雷达天文学研究。

中国深空测控网在系统功能上实现了测控、数传、干涉测量一体化。首先，在无线电跟踪测量方面，具备基本的测距、测速和干涉测量功能。目前，可以支持双向相干多普勒测速、单向测速和三向测速，数据类型包括多普勒频率和相位，S 频段测速精度可以达到 1 mm/s，X 频段测速精度可以达到 0.1 mm/s[15]；测距支持侧音测距、ESA 标准音码混合测距和 CCSDS 建议标准的伪码测距，双向测距精度可以达到 1 m[15]；干涉测量具备支持 S，X 和 Ka 三频段的窄带测量能力，可以实现差分单向测距（differential One-way Ranging，DOR）和单向差分多普勒（Differential One-way Doppler，DOD）观测，并已经实现了与 ESA 深空站的联合测量和数据交互。其次，在遥测遥控和数据接收功能方面具备符合 CCSDS 建议标准的调制方式、波形、数据码速率和信道编码方式，同时还引入了 CCSDS 空间链路扩展协议（Space Link Extension，SLE）以实现不同航天机构之间的交互支持，并已经实现了与欧洲空间操作中心（European Space Operation Center，ESOC）的互联互通和月球探测任务的支持。第三，在科学应用方面，深空测控站已经具备一定的宽带射电天文观测能力，在可用接收频段内能够进行射电天文观测，同时还具备了双频段多普勒同时测量能力，可用于无线电科学研究。

中国 35 m 三频段深空测控设备和 66m 双频段深空测控设备均是由天伺馈分系统、发射分系统、高频接收分系统、多功能数字基带分系统、监控分系统、数据传输分系统、时频分系统、CCSDS 空间链路扩展服务终端分系统、标校分系统和自动测试分系统等组成的[15]。

• 大口径波束波导天伺馈。中国深空测控网 3 套设备的天伺馈系统均采用了 35 m/66 m 大口径赋形卡塞格伦天线和波束波导馈电方式，如图 11 所示，能够满足多频段工作、较高的系统 G/T 值和高指向精度等要求。采用波束波导技术，还实现了将体积较大的馈源及其他电子设备移到地面，便于安装和维修，也利于接收件采用低温制冷技术，从而降低系统噪声温度提高系统 G/T 值，同时也减小了大功率发射馈线的损耗，利于保证实现较高的 EIRP 值。

• 大功率发射机。深空测控设备所采用的大功率发射机发射功率都在数十 kW 量级，主要由大功率速调管、高功率电源、冷却设备、输出微波网络、控保与监控等部分组成。中国深空测控设备采用了自主研发的 S/X 频段 10 kW 速调管发射机，由国产单注速调管作为末级放大器，输出功率大于 10 kW，带宽大于 95 MHz（−1 dB)，实现了整个工作频带免调谐和功放设备输出功率 0.1 dB 步进的精确控制，如图 12 所示。针对深空测控设备 10 kW S/X 频段速调管工作时发热量大，对其采取了液冷和风冷相结合的冷却方式。

• 低噪声高频接收机。高频接收分系统实现了对接收到的 S/X/Ka 射频信号进行低噪声放大和变转换，其设备配置能够满足双目标、双点频左右旋同时接收的需求。配置的

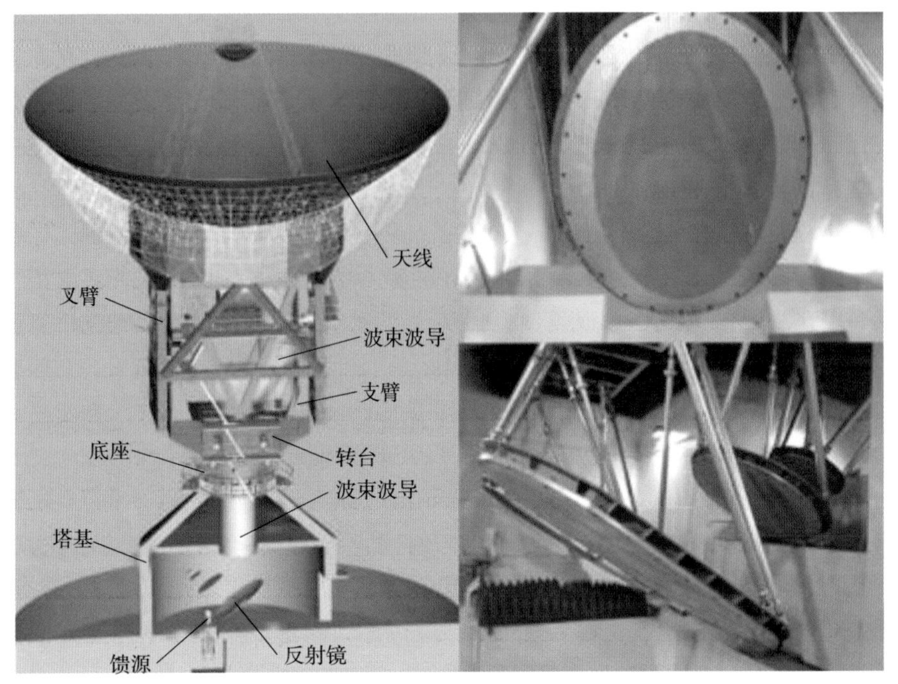

图 11　35 m 深空测控天线波束波导结构示意（左）及双色镜（右）[15]

图 12　佳木斯 66m 深空测控设备 S 频段（左）10 kW 发射机和 X 频段（右）10 kW 发射机[15]

S/X/Ka 三频段低温接收机，深度冷却低噪声放大器，有效降低低噪声放大器的噪声温度，S 段低温接收机噪温小于 18 K，X 频段低温接收机噪温小于 20 K[15]，如图 13 所示。

• 高精度时频系统。时频系统主要由氢钟、频率净化器、时码信号产生器/分配器、GPS/北斗定时接收机、GPS 共视接收机、频率信号分配放大器、时频监控以及联试用铷原子频率标准等部分组成。时频分系统配备两台主动型氢钟和频率净化器（见图 14）为其他分系统提供所需的高精度频率基准信号和时标脉冲（见表 2）；还能接收外部输入的时间码信号或通过分系统内部的 GPS 或北斗定时接收机，产生全系统所需的时间基准信号。同时配置高精度 GPS 共视接收机来实现高精度站间时间同步，多站联合观测站间时间同步精度优于 20 ns。

图 13　深空测控设备配置的 X 频段制冷接收机和低温放大器

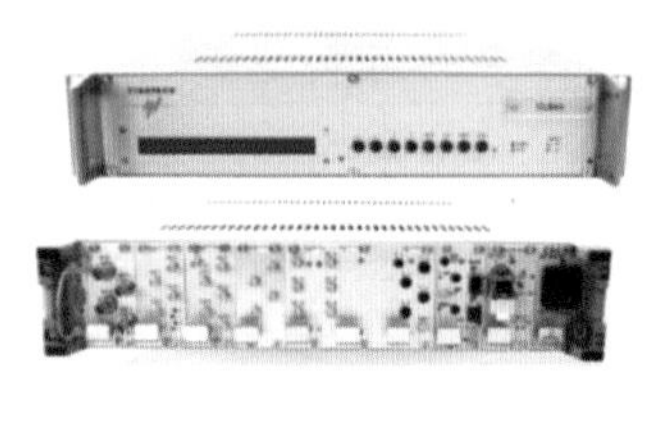

图 14　深空测控设备配置的主动型氢原子钟和频率净化器[15]

表 2　深空测控设备时频分系统输出信号[15]

编号	信号类型	信号数量
1	10 MHz 正弦波	16
2	100 MHz 正弦波	16
3	1 pps	12
4	10 pps	5
5	100 pps	5
6	1 kpps	5
7	IRIG-B（TTL）输出	16
8	时间和频率监控	1

中国深空测控系统在功能和性能上与美国、ESA 等所属的深空站处于同一水平。表 3 和 4 分别给出了国际典型大口径深空测控设备的性能参数。

表 3　国际典型大口径深空测控设备性能比较（64 m/66 m）

	俄罗斯 64 m	日本 64 m	意大利 64 m	中国 66 m
S-band EIRP（dBW）	-	104	-	97.3
S-band G/T（dB/K）	-	44（15°EL）	41（15°EL）	41.8（10°EL）
X-band EIRP（dBW）	107。8	113	108	108.3
X-band G/T（dB/K）	51.7（5°EL）	55.1（15°EL）	54.5（10°EL）	53.3（10°EL）

表 4　国际典型大口径深空测控设备性能比较（34 m/35 m）

	ESA 35 m	NASA 35 m	中国 35 m
S-band EIRP（dBW）	97	98.1	93
S-band G/T（dB/K）	37.5（10°EL）	39.4（10°EL）	37（10°EL）
X-band EIRP（dBW）	107	109.4	104
X-band G/T（dB/K）	50.1（10°EL）	50.0（10°EL）	50.0（10°EL）
Ka-band EIRP（dBW）	101（design value）	108.5（DSS-25）	（Scalable）
Ka-band G/T（dB/K）	55.8（10°EL）	60.8（45°EL）	56（10°EL）

2.3 任务支持情况

（1）嫦娥二号任务 S 频段测控支持

2011 年，喀什 35 m 和佳木斯 66 m 深空测控设备基本建成，初步具备全功能测控和数传能力。此时，嫦娥二号卫星已完成各项既定的工程和科学探测目标，2011 年 8 月 25 日嫦娥二号到达了日地拉格朗日（Lagrange）L2 点（简称日地 L2 点）[16,17]，进行了为期 10 个月的科学探测；喀什 35 m 和佳木斯 66 m 从 2011 年 10 月开始为嫦娥二号卫星提供测控支持，期间先后检验了两套深空测控设备对深空探测器的 S 频段遥控、遥测、数传和干涉测量数据采集等功能，验证了其双向测距、测速数据和天线指向控制等精度，对相关技术指标进行了系统测试。并顺利支持了嫦娥二号在 2012 年 12 月 13 日国际上首次近距离飞越探测编号 4179 的“图塔蒂斯”（Toutatis）小行星的再拓展任务。之后喀什 35 m 和佳木斯 66 m 深空测控设备一直负责嫦娥二号卫星的测控支持，最远跟踪嫦娥二号卫星至约 1 亿 km，最终因卫星下行信号消失，与地面失去联系。同时在嫦娥二号任务中，开展了 X 频段测控技术试验，对后续任务正式使用的 X 频段测控进行先期验证[18,19]。

（2）嫦娥三号任务 X 频段测控支持[20]

嫦娥三号探测器于 2013 年 12 月 2 日发射，14 日安全着陆在月球虹湾着陆区，实现了中国首次在地外天体上进行原位和巡视探测。从 2013 年 12 月开始，喀什 35 m 和佳木斯 66 m 两套深空测控设备正式作为参试设备参加嫦娥三号任务。其间，两套深空测控设备首次利用 X 频段完成了探测器地月转移、环月、动力下降、月面工作段的各项测控任务，期间获取的双向和三向测距测速、差分单向测距、同波束干涉测量等数据为高精度测定轨、动力下降轨迹监视和探测器月面绝对和相对位置确定等提供了高精度的测量数据。深空测控设备实现了 X 频段测控，测量数据精度相比 S 频段提高 3～5 倍。截至目前，两套深空测控设备仍在持续为嫦娥三号着陆器提供各项测控支持。

（3）嫦娥四号任务全网 S/X 双频段测控支持[21-23]

2017 年底，阿根廷 35 m 深空测控设备建成并在 2018 年 5 月 21 日发射的嫦娥四号“鹊桥”中继星任务正式投入使用，和国内喀什 35 m 和佳木斯 66 m 深空测控设备共同为鹊桥提供了 S 频段测控支持，这也是中国深空测控网首次全网执行测控任务。2018 年 12 月 8 日，嫦娥四号探测器成功发射，深空测控网的全部 3 个深空站为探测器任务提供了全程 X 频段测控通信支持。2019 年 1 月 3 日，嫦娥四号探测器成功着陆于月球背面的预选着陆区——冯・卡门撞击坑（Von Karman Crater），成为世界第 1 个在月球背面实现软着陆和巡视探测的航天器，并实现了世界上首次月球背面航天器与地球之间的中继通信，如图 15 所示。嫦娥四号任务首次全面检验了深空测控网全网协同工作和稳定可靠运行、多频段与多目标联合测控等能力，为深空测控网后续对更远深空探测器提供测控支持奠定了坚实的技术基础。

图 15　在月球背面的嫦娥四号着陆器、玉兔二号月球车以及鹊桥中继星工作示意图

3 中国深空测控网未来展望

以嫦娥四号任务圆满成功为标志，中国探月工程四期和深空探测工程全面拉开序幕。在嫦娥五号任务之后将实施嫦娥六号、嫦娥七号和嫦娥八号 3 次月球探测任务。嫦娥六号计划在月球南极进行采样返回；嫦娥七号是在月球南极，包括对月球的地形地貌、物质成分、空间环境等进行一次综合探测；嫦娥八号除了继续进行科学探测试验以外，还要进行

一些关键技术的月面试验。中国未来深空探测工程将实施 4 次重大任务：2020 年发射首个火星探测器，一次实现火星环绕和着陆巡视探测；2024 年前后进行一次小行星探测；2028 年前后实施第 2 次火星探测任务，进行火星表面采样返回，开展火星构造、物质成分、火星环境等科学分析与研究；2036 年前后开展木星系及行星际穿越探测。

未来中国深空测控网将面临更复杂的测控通信任务、更遥远的测控通信距离、更高的深空导航精度等诸多新的挑战[24]，伴随着后续月球和深空探测工程的实施，中国深空测控网在规模和性能上都将会有大幅度的提升。

3.1 更强的深空测控通信能力

3.1.1 构建天线组阵系统

遥远距离的深空测控通信始终是深空探测活动面临的重大挑战。随着科学探测能力的不断提高，对数据传输速率需求也越来越高；而随着探测距离的持续增大，地面所接收到的信号强度却越来越微弱，单纯依靠地面大口径天线解决这一问题变得越来越困难[25]。天线组阵接收技术是利用地面多个天线组成天线阵列，将各个天线所接收到的信号进行合成，从而达到增大天线口径的效果，实现遥远距离信号的有效接收。

即将在 2020 年实施的首次火星探测任务中，中国深空测控网的测控通信支持距离将进一步延伸到 4 亿 km 远。为了提高深空测控网的数据接收能力，中国正在喀什深空站建设 3 个 35 m 口径新天线，与原有的 1 个 35 m 天线组成天线阵系统，通过天线组阵接收技术，使得喀什深空站在 X 频段深空任务测控通信数据接收能力达到与佳木斯深空站 66 m 深空测控设备相当的水平（见图 16）。未来还计划在阿根廷深空站构建类似的天线阵系统，从而实现更强更远的测控通信能力。

喀什4×35 m天线阵

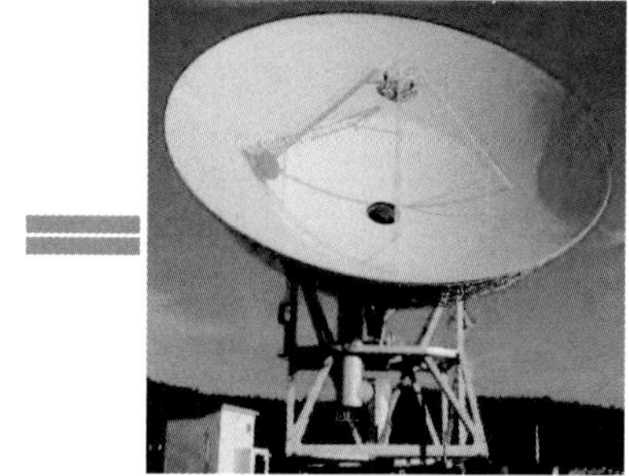

佳木斯66 m天线

图 16　中国喀什深空站 4×35 m 天线组阵示意图

此外，组成天线阵系统的各个 35 m 天线均可以升级成为独立的 35 m 深空测控设备，从而实现每个深空站点更多任务目标的测控通信支持能力。

未来通过广域天线组阵还可以将中国国内可用的大口径天线都利用起来，能够形成等效天线口径超过 150 m 的接收能力，如图 17 所示，大大提升深空探测任务的数据接收能力。表 5 给出了天线组阵后的系统接收能力与单个大口径天线的对比。

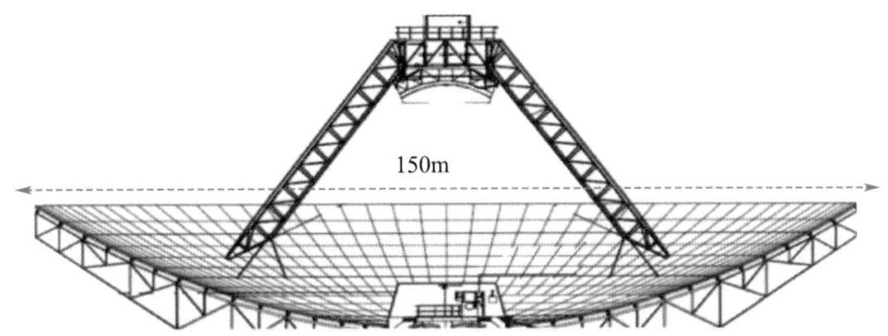

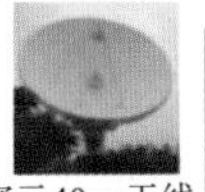

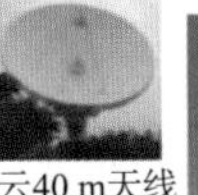

图 17　中国国内广域天线组阵示意图

表 5　天线组阵与单个大口径天线性能对比

	NASA 70 m	China 66 m	ESA 35 m	China 35 m	China wide area antenna array
X-band G/T (dB/K)	57	53.3	51	50	≥61
Ka-band G/T (dB/K)	-	-	55.8	56	≥67.5

3.1.2　应用 Ka 频段测控通信

为提高深空测控通信传输效率，还可以提高测控通信频率。目前，国际上深空测控通信主用的是 X 频段，更高的 Ka 频段还处在试验或应用初期阶段。采用频率比 X 频段更高的 Ka 频段还可以大幅度降低地球电离层、行星际空间等离子区以及太阳风的影响，提高深空任务测距测速精度，实现更高的深空导航精度。

中国深空测控网已经建成的喀什和阿根廷的 2 套 35m 深空测控设备已经具备了 Ka 频段下行接收能力。正在建设中的喀什深空站天线阵系统的 3 个 35 m 口径天线的表面精度也是按照支持 Ka 频段考虑的（优于 0.3 mm），后续可升级成具备 Ka 频段全功能测控通信能力的系统。

此外，在探月工程四期还规划了在佳木斯深空站新建 1 个 35m 口径 Ka 频段全功能测控设备，以支持 Ka 频段测控通信技术验证试验。也就是说，未来中国深空测控网将具备全面支持 Ka 频段测控通信的能力，数据接收能力和导航测量精度都将会得到大幅度的提升。

3.1.3 研制 100 kW 级大功率发射机

为了实现后续深空探测任务高速数据的可靠注入，进一步提升深空测控网的上行发射能力，在 2012 年自行研制 S 频段和 X 频段 10 kW 速调管发射机的基础上，2017 年又实验成功了 X 频段 50 kW 连续波速调管高功放，各项技术指标又达到一个新的高度，接近世界先进国家水平，如表 6 所示。后续还计划开发发射功率在 100 kW 量级的 X 频段连续波速调管高功放，以支持未来实施的火星采样返回任务和木星探测任务。同时，还将继续开展上行组阵技术攻关，充分利用发射信号空间和成的 N^2 效应，以实现更大的上行发射能力，支持未来更深远的行星际探测任务。

表 6　深空测控发射机功率对比

国家或组织	频段	最大发射功率
美国	S	20/400 kW
	X	20/80 kW
	Ka	800 W
欧空局	S	20 kW
	X	20 kW
中国	S	10 kW
	X	10/50 kW

3.1.4 发展深空光通信技术

深空光通信技术是指以激光或空间自由光为载体，通过望远镜进行深空通信的技术。激光的频率比射频信号高 4～5 个数量级，极高的频率使得激光具有更好的方向性和更为丰富的宽带资源[13]，并且在相同数据传输速率条件下，体积更小、质量更轻、投资费用更少。目前，国际上对于光通信技术的研究还处于研究和在轨验证阶段。美国在 2013 年 9 月发射的“月球大气与粉尘环境探测器”（LADEE），对月地激光通信技术进行了演示验证，实现了月地间下行 622 Mb/s 和上行 20 Mb/s 的通信速率。中国计划在探月工程四期开展地月激光通信技术验证试验[26,27]。

未来发展中国深空测控网光通信系统可能的技术途径包括：(1) 建设全球布局的地基 10 m 左右口径光学系统，考虑气象备份全球需要布设 6 套（间隔 120°分布 3 处站址，并各有 1 个气象备份站址）地面光学系统，潜在可选站址分布如图 18 所示，其优点是地面易于实现最大接收能力，缺点是受气象条件影响难以实现系统的高可用度，代价也较大；(2) 依托现有的 35 m 深空测控天线构建等效光学口径 6～8 m 的射频/光学混合系统，其优点是可以综合利用已有 35 m 深空测控设备、代价小，缺点是受限于已有站址环境其利用效率会比较低，如图 19 所示；(3) 构建基于星间链路的射频/光学混合认知通信网络，可以通过地球轨道中继的星间激光链路动态调整，避开因气象条件而不可用的地面站或者调整到射频进行数据传输，其优点是系统可用度高、运用灵活，缺点是系统复杂、建设代价巨大。

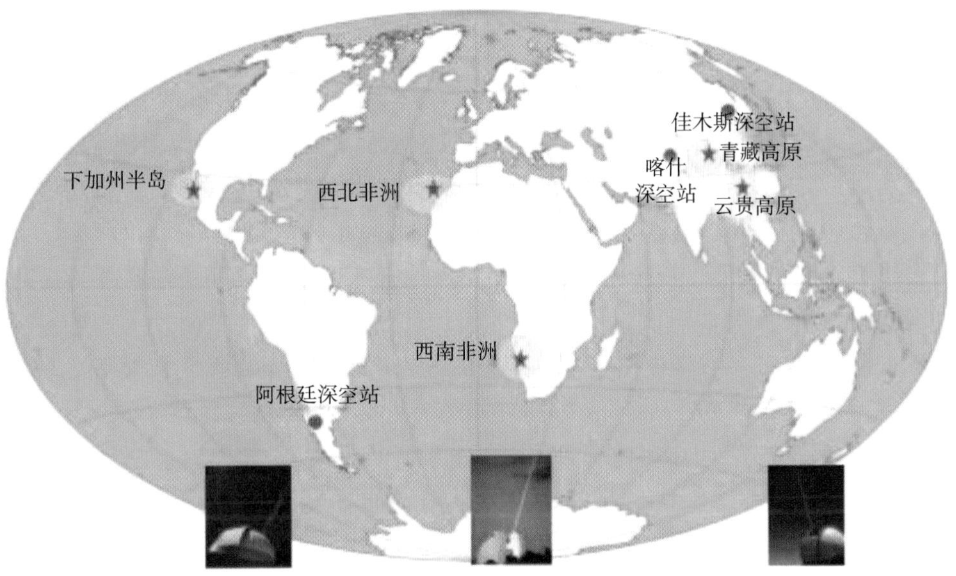

图 18　潜在深空光通信可选地面站址的分布示意

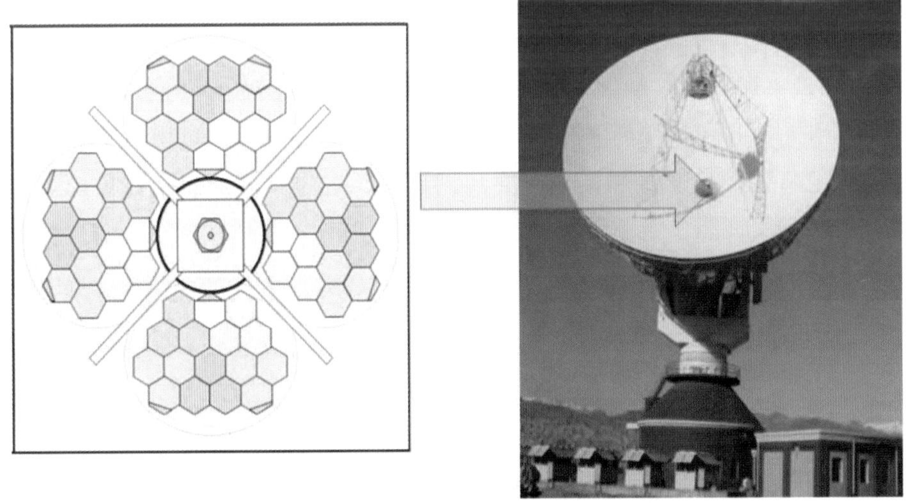

图 19　35 m 深空射频/光学混合系统示意图

3.2 更高的深空导航精度

3.2.1　构建相位参考干涉测量系统

相位参考干涉测量技术源自射电天文中的干涉成图方法，它依靠多天线间的基线长短指向组合，并利用了地球自转效应，通过时域和空域相结合的方法解出相位模糊度[15,28]。与传统无线电干涉测量方法相比，相位参考干涉测量充分挖掘了不同测站间基线随地球自转产生的指向和长短变化效应，以及不同测站间相对位置关系对相位模糊度的约束能力，相当于从时域和空域上扩展提高无线电干涉测量的方法[29]。

相位参考干涉测量技术具有几个优点：(1) 测量精度高，航天器与射电源角距测量精度优于 0.5 nrad，比现有的 ΔDOR 测量精度更高；(2) 不需要航天器具备特殊的信标，利用航天器下行载波信号就可以实现精确测量；(3) 灵敏度高，可以观测很弱的航天器信号，或者利用更弱的更靠近航天器的参考射电源，进一步减小系统误差；(4) 需要多个天线观测，但允许单个（或少数几个）天线在故障或气象条件差的情况下不对整体测量性能造成太大影响，系统冗余性和鲁棒性强；(5) 天线分布范围广，可以有效增加观测时间，方便制定观测计划[30]。

中国 VLBI（甚长基线干涉测量技术）天文观测网，包括上海天文台天马站 65 m、佘山站 25 m、国家天文台密云站 50 m、云南天文台昆明站 40 m 和乌鲁木齐天文台南山站 25 m 5 个天线[29]。2013 年中国喀什 35 m 和佳木斯 66 m 两个深空站也已建成投入运行，一共有 6 个大口径天线。其中最长基线为喀什深空站至佳木斯深空站，约 4 300 km。2013 年利用嫦娥三号开展了中国首次相位参考干涉测量试验，以嫦娥三号巡视器作为目标源，着陆器为参考源，利用 VLBI 天文观测网 4 个测站的数据，得到了可靠的巡视器相位参考图。通过与实际任务视觉定位结果对比，巡视器相对定位精度优于 1 m，等效于巡视器和着陆器相对角位置测量精度优于 0.5 mas，差分相时延测量精度达到 10 ps 量级[31]。

观测网规模越大，相位参考干涉测量的效果就越好。随着具备干涉测量能力的阿根廷 35 m 深空站和纳米比亚 18 mS/X 双频段测控设备投入使用，加上与 ESA 的 2 个深空站开展联网观测，就可以形成更优的基线组合和 UV 覆盖[32]，如图 20 和 21 所示。未来还可以综合利用国内已有的大地测量和其他天文观测设备，进一步增加测站数量，丰富基线组合，从而更有效地提高相位参考干涉测量的精度和实时性，为后续深空探测任务提供更高精度导航支持。

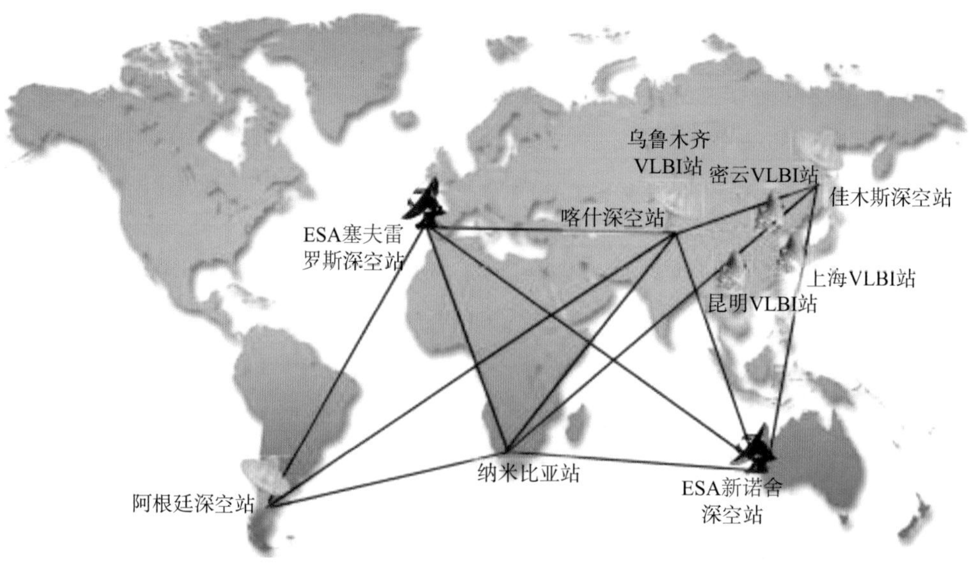

图 20　中国深空测控网国际联网条件下的干涉测量基线组合[31]

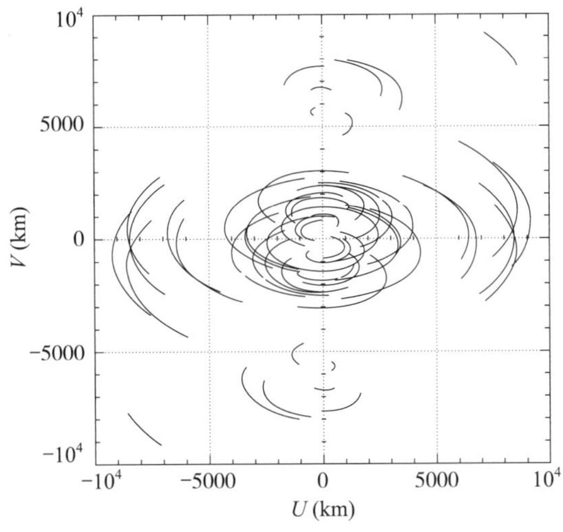

图 21　赤纬 30°时中国与 ESA 联网的干涉测量网 UV 平面覆盖图[31]

3.2.2　发展地月空间长基线干涉测量技术

提高深空导航干涉测量精度的另外一个途径就是通过延长基线获得更高的时延测量精度，将受限于地球直径的地基基线延伸到空间，乃至 38 万 km 远的地月空间，形成从地球到月球的超长基线。中国的空间 VLBI 计划提出在后续月球深空探测任务中在环月轨道上部署月球 VLBI 天线，通过与地基射电望远镜组网开展地月 VLBI 观测实验，如图 22 所示。我国空间 VLBI 将充分利用最近几年射电天文技术发展，通过配置高稳氢原子钟时频系统，宽频信号接收采集记录系统，与地面大口径高性能射电源望远镜组网观测，借助星地高速数据传输技术开展地月 VLBI 观测，预期在深空探测导航技术应用、天体测量学与天体物理学领域前沿课题观测研究 3 个方面展示技术能力，产出有国际影响力的成果。

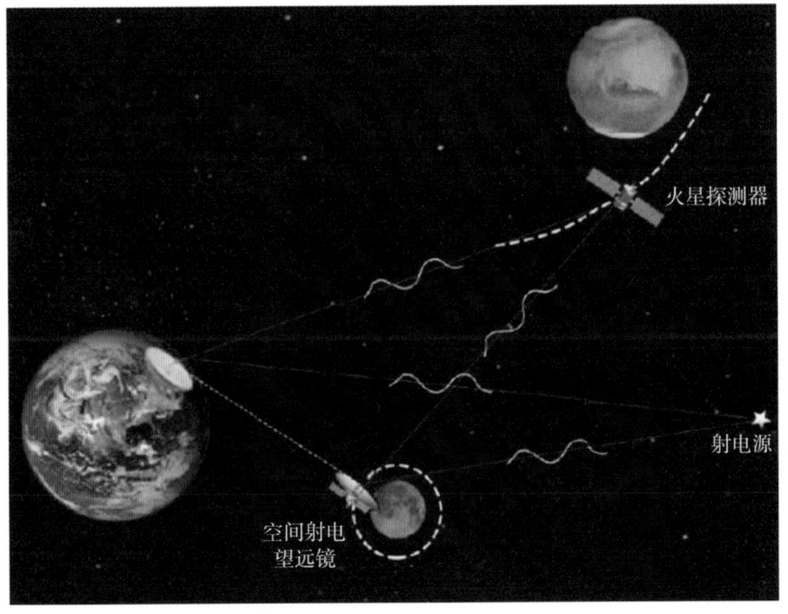

图 22　中国地月空间 VLBI 概念图

深空测轨技术方面，月球 VLBI 把我国 VLBI 网的基线长度提高约 100 倍。利用探测器信号在地月基线上开展 VLBI 天线指标，对 50 mJy 射电源在 512 MHz 带宽观测，300 s 积分的 VLBI 能力分析见表 7。

表 7　月球 VLBI 与地面测站组网的测量能力

地面站	灵敏度 (mJy)	信噪比	时延精度 (ps)
天马站 65 m	2.5	20	53
FAST	0.8	63	17

3.3 更多的科学探测应用

3.3.1 高精度时空基准测量

深空测控网的大口径天线系统作为接收设备使用时，其高接收灵敏度与射电天文观测设备性能相近，适当调整接收频率范围就可以实现对射电源的观测。

深空测控高精度时空基准是更远距离的深空探测任务（如火星、小行星、行星际探测等）实现高精度导航、工程目标、科学研究等的基本前提。定期、持续地参与国际联测，是建立国际天球、地球参考框架下深空测控高精度时空基准最为直接、有效的措施。自 2014 年起，中国佳木斯深空站、喀什深空站联合 VLBI 观测网定期开展了天文观测（简称天测）/大地测量（简称测地），获得了高精度的空间基准，验证了联合观测网的 EOP 观测能力。未来中国深空测控网将在现有基础上，进一步扩展设备的接收频率范围，将其作为高精度时空基准的测量设施，可以参与国际联测（全球网观测、区域网观测、UT1 加强观测等）。

3.3.2 天体引力场测量

目前，中国深空测控网具备 S，X 和 Ka 频段的单程、双程以及三程多普勒跟踪测量能力，并可以实现双频段同时能力。三程模式是地面跟踪站向探测器发射上行信号，由星上转发器接收，产生一个相干的下行信号，然后由另一地面站接收；双程模式与三程多普勒模式类似，不同之处在于双程模式发射站与接收站相同。双程模式是一种闭环跟踪模式，而三程模式是开环跟踪模式，其通信链路两端开放。多普勒数据是目前行星/月球重力场反演的重要观测量之一，目前深空测控系统多普勒测量精度可以优于 0.1 mm/s，相应的重力场模型精度也有很大的提高。

天体引力场探测可以揭示天体内部结构和物质组成的重要信息，是深空探测任务中的重要科学目标之一。天体引力场是行星科学的一个重要部分，是研究天体物理性质及内部结构、天体起源和演化等科学问题的主要手段。目前月球、火星等天体的引力场测量与反演主要是利用地基/天基无线电跟踪测量手段实现的，利用天地大回路或星间的无线电链路的多普勒测量数据。与此同时，多普勒测量数据还可用于基本物理学研究，例如通过测量 NASA 卡西尼号土星探测器与地球通信过程中的无线电频率的变化，Bertotti 等[33]得到了太阳系中对于广义相对论验证的一个强有力限制。此外，多普勒跟踪测量很可能是测量低频引力波（10^{-5}～1 Hz）的唯一方式[34]。

3.3.3 射电天文观测

大口径、高接收灵敏度的特点使得深空测控网在弱射电源观测方面具有极大优势。阿根廷深空站改善了南半球 VLBI 测站偏少、全球分布不均匀的局面，有利于南半球射电源的加密观测；深空测控网的 Ka 频段接收设备可用于 Ka 频段天球参考架观测，其多频段观测能力可有效支持不同频段天球

参考架的连接。深空测控网与国际 VLBI 联网，根据特定的观测纲要开展联测，可有效实现天球参考架的加密和精化，实现不同频段参考架之间的连接。

深空测控网在脉冲星观测方面同样可发挥重要作用。作为亚洲国家最大的全可动天线，佳木斯深空站 66 m 天线在脉冲星观测方面取得了丰硕成果；即将建成的喀什深空站 4×35 m 天线阵亦可用于脉冲星观测，观测效果甚至会优于佳木斯深空站。深空测控网通过长期开展脉冲星观测，构建脉冲星高精度星历表，搜索和发现新脉冲星，可为脉冲星导航提供不可替代的技术支撑，为人类认识宇宙作出贡献。

4 结束语

未来中国深空测控网将伴随着后续月球探测工程和行星探测工程实施的步伐，不断发展和壮大，系统规模和深空测控通信能力将会得到大幅度提升，能够实现覆盖太阳系内所有探测任务的能力，达到国际一流水平。同时，深空测控网还将参与到科学探测应用领域工作，为科学探测和时空基准测量提供有力支撑，充分发挥其作为国家航天重要基础设施的积极作用和效益。

致谢

中国科学院上海天文台黄勇研究员、北京跟踪与通信技术研究所徐得珍助理研究员，对本文撰写提供了有益的帮助。

参考文献

[1] 栾恩杰．中国空间探索的切入点——“地月日大系统研究”的观念［J］．航天器工程，2007，16：1-8.

[2] 吴伟仁，于登云，黄江川，等．太阳系边际探测研究［J］．中国科学：信息科学，2019，49：1-16.

[3] Consultative Committee for Space Data Systems（CCSDS）. Radio Frequency and Modulation Systems—Part 1 Earth Stations and Spacecraft. Recommendations for Space Data System Standards CCSDS 401.0-B. Blue Book, 2008. https://public.ccsds.org/Pubs/401x0b29.pdf

[4] 吴伟仁．深空探测与深空测控通信技术．中国宇航学会深空探测技术专业委员会第九届学术年会［C］．杭

州，2012.

[5] 吴伟仁，于登云．深空探测发展与未来关键技术［J］. 深空探测学报，2014，1：5-17.

[6] 吴伟仁，刘旺旺，唐玉华，等．深空探测及几项关键技术发展趋势．中国宇航学会深空探测技术专业委员会第十届学术年会论文集［C］. 2013.

[7] 叶培建，黄江川，孙泽洲，等．中国月球探测器发展历程和经验初探［J］. 中国科学：技术科学，2014，44：543-558.

[8] 中国大百科全书总编辑委员会．中国大百科全书——航空航天卷［M］. 北京：中国大百科全书出版社，1985.

[9] 吴伟仁，董光亮，李海涛，等．深空测控通信系统工程与技术［M］. 北京：科学出版社，2013.

[10] 李海涛，王宏，董光亮．深空站站址纬度选择问题的分析［J］. 飞行器测控学报，2009，28：1-6.

[11] 吴伟仁，刘晓川．国外深空探测的发展研究［J］. 中国航天，2004，1：26-30.

[12] Mudgway D J. Uplink-downlink：a history of the deep space network 1957-1997. National Aeronautics and Space Ad-ministration Office of External Relations，Washington，2001. https：//history. nasa. gov/SP-4227/Uplink-Downlink. pdf

[13] Cheung K-M，Abraham D，Arroyo B，etal. Next-generation ground network architecture for communications and tracking of interplanetary smallsats. In：Proceedings of the CubeSat Developer Workshop，San Luis Obispo，2015.

[14] International Telecommunication Union（ITU）. Protection criteria for deep-space research. ITU-R SA. 1157-1. https：//www. itu. int/rec/R-REC-SA. 1157/en

[15] 董光亮，李国民，王新永．中国深空网：系统设计与关键技术（中）S/X/Ka 三频段深空测控通信系统［M］. 北京：清华大学出版社，2016.

[16] 吴伟仁，罗辉，谌明，等．面向嫦娥二号日地拉格朗日 L2 点探测的深空遥测数传系统设计与试验［J］. 系统工程与电子技术，2012，34：2559-2563.

[17] 吴伟仁，崔平远，乔栋，等．嫦娥二号日地拉格朗日 L2 点探测轨道设计与实施［J］. 科学通报，2012，57：1987-1991.

[18] 吴伟仁，李海涛，董光亮，等．嫦娥二号工程 X 频段测控技术［J］. 中国科学：技术科学，2013，43：20-27.

[19] 吴伟仁，黄磊，节德刚，等．嫦娥二号工程 X 频段测控通信系统设计与试验［J］. 中国科学：信息科学，2011，41：1171-1183.

[20] 吴伟仁，于登云．"嫦娥 3 号"月球软着陆工程中的关键技术［J］. 深空探测学报，2014，1：105-109.

[21] Wu W R，Tang Y H，Zhang L H，et al. Design of communication relay mission for supporting lunar-farside soft landing. Sci China Inf Sci，2018，61：040305.

[22] 吴伟仁，王琼，唐玉华，等．"嫦娥 4 号"月球背面软着陆任务设计［J］. 深空探测学报，2017，4：111-117.

[23] 吴伟仁，王广利，节德刚，等．基于 ΔDOR 信号的高精度 VLBI 技术［J］. 中国科学：信息科学，2013，43：185-196.

[24] 吴伟仁．月球与深空探测的关键技术［C］. 中国深空探测第六届学术年会，长沙，2008.

[25] 李海涛．深空测控通信系统设计原理与方法［M］. 北京：清华大学出版社，2014.

[26] 张靓，郭丽红，刘向南，等．空间激光通信技术最新进展与趋势［J］. 飞行器测控学报，2013，32：286-293.

[27] Boroson D M，Robinson B S，Murphy D V，et al. Overview and results of the lunar laser communication demonstration. In：Proceedings of SPIE，San Francisico，2014.

[28] 董光亮，李海涛，郝万宏，等．中国深空测控系统建设与技术发展［J］. 深空探测学报，2018，5：99-114.

[29] Thompson A R，Moran J M，Swenson GW. Interferometry and Synthesis in Radio Astronomy. Hoboken：John Wiley& Sons Inc.，2008.

[30] 李海涛，周欢，张晓林．深空导航相位参考干涉测量技术研究［J］. 宇航学报，2018，39：147-157.

[31] Martin-Mur T J，Highsmith DE. Mars approach navigation using the VLBA. In：Proceedings of the 21st International Symposium on Space Flight Dynamics，Toulouse，2009.

[32] Napier P J, Bagri D S, Clark B G, et al. The very long baseline array. Proc IEEE, 1994, 82: 658-672.

[33] Bertotti B, Iess L, Tortora P. A test of general relativity using radio links with the Cassini spacecraft. Nature, 2003, 425: 374-376.

[34] Armstrong JW. Low-frequency gravitational wave searches using spacecraft Doppler tracking. Living Rev Relativ, 2006, 9: 1-60.

Status and prospect of China's deep space TT&C network

WU Weiren, LI Haitao, LI Zan, WANG Guangli, TANG Yuhua

Abstract As a core support system, China's deep space TT&C (tracking telemetry and command) network plays an irreplaceable role in deep space exploration. Driven by China's Lunar Exploration Project, the deep space TT&C network, with complete functions, advanced performance, and global layout, has been built in stages. Additionally, driven by the future lunar and planetary exploration projects, China's deep space TT&C network will realize stronger deep space tracking and telecommunications capabilities through the application of new technologies such as antenna arraying, optical communication, and phase reference interferometry. It will also be useful for deep space scientific exploration activities.

Keywords deep space TT&C network; function and performance; deep space communication; deep space navigation; scientific exploration

Design of communication relay mission for supporting lunar-farside soft landing*

WU Weiren, TANG Yuhua, ZHANG Lihua, QIAO Dong

Abstract Chang'E-IV will be the first soft-landing and rover mission on the lunar farside. The relay satellite, which is located near the Earth-Moon L2 point for relay communication, is the key to the landing mission. Based on an analysis of the characteristics of the task and the technical difficulties associated with the relay satellite system, the overall design scheme of the relay communication mission is proposed in terms of trajectory design and communication system design among other aspects. First, according to the complex dynamic environment, a mission orbit that serves as an uninterrupted communication link is presented. A short-duration and low-energy transfer trajectory with lunar flyby is discussed. Orbital correction and a low-cost control strategy for orbit maintenance in the Earth-Moon L2 point region are provided. Second, considering the existing technical constraints, the requirement of relay communication in different stages and the design schemes of frequency division and redundant relay communication system are introduced. Finally, based on the trajectory design index and the performance of the communication system, the overall design scheme of the relay communication mission is proposed. This mission will provide the technical support and reference required for the Chang'E-IV mission.

Keywords lunar farside; soft landing; relay communication; Earth-Moon Lagrange point

1 Introduction

Chang'E-IV will be the first attempt in the world at soft-landing and rover mission on the lunar farside. Owing to synchronous rotation of the moon, ground stations cannot directly communicate with the lander and rover on the lunar farside. Therefore, a relay satellite is indispensable for transmitting the scientific data obtained by the lander and

* SCIENCE CHINA Information Science, 2018, 61: 14.

rover back to the earth and to provide the corresponding measurement and control support. In addition, the relay satellite will be equipped with instruments to carry out scientific exploration and technical verification from its unique spatial location.

Lagrange points represent the general term of five dynamic libration points in a circular restricted three-body problem, including three collinear libration points (L1, L2 and L3) and two triangular libration points (L4 and L5). The distribution of libration points in the Earth-Moon rotating frame is shown in Figure 1.

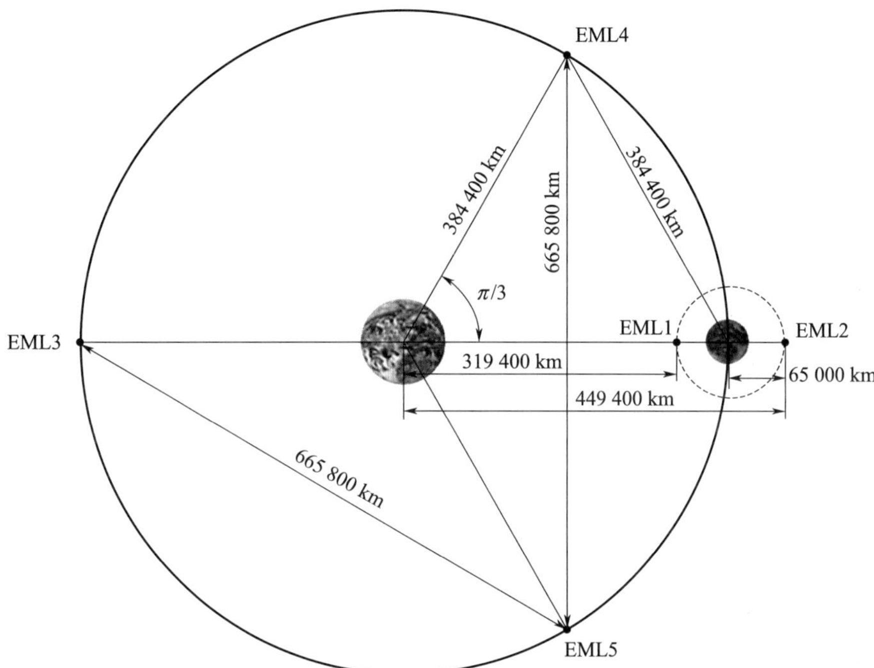

Fig. 1 Geometric relationships of the Earth-Moon system, and distributions of libration points.

Libration points have been investigated widely in space exploration and space science observation. Farquhar pointed out that a space station on a periodic orbit around the Earth-Moon libration points has advantages in lunar exploration over one in a circumlunar orbit[1,2]. Burns et al.[3] investigated the concept of human deep space exploration based on the lunar L2 point. Radio-astronomy measurements conducted by taking advantage of libration points are proposed in the Cosmic Vision program[4]. Owing to the unique value of libration points, as well as the requirements and constraints of the Chang'E-IV relay task, the region near L2 in the Earth-Moon system is selected as the mission area of the relay satellite. Relay communications services, telemetry and telecontrol supports, and the explorations of relevant space science will carried out here.

2 Analysis of characteristics and requirements of relay task

2.1 Characteristics of relay task

According to the taskrequirments, the relay satellite needs to use its own propulsion system to realize the transfer from Earth to the Earth-Moon L2 point and for long-term orbital maintenance. On the one hand, the relay satellite must realize forward and backward communication with the lander and rover of Chang'E-IV on the lunar farside. On the other hand, the relay satellite must provide real-time or time-delay relay communication with the uplink and the downlink of the Earth telemetry, track and command (TT & C) system, as well as the ground application system. The relevant links are shown in Figure 2.

The main features of the relay satellite task can be summarized as follows:

(1) Relay communication as main task. The relay satellite provides real-time/quasi-real-time communication support to the lander and rover of Chang'E-IV during the entire course of circumlunar, powered descent and in the surface working stages to ensure smooth implementation of the task.

(2) Special mission orbit. The relay satellite will run for a long time in the halo orbit, where the dynamic environment of space is rather complex.

(3) Long-term scientific exploration. The relay satellite will not only complete the relay communication task, but also carry out long-term scientific exploration and technical test validation.

(4) High reliability requirments. The relay satellite will guarantee relay communication for the lander and the rover. High reliability is required for both relay communication load and platform sub-systems.

2.2 Demands and challenges of relay task

The following challenges will be encountered in the implementation of the relay task:

(1) Variousconstraints on mission orbit design. These constraints contain coverage rate for landing area, minimum elevation angle of lander/rover antennas, minimum Probe-Earth-Moon angle, maximum Earth-Probe-Landing point angle, maximum distance between satellite and landing point, and maximum duration of shadow occlusion. These constrains are non-uniform, which makes the task of designing the mission orbit difficult.

(2) Difficulties in designing transfer orbit. The relay satellite must carry all fuels itself after separation from the carrier. Hence, low energy transfer must be considered as a

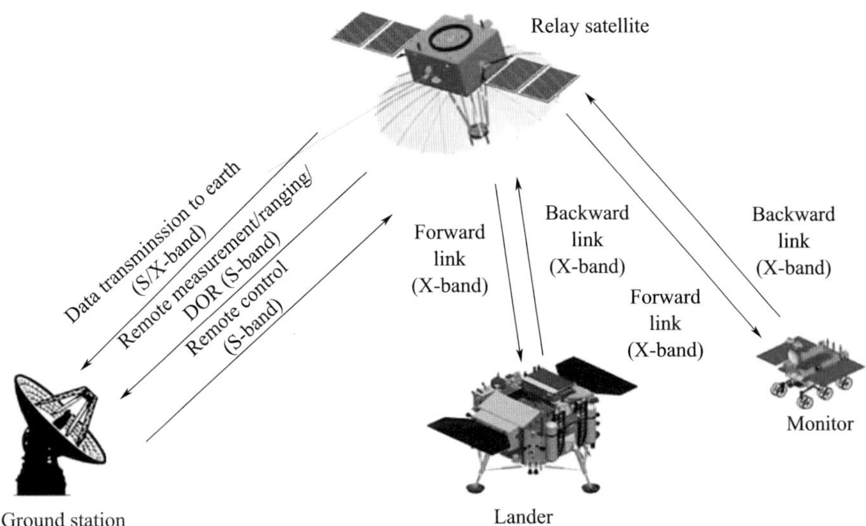

Fig. 2 Measurement and control of relay satellite and relay communication link.

primary factor in trajectory design. In addition, the transfer time should be shortened considering the constraints imposed by task time. However, low energy and short transfer time are non-uniform constraints on orbit design. Therefore, a compromise is achieved between these two factors.

(3) Difficult to maintain mission orbit for extended duration. During the mission, the relay satellite will be effected by gravitation from multi-body systems, including the Sun, Earth, Moon, and other planets. Moreover, it will be effected by non-spherical perturbation of Earth/Moon and solar radiation pressure. It is challenging to maintain the satellite in orbit over the long term with low energy consumption in such a complex dynamic environment.

Solving the above problems is imperative to the success of Chang'E-IV's relay satellite task. In addition, the task has high requirements in terms of lifespan and reliability, weight limit of the satellite, short development period. Therefore, it is important to comprehensive analyze the characteristics of Chang'E-IV's relay satellite task and to determine a reasonable and feasible solution.

3 Orbit design and analysis of relay satellite

The design of the relay satellite's orbit is an important part of the overall task design, which includes mission orbit design, transfer trajectory design, error correction, and mission orbit maintenance.

3.1 Mission orbit design

Although the circumlunar orbit, which is close to the lunar surface and easy to achieve, can be used for lunar relay communication, according to the dynamics features of the orbit, it is not possible for a single satellite to fulfill continuous communication in invisible areas such as the lunar farside. Using a constellation of multiple satellites will lead to complex monitoring and control efforts, increasing cost, and greater risk. Based on the characteristics of lunar synchronous rotation, if the relay satellite is deployed in the periodic orbit near the L2 point in the Earth-Moon system, a single satellite can establish a continuous communication relay with the lander and the rover on the lunar farside (as shown in Figure 3) by taking advantage of the unique dynamics property of this point. Farquhar studied this problem in depth[5-7]. Although the visibility of the relay satellite to one ground station is limited, usually less than 8 h, there are several ground stations on the Earth, including two ground stations in South America. In that case, the satellite can establish a continuous communication relay with ground stations for more than 23 h each day.

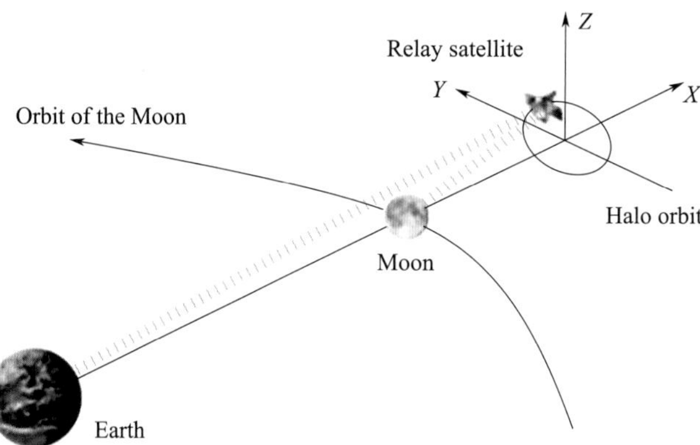

Fig. 3 Relay satellite located in Earth-Moon L2 halo orbit, and communications for lunar farside.

Compared with the circumlunar orbit, the periodic orbit around the Earth-Moon L2 point has the following advantages:

(1) The periodic orbit is visible uninterruptedly to the lunar farside for a long time and has a high coverage rate for the lander and the rover.

(2) The periodic orbit can maintain high visibility with the Earth, which is convenient for relay communications and for tracking and control from the ground station.

(3) The periodic orbit is slightly blockedby the Earth or the Moon and is well illuminated[8], which is beneficial from the overall satellite design viewpoint.

According to the theories on CRTBP, there are many types of periodic and quasi-periodic orbits near the equilibrium points (L1, L2, and L3), such as Lyapunov orbits, halo orbits, Lissajous orbits, and quasi-halo orbits, as shown in Figure 4.

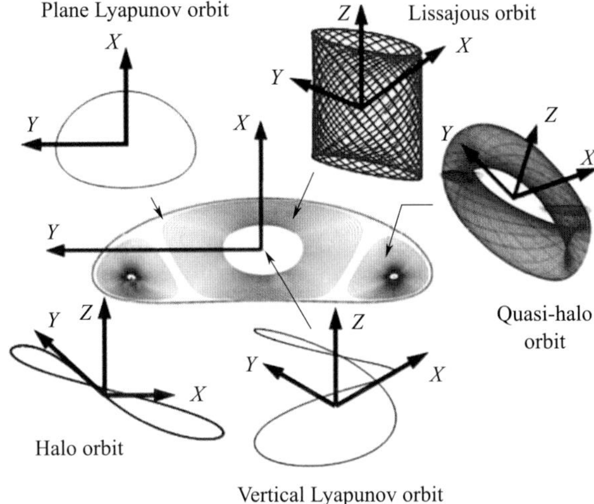

Fig. 4 Orbital types near the libration point.

The Lyapunov orbits consist of two types of orbits: planar and vertical. Planar Lyapunov orbits always move in the XY plane, while the vertical ones move mainly in the Z direction and pass through the X axis. Lissajous orbits are non-closed orbits, of which the amplitudes in the X direction and the Y direction are coupled. The amplitude in the Z direction is free. The projection of this orbit in the XY plane is approximately elliptical, and in three-dimensional space, it forms an approximate two-dimensional cylindrical surface. Halo orbits are closed curves in space. Their states satisfy certain relationships. According to the distribution of halo orbits in the XZ plane, they can be divided into the South and the North groups. Quasi-halo orbits are also non-closed orbits, which surround halo orbits and form a two-dimensional torus[9-14].

Both the plane and the vertical types of Lyapunov orbits are affected by long-term lunar shadow, which affects communication between the relay satellite and the ground station. Therefore, halo or Lissajous orbits are more suitable as the mission orbit for the relay satellite. A comparative analysis of these two types of orbits is given in Table 1.

Table 1 Comparison and analysis of halo and Lissajous orbits

Index	Halo orbit	Lissajous orbit
Earth communication coverage condition	No Moon occlusion always visible to the Earth	Short-time disruption due to lunar shadow
Shadow condition	Shadows caused by both the Earth and the Moon	Shadows caused by both the Earth and the Moon
Cost of orbit insertion	Relatively high	Relatively low
Velocity increment of orbit maintenance	Relatively small	Relatively large

Continued

Index	Halo orbit	Lissajous orbit
Frequency of orbit maintenance	Equivalent frequency	Equivalent frequency
Antenna beam angle for Earth communication	Relatively small	Comparatively large
Angle variation range of Sun relative to satellite Y -axis (shown in Figure 15)	Relatively small	Comparatively large

According to Table 1, halo orbits offer better communication conditions and lower cost of orbit maintenance than Lissajous orbits. Moreover, considering the position of the landing site, the south halo orbit is selected as the satellite's mission orbit. The amplitude of this halo orbit is selected to be about 13 000 km in the Z direction to balance communication performance and fuel consumption. The mission orbit in the rotating frame is shown in Figure 5.

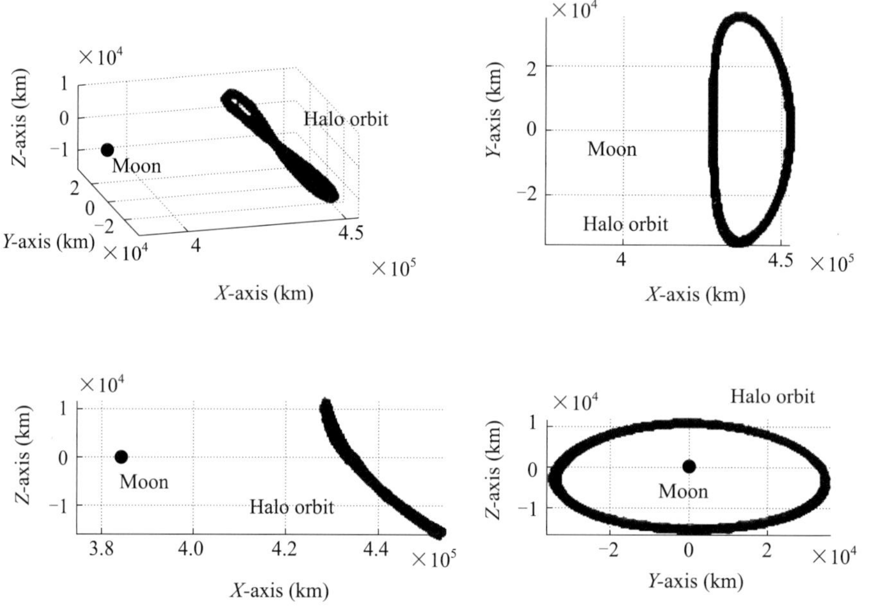

Fig. 5 Halo orbit in the region of Earth-Moon L2.

3.2 Transfer trajectory design

Transfer trajectories from the Earth to the Earth-Moon L2 halo orbit can be classified into three types as follows.

(1) Direct transfer. Thisinvolves direct transfer of the relay satellite into the region near the Earth-Moon L2 by applying two impulses[15-17]. One impulse is applied at the perigee and the other is applied to send the satellite into the mission orbit. The required

velocity increment is about 900～1 000 m/s after the satellite separates from the launch vehicle. The flight time is about 6 to 7 days. The transfer path is shown in Figure 6.

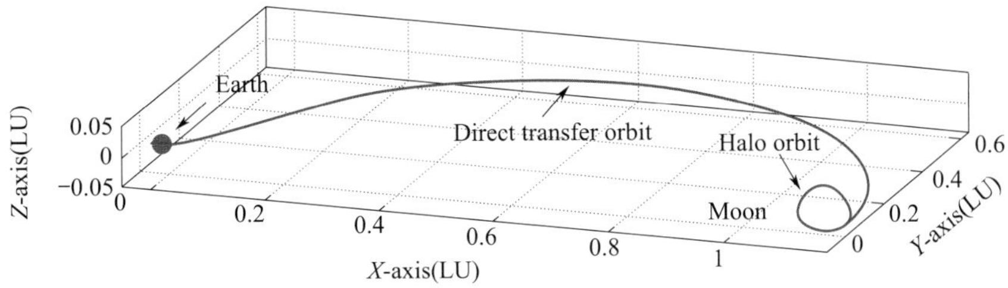

Fig. 6　Direct transfer trajectory (LU: Earth-Moon distance).

(2) Lunar flyby transfer. The relay satellite is first sent to the Earth-Moon transfer trajectory by means of a launch vehicle. An additional maneuver is performed at the perilune to send the satellite into the stable manifold or quasi-manifold of the (quasi-) periodic orbits near the Earth-Moon L2 point. When the satellite reaches the L2 region, one or several small impulses are applied to ensure its entry into the predetermined mission orbit[18, 19]. The transfer increment for this type is about 200～300 m/s. The flight time in the translunar trajectory is 4 to 5 days. Additionally, 5～10 days are required to enter the near Earth-Moon L2 region. Generally, it takes 3～4 weeks to adjust the orbital phase and insert the relay satellite into the mission orbit. The transfer trajectory is shown in Figure 7.

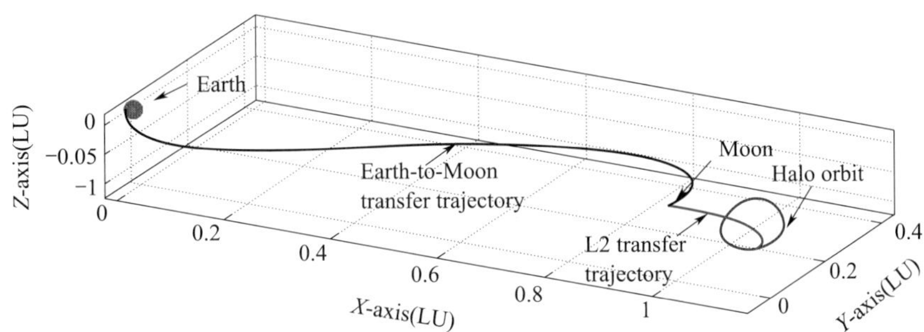

Fig. 7　Transfer trajectory with lunar flyby.

(3) Low-energy transfer. Low-energy transfers in the Earth-Moon system are of various types, and they can be divided into the following three main groups: (a) Low-energy transfer based on the Sun-Earth L1/L2 point, which means the relay satellite arrives at Sun-Earth libration L1/L2 point first and then returns to the Earth-Moon L2 point[20-22]. This process includes multiple amendments to match the Sun-Earth and the Earth-Moon manifolds. The transfer orbit is shown in Figure 8. (b) Low-energy transfer based on Earth-Moon L1 point[23, 24], which means the relay satellite is transferred to the Earth-Moon L1 point first and is then transferred to the Earth-Moon L2 point by

heterclinic connection between points L1 and L2. The transfer orbit is shown in Figure 9.
(c) Low-energy transfer in the Earth-Moon space based on the characteristics of the three-body system[25, 26]. The transfer orbit is shown in Figure 10. The speed increment of low energy transfer is about 0～200 m/s. The flight time will be more than 30 days, even 2～3 years.

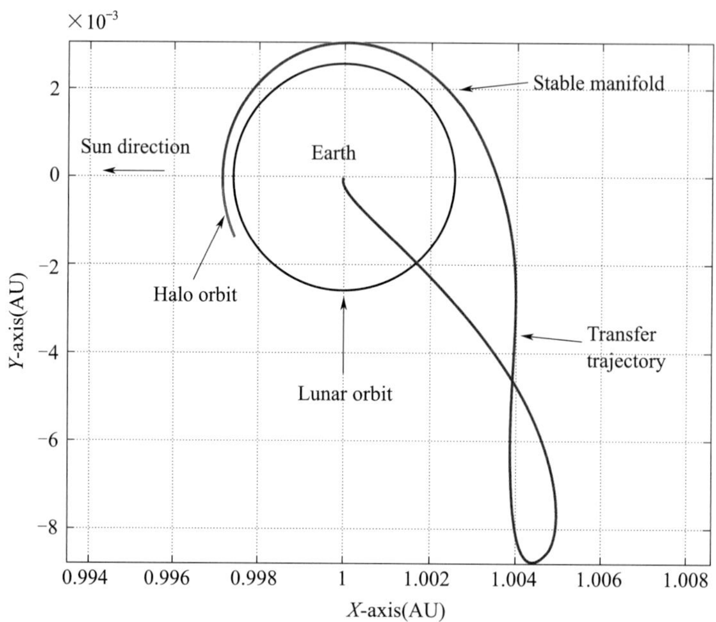

Fig. 8　Flight trajectory of low-energy transfer via Sun-Earth L2 point (AU: Sun-Earth distance) .

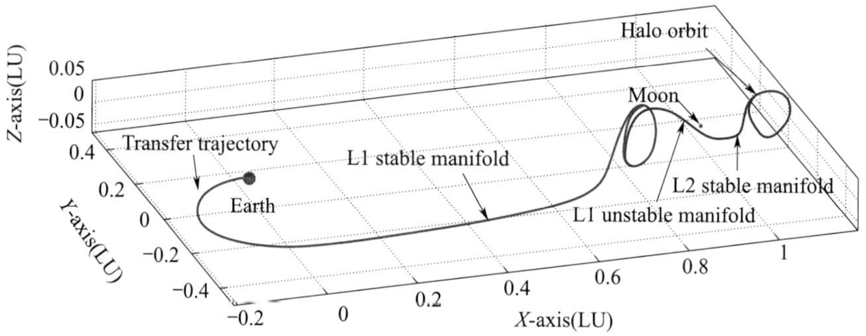

Fig. 9　Flight trajectory of low-energy transfer via Earth-Moon L1 point.

A comparison of three transfer orbits is given in Table 2. The velocity increment required for direct transfer is large and cannot satisfy the design constraints. For low energy transfer, the required velocity increment is small, but the transfer time is long, which makes it difficult to meet the requirements of the Chang'E-IV project. Lunar flyby transfer has moderate velocity increment and relatively short transfer time. The transfer includes two segments: Earth-Moon transfer and manifold/quasi-manifold transfer. These

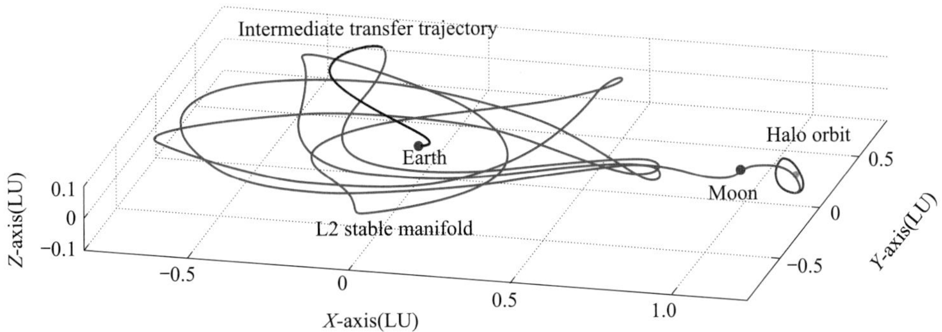

Fig. 10 Flight trajectory of low-energy transfer in three-body system.

two segments can be matched by applying a maneuver near the perilune. This transfer can result in savings in terms of the flight time by taking advantage of the direct Earth-Moon transfer. Meanwhile, low-energy orbit insertion can be achieved with the stable manifold's characteristics of periodic orbits near the equilibrium point, which can reduce fuel consumption during the transfer. It is an appropriate choice for the relay satellite considering the constraints of flight time and fuel consumption.

Table 2 Comparisons of three types of transfer trajectorie

	Velocity of perigee when launching	The time of flight to the L2 point	Velocity increment	Application
Direct transfer		Short transfertime, about 6-7 days	About 900-1 000 m/s	Few application
Lunar flyby transfer	About 10.9 km/s	Relative short transfer time, about 3-4 weeks	About 200-300 m/s	CE-5T in-orbit verification
Low-energy transfer		Long transfertime, from 1 month to 3 years	About 0-200 m/s	Widely applied to exploration mission

3.3 Error analysis and midcourse correction

Owing to shortcomings in the launch accuracy, orbit prediction accuracy and control accuracy, the actual transfer trajectory of the relay satellite may deviate from the reference trajectory. Therefore, several midcourse are required to rectify such deviation and maintain a precise trajectory. Generally, during the Earth-Moon transfer segment, two or three corrections are planned to ensure the trajectory is in its perilune state. Moreover, because of the sensitive dynamic environment near the Earth-Moon L2 point, small errors after perilune may be amplified severely on the L2 transfer trajectory. The error distribution after the perilune maneuver is analyzed. The motion of the relay satellite is integrated using a high-fidelity dynamic model. The initial state of the relay satellite is at the perilune after maneuver. The terminal condition is crossing the XZ -plane in the Earth-Moon rotating frame. The errors in the initial position along the radial direction relative to Earth (R), tangential direction to the trajectory (T), and normal direction relative to the orbital plane (N) are 0.3, 5.7, and 5.6 km (3σ), respectively. The initial velocity errors along these three directions are 0.1, 2.3, and 1.0 m/s (3σ), respectively. For each simulation, we recorded the final states and the transfer times and compared them with the nominal transfer trajectory. In total, 100 Monte-Carlo simulations were performed. Table 3 shows the statistical results of the deflection of trajectory. The errors are so large that the satellite might fail to get into the mission orbit. Therefore, three more corrections were planned to improve the injection accuracy and lower the total cost. The entire flight sequence of the lunar flyby transfer is shown in Figure 11. Based on the correction process, the simulation shows that the total increment of transfer trajectory is about 310 m/s, in which the velocity increment is about 20 m/s for lunar transfer trajectory correction and about 25 m/s for lunar-L2 trajectory correction.

Table 3 Deflection of trajectory in rotating frame

Parameters	Mean	Standard deviation	Maximum
Position error in X direction (km)	−2 387.330	9 161.371	34 610.423
Position error in Z direction (km)	1 054.920	3 725.730	12 450.725
Velocity error in X direction (m/s)	−23.539	78.788	335.301
Velocity error in Y direction (m/s)	4.984	23.778	88.371
Velocity error in Z direction (m/s)	4.714	18.489	58.695
Cross-time error (min)	104.347	260.616	962.599

3.4 Maintenance of mission orbit

The halo orbit about the Earth-Moon L2 point is unstable and is sensitive to the perturbation caused by the sun's gravitation, solar radiation pressure, and orbital eccentricity of the Moon. In that case, the satellite cannot run in the nominal orbit for a long time. Orbit maintenance must be implemented on a regular basis. In addition, the uncertainty of orbital determination is an important reason for orbit maintenance.

There are many maintenance strategies for periodic or quasi-periodic orbits near the equilibrium point including the targeting method[27-29], optimal continuation strategy[30], Floque theory method[31], H-∞ control[32] and θ-D control[33]. The station keep of satellite based on solar radiation pressure and tether is investigated as well[34]. However, a few of the maintenance strategies need sophisticated calculation, which is difficult to achieve in practical missions. Here, a multi-cycle predictive correction strategy is adopted. This strategy integrates the orbit in units of 1/2 period to ensure that when crossing the XZ plane, the velocity in the X - axis direction is 0 m/s. The previous correction value is used

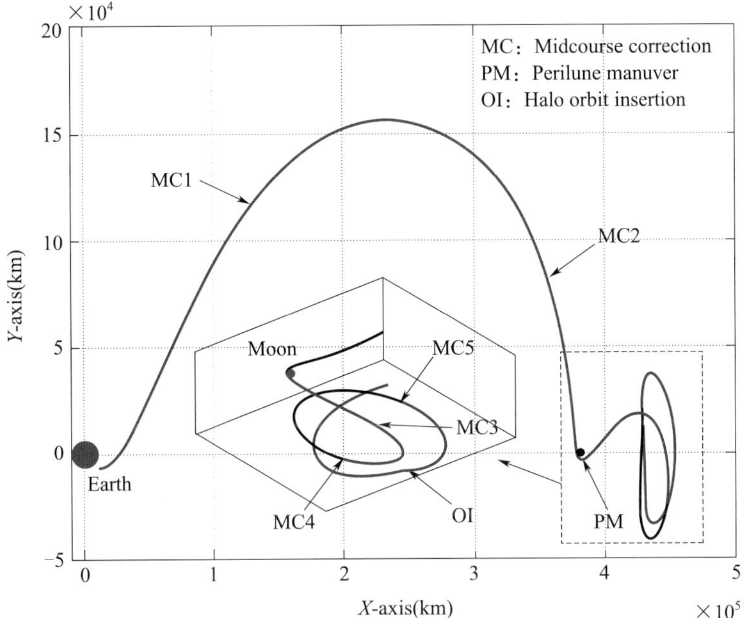

Fig. 11 Flight sequence of lunar flyby transfer.

as the initial value to prolong the orbit integration time. Each correction ensures that the satellite can run stably for 1.5 periods and satisfy the velocity constraint. That is, this method carries out orbit maintenance based on three predictive corrections. To ensure convergence and to reduce velocity increment, orbit maintenance restricts the velocity only when passing through the plane without strictly constraining its amplitude.

Based on this control strategy, the amplitude of the running halo orbit will change, and the halo orbit will gradually evolve into a quasi-halo orbit that is still near the mission orbit. Here two types of maintenance frequencies are discussed, half cycle and one cycle. Half-cycle maintenance means the relay satellite will perform a correction at each time it crosses the XZ plane. One-cycle maintenance executes the maneuver for an entire orbit period. Table 4 shows the cost of orbital maintenance in 3 years for different amplitudes of halo orbits under two frequencies. The position error distributed uniformly in three directions is 2 300 m (1σ) and the velocity error is 0.06 m/s (1σ). Moreover, the thrust deviation of each maneuver is less than 0.02 m/s (3σ), and the attitude deviation of the satellite is less than 2° (3σ). One hundred Monte-Carlo simulations are performed for each maintenance strategy. One of the simulation results is shown in Figure 12.

According to Table 4, it is found that although half-cycle maintenance requires a greater number of correction maneuvers, its total cost is less than that of one-cycle maintenance. For the halo orbit of amplitude 9000 km, the mean cost of half-cycle maintenance is 82.889 m/s and that of one cycle maintenance is 205.447 m/s. Similar

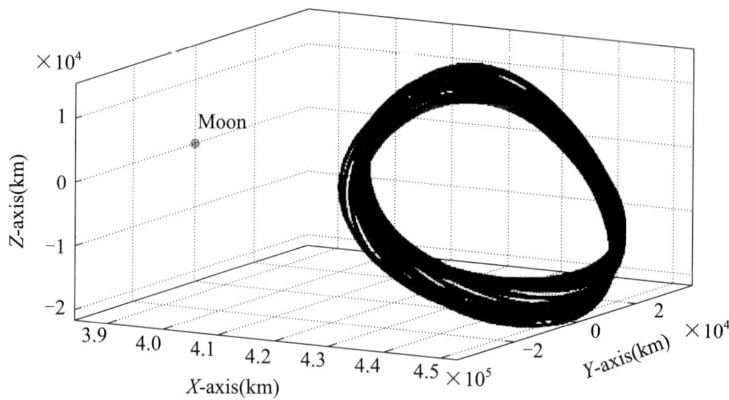

Fig. 12 Flight trajectory of relay satellite for three years on Earth-Moon halo orbit.

results are obtained for 12 000 km and 15 000 km halo orbits. Meanwhile, the standard deviation of half-cycle maintenance is considerably less than that of one-cycle maintenance, which means that half-cycle maintenance is less sensitive to the orbital determination error and the control error. Moreover, the maintenance cost increases slightly with an increase in the orbit amplitude. On average, the total cost of orbital maintenance is less than 30 m/s per year.

Table 4 Halo orbit maintenance for different amplitudes and frequencies

Amplitude of halo orbit maintenance frequency	9 000 km		12 000 km		15 000 km	
	Half cycle	One cycle	Half cycle	One cycle	Half cycle	One cycle
Mean (m/s)	82.889	205.447	85.493	213.157	87.529	225.497
Standard deviation (m/s)	8.653	29.145	8.513	35.692	8.004	37.244
Maximum (m/s)	102.202	240.996	109.582	276.406	105.196	279.644

4 Design of relay satellite communication system

The main purpose of the relay satellite is real-time and delayed relay communications with the Chang'E-IV lander and rover in the forward/backward direction. Other main tasks of the satellite include upstream and downstream communication transmission, and measurement and control operations in collaboration with the measurement and control stations. The details are as follows:

(1) The circumlunar segment. This part supports the real-time and delayed relay communication with the lander on the lunar farside in the forward/backward direction.

(2) Power descent segment. This part supports real-time relay communications with

the lander in the forward/backward directions.

(3) Lunar work segment. This part supports forward/backward real-time and delayed relay communications with both the lander and the rover.

Because the monitoring and data transmission systems of the lander and the rover are inherited from Chang'E-III[35], the design scheme of the relay satellite's communication system must be consistent with the existing technical states. Meanwhile, the design must consider the various mission requirements of different segments. In addition, the design of the relay communication system must consider the weight limit of the satellite. To this end, a small, lightweight, and integrated design must be adopted to the extent possible[36-38].

4.1 Selection of relay communication frequency band and design of working mode

Because the lander and the rover use X-band measurement and control, as well as data transmission system, for compatibility with these systems, the relay communication link with the Moon must use the X-band. Two different working modes, namely, real-time relay communication mode and delayed communication mode, can be used when choosing data transmission frequency bands.

(1) Real-time relay communication mode. For communication with the Moon, the satellite uses the X-band. If the data transmission to the Earth is also performed using the X-band, the receiving level backward to the Moon would be far beyond the antenna's dynamic range, resulting in strong interference with the return-to-Moon receiver and preventing it from working. Therefore, the S-band is chosen for data transmission considering the electromagnetic compatibility problems associated with the real-time forwarding mode and the capacity of the existing ground station[39].

(2) Delayed relay communication mode. The same frequency-related problems will not exist if the moon relay communication and data transmission to the Earth are in the time-sharing working state. Therefore, the X-band can be used to increase the data transfer rate and reduce the data transmission time between the satellite and the Earth. It could also serve as a heterogeneous backup for S-band data transmission and improves the reliability of the relay communication system.

4.2 Selection of relay communication antenna

The caliber of the relay antenna is one of the important factors governing relay communication performance. Especially, the antenna size can determine the backward-to-moon receiving capacity. Therefore, a large-diameter high-gain antenna must be adopted to meet the constraints under all circumstances.

According to the antenna requirements of high gain and low weight, an umbrella antenna measuring with 4. 2 m in diameter and equipped with the spring mechanism can be adopted. Internationally, this antenna is of the highest caliber for deep space exploration tasks. The unfolded antenna is shown in Figure 13.

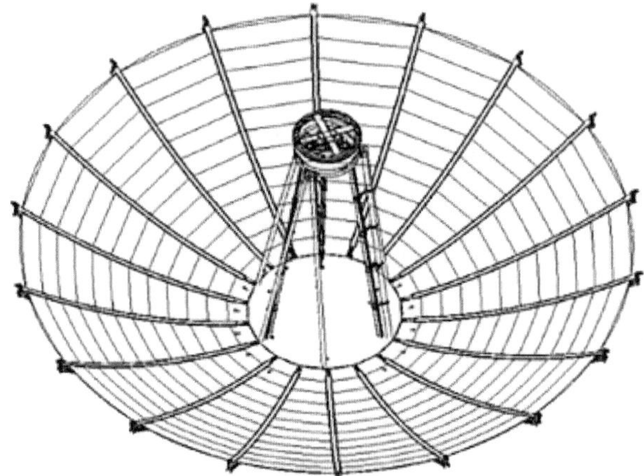

Fig. 13 Expanded state of high-gain mesh parabolic antenna.

4. 3 Design of relay antenna tracking control method

To ensure the performance of the relay link, the relay satellite is equipped with a large- diameter mesh parabolic antenna. The antenna must point to the lander and the rover precisely because of the narrow range of the antenna beam. Meanwhile, owing to the large size and weight of the antenna, it is infeasible to achieve precise steering by using a two-dimensional drive mechanism. Therefore, platform pointing control must be adopted to ensure the high-precision pointing to the lander and the rover.

In addition, the ground communication antenna beams of the relay satellite should coverage at the Earth simultaneously. It is difficult to implement point control by using a drive mechanism. Therefore, the range of the beam angle is set 32° to cover the entire surface of the Earth. An S-band helical antenna is selected to satisfy the communication constraints.

4. 4 Redundancy design of relay communication

Redundancy measuresmust be considered be taken full account of, because the relay communication system, which requires high reliability, is the main part of the relay satellite. A redundancy design is considered in both hardware and software to minimize the possibility of system failure.

The equipment and components for the lunar forward link, lunar return link, and ground communication link as well as the umbrella parabolic antenna, have backups.

Meanwhile, in the time-sharing relay mode, the high-caliber parabolic antenna can be adjusted to point to the Earth by performing the satellite's attitude maneuver. Heterogeneous backup of the S-band communication channel can be achieved by X-band high-bit-rate data transmission to ground communication stations.

5 Overall scheme design of relay satellite

According to the mission requirements of the project, the designed life span of a relay satellite should be more than 3 years. Except for the Chang'E-IV relay mission, the relay satellite will carry out other scientific exploration and technical validation tests. The relay satellite includes the platform and the payload. The platform includes satellite management, guidance and navigation, measurement and control, power supply, structure and mechanism, and thermal control. The design weight of the relay satellite is about 400 kg. The long-term power consumption of the satellite is about 400 W. The body-fixed frame is defined, where the Z- axis is aligned with the main axis of the parabolic antenna and the Y - axis is aligne with the extensional orientation of the solar array. The launch and operation in orbit state of the relay satellite are shown in Figures 14 and 15, respectively.

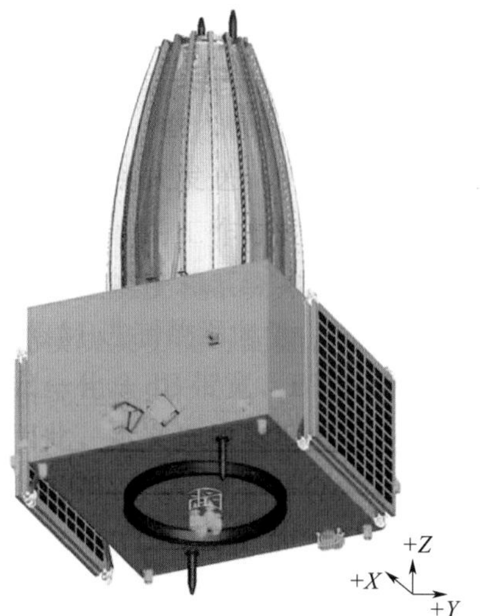

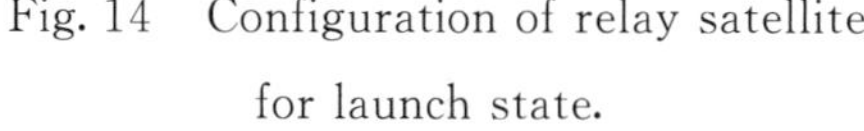

Fig. 14 Configuration of relay satellite for launch state.

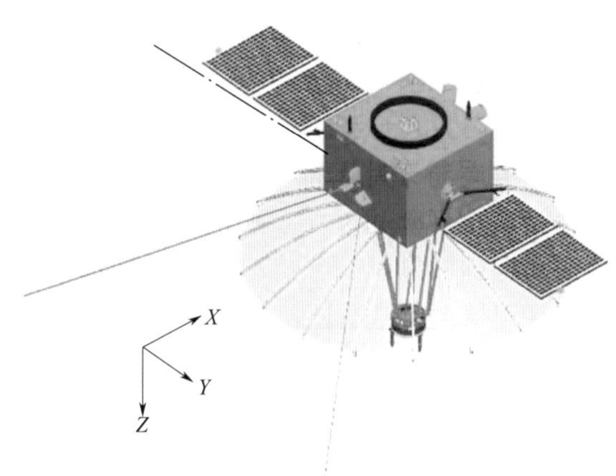

Fig. 15 Configuration of relay satellite in orbit state.

The payload includes three parts: relay communication load, antenna load, and scientific and technical test load. The relay satellite is equipped with a low-frequency radio spectrum analyzer (LFRSA), infrared spectrometer, and panoramic camera. The LFRSA will be used to detect the low-frequency electric field generated by solar burst and to study the lunar ionosphere. It could receive solar electromagnetic signals and obtain information such as intensity, time-varying phenomena, polarization (polarization) characteristics, and source of low-frequency electromagnetic waves.

The relay satellite employs the zero-momentum control method. The attitude state is provided by a star tracker and a fiber optic gyroscope. Three-axis stability control in the inertia space respective to the Earth, Moon, and Sun can be achieved with a pointing accuracy better than 0.06° and stability better than 0.01°/s. Orbital maneuverability of the satellite is 500 m/s or higher when using a single-element propulsion system. Multiple types of thrusters can be used for orbital maneuvers and orbital maintenance.

The energy system of the relay satellite uses triple junction Ga-As space solar cells, lithium-ion battery pack and Li-ion batteries. It uses a non-adjustment power supply bus and a decentralized power distribution system. The bus voltage can be maintained at 30±1 V during the non-shadow period.

The ground measurement and control of the relay satellite is performed using a USB measurement and control system and a fixed-pitch, low-gain helix antenna. The lunar relay link, which uses the X-band, adopts an umbrella-shaped parabolic antenna with a caliber of 4.2 m, for sending and receiving data simultaneously. This link uses PCM/PSK/PM modulation in the lunar forward process and BPSK modulation in the lunar backward process. S-band and BPSK modulation are adopted for Earth communication in the real-time working mode. X-band Earth communication can be realized with the parabolic antenna by performing attitude maneuvers in the time-sharing mode. The symbol rate is up to 10 Mbps. The overall flight process of the relay satellite is shown in Figure 16.

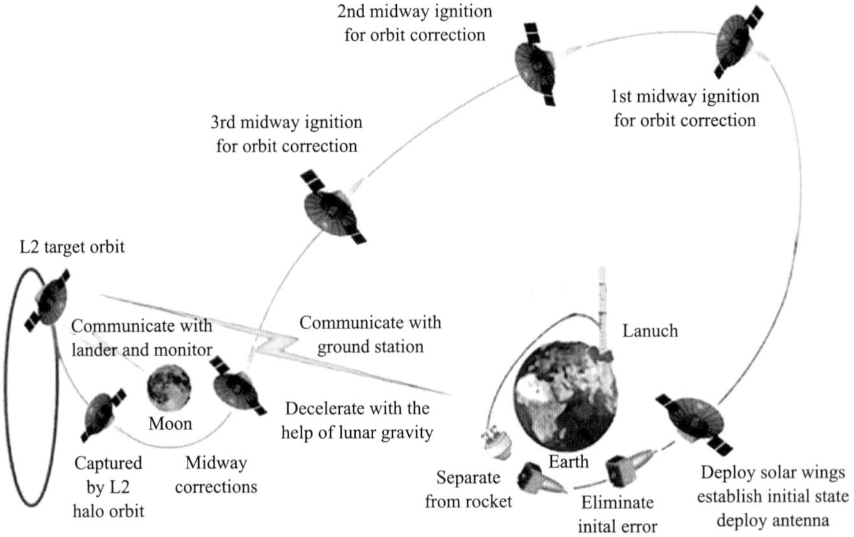

Fig. 16 Schematic flight diagram of relay satellite.

6 Conclusion

Relay communication is the key to fulfilling the landing and patrolling task on the lunar farside. In this paper, based on a systematic analysis of the characteristics and the constraints of the relay communication task, we propose an overall design scheme for the relay satellite as well as its flight orbit, which is expected to be taken as a reference for other tasks such as lunar farside and two-pole landing. Moreover, the paper can be used as a technical reserves for future manned lunar landing or other deep-space exploration tasks.

Acknowledgements

This work was supported by National Science and Technology Major Project of the Ministry of Science and Technology of China (Lunar Exploration Program), National Natural Science Foundation of China (Grant No. 11572038), and Chang Jiang Scholars Program.

References

[1] Farquhar R W, Dunham D W, Guo Y, et al. Utilization of libration points for human exploration in the Sun-Earth-Moon system and beyond [J]. Acta Astronaut, 2004, 55: 687-700.

[2] Dunham D W, Farquhar R W, Eysmont N, et al. Interplanetary human exploration enabled by lunar swingbys and libration-point orbits [C]. In: Proceedings of AIAA/AAS Astrodynamics Specialist Conference, San Diego, 2014.

[3] Burns J O, Kring D A, Hopkins J B, et al. A lunar L2 far side exploration and science mission concept with the orion multi-purpose crew vehicle and a teleported lander/rover [J]. Adv Space Res, 2012, 52: 306-320.

[4] Mimoun D, Wieczorek M A, Alkalai L, et al. Far side explorer: unique science from a mission to the far side of the Moon [J]. Exp Astron, 2012, 33: 529-585.

[5] Farquhar R W. Lunar communications with libration-point satellites [J]. J Spacecr Rocke, 1967, 4: 1383-1384.

[6] Farquhar R W. The Control and Use of Libration-Point Satellites. NASA Technical Report NASA TR R-346, 1970.

[7] Farquhar R W. The Utilization of Halo Orbits in Advanced Lunar Operations. NASA Technical Note NASA TND-6365, 1971.

[8] Tang Y H, Wu W R, Qiao D, et al. Effect of orbital shadow at an Earth-Moon Lagrange point on relay communication mission [J]. Sci China Inf Sci, 2017, 60: 112301.

[9] Farquhar R W, Kamel A A. Quasi-periodic orbits about the trans-lunar libration point [J]. Celest Mech Dyn Astron, 1973, 7: 458-473.

[10] Richardson D L. Analytic construction of periodic orbits about the collinearpoints [J]. Celest Mech Dyn Astron, 1980, 22: 241-253.

[11] Dutt P, Sharma R K. Analysis of periodic and quasi-periodic orbits in the Earth-Moon system [J]. J Guid Control Dyn. 1971, 33: 1010-1017.

[12] Howell K C. Families of orbits in the vicinity of the collinear libration points [J]. In: Proceedings of AIAA/AAS Astro-dynamics Specialist Conference and Exhibit, Boston, 1998.

[13] G'omez G, Mondelo J M. The dynamics around the collinear equilibrium points of the RTBP [J]. Phys D Nonlinear Phenom, 2001, 157: 283-321.

[14] Grebow D J. Generating periodic orbits in the circular restricted three body problem with applications to lunar south pole coverage [D]. West Lafayette: Purdue University, 2006.

[15] Parker J S, Born G H. Direct lunar halo orbit transfers [J]. J Astronaut Sci, 2008, 56: 441-476.

[16] Rowells M. Development of a long-term Earth-Moon trans-lunar libration point orbit [C]. In: Proceedings of AIAA Space Conference and Exposition, Pasadena, 2012.

[17] Geraldo M O, Prado A F, Sanchez D M, et al. Traveling between the Earth-Moon lagrangian points and the earth [C]. In: Proceedings of Space Ops Conference, Daejeon, 2015.

[18] Gordon D P. Transfers to Earth-Moon L2 halo orbits using lunar proximity and invariant manifolds [D]. West Lafayette: Purdue University, 2008.

[19] Li M, Zheng J. Impulsive lunar halo transfers using the stable manifolds and lunarflybys [J]. Acta Astronaut, 2010, 66: 1481-1492.

[20] Wu W R, Cui P Y, Qiao D, et al. Design and performance of exploring trajectory to Sun-Earth L2 point for Chang'E-2 mission [J]. Chin Sci Bull, 2012, 57: 1987-1991.

[21] ParkerJ S. Families of low-energy lunar halo transfers [C]. In: Proceedings of AAS/AIAA Spaceflight Dynamics Conference, Tampa, 2006.

[22] Koon W S, Lo M W, Marsden J E, et al. Low energy transfer to the moon [J]. Celest Mech Dyn Astron, 2001, 81: 63-73.

[23] Lo M W, Ross S D. The lunar L1gateway: portal to the stars and beyond [C]. In: Proceedings of AIAA Space Conference and Exposition, Albuquerque, 2001.

[24] Alessi E M, Gomez G, Masdemont J J. LEO-Lissajous transfers in the Earth-Moon system [C]. In: Proceedings of the 59th International Astronautical Federation Congress, Glasgow, 2008.

[25] HowellK C, Lo M W, Barden B T. Application of dynamical systems theory to trajectory design for a libration point mission [C]. In: Proceedings of AIAA Astrodynamics Conference, San Diego, 1996. 161-178.

[26] Pergola P, Ruggiero A, Casaregola C, et al. Chemical and electric transfers to Earth-Moon halo orbits [C]. In: Proceedings of the 47th AIAA/ASME/SAE/ASEE Joint Propulsion Conference, San Diego, 2013. 116-128.

[27] Howell K C, Pernicka H J. Station-keeping method for libration point trajectories [J]. J Guid Control Dyn, 1990, 16: 713-723.

[28] Pavlak T, Howell K. Strategy for long-term libration point orbit station keeping in the Earth-Moon system [C]. In: Proceedings of AAS/AIAA Astrodynamics Specialist Conference, Girdwood, 2011.

[29] Pavlak T, Howell K C. Strategy for optimal, long-term stationkeeping of libration point orbits in the Earth-Moon system [C]. In: Proceedings of AIAA/AAS Astrodynamics Specialist Conference, Minneapolis, 2013. 199-208.

[30] Folta D, Woodard M, Cosgrove D. Stationkeeping of the first Earth-Moon libration orbiters: the ARTEMIS mission [C]. In: Proceedings of AAS/AIAA Astrodynamics Specialist Conference, Girdwood, 2011.

[31] Sim'o C, G'omez G, Llibre J, et al. On the optimal station keeping control of halo orbits [J]. Acta Astron, 1987, 15: 391-397.

[32] Kulkarni J, Campbell M. Asymptotic stabilization of motion about an unstable orbit: application tospacecraft flight in halo orbit [C]. In: Proceedings of American Control Conference, Boston, 2004. 1025-1030.

[33] Xin M, Dancer M, Balakrishnan S, et al. Station keeping of an L2 libration point satellite with θ-D technique [C]. In: Proceeding of the 2004 American Control Conference, Boston, 2004.

[34] Colombo G. The stabilization of an artificial satellite at the inferior conjunction point of the Earth-Moonsystem [J]. J Astron Sci, 1961, 6: 213-222.

[35] Zhou H, Li H T, Dong G L. Relative position determination between Chang'E-3 lander and rover using in-beam phase referencing [J]. Sci China Inf Sci, 2015, 58: 092201.

[36] Wu W R, Luo H, Chen M, et al. Design and experiment of deep space telemetry and data transmission system in libration points 2 exploring [J]. Syst Eng Electron, 2012, 34: 2559-2563.

[37] WuW R, Huang L, Jie D G, et al. Design and experiment of X-band TT&C system for the project of CE-2 [J]. Sci Sin Inform, 2011, 41: 1171-1183.

[38] WuW R, Dong G L, Li H T, et al. Engineering and Technology of Deep Space measurement and Control Communication System (in Chinese) [M]. Beijing: Science Press, 2013.

[39] Gao L, Zhang S, Liu Z Y, et al. An overview of multi-antenna technologies for space-ground integrated networks [J]. Sci China Inf Sci, 2016, 59: 121301.

Overview of deep space laser communication*

WU Weiren, CHEN Ming, ZHANG Zhe, LIU Xiangnan, DONG Yuhui

Abstract The deep space probe is a vital technology for observing and exploring the universe. It is thus intensifying as an aerospace research focus on an international scale. Despite improving the frequency band, the conventional microwave communication technique has difficulty satisfying the increased demand for the enormous volume of scientific data returning to the Earth. With a carrier frequency that is several orders of magnitude higher than the microwave, free-space optical communication is a robust and promising method for achieving both high bit rates and long distances in deep space communication. In this article, the history of this technology is summarized and the objective laws are formulated, while key techniques and development trends are analyzed. Finally, useful concepts and suggestions are proposed for the development of deep space laser communication in China.

Keywords deep space communication; deep space observation; development process; free space communication; laser communication

1 Introduction

Deep space exploration is a key means for humans to investigate the Earth, solar system, and universe. This exploration may eventually reveal the origins and evolution of the universe and enable exploration of inhabitable space. Since 2003, a considerable amount of international effort has focused on deep space exploration, thus leaving satellite footprints on every planet in the solar system and beyond. China began such a project with lunar exploration and attained impressive achievements. Recently, it initiated the first Mars exploration program[1-3].

Compared to near-Earth satellites, deep space exploration exhibits the features of

* SCIENCE CHINA Information Sciences, 2018, 61: 12.

longer distances, more severe signal attenuation, longer transmission delays, and more highly complex environments, all of which present great challenges to transmission performance. In addition, launch window limitations require various scientific tasks to be simultaneously performed. This introduces technical challenges for various payloads to utilize multiple transmission channels and achieve excellent transmission performances. Thus, effectively transmitting the detector information and various kinds of scientific data back to the Earth under time limitations is a key concern[4,5].

To this end, the frequency bands for microwave communication span from the S-and X-bands to the Ka band. Nevertheless, the future demands for high bit-rate data transmissions will continue to be difficult to meet. For example, the Voyager deep space probe, whose design parameters nearly reach the limits of present engineering techniques, could only achieve transmission rates of 100 kbps between Jupiter and Earth and 10 kbps between Neptune and Earth. Even when the Ka band was used, the transmission data rate could not exceed four times the X-band. Consequently, it is difficult for microwave communication technology to achieve the 1-Mbps to 1-Gbps data rates required for future planetary telemetry technologies, such as synthetic aperture radar, multispectral/hyperspectral imaging, and high-definition video communication[2].

Deep space laser communication is a wireless communication method for transmitting images, video, and sound between deep space explorers and the Earth. It modulates the electrical signal on the optical carrier via electro-optic modulation. After the acquisition, tracking, and pointing phases, the communication terminals can establish and maintain laser links in which the beams carrying information are transferred via the deep space communication channel, and the signal is received and demodulated at the receiving terminal. These laser communication links provide various benefits, including high data rates, enhanced security, higher reliability, and more powerful networking flexibility. Moreover, their communication terminals are small, lightweight, and have low power consumption[6-8].

Compared with microwave communication, laser communication operates on higher carrier frequencies and provides lower diffraction losses, better directivity, and greater transmission efficiency. It can thereby achieve high transmission rates and outstanding communication performances with lower transmitting power and smaller antenna sizes. Therefore, optical communication is particularly suitable for the future deep space exploration demands of high-speed and extremely-long-distance transmission[9-11]. In addition, with the development of deep space probes, the need to study deep space laser communication is becoming increasingly urgent. In the 1980s, the US National Aeronautics and Space Administration (NASA) proposed a deep space laser communication plan to promote the gradual development of key relevant techniques[12].

The present study was based on comprehensive research of the development of deep space laser communication abroad. Accordingly, in this paper, the related objective laws are presented, prospective future trends are discussed, and suggestions are presented to promote the development of this field in China.

2 Development status and future trends

Because the transmission distances of deep space exploration are much longer than those of satellites in orbit around the Earth, both the technical difficulties encountered and the funds required are much higher than those of satellite laser communication. Therefore, only a few countries and organizations have launched relevant studies in this field. In its 30 years of development, deep space laser communication has made significant advances. In particular, US researchers have developed several key technologies, including the pointing, acquisition, and tracking (PAT) technique, high-sensitivity optical receivers, and ground-based arrayed telescopes. In addition, the US has successfully demonstrated lunar- Earth laser communication[13,14], while other countries, including Russia, some European nations, and Japan, have developed several space laser communication research projects[15-20].

As a reference for the development of deep space laser communication in China, the development history of deep space laser communication in the US is systematically presented.

As shown in Figure 1, the development of deep space laser communication in the US can be divided into three stages: demonstration and experiments, Moon-Earth verification, and deep space verification.

2.1 Demonstration and experiments

In the first stage, the system scheme and experimental demonstrations, terminal techniques, and the development of information receiving systems for deep space laser communications were gradually performed. The programs in the scheme demonstrations included the Venus Radar Mapper (VRM) program, X2000 Optical Communication Terminal program, and Mars Laser Communication Demonstration (MLCD) program[21-25]. In terms of the information receiving systems, the ground-based, space-based, and air-based schemes were comprehensively analyzed and compared. Ultimately, the ground-based receiving system was determined to be the best option. Thus, a complete ground-based receiving system that had a ground-based receiving net resolution satisfying the all-day and all-weather requirements was designed[26-29].

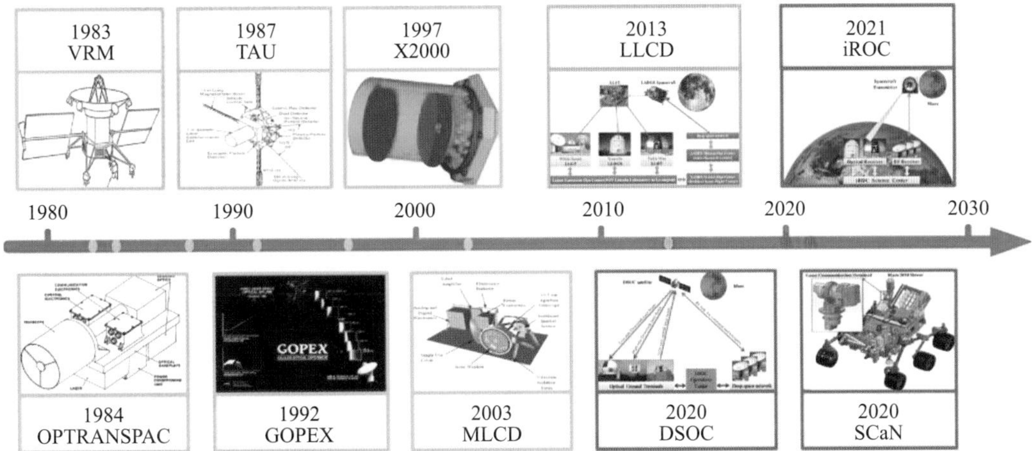

Fig. 1 Development of deep space laser communication in the US.

2. 1. 1 System scheme demonstration and experiments

(1) VenusRadar Mapper (VRM) mission. In 1983, the VRM mission, which later became known as the Magellan mission, was utilized to map the surface of Venus using imaging radar. The map information was then transmitted to Earth via laser communication. A 98-kg flight terminal was designed to transfer 4 Mbps of data to a 5-m ground-based telescope antenna. However, the plan was never implemented because of the immaturity of the flight terminal technology[21].

(2) X2000 optical communication terminal program. The flight terminal of the X2000 system, which began in October 1997, had a 30-cm optical antenna that provided both laser communication and ranging abilities based on the use of the same light signal. The transmission rate from Europa to Earth was designed to be between 100 and 400 kbps, while the rate between Mars and Earth was upgraded to several megabits per second. Owing to budget limitations, only the structural design of the X2000 flight terminal was completed[22, 23].

(3) Mars Laser Communication Demonstration (MLCD) . In response to the growing demands for deep space communication, NASA formulated a plan to achieve high data rates between 1 and 1000 Mbps in such scenarios. In 2003, the NASA Goddard Space Flight Center (GSFC), Jet Propulsion Laboratory (JPL), and Massachusetts Institute of Technology (MIT) Lincoln Laboratory collaboratively undertook an MLCD project that was intended to demonstrate downlink data rates of 1 to 30 Mbps and uplink rates of 10 kbps. The flight terminal used in the transceiver design possessed an optical antenna with a 30. 6-cm aperture that utilized both 32-ary and 64-ary pulse position modulation (PPM), whereas the ground receiving system contained two terminals with antenna apertures of 5 m and 1. 6 m[24, 25].

The flight terminal was scheduled to be launched along with the Mars Telecom Orbiter (MTO) . It was eventually terminated because of revised plans. However, the system requirements, analysis, and preliminary design of both the flight and ground subsystems had already been completed and resulted in significant breakthroughs for various key technologies, including deep space beam stabilization, and efficient photon counting, and daytime ground operation. These advancements established an important foundation for realizing the demonstration programs of subsequent lunar laser communications[24, 25].

2. 1. 2 Information receiving system study

(1) Ground-based receiving system scheme. In terms of their respective costs, performances, and stability statuses, ground-based net solutions have obvious advantages over other solutions[26] . In 1994, NASA began a program of ground-based antenna receiving technology in which two sets of network structure schemes were proposed. One was the linearly dispersed optical subnet (LDOS), in which six to eight

mutually redundant optical stations were distributed equally around the Earth. The other was the clustered optical subnet (COS), in which three 10－m antennas were placed near each of three wireless deep space communication receiving stations. Each antenna in a group was separated by hundreds of kilometers along the same longitude, ensuring that they would be under different weather conditions. The results indicated that the weather availabilities of both schemes were as high as 97% and that LDOS was more economical.

(2) Space-based receiving system scheme. In 1993, a NASA-funded mission named the Earth Orbit Optical Reception Terminal (EOORT) was jointly undertaken by Stanford Telecom (STeL) and TRW Inc. For this endeavor, STeL designed a 16－m multichip master telescope, and TRW designed a remotely controlled 10－m aperture telescope for direct detection and a 4－m aperture coherent detection space-based telescope with a diffraction limit. In 1998, JPL analyzed a 7－m aperture telescope for the direct detection of an optical relay satellite with a capability equivalent to that of a 10－m aperture ground-based antenna operating at an elevation of 30° and with a weather availability of 70%. Moreover, the EOORT receiver had an aperture of the same size and could operate with a weather availability of 98%, a laser wavelength of 1064 nm, and less than 18 W of power. It could even support a 100－W beacon light as a 10－Mbps laser communication link between Mars and the Earth. Although it could ignore the effects of both cloud cover and atmosphere refraction when use in outer space, it was less cost-competitive than the ground-based system[27].

Furthermore, a combine-receiving scheme with a 70 － cm aperture space-based receiving station and several ground stations was proposed to solve the problem of cloud cover[28]. However, the stability and continuity of deep space laser signals received by space-based receiving systems with small apertures still require further investigation.

(3) Air-based receiving system scheme. Working above both the clouds and most of the atmosphere, air-based schemes include balloons, airships, and airplanes. An air-based terminal can mitigate the effects of both the sky background and atmosphere turbulence, thereby increasing the number of links available and reducing the aperture size requirement[29, 30]. With respect to the platform attitude noise, single-point failure, field-of-view blockage, and cost, an air-based receiving system scheme is not the optimal choice.

2.2 Demonstration of Lunar-Earth laser communication

In 2008, NASA began the Lunar Laser Communication Demonstration (LLCD) program[31] in which bi-directional communication links between a lunar satellite and a ground station on Earth were established to verify the feasibility of operating compact, lightweight flight terminals at high data rates. In early 2013, a grayscale image of the Mona Lisa was transmitted from the Goddard Space Flight Center to the Lunar Reconnaissance Orbiter (LRO) aboard the Lunar Atmosphere and Dust Environment Explorer (LADEE), which represented the first laser transmission of an image between the Moon and Earth[32, 33]. In October 2013, the flight and ground terminals achieved downlink and uplink data rates of 622 Mbps and 20 Mbps, respectively. Moreover, the first continuous ranging between the Moon and Earth achieved sub-centimeter accuracy[34].

An overview of the LLCD, including its system composition, scheme features, and future development is provided in the following subsection.

2.2.1 LLCD system composition

As shown in Figure 2, the system consists of the Lunar Lasercom Space Terminal (LLST), Lunar Lasercom Ground Terminal (LLGT), and Lunar Lasercom Operations Center (LLOC). In consideration of weather variations, LLCD includes three ground stations: the LLGT in New Mexico, the Lunar Lasercom OCTL Terminal (LLOT) in California, and the Lunar Lasercom Optical Ground Station (LLOGS) in the Canary Islands. To reduce the effects of inclement weather on the LLCD, different ground stations are coordinated by the Lunar Lasercom Operations Center (LLOC) at the MIT Lincoln Laboratory in Lexington, MA[13, 14, 34].

2.2.2 Scheme features of LLCD

(1) Scheme features of LLST. As shown in Figure 3, LLST consists of an optical module, modem module, and control module, each of which has a mass of 30 kg and a power consumption of approximately 90 W[35].

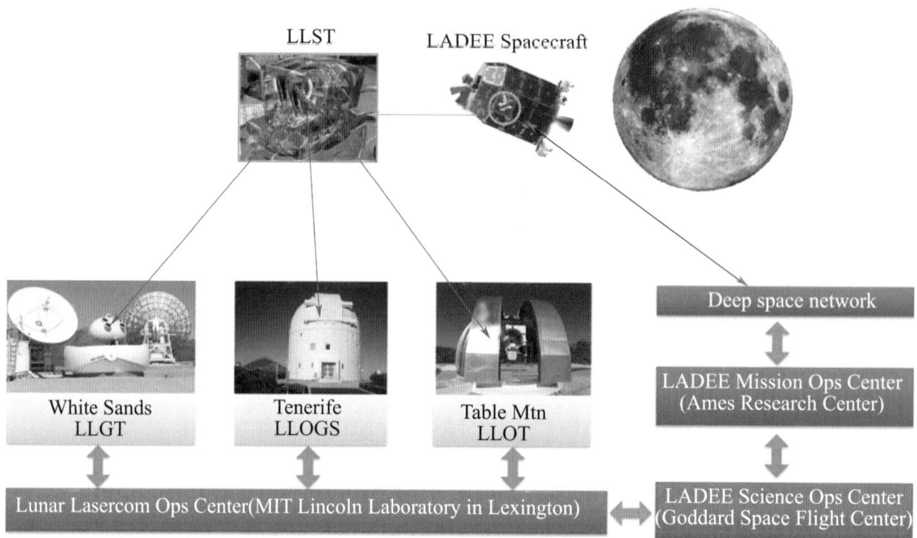

Fig. 2 LLCD system composition.

The optical module includes a Kassai Green telescope with a 10-cm aperture on a two-axis gimbal. The telescope and backend optical assemblies use magneto-hydrodynamic inertial reference units (MIRUs) to reject high-frequency vibrations caused by the spacecraft. The telescope is fixed on the gimbal to enable the laser link to conduct coarse aiming over a wide range. Meanwhile, the acquisition and tracking detector includes an InGaAs quadrant detector with a view of 2 mrad and is used to acquire and track the uplink signal. Its laser beam is transmitted from the telescope to the photoelectric detection assemblies in the modulation and demodulation module via a single-mode optical fiber[36-38].

The modem module adopts a modular design strategy and consists primarily of four boxes placed longitudinally. The electro-optics box includes a 0.5-W main oscillation power amplifier, a preamplifier, and a detector for both generating and amplifying the downlink data and receiving and demodulating the uplink signal. The module also contains a high-speed data interface board connected to a LADEE detector for transmitting both detector telemetry and scientific payload data in the downlink communication. An advantage of the modular design is that all of the boxes can simultaneously operate, reducing both the installation and testing times. Another advantage is that each box can be flexibly configured on demand[35-38].

The LLST controller module is an aerospace electronics module based on a single-chip microcomputer that is connected to both optical and modulation/demodulation modules as well as to the detector. This module has both an input/output interface to the optical module sensor as well as an actuator that provides a closed-loop control algorithm for the optical actuator. It can configure and transmit instructions to control the modulation/

demodulation module. In addition, the control module provides instructions and telemetry data to both the LADEE and LLST payload for transmitting received uplink instructions, downlink telemetry data, and other information obtained from LADEE, such as time and detector attitudes[35-38].

(2) Scheme features of LLGT. The LLGT system is the primary ground terminal for the LLCD, as shown in Figure 3. This system consists of both a telescope array and control room. Including a temperature-controlled cover, its overall height is approximately 4.6 m, and its total weight is approximately 7 t. The system adopts a portable design, and its weight and volume are each only 25% of those of the radio frequency (RF) antenna[39].

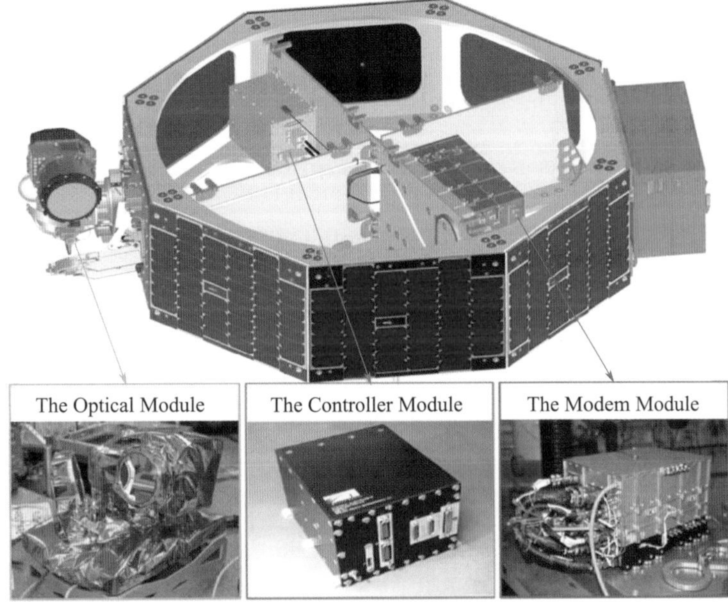

Fig. 3 Optical module, modem module and controller module of LLST.

In the telescope array, four groups of 15-cm refraction antennas are used for uplink transmission, and four groups of 40-cm reflective receive antennas are used for downlink reception. The array can be extended to reduce costs. In addition, it utilizes spatial diversity to mitigate the effects of atmospheric turbulence on its laser links. Meanwhile, the control room contains the laser transmitter, optical receivers, all electronic devices, control and monitoring devices, air processors, and operating areas. The nearby cooling unit is used to cool the telescope, compressor, and control room[39-43].

The receiver system adopts a superconducting nanowire detector array (SNDA). This SNDA, which consists of four superconducting nanowire single photon detectors (SNSPDs), is installed inside a cryogenic refrigeration vessel. Each SNSPD contains four niobium nitride nanowires. An SNDA can provide a high (higher than 50%) detection efficiency, a low jitter (of half the full width of about 60 ps), low noise (with a dark count rate lower than 50 kHz), and a fast response (an approximately 15-ns restart time), all of which are required for a high-data rate downlink. A rack is equipped with a high-speed electronic device and has interfaces with various data sources and targets that can be used to process the output of the SNDA and compare the uplink and downlink clocks[39-43].

The transmitter system transmits four PPM signals using four 10-W optical transmitters based on erbium-doped fiber amplifiers. An ultra-large single-mode fiber with a 125-μm^2 effective core cross-sectional area is used to reduce the nonlinear optical effects that occur when a high-peak power signal is transmitted to the telescope by a single EDFA, and its power ratio is adjusted for each different application scenario[39-42].

2.2.3 Follow-up development to LLCD

The LLCD represents NASA's first substantial step toward verifying the feasibility of deep space laser communication. Although it is a short-term mission that cannot provide sufficient application experience to support deep space laser communication into the future, its successful implementation remains very important.

As a follow-up to LLCD, NASA initiated the Laser Communication Relay Demonstration (LCRD) mission. Both the flight and ground terminals of the LCRD are being developed based on those used in the LLCD. The LCRD will be NASA's first mission that demonstrates and verifies long-term optical communications at both near-Earth and deep space distances. The mission cycle of the LCRD is 2～5 years. It is intended to solve the problems remaining in near-Earth optical communication applications to demonstrate and verify a high-reliability, low-cost laser communication technology for use in near-Earth and deep space systems, and to promote the development of near-Earth and deep space communication network technology[44, 45].

2.3 Deep space laser communication verification phase

Based on the achievements of the LLCD, the US intends to accelerate the laser communication schedule that is used for deep space and planetary exploration, including the Deep Space Optical Communication (DSOC) plan, the laser communication terminal used for the Mars 2020 rover mission, and the Integrated Radio and Optical Communication (iROC) plan.

2.3.1 Deep Space Optical Communication (DSOC) plan

The success of the LLCD experiment invigorated the development of JPL's Deep Space Optical Terminals (DOT) project. According to its mission plan, the laser terminal developed in the DSOC plan will be used for laser communication links among near-Earth asteroids, Jupiter, and the Earth, and it will support 250-Mbps communication rates between Mars and the Earth. The DSOC plan is expected to be presented online in 2020 with a wavelength of 1550 nm, power consumption of 4 W, terminal mass of approximately 28 kg, and design life of five years, as shown in Figure 4[46,47].

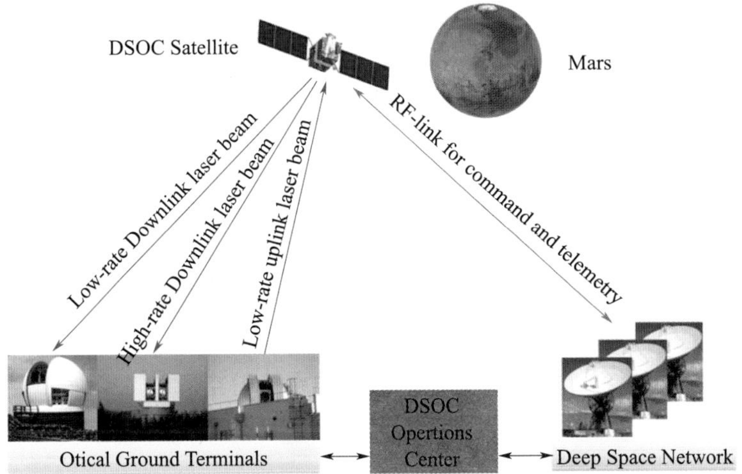

Fig. 4 Composition and communication technical indices of the DSOC system.

Compared to LLCD, the additional challenges faced by DSOC include a laser-link loss greater than 60 dB, a kilowatt-class ground uplink laser transmission power, a space-borne single photon counting detector array, a fine-beam pointing control, and a larger point-ahead angle in the downlink. In addition, DSOC will simultaneously adopt a 5-m Hale antenna as a larger ground receiving antenna to receive communication data from Mars at a rate of approximately 100 Mbps and valuate a 12-m receiving antenna scheme. Compared to the highest current communication rate between the Mars Ka-band transmitter and the Earth, which is only 6 Mbps, the DSOC communication rate is expected to be two orders of magnitude higher[46,47].

2.3.2 2020 Mars rover laser communication terminal

Space Communications and Navigation (SCaN) designed a laser communication terminal for the Mars 2020 rover, as shown in Figure 5. This terminal can support both 20-Mbps data transmission with the laser relay terminal on the Mars orbiter as well as 200-kbps direct communication from the surface of Mars to that of Earth. Moreover, it has a mass of approximately 6 kg and a power consumption of 50 W. The diameter of the laser communication terminal's transmitter antenna is only 5 cm, which is shorter than that of current X-band communication and it offers significant advantages[46,47].

2.3.3 Integrated Radio and Optical Communications (iROC)

Owing to the strict constraints of space-carrying conditions, the integration and multi-mode demands of deep space detectors on communication payloads are increasing. Thus, NASA has begun to study deep space RF and laser-integrated communication systems. The

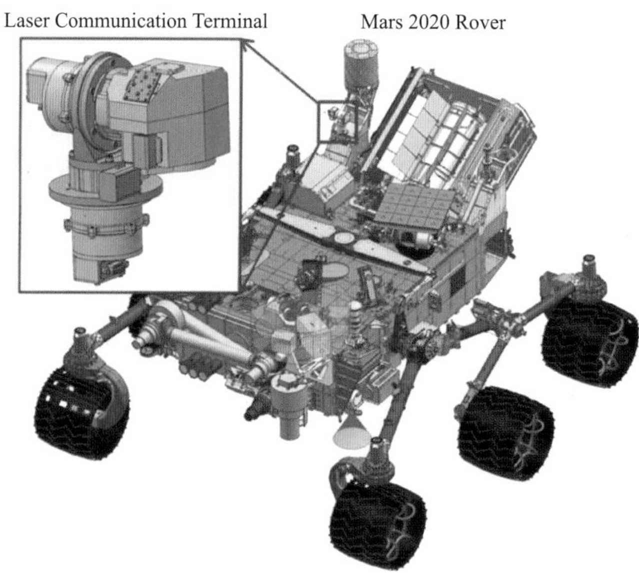

Fig. 5 Terminal installation location for Mars 2020 rover.

iROC program to analyze the feasibility of both RF and laser-hybrid communications for future deep space missions began in 2012. The 2021 Mars exploration mission is intend to apply such a system, as shown in Figure 6. Its system integrates a 3-m diameter RF antenna with a 30-cm optical antenna, and it shares a set of software-defined modems. Although the technical maturity of the iROC system is low, its prospects for application are high[46, 48, 49].

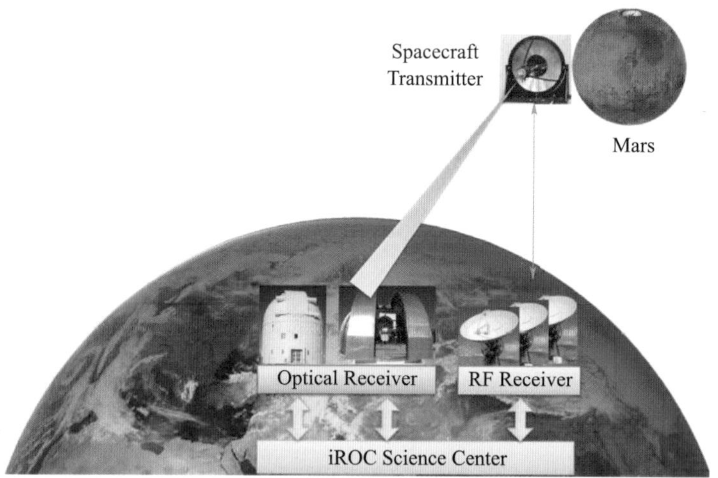

Fig. 6 System diagram of iROC.

In addition, the European Space Agency (ESA) plans to conduct experiments to verify deep space laser communication technology. As part of its Asteroid Impact Mission (AIM), in 2022, ESA plans to place a lander on the surface of the Didymos asteroid, launch at least two cube stars from its detector to collect scientific data, and use its laser communication link to pass the collected data back to the optical ground station. This data will be highly valuable for an in-depth understanding of the formation of the solar system.

The deep space laser communication terminal utilized in AIM is the OPTEL-D, which was developed by RUGA Space. Its communication distance is between 1.5×10^7 and 7.5×10^7 km, its uplink communication wavelength is 10.6 μm, and its downlink communication wavelength is 1 550.12 nm. In addition, its downlink modulation mode is 16 PPM and its downlink communication rate is 0.1 to 2.5 Mbps[50].

3 Development characteristics

3.1 Significance of deep space laser communication as a development direction

Despite the continuous enrichment of deep space exploration missions and improvements in the ability to satisfy higher precision requirements, the traditional microwave communication mode cannot meet the needs of future deep space exploration. Consider communication between Mars and Earth, for example, laser-communication data rates can reach up to 250 Mbps, while microwave-communication rates rarely achieve 100 Mbps. Moreover, even in cases of the same data rate, laser-communication terminals have advantages in terms of weight, volume, and power consumption. It is probable that laser communication will become the optimal choice for deep space communication, thus representing an important future development direction.

3.2 Law of development from close to distant proximity

Throughout the development of deep space laser communications, only the US has performed demonstrations and verifications of Moon-Earth laser communications, which have been gradually extended to Mars-Earth communications. Relying on the development of deep space exploration, the targets of deep space laser communications have progressed from the Moon to other planets, including Mars, Venus, Saturn, Mercury, Uranus, and Neptune and its satellites, thus following the law of development from close to distant proximity.

3.3 Significance of Moon-Earth and Mars-Earth laser communications

The Moon is a deep space exploration destination of high interest because of both its short distance from the Earth and its unique resources. Mars is the most similar planet to the Earth in the solar system, thus presenting the possibility of supporting life. Among all of deep space missions that have occurred over the past 50 years, the detection frequency between the Moon and Mars was the highest. High data rate transmissions are necessary for sending information back to the Earth during future missions to either the Moon or to Mars. Free-space optical communication is thus the most promising technology for satisfying the requirements of these missions.

3.4 Ground-based reception design limitations

Limitedby launch costs, the mass, power, and volume of the flight terminal must be strictly controlled. Therefore, the ground-based receiver and space-based terminal are simultaneously considered in the system and link designs of deep space laser communication missions. To design a simple flight system, a large aperture and high power consumption are adopted in the ground transmitter.

3.5 Significance of measurement and communication integration

The LLCD measured the distance between the Moon and Earth to an accuracy of a centimeter using a laser communication link. In deep space laser communication missions, it is necessary to integrate the functions of communication and measurement.

4 Key techniques for future deep space laser communication

Compared to common laser communication, deep space laser communication encounters unique challenges because of its special application environment. To adapt to the particularities of this environment, many technical difficulties must be addressed, including the achievement of high precision PAT techniques, high sensitivity optical detectors, ground-based arrayed small aperture telescopes, space-based environmental adaptability, and small and lightweight low power design.

4.1 High-precision PAT technique

The PAT technique is critical for deep space laser communication because the received signal power is extremely sensitive to the pointing error and spacecraft jitter is much greater than the beam width. Detection of the position of the station on Earth and directing back the downlink light are the fundamental issues of the PAT system. A cooperative beacon, which represents a good solution to uplink beam tracking, can easily reject the background-scattered power, however, it is limited by the distance, ground laser power, and Sun-Earth-probe (SEP) angle. When the SEP angle is smaller than 30°, the influence of the Earth's background cannot be neglected. Therefore, a beaconless tracking method is introduced with reference sources that include visible light images of the Earth, long-wavelength infrared images of the Earth, and visible stars. After acquiring the uplink beam angle information, a fast steering mirror is used to both adjust the micro-vibrations of the platform and direct the downlink beam back to the station on the Earth.

4.2 High-sensitivity optical detector

It is a tremendous challenge for a ground-based station to receive a light signal from a deep space transceiver after it has travelled a long distance. To solve this problem, sufficiently high photo-detection efficiency is required at the wavelength of interest. Moreover, to measure the time-of-arrival of photo pulses, a high detector bandwidth is also necessary. The influence of the atmospheric turbulence, which spreads the received signal out and increases the sky's background noise, degrades the situation even further.

4.3 Ground-based arrayed small aperture telescopes

The bit error rate (BER) performance of a communication system increases and the quality of its received signal decreases when a laser from deep space spreads out in the Earth's atmosphere and is disturbed by the atmospheric attenuation and turbulence. There are several methods for solving this problem, including the uses of adaptive optics (AO), large single-aperture receiving telescopes, and space diversity techniques. AO, which is an essential tool for removing the effects of the atmosphere, cannot be applied to deep space optical communication because of its large energy requirements. Although the use of a large-aperture telescope is an effective method of increasing the received power, these telescopes are difficult to construct, maintain, and expand. It has already been shown that the arrayed small-aperture telescope achieves the same performance as a large-aperture telescope. Moreover, it is robust, scalable, and easily recombined.

4.4 Lightweight low-power design

Limited by both the carrying capacity and launch costs of deep space missions, the flight Lasercom terminal needs a minimized volume, mass, and power consumption while still maintaining an adequate communication performance. Therefore, a lightweight low-power design is a key technique for future deep space laser communication, which includes the lightweight designs of telescopes and mechanical structures as well as the low power designs of optical devices.

4.5 Space-based environmental adaptability

The deep space Lasercom terminal must adapt to unique demands, including launch vibrations, ionizing radiation, thermal gradients caused by solar irradiation, depressurization, pyroshock, electromagnetic compatibility, and others. All of the critical parts used in deep space missions need to be initially designed and constructed based on the above requirements. Then, a series of complex and stringent tests consisting of a visual screening test, an initial stabilization bake, electrical measurement, a high-temperature burn-in, and high-stress shocks must be carried out to satisfy the requirements of deep space missions.

5 Conclusion

Laser communication is believed to be the most promising strategy for future high-data rate deep space exploration. The LLCD demonstrated duplex laser communication between the LADEE in lunar orbit and a ground receiver on the Earth, which represented an important step for deep space optical communication. Laser communication techniques will play important roles in future interplanetary networks. Based on the engineering background provided by the lunar and Mars exploration programs, China should adopt key techniques and gradually perform system-level demonstrations.

References

[1] Wu W R, Liu W W, Qiao D, et al. Investigation on the development of deep space exploration. Sci China Tech Sci, 2012, 55: 1086-1091.

[2] Wu W R, Dong G L, Li H T, et al. Engineering and Technology of Deep Space TT&C System (in Chinese). Beijing: Science Press, 2013.

[3] Ning X L, Li Z, Wu W R, et al. Recursive adaptive filter using current innovation for celestial navigation during the Mars approach phase. Sci China Inf Sci, 2017, 60: 032205.

[4] WuW R, Yu D Y. Development of deep space exploration and its future key technologies (in Chinese) . J Deep Space Explor, 2014, 1: 5-17.

[5] Fu K, Zhao G Q, Li X J, et al. Iterative spherical simplex unscented particle filter for CNS/Redshift integrated navigation system. Sci China Inf Sci, 2017, 60: 042201.

[6] Cai Y G, Sun J F, Li G Y, et al. Self-homodyne free-space optical communication system based on orthogonally polarized binary phase shift keying. Appl Opt, 2016, 55: 4514.

[7] Ma J, Li K, Tan L Y, et al. Performance analysis of satellite-to-ground downlink coherent optical communications with spatial diversity over gamma-gamma atmospheric turbulence. Appl Opt, 2015, 54: 7575-7585.

[8] Meng L X, Li L, Zhang L Z, et al. Research on optic antenna of space laser communication networking. In: Proceedings of the 5th International Symposium on Photoelectronic Detection and Imaging, Beijing, 2013.

[9] Luo J J, Li H Z, Tang Y F, et al. Research on laser communication technology development for deep space exploration (in Chinese) . Spacecraft Eng, 2013, 22: 94-97.

[10] Ma J, Xu K H, Tan L Y, et al. Analysis for mars laser communications system in USA (in Chinese) . Chin J Space Sci, 2006, 26: 364-369.

[11] Han H S, Chen J. 21st century foreign deep space exploration development plans and their progresses (in Chinese).

Spacecraft Eng，2008，17：1-22.

[12] James R L. Deep space optical communication development program. Proc SPIE，1987，56：15-16.

[13] Boroson D M，Robinson B S. The lunar laser communication demonstration：NASA's first step toward very high data rate support of science and exploration missions. Space Sci Rev，2014，185：115-128.

[14] Boroson D M，Robinson B S，Murphy D V，et al. Overview and results of the lunar laser communication demonstration. Proc SPIE，2014，8971：89710S.

[15] Grechukhin I A，Grigoriev V N，Danileiko N O，et al. Russian free-space laser communication experiment "SLS". In：Proceedings of the 18th International Workshop on Laser Ranging，Fujiyoshida，2013.

[16] Grigoryev V，Kovalev V，Shargorodskiy V，et al. High-bit-rate laser space communication technology and results of on-board experiment. In：Proceedings of International Conference on Space Optical Systems and Applications (ICSOS)，Kobe，2014.

[17] Renny A F，David A K，Harold T Y，et al. 5. 625 Gbps bidirectional laser communications measurements between the NFIRE satellite and an optical ground station. Proc SPIE，2011，8184：81840D.

[18] Heine F，Mühlnikel G，Zech H，et al. LCT for the European data relay system：in orbit commissioning of the alphasat and sentinel 1A LCTs. Proc SPIE，2015，9354：93540G.

[19] Hideki T，Yoshihisa T，Yoshisada K，et al. Study on coding parameters for a small optical transponder. In：Proceedings of International Conference on Space Optical Systems and Applications (ICSOS)，Kobe. 2014.

[20] Mukai T，Inagawa S，Suzuki K，et al. A study of free space laser communication experiment on the ISS Japanese experiment module for space explorations. In：Proceedings of IEEE International Conference on Space Optical Systems and Applications (ICSOS)，New Orleans，2015.

[21] Hemmati H. Deep Space Optical Communications. Hoboken：John Wiley & Sons，2005.

[22] Hemmati H. Status of free-space optical communications program at JPL. In：Proceedings of IEEE Aerospace Conference，Big Sky，2000. 101-105.

[23] Hemmati H，Page N A. Preliminary opto-mechanical design for the X2000 transceiver. Proc SPIE，1999，3615：206-211.

[24] Boroson D M，Roy S B，Scozzafava J J. Overview of high rate deep space laser communications options. Proc SPIE，2004，5338：37-49.

[25] Biswas A，Boroson D M，Edwards B L. Mars laser communication demonstration：what it would have been. Proc SPIE，2006，6105：610502.

[26] Shaik K，Wonica D，Wilhelm M. Optical subnet concepts for the deep space network. Telecommun Data Acquisition Prog Rep，1993，42：153-181.

[27] Wilson K E，Wright M，Cesarone R，et al. Cost and performance comparison of an earth-orbiting optical communication relay transceiver and a ground-based optical receiver subnet. Interpla Netw Prog Rep，2003，153：1-12.

[28] Levitt B，Wilson K，Roberts T，et al. Hybrid optical DSN architecture：interleaved PPM concept. In：Proceedings of JPL Internal Conference，Pasadena，2004.

[29] Badesha S S. SPARCL：a high altitude tethered balloon-based optical space-to-ground communication system. Proc SPIE，2002，4821：181-193.

[30] Mecherle G S，Akle W，Starkus C，et al. Direct detection optical relay satellite for deep-space communication. Proc SPIE，1994，2123：134-155.

[31] Boroson D M，Scozzafava J J，Murphy D V，et al. The lunar laser communications demonstration (LLCD) . In：Proceedings of the 3rd IEEE International Conference on Space Mission Challenges for Information Technology，Pasadena，2009. 23-28.

[32] Sun X L, Skillman D R, Hoffman E D, et al. Free space laser communication experiments from Earth to the lunar reconnaissance orbiter in lunar orbit. Opt Express, 2013, 21: 1865-1871.

[33] Sun X L, Skillman D R, Hoffman E D, et al. Simultaneous laser ranging and communication from an Earth-based satellite laser ranging station to the lunar reconnaissance orbiter in lunar orbit. Proc SPIE, 2013, 8610: 861003.

[34] Boroson D M, Robinson B S. Status of the lunar laser communication demonstration. Proc SPIE, 2013, 8610: 861002.

[35] Robinson B S, Boroson D M, Burianek D A, et al. The NASA lunar laser communication demonstration-successful high-rate laser communications to and from the Moon. In: Proceedings of International Conference on Space Operations, Pasadena, 2014. 1-7.

[36] Boroson D M, Robinson B S, Burianek D A, et al. Overview and status of the lunar laser communications demonstration. Proc SPIE, 2014, 8971: 89710S.

[37] Constantine S, Elgin L E, Stevens M L, et al. Design of a high-speed space modem for the lunar laser communications demonstration. Proc SPIE, 2011, 7923: 792308.

[38] Burnside J W, Conrad S D, PillsburyA D, et al. Design of an inertially stabilized telescope for the LLCD. Proc SPIE, 2011, 7923: 79230L.

[39] Murphy D V, Kansky J E, Grein M E, et al. LLCD operations using the lunarlasercom ground terminal. Proc SPIE, 2014, 8971: 89710V.

[40] Grein M E, Kerman A J, Dauler E A, et al. Design of a ground-based optical receiver for the lunar laser communications demonstration. In: Proceedings of International Conference on Space Optical Systems and Applications, Santa Monica, 2011. 78-82.

[41] Caplan D O, Carney J J, Lafon R E, et al. Design of a 40 Watt 1.55 μm uplink transmitter for lunar laser communications. Proc SPIE, 2012, 8246: 82460M.

[42] Schulein R T, Lafonb R E, Taylora M B, et al. Nonlinearity mitigation of a 40 Watt 1.55 micron uplink transmitter for lunar laser communications. Proc SPIE, 2013, 8610: 86100F.

[43] Grein M E, Kerman A J, Dauler E A, et al. An optical receiver for the lunar laser communication demonstration based on photon-counting superconducting nanowires. Proc SPIE, 2015, 9492: 949208.

[44] Edwards B L, Israel D, Wilson K, et al. The laser communications relay demonstration. In: Proceedings of International Conference on Space Optical Systems and Applications (ICSOS), Ajaccio, 2012. 1-9.

[45] Edwards B, Israel D, Caroglanian A, et al. A day in the life of the laser communications relay demonstration project. In: Proceedings of International Conference on Space Operations, Daejeon, 2016. 1-13.

[46] Cornwell D M. NASA's optical communications program for 2015 and beyond. Proc SPIE, 2015, 9354: 93540E.

[47] Cornwell D M. NASA's optical communications program for future planetary and near-Earth missions. Study Rep SCaN Program, 2016, 1-2.

[48] Fielhauer K B, Boone B G, Raible D E. Concurrent system engineering and risk reduction for dual-band (RF/optical) spacecraft communications. In: Proceedings of IEEE Aerospace Conference, Big Sky, 2012. 1-7.

[49] Raible D, Hylton A. Integrated RF/optical interplanetary networking preliminary explorations and empirical results. In: Proceedings of the 30th AIAA International Communications Satellite System Conference (ICSSC), Ottawa, 2012.

[50] Sodnik Z, Heese C, Carnelli I, et al. Multi-purpose laser communication system for the asteroid impact mission (AIM) . In: Proceedings of IEEE International Conference on Space Optical Systems and Applications (ICSOS), New Orleans, 2015, 1-7.

月球中继通信卫星系统发展综述与展望*

张立华，吴伟仁

摘　要　中继通信是一些月球探测任务中必须解决的关键问题，特别是月球背面和两极地区的着陆和巡视探测任务以及载人登月任务。对国内外月球中继通信卫星的研究和发展情况进行了综述，在对月球中继通信任务需求分析的基础上，从中继通信体制选择、轨道选择等方面对月球中继通信任务的实现途径进行了分析，并对月球中继通信技术的未来发展进行了展望。

关键词　月球探测任务；中继通信卫星；发展综述；发展展望

0 引言

月球探测一直是深空探测的重点，并且在未来很长一段时间内，月球探测仍将是国际深空探测活动的重点，美国、俄罗斯、欧空局和中国未来都规划了多个月球探测任务，包括无人探测和载人登月任务[1-11]。

以往的月球着陆和取样返回探测任务都集中在月球正面，我国的嫦娥四号任务在人类历史上首次着陆于月球背面开展科学探测[12]，未来也会有更多的探测器涉足月球背面以及两极区域。月球背面南极有太阳系中最大最深的撞击盆地—“艾特肯”（Aitken）盆地，月球南北极还存在水冰，月球两极和背面可能蕴含丰富的资源，具有更大的探测价值。因此，月球的这些对地不可见区域或将成为未来月球探测关注的焦点。我国后续的月球探测任务，也是把月球极区作为重点探测目标，包括巡视器/机器人探测、航天员探测和人机联合探测等方式。

在环月探测任务和月球正面的着陆及取样返回探测任务中，探测器在各飞行阶段的测控通信均能够依靠地面站支持，因而没有发展专用中继通信卫星系统的迫切需求。随着月球两极和背面等区域的探测价值凸显，对这些对地不可见区域的中继通信问题受到国内外的高度关注。

因为月球总是一面朝着地球，所以月球的背面一直对地不可见。对于月球两极区域，也不是每天都能对地可见，特别是月球极点附近区域，约半个月时间无法直接对地可见，

*　深空探测学报，2018，5（6）：10.

且对地指向仰角小于 6.5°。对于月球的这些对地不可见区域，月面探测器无法与地面站建立直接的通信联系，传统的地球轨道中继卫星系统也无法解决，必须研制专用的中继通信卫星[12,13]。

对于载人探月任务，各个阶段都需要地面站能够与载人飞船和航天员进行实时的测控通信，由于月球的遮挡，地面测控站以及地球轨道的中继卫星系统都无法对载人月球探测器进行连续无缝隙的实时覆盖，也有对月球中继通信卫星的需求。

1 国内外研究情况综述

月球中继通信的想法和相关的研究论证工作由来已久。早在 1950 年，阿瑟·克拉克在《行星际飞行》一书中就提出地月 L2 平动点是向月球背面殖民地进行广播和电视转播的理想位置，这也是月球中继通信的最早想法[14]。

1963 年，美国喷气推进实验室（Jet Propulsion Laboratory，JPL）的 Kliore 在《平动点卫星的利用》一文中，将月球中继通信的想法进一步深化，提出了利用地月系统的平动点来实现对月球背面和极区的中继通信的想法，并与采用环月轨道的中继通信卫星系统进行了比较[15]。

1966 年，美国 TRW 公司的 Neuner 论证并提出了环月轨道的月球中继卫星系统[16]，该系统采用了由多星组成的能覆盖整个月球的星座方案，每颗卫星通过自旋稳定控制姿态，采用单组元的肼推进系统，如图 1 所示。

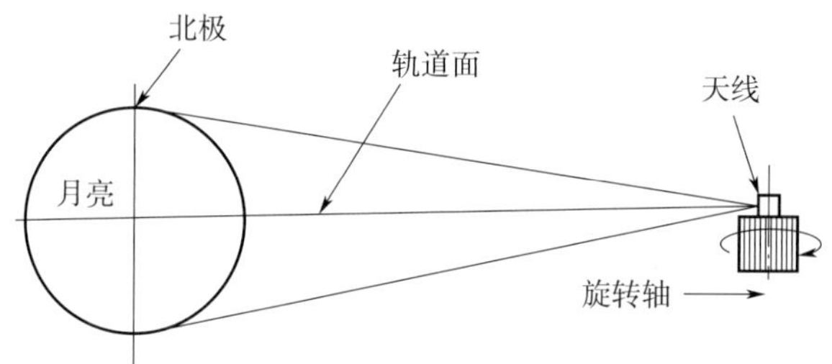

图 1　TRW 公司的月球中继卫星概念

1967 年，美国国家航空航天局（National Aeronautics and Space Administration，NASA）戈达德飞行中心的 Vonbun 提出了运行在绕地月 L2 平动点轨道的中继通信卫星方案，构型如图 2 所示，卫星名为“Hummingbird”，重 190kg，采用离子电推进系统进行轨道维持[17]。

1967 年，美国的 Farquhar 教授提出了绕地月 L2 点 Halo 轨道的概念和在这一轨道上放置一颗中继卫星对月球背面着陆的探测器提供中继通信的方案[18-20]，如图 3 所示。按照 Farquhar 的建议，NASA 曾计划在“Apollo17”任务中实施该想法，由于任务风险较大等原因未能实现。

1970 年，美国 MIT（Massachusetts Institute of Technology）的 Kurland 等[21]提出了

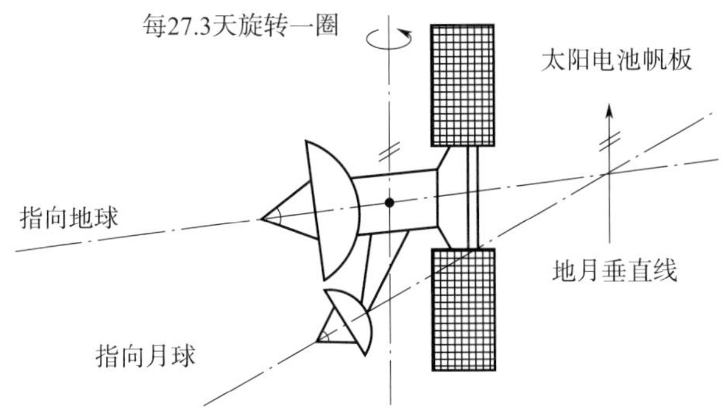

图 2　Hummingbird 月球中继卫星构型

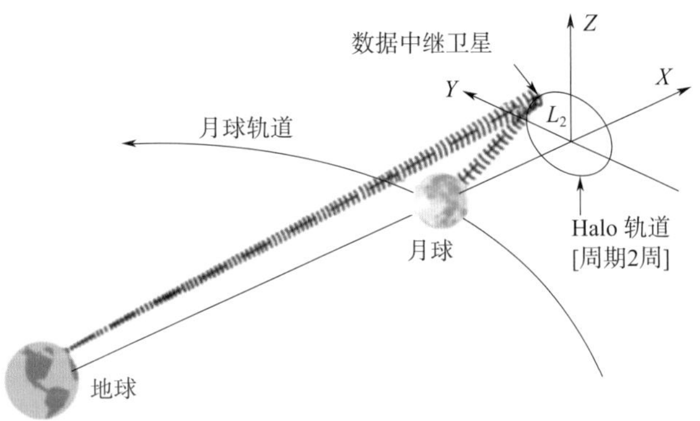

图 3　支持月球背面探测任务的地月 L2 点 Halo 轨道上中继通信构想

针对月球背面探测任务的中继卫星方案，如图 4 所示，卫星运行于振幅大于 3 500 km 的 Halo 轨道，期望能够支持阿波罗（Apollo）载人登月任务及月球背面的无人探测任务。

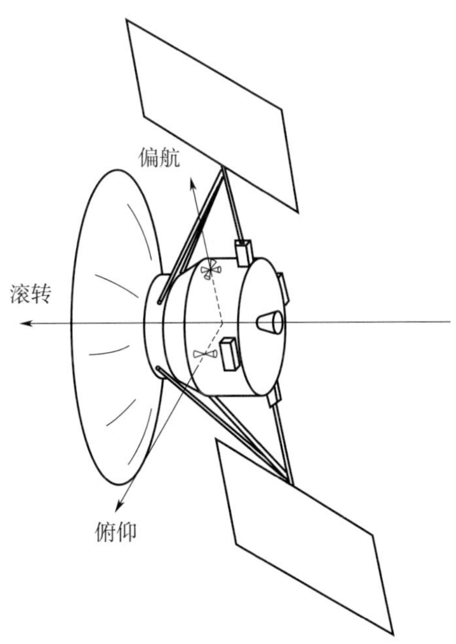

图 4　MIT 的月球中继通信卫星方案

20 世纪六七十年代月球中继通信卫星的研究论证工作主要是伴随着月球探测任务的兴起和 Apollo 登月计划的实施来开展的。在 NASA 的组织下，美国的相关研究机构、大学和工业部门都对月球中继通信卫星系统开展了大量的研究论证工作，提出了很多月球中继通信系统的解决方案[16-22]，掀起了月球中继通信卫星研究的第一轮热潮。由于当时技术能力的限制以及缺乏迫切的需求，研究论证工作还停留在设想和概念阶段，主要集中在轨道和中继通信覆盖特性方面，对卫星本身的方案缺乏深入细致的论证，工程可实现性不强。

从 20 世纪 90 年代开始，美国和欧洲曾论证提出了多个针对月球背面和两极的着陆探测任务[4-11]，其中中继通信卫星也是论证的重点，提出了相应的解决方案。

美国的休斯公司为拟在月球背面进行的低频射电观测任务提出了中继通信卫星方案[22]，该卫星运行于地月 L2 点 Halo 轨道上，采用自旋稳定平台，如图 5 所示。

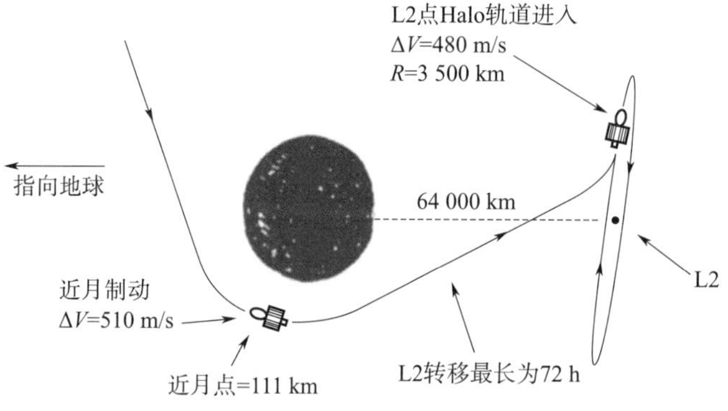

图 5　美国休斯公司的月球中继通信卫星方案

NASA 的 Glenn 研究中心也开展过月球中继卫星的研究和论证工作，提出了绕月球大椭圆极地冻结轨道运行的 COMPASS（Collaborative Modeling and Parametric Assessment of Space Systems）中继卫星方案，为月球南极探测任务提供中继通信和导航支持[23]，如图 6 所示。

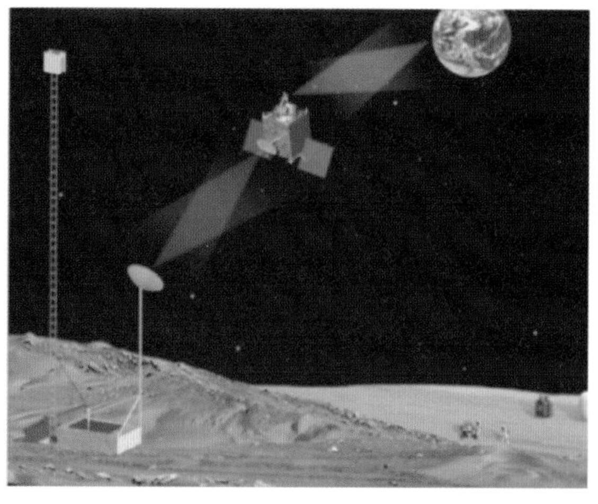

图 6　NASA Glenn 中心的月球中继通信卫星构想

美国科罗拉多大学和 MicroSat 公司针对月球南极探测任务提出的中继通信卫星方案，如图 7 所示，采用了绕地月 L2 平动点的 Halo 轨道，卫星平台采用 MicroSat 公司的 TacSat2 卫星平台，整星质量约 400 kg[10]。

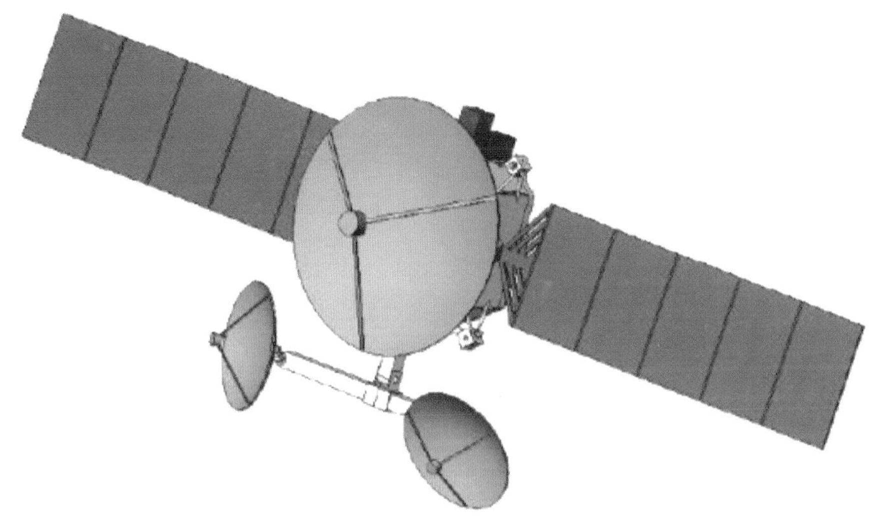

图 7 MicroSat 公司的月球中继通信卫星构想

近年来，欧洲航天局（European Space Agency，ESA）论证提出了 FARSIDE 月球背面着陆探测任务，如图 8 所示，其中的中继通信卫星也采用了绕地月 L2 平动点运行的 Halo 轨道，卫星平台采用 Myriad 微小卫星平台，整星质量约 250 kg[8]。

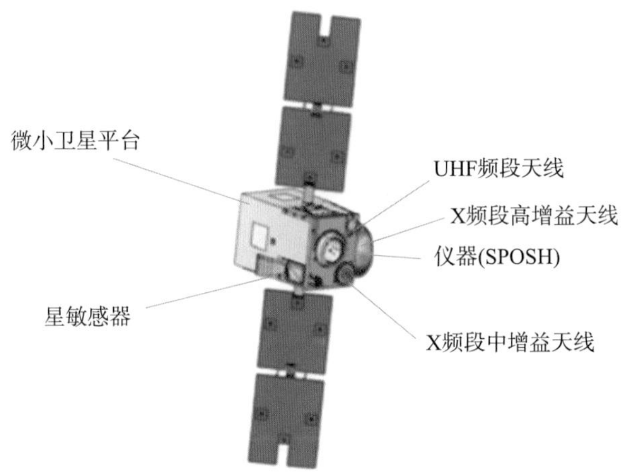

图 8 ESA FARSIDE 任务的中继通信卫星

德国的 OHB 公司和斯图加特大学在 2014 年提出了运行于地月 L4 和 L5 平动点的月球中继通信卫星方案，如图 9 所示，目的是为无人和载人月球探测器提供支持，卫星质量约 2 020 kg，运行寿命为 10 年，为了解决大容量数据传输的问题，除了微波中继链路外，还采用了激光通信链路[24]。

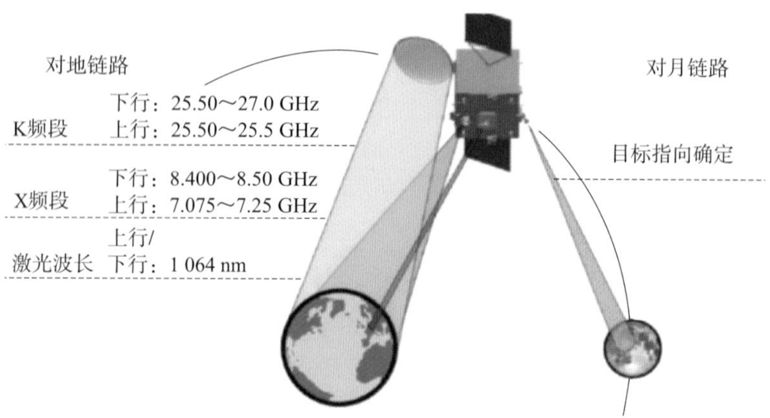

图 9　OHB 公司月球中继通信卫星构想

月球中继通信卫星选择地月 L2 平动点轨道同时还有利于采用 LiAISON（Linked，Autonomous，Interplanetary Satellite Orbit Navigation）导航方法实现对月球探测器的导航定位。

约翰·霍普金斯大学（The Johns Hopkins University，JHU）在 NASA 支持下提出的月球中继通信和导航定位方案采用 3 颗月球极轨卫星、3 颗赤道轨道卫星和 1 颗地月 L2 平动点 Halo 轨道卫星组成的系统。7 颗卫星形成对月球的全部覆盖，能够为月球探测器提供中继通信和导航服务，如图 10 所示。

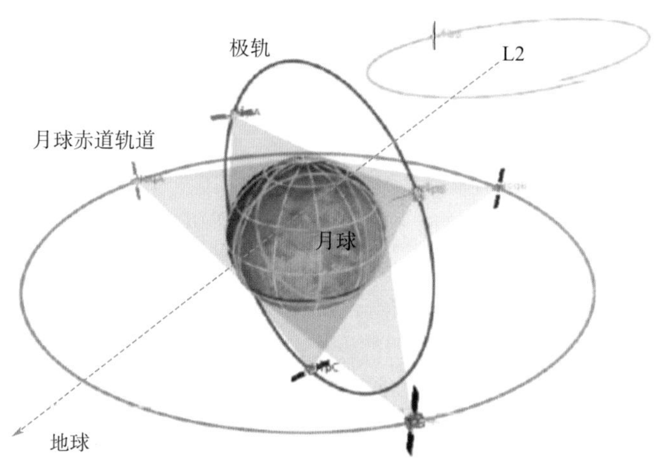

图 10　JHU 的月球中继通信与导航定位系统构想

NASA 的 Goddard 空间中心提出的中继通信与导航系统方案则采用了地月 L2 点 Halo 轨道卫星与 GPS（Global Positioning System）系统相结合的方案，能够为地月空间的航天器提供中继通信和导航定位服务。

在 20 世纪 90 年代开始的月球中继通信卫星研究新一轮热潮中，除美国外，欧洲也开展了相关的工作，研究论证更加深入，对环月轨道和地月平动点轨道进行了详细的分析比较，大多数方案都选择了平动点轨道。卫星方案都是基于现有的成熟平台，具有较好的工程可实现性。进入21世纪以来，导航定位与中继通信相结合的解决方案备受关注，新的导航方法不断提出。但由于研究论证的项目都没有最终立项，缺乏工程的牵引和带动，研究工作未能取得实质性突破。

除了具体的中继通信卫星方案论证工作外，美国和欧洲在月球中继通信卫星体系架构方面也开展了很多研究工作[25-27]，提出了针对各种月球探测任务的全面解决方案，为未来月球中继通信系统的体系化发展奠定了基础。

NASA曾专门成立了一个空间通信体系工作组（Space Communication Architecture Working Group，SCAWG）来制定通信体系架构，针对月球探测任务的中继通信和导航需求，深入论证了从机器人探测到载人月球探测的每一发展阶段的系统解决方案，覆盖了从月球正面、两极到背面的各类探测任务。

ESA对载人登月任务的测控通信体系也进行了深入论证，提出了针对各个任务阶段的系统解决方案，其支持月球背面任务的测控通信系统总体框架如图11所示，其中包含了运行在绕地月L2点轨道上的2颗中继通信卫星。

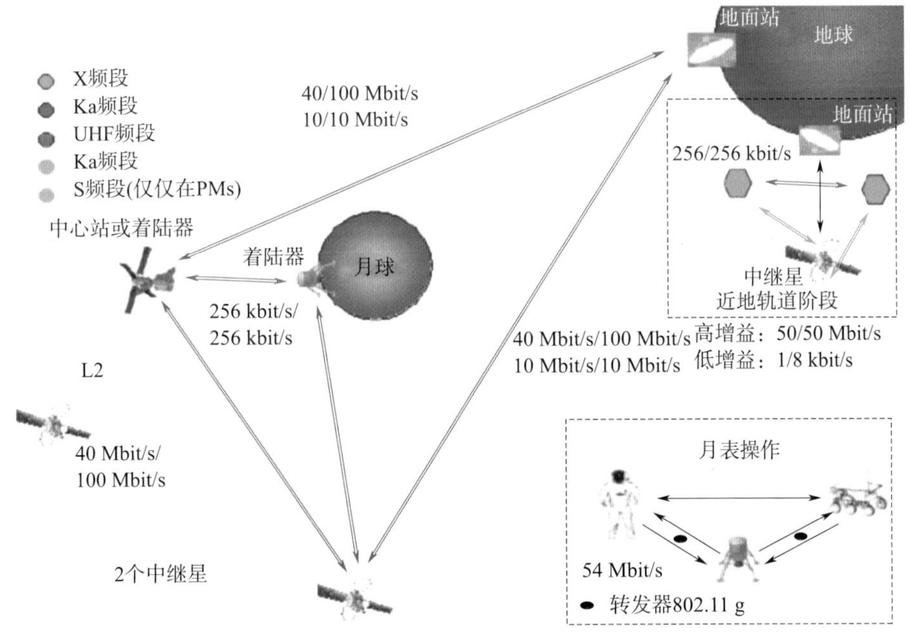

图11　ESA针对月球背面载人登月的测控通信体系

近年来，国内针对月球中继通信方面也开展了一些研究和论证工作，包括轨道设计、系统方案研究和发展建议[28-31]等。研究工作主要集中在系统轨道选择和性能分析方面，包括各种轨道卫星及星座的覆盖性能、维持代价、通信性能等方面的分析研究。

尽管月球中继通信卫星系统的研究和论证工作已开展了很多年，提出了很多解决方案，但由于各种原因，一直未能在工程上实现。中国的嫦娥四号任务是人类历史上首个在月球背面开展着陆和巡视勘察的探测任务，嫦娥四号任务的中继星——“鹊桥”，也是世界上首颗月球中继通信卫星，该卫星已于2018年5月21日发射并进入到绕地月L2平动点运行的Halo轨道，50多年前的设想终于变成了现实。“鹊桥”为2018年12月8日发射的嫦娥四号着陆器和巡视器提供中继通信服务，支持完成月球背面的着陆和巡视勘察探测任务，如图12所示。

图12　嫦娥四号月球背面着陆探测任务

2 月球中继通信的能力需求分析

月球中继通信卫星系统重点是解决月球背面和两极等对地不可见探测任务以及载人航天器在绕月过程中的对地不可见时段的对地通信需求，月球中继通信卫星需要提供的任务支持能力主要包括：

1）支持完成对月球探测器的测控任务：实现地面上行遥控指令和注入数据的转发，兼顾无人探测和有人探测的需求，码速率要达到20 Mbit/s。

2）支持对月球探测器的高速数据传输任务：返向接收月球探测器不小于100 Mbit/s码速率的数据，将月球探测器获取的探测记录、科学数据及航天员的声音、视频等传到中继通信卫星。

3）支持对地高速数据传输任务：要求提供不小于100 Mbit/s码速率的对地数传能力，将月球探测器得到的探测记录、科学数据及航天员的声音、视频等传回地面站。

4）实时性要求：中继通信转发的时延要小，特别是月面遥操作和与航天员的语音通信，不考虑信号传输距离带来的时延，中继通信前返向链路的转发时延都要控制在500 ms以下。

对月球中继通信卫星的需求概括起来就是：高覆盖率、高码速率、高可靠性、强实时性。不同的月球探测任务对中继通信的需求不同，因此月球中继通信卫星系统要根据具体的任务特点来选择最合适的解决方案。

NASA 把月球中继通信设施纳入了 SCaN 集成网络中以扩展其对月球附近用户提供服务的能力。SCaN 架构中月球中继通信部分如图 13 所示，包括地月之间的主干链路以及月球表面的链路，能够为月球探测任务，特别是载人登月任务提供保障。

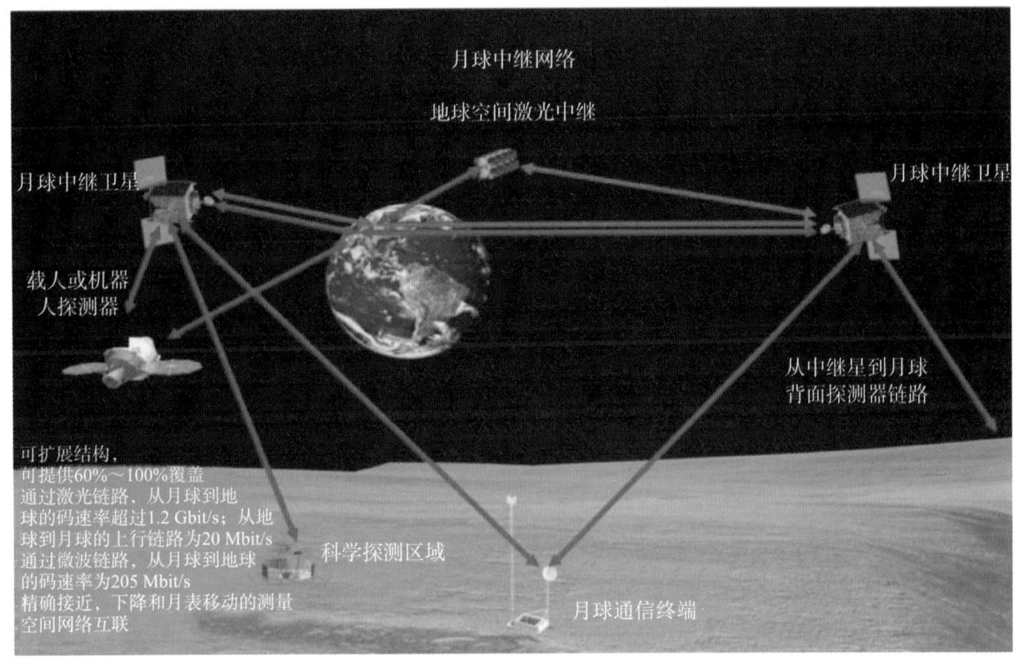

图 13 NASA 的月球中继通信系统构架

SCaN 体系架构中的月球中继通信部分将提供 60%～100%覆盖能力，具体取决于用户需求、轨道位置和航天器的数量。月球中继通信系统拟采用激光链路，从月球到地面站数据速率高达 1.2 Gbit/s，从月球附近通过射频链路，还能提供不少于 250 Mbit/s 的数据速率，以及无线电测距能力。

3 中继通信体制选择

不同于地球轨道中继卫星系统，月球中继通信卫星中继通信体制的选择要根据任务的需求和特点来设计，月球中继通信的体制和方案选择重点要考虑以下一些问题。

（1）网络协议选择

从目前国际航天任务空间组网协议体系的研究和应用情况来看，可供选择的主要有 4 种协议体系：基于 CCSDS（Consultative Committee for Space Data Systems）的协议体系、基于 TCP/IP（Transmission Control Protocol/Internet Protocol）的协议体系、将 CCSDS 与 TCP/IP 结合的协议体系、基于 DTN（Delay Tolerant Networks）的协议体系。CCSDS 协议为国际标准协议，专为空间链路设计，体系比较完善，同时也支持地面 TCP/

IP 协议在空间的拓展，已得到广泛应用。

基于 DTN 的协议体系针对深空应用环境提出，为更远期的发展而设计，涵盖了前面 3 种协议体系，是更高一级的协议体系。首先，DTN 通过存储转发机制，能够较好地解决长时延和链路不连续导致的问题，适用于地球到月球乃至更远距离的深空通信；其次，DTN 能够将不同类型的网络下层协议整合在一起，在不改变原有网络基本结构的基础上实现多重异构网络的互联互通，具有良好的兼容性和扩展性。另外，基于 DTN 架构，对现有设备的改造主要是在协议层次上，大部分设备无须改动硬件，代价较小，可实现性好。因此，基于 DTN 的星际互联网络协议体系适合于月球及深空中继通信任务，可作为支持月球探测任务的星际互联网的主要协议架构[32]。

我国下一代地球轨道中继通信卫星系统的网络传输协议也将采用 DTN 协议[33]，因此，月球中继通信卫星采用 DTN 协议也有利于与其互联互通。

（2）中继转发体制选择

中继通信卫星的通信转发主要有透明转发及再生转发两种体制，与单纯完成转发的透明式转发相比，再生转发具有星上处理、交换功能，不会引入转发噪声，能够减少传输差错率，提高效率，消除干扰，降低传输时延，改善中继通信的性能，因此月球中继通信卫星主要是采用再生转发体制。

（3）调制方式选择

调制方式的选择是由系统的信道特性决定的，与其他通信系统相比，月球及深空通信任务中的功率受限问题更加突出。为了有效利用功率资源，使调制后信号波形的瞬时幅度波动尽量小，从而减小非线性的影响，使用非线性功率放大器和（准）恒定包络调制所得到的性能增益要高于使用线性功率放大器和非恒定包络调制信号的增益。

目前中继卫星系统的星地和星间微波链路一般采用 BPSK（Binary Phase Shift Keying）或 QPSK（Quadrature Phase Shift Keying）调制方式，而且调制方式和数据传输速率在中继通信过程中不能改变。对于未来月球中继通信链路，数据速率 500 Mbit/s 以下的链路仍应与现在一样主用 BPSK 或 QPSK，500 Mbit/s 以上的链路可采用 8 PSK（8 Phase Shift Keying）、16APSK（16 Amplitude Phase Shift Keying）、GMSK（Gaussian Filtered Minimum Shift Keying）的频谱利用率高等调制方式，同时链路调制体制能够根据系统使用情况，通过软件加载手段，随时升级和改进，形成具有认知能力、实时自适应、功能可升级的柔性调制体制。

（4）采用高效编码方式

由于月球中继通信距离较远，通信信号衰减大，对这种极为微弱的信号进行处理的难度大。而纠错编码则是一种有效提高功率利用效率的方法，在深空探测器上普遍采用了纠错编码。目前采用的信道编码主要是以卷积码作为内码、RS 码（Reed-Solomon Codes）作为外码的级联码，未来将以 LDPC（Low Density Parity Check Code）、BCH＋LDPC 等高增益纠错码为主。

4 中继通信任务的轨道位置选择和覆盖特性

对于月球中继通信卫星，轨道位置的选择十分重要，直接决定了中继通信的覆盖特性和链路能力。

月球中继通信任务主要有两类轨道可以选择：①是环月轨道；②是地月平动点轨道。两类轨道各有特点，需要根据具体的任务来选择合适的轨道。

环月轨道的特点是距离月面近，能够以较小的代价实现高码率的中继通信，但其运动特点决定单颗卫星无法实现对月球背面等不可见区域的连续通信，如果发射多颗卫星组成星座，则会增加系统研制建设成本，还带来了测控管理上的复杂性。而将中继通信卫星放置于地月 L2 平动点轨道上，借助平动点轨道运动特性，利用单颗卫星就可以实现对月球背面和南极等对地不可见区域的连续通信。

另外，由于平动点特殊的动力学特性，在绕平动点轨道上部署的中继通信卫星仅需消耗很少的推进剂就能实现长期的轨道保持，因此，地月平动点成为布置月球中继通信卫星的理想位置选择。运行在地月 L2 平动点轨道上的卫星通过采用较大的振幅，能够保证始终对地球和月球背面可见，相对于月球轨道卫星，地月平动点轨道上的卫星有阴影的时间极少，对星上电源供给更有利。因此，在地月平动点轨道上布置中继通信卫星，能够以较少的卫星数量实现对月球探测器的连续覆盖。为支持月球背面的着陆和巡视探测任务，提供连续的中继通信服务，嫦娥四号中继星就选择了绕地月 L2 平动点的 Halo 轨道[34]。

绕地月 L2 平动点的轨道是不稳定的，必须定期进行轨道维持[35]。按照目前地月 L2 平动点 Halo 轨道的测轨精度和中继星轨道控制精度，经仿真分析，每年轨道维持所需的速度增量不超过 36 m/s，根据嫦娥四号中继星当前在轨维持的实施结果，每年轨道维持所需的速度增量不超过 20 m/s。绕月轨道的中继通信卫星也有轨道维持的问题，最好选择冻结轨道，轨道维持所需的推进剂消耗很小。

5 月球中继通信技术未来发展展望

嫦娥四号中继星揭开了月球中继通信卫星系统发展的序幕，但其主要是为满足嫦娥四号着陆器和巡视器要求而专门研制的一颗卫星，中继通信能力有限，也不具备灵活的适应性，为了能够对未来的月球探测任务提供有力的保障，月球中继通信系统要在以下一些技术方面进一步发展。

（1）提高传输码速率，解决大容量数据传输的问题

未来的月球探测任务会产生大量的科学数据，这些数据需要高速可靠地在航天器之间传递并传回到地球。由于中继通信卫星离月球轨道探测器和月面探测器的距离可能比较远，通过无线电通信链路提高数据传输码速率的代价较大，而激光通信系统则是解决问题

的更好途径。近年来，激光通信技术飞速发展并逐渐在地球轨道航天器上得到应用，在2013年9月发射的LADEE（The Lunar Atmosphere and Dust Environment Explorer）月球探测器上，NASA进行了月球激光通信演示（Lunar Laser Communications Demonstration，LLCD）试验，使用激光通信实现了月球和地球之间的远距离数据传输，对地数据传输速率达到622 Mbit/s，为后续在月球探测任务中的应用奠定了技术基础[36,37]，因此激光通信是未来月球中继通信链路的一个重要选择。

（2）提高覆盖性，实现全月面、全时段的覆盖能力

随着月球探测任务的发展，月球探测器将可能运行在各种环月轨道及各个月面位置，月球中继通信卫星系统必须能覆盖到全月轨道和全月面，与地面测控和应用系统配合，能够对各种月球探测器实现连续不间断的中继通信服务。未来的月球中继通信卫星系统要通过分阶段、分步骤建设，发展由多种轨道卫星组成的星座系统，最终形成全月面、全时段的覆盖能力。

（3）统筹考虑，实现体系化发展

月球中继通信卫星系统的发展，不能仅仅考虑月球探测任务的需要，还要兼顾其他深空探测任务的中继通信需求，包括火星、小行星和木星探测等其他深空探测任务。

为了实现科学数据的有效传输和提供可靠的通信导航服务，NASA提出了下一代空间互联网体系结构，以深空中继通信系统为主干线，构成行星际网络，月球中继通信卫星系统的发展也必须统筹兼顾、协调发展、综合利用，放在整个深空通信体系中来考虑。

（4）提高系统灵活性和适应性，便于国际和商业用户使用

为了能够服务于国际和商业用户，月球中继通信卫星必须要有开放的架构，灵活的配置，能够适用各类数据接口。

未来月球中继通信卫星系统要通过认知无线电和软件定义无线电等新技术的应用，能够根据使用环境和用户需求实时对包括传输频率、传输速率、信道纠错码等参数进行自适应调整，也可根据新的任务需求对链路参数进行更新配置和加载，使中继通信链路与使用环境和用户需求达到最佳匹配。月球中继通信卫星系统的建设，也必须考虑到国际联网能力、互操作性、通用性的要求，要采用DTN等标准化的网络传输协议，能够为国际和商业用户提供有效的服务。

（5）与导航定位统筹考虑，形成综合保障能力

在月球探测任务中，地球轨道的GPS、北斗等导航系统难以对月球探测器提供连续可靠的导航定位服务，因此除了中继通信，导航定位也是月球探测任务的一个重要需求。在针对月球探测的导航定位方面，国内外也开展了大量的研究和论证工作，提出了相应的解决方案，LIAISON导航就是其中一种有前景的导航方式[38-40]，该种导航方式具有系统简单、定位精度高的特点，只要参与星间测量的卫星中有一颗卫星位于地月平动点轨道上，依靠星间距离或速度测量信息就能确定各个卫星的绝对位置和速度。

未来月球中继通信系统的发展与导航定位能力的发展要同步进行，以形成综合保障能力，通过平台资源共享、信息共用，有效降低系统研制建设成本，为月球探测任务提供更全面的保障。

（6）提高系统使用寿命，增强系统效费比

月球中继通信卫星系统作为月球探测任务的服务保障性系统，必须具有较长的使用寿命，至少应运行 10 年以上，并且能够为更多的用户提供服务，同时要便于升级和维护，增强系统效费比。

6 结束语

月球仍将是人类未来空间探测任务的重点目标，NASA 在 2018 年 9 月最新发布的"国家太空探索活动"中提出，2020 年开始以月球资源探测为重点的任务，21 世纪 20 年代末，让航天员重新登陆月球，同时考虑在地月空间建立永久性空间站。俄罗斯近期也提出了 21 世纪 30 年代实现载人登月的目标。我国针对南极等区域的无人探测任务正积极推进，载人登月任务也会在不远的将来实施。为支持机器人、航天员及人机结合的月球探测任务，中继通信是必须解决的关键问题。

发展专用中继通信卫星系统是满足月球探测任务中继通信需求的一种重要途径。为了实现全月球、全时段覆盖，可以采用地月平动点轨道与绕月轨道卫星结合的星座系统，充分发挥两种轨道的优势。要共享平台资源，将中继通信与导航定位能力统筹考虑，形成全面的服务保障能力。中继通信链路要考虑采用激光通信链路，进一步提高中继通信的码速率，满足大容量数据传输要求。

未来的月球中继通信卫星系统要使用软件定义无线电等新技术，能够根据使用环境和用户需求对链路参数进行自适应调整，方便用户使用，并具有较强的多用户和新用户支持能力。月球中继通信卫星系统与用户航天器、地球轨道中继通信卫星系统、地面控制中心间要构成天地一体化数据传输网络，并与支持其他深空探测任务的中继通信系统统筹考虑，形成统一的、集成化的网络，为各类深空探测任务提供稳定可靠的中继通信与导航服务。

参考文献

[1] 于登云，吴学英，吴伟仁．我国探月工程技术发展综述 [J]. 深空探测学报，2016，3（4）：307-314.

[2] 裴照宇，王琼，田耀四．嫦娥工程技术发展路线 [J]. 深空探测学报，2015，2（2）：99-110.

[3] SEAN O' KEEFE. The vision for space exploration [R]. USA：NASA，2004.

[4] DUKE M B. Sample return from the lunar south pole-Aitken basin [J]. Advances in Space Research，2003，31（11）：2347.

[5] JOLLIFF B L. MoonRise：sample return from the south pole-Aitken basin，new frontiers concept study report（CSR）[R]. Saintlouis：Washington University，2010.

[6] PRATT W，ALKALAI L. Human-assisted sample return from the Moon and Mars using the orion spacecraft [C] //65th International Astronautical Congress. Toronto，Canada：IAC，2014.

[7] BURNS O J，KRING A D，HOPKINS B J，et al. A lunar L2-farside exploration and science mission concept with

the orion multi-purpose crew vehicle and a teleoperated lander/rover [J]. Advances in Space Research, 2013, 52 (2): 306-320.

[8] MIMOUN D, WIECZOREK A M, ALKALAI L, et al. Farside explorer: unique science from a mission to the farside of the Moon [J]. Experimental Astronomy, 2012, 33 (2-3): 529-585.

[9] HILL K, PARKER J, BORN H G, et al. A lunar L2 navigation, communication, and gravity mission [C] // AIAA/AAS Astrodynamics Specialist Conference and Exhibit, Guidance, Navigation, and Control and Co-located Conferences. Colorado: AIAA, 2006.

[10] HAMERA K, MOSHER T, GEFREH M, et al. An evolvable lunar communication and navigation constellation concept [C] //2008 IEEE Aerospace Conference, 26th International Communications Satellite Systems Conference 2008. San Diego, CA: AIAA, 2008.

[11] BASART J P, BURNS J O. A very low frequency array for the lunar far-side [C] //Proceedings of an International Low Frequency Astrophysics from Space Workshop. Crystal City, VA: Springer-Veriag, 1990.

[12] 吴伟仁，王琼，唐玉华，等．“嫦娥 4 号”月球背面软着陆任务设计 [J]. 深空探测学报，2017，4 (2)：111-117.

[13] 王家胜．中国数据中继卫星系统及其应用拓展 [J]. 航天器工程，2013，11 (1)：1-6.

[14] CLARK A C. Interplanetaryflight [M]. London: Temple Press Books Ltd. , 1950: 111-112.

[15] KLIOREA. The utility of libration point satellites, JPL TM No. 33-154 [R]. USA: JPL, 1963.

[16] VONBUN O F. A hummingbird for the L2 lunarlibration point, NASA TM X-55778 [R]. USA: AIAA, 1967.

[17] NEUNER G E. Lunar communication satellites [C] //AIAA Communications Satellite Systems Conference. Washington, D. C. : AIAA, 1966.

[18] FARQUHAR R W. Lunar communications withlibration-point satellites [J]. Journal of Spacecraft and Rockets, 1967, 10 (4): 1383-1384.

[19] FARQUHAR R W. The control and use oflibration-point satellites, NASA TR R-346 [R]. USA: NASA, 1970.

[20] FARQUHAR R W. The utilization of Halo orbits in advanced lunar operations [R]. USA: AIAA, 1971.

[21] KURLAND R J, GOODWIN H C. Analysis of a communication satellite for Lunar far-side exploration, 1970NASA N70-29795 [R]. Massachusetts, USA: Massachusetts Institute of Technology Cambridge, 1970.

[22] MELTON G R, THOMPSON C R, STARCHVILLE F T, et al. Project ECHO electronic communications from Halo orbit, NASA-CR-197190 [R]. USA: NASA, 1995.

[23] OLESON S R, MCGUIRE M L. COMPASS final report: lunar relay satellite (LRS), NASA/TM-2012-217140 [R]. Cleveland, Ohio: Glenn Research Center, 2012.

[24] ANDREAS H, HOMEISTER M. TYCHO: demonstrator and operational satellite mission to Earth-Moon-libration point EML-4 for communication relay provision as a service [J]. Acta Astronautica, 2015 (108): 156-170.

[25] FLANEGAN M, GAL-EDD J, ANDERSON L, et al. NASA's lunar communication and navigation architecture [C] //AIAA SpaceOps 2008. Heidelberg, Germany: AIAA, 2008.

[26] BHASIN P, HAYDEN J. Developing architectures and technologies for an evolvable NASA space communication infrastructure [C] //22nd International Communications Satellite Systems Conference and Exhibit 2004 (ICSSC). Monterey, California: NASA Glenn Research Center, 2004.

[27] SANDS S P BHASIN K. Relay station based architectures and technology for space missions to outer planets [C] //20th AIAA International Communication Satellite Systems Conference and Exhibit. Montreal, Canada: AIAA, 2002.

[28] 孙宝升，张俊丽．月球中继卫星轨道分析 [J]. 载人航天，2012，18 (4)：63-69.

[29] PING J S, SHI X, JIAN N C, et al. Conceptual idea of lunar global measuring and communicating system

[C] //8th ILEWG International Conference on Exploration and Utilization of the Moon. Beijing：ILEWG，2006.

[30] 路毅．月球中继通信与导航星座设计与分析 [D]. 成都：电子科技大学，2012.

[31] 刘磊．月球中继通信与导航技术研究进展和建议 [J]. 国际太空，2014 (4)：51-54.

[32] 安建平，靳松，许军，等．深空通信网络协议的发展和展望 [J]. 通信学报，2016，37 (7)：50-61.

[33] 翟政安．下一代数据中继卫星系统发展思考 [J]. 飞行器测控学报，2016，36 (2)：89-97.

[34] 高珊，周文艳，梁伟光，等．地月拉格朗日 L2 点中继星轨道分析与设计 [J]. 深空探测学报，2017，4 (2)：122-129.

[35] 刘磊，曹建峰，胡松杰，等．地月平动点中继应用轨道维持 [J]. 深空探测学报，2015，2 (4)：318-324.

[36] KERIC A. Autonomous，interplanetary satellite orbit navigation (LiAISON) in lunar Halo orbits [C] //Proceedings of the AAS/AIAA Astrodynamics Specialist Conference. LakeTahoe，California：AIAA，2005.

[37] 张靓，郭丽红，刘向南，等．空间激光通信技术最新进展与趋势 [J]. 飞行器测控学报，2013，32 (4)：286-293.

[38] BOROSON D M，ROBINSON B S，HAMID H，et al. Status of the lunar laser communication demonstration [C] //Procedings of SPIE 8610，Free-Space Laser Communication and Atmospheric Propagation XXV，San Francisco，California，United States：SPIE，2013.

[39] HESAR S G，PARKER J S，LEONARD J M，et al. Lunar far side surface navigation using linked autonomous interplanetary satellite orbit navigation (LiAISON) [J]. Acta Astronautica，2015 (117)：116-129.

[40] 张立华，王鹏，高永新．支持月球背面人机探测活动的中继通信与导航小卫星 [C] //第四届载人航天学术大会. 哈尔滨：中国载人航天工程办公室，2016.

The development overview and prospect of lunar relay communication satellite system

ZHANG Lihua，WU Weiren

Abstract The relay communication is a key problem for lunar exploration missions，especially the landing and cruising on the lunar farside and polar areas，as well as the manned lunar exploration missions. The research and development status are analized about lunar relay communication satellite system throughout the world. Based on the analysis on the requirements for lunar relay communication missions，the implementation approach are analyzed for relay communication system scheme，orbit selections，etc. The technical development trends for future lunar relay communication satellite system are also given in this paper.

Keywords lunar exploration mission；relay communication satellite；development overview；development prospect

Effect of orbital shadow at an Earth-Moon Lagrange point on relay communication mission*

TANG Yuhua, WU Weiren, QIAO Dong, LI Xiangyu

Abstract The shadow effect is an important constraint to be considered during the implementation of exploration missions. In this paper, for the Earth-Moon Lagrange point L2 relay communication mission, shadow effect issues on a periodic orbit about L2 are investigated. A systematic analysis based on the time domain and phase space is performed including the distribution, duration, and frequency of shadows. First, the Lindstedt-Poincare and second-order differential correction methods are used in conjunction with the DE421 planetary ephemeris to achieve a mission trajectory family in a high-precision ephemeris model. Next, on the basis of a conical shadow model, the influence of different orbital phases and amplitudes on the shadow is analyzed. The distribution of the shadow is investigated as well. Finally, the configuration of the shadow and its characteristics are studied. This study provides an important reference and basis for mission orbit design and shadow avoidance for relay satellites at an Earth-Moon Lagrange point.

Keywords Earth-Moon system; equilibrium point; relay orbit; shadow effect; motion control

1 Introduction

Chang'E-4 will perform the first landing, roaming, and exploration tasks on the far side of the Moon. During the mission, the lander and the rover, which will land on the lunar far side, will not be able to communicate directly with Earth because of the synchronous rotation of the Moon. Therefore, such communications need to be transmitted by a relay satellite. A periodic orbit about the Earth-Moon Lagrange point L2, owing to its unique dynamic characteristics, provides advantages, such as a relatively constant geometric relationship between the satellite and the Moon, long duration in Earth's field of

* SCIENCE CHINA Information Sciences, 2017, 60: 11.

view, and low-cost orbital maintenance. It is, therefore considered to be an ideal position for relay communication.

The concept of deploying relay satellites at the Earth-Moon L2 point was proposed in the 1970s[1]. Since then many studies concerning Earth-Moon low-energy transfer[2-4] and station keeping have been conducted[5-9]. In contrast, little research on illumination and shadow effects on satellites operating in a periodic orbit of the Earth-Moon L2 point has been reported. As the angle between the Moon's orbital plane and the ecliptic plane varies over time, relay satellites in a periodic orbit about an equilibrium point will not be illuminated in certain periods owing to the shadow of the Earth or the Moon. The duration of these shadows plays an important role in the design of a relay satellite power supply system. Long-term shadows will result in insufficient power supply and consequently affect the success of relay tasks[10].

This paper is intended to address shadow effects on relay satellites in a halo orbit about the Earth-Moon L2 point. In particular, we focus on analyzing the duration and distribution of the shadow effect for different orbital phases and orbital amplitudes, on the basis of which suggestions for mission orbit design are proposed. Further, a systematic analysis of the configuration, frequency and duration of a single shadow is presented.

2 Relay satellite mission orbit in precise ephemeris models

2.1 Restricted three-body model, equilibrium point and periodic orbit

The circular restricted three-body problem (CRTBP) can be employed to describe the movement of a relay satellite in the Earth-Moon system. The dimensionless dynamic equations in the centroid rotation system can be written as follows:

$$\begin{cases} \ddot{x} - 2\dot{y} - x = -\dfrac{(1-\mu)(x+\mu)}{r_1^3} - \dfrac{\mu(x-1+\mu)}{r_2^3} \\ \ddot{y} + 2\dot{x} - y = -\dfrac{(1-\mu)y}{r_1^3} - \dfrac{\mu y}{r_2^3} \\ \ddot{z} = -\dfrac{(1-\mu)z}{r_1^3} - \dfrac{\mu z}{r_2^3} \end{cases} \tag{1}$$

where μ is the system mass ratio. In the Earth-Moon system, $\mu = 0.012\ 15$. In addition, r_1, r_2 are the distances from the satellite to the Earth and to the Moon respectively. $r_1 = \sqrt{(x+\mu)^2 + y^2 + z^2}$ and $r_2 = \sqrt{(x-1+\mu)^2 + y^2 + z^2}$, A normalized length, mass, and time are applied here, which are defined as the average Earth—Moon distance, system mass, and inverse of the Moon orbital angular speed respectively.

Five dynamic equilibrium points, i. e. , Lagrange points, exist for the CRTBP: three collinear equilibrium points (L1, L2, and L3) and two triangular equilibrium points (L4 and L5) . The L2 point, which can be used for relay communication is located on the opposite side of the Moon from the Earth.

According to the Lindstedt-Poincare method[11], the motion equation near the Earth-Moon L2 point can be written as

$$\begin{cases} \ddot{\xi} - 2\dot{\eta} - (1 + 2c_2)\xi = \dfrac{\partial}{\partial \xi}\sum_{n \geqslant 3} c_n(\mu)\rho^n P_n(\dfrac{\xi}{\rho}) \\ \ddot{\eta} + 2\dot{\xi} - (c_2 - 1)\eta = \dfrac{\partial}{\partial \eta}\sum_{n \geqslant 3} c_n(\mu)\rho^n P_n(\dfrac{\xi}{\rho}) \\ \ddot{\zeta} + c_2\zeta = \dfrac{\partial}{\partial \zeta}\sum_{n \geqslant 3} c_n(\mu)\rho^n P_n(\dfrac{\xi}{\rho}) \end{cases} \tag{2}$$

where $\rho^2 = x^2 + y^2 + z^2$, and $c_2(\mu)$, $c_n(\mu)$ are functions of only the mass and can be expressed as

$$\begin{cases} c_2 = \dfrac{1}{\gamma^3}[\mu + (1-\mu)\dfrac{\gamma^3}{(1+\gamma)^3}] \\ c_n(\mu) = \dfrac{1}{\gamma^3}\left[(-1)^n\mu + (-1)^n(1-\mu)\left(\dfrac{\gamma}{1+\gamma}\right)^{n+1}\right], n \geqslant 3 \end{cases} \tag{3}$$

where γ is the distance between the L2 point and the Moon, and p_n is the n th-order Legendre polynomial.

The high-order approximate analytic solution of (2) can be expressed as

$$\begin{cases} \xi(t) = \sum_{i,j}^{\infty}\Big[\sum_{|k| \leqslant i, |m| \leqslant j} \xi_{ijkm}\cos(k\theta_1 + m\theta_2)\Big]\alpha^i\beta^j \\ \eta(t) = \sum_{i,j}^{\infty}\Big[\sum_{|k| \leqslant i, |m| \leqslant j} \eta_{ijkm}\sin(k\theta_1 + m\theta_2)\Big]\alpha^i\beta^j \\ \zeta(t) = \sum_{i,j}^{\infty}\Big[\sum_{|k| \leqslant i, |m| \leqslant j} \zeta_{ijkm}\cos(k\theta_1 + m\theta_2)\Big]\alpha^i\beta^j \end{cases} \tag{4}$$

where α and β represent the in-plane and out-of-plane amplitudes, respectively. $\theta_1 = \omega t + \varphi_1$, and $\theta_2 = vt + \varphi_2$. φ_1, φ_2 are initial phases. ω, v are power functions, that describe the orbital vibration amplitude

$$\omega = \omega_p + \sum_{i,j}^{\infty}\omega_{ij}\alpha^i\beta^j, v = \omega_v + \sum_{i,j}^{\infty}v_{ij}\alpha^i\beta^j \tag{5}$$

The approximate analytic solution for a periodic orbit around the Earth-Moon L2 point can be obtained using (4) . An accurate numerical solution can be obtained by the differential correction method. The southern family of halo orbits with different amplitudes around the L2 point in the Earth-Moon system obtained using the above process is shown in Figure 1.

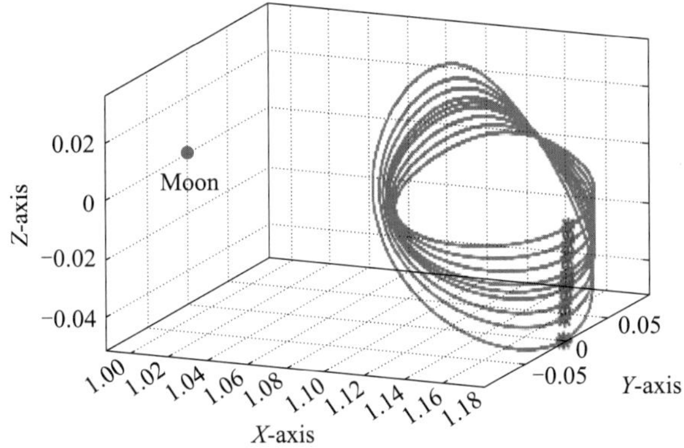

Fig. 1 Southern family of halo orbit in the Earth-Moon three-body system.

For convenience, the phase angle θ of the halo orbit is defined as the angle between the projection of any orbital point on the XY - plane and the X axis, and this angle has a positive value along the clockwise direction. The initial point of the phase angle θ is selected as the peak of the halo orbit on the negative Y axis (as indicated by the marks in Figure 1).

2.2 Periodic orbit in a high-fidelity ephemeris model

To systematically analyze the shadow effect on relay satellites, the relative positions of the Sun, Earth, and Moon have to be considered. Therefore, a high-fidelity ephemeris model is employed in this study[12]. In this paper, we adopt the DE 421 planetary ephemeris.

Assume that the position vector of a relay satellite in the selenocentric inertial coordinate system is $[x_i, \ y_i, \ z_i]$, the velocity vector is $[\dot{x}_i, \ \dot{y}_i, \ \dot{z}_i]$, and the instantaneous angular velocity of the Earth-Moon rotation system relative to the inertial coordinate system is $[0, 0, \omega]$. According to the ephemeris, the relative position and speed of the Moon in the geocentric frame are obtained as

$$L = a\,[1 - e\cos(E)] \tag{6}$$

Ifwe take the average Earth-Moon distance D as the normalized unit length, the actual Earth-Moon distance can be expressed as $R = L/D$. Under the ephemeris model, the Earth's position in the Earth-Moon rotation system is $[R(1-\mu), 0, 0]$, and the instantaneous equilibrium point position is $R\lambda$, where λ is the position of the equilibrium point in the CRTBP. The position of the satellite in the ephemeris rotational coordinate system can be expressed as

$$[x + R(1-\mu)\lambda, y, z] \tag{7}$$

The position of the satellite relative to the Moon is

$$[x + R(1-\mu)\lambda - R(1-\mu), y, z] \tag{8}$$

Then the position of the satellite relative to the Moon in the inertial coordinate system can be expressed as

$$r_{iM}=\begin{bmatrix}x_i\\y_i\\z_i\end{bmatrix}=DR_z(-\Omega)R_x(-i)R_z(-\bar{\omega}-\theta-\pi)\begin{bmatrix}x+(R-1)\lambda-R(1-\mu)\\y\\z\end{bmatrix}\tag{9}$$

where Ω, i, and θ are the ascending node right ascension, orbit inclination, perigee argument, and true anomaly of the Moon relative to the Earth, respectively. R_x and R_z represent the rotational matrices around the X and Z axis, respectively. Similarly, the speed v_{iM} relative to the Moon in the selenocentric inertial coordinate system can be obtained.

Using the ephemeris, the position r_{EM} and speed v_{EM} of the Moon relative to the Earth at any moment can be obtained. Therefore, the position and speed of the spacecraft relative to the Earth in the geocentric inertial coordinate system can then be expressed as

$$\begin{cases}r_{iE}=r_{EM}+r_{iM}\\v_{iE}=v_{EM}+v_{iM}\end{cases}\tag{10}$$

3 Shadow model

A conical shadow model is used to describe the shadow effect of the Earth and Moon on relay satellites[13]. Here, the shadow factor ν is defined as

$$\nu=\frac{S}{S_\odot}\tag{11}$$

where S represents the visible Sun area, and $S_\odot$ is the total apparent area of the Sun. The geometrical relations of the shadow effect are shown in Figure 2.

$S_0=\boldsymbol{L}\cdot\boldsymbol{R}$ is defined as the distance between the reference point and the Earth's center, where $\boldsymbol{L}$ is the unit vector from the Sun to the Earth, and $\boldsymbol{R}$ is the position vector of the relay satellite in the geocentric coordinate system. If $S_0\leqslant 0$, the relay satellite lies on the sunward side, and there is no shadow: i. e., $\nu=1$. If $S_0>0$, the geometrical relations should be used to determine whether the relay satellite will lie in the shadow zone.

First, the radius of the relay satellite on the reference plane is solved as $l_p=\sqrt{R^2-S_0^2}$, and the cone angle is calculated as

$$\begin{cases}\sin f_1=(R_\odot+R_B)/S_\odot\\\sin f_2=(R_\odot-R_B)/S_\odot\end{cases}\tag{12}$$

where $R_\odot$ is the Sun's radius, R_B is the Earth's radius, and $S_\odot$ is the distance between the Sun and the Earth. The critical distances l_1, l_2 are

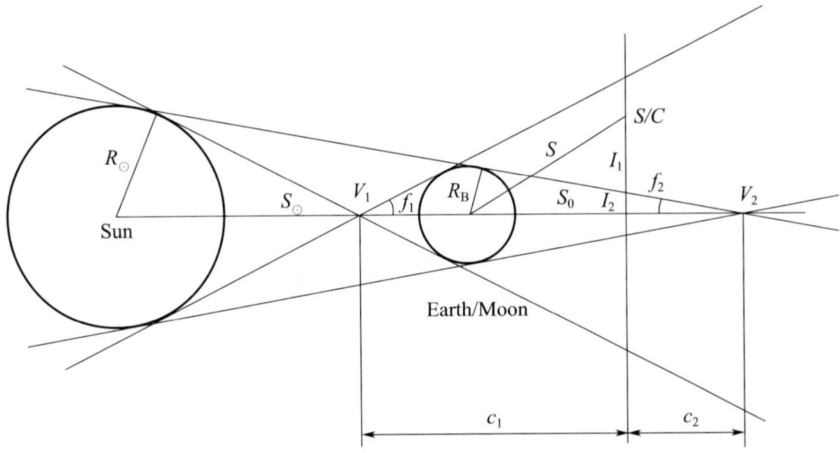

Fig. 2 Geometrical relations of the shadow effect.

$$\begin{cases} l_1 = c_1 \tan f_1 \\ l_2 = c_2 \tan f_2 \end{cases} \tag{13}$$

where c_1, c_2 are

$$\begin{cases} c_1 = S_0 + R_B / \sin f_1 \\ c_2 = S_0 - R_B / \sin f_2 \end{cases} \tag{14}$$

If $l_p < l_2$, and $\nu = 0$, the relay satellite lies in the complete shadow zone; if $l_2 \leqslant l_p < l_1$, and $0 < \nu < 1$, it lies in the half-shadow zone; if $l_1 \leqslant l_p$, and $\nu = 1$, it lies in the illuminated zone.

Because a relay satellite in a halo orbit may be obscured by both the Earth and the Moon, the Sun-Earth-satellite and Sun-Moon-satellite shadow models are established separately. In this paper, we do not distinguish the complete shadow zone and from the half shadow zone. Both of them are regarded as shadow zones.

4 Analysis of shadow effect on mission orbit

The mission orbit of a relay satellite is usually represented in the Earth-Moon rotational frame. The geometrical relations among the Sun, Earth, and Moon are time-dependent. The relative positions of these bodies are the key to shadow analysis. Thus, this study is based on a high-fidelity ephemeris model. A search method combining the time domain and phase space is developed to study the distribution of mission orbital shadows under different orbital phases and orbital amplitudes during the mission period. Finally, the shadow configuration is discussed and the evolution of different configurations on halo orbits is analyzed.

4.1 Shadow distribution for different orbital phases

Assuming that the period of the mission orbit cycle is T_p and the flight time of the relay satellite in one period is t_h ($0 \leqslant t_h \leqslant T_p$), the position of a satellite in a halo orbit at different flight time points can be obtained by orbit integration, and can be expressed in terms of the phase angle θ . Once the time is determined, the shadow status of halo orbit can be obtained using the shadow model described above. Here we select the mission period from June 1, 2018 to June 1, 2021. Considering the constraints on fuel consumption, visibility and relay quality, the amplitude of the mission orbit is chosen as 12 000 km. The entire orbit is divided into 360 time segments, and a 1 h sampling interval is adopted. The shadow distribution characteristics are analyzed by mapping orbital positions to the corresponding phase angles. The shadow distribution for different phase angles during the mission duration is shown in Figure 3.

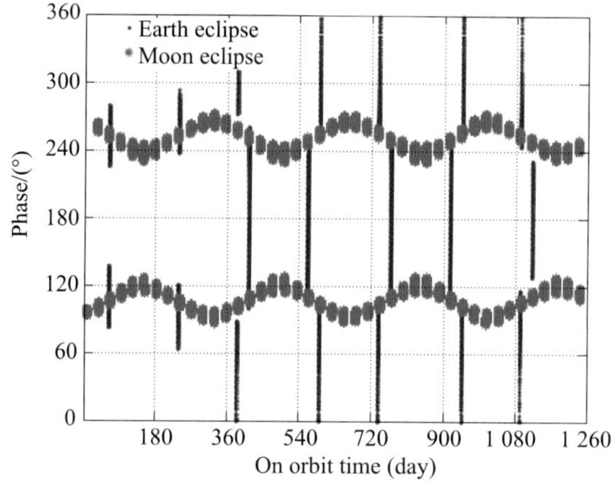

Fig. 3 Distribution of orbital shadow in time-phase space.

The X axis in Figure 3 represents the on-orbit flight time of the relay satellite (starting from June 1, 2018), and the Y axis represents the possible phase angle of the relay satellite in the mission orbit. The shadow effects of the Earth and Moon are marked by dots and asterisks, respectively. Figure 3 shows that the shadows caused by the Earth and Moon consist of several independent zones in time-phase space. Each zone corresponds to a shadow event. The size of the zone indicates the duration and range of the shadow effect. Further, Figure 3 shows that the shadow caused by the Earth and Moon occur periodically with a certain frequency. The Moon's shadow appears every month and is distributed mainly in two areas, whereas the Earth's shadow appears less often (about every half year) but covers a larger area. The total shadow time for different phases of the mission orbit throughout the mission period is shown in Figure 4, and the shadow frequency is shown in Figure 5.

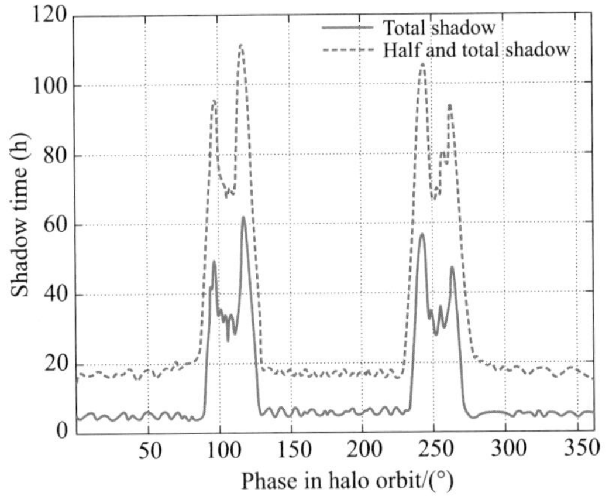

Fig. 4 Distribution of total shadow time for different orbital phases.

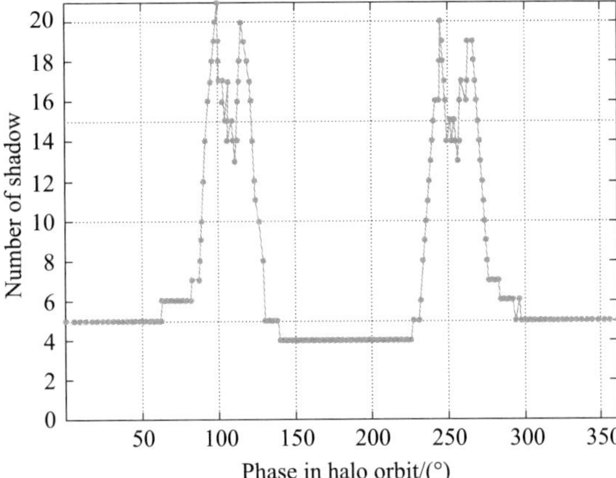

Fig. 5 Number of shadow events for different orbital phases.

In Figures 4 and 5, the X axis represents the corresponding phase angle of the mission orbit, and Y- axis represents total shadow time and number of shadow events, respectively. Figures 4 and 5 show that during the mission period, all phases of the mission orbit will suffer from shadow, but with significant variation in duration and frequency. For phase angles in the ranges [91°, 122°] and [235°, 268°], the total shadow duration is about 100 h, and the maximum total shadow duration reaches 112 h, including 21 shadow events. Both the total shadow duration and the shadow frequency exhibit four apparent peaks. The extreme values are shown in Table 1.

Table 1 Extreme values of orbital shadow duration and frequency

Phase (°)	Shadow duration (h)	Phase (°)	Number of shadow
96.72	97	98.19	21
115.6	112	114.4	21
244.2	111	244.2	20
262.5	96	264.4	19

The above discussion considers the shadow distribution in the phase space. In addition, if we further introduce the motion of the spacecraft, the shadow time for the spacecraft during the mission can be obtained. The initial states of a spacecraft in a halo orbit are defined in the phase space. Then the state of the spacecraft at an arbitrary time could be obtained according to its initial state and on orbit time. If the state of the spacecraft coincides with the shadow zone, the spacecraft will suffer from shadow.

The single shadow of duration of the spacecraft is a very important constraint on its power design. The maximum single shadow for different initial phases is analyzed, and the result is shown in Figure 6.

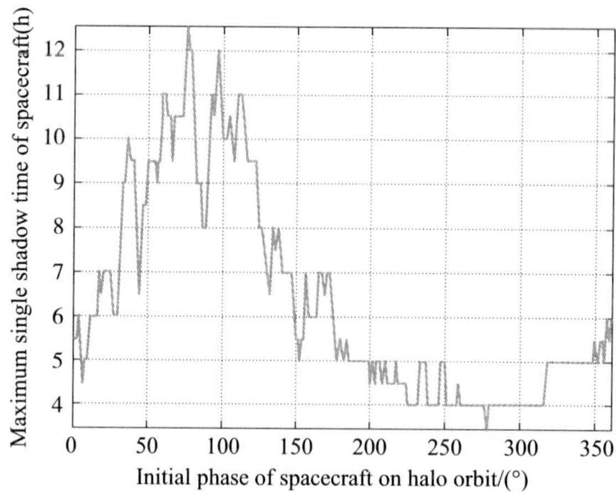

Fig. 6 Maximum single shadow time of spacecraft.

As shown in Figure 6, the maximum single shadow time varies from less than 4 h to more than 12 h for different initial phases of the spacecraft. The optimal initial phase of the spacecraft is between 260°and 313°.

4.2 Influence of mission orbital amplitude on shadow distribution

Amplitude is an important feature of the halo orbit. In an actual mission, owing to the sensitivity to the dynamic environment and the impact of measurement as well as control errors, the orbital amplitude may change with time. In this section, we focus on analyzing the impact of different amplitudes on the shadow distribution, with particular cases of 9 000, 11 000, 13 000 and 15 000 km. The results are shown in Figures 7～10, respectively.

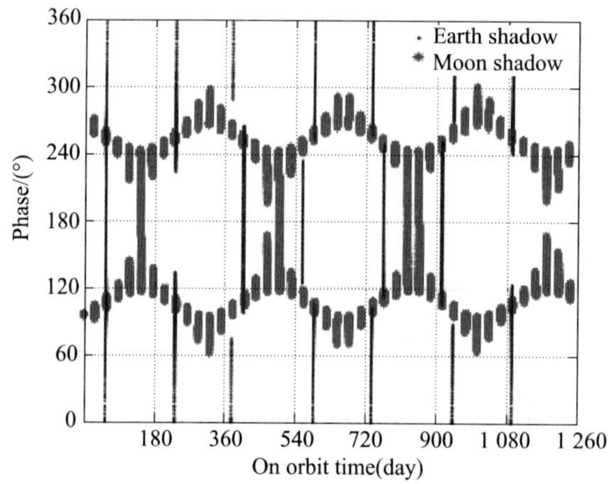

Fig. 7 Distribution of orbital shadow for 9 000 km amplitude.

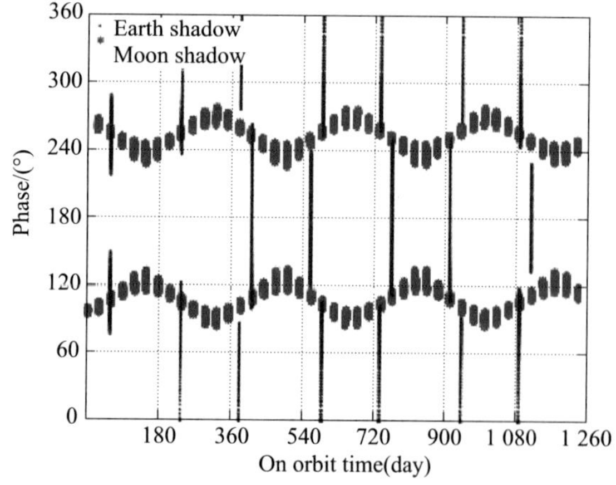

Fig. 8 Distribution of orbital shadow for 11 000 km amplitude.

Figures 7～10 show that the shadow distribution depends strongly on the orbital amplitude, especially that of the Moon shadow. As the amplitude decreases, the duration and coverage region of each shadow event increase. Two shadow zones may even overlap at a phase angle near 180° (as shown in Figure 7). Incontrast, if the mission's orbital amplitude increases, the maximum total shadow duration on for a halo orbit gradually decreases, as shown in Table 2. However, neither increasing nor decreasing the mission's orbital amplitude will obviously change the shadow frequency.

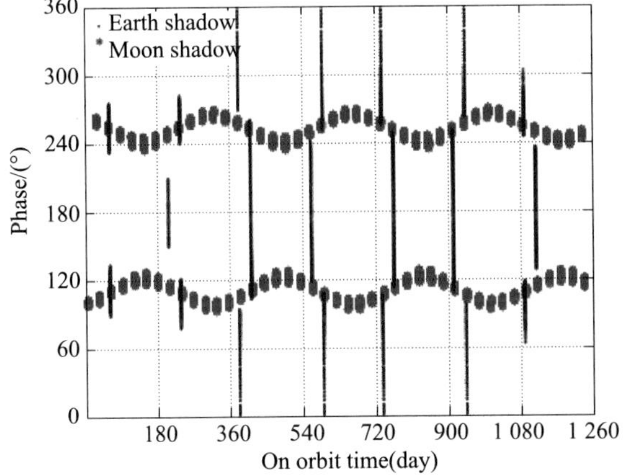

Fig. 9 Distribution of orbital shadow for 13 000 km amplitude.

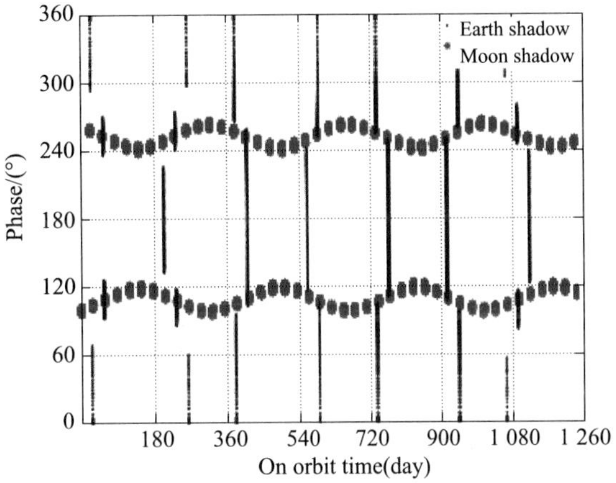

Fig. 10 Distribution of orbital shadow for 15 000 km amplitude.

Table 2 Maximum shadow time of mission orbits and spacecraft for different orbital

Amplitude (km)	Maximum total shadow duration for orbits (h)	Maximum single shadow time for spacecraft (h)	
		Upper bound	Lower bound
9 000	115	19.5	4.0
11 000	113	14.0	3.5
12 000	112	12.5	3.5
13 000	110	11.5	3.5
15 000	108	10.0	3.0

The change in the shadow distribution of a halo orbit will in turns change the duration of shadow on the spacecraft. The maximum single shadow for a spacecraft is also listed in Table 2. Both the upper and lower bounds of the shadow time decrease with increasing orbital amplitude. The longest duration of a single shadow decreases from 19.5 h for a 9 000 km orbit to 10 h for a 15 000 km orbit, which means that a larger-amplitude halo orbit is a more suitable mission orbit in terms of the shadow time.

4.3 Analysis of geometrical configuration of shadows

The geometrical configuration of shadows in the time domain and phase space reflects changes in the shadow zones over time, which are closely related to specific shadow effects on the relay satellite and the design of the shadow avoidance strategy. The analysis in this section focuses on the geometrical configuration of the shadow zones. Assuming a mission orbit with an amplitude of 12 000 km, the shapes of the shadow zones in each shadow event are classified and compared, as shown in Figure 11.

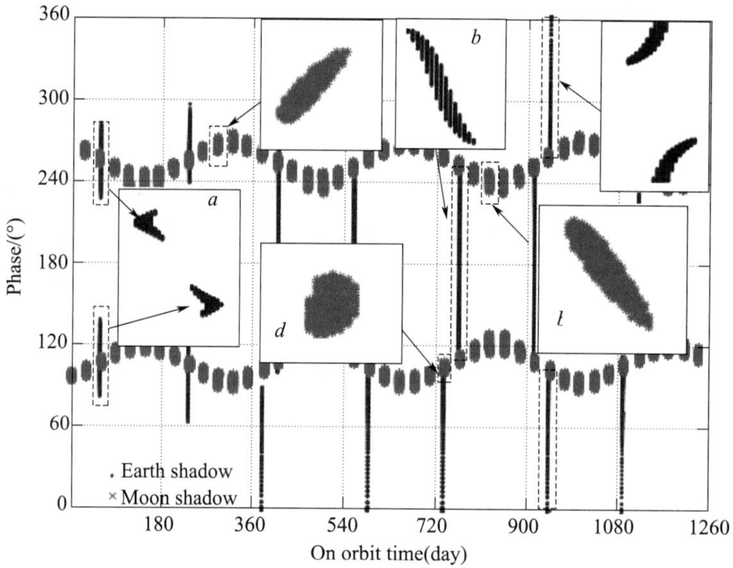

Fig. 11 Different shadow configurations.

Figure 11 shows that owing to the complicated geometrical relations among the Sun, Earth, and Moon, the geometrical configuration of each shadow event is different in the time domain and phase space. However, these configurations can be roughly classified into four groups, indicated by *a*, *b*, *c*, *d* in the figure. Configuration *a* has a crescent shape, with different slope directions at the upper and lower boundaries of the shadow zones. Configurations *b* and *c* both have a long narrow shape. The difference is that the upper and lower boundaries of configuration *b* extend downward along the *X* axis, whereas those of configuration c are exactly the opposite. The upper and lower boundaries of configuration d extend nearly parallel to the *X* axis.

It is also discovered that the shadows causedby the Earth and Moon correspond to different shadow configurations. For an orbit with an amplitude of 12 000 km, configuration *a* exists only in the Earth shadow and appears only during the first year, whereas configuration *b* appears periodically in the Moon shadow. The last two configurations appear in both the Earth and Moon shadows, though with different frequencies and phase ranges. Tables 3 and 4 show the frequency, distribution and maximum single shadow time of the four shadow configurations in the Earth and Moon shadows, respectively.

Table 3 Distribution of shadow configurations in Earth shadow

Configuration	Frequency	Range of phase (°)	Maximum single shadow time (h)
a	Twice (only in the first year) Twice (only in the first year)	61～137 225～294	5.0
b	Every half year (the second and third years)	110～261	4.0
c	Every half year (the second and third years)	−116～116	5.5

Table 4 Distribution of shadow configurations in Moon shadow

Configuration	Frequency	Range of phase (°)	Maximum single shadow time (h)
b	Five times a year Five times a year	230～251 107～127	5.5
c	Five times a year Five times a year	86～106 254～273	11.0
d	Twice a year Twice a year	249～258 101～112	7.0

The slope of the upper and lower boundaries of the four configurations reflects the evolution of the shadow on halo orbits. A positive slope indicates an increase in the coverage phase angle over time, and a negative one indicates a decrease in the phase angle over time. This study discovered that the shadow-covered phase in configuration b decreases over time, which means that shadow moves counterclockwise on halo orbits. In contrast, the shadow in configuration c moves clockwise on halo orbits. The phase in configuration d remains nearly unchanged over time, which means that the shadow remains relatively stationary on halo orbits. For configuration a , the shadow moves both counterclockwise and clockwise along the orbit. According to the dynamics of the CRTBP, the spacecraft always moves clockwise on halo orbits. Therefore, shadow configuration c has the same direction of motion as the spacecraft, which may cause a long-term shadow during the mission. The results in Tables 3 and 4 prove the confirm this deduction, as configuration c has the longest shadow time, whereas configuration b has the shortest shadow time. The mission design, therefore, should avoid configuration c as much as possible during the mission. These results could provide a reference for mission design and shadow avoidance.

5 Conclusion

The shadow effect on the mission orbit of relay satellites at the Earth-Moon L2 point are studied and analyzed on the basis of a high-precision ephemeris model and a conical shadow model. A search method combining the time domain and phase space is used to analyze the shadow distribution on the mission orbit for a three-year on-orbit period. In addition, the impact of different phase angles and amplitudes of the mission orbit on the shadow zone is discussed. The study shows that the Moon's shadow appears every month, and the phase angles are concentrated in two zones. The shadow caused by the Earth appears about every half year in the case of large coverage. Further, increasing the orbital amplitude will effectively decrease the duration of a single shadow. Finally, four types of geometrical shadow configurations are identified and the evolution of the shadow configurations on halo orbits is discussed. This study can provide a reference for the design of relay satellite mission orbits at the Earth-Moon L2 point and for strategic development in shadow avoidance.

References

[1] Farquhar R W. Lunar communications with libration-point satellites. J Spacecraft Rockets, 1967, 4: 1383-1384.

[2] Xu M, Xu S J. Trajectory and correction maneuver during the transfer from Earth to halo orbit. Chin J Aeronaut, 2008, 21: 200-206.

[3] Li M T, Zheng J H. Impulsive lunar halo transfers using the stable manifolds and lunar flybys. Acta Astronaut, 2010, 66: 1481-1492.

[4] Canalias E, Masdemont J J. Computing natural transfers between Sun C Earth and Earth C Moon lissajous libration point orbits. Acta Astronaut, 2008, 63: 238-248.

[5] Parker J S. Families of low-energy lunar halo transfers. In: Proceedings of AAS/AIAA Spaceflight Dynamics Confer-ence, Tampa, 2006. 06-132.

[6] Kulkami J, Campbell M. Asymptotic stabilization of motion about an unstable orbit: application to spacecraft flight in halo orbit. In: Proceeding of the 2004 American Control Conference, Boston, 2004. 1025-1030.

[7] Xu M, Zhou N, Wang J L. Robust adaptive strategy for station keeping of halo orbit. In: Proceedings of the 24th Chinese Control and Decision Conference, Taiyuan, 2012. 3086-3091.

[8] Keeter T M. Station-keeping strategies for libration point orbit: target point and floquet mode approaches. Dissertation for Master's Degree. Indiana: Purdue University, West Lafayette, 1994. 145-148.

[9] Liu L, Cao J F, Hu S J, et al. Maintenance of relay orbit about the Earth-Moon collinear libration points. J Deep Space Explor, 2015, 2: 318-324.

[10] Dong G L, Xu D Z, Li H T, et al. Initial result of the Chinese Deep Space Stations' coordinates from Chinese domestic VLBI experiments. Sci China Inf Sci, 2017, 60: 012203.

[11] Jorba A, Masdemond J. Dynamics in the centre manifold of the collinear points of the restricted three body problem. Phys D, 1999, 132: 189-213.

[12] Li M T. Low energy trajectory design and optimization for collinear libration points missions. Dissertation for Ph. D. Degree. Beijing: Center for Space Science and Applied Research Chinese Academy of Sciences, 2010. 46-49.

[13] Montenbruck O, Gill E. Satellite Orbits: Models, Methods and Application. 2nd ed. Berlin: Springer, 2001. 80-81.

嫦娥三号月面探测器同波束干涉测量系统的设计与实现*

吴伟仁，刘庆会，黄勇，洪晓瑜，节德刚，李海涛

摘　要　为了提高嫦娥三号探测器（着陆器和巡视器）的相对定位精度，针对两器信标实际设置情况，设计了同波束干涉测量（Same-Beam Interferometry，SBI）观测方案。利用着陆器和巡视器星地对接数据分析检验了由差分群时延解算含微小系统差的差分相时延的方法，给出了甚长基线干涉测量（Very Long Baseline Interferometry，VLBI）和同波束干涉测量模型及月面定位方法，并仿真分析了巡视器的相对定位精度。最终，把研究的方法实际应用于嫦娥三号巡视器的精密相对定位。结果表明，利用1h左右的连续观测弧段的着陆器数传信号以及巡视器数传信号（或遥测信号），采用事后处理方式，得到了随机误差约1ps的差分相时延数据。利用此数据，把嫦娥三号探测器的相对定位精度提高至1 m左右。

关键词　同波束干涉测量；差分相时延；嫦娥三号；相对定位

0　引言

我国探月工程分为“绕、落、回”三个阶段[1]。作为绕月探测的嫦娥一号和嫦娥二号探测器，主要完成绕月飞行及着陆区成像的探测任务[2,3]，二期的落月探测主要完成月球软着陆和自动巡视勘测任务[4,5]。作为二期落月探测任务之一的嫦娥三号（CE-3）是我国第一颗着陆月球的探测器，高精度定轨定位工作是保证CE-3顺利着陆的前提条件。在CE-3中，继续沿用无线电测距测速和VLBI的联合测轨模式，一些新设备新技术的应用大幅提高了CE-3的测轨定位精度。中国新建设的佳木斯深空站和喀什深空站投入使用，天线口径分别为66 m和35 m。上海65 m射电望远镜（天马望远镜）替代了佘山25 m射电望远镜，进一步增强了VLBI的测量能力，形成了天马（65 m）、北京（50 m）、昆明（40 m）和乌鲁木齐（25 m）4站和上海VLBI中心组成的VLBI测轨网。CE-3的VLBI观测利用的是ΔDOR（Delta Differential One-way Ranging，双差单向测距）差分VLBI技术，通过交替观测探测器及其附近（角距离一般小于15°）位置精确已知的河外射电源，

*　深空探测学报，2015，2（1）：9.

可以很好地消除公共误差源，大幅提高了测量精度。

对 CE-3 着陆器与巡视器进行高精度定位，是两器顺利完成各项月面探测任务的前提和保障，对于科学数据的分析也具有重要的意义。目前国际上对于火星和月球着陆器和巡视器定位的方法主要有基于地基无线电测距测速测量和干涉测量的定位法、航迹推算、视觉定位、地面影像与高分辨率探测器影像对比、天文导航等方法，每种方法都有其自身的优点和局限。

基于地基测量定位是指利用地面跟踪站对着陆器和巡视器进行测距测速和干涉测量，从而确定探测器在天体中的位置。利用无线电信号的多普勒频移对"勇气号"和"机遇号"火星车进行定位，多次重复测量后在惯性参考系统中的定位精度可达 1～10 m，而该位置转换到火固系的转换精度为 250 m。干涉测量同样在火星和月球的巡视器定位中得到应用。美国宇航局（National Aeronautics and Space Administration，NASA）利用 S 波段跟踪网对 Apollo 16 和 Apollo 17 巡视器的行走路线进行速度站间差分测量，在月球距离的分辨率约 1 m，定位精度约 25 m。利用 VLBI 差分测量数据对巡视器行走路线进行描述，所得结果与航天员在巡视器星载导航系统上的读数的符合度约为 50 m[6]。

航迹推算法是基于里程表和惯性导航器件（Inertial Measurement Unit，IMU）计算巡视器的位置和姿态，不依赖于外界环境信息，是一种车上实时自主定位方法。航迹推算法的优点是功耗小、自主性强、计算简单、相对廉价。缺点是随时间漂移发散严重，特别是月面行驶速度慢、活动范围小、任务周期长，定位误差逐渐增大，需要利用其他高精度的定位方法对其定位误差进行修正。

基于着陆器视觉的导航定位技术需要在着陆器上安装立体视觉相机。当巡视器在着陆器的视野范围内进行巡视探测时，用着陆器上安装的立体视觉相机对巡视器及其所处的周围环境成像，根据图像中的视觉特征，例如根据巡视器的太阳能帆板边缘、轮子或其他特征进行区域分割，将巡视器从环境中分割出来，通过分析其周围环境的变化对巡视器进行相对定位。视觉定位方法可以得到较高的相对定位精度，其相对误差在 2%～5%左右[7]。视觉定位方法的不足之处在于随着两器距离增加，测量绝对误差随之变大。

针对巡视器精密相对定位，文献［8］提出了一种基于 SBI 的方法，即利用射电望远镜的主波束同时观测着陆器和巡视器搭载的专门设计的多频点信标源，得到误差为皮秒量级的无整周模糊度的差分相时延数据。利用我国 4 个 VLBI 测站得到的差分相时延数据并结合高精度着陆区月面地形图，可以实现误差 10 m 的巡视器月面精密相对定位。SBI 即利用射电望远镜的主波束对角距离很近的两个或多个探测器同时进行观测，通过在两个探测器间对 VLBI 时延进行差分，较彻底地除去大气、电离层及观测装置的影响，从而得到准确反映两个探测器相对位置的差分时延观测量。在阿波罗工程中，利用 SBI 对巡视器和着陆器进行了相对定位，其定位精度达到了 25 m。在日本探月计划 SELENE 中，利用两个小探测器 Rstar 和 Vstar 的多频点同波束干涉测量数据和测速测距数据，把 Rstar 和 Vstar 的定轨精度提高至 10 m 左右[9,10]。但是，在嫦娥三号中，由于电力和载荷限制等原因，搭载专用的多频点星载信标源或视觉里程计较为困难。因此，针对嫦娥三号巡视器和着陆器的现实条件，如何实现高精度的巡视器相对定位成为了一个需要解决的课题。

为了实现巡视器的高精度相对定位，我们针对嫦娥三号着陆器和巡视器的实际信标，分析给出了同波束干涉测量观测方案，提出了利用同波束干涉测量技术解算含微小系统偏差的差分相时延并进行巡视器相对定位的方法。同波束干涉测量技术是 CE-3 任务中巡视器相对定位的唯一地面测量手段。本文利用嫦娥三号着陆器和巡视器星地对接数据，验证了由差分群时延解算含微小系统差的差分相时延的方法，并对巡视器的相对定位方法和精度进行了仿真分析。同时，把同波束干涉测量技术实际应用于嫦娥三号巡视器和着陆器的观测，得到了随机误差约 1 ps 的差分相时延数据。利用 1 h 左右的连续观测弧段的差分相时延数据，把嫦娥三号巡视器在各个停泊点的相对定位精度提高至 1 m 左右。

1 嫦娥三号同波束干涉测量系统方案设计

1.1 同波束干涉测量概念

同波束干涉测量技术的基本原理就是利用望远镜的主波束同时接收角距很小的两个或多个探测器的信标，得到两个或多个探测器信标的相关相位并在探测器间进行差分，得到差分时延观测量，如图 1 所示。

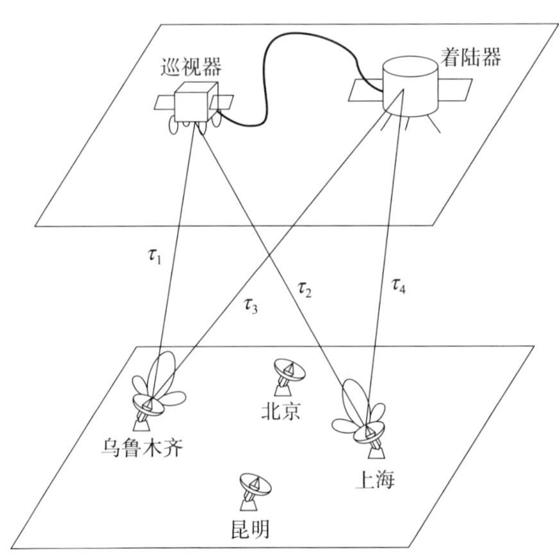

图 1　嫦娥三号巡视器和着陆器同波束干涉测量系统概念图

地面射电望远镜的波束宽度 η 与接收信号的波长 λ 和射电望远镜的口径 D 有关，$\eta = a\dfrac{\lambda}{D}$。其中，$a$ 在 1～1.22 之间。在 X 频段的 8 500 MHz 观测时，我国 VLBI 网口径最大的上海（65 m）和最小的佘山（25 m）射电望远镜的波束宽度分别为 0.038°和 0.1°，对应到 40 万 km 距离外的月球处，可视范围分别为 265 km 和 689 km。所以，对于距离几十米的嫦娥三号巡视器和着陆器来说，可进行同波束干涉测量观测。

从测量原理上，同波束干涉测量数据对两器相对位置有较强的约束能力，并且由于两器角距离相近，可以去掉传播路径中电离层、大气以及观测装置的绝大部分影响，得到的差分时延数据有更高的测量精度。在月面工作段，对着陆器和巡视器的同波束干涉测量时延测量模型如下

$$\Delta\tau = \tau_R - \tau_L = (\tau_1 - \tau_2) - (\tau_3 - \tau_4) \tag{1}$$

其中：τ_R 为巡视器到两个观测站的时延值；τ_L 为着陆器到两个观测站的时延值。τ_R 、τ_L 作为干涉测量的时延的观测模型可简单的表示为

$$\tau_R\ ,\tau_L = \frac{1}{c}(\rho_2 - \rho_1) = \frac{1}{c}(|\boldsymbol{r}(t-\Delta t) - \boldsymbol{R}_2(t+\tau_t)| - |\boldsymbol{r}(t-\Delta t) - \boldsymbol{R}_1(t)|) \tag{2}$$

其中：c 为光速；Δt 为信号到测站 1 的光行时，可通过迭代进行解算；$\boldsymbol{r}(t-\Delta t)$ 是信号发射时飞行器的位置和速度矢量 $\boldsymbol{R}_1(t)$ 信号是在 t 时刻到达第 1 站时的台站 1 的位置和速度矢量；$\boldsymbol{R}_2(t+\tau_1)$ 为信号在 $t+\tau_t$ 到达第 2 站时的台站 2 的位置和速度矢量。

1.2 同波束干涉测量数据处理方法

嫦娥三号着陆器和巡视器信标如图 2 所示。着陆器发送载波和 4 个 DOR 侧音，或者发送带宽约 5 MHz 数传信号。巡视器发送带宽 8 MHz 或 4 MHz 的数传信号或宽带 4 kHz 的遥测信号。在着陆初期，我们利用着陆器的 DOR 信号对着陆器进行月面定位，其定位精度约 50 m[11,12]。在着陆后期，利用着陆器数传信号和巡视器的数传信号或遥测信号进行同波束干涉测量观测。由于着陆器与巡视器的信号的频率间隔较大，且 VLBI 测站已配置的观测装置带宽和测站通信网络速度等的限制，难以实现在同一通道内同时记录着陆器和巡视器的信号。为此，利用了两个带宽 8 MHz 的通道分别记录着陆器的数传信号和巡视器数传信号或遥测信号。由于着陆器和巡视器的信号在不同的通道内记录，即使对两者的 VLBI 时延进行差分，仍无法完全去除观测装置本身的时延差，故利用强射电源观测予以改正。

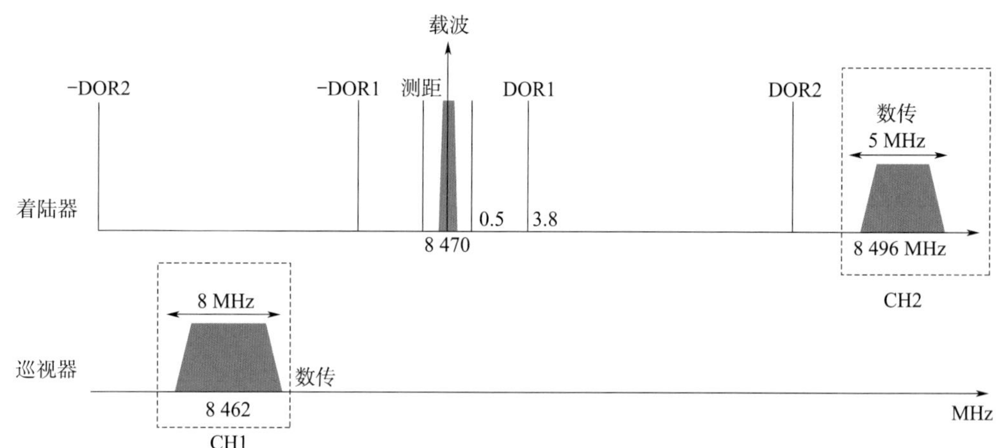

图 2 嫦娥三号着陆器和巡视器信标

数据处理基本方法如下。首先利用条纹旋转并对射电源观测时的相关相位进行 5 min 左右的积分处理，得到各基线、各通道的强射电源残余时延值，再对每 5 min 的数据在 30 min的观测弧段内进行平均，得到各基线、各通道的强射电源平均残余时延值，并用这些数据改正着陆器和巡视器的不同通道的观测装置内部时延。其次对着陆器数传信号和巡视器的数传信号或遥测信号进行相关处理。对相关相位进行权值为相关幅度平方的加权线性拟合，分别得到着陆器和巡视器数传信号的残余群时延及中心频点处的拟合相位。在巡视器发送遥测信号时，提取载波频点处的相关相位。

由着陆器数传信号和巡视器数传信号中心频点处的相关相位计算二者之间的含有整周模糊度的残余差分相时延。从着陆器和巡视器残余群时延中扣除其所在通道的强射电源观测残余群时延之后做差分处理，得到着陆器和巡视器间的残余差分群时延。对一段观测时间内，含有整周模糊度的残余差分相时延和残余差分群时延做差分处理，同时整体平移残余差分相时延使二者之间的差分达到最小，此时的残余差分相时延即为最终的解算结果。由于相关处理时巡视器和着陆器的时延预测值相同，通过上述处理得到的残余差分相时延即为反映巡视器和着陆器相对位置的差分相时延观测量，可用于巡视器在某一停泊点的精密相对定位。

巡视器相对于着陆器的差分群时延 $\Delta\tau_{gd}$ 为

$$\Delta\tau_{gd}(t)=[\tau_R(t)-\tau_{CH\_R}]-[\tau_L(t)-\tau_{CH\_L}] \tag{3}$$

其中：$\tau_R(t)$ 为巡视器数传信号群时延，其计算方法为

$$\tau_R(t)=\frac{\mathrm{d}[\varphi R(t)]}{2\pi\mathrm{d}(f_R)}\approx\frac{\Delta[\varphi R(t)]}{2\pi\Delta(f_R)}$$

由于 $\Delta(f_R)$ 即数传信号的带宽约为 8 MHz，$\tau_R(t)$ 的随机误差为纳秒量级，对应的月球车相对定位误差约 100 m；τ_{CH_R} 为巡视器数传信号接收通道的装置内部时延，即强射电源平均残余时延；$\tau_L(t)$ 为着陆器数传信号群时延；τ_{CH_L} 为着陆器接收通道的装置内部时延。

巡视器相对于着陆器的差分相时延 $\Delta\tau_{pd}(t)$ 为

$$\Delta\tau_{pd}(t)=\frac{\varphi_R(t)}{2\pi f_R}-\frac{\varphi_L(t)}{2\pi f_L}+C \tag{4}$$

其中：$\varphi_R(t)$ 、$\varphi_L(t)$ 分别为巡视器和着陆器的相关相位；f_R 、f_L 分别为对应的射频接收频率，即 f_R =8 462 MHz、f_L =8 496 MHz。对于同样的相位 $\varphi_R(t)$ 和 $\varphi_L(t)$ 的测量误差来说，差分群时延随机误差为纳秒量级，而差分相时延随机误差为皮秒量级，即差分相时延可大幅提高月球车的相对定位精度。在差分相时延中，含有整周模糊度 C， 主要由 $\varphi_R(t)$ 和 $\varphi_L(t)$ 中的整周模糊度引起。把含整周模糊度的差分相时延 $\Delta\tau_{pd}(t)$ 整体平移至差分群时延 $\Delta\tau_{pd}(t)$ 序列的中间，可以初步解算出 C， 使 $\Delta\tau_{pd}$ 仅具有微小的系统差。在一个连续的观测弧度内，只含有唯一一个固定的微小系统差。当观测弧段长度大于约 1 h 时，微小系统差可在巡视器相对定位过程中解算出来。所以，嫦娥三号巡视器相对定位提高的条件为：对巡视器和着陆器进行 1 h 以上的连续观测。

1.3 嫦娥三号着陆器和巡视器星地对接试验验证

图 3 给出了嫦娥三号着陆器和巡视器星地对接试验结果。星地对接试验时，着陆器的数传信号由两个通道同时记录，故可以在两个通道之间进行相关处理，从而得到相关幅度和相关相位。巡视器数传信号的记录和处理方法与着陆器相同。图 3（a）和图 3（b）分别为着陆器和巡视器的相关幅度，图 3（c）和图 3（d）分别为相关相位。由图 3 可以看出，对 VLBI 观测来说，着陆器数传信号的有效带宽约为 4 MHz，而巡视器的约为 7 MHz。利用着陆器和巡视器的相关相位可分别求出各自的群时延，得到着陆器和巡视器间的差分群时延。由图 3（e）可知，差分群时延约有−3.95 ns 的系统差，它是由观测装

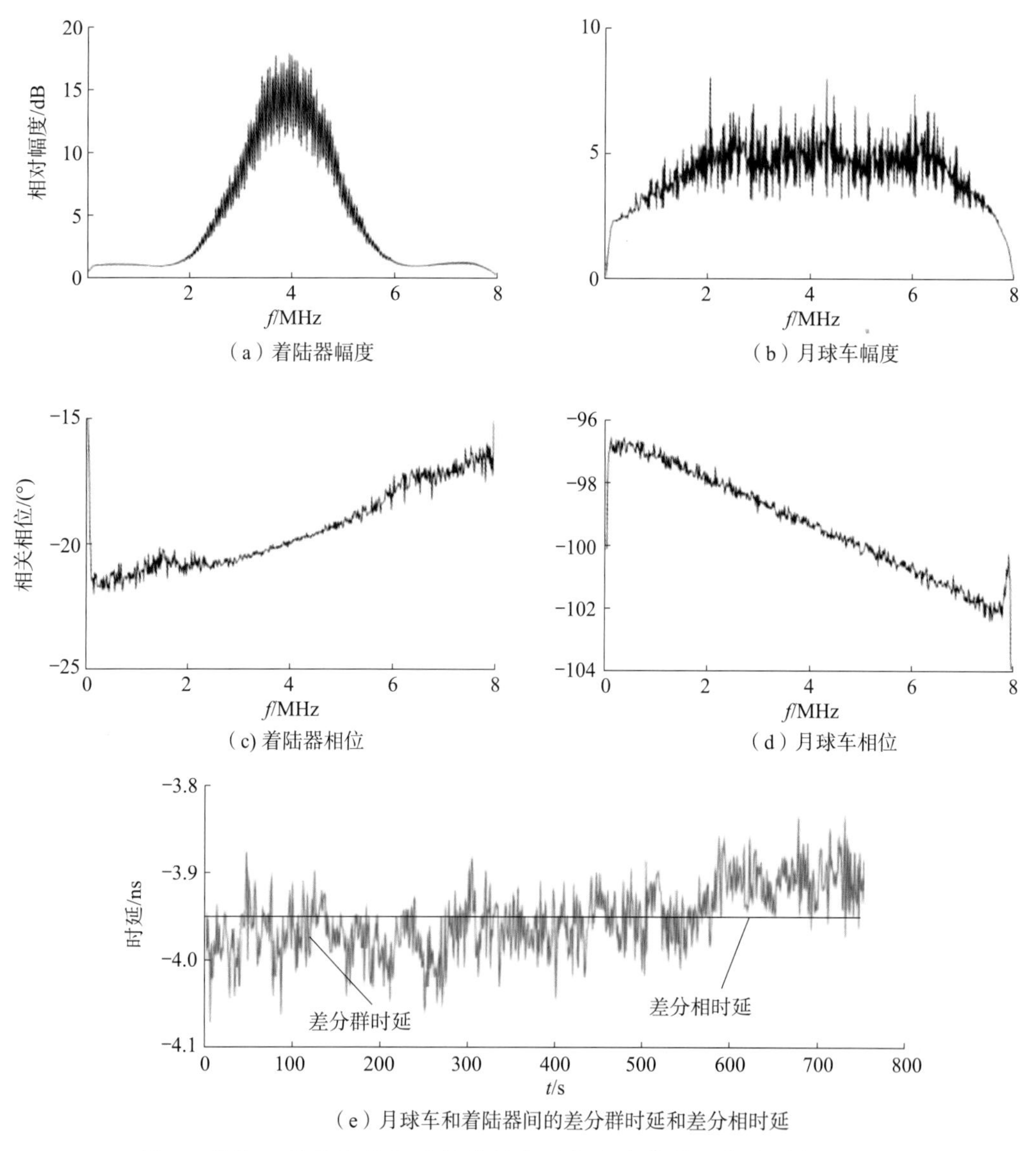

（a）着陆器幅度

（b）月球车幅度

（c）着陆器相位

（d）月球车相位

（e）月球车和着陆器间的差分群时延和差分相时延

图 3　嫦娥三号着陆器和巡视器星地对接试验结果（积分时间：1 s）

置各通道内部时延的不一致引起的，在嫦娥三号的正式观测中，可通过观测强射电源予以改正。利用中心频点处的相关相位分别求出着陆器和巡视器的相时延进而得到二者之间的含整周模糊度的差分相时延。我们把此差分相时延整体平移至差分群时延中间，从而得到了含微小偏移量的差分相时延数据，其结果如图 3（e）所示。由图可知，差分相时延的随机误差远小于差分群时延，且没有差分群时延中的约 0.1 ns 的趋势变化项。

2 嫦娥三号巡视器相对定位方法及仿真分析

2.1 月面定位方法

在月固系中建立着陆器的运动方程，由于着陆器静止不动，因此其在月固系中的运动方程可以表示为：$\begin{cases}\vec{r}(t)=\vec{r_0}\\ \dot{\vec{r}}(t)=0\end{cases}$，$\vec{r}$ 为着陆器的位置矢量，可以用直角坐标表示，也可以用地理坐标表示。不出现在探测器运动方程中的待估参数，称为几何参数，记为 $\vec{p_g}$。$\vec{p}_g$ 包括测距系统差等。定义状态矢量 $\boldsymbol{X}=\begin{pmatrix}\vec{r}\\ \vec{p_g}\end{pmatrix}$，则状态方程为

$$\begin{cases}\dot{X}=0\\ X(t_0)=X_0\end{cases}\tag{5}$$

观测方程和一般动力学统计定轨过程相同。t_i 时刻的观测量 Y_i 与状态量 X_i 之间存在着一定的函数关系，可以表示为

$$Y_i=G(X_i,t_i)+\varepsilon_i\tag{6}$$

其中 X_i、Y_i、ε_i 分别为 t_i 时刻的状态、观测以及观测噪声。

由于式（6）一般为非线性方程，需要对其线性化。将上式在参考状态 $x*(t_i)$ 处展开，并令

$$\begin{cases}y_i=Y_i-G(X_i^*,t_i)\\ \widetilde{H}_i=\dfrac{\partial G}{\partial X}\bigg|X=X_i^*\\ H_i=\widetilde{H}_i\boldsymbol{\Phi}(t_i,t_0)\end{cases}\tag{7}$$

其中 $\boldsymbol{\Phi}(t_i, t_0)$ 为状态转移矩阵，对着陆器定位来说，简化为单位阵。对观测方程略去二次以上的高阶项，得到

$$y_i=H_ix_0+\varepsilon_i\tag{8}$$

式（8）即为线性化的观测方程。

如令 $\boldsymbol{y}=(y_k\cdots y_1)$，$\boldsymbol{H}=(H_1\cdots H_k)$，$\boldsymbol{\varepsilon}=(\varepsilon_1\cdots\varepsilon_k)$ 则总的观测方程可写为

$$\boldsymbol{y}=\boldsymbol{H}x_0+\boldsymbol{\varepsilon}\tag{9}$$

采用批处理算法，待观测结束后，用所有资料求 某一历元时刻状态量的“最佳”估

值，由于观测数据多，且具有统计特性，因此解算的精度较高。对探测器定轨而言，通常高精度的事后处理都采用批处理方法。

根据线性无偏最小方差估计可得到批处理的估值 $\hat{x}_0$ 为

$$\hat{x}_0 = (\boldsymbol{H}_T\boldsymbol{W}\boldsymbol{H} + \bar{P}_0)^{-1}(\boldsymbol{H}_T\boldsymbol{W}\boldsymbol{y} + \bar{P}_0^{-1}\bar{x}_0) \tag{10}$$

其中 $\bar{x}_0$ 和 $\bar{P}_0$ 为待估计参数的先验值和先验方差，$\boldsymbol{W}$ 为权矩阵。$\hat{x}_0$ 对应的协方差矩阵为

$$\boldsymbol{P}_0 = (\boldsymbol{H}_T\boldsymbol{W}\boldsymbol{H} + \bar{P}_0)^{-1} \tag{11}$$

待估参数的最优估值 $\hat{X}_0$ 为

$$\hat{X}_0 = X_0^* + \hat{x}_0 \tag{12}$$

两器相对定位所使用的方法基于运动学统计定位法，具体描述如下：由于着陆器与处于导航停泊点巡视器固定在月面不动，两器相对于地球的运动完 全由月球相对地球运动以及月球自身转动产生，利用一段时间内的同波束干涉测量差分时延数据及月球平动和转动的相关信息，将差分时延数据进行综合平差处理，最后获得巡视器和着陆器在月固系中的位置。仿真分析表明，着陆器位置误差不会显著影响巡视器的相对定位结果，所以本文在相对定位时考虑到着陆器位置已知，只解算巡视器位置；同时固定两器高程差，只解算经度和纬度两维参数。

2.2 巡视器相对定位仿真分析

针对巡视器和着陆器的月面相对定位问题，本文利用统计定位方法，即通过对巡视器和着陆器的一个连续观测弧段的同波束干涉测量技术，结合月面目标固定于月球表面这一运动条件，利用统计方法实现对巡视器和着陆器的精密相对定位。与经典的探测器动力学统计定轨不同，该方法根据月球的平动和转动模型建立巡视器或着陆器在空间的运动，而不是根据探测器受力建立动力学模型，因此不存在由于动力学模型误差导致的随弧段增大探测器状态精度变差的问题，巡视器或着陆器在惯性系的状态精度仅取决于物理天平动参数的精度。

为了评价利用差分相时延数据和物理天平动参数进行巡视器相对定位的精度，我们进行了仿真计算。仿真条件为：巡视器/着陆器位于虹湾地区，着陆器地理坐标为北纬 44.1°，西经 31.5°，高程值按照 ULCN 2005（the unified lunar control network 2005）高程模型设为－3 338.0 m。巡视器坐标为北纬 44.0°，西经 31.4°，高程值按照 ULCN2005 模型设为－3 333.0 m。着陆器和巡视器相距约 3 km。测量数据为我国 VLBI 网上海、北京、昆明和乌鲁木齐四测站的同波束干涉测量差分相时延数据，测量随机误差为 0.01 ns。进行相对定位时，着陆器的先验位置（计算时的初值）为北纬 44.13°，西经 31.53°，高程为－3 238.0 m，即着陆器的先验位置有 1 km 的平面误差和 100 m 的高程误差，巡视器的先验位置也同样取着陆器的先验值。考虑到着陆器的位置在其落月后已经确定得较准确，所以采用固定着陆器位置只解算巡视器位置的方法，即只计算巡视器相对于着陆器相对位置。

表 1 给出了仿真结果。表中的单点、5、10、20、30 min 分别表示定位时所用的数据

长度，0、0.2、0.5 和 1 ns 表示与乌鲁木齐测站有关的 3 条基线的差分相时延的系统差。因为在我国探月工程中，乌鲁木齐测站（25 m 天线）的接收能力最低，故此项仿真条件既是合理的又不失一般性。考虑到巡视器与着陆器相对位置较近（本次仿真时约 3 km）、虹湾地区比较平坦，且我国有精度数米的虹湾地区月面地形图（来自嫦娥二号），故我们在解算巡视器相对位置时，利用月面地形图计算高程，而利用差分相时延数据只解算巡视器相对于着陆器在纬度和经度两个方向的相对位置。同时，为了比较固定高程和同时解算高程的差别，我们也给出了同时解算高程的定位结果。表中给出的数值为巡视器和着陆器的相对位置的定位误差（和真值的差），纬度和经度误差换算成了距离，单位为 m。

表 1　巡视器相对定位仿真分析结果

弧段长/m	分类	系统差/ns				
		0（解算高程）	0（固定高程）	0.2（固定 高程）	0.5（固定高程）	1（固定高程）
单点	纬度	222.80	4.44	−1.75	−10.58	−25.61
	经度	226.88	0.09	−6.99	−17.93	−35.96
	高程	309.04	−5.00	−5.00	−5.00	−5.00
5 min	纬度	12.48	2.87	−3.26	−12.02	−26.90
	经度	9.43	0.20	−6.87	−17.78	−35.77
	高程	18.53	−5.00	−5.00	−5.00	−5.00
10 min	纬度	13.17	2.82	−3.25	−11.91	−26.65
	经度	16.14	0.23	−6.83	−17.73	−35.68
	高程	16.87	−5.00	−5.00	−5.00	−5.00
20 min	纬度	7.51	2.82	−3.14	−11.63	−26.07
	经度	10.47	0.24	−6.79	−17.65	−35.54
	高程	9.03	−5.00	−5.00	−5.00	−5.00
30 min	纬度	0.13	2.81	−3.02	−11.34	−25.49
	经度	3.13	0.23	−6.78	−17.61	−35.45
	高程	1.15	−5.00	−5.00	−5.00	−5.00

表 1 可见，在差分相时延的系统误差为 0 ns、随机误差为 0.01 ns 时，在同时解算纬度、经度和高程三个方向的情况下，巡视器的相对定位误差达到 200～300 m。在只解算纬度、经度两个方向而把高程方向固定（允许−5 m 误差）的情况下，巡视器的相对定位误差则降至数米。所以，利用高精度月面地形图解算高程对提高巡视器的相对定位精度非常重要。表 1 还可看出，差分相时延的系统误差变大时，巡视器相对定位误差基本按比例增加。如系统差由 0.5 ns 增大至 1 ns、数据长度为 5 min 时，巡视器相对定位误差将由 17.78 m 增大至 35.77 m（经度方向）。另外，在系统误差相同的情况下，延长数据长度对巡视器相对定位的进一步提高作用不大。但这并不意味着延长观测弧段不重要，因为差分相时延的系统误差在观测弧段加大时将变小，且观测弧段必须大于数分钟时才能解算差分相时延的系统误差。

3 同波束干涉测量技术在嫦娥三号中的应用分析

巡视器和着陆器于 2013 年 12 月 14 日成功分离后，利用同波束干涉测量技术对巡视器相对于着陆器的位置进行了测量。巡视器由数传天线发送数传信号，由遥测天线发送遥测信号，而着陆器一直发送数传信号。差分相时延反应的即为巡视器的数传天线或遥测天线的相位中心与着陆器的数传天线相位中心的位置差。图 4（a）给出了嫦娥三号巡视器和着陆器间的差分相时延的例子。观测时间为 2013 年 12 月 23 日 20～23 UT，巡视器停泊于 S1 点。由图 4（a）可以看出，在 21.5 UT 附近的约 0.5 h 内，6 条基线的差分相时延有最大约 0.01 ns 的跳变。这是因为在此 0.5 h 内，巡视器由数传天线发送数传信号，而在其他时间段内巡视器由遥测天线发送遥测信号，而两个天线的安装位置不同，故出现跳变[13,14]。在 3 h 内，6 条基线的差分相时延从整体看来有 0.01～0.05 ns 的缓慢变化。着陆器与处于停泊点的巡视器在月面不动，其相对于地球的运动完全由月球相对于地球的运动以及月球自身的转动产生。利用差分相时延在一段时间内的连续变化，可以利用运动学统计定位法对巡视器进行定位。其基本方案为利用一段时间内（1 h 左右）的同波束干涉测量差分相时延数据以及月球平动和转动的相关信息，将差分时延数据进行综合平差处理，最后获得巡视器和着陆器在月固系中的位置。此方法与单点定位相比，可以更充分地利用连续弧段内的测量数据进行统计定位，弥补地月距离遥远引起的观测构型差的不足，解算每条基线上的差分相时延的系统差，提高定位精度。在定位计算时考虑到着陆器不动且位置精确已知，故只解算巡视器相对于着陆器的位置。同时考虑到着陆器附近地势平坦，且巡视器距离着陆器很近，根据着陆器数传天线和巡视器数传或遥测天线的相位中心

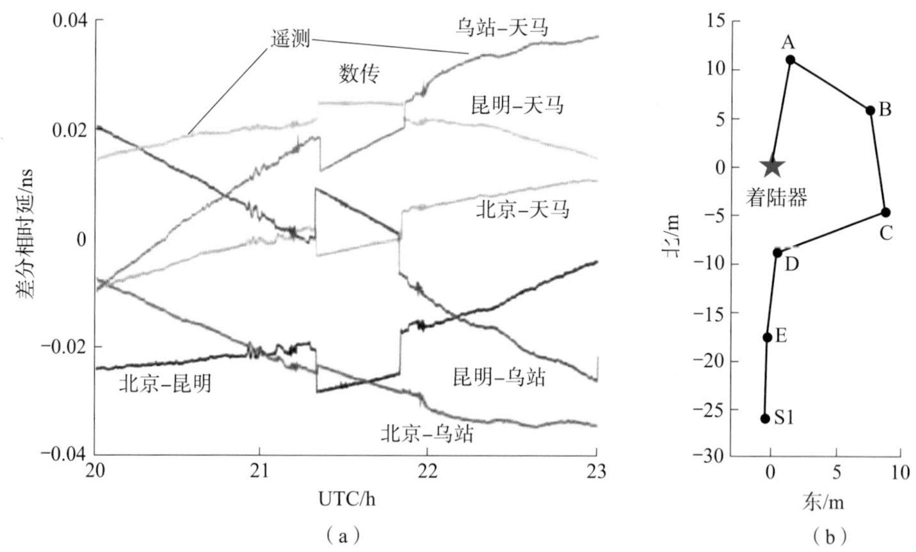

图 4　嫦娥三号巡视器和着陆器间的差分相时延和相对定位结果

的高度差固定高程，只解算平面两维方向的巡视器位置。利用巡视器遥测信号和着陆器数传信号得到的连续 2～3 h 的差分相时延数据，计算出的巡视器在 A、B、C、D、E、S1 停泊点相对于着陆器的位置如图 4（b）和表 2 所示。

表 2 给出了利用差分相时延计算得到的巡视器相对位置，并和视觉定位结果做了比较，结果表明：基于差分相时延定位结果的差异在 1 m 左右。由于视觉定位计算结果对应于着陆器和巡视器车体机械中心参考点，而基于差分相时延定位结果为天线相位中心间的相对位置，因此两者结果在参考系定义上存在 1～2 m 的差异。目前的计算结果是假设相对高程为 0，这个假设也存在约 1 m 的误差。和视觉定位结果比较表明：利用高精度的同波束干涉测量差分相时延数据，结合一定的数据处理策略，可以得到误差在 m 级的巡视器与着陆器的相对定位结果。

表 2　巡视器和着陆器相对定位结果

停泊点	方向	视觉定位值	差分相时延结果
A	北	9.0	10.20
	东	1.5	2.00
B	北	5.0	4.90
	东	8.9	8.10
C	北	−5.7	−5.60
	东	8.4	8.40
D	北	−9.7	−9.60
	东	0.3	0.90
E	北	−19.8	−19.20
	东	−0.2	−0.20
S1	北	—	−25.58
	东	—	−0.45

4 结论

利用嫦娥三号着陆器数传信号及巡视器数传信号和遥测信号，得到了随机误差 1 ps 的差分相时延数据。利用差分相时延数据，把嫦娥三号巡视器相对定位精度提高至约 1 m。在现有信标的条件下实现了约 1 m 的相对定位精度，主要获得了下述条件和采取了下述措施：

1）在巡视器的各个停泊点，着陆器与巡视器同时连续发送数传信号或遥测信号 1 h 以上，得到了随机误差 1 ps 的同波束干涉测量差分相时延数据，同时在定位过程中解算出了差分相时延的系统误差。

2）巡视器和着陆器距离较近，拥有着陆区高精度月面地形图或着陆区地势平坦，只解算巡视器相对于着陆器的经纬度两个方向的位置，不解算高程。

3）着陆器本身的绝对位置以 50 m 左右的精度事先解算出来。

同波束干涉测量技术在今后的探月三期交会对接时的轨道器和上升器的精密测定轨、火星车和轨道器的测定位和测定轨中还将继续发挥更重要的作用。

参考文献

[1] 欧阳自远．我国月球探测的总体科学目标与发展战略［J］. 地球科学进展，2004，19（3）：355-357.

[2] 吴伟仁，董光亮，李海涛，等．嫦娥二号工程月球辐射噪声影响研究［J］. 中国科学：信息科学，2011，41：903-911.

[3] 吴伟仁，黄磊，节德刚，等．嫦娥二号工程 X 频段测控通信系统设计与试验［J］. 中国科学：信息科学，2011（41）：1171-1183.

[4] 吴伟仁，王大轶，李骥，等．月球软着陆避障段定点着陆导航方法研究［J］. 中国科学：信息科学，2011（41）：1054-1063.

[5] 吴伟仁，王大轶，邢琰，等．巡视器巡视探测的双目视觉里程算法与实验研究［J］. 中国科学：信息科学，2011（41）：1415-1422.

[6] Counselman C C，Hinteregger H F，Shapiro I I. Astronomical applications of differential in-terferometry［J］. Science，1972（178）：607-608.

[7] Liu Z Q，Di K C，Peng M，et al. High precision landing site mapping and rover localization for Chang'e-3 mission［J］. Science China Physics，Mechanics&Astronomy，2015，58（1）：1-11.

[8] 刘庆会，陈明，熊蔚明，等．基于超高精度多频点同波束干涉测量技术的巡视器精密相对定位［J］. 中国科学：物理学力学天文学，2010（40）：253-260.

[9] Liu Q，Kikuchi F，Matsumoto K，et al. Same-beam VLBI observations of SELENE for improving lunar gravity field model［J］. Radio Science，2010（45）：1-16. doi：10. 1029/2009RS004203.

[10] Chen M，Liu Q H，Wu Y J，et al. Relative position determination of a lunar rover using biased differential phase delay of same-beam VLBI［J］. Sci China，phys Mech Astron，2011，54（12）：1-12.

[11] 黄勇，昌胜骐，李培佳，等．“嫦娥三号”月球探测器的轨道确定和月面定位［J］. 科学通报，2014（59）：2268-2277.

[12] 李培佳，黄勇，昌胜骐，等．基于地基观测的嫦娥三号着陆器与巡视器高精度定位［J］. 科学通报，2014（59）：3162-3173.

[13] Liu Q H，Zheng X，Huang Y，et al. Monitoring motion and measuring relative position of the Chang'E-3 rover［J］. Radio Science，2014，49（11）：1080-1086.

[14] 郑鑫，刘庆会，吴亚军，等．基于同波束干涉测量差分相时延的“玉兔”月球车动作监视分析［J］. 中国科学：物理学力学天文学，2014（44）：872-878.

Design and realization of same-beam interferometry measurement of CE-3

WU Weiren, LIU Qinghui, HUANG Yong, HONG Xiaoyu, JIE Degang, LI Haitao

Abstract In order to improve the accuracy of relative position determination of a lunar explorer (lunar lander and rover), we designed the same-beam interferometry method according to the actual signals of the lander and the rover of CE-3. We analyzed the method for calibrating device internal delay using the strong radio source, gave the method for calculating the differential phase delay from group delay, and analyzed the accuracy of relative position determination by simulation. Finally, we used the same-beam interferometry to observe the rover and the lander of CE-3. As the results, using the lander's data-transmission signal and the rover data-transmission or telemetry signal, the differential phase delay data were obtained with a 1ps random error, and the accuracy of rover relative position was improved to about 1 m.

Keywords same-beam interferometry; differential phase delay; CE-3; relative position determination

深空测控通信中 GMSK 体制非相干解调算法研究*

吴伟仁，节德刚，丁兴文，李海涛

摘　要　针对深空测控通信中 GMSK 体制非相干解调损失较大的难点，提出了一种改进的 GMSK 信号非相干维特比解调算法。通过分析相位状态网格图中相位转移规律，建立理论仿真模型。通过原理样机的研制和测试，实测数据表明：该算法具有解调损失低、实现复杂度适中的优点；相比于理论的最佳相干解调算法，在误码率 1×10^{-4} 量级下，实测仅损失 0.6 dB。目前该算法已应用于国内某深空测控通信系统 GMSK 体制基带设备中，并成功解调出欧空局 Herschel-Planck 卫星数据。

关键词　GMSK；非相干解调；相位状态网格图；维特比算法

0 引言

随着人类探索外太空活动的持续深入，深空探测正逐步成为航天活动的新热点[1-3]。深空测控通信作为深空探测的关键技术之一，具有距离远、信号弱、时延大等特点，其调制体制的选择至关重要[4,5]。高斯滤波最小频移键控（Gaussian Minimum-Shift Keying，GMSK）调制方式具有恒定的包络和良好的频谱利用率[6]等优点，适用于存在邻道干扰、非线性功率放大器的通信系统。2001 年，GMSK 体制被空间数据系统咨询委员会（Consultative Committee for Space Data Systems，CCSDS）列为未来空间研究计划的标准数字调制体制之一[7]。2009 年 5 月，GMSK 体制成功应用于欧空局（European Space Agency，ESA）研究星体及星系形成过程 Herschel-Planck 卫星中，在深空探测任务中发挥了重要作用[8,9]。

GMSK 体制有相干和非相干两类解调方式。相干解调方式对系统的同步要求较高，除了需要补偿载波频率偏差和定时误差外，还要求载波相位的同步，系统实现较复杂，抗相位干扰能力弱；非相干解调方式能够有效降低接收机的实现复杂度，并且对载波频率偏差和相位偏差有较好的鲁棒性，更加适用于深空恶劣的测控通信环境。文献［10］提出了

*　宇航学报，2014，35（12）：7.

GMSK非相干差分解调算法，包括“1bit差分解调”和“2bit差分解调”两种解调方案；文献[11]对该算法进行了改进，加入了“判决反馈”环节，提高了解调性能。文献[12]提出了GMSK非相干限幅鉴频解调算法，也加入了“判决反馈”环节以提高解调性能。文献[13]在文献[10-12]的基础上，将“判决反馈”环节替换成“维特比译码”环节，提出了“差分解调结合维特比译码”和“限幅鉴频解调结合维特比译码”的两种非相干解调方案，从而进一步提高了解调性能；这两种方案虽然采用了维特比算法，但是由于受到前端“差分”或者“限幅鉴频”环节的影响，解调性能仍有提升空间。

本文提出了一种改进的非相干维特比解调算法，利用GMSK信号相位状态网格图中的相位转移信息进行数据解调。相比于文献[13]的两种方案可更接近理论相干解调性能。

1 GMSK调制原理

GMSK复数基带信号可表示为

$$s(t,\boldsymbol{\alpha})=\mathrm{e}^{\mathrm{j}\varphi(t,\boldsymbol{\alpha})} \tag{1}$$

式中

$$\varphi(t,\ \boldsymbol{\alpha})=\pi\sum_{i=-\infty}^{n}\alpha_i q(t-iT),\ nT\leqslant t<(n+1)T \tag{2}$$

$$q(t)=\int_{-\infty}^{t}g(\tau)\mathrm{d}\tau \tag{3}$$

$$g(t)=\frac{1}{2T}\left\{Q\left[\frac{2\pi\mathrm{BT}}{\sqrt{\ln 2}}\left(\frac{t-T/2}{T}\right)\right]-Q\left[\frac{2\pi\mathrm{BT}}{\sqrt{\ln 2}}\left(\frac{t+T/2}{T}\right)\right]\right\} \tag{4}$$

$$Q(x)=\int_{x}^{\infty}\frac{1}{\sqrt{2\pi}}\exp\left(-\frac{t^2}{2}\right)\mathrm{d}t \tag{5}$$

式(1)～(5)中：$\varphi(t,\ \boldsymbol{\alpha})$代表GMSK信号$s(t,\ \boldsymbol{\alpha})$的相位信息；$T$代表符号周期；$\boldsymbol{\alpha}=[\alpha_i]$代表$M$进制数据向量：$\{\pm1,\ \pm3,\ \cdots,\ \pm(M-1)\}$ $(M=2)$；BT代表GMSK信号的归一化3 dB带宽，BT值越小，功率谱旁瓣抑制效果越好，但是造成的码间串扰会越大，因此，本文选取典型值BT=0.5；$g(t)$代表单位矩形脉冲通过高斯滤波器所形成的频率脉冲波形；$q(t)$则是$g(t)$经积分后得到的相位函数。

GMSK(BT=0.5)的频率脉冲$g(t)$和相位函数$q(t)$的波形图如图1。可见，相位函数$q(t)$具有如下特点

$$q(t)=\begin{cases}0, t\leqslant 0\\ 0.5, t\geqslant LT\end{cases} \tag{6}$$

式中：$L=3$。

利用式(6)的结果，式(2)可表示为

$$\varphi(t,\boldsymbol{\alpha})=\pi\sum_{i=n-L+1}^{n}\boldsymbol{\alpha}_i q(t-iT)+\frac{\pi}{2}\sum_{i=-\infty}^{n-L}\boldsymbol{\alpha}_i=\theta(t,\boldsymbol{\alpha}_n)+\theta_{n-L},nT\leqslant t<(n+1)T \tag{7}$$

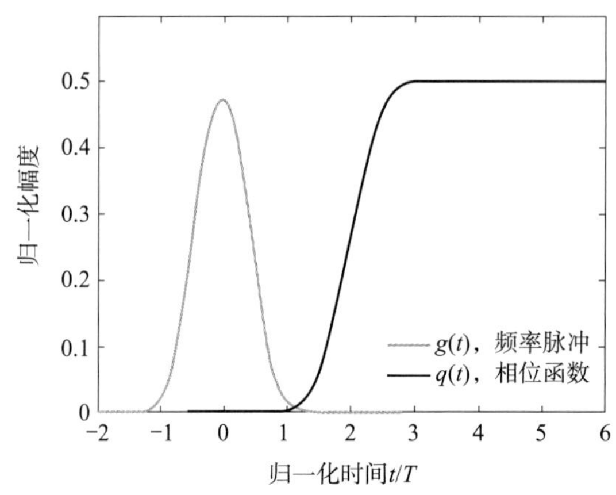

图 1 GMSK（BT＝0.5）信号的频率脉冲和相位函数

式中：$\theta(t, \boldsymbol{\alpha}_n)$ 是瞬时相位，表示在当前符号周期内相位变化的部分，它是 L 个符号 $\{\alpha_{n-L+1}, \alpha_{n-L+2}, \cdots, \alpha_n\}$ 同时被相位函数调制的结果；θ_{n-L} 是在当前符号周期内相位恒定部分，表示当前时刻前所有符号造成的相位变化累加和，它有 $p=4$ 种可能值：$\{0, \pi/2, \pi, 3\pi/2\}$。可见，GMSK 信号的相位状态由 $\sigma_n=(\theta_{n-L}, \alpha_{n-L+1}, \alpha_{n-L+2}, \cdots, \alpha_n)$ 决定。

2 利用相位状态网格图的维特比解调算法

利用相位状态网格图的维特比解调原理如图 2 所示，首先，根据 GMSK 信号的相位调制原理，构建本地相位状态网格图；其次，根据 GMSK 信号相位状态转移路径，分析网格图中状态转移度量值（称之为路径度量）的计算方法；最后，根据路径度量的计算结果，利用维特比译码器，获取解调数据。

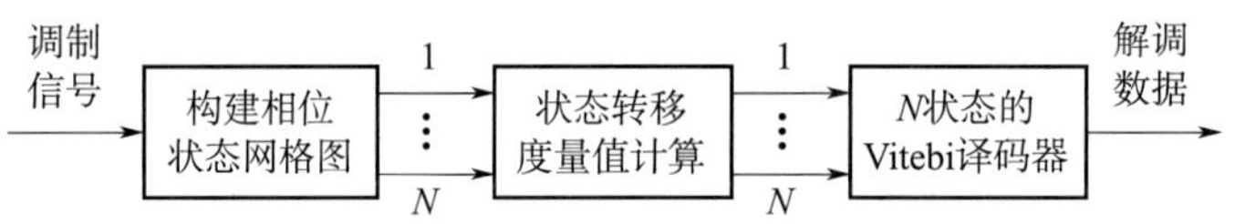

图 2 利用相位状态网格图的维特比解调原理

2.1 相位状态网格图

分析 GMSK 调制原理可知，GMSK 信号的相位状态由 $\sigma_n=(\theta_{n-L}, \alpha_{n-L+1}, \alpha_{n-L+2}, \cdots, \alpha_n)$ 共同决定，其中，θ_{n-L} 有 $p=4$ 种可能值：$\{0, \pi/2, \pi, 3\pi/2\}$，$\alpha_n$ 有 $M=2$ 种可能值：$\{\pm 1\}$。据此可推断出：GMSK（BT＝0.5）信号具有 $p\times M^{L-1}=16$ 种相位状态数，并且每个状态都有 $M=2$ 个分支：$+1$ 支路和 -1 支路，其相位状态网格图如图 3 所示。当前时刻的码元决定了相位状态之间的转移路径，GMSK 信号的相位转移过程可用一个齐次的马尔科夫过程或者有限状态机来描述；而 GMSK 信号的信息码元是由相位状态的转移路径决定的，利用相位状态网格图中的相位转移信息即可完成数据解调。

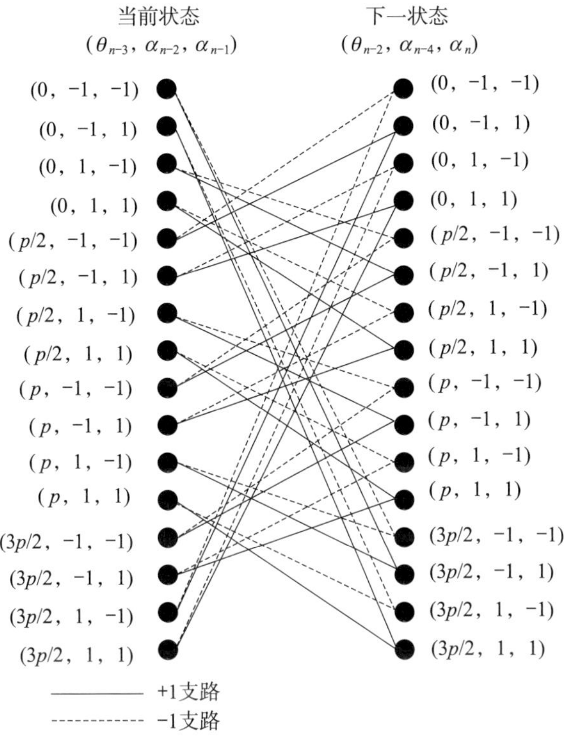

图 3　GMSK（BT＝0.5）信号的相位状态网格图

2.2 路径度量的计算方法

维特比解调的关键是找到相位状态网格图中状态转移时路径度量的计算方法。

GMSK 信号 $s(t，\boldsymbol{\alpha})$ 经过高斯白噪声信道（AWGN）传输后，接收到的信号为 $r(t)$

$$r(t)=s(t,\boldsymbol{\alpha})\mathrm{e}^{\mathrm{j}\theta(t)}+n(t) \tag{8}$$

式中：$n(t)$ 为零均值复高斯过程，其双边功率谱密度为 $N_0/2$。$\theta(t)$ 为信号通过信道所造成的附加相移，在一定的时间间隔内可假定为常数，即 $\theta(t)=\theta$ ，但是此值是在（$-\pi$，π）区间均匀分布的随机变量。

在 $nT\leqslant t<(n+1)T$ 时间间隔内，GMSK 信号相位状态转移时路径度量 $\lambda_a(n)$ 的计算式可表示为

$$\lambda_a(n)=\lambda_a(n-1)+\mathrm{e}^{-\mathrm{j}\theta_{n-L}}Z_a(n) \tag{9}$$

式中

$$Z_a(n)=\int_{nT}^{(n+1)T}r(t)\mathrm{e}^{-\mathrm{j}\theta(t,\boldsymbol{\alpha}_n)}\mathrm{d}t \tag{10}$$

式（9）、（10）中的 θ_{n-L}、$\theta(t，\boldsymbol{\alpha}_n)$ 即是式（7）中 GMSK 信号的相位信息。

2.3 维特比解调算法

在相位状态网络图的基础上进行解调就是搜遍网格图找到最大似然序列。若对所有可能序列都进行计算、比较来确定最大似然序列，解调计算量相当庞大，特别是当状态数较多、序列长度较长时，更是难以实现。此时，维特比算法作为一种有效的解调算法来完成对序列的最大似然检测，不仅可大大减少计算量，且在解调性能上损失很小。

维特比算法是 ViterbiA. J 于 1967 年提出的一种针对卷积码的概率译码算法[14]，即寻找译码器接收序列和卷积编码器输出序列的最大似然函数的过程。网格图上所有可能的状态转移赋以一定的度量值，通过寻找最大概率的状态转移序列来确定译码输出。状态转移的度量值称之为分支度量，状态转移的度量值累加到当前时刻给定状态时的值称之为该状态的路径度量。当两个或更多个路径度量结束在相同状态时，那么具有最大度量值的那条路径被选出作为最可能的路径，称之为幸存路径；通过对幸存路径进行状态跟踪就可得到译码输出。

利用状态网格图的维特比解调步骤概括如下[15]：①分支度量计算：在 $(n+1)T$ 时刻，针对每个状态节点计算进入节点的 $M(M=2)$ 个分支的分支度量。②路径度量更新：在原有的到达 nT 时刻的幸存路径基础上用步骤①中得到的分支度量进行路径度量的更新。此时，对于时刻 $(n+1)T$ 的每个状态节点将得到 M 个路径度量值。③确定幸存路径：对时刻 $(n+1)T$ 的每个状态节点比较其 M 个更新后的路径度量值，并保留最大值所对应路径，同时消去其他 $M-1$ 条路径。对所有状态节点都完成上述操作后，每个节点将仅幸存一条路径，保留幸存路径数据和路径度量数据。④获得解调数据：每过一个码元（时间增量为 T），重复步骤①～③，直到序列结束，然后选出具有最大路径度量的路径，即为最大似然路径，回溯路径所保存的数据，得到解调数据。

对一个较长的码元序列进行维特比解调时，如果等到序列结束才解调出码元序列，则其解调时延将难以接受，且用于存储整个序列幸存路径的存储器也会很大。经仿真测试发现，当网格图延伸到某一足够长度时，所有幸存序列概率均趋于 1。因此，可通过设定一个判决延时 d 来改进维特比算法，即在任意 nT 时刻，每条幸存路径仅保留最新的 d 个码元，在每经过一个新的码元间隔后，对各幸存路径度量的大小做比较，找出对应最大度量的幸存路径，在网格图上回退 d 个码元间隔，将该幸存路径上的码元判决作为解调输出。如果 d 选得足够大，所有幸存路径在该时刻的码元均相同。

3 仿真及分析

如图 4 所示，在 Matlab 的 Simulink 环境下建立仿真模型，条件如下：

①信号的载波频率和码元周期已经精确同步；

②信号传输信道是一个加性高斯白噪声信道（AWGN）。

首先仿真分析了不同判决延迟 d 对维特比算法解调性能的影响；然后仿真并对比分析

了不同算法的解调性能；最后从解调性能和实现复杂度两方面对各种解调算法进行了综合比较。

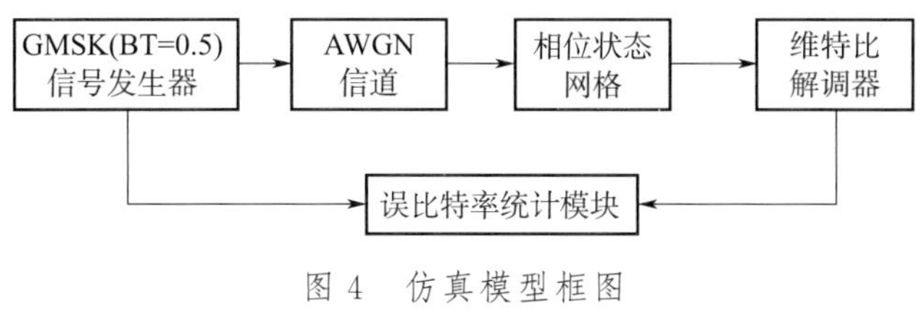

图 4 仿真模型框图

3.1 不同判决延迟对解调性能的影响

图 5 分析了不同判决延迟 d 对维特比算法解调性能的影响。当 $d=2L$、$3L$、$4L$、$5L$ 时，误码率（BER）曲线基本重合，而当 $d=L$ 时，解调性能损失较大。综合考虑误码性能和实际应用时的所需存储容量，可取判决延迟 $d=3L$，此时的解调性能损失可忽略不计。

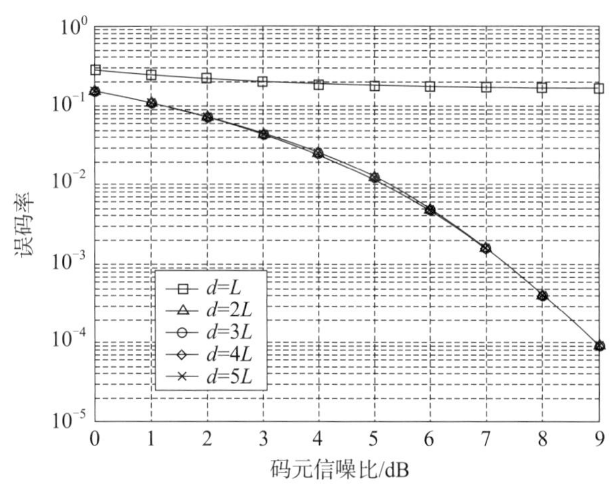

图 5 不同判决延迟 d 的解调性能

3.2 各种解调算法的解调性能

目前，非相干解调算法可分为两类：差分算法和限幅鉴频算法。

图 6 比较了相同条件下多种非相干差分算法的解调性能，可见：①“2bit 差分解调”性能优于“1bit 差分解调”性能；②“维特比译码”性能优于“判决反馈”性能，“判决反馈”性能又优于“直接差分”性能；③在各种差分算法中，性能最优的是“2 bit 差分解调结合维特比译码”算法，在码元信噪比 $E_b/N_0=9.6$ dB 时，误码率可达 1×10^{-4} 量级。

图 7 比较了各种非相干限幅鉴频算法的解调性能，可见：①“维特比译码”性能优于“判决反馈”性能，“判决反馈”性能又优于“直接限幅鉴频”性能。②在各种限幅鉴频算法中，性能最优的是“限幅鉴频解调结合维特比译码”算法，在 $E_b/N_0=10.4$ dB 时，误码率可达 1×10^{-4} 量级。

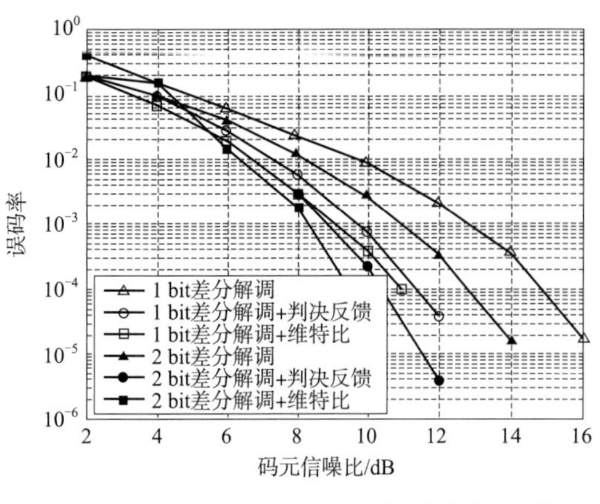

图 6 GMSK（BT＝0.5）各种非相干差分解调算法的性能对比

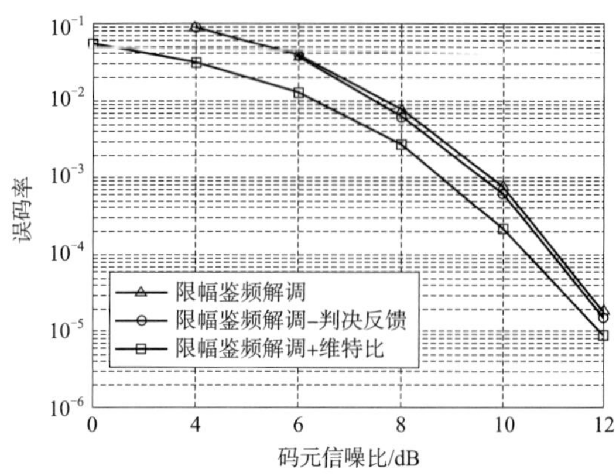

图 7 GMSK（BT＝0.5）各种非相干限幅鉴频解调算法的性能对比

图 8 给出了 GMSK（BT＝0.5）信号利用相位状态网格图的非相干维特比解调算法（判决延迟 d =3 L）在 AWGN 信道下的仿真结果，并与图 4、图 5 两类非相干解调算法中性能最优的算法以及最佳相干解调算法进行了性能比较。可见：①利用相位状态网格图的非相干维特比解调算法，在 $E_b/N_0=9$ dB 时，GMSK（BT＝0.5）信号的误码率可达 10^{-4} 量级。②比较三类非相干解调算法，性能最佳的是“利用相位状态网格图的维特比解调”算法，次佳是“2 bit 差分解调结合维特比译码”算法。③在相同的误码率条件（10^{-4} 量级）下，利用相位状态网格图的非相干维特比解调算法，相比于“最佳相干解调”算法，解调性能仅恶化约 0.4 dB；相比于次佳的“2 bit 差分解调结合维特比译码”算法，解调性能改善了约 0.6 dB。

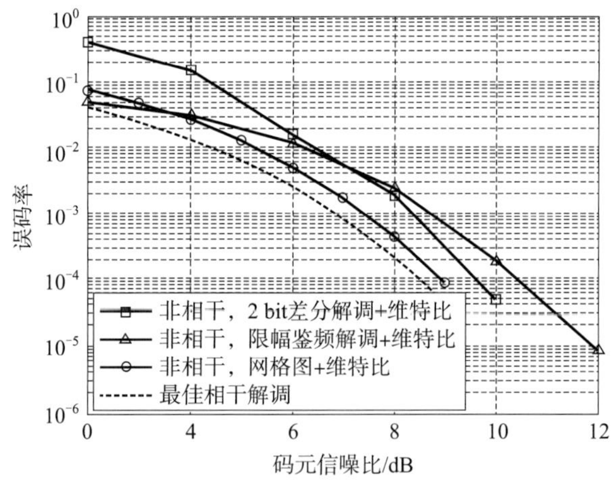

图 8 GMSK（BT＝0.5）信号各种非相干解调算法的性能对比

3.3 各种解调算法的综合对比

表 1 统计了在误码率 1×10^{-4} 量级下各种解调算法的解调性能并估计了实现复杂度。

其中，最佳相干解调算法性能最优，但其实现复杂度最高，且抗相位干扰能力弱。在各类非相干解调算法中，1 bit 差分解调算法实现复杂度最低，但相比于最佳相干解调算法，解调性能损失最大，约 6.4 dB。利用相位状态网格图的维特比解调算法实现复杂度适中，并且解调性能优良：相比于性能最差的非相干解调算法——“1 bit 差分解调”，可获得约 6 dB 的解调增益；相比于性能次佳的非相干解调算法——“2 bit 差分解调＋维特比”，可获得约 0.6 dB 的解调增益；相比于最佳相干解调算法，解调性能仅损失约 0.4 dB。

表 1　各种解调算法的解调性能和实现复杂度

各种解调算法	解调性能（误码率 1×10^{-4}所对应的 E_b/N_0）	实现复杂度
1 bit 差分解调	15.0 dB	最低
1 bit 差分解调＋判决反馈	11.5 dB	较低
1 bit 差分解调＋维特比	11.0 dB	适中
2 bit 差分解调	13.0 dB	较低
2 bit 差分解调＋判决反馈	10.5 dB	适中
2 bit 差分解调＋维特比	9.6 dB	适中
限幅鉴频解调	11.0 dB	较低
限幅鉴频解调＋判决反馈	10.9 dB	适中
限幅鉴频解调＋维特比	10.4 dB	适中
网格图＋维特比	9.0 dB	适中
最佳相干解调	8.6 dB	最高

4 工程应用

目前，利用相位状态网格图的非相干维特比解调算法已经应用于国内某深空测控通信系统的基带设备中。

4.1 系统组成

该深空测控通信系统的组成框图如图 9 所示。星载测控终端对测控数据进行 GMSK 调制后经天线发射；地面测控接收设备分别接收左、右旋信号，经过低噪声放大器（LNA）、下变频后，GMSK 体制基带设备完成 A/D 采集、分集合成、维特比解调、帧同步等信号处理，最终恢复出测控数据。

4.2 GMSK 体制基带设备

采用相位状态网格图的非相干维特比解调算法的 GMSK 体制基带设备如图 10 所示，它由 CPCI 工控机箱、主板、调制板和解调板组成。调制板产生中频 70MHz 的 GMSK 模拟信号，解调板负责接收解调 GMSK 体制信号。该基带设备接收 70 MHz 中频信号的实

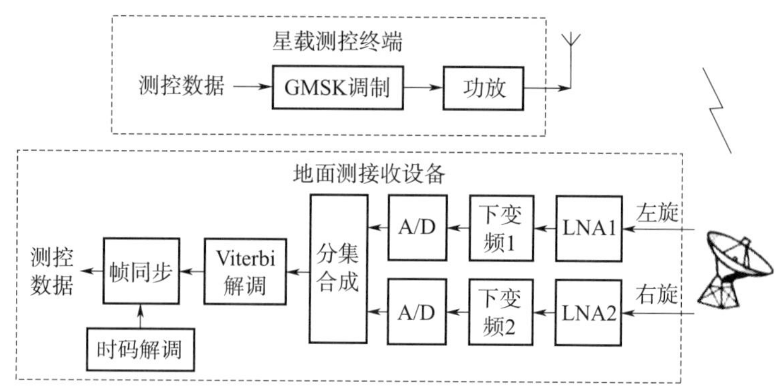

图 9　GMSK 体制测控通信系统组成框图

测解调性能如图 11 所示，图中与最佳相干解调性能以及该算法的仿真性能进行了比较。由于受信道模拟特性、同步精度、软硬件量化误差等影响，如表 2 所示，当码元信噪比 E_b/N_0 为 9.0 dB 时（误码率 1×10^{-4} 量级），该解调算法的实测性能与仿真性能相比，仅恶化约 0.2 dB；与最佳相干解调性能相比，仅损失约 0.6 dB。因此，该 GMSK 体制基带设备具有良好的解调性能。

图 10　GMSK 体制基带设备实物图

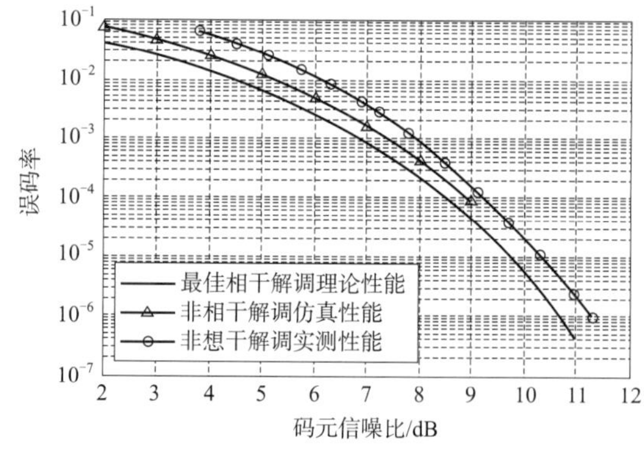

图 11　GMSK 体制基带设备实测解调性能

表 2　GMSK 体制基带设备解调性能比较

码元信噪比 (E_b/N_0) /dB	相干解调理论误码率 BER	非相干解调仿 真误码率 BER	非相干解调 实测误码率 BER
5.0	6.7×10^{-3}	1.3×10^{-2}	2.8×10^{-2}
6.0	2.8×10^{-3}	5.1×10^{-3}	1.1×10^{-2}
7.0	9.4×10^{-4}	1.8×10^{-3}	3.8×10^{-3}
8.0	2.4×10^{-4}	4.6×10^{-4}	8.5×10^{-4}
9.0	4.5×10^{-5}	9.0×10^{-5}	1.4×10^{-4}

目前，该基带设备已完成国内某深空测控系统 试验，成功接收了欧空局 Herschel - Planck 卫星发送的 GMSK 信号，并解调获取了下行数据。实际接收频谱如图 12 所示。

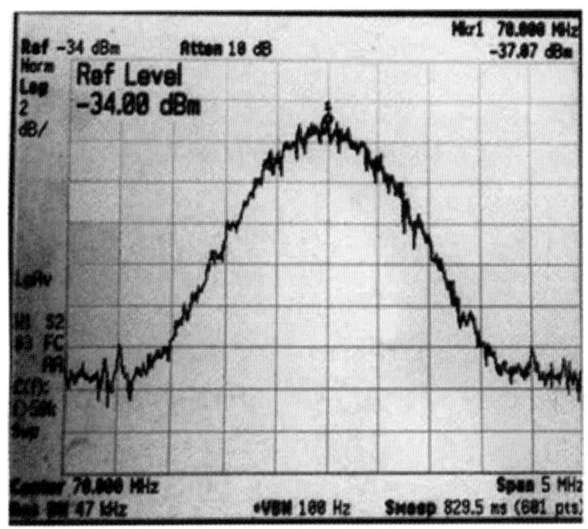

图 12　实际接收的 Herschel - Planck 卫星 GMSK 信号

5 结论

本文提出了一种改进的非相干维特比解调算法，分析了利用信号相位状态网格图中的相位转移信息进行维特比解调的机理，建立了 Matlab 理论仿真模型，并进行了原理样机的研制、测试和工程应用，验证了实际解调效果与理论仿真的一致性。该算法解调损失低、实现复杂度适中、对载波频率偏差和相位偏差具有较好的鲁棒性，在深空测控通信领域具有良好的应用前景。

参考文献

[1] 张乃通，李晖，张钦宇．深空探测通信技术发展趋势及思考［J］．宇航学报，2007，28（4）：786-793.

[2] 吴伟仁，刘旺旺，蒋宇平，等．国外月球以远深空探测的发展及启示［J］．深空探测研究，2011，9（3）：1-10.

[3] 刘嘉兴．发展 Ka 频段测控通信系统的思考［J］．宇航学报，2008，29（6）：1685-1688.

[4] 谢智东，张更新．一种适用于深空通信的恒包络改进型 FQPSK［J］．宇航学报，2009，30（3）：1095-1110，1158.

[5] Simon M K. 高带宽效率数字调制及其在深空通信中的应用［M］．夏云，孙威，译．北京：清华大学出版社，2006.

[6] Murota K，Kinoshita K，Hirade K. GMSK modulation for digital mobile telephony［J］. IEEE Transactions on Communications，1981，29（7）：1044-1050.

[7] CCSDS 413. 0-G-1 Bandwidth-efficient modulations［S］.

[8] Passvogel T，Crone G. Management of the Herschel/Planck Programme［C］. Modeling，Systems Engineering，and Project Management for Astronomy IV，San Diego，California，USA，June 27，2010.

[9] Juillet J J, Reix J M, Thomas P. Lessons learnt from the Herschel/Planck Programme [C]. The 62nd International Astronautical Congress, CapeTown, South Africa, October 3-7, 2011.

[10] Simon M K, Wang C C. Differential detection of Gaussian MSK in mobile radio environment [J]. IEEE Transactions on Vehicular Technology, 1984, 33 (4): 307-320.

[11] Korn I. GMSK with differential phase detection in the satellite mobile channel [J]. IEEE Transactions on Communications, 1990, 38 (11): 1980-1986.

[12] Korn I. GMSK with limiter discriminator detection in satellite mobile channel [J]. IEEE Transactions on Communications, 1991, 39 (1): 94-101.

[13] Fonseka J P. Noncoherent detection with Viterbi decoding for GMSK signals [J]. IEEE Proceedings on Communications, 1996, 143 (6): 373-379.

[14] Viterbi A J. Error bounds for convolutional codes and an asymptotically optimum decoding algorithm [J]. IEEE Transactions on Information Theory, 1967, 13 (2): 260-269.

[15] Forney G D. The Viterbi algorithm [J]. Proceedings of the IEEE, 1973, 61 (3): 268-278.

A noncoherent demodulation algorithm of GMSK for deep-space missions

WU Weiren, JIE Degang, DING Xingwen, LI Haitao

Abstract The existing various noncoherent demodulation algorithms of GMSK cause biggish loss for deep-space missions. A modified preponderant noncoherent demodulation algorithm with Viterbi decoding for GMSK signals is proposed in this paper. The simulation model is built by analyzing the phase transfer law in the phase state grid map. The performance test of principium equipment demonstrates that the modified algorithm has low loss of demodulation performance and medium complexity. And compared with the best coherent demodulation algorithm, it only causes a loss about 0. 6 dB actually in the bit error rate of 1e-4. It has been applied to the GMSK baseband equipment in a certain deep-space TT&C system and has demodulated data from ESA Herschel - Planck satellite successfully.

Keywords Gaussian minimum-shift keying (GMSK); noncoherent demodulation; phase state grid map; viterbi decoding

嫦娥二号工程X频段测控技术*

吴伟仁，李海涛，董光亮，节德刚，黄磊，李赞，樊敏

摘　要　深空探测任务以在远距离、弱信号条件下，实现尽可能高的通信速率和测量精度为基本目标，采用更高的射频频段是实现上述目标的主要途径之一。因此，在嫦娥二号工程中对相对于常规S频段更高的X频段测控技术进行了研究和试验验证。本文对X频段测控的优势进行了全面论述，简要介绍了嫦娥二号工程X频段测控总体设计和试验方案。根据开展的相关试验结果表明：在相同信噪比条件下，与S频段相比，X频段测速精度提高一个数量级、测距与干涉测量时延精度提高一倍；X频段月球辐射噪声引起的接收信噪比恶化值在1.6～2.7 dB范围内。

关键词　嫦娥二号；X频段测控；测量精度；月球噪声

随着我国首次月球探测任务取得圆满成功，以月面软着陆和自动采样返回为目标的探月工程二、三期正在全面实施中，探测的目标也将从月球走向更遥远的深空。深空远距离通信和高精度导航成为深空测控所面临的重大技术难点。

嫦娥二号月球探测卫星作为探月工程二期先导星，主要试验探月工程二期部分关键技术，深化科学探测。“试验X频段深空测控技术，初步验证深空测控体制”是嫦娥二号工程的主要目标之一。

本文主要分析了选择X频段测控的优势，介绍了实施X频段测控试验的总体设计和试验方案，给出了相关的试验结果，为X频段测控技术在后续深空探测任务中的应用奠定了基础。

1 测控频段选择

1.1 测控频段划分

1988年国际电信联盟（ITU）的《无线电规则》中定义深空边界为距离地球2×

* 中国科学：技术科学，2013，43（1）：8.

10^6 km 以远的空间，虽然月球距地球较远（约 4×10^5 km），但仍属于近地空间范围。按照空间数据咨询委员会（CCSDS）建议近地的测控频率分配如表 1 所示；深空的测控频率分配如表 2 所示。

表 1 近地测控上、下行链路频率分配

频段	上行频率（MHz）	下行频率（MHz）
S	2 025～2 110	2 200～2 290
X	7 190～7 235	8 450～8 500
Ka		25 500～27 000

表 2 深空测控上、下行链路频率分配

频段	上行频率（MHz）	下行频率（MHz）
S	2 110～2 120	2 290～2 300
X	7 145～7 190	8 400～8 450
Ka	34 200～34 700	31 800～32 300

美国国家航空航天局（NASA）深空网在 20 世纪 60 年代主要采用 S 频段对“先驱者”深空探测器实施测控；70 年代中期，深空航天器开始采用 S/X 双频下行链路；1989 年，实现了 X 频段上行链路能力。从 20 世纪 90 年代麦哲伦号金星探测任务开始[1]，NASA 发射的多数深空航天器都采用 X 频段作为测控频段。NASA 从卡西尼号土星探测任务，开始使用更高的 Ka 频段进行高速数据下行传输和无线电科学测量[2]。

我国在 20 世纪 90 年代通过实施载人航天工程建立了 S 频段航天测控网，用于所有近地航天任务。近年来，通过月球探测工程带动，正在建设具备 X 和 Ka 频段能力的深空测控网，用于后续月球和深空探测任务。

1.2 X 频段特点

地球电离层和太阳等离子区中带电粒子会对无线电信号造成色散传输延迟，可近似表示为

$$\Delta\tau_g=\frac{k}{f^2},k>0 \tag{1}$$

其中 k 为常数，与信号穿过电离层和太阳等离子区路径上单位面积的总电子含量成正比；f 为工作频率。

可见，频率越高，波长越短，地球电离层和太阳等离子区中带电粒子的影响就越小。而实际信号延迟将取决于信号的传输时间，以及相对于太阳的传播路径。此外，电离层的延迟还随昼夜和季节变化于高灵敏度的深空测控应用。

X 频段信号在太阳等离子区延迟大约为 1～75 m，主要取决于信号传输路径与太阳接近的角度。当太阳-地球-航天器的夹角为 20°时，X 频段双向跟踪模式的等离子区信号延迟在 8 h 过境跟踪中一般漂移约 1 m。太阳状态变化可能引起的实际漂移变化要比平均值大

一个数量级。等离子区对 X 频段双向链路延迟的影响比 S 频段链路降低 13 倍。使用 Ka 频段双向链路还将进一步降低 14 倍[2]。

更高的工作频率是提高深空测控远距离通信性能和测量精度的有效手段。首先，天线增益与工作频率的平方成正比，尽管提高频率会增大传播损耗，但从天线增益提高带来的好处足以抵消传输损耗的增加而有余。其次，利用 X 频段进行测控，相比于 S 频段还能够使地面对航天器的速度测量精度大幅提高。此外，随着移动无线通信领域在 S 频段的广泛使用，无线电干扰源将越来越多，使得这一频段不再适合于高灵敏度的深空测控应用.

与 S 频段测控相比，在 X 频段目标运动引起的无线电波多普勒频率动态范围和多普勒频率变化率将增大 4 倍，信号频率随时间变化增大这一特性增加了信号捕获的难度，因此在相同信噪比条件下，X 频段信号比 S 频段更难捕获。

综上所述，X 频段或更高的工作频段在深空测控领域具有更大的优势。为了确认 X 频段测控的可行性，在嫦娥二号卫星上设计配置了 X 频段应答机，新建了 X 频段 18 m 口径天线地面测控站，在嫦娥二号卫星各飞行阶段开展了相关技术试验，验证了 X 频段测控体制和性能。

2 X 频段测控总体设计

X 频段测控与试验的重点设计内容主要包括：测速、侧音测距、差分单向测距（DOR）和月球辐射噪声测量等。

2.1 X 频段测速

无线电测速精度主要取决于发射机主振源短期稳定度引入的误差和接收机热噪声引入的误差。其中，接收机热噪声引入的误差与载波频率、载波信号的信噪比以及积分时间有关，热噪声引起的双向测速误差模型如下式所示

$$\sigma_{\dot{R}} = \frac{\lambda}{4\pi T}\sqrt{\frac{2B_L}{S/\Phi}} \tag{2}$$

其中 λ 为工作波长；S/Φ 为载波信号与噪声功率谱密度比；$2B_L$ 为环路带宽；T 为积分时间。

将（2）式中的波长转换为频率，可得下式

$$\sigma_{\dot{R}} = \frac{c}{4\pi f_t T\sqrt{sNR_C}} \tag{3}$$

其中 f_t 为工作频率；SNR_C 为载波信噪比；c 为光速；T 为积分时间。

由（3）式可见，在相同接收信噪比和积分时间的条件下，随着工作频率的提高，测速随机误差将减小。

2.2 500 kHz 侧音测距

目前，在航天测控领域常用的测距方式主要有纯侧音测距、音码混合测距和伪码测距三种方式。这三种测距方式的测量精度，在一定的测距音信号与噪声功率谱密度比的条件下，热噪声引入测距误差与测距主音（或码）的频率成反比，如下式所示

$$\sigma_R = \frac{c}{4\pi f_R \sqrt{2SNR_R}} \tag{4}$$

其中 f_R 为测距主音频率；c 为光速；SNR_R 为测距主音信噪比。

由（4）式可见，测距主音频率越高，热噪声引起的测距随机误差越小。因此，通过提高测距主音频率，可以有效地降低测距随机误差，提高精度。目前，我国 S 频段测距采用的主音频率最高为 100 kHz，测距随机误差一般为 10 m；欧空局（ESA）地面站的音码混合测距系统的主音频率最高可达 1.5 MHz，测距精度优于 1 m[3]。在此次 X 频段测控体制设计中，综合考虑测距转发带宽和噪声的影响，采用了 500 kHz 测距主音（原有的 100 kHz 测距音作为解模糊的次音使用）以实现更高的测距精度。

2.3 差分单向测距（DOR）

利用测角信息是在测距、测速基础上对航天器实现快速、短弧段定轨的有效手段[4]。在深空探测中，传统的针对低轨航天器的测角方式难以满足精度要求。在此背景下差分单向测距（Differential One-Way Ranging，DOR）技术应运而生。这种技术通过测量航天器信号到达两个相距很远地面站的信号延迟以获取深空航天器的空间方位信息，实现高精度测角[5,6]，如图 1 所示。

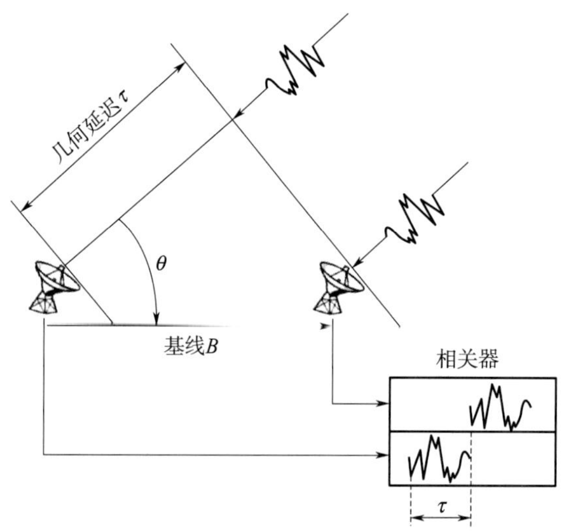

图 1　DOR 测量原理示意

DOR 测量表达式为

$$\tau = \frac{1}{c} B \cos\theta \tag{5}$$

其中 τ 为两测量站之间的信号延迟；c 为光速；B 为基线长度；θ 为目标与基线的夹角。

对（5）式求导，可以得到角精度表达式

$$\frac{\partial\theta}{\partial\tau} = \frac{c}{B\sin\theta} \tag{6}$$

在 DOR 测量中存在多种误差因素，主要包括基线误差、时间误差、系统噪声、对流层、电离层等传输媒介误差等。为了降低对流层、电离层、站址误差和站间钟差等对测量的影响，一般采用差分 DOR（ΔDOR）测量的方式。其基本思想是通过观测一颗与航天器角距离很近的射电源进行系统误差校准，如图 2 所示。一般而言，射电源与航天器的角距不超过 10°，以保证二者信号在穿越地球大气时路径具有相似性。目前，航天器 ΔDOR 测量，已在 NASA，ESA 的深空任务中广为采用[7,8]。

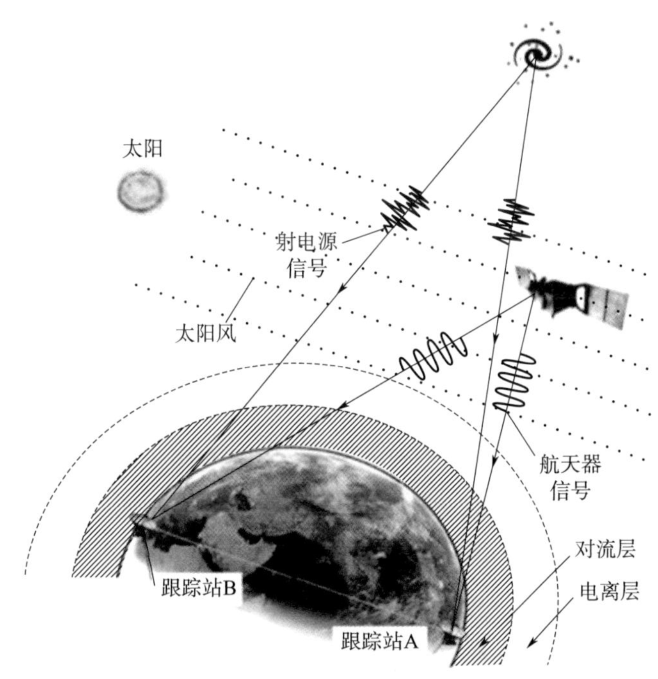

图 2　ΔDOR 测量原理

在 DOR 测量中，两测量站接收航天器发射信号得到的站间信号群延迟定义如下

$$\tau_{\text{group}} = \frac{\varphi(f_2) - \varphi(f_1)}{(f_2 - f_1)} \tag{7}$$

其中 f_1，f_2 为航天器发射的两个点频的频率，$\varphi(f_2)$，$\varphi(f_1)$ 分别为航天器发射两个点频信号到达两个测站的相位差。

为获得高精度群延迟，两个频点之间的频率间隔（$f_2 - f_1$，即扩展带宽）越宽越好。但考虑到空间频段分配的限制，CCSDS 给出了对于不同频段正弦 DOR 侧音的频率[9]，如表 3 所示。

表 3　CCSDS 建议的 DOR 音频率

下行频段	DOR 音数	DOR 音频率（±10%）
S 频段	1	4 MHz
X 频段	2	4，20 MHz
Ka 频段	3	4，20，76 MHz

假设 DOR 侧音具有相同的接收 SNR，那么延迟测量量 τ 的误差 ε_τ 可以表示为

$$\varepsilon_\tau = \frac{2}{2\pi f_{BW}\sqrt{\frac{T_{obs}}{N_c}SNR^{SC}}}s \tag{8}$$

其中 f_{BW} 为扩展带宽，（Hz），T_{obs} 为观测扫描时间（s），N_c 为时分多路记录数据的通道数。如果数据通道是并行记录方式，则取 N_c 为 1。

从（8）式可以看出，在两个地面天线接收到 DOR 音信噪比一定的前提下，DOR 侧音上下边带信号频率的跨度越大，则两个地面天线测量航天器信号到达延迟的精度越高。因此，在嫦娥二号 X 频段测控中设计了 CCSDS 建议的频率间隔约 40 MHz 的 DOR 测量系统。

2.4 X 频段月球辐射噪声测试

月球辐射噪声是月球探测任务测控必须要考虑的影响因素。由于月球表面和深层物质对太阳光能量的吸收和反射作用，使地面测控站接收的下行信号中包含了月球辐射出的不同波长的微波能量，增大了接收系统的噪声温度，降低了接收信噪比，从而影响地面测控设备的数据接收和测距测速性能。在微波波段，月球辐射噪声温度通常在 140 到 280 K 之间变化。对于 S 频段（波长约为 13 cm），月球辐射的影响随月相的变化不大，而对于 X 频段（波长约为 3.6 cm）和 Ka 频段（波长约为 0.9 cm），月球辐射影响会随月相有明显变化[10]。

为了获得全面的测试结果，试验方案采用在一个完整的月相周期内连续观测。每次观测通过改变地面天线的指向，分别正对月球中心、月球边缘，将测量的接收系统噪声功率谱密度值与天线指向冷空时的功率谱密度值进行比较，得到相应的信噪比恶化值，从而得到 X 频段月球辐射噪声的影响分布。

3 X 频段测控试验

3.1 X 频测控试验系统组成

嫦娥二号 X 频段测控技术试验系统由星载部分和地面部分组成。

星载部分由 X 频段收发全向天线、低噪声放大器、固态放大器、应答机以及试验数据处理单元等组成，如图 3 所示。

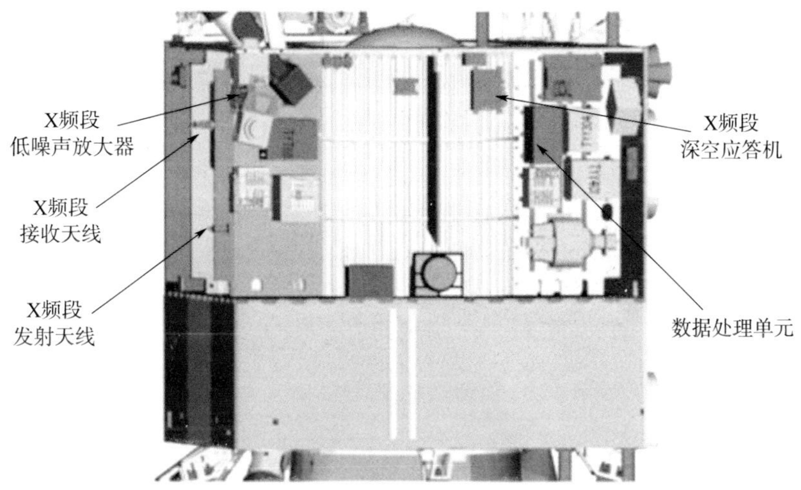

图 3　嫦娥二号星载 X 频段测控系统配置

地面部分由位于青岛和喀什的两套 18 m X 频段测控设备组成（见图 4）。这两套设备是我国专门为 X 频段测控技术体制验证试验建设的。

(a)　(b)

图 4　青岛（左）和喀什（右）18 m S/X 双频段测控设备

整个试验系统组成框图如图 5 所示。

3.2 X 频段测控试验安排

考虑到 X 频段测控试验中的高精度测距测速、DOR 测量等试验主要是针对轨道测量，因此，在试验弧段的安排上根据嫦娥二号飞行轨道的特性，分别在地月转移轨道段、100 km×100 km 环月轨道段以及 100 km×15 km 环月轨道段进行。

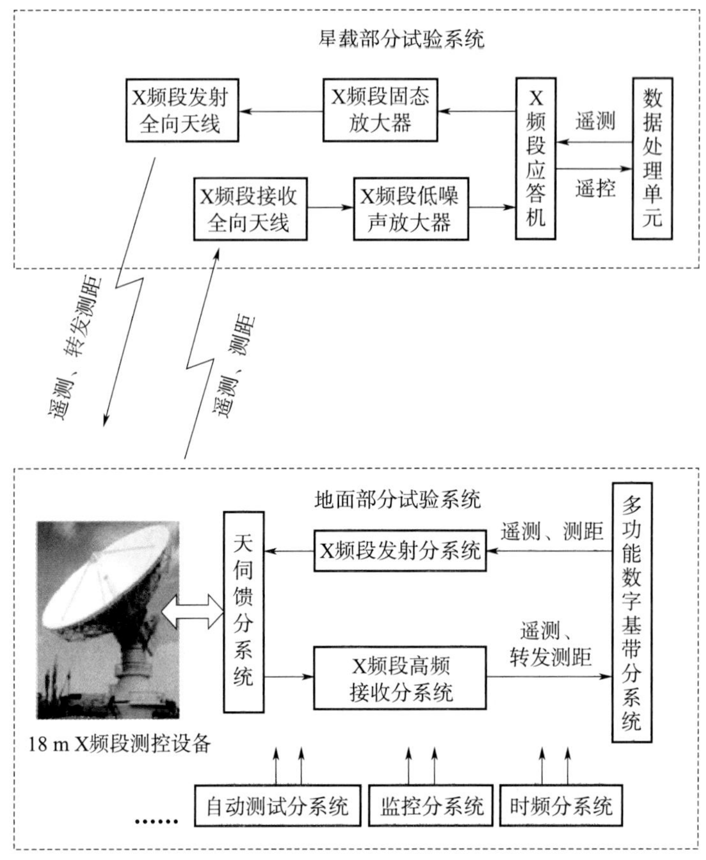

图 5　天地测控试验系统的组成框图

X 频段测控技术试验内容根据表 4 中给出的星载 X 频段应答机不同工作状态，分别利用青岛站和喀什站 X 频段测控设备进行测速、100 和 500kHz 主音测距技术试验。参试 VLBI（Very Long Base line Interferometry，甚长基线干涉测量）观测站跟踪 X 频段应答机的 DOR 信号进行 X 频段 DOR 测量试验。

表 4　X 频段应答机工作状态

应答机工作状态	上行	下行
状态 1	—	遥测
状态 2	测距	测距＋遥测
状态 3	遥控	遥测
状态 4	测距＋遥控	测距＋遥测

注：DOR 音频率与载波频率相干。

3.3 测定轨试验结果

X 频段测控技术试验期间获取的测量数据精度分析以嫦娥二号任务的事后精密轨道作为参考，图 6～图 11 和表 5 是以 2010 年 10 月 4 日 X 频段试验弧段为例，给出的不同频段各种测量数据的残差。残差分析结果如下。

a）采用 X 频段 DOR 信号所获时延数据比采用 500 kHz 伪码的 VLBI 信标信号所获时延数据的噪声水平有所改善，其中，VLBI 信标信号时延数据的残差 RMS 范围为 1.4～2.5 ns，DOR 信号时延数据的残差 RMS 范围为 0.9～1.9 ns，不同基线测量数据残差不同。其中，上海-北京基线和上海一昆明基线数据的残差 RMS 结果详见表 5。

b）X 频段测速数据比 S 频段测速数据精度有所提高，其中，S 频段测速数据的残差 RMS 为 1 cm/s，X 频段测速数据的残差 RMS 为 1 mm/s。

c）X 频段测距数据比 S 频段测距数据精度有所提高，其中，S 频段测距数据的残差 RMS 为 2.5 m，X 频段测距数据的残差 RMS 为 1.3 m。

d）采用 X 频段 DOR 信号所获时延率数据与 VLBI 信标信号所获时延率数据的噪声水平相当，两种方式时延率数据的残差 RMS 范围为 0.2～0.7 ps/s，不同基线测量数据残差不同。其中，上海-北京基线和上海一昆明基线数据的残差 RMS 结果详见表 5。

图 6 和 7 给出的是 2010 年 10 月 4 日 8：57～12：56 X 频段测控技术试验期间获取的 DOR 信号时延/时延率数据残差。图 8 和 9 给出的是 2010 年 10 月 4 日 6：56～7：56 弧段 VLBI 测轨分系统获取的 VLBI 信标信号时延和时延率数据残差。图 10 和 11 给出的是青岛站和喀什站获取的 X 频段和 S 频段测距测速数据残差。

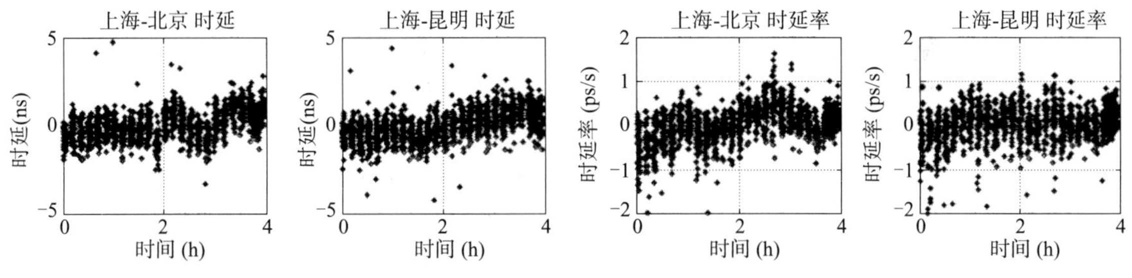

图 6　X 频段 DOR 信号时延数据残差　　图 7　X 频段 DOR 信号时延率数据残差

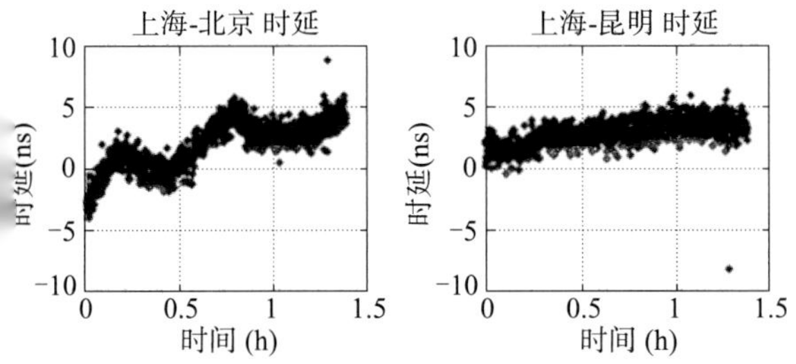

上海-北京 时延　上海-昆明 时延　时延(ns)　时间 (h)

图 8　S 频段 VLBI 信标信号时延数据残差

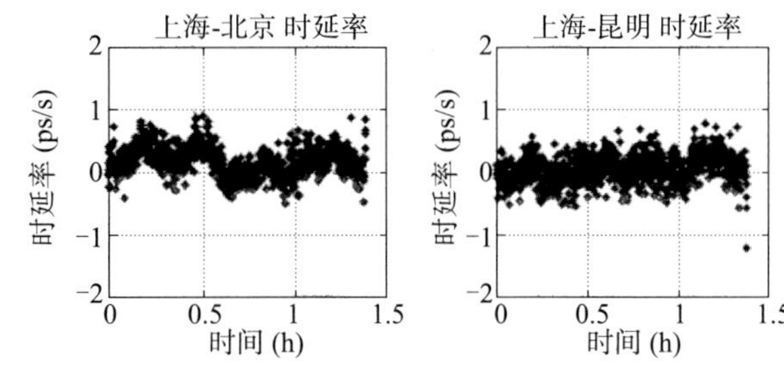

图 9　S 频段 VLBI 信标信号时延率数据残差

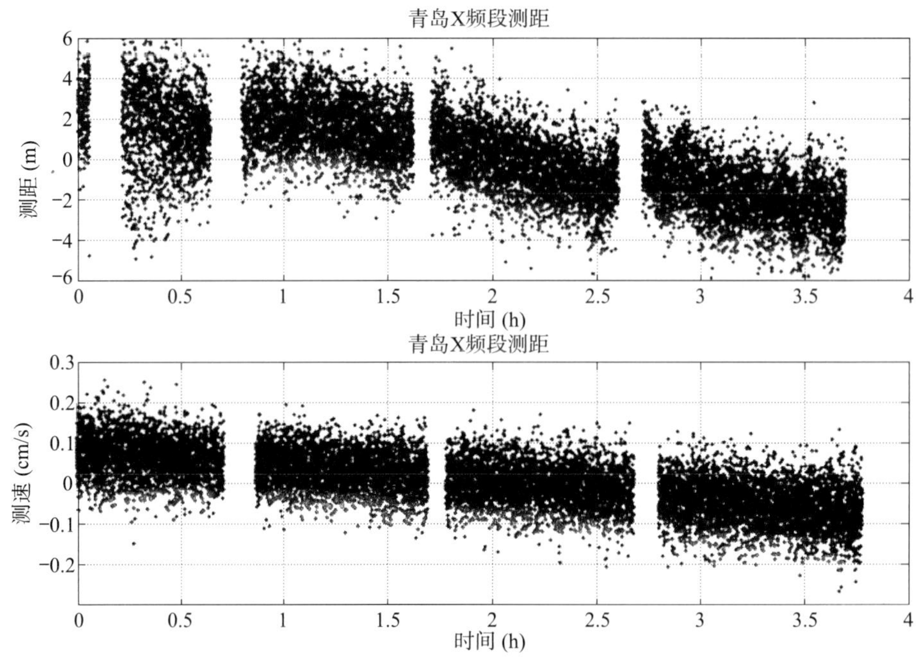

图 10　X 频段测距/测速数据残差

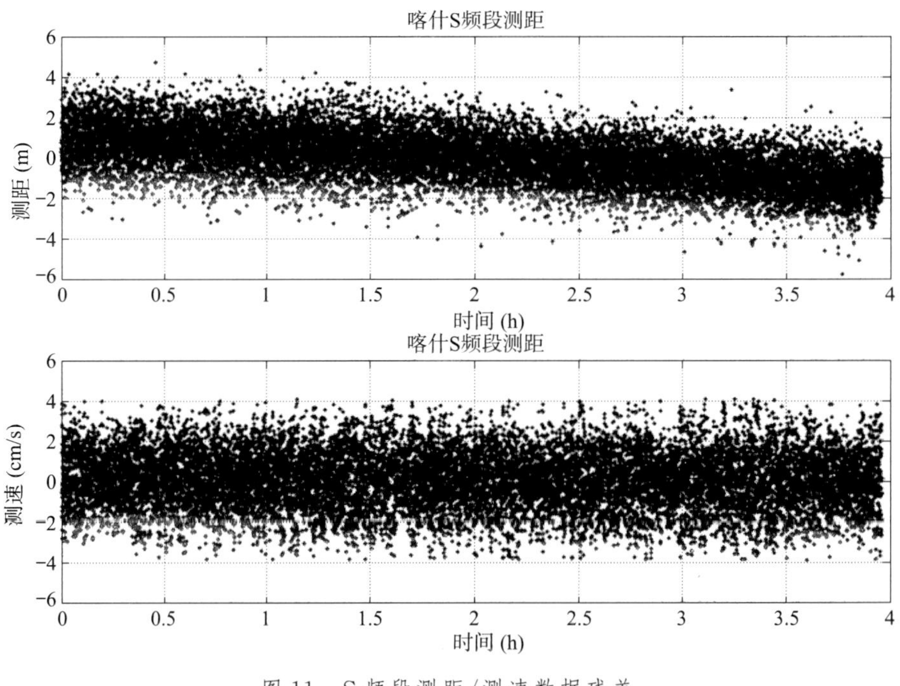

图 11　S 频段测距/测速数据残差

3.4 月球辐射噪声试验

图 12 给出的是一个月相周期（29.5 天）内月球噪声在 X 频段引起的测控设备接收信

噪比恶化值。可以看出，月球辐射噪声对测控系统的影响与月相变化的变化周期基本一致，且 X 频段月球辐射噪声影响随月相变化较为明显。当地面天线波束中心对准月球中心时，月球辐射噪声在 X 频段引起的接收信噪比恶化值在 1.6～2.7 dB 范围内变化；当地面天线波束中心指向月球边缘时，月球辐射噪声在 X 频段引起的接收信噪比恶化值在0.4～2.4 dB 范围内变化。

此次试验获得的数据和结果，为后续月球探测任务 X 频段测控链路性能分析和系统设计提供可靠的参考依据。

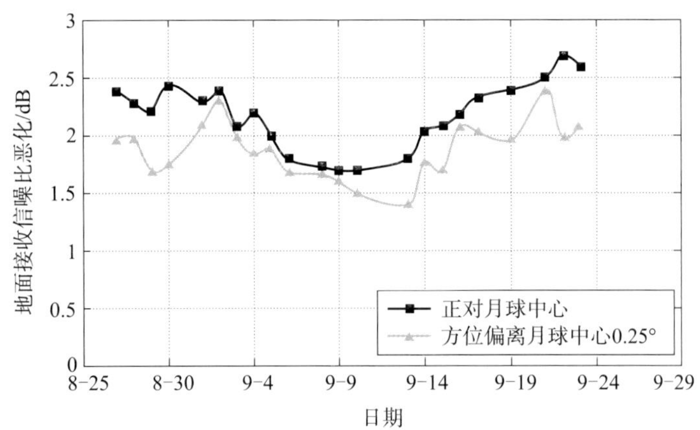

图 12　一个月相周期内地面测控站 X 频段接收信噪比恶化

表 5　X 频段与 S 频段测量数据残差比较（2010-10-04）

测量类型	X 频段	S 频段	说明
测距	1.3 m	2.5 m	X 频段为青岛站，S 频段为喀什站
测速	1 mm/s	1 cm/s	
时延	0.9 ns	2.3 ns	上海—北京基线
	0.9 ns	1.4 ns	上海—昆明基线
时延率	0.4ps/s	0.2ps/s	上海—北京基线
	0.4ps/s	0.6ps/s	上海—昆明基线

4　结论

通过嫦娥二号工程在轨技术试验，充分验证了在深空测控领域，采用更高的频段进行测控具有明显的优势。试验结果表明：在相同信噪比条件下，与 S 频段相比，X 频段测速精度由 cm 量级提高到 mm 量级；测距精度提高一倍；干涉测量时延精度提高一倍。X 频段月球辐射噪声影响随月相变化较为明显，月球辐射噪声引起的接收信噪比恶化值在 1.6～2.7 dB 范围内。X 频段测控技术在工程中的成功试验，为后续月球和深空探测任务将 X 频段作为主用工作频段奠定了坚实的技术基础。

参考文献

[1] Douglas J M. Uplink-Downlink: A History of the Deep Space Network 1957-1997. Washington DC: The NASA History Series National Aeronautics and Space Administration Office of External Relations, 2001.

[2] Catherine L T, James S B. Radiometric Tracking Techniques for Deep－Space Navigation. New York: John Wiley & Son Press, 2003. 19-21.

[3] ESA Publications Division. ECSS-E-50-02A Space Engineering-Ranging and Doppler Tracking. ESA ESTEC, P. O. Box 299 2200 AG Noordwijk. The Netherlands, 2005. 34.

[4] 陈芳允．卫星测控手册［M］. 北京：科学出版社，1992.

[5] 韩魁选，忻鼎勇，柴肇坤，等．微波统一测控系统设计导论［M］. 北京：国防工业出版社，1984.

[6] 郝万宏，董光亮，李海涛．无线电干涉测量在深空航天器导航中的应用［J］. 飞行器测控学报，2009，28：1-7.

[7] Berry D S, James S B. CCSDS Concept Paper: Delta-DOR. Jet Propulsion Laboratory, 2005.

[8] Border J S, Koukos J A. Technical Characteristics and Accuracy Capabilities of Delta Differential One-Way Ranging (Delta-DOR) as a Spacecraft Navigation Tool. In: Consultative Committee for Space Data Systems, Report of the Proceedings of the RF and Modulation Subpanel 1E Meeting at the German Space Operations Centre. CCSDS B20. 0-Y-1, 1994.

[9] CCSDS. Radio Frequency and Modulation Systems—Part 1: Earth Stations and Spacecraft. CCSDS 401. 0-B-21 BLUE BOOK, 2007.

[10] 吴伟仁，董光亮，李海涛，等．嫦娥二号工程月球辐射噪声影响研究［J］. 中国科学：信息科学，2011，41：903-911.

基于 ΔDOR 信号的高精度 VLBI 技术*

吴伟仁，王广利，节德刚，张秀忠，蒋栋荣

摘　要　在嫦娥二号（CE-2）工程中，我国首次开展了 X 波段 ΔDOR 测量实验，获取了 ΔDOR 信号的 VLBI 时延数据，并用于精密定轨。本文给出了 CE－2 中 ΔDOR 信号的 VLBI 测量与数据处理方法，结合我国 VLBI 测量系统对时延数据进行了误差分析及精密定轨分析。结果表明：ΔDOR 信号的 VLBI 时延精度优于 0.5 ns，比利用 S 波段信标的测量精度提高约一个数量级。本研究成果为后续的月球及深空探测高精度测定轨提供了重要的技术手段。

关键词　嫦娥二号；VLBI 技术；ΔDOR 测量；误差分析；航天器导航设备；信号处理

0　引言

在深空探测中，无线电测距、测速和干涉测量技术是实现探测器高精度导航定位的主要手段。在干涉测量技术中，由美国 20 世纪 70 年代首先提出的 ΔDOR（Delta-differential One-way Ranging）技术目前国际上广泛采用，比如，美国深空网、欧空局和日本航天局均利用了该技术。美国深空网 2001 年 ΔDOR 的 VLBI（Very Long Baseline Interferometry）时延测量精度已经达到 0.16 ns，欧空局在 2005 年对金星快车的 ΔDOR 测量中获得了 0.5 ns 的时延精度[1-6]。

我国的首次深空探测始于 2007 年 10 月发射的嫦娥一号月球探测卫星，并在 2010 年 10 月发射了 CE-2 卫星。在 CE-2 中导航定位测量由 USB（Unified S-Band）测距测速和 VLBI 技术共同完成。VLBI 系统通过测量卫星 S 波段下行遥测信标实现对卫星的时延、时延率测量。由于 S 波段信号带宽只有 1 MHz 左右，VLBI 时延测量精度约为 4 ns。相对于 ΔDOR 技术，在 S 波段信号的 VLBI 时延测量精度受到两方面的制约，一是带宽窄，二是波段频率低。而在 X 波段信号总带宽可达 40 MHz 在相同的信号相位测量精度下，其时延测量精度比 S 波段 1 MHz 带宽的信号提高近 40 倍；此外，ΔDOR 的测量频段为 X 频段，电离层对时延的影响约为 S 波段的 1/15。

* 中国科学：信息科学，2013，43（2）：12.

为了发展 ΔDOR 测量技术，使其尽快应用到我国的深空探测任务中，在 CE-2 任务中我国首次开展了 X 波段 ΔDOR 测控体制实验[7]，在实时任务期间和卫星在轨运行期间进行了多次测量。获得了 ΔDOR 信号 VLBI 时延数据，其精度优于 0.5 ns，比 S 波段提高约一个数量级。本文首次对此予以报告。

本文主要内容为：第 1 节主要介绍 CE-2 任务 ΔDOR 的 VLBI 系统，第 2 节结合我国 VLBI 测量网开展了 ΔDOR 的测量误差分析，第 3 节给出 ΔDOR 实验的实施情况以及数据处理方案、流程和处理结果，第 4 节给出结论。

1 CE-2 工程 ΔDOR 测量系统

1.1 ΔDOR 测量技术原理

ΔDOR 的基本原理如图 1 所示[2]。地面 VLBI 观测站通过对卫星（飞行器）及其临近的河外射电源的观测分别得到卫星和河外射电源的无线电信号到达地面两个观测站的时间差，然后用射电源的时间差（t^{QSR}）修正卫星的时间差（t^{SC}）。一般 t^{QSR} 要利用卫星观测前后的射电源观测结果内插或外推得到。所谓修正就是通过射电源观测得到台站设备系统（t_{inst}）、台站氢钟钟差（t_{clock}）、电离层（t_{ion}）和中性大气（t_{atm}）对时间差的综合影响，然后在卫星观测量中扣除。经过这些修正后的卫星时延观测量中包含了卫星位置或轨道信息，由公式（1）及其展开式（2）表示。

$$\Delta t = t^{SC} - t^{QSR} \tag{1}$$

$$\begin{aligned}\Delta t = &(\Delta t_{model}^{SC} - \Delta t_{model}^{QSR}) + (t_{model}^{SC} - t_{model}^{QSR}) + (t_{\varepsilon}^{SC} - t_{\varepsilon}^{QSR}) + (t_{clock}^{SC} - t_{clock}^{QSR}) \\ &+ (t_{inst}^{SC} - t_{inst}^{QSR}) + (t_{ion}^{SC} - t_{ion}^{QSR}) + (t_{atm}^{SC} - t_{atm}^{QSR})\end{aligned} \tag{2}$$

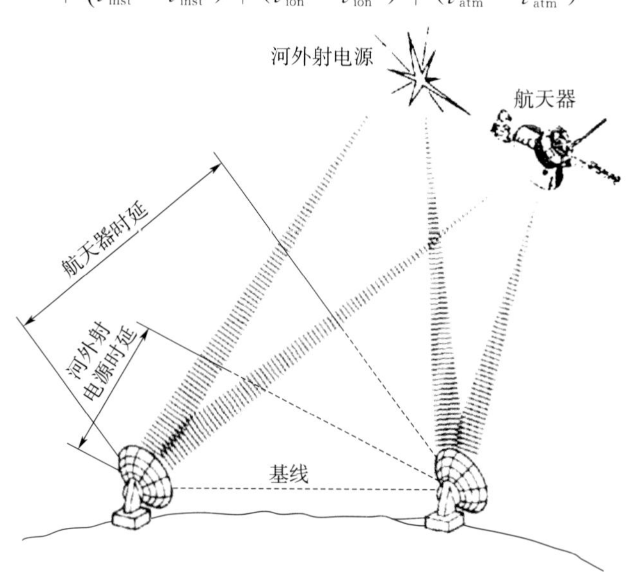

图 1　ΔDOR 测量的基本原理[2]

由于射电源和卫星一般不会同时观测，更不会在空间同时处于同一位置，因此式（2）中的最后 4 个较差项不会等于零，它们是 ΔDOR 技术中的主要误差源；通常河外射电源都是位置足够精确的目标，即 $\Delta t_{\text{model}}^{\text{QSR}}=0$，认为第 3 个较差项是观测的随机误差。因此 ΔDOR 观测量的主项为 $\Delta t_{\text{model}}^{\text{SC}}+t_{\text{model}}^{\text{SC}}-t_{\text{model}}^{\text{QSR}}$，而其他都是作为误差因素需要抑制或预先消除的。在 CE-2 的 ΔDOR 实验数据处理中为了适应定位定轨软件的需求，我们采用 $\Delta t_{\text{model}}^{\text{SC}}+t_{\text{model}}^{\text{SC}}$ 作为 Δ DOR 观测量。

为了进行 ΔDOR 测量，卫星发射一系列侧音信号（DOR 侧音）[8]，这些侧音信号的设计是基于相位模糊度的分辨、测量精度、卫星信号功率及深空跟踪的频率分配范围而定的。通常要求卫星 DOR 侧音要有足够大的分离带宽，以达到最佳测量精度；同时，为了消除台站观测设备误差以及传播介质对卫星 DOR 信号测量结果的影响，采用快速切换方式对临近的河外射电源观测。ΔDOR 测量的一个完整的周期由三段观测组成，按照射电源-卫星-射电源的观测顺序。每次观测持续时间可以是数秒到几分钟不等，取决于卫星信号强度、射电源强度、观测带宽、天线系统性能以及测量的精度要求。由卫星、射电源构成的这样的测量方式以及相应的数据处理方法被称为 ΔDOR 测量技术。

1.2 CE-2 工程 ΔDOR 测量实验系统设计

ΔDOR 实验中，我国 4 个 VLBI 台站参加了观测，分别是上海佘山站、北京密云站、云南昆明站和新疆乌鲁木齐站，4 台站观测数据通过网络传送到上海天文台的 VLBI 处理中心进行处理，见图 2。实时任务期间，VLBI 测量系统在总计 8 个信号记录通道中利用 4 个通道记录 ΔDOR 信号，分别是主载波信号 D0、两个二级侧音信号 DL2，DU2 和一个一级侧音信号 DU1，参见图 3（a）。另外 4 个通道分别记录两个 S 波段下行遥测信号和两个

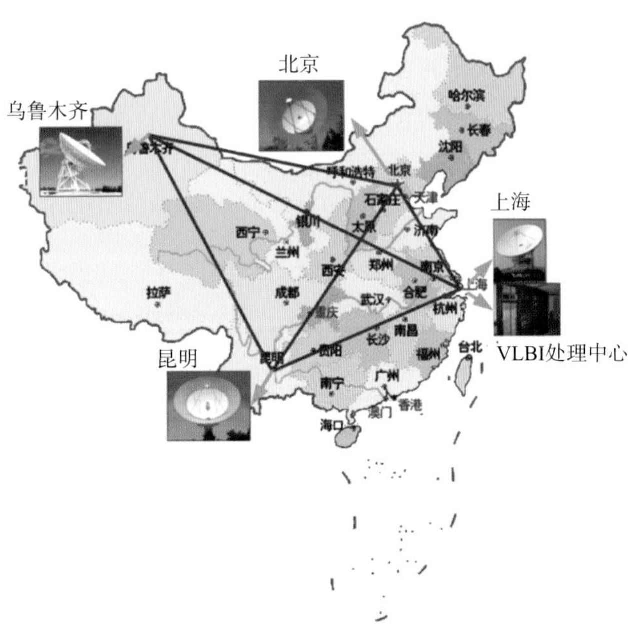

图 2　CE-2 ΔDOR 测量系统

VLBI 专用信标。VLBI 专用信标在 ΔDOR 实验期间不工作。在长期测定轨实验期间，5 个 ΔDOR 信号用 6 个通道记录，提供冗余检核，ΔDOR 信号记录通道设置参见图 3（b）。实时任务期间记录带宽为 2 MHz，1 bit 采样，长期测定轨实验期间记录带宽为 8 MHz，1 bit 采样。数据处理按照事后模式进行。

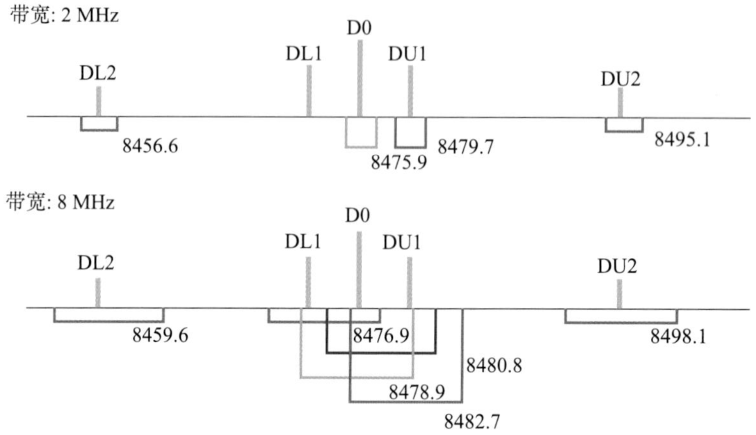

图 3　ΔDOR 实验 VLBI 观测记录通道设计

实验中卫星、射电源的切换观测时间为 5 min，卫星与射电源之间的角距为 2°到 15°之间，在射电源流量满足测量精度要求的前提下，优先选取最靠近卫星的射电源进行观测。图 4 显示了 2010 年 10 月 4 日实验期间候选射电源与 CE-2 卫星的位置分布情况，红色线条表示卫星在实验期间的运行轨迹，绿色点表示候选射电源，括号内为射电源流量。实际观测中选择最靠近卫星的 J1058＋0133 为参考射电源，其他观测日期的射电源按照相同的原则选择。在每次实验的观测开始和结束分别安排 30 min 左右的强射电源观测，用于精确消除各个信号记录通道间的设备相位差异。实验期间还同时观测了 CE-2 卫星 S 波段下行遥测信号，以进行两种观测结果的比较。

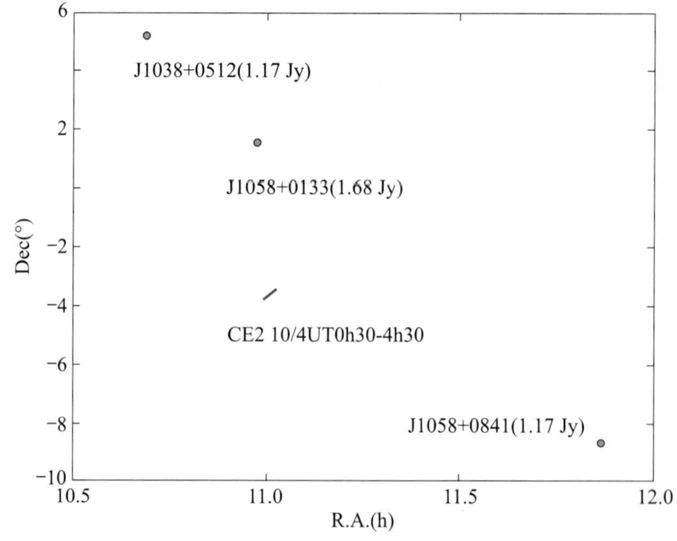

图 4　2010 年 10 月 4 日 CE-2 卫星在天球上的运动轨迹和候选射电源分布

2 CE-2 ΔDOR 信号干涉处理的误差分析

在 CE-2 ΔDOR 信号处理中采用射电源观测的残余时延修正卫星观测的残余时延，将经过修正后的卫星残余时延与卫星相关处理模型时延相加得到观测总时延。所谓残余时延是指相对于相关处理型时延的观测改正。时延率采用相同的处理模式。

ΔDOR 测量的精度极限由台站观测系统性能、卫星信标特性和射电源强度共同决定。基于 CE-2 的星地链路分析，以上海—乌鲁木齐基线为例，ΔDOR 的理论误差将优于 0.3 ns，射电源的理论误差为 0.5/0.2/0.1 ns（分别对应流量密度 1/2/4 Jy，积分时间 300 s）。因而不考虑其他误差因素时，ΔDOR 精度理论上好于 0.46/0.33/0.31ns，该估计按照卫星观测前后射电源内插线性修正模式得到。实际处理中由于其他误差因素的影响，ΔDOR 的总精度要更差一些。

以下的误差分析按照最大效应估计，并结合了 CE-2 实验的具体情况，并按照误差从大到小的顺序排列。

2.1 设备与介质传输误差

设备与介质传输误差是指台站观测系统与传播介质引起的误差，主要包括中性大气、接收设备引起的 ΔDOR 信号的相位抖动、电离层、台站时钟不稳定性等影响。

中性大气影响：不考虑映射函数模型因素，该效应与天顶时延模型精度有关，采用 CHAO 的映射函数，近似有如下关系

$$\sigma_t = \sigma_{\text{ztd}} \frac{\cos E}{1-\cos^2 E}\Delta\theta \tag{3}$$

式中，σ_{ztd} 为大气天顶时延误差，单位为纳秒（ns），E 为地平高度角，$\Delta\theta$ 为射电源与卫星的夹角，单位为弧度。如果天顶时延精度按照 90% 准确，典型值约 0.7 ns，$\Delta\theta=5^\circ$，$E=45^\circ$，则时延误差约为 0.1 ns；$E=20^\circ$ 时为 0.49 ns。假定两站有相同影响，则时延误差约有 1.4 倍的扩大因子。

接收设备引起的 DOR 相位抖动：该误差近似与 DOR 信号总带宽成反比

$$\sigma_t = \frac{\sqrt{2}\sigma_\varphi}{\Delta f} \tag{4}$$

σ_φ 为 DOR 相关相位误差，单位为周。对 2011 年 4 月 3 号上海—乌鲁木齐基线的 DOR 信号相位的分析表明，主载波及其侧音都在 1° 略大的水平，总带宽按 40 MHz 计算，则时延误差为 0.1 ns。

电离层影响：误差影响的公式比较复杂，可参考文献 [4]。这里引用其基于实测数据的经验公式

$$\sigma_t = \frac{(2.06+23.9\Delta\theta)\times 10^9}{f_c^2} \tag{5}$$

式中，f_c 为主载波频率，单位为 Hz。$\Delta\theta = 5°$ 和 $10°$ 时，时延误差分别为 0.06 ns 和 0.09 ns。

台站时钟不稳定性：该误差影响取决于射电源与卫星的交替观测时间，其关系为

$$\sigma_t = 2\sigma_{\text{clock}}\Delta T \tag{6}$$

上式假定同一基线有相同的时钟频率稳定性，σ_{clock} 为时钟稳定性。ΔT 为交替观测时间(s)。假定 σ_{clock} 为 10^{-13} 水平，300 s 交替观测，则时延影响为 0.06 ns。

2.2 模型与参数误差

模型与参数误差是由于天体测量、地球物理参数或模型不准确引起的误差，主要包括地球自转参数误差、台站位置误差以及影响台站坐标的各种潮汐模型、射电源位置误差以及射电源结构效应等。

地球自转参数误差：该误差实质上与台站位置误差有相同的影响方式，可表示为

$$\sigma_t = \frac{\sigma_{\text{EOP}}}{c}\Delta\theta \tag{7}$$

σ_{EOP} 是地球自转参数 UT1、极移的误差，按照地球半径转换为地表位移，以 cm 为单位。假定 UT1 有 0.5 ms 误差相当于赤道上 0.25 m 的位移，当 $\Delta\theta$ 为 5°和 10°，如果考虑到中国地理纬度因素，对应时延误差为 0.05 ns 和 0.1 ns。

台站位置误差：该误差主要与射电源和卫星的夹角有关，与基线长度近似无关，可表示为

$$\sigma_t = \frac{\sigma_{\text{pos}}}{c}\Delta\theta \tag{8}$$

c 为光速，cm/s，σ_{pos} 为台站位置误差，单位为 cm。假定 $\Delta\theta$ 为 5°，佘山、乌鲁木齐两个台站的位置误差 1 cm，则 σ_t 约 0.003 ns，密云、昆明站误差 10 cm，则 σ_t 约 0.03 ns；$\Delta\theta=10°$，则对应误差扩大 2 倍。如果考虑两个台站的位置误差的综合影响，可以按照协方差传播律计算，即

$$\sigma_t = \frac{\sqrt{\sigma_{\text{pos1}}^2 + \sigma_{\text{pos2}}^2}}{c}\Delta\theta \tag{9}$$

射电源位置与结构误差：基于 ΔDOR 的测量实质，射电源位置误差将引起卫星位置的 1∶1 的影响，估算公式为

$$\sigma_t = \frac{b}{c}\sigma_\theta \tag{10}$$

b 基线长度，单位 cm，σ_θ 射电源位置误差，单位弧度。对 3 000 km 基线，1 mas 射电源位置误差，则时延误差为 0.05 ns。

射电源结构的影响机制要复杂些。就目前观测的所有射电源来看，最大结构在毫角秒水平，考虑不同基线的瞬间空间投影，结构误差在毫角秒水平上可以不必考虑。

综合以上误差分析，表 1 给出了各项误差的最大影响。表中总误差的计算主要受到卫星、射电源观测高度角以及卫星与射电源间的角距，还有 ΔDOR 基础测量误差这几个方面

的影响，其变化范围可以从不 0.5 ns 到几个 ns。当卫星、射电源观测高度角降低时观测误差将急剧增大，比如，在观测高度角接近 10°时，时延总误差将达到 ns 水平，这主要是由于中性大气的影响。

表 1　CE-2 ΔDOR 实验误差估计

项	误差（ns）		
	5°*		10°*
本底噪声	0.3～0.5		
对流层**	0.10		0.20
仪器相位波纹		0.10	
电离层	0.06		0.09
时钟不稳定性		0.06	
地球方向	0.05		0.10
观测站位置	0.04		0.08
射电源的位置和结构		0.05	
和的平方根	0.50		0.60

*：卫星与射电源间的角距

**：假设仰角 45°

3 CE-2 ΔDOR 干涉实验

3.1 实验概况

在 CE-2 卫星的地月转移段和环月飞行段，VLBI 测量系统进行了多次 ΔDOR 实验观测，主要集中在 2010 年 10 月和 2011 年 4 月。在实验期间我国 4 个 VLBI 台站中只要有 2 个以上台站的卫星高度角大于 10°即进行观测，按照五分钟射电源—五分钟卫星的交替顺序进行。实验期间总共进行了 23 次 ΔDOR 观测，中实时任务期间观测了 5 次，长管任务期间观测了 18 次。在 VLBI 观测期间 X 频段测距测速实验同时进行，并利用 X 频段的测距测速数据和 ΔDOR 数据进行综合定轨实验分析。X 频段测距测速实验由位于青岛和喀什的两套 18 m X 频段测量设备进行。

3.2 ΔDOR 测量实验数据处理

ΔDOR 观测数据处理流程见图 5 所示。4 个 VLBI 台站的观测数据通过网络传送到 VLBI 数据处理中心进行相关处理；相关后处理利用相关处理输出的互相关数据，通过条纹拟合和带宽综合算法，分别计算卫星和射电源的时延、时延率，经过传播介质误差修正后，得到不含有中性大气和电离层影响的时延、时延率观测量，再利用射电源的观测时延、时延率修正卫星时延、时延率；最后利用修正后的卫星时延、时延率进行 CE-2 卫星的定轨定位分析。

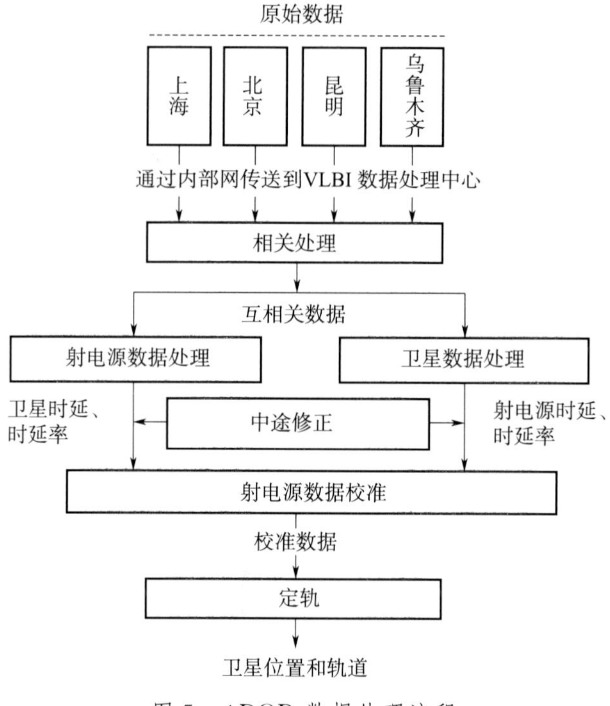

图 5　ΔDOR 数据处理流程

在进行相关处理时，对 2MHz 带宽观测的卫星 DOR 信号，相关处理的频率通道数为 1 024，对 8 MHz，为 4 096；两种情况下射电源信号的频率通道数都为 64，积分时间为 1.048 576 s。射电源的处理采用每个观测弧段内连续积分模式，卫星以分钟为单位处理。在相关后处理中，卫星信号按照 5 个积分单位（5×1.048 576 s）处理。约每 5 s 积分提取单个通道的 DOR 信号相位，经过相位校准源观测数据进行通道间相位对齐，计算 DOR 时延和 DOR 主载波通道的时延和相位时延率。射电源按照 5 min 积分计算带宽综合时延和时延率。卫星的 DOR 时延和时延率利用观测前后各 5 min 的射电源带宽综合时延、时延率线性内插到 DOR 信号处理时刻进行修正。采用经过临近射电源观测校准的主载波通道时延作为参考消除 ΔDOR 时延的模糊度。

在 ΔDOR 数据处理中卫星 ΔDOR 时延模糊度的消除以及在带宽综合时不同信号记录通道间设备的相位修正是影响 ΔDOR 时延计算的关键因素。

ΔDOR 时延模糊度的消除　由于预报轨道的误差，ΔDOR 信号相位中可能存在相位模糊度。为了消除相位模糊度需要用无模糊度的群时延数据作参考。

实验期间有 2 种 VLBI 时延可以作为解算 ΔDOR 相位模糊度的参考。一种是 X 波段 ΔDOR 主载波附近数百 kHz 的群时延结果，由于信号功率较小，其精度约为 20 ns。利用主载波时延外推到 3.8 MHz 处，20 ns 的不确定性相当±0.08 周（±27.4°），没有模糊度的问题，然后利用 3.8 MHz 信号测量得到的时延，外推到 19.2 MHz，基本可以确定该点频处的相位模糊度，即使考虑到仪器时延校正的误差，基本不会产生大的问题。在初轨存在大的误差情况下，还可以利用 500 kHz 处的测距信号解决相位模糊度的问题。实验中 S

波段的时延测量结果也可以用来检验时延模糊度消除的准确性。实际计算中我们综合多种手段确定 ΔDOR 时延的模糊度。

通道相位对齐 由于 ΔDOR 信号记录在不同的设备通道，而不同设备通道对信号相位的影响各不相同，可以利用台站的相位校正信号（PCAL）相位进行修正，也可以利用射电源观测进行修正。在卫星观测中，我们采用射电源观测进行相位修正。用来进行修正的射电源必须足够强，以最大限度地降低对 ΔDOR 带来的附加误差影响，每次 ΔDOR 观测前后进行 30 min 左右的强射电源观测就是用于此目的。

3.3 ΔDOR 测量数据处理结果分析

图 6 显示了 2011 年 4 月 11 日观测（观测代码：s1411a）的处理结果。图 6（a）为 6 条基线的残余时延。“S”，“B”，“K”，“U”分别代表佘山、密云、昆明、乌鲁木齐站。红色是 ΔDOR 残余时延，蓝色为 ΔDOR 主载波时延。二者的处理方式相同，都采用临近射电源内插方式。因而传播介质及观测系统的误差都得到了比较好的修正，两者之间不存在明显的系统性偏差；但 ΔDOR 的时延弥散度明显要好很多。图 6（b）是残余时延的精度，ΔDOR 的精度比较高且相对平稳，主载波通道的时延受到 DOR 信号的时变影响，精度比较差，起伏也大。

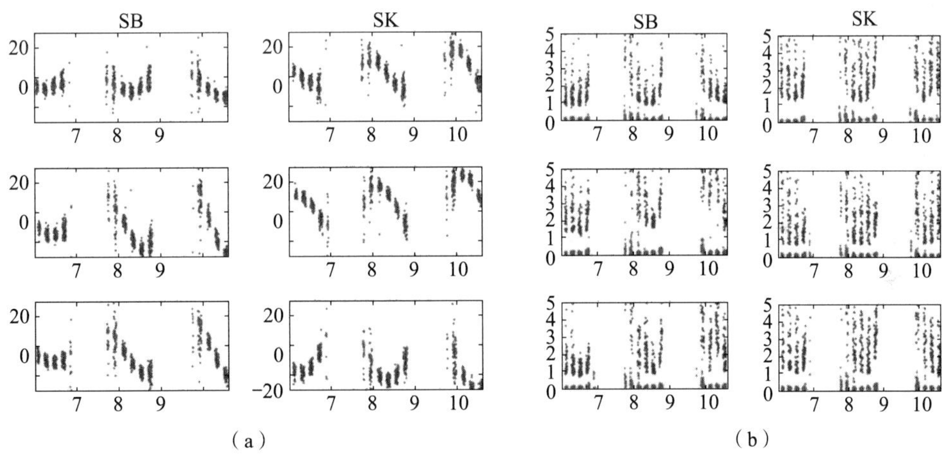

图 6 2011 年 4 月 11 日（s1411a）CE-2 卫星 ΔDOR 处理结果。(a) ΔDOR 观测残余时延，纵坐标为残余时延（ns）；(b) 残余时延精度（ns），图中横坐标 UTC 小时，红色为 ΔDOR 时延或精度蓝色为 DOR 主载波通道时延或精度

我们对整个 ΔDOR 实验任务期间的全部观测数据进行了统计。图 7 是 6 条基线 ΔDOR 精度的分布情况。图中横坐标是时延精度，0.25 ns 间隔，纵坐标是不同精度分布占全部观测数据的百分比。在 2 ns 附近的分布异常主要是由于 2011 年 4 月 6 日的部分数据异常造成。作为对比，我们也给出了实验任务期间的 S 波段数据测量精度分布，见图 8。由图 7 和图 8 可见，ΔDOR 的时延精度明显要优于 S 波段。

我们利用 2010 年 10 月 3 日（任务代码 s0a03a）实时任务期间的 ΔDOR 实验的定轨分析进一步比较 ΔDOR 与 S 波段下行遥测信号的结果差异。s0a03a 实验弧段为奔月段，

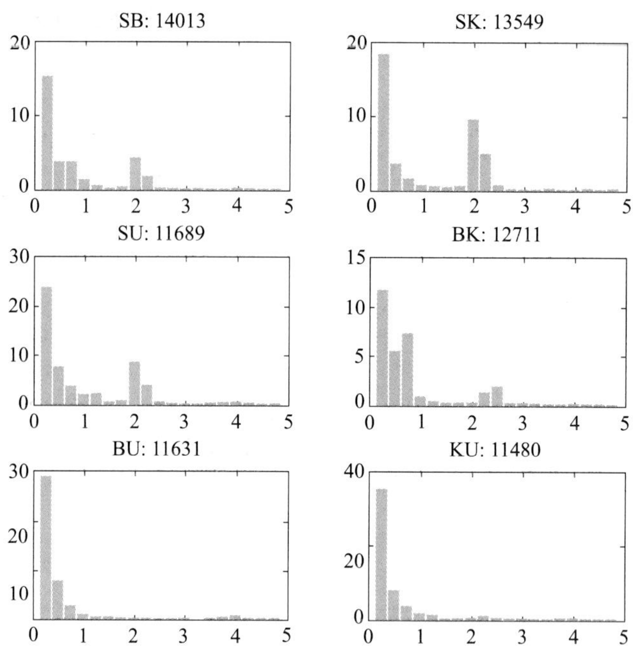

图 7 ΔDOR 观测数据精度统计，包括实时和事后的全部 ΔDOR 数据，按照基线划分。图中横坐标是时延精度，间隔为 0.25 ns，纵坐标是不同精度区间占全部观测数据点的百分比，每个小图上部的数字表示基线总的时延观测数

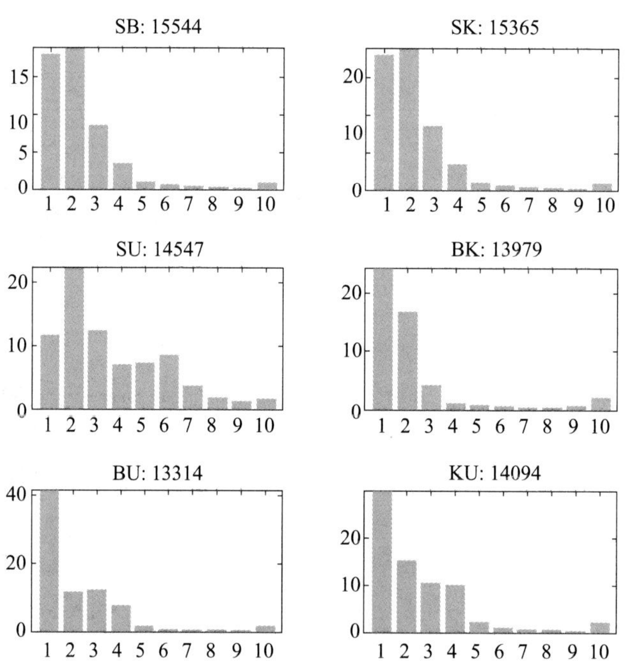

图 8 ΔDOR 观测期间 S 波段数据的精度统计，包括实时和事后的全部 ΔDOR 数据，按照基线划分，图中横坐标是时延精度，1ns 间隔。纵坐标是不同精度区间占全部观测数据点的百分比，每个小图上部的数字表示基线总的时延观测数，10 ns 精度的百分比包括所有大于 10 ns 的数据

获得的 ΔDOR 数据长度为 4 h。在 ΔDOR 实验弧段内，分别利用 VLBI 事后 S 波段数据和 ΔDOR 数据联合 S 波段测距数据进行定轨，定轨后残差统计见图 9 从观测数据质量分析，S 波段时延（蓝色）数据噪声水平为 1～2 ns，而 ΔDOR 时延（红色）噪声优于 0.1 ns，提高了一个量级；S 波段时延数据存在明显的系统差，而 ΔDOR 时延数据基本不存在系统差。从定轨拟合残差分析，ΔDOR 实验数据相较 S 波段数据在时延精度上有量级上的提高，拟合后残差约 0.42 ns。

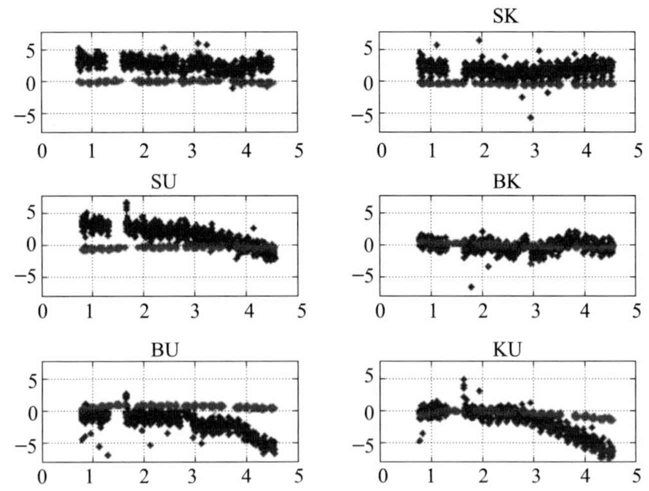

图 9　2010 年 10 月 3 日 ΔDOR 实验定轨残差，横坐标为时间，单位：小时，纵坐标是定轨后的时延残差（ns），蓝色表示 S 波段实时数据，红色表示 DOR 数据

4　结论

本文阐述了 ΔDOR 技术在我国 CE-2 工程 X 频段测控体制实验期间的观测方案设计以及数据处理方法，并结合我国的 VLBI 观测网以及 CE-2 卫星的信标特性和数据处理方案，对 ΔDOR 处理中的误差源进行了深入的分析。ΔDOR 测量的观测实施、数据处理结果以及定轨分析表明：

1）ΔDOR 测量结果的形式精度比 S 波段下行遥测信号的时延精度高一个量级，并可大幅降低系统误差，误差源分析结果与实际观测结果基本一致，充分显示了 ΔDOR 测量的技术优势。

2）ΔDOR 观测和数据处理方案正确合理，为我国将来的深空探测任务中采用该技术积累了重要经验。经过进一步优化完善后，可满足高精度的测定轨和科学研究需求。

参 考 文 献

[1]　Von Roos O H. Analysis of Dual-Frequency Calibration for Spacecraft VLBI. JPL Technical Report VI：32-5126. 1971.

[2] Border J S, Donivan F F, Finley S G, et al. Determining spacecraft angular position with delta VLBI. In: AIAA/AAS Astrodynamics Conference, Santiego, 1982.

[3] Antreasian P G, Baird T D, Border J S, et al. 2001 Mars Odyssey orbit determination during interplanetary cruise. In: AIAA/AAS Astrodynamics Specialist Conference and Exhibit, Monterey, 2002. 1-10.

[4] Ruggier C J. Delta diffrential one-way ranging. DSMS Telecommunications Link Design Handbook, JPL TR archive. 2004. http://public. ccsds. org/publications/archive/506x0m1. pdf

[5] Lanyi A, Border J, Benson J, et al. Determination of angular separation between spacecraft and quasars with the very long baseline. IPN Progress Report 42-162. 2005.

[6] Madd`e R, Morley T, Abell'o R. Delta-DOR: A new technique for ESA's deep space navigation. ESA Bull, 2006, 128. www. esa. int.

[7] 吴伟仁，黄磊，节德刚，等．嫦娥二号工程 X 频段测控通信系统设计与实验 [J]. 中国科学：信息科学，2011，41：1171-1183.

[8] CCSDS Secretariat. Delta-DOR Operations. Red Book (Draft). 2009. http://standards. gsfc. nasa. gov/reviews/ccsds/ccsds-506. 0-r-1/ccsds-506. 0-r-1. pdf

High-accuracy VLBI technique using ΔDOR signals

WU Weiren, WANG Guangli, JIE Degang, ZHANG Xiuzhong, JIANG Dongrong

Abstract During the Chinese Lunar Project Chang'E-2 mission, a series of experiments on ΔDOR (delta differential one-way ranging) technology was carried out over a two week period starting on April 2, 2011. ΔDOR technology was first adopted in China deep space navigation, and the ΔDOR delay observables were obtained and used for orbit determination. In this paper, we introduce the ΔDOR observing technology, including the ΔDOR measurement principles. We also discuss the experiment design, the rules for selecting the calibration quasars, the switching time choice, the signal recording setup for the channels, the ΔDOR data processing method implemented in the software, and our analysis of the error sources of the ΔDOR delay and its contribution to orbit determination based on the characteristics of the Chinese VLBI network. Through these analyses and verification studies on the orbit determination from the satellite orbits in the CE-1 and CE-2 missions, we conclude that the accuracy of the ΔDOR delay is about 0.5 ns, an improvement of about one order of magnitude compared with that from S-band telemetry signals of less than 1 MHz. This study presents an important technique for high precision orbit determination of lunar and deep space explorations.

Keywords CE-2; VLBI; ΔDOR; error analysis; spacecraft navigation aids; signal processing

喷泉码的遥测抗闪断技术应用研究*

吴伟仁，林一，节德刚，谌明

摘　要　喷泉码具有恢复闪断数据的能力，可以有效改善火箭导弹遥测系统可能出现的接收信号起伏大、甚至闪断的问题。本文提出了一种喷泉码级联技术的物理层应用方案，重点研究了喷泉码与TPC级联过程中的关键技术问题，分析了系统的误码和丢帧性能，并进行了原理样机的试验验证。实测数据表明，在信道闪断概率低于10%的条件下，采用LT+TPC级联编码的PCM-FM遥测系统，其数据恢复能力可提高至99.5%以上。

关键词　喷泉码；LT+TPC级联；遥测

0　引言

在火箭、导弹等飞行器飞行的某些特殊时段，由于受到飞行器姿态改变或外部环境因素的干扰，使得遥测系统受到一定的影响，可能会导致这些关键时段的遥测信号闪断甚至丢失。为了可靠获取这些特殊时段的遥测数据，遥测系统自身采取了相应的冗余设计方法[1,2]。

通常采用存储器技术来辅助获取特殊时段的遥测数据。存储器技术的应用受到以下因素制约[3]：首先，由于环境恶劣等因素影响，无法保证存储器的可靠回收；其次，平行延时存储器仅单次传输，当回传数据发生信号失锁，则无法可靠获得遥测参数；第三，快记慢发存储器存满后循环传送，虽然可以保证数据的可靠获得，但是传输占用的波道较多，传输效率较低。基于以上因素，亟需采用一种效率较高的、可靠的传输方法来保证遥测系统在特殊时段的遥测传输需求。

喷泉码（Fountain Code）技术是一种针对数据不连续的恢复处理技术[4]。这种编码可以由原始数据生成任意长度的码字，接收端只要接收到一定比例的编码数据就能够以高概率恢复出全部原始数据。将喷泉码技术应用于遥测系统中，首先可以提高特殊时段数据的获取量；若将其与存储器技术结合在一起，仅增加了部分编码冗余的条件下，可以大大提高传输效率，减小遥测系统的冗余量设计要求。

* 宇航学报，2013，34（1）：6.

目前，对喷泉码的研究大多集中在网络层等上层协议，用以解决不可靠的单播、组播等网络数据传输，而在基带物理层的应用受到使用条件、资源消耗等因素的制约而较少涉及。喷泉码在物理层应用的关键问题之一就是要克服物理层信道中的噪声和干扰。由于喷泉码的特点在于恢复离散数据而非获取信道编码增益，这种编码对数据符号中的误码十分敏感，即使少量误码也可能会引起大量的错误传播，因此，必须将纠错性能良好的传统编码与喷泉码级联，以达到同时获取信道增益和恢复闪断数据的目的。文献［5］提到了喷泉码与低密度奇偶校验码（LDPC）的级联方案，但其性能分析仅基于软件仿真结果，并没有考虑级联过程中的具体细节。

Turbo 乘积码（TPC）是一种简单灵活的线性分组乘积码，其编码增益接近香农极限，易于工程实现，并且其在 PCM-FM 遥测系统中具有一定的应用基础[6]；Luby Transform（LT）码作为喷泉码的第一个实现码型[7]，具有简单的编译码方法和较小的译码开销[7-9]。基于此，本文提出了一种物理层的 LT 码与 TPC 码的级联方案，重点讨论了级联方案在应用过程中的关键技术问题，并给出了具体可行的解决方案。

本文首先介绍了遥测系统试验系统情况，其次重点讨论了两种码型级联过程中内码校验、误码消除、符号同步等关键技术问题，研制了基于 LT＋TPC 级联码的调频遥测原理样机，并在链路性能不稳定、存在信号闪断的遥测链路中，对级联方案的误码和丢帧性能进行了试验验证。

1 系统组成

基于级联码结构的遥测系统组成如图 1 所示。级联码采用 TPC 作为内码、喷泉码作为外码。

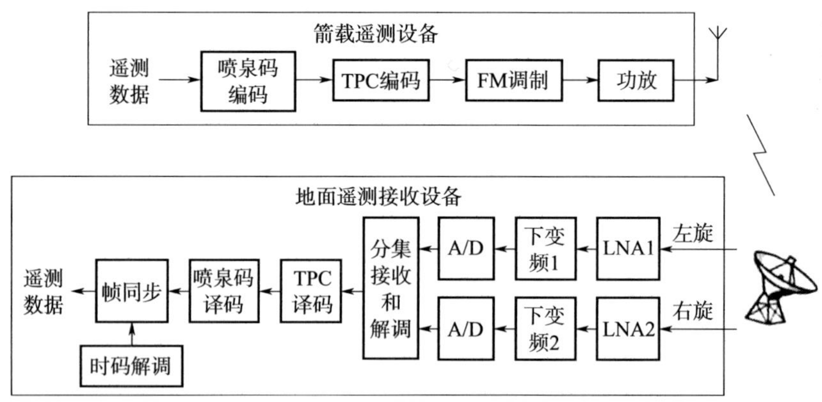

图 1 遥测系统组成框图

遥测系统由箭载遥测设备和地面遥测接收设备组成。箭载设备进行喷泉码与 TPC 的级联编码，FM 调制后经天线发射；地面接收设备分别接收左、右旋信号，经过低噪声放大器（LNA）、下变频和 A/D 采样后，完成分集接收和解调以及 TPC、喷泉码译码处理，最终恢复数据。

2 喷泉码与 TPC 级联方案

图 1 所示框图中内码 TPC 编译码器和信道可以看作是一个广义的等效删除信道，但对于喷泉码来说仍然不是理想的删除信道，因此需要在内外码译码器之间采用一定措施进行误码消除，相当于对信号进一步主动丢弃，理想情况下直至输出到喷泉码译码器的数据“零差错”。

下面分别介绍喷泉码与 TPC 级联过程中需要解决的内码校验、误码消除以及符号同步等技术问题。

2.1 内码校验原理

前文介绍了内码编译码器与信道共同组成广义删除信道，要求内码译码器输出的数据逼近“零差错”。虽然 TPC 码的性能接近香农极限，但不可能实现误码率为 0，因此首先必须找出译码后仍存在误码的码块，再对其采取处理措施，这就需要采用适当的校验措施对内码码块进行检验。

TPC 码的结构不同于汉明码、LDPC 码等普通的线性分组码，其不存在校验矩阵，不能利用校验矩阵对码字进行校验。因此本文结合 TPC 码自身结构和译码方法，提出一种适合 TPC 码的综合校验方法。

TPC 码是一种二维（或者多维）线性分组乘积码[10,11]，其码型结构如图 2 所示。TPC 码块在行列上都构成独立的线性分组码，无论是扩展汉明码或奇偶校验码，都具有相应的校验位，可以利用其校验规则分别对 TPC 码的每行每列码字进行校验。同时，TPC 码的译码方法也是分别进行行列分量码的迭代译码，因此可以采用译码、校验联合算法，有以下两种形式：

行译码→列译码→行译码→…→列译码→行校验

列译码→行译码→列译码→…→行译码→列校验

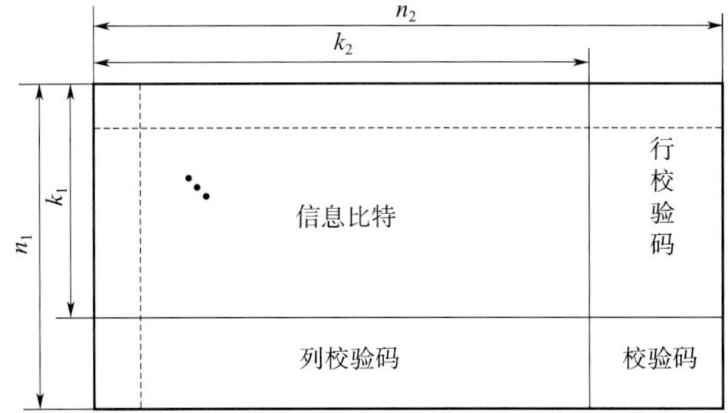

图 2　TPC 码的码型结构

若所有行（或列）分量码的校验结果均正确时，可以认为该 TPC 码块译码正确；否则，其中任一行（或列）校验错误，则认为该 TPC 码块中存在误码。数据进入喷泉码译码器前需要对这种有误码块进行处理。当然，这种 TPC 码校验方法也存在一定的漏检概率，但是该方法已经大大降低了喷泉码的错误传播效应，第 3 节对其检错性能进行了仿真和分析。

2.2 误码消除算法

经过内码校验可以将大部分误码块检出，但是不排除仍由误码混入的可能性。由于 LT 码译码时仅需要一定比例的冗余符号就可以恢复原始数据，因此为了进一步提高输入 LT 译码器符号的正确性，可以继续舍弃接收的冗余符号，直至满足 LT 译码所需的最低冗余量。

考虑到 TPC 码采用软译码算法，译码输出结果同时包括硬信息和软信息，软信息表示符号的概率信息，也就是说软信息的幅值越大，其判决为硬信息的概率越高，可靠性也就越大。因此可以根据内码输出符号的软信息大小作为 LT 译码器输入符号的可靠性依据。

图 3 示意了输入符号可靠性统计的过程，其具体实施步骤如下：

(1) 对输入 LT 译码器的一帧数据的软信息按幅值大小进行统计；

(2) 根据累积统计值、预设的比例参数以及最低门限值参数来确定幅值门限；

(3) 舍弃所有幅值低于门限值的输入符号，并设定相应的标志符号。

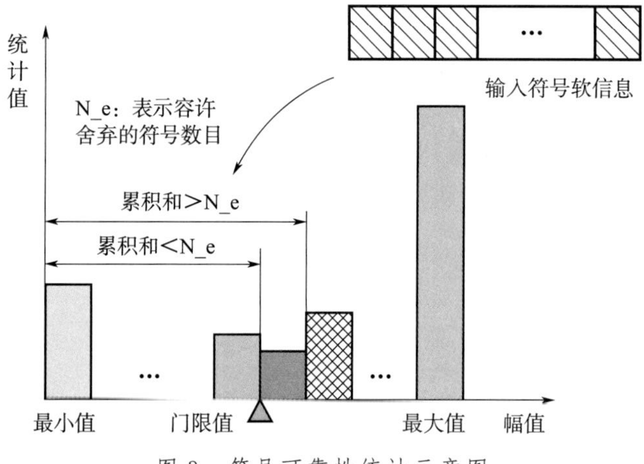

图 3　符号可靠性统计示意图

2.3 符号同步方法

传统插入帧同步码组的同步方式不适合闪断信道下的数据传输，因为如果信道闪断恰恰发生在帧同步码组的位置，则可能会导致整个数据帧的丢失。本文采用一种新的符号同步方法，将若干个同步标志插入数据帧中，即使丢失了部分同步标志，也可以根据保留下来的部分同步标志重组帧结构。

同步标志插入数据帧的过程示意图如图 4 所示。外码喷泉码采用新的符号同步方式，将外码同步标志插入外码码组中，并作为内码信息一同参与内码 TPC 码编码；而内码仍采用传统帧同步码组方式进行同步。

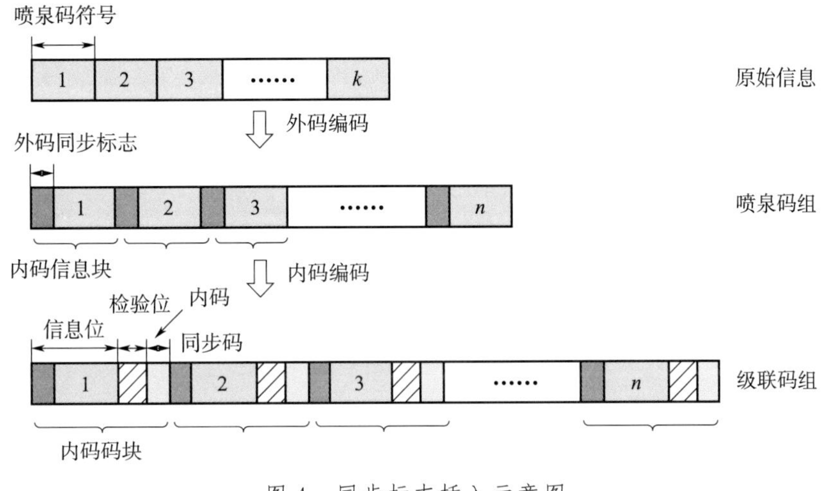

图 4　同步标志插入示意图

3 仿真分析

本节对 TPC 校验前后的误码率和误帧率进行了仿真，并分析了校验模块的漏检概率。

本方案采用内码 TPC 的参数如下：(57，64)^{2}TPC 码，信息长度为 3 249 bit，编码长度为 4 096 bit，编码效率约为 0.793。

图 5 对内码 TPC 校验对数据误码率和误帧率的影响进行了仿真。从图中可以看出，经过内码校验后，数据误码率和误帧率都有显著的下降，但是随着信噪比的增大，校验后

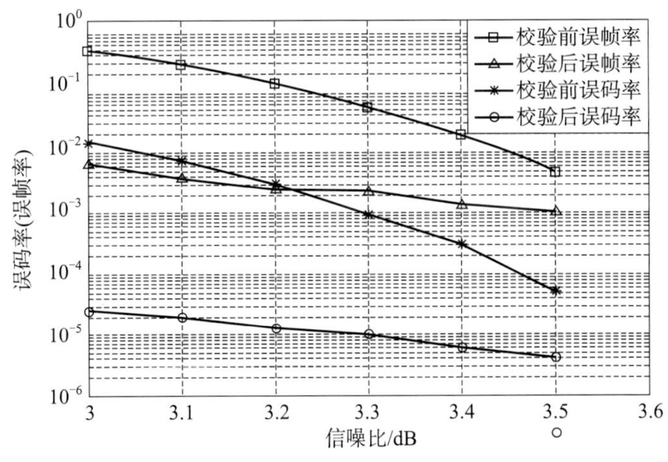

图 5　TPC 码校验前后的误码/误帧性能

的误码率和误帧率曲线的变化趋势逐渐变缓，可以预测随着横坐标信噪比范围的进一步扩大，校验前后的误码率或误帧率曲线应该越来越接近甚至重合。因此可以得出，内码校验所带来的性能优势在低信噪比区域表现的更加突出，在信噪比低于 3.2 dB 的范围内，校验后的误帧率甚至优于校验前的误码率性能（两条曲线有交叉），而随着信噪比的进一步提高，TPC 码本身就可以达到较好的性能，因此校验的作用也相对减弱。

根据误帧率图线可以分析得出，经过内码校验后数据误帧率基本稳定在 10^{-3}左右，也就是说经过校验模块后仅有 0.1%的包含误码的数据帧没有被校验出，这也直接证明了采取误码消除措施的必要性。

4 试验验证

本节对研制的基于喷泉码技术的 PCM-FM 遥测原理样机进行闭环测试，试验系统采用射频数据源有线连接，闪断信道模型采用软件模拟，直接作用于数据源。其系统框图如图 6 所示。

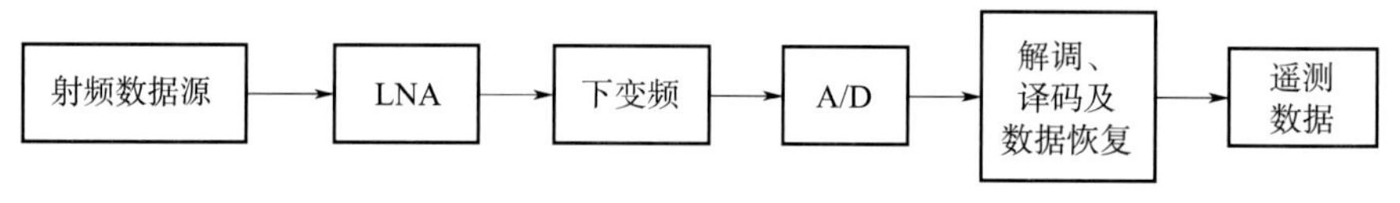

图 6　试验系统连接框图

试验分别对未编码、TPC 码及 LT＋TPC 级联码三种方式的 PCM-FM 遥测系统进行功能和性能测试。试验主要考察 LT＋TPC 级联码在闪断信道下的数据恢复能力（丢帧率）以及误码率性能，实测数据见图 7、图 8 和图 9。试验采用 1 Mbit/s 原始数据率。

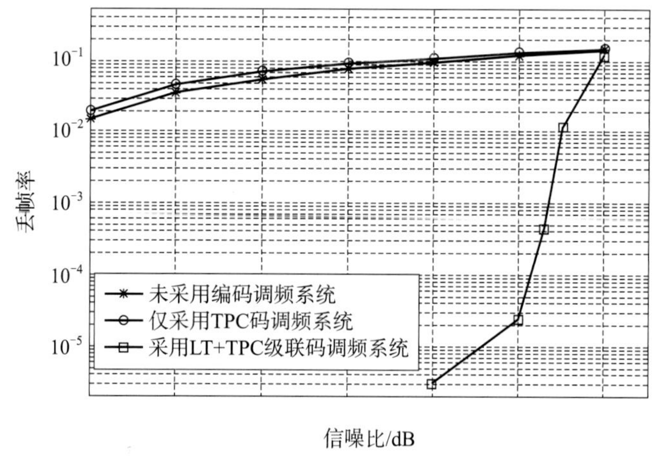

图 7　三种调频系统的丢帧性能

本方案采用 LT 码参数如下：信息长度为 8 000 符号，编码冗余为 1.5 倍，编码长度为 12 000 符号，符号长度为 32 bit，根据原始数据率可推出 LT 码数据帧周期为 250 ms 左右。该 LT 码的设计最低接收门限为 1.2～1.3 倍冗余信息（即接收最低数据量为9 600～10 400 符号），也就是说其抵抗闪断的门限上限为 1 600～2 400 符号，根据本试验设定数据率可推出该 LT 码抗闪断的持续时间为 50～70 ms 左右。根据方案采用 LT 码帧周期和抗闪断持续时间来确定试验中闪断信道的参数。信道的闪断周期采用 500 ms（2 帧 LT 码长度），闪断持续时间的测试上限设为 70 ms，将闪断持续时间和闪断周期的比值定义为闪断概率，本试验条件下闪断概率的测试上限为 14%左右。

首先考察在不稳定的闪断信道条件下，三种调频系统原理样机的数据恢复能力，如图 7 所示，信道只模拟闪断不含噪声。纵坐标表示丢帧率，其数据越小说明数据恢复能力越强，横坐标表示信道闪断概率，横坐标范围根据前文闪断周期和闪断持续时间参数取值可以确定。

由图 7 可知，通过三种调频系统丢帧率性能对比可以看出，在闪断概率为 10%左右时，未编码和仅采用 TPC 的调频系统丢帧率约为 10^{-1}，而采用 LT+TPC 级联码调频系统丢帧率可以降低到 10^{-5}以下；而随着闪断概率的增大，其丢帧率逐渐增大，直至无法恢复数据。

从而得出结论，级联方案的性能与闪断概率的大小有直接关系。当闪断概率在喷泉码的闪断门限范围内时（对于本系统采用的 LT 码型而言，门限范围为低于 10%闪断概率），系统的丢帧率在很低的水平，可以认为恢复了闪断的数据；然而一旦闪断概率超出了闪断门限范围，系统丢帧率性能迅速恶化，甚至完全无法恢复闪断的数据。而闪断门限是由喷泉码的设计能力决定的，若使级联码系统在更高的闪断概率下工作，需增加编码冗余度来提高 LT 码的抗闪断能力，理论上讲，只要提高编码冗余度就可以提高 LT 码闪断门限（甚至逼近 1），但实际应用中受带宽、复杂度和成本等因素的制约，不可能使冗余度无限增加，因此需要根据任务信道的闪断情况来设计满足要求的喷泉码。

其次考察噪声环境下，三种调频系统原理样机的误码性能，信道模型采用传统高斯白噪声信道，信道不含闪断，如图 8 所示。误码率的考察范围为遥测系统常用的 10^{-3}～10^{-6}，据此确定横坐标信噪比范围。

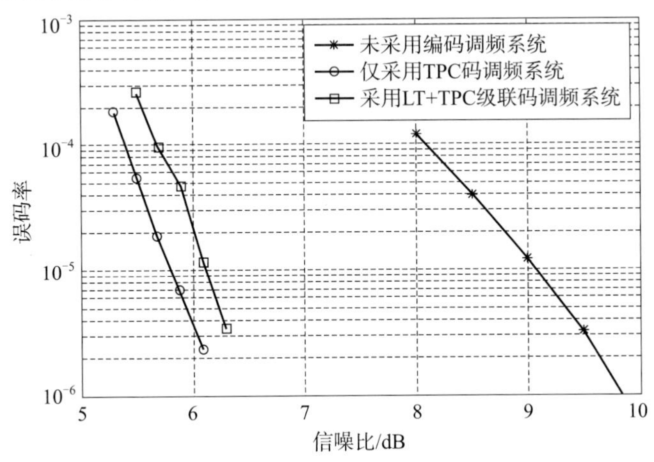

图 8　三种调频系统的误码性能

由图 8 可知，通过三种调频系统误码率性能的对比，采用 TPC 码与未编码相比在误码率为 1×10^{-5}时可以获得 3.3 dB 增益；而级联 LT 码后，由于编码效率的降低会引起信道增益的部分损失，损失量与 LT 码的编码效率有关。

再次，考虑在噪声和闪断并存的信道环境中，仅采用 TPC 码的调频系统和采用 LT＋TPC 级联的调频系统的综合性能，如图 9 所示。纵坐标分别表示丢帧率和误码率，横坐标表示信噪比，其范围根据纵坐标范围确定，闪断信道条件根据前文试验结果，采用 10%左右的闪断概率。

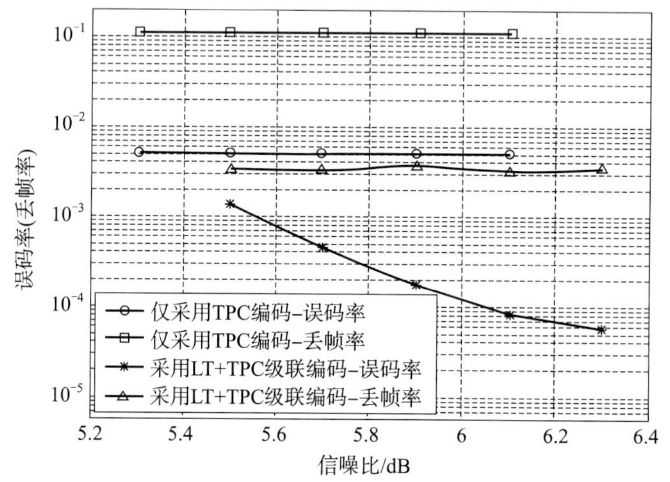

图 9　TPC 与 LT＋TPC 调频系统的误码率/丢帧率性能对比

由图 9 可知，仅采用 TPC 码的调频系统在闪断信道环境下，信号闪断是影响其性能的主导因素其，误码率几乎不随信噪比的变化而变化；而采用 LT＋TPC 级联码的调频系统可以在同等闪断概率下，将数据恢复比例从 90%提高到 99.5%以上，并且随着信噪比的增加，其误码率性能还略有提高。

5 结论

通过基于级联码技术的遥测系统原理样机的试验，验证了喷泉码级联方案的正确性和可行性，在信道闪断概率低于 10%的条件下，采用 LT＋TPC 级联编码可将数据恢复率提高至 99.5%以上，从而有效提高系统传输的可靠性。另外，喷泉码可以与 TPC 码、LDPC 码等多种高增益编码级联，并且级联技术的应用并不局限于调制体制。喷泉码的级联技术不仅可应用在火箭、导弹等遥测系统，也可应用在卫星通信及其他信道条件不稳定的数据传输领域。

参 考 文 献

[1] 张晨光，吕明，王刚．运载火箭遥测数据处理研究 [J]. 导弹与航天运载技术，2005，275 (2)：9-11.

[2] 谌德容，李京红，周国勇．运载火箭遥测数据压缩算法设计 [J]. 宇航学报，2001，22 (2)：12-17.

[3] 王星来，厉智强．论存储器技术和数据预处理技术在运载火箭遥测系统中的应用 [J]. 测试技术学报，2004，18 (6)：185-190.

[4] MacKay D J C. Fountain codes [J]. IEEE Proc. Communication，2005，152 (6)：1062-1068.

[5] Yao W D，Chen L J. Research on fountain codes in deep space [C]. 2008 Congress on Image and Signal Processing，2008：219-224.

[6] 王晓波，吴岭．MSD 与 TPC 技术在 PCM-FM 遥测系统中的应用研究 [J]. 遥测遥控，2007，28 (11)：49-53.

[7] Luby M. LT codes [C]. The 43rd Annual IEEE Symposium on the Foundations of Computer Science，Vancouver，Canada，2002.

[8] Zhou Q，Li L. Encoding and decoding of LT codes based on chaos [C]. The 3rd International Conference on Innovative Computing Information and Control，2008.

[9] Hyytia E，Tirronen T，Virtamo J. Optimizing the degree distribution of LT codes with an importance sampling approach [C]. The 6th International Workshop on Rare Event Simulation，Bamberg，Germany，2006.

[10] Pybduah R M. Near-optimum decoding of product codes：block turbo codes [J]. IEEE Transactions on Communication，1998，46 (8)：1003-1010.

[11] Argon C，McLaughlin S W. A parallel decoder for low latency decoding of turbo product codes [J]. IEEE Communications Letters，2002，6：70-72.

Application of fountain coding in telemetry system

WU Weiren，LIN Yi，JIE Degang，CHEN Ming

Abstract Fountain coding can resume the distributed data，and can improve the fluctuated signal reception accrued in Launcher and Missile telemetry system. A scheme of Concatenated Fountain Code and Turbo Product Code（TPC）is proposed，some key issues during Concatenation are emphasized，and performance of Bit Error Rate and Frame Lost Rate are discussed by using the baseband equipment test. As the test results indicated，the PCM-FM Telemetry System with LT+TPC Concatenated Code can improve the data reception up to 99.5% in the case of erase probability below 10%.

Keywords fountain code；LT+TPC concatenation；telemetry

面向日地拉格朗日 L2 点探测的深空遥测数传系统设计与试验*

吴伟仁，罗辉，谌明，节德刚，唐玉华

摘 要 嫦娥二号卫星首次实现从月球轨道飞向日地拉格朗日 L2 点开展深空探测试验。受当前星地测控设备天线口径限制，遥测数传系统面临作用距离远、接收信号弱的技术难题，为此开展了地面弱信号捕获、低损失数据解调和高效信道译码等新技术探索与试验验证。试验结果表明，地面遥测数传系统成功实现了 1 500 000～1 700 000 km 的数据接收解调，并具有实现更远距离深空通信的拓展能力。

关键词 遥测；数传；嫦娥二号；日地拉格朗日 L2 点

0 引言

法国数学家拉格朗日于 1772 年发现，任何两个质量比大于 25 的天体构成的系统中都存在 5 个动平衡点，称为“拉格朗日点（Libration points）”。如图 1 所示，太阳与地球之间也存在拉格朗日点，日地拉格朗日 L1 点和 L2 点是观测太阳系的最佳位置，因而受到广泛重视[1,2]。嫦娥二号卫星从月球轨道飞向日地拉格朗日 L2 点（简称 L2 点），L2 点环绕轨道距离地球约 1 500 000 km。

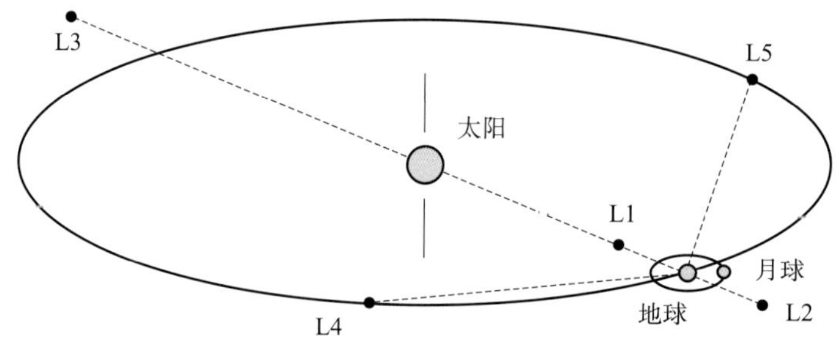

图 1 日地拉格朗日点示意图

如何实现 L2 点以及更远距离可靠通信一直是深空遥测数传系统面临的主要技术难题。由于距离遥远，航天器到达地面的遥测数传信号已经接近甚至低于常规接收机的捕获和跟

* 系统工程与电子技术，2012，34（12）：5.

踪门限。因此，与近地航天器的遥测数传系统相比，深空遥测数传系统设计过程中，重点攻克了弱信号捕获、低损失数据解调及高效信道译码等关键技术[3,4]。

嫦娥二号卫星于2011年6月9日飞离月球轨道，按最小能量转移轨道飞行约3个月后，9月1日顺利进入L2点环绕轨道开展科学探测试验。遥测数传系统对卫星进行了连续的跟踪通信，稳定接收卫星下传的科学试验数据。试验结果表明，地面遥测数传系统具备支持距地1 700 000 km的通信能力，为实现更远距离的深空通信奠定了基础。

1 遥测数传系统方案设计

嫦娥二号卫星遥测数传系统由星载遥测数传系统和地面遥测数传系统两部分组成[5]，如图2所示。

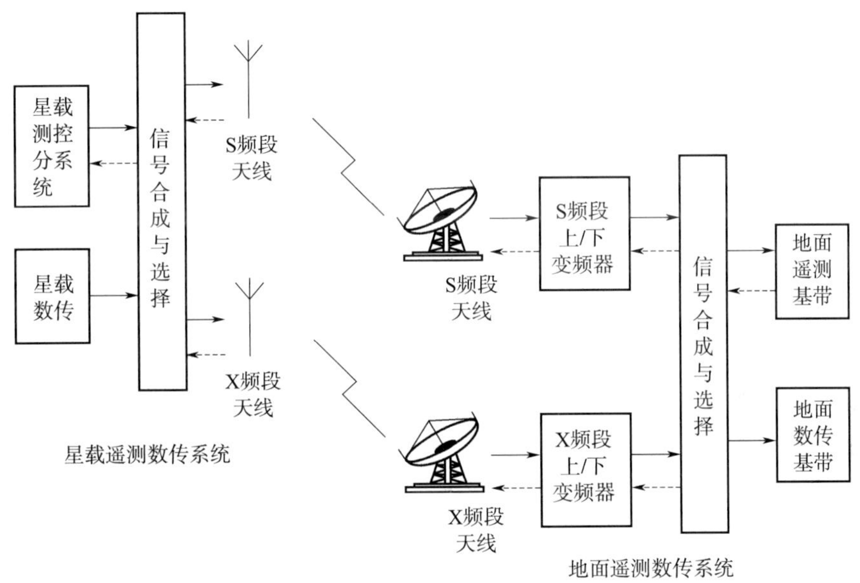

图2　遥测数传系统组成框图

地面遥测数传系统与星载遥测数传系统配合，共同完成来自星载数据管理分系统的遥测信号、有效载荷分系统的探测数据或技术试验分系统数据的星地传输。

1.1 星载遥测数传系统

星载遥测数传系统分为S/X频段测控（含遥测）分系统和X频段数传分系统（见图3）。如图3（a）所示，星载S/X频段测控分系统由S频段测控和X频段测控两部分组成。S频段测控部分由S频段全向天线和定向天线、低噪声放大器、功放合成单元和应答机等组成。X频段测控由X频段全向天线、低噪声放大器、固态功放和X频段应答机等组成[5]。

如图 3（b）所示，星载数传分系统将来自有效载荷分系统高速多路复接器或者技术试验分系统数据处理单元的数据经调制、滤波后，再经过固态功放放大得到的数传信号，送入合路器与下行遥测信号合成一路馈入定向天线发射到地面站。

在轨道转移段和 L2 点环绕轨道段，S 频段遥测信号采用全向天线传输，同时择机开展了 X 频段遥测信号传输试验。在轨运行期间，S 频段数传信号采用定向天线传输。

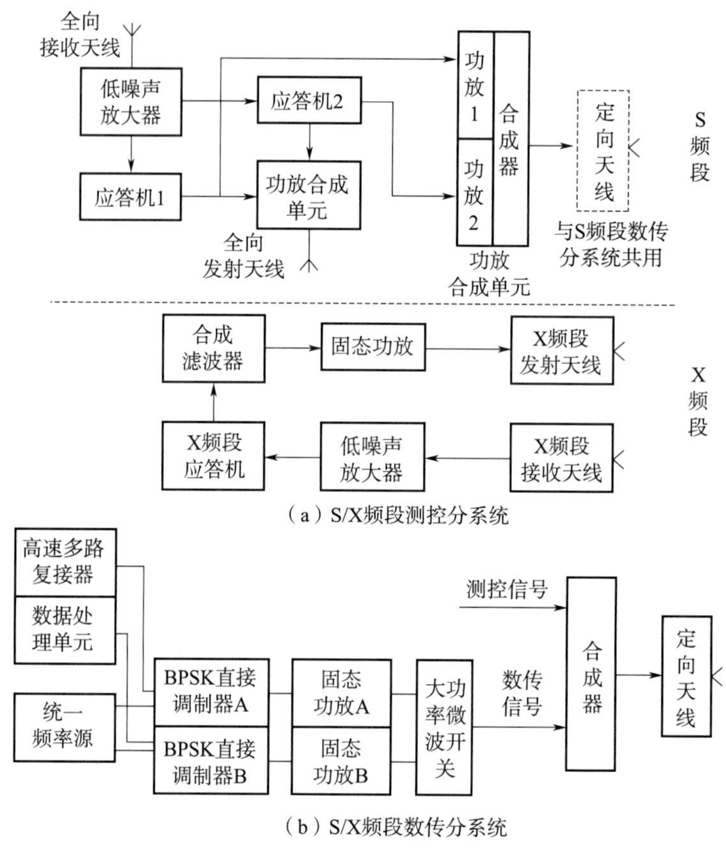

（a）S/X频段测控分系统

（b）S/X频段数传分系统

图 3　星载遥测数传系统组成框图

1.2 地面遥测数传系统

1.2.1 系统组成

地面遥测数传系统由地面遥测分系统和数传分系统组成。地面遥测分系统包括位于喀什和青岛的两套 18 m 口径天线的 S/X 频段遥测接收设备[6]，地面数传分系统包括位于北京 50 m 和昆明 40 m 口径天线的 S 频段数传接收设备，如图 4 和图 5 所示。

图 4 位于喀什的 18 m 口径地面遥测接收天线

图 5 位于北京的 50 m 口径地面数传接收天线

1.2.2 系统设计方案

由于遥测码速率选用 256 bit/s，而数传码速率选用 1.5 Mbit/s 或 750 kbit/s，地面遥测接收系统和数传接收系统选用了不同口径的抛物面天线。如图 6 所示，抛物面天线接收的嫦娥二号卫星下行信号，经过低噪声放大器、下变频器和中频开关矩阵后输出 70 MHz 中频信号，由相应的基带设备完成遥测数据或数传数据的解调。基带设备采用软件无线电技术体系结构设计，可通过软件编程对设备特性进行动态重配置，灵活地支持遥测解调或数传解调等不同的功能。基带设备是地面遥测数传接收系统的重要设备之一。针对嫦娥二号卫星以及后续深空测控任务需求，地面遥测或数传接收基带在常规实现方案的基础上对信号捕获和数据解调等方面进行设计改进，提升了设备性能。

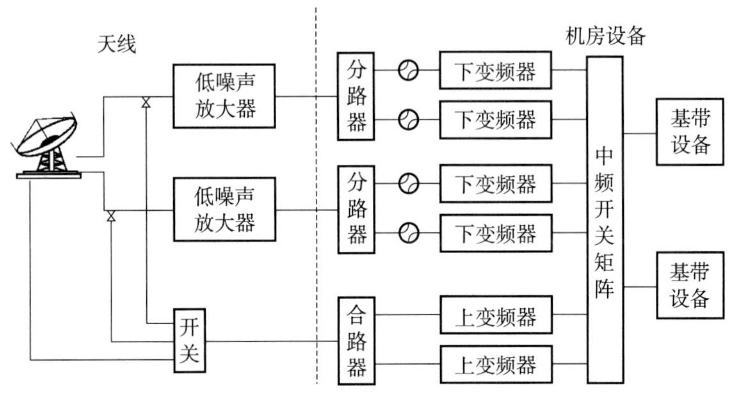

图 6 地面遥测数传接收系统框图

(1) 地面遥测接收基带设计

地面遥测接收基带的主要技术指标如表 1 所示。

表 1　遥测接收分系统主要技术指标

主要特性		
频段	S 频段	X 频段
调制方式	PCM/PSK/PM	PCM/PSK/PM
码型	NRZ_S（非编码）、NRZ_L（编码）	NRZ_L
码率	256/512 bit/s	256 bit/s
副载波频率	65.536 kHz	65.536 kHz
编码类型	卷积码、LDPC（选用）	65.536 kHz

如图 7 所示，遥测信号的解调流程是：下行 70MHz 中频遥测信号经过自动增益控制（Automatic Gain Control，AGC）模块后输出恒定电平的信号，模数转换（Analog/Digital，A/D）后进行正交下变频，然后完成载波的捕获和跟踪，载波同步后完成副载波/码同步及数据解调译码，同时对信噪比进行精确估计。其中，实现弱载波信号的快速捕获和较低码率条件下的低损耗解调均是遥测分系统设计的技术难点。

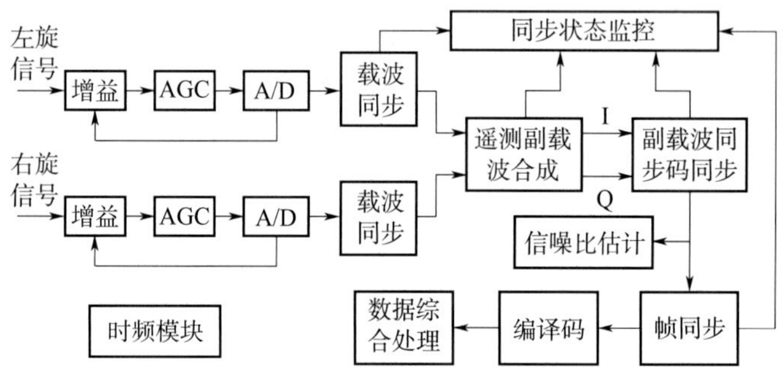

图 7　70 MHz 中频遥测信号解调流程图

（2）地面数传接收基带设计

地面数传接收基带的主要技术指标如表 2 所示。

表 2　数传分系统主要技术指标

主要特征	
调制特性	调制体制：BPSK；码型：NRZ_L
码速率	12 Mbit/s、6 Mbit/s、3 Mbit/s、1.5 Mbit/s、750 kbit/s
编码方式	RS+卷积码

如图 8 所示，数传信号的解调流程与遥测信号类似，区别是：A/D 采样后中频数字信号与本地数字载波进行正交混频和低通滤波整型，得到同相、正交两路正交基带信号；对基带信号进行数据解调、级联码译码和码型转换后得到数据。因此，有必要深入研究在较高传输码率条件下低损耗解调和高效信道译码技术。

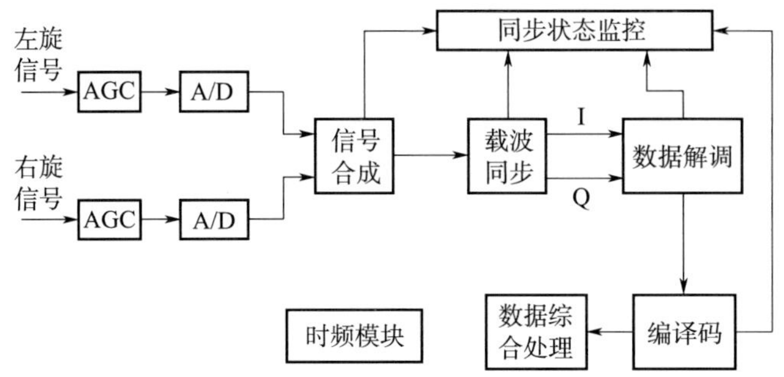

图 8　70 MHz 中频数传信号解调流程图

2 三项关键技术

2.1 基于自适应谱线增强器-快速傅里叶变换的微弱信号捕获技术

在深空地面遥测数传系统中，由于作用距离远，接收信号弱，信号载噪比（Carrier power to Noise power spectral density ratio，C/N_0）低于常规接收机 43 dBHz 的接收门限，这就要求系统在低信噪比的恶劣条件下，进行载波多普勒频率及频率变化率的快速捕获。为了检测微弱载波信号，快速傅里叶变换（Fast Fourier Transform，FFT）的分析带宽须窄至 10 Hz 量级，当多普勒频率的动态范围远远超过 FFT 单次分析的检测范围时，FFT 检测的信噪比很低，无法检测出载波频率分量。因此必须采用有效的措施提高 FFT 频谱分析的检测信噪比[7]。

自适应谱线增强器（Adaptive Line Enhancer，ALE）最早是 Widrow 等人于 1975 年在研究自适应噪声对消时提出来的，通过线性预测，对消输入信号中所包含的噪声提取出正弦波信号。在捕获模式下，ALE 的作用相当于带通滤波器，使捕获时的信噪比得到提高[8]。

如图 9 所示，ALE 是一个基于最小均方（Least Mean Square，LMS）算法的时域滤波器，其系数可以通过自适应算法调整。输入信号 $x_k = s_k + n_k$ ，其中 s_k 为载波分量，n_k 为白噪声分量，其功率为 σ_n^2。

输出信号可表示为

$$y_k = \boldsymbol{w}_x^H x_{k-m} \tag{1}$$

式中，$\boldsymbol{w}_k = [\omega_0, \omega_1, \cdots, \omega_L]^{\mathrm{T}}$ 为长度为 L 阶滤波器的系数向量。

误差信号定义为

$$e_k = x_k - y_k \tag{2}$$

滤波器系数更新公式为

$$\boldsymbol{w}_{k+1} = \boldsymbol{w}_k + 2\mu e_k \boldsymbol{x}_{k-m}^* \tag{3}$$

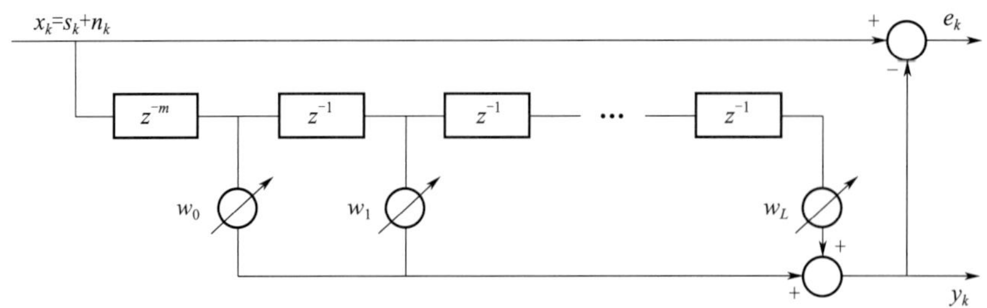

图 9　自适应谱线增强器的结构框图

式中，μ 为迭代步长，μ 的收敛范围为

$$0<\mu<\frac{1}{(L+1)(\text{carrier}+\text{noise power})} \tag{4}$$

通过公式推导可得出 ALE 的输出杂噪比（Carrier Noise Ratio，CNR）为

$$\text{CNR}_{\text{out}}=\frac{(L+1)\,a^2}{\sigma_n^2} \tag{5}$$

从而得出 ALE 的 CNR 增益为

$$G_{\text{ALT}}=L+1 \tag{6}$$

G_{ALT} 与滤波器的阶数成正比。

地面遥测信号解调方案中首次采用 ALE-FFT 的载波捕获技术。采用了 FFT 运算进行微弱信号检测和频率捕获的算法与针对较强信号时的常规算法有很大区别，尤其在信号动态较大时，能够准确估计载波信号的频率信息。

经试验验证，遥测接收基带设备采用该技术可实现在 C/N_0 为 0 dBHz 的条件下完成捕获，同时具备 C/N_0 为 20 dBHz 时，200 Hz/s 以上动态条件下的捕获能力。

图 10 给出 C/N_0 为 20 dBHz，多普勒变化率为 200 Hz/s 条件下的直接 FFT 与 128 阶 ALE-FFT 的对比结果。可见采用 128 阶 ALE-FFT 技术可以检测出载波信号能量，并获得准确的载波频率。

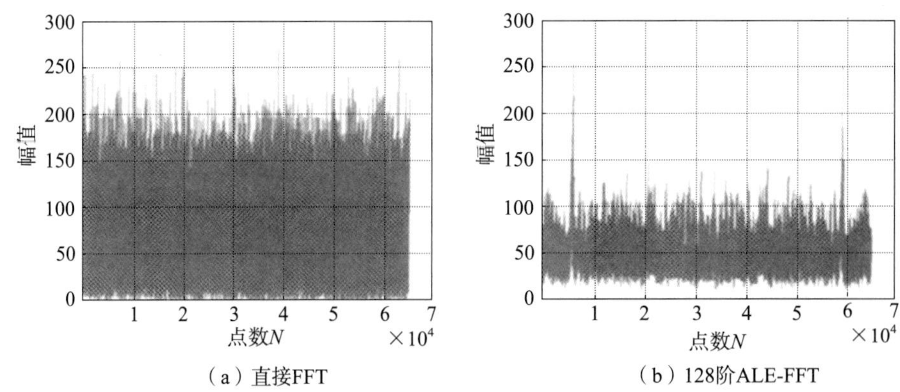

图 10　$C/N_0=20$ dBHz，$\alpha=200$ Hz/sFFT 和 128 阶 ALE-FFT 对比

2.2 低损失数据解调技术

深空遥测数传系统中遥测码率范围一般为 1 bit/s～2 Mbit/s，数传码率范围一般为 100 bit/s～20 Mbit/s，遥测数传码率范围较大。系统设计要求在如此大的码率范围内实现较小的解调损失，基带设备在基于数据转换跟踪环（Data Transform Track Loop，DTTL）的码同步解调结构基础上，采用了加权匹配滤波器等改进技术。

通常，卫星信号在调制端进行成形滤波，根据滚降因子设定成形效果，这样在接收端解调信号时，如果在符号周期上进行积分会一定程度上放大噪声信号，引入误差，从而加大环路的抖动，尤其当滚降因子较小时这一情况更为明显，因此需要根据不同的滚降因子和码速率设计最优的加权匹配滤波器。一般情况下如果采用最优的加权匹配滤波器比常规积分滤波器会带来 0.2 dB 的性能增强，而且调制端成形滤波器采用更小的滚降因子时，解调性能将进一步得到改进。图 11 给出了信噪比为 3 dB 时输入加权滤波器前后的波形。经过加权滤波器后，基本可以恢复出数据波形，环路在低信噪比下收敛效果仍较好。

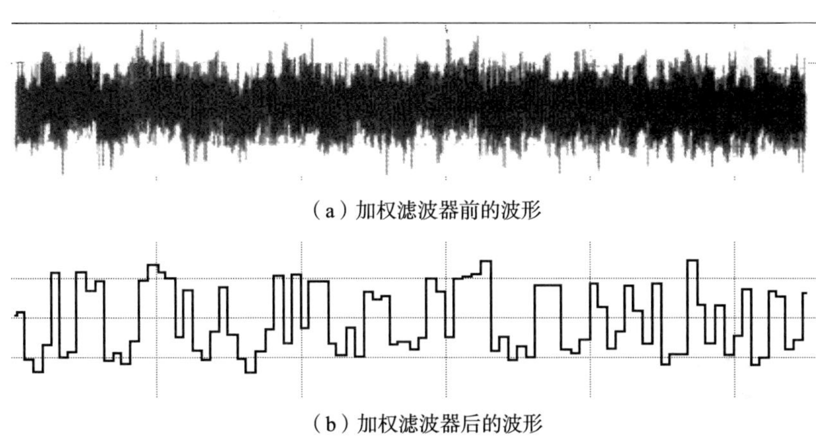

（a）加权滤波器前的波形

（b）加权滤波器后的波形

图 11　加权滤波器前后的波形对比

经过测试验证，改进后的遥测解调损失可以减少至 0.3 dB 甚至更低，而数传解调损失在 0.4 dB 以内。表 3 是在对深空遥测基带测试时，测得的不同副载波和码率下的遥测解调损失值。

表 3　遥测解调损失表

副载波频率/Hz	码率(bit/s)	理论 E_b/N_0/dB	实测 E_b/N_0/dB	解调损失/dB
4 M	2 M	3.68	3.39	0.29
2 M	200 k	3.77	3.74	0.03
32 k	1 k	7.62	7.58	0.04
32 k	64	1.31	1.20	0.11
32 k	32	4.22	4.16	0.06
8 k	1	3.43	3.20	0.23

2.3 高效信道编译码技术

深空遥测数传系统中由于信号传输距离非常远，能量衰减严重，同时深空航天器上的天线增益和发射功率有限，导致到达地面接收站的信号十分微弱，为了大幅降低信道传输中的数据误码率，必须应用高增益的信道编码技术。

针对嫦娥二号卫星应用，遥测数传基带设备具备卷积码等译码功能。采用 CCSDS (Consultative Committee for Space Data Systems) 推荐的卷积码（7，1/2）[9]，在理论上可获得接近 5 dB 的编码增益，可满足 L2 点远距离传输的要求。

在未来月球以外的深空探测中，RS（Reed Solomon）码和卷积码的级联增益将不能满足应用需求，需要 Turbo、LDPC（Low-Density Parity-check Codes）等具有更高增益的编译码技术[10]。LDPC 码能够在极低的 Eb/N_0 下达到接近香农极限的性能，LDPC 甚至可达到与理论极限仅相差 0.004 5 dB[11,12]。

3 卫星在轨试验

在嫦娥二号卫星抵达 L2 点后，为了对我国首次采用的 X 频段测控体制进行验证，同时对现有设备 S 频段测控和高码率科学数据传输进行验证，天地系统开展了一系列的遥测和数据传输试验。

2011 年 8 月至今，两套 S/X 双频段天线地面测控接收站成功实现了对 C/N_0 为 38～39 dBHz 的下行遥测信号的捕获和跟踪，遥测系统工作状态稳定。同时，两套地面数传接收站也稳定接收到 1.5 Mbit/s 速率的数传信号。在轨运行期间，遥测系统对码率 256 bit/s 进行（7，1/2）卷积码性能测试，误码率 1.0×10^{-5} 条件下实测编码增益达到 4dB 以上；同时对码率 512 bit/s 进行编码效率为 1/2 的 LDPC 编码专项试验，在误码率 1.24×10^{-5} 条件下实测编码增益达到 7dB 以上，明显优于卷积码的编码性能。

为了验证低损耗数传解调技术的实际性能，开展了 L2 点下行的数传信号接收试验，对两种数传接收基带的性能进行了比对测试，如表 4 所示。

表 4 嫦娥二号卫星数传数据解调损失表

	实测 (E_b/N_0) /dB	常规数传接收基带			改进后数传接收基带		
		误码率	对应的 (E_b/N_0) /dB	解调损失/dB	误码率	对应的 (E_b/N_0) /dB	解调损失/dB
试验 1	11.2	2.0×10^{-6}	10.3	0.9	5.7×10^{-7}	10.8	0.4
试验 2	11.4	7.0×10^{-7}	10.7	0.7	1.4×10^{-7}	11.2	0.2

由表 4 可见，采用低损失数据解调技术后，数传解调性能提高了 0.5 dB。

4 结论

本文研究了从月球轨道到日地拉格朗日 L2 点飞行和在轨运行中，深空遥测数传系统的设计与试验验证，这是我国首次实现对超过地月距离航天飞行器的通信，为更远深空探测提供了宝贵的经验。通过相应的飞行和通信试验，得到以下结论：

地面遥测数传系统成功实现了数据接收能力从 400 000 km 到 1 700 000 km 的跨越，设计方案突破了 ALE-FFT 微弱信号捕获、低损失数据解调、高效译码等多项关键技术，实现了远距离、低信噪比条件下遥测数传数据的接收解调。

针对火星等深空探测任务，在现有技术基础上可通过增大天线口径、采用制冷放大器等技术手段，进一步提高深空数据传输能力。

参考文献

[1] Farquhat R W, Duham D W, Guo Y P, et al. Utilization of libration points for human exploration in the Sun-Earth-Moon system and be-yond [J]. Acta Astronautica, 2004, 55 (3-9): 687-700.

[2] Folta D, Vayghn F. A survey of earth-moon libration orbit; station keeping strategies and intra-orbit transfers [C] /Proc. of the AIAA/AAS Astrodynamics Specialist Conference and Ex-hibit, 2004, AIAA 2004-4741.

[3] 于志坚，于益农，董光亮，等．欧空局深空网的现状与发展趋势 [J]. 飞行器测控学报，2005，24（增刊）：1-9.

[4] Comparini M C, De T F, Novello R, et al. Advances in deep-space transponder technology [J]. Proceedings of the IEEE, 2007, 95 (10): 1994-2008.

[5] 吴伟仁，张荣桥，郝希凡．嫦娥二号工程技术手册 [M]. 北京：中国宇航出版社，2010：100-115，178-201.

[6] 吴伟仁，黄磊，节德刚，等．嫦娥二号工程 X 频段测控通信系统设计与试验 [J]. 中国科学：信息科学，2011，41（10）：1171-1183.

[7] Yeh H. G, Nguyen T. M. Adaptive line enhancers for fast acquisition [R]. Pasadena: The Telecommunications and Data Acqui-sition Progress Report 42-119, Jet Propulsion Laboratory, 1994: 140-159.

[8] Widrow B, Tlover J R, Cool J M, et al. Adaptive noise canceling principles and Applications [J]. Proceedings of the IEEE, 1975, 11 (63): 1692-1716.

[9] Consultative committee for space data systems TM synchronization and channel coding [S]. CCSDS 131. 0-B-1 BLUE BOOK, 2003, 9: P5-1-P5-8.

[10] Berrou C, Glavieux A. Near optimum error correcting coding and decoding: turbo-codes [J]. IEEE Trans on Communications, 1996, 44 (10): 1261-1271.

[11] Chung S, Forney G D, Richardson T J, et al. On the design of low-density parity-check codes with in 0. 0045dB of Shannon limit [J]. IEEE Communications Lettsrs, 2001, 5 (2): 58-60.

[12] Andrews K S, Divsalar D, Dolinar S, et al. The development of Turbo and LDPC codes for deep-space applications [J]. Proceedings of the IEEE, 2007, 95 (11): 2142-2156.

Design and experiment of deep space telemetry and data transmission system in Libration points 2 exploring

WU Weiren, LUO Hui, CHEN Ming, JIE Degang, TANG Yuhua

Abstract In the first mission of satellite CE-2 travel from orbit of Luna to Libration points 2 in the Sun-Earth system, owing to ability of the ground equipment, the telemetry and data transmission system must conquer the technical difficulties, which are the problems of long distance and weak signal. Therefore some technical experiments are developed, which are study of weak signal capture and tracking, study of low loss demodulation, high performance of encode technology, design of tracking, telemetry and command (TT&C) and data transmission system and test experimentation. Experimental results indicate that telemetry and data transmission system has the ability of 1 500 000～1 700 000 km distance communication, it will be significantly useful for reference to the deep space exploration.

Keywords tracking; telemetry and command (TT&C); data transmission; CE-2; Libration points 2

Joint source channel VL coding/decoding for deep space communication networks based on a space trellis*

WU Weiren, TU Juan, TU Guofang, GAO Shaoshuai, ZHANG Can

Abstract This paper presents joint source channel variable length (VL) coding/decoding based on a space trellis. Through constructing a joint decoding plane trellis, better decoding performance can be achieved than by using the bit-level decoding algorithm. However, the plane trellis is complicated, which results in high decoding complexity for decoding VL turbo codes. To solve this problem, we construct a space trellis and design a low-complexity joint decoding algorithm with a variable length symbol-a posteriori probability (VLS-APP) algorithm in resource constrained deep space communication networks. Simulation results show that the proposed approach reduces the decoding complexity by 10% compared with the plane trellis, and the gain of *b* 0 is about 0. 2 dB at SER= 10^{-4} . Furthermore, it provides substantial error protection for variable-length encoded image data.

Keywords joint coding/decoding; VL turbo codes; space trellis; VLS-APP

1 Introduction

The existing techniques for source coding and channel coding are based on Shannon's separation theorem. That is, source coding and channel coding can be designed separately and local optimization can enable the coder to achieve global optimization of its performance. The separation theorem of source and channel coding in classic Shannon information theory contains some assumptions. 1) Both source coding and channel coding must admit infinite delays. 2) The statistical characteristics of the transmission channel must be known in advance. However, these two assumptions will be limited in practical applications.

* SCIENCE CHINA Information Sciences, 2011, 54 (9): 12.

In recent years, joint source channel coding/decoding techniques have become a major research focus at home and aboard. From the aspect of joint coding/decoding, the existing source coding usually applies variable length coding (VLC) . However, most channel decoding algorithms for joint source channel coding are based on a bit-level decoding trellis (e. g. the Viterbi decoding distance measure trellis, or the turbo code a posteriori probability (APP) trellis)[1], which are not compatible with the VLCs used in current image and video source coding standards. In these algorithms, channel decoding does not make full use of priori knowledge between the source VLC and the channel code. Therefore, it is an interesting challenge to construct a new VLC decoding trellis and a turbo coding/decoding structure using each VLC code as a unit, which would make joint decoding work every time, and as a result make it possible to fully utilize the residual redundancy of the source VLC in channel decoding to further improve joint coding/decoding efficiency.

In the networks for deep space and mobile communications, and thus on resource constrained communication networks, the above assumptions for the separation theorem are difficult to meet. For example, image and video signals are real-time services that are sensitive to delay, which means that overlong coding blocks cannot be used. Moreover, there are some effects, such as variable delay and random attenuation in the special circumstances of deep space, which prevent the statistical characteristics of the channel from being acquired in advance. To deal with this situation, Bauer and Hagenauer[2] proposed a maximum a posteriori probability (APP) decoding algorithm for a 5-symbol based symbol-level VLC trellis through classic APP and an improved Bahl Cocke Jelinek-Ravic algorithm[3] (BCJR invented the APP decoding algorithm based on symbols), which realized symbol-level decoding for the 5-symbol VLC trellis. Kliewer and Thobaben[4] proposed a recursive decoding algorithm based on a parallel concatenated VLC and convolutional code structure, which improves the performance of symbol-level decoding. Kliewer and Thobaben[5, 6] further studied a low-complexity symbol-level joint decoding algorithm for the first order Markov source, which achieves a tradeoff between decoding complexity and performance. Since all the above symbol-level decoding algorithms have high complexity, they can only be applied to short data packets. To solve this problem, Bauer and Hagenauer[7] further studied a recursive decoding algorithm based on a bit-level VLC trellis that can be applied to long packets. This algorithm can reduce decoding complexity with some decoding performance loss.

In the last few years there has been an unprecedented resurgence in interest in forward error correction (FEC) technology. The start of this new interest has its origins in the work done byBerrou et al. , and the landmark Turbo Codes paper in 1993 'Near Shannon Limit Error Correcting Coding and Decoding' . The turbo encoder was originally constructed using two concatenated binary convolutional codes, in which every bit is encoded separately each time and the output is a one n- bit codeword, i. e. , the code rate $R = 1/n$. At the receiver, the bit-level trellis and the MAP principle are used to determine the logarithm likelihood ratio (LLR) of the component decoders, which gives the decoding results. It has been shown that this classic coding structure combined with binary phase-shift key (BPSK) performs near the Shannon limit. Consequently, some researchers have studied joint decoding algorithms for VLC and Turbo code.

Guivarch and Carlach[8] used the bit shift probability between Huffman codewords as the prior knowledge of the first component code decoding and proposed a joint decoding algorithm of the VLC and Turbo code. Since the decoding does not make full use of the residual source redundancy, its complexity is high.

The current turbo code based decoding methods stem from the traditional source channel separation model. At the receiver, joint source channel decoding (JSCD) is realized using the residual redundancy of the source and the APP algorithms are all based on the bit-level trellis[9], which applies the BCJR decoding algorithm. In fact, according to the optimal coding theorem, the output binary sequence of the VLC coder is constructed by some concatenated variable-length codewords (symbols) . It will be more suitable for the source VLC coding if each VLC codeword is used as a processing unit of channel decoding. It can realize VLC symbol-based joint source channel coding, which will improve the coding/decoding performance. Based on this idea, Liu and Tu[10] proposed a VLC symbol-based Turbo coding/decoding method. In this method, a novel hybrid concatenated coding structure is applied, in which the source VLC coder and the first component code (RSC1) of the Turbo code are combined as the horizontal component code of the joint encoder, and after a quantizer Q and an interleaver Π, the second component code (RSC2) of the Turbo code is used as the vertical component code. It has been shown that the VLC symbol-based joint source channel coding/decoding method achieves better performance compared with the traditional bit-by-bit coding/decoding methods and can improve the robustness of multimedia transmission, such as images, video, etc. However, this method uses a plane trellis, which has high computation complexity. In this paper, a variable length (VL) turbo code-based space trellis is constructed and a joint source channel VL coding/decoding method is proposed, which can reduce computation complexity and at the same time improve decoding performance.

The organization of the paper is as follows. In section 2, we briefly introduce the concept of joint source channel coding/decoding based on a variable length turbo code and section 3 gives joint source-channel VL decoding based on a space trellis. The experimental results are in section 4. In section 5 some conclusions are drawn.

2 Joint source channel coding/decoding based on a variable length turbo code

2.1 Variable length turbo code

Block codes divide the input information sequence into groups with length K , in which some check codes are added to construct $a(n, k)$ block code. Usually, block codes apply syndrome and minimum Hamming distance decoding algorithms. The current fast recursive algorithms include a majority-logic decoding algorithm, etc.

The added check codes in block codes are only correlated with the information codes in the same group and not with those in other groups. On the other hand, $a(n, k, m)$ convolutional code is generated by making the added check codes correlate with not only the information codes in the same group but also those in some of the preceding groups. In these groups, k is the number of the input sequence code, n is the number of the output sequence code, and m is the maximum delay.

Convolutional codes usually apply the maximum-a-priori (MAP) Viterbi decoding algorithm. When the delay m (the number of shift registers) becomes larger the performance achieved will be better. However, when m is largethe computation complexity becomes high, which constrains the utilization of the Viterbi algorithm for decoding a convolutional code with large m. While Viterbi decoding simultaneously extends all the surviving paths each time, Fano only extends the minimum path, which is called sequential decoding. Viterbi and sequential decoding based convolutional codes can be applied in the circumstances where the system error rate is between $10^{-6} \sim 10^{-3}$. Forney proposed concatenated codes. Currently, there is no existing Viterbi decoding chip with high performance. To obtain a high data rate and coding gain and make the system error rate meet requirements, a concatenated code is applied, in which the outer code uses an RS code and the inner code uses a parallel convolutional code applying Viterbi decoding[10] (as illustrated in Figure 1) . RS codes adapt to burst error correcting while convolutional codes can correct random bit errors.

When the outer code is an RS code and the inner code is a parallel convolutional code, Viterbi decoding will be applied[11,12] . When the interleaver matrix is large and some iterations are applied between two decoders, the bit error rate can attain 10^{-6} if the bit signal error ratio $E_b/N_0 = 1.6$ dB, which can be applied in satellite communications (the data rate can achieve 150 Mbit/s) . However, the bit signal error ratio E_b/N_0 is still a certain distance from the Shannon limit.

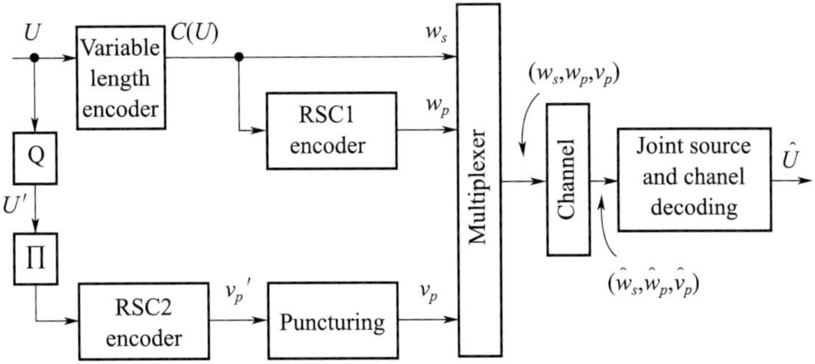

Fig. 1 Joint coding/decoding with VL Turbo.

2.2 Joint source channel coding based on the variable length turbo code

For many years there were few advances in the quest to approach the Shannon limit. The Viterbi algorithm heralded a major step forward, followed in the early 1990s by the concatenation of a Viterbi decoder with Reed-Solomon hard-decision block codes. However, it was clear that the Shannon Limit was still an elusive target. In 1993, a French scientistBerrou proposed a parallel concatenated code using feedback outer information, which is called Turbo code. The Turbo coder/decoder is in the structure of the pipeline. The encoder generates two groups (RSC1, RSC2) or more of check sequences to construct the whole codeword after interleaving a group of information sequences. Because of the interleaver, these sequences are not correlated with each other. Thus the prior information provided by these two RSCs can be applied and iterated between them. Through iterations a superior decoding performance can be achieved. For each iteration, soft-in-soft-out decoding is applied. If a random interleaver is used and n is increased, the performance of the Turbo code will approach the Shannon limit (as illustrated in Figure 2) .

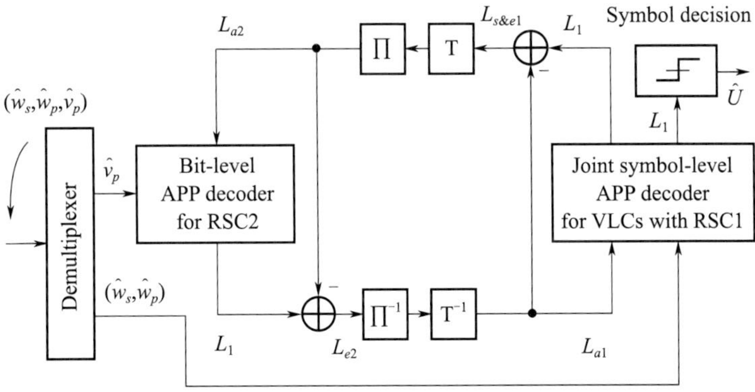

Fig. 2 Joint decoding algorithm with VL Turbo.

The Turbo code's performance in terms of the bit signal error ratio E_b/N_0 is close to the Shannon limit in some mobile communication applications such as low-rate voice coding/decoding and deep space communication. This has been standardized by the third mobile communication committee and CCSDS. However, joint coding/decoding of Turbo code is the same as other long codes, which have delays that are too long. This constrains real-time streaming media communications. In this paper, we propose a joint coding/decoding algorithm based on a space trellis, which can be applied in resource constrained media communications.

2.3 Space trellis for variable-length turbo code

Bauer and Hagenauer[1] used a four-symbol sequence $U = \{a, b, b, c\}$ ($u_k \in X = \{a = 0, b = 111, c = 10, d = 110\}$, where X was the source elements set, the horizontal ordinate index k represented the number of encoded symbols, and the vertical ordinate index n represented the accumulated bit length of the VLC sequence). A four-symbol variable-length decoding trellis was then constructed. They proposed a variable-length joint source channel iteration decoding algorithm using the prior knowledge of variable-length symbols.

To simplify the symbol-level variable-length decoding trellis and save storage of the symbols, a mathematical transformation is applied as follows,

$$v = n - k \cdot l_{min} \tag{1}$$

where $l_{min} = \min\{l_i \mid i \in X\}$. After this transformation, the VLC KN trellis represented by k and n are converted to the VLC KV trellis represented by k and v (as illustrated in Figure 3). That is, the reduced dimension state variable v substitutes the high dimension state variable n in Figure 3. It simplifies the trellis and saves storage with the same computation complexity (with the same search paths).

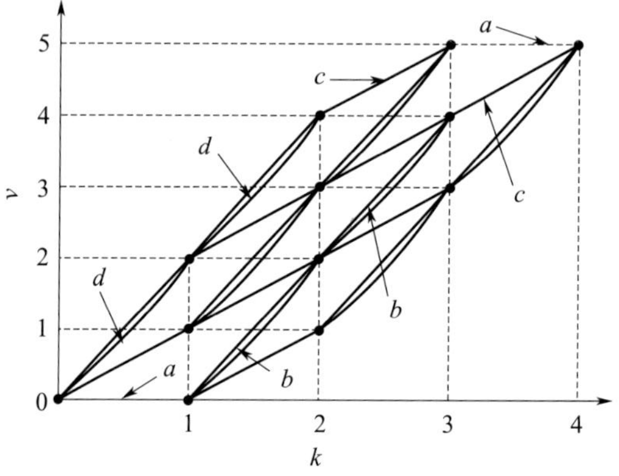

Fig. 3 Symbol-level VLC KN trellis.

Symbol-level decoding for variable-length turbo code is constructed using recursive systematic convolutional codes (RSCs). The symbol-level trellis of the RSC with the generator polynomial $G = [3, 1]_8$ can be found in Figure 2 and in the literature [3, 10], and is generated by extending the bit-level trellis of the convolutional code in the time axis. Therein, the state S_i ($i = 0, 1$) represents the state of each register in the convolutional code, and the path branches represent the transfer situations between the states. When the initial state of the register is S_1, it will be transferred to state S_0 after inputting symbol c from X and the corresponding output codeword of the convolutional code is 1 100.

Liu and Tu combined the symbol-level VLC KV trellis and state RSC trellis and constructed a decoding plane trellis for variable-length symbols represented by composite states with $K=4$ symbols (a, b, c, d) and $V=5$ [10, 12, 13] (as illustrated in Figure 4 and Table 1).

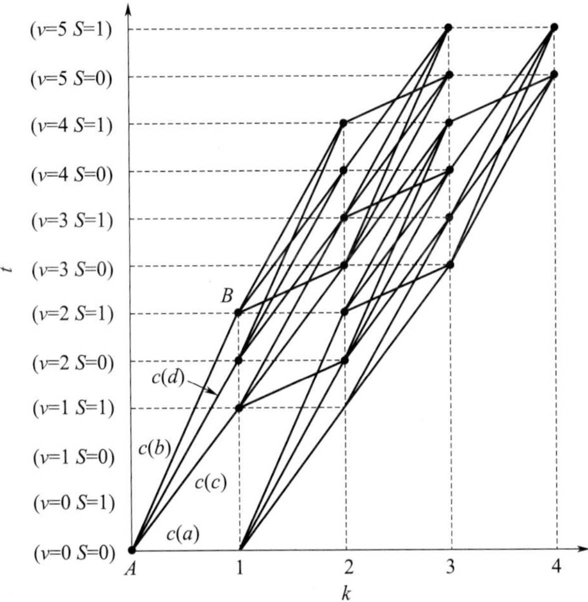

Fig. 4 Composite state jointplane trellis.

Table 1 Four-symbol sequence set and other parameters

Probability	Huffman codes	Coding $length_i$	$Weight_i$
0.49	0	1	0
0.17	111	3	2
0.23	10	2	1
0.11	110	3	3

The composite state t in the composite state joint plane trellis is composed using the state v in the KV trellisand the state S_i in the convolutional code trellis. The state transfer between any two nodes in Figure 4 corresponds not only to a variable-length codeword in source set X but also the corresponding state transfer in the convolutional code trellis, which realizes synchronization of the variable-length codeword and convolutional code. When the state of the joint plane trellis is transferred from node A to B (as shown in Figure 4), it means that a source symbol b is inputted with the codeword length $l_i = v_i + l_{\min} = v_B - v_A + 1 = 3$, which makes the convolutional code state transfer from S_0 to S_1.

When increasing the number of symbols K in the composite state joint plane trellis, the competence paths of the decoding plane trellis will be increased as will the computation complexity. To reduce computation complexity, a variable-length Turbo code based space trellis (as shown in Figure 5) is constructed in this paper.

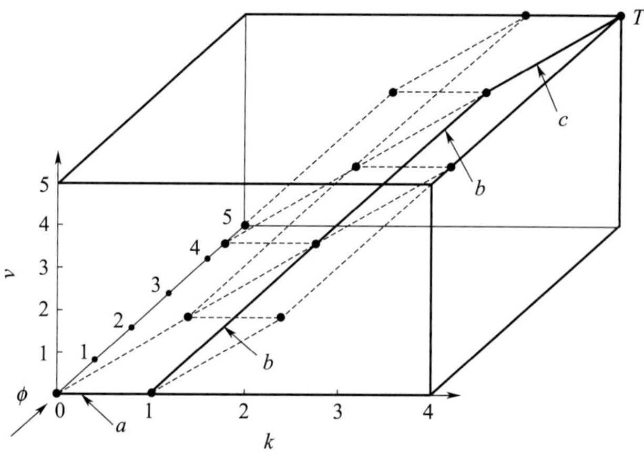

Fig. 5 Joint decoding algorithm with VL Turbo.

In the joint encoder of the symbol-level variable-length Turbo code, according to source symbol probability, every different source symbol is given a different weight φ_i. There are three constraints in the code sequence after variable-length Turbo encoding, i. e. the accumulated symbol number, accumulated bit number and accumulated symbol weight. In the decoder, a space (three-dimensional) trellis is constructed based on these three constraints. By using the condition of the weight state index the total number of paths in the space trellis is less than that of the plane trellis. As a result, it simplifies the computation complexity of joint decoding.

The steps for constructing a space trellis are as follows:

(1) If the horizontal axis in Figure 3 represents the symbol number index, the accumulated symbol number K will be obtained after encoding U.

(2) If the vertical axis in Figure 3 represents the bit number index, the accumulated bit number bitN will be obtained after encoding U, i. e.,

$$\sum_{k=1}^{K} l_{u_k} = \text{bitN} \tag{2}$$

Where l_{u_k} is the corresponding length of each variable-length codeword of the symbol u_k.

(3) According to source symbol probability, assuming each symbol u_k in U is given a weight φ_{u_k}, the accumulated weight will be obtained after encoding U, i. e.,

$$\sum_{k=1}^{k} \varphi_{u_k} = \varphi \tag{3}$$

Constraint (3) is equivalent to adding a new axis (the symbol weight index) to the original VLC KV plane trellis. According to constraint (3), we have optimized the weight value of the space trellis and reduced the decoding paths. For example, after encoding a four-symbol sequence $U = \{a, b, b, c\}$, we can get $K = 4$, bitN$=9$, $\varphi = 5$ (The setting of the symbol weight φ_{u_k} can be referred to the last column of Table 1) from constraints (1) - (3). The resulting space trellis is shown in Figure 5. For the vertical axis representation in Figure 5, the method of Eq. (1) is applied, i. e. replacing the variable n with the variable v and replacing the accumulated bitN with V, where $V=\text{bitN}-K \cdot l_{\min}$.

The surviving paths in Figure 5 indicate all possible 4-symbol encoded sequences with total bit number 9 and accumulated weight 5. Therein, the point ($K=4$, $V=5$, $\varphi=5$) [or ($K=4$, bit N$=9$, $\varphi=5$)] determines the position of the path terminal $\boldsymbol{T}$. All the surviving paths start from the origin and finally aggregate to the point $\boldsymbol{T}$. That is, all the surviving paths that satisfy the constraints (1) - (3) will terminate with the point $\boldsymbol{T}$. Figure 6 shows the space trellis with only constraints (1) and (2). In Figure 6, the terminals of all the surviving paths are on the straight line ($K=4$, $V=5$, φ) (with any φ). It can be seen from Figures 5 and 6 that the surviving paths in the space trellis have obviously been reduced after adding constraint (3). For instance, path $U' = \{d, d, c, a\}$ in Figure 6 satisfies constraints (1) and (2), but does not satisfy constraint (3) in Figure 5 (There will be $\varphi = 5$ if constraint (3) is satisfied). Thus the path U' is removed. As a result, the space trellis can reduce decoding computation complexity.

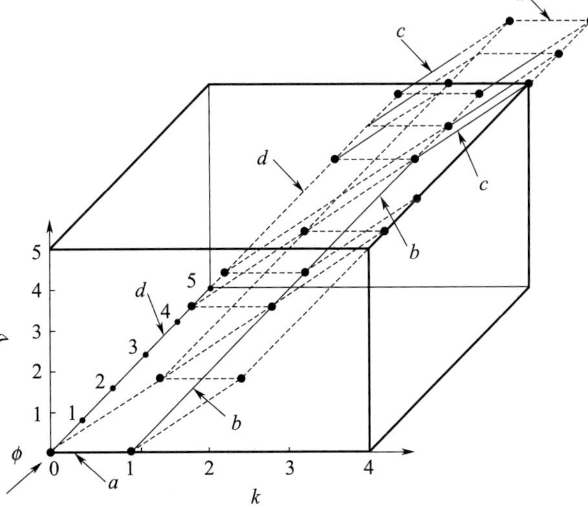

Fig. 6 Low-complexity spacevlc trellis for variable—length turbo code.

3 Joint coding/decoding by combining RVLC and VLC for CCSDS IDC coefficients with VLS-APP

The CCSDS (consultative committee of space data systems) published an image data compression standard referred to as the CCSDS IDC (image data compression) standard[14], which is suitable for the space communication environment. This standard adopts the discrete wavelet transform (DWT), bit plane encoding (BPE) and variable length coding (VLC), which can achieve good compression efficiency and support progressive image transmission. In the CCSDS IDC standard, the DC coefficients have a significant influence on the reconstructed image quality. Thus, to improve the transmitted image quality, a good approach is to improve the error-resilient performance using the DC coefficients by combining the RVLC and AC coefficients using VLC for the CCSDS IDC coefficients.

3.1 Entropy coding of combining RVLC and VLC

The original image is made up from several levels of the wavelet transform based on the CCSDS IDCS algorithm. The video object at each level canbe segmented into DC and AC coefficients with bit plane encoding (BPE) .

After the DC coefficients are encoded using alternating run-length coding, the run-lengths are encoded using reversible variable length codes (RVLC) . RVLC is applied for entropy coding of the run-lengths. The design of the code-table is based on optimal variable coding theory, in which the short codes are allocated to the run-lengths with high probability and the long codes are allocated to the run-lengths with low probability.

Using the algorithm in [13], we present the code-table of RVLC in the case where the pre-statistical length L is 10, i. e. the run-lengths of the string "0" and the string "1" are between 0 and 9. Note that the code of "0" is provided for indication and to ensure that the string "0" and string "1" always alternate. The code-table of RVLC is presented in Table 2. The run length symbols, probability, RVLC and weight are in accord with the run length symbol probability and experimental results.

Based on the fact that the DC coefficients are significant for the image quality, we put forward a reversible coding/decoding method to give the DC coefficients special protection. In our method, the DC coefficients are not only decodable in the forward direction, but also decodable in the backward direction, i. e. , it can realize reversible decoding. After the AC coefficients are encoded using alternating run-length encoding, VLC is applied for the entropy coding of the run-lengths. The design of the code-table is based on optimal variable coding theory, in which the short codes are allocated to the run-lengths with high probability and the long codes are allocated to the run-lengths with low probability.

Using the algorithm in the literature [13], we present the code-table of VLC in the case where the pre-statistical lengthL is 12, i. e. the run-lengths of the string "0" and the string "1" are between 0 and 11. Note that the code of "0" is provided for indication and to ensure that the string "0" and string "1" always alternate. The code-table of VLC and Weight is presented in Table 3. The run length symbols, probability, VLC and weight are in accord with the run length symbol probability and experimental results.

Table 2 RVLC of the DC coefficients and other parameters

Run-length	Probability	RVLC	Weight
1	0. 499 238	000	11
2	0. 249 238	010	4
3	0. 121 189	101	10
4	0. 067 073	111	2
5	0. 028 201	0110	6
6	0. 020 579	1001	5
7	0. 009 146	00100	7
8	0. 002 287	01110	8
9	0. 001 524	10001	9
10	0. 001 524	11011	12

Table 3 VLC of the AC coefficients and other parameters

Run-length symbols	Probability	VLC	Weight
0	0. 015 322	111010	4
1	0. 492 529	0	1
2	0. 242 794	10	3
3	0. 112 226	110	2
4	0. 057 155	11111	6
5	0. 030 511	11100	5
6	0. 015 532	111011	7
7	0. 008 226	1111010	8
8	0. 004 991	11110111	9
9	0. 002 835	111101101	12
10	0. 00 1591	111101100	11
11	0. 016 288	111100	10

3.2 Joint decoding with the symbol-level APP algorithm

In this section, we give a description of joint decoding with the symbol-level APP algorithm for the space VLC trellis (as shown in Figure 6) . To obtain the symbol-level decoding output in the form of logarithm likelihoodratios (LLRs), the symbol-based APP for each codeword $c_k = c(i)$ at the time instant k needs to be formulated. Giving the channel observations $\mathbf{Y}_1^M$, we have[15,16]

$$\begin{aligned} & P(c_k = c(i)/\mathbf{Y}_1^M) \\ & = \sum_{t\in R_k}\sum_{t'\in R_{k-1}} p(T_k = t, c_k = c(i), T_{k-1} = t'/\mathbf{Y}_1^M) \\ & = \xi \cdot \sum_{t\in R_k}\sum_{t'\in R_{k-1}} p\, \underbrace{(T_{k-1} = t', \mathbf{Y}_1^{m(t')})}_{\alpha_{k-1}(t')} \cdot \underbrace{p(\mathbf{Y}_{m(t)+1}^M / T_k = t)}_{\beta_k(t)} \\ & \quad \cdot \underbrace{p(\mathbf{Y}_{m(t')+1}^{m(t)}, c_k = c(i), T_k = t/T_{k-1} = t')}_{\gamma_k^i(\mathbf{Y}_{m(t')+1}^{m(t)}, t', t)} \end{aligned} \tag{4}$$

where $\xi = 1/p(\mathbf{Y}_1^M)$ is a constant. In particular, we define $\alpha_k(t)$ as the forward recursion, $\beta_k(t)$ as the backward recursion, and $\gamma_k^i(\mathbf{Y}_{m(t')+1}^{m(t)}, t', t)$ as the transition probability from $T_{k-1} = t$ to$T_k = t$ associated with the input codeword $c_k = c(i)$. The forward recursion $\alpha_k(t)$ is so named because it can be recursively calculated as follows

$$\alpha_k(t) = p(T_k = t, \mathbf{Y}_1^{m(t)}) = \sum_{t'\in R_{k+1}}\sum_i \gamma_k^i(\mathbf{Y}_{m(t')+1}^{m(t)}, t', t) \cdot \alpha_{k-1}(t'), \alpha_0(0) = 1. \tag{5}$$

Similarly, the backward recursion can be calculated from

$$\beta_k(t) = p(\mathbf{Y}_{m(t)}^M / T_k = t) = \sum_{t'\in R_{k+1}}\sum_i \gamma_{k+1}^i(\mathbf{Y}_{m(t)+1}^{m(t')}, t, t') \cdot \beta_{k+1}(t'). \tag{6}$$

Since the VLC KV-trellis must be terminated to $v_{\max}$ [$v_{\max}$ is determined by K, N and $l_{\min}$, see Eq. (1)] and the final state of the RSC1 encoder is not known, the initial conditions for the backward recursion are

$$\beta_K(t) = \begin{cases} 1/2^{\mu_1}, & \text{if } v(t) = v_{\max}, \\ 0, & \text{else.} \end{cases} \tag{7}$$

Note that the expression of the transition probability is somewhat different from the classical APP algorithm. Using Bayesian principles, it can be further divided into three terms

$$\begin{aligned} \gamma_k^i(\mathbf{Y}_{m(t')+1}^{m(t)}, t', t) = & \underbrace{p(\mathbf{Y}_{m(t')+1}^{m(t)} / x_k(i, t', t))}_{(1)} \cdot \underbrace{P(T_k = t/c_k, T_{k-1} = t')}_{(2)} \\ & \cdot \underbrace{P(c_k = c(i)/T_{k-1} = t')}_{(3)}. \end{aligned} \tag{8}$$

For a memory less AWGN channel, received bits within a codeword are statistically independent, thus the first term in Eq. (8) can be calculated from the product of the bitwise conditional probability density functions (pdf) as

$$p(\mathbf{Y}_{m(t')+1}^{m(t)}/x_k(i,t',t)) = \prod_{j=1}^{2\cdot l(c(i))} p(y_{m(t')+j}/x_{kj}(i,t',t)) = \prod_{j=1}^{2\cdot l(c(i))} \frac{1}{\sqrt{2\pi\sigma}} \exp\left(-\frac{(y_{m(t')+j} - x_{kj}(i,t',t))^2}{2\sigma^2}\right) \tag{9}$$

where σ^2 is the variance of channel noises, $x_{kj}(i, t', t)$ is the j- th bit of the codeword $x_k(i, t', t)$, and $y_m(t')+j$ denotes the j-th channel observation following the bit index $m(t')$. The second term $P(T_k=t/c_k=c(i), T_{k-1}=t')$ in Eq. (8) is equal to 0 or 1 depending on whether the next state $T_k=t$ is associated with the prior state $T_{k-1}=t'$ with an input codeword $c(i)$. The third term $P_a(c_k = \frac{c(i)}{T_{k-1}} = t')$ is equal to $P_a(c_k = c(i))$, which is exactly the symbol a priori probability according to the space VLC trellis (as shown in Figure 6).

4 Experimental results and analysis

The simulation experiment is carried out on a Pentium ®4 personal computer. The BPSK modulation and Gaussian channel (AWGN) is applied. The coding/decoding of the variable-length turbo code are shown in Figures 2 and 3. The source coder selects the CCSDS IDCS algorithm and the parameters of the tested symbol RVLC coding in Code-Table 2 and VLC in Code-Table 3.

In the simulation, the ratio between signal power per bit and noise power spectral density E_b/N_0 (E_b is the average power of each bit, N_0 is the one-sided noise power spectral density) is determined by

$$\frac{E_b}{N_0} = SNR - 10\lg R \tag{10}$$

where SNR is the signal noise ratio of the Gaussian channel, R is the system code rate, and the units of both E_b/N_0 and SNR are in dBs.

The symbol error rate SER is computed according to Levenshtein distance[17]. Assuming the sent sequence is U_t, which contains $\|U_t\|$ symbols and the received sequence is U_r, which contains $\|U_r\|$ symbols. The Levenshtein distance between U_r and U_r is defined as the minimal times for the needed insert, delete or replace operations when converting sequence U_t to sequence U_r, which is marked as $d_L(U_t, U_r)$. The symbol error rate is then[17]

$$\text{SER} = \frac{d_L(U_t, U_r)}{\|U_t\|} \tag{11}$$

According to the method in the literature[10], the assumed parametersbitN and φ can be transmitted to the receiver without error. K is fixed to 10 or 16 (in Figure 6) .

In this experiment, to compare the computation complexity of the proposed method with the space trellis and the method with the plane trellis in[10], we assume the number of path branches of the joint space trellis is X_1, and the number of path branches of the joint plane trellis in[10] is X_2. The reduced relative computation between the two trellises when using the VLS-APP algorithm is defined as $\Delta x = (X_2 - X_1)/X_2$.

The data packet length $K = 16$. Each time 16 packets are interleaved with the interleaver length $N = 1\ 024$ bits, and 10 iterations are applied. Under different E_b/N_0, the simulation results are shown in Table 4.

Table 4 Computation comparison between the proposed method and the method in[10] (=16, =1 024 bits)

Total symbols	16×1 024			
b 0	0	1	1. 5	2. 5
1	4 010 042	4 020 989	4 040 540	4 028 420
2	4 500 641	4 485 336	4 501 520	4 489 165
Δ	10 90%	10 35	10 24%	10 26%

Experimental results show that when comparing the joint space trellis proposed in this paper with the plane trellis in [10], the total number of path branches has been reduced by about 10 %.

The second experiment was conducted to show the performance of E_b/N_0 (the ratio between signal power per bit and noise power spectral density) under the same symbol error rate SER. We compared the decoding performance of the proposed VL joint decoding with the space trellis, the VL joint decoding with the plane trellis[10], and the separation decoding with the bit-level APP algorithm[11].

With the symbol length $K = 10$ and interleaver length $N = 500$ bits, and after 10 iterations, the simulation results of the three methods are shown in Figure 7. It can seen that when SER$=10^{-4}$, the E_b/N_0 gain of VL Turbo decoding with the space trellis in this paper is 0. 9 dB when compared with the Turbo decoding with the plane trellis[10] . Compared with the separation decoding with the bit-level APP algorithm, the proposed method can achieve an E_b/N_0 gain of 1. 2 dB.

With the symbol length $K = 16$ andinterleaver length $N = 1\ 024$ bits, and after 16 iterations, the simulation results of the three methods are shown in Figure 8. The E_b/N_0 gain of VL Turbo decoding with the space trellis in this paper is 0. 2 dB when compared with VL Turbo decoding with the plane trellis[10]. Compared with the separation decoding with the bit-level APP algorithm, the proposed method can achieve an E_b/N_0 gain of 1. 6 dB.

The third experiment has been conducted to compare the source encoding performance of joint coding/decoding with the symbol length $K = 16$ and inter-leaver length $N = 1\ 024$ bits, after 16 iterations. The luminance in the peak signal-to-noise ratio (PSNR) is used as an objective image quality measure. The coder selects the DC coefficients of RVLC in Code-Table 1 and AC coefficients of VLC in Code-Table 2 based on the CCSDS IDCS algorithm. The test image used in this experiment is the standard raw (256×256) gray image "Mars"[13]. We compare the decoding YPSNR performance of the proposed VL joint decoding with the space trellis, VL joint decoding with the plane trellis[10], and the separation decoding with the bit-level APP algorithm[11]. The simulation results of the three methods are shown in Figure 9. The YPSNR gain of the VL joint decoding with the space trellis in this paper is up to 2 dB at the $E_b/N_0=2.9$ dB when compared with VL joint decoding with the plane trellis[10]. Compared with the separation decoding with the bit-level APP algorithm[11], the proposed method can achieve a YPSNR gain of up to 4 dB at the $E_b/N_0=2.8$ dB.

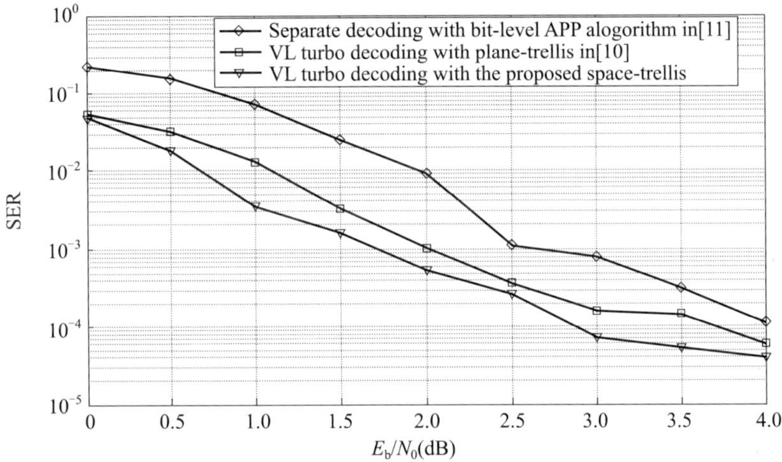

Fig. 7 Comparison of the SER performances of three methods (=10, =500 bits).

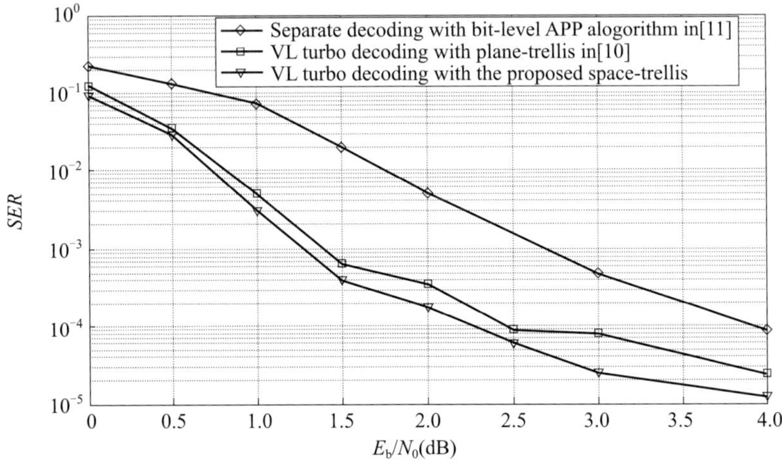

Fig. 8 Comparison of the SER performances of three methods (=16, =1 024 bits).

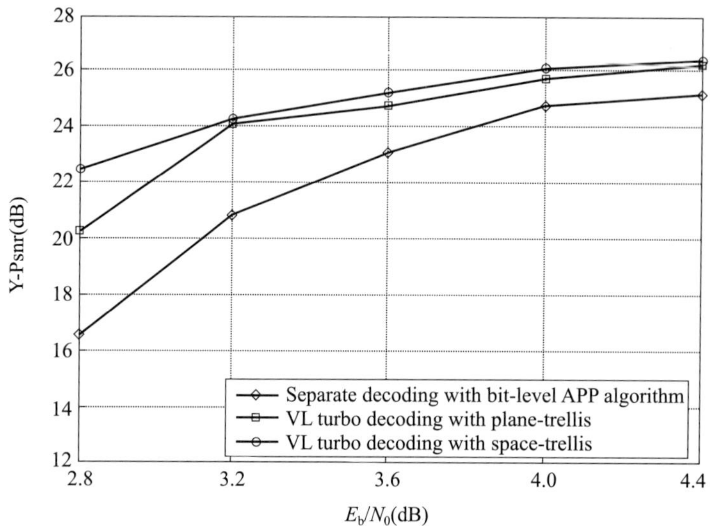

Fig. 9 Comparison of the YPSNR performances of three methods (=16, =1 024 bits) .

5 Conclusion

Joint source channel coding/decoding based on the space trellis for VLS-APP is presented in this paper. The simulation result shows that VL Turbo decoding with the space trellis performs better than the VL Turbo decoding with the plane trellis and the separation decoding with the bit-level APP algorithm. It is obvious that the VL Turbo decoding with the space trellis achieves the best decoding performance among all the schemes. It can be applied in resource constrained space communication networks. However, future investigations of an optimal code design and a decoding algorithm with improved lower complexity are required.

References

[1] Bauer R, Hagenauer J. Iterative source/channel decoding using reversible variable length codes. In: Proceedings of IEEE Data Compression Conference (DCC' 00) . Snowbird, Utah, 2000. 93-102.

[2] Bauer R, Hagenauer J. Symbol-by-symbol MAP decoding of variable length codes. In: Proceedings of 3rd ITG Conference on Source and Channel Coding (CSCC' 00) . Munich, 2000. 111-116.

[3] Bahl L R, Cocke J, Jelinek F, et al. Optimal decoding of linear codes for minimizing symbol error rate. IEEE Trans Inform Theory, 1974, 20: 284-287.

[4] Kliewer J, Thobaben R. Parallel concatenated joint source-channel coding. Electron Lett, 2003, 39: 1664-1666.

[5] Kliewer J, Thobaben R. Iterative joint source-channel decoding of variable-length codes using residual source redundancy. IEEE Trans Wirel Commun, 2005, 4: 919-929.

[6] Thobaben R, Kliewer J. Low-complexity iterative joint source-channel decoding for variable-length encoded Markov sources. IEEE Trans Commun, 2005, 53: 2054-2064.

[7] Bauer R, Hagenauer J. On variable length codes for iterative source/channel decoding. In: Proceedings of IEEE Data Compression Conference (DCC' 01). Snowbird, Utah, 2001. 273-282.

[8] Guivarch L, Carlach J C, Siohan P. Joint source-channel soft decoding of huffman codes with turbo codes. In: Proceedings of IEEE Data Compression Conference (DCC' 00). Snowbird, Uath, 2000. 83-92.

[9] Jeanne M, Carlach J C, Siohan P. Joint source-channel decoding of variable length codes for convolutional codes and turbo codes. IEEE Trans Commun, 2005, 53: 10-15.

[10] Liu J J, Tu G F, Zhang C, et al. Joint source and channel decoding for variable length encoded turbo codes. Eurasip J Adv Signal Process, 2008, 2008: 1-7.

[11] Lakovic K, Villasenor J. Combining variable-length codes and turbo codes. In: Proceedings of IEEE 55th Vehicular Technology Conference (VTC' 02). Birmingham, Ala, 2002. 1719-1723.

[12] Tu G F, Liu J J, Zhang C. Studies and advances on joint source-channel encoding/decoding techniques in flow media communications. Sci China Inf Sci, 2010, 53: 1-17.

[13] Tu G F, Liu J J, Zhang C, et al. Joint source-channel coding/decoding by combining RVLC and VLC for CCSDS IDC coefficients. In: 2010 IEEE International Conference on Networking, Sensing, and Control. Chicago, 2010. 49-52.

[14] CCSDS. Image Data Compression, Recommended Standard. CCSDS 122. 0-B-1, Blue Book. 2006.

[15] Tu G F, Liu J J, Zhang C, et al. Joint source-channel en/decoding based on a new symbol-level joint trellis. Chinese J Electron, 2011, 20: 114-120.

[16] Liu J J, Tu G F, Wu W R. New iterative super-trellis decoding with source a priori information for VLCs with turbo codes (in Chinese). J Electron, 2007, 24: 122-127.

[17] Okuda T, Tanaka E, Kasai T. A method for the correction of garbled words based on the Levenshtein metric. IEEE Trans Comput, 1976, 25: 172-178.

嫦娥二号工程 X 频段测控通信系统设计与试验*

吴伟仁，黄磊，节德刚，朱舸，李海涛

摘　要　针对月球以远深空探测任务中，远距离、长时延、弱信号的测控通信难点，有效手段之一就是提高射频频率。为此，在嫦娥二号工程中首次开展了 X 频段测控通信技术试验。本文重点研究了 X 频段测控通信系统天地一体化的设计与实现，阐述了技术试验系统的组成、关键技术攻关情况、系统试验与测试方法。试验结果表明，与 S 频段测控通信系统相比，X 频段在链路性能、测定轨精度方面有显著提高，将正式作为后续月球及深空探测的主要频段。

关键词　嫦娥二号；X 频段；测控通信；差分单向测距

0　引言

与近地空间探测相比，月球及深空探测的测控通信具有远距离、长时延、弱信号等特点，如何在这样的条件下进行远程测控通信以及高精度导航将是深空测控面临的主要技术难题。克服这些困难的一个有效手段就是提高射频频率[1]，在嫦娥二号工程中，首次开展了 X 频段测控通信技术试验。

在 X 频段测控通信系统设计过程中，贯彻了天地一体化设计原则，重点攻克了星载应答机载波捕获高灵敏度技术、DOR（差分单向测距）信号生成，地面 X 频段高动态频率捕获跟踪技术、固态高功放等一系列关键技术。

构建了天地一体技术试验系统，通过嫦娥二号卫星上搭载的 X 频段应答机与地面 18 m X 频段测控通信系统的密切配合，先后在卫星地月转移段、100 km×100 km 环月飞行段、100 km×15 km 试验飞行段开展了多码率的遥控遥测，测距测速、ΔDOR 时延/时延率测量等技术试验内容。试验结果表明，与 S 频段测控相比，X 频段测控在链路性能、测定轨精度上均有显著提高，证明了 X 频段用于深空探测的有效性，为后续月球及深空探测采用 X 频段进行测控通信奠定了基础。

* 中国科学：信息科学，2011，41（10）：13.

1 X频段测控通信技术试验系统组成

X 频段测控通信技术试验系统由星载 X 频段测控通信系统和地面 18 m X 频段测控通信系统两部分组成。

星载部分由 X 频段全向天线（收发分开）、低噪声放大器、固态放大器以及应答机等组成。其中，应答机是星载 X 频段测控通信系统的核心，采用了全数字化处理技术，载波捕获灵敏度达到国际先进水平，主要技术指标如表 1 所示。

表 1　星载 X 频段测控通信系统主要技术指标

主要指标	
频段	X 频段上行链路/X 频段下行链路
调制方式	PM/PM，相干转发模式
载波捕获门限	优于－140 dBm
测距侧音	最大 500 kHz
转发频率比	749/880（CCSDS 标准）
DOR 音	3.8 MHz 和 19.2 MHz（CCSDS 标准）

地面部分由分别位于喀什和青岛的两套 18 m S/X 双频段测控通信系统组成，这两套系统是我国首次研制的、目前国内天线口径最大的 X 频段测控设备，能够实现对低信噪比、高多普勒目标动态的信号捕获要求，主要技术指标如表 2 所示。

表 2　地面 X 频段测控通信系统主要技术指标

主要指标	
转发频率比	749/880（CCSDS 标准）
系统品质因数（G/T）	$G/T \geqslant 35+20\lg(F/F_0)$ dB/K（$F_0=8\ 000$ MHz，$E \geqslant 10°$）
等效全向辐射功率（EIRP）	EIRP$\geqslant 83+20\lg(F/F_0)$ dBW，$F_0=7\ 145$ MHz
输出功率	1 kW
接收信号的灵敏度	－180 dBW（载波环路 10 Hz）
接收信号的动态范围	120 dB
载波环路带宽	1～200 Hz，500 Hz，1 kHz，2 kHz
测距环路带宽	0.01～8 Hz

天地测控通信系统框图如图 1 所示。嫦娥二号工程 X 频段测控技术试验由天地一体协调配合，共同完成对卫星的遥测、遥控及测轨工作。通过天地双向载波捕获，由地面测控设备的载波环路滤波器完成对多普勒（测速）数据的提取；通过向星上发送一系列测距单音信号（该测距信号由星上进行相干转发），用侧音匹配的方法得到星地之间双向距离值；通过对遥测副载波锁相环的锁定完成 PSK 信号的解调，并经位同步、码型变换、遥测译

码、帧同步等一系列步骤完成遥测信息数据的输出；通过将遥控指令调制到遥控副载波上并对载波进行调相，完成地面遥控指令的发送[2]。

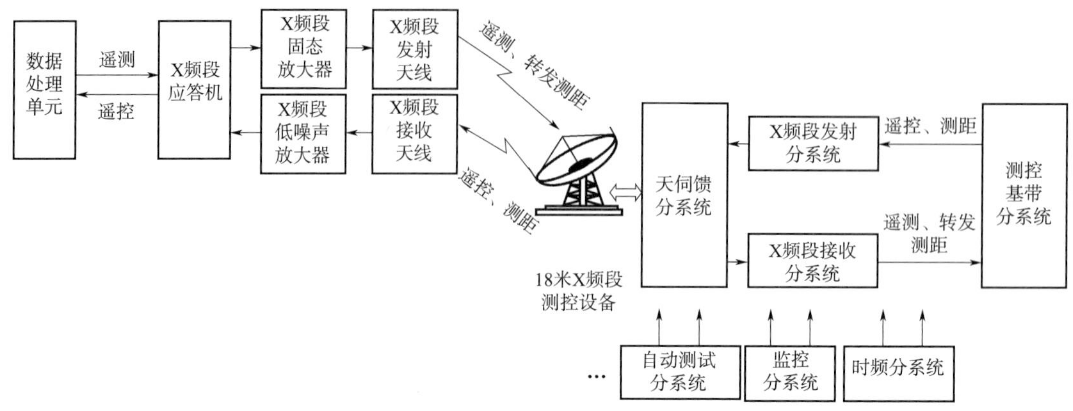

图1　天地测控通信系统框图

在嫦娥二号工程中首次应用了 ΔDOR 测量体制，通过地面测控设备发送上行遥控指令使星上加调 DOR 音，两组 DOR 音频率与下行载波频率相干，且分别为下行载波频率的 1/2 200 和 1/440。北京密云、云南昆明、新疆乌鲁木齐、上海佘山等 4 个台站构成多条 VLBI 干涉基线，通过对嫦娥二号卫星 DOR 信号与射电源信号的交替观测获取干涉测量的原始数据，这些原始数据经相关处理后可获得高精度的测角信息，在较好的情况下能够达到亚纳秒量级，从而提高测定轨精度。

2　星载 X 频段测控通信系统

星载 X 频段测控系统的核心是 X 频段应答机设计，嫦娥二号工程的 X 频段应答机是我国首次在月球探测中应用。X 频段应答机的主要功能要求有：捕获跟踪地球站发射的 X 频段上行载波信号、下行发射相干或非相干载波信号，配合地球测控站完成双向多普勒或单向多普勒测速；转发侧音测距信号，配合地面测控设备完成对卫星的测距；接收和解调上行遥控指令；调制和发射来自卫星数管系统的遥测副载波信号；生成并发射与下行载波相干的 DOR 信号[3-6]。

2.1　方案设计与实现

X 频段应答机由射频接收通道单元、中频数字处理单元、射频发射通道单元、DC/DC 单元等 4 部分组成，其中射频接收通道单元包括低噪放、下变频、滤波、放大、AGC、接收晶振等电路；中频数字处理单元包括 AD 采样、捕获跟踪处理、时序产生及管理、接口电路等组成；射频发射单元包括终端滤波器、调制合成器、调制器、X 频段放大器、辅助晶振等；DC/DC 单元包括 2 个 DC/DC 模块以及配电电路，其组成原理框图如图 2 所示。

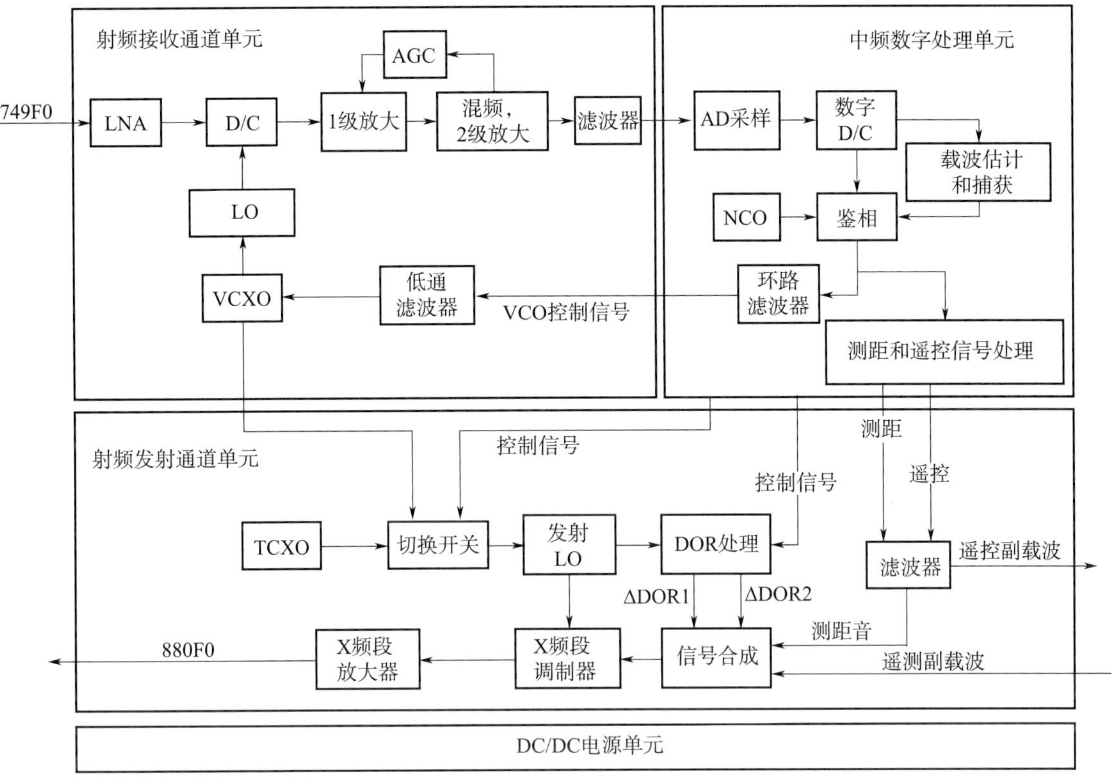

LNA—低噪声放大器；AGC—自动增益控制；LO—本振；VCXO—压控晶体振荡器；
NCO—数控时钟；PD—鉴相器；TCXO—温度补偿晶体振荡器

图 2　X 频段应答机原理框图

X 频段应答机（见图 3）接收通道采用两次超外差变频方式，有利于改善增益分配，降低谐杂波。射频前端低噪声放大器进行了优化设计，整机噪声系数降低到 1.75 dB。射频前端变为中频信号，输入到中频处理模块中，在数字处理模块中完成对上行信号的捕获跟踪，并将捕获跟踪的频差信息转换为电压形式，经环路滤波器送入接收晶振 VCXO，从而完成接收通道的闭环控制。此外，中频处理模块将解调后的遥控信号送数据处理单元，在下行通道中，解调后的高、低侧音信号，处理模块形成的两路 ΔDOR 信号以及从数据处理单元送入的遥测信号一起送到下行 X 频段调制器，形成下行调制信号。ADC 采样为高中频采样模式。数字处理过程中，采用新型数字谱估计算法提高频率分析精度，降低环路带宽提高接收灵敏度；应用 I/Q 数据支路分离技术，I 支路用于跟踪，Q 支路用于锁定指示及解调。在频率合成方法上，采用直接数字频率合成结合移频锁相环 SPLL 技术。具体实现上，补偿频率由 FPGA 内的数控时钟（NCO）结合数模转换电路（DAC）输出。在下行通道中，DAC 后面采用了 SPLL，用于消除数字频率合成技术产生的信号杂散，提高频谱纯度。X 频段应答机采用收发 VCXO（压控晶体振荡器）与 TCXO（温补晶体振荡器）双源配置，三盒体结构，改善收发隔离。

图 3 X 频段应答机

2.2 关键技术

(1) 载波捕获高灵敏度技术

在 X 频段应答机的数字处理模块中，有两个核心关键技术：一是对低信噪比条件下载波的捕获，二是对低信噪比条件下载波的跟踪。

为快速搜索捕获低信噪比上行信号，需要采用优化的频谱估计技术。研制中采用了新型分块相干累积的频谱估计捕获算法，能够根据输入信号功率灵活选择参数，有效适应各种信噪比下的信号频率估计。根据理论分析，可以从扩大数据序列的采样数上来获得更高的频率分辨精度，但考虑到处理时间和计算量，还需要从改进多段分块积累算法复杂度、减小运算加法乘法次数、节省时钟周期、提高流水线并行处理效率等方面进行折中设计。传统的频谱估计处理方法和采用新型多块积累的处理方法的上行载波谱估计结果的比较如图 4 所示，由图可知，采用传统频率估计方法，谱峰分裂，无法有效估计载波频率参数；采用新型多块积累估计方法，峰值比约 30 dB，可以有效估计载波频率参数。

为适应高低信噪比以及不同动态条件的要求，研制的新型载波跟踪算法具有自适应调整锁相环结构功能。当输入为高电平（信号电平≥－125 dBm）时，适应载波扫描速率为 5 kHz/s；当输入为低电平（信号电平为－126～－143 dBm）时，适应载波扫描速率为 500 Hz/s。在高电平下采用了一种环路结构，有利于捕获跟踪快速的多普勒变化率；在低电平下采用另外一种环路结构，有利于提高跟踪环路的信噪比，改善跟踪精度。应答机的载波跟踪采用了高阶锁相环路，在跟踪线性扫频信号时，可以得到无残余频差和无残余相差的跟踪信号。载波锁定检测在载波跟踪过程中，判定锁相环是否处于锁定状态，给出入锁和失锁指示。输入数据为数字正交下变频后的一路滤波器输出，为减小抖动，将输入数据进行积分/清除，根据积分结果可再进行平滑，处理完的数值与先验值进行比较，反馈回锁定状态。这种判决反馈机制，极大地改善了低信噪比下的载波锁定稳态，较好地解决了低信噪比下易失锁假锁难题。

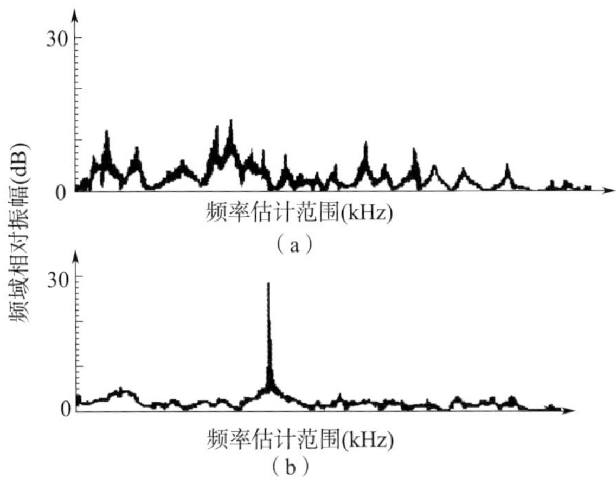

图 4　−143 dBm 时的上行载波谱估计结果

（2）DOR 信号的设计实现

X 频段测控技术试验中，将验证新型 VLBI 测量体制—ΔDOR 差分单向测距体制。该体制需要由星载测控应答机调制产生一组与载波相干、并与载波中心频率具有一定比例关系的 DOR 信号，供地面 VLBI 测轨分系统进行测轨。在应答机相干模式下，下行发射频率基准来自压控晶体振荡器（VCXO），DOR 信号相干于 VCXO；在应答机非相干模式下，使用固定频率晶体振荡器（TCXO）作为下行发射频率基准，DOR 信号相干于 TCXO。此外，由于 DOR 信号频率最高为 20 MHz 左右，而传统应答机下行调制的测距音或遥测副载波信号频率仅为数百 kHz 量级以内，调制带宽扩展了数百倍，这使得原先采用的窄带调制器不能适应 DOR 信号的宽带调制需求，须解决大带宽、高调制线性度技术难题。

国外深空应答机技术方案中，往往采用数字基带部分处理并逐级倍频产生与下行载波的相干 DOR 信号，实现较为复杂。在嫦娥二号任务的 X 频段应答机 DOR 信号处理单元技术攻关中，采用了相干、非相干下行发射共用锁倍器中频部分的方法，通过一次频谱分离技术，处理并产生了 4 MHz 和 20 MHz 左右的 DOR 信号，既很好地解决了 DOR 信号与下行载波相干的技术难题，又使得 ΔDOR 测角信息处理单元体积小，功耗低，并且在 ΔDOR 测角信号频率变化时，无需改动设计，具有较好的灵活性；DOR 信号在射频直接调制完成，采用宽带 Lange 桥移相调制结构，具有数十 MHz 的大调制带宽和很高的调制线性度，研制的 ΔDOR 测角信号调制单元电路具有体积小、质量轻，加工一致性与温度稳定性好的优点。

3　18 m X 频段测控通信系统

18 m X 频段测控通信系统（见图 5）能够完成对航天器 X 频段的测距测速和遥测遥控，并具备同时接收双点频测控信号和单点频数传信号的能力。

图 5　18 m X 频段测控设备

3.1 方案设计

18 m X 频段测控设备主要由天伺馈分系统、发射分系统、高频接收分系统、多功能数字基带分系统、监控分系统、时频分系统、数据传输分系统、标校分系统和自动测试分系统等组成。其中，天伺馈分系统、发射分系统、高频接收分系统和多功能数字基带分系统是最核心的部分。

（1）天伺馈分系统

天伺馈分系统主要由天馈子系统、天线控制子系统和天线结构子系统等组成。主要功能是发射和接收微波信号，并通过跟踪接收机产生的角误差信号完成对目标的自动跟踪。天线 X 频段的收/发增益约为 60 dB。

天馈子系统由 18 m 抛物反射面和 S/X 频段馈电系统等组成。S/X 双频馈源采用双频多模馈电方式的单喷口馈源，用分波的方法实现 S/X 双频段都具有收发双工、自跟踪、圆极化等功能。

天线结构子系统由天线反射体及其支撑机构、俯仰组合、方位组合、保护装置等组成。

天线控制子系统主要由天线控制单元（ACU）、天线驱动单元（ADU）、驱动执行部件、轴角编码板、极化控制器和控保部件组成。

（2）发射分系统

发射分系统的主要功能是将基带送来的 70 MHz 上行调制信号上变频到射频频段，再经高功放把射频信号放大后送天伺馈分系统。设备的发射分系统包括两条 X 频段上行链路，由小信号分机及固态功放两部分组成。其中小信号分机主要由上变频器、频率综合器等组成；固态功放分机主要由固放模块、假负载、冷却设备等组成。

为保证组合干扰满足指标要求，降低链路的相噪，同时为了频谱不倒置，X 上行链路采用3次上变频，频综、一本振和三本振采用低本振。发射分系统的频率关系如图6所示。

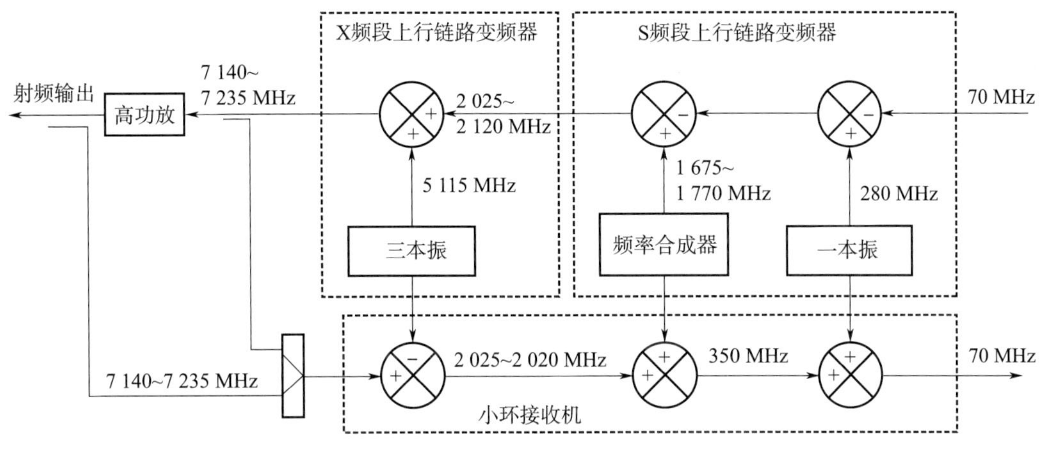

图6　X频段上行链路频率变换

(3) 高频接收分系统

高频接收分系统的主要功能是对天伺馈分系统送来的下行信号进行变频和放大，并将70 MHz中频信号送测控和低速数传基带。X频段高频接收链路主要由低噪声放大器及下变频器等组成，接收并放大馈源送来的左右旋微波信号，将其下变频至中频。在进行X频段测控时，低噪声放大器的噪声温度不大于80 K。

X频段测控通道下变频器采用两次变频方案，如图7所示。一本振频率7 680～7 800 MHz，以频率综合器的方式实现100 Hz步进调节，二本振频率为650 MHz。一本振通过较低频段的跳频源环路与单环混频的方式保证近端相噪指标。

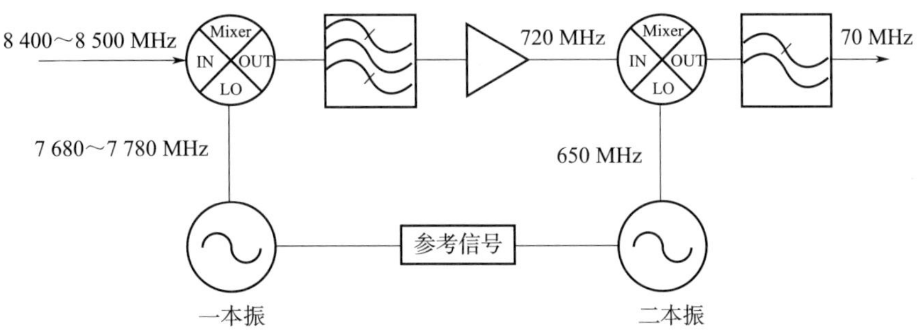

图7　X频段测控接收通道频率流程

(4) 多功能数字基带分系统

设备的多功能数字基带分系统由6台基带设备组成，包括2台测控和低速数传基带、2台高速数传基带和2台低密度校验码（Low Density Parity Code，LDPC）译码遥测基带。多功能数字基带分系统主要完成S/X双频段测控、S频段低速数传、X频段高速数传及LDPC译码遥测等功能。

X频段测控技术试验中使用的是测控和低速数传基带，该基带包括了测控和低速数传两个模块。测控模块采用 PCM/PSK/PM 统一载波系统的调制体制，副载波可以是正弦波或方波，接收环路带宽最小可设为 1 Hz。该模块支持侧音测距和音码混合测距两种测距方式；支持 CCSDS 标准的（7，1/2）卷积码、RS（255，223）编码、卷积与 RS 的级联码、Turbo 码等遥测编码格式，遥测码速率 1 bit/s～2 Mbit/s。低速数传模块可采用 PCM/PM，BIT/SK，QPSK，OQPSK，SQPSK，UQPSK 等多种调制方式；支持 CCSDS 标准的（7，1/2）卷积码、RS（255，223）编码、卷积与 RS 的级联码、Turbo 码等数据编码格式，数传码速率 2～20 Mbit/s。

测控和低速数传基带采用软件无线电技术实现，具有良好的功能可编程性和软件可移植性，通过标准化、模块化、通用化设计，所有电路、算法以及 FPGA 配置程序、DSP 程序文件和计算机应用程序均保存在计算机中。使用时将所需的配置程序从计算机文件系统通过总线加载到 FPGA 或 DSP 配置芯片中就可调用相应用途的计算机处理软件模块，构成相应的终端设备。

3.2 关键技术

（1）X 频段高动态频率捕获技术

相比 S 频段测控而言，在 X 频段目标运动引起的多普勒频率动态范围和多普勒频率变化率将增大 4 倍。信号频率随时间变化这一特性大大增加了信号捕获的难度，因此高动态极低信噪比信号的捕获是深空通信领域的一项关键技术。对高动态微弱信号的捕获主要采用分段测频加 NCO 斜率预置相结合的算法，利用 NCO 斜率预置实现对信号频率变化率的搜索，FFT 算法可以高效地实现频谱转换并提高频率捕获范围[7,8]。

1）FFT 测频

通过 FFT 求解输入信号的功率谱密度，通过设置判决门限的方式观察功率谱密度在某一范围内是否有明显的峰值功率谱线出现，以确定输入信号中是否含有待测信号，同时，结合极大值搜索法搜索最大功率谱分量的位置，此峰值功率谱所对应的频率为输入信号的多普勒频率。

在深空通信应用中，由于接收信号极其微弱，为了提高信号估计概率，需要增加信号估计时间以提高信号功率谱域的分辨率，而长时间估计会受到信号多普勒变化率的影响，因此，为了缩短信号估计时间，采用 Welch 改进复数周期图估计方法。

Welch 的改进平均周期图法实在传统的周期图估计方法的基础上引入了信号重叠分段、加窗函数等处理，与传统的周期图法和巴特利特（Bartlett）平均周期图法相比，Welch 的改进平均周期图法可大大减少测频时间，使用 Welch 的改进平均周期图法，数据段加窗后可以进行重叠获取，若采用 50%的窗口重叠，测频时间可以缩小一半。为了进一步减少测频时间，采用了复数 FFT 计算方法，在相同处理增益的情况下，复数 FFT 计算的点数比单路 FFT 计算要求的点数可以减少一半，对应的测频时间也可以减半，显然对动态跟踪是有好处的。

2）频率斜率搜索

频率斜率搜索算法在本地 NCO 进行斜率预置，并利用数字变频大大消除输入信号的多普勒动态，多普勒动态的消除可以解决 FFT 功率谱分析过程中频谱功率分散的问题，可以有效提高 FFT 增益。但是目标多普勒变化率是未知的，因此需要通过预制多组本地 NCO 斜率与输入信号进行匹配，与输入信号频率变化率最接近的 NCO 可以实现与信号的匹配，而匹配误差直接影响信号频率捕获概率，如果已知频率斜率的概率分布可以利用分布概率对本地斜率进行预置，从而缩短频率斜率的估计时间，另外采用 Welch 改进周期图估计算法可以有效缩短信号分析时间，降低斜率搜索步进。

3）频率与频率斜率的二维搜索

基于上述分析可知，单纯的频域分析无法有效地在估计时间内将信号的功率谱集中到一定范围内的功率谱内，通过频率斜率搜索法可以有效提高 FFT 增益，提高信号的捕获概率，采用频率斜率预置与改进 FFT 算法可以实现频率和频率变化率的二维搜索。

例如，对于±1 200 kHz 范围内、±1 kHz/s 的变化斜率范围，采用如图 8 所示的二维频谱划分搜索方案，二维搜索的分段划分包括频率斜率轴和频率轴，频率斜率搜索的范围是－1～1 kHz/s，而频率搜索的范围为－1 200～1 200 kHz。通过频率和斜率的分段对二维平面进行划分，得到若干个搜索子块，每次搜索一个子块，实际工程应用中，子块的搜索是并发进行的，所有子块完成搜索则完成一次整个频率与斜率范围的搜索。

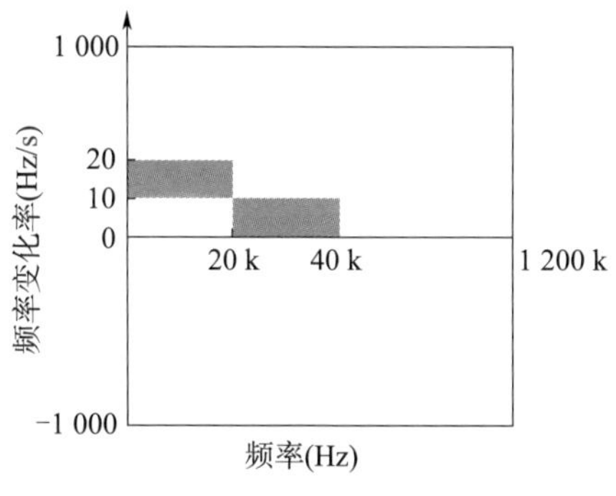

图 8　二维搜索方案

可以对频率均匀分段，将每段分成 40 kHz 的宽度，共分为 60 段。频率斜率的划分方式根据频率斜率的概率分布来进行，图 9 是频率斜率均匀方式和正态方式进行搜索的情况。实箭头线是以 4 个通道为例时的第一次搜索分布结构，而虚箭头线是 4 通道时的第二次搜索分布结构。与均匀分布方式相比，正态划分方式首先搜索最有可能的频率斜率点，然后向频率点周围辐射的方式进行搜索，这样可以缩短捕获时间。

（2）X 频段高功放技术

X 频段高功放属我国首次研制，采用了固态方案。与速调管高功放相比，固态高功放具有安全可靠性高、寿命长、操作简便、维修方便快捷等优点，但受到固态器件不能大功率输出的技术水平限制，如需大功率输出需要进行功率合成，技术难度较大、成本较高[9]。

X 频段固态高功放采用 8 个固态功率放大单元合成方案，单机组成框图如图 10 所示。主要组成部分包括驱动与监控单元、功率放大单元、功率分配器、功率合成器、微波组

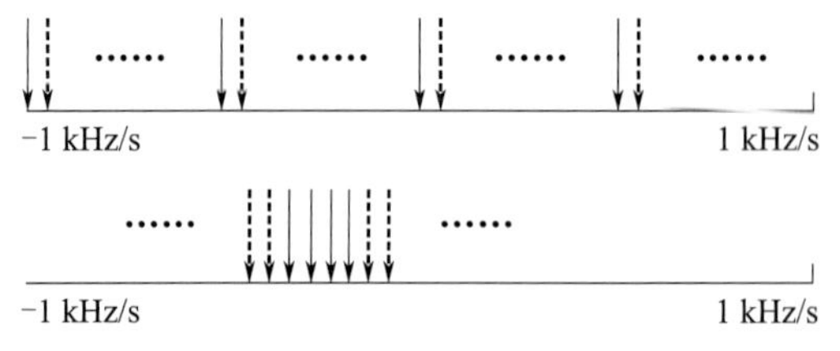

图 9 频率斜率分布

件、分布式供电电源和风冷装置以及各种对外接口等。

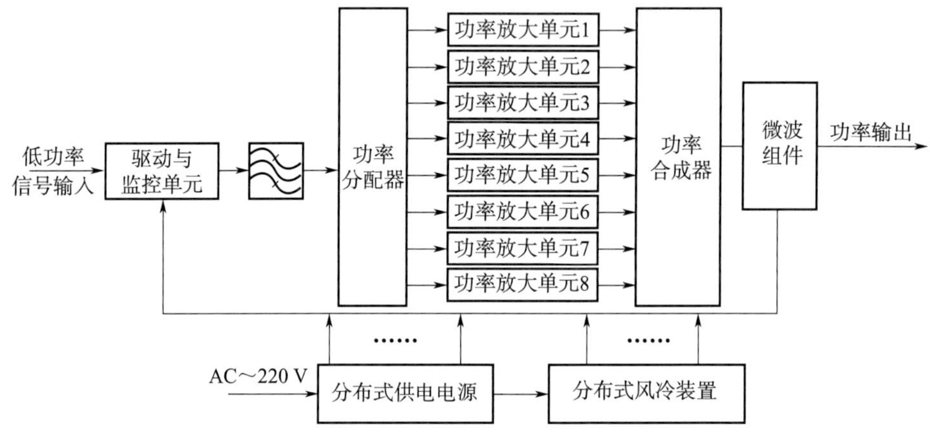

图 10 X 频段固态高功放的单机方案框图

小信号输入送到驱动与监控单元，经驱动放大和电平控制后送给功率分配器；功率分配器将中功率驱动信号同相等幅分为 8 路，分别送至各对应的功率放大单元；功率放大单元完成功率放大，各功率放大单元的输出功率大于 170 W。随后各功率放大单元的大功率信号分别送至功率合成器，将 8 路功率信号进行功率合成以达到单机规定要求的输出功率。最后由微波组件对高功率信号进行耦合、检测、馈送，实现高功率输出。

功率放大单元是 X 频段固态高功放的核心部分，它的主要组成包括：功率放大模块、稳压电源和风冷散热装置等，其组成框图如图 11 所示。

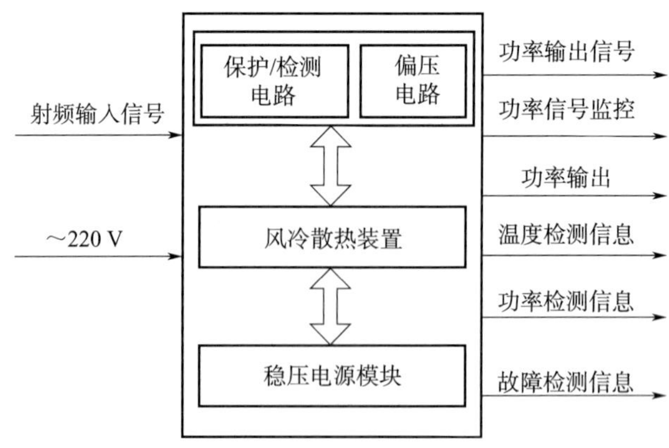

图 11 功率放大单元方案组成框图

该单元主要完成信号的功率放大，并提供本单元内部的各种必要保护措施。射频输入信号经过移相器和电缆进入单元内的功率放大模块，经过四级功率放大，可输出所需的大于 170 W 微波功率。由于 X 频段频率较高，普通同轴结构的输出连接器已不能很好地满足 200 W 以上功率的要求。因此在该单元输出端采用 BJ-70 的波导结构。此外，由于该单元是功率合成的基本单元，因此在合成器之前保证各单元相位一致性非常重要，通过在各单元信号输入端加入同轴移相器，移相范围为 180°，保证各单元相位一致性的要求。

目前 X 频段固态功率放大管的单管输出功率能够达到 60 W，要满足每个单元输出 170 W 的要求，必须进行功率合成。采用四路合成的方式，功率合成效果的好坏主要取决于微带电路的分路器和合成器，通过控制各分路和合成器端口的驻波、相位一致性等来解决功率合成问题。

4 X 频段测控技术试验

为了对我国首次采用的 X 频段测控体制进行验证，在嫦娥二号卫星的地月转移段和环月飞行段各进行了多次试验，开展 X 频段功能性验证试验以及 X 频段测距测速＋DOR 测定轨试验，试验系统由嫦娥二号卫星和位于青岛和喀什的两套 18 m X 频段测控设备以及 4 个 VLBI 观测台站组成，见图 12。

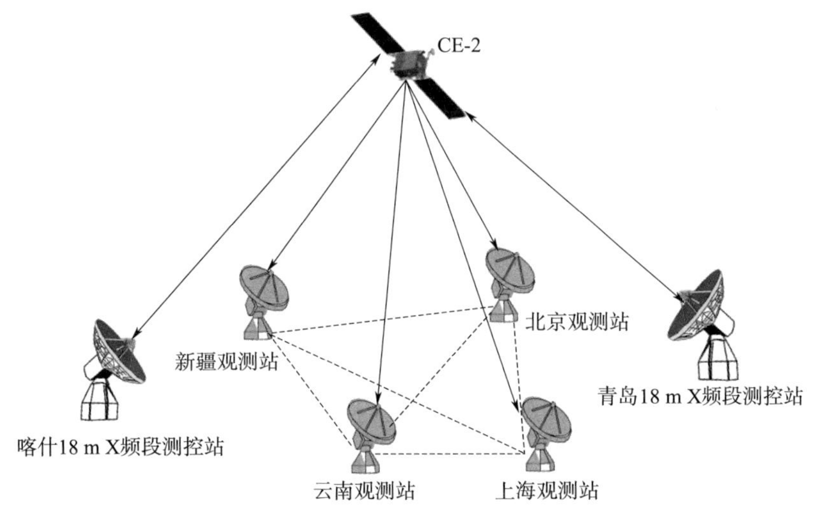

图 12　X 频段测控技术试验示意图

X 频段功能性验证试验的目的是验证 X 频段遥控遥测与测距测速功能的正确性，其中，上行遥控码速率分别设置为 1 125 和 7.812 5 bit/s，测距主音分别设置为 100 和 500 kHz。试验结果证明，在各类上行码速率条件下，地面站发送遥控指令正确，卫星接收和执行指令正常；地面站能够正确接收和解调 X 频段卫星遥测数据；在测距主音为 100 或 500 kHz 时，设备的测距测速功能正常。

X 频段测距测速+DOR 测定轨试验的下行载波加调 DOR 侧音信号，测距主音设置为 500 kHz，综合利用 X 频段测距测速+DOR 信号进行嫦娥二号卫星测定轨。通过事后精密定轨结果对测量数据进行残差分析，得到如下结果：

1）X 频段测速精度要明显优于 S 频段测速数据：X 频段测速精度为 1～4 mm/s，S 频段测速精度为 1～3 cm/s。图 13 中给出的是 2010 年 10 月 4 日，青岛站 X 频段的测速残差图。

2）利用 DOR 信号获得的 X 频段时延数据的测量精度可达 1 ns（最好可达 0.2 ns），优于利用 VLBI 信标获得的时延测量精度 3～5 ns；时延率数据的测量精度可达 0.3 ps/s，优利用 VLBI 信标获得的时延率测量精度 1～2 ps/s。

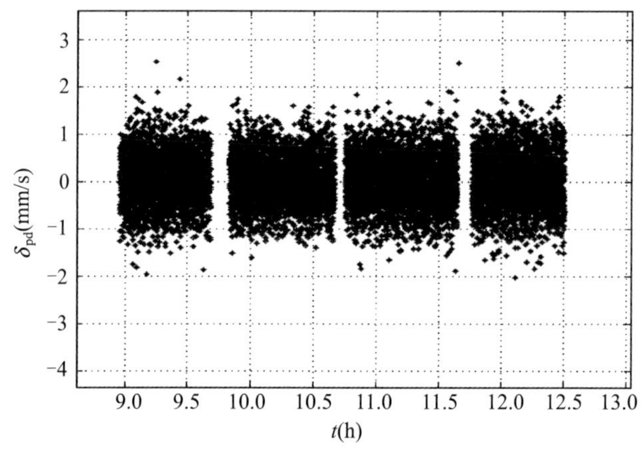

图 13　青岛站 X 频段测速残差图

5 结论

本文针对 X 频段更适用于月球以远深空探测测控通信的特点，提出了天地一体化设计思路，通过关键技术分析与攻关，详细阐述了测控通信系统的设计与实现。结合嫦娥二号工程，利用国内目前口径最大的 18 m 测控系统和 VLBI 天文观测系统，构建技术试验系统，基于对 X 频段功能性以及测定轨试验数据分析，得出以下结论：

（1）X 频段测速精度要优于 S 频段测速精度 1 个数量级；

（2）利用 DOR 信号比利用 VLBI 信标获得的时延和时延率精度提高 3 倍以上；

（3）充分验证了 X 频段测控通信系统天地一体化设计的正确性、有效性，证明了 X 频段测控体制和相关技术，可正式用于我国后续月球及深空探测工程。

参考文献

［1］ Thornton C L，Border J S. Radiometric Tracking Techniques for Deep Space Navigation. Hoboken：John Wiley & Sons，Inc，2003.

[2] 陈芳允．卫星测控手册 [M]. 北京：国防工业出版社，2000.
[3] Comparini M C, De Tiberis F. Advances in deep-space transponder technology. Proc IEEE, 2007, 95: 1994-2008.
[4] Haskins C B, Millard W P, DeBoy C C, et al. Microwave technologies for the new horizons mission to pluto. In: IEEE Aerospace Conference, Honolulu, HI, 2007. 935-938.
[5] Mysoor N R, Perret J D, Kermode A W. An X-band spacecraft transponder for deep space applications-design concepts and breadboard performance. IEEE Trans Microw Theory Techn, 1992, 40: 1192-1198.
[6] Gardner F M. Phaselock Techniques. 3rd ed. Hoboken: John Wiley & Sons, Inc, 2005.
[7] Hayes M H. Statistical Digital Signal Processing and Modeling. New York: John Wiley & Sons, Inc, 1996.
[8] Welch P D. The use of fast Fourier transform for the estimation of power spectra: a method based on time averaging over short, modified periodograms. IEEE Trans Audio Electroacoust, 1967, Au-15: 70-73.
[9] Jon S H. Two-level power combining using a lens amplifier. IEEE Trans Microw Theory Techn, 1994, 42: 2480-2485.

Design and experiment of X-band TT&C system for the project of CE-2

WU Weiren, HUANG Lei, JIE Degang, ZHU Ge & LI Haitao

Abstract In deep space exploration, in order to conquer the TT&C technical difficulties, which are long distance, long time delay and weak signal, an efficiency method is to improve radio frequency. Therefore an X-band TT&C technical experiment is developed in CE-2 Project for the first time. This paper studies the design and realization of the integrated space—ground X-band TT&C system, describes the composing of the technical experiment system, critical techniques, system experiment method and the test results. Experimental results indicate that X-band improved remarkably in link performance and precision of orbital measurement and determination, via comparing with S-band TT&C system. X-band will be used as major frequency band for lunar and deep space exploration.

Keywords The project of CE-2; X-band; TT&C; DOR

嫦娥二号工程月球辐射噪声影响研究*

吴伟仁，董光亮，李海涛，李赞，节德刚

摘　要　月球辐射噪声是月球探测中影响测控通信性能的重要因素，将直接影响地面测控系统的数据接收和测距测速性能。本文在借鉴国外相关领域研究的基础上，首次探讨了月球噪声对测控通信的影响机理和测试方法，建立了理论模型并进行了仿真分析。在嫦娥二号工程中，利用国内目前最大口径的 18 m 测控系统对月球辐射噪声进行了长时间的测量，通过对试验数据和理论计算结果的对比分析，得到了月球辐射噪声在 S 频段和 X 频段对 18 m 测控系统的影响规律，为我国后续月球与深空探测的测控与通信链路性能的设计提供了更精确的参考依据。

关键词　嫦娥二号工程；月球辐射噪声；测量；测控

0 引言

嫦娥二号卫星作为探月工程二期先导星，主要用于试验验证二期工程部分关键技术，其中 X 频段测控体制是嫦娥二号任务重点验证的关键技术之一。与 S 频段相比，X 频段在测量精度和频率资源等方面都有明显优势，目前已作为深空探测的主用工作频段在月球和深空探测中得到广泛应用。我国探月工程及后续深空探测任务中，都将把 X 频段作为测控通信的主用频段。

月球辐射噪声是月球探测必须要考虑的影响因素，由于月球表面和深层物质对太阳光能量的吸收和反射作用，使地面测控站接收的下行信号中包含了月球辐射出的不同波长的微波能量，增大了接收系统的噪声温度、降低了接收信噪比，从而影响地面测控系统的数据接收和测距测速性能。为了更好地利用测控资源，合理规划星地链路参数，有必要准确掌握月球辐射噪声的影响规律，为测控性能分析和系统设计提供可靠的参考依据。

美国国家航天局（NASA）和欧洲航天局（ESA）曾多次利用其深空站开展了相关方面的研究工作，并取得了相应的成果[1]。我国目前在该领域的研究还处于起步阶段，为了保证探月工程的顺利实施，本文重点研究了月球噪声对测控通信的影响机理和测试方法，建立了理论模型并进行了仿真分析，在嫦娥二号任务期间利用国内目前最大口径的 18m

* 中国科学：信息科学，2011，41（8）：9.

测控系统对月球辐射噪声进行了多次测量，通过试验数据和理论分析结果的对比研究，得到了月球辐射噪声影响在S和X频段的变化规律。

1 月球辐射噪声影响理论分析

1.1 月球辐射噪声机理

月球除了反射太阳光中的可见光之外，还向外界辐射红外和微波波长的能量，而其他波长的月球辐射能量很小，可以忽略不计，即月球对外主要是热辐射。月球热辐射与其表面温度相关，月球表面的物质成分和太阳光强决定了月球向外辐射能量的大小。从地球上测量月球的对外辐射能量，与月球围绕地球公转周期内相对太阳的位置有关，月球围绕地球公转一周（月相周期）约29.5个地球日，即月球辐射噪声变化也基本以29.5个地球日为一个周期。

月球辐射的红外线能量由月球表层物质产生，所以它的变化与月相周期保持一致；月球辐射的毫米波或厘米波能量，则是由月表以下深层物质产生，经热传导至表层后对外辐射，因此辐射能量变化将滞后于月相变化，而且波长越长，滞后的程度将越大。微波辐射的能量与周期和波长有关，当微波波长大于5 cm时，辐射能量随月相的变化基本可忽略不计[2]。因此，当测控频率为S频段（波长约为13 cm）时，月球辐射随月相的变化不大；为X频段（波长约为3.6 cm）和Ka频段（波长约为0.9 cm）时，月球辐射随月相将有明显变化。对于微波频率，月球辐射噪声温度通常在140 K到280 K之间变化。虽然当波长大于5 cm时，月球辐射温度随波长变化不大，但通过对月球的射电观测表明，月球平均辐射温度随月相基本呈现类正弦变化趋势，图1[3]给出了在整个月相周期内，不同频率月球辐射噪声温度的变化曲线。

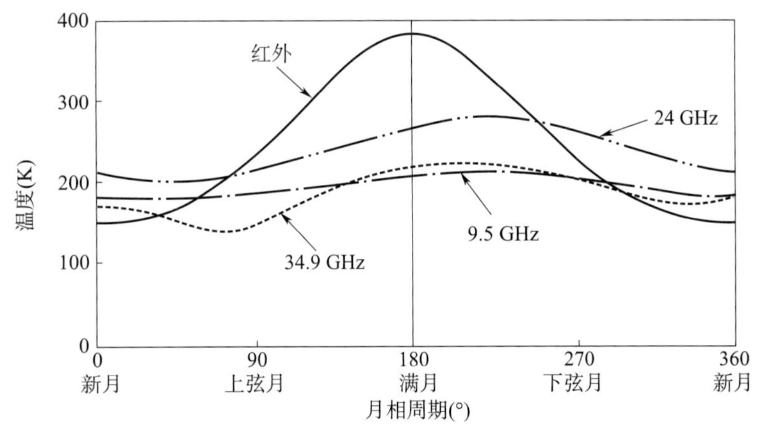

图1 一个月相周期内不同频率的月球辐射噪声温度变化曲线

由于月球自转与公转周期相同，所以任意时刻从地球上观测到的月球表面部分基本相同，最大约占月表总面积的59%，视角宽度约为0.5°。通常为了简化计算，ITU（国际电信联盟）建议当地面测控站天线波束宽度为0.5°，频率在1～100 GHz范围内时，月球平均辐射噪声温度为240 K，而且当地面测控站天线仰角大于10°且月球位于天线波束范围内时，需要考虑月球辐射噪声对下行链路的影响。

在以往对月球辐射噪声影响的估算中，都是利用月球的平均辐射噪声，但月球辐射噪声与工作频率、月相条件、月球与天线波束之间的相对位置关系等因素都密切有关[4-6]。

1.2 月球辐射噪声影响建模与仿真

当从地球上观测时，月球视圆盘直径约为0.5°，我国18 m天线测控系统的半功率波束宽度在S频段约为0.53°，X频段约为0.14°。当探测器环绕月球或着陆探测时，月球部分或全部占据了天线半功率波束宽度，若利用月球平均辐射噪声温度240 K作为链路计算的输入参数，而不考虑工作频率、月相和相对位置关系等因素的影响，则所得到的链路性能将很难反映真实情况。因此有必要对不同条件下的月球辐射噪声进行详细的分析。

以下给出了利用理论推导对月球辐射噪声进行估算的基本方法[7-9]。

地面测控站对月球探测器进行跟踪测控时，天线波束中心指向探测器的同时，月球也被部分或全部包含在天线波束内，根据地面测控天线波束宽度的不同，月球噪声可能仅进入天线主瓣，也可能进入天线旁瓣，所以无论月球是否位于地面测控站的视线方向，都有可能对地面测控站接收系统产生影响，其影响程度主要取决于接收天线的场波瓣图和外界温度。如图2所示，其中θ为相对天线口径法线的角度，φ为方位角。地面测控站天线噪声温度由其指向的天线增益和亮温度（Brightness Temperature）决定。

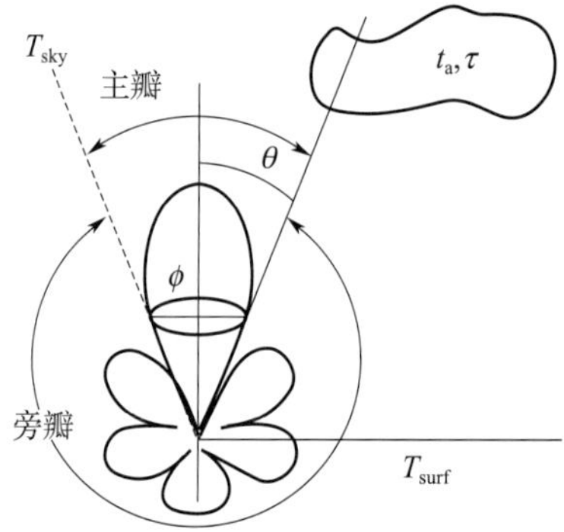

图2 天线接收噪声温度示意图

在球面坐标系中，地面测控站天线噪声温度的计算公式可以表示为

$$T_A = \frac{\int_0^{\pi}\int_0^{2\pi} P(\theta,\varphi) T_b(\theta,\varphi) \sin\theta \mathrm{d}\varphi \mathrm{d}\theta}{\int_0^{\pi}\int_0^{2\pi} P(\theta,\varphi) \sin\theta \mathrm{d}\varphi \mathrm{d}\theta} \tag{1}$$

其中θ：相对于天线口径法线的角度；φ：方位角；$P(\theta, \varphi)$：任意指向处单位立体角的功率，W；$T_b(\theta, \varphi)$：辐射亮温度，K；式（1）中分母为总辐射功率$P_T(\theta, \varphi)$，对于Cassegrain天线，任意方向的天线增益可以表示为

$$G(\theta,\varphi)=4\pi\frac{P(\theta,\varphi)}{P_T} \tag{2}$$

将（2）式代入（1）式可得

$$T_A=\frac{1}{4\pi}\int_0^{\pi}\int_0^{2\pi}G(\theta,\varphi)\,T_b(\theta,\varphi)\,\sin\theta\,\mathrm{d}\varphi\,\mathrm{d}\theta \tag{3}$$

假设月球为一个各向同性的辐射体，其表面辐射温度在各个方向为常数，则由于月球辐射所引起的天线噪声温度增加可以由下式表示

$$\frac{T_{\mathrm{incr}}}{T_b}=\frac{\int_{\mathrm{disk}}G_r(\theta,\varphi)\,t_b\,\mathrm{d}\Omega}{\int_{4\pi}G_r(\theta,\varphi)\,t_b\,\mathrm{d}\Omega} \tag{4}$$

其中：T_{incr}：地面测控站噪声温度增加，K；T_b：月球辐射温度，K；t_b：天线接收的外界亮温度；$G_r(\theta,\varphi)$：接收天线归一化功率波瓣图。从（4）式可以看出，分子是仅对月球视圆盘立体角的积分，分母是对整个空间的积分。为了对（4）式进行积分，我们利用均匀照射口径的大型旋转抛物面天线的归一化场波瓣函数 $E(\theta)$，如下式所示

$$E(\theta)=\frac{2\lambda}{\pi D}\frac{J_1[(\pi D/\lambda)\sin\theta]}{\sin\theta} \tag{5}$$

其中 J_1：一阶 Bessel 函数；λ：波长；D：地面测控站天线口径。由（5）式可计算出归一化的功率波瓣图为

$$G_r(\theta,\varphi)=(E(\theta))^2 \tag{6}$$

即

$$G_r(\theta,\varphi)=\left(\frac{2\lambda}{\pi D}\frac{J_1[(\pi D/\lambda)\sin\theta]}{\sin\theta}\right)^2 \tag{7}$$

将（7）式代入（4）式，并积分可以得到相对月球噪声的天线噪声温度增加值。根据不同地面测控站天线口径、工作频率和天线波束中心相对月心的偏离角度，得到了月球噪声引起的地面测控站噪声温度增加值仿真曲线，如图 3 和图 4 所示，其中 X 轴表示月球视圆盘中心到波束中心的距离与月球视圆盘半径的比。

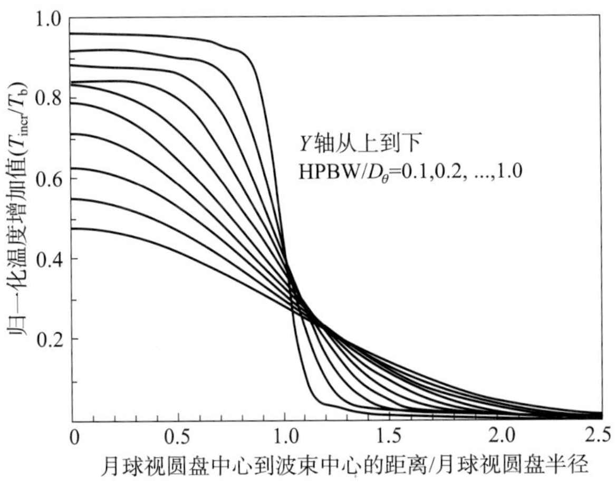

图 3 归一化的噪声温度增大值（HPBW 为半功率波束宽度，D_θ 为月球视圆盘直径，HPBW≤D_θ）

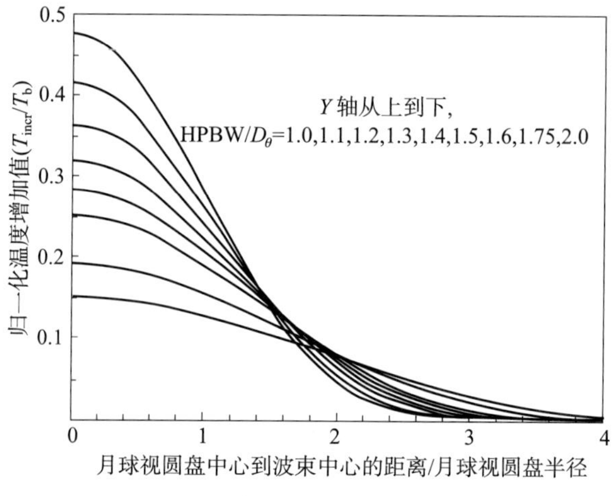

图 4　归一化的噪声温度增大值（HPBW≥ D_θ）

从仿真曲线可知，对于工作在 S 频段的地面测控系统，当天线波束中心指向月球中心时，天线外部噪声温度增大值约为 0.47×240 K＝112.8 K，X 频段约为 0.9×240＝216 K，当地面测控站天线效率为 0.5 时，S 频段和 X 频段由月球引起的噪声温度增大分别约为 57 K 和 108 K；当天线波束中心指向月球边缘时，S 频段天线外部噪声温度增大值约为 0.27×240 K＝64.8 K，X 频段天线波束中心指向月球中心时的天线噪声温度增大值约为 0.45×240＝108 K，当地面测控站天线效率为 0.5 时，S 频段和 X 频段由月球引起的天线噪声温度增大分别约为 33 K 和 54 K。

2　月球辐射噪声影响试验

美国 2005 年 9 月宣布重返月球计划后，广泛开展了各项研究和准备工作，其中包括对月球辐射噪声的研究，并利用其深空站对月球辐射噪声进行了测量试验。为全面、准确获取月球对地面测控系统噪声的影响，我们采用接收噪声谱密度变化的方法，利用国内 18 m S/X 频段测控系统对月球辐射噪声影响进行了测量验证。

2.1　JPL 月球辐射噪声测量

美国喷气推进试验室（JPL）利用其位于加利福尼亚州戈尔德斯顿深空综合设施的 34 m 波束波导深空测控系统对月球辐射噪声进行了测量，测量内容分为校准、指向月球中心、指向月球边缘 3 个部分。其中，校准的目的是为了确定整个接收系统噪声温度变化的线性度；天线指向月球中心的测量得到不同频率下由月球引起的最大系统噪声温度增加值；天线指向月球边缘测量目的是为未来在月球南极边缘迈勒山（Malapert Mountain）区域建立微波中继站做准备。

JPL 经过近半年的观测，得到了 34 m 波束波导天线在不同月相条件下，S 频段、X

频段的实测数据，通过统计分析，得到了在天线波束中心指向月球中心时由月球噪声引起的系统噪声温度增加值，如图 5 所示（该测控系统能够同时接收 S、X 频段信号或 X、Ka 频段信号）。

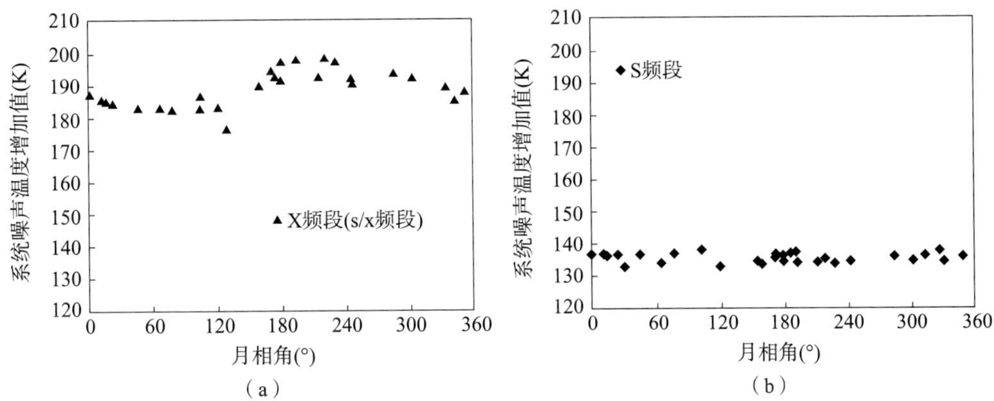

图 5　34 m 波束波导天线指向月心时的系统噪声温度增大

试验结果表明，对于 34 m 波束波导天线，当天线指向月球中心时，月球辐射噪声在 S 频段引起的系统噪声温度增大值平均为 135 K±1.4K，X 频段平均为 189 K±5.5 K，且 X 频段随月相变化明显。当天线波束中心指向月球边缘时，月球辐射噪声所引起的系统噪声温度增大值呈下降趋势。

2.2 18 m 测控系统月球辐射噪声测量试验

通过改变地面测控系统天线的指向，分别正对月球中心、月球边缘，将测量噪声功率谱密度值与指向冷空时的功率谱密度值进行比较，得到地面接收系统相应的信噪比恶化值。18 m 测控系统测试框图如图 6 所示。试验内容包括：

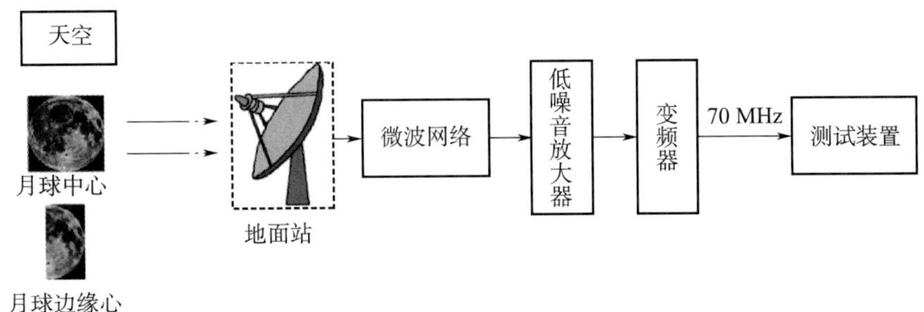

图 6　测控站 18 m 天线月球噪声测试框图

1）当地面站天线波束中心对准月球中心时测量其噪声功率谱密度 N_{AE0}；

2）当地面站天线波束中心在方位角上偏离月球中心 0.25°（约为月球视圆盘直径的一半。卫星距离月面 100 km 高度，天线指向卫星时近似为指向月球边缘）时测量噪声功率谱密度 N_{A25}；

3）地面站天线波束中心指向冷空（偏离月球中心 10°）时测量噪声功率谱密度 N_{A10}。

定义 N_{AE0}、N_{A25} 分别与 N_{A10} 之间的差值为月球引起的地面测控系统接收信噪比恶化值，该值越大表示月球噪声对系统的影响越严重。图 7 给出了一个月相周期内月球噪声在 S 频段引起的测控系统接收信噪比恶化值，图 8 给出了一个月相周期内月球噪声在 X 频段引起的测控系统接收信噪比恶化值。可以看出，月球辐射噪声对测控系统的影响与月相变化的变化周期基本一致，且 X 频段月球辐射噪声影响随月相变化较为明显。当地面天线波束中心对准月球中心时，月球辐射噪声在 S 频段引起的接收信噪比恶化值在 0.6～1.2 dB 范围内变化，在 X 频段引起的接收信噪比恶化值在 1.6～2.7 dB 范围内变化；当地面天线波束中心指向月球边缘时，月球辐射噪声在 S 频段引起的接收信噪比恶化值在 0.5～0.8 dB 范围内变化，在 X 频段引起的接收信噪比恶化值在 0.4～2.4 dB 范围内变化。

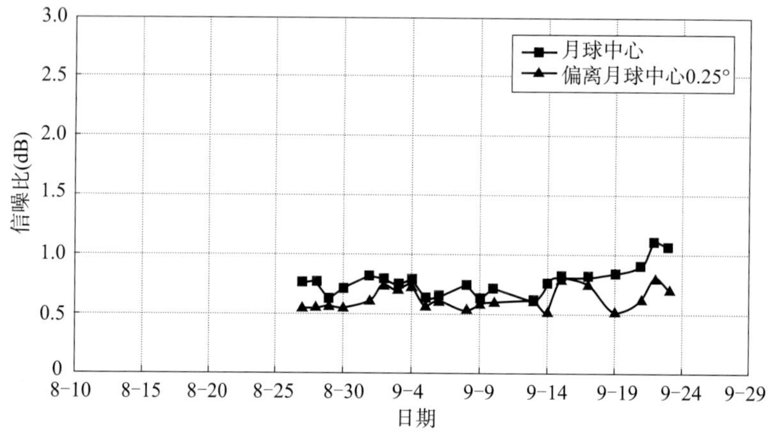

图 7 一个月相周期内地面测控站 S 频段接收信噪比恶化

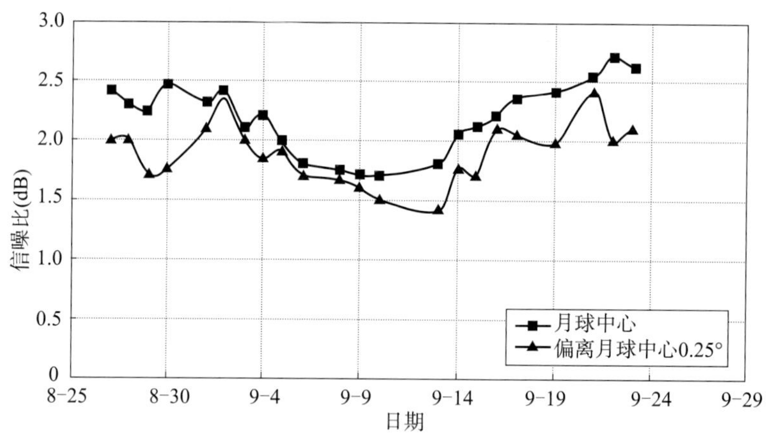

图 8 一个月相周期内地面测控站 X 频段接收信噪比恶化

从实测数据中我们还可以看出，月球辐射噪声在 X 频段的影响要大于 S 频段，相差约 2 dB，而且 X 频段月球辐射噪声随月相变化较为明显。当地面测控站天线波束中心指向月球边缘时，月球辐射噪声对地面接收系统的影响变化较为复杂，通常在使用过程中取其平均值或最恶劣情况下（天线波束指向月球中心）的值作为链路计算的输入参数。

当利用理论方法进行计算时，天线指向月球中心和边缘时，地面测控站 S 频段系统噪声温度增大分别为 57 K 和 33 K，折算得到的接收信噪比恶化分别约 1 和 0.65 dB；在 X 频段，当天线指向月球中心和边缘，系统噪声温度增大分别为 108 K 和 54 K 时，折算得到的接收信噪比将分别恶化约 1.8 和 0.8 dB。理论计算值在实测值范围之内。

通过与 JPL 的实测数据结果进行比较可知，我们通过测量得到的月球辐射噪声在 S 频段和 X 频段对测控系统影响的变化规律与其一致。但由于 JPL 的 34 m 天线波束宽度较窄、天线效率较高，因此月球辐射噪声产生的影响较大。

3 结论

本文针对月球辐射噪声影响，详细分析了其产生的机理，通过建立理论模型，给出了月球辐射噪声影响估算的基本方法。结合嫦娥二号工程，采用接收噪声谱密度变化的方法，利用国内目前最大口径的 18 m 测控系统进行了试验验证，获取了大量月球辐射噪声影响数据，得出以下结论：

（1）天线波束指向月球中心比指向月球边缘产生的辐射噪声影响大；月球辐射噪声在 X 频段的影响大于 S 频段，相差约 2 dB，随着工作频段的提高，月球辐射噪声对测控系统的影响越大，并且随月相的变化更为明显。

（2）试验数据与理论仿真计算结果相比，月球辐射噪声对地面测控系统的影响规律一致，验证了理论模型的正确性；

（3）月球辐射噪声与月相条件、地面测控系统状态、工作频段、天线指向等因素均相关，所以有必要利用不同地面测控系统在不同工作频段进行长期测量和统计分析，得到更为精确的变化规律，以便为后续月球和深空探测任务中更有效地利用测控资源和设计测控链路提供重要参考依据。

参考文献

[1] Morabito D D. Lunar Noise-Temperature Increase Measurements at S-band, X-band, and Ka-band Using a 34m-Meter-Diameter Beam-Waveguide Antenna. IPN Progress Report. August 15, 2006.

[2] Imtriale W A. Computing the Noise Temperature Increase Caused by Pointing DSS 13 at the Center of the Moon. IPN Progress 42-166. August 15, 2006.

[3] Ho C, Kantak A, Slobin S, et al. Link Analysis of a Telecommunication System on Earth, in Geostationary Oribt, and at the Moon: Atmospheric Attenuation and Noise Temperature Effects. IPN Progress Report 42-168. February 15, 2007.

[4] Slobin S. Atmospheric and Environmental Effects 105, Rev. B DSMS Telecommunications Link Design Handbook. California: California Institute of Technology, 2006.

[5] Chen F Y. TT&C Handbook of satellite (in Chinese) . Beijing: National Defense Industry Press, 2000.

[6] CCSDS Secretariat, Office of Space Communication. CCSDS 412.0-G-1 Green Book. Radio Frequency And

Modulation Systems Spacecraft-Earth Station Compatibility Test Procedures. Washington: National Aeronautics and Space Administration. 1992.

[7] Reid M S. Low-noise System in the Deep Space Network. California: Jet Propulsion Laboratory California Institute of Technology, 2008.

[8] Ippolito L J. Propagation Effects Handbook for Satellite Systems Design. Jet Propulsion Laboratory, 1999.

[9] ITU-R. Propagation Data and Prediction Methods Required for the Design of Earth-Space Telecommunication Systems. ITU-R Recommendation, 618.

Research of the lunar noise for the project of CE-2

WU Weiren, DONG Guangliang, LI Haitao, LI Zan & JIE Degang

Abstract The lunar noise is the important factor of influence on the performance of TT&C in lunar exploration. It affects the data received and the measurement of ranging and velocity. Based on the foreign research, the theory on the lunar noise influencement and the method of measurement is described in the paper. The system model is established and simulated. In the project of CE-2, the lunar noise for a long time is measured, using the antenna of 18 m, which is the largest aperture in China. After comparing the result of measurement and academic, we find the rule of lunar noise influencement in S-band and X-band for the TT&C. The study results will provide the reference on the design of TT&C link in lunar and deep space exploration.

Keywords CE-2; lunar noise; measurement; TT&C

基于网络的实时计算机遥测数据处理系统*

吴伟仁，李华

摘　要　我国自行研制了新一代开放式体系结构的实时分布式计算机遥测数据处理系统。该系统采用先进的数据流体系结构，可实现八个数据流的并行输入、解调、并行处理及并行多端口数据输出。系统支持多种遥测传输体制，适应航天航空、工业测控等广泛的遥测应用领域，本文着重介绍了系统的体系结构，主要功能指标、工作原理以及系统特点。

关键词　遥测系统；开放系统；计算机网；实时处理

1 概述

1.1 引言

该系统是采用开放体系结构的分布式实时遥测数据处理系统[1]。系统基于网络可连接多个遥测数据采集处理子系统和多台遥测应用工作站，以构造遥测数据实时分布式网络计算环境；配置高速实时记录设备、标准网络接口、数据通信接口及多种模拟方式、数字方式遥测数据输出通道，为用户提供全面、直观、快捷、灵活的实时遥测数据服务。遥测数据采集处理子系统采用数据流体系结构[1]，实现多个遥测数据流并行输入、实时并行遥测数据处理和多端口输出。采用优化分配和处理负荷溢出判别等技术，实现多处理器实时处理任务的自动优化分配。系统兼容多种体制遥测数据实时采集，适应广泛的遥测应用。

1.2 主要技术指标

表 1　系统最大配置下的主要技术指标

主要项目	技术指标
最大输入遥测数据流数目	八个
PCM 单流码速率	50 bit/s～3.5 Mbit/s 连续可变

* 导弹与航天运载技术，1995 (3)：8.

续表

主要项目	技术指标
可编程遥测帧格式	IRIG Ⅰ类，Ⅱ类
CCSDS 分包遥测	可扩充
实时变格式遥测切换时间	小于 1 s
实时遥测加密数据解密	有
高速遥测数据处理总线通过率	10 MW/s
高速遥测数据总线数据宽度	数据 32bit，标签 16bit
并行实时预处理器配置数目	四个
实时处理遥测参数总数	>1 500 个
系统总的实时处理速度	800 kW/s
数据实时存储数据率	5 Mbit/s
热敏记录仪最大实时记录参数	128 个
多处理器并行处理任务分配方式	自动优化
时间码格式	IRIG B（AC/DC）
系统网络环境	Ethernet，TCP/IP 协议
遥测应用工作站	基于 X-Windows 多窗口图形工作站
数据实时存储介质	磁盘，光盘，旋转头磁记录器

2 系统体系结构

2.1 分布式实时遥测数据处理系统

系统采用分布式并行处理机制实现遥测数据的实时管理。系统由两部分组成（见图1）：一部分是实时数据采集管理子系统（简称遥测前端），这是基于数据流体系结构的遥测专用实时计算机系统；另一部分是由各类通用计算机构成的遥测应用工作站。遥测前端系统实现多数据流的同步解调、信道解码、数据实时存储、记录、处理、输出和分发等功能。遥测应用工作站通过标准局域网与遥测前端连接，完成部分遥测数据或某一类遥测应用数据的实时显示、处理、通信以及事后遥测参数的处理。遥测前端系统与遥测应用工作站的配置数目，可以依系统规模灵活配置。从单数据流遥测前端加单一遥测工作站的双节点网络系统，到多遥测前端加多用户工作站的多节点分布式网络系统。遥测前端与遥测工作站之间采用标准以太网连接，采用 TCP/IP 网络传输协议，以支持异种机之间的网络互连。

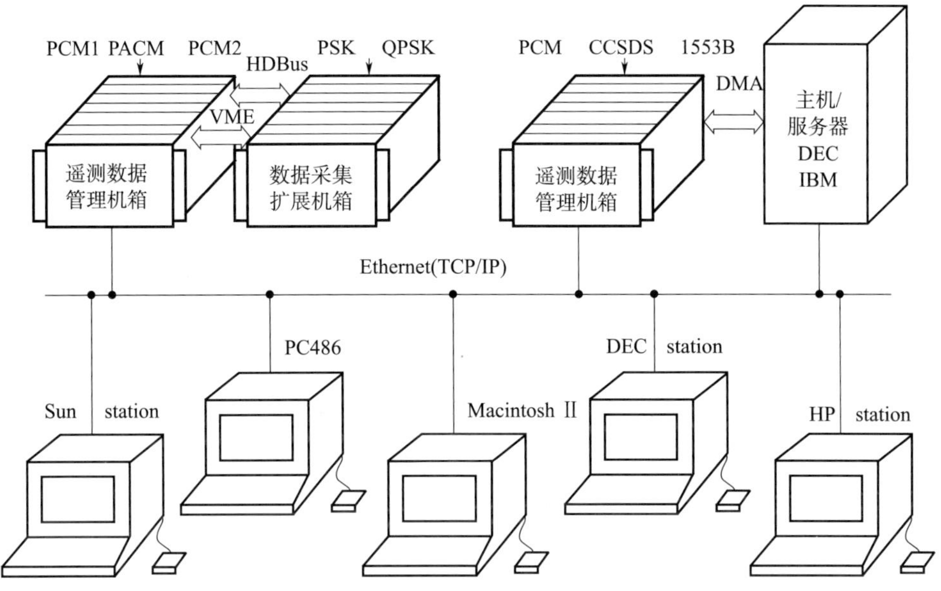

图 1 分布式实时遥测数据处理系统示意图

2.2 遥测前端系统

该子系统采用双总线数据流体系结构（见图 2）[2]，实现多数据流实时采集解调、高速并行实时数据处理和多端口并行数据输出。系统建立了支持数据驱动执行方式的高速遥测数据总线（HDBus 总线），该总线在输入模块、处理模块和输出模块之间，以广播方式传送数据/标签对，输入模块将各个解调后的数据流转换成并行数据后，为每个数据加上标签在总线上广播式发送，所有数据处理模块和输出模块的执行均由数据/标签的到来而激活，即数据驱动的工作方式。由于实时工作中元需中央调度和管理的运行方式，极大地提高了数据响应速度和系统并行实时处理、并行输出能力。系统采用集成式、系列化产品设计，系统模块及功能可配置、可裁剪和可扩充，采用开放式设计、标准化接口，利于相互支持和系统互连。

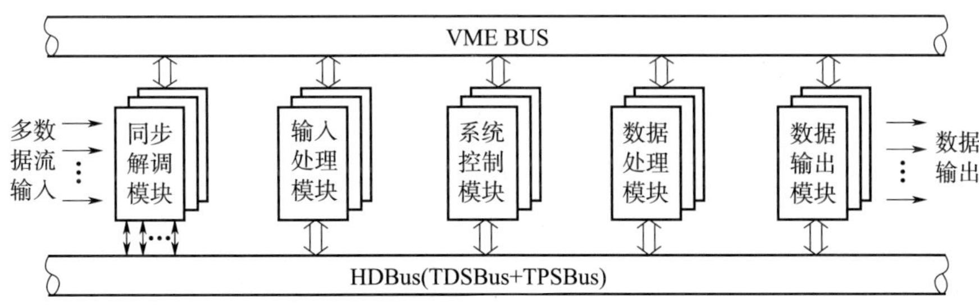

图 2 遥测实时数据采集管理系统基本结构

2.3 遥测应用工作站

遥测应用工作站可由多个图形工作站构成，实现遥测数据的多用户、多窗口及多种形式的遥测数据快见和部分数据的实时处理，同时完成遥测系统的实时监测和遥测数据的事后处理任务。实时状态下遥测前端将从解调的遥测数据流中选择相应的数据，组成传送信息包，定时通过网络发送。各遥测应用工作站接收信息包后，对各自需要的遥测数据进行处理和显示。图形工作站采用 UNIX 操作系统，基于 X-Windows 开发的遥测系统软件采用 GUI 技术，为用户实时监视遥测数据提供了方便、直观、生动的图形操作界面。工作站具有一整套数据事后分析处理软件，为用户提供事后数据服务。包括数据的后备转储、数据搜索、数据质量检查、缓变参数处理、速变参数以及数据表格输出、曲线输出等．遥测应用工作站也可由各类微机及文件服务器构成，基于 TCP/IP 传输协议的 Ethernet 局域网支持异种机之间的网络互连。

3 实时采集管理子系统

系统采用总线制、功能模块化的集成式系统构造方式，系统的完整功能被分解为各个单项功能，每项功能交由一个模块完成，功能模块间的信号连接与数据交换通过总线互连实现。全部功能模块均工作在两条系统总线上，一条是开放的工业标准总线 VME 总线，另一条是支持数据流体系结构的、高速遥测数据专用互连总线（HDBus 总线）。图 3 给出了该子系统的系统功能框图。

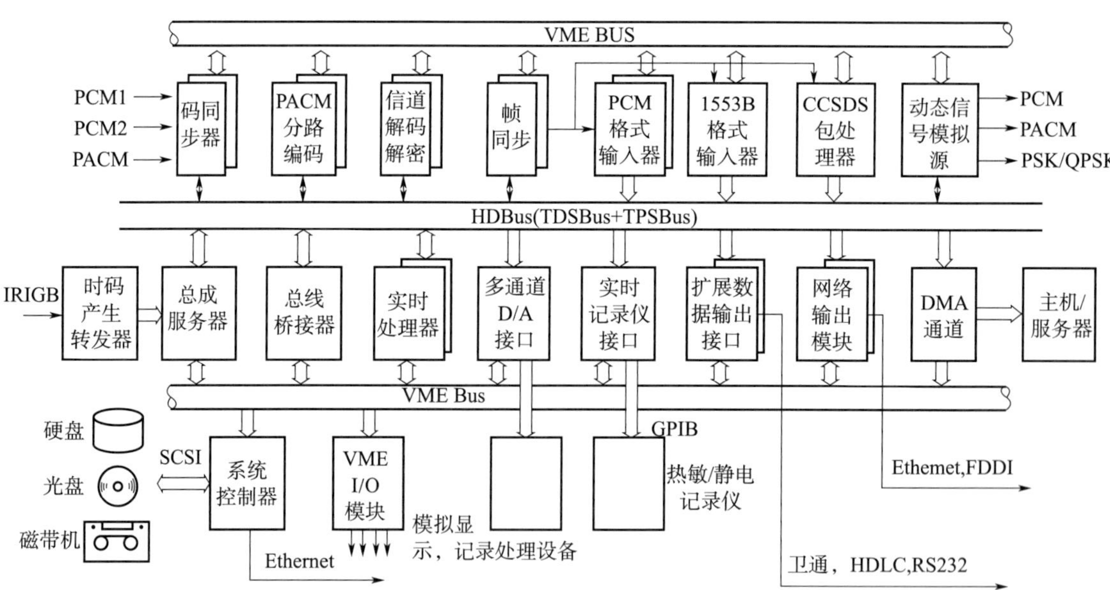

图 3　基本型遥测数据实时采集管理系统功能框图

3.1 系统总线

系统管理控制总线 VME 总线有三个方面的作用：一是各功能模块的设置、实时管理，以及功能模块的故障诊断；二是遥测数据通过数据输入处理模块、总线桥接模块传送到 VME 总线内存空间后，可由系统控制器完成遥测数据的实时存储、处理和网络传送；三是 VME 总线是开放式的工业标准，可选购市场上 VME 总线的 OEM 功能模块扩充系统功能。

高速遥测数据专用互连总线 HDBus，包括两条子总线 TDS 和 TPS。TDS 子总线是提供系统多数据流同步解调功能模块之间信号互连的总线。TPS 子总线是支持数据驱动工作方式的高速遥测并行数据总线。该总线的物理特性（包括总线底板的机械特性与电气传输特性）与 VME 总线完全一致，它包括 32bit 数据和 16bit 标签，每个数据流不同参数的数据由标签中规定的流标识位和字标识位识别，数据/标签以广播方式在总线上传送。TPS 总线允许 16 个主模块同时工作，采用集中式循环优先级单周期并行仲裁方式，单周期同步数据传送机制，仲裁周期、传送周期以及数据接收模块的标签匹配周期以并行流水线方式重叠，总线的数据通过率可达 10 MW/s。

3.2 同步解调功能模块

同步解调模块包括 PCM 码同步器、PACM 分路编码器、信道解码解密器、解调器和信号模拟源等模块。系统内可配置多套解调模块，接收多个 PCM 数据流，或扩充相应模块完成不同体制遥测数据流的同步解调，如解调 PACM、FSK、PSK/QPSK 数据流等。信道解码/解密模块是选配件，用以完成遥测数据流卷积码的 Viterbi 译码，分包遥测中 RS 码译码以及加密遥测数据的实时解密。解调器完成数据帧同步、字同步提取以及副帧同步提取；同时为支持实时变格式遥测，采用匹配相关技术、误码容错技术和多次比较取多判决等技术，实现飞行器变格式遥测状态切换的可靠识别，实时自动快速改变遥测系统状态。

3.3 输入处理功能模块

输入处理模块实现遥测数据流到两条系统总线的数据接口。格式解调后的数据及其对应的标签，以并行方式送上 HDBus 总线，由处理模块及输出模块完成实时处理和输出，同时数据通过双通道缓冲存储，以内存映像方式被映射到 VME 总线的内存空间，由系统控制器及 VME 总线输出完成数据的实时存储、处理和输出。系统可配置适应不同遥测标准的数据输入模块，如处理 IRIG-106-86 标准的输入器、处理 CCSDS 标准的包处理器以及 15538 格式输入器等等。总线服务器从时码器接收解调后的 IRIG B 码，将并码时间字加上特定的标签送上 HDBus 总线。

3.4 系统控制功能模块

系统控制模块主要包括系统控制器及总线服务器。总线服务器负责 TDS 总线的集中式并行仲裁。系统控制器是 VME 总线的主控设备，负责整个系统的运行控制与管理，并参与遥测数据的实时管理与实时处理。系统控制器利用标准外设接口 SCSI 总线，挂接高速大容量外部存储介质，如磁盘、光盘、数据流磁带机。采用多磁盘并行实时存储技术，实现多数据流高速实时数据存储。

3.5 数据处理功能模块

数据处理模块主要包括实时数据处理器和总线桥接器。数据处理器是实现遥测数据实时并行处理的主要部件，系统最大可配置四个数据处理器。处理后的数据被赋予新的标签后，重新送入 TPS 总线。总统桥接器建立两条系统总线之间的双向数据交换，同时完成数据交换过程中数据的选择、数据格式重组以及数据缓冲等功能。

3.6 系统输出功能模块

系统可提供通用网络接口、标准通信接口、高速标准存储设备接口以及模拟的、数字的多种遥测数据并行输出方式及通道。系统输出模块的数量与种类可依应用系统的规模和使用需求灵活配置。如支持实时多通道参数曲线记录的记录仪接口，支持模拟显示、记录和处理设备的多通道 D/A 接口，支持网络数据分发的网络接口控制模块、高速 DMA 输出通道，以及各类扩展数据输出接口等。

3.7 系统软件功能

系统软件运行平台是 VMEexec V2.0 实时环境，采用嵌入式遥测系统软件技术，遥测前端全部系统软件执行代码均固化于系统控制器内，从而提高实时软件运行的可靠性。系统软件包括系统管理软件和并行处理支撑软件。管理软件采用统一的菜单界面风格，实现遥测系统工作参数信息的维护、模块设置信息的维护、模块设置和运行控制以及系统的自检和故障诊断；实时状态下，同时完成多流遥测数据的实时存储，网络数据发送及系统运行监测。并行处理支撑软件支持多实时处理器的分布式并行数据处理，软件由处理参数数据库、任务分配、转换与装载工具、实时处理功能算法库等模块构成。实现用户定义处理要求，机器自动完成后续所有工作并进入实时运行。任务分配、转换与装载工具，以各处理器间的负荷均衡为准则，自动将处理任务分配到各个处理器，实现处理任务自动负荷平衡优化分配。

4 系统的主要特点

4.1 分布式处理结构

系统提供了两个层次的分布式数据处理平台，其一是基于标准网络互连的，遥测前端系统与多遥测应用工作站构成的分布式网络工作环境。其二是基于两条系统总线的多执行部件，实现了实时并行数据处理和并行多端口数据输出，为用户提供多方面的实时数据服务。

4.2 支持多数据流遥测

由于采用先进的数据流体系结构，实现了多数据流解调及实时处理和输出共享系统处理设备和输出设备，从而以简捷的方式构造了高性能价格比的多数据流实时遥测数据系统。

4.3 系统的开放性

采用的国际标准有：工业标准 VME 总线、Ethernet 网络、Unix 操作系统、TCP/IP 协议、IRIG 遥测标准、CCSDS 分包遥测标准、SCSI-II 总线、X-Windows、NFS 等等。系统的标准化设计，使其具备优良的互易性和可移植性。

4.4 系统构成灵活、扩展能力强

基于网络和基于数据流总线两个层次的系统集成环境，使应用系统的配置非常灵活，伸缩性强，同时为应用系统提供了基于网络的系统级别的扩展能力，和基于总线的功能模块的扩展能力，从而可适应广泛的遥测应用要求。

4.5 系统的通用性和兼容性

兼容不同遥测体制的数据流解调；提供多种遥测数据流解调处理功能，如信道译码、数据解密及自动快速实时变格式遥测等。

4.6 系统的高可靠性和可维护性

采用大规模集成电路技术，使系统各功能模块单板化和单板模块多功能化，以缩小系统体积，各功能模块间的信号通过采用工业标准 VME 总线底板互连，以提供系统内部物理连接的可靠性。同时系统采用自动化管理与自动化故障诊断技术，提高系统的可维护性。

5 结论

本文介绍了基于开放式体系结构的新一代分布式网络计算机遥测数据处理系统，配置该系统的车载、船载、机载及固定遥测地面站已广泛应用于中国的航空、航天及工业监测等领域。

参考文献

[1] Feather B, O'Brien M. Open architecture system for realtime telemetry data processing. Loral Data

System, Inc. l. F. T. 1991.
[2] 欧阳灿．基本型遥测解调与数据处理系统的研究与设计．航天工业总公司一院青年科技论文，1992.

Real time distributed computer telemetry data processing system based on network

WU Weiren, LI Hua

Abstract A real time distributed computer telemetry data processing system based on network is described. System architecture, performance, principle, and system features are discussed. It is a new generation of open telemetry system in China, which can acquire and process up to 8 data streams of 100 bps～3.5 Mbps simultaneously and optimize automatically distribution of processing tasks by using load-balance technique. PCM PSK PACM may be suitable to the system and the format can switch within less than 1 second. The system has been successfully used in the field of aerospace. There are models of automobile, shipboard, airborne as well as ground station for the system.

KeyWords telemetry system; open system; computer network; real time processing

A network based distributed real time computer telemetry system*

WU Weiren, LI Hua

Abstract A real time distributed computer telemetry system based on network is described. It is a new generation of open telemetry system in China, which can parallel acquire and process up to 8 data streams of 100 bit/s ~ 3.5 Mbit/s and optimize automatically distribution of processing tasks by using load-balance technique. PCM PSK QPSK PACM may be suitable to the system and the format switched within less than 1 second. The system has been successfully used in the field of aerospace. There are models of automobile, shipboard, airborne as well as ground station for the system. This paper discusses mainly system architecture, performance, principle, and system features.

Keywords telemetry computer system; open system; network; real time

1 Introduction

The System being an open architecture is a distributed real time telemetry data processing system based on network. It can connect multi-telemetry acquisition & processing subsystems and telemetry application workstations to construct a telemetry data real time distributed network computing environment. The system is consisted of high speed real time record equipment, standard network interface, data communication interface and many analog/digital data output channel, which provides convenient, high speed, flexible, telemetry data service for user in real time.

Telemetry data acquisition and processing subsystem which has a data driven architecture, can parallel input, process and output multi-stream telemetry data. The system is compatible of multiple telemetry transmission systems, and can be widely used in telemetry applications area. The following table lists the key specifications in the largest scale of system.

* ITC/USA '94 CONFERENCE COMMITTEE, 1994.

Table 1　Key specifications

Main items	Specification
The number of input stream	Up to 8
PCM bit rate (per stream)	100 bit/s~3. 5 Mbit/s
Programmable telemetry format	IRIG106－86
CCSDS packet telemetry	Expandable
Telemetry format switch time	<1 sec
Date decryption in real time	Yes
HDBus word wide	Data 32 bit, Tag 16 bit
The number of data processor	Up to 4
HDBus throughput rate	10MW/S
Real time processing parameters	>1 500
System real time processing rate	5 Mbit/s
Curve recorder output parameters	128
Mutil-processor load allocation	Automatically optimized
System network environment	Ethernet, TCP/IP, NFS
Application workstation	UNIX, X-Windows, GUI, Multi-Windows graphic workstation

2 System architecture

The system based on distributed parallel processing architecture implements the telemetry data demodulation, processing, and display in real time. The system (see Fig. 1) is consisted of the telemetry acquisition & processing subsystem (telemetry front end) which is a specific telemetry real time computer system based on data driven principle, and the telemetry application workstations. Telemetry front end completes multi-stream synchronous, demodulation, decoding, processing, storage, recording, output and distribution. Telemetry application workstation connecting with telemetry front end by a standard local area network, implements telemetry parameters display, handling & communication, and data analysis offline. The number of telemetry front end and telemetry application workstation can be configured flexibly according to the system scale. The dual-node network system is constructed with one single-stream telemetry front end and one telemetry workstation, The multi-node distributed network system is constructed with multiple telemetry front ends and multiple workstations. The telemetry front end and the workstation are connected by a standard Ethernet network. TCP/IP network transmission protocol is used to support the heterogeneous computers network interconnect.

Telemetry front end subsystem, which is a dual-buses data driven architecture (see

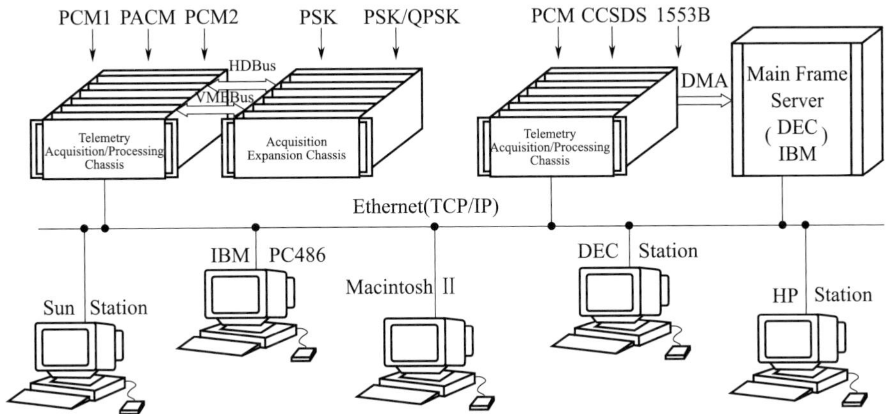

Fig. 1 Distributed real-time computer telemetry system architecture

Fig. 2), acquires, demodulates, processes multi-stream in real time, and output data through multi-ports. The high speed telemetry data bus (HDBus) supports data driven principle. The data/tag transmits among the input processors, data processors and output adapters with broadcasting mode. The input processor accomplishes data serial/parallel conversion and sends data to bus with a tag, and the data processors and output adapters are activated by data/tag, that is data driven mode. The ability of system parallel processing and parallel output are highly improved, since system central management and scheduling are not needed, There are integrated and family products, system functions and modules can be configured, cut out and expanded.

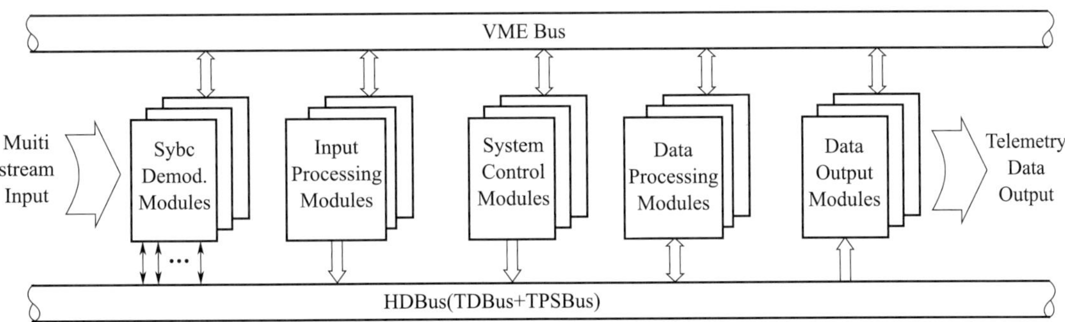

Fig. 2 Acquisition & processing subsystem basic architecture

Telemetry application workstation is consisted of several graphic workstations. Multi-users, multi-windows and many types of data quick-look and part data processing can be implemented, and system supervision and offline telemetry data processing is accomplished at the same time. In real time, the telemetry front end selects data from data stream and forms data packet to send to network at regular time intervals. Each telemetry application workstation receives data packet to process and display the data needed. The operating system of graphic workstation is UNIX, the GUI technique is used in telemetry system software development based on X-Windows. User graphic interface is convenient, audio-visual. There is a set of offline data processing software including backup storage, data search, data quality check, data processing, data table output, curve output and etc. The hardware platform of a telemetry application workstation can selected microcomputer, workstation or server from different vendors.

3 Telemetry acquisition & processing subsystem

There are two system buses, one is an open industrial standard VME bus, the other is a special data connection bus (HDBus), see Fig. 3. The system administrative bus (VME Bus) have three functions: the first is setup modules, real time control and diagnosis, the second is to support real time data storage, processing and network transmission, the third is to expand system by using OEM function module. The high speed telemetry data interconnect bus (HDBus) is consisted of two subbuses: TDS bus and TPS bus. TDS connects the multi-stream demodulation function modules. TPS bus is a high-speed parallel data bus supporting the data driven operation mode, which includes 32bits data and 16bits tag. The data/tag is sent to bus in broadcast transfer mode. Up to 16 master modules can simultaneously operate on the bus. The bus throughput rate can reach 10 MW/s.

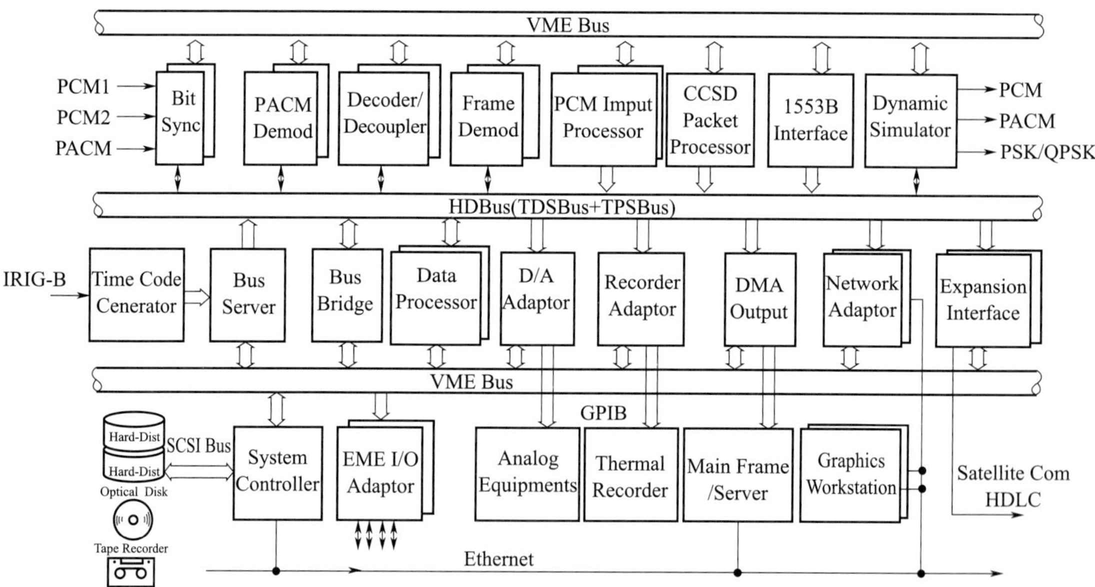

Fig. 3 Telemetry acquisition & processing subsystem function principle

The demodulation functional modules includes PCM bit synchronizer, PACM demodulator, data decryptor, format demodulator and simulator. The system can demodulate multi-stream with multiple modules. It is compatible with other transmission system, such as PACM, FSK and PSK/QPSK by expanding corresponding modules. The decoder/decrypter is optional module, can complete Viterbi decoding, RS decoding and data decryption. Frame synchronization and subframe synchronization can be accomplished by format demodulator and telemetry format switching function is optional.

The input processing modules implement data interface from telemetry stream to two system buses. The demodulated data are parallel sent toHDBus with a tag, and telemetry data is stored, processed and output in real time by system controller and VME bus output modules, There are different data input processing modules for different telemetry standard, for example, IRIG106-86 input processor, CCSDS packet processor and 1553B input processor. The bus server receives IRIG-B time code translated by time code generator and sends it to HDBus accompanying a special tag.

The system control modules include system controller and bus server. The bus server is responsible for the TDS integrated parallel arbitrating. The system controller being the master controller of VME bus is responsible for system operation control and management and telemetry data processing in real time. The system can supports external storage medium, such as magnetic disk, optical disk, tape recorder using standard SCSI interface. Multi-stream data can be stored in real time by multi-disk parallel real time storage technique.

The data processing modules include data processor and bus bridge. Data processor is responsible for parallel data processing in real time, being provided with 4 data processors mostly. The data processed is allocated to new tag and sent to TPS. Bidirectional data exchange is processed by bus bridge, which is responsible for data selection and format reformation and data buffer.

The system provides for standard network interface, high speed communication interface, storage interface, many analog and digital output channel. The number of and kind of output module is optional by user according to the system scale and requirement, such as multi-channels curve recorder interface, D/A interface supporting analog display, recording and processing, network interface controller supporting network data communication, high speed DMA output channel, and other types of expandable output interfaces, etc.

The system software real time environment is VMEexec V2.0, The software operation reliability is improved by embedded software technique. The system software includes the system management software and the parallel processing support software by using multi-processor. The public menu interface is used in the system management software, so it can be accomplished to maintain the telemetry system operation parameter, module setup and operating information and system automatic fault diagnostics. In real time, telemetry data storage, network data transmission and system operation supervisory are accomplished at the same time. The parallel processing support software is composed of parameter data base, task distribution, switch and load tools, and data processing algorithm library. Processing requirement can be defined by user, subsequent task is completed automatically and the system goes into real time state. Task distribution, switch and load tools distribute tasks to every processor with optimum load balance rule.

4 System features

(1) Distributed processing architecture. The system provides two levels of distributed data processing platform, one is distributed network operating environment consisting of telemetry front end and multiplex telemetry application workstations based on standard LAN, the other is multi-operation components based on two system buses, which parallel process data via multi-processor and output data via multi-ports in real time.

(2) Supporting multi-stream telemetry. Due to the advanced data driven architecture, the system supports multiplex streams to share the processing and output equipments, so that get a higher performance-cost ratio.

(3) Open system architecture. The international standards to be used include, VMEbus, Ethernet, UNIX operating system, TCP/IP protocol, IRIG telemetry standard, CCSDS packet telemetry recommendation, SCSI-2 Bus, X-Windows, NFS and etc.

(4) Good flexibility and expansion. System configuration is flexible andexpandable, because of two levels of system integration environment. The application system can be expanded in system level based on bus and in module level based on network, so that can be used in widely telemetry fields.

(5) General purpose and compatibility. It is compatible with different telemetry systems, and provides withmany data demodulation and processing functions, such as channel decoding, data decryption and automatic telemetry format switching in real time.

5 Conclusion

This paper describes a new generation of distributed network telemetry computer system based on an open system architecture, this system that has been provided for vehicle station, shipboard station and ground station has been widely used in aircraft, rocket, satellite, industrial measurement and control fields in China.

基本型实时遥测数据系统体系结构*

李华，吴伟仁

摘　要　介绍了基本型实时遥测数据系统的基本设计思路、系统体系结构、系统工作原理、应用系统构成及其主要特点。系统采用了总线制、模块化设计思想，实现了系统小型化、可裁剪、可扩展；采用了数据流体结构支持多数据采集解调、多处理、并行数据处理，以及多执行部件实行实时数据输出。系统构成灵活，从单数据流单机箱系统，到基于网络连接的多数据流分布式实时遥测数据处理系统，可构成性能从低到高的系统化应用系统。

关键词　遥测计算机系统；数据流体系统结构；实时数据处理系统

1 概述

1.1 引言

基本型实时计算机遥测数据系统，是为满足我国直到 21 世纪初各类新型战略战术武器、空间运载系统及载人空间飞行系统的遥测需求，而研制的新一代通用遥测地面实时数据处理系统。该系统是可以按用户要求配置的系列化遥测地面设备，它采用集成式、系列化产品设计，功能可配置、可裁剪和可扩充，向上向后兼容；采用开放式设计、标准化接口，利用相互支持和系统互连。数据解调采集部分采用功能模块化设计，兼容多种体制遥测数据实时采集，适应广泛的遥测应用。系统采用数据流体系结构，实现多个遥测数据流并行输入、实时并行遥测数据处理和输出。采用优化分配和处理负荷的溢出判别等技术，实现多处理器实时处理任务的自动分配和加载。系统采用多窗口图形工作站、高速实时记录设备、标准网络接口、数据通信接口，以及多种模拟方式、数字方式遥测数据输出通道，为用户提供全面、直观、快捷、灵活的实时遥测数据服务。

1.2 国外遥测技术的发展概况国外

80 年代中期，随着对多数据流实时遥测需求的增加，以及计算机技术与大规模集成

* 遥测遥控，1994，15 (3)：10.

电路技术的飞速发展，遥测领域出现了实时遥测系统研制热潮，国际上先进的遥测厂家竞相推出各自的多数据流实时遥测系统。

最早亮相于市场的有 Teledyne Control 的 RMPS 实时多处理器系统，Aydin Monitor Systems 的 System2000，EMR 的 System8000 和 Loral Instrumentation（LI）的 System500。

90 年代，EMR 进一步采用标准接口和扩展其后端薄弱的网络能力推出 System90，System90 和 System500 的技术思路基本上是一致的。1990 年前后新打入市场的有 OSI 和 Quad7 和 Veda System Inc 的 ITAS 集成式遥测分析系统，Quad7 有高码速率特点，ITAS 有高集成特点。但是 90 年代的这 4 个系统在构成原理上是相似的，总的系统能力和技术水平也均未超过 LI 的 System500。他们的前端系统均以两条总线为核心构成，一条是管理总线，均采用工业标准 VME 总线；另一条高速数据总线是各公司自行扩充的专用总线。各家扩充的高速数据总线的作用是完全一致的，即支持数据流驱动原理在后端均支持网络连接的多用户遥测应用工作站，或以数据存储管理为主要作用的服务器。近几年，各公司均没有大发展，只是在进一步开发和完善显示软件和管理软件等软件工作上有进步，因此 LI 公司的 System500 仍是当今最具代表性的先进系统。

表 1 列举了 LI 公司 System500 与基本型遥测系统的主要性能。

表 1　基本型实时遥测数据系统与 LI 公司 System500 主要性能列表

性能指标	System500	基本型遥测系统
系统体系结构	数据流驱动	数据流驱动
总线数目	2	2
管理总线	VME	VME
高速数据总线	MUX-1	HDBus
数据传送方式	广播式	广播式
数据传送速率	16 MW/s	10 MW/s
总线仲裁方式	循环优先级	循环优先级
数据宽度	32 bits	32 bits
标签宽度	16 bits	16 bits
最大输入数据流数目	8 个	8 个
单流最大码速率	1 bit/s～10 Mbit/s	50 bit/s～3. 5 Mbit/s
MIL-STD-1553B 接口	有	可扩充
支持 CCSDS 分包遥测	有	可扩充
IRIG 时码	IRIG A，B，G	IRIG B
数据处理器	WeitekXL-813x	TMS32OC25
单板处理参数数目	≤1 000 个	≤400 个
单板处理速度（1 阶算法）	500KSamples/s	200KSamples/s

续表

性能指标	System500	基本型遥测系统
处理任务分配方式	人工	自动优化
数据存储设备	磁盘	磁盘
网络连接	以太网	以太网
显示分析站	多工作站	多工作站
数据显示形式	表格、曲线图形、多窗口	表格、曲线可扩展图形、多窗口

2 系统设计的基本思想

进入 90 年代以来，随着我国航天飞行器和空间运载系统的发展，对遥测系统提出了新的要求：支持多数据流实时遥测，兼容多种遥测体制，支持高码率、多参数遥测数据的实时处理，提供多种形式的实时数据输出能力，以及为适应广泛的遥测应用状态，系统应具备较强的扩展能力。

1）瞄准 80 年代末国际遥测技术发展的先进技术水平，并结合国内遥测的特点及用户的实际需要，开发高性能价格比的通用实时遥测数据系统，以满足 2000 年前后空间飞行器及其运载系统试验对遥测的要求。

2）采用分布式并行处理方式，构造集成式的系统硬、软件环境，从而使系统具备较强的实时性、灵活性和扩展性。

3）引入开放式设计思想，采用国际标准和开放式计算机标准，提高系统互连能力、兼容能力和软件移植能力。

4）采用总结制、功能模块化的设计方法，系统硬、软件功能可裁剪、可扩充。采用大规模集成电路和表面贴装工艺，降低体积和功耗，提高系统可靠性。

5）一次性总体设计，分阶段实现。在系统框架不变的情况下，保持系统基本硬、软件平台的相对稳定，以扩充功能模块和提高各功能模块性能指标的方式，达到提高整个系统性能的目的。同时保证系统向上向后兼容。

6）支持多数据流遥测，以一个系统代替以往的多个系统减小系统空间和系统成本，提高系统可靠性支持实时遥测数据处理，改变以往遥测数据主要事后处理的方式，提高数据获取效率，保证实时数据需要。

7）系统设计考虑中国国情单项指标依据国内实际需要，不盲目追求高指标前端系统摆脱计算机主机的影响，能够自行管理独立工作。

8）运用自检测和自诊断技术，为用户提供快速完备的系统故障信息，减少维修时间。

9）充分利用当今计算机技术的应用发展成果，在遥测数据的记录、显示、存储、通信、传输及分析等方面，采用标准化软硬件产品增加系统功能，并提高系统可靠性。

10）系统应是用户友好的，方便用户操作，使用维护方便。

3 系统体系结构

3.1 分布式实时遥测数据处理系统

基本型实时遥测数据系统，采用分布式并行处理机制实现遥测数据的实时管理。系统由两部分组成（见图 1）：一部分是遥测实时数据采集管理系统（简称遥测前端），这是基于数据流体系结构的遥测专用实时计算机系统；另一部分是由各类通用计算机构成的遥测应用工作站。遥测前端系统实现多数据流的同步解调、信道解码、数据实时存储、记录、处理、输出和分发等功能。遥测应用工作站通过标准局域网与遥测前端连接，完成部分遥测数据或某一类应用遥测数据的实时显示、处理、通信以及事后遥测参数的处理。

遥测前端系统与遥测应用工作站的配置数目，可依系统规模灵活配置。从单数据流遥测前端加单一遥测工作站的双节点网络系统，到多遥测前端加多工作站的多节点分部式网络系统。遥测前端与遥测工作站之间采用标准以太网连接，采用 TCPI/P 网络传输协议，以支持异种机之间的网络互连。实时状态下遥测前端将从获取的遥测数据中选择需传送的数据，组成发送信息包，定时通过网络广播式发送，各遥测工作站接收信息包后，对各自需要的遥测数据信息包进行处理和显示。基于该分布式网络系统平台，可以构成采用 CCSDS 分包遥测协议的分布式实时遥测数据处理系统。

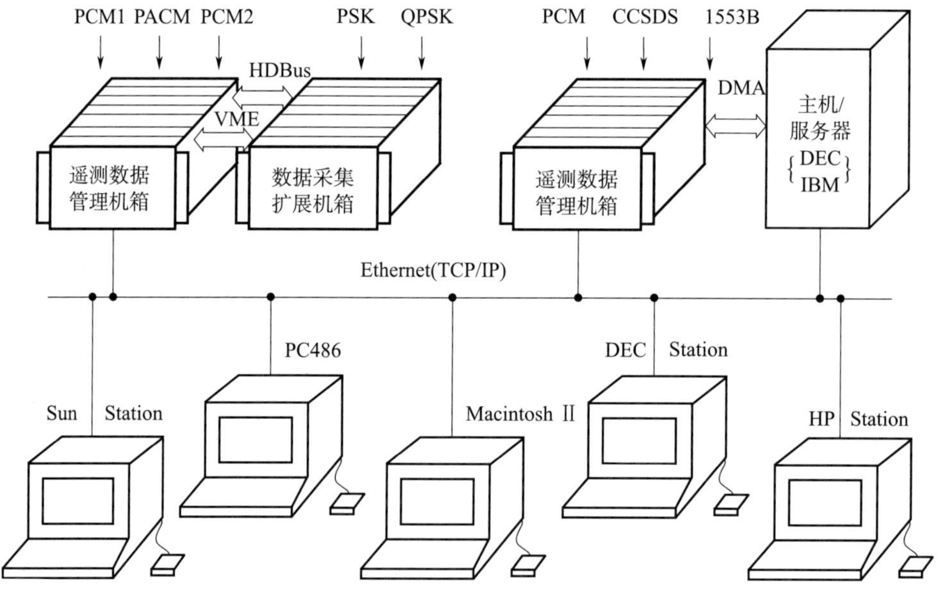

图 1 分布式实时遥测数据处理系统示意图

3.2 数据流体系结构的遥测实时数据系统

在遥测系统中采用数据流体系结构是美国 Loral 公司于 80 年代初在 LDF-100 的设计中首先提出的。之所以采用数据流体系结构来构造专用遥测计算机系统，是出于对遥测数据实时处理过程如下特点的考虑：

1）遥测数据的定时性与周期性。数字化遥测系统中，任一遥测参数的采集均是以一定周期定时采样的，定时关系不依赖地面遥测计算机系统，而由飞行器测量采集系统决定。因此要求地面遥测系统严格遵循这一定时关系，才能准确恢复被测量参数。

2）多数据流、多参数遥测数据的异步性。在多数据流遥测、嵌入式遥测与多参数遥测中，各遥测参数的采样周期不可能是完全一致的，各参数的定时关系是异步的，从而要求遥测系统对各遥测参数的实时处理过程是异步的，即独立于接收的遥测数据。

3）遥测数据处理形式的多样性。这有两个方面的含义：一是遥测参数的种类多种多样，决定了各遥测参数操作方法、处理方法和输出方法各不相同；因而基于阵列处理机或向量处理机，采用规则算法实现对数据块的并行操作，不适应遥测数据处理过程的需求。另一方面对遥测参数多种处理、输出方式的要求，如显示、记录仪实时记录、实时处理和实时通信传输等，要求遥测系统具备分布式并行处理的能力。

4）实时多数据流遥测的支持。系统并行操作部件与并行输出通道支持多数据流的实时处理，多数据流遥测数据可共享系统处理设备和输出通道。这对于基于通用计算机实现的“指令流体系结构”遥测系统很难实现。

5）遥测数据处理的数据结构简单。尽管当高速实时多路遥测数据进入处理系统，各遥测参数的处理过程具有多样性，但就每个参数处理过程本身，一般并不复杂，不存在复杂的数据结构，这也是适应数据流结构的重要特点。

近年来空间遥测技术的发展、计算机技术及其相应技术发展，对遥测实时数据系统的需求不断扩大，对多数据流遥测和数据实时处理、输出和要求不断提高，由一般通用计算机构造的“指令流体系结构”的遥测计算机系统已不再适应。这是由于传统的计算机体系结构基于冯·诺伊曼原理，单一计算部件和顺字集中式控制，禁锢了操作执行中潜在的并行性。数据流体系结构的执行原理是数据驱动，多计算部件的指令执行是异步的，非常适合遥测数据处理的特点。

数据流体系的基本边遥测实时处理系统，建立了支持数据驱动执行方式的高速遥测数据总线（HDBus 总线），该总线在输入模块、处理模块和输出模块之间，以广播方式传送数据/标签对，输出模块将各个解调后的数据流转换成并行数据后，为每个数据加上标签（等价于该参数的操作指令）在总线上广播式改善，总线上所有模块可同时接收数据/标签对，每一个模块都有标签匹配单元识别本模块需要的标签，并驱动标签对应处理操作或输出操作。所有功能的执行均由数据/标签的到来而激活，即数据驱动的工作方式。由于实时工作中无需中央调度和管理的运行方式。极大地提高了数据响应速度和系统总的通过率。

表 2 给出两种不同体系结构的遥测系统的主要性能对比。

表 2 数据流体系结构与指令流体系结构遥测系统的主要性能对比

主要性能	数据流体系结构	指令流体系结构
遥测数据操作方式	分布式并行处理	集中式顺序处理
遥测数据传输通道	专用遥测数据总线	主机内通用数据总线
总线数据传输方式	广播式单周期传输	DMA 方式内存数据块搬移
遥测数据操作激活方式	数据驱动	CPU 指令驱动
多任务实时性	强	依优先级有延迟
功能模块的数据操作	并行自主完成	依赖主机 CPU 操控
功能模块与系统软件关联性	简单	复杂
多数据流共享系统处理及输出设备	支持	复杂，难实现
功能模块扩展能力	强	弱
构造多功能多数据流遥测系统的硬、软件结构	简单	复杂

3.3 系统体系结构

系统采用双总线数据流体系结构（见图 2），实现多数据流实时采集解调、高速并行实时数据处理和多端口并行数据输出。系统采用总线制，功能模块化的集成式系统构造方法，系统的完整功能被分解的各个单项功能，每项功能交由一个模块完成，功能模块间的信号连接与数据交换通过总线互连实现。全部功能模块均工作在两条系统总线上，一条是开放的工业标准总线 VME 总线，另一条是支持数据流体系结构的、高速遥测数据专用互连总线（HDBus 总线）。

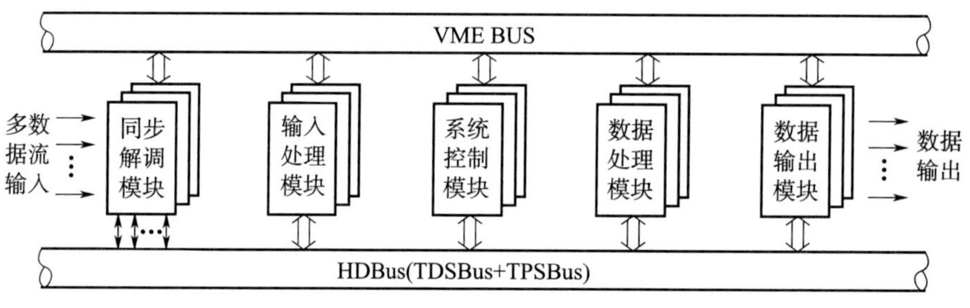

图 2 遥测实时数据采集管理系统基本结构

3.3.1 系统总线

系统管理控制总线 VME 总线有三个方面的作用：一是各功能模块的设置、实时管理、以及功能模块的故障诊断。二是遥测数据通过数据处理模块、总线桥接模块转到 VME 总线内存空间后，可由系统控制器及 VME 总线输出通道，完成遥测数据的实时存储、处理和网络传送。第三 VME 总线是开放式的工业标准，可选购市场上 VME 总线的 OEM 功能模块扩充系统功能。

高速遥测数据专用互连总线 HD-Bus，包括两条子总线 TDS 和 TPS。TDS 总线是提供系统多数据流同步解调功能模块之间信号互连的总线。TPS 子总线是支持数据驱动工作方式的高速遥测并行数据总线。该总线的物理特性（包括总线底板的机械特性与电气传输特性）与 VME 总线完全一致，它包括 32 bit 数据和 16 bit 标签，每个数据流不同参数的数据由标签中规定的流标识位和字标识位识别，数据/标签以广播方式在总线上传送。TPS 总线允许 16 个主模块同时工作，采用集中式循环优先级单周期并行仲裁方式，单周期同步数据传送机制，仲裁周期、传送周期以及数据接收模块的标签匹配周期以并行流水线方式重叠，总线的数据通过率可达 10 MW/s。

3.3.2 系统功能模块

系统功能模块可大致分成五种类型。

同步解调模块用于完成输入数据流的码、字和帧同步信一号提取，以及信道译码、数据解密等串行数据的解调处理工作；HDBus 总线中的子总线 TDS 总线，用于同步解调模块间的信号连接。

输入处理模块对解调后的遥测数据流完成相应遥测标准的信息格式的解调处理，同时实现遥测数据流到两条系统总线的数据接口。格式解调后的数据及其对应的标签，以并行方式送上 HDBus 总线，由处理模块及输出模块完成实时处理和输出，同时数据通过双通道缓冲存储，以内存映像方式被映射道 VME 总线的内存空间，由系统控制器及 VME 总线输出完成数据的实时磁介质存储、处理和输出。

系统控制模块主要包括系统控制器及总线服务器。总线服务器负责 TDS 总线的集中式并行仲裁。系统控制器是 VME 总线的主控制设备，负责整个系统的运行控制与管理，并参与遥测数据的实时管理与实时处理。

数据处理模块主要指实时数据处理器和总线桥接器。数据处理器用于实现 TPS 总线数据的实时并行处理，处理后的数据被赋予新的标签后，重新送入 TPS 总线。总线桥接器建立两条系统总线之间的双向数据交换，同时完成数据交换过程中数据的选择、数据格式重组以及数据缓冲等功能。

系统输出模块有两大类。一类是基于 VME 总线的各类输出模式或输出功能；另一类是基于 HDBus 多种并行输出通道。系统可提供通用网络接口，标准通信接口、高速标准存储设备接口以及模拟的、数字的多种遥测数据并行输出方式及通道，且系统结构支持特殊应用下的数据输出方式的功能扩展。

3.3.3 系统软件

系统软件包括系统管理软件和并行处理支撑软件。管理软件实现遥测系统工作参数信息的维护、模块设置信息的维护、模块设置和运行控制以及系统的自检和故障诊断；实时状态下，同时完成多数据流遥测的实时存储和网络数据发送。并行处理支撑软件支持多实时处理器的分布式并行数据处理，软件由处理参数数据库、任务分记、转换与装载工具、实时处理功能算法库等模块构成。实现用户定义处理要求，机器自动完成后续所有工作并进入实时运行。任务分配、转换与装载工具，以各处理器间的负荷均衡为准则，自动将处理任务分配到各个处理器，实现处理任务自动负荷平衡优化分配。

4 应用系统构成及其主要技术指标

4.1 应用系统构成的概况

表 3 列举了适应不同遥测应用状态的系统配置情况及其主要功能特点。

表 3　应用系统构成及其主要功能

数据流数目	遥测前端配置	遥测应用工作站配置	主要功能特点	适用状态
1 个	1 个数据管理机箱	1 个（微机档次）	同步调解、实时存储，显示等	飞行器地面测试、单数据流小型遥测系统
2 个	1 个数据管理机箱	1 个（工作站/服务器）	数据解密、变格式遥测、实时记录，处理、通信与网络输出。事后数据处理分析等	移动式遥测地面站，双数据流中规模遥测系统
3～4 个	1 个数据管理机箱 +1 个数据采集扩展机箱	1～2 个工作站 或按需求配置	支持多数据流遥测、兼容多种遥测体制，适应多种遥测标准。多实时处理器并行处理，分布式网络遥测系统	移动式、固定式遥测地面数据处理系统、多数据流，多种遥测体制的大型遥测系统

图 3 给出了应用系统功能模块配置及其连接示意图。应该指出图中给出的许多功能模块可以合并集成在单一模板，以实现单板模块多功能，从而减小系统的体积。

4.1.1　同步解调功能模块

包括 PCM 码同步器、PACM 分路编码器、信道解码解密器、帧同步器和信号模拟源等模块。系统内可配置多套解调模块，接收多个 PCM 数据流，或扩充相应模块完成不同体制遥测数据流的同步解调，如解调 PACM、FSK、PSK/QPSK 数据流等。信道解码/解密模块是选配件，用以完成遥测数据流卷积码的 Viterbi 译码，分包遥测中 RS 译码以及加密遥测数据的实时解密。帧同步器完成数据帧同步，字同步提取以及 IRIG-106-86 遥测标准的副帧同步提取；同时为支持实时变格式遥测，完成遥测格式切换状态的实时监测。

4.1.2　输入功能模块

系统可配置适应不同遥测测试标准的数据输入模块，如处理 IRIG-106-86 标准的输入器、处理 CCSDS 标准的包处理器以及 1553B 格式输入器等等。总线服务器从时码器接收解调后的 IRIGB 码，将并码时间字加上特定的标签送上 HDBus 总线。

4.1.3　并行处理、输出功能模块

这是数据流体系结构遥测系统，实现遥测数据实时并行处理的主要执行部件，其数量与种类可依应用系统的规模和使用需求灵活配置。它包括实现数据预处理的实时数据处理器，支持实时多通道参数曲线记录的记录仪接口，支持模拟显示、记录和处理设备的多通道 D/A 接口，支持网络数据分发的网络接口控制模块、高速 DMA 输出通道，以及各类扩展数据输出接口等。

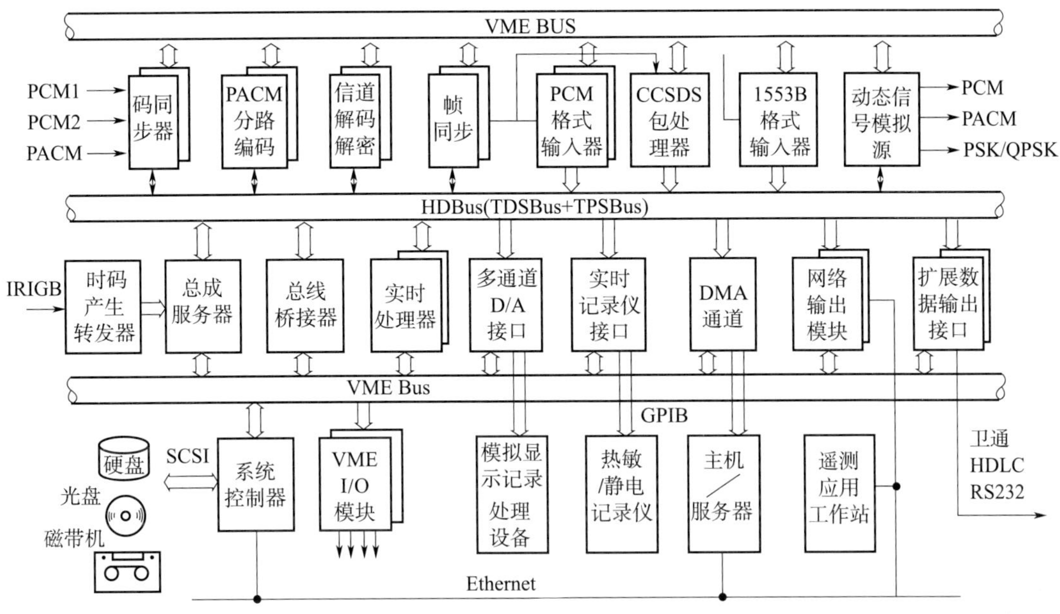

图 3　基本型遥测数据实时采集管理系统功能框图

4.1.4　数据存储通道

系统控制器利用标准外设接口 SCSI 总线，挂接高速外部存储介质，如磁盘、光盘、数据流磁带机，实现多数据流实时数据存储。

4.2　主要技术指标

表 4 给出了系统最大配置状况下的主要技术指标。

表 4　基本型实时遥测数据系统主要技术指标

主要项目	技术指标
最大输入遥测数据流数目	8 个
PCM 单流码速率	50 bit/s～3.5 Mbit/s 连续可变
可编程遥测帧格式	IRIG Ⅰ类，Ⅱ类
实时遥测状态转换时间	<1 s
实时遥测加密数据解密	有
高速遥测数据处理总线通过率	10 MW/s
并行实时预处理器配置数目	4 个
实时处理遥测参数总数	>1 500 个
系统总的实时处理速度	800 KW/s
数据实时存储数据率	5 Mbit/s
热敏记录仪最大实时记录参数	128 个
多处理器并行处理任务分配方式	自动优化

续表

主要项目	技术指标
时间码格式	IRIGB (AC/DC)
网络连接	Ethernet TCP/IP 协议
实时显示	基于 X-Windows 多窗口图形用户界面

5 系统体系结构的主要特点

(1) 分布式处理结构

系统提供了两个层次的分布式数据处理平台，其一是基于标准网络互连的，遥测前端系统与多遥测应用工作站构成的分布式网络工作环境，其二是基于两条系统总线的多执行部件，实现了实时并行数据处理和并行多端口数据输出，为用户提供多方面的实时数据服务。这一结构为建立符合开放式计算机系统模型，遵循网络七层互连协议的分布式网络遥测实时数据处理系统奠定了基础。

(2) 支持多数据流遥测

由于采用先进的数据流体系结构，实现了多数据流解调及实时处理和输出共享系统处理设备和输出设备，从而以简捷的方式构造了高性能价格比的多数据流实时遥测数据系统。

(3) 系统的开放性

采用的国际标准有：工业标准 VME 总线、Ethernet 网络、Unix 操作系统、TCP/IP 协议、IRIG 遥测标准、CCSDS 分包遥测标准、SCSI-Ⅰ总线、GPIB 接口、X-Windows、NFS 等等。同时系统支持各功能模块的性能提高与升级。

(4) 系统构成灵活、扩展能力强

基于网络和基于数据流总线两个层次的系统集成环境，使应用系统的配置非常灵活，伸缩性强，同时为应用系统提供了基于网络的系统级别的扩展能力，和基于总线的功能模块的扩展能力，从而可适应广泛的遥测应用要求。

(5) 系统的通用性和兼容性

兼容不同遥测体制的数据流解调；提供多种遥测数据流解调处理功能，如信道译码、数据解密及自动快速实时变格式遥测等等。

(6) 系统的高可靠性和可维护性

采用大规模集成电路技术，使系统各功能模块单板化和单板模块多功能化，以缩小系统体积，各功能模块间的信号通过采用工业标准 VME 总线底板互连，以提供系统内部物理连接的可靠性。采用嵌入式遥测系统软件技术，遥测前端全部系统软件执行代码均固化于系统控制器内，从而提高实时软件运行的可靠性。同时系统采用自动化管理与自动化故障诊断技术，提高系统的可维护性。

6 结束语

基本型实时遥测数据系统从1988年开始研制，1992年系统研制成功并小批量投产20余套，其中已有18套系统实际投入应用。该系统已装备了航天工业总公司一院、二院、三院、国防科工委20基地、25基地、空军试飞中心等多家单位，多次投入使用。其中两套系统已出口，这是我国自行研制的遥测地面数据处理系统首次出口国外。1991年～1993年间相继参加了六大类战略战术飞行器的飞行试验任务，以其自动化程度高、操作简便、运行稳定可靠、数据处理快捷等特点，为型号研制、试验提供了准确可靠的遥测数据。

基本型实时遥测数据系统作为跨世纪的新一代遥测计算机系统，在总体技术水平上接近当前国际先进水平，填补了国内空间测控领域及计算机应用领域多项技术空白，推动了我国遥测理论与技术的新发展。该系统可广泛应用于各类战术战略武器、运载火箭的遥测应用领域，以及卫星、飞机、载人航天器的遥测，同时可以用于大型工业设备和大型设施的运行监视，以及水文、森林、气象、石油、地质勘探等民用遥测应用领域。

参考文献

[1] 基本型遥测解调与数据处理系统的研究与设计，欧阳灿，1992，航天部一院青年科技论文.

[2] An Advanced Commanding and Telemetry System，Maxwell G. G. Hill，Loral Instrumentation，Technical Paper.

[3] Open Architecture System For Real Time Telemetry Data Processing，Bob Feather，Michael O'Brien，Loral Data System，Inc. I. F. T. 1991.

深空自主导航与控制

基于视觉的嫦娥四号探测器着陆点定位*

王镓，吴伟仁，李剑，邸凯昌，万文辉，谢剑锋，彭嫚，
王保丰，刘斌，贾萌娜，席露华，赵瑞

摘　要　我国于 2018 年 12 月 8 日发射嫦娥四号月球探测器，实施世界上首次月球背面软着陆和巡视探测。探测器着陆点的快速高精度定位是其中的一个重要技术环节，也是着陆器和巡视器开展月面探测工作的重要前提。本文基于高精度图像匹配和几何变换方法，结合实际工程任务需求，首先利用探测器动力下降期间的近实时高压缩比降落序列影像完成了着陆点的快速初始定位；其次利用回放的低压缩比降落影像对该位置进行了精化，最终解算的嫦娥四号探测器着陆点位置为（177.588 4°E，45.456 5°S）。该定位方法及结果被成功应用于实际工程任务中，为嫦娥四号任务着陆区的地形分析及后续遥操作的任务规划提供了重要支持。

关键词　嫦娥四号；月球探测；着陆点定位；降落影像

0 引言

北京时间 2019 年 1 月 3 日 10 时 26 分，嫦娥四号月球探测器顺利在预选着陆区月球背面南极-艾特肯（South Pole-Aitken，SPA）盆地内的冯·卡门（Von Karman）撞击坑成功着陆[1]。1 月 11 日 16 时，嫦娥四号巡视器与着陆器在鹊桥中继星的支持下，成功实施了两器互拍，标志着我国嫦娥四号任务圆满成功。此次任务实现了人类历史上首次航天器在月球背面软着陆和巡视勘察，首次月球背面与地球的中继通信，开启了人类探索宇宙奥秘的新篇章。着陆点的精确位置信息是建立巡视器工作坐标系的重要依据，为着陆区的地形分析和后续任务规划及科学探测提供位置信息和基础数据，是着陆器和巡视器开展各项月面探测工作的重要前提[2-4]。

基于视觉的着陆定位技术在月球、行星、小行星及彗星的着陆与采样返回任务中均得到了应用[2-5]。我国在嫦娥三号任务中也采用了视觉图像处理的方法实现探测器着陆点的定位[6,7]，万文辉等人[2]、贾阳等人[3]利用降落图像、导航相机图像和嫦娥二号数字正射影像（Digital Orthophoto Map，DOM）对着陆点位置进行解算，其定位结果均是在探测器落月后数小时完成的。Wagner 等人[8]、LRO 团队[9]、刘斌等人[4]利用月球勘测轨道器

* 中国科学：技术科学，2020，50（1）：13.

(Lunar Reconnaissance Orbiter, LRO) 再次飞越着陆区上方获取的图像，通过对比着陆前后影像以离线处理的方式对定位结果的精度进行了评估。目前看来，提高现有的应用于工程中的着陆点视觉定位方法实时性，才能更好地满足工程任务的实际需求。此外，嫦娥三号着陆区为月球正面，借助嫦娥一号 X 频段 UXB (Unified X-Band) 与甚长基线干涉测量 VLBI (Very Long Baseline Interferometry) 等观测数据可为着陆点定位提供服务[10]。而嫦娥四号着陆区为月球背面，由于月球遮挡，传统测距、测速及 VLBI 技术在探测器动力下降阶段无法发挥作用，因而整个降落过程中无法获取无线电定位结果。因此，在嫦娥四号任务中，基于视觉影像的定位技术成为着陆点快速、高精度定位的主要技术手段[7]。另外，受"鹊桥"中继传输链路的带宽限制，嫦娥四号探测器动力下降阶段采取了高压缩比 (1∶64) 的方式对降落影像进行压缩传输 (嫦娥三号采用的是 1∶8 压缩比)[11]，使得原始影像斑块效应明显，为基于降落影像的图像匹配增加了难度。

着陆区大范围、高分辨率的 DOM 是基于视觉的着陆点定位的参考基准。目前覆盖全月、分辨率最高的立体影像数据为嫦娥二号轨道器影像，国家天文台已面向全球发布了全月 7 m/pixel 的 DOM 及 20 m/pixel 的数字高程模型 (Digital Elevation Model, DEM) 产品[12]。北京航天飞行控制中心联合中国科学院遥感与数字地球研究所遥感科学国家重点实验室，利用 LRO 窄角相机 (Narrow Angle Camera, NAC)[13] 的 100 幅影像，制作了着陆区分辨率约为 1 m/pixel 的高精度无缝 DOM，与嫦娥二号 DOM 一起用作着陆点定位的底图。

本文基于嫦娥四号序列降落影像的成像特点及下传约束，利用近实时下传的高压缩比 (1∶64) 降落影像实现了着陆点的快速初始定位；利用回放的低压缩比 (1∶8) 的降落影像实现了着陆点的高精度定位。为了解决高压缩比导致原始降落影像的斑块效应，在匹配定位处理前先对原始影像采用"去块效应"进行预处理增强，为后续图像匹配奠定基础。针对序列影像间的尺度与旋转变化特点引入 SIFT 匹配方法及构建几何映射模型，并同步完成着陆点位置信息的传递，有效提升了定位效率。利用回放的低压缩比降落影像，选择序列高分辨率图像进行二次精细定位解算，有效保证了最终着陆点定位结果的精度及可靠性。

1 探测器动力下降过程分析

嫦娥四号探测器的动力下降过程经历着陆准备段、主减速段、快速调整段、接近段、悬停段、(精) 避障段以及缓速下降段共 7 个阶段[1,11,14]，由距离月面 15 km 高度至接触月球表面，整个过程约为 687 s。利用下传的遥测信息绘制了嫦娥四号探测器动力下降阶段空间位置变换曲线，如图 1 所示。

嫦娥四号着陆区为月球背面，航迹的高度起伏相对于月球正面明显增大且波动明显，因此需要优化着陆过程中的分段控制目标和导航信息的引入时间，同时对导航算法进行优化[11]。探测器在距离月面高度为 6 km 之后就迅速调整着陆姿态，运动轨迹改为垂直向

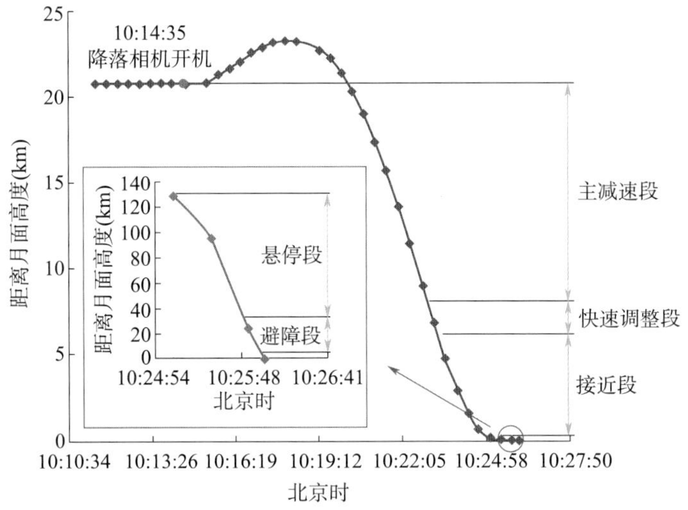

（a）月面高度-时间关系图

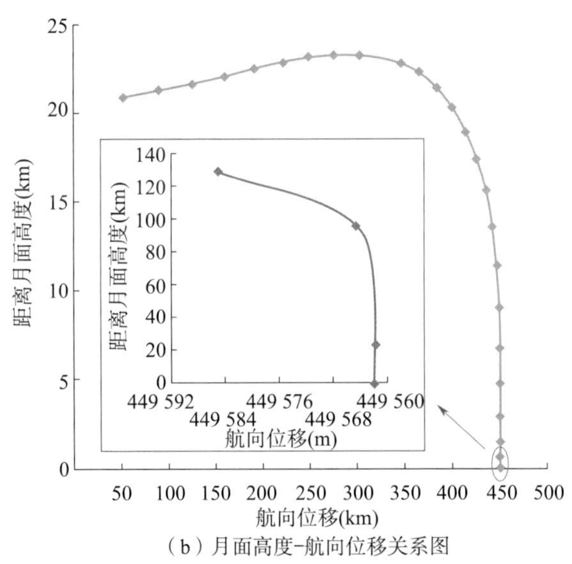

（b）月面高度-航向位移关系图

图 1　嫦娥四号探测器动力下降阶段空间位置变化

下[11,14]；同时，为了增加着陆安全性，嫦娥四号探测器还采取了接力避障的方式：即在距离月面高度约为 2 km 时，探测器首先进行一次光学粗避障；在距离月面高度为 100 m 左右时，探测器利用激光敏感器实现精细避障。

同嫦娥三号任务一样，嫦娥四号探测器底部以垂直向下的视角安装了降落相机，像幅大小为 1 024 像素×1 024 像素，视场角约为 45°[1]。动力下降段开始后约 328 s 降落相机开机，随后开始抽帧下传降落影像数据，影像分辨率由低至高，直至探测器着陆月面。在 1 km×1 km 范围内，降落影像的分辨率优于 1 m/pixel；在以着陆点为中心的 50 m×50 m 范围内，降落影像的分辨率可达到 0.1 m/pixel[15]。在探测器动力下降阶段采取近实时、抽帧、压缩方式共下传 59 幅 1∶64 高压缩比的降落影像，这些数据是用于着陆点初始定位的重要数据。当探测器落月顺利完成两器分离后，通过回放的方式回传给地面约 5 441 幅降落原始影像，其中 1∶8 低压缩比的影像约为 5 300 幅，这些数据是用于着陆点精确定位的主要数据。图 2（a）为探测器下传的首幅降落影像，是 1∶64 高压缩比的近实时影像，距离月面高度为 3 km 以上；图 2（b）为探测器落月后的首幅影像，图像压缩比为 1∶8。

由以上分析可知，相对于嫦娥三号任务，嫦娥四号任务在动力下降阶段主要有两方面的变化：一是下降轨迹；二是受传输带宽的限制，降落影像的下传受到诸多限制，具体见表 1。

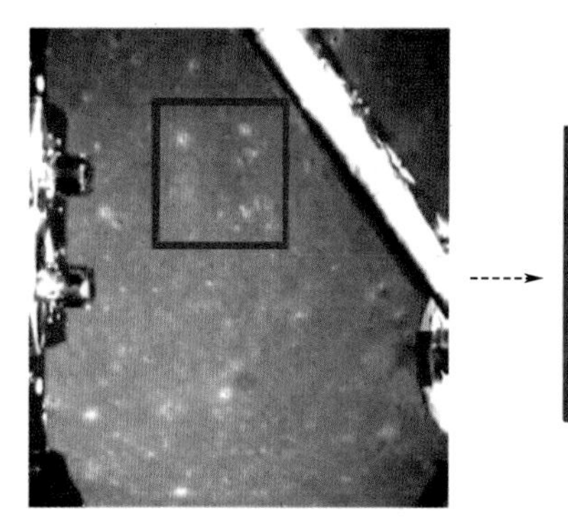

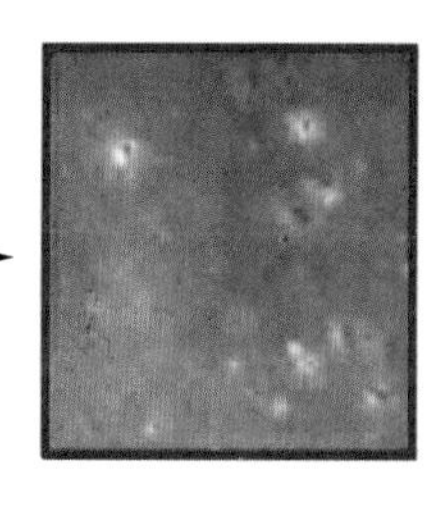

（a）地面接收到的首幅降落影像
（北京时间2019-01-03T10:23:03，帧号1624）

（b）地面接收到的首幅落月后影像
（北京时间2019-01-03T11:44:33，帧号5416）

图 2　地面接收的首幅降落影像和落月后影像

表 1　嫦娥四号和嫦娥三号动力下降阶段的主要状态差异

变化项	嫦娥四号	嫦娥三号
动力下降轨迹	接近段开始距离月面高度由 6 km 至 100 m	接近段开始距离月面高度由 3 km 至 100 m
	采用垂直下降方式逐步接近着陆区	采用倾斜下降方式逐步接近着陆区
降落图像下传方式	影像压缩比 1∶64	影像压缩比 1∶8
	约 6～7 s 抽帧下传 1 幅图像	约 5 s 抽帧下传 1 幅图像
	压缩后每幅图像的大小约为 128 kbits	压缩后每幅图像的大小约为 1 Mbits

2 定位方法

为了兼顾工程任务对着陆点定位的时效性与高精度要求，本文提出由粗至精的着陆点定位方法，首先是利用动力下降阶段近实时抽帧下传的高压缩比（1∶64）降落影像实现着陆点的初始（粗）定位；其次是利用回放的低压缩比（1∶8）降落影像，通过高分辨率降落影像与着陆区 DOM 底图匹配来实现着陆点的精确（精）定位，具体实现流程如图 3 所示。

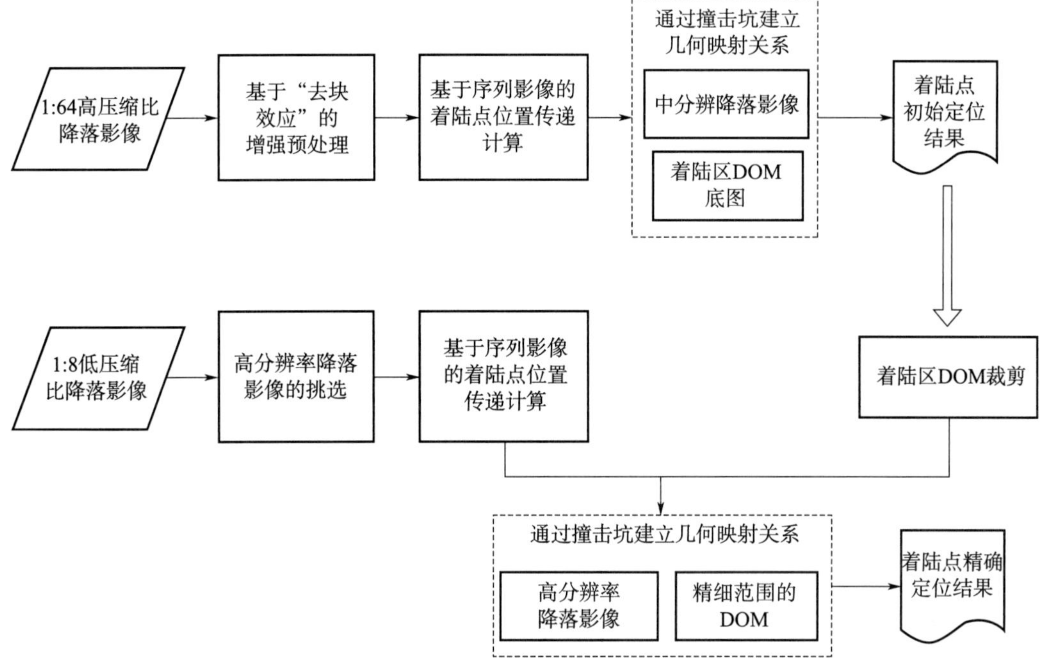

图 3　嫦娥四号着陆点定位流程图

如图 3 所示，着陆点定位的算法流程主要可以分为以下 5 个步骤：首先采用“去块效应”预处理算法对原始图像进行增强处理，提升图像纹理质量；再使用序列图像获取的特征点实现着陆点位置的传递计算；然后挑选其中的中分辨率降落影像，通过影像特征显著的撞击坑建立该影像与着陆区 DOM 底图之间的几何映射关系从而实现着陆点的初始定位；接着利用回放的低压缩比（1∶8）降落影像，挑选分辨率较高的影像，采用之前类似的处理方法完成着陆点像坐标的初始传递；最后根据着陆点初始定位结果对着陆区 DOM 底图进行裁剪，通过高分辨率降落影像与 DOM 底图的匹配来实现着陆点的精确定位。

2.1 高压缩比降落影像的增强预处理

高压缩比降落影像在近实时下传过程中，采用了基于分块的离散余弦变换（BDCT）的压缩技术，由于没有考虑像素在相邻块中的相关性，粗糙量化使得相邻块的 DCT 系数取样落在不同的量化区间，从而导致在块边界上产生“块效应”[16]。为了提升高压缩比降落影像质量，首先需对其进行图像增强预处理，总体算法流程如图 4 所示。

受降落相机安装位置影响，每幅降落影像中均有一部分固定区域被探测器支架遮挡，而这部分遮挡区域未包含有效的着陆区纹理信息。基于这个考虑，首先设计了一个掩模模板对其中的无效区域进行标记；为了提高图像增强效果，结合 DCT 特性及月球表面纹理特征，将图像分为均匀块和非均匀块；然后对均匀块使用自适应平滑函数增强，对非均匀块用 Lee 提出的 Sigma 滤波器，使用 5×5 大小的窗口在需要平滑的区域处理；最后获得增强后的图像。

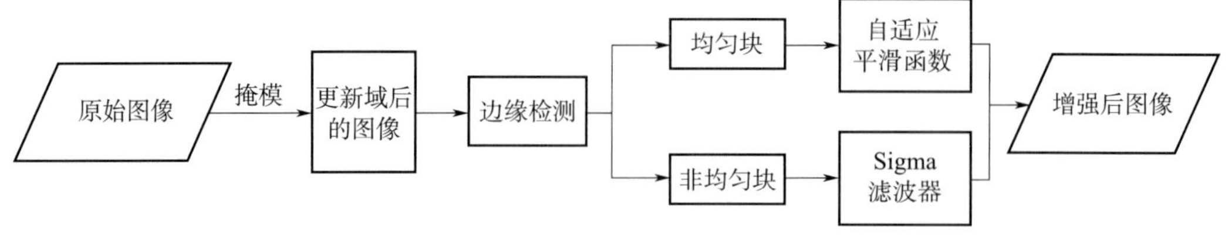

图 4　去除块效应的图像增强处理流程

2.2 基于降落序列影像的着陆点位置传递

基于降落序列影像的着陆点位置传递流程如图 5 所示，使用序列图像进行基于 SIFT 的特征提取与匹配，根据得到的特征点集求解降落初帧图像和末帧图像的坐标变换关系，从而解算着陆点在初帧图像中的像坐标。

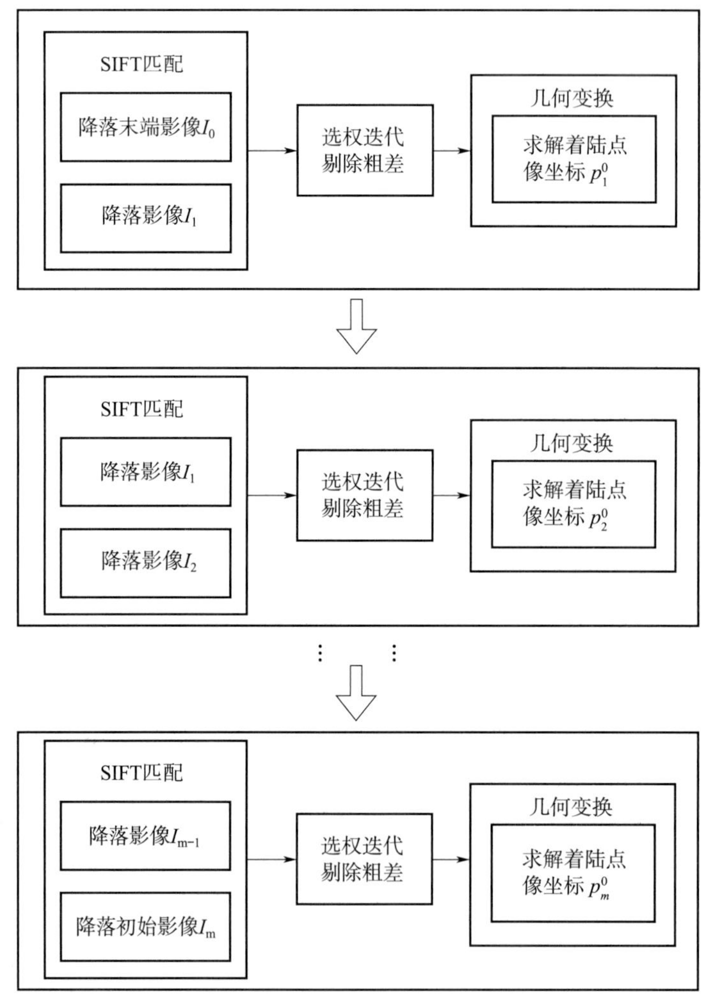

图 5　基于降落序列影像的着陆点位置传递流程

向量的欧式距离作为两幅影像关键点的相似性判定度量，应用中为了获得足够多的特征点，相似性测度阈值取 0.75～0.85。考虑到探测器着陆点小范围一般地势起伏较为平坦，本文采用如式（1）的单应变换模型计算相邻影像间的几何关系[17]。

$$\begin{bmatrix} x_{n+1}^{k} \\ y_{n+1}^{k} \\ 1 \end{bmatrix} = H_{n}^{n+1} \begin{bmatrix} x_{n}^{k} \\ y_{n}^{k} \\ 1 \end{bmatrix}, (n = 0, 1, \cdots, m, 3 \leqslant k < j) \tag{1}$$

其中，H_{n}^{n+1} 为单应变换系数，通常用 $\begin{bmatrix} h_{00} & h_{01} & h_{02} \\ h_{10} & h_{11} & h_{12} \\ h_{20} & h_{21} & h_{22} \end{bmatrix}$ 9 个参数来表示，$(x_{n}^{k},\ y_{n}^{k})$ 及 $(x_{n+1}^{k},\ y_{n+1}^{k})$ 分别为相邻降落影像同名特征点的像坐标。

针对相邻影像间 SIFT 的误匹配，采用选权迭代法检测匹配的中粗差，即首先通过式（1）模型计算每一对匹配点的模型残差，剔除其中不满足残差阈值的点对；然后，重复上述步骤，直至参与计算的所有点对的残差均满足阈值要求；最后输出粗差剔除后的正确匹配结果进行几何关系计算。

2.3 降落影像与 DOM 底图的几何关系建立

降落影像与 DOM 底图影像的成像时间、太阳高度角、太阳方位角均不相同，这些因素会导致两类影像基于同一目标区域的纹理出现较大差异，常见的基于特征的匹配算法及基于区域的匹配算法均无法适用。实际上，月球表面会布满大大小小的撞击坑，由于地形凹陷，这些撞击坑在影像中多会呈现出两侧坑沿明暗对比明显的特点。

基于以上分析，首先通过降落影像中的撞击坑找到 DOM 底图上的大致区域，然后在人工干预下确认 4 组以上的同名特征点，最后采用仿射模型求得它们之间的几何关系。为确保人工干预的准确性，在实施过程中采取多次实验取平均值的策略。

3 定位结果及分析

嫦娥四号任务执行过程中，在接收到全部高压缩比（1∶64）影像后约 20 min，通过图像增强处理、序列影像间的匹配及中分辨率降落影像与 DOM 底图等一系列处理运算，实现了着陆点的初始定位。在探测器着陆后第二天，接收到低压缩比降落影像后约 10 min，北京航天飞行控制中心利用高分辨率的降落影像与着陆区 DOM 进行特征匹配，进一步优化了着陆点的定位结果。本文中的中分辨率影像指的是距离月面高度为 1.0～1.5 km 时的降落相机影像，分辨率为 0.8～1.2 m/pixel，该分辨率同着陆区底图分辨率较接近（约 1.0 m/pixel）；高分辨率影像指的是距离月面高度为 0.2 km 以下时的降落相机影像，分辨率均高于 0.2 m/pixel。

3.1 着陆点初始定位

嫦娥四号任务在动力下降阶段（即北京时间2019年1月3日10时23分03秒至10时29分21秒），共实时接收到1∶64压缩比的降落影像59幅。其中前27幅为“接近段”至“缓速下降段”的影像，后32幅均为探测器落月后的影像。因此，在任务实施过程中选用前27幅影像进行着陆点的初始定位计算。

3.1.1 高压缩比影像预处理效果

图6为处理前后的对比效果图。经过增强处理后，不仅提高了原始图像的纹理质量，而且还有效保留了边缘和图像细节，为后续图像匹配奠定了基础。采用批处理方式全自动运行，处理27幅图像的时间约为15 s。

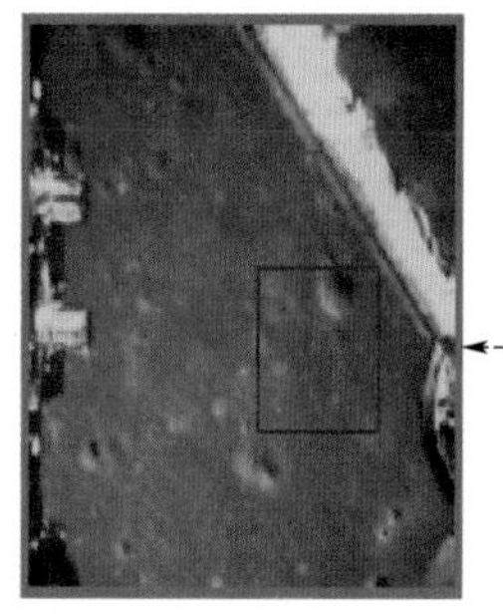
（a）原始图像

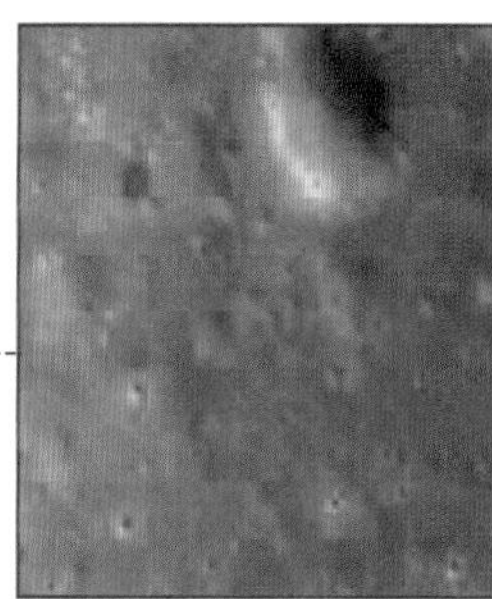
（b）原始图像局部细节

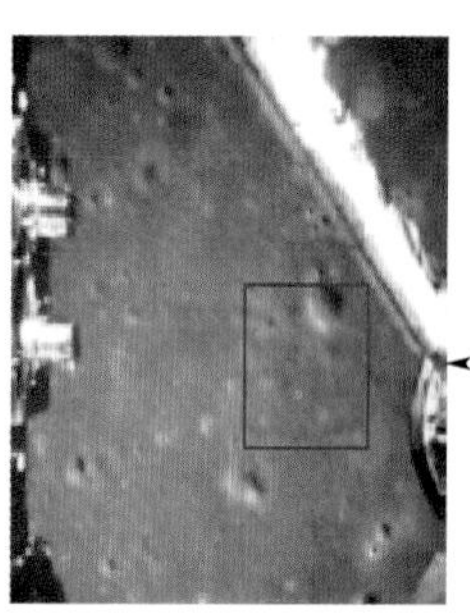
（c）增强后的图像

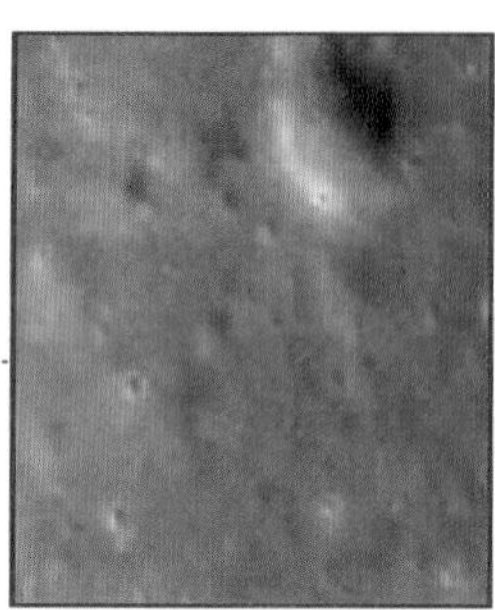
（d）增强后图像局部细节

图6　原始图像及增强图像对比图（帧号1754）

3.1.2 序列影像匹配效果

图7为相邻序列影像的部分匹配情况，其中图7（a）两幅影像的距离月面高度约为200 m，图7（b）两幅影像的距离月面高度约为1.6 km。经过图像增强处理后，软件能够实现全自动匹配；基于获得的匹配特征点集建立映射模型并完成着陆点的像坐标传递，无需人工干预，处理27幅图像的时间约为2 min。

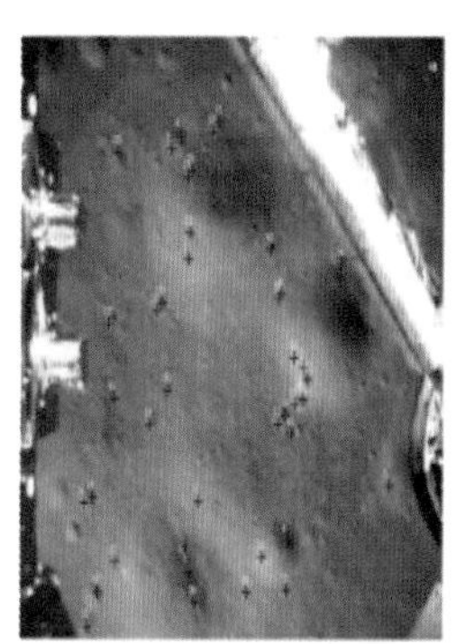
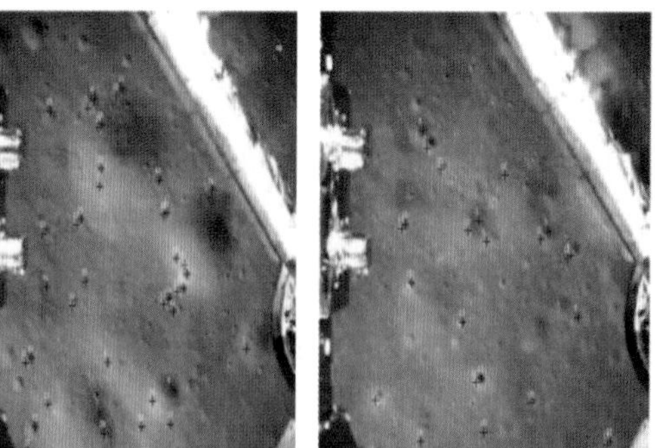
（a）降落影像（帧号3054-2989）匹配结果，共44个同名点

（b）降落影像（帧号2339-2274）匹配结果，共24个同名点

图7　相邻序列影像的SIFT匹配结果

3.1.3 中分辨率降落影像与 DOM 的匹配结果

首先根据惯导提供的探测器着陆点概略位置（177.5°E，45.5°S）对着陆区 DOM 底图进行裁剪，然后选用中分辨率降落影像与裁剪后的 DOM 图像进行匹配。为确保匹配正确性，需人工干预，处理时间约为 15 min。两幅影像的匹配结果如图 8 所示，中分变率降落影像距离月面高度约为 1 km，图像分辨率约为 0.8 m/pixel。着陆点的初始定位结果为（177.587 6°E，45.456 4°S）。

（a）降落影像（帧号2469）

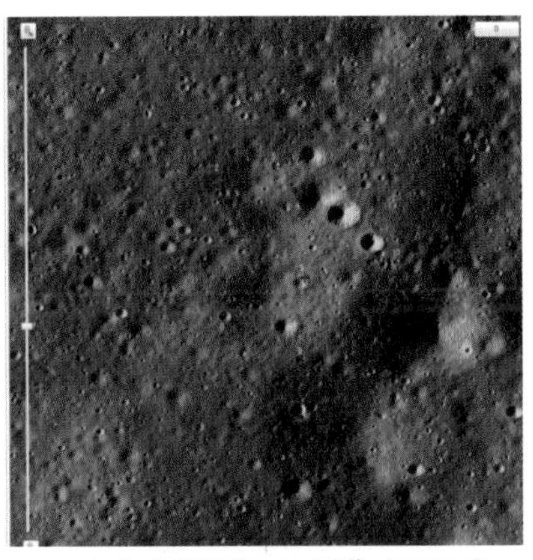

（b）裁剪后的DOM图像（IDOM）

图 8　中分辨率降落影像与裁剪后的 DOM 图像的匹配结果

3.2 着陆点精确定位

在探测器落月后约 15 h，即北京时间 2019 年 1 月 04 日 07 时 22 分至 10 时 37 分，嫦娥四号探测器开始回放低压缩比（1：8）降落影像，其中约有 2 600 幅图像为探测器动力下降过程的图像，距离月面高度约为 2～3 km，选用其中的 10 幅高分辨降落影像进行着陆点的精确定位。

3.2.1 高分辨率降落影像的最优选择结果

选取探测器缓速下降段的降落影像（帧号 3396）作为末帧图像，距离月面高度约为 30 m；接近段的降落影像（帧号 2946）作为初帧图像，距离月面高度约为 200 m。实验中，依照 50 帧的均匀间隔选取接近段至缓速下降段共 10 幅图像，相邻图像的成像间隔为 5 s，具体的成像情况见表 2。其中成像帧序号、成像时间包含在降落影像的描述文件中，成像时探测器的星下点经度、星下点纬度、高度信息可根据成像时间由相应的遥测信息对查到。受传输时延的影响，这 3 类信息是个概略值，与实际情况存在一定偏差。同时，由降落相机相关参数及影像距离月面高度，还可计算求得每幅图像的分辨率。

3.2.2 序列影像匹配效果

相邻图像的部分匹配结果如图 9 所示，计算的着陆点在每幅影像中的像坐标见表 2 右侧两列。

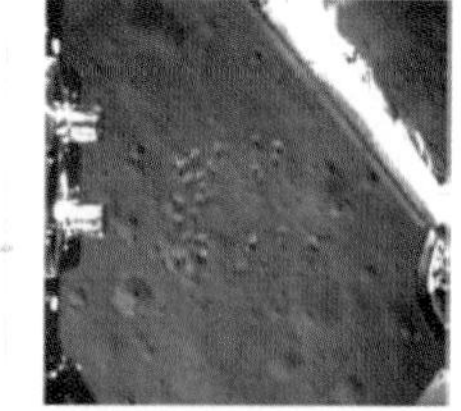

（a）降落影像3396-3346匹配结果，共59个同名点

（b）降落影像3296-3246匹配结果，共495个同名点

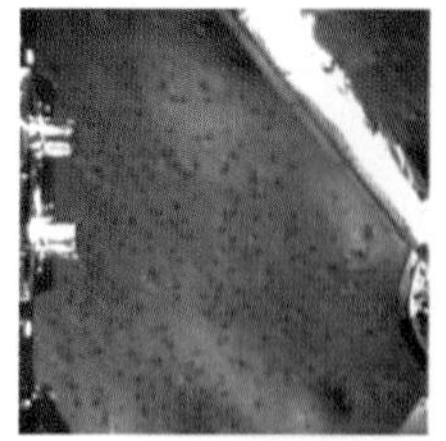
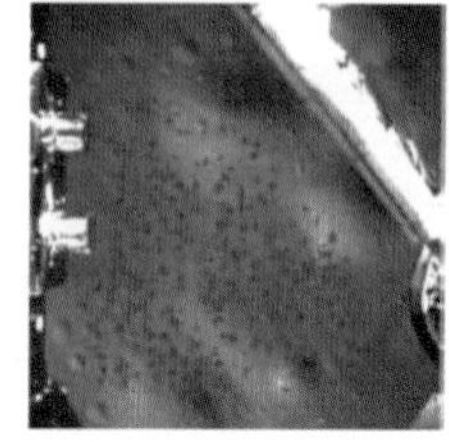

（c）降落影像3146-3096匹配结果，共555个同名点

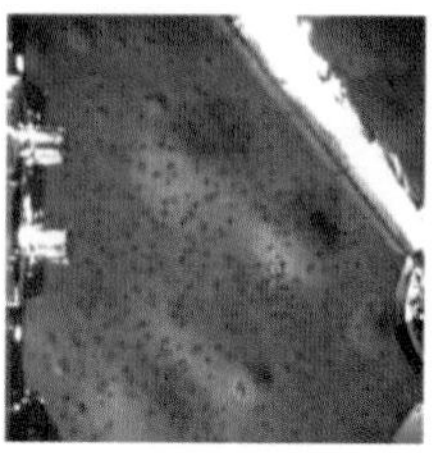
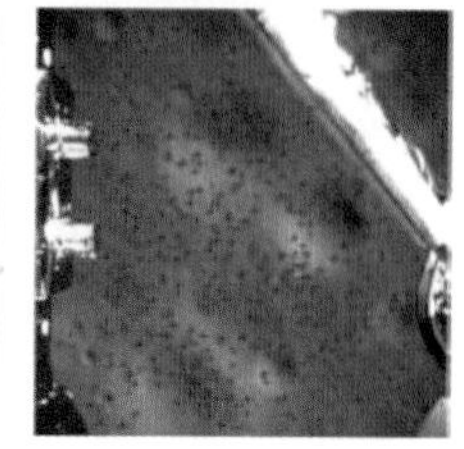

（d）降落影像2996-2946匹配结果，共871个同名点

图 9　部分相邻图像的 SIFT 匹配结果

表 2　降落影像成像情况

图像帧号	成像时刻（北京时间）	星下点经度/（°）	星下点纬度/（°）	距离月面高度/m	图像分辨率/（m/pixel）	着陆点像坐标	
						x	y
3396	2019/01/03 10：25：49	—	—	—	—	512	512
3346	2019/01/03 10：25：44	—	—	—	—	492.95	463.55
3296	2019/01/03 10：25：39	177.574 4	−45.459 9	146	0.12	487.16	459.04
3246	2019/01/03 10：25：34	—	—	—	—	477.07	473.87
3196	2019/01/03 10：25：29	—	—	—	—	466.01	496.09
3146	2019/01/03 10：25：24	—	—	—	—	456.40	494.75
3096	2019/01/03 10：25：19	—	—	—	—	425.60	526.62
3046	2019/01/03 10：25：14	177.576 4	−45.459 8	200	0.17	398.73	549.98
2996	2019/01/03 10：25：09	—	—	—	—	393.82	563.82
2946	2019/01/03 10：25：04	—	—	—	—	393.37	554.10

注：“—”项由于无法根据成像时刻从遥测信息中查到相应的信息。

3.2.3　高分辨率降落影像与 DOM 的匹配结果

根据第 3.1 节计算出的着陆点初始定位结果对着陆区 DOM 图像进行更精确范围的裁剪，然后选用高分辨率降落影像（帧号 2946）与裁剪后的 DOM 图像（记为 I'_{DOM}）进行匹配。本过程需适当人工干预，为确保同名特征点的准确性，共进行 3 组实验，总处理时间约为 5 min。3 组实验的影像匹配结果如图 10～12 所示，其中图 10（b）～12（b）的圆圈代表着陆点在影像中的位置，具体的同名点信息见表 3。依据 3 组实验结果，取它们的均值作为精确定位结果。

（a）原始影像　　（b）局部放大

图 10　第 1 组结果—降落影像（帧号 2946）与 I'_{DOM} 图像

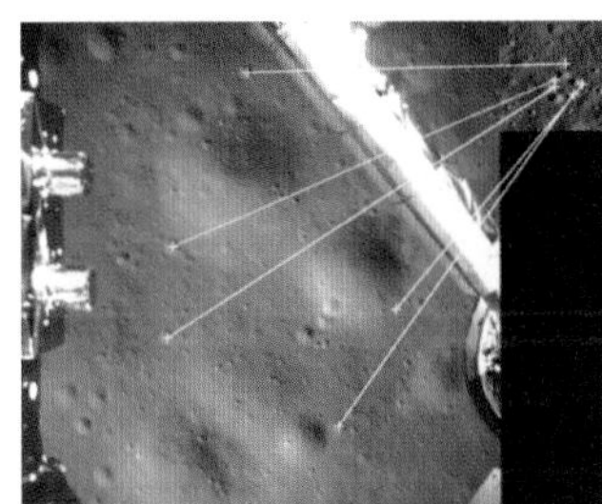
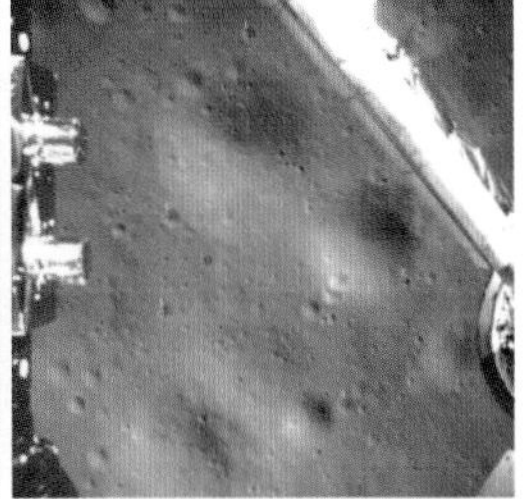
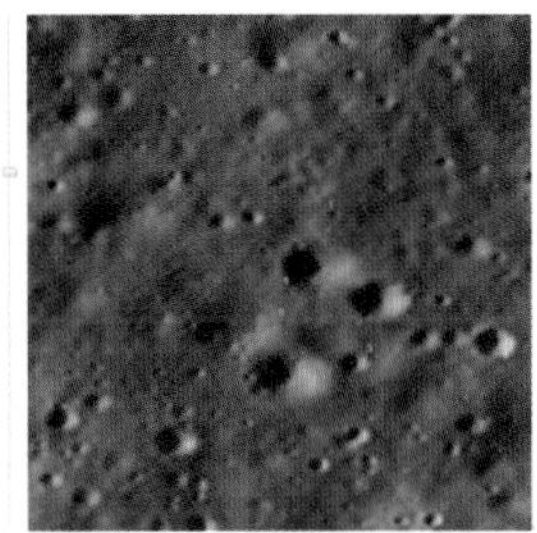

（a）原始影像　　（b）局部放大

图 11　第 2 组结果—降落影像（帧号 2946）与 I'_{DOM} 图像

（a）原始影像　　（b）局部放大

图 12　第 3 组结果—降落影像（帧号 2946）与 I'_{DOM} 图像

表 3　3 组实验的匹配结果

点位	影像	第一组		第二组		第三组	
		x	y	x	y	x	y
同名点 1	降落影像	467.24	467.24	483.50	105.34	458.16	176.01
	DOM 图像	122.43	122.43	137.76	88.63	133.54	95.49
同名点 2	降落影像	224.41	224.41	802.59	596.51	130.84	838.45
	DOM 图像	104.89	104.89	173.59	131.88	94.80	152.11
同名点 3	降落影像	649.48	649.48	678.57	839.25	319.66	467.88
	DOM 图像	135.93	135.93	154.79	151.57	117.78	122.44
同名点 4	降落影像	655.88	655.88	323.36	467.24	706.11	808.45
	DOM 图像	136.61	136.61	117.16	122.43	158.22	149.49

续表

点位	影像	第一组		第二组		第三组	
		x	y	x	y	x	y
同名点 5	降落影像	839.72	839.72	312.17	655.88	741.40	383.18
	DOM 图像	152.13	152.13	115.69	136.61	159.68	113.42
着陆点像坐标		(125.03，129.69)		(127.58，128.42)		(125.37，128.14)	
着陆点地理坐标		(177.588 35，−45.456 52)		(177.588 44，−45.456 48)		(177.588 36，−45.456 47	

3.3 精度评估

3.3.1 算法理论精度评估

依据第 2 节所述的着陆点定位实施算法流程及策略可知，其绝对定位精度主要取决于两个方面：一是图像的匹配精度；二是着陆区底图 DOM 的制图精度。其中，图像匹配的误差主要来源于以下两点。

（1）着陆点在序列降落影像间的传递误差

着陆点在序列降落影像间的传递误差主要来源于以下两个方面：一是降落影像间的匹配误差，基于 SIFT 算法的相邻影像的匹配精度可控制在传递影像的 1 个像素[6,18]；二是由影像间的传递模型引入，根据控制点的拟合残差，精度在亚像素[18]，本文中取 0.3 个像素，假设有 n 幅序列降落影像，那么模型间的传递误差可表示为 $\sqrt{n-1}\times 0.3$ 个像素。取传递影像的最大分辨率（即初帧影像）计算，为 0.12 m/pixel，n 取 10，那么，着陆点在序列影像间的传递误差 α 表示为

$$a=\sqrt{(1\times 0.12)^2+(\sqrt{10-1}\times 0.3\times 0.12)^2}=0.16\ \text{m} \tag{2}$$

（2）降落影像与着陆区 DOM 底图的匹配

记匹配误差为 β，主要是由人工在降落影像与着陆区 DOM 底图之间确定同名特征点造成，难以给出具体的定性指标，采取多次实验取平均值的方法可将 β 控制在 2 pixel。记底图 DOM 的分辨率为 res，本文取 res 为 1 m/pixel，那么降落影像与 DOM 的匹配误差 $\beta=2\times 1=2$ m。

因此，图像匹配的精度 pre1 可表式为 $\text{prel}=\sqrt{0.16^2+2^2}\approx 2$ m 。

另一方面，就是底图 DOM 的制图精度，记为 pre2。其误差主要取决于传感器本身的定位误差，包括传感器的定轨、定姿以及内方位的测量误差，据文献［18］介绍，LRO 定轨精度约为 20 m。

那么本文的绝对定位误差精度 pre 可表示为

$$\text{pre}=\sqrt{\text{pre1}^2+\text{pre2}^2}=\sqrt{2^2+20^2}\approx 20.1\ \text{m} \tag{3}$$

需要说明的是，由于 LRO 的定轨精度是大量轨道数据的统计精度，定轨误差会导致每幅 LRO NAC 影像的定位精度不尽相同；同时 LRO NAC DOM 底图的精度还会受到影

像传感器姿态精度的影响，因此式（3）中得到的绝对定位精度仅是一种理想状态下的大致估计。

3.3.2 定位结果比对

中国科学院遥感与数字地球研究所的研究团队基于嫦娥二号正射影像、LROC NAC DOM、嫦娥四号降落相机及监视相机影像等多源数据，利用影像特征匹配定位和单像视觉测量定位技术，确定了嫦娥四号探测器着陆点的位置[19]；NASA/GSFC/ASU 于探测器着陆后，利用着陆前的 1 幅 LRO NAC 影像，也公布了嫦娥四号探测器着陆点的位置信息[20]。这些定位结果与本文定位结果的比对见表 4，可以看出本文的精确定位结果与目前国内外公布的结果的一致性较好，而初始定位的偏差主要来源于高压缩比下图像纹理信息的缺失以及抽帧下传方式导致降落序列图像的不连续。

表 4 嫦娥四号着陆点定位结果比对

数据	经度（°）	纬度（°）	说明
27 幅（高压缩比）降落影像，LRO NAC DOM，CE-2 DOM	177.587 6	−45.456 4	本文方法，着陆点初始定位结果
10 幅（低压缩比）降落影像，LRO NAC DOM，CE-2 DOM	177.588 4	−45.456 5	本文方法，着陆点精确定位结果
LRO NAC 影像 M1298916428LR	177.589	−45.457	NASA/GSFC/ASU[20]
CE-2 DOM，LRO NAC DOM，降落影像，监视相机影像	177.588	−45.457	邸凯昌等，遥感学报，2019[19]

基于探测器着陆点的快速、高精度定位结果，北京航天飞行控制中心成功实施了嫦娥四号两器互拍的周期规划，如图 13 所示，其中 A 点、C′点为两器互拍点，S1 点为第 1 月昼巡视器的休眠点，底图是用多幅降落影像制作的高分辨率 DOM。

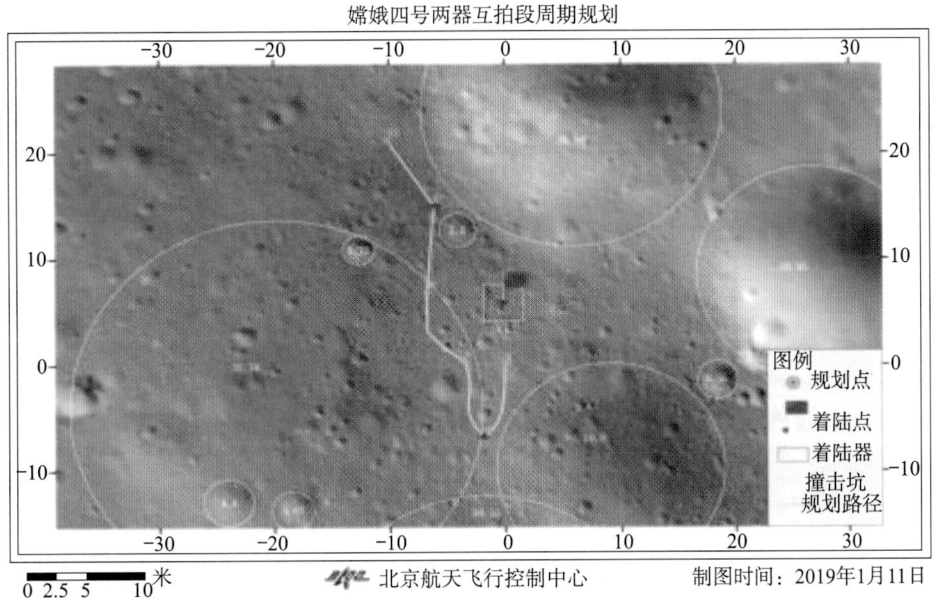

图 13 嫦娥四号两器互拍段周期规划示意图

4 结论

本文采用计算机视觉方法在高精度图像匹配和几何变换的基础上实现了嫦娥四号探测器着陆点绝对定位。利用动力下降过程中高压缩比的降落影像，在探测器着陆月面后的20 min内实现了着陆点的初始定位；之后通过回放的低压缩比降落影像，进一步精化了着陆点的位置信息。该结果与目前国内外公布的各类定位结果精度一致，探测器着陆点的高精度定位结果有效地支持了嫦娥四号后续遥操作任务。

本文的定位方法是相对着陆区底图的结果，定位精度与底图DOM的制图精度密切相关，下一步将开展月球多源遥感数据的高精度着陆区制图研究，为基于视觉的着陆点定位方法提供覆盖范围更广、精度更高的制图产品，同时也能为探测器落月后的路径规划和安全导航提供基础数据支持。另外，由于目前覆盖嫦娥四号着陆区的高精度LRO NAC影像数量还比较少，随着后期影像数据的累积，之后还可以开展基于多重覆盖遥感影像的高精度定位研究。

参考文献

[1] 贾瑛卓，邹永廖，薛长斌，等．嫦娥四号任务科学目标和有效载荷配置［J］．空间科学学报，2018，38：118-130.

[2] 万文辉，刘召芹，刘一良，等．基于降落图像匹配的嫦娥三号着陆点位置评估［J］．航天器工程，2014，23：5-12.

[3] 贾阳，刘少创，李明磊，等．利用降落影像序列实现嫦娥三号系统着陆点高精度定位［J］．科学通报，2014，59：1838-1843.

[4] 刘斌，邸凯昌，王保丰，等．基于LRO NAC影像的嫦娥三号着陆点高精度定位与精度验证［J］．科学通报，2015，60：2750-2757.

[5] 李俊峰，崔文，宝音贺西．深空探测自主导航技术综述［J］．力学与实践，2012，34：1-9.

[6] 吴伟仁，周建亮，王保丰，等．嫦娥三号“玉兔号”巡视器遥操作中的关键技术［J］．中国科学：信息科学，2014，44：425-440.

[7] 王镓，万文辉，赵焕洲，等．基于视觉的嫦娥四号探测器着陆点定位方法［J］．载人航天，2019，25：12-18.

[8] Wagner R V，Robinson M S，Speyerer E J，et al. Locations of anthropogenic sites on the Moon［C］. In：45th Lunar & Planetary Science Conference. The Woodlands，2014. 2259.

[9] NASA/GSFC/Arizona State University. NASA Images of Chang'E-3 Landing Site.［2014-01-23］. http://www.nasa. gov/content/nasa-images-of- change-3-landing-site/

[10] 曹建峰，张宇，胡松杰，等. 嫦娥三号着陆器精确定位与精度［J］. 武汉大学学报：信息科学版，2016，41：274-278.

[11] 叶培建，孙泽洲，张熇，等. 嫦娥四号探测器系统任务设计［J］. 中国科学：技术科学，2019，49：1-14.

[12] 李春来，刘建军，任鑫，等. 基于嫦娥二号立体影像的全月高精度地形重建［J］. 武汉大学学报：信息科学版，2018，43：485-495.

[13] Robinson M S，Brylow S M，Tschimmel M，et al. Lunar Reconnaissance Orbiter Camera（LROC）instrument

overview [J]. Space Sci Rev, 2010, 150: 81-124.

[14] 李飞，张熇，吴学英，等. 月球背面地形对软着陆探测的影像分析 [J]. 深空探测学报，2017，4：143-149.

[15] 刘斌，徐斌，刘召芹，等. 基于降落相机图像的嫦娥三号着陆轨迹恢复 [J]. 遥感学报，2014，18：981-987.

[16] 谢胜利，周智恒. 一种自适应消除块效应的新算法 [J]. 电子学报，2005，33：1897-1900.

[17] Wang J, Peng M, Wan W, et al. Positioning method of Chang'E-4 lander based on multi-source images [C]. In: 69th International Astronautical Congress (IAC), 2018. 4321-4332.

[18] Mazarico E, Rowlands D D, Neumann G A, et al. Orbit determination of the Lunar Reconnaissance Orbiter [J]. J Geod, 2012, 86: 193-207.

[19] 邸凯昌，刘召芹，刘斌，等. 多源数据的嫦娥四号着陆点定位 [J]. 遥感学报，2019，23：177-184.

[20] NASA/GSFC/Arizona State University. Chang'E 4 Lander Coordinates. [2019-01-11]. http://lroc.sese.asu.edu/posts/1087/

Vision based Chang'E-4 landing point localization

WANG Jia, WU Weiren, LI Jian, DI Kaichang, WAN Wenhui, XIE Jianfeng, PENG Man, WANG Baofeng, LIU Bin, JIA Mengna, XI Luhua, ZHAO Rui

Abstract On December 8, 2018, China launched the Chang'E-4 lunar probe and implemented soft landing and patrol exploration on the lunar farside for the first time. Fast and high-precision positioning of the landing point is a critical step of the mission, and also an important prerequisite for surface operations of the lander and rover. Based on the high-precision image matching and geometric transformation methods, and considering the engineering requirements, the landing point location of the Chang'E-4 lander was initially determined using the near real-time high compression ratio descent sequence images. Then, the position was refined using the replayed low compression ratio descent images, and the landing point position was calculated to be (177.588 4°E, 45.456 5°S). The landing point localization method and result have been successfully applied to actual engineering tasks for the first time in China, thus providing important support to the topographic analysis of the landing area and mission planning of the follow-up teleoperations.

Keywords Chang'E-4; lunar exploration; landing position; descent images

惯导/测距/测速相结合的安全软着陆自主导航方法*

吴伟仁，李骥，黄翔宇，张洪华，王大轶，张哲

摘　要　针对地外天体软着陆中惯导误差随时间增大，无法提供准确的高度和三维速度信息的问题，提出了一种惯导、测距和测速相结合的安全软着陆导航方法。该方法以惯导为基础，利用测距仪修正惯导的高度信息，利用测速敏感器修正惯导的速度信息。详细介绍了惯性导航的基本原理及测距、测速组合修正的策略，对软着陆过程的动力学模型、敏感器测量模型、滤波方程、地形对修正的影响，以及组合使用的策略和算法等问题进行了论述。数学仿真结果表明惯导、测距和测速相结合的方法能够满足安全软着陆的需要。

关键词　安全软着陆；自主导航；惯性导航；测距仪；多普勒测速

0　引言

地外天体软着陆探测是深空探测的一种重要方式。到目前为止，美国、苏联、欧空局以及日本等国家和组织已经先后对月球、火星、小行星和彗星等地外天体实施了软着陆探测。以嫦娥三号为代表，我国也实现了月球软着陆探测[1]，未来还将开展对火星、小行星等深空天体的着陆探测。

由于地外天体距离地球都很遥远，地面测控在实时性和精确性上很难满足要求，因此着陆过程的导航一般都采用自主导航。在已经实现的着陆探测任务中，美国的 Surveyor[2] 和 Apollo[3] 采用了基于惯性测量单元（以下简称 IMU）、雷达高度计和多普勒速度敏感器的导航方式；苏联的 lunar 系列也采用的是陀螺、加速度计（以下简称加计）、多普勒测速仪和测高仪的导航方式[4]；我国的嫦娥三号月球探测器在软着陆过程中则采用了 IMU、激光测距仪和微波测距测速敏感器组合的导航方式[5]。目前，各国正在研制的新一代着陆探测器则进一步突出了着陆导航精度。例如，日本的 Selene-B 计划采用 IMU、光学导航相机、激光高度计/测速仪的复合导航方法[6]；欧空局研制中的月球着陆器采用了 IMU、距离传感器和导航相机相组合的导航方法[7]；美国原计划开展的星座计划项目，甚至设计了一套融合光学图像、测距测速以及地面无线电测量的导航方法，形成一种天地一体的组合导航方案[8]。

* 宇航学报，2015，36（8）：7.

为确保地外天体软着陆任务中，着陆器能够以尽可能小的速度垂直降落到天体表面理想区域，导航系统需要提供准确的相对天体表面的高度和速度（包括垂向和水平共三个方向）信息，至于水平位置信息则处于相对次要的地位。因此尽管具体方案千差万别，采用的敏感器在工作体制、性能指标上也不尽相同，但惯导结合测距以及测速修正的导航方式始终是地外天体软着陆自主导航的核心。其中惯导是提供位置、速度和姿态测量的基本手段，测距用于修正惯导的高度误差，测速则用于修正惯导的三维速度误差。在这三者的组合下就提供了安全软着陆的基本导航手段。本文以此为基础，对惯导、测距和测速及在工程实用中会遇到的地形问题进行了详细的数学建模和理论分析，并给出了相关计算方法和修正策略。

1 惯性导航

1.1 软着陆运动学模型

取天体中心惯性系为参考坐标系（用 i 表示），软着陆平动运动学方程可以描述为

$$\begin{cases}\dot{\boldsymbol{r}}^i=\boldsymbol{v}^i\\ \dot{\boldsymbol{V}}^i=-\dfrac{\mu}{\|\boldsymbol{r}^i\|^3}\boldsymbol{r}^i+\dfrac{\boldsymbol{F}^i}{m}+\boldsymbol{a}_\varepsilon^i\end{cases}\tag{1}$$

式中，$\boldsymbol{r}^i$ 是着陆器位置矢量在惯性系下的表示（3×1 列向量），$\boldsymbol{v}^i$ 是着陆器速度矢量在惯性系下的表示（3×1 列向量），μ 是天体中心引力常数，$\boldsymbol{F}^i$ 是除引力外作用在着陆器上的合外力矢量在惯性系下的表示（3×1 列向量），m 是着陆器的质量，$\boldsymbol{a}_\varepsilon^i$ 是引力摄动加速度矢量在惯性系下表示（3×1 列向量）。

着陆器本体相对惯性系的姿态用四元数 $\boldsymbol{q}=[q_1,\ q_2,\ q_3,\ q_4]^{\mathrm{T}}$ 表示，运动学方程可以描述为

$$\dot{\boldsymbol{q}}=\frac{1}{2}\begin{bmatrix}q_4 & -q_3 & q_2\\ q_3 & q_4 & -q_1\\ -q_2 & q_1 & q_4\\ -q_1 & -q_2 & -q_3\end{bmatrix}\boldsymbol{\omega}^b\tag{2}$$

式中，$\boldsymbol{\omega}^b$ 是角速度矢量在着陆器本体系（用 b 表示）下的表示（3×1 列向量），它可以根据陀螺测量得到。式（1）和式（2）构成了着陆过程的基本运动学方程，它们也是惯性导航解算的基础。

1.2 惯导基本方程

（1）惯导位置、速度外推

惯性导航的基本测量源为 IMU，它包含三个正交的陀螺和三个正交的加计，整个组件以捷联方式安装在着陆器本体上。其中陀螺可以获得本体相对惯性空间的角速度，加计可以获得作用在本体上的非引力加速度。假设本体系下非引力加速度的测量值为 $\tilde{\boldsymbol{f}}^b$，由

于在轨飞行中加计的零偏和刻度因子都可以进行标定，扣除这些因素后有

$$\widetilde{\boldsymbol{f}}^{b}=\boldsymbol{C}_{\mathrm{bi}}\frac{\boldsymbol{F}^{i}}{m}+\boldsymbol{w}_{f}^{b} \tag{3}$$

式中，$\boldsymbol{C}_{\mathrm{bi}}$ 是本体相对惯性系的姿态矩阵，$\boldsymbol{w}_{f}^{b}$ 是加计的测量噪声向量在着陆器本体系下的表示。

将式（3）代入式（1），则有

$$\begin{cases}\dot{\boldsymbol{r}}^{i}=V^{i}\\ \dot{\boldsymbol{V}}^{i}=-\dfrac{\mu}{\|\boldsymbol{r}^{i}\|^{3}}\boldsymbol{r}^{i}+\boldsymbol{C}_{\mathrm{bi}}^{\mathrm{T}}(\widetilde{\boldsymbol{f}}^{b}-\boldsymbol{w}_{f}^{b})+\boldsymbol{a}_{\varepsilon}^{i}\end{cases} \tag{4}$$

因此利用加计测量值 $\widetilde{\boldsymbol{f}}^{b}$，就可以根据式（4）进行位置、速度外推（外推时不考虑 $\boldsymbol{w}_{f}^{b}$）。其中，着陆器的姿态矩阵 $\boldsymbol{C}_{\mathrm{bi}}$ 由惯导姿态更新部分计算。

（2）惯导姿态外推

陀螺测量得到的着陆器角速度矢量在本体系下的表示为 $\widetilde{\boldsymbol{\omega}}^{b}$，由于陀螺的常漂和刻度系数误差也可以在巡航过程进行精确标定[9]，扣除这些因素后有

$$\widetilde{\boldsymbol{\omega}}^{b}=\boldsymbol{\omega}^{b}+\boldsymbol{w}_{g}^{b} \tag{5}$$

式中，$\boldsymbol{w}_{g}^{b}$ 是陀螺角速度测量噪声矢量在本体系下的表示。

将式（5）代入式（2）中有

$$\dot{\boldsymbol{q}}=\frac{1}{2}\begin{bmatrix}q_4 & -q_3 & q_2\\ q_3 & q_4 & -q_1\\ -q_2 & q_1 & q_4\\ -q_1 & -q_2 & -q_3\end{bmatrix}(\widetilde{\boldsymbol{\omega}}^{b}-\boldsymbol{w}_{g}^{b}) \tag{6}$$

式（6）就是惯导的姿态更新方程（外推时不考虑 $\boldsymbol{w}_{g}^{b}$），在解算出姿态四元数 $\boldsymbol{q}$ 以后，还可以得到式（4）中所需要的 $\boldsymbol{C}_{\mathrm{bi}}$

$$\boldsymbol{C}_{\mathrm{bi}}=\begin{bmatrix}q_1^2-q_2^2-q_3^2+q_4^2 & 2(q_1q_2+q_3q_4) & 2(q_1q_3-q_2q_4)\\ 2(q_1q_2-q_3q_4) & -q_1^2+q_2^2-q_3^2+q_4^2 & 2(q_2q_3+q_1q_4)\\ 2(q_1q_3+q_2q_4) & 2(q_2q_3-q_1q_4) & -q_1^2-q_2^2+q_3^2+q_4^2\end{bmatrix} \tag{7}$$

将式（4）和式（6）结合起来就可以进行运动学外推，即惯导外推。惯导外推有很多具体的算法，例如嫦娥三号着陆器所使用的四子样算法等[5]。但无论哪种算法，都可以用基本方程（4）和（6）来表示。

1.3 惯导在着陆导航中的不足

基于递推算法的惯性导航中，由于各种误差的累积作用，惯导计算误差逐渐增大。图 1 和图 2 是某月球软着陆任务中仿真得到的惯导高度误差和垂直速度误差随时间的变化曲线，其中点划线是蒙特卡洛仿真统计的均值，虚线是蒙特卡洛仿真中获得的最大值，实线为统计得到的 3σ 界。很显然，惯导的高度和速度误差均呈发散状态。这说明单纯依靠惯导无论是在高度还是在速度上都很难满足安全着陆的需要。

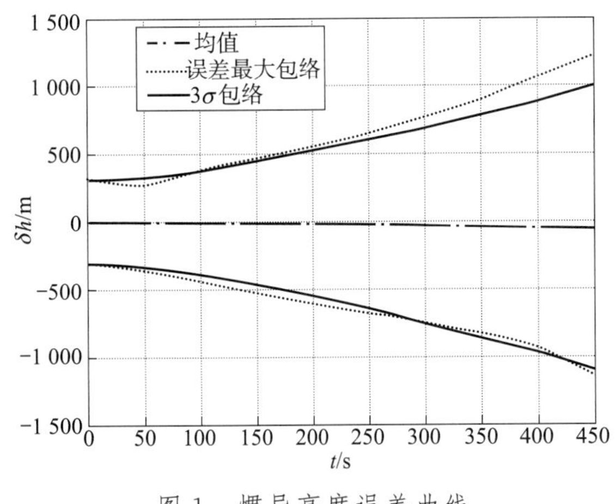

图 1　惯导高度误差曲线

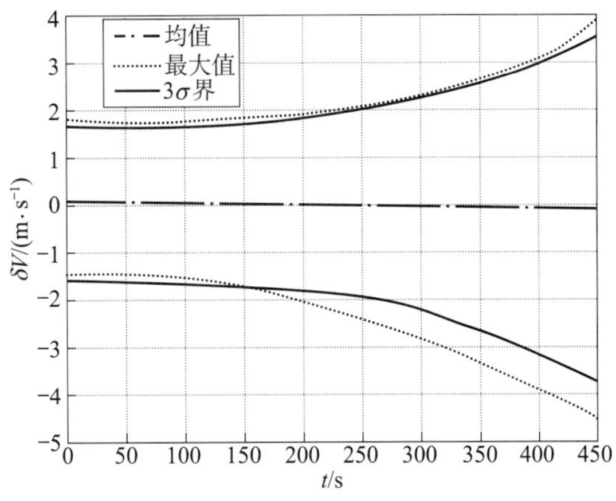

图 2　惯导垂直速度误差曲线

2 测距对惯导高度的修正

2.1 地形模型

测距仪得到的是着陆器沿测距仪波束方向相对天体表面的直线距离，而惯性导航提供的是相对天体中心的位置，这意味着惯性导航不能直接给出相对天体表面的高度。两者之间存在地形影响。

以月球虹湾地区为例，动力下降的典型航迹如图 3 所示。图中，纵向白线为航迹，箭头表示飞行方向。该航迹下的地形起伏如图 4 所示。

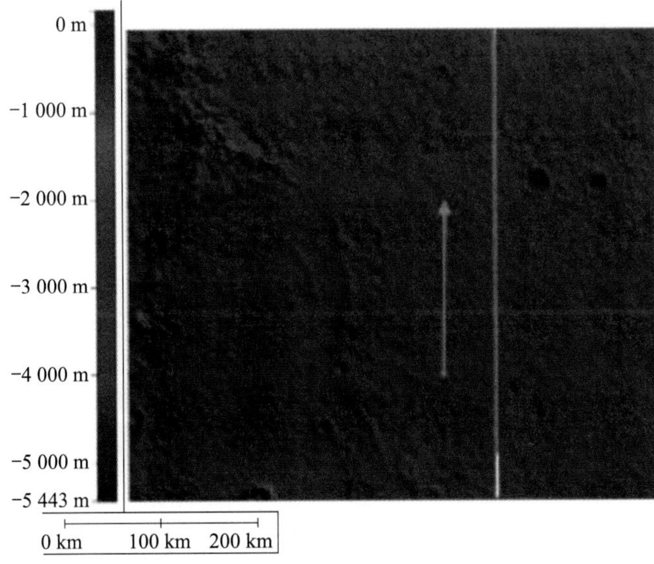

图 3　月球着陆过程的典型航迹图

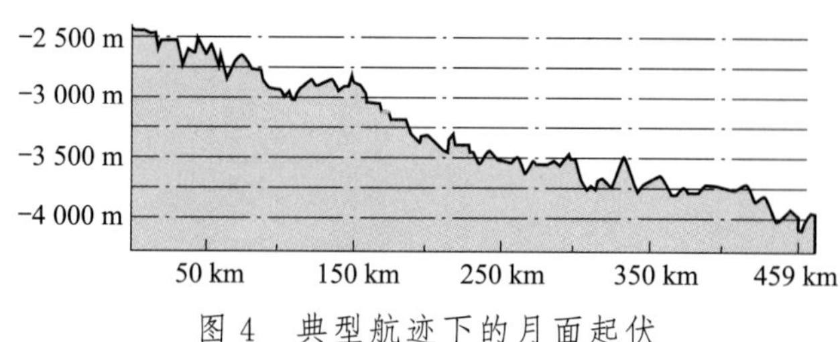

图 4　典型航迹下的月面起伏

月面地形可以建模为趋势项和叠加在该趋势项上的高度起伏。对于虹湾地区来说，其趋势项可以建模成斜坡

$$h_{\text{ref}} = h_L + s\tan\alpha \tag{8}$$

式中，h_L 是基准高度，s 是着陆航程，α 是坡度。

高度起伏可以用一阶马尔科夫过程描述，即

$$\frac{\mathrm{d}h_n}{\mathrm{d}s} = -\frac{h_n}{\beta} + \frac{1}{\beta}\omega_h \tag{9}$$

β 是相关距离。

由于航程实际是水平速度的积分，即

$$s = \int V_{\text{hor}}\mathrm{d}t \tag{10}$$

式中，v_{hor} 表示水平速度，因此式（9）可以变为

$$\frac{\mathrm{d}h_n}{\mathrm{d}t} = -\frac{V_{\text{hor}}}{\beta}h_n + \frac{V_{\text{hor}}}{\beta}\omega_h \tag{11}$$

显然，随着高度的降低，着陆器水平速度越来越小，则地形的起伏变化也越来越小。

2.2 测距模型

测距仪测量的是沿波束方向到实际月面的斜距。将它解算为高度时，需要用到着陆器的姿态信息。假设测距波束方向在本体系的表示为 $\boldsymbol{u}_r^b$，测距仪的斜距测量值为 $\tilde{\rho}$，那么测距仪解算的高度为

$$\tilde{h}_{\text{alt}} = \tilde{\rho}\,\frac{(\boldsymbol{C}_{\text{bi}}^{\mathrm{T}}\boldsymbol{u}_R^b)^{\mathrm{T}}\boldsymbol{r}^i}{\|\boldsymbol{r}^i\|} \tag{12}$$

测距仪解算的高度与实际星下点高度是有偏差的，包括测距仪自身的测量误差以及测距仪指向与铅垂线之间夹角带来的地形起伏误差（见图 5）。为了降低后者的影响，通常在着陆器本体向下的方向会安装一个测距波束天线或装置。这样当着陆器最终以垂直方式着陆时，该波束方向与铅垂线方向一致，地形起伏的影响得以消除。

2.3 测距修正

测距仪解算的高度与着陆器位置之间有如下关系

$$\tilde{h}_{\text{alt}} = \|\boldsymbol{r}^i\| - (R_m + h_{\text{ref}} + h_n) + \delta h_{\text{alt}} \tag{13}$$

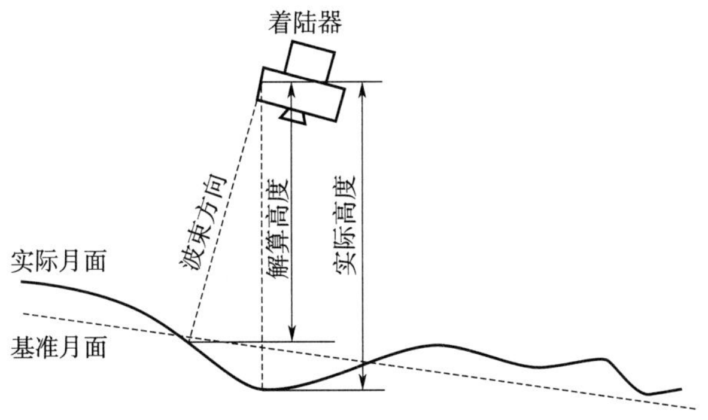

图 5　测距仪测量原理

式中，R_m 是天体参考半径，δh_{alt} 是测距仪高度解算的随机误差。

对于测距修正来说，只有垂向通道的惯导误差（高度和垂向速度）是可观测的[10]，因此不能按照式（4）、（6）和（13）建立全状态的滤波方程。着陆器的垂向运动学方程可以近似为

$$\begin{cases} \dot{h} = v_{\text{ver}} \\ \dot{V}_{\text{ver}} = f_{\text{ver}} + g + \delta a_{\text{ver}} \end{cases} \tag{14}$$

式中，v_{ver} 表示垂向速度，f_{ver} 是垂向非引力加速度，g 是重力加速度，δa_{ver} 是纵向加速度误差。h 是着陆器相对天体参考半径 R_m 的高度（称为绝对高度），它与着陆器位置 $\boldsymbol{r}$ 的关系为

$$h = \|\boldsymbol{r}\| - R_m \tag{15}$$

测距仪测量出波束方向的斜距，并按式（12）可以解算出相对实际天体表面的高度（称为相对高度），那么由式（13）可以得到测量方程为

$$\tilde{h}_{\text{alt}} = h - (h_{\text{ref}} + h_n) + \delta h_{\text{alt}} \tag{16}$$

由式（11）可知 h_n 随速度越来越小，因此将 h_n 与测距仪误差 δh_{alt} 一起考虑为随机量。假设 h_{ref} 已知，那么可以建立滤波的状态方程和测量方程

$$\begin{cases} \begin{bmatrix} \dot{h} \\ \dot{V}_{\text{ver}} \end{bmatrix} = \begin{bmatrix} 0 & 1 \\ 0 & 0 \end{bmatrix} \begin{bmatrix} h \\ v_{\text{ver}} \end{bmatrix} + \begin{bmatrix} 0 \\ 1 \end{bmatrix} (\tilde{f}_{\text{ver}} + g) + \begin{bmatrix} 0 \\ \delta a_{\text{ver}} \end{bmatrix} \\ \tilde{h}_{\text{alt}} + h_{\text{ref}} = [1 \quad 0] \begin{bmatrix} h \\ v_{\text{ver}} \end{bmatrix} + (-h_n + \delta h_{\text{alt}}) \end{cases} \tag{17}$$

式中，$\tilde{f}_{\text{ver}}$ 是根据加计和姿态解算的垂向非引力加速度。式（17）是一个线性定常系统，容易验证系统可观。因此利用卡尔曼滤波技术[11]可以通过测距估计出着陆器的绝对高度和垂直速度。对于实际应用来说，考虑到滤波算法的复杂性，也可以将卡尔曼滤波转化为固定系数滤波，但滤波系数应随高度变化[5]，通常滤波系数会随高度降低而增大。

需要说明的是，导航系统应该提供着陆器相对天体实际表面的高度，即相对高度，而由式（17）估计的高度是绝对高度，那么为计算相对高度还应当补偿掉已知地形，即

$$\hat{H}=\hat{h}-h_{\text{ref}} \tag{18}$$

式中，$\hat{H}$ 是滤波估计的 h ，$\hat{h}$ 是估计出的相对高度。

理论上，测距修正除了能够估计出着陆器的高度外还应估计出垂直速度，但是实际估计出的垂直速度并不是特别准确。在地外天体着陆过程中 h_{ref} 通常并不知道。将式（17）进行适当变换，有

$$\begin{cases}\begin{bmatrix}\dot{h}-\dot{h}_{\text{ref}}\\ \dot{V}_{\text{ver}}\end{bmatrix}=\begin{bmatrix}0 & 1\\ 0 & 0\end{bmatrix}\begin{bmatrix}h-h_{\text{ref}}\\ v_{\text{ver}}\end{bmatrix}-\begin{bmatrix}\dot{h}_{\text{ref}}\\ 0\end{bmatrix}+\begin{bmatrix}0\\ 1\end{bmatrix}(\tilde{f}_{\text{ver}}+g)+\begin{bmatrix}0\\ \delta a_{\text{ver}}\end{bmatrix}\\ \tilde{h}_{\text{alt}}=[1\quad 0]\begin{bmatrix}h-h_{\text{ref}}\\ v_{\text{ver}}\end{bmatrix}+(-h_{n}+\delta h_{\text{alt}})\end{cases} \tag{19}$$

式（19）可用来对着陆器相对天体地形趋势项的高度和垂直速度进行估计，方程的右边出现了天体地形趋势项的变化率，即 $\dot{h}_{\text{ref}}$ 。由于地外天体着陆任务中地形趋势往往事先不知，因此在式（19）中只能假定这个变化率为 0。但实际上，只要趋势面存在高度变化，那么 h_{ref} 对时间的导数在着陆器转为垂直飞行之前就不为 0，由此滤波估计出的垂向速度就会出现偏差。但相对高度是直接观测量，受地形不确定的影响较小，即使 h_{ref} 没有先验知识，对高度估计效果的影响也可忽略。

3 测速对惯导速度的修正

对于着陆安全性来说，水平速度为 0 是避免着陆器接触天体表面时发生翻倒的一个重要前提。为了提高水平速度精度，导航还必须引入直接的速度测量修正。为了构建完整的三维空间速度矢量，需要有三个不共面的测速波束。

假设三个测速波束方向在本体系的表示为 $\boldsymbol{u}_{V1}^{b}$ 、$\boldsymbol{u}_{V2}^{b}$ 和 $\boldsymbol{u}_{V3}^{b}$ ，它们各自测量得到的速度分量为 $\tilde{v}_{VB1}$ 、$\tilde{v}_{VB2}$ 和 $\tilde{v}_{VB3}$ ，那么根据测速仪可以直接解算探测器相对天体表面的速度（表示在惯性系下）为

$$\tilde{\boldsymbol{v}}_{\text{bm}}^{i}=\boldsymbol{C}_{\text{bi}}^{\text{T}}=[\boldsymbol{u}_{V1}^{b}\quad \boldsymbol{u}_{V2}^{b}\quad \boldsymbol{u}_{V3}^{b}]^{-\text{T}}\begin{bmatrix}\tilde{v}_{VB1}\\ \tilde{v}_{VB2}\\ \tilde{v}_{VB3}\end{bmatrix} \tag{20}$$

式中，$\tilde{\boldsymbol{v}}_{\text{bm}}^{i}$ 表示 $\boldsymbol{v}_{\text{bm}}^{i}$ 的直接计算值，$\boldsymbol{v}_{\text{bm}}^{i}$ 是着陆器相对天体表面速度矢量在惯性系下的表示。

惯导提供的是着陆器相对惯性系的速度，而惯性系的速度与相对天体表面的速度之间存在如下关系

$$\boldsymbol{v}^{i}=\boldsymbol{v}_{\text{bm}}^{i}+[\boldsymbol{\omega}_{\text{im}}^{i}\times]\boldsymbol{r}^{i} \tag{21}$$

式中，$\boldsymbol{\omega}_{\text{im}}^{i}$ 是天体相对惯性空间的自转角速度矢量在惯性系下的表示；$[\boldsymbol{\omega}_{im}^{i}\times]$ 是 $\boldsymbol{\omega}_{\text{im}}^{i}$ 的反对称阵。

那么根据式（4）和（21），可以构造滤波方程

$$
\begin{cases}
\begin{bmatrix} \dot{\boldsymbol{r}}^i \\ \dot{\boldsymbol{v}}^i \end{bmatrix} = \begin{bmatrix} \boldsymbol{v}^i \\ -\dfrac{\mu}{\|\boldsymbol{r}^i\|^3}\boldsymbol{r}^i \end{bmatrix} + \begin{bmatrix} 0 \\ \boldsymbol{C}_{\mathrm{bi}}^{\mathrm{T}} \tilde{\boldsymbol{f}}^b \end{bmatrix} + \begin{bmatrix} 0 \\ -\boldsymbol{C}_{\mathrm{bi}}^{\mathrm{T}} \boldsymbol{w}_f^b + \boldsymbol{a}_\varepsilon^i \end{bmatrix} \\
\tilde{\boldsymbol{v}}_{\mathrm{bm}} = [-[\boldsymbol{\omega}_{\mathrm{im}}^i \times] \quad \boldsymbol{I}_{3\times 3}] \begin{bmatrix} \boldsymbol{r}^i \\ \boldsymbol{v}^i \end{bmatrix} + \delta \boldsymbol{v}_{\mathrm{radar}}
\end{cases}
\tag{22}
$$

式中，$\delta\boldsymbol{v}_{\mathrm{radar}}$ 是测速敏感器测量误差，$\boldsymbol{I}_{3\times3}$ 表示 3×3 单位矩阵。对式（22）可以使用扩展卡尔曼滤波进行估计，其中 $\boldsymbol{r}^i$、$\boldsymbol{v}^i$ 的时间更新部分就是惯导位置、速度的外推。

从文献［10］已知上述系统是完全可观的，但对天体自转角速度，即 $\boldsymbol{\omega}_{\mathrm{im}}^i$ 的模，比较小的天体（例如月球），式（22）中 $\boldsymbol{r}^i$ 的可观性并不太好。对于这种情况，可以将 $\boldsymbol{r}^i$ 视为已知量（由惯导提供），这样被估状态就只剩下 $\boldsymbol{v}^i$，与之相对应，滤波器变为

$$
\begin{cases}
\dot{\boldsymbol{v}}^i = \boldsymbol{0}\boldsymbol{v}^i - \dfrac{\mu}{\|\boldsymbol{r}^i\|^3} + \boldsymbol{C}_{\mathrm{bi}}^{\mathrm{T}} \tilde{\boldsymbol{f}}^b - \boldsymbol{C}_{\mathrm{bi}}^{\mathrm{T}} \boldsymbol{w}_f^b + \boldsymbol{a}_\varepsilon^i \\
\tilde{\boldsymbol{v}}_{bm}^b + [\boldsymbol{\omega}_{\mathrm{im}}^b \times] \boldsymbol{r}^i = \boldsymbol{v}^i + \delta \boldsymbol{v}_{\mathrm{radar}}
\end{cases}
\tag{23}
$$

这是一个线性定常系统，可以使用卡尔曼滤波进行状态估计。工程实践时，也可以将它转换为固定系数滤波器，但滤波系数应随高度或速度变化[5]，通常的趋势是滤波系数随高度降低或速度下降而增大。

4 组合使用的策略

从安全着陆的角度看，着陆过程的导航精度应随着高度的降低逐渐提高。惯性导航本身的误差是逐渐增大的，而测距和测速仪的误差会随着高度的降低逐渐减小，两者的精度水平可能会在某一高度下形成交叉。例如，某月球着陆器惯导和测距仪解算高度的精度水平以及惯导和测速仪精度水平的对比情况分别如图 6 和图 7 所示，图中实线表示 *INS* 的误差，点划线表示测距或测速的误差，线段长度按照敏感器作用距离绘制。这表明，测距和测速修正并不一定需要在下降的全程都引入，只要保证在着陆后期（测距测速精度高于惯导以后）启用，这样也有利于降低敏感器研制的难度。

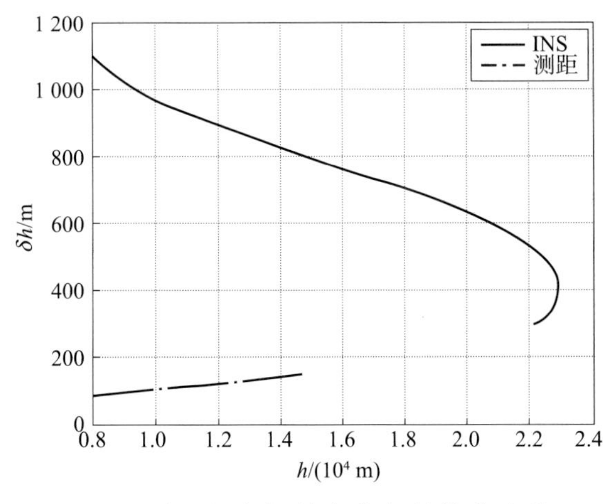

图 6 测距仪与惯导高度解算精度比较

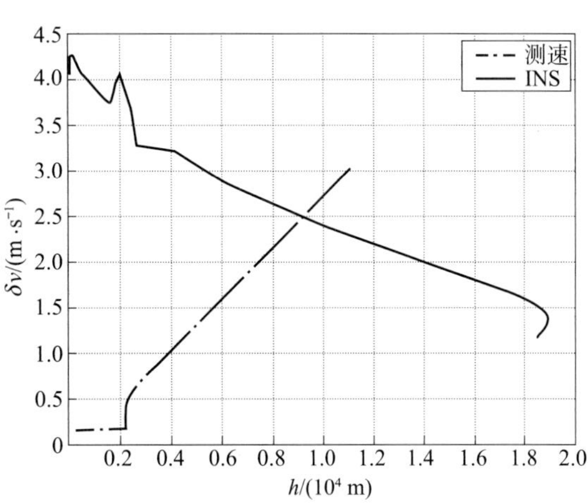

图 7 测速仪与惯导速度解算精度比较

5 仿真校验

以月球软着陆过程为例，对惯导/测距/测速相结合的自主导航方法进行仿真校验。仿真过程中假定着陆器从 15 km×100 km 的椭圆环月轨道近月点开始下降。测距修正从 8 km 高度开始引入；测速修正从 4 km 高度开始引入。

着陆过程的高度变化曲线如图 8 所示。其中实线为实际飞行高度曲线，虚线为导航给出的高度变化曲线，点划线是地形。由于初始测定轨误差的存在，下降的初始阶段导航给出的高度相比实际高度存在偏差，到8 km 测距修正引入后，导航高度偏差迅速缩小。

着陆过程的速度误差变化曲线如图 9 所示，其中 δV_x、δV_y 和 δV_z 分别表示惯性系下三方向的速度误差。很明显在测速修正引入以前，惯导的速度误差处于发散状态。当测速修正引入后，速度误差迅速趋于 0，并在 0 附近波动。

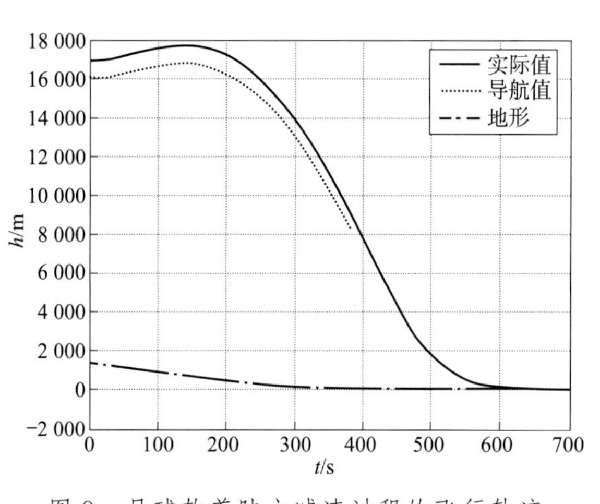

图 8　月球软着陆主减速过程的飞行轨迹

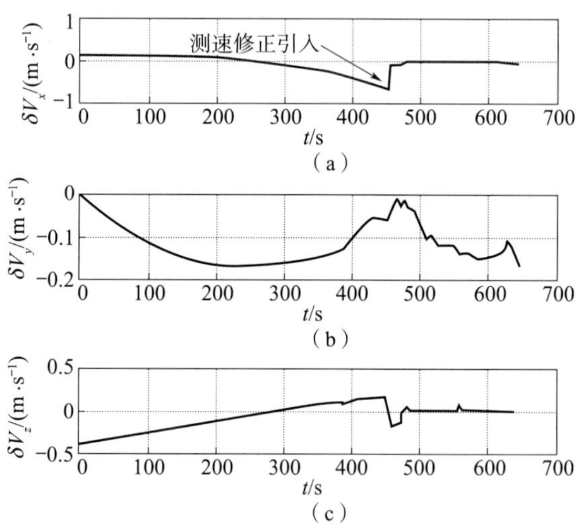

图 9　月球软着陆过程导航速度误差变化

6 结论

地外天体软着陆对导航系统而言，保证安全就是保证高度和速度三方向分量的精度。从这一根本要求出发，本文分析了惯导、测距仪和测速仪在着陆任务中的作用，对它们各自的原理、模型、算法、性能、优缺点和组合使用方法等进行了详细的介绍和推导。并从工程实际出发，针对计算量、地形影响、滤波稳定性等问题，利用可观性分析的结论，对测速、测距修正的算法进行了简化。相比各种理论算法，本文介绍的安全软着陆导航方法实用性更强。数学仿真表明基于惯导和测距/测速组合修正的安全软着陆自主导航方法能够保证导航系统在高度和速度上的精度，满足安全软着陆的基本需要。

参考文献

[1] 张洪华，关轶峰，黄翔宇，等. 嫦娥三号着陆器动力下降的制导导航与控制［J］. 中国科学：技术科学，2014，44（5）：377-384.

[2] Beilock M. Surveyor lander mission and capability［R］. JPL Technical Report No. 32-618，1964.

[3] Bennett F V. Apollo experience report-mission planning for lunar module descent and ascent［R］. NASA TN D-6846，1972.

[4] Beresnev N P，Legonstayev V P. Control system for automatic station lunar-9［R］. A67-39167，1967.

[5] 张洪华，李骥，关轶峰，等. 嫦娥三号着陆器动力下降的自主导航［J］. 控制理论与应用，2014，31（12）：1686-1694.

[6] Sawai S. SELENE-B navigation and guidance system for pinpoint landing［C］. The 3rd Space Science Symposium in ISAS，Sagamihara /Kanagawa，Japan，2003.

[7] Kerr M L，Hagenfeldt M，Ospina J A，et al. ESA Lunar Lander：Approach phase concept and G&C performance［C］. AIAA Guidance Navigation and Control（GNC）Conference，Boston，MA USA，August 19-22，2013.

[8] Ely T A，Heyne M，Riedel J E. Altair navigation performance during translunar cruise，lunar orbit，descent，and landing［J］. Journal of Spacecraft and Rockets，2012，49（2）：295-317.

[9] 李骥，张洪华，赵宇，等. 嫦娥三号着陆器的陀螺在轨标定［J］. 中国科学：技术科学，2014，44（6）：582-588.

[10] 王大轶，黄翔宇，关轶峰，等. 基于IMU配以测量修正的月球软着陆自主导航研究［J］. 宇航学报，2007，28（6）：1544-1549.

[11] 秦永元，张洪钺，汪叔华. 卡尔曼滤波与组合导航原理［M］. 西安：西北工业大学出版社，1998：33-55.

INS/rangefinder/velocimetry based autonomous navigation method for safe landing

WU Weiren，LI Ji，HUANG Xiangyu，ZHANG Honghua，WANG Dayi，ZHANG Zhe

Abstract Inertial navigation system（INS）is not sufficient to lead a probe to land on an extraterrestrial body safely，because its calculation error grows up with time. A practical navigation method which combines INS with rangefinder and doppler velocimetry is proposed to solve this problem. Altimeter and velocimetry can give direct measurements of altitude and three-dimensional surface-relative velocity respectively，and can be used to correct the outputs of INS. In this paper，the principle of INS and the strategy of altitude and velocity modification are introduced. And these key problems about the descent dynamics，sensor measurement models，filtering equations，influence of terrains are discussed in details. Numerical simulation results indicate that this method can satisfy the requirement of extraterrestrial bodies for safe landing.

Keywords safe landing；autonomous navigation；inertial navigation system；rangefinder；doppler velocity measurement

月球软着陆自主障碍识别与避障制导方法*

吴伟仁，王大轶，黄翔宇，李骥，张哲

摘　要　针对月球着陆区未知地形和障碍引起的着陆风险问题，提出了一种粗精结合的月球软着陆自主障碍识别与避障制导方法，主要包括着陆过程的粗精结合障碍识别与着陆区选取、基于图像信息的高精度相对导航和基于变推力发动机的自主避障制导等算法。理论推导与仿真分析表明，该技术能够保证着陆器选取到安全着陆区，并自主避障精确到达该区域，提高了软着陆任务的安全性，已成功应用于实际工程任务。

关键词　软着陆；障碍识别；自主避障；导航制导；图像导航

0　引言

月球是一个无大气天体，在其自身地质活动、流星天体撞击以及炙热太阳照射的影响下，逐渐演变形成各种高山壑谷，即使在相对平坦的月海地区，也遍布着大大小小的岩石和陨石坑。月表这种复杂地形地貌使探测器安全着陆存在较大风险，同时要求探测器必须具有发现和识别各种障碍并进行机动避障的能力，才能保证月球软着陆任务的高安全和高可靠。

从 20 世纪 60 年代至今，美国和苏联等国家先后发射了多个月球和火星着陆探测器。对于早期的月球着陆探测任务，限于当时技术水平，Lunar 系列和勘察者系列月球探测器都不具备障碍识别和避障能力，导致着陆成功率非常低；Apollo 系列则是通过宇航员观测着陆区并操纵控制系统实现避障和安全着陆[1]，提高了着陆成功率。而早期的火星着陆探测器大都采用气囊方式着陆，化解了障碍识别与规避难题；2008 年，凤凰号探测器采用了事先筛选高概率安全着陆区来避免大障碍的危害[2]，成功实现了火星软着陆；好奇号探测器采用了同样的避障方式，且采用新型“空中吊车”下降方式来降低火星车降落时的速度[3]，但其并不具备自主避障能力。由此可见，实现在轨自主避障功能存在较大的技术难度。

美国在未来的无人火星灵巧着陆项目中提出了利用激光成像雷达的着陆自主避障技术。当探测器下降到一定高度以后，使用激光雷达扫描火星表面，通过获得的三维数字高

* 中国科学：信息科学，2015，45（8）：14.

程图，基于定义的坡度和粗糙度识别了障碍，并采用多项式制导进行避障[4,5]，但该技术并未得到应用。此外，美国在重返月球的星座计划中也研究了基于激光雷达三维地形数据的自主障碍识别与避障技术[6,7]，遗憾的是该技术还停留在方案阶段时星座计划就被终止了。从国外的研究情况看，地外天体软着陆的自主避障方案都是基于激光雷达的一次成像障碍识别与避障技术，而且都还没有进行过飞行验证。

本文针对月球软着陆中的自主避障需求，提出了一种月球软着陆粗精结合的自主障碍识别与避障制导方法，主要包括着陆过程的粗精结合障碍识别与着陆区选取方法、基于图像信息的高精度相对导航方法、基于变推力发动机的自主避障制导方法。本文所研究的月球软着陆自主障碍识别与制导方法已经在嫦娥三号着陆器上成功应用。

1 障碍识别与着陆区选取方法

为实现在轨自主避障功能，月球着陆器不但需要配置用于自主导航的惯性测量单元、测距测速敏感器，还需要用于障碍识别的光学成像敏感器、三维成像敏感器和对应的图像数据处理计算机等。其中，光学成像敏感器用于获取月球表面着陆区二维光学图像；三维成像敏感器用于获取月球表面着陆区三维高程图像。三维成像敏感器一般采用多点扫描体制，利用二维扫描测量方式获取视场内各点的斜距信息，然后再对该数据进行拼接和处理，从而获取着陆区三维高程数据。

针对软着陆在轨自主避障任务的需求，本文提出了一种粗精结合的自主障碍识别与着陆区螺旋搜索方法，主要包括粗略障碍识别、精细障碍识别和着陆区螺旋搜索算法。粗略障碍识别是在较大着陆区域范围内识别出直接危及着陆安全的大尺寸障碍（如大岩石或撞击坑），优选出较大面积的安全着陆区，为后续精障碍识别提供基础，以提高系统安全着陆概率。精细障碍识别是在粗选的安全区域内进行精确地障碍识别，识别出可能危及安全的小尺度障碍，以确保着陆点安全。根据粗略障碍识别和精细障碍识别的不同功能要求，在高度较高和速度较大的条件下，采用曝光时间短、对运动速度适应性好的可见光成像敏感器对着陆区成像，利用光学平面图像完成粗略障碍识别，选出较大面积安全区；而在高度较低和速度较小的状态下，采用精度较高的激光三维成像敏感器对视场范围内的安全区进行精细三维识别，并采用中心螺旋式搜索算法确定最终安全目标着陆点。

1.1 粗略障碍识别与着陆区选取

粗略障碍识别的主要任务是发现着陆区域的较大岩石和撞击坑等大尺寸障碍。从二维平面图像中识别这些障碍必须利用岩石和坑的图像特征。

(1) 月面岩石和撞击坑的图像特征分析[8]。月面岩石的典型特征如下：最短尺寸与最长尺寸比值为1～0.2，形状一般为圆形、矩形、凹坑形或腐蚀的泡形等，高度一般为直径的1/2，标准反照率14%～22%。根据月面岩石的特征，可以确定月面岩石的平面图像特征为：(a) 岩石表面具有明显的亮目标特征，亮度大于背景2倍；(b) 存在明显的阴影区且紧挨亮目标；(c) 亮区与阴影之间存在强对比度，表现为边缘；(d) 边缘的法线方向与太阳矢量投影方向一致。

月面撞击坑的典型特征如下：坑内斜度一般为 25°～50°，平均 35°；坑外斜度一般为 3°～8°，平均 5°。根据月面撞击坑的特征，可以确定撞击坑图像特征为：(a) 在太阳照射的阳面将出现亮区域；(b) 在未照到的阴面将出现阴影区域；(c) 暗区域的外边缘呈现圆弧。

(2) 大尺寸障碍的识别[8]。根据月面岩石和撞击坑的图像特征，识别大尺寸障碍的方法包括：(a) 图像直方图分析，目的是根据分析结果自动完成图像灰度适应性判断与合理曝光时间设置；(b) K 均值聚类，目的是确定分割阈值，其中阴影阈值取均值聚类中类中心的最小值，高亮分割取均值聚类中类中心的最大值；(c) 过亮障碍识别，大于过亮阈值的认为是障碍；(d) 过暗障碍识别，低于过暗阈值的也认为是障碍；(e) 纹理障碍识别。综合 (c) ～ (e) 的信息可以获得最终的障碍二值图。

(3) 安全着陆区的选取。首先将图像划分为网格；其次，采用螺旋搜索算法确定每个单元格的安全半径（如图 1 所示），并根据安全半径，选取候选安全着陆点；然后，评估候选安全着陆点避障所需的速度增量；最后，根据安全半径和速度增量评价值，综合确定安全目标着陆点。

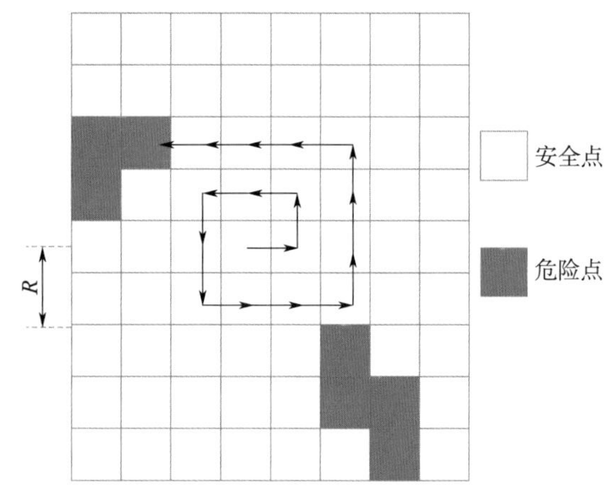

图 1　安全半径螺旋搜索算法

1.2 精细障碍识别与着陆区选取

利用着陆区地形高程数据实现精细障碍识别与着陆区选取需要如下步骤：测距数据运动补偿、地形三维高程图构建、地形精细障碍识别和安全着陆区搜索。

(1) 测距数据运动补偿

建立如图 2 所示的测量坐标系，当三维成像敏感器扫描到平面坐标为 (x_i ，y_i) 的地形点时，着陆器已由初始位置 o 运动至位置 o_m 。由于测量坐标系 $o_m x_m y_m z_m$ 相对初始坐标系 $oxyz$ 发生了平动和转动，导致所得到的斜距与在初始位置测量的斜距有一定的偏差，运动补偿就是要消除着陆器运动带来的斜距测量偏差。

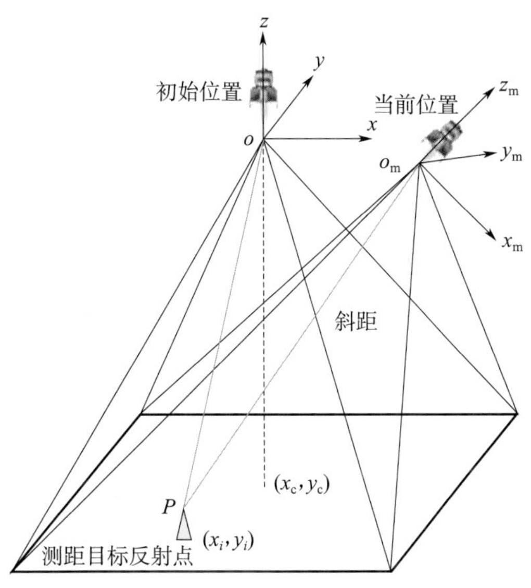

图 2　测距数据运动补偿示意图

利用自主导航系统确定的着陆器速度、角速度以及姿态等信息，计算出当前测量坐标系相对初始位置观测坐标系的位置和转换关系。P 点为（x_i，y_i）位置天体表面地形的最高点，即测距目标反射点，初始时刻和当前位置的斜距分别为 oP 和 o_mP 。由当前测量坐标系姿态信息可得到其向初始坐标系 $oxyz$ 的转换矩阵 $\boldsymbol{C}_m^o$ ，着陆器相对于初始位置并表示在 $oxyz$ 下的当前位置为 oo_m ，则可以得到（x_i，y_i）地形点经过运动补偿后的测量斜距

$$oP = \boldsymbol{C}_m^o \cdot o_mP + oo_m \tag{1}$$

（2）地形三维高程图构建

根据几何关系将运动补偿后的斜距数据转换成高程数据

$$H_{ij}^2 = S_{ij}^2 - R_{ij}^2 \tag{2}$$

式中，H_{ij} ，S_{ij} 和 R_{ij} 分别为地形点 (x_i，y_i) 对应的 $\boldsymbol{H}$，$\boldsymbol{S}$ 和 $\boldsymbol{R}$ 矩阵中的元素，$\boldsymbol{S}$ 为斜距测量数据矩阵，$\boldsymbol{R}$ 为扫描区域地形点到扫描中心的水平距离矩阵，$\boldsymbol{H}$ 为着陆器相对于每一单元地形最高点的垂直高度矩阵。

地形点 (x_i，y_i) 到扫描中心的水平距离为

$$R_{ij} = \sqrt{\left(|125 - i| \times \sigma + \frac{\sigma}{2}\right)^2 + \left(|125 - j| \times \sigma + \frac{\sigma}{2}\right)^2} \tag{3}$$

式中，σ 为三维成像敏感器的分辨率。

将式（3）代入式（2）可以求出 H_{ij} ，再由几何关系求出地形点 (x_i，y_i) 的高程值

$$z_{ij} = h_m - H_{ij} \tag{4}$$

这就得到着陆区域的高程数据矩阵，即 DEM。

（3）地形精细障碍识别

月面地形障碍主要包括凸起、坑和斜坡坡度，其中凸起和坑都用粗糙度表征，粗糙度

和坡度的定义如图 3 所示，具体计算方法说明如下。

首先，根据高程图的分辨率和软着陆控制的要求，将测量的地形区域平均划分成大小合适的单元格地形块。用（i，j）标记着陆区中的单元格，其中 i 和 j 分别代表单元格所在的行数和列数，每个单元格覆盖 $N_{i,y}$ 个 DEM 数据点。然后，利用每一个单元格所对应的高程图地形块 Patch（i，j）中 $N_{i,y}$ 个数据点的坐标值，采用最小二乘法拟合出该单元格地形块的平均平面。

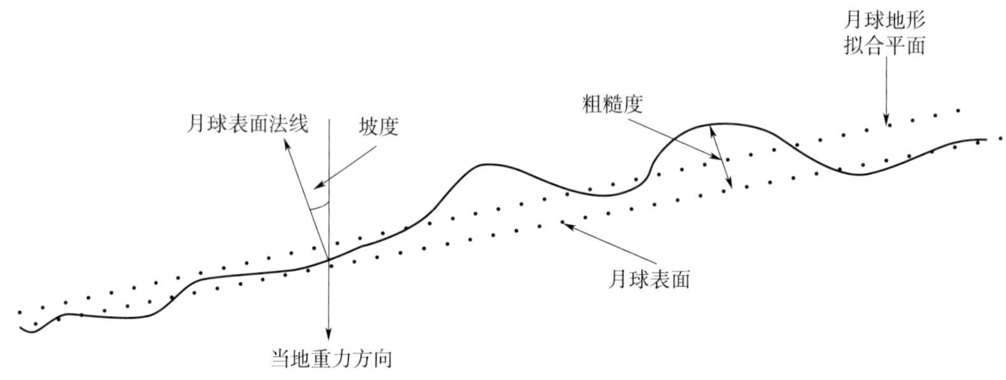

图 3 地形障碍的粗糙度和坡度定义示意图

定义拟合平面的方程为

$$k_1X+k_2Y+k_3Z=1 \tag{5}$$

式中，k_1，k_2 和 k_3 为待拟合的参数。Patch(i，j) 中有 $N_{i,y}$ 个 DEM 数据点，记为 (x_t，y_t，z_t)($t=1$，2，…，$N_{i,y}$)。利用这些数据点的坐标，构造 $N_{i,y}\times 3$ 的矩阵如下

$$\boldsymbol{G}=\begin{bmatrix} x_1 & y_1 & z_1 \\ x_1 & y_2 & z_2 \\ \vdots & \vdots & \vdots \\ xN_{i,j} & yN_{i,j} & zN_{i,j} \end{bmatrix} \tag{6}$$

按照最小方差的原则，求得拟合参数为

$$k=[k_1k_2k_3]^{\mathrm{T}}=(G^{\mathrm{T}}G)^{-1}G^{\mathrm{T}}h \tag{7}$$

式中，h 为 $N_{i,y}$ 维的全 1 列向量，即 $h=[1\quad 1\quad \cdots\quad 1]^{\mathrm{T}}$。由平面方程易知拟合平面的法向量 $n=[k_1\quad k_2\quad k_3]^{\mathrm{T}}$。于是求得拟合平面的倾角 φ，即该单元格（地形块）的坡度为

$$\varphi=\operatorname{arcos}\left(\frac{|n\cdot b|}{\|n\|\cdot\|b\|}\right) \tag{8}$$

式中，$b=[0\quad 0\quad 1]^{\mathrm{T}}$，表示垂直向量。

然后，计算平面拟合的残差

$$r=\sqrt{\frac{1}{N_{i,j}}\sum_{t=1}^{N_{i,j}}d_t^2} \tag{9}$$

式中，d_t 为第 t 个数据点到拟合平面的垂直距离，即

$$d_t = \frac{|k_1 x_t + k_2 y_t + k_3 z_t - 1|}{\sqrt{k_1^2 + k_2^2 + k_3^2}} \tag{10}$$

如果利用残差定义地形粗糙度，就忽略一些布有尖峰或陡坑障碍的危险地形，因此，这里将粗糙度定义为数据点距离平均平面的最大距离

$$r = \max(d_t) 。 \tag{11}$$

最后，给定 φ_{safe} 为探测器能够安全着陆所允许的月面地形最大坡度，r_{safe} 为探测器能够安全着陆所允许的月面地形最大粗糙度。经过计算，当着陆区域的坡度和粗糙度同时满足 $\varphi \leqslant \varphi_{safe}$ 和 $r < r_{safe}$ 时为安全着陆区，否则就是分布着障碍的危险着陆区。如果 $\varphi \geqslant \varphi_{safe}$，说明整个地形块的平均平面坡度非常陡峭，超出了安全着陆所能接受的范围，着陆器降落在该地形块上容易倾斜、滑移甚至翻倒；如果 $r > r_{safe}$，说明该区域分布有比较突兀的岩石或内壁较陡的凹坑，使得着陆器的缓冲支架无法正常接触月面从而无法平稳着陆，会出现碰撞、翻倒等危险。利用上述方法就可以完成精细障碍的识别。

（4）安全着陆区搜索

针对软着陆过程对快速自主障碍识别的要求，提出了一种可快速求解的中心螺旋式安全着陆区搜索方法。该搜索方法从预定着陆点（着陆区域中心点）开始，采用以图 4 所示的螺旋式搜索方式（方向为右、下、左、上顺时针），按照搜索步长逐渐向外进行扩展搜索。具体搜索过程如下所述。

（a）结合高程图的分辨率，选取适当搜索步长，即如图 4 所示的单元格大小。

（b）根据不同的着陆器控制精度要求和着陆器的尺寸，选择所需要的安全着陆区大小，并把与安全着陆区同样大小的正方形区域作为一个选取单元。

（c）根据选取单元所覆盖的月面地形高程图数据，计算其对应的坡度 φ_i 和粗糙度 r_i 。

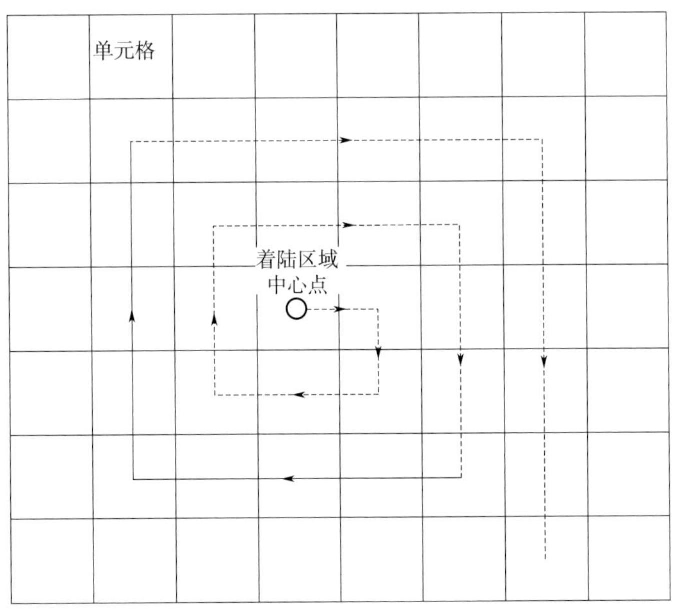

图 4　中心螺旋式安全着陆区搜索算法

(d) 根据安全着陆标准判断选取单元是否安全，当其对应的坡度和粗糙度满足 $\varphi_i \leqslant \varphi_{\text{safe}}$ 且 $r_i < r_{\text{safe}}$（φ_{safe} 和 r_{safe} 根据任务需求确定），就把当前单元点作为安全着陆点，停止搜索；否则，计算该单元的安全评价系数，继续进行搜索，直到完成全部可用数据区域的搜索。安全评价系数 S_i 的定义为

$$S_i = k_\varphi \frac{\varphi_{\text{safe}}}{\varphi_i} + k_r \frac{r_{\text{safe}}}{r_i} \tag{12}$$

式中，φ_i 和 r_i 分别为以单元点 i 为中心的选取单元所对应的坡度和粗糙度；k_φ 和 k_r 分别为坡度和粗糙度的加权系数，可根据着陆器对坡度和粗糙度的适应性，具体确定 k_φ 和 k_r 的比例关系。

(e) 如果完成了全部可用数据区域的搜索，仍未能找到完全满足安全着陆标准的单元点，那么就选取安全评价系数最大的单元点作为安全目标着陆点[9]。

2 基于图像信息的高精度相对导航

目前已有的月球软着陆自主导航大都采用了基于惯性导航配以测距测速修正或替换的导航方式，已在 Apollo 系列、Lunar 系列等月球着陆任务中得到成功应用。尽管测距测速敏感器提供了精度较高的速度和斜距信息，能够有效地抑制惯性导航在速度和高度方向上的误差发散，但是，单纯的测距测速信息无法为导航系统提供完备的水平位置误差修正信息，不满足自主避障对高精度导航的需求。虽然利用星上获取的图像与月球表面地形库进行匹配，能够提高导航绝对位置精度，但是，目前受限于星载计算机的存储和计算能力约束，这种导航方式距离实际应用还有较大差距。考虑到自主避障重点关注的是相对导航精度，本文采用基于图像安全着陆点信息的高精度相对导航方法。

2.1 目标着陆点位置的确定

障碍识别和着陆区选取算法给出的是安全着陆点在图像上的像素坐标（x_L，y_L），需要将它转换为月球表面上的具体位置信息。

首先，将像素坐标（x_L，y_L）转换为导航相机坐标系下的视线矢量

$$p_L^c = \frac{1}{\sqrt{x_L^2 + y_L^2 + f^2}} \begin{bmatrix} x_L & y_L & f \end{bmatrix}^{\mathrm{T}} \tag{13}$$

式中，f 为导航相机的焦距。

然后，取惯性系为参考坐标系，根据惯性导航记录的成像时刻着陆器位置，依靠地平假设，可以计算出成像时刻目标着陆点的绝对位置。

如图 5 所示，目标着陆点方向矢量与着陆器位置矢量的夹角为

$$\alpha = \operatorname{acos}\left[\left\langle (C_c^b p_L^c) \cdot \left(C_i^b \frac{-r_t}{\|r_t\|}\right)\right\rangle\right] \tag{14}$$

式中，C_c^b 是相机坐标系到本体坐标系的变换阵，r_t 是成像时刻着陆器的位置。那么可以计

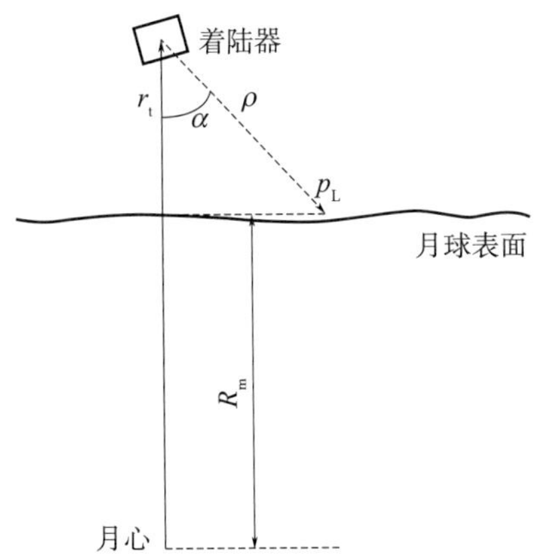

图 5　目标着陆点位置计算示意图

算出着陆器到目标着陆点的斜距。

$$\rho=(\|r_t\|-R_m)/\cos\alpha \tag{15}$$

经过测距信息修正的惯性导航可以提供高精度的高度信息，保证了斜距的计算精度。

最后，计算出成像时刻目标着陆点在惯性系下的位置

$$r_{L,t}=r_t+\rho\cdot C_b^i C_c^b p_L^c \tag{16}$$

2.2 相对着陆点位置和速度的确定

虽然目标着陆点是月球表面上的某一固定点，但由于月球旋转，目标着陆点在惯性系的位置是不断变化的。因此，需要随时更新当前时刻的着陆点在惯性系下的位置。

首先计算当前时刻目标着陆点的位置和其对应的惯性速度。月球从成像时刻到当前时刻旋转过的角度为

$$\theta_m=\omega_m(t-t_t) \tag{17}$$

式中，ω_m 是月球旋转角速度，$|\omega_m|$ 是它的大小。对应的旋转四元数为

$$q_m=\begin{bmatrix}\omega_m/|\omega_m|\cdot\sin(\theta_m/2)\\ \cos(\theta_m/2)\end{bmatrix} \tag{18}$$

由此可以得到当前时刻的着陆点位置为

$$r_L=A(q_m)^{\mathrm{T}}r_{L,t} \tag{19}$$

进一步可以算出着陆点在惯性空间中的旋转线速度为

$$v_L=\omega_m\times r_L \tag{20}$$

然后，利用惯性导航给出的着陆器的位置 r 和速度 v，就可以确定着陆器相对目标着陆点的位置和速度矢量

$$\begin{cases}r_{relative}=r-r_L\\ v_{relative}=v-v_L\end{cases} \tag{21}$$

由于着陆器相对目标着陆点的位置和速度是基于避障段导航相机在轨观测图像信息确定的，因此，可以获得较高的相对导航精度。

3 基于变推力发动机的自主避障制导

月球软着陆对制导控制的要求有燃耗最优或次优、自主性和实时性（计算简单）等。月球软着陆推进剂消耗最优控制方法一般分为两种：标称轨迹法和显式制导法。标称轨迹法根据初始和终端状态及性能指标和约束解出最优轨迹，在大干扰情况下的应用会变得很困难。显式制导根据着陆器的实时状态计算出最优制导指令，不依赖于标称轨迹，能够适应无模型加速度、未知干扰等环境。因此，显式制导更适合月球软着陆制导控制的需求。由于常推力制导只能实现有限状态的控制，无法满足自主避障位置和速度同时控制的需求。针对软着陆自主避障控制的需求，本文提出一种基于变推力发动机的显式制导方法，可以简化推力器配置（无需配置专用的平移发动机），降低 GNC 系统的复杂性。

3.1 变推力显式最优制导

（1）系统模型、性能指标及约束

忽略月球的非球形摄动和自转影响，软着陆轨道动力学模型可以简化为

$$\begin{aligned}\dot{r} &= v \\ \dot{v} + a &= g_m\end{aligned} \tag{22}$$

式中，a 为推力加速度矢量，g_m 为当地月球引力加速度，制导律中的 g_m 取为 $-\mu_m r/r^3$，其中，μ_m 为月球引力常数，r 为着陆器相对月心的距离。

这里选取控制加速度表达能量消耗，控制系统的性能指标为

$$J = -\frac{1}{2}\int_{t_0}^{t_f}(a^{\mathrm{T}}a)\mathrm{d}t \rightarrow \mathrm{Max} \tag{23}$$

根据着陆自主避障的位置和速度要求，终端约束条件

$$r_f = r_L,\ v_f = v_L \tag{24}$$

（2）推力加速的求解

建立 Hamilton 函数

$$H = -\frac{1}{2}(a^{\mathrm{T}}a) + p_r \cdot v + p_v \cdot (a + g_m) \tag{25}$$

引入辅助参数，终端约束可以写为

$$G = v_r \cdot r_f + v_v \cdot v_f \tag{26}$$

由于软着陆过程控制周期短，一个周期内当地月球引力加速度变化很小，因此可以假设 g_m 在一个控制周期内为常矢量。则利用极大值原理有

$$\begin{aligned}\dot{p}_r &= -\frac{\partial H}{\partial r} = 0 \\ \dot{p}_v &= -\frac{\partial H}{\partial v} = -p_r\end{aligned} \tag{27}$$

利用横截条件可得

$$p_{rf}=v_r$$
$$p_{rf}=v_v \tag{28}$$

定义剩余着陆时间为 $t_{go}=t_f-t$，t 为当前时间，t_f 为最终着陆时间。利用式（27）和（28）可得

$$p_r=v_r$$
$$p_v=v_r t_{go}+v_v \tag{29}$$

由 $\partial H/\partial a=0$，可以得到

$$a=p_v=v_r t_{go}+v_v \tag{30}$$

把式（30）代入式（22）中，由终端反向积分到当前时刻可得当前状态

$$r=r_t+v_r t_{go}^3/6+v_v t_{go}^2/2+g_m t_{go}^2/2$$
$$v=v_t-v_r t_{go}^2/2-v_v t_{go}-g_m t_{go} \tag{31}$$

利用式（31）可以解得

$$v_r=-6(v-v_t)/t_{go}^2-12(r-r_t)/t_{go}^3$$
$$v_v=2(v-v_t)t_{go}+6(r-r_t)/t_{go}^2-g_m \tag{32}$$

利用式（21）则有

$$v_r=-6v_{relative}/t_{go}^2-12r_{relative}/t_{go}^3$$
$$v_v=2v_{relative}/t_{go}+6r_{relative}/t_{go}^2-g_m \tag{33}$$

把式（33）代入式（30），可以得到控制加速度指令

$$a=-4v_{relative}/t_{go}-6r_{relative}/t_{go}^2-g_m \tag{34}$$

式中，$t_{go}>0$，对于粗避障和精避障末期，当 t_{go} 小于设定数值后，就保持常值不变。

（3）避障制导剩余时间的求解

对于自治系统、终端固定和时间自由的极大值问题，沿最优轨迹，Hamilton 函数为零，即

$$H=-\frac{1}{2}(a^{\mathrm{T}}a)+p_r\cdot v+p_v\cdot(a+g_m)=0 \tag{35}$$

由式（29），（30）和（33）可得

$$p_{r=}\ -6v_{relative}/t_{go}^2-12r_{relative}/t_{go}^3\ ,$$
$$p_v=a=-4v_{relative}/t_{go}-6r_{relative}/t_{go}^2-g_m \tag{36}$$

将式（34）和（36）代入式（35），可得

$$(g_{m0}^2/2)t_{go}^4-2(v_{relative}\cdot v_{relative})t_{go}^2-12(r_{relative}\cdot v_{relative})t_{go}-18r_{re}^2=0 \tag{37}$$

式中，r_{re} 和 g_{m0} 分别为矢量 $r_{relative}$ 和 g_m 的大小。这类无三次项的一元四次方程可以转化为一元三次方程[10]，根据一元三次方程的求解公式很容易得到 t_{go} 的值。

3.2 大范围粗避障制导

高度较高时，探测器具有较大的水平速度，有利于实现大范围移动避障；粗避障一般选取 500～600 m 的高度，为适应较大速度的飞行条件，采用光学成像敏感器对着陆区进行成像，获取着陆区二维光学图像。

粗避障制导的任务是基于当前状态，控制着陆器发动机进行轨道机动，精确到达确定的安全目标着陆点，并且终端相对月面速度接近于零。可见，需要利用变推力显式最优制导实现着陆器的相对位置和速度控制。根据式（21）和（34）可知，一旦确定了安全目标着陆点，只需将安全目标着陆点置为制导目标中的着陆点，就可通过姿态机动实现推力和指向变化，进而实现大范围的粗避障，即着陆器进入悬停状态时就到达安全目标着陆点上方。

3.3 小范围精避障制导

粗避障后，着陆器一般需要进入悬停状态，保证高度基本不变、速度较小，以便于三维成像敏感器对着陆器下方区域进行成像；限于三维成像敏感器的测量范围，着陆器的高度一般较低。较低的高度和三维成像敏感器视场约束也导致所能观测的范围有限，但由于观测区域已是粗避障选取的安全着陆区，因此，保证了小范围内选取到安全着陆区的概率较大，避免了精避障的大范围机动，提高了着陆末端控制的可靠性。

精避障制导的目的仍然是基于当前的状态，利用变推力显式最优制导，控制着陆器发动机进行轨道机动，精确到达确定的安全目标着陆点，并且终端相对月面速度接近于零。由于精避障过程已是到达月面的最后阶段，需要约束姿态机动和速度大小都在一定范围内，以避免大范围的机动，确保着陆安全。

4 仿真分析与验证

为了验证本文提出的月球软着陆自主障碍识别与避障制导方法，以高度 1 km 以下的月球软着陆过程为例进行了仿真分析。具体仿真过程为：在高度 1 km 处，利用光学成像敏感器获取的大范围着陆区图像（覆盖范围约 1 km×1 km）实现粗略障碍识别和安全着陆区选取，并实施第一次避障；到达约 100 m 高度后，用三维成像敏感器获取了着陆区（范围约 100 m×100 m）的三维数字高程图，识别出精细障碍并选择了新的安全目标着陆点后，实施小范围精避障，最终实现安全落月。

大范围粗避障过程中模拟的月表图像如图 6 所示。从图像上看，大范围的着陆区存在几个明显的陨石坑，大范围粗避障过程选择的安全目标着陆点在一个相对平坦的区域中心，粗障碍识别确定的候选着陆点（□）及目标着陆点（*）如图 7 所示。大范围粗避障过程中，探测器的水平位置移动如图 8 所示。根据模拟的原始光学图像可知，选取的安全目标着陆点是正确的。这就验证了所研究的基于平面图像的自主障碍识别和安全着陆区选取方法的有效性。

小范围精避障从约 100 m 悬停高度开始，模拟的小范围着陆区三维高程图如图 9 所示，根据高程图的分辨率（0.2 m），在 50 m×50 m 的着陆区域中模拟了 250×250 个数据点。基于模拟三维高程图，采用中心螺旋式搜索算法，以地形中心点为起点，选取 1 m 搜索步长，进行安全着陆点的搜索，最终自主选择的安全目标着陆点位于图 10 中的右上方（着陆点为图中“*”）。小范围精避障过程着陆器的水平位置移动如图 11 所示。根据模拟的原始地形图可知，选取的安全目标着陆点是正确的。这就验证了所研究的基于高程数据的自主障碍识别和安全着陆区选取方法的有效性。

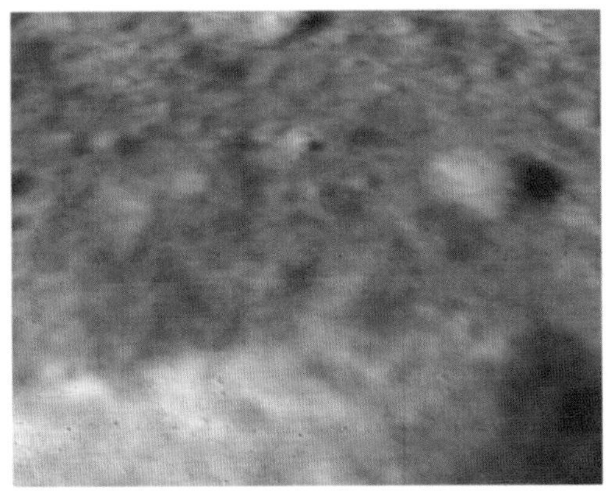

图 6　模拟的月面着陆区光学图像

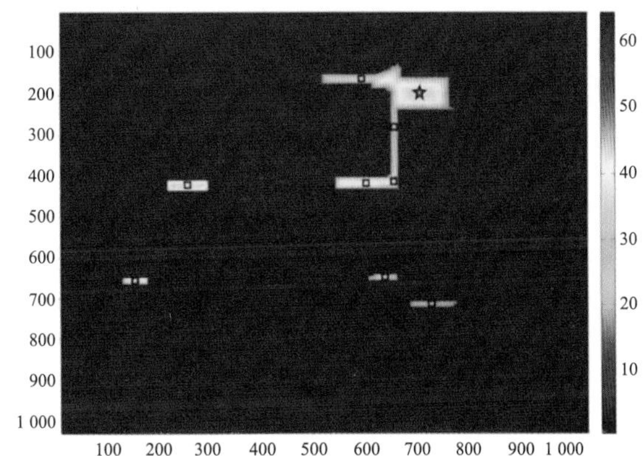

图 7　粗障碍识别确定的候选着陆点（□）及目标着陆点（*）

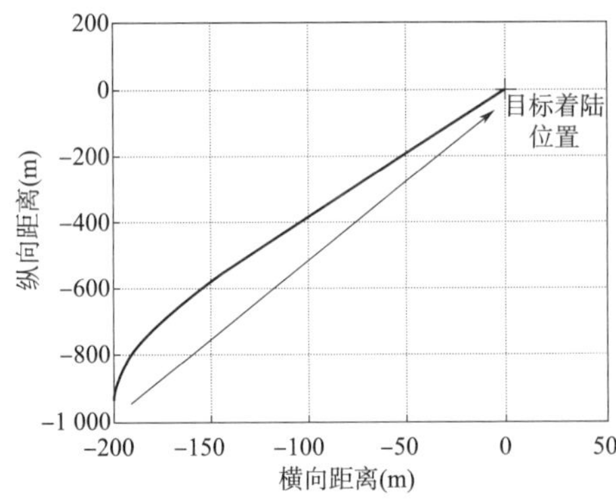

图 8　大范围粗避障过程着陆器水平位置变化

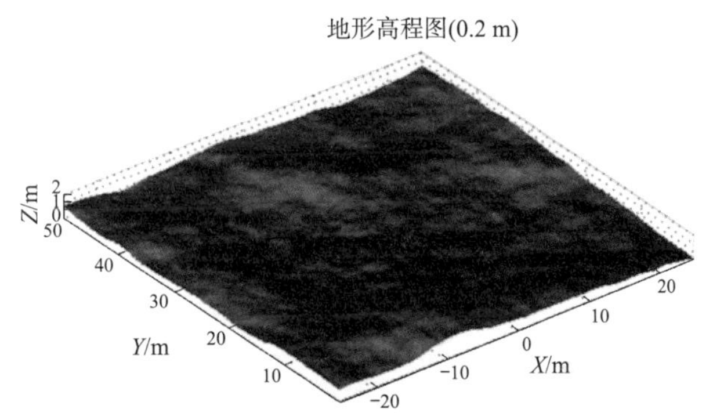

图 9　模拟的月面着陆区三维地形图像

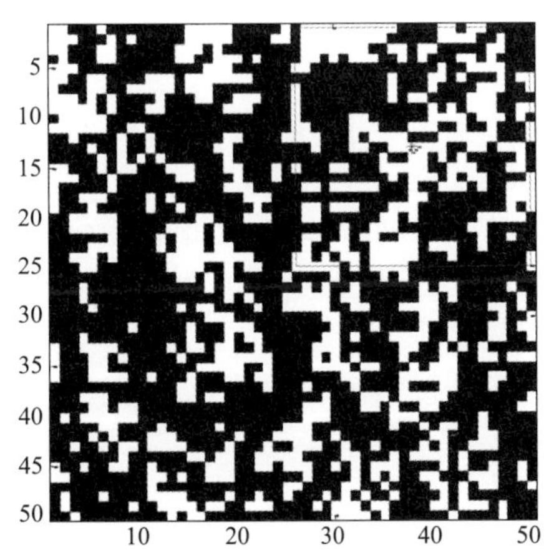

图 10　确定的安全目标着陆点（*）

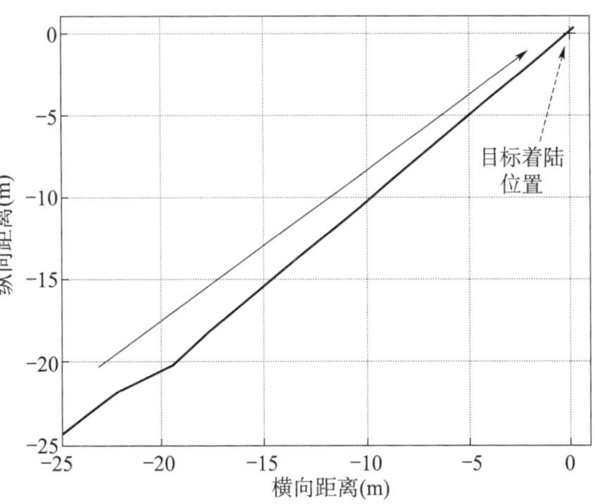

图 11　小范围精避障过程着陆器水平位置变化

5 结论

针对月球着陆区未知地形和障碍引起的着陆风险问题，本文提出了一种月球软着陆粗精结合的自主障碍识别与避障制导方法，主要包括着陆过程的粗精结合障碍识别与着陆区选取、基于图像信息的高精度相对导航、基于变推力发动机的自主避障制导等算法。地面仿真分析结果与飞行任务验证表明，该方法能够保证着陆器选取到安全着陆区并自主避障精确到达该区域。

参考文献

[1] Sears N E. Apollo Guidance and Navigation. Volume 1 Primary G&N System Lunar Orbit Operations, NASA-CR-117537. 1964.

[2] Bonfiglio E P, Adams D, Craig L, et al. Landing site dispersion analysis and statistical assessment for the Mars Phoenix Lander [C]. In: Proceedings of AIAA/AAS Astrodynamics Specialist Conference and Exhibit. Honolulu: AIAA, 2008. 2008-7348.

[3] Way D W, Powell R P, Chen A, et al. Mars Science Laboratory: entry, descent, and landing system performance [C]. In: Proceedings of IEEE Aerospace Conference, Big Sky, MT, 2007. 1-19.

[4] Wong E C, Singh G. Autonomous guidance and control design for hazard avoidance and safe landing on Mars [C]. In: Proceedings of AIAA/AAS Astrodynamics Specialist Conference and Exhibit. Monterey: AIAA, 2002. 2002-4619.

[5] Johnson A E, Klumpp A R, Collier J B, et al. Lidar-based hazard avoidance for safe landing on Mars [J]. J Guid Control Dyn, 2002, 25: 1091-1099.

[6] Strahan A L, JohnsonA E. Terrain hazard detection and avoidance during the descent and landing phase of the altair mission [C]. In: Proceedings of AIAA Guidance, Navigation, and Control Conference. Ontario Canada: AIAA, 2010. 2010-7722.

[7] Chirold D E, Edward A R, John M C. Developing autonomous precision landing and hazard avoidance technology from concept through flight-tested prototypes [C]. In: Proceedings of AIAA guidance, navigation, and control conference. Kissimmee: AIAA, 2015. 2015-0324.

[8] 张洪华，梁俊，黄翔宇，等. 嫦娥三号自主避障软着陆控制技术 [J]. 中国科学：技术科学，2014，44：559-568.

[9] 吴伟仁，王大轶，宁晓琳. 深空探测器自主导航原理与技术 [M]. 北京：中国宇航出版社，2011. 169-194.

[10] Christopher N D. An optimal guidance law for planetary landing [C]. In: Proceedings of AIAA Guidance, Navigation, and Control Conference, New Orleans: AIAA, 1997. 97-3709.

Autonomous hazard detection and avoidance guidance method for soft lunar landing

WU Weiren, WANG Dayi, HUANG Xiangyu, LI Ji, ZHANG Zhe

Abstract An autonomous hazard detection and rough-fine hazard-avoidance guidance method for soft lunar landing is presented to mitigate the landing risks due to the uncertainty and hazards of the lunar terrain, such as surface roughness and slope. The method is composed of rough-fine hazard detection and a landing site selection algorithm. The high-precision relative autonomous navigation algorithm is based on image data, and the autonomous hazard-avoidance guidance algorithm is based on an adjusted thrust engine. The theoretic deduction and simulation analysis shows that a safe landing site is acquired and autonomous pinpoint hazard avoidance is achieved using the presented method. The method can be used to improve the achievement of a soft landing and has been successfully used in the Chang'E-3 soft landing mission.

Keywords soft landing; hazard detection; autonomous hazard avoidance; navigation and guidance; optical navigation

嫦娥三号玉兔号巡视器遥操作中的关键技术*

吴伟仁，周建亮，王保丰，刘传凯

摘　要　2013 年 12 月 14 日，嫦娥三号成功地将月面着陆器和玉兔号巡视器送抵月球，这标志着我国已完成了探月工程中“落”月的重要阶段。嫦娥三号任务的一个关键组成部分是由地面遥操作中心控制玉兔号巡视器在月面非结构化环境中进行巡视和科学探测，而遥操作技术正是该组成部分成功实施的关键。玉兔号巡视器遥操作技术主要包括巡视器的导航定位、月面地形重构、行驶路径规划和机械臂探测等关键步骤，这些步骤相互支撑与融合，保证了嫦娥三号任务的顺利实施。本文在对上述 4 个方面关键技术的发展和应用现状进行总结的基础上，阐述了相关的主要技术途径及其应用特点，分析了各种技术在玉兔号月面巡视与科学探测任务实施中的发挥的重要作用，并评述了它们的发展潜力和应用前景，对中国探月工程以及后续火星探测工程中的遥操作具有一定的指导意义。

关键词　嫦娥三号；玉兔号巡视器；遥操作；导航定位；地形重建；路径规划；机械臂规划

0 引言

嫦娥三号于 2013 年 12 月 14 日成功地将我国的首个着陆器和玉兔号巡视器送抵月球，首次实现了地外天体表面的无人自动巡视和月面就位科学探测，玉兔号巡视器也开始了为期 3 个月的月面探测之旅。玉兔号巡视器的月面探测任务是在地面遥操作中心的控制下完成的，而连接巡视器与地面中心的纽带便是遥操作技术。正是遥操作技术的应用，使得玉兔号巡视器按照地面要求完成月面巡查与科学探测任务成为现实。

遥操作技术是遥科学的重要组成部分，主要指能为不在实验设备工作现场的操作人员提供部分形象化的现场工作信息（遥现场），同时将操作人员的决策指令信息及时传送到实验设备并使设备按预期要求运行的一种远程控制技术。它从点测量技术到二维图像摄取，直到三维全息图像的出现而产生的遥现场影像，可使试验获得直观、全面的现场信息，辅助地面人员对未知环境分析和对遥控操作决策[1,2]。遥操作技术是人类认知和探索空间非结构化环境的有效手段。现阶段，遥操作技术已经成功应用于空间站航天器的交会

* 中国科学：信息科学，2014，44（4）：16.

对接、月球及火星表面巡视器的运行控制中。

遥操作交会对接技术主要有对接航天器通过航天员操作控制和地面人员操作控制两种工作模式。其基本原理是利用反馈 TV 摄像机图像及相随运动位置、速度等信息，通过遥操作平台在线实时控制远端的航天器完成对接任务。俄罗斯的遥操作交会对接系统（Teleoperatornity Maneuvering Vehicle）于 20 世纪 90 年代初成功应用于“和平号”空间站与国际空间站的交会对接任务中；欧空局于 1994 年采用俄罗斯的 TORU 遥操作系统实现了无人货运飞船 ATV 与国际空间站的交会对接。德国于 1993 年在哥伦比亚航天飞机密封实验舱中进行机器人技术试验，首次在实际应用工作中验证了基于预显示的天地大延时遥操作控制技术，通过地面遥操作空间机器人完成漂浮物的抓取实验；日本也于 1994 年在 Tsukuba 空间中心建成了先进的交会对接试验系统和交会对接测试系统，用于交会对接过程的演示试验。

不同于地面传统的遥操作和航天器的遥控，在月球及火星探测任务中，遥操作技术的作用得到更全面的体现：星球表面环境的构造与分析、科学探测目标的确定、路径规划、巡视器的安全运行、巡视器状态及工作环境的监测与仿真、对有效载荷数据的分析与管理、合理控制策略的提出与实现、在保障探测器安全的情况下充分利用有效载荷实施就位探测和巡视探测和故障处置及其配套的地面仿真验证系统等工作，都依赖于遥操作技术[2]。国外已将 5 个巡视器送上了月球，6 个巡视器送上火星。苏联利用月球车 1 号和 2 号成功实现了两次不载人巡视器月面勘察，通过地面飞控中心的远程控制系统实现月面巡视器沿月表运动的控制，以不同摄像头形成的小画幅图像作为参考，其中障碍辨别能力、确定障碍距离、分析道路可穿越性、巡视器月面控制等均由地面遥控完成[3]。美国通过阿波罗携带月面巡视器和宇航员登月，利用遥操作技术在月面搜集了大量的月球表面图像和科学探测数据。另外美国连续发射“海盗号”“勇气号”“机遇号”“凤凰号”和“好奇号”等火星探测器携带火星巡视器登陆火星，通过遥操作技术获取了海量的火星表面图像，为火星表面分析做了大量的数据储备。遥操作技术为机器人在外太空星球表面顺利执行各项探测任务提供了保障。

嫦娥三号任务中对玉兔号巡视器的遥操作，是一个包括整体任务规划、局部任务规划、月面地形重构、视觉导航定位、路径规划和活动机构规划的复杂的过程，需要多方面共同参与，并按照一定的规则协同完成[3]。通过将玉兔号巡视器获取的图像信息下传，在地面恢复出玉兔号巡视器周围的环境状况并构建遥现场，辅助科学家或工程师对玉兔号巡视器的操作进行决策，形成相应的规划方案，控制玉兔号巡视器完成月面动作；同时根据遥现场和巡视器月面动作，在地面完成巡视器月面探测的过程演示及故障模拟与处置方法等。嫦娥三号玉兔号巡视器的遥操作关键技术主要包括以下 4 方面内容：巡视器的导航定位、巡视器的月面地形重构、巡视器的行驶路径规划和巡视器机械臂探测等技术。其中，地形重构技术是玉兔号巡视器进行路径规划的基础，行驶路径规划技术是玉兔号巡视器前行的根本保障，而视觉定位技术能够将月面三维地形统一到同一坐标系下，是月面三维地形拼接和路径规划的前提。此外，为完成科学探测目标，玉兔号巡视器还具备基于视觉的机械臂操作规划和精确定位功能，以将科学仪器精确输送到位，实现月面物质成分内部结构的分析。上述 4 大关键技术的紧密配合，是嫦娥三号任务实现玉兔号巡视器科学探测目标的根本保障。4 大关键技术及其与玉兔号巡视器月面探测的相互关系如图 1 所示。本文将对上述 4 大关键技术的研究方法进行总结与阐述，分析各种方法的特点及应用范围，以期望对我国下一步的行星探测提供一定的借鉴作用。

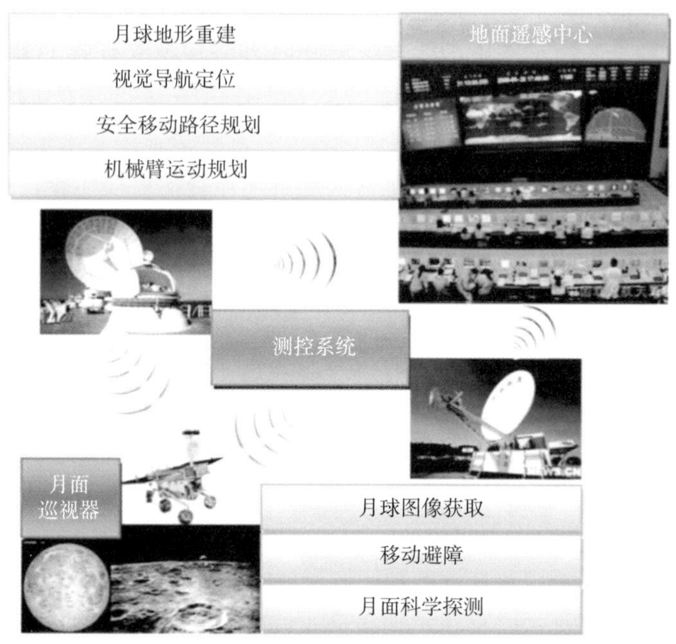

图 1　遥操作关键技术及其在玉兔号巡视探测中的应用

1　巡视器导航定位

玉兔号巡视器导航定位是嫦娥三号遥操作的关键技术之一。玉兔号巡视器要在月面陌生的、非结构化的环境中进行路径规划、避障和预定的科学探测活动之前，必须先准确掌握其自身的位置和姿态，同时外星球表面的地形图的跨距离拼接和探测目标在宏观地形图中的标注也需要导航定位技术的支持。导航定位巡视器月面行进的基础，对玉兔号巡视器安全顺利完成外月球表面巡视勘察十分重要。

现有的巡视器导航定位方法主要包括无线电测量定位法、航迹推算定位法、星敏观测定位法、视觉定位法 4 种方法[4]。目前无线电测量获得月球车与着陆器的相对定位精度在几十米到百米的量级，难以满足巡视器月面巡视与探测任务的要求，而星敏观测定位法由于恒星的遮挡限制和局部不可见性使得难以作为持续依赖的定位方法。因此，在嫦娥三号玉兔号巡视器月面巡视与探测中采用航迹推算与视觉定位结合的方法实现巡视器的准确定位。

航迹推算定位法是一种通过巡视器惯导器件记录巡视器行进轨迹实现定位的简单有效

定位方法，该方法的定位误差会随着行进距离增加而被累计放大，致使其全局定位精度不高。例如在美国勇气号着陆区的哥伦比亚山、机遇号着陆区的鹰坑（Eagle Crater）和耐力坑（Endurance Crater）上坡时出现过严重的打滑现象，其中在哥伦比亚山上坡时有一次高达125%的车轮打滑[5]。巡视器在月面行进时，因月面月壤松软且存在坑、坡及岩石等不平坦地形，其移动会产生较大滑移，航迹推算定位误差随着移动里程的增加而不断累积[4]。因此，在嫦娥三号任务中航迹推算获得的定位结果仅作为视觉定位方法的初始参考，通过视觉定位方法实现巡视器的精确定位。嫦娥三号玉兔号巡视器的视觉定位是利用安装在玉兔号巡视器上的预先精确标定的双目导航相机，在不同位置（以下称之为不同站点）拍摄序列图像，通过图像匹配与图像特征点的三维空间关系解算获得巡视器的位置和姿态[6,7]。其基本原理是，首先将玉兔号巡视器相机拍摄在不同位置拍摄的左相机图像进行特征提取与匹配，提取匹配特征点，并根据左图像特征点在其右图像中提取同名特征点；然后将这些特征点作为观测点，建立两站点双相机测量定位模型，通过立体空间交会算法解算巡视器当前站点相对于上一个站点的位姿信息，具体流程如图2所示。其中包含的关键技术主要有不同尺度图像的精确匹配和精密定位模型的构建方法。

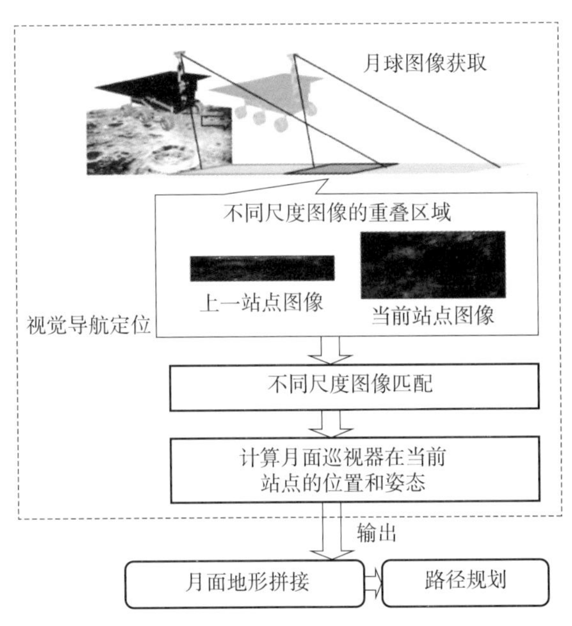

图2　玉兔号巡视器视觉定位基本流程

不同尺度图像的精确匹配是视觉定位的难点，也是最为关键的一个步骤。月面巡视器所处的月面自然地形中没有规则景物，场景图像中无纹理和少纹理区域较多，为匹配带来了困难。巡视器视觉定位要解决同站点立体图像间的匹配和不同站点间图像的匹配两种情况下的图像匹配问题。同站点间的图像匹配属于立体匹配问题，不同站点间图像匹配属于特征点的追踪问题。用于匹配的月面图像由巡视器的导航相机获得。两个导航相机安装于巡视器顶部，中轴线近似平行向前，安装基线仅有几十厘米，拍照时两相机同时俯仰一定角度获取图像，因此获得的同站点立体图像的重叠区域较大且有较高的相似度，能够通过相关系数匹配法、Fostner 算子匹配法等区域匹配算法实现图像匹配[8,9]。而不同站点拍摄的图像的重叠关系则与站点距离密切相关。由于两个站点间相距几米甚至数十米，再加上相机距离地面的高度（约 1.6 m）远小于相对站点间的距离，这将造成相邻站点图像间重叠区域非常有限，且存在较大的平移、旋转和尺度变换关系，使得前后站点图像的匹配非常困难。

嫦娥三号玉兔号巡视器视觉定位的一个关键性工作是从众多的图像匹配方法中寻找适用于前后站点不同尺度图像精确匹配的稳定性方法。月球表面环境成深灰色，纹理特征不明显，只能借助于光线照射产生的明暗差别和地形凹凸产生的不同效果进行特征的选择、提取与图像匹配。基于特征的匹配方法主要以灰度梯度为依据，通过提取边缘点、线等特征，通过在两幅图像的边缘之间进行特征比较实现匹配。这种方法计算量较小，对噪声不是太敏感，可以得到比较精确的匹配，边缘与噪声都是高频分量，因此噪声对特征检测的影响较大。常用的特征点提取算法包括早期的 Harris 角点检测，Forstner 角点检测，1999 年 Lowe 提出的 SIFT，以及在最近几年受 SIFT 启发提出的快速算法 CenSurE 和 SURF 等。SIFT、SURF 及 CenSurE 等特征因具有尺度、旋转以及部分仿射不变特性的特点，能够很好地处理旋转和缩放变形较为明显的图像，广泛应用于序列图像间的特征提取与匹配中，得到了较好的效果[10-13]。吴伟仁、邸凯昌、曹风萍等[14-19]将 SIFT 匹配算法已被应用于月面巡视器不同站点间图像的匹配的地面试验中并取得了很好的效果。在嫦娥三号月面巡视器的视觉定位中，考虑到玉兔号巡视器前后站点的距离较远，获取的前后站点图像存在较大的尺度差别，甚至存在较大变形，因此选用对尺度和变形适应性较好的 Affine-SIFT 匹配算法作为前后站点高缩放与形变图像的匹配方法。现阶段，基于 Affine-SIFT 算子的图像匹配算法已经成功应用于玉兔号巡视器的定位工作中，完成相距 7 m 以内的相邻站点同方向拍摄图像的准确匹配。

在成功完成前后站点高缩放与形变图像的精确匹配的基础上，采用何种模型能够利用图像匹配特征点实现空间解算与巡视器定位，是视觉定位亟需解决的另一个关键性难题。美国已经将多种视觉定位模型应用于月球探测和火星探测中，实现了月球车和火星车的导航定位。Li，Di，Matthies 等[20-22]采用光束法模型（Bundle Adjustment，BA）实现了火星车的视觉定位解算。该方法的基本原理是将导航相机和全景相机在不同摄站拍摄的图像连接起来构成图像网，通过对图像网的摄影测量光束法平差，提高图像位置和方位参数以及地面点位置的精度和一致性，从而实现火星车的长距离高精度定位。近两年，俄亥俄州立大学与 JPL 联合开发了基于 BA 和 VO 集成的长距离火星车定位技术，在保持高精度的前提下显著提高了自动化程度，并在银湖沙漠进行了测试。测试结果表明利用降落图像和地面火星车图像联合光束法平差定位精度达 0.1%，仅用火星车图像的光束法平差定位精度为 0.2%[23,24]。光束法平差定位方法的优点是不需要短距离连续拍照，可以在火星车整个路径上进行全局定位，定位精度较高。国内吴伟仁、邸凯昌等[15,25]也将光束法应用到巡视器的视觉导航的地面试验中，并进行了地面实验，相对定位精度优于 1%。基于光束法平差模型的定位方法在嫦娥三号玉兔号巡视器的视觉定位工作中，利用巡视器前后站点图像中提取的观测点，成功地实现了月面巡视器着月点及各个月面导航点位置的精确解算。

2 巡视器的月面地形重构

月面地形重构是嫦娥三号玉兔号巡视器在月面行进和科学探测的基础，是玉兔号巡视器进行路径规划和安全避障的基本保证。玉兔号巡视器顶部安装的立体视觉系统是巡视器感知环境和获取立体图像的主要设备，其功能是对所处的月球表面复杂环境进行有效的感知和信息融合，完成月面图像的获取；然后通过数传系统将月面图像发送回地面，在地面完成月面图像数据解析、图像预处理、图像像点匹配、三维解算与 DEM/DOM 地形生成、三维场景重构等一系列操作，实现遥操作系统的月面三维地形环境认知功能，为任务规划、路径规划、可视化显示等提供基础地形数据。具体流程如图 3 所示。

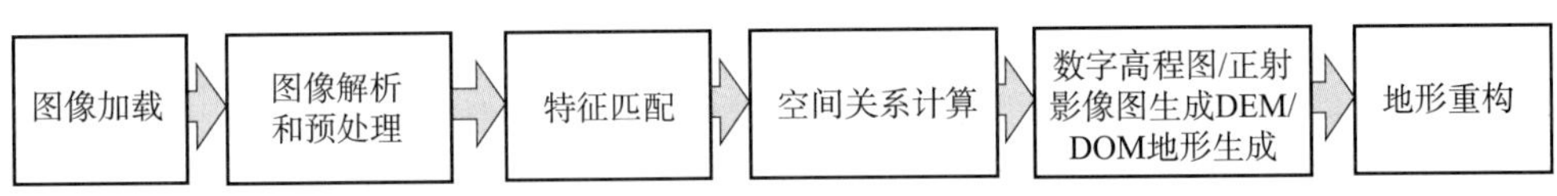

图 3　玉兔号巡视器月面地形重构流程

月球表面是一种典型非结构化环境，其环境场景特征复杂，纹理匮乏，图像匹配难度较大。目前嫦娥三号玉兔号巡视器对月面地形地貌的恢复与重构主要包括邻近图像的匹配和不同尺度图像的拼接两个方面的工作，另外将远距离目标的测量作为一项研究目标开展后续试验。地形重构的基本原理是根据左右图像的重叠关系，对重叠区域的同名特征点进行快速准确提取和密集匹配，获取月面地形的三维点云，通过插值平滑生成月面三维地形。在地形重建中，因不同图像的成像视角、光照条件、噪声干扰等成像条件差别较大，而图像之间需要进行密集的特征点匹配才能保证地形重构精度，同时地形重构速度会影响玉兔号巡视器行进效率，因此，快速、准确的图像特征点密集匹配是地形重构的难点。

现阶段国内外研究者在研究月面邻近图像的匹配与三维重构的同时，主要考虑了月面地形的纹理匮乏特性及其匹配中的精度和速度等关键性指标。侯建等[25]针对月面巡视器工作环境无纹理或少纹理特点，通过特征匹配和区域匹配相结合的手段，利用几何约束和多特征匹配得到高可靠的边缘匹配结果，然后再进行辅助区域匹配的方式，有效地解决了无纹理和少纹理区域容易产生的误匹配的问题。戴宪彪等[26,27]从提高月面地形重建速度的角度出发，根据对月面巡视器双目立体视觉系统及其工作环境的分析，提出了一种相机离线标定和区域生长稠密匹配相结合的月面环境重建方法，通过相机离线标定、极线校正和基于区域生长的立体匹配，快速得到月面巡视器漫游环境的深度图。Xu 等[28]在对全景相机环拍图像进行视差纠正的基础上，利用 Forstner 特征点提取和相关系数匹配方法实现图像配准，克服了低图像重叠率给图像匹配带来的困难；进一步通过光束法实现了特征点三维坐标的高精度解算和环视图像的无缝拼接。曹凤萍等[29]为改善月面地形重建精度，提出了一种基于 SIFT 特征和边缘特征提取的立体匹配算法，提高了图像间的匹配精度，重构出了包含月面巡视器周围环境概貌和障碍物信息的高精度月面环境地形。张宏等[30]为提高月面巡视器视觉系统的摄像机标定和图像的三维重建精度，提出了一种基于多平面标定点的改进 Tsai 氏两步法，用线性重建算法对标定和匹配结果进行空间景物点的重建，根据最小二乘曲面拟合原理拟合视场区域的基本轮廓。

嫦娥三号玉兔号巡视器对周围环境图像的获取以及地面条件下完成的地形重建工作是在深入分析嫦娥二号拍摄月面图像的基础上，针对嫦娥三号巡视器探测任务的工程特点，参照国内外现有的主要研究方法，从海量月面特征点提取的速度和障碍物外形真实度对巡视器避障行进的影响的角度，设计了低重叠区的快速匹配与全局性高精度三维地形重构系统。该系统提供了友好的人工干预接口，在全自动地形重建模式下无法达到地形重构工程指标要求时，能够通过人工辅助方法实现高精度地形重构。

玉兔号巡视器行进过程中，由于相机可视范围和视场角的限制，单个的立体图像对只能提供一个非常小的局部场景的三维地形模型，因此需要将巡视器在各个位置获取的局部三维模型统一到一个标准坐标系下拼接成为大的月面三维地形。由于恢复出的局部三维模型一般都是在左相机（或右相机）坐标系下表示的，而相机坐标系是随着相机的运动不断变化，要实现局部坐标系到全局坐标系的统一，可通过加装高精度的记录相机运动的测量设备，由运动矢量构建各个时刻相机坐标系的转换关系或由相邻局部模型之间的重叠区域拟合坐标转换关系两种方法进行统一。前一种方法中需要额外的设备费用开销，同时还需要增加巡视探测器的载荷（探测器的载荷是严格控制的）；后一种方法在无需增加任何附加设备的条件下，通过对不同位置拍摄图像的匹配关系，重构巡视器周围区域的同时将其拼接全局坐标系形成统一的三维地形。焦春林等[31]针对多个局部三维模型匹配的问题，首先利用边缘检测和图像匹配技术提取出相邻局部模型之间的公共数据点，然后采用分离旋转变换和平移矢量的策略拟合出相邻模型之间的坐标转换关系，从而将局部模型统一在同一坐标系下。在嫦娥三号巡视器探测中，地面遥操作中心将玉兔号巡视器在每一个站点重构的月面三维地形，通过视觉定位的结果统一到同一坐标系中，并根据前后站点地形对接连续性的特点实现月面地形的平滑过渡和无缝拼接，从而对视觉定位和地形重建两项功能进行了有机的统一。嫦娥三号任务采用的月面地形重建和视觉定位分别独立实现和统一配合应用设计思路，成功地将地形重建恢复中的海量点匹配和视觉定位中的海量特征点匹配分布到了不同的计算机终端进行运算，实现了海量运算的分布式并行处理，大大提高了任务执行效率。

嫦娥三号玉兔号巡视器探测中，除了同站点序列图像匹配实现月面地形重构和邻近站点三维地形无缝拼接外，也对远距离测量定位技术进行了研究。与上述两个问题不同，巡视器在进行远距离测量时，由于巡视器自身体积限制，传统立体视觉系统基线长度有限，不适用于远距离场景，而基于车体移动在不同位置拍摄的远距离目标场景，使用宽基线立体视觉技术可以较好解决此问题。玉兔号巡视器使用宽基线立体视觉主要存在 3 方面困难[32,33]：巡视器的立体视觉系统在现场难以进行精确标定；因宽基线相机位置差异巨大，存在显著透视畸变、光照变化以及遮挡等影响匹配的难题；远距离三维重建所需要的基线长度、相机光心位置、光轴交角等参数难以精确测量。国内外研究者已经针对上述困难，利用巡视器自身定位功能设计了宽基线相机远距离测图系统的构建方法，通过引入宽基线的几何约束关系，对远距离目标进行显著特征点提取与匹配，克服远距离图像对目标分辨能力不强，误匹配率高的难题，实现了远距离目标的精确定位[32-36]。嫦娥三号任务中，远距离测量定位技术一方面用于对玉兔号巡视器远距离行进累计误差的修正，另一方面用于对典型地貌的重构与恢复：巡视器远距离行进后，通过控制巡视器在不同导航点观测公共远距目标，实现两个导航点之间的相对位置关系的解算；在进行站点位姿精确解算的基础上，可进一步完成对远距离地形进行重建与恢复。该技术在嫦娥三号巡视器月面探测任务中仅进行初步实验与验证，随着我国深空探测的深入发展，它将在下一步的深空着陆探测工程中发挥更大作用。

3 巡视器行驶路径规划

路径规划是玉兔号巡视器月面行驶时躲避障碍物、实现月面漫游和安全到达目标位置必不可少的重要步骤，也是嫦娥三号任务遥操作关键技术之一。通常情况下路径规划是根据双目视觉系统重构得到的三维地形，寻求从当前位置到目标位置的无碰撞可达路径。在嫦娥三号任务中，玉兔号巡视器路径规划主要分为 3 个阶段：月面环境图生成、移动路径搜索和上行控制参数计算，这 3 个阶段按照逻辑顺序依次展开。当路径搜索结果不令人满意时，可调整若干环境参数，迭代进行月面环境图生成和移动路径搜索，具体流程如图 4 所示。

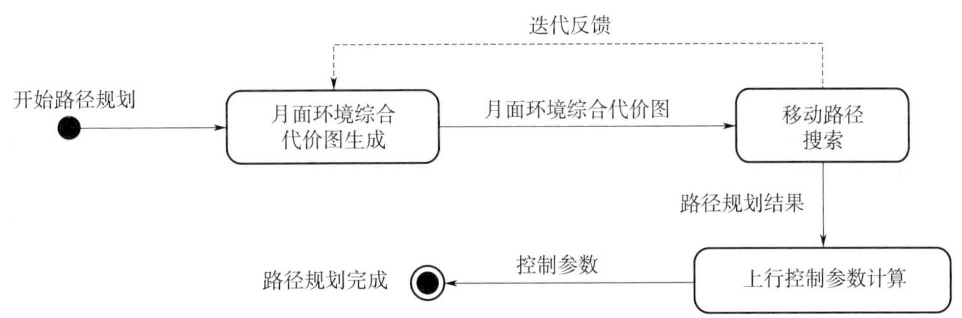

图 4　玉兔号巡视器路径规划流程

巡视器所在的环境是实际的月面物理环境，而进行路径规划需要将物理环境抽象成为能被计算机理解和表达的环境模型，就是指根据已知的环境信息，通过提取和分析相关特征，将其转换成可供搜索的连通图。

从月面实际物理环境中提炼出以下 6 项特征：坡度坡向、月面粗糙度、月面阶梯、月面通信、太阳光照、地月通信，其中前 4 项为时不变特征，后 2 项为时变特征。在获取 DEM 图后，按一定的流程开展环境图生成，如图 5 所示。

路径搜索是依赖事先建立的全局地图，解决巡视器从起点到终点应经过哪些路径的问题。它根据先验的环境模型，在全局地图中找出一条从起始位置到目标位置的与障碍物无碰撞的优化路径。在巡视器搜索路径的过程中，工作环境中障碍物的分布情况会直接影响

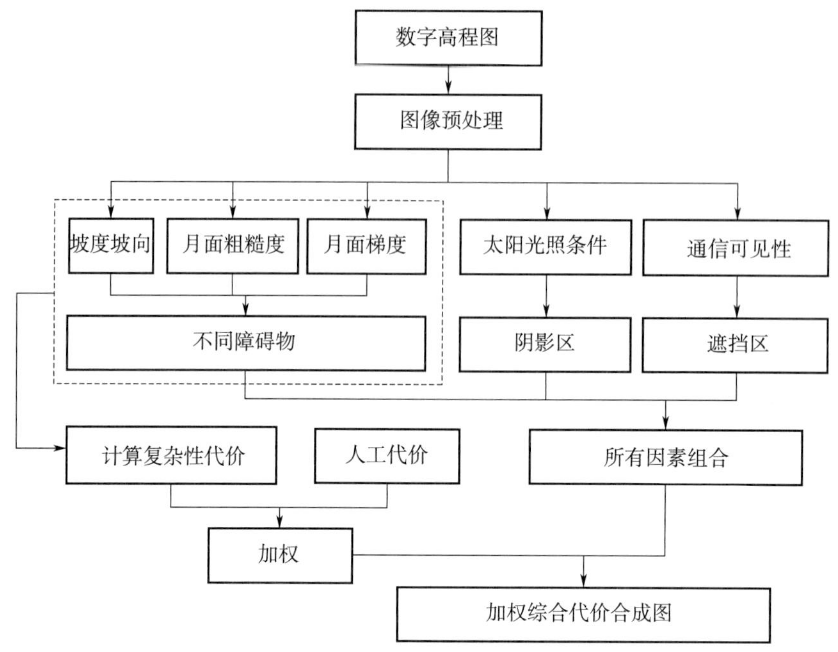

图 5　月面环境图生成流程

到规划的路径。根据对环境信息的了解程度，路径规划可以分为 3 种类型：一种是环境信息已知条件下的全局路径规划方法；另一种是局部环境信息已知条件下行为反应式路径规划方法；第 3 种是基于传感器信息能够根据环境变化实时调整的非结构化环境的路径规划。

全局路径规划通常是在巡视器周围的环境信息是完全已知的条件下，通过搜索算法寻找出一条起始点到目标点最优路径的方法。最优的标准可以是最短、最安全或所需能量最小等。全局方法通常可以寻找最优解，但是需要预先知道环境的准确信息，并且计算复杂度很高，甚至可能是难以寻找到最优解的 NP 问题。另外当环境发生变化，如出现未知障碍物时，该方法求得的最优路径无法满足巡视器探测要求。全局路径规划方法主要包括基于图的方法[37-45]和基于栅格的方法[46-48]。在这些研究中，主要研究最优路径的搜索方法、不同最优路径对巡视器行进安全性的影响和栅格划分对收敛速度与路径精度的影响等方面的问题，很少关注环境的未知特性对最优路径求解的困难，因此不适宜直接应用于月面非结构化环境的路径规划中。

另有研究者将路径规划问题抽象成为感知空间到行为空间的一种映射，映射关系可用不同方法实现，很难用精确数学方程表示。而神经网络能够很好地描述多输入输出系统的非线性映射关系，为机器人的实时路径规划提供了有效的解决方法。在应用神经网络进行路径规划时，将传感器数据作为网络输入，由人给定相应场合下期望运动方向角增量作为网络输出，由多个选定位姿下的一组数据构成原始样本集，经过剔除重复或冲突样本等加工处理，得到最终样本集。该方法适用于环境结构较为固定情况下的路径规划，而对非结构化复杂环境情况的规划能力较差。文献［49］对目前基于案例的月面巡视器路径规划方法进行了改进，提出了采用神经网络的实现方案。由于路径规划工作没有明显的规则和难以进行事件分类，可以让神经网络通过大量的实例学习来掌握。因为不需要迭代，采用前向网络学习算法来学习避障行为时，速度很快，但是神经网络中的权值设定非常困难[50-52]。

月面环境是非结构化的未知环境，无法获知环境的全局信息，因此，月面巡视器必须在执行任务过程中通过传感器在线地感知环境，并由此获取局部环境信息进行增量式路径规划。基于行为的路径规划方法较全局路径规划方法更容易接纳传感数据，因而更适合于自然环境甚至月表环境。最具有代表性的基于行为的路径规划方法是美国 MIT 的 Brooks 的包容式体系结构[53]。该方法是一种自底向上的构建系统方法，即把路径规划的任务分解成一系列一些基本的、简单的行为反应单元，每个单元有自己的感知器和执行器，二者紧耦合在一起，构成感知-执行动作行为。在运行状态下通过竞争机制根据行为的优先级及任务状态取得控制机器人的主导权，并在与环境交互作用中最终达到目标。单建华[54]针对室内移动机器人的导航要求，以二维激光雷达作为探测环境的传感器，设计了基于 4 种反应行为的实时路径规划方法。这种方法可以应用于未知环境，而且，每个行为的功能较简单，从而可以通过简单的传感器及其快速信息处理过程获得良好的运行效果。

基于传感器信息路径规划通常是在环境信息完全未知或部分未知的，巡视器通过视觉或其他类型的传感器感知和获取环境信息，重构局部区域的三维环境地形地貌，进而寻找无碰撞的局部最优路的方法。该方法具有实时性强，实用性高的特点，能够保证巡视器在月面非结构环境中重构地形的同时，实现路径规划与避障行进。该方法能够保证巡视器在月面非结构环境中重构地形的同时，实现路径规划与避障行进。嫦娥三号玉兔号巡视器在登陆月球表面后，首先通过视觉系统获取月面图像信息，通过图像匹配和三维重构生成月面三维地形；然后在月面地形中，综合考虑月面坡度坡向、月面粗糙度、月面阶梯、人工代价信息、光照信息、通信条件以及巡视器本体约束条件等因素的影响，根据代价计算策略生成指定区域指定分辨率的能够支持路径规划的月面综合环境图。在月面综合环境图中利用路径搜索算法实现巡视器行驶路径的规划。

在已有的关于路径规划的工作中，也有部分从生成月面综合环境图和在综合环境图中进行路径规划角度开展的研究工作，这些工作也是结合月面着陆探测任务路径规划的工程特点完成的。史美萍等[55]针对月面巡视器路径规划对地形的要求，从建立合理、鲁棒的月面环境模型的需求出发，提出了一种新的多约束环境建模方法，在综合考虑了月面地形的可通行性、系统的不确定性、人机协同性和运动的平稳性 4 个因素的基础上，产生了一个能支持路径规划的综合代价地图模型。李群智等[56]针对巡视器在非结构月面环境下的路径规划问题，提出采用改进的启发式搜索（A^*）算法在月面三维数字高程图中寻找最优行驶路径的方法，能够提高巡视器路径规划的效率。嫦娥三号玉兔号巡视器路径规划是在上述方法的基础上，考虑了计算机对环境的自动识别能力的限制和启发式搜索（A^*）算法本身的局限性，对全自动路径规划的结果，通过引入人工修正策略，确保了路径搜索的正确性和最优性。

4 巡视器机械臂探测规划

嫦娥三号任务的重要目标是实施着陆区和巡视区月表形貌和地质构造调查，获得月表形貌、地质构造、月壳结构、撞击坑和月壤厚度的数据，建立区域月貌与地质演化模式，进一步深化月球探测的研究成果。利用机械臂携带科学仪器对月球表面的地质状况进行勘查与探测是嫦娥三号任务的科学目标之一，也是玉兔号巡视器月面实现科学探索的重要手段。目前，国外在行星探测中，通过行星探测车上安装的双目视觉测量系统对行星表面目标进行精确定位，然后控制机械臂实现目标就位探测，是一种有效利用的探测方法。美国 NASA 在深空探测任务中对机械臂探测进行了大量的应用。1975 年 NASA 发射的海盗 1 号和 2 号火星探测器，使用与着陆器连接的机械臂末端上安装的采样机构进行采样操作[57]。2008 年 5 月抵达火星表面的凤凰号火星着陆器上搭载了样品采集与分析设备，主要实现就地采样分析[58]。2012 年的“好奇号”火星车通过机械臂收集样本、钻石钻孔取样，并使用机械臂末端的转动架上一系科学仪器进行科学研究，主要利用避障相机的立体图像获得目标三维数据指导机械臂的运动和放置位置[58,59]。Pedersen[58] 描述了 NASA 利用 K9 火星车原型开展单个周期设备就位探测的方法。针对以往火星车探测目标花费指令周期过长，通过自动计算点云、目标分割、粗差去除和规划机械臂路径等步骤，提高了机械臂探测定位的精度和可靠性[60,61]。

从技术角度讲，机械臂探测目标主要包括视觉系统对机械臂探测目标的精确定位和机械臂无碰撞操作规划 2 个主要部分的功能。在嫦娥三号玉兔号巡视器探测任务中，机械臂探测目标点定位是利用一对鱼眼相机图像通过特征匹配与空间立体关系解算实现探测目标点的定位，其主要原理是通过分别提取左、右立体像对的特征点进行匹配，然后在给定区域进行密集匹配，精确定位出目标点在右图像的位置，并通过拟合特征点周围表面计算目标点位置的法线，具体流程如图 6 所示。

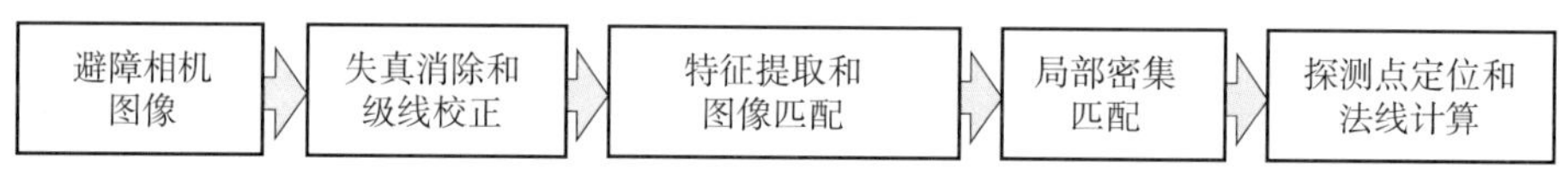

图 6　探测点及其法线计算流程

目前对机械臂探测目标精确定位的方法，主要是通过双目视觉系统获取目标图像后进行图像匹配和精确重构实现。高宏伟等[62] 针对车载机械臂开发了一套基于立体视觉的机械臂平面定位系统，通过虚拟机械臂对三维重建得到的平整物体表面的定位仿真得到机械臂的各关节参数。李斌[63] 分析了月面巡视器车载机械臂的工作环境及设计的约束条件，提出了月面巡视器车载机械臂的关键技术。于乃功等[64] 提出了实时的目标跟踪方法，应用于机械臂伺服的双目视觉系统研究。杨升[65] 研究了基于 SIFT 算法单双目视觉结合的移动机械臂定位。嫦娥三号玉兔号巡视器对探测目标点定位的任务中，通过鱼眼相机的精确标定技术和大畸变图像的投影变换和核线纠正技术，消除了鱼眼相机大畸变图像对定位精度产生的影响，实现了探测目标的高精度定位，为机械臂的探测规划提供了位置和方向。

在机械臂无碰撞操作规划方面，主要研究机械臂的操作可达空间，以及在执行探测任务时的避障与路径规划等问题。李智群等[56]在采用蒙特卡罗法建立机械臂可达工作空间的基础上，根据机械臂的起始点和目标点，确定多个路径段，每个路径段用小直线段表示，从而准确地获取机械臂的无碰撞操作路径。张璐[66]给出了基于视觉的机械臂设计与控制的整体方案，并对掂球机械臂的建模和运动学求解方法进行了研究。Schenker 等[67]研究了利用 4 自由度机械臂携带机械手实现小石块等物体采样的操作方法。嫦娥三号玉兔号巡视器机械臂探测规划主要是研究在巡视器车体和探测目标周围地形约束条件下从初始位置到目标位置的机械臂探测路径搜寻问题，车体和探测目标周围地形共同作用，影响机械臂活动可达空间，目标位置对机械臂的探测路径也会产生影响。其中，车体的约束是预先已知的固定约束，而探测目标周围月面地形重建精度和探测点的选择直接影响机械臂探测路径规划和探测过程中的碰撞。因此机械臂规划操作是对地形重建和探测点定位精度从工程角度提出了很高的要求，也是巡视器科学探测工程实现的重要组成部分。

5 嫦娥三号遥操作关键技术的应用成果

在嫦娥三号任务中，地面遥操作中心将视觉定位、三维地形重建、路径规划三项关键技术紧密配合，控制玉兔号巡视器完成了落月点的精确定位和围绕着陆器的远距离避障行进，指引玉兔号成功地实现了从着陆器北侧 X 点到南侧 E 点的绕行，准确抵达目标位置并拍摄到着陆器表面的国旗图案。巡视器与着陆器两器互拍过程中视觉定位、地形重建、路径规划的配合关系及其形成的三维月面地形、各导航点位置和导航点转移路径如图 7 所示。

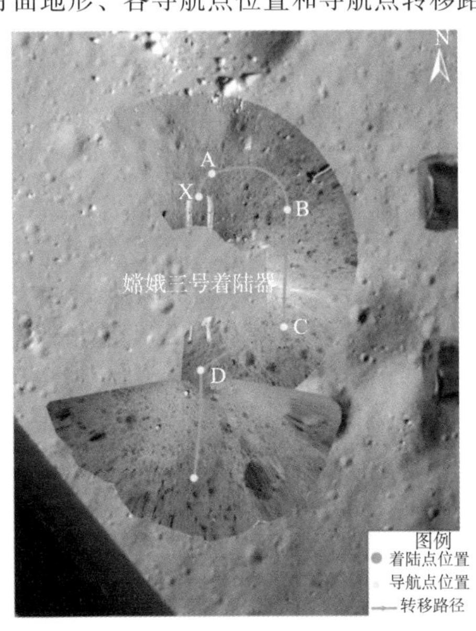

图 7　玉兔号巡视器两器互拍过程中的三维月面地形、各导航点位置以及导航点转移路径

巡视器与着陆器两器互拍过程中，地面遥操作中心通过三维地形重建技术成功地恢复出了着陆器周围的三维地形环境，为巡视器实现从X点到E点的规划准备了必要条件。通过路径规划技术，在三维地形中描绘出了巡视器行进的最优路径，使得巡视器能够躲避月球表面的大坑和石块，完成从X点到E点的转移行进。通过视觉定位技术，精确计算出巡视器行进过程中的各个导航点A，B，C，D，E的位置坐标，一方面将巡视器的位置在月面地形上标注，为巡视器的行进路径规划提供起始参考位置；另一方面将巡视器在不同位置恢复的月面三维地形统一到同一坐标系下，实现不同区域的月面地形拼接。3项关键技术相互融合，保证了巡视器在未知月面环境中按照地面遥操作中心规划的路径准确抵达目标位置。

在嫦娥三号玉兔号巡视器下一步的月面探测任务中，地面遥操作中心将控制巡视器完成机械臂的投放，对月球表面选出的科学目标点进行地质成分探测。探测任务中，机械臂探测目标点定位、月面地形重建和机械臂操作规划这3项关键技术将紧密配合，保证机械臂就位探测任务的圆满实现。

6 结论

嫦娥三号玉兔号巡视器月面着陆探测是我国首次在地球以外的天体着陆开展的星体表面探测任务。在巡视器探测任务中，利用遥操作技术控制玉兔号巡视器进行月面巡视和科学探测是月面非结构化环境认知与探索的重要工作。本文针对玉兔号巡视器遥操作所涉及的三维地形的建立、视觉定位、巡行驶路径规划和机械臂科学探测规划等关键技术在嫦娥三号任务中的应用情况进行了评述，并结合这些技术在国内外研究与发展的情况，分析了遥操作关键技术在嫦娥三号任务中应用的特点，重点强调了嫦娥三号遥操作技术与以往技术的不同及其包含的工程创新性，主要体现了嫦娥三号巡视器月面探测任务的复杂性和玉兔号巡视器系统对先进性技术吸纳与融合的创造性。通过玉兔号巡视器与嫦娥三号着陆器的两器互拍过程，展现了遥操作技术在玉兔号巡视器月面探测中应用的有效性和成功性。嫦娥三号遥操作技术确保了地外天体探测和勘察的成功，在我国深空着陆探测发展中起到了积极的先导作用。

随着我国深空探测的深入和进一步发展，嫦娥三号任务中积累的遥操作关键技术与方法将得到更为广泛的应用，并将发挥更加重要的作用。同时，这些技术和方法也在不断发展与完善，并且针对未来月球车和火星车探测任务的工程性特点，将产生更多的创新性工作，这对我国的深空探测事业具有极大的促进作用。

参考文献

[1] 张珩，李庚田. 遥科学的概念、应用与发展 [J]. 中国航天，1997，1：16-20.
[2] 吴伟仁，董光亮，李海涛，等. 深空测控通信系统工程与技术 [M]. 北京：科学出版社，2013.
[3] 李群智，宁远明，申振荣，等. 行星表面巡视探测器遥操作技术研究 [J]. 航天器工程，2008，17：29-35.

[4] 马玉娇. 基于视觉里程计的移动机器人定位研究 [D]. 武汉：武汉科技大学，2009. 6-20.
[5] Maimone M, Johnson A, Cheng Y, et al. Autonomous navigation results from the mars exploration rover (MER) mission [C]. In: Proceedings of 9th International Symposium on Experimental Robotics (ISER), Pasadena, 2004. 18-21.
[6] 彭勃. 立体视觉里程计关键技术与应用研究 [D]. 杭州：浙江大学，2008. 1-10.
[7] Nister D, Naroditsky O, Bergen J. Visual odometry. In: Proceedings of IEEE Computer Society Conference on Computer Vision and Pattern Recognition, 2004. 652-659.
[8] 王保丰，唐歌实，李广云，等. 一种月球车视觉系统的匹配算法 [J]. 航空学报，2008，29：17-122.
[9] 侯建. 月球车立体视觉与视觉导航方法研究 [D]. 哈尔滨：哈尔滨工业大学，2007. 51-58.
[10] Schaffalitzky F, Zisserman A. Viewpoint invariant texture matching and wide baseline stereo [C]. In: Proceedings of 8th IEEE International Conference on Computer Vision, Vancouver, 2001. 636-643.
[11] VanEe R, Schor C M. Unconstrained stereoscopic matching of lines. Vision Res, 2000, 40: 151-162.
[12] Loaiza H, Triboulet J, Lelandais S, et al. Matching segments in stereoscopic vision [J]. IEEE Instru Meas Mag, 2001, 3: 37-42.
[13] 丁良宏，王润孝，冯华山，等. 立体视觉测程研究进展 [J]. 机器人，2011，33：119-128.
[14] 吴伟仁，王大轶，邢琰，等. 月球车巡视探测的双目视觉里程算法与实验研究 [J]. 中国科学：信息科学，2011，41：1415-1422.
[15] 邸凯昌. 勇气号 和机遇号火星车定位方法评述 [J]. 航天器工程，2009，18：1-5.
[16] 曹凤萍，王荣本. 基于立体视觉的月球车运动估计算法 [J]. 吉林大学学报，2011，41：1592-1597.
[17] Liao J H, Yin B Z, Lao W W. Photoelectric detection system in the recognition and sorting equipment of bill [J]. SPIE, 1998, 3558: 646-651.
[18] Scharstein D, Szeliski R. A taxonomy and evaluation of dense two-frame stereo correspondence algorithms [J]. Int J Comput Vision, 2002, 47: 7-42.
[19] 朱永松，国澄明. 基于相关系数的相关匹配算法的研究 [J]. 信号处理，2003，19：531-534.
[20] Li R, Squyres S W, Arvidson R E, et al. Initial results of rover localization and topographic mapping for the 2003 Mars exploration rover mission [J]. Photogramm Eng Rem Sens, 2005, 71: 1129-1142.
[21] Di K, Xu F, Wang J, et al. Photogrammetric processing of rover imagery of the 2003 mars exploration rover mission [J]. ISPRS J Photogramm, 2008, 63: 181-201.
[22] Li R, Ma F, Xu F, et al. Localization of mars rovers using descent and surface-based image data [J]. J Geophys Res, 2002, 107 (E11): 411-418.
[23] Di K, Li R, Matthies L H, et al. A study on optimal design of image traverse networks for mars rover localization [C]. In: Proceedings of Annual Conference on A CSM-A SPRS, Washington, 2002. 19-26.
[24] Di K, Wang J, He S, et al. Toward autonomous mars rover localization operations in MER 2003 mission and new development for future missions [J]. Int Arch Photogramm Remote Sens, 2008, 37: 957-962.
[25] 戴宪彪，王亮，居鹤华. 一种月球车的环境重建方法 [J]. 计算机测量与控制，2011，19：1699-1701.
[26] 侯建，齐乃明. 月球车视觉系统立体匹配算法研究 [J]. 南京理工大学学报，2008，32：176-180.
[27] 戴宪彪，王亮. 基于 SIFT 特征的月面模拟环境视差估计 [J]. 计算机测量与控制，2011，19：3072-3074.
[28] Xu F L, Di K C, Li R, et al. Automatic feature registration and DEM generation for martian surface mapping [J]. Int Achiev Photogramm, 2002, 34: 549-554
[29] 曹凤萍，王荣本. 月球车视觉系统立体匹配算法 [J]. 吉林大学学报，2011，41：24-28.
[30] 张宏，齐乃明，侯建. 月球车立体视觉的一种标定与三维重建算法 [J]. 上海航天，2007，3：34-37.
[31] 焦春林，高满屯，史仪凯. 基于立体视觉的 3D 地形拼接 [J]. 计算机工程与应用，2008，44：206-208.
[32] 岳思聪，郑江滨，赵荣椿. 基于奇异值分解的宽基线图像匹配算法 [J]. 计算机科学，2009，36：223-225.

[33] Olson C F, Abi-Rached H, Ye M, et al. Wide-baseline stereo vision for mars rovers [J]. Int Conf Intell Robot Syst, 2003, 2: 1302-1307

[34] 王炜强，徐进，杜歆，等. 基于宽基线立体视觉的远距离三维重建 [J]. 浙江大学学报，2010，44：1073-1078.

[35] 张峰，许振辉，史利民，等. 基于宽基线图像远距离场景的自动三维重建 [J]. 计算机辅助设计与图形学学报，2010，22：256-262.

[36] Di K, Peng M. Wide baseline mapping for mars rovers [J]. Photogramm Eng Rem S, 2011, 77: 609-618.

[37] Lulu L, Elnagar A. A comparative study between visibility-based roadmap path planning algorithms [J]. IEEE/RSJ Int Conf Intell Robot Syst, 2005, 8: 3263-3268.

[38] Lozano-Pérez T, Wesley M A. An algorithm for planning collision-free paths among polyhedral obstacles [J]. Commun ACM, 1979, 22: 560-570.

[39] YapC K. A retraction method for planning the motion of a disk [J]. J Algorithms, 1882, 6: 104-111.

[40] Liu Y H, Arimoto S. Computation of the tangent graph of polygonal obstacles by moving-line proeessing [J]. IEEE Trans Robot Autom, 1994, 10: 823-830.

[41] Laubach S L, Burdick J W. An autonomous sensor-based path-planner for planetary microrovers [C]. In: Proceedings of IEEE International Conference on Robotics and Automation, Detroit, 1999. 347-354.

[42] 孙凤池. 拖挂式移动机器人系统的路径规划与运动控制研究 [D]. 天津：南开大学，2003.

[43] Pettersson P O, Doherty P. Probabilistic roadmap based path planning for an autonomous unmanned helicopter [C]. In: Proceedings of ICAPS-04 Workshop on Connecting Planning Theory with Practice, Whistler, 2004.

[44] Kavraki L, Latombe J C. Randomized preprocessing of configuration space for fast path planning [C]. In: Proceedings of IEEE Conference on Robotics and Automation, San Diego, 1994. 2138-2145.

[45] Kavraki L E, Latombe J C. Probabilistic Roadmaps for Robot Path Planning [M]. New York: Wiley, 1998. 33-53.

[46] Samet H. Neighbor finding techniques for images resented by quadtrees [J]. Comput Gr Image Process, 1982, 18: 37-57.

[47] Samet H. An overview of quadtrees octrees and relation hierarchical data structures [J]. NATO ASI Ser, 1988, 1: 182-190.

[48] Yahja A, Stentz A, Singh S, et al. Framed-quadtree path planning for mobile robots operating in sparse environments [C]. In: Proceedings of IEEE Conference on Robotics Automatic (ICRA), Leuven, 1998. 98-103.

[49] 李俊，孙德敏. 半自主导航系统的基于案例的路径规划及其神经网络实现 [C]. 全球智能控制与自动化大会，合肥，2000.

[50] Yang S X, Meng M. Real-time collision-free path planning of robot manipulators using neural network approaches [J]. Auton Robot, 2000, 9: 27-39.

[51] 陈宗海，陈锋. 不确定环境下移动机器人避障规划算法 [J]. 机器人，2002，24：359-361.

[52] Wu W, Mbede J B. Fuzzy and recurent neural network motion control among dynamic obstacles for robot manipulators [J]. J Intell Robot Syst, 2001, 30: 155-177.

[53] Brooks R, Robis A. Layered control system for a mobile robot [J]. IEEE Trans Robot Autom, 1986, 2: 14-23.

[54] 单建华. 基于行为的实时路径规划 [J]. 控制工程，2009，16：367-370.

[55] 史美萍，吴军，李焱，等. 面向月球车路径规划的多约束环境建模方法 [J]. 国防科技大学学报，2006，28：104-108.

[56] 李智群，申振荣，张伍，等. 带机械臂的月面巡视探测器的路径规划方法研究 [J]. 航天器工程，2010，19：29-34.

[57] Pedersen L. Science target assessment for Mars rover instrumentdeployment [J]. IEEE Int Conf Intell Robot Syst, 2002, 1: 817-822.

[58] Di K, Xu F, Wang J, ct al. Photogrammetric processing of rover imagery of the 2003 Mars exploration rover mission [J]. ISPRS J Photogramm, 2008, 63: 181-20.

[59] Li R, Squyres S W, Arvidson R E, et al. Initial results of rover localization and topographic mapping for the 2003 mars exploration rover mission [J]. Photogramm Eng Rem S, 2005, 71: 1129-1142.

[60] Pedersen L, Bualat M, Kunz C, et al. Instrument deployment for mars rovers [C]. In: Proceedings of International Conference on Robotics and Automation, 2003. 2535-2542.

[61] Pedersen L, Bualat M, Lees D, et al. Integrated demonstration of instrument placement, robust execution and contingent planning [C]. In: Proceedings of the 7th International Symposium on Artificial Intelligence, Robotics and Automation in Space: i-SAIRAS, Nara, 2003. 19-23.

[62] 高宏伟，吴成东，李斌，等. 基于立体视觉的虚拟机械臂平面定位研究 [J]. 系统仿真学报，2007，19：3245-3247.

[63] 李 斌. 月球车车载机械臂的研究进展及关键技术探讨 [J]. 机器人技术与应用，2008，3：29-32.

[64] 于乃功，秦永钢，阮晓钢. 机械臂视觉伺服系统中的高精度实时特征提取 [J]. 控制与决策，2009，24：1568-1572.

[65] 杨升. 基于 SIFT 算法单双目视觉结合的移动机械臂定位研究 [D]. 武汉：武汉科技大学，2011.

[66] 张璐. 基于计算机视觉的机械臂控制技术研究 [D]. 西安：西安理工大学，2008.

[67] Schenker P S, Huntsberger T L, Pirjanian P, et al. Planetary rover developments supporting mars exploration, sample return and future human-robotic colonization [J]. Auton Robot, 2003, 14: 103-126.

Key technologies in the teleoperation of Chang'E-3 "Jade Rabbit" rover

WU Weiren, ZHOU Jianliang, WANG Baofeng , LIU Chuankai

Abstract China's Chang'E-3 lunar probe that consisted of the Chang'E-3 lander and the Jade Rabbit rover successfully landed on the moon on December 14, 2013, which signaled the completion of the "landing" project in the second phase of the Chinese lunar reconnaissance mission. An important part of the Chang'E-3 mission is that the "Jade Rabbit" rover travels over the surrounding unstructured environment and conducts scientic exploration under the control of the ground teleoperation center, which has a key role in the implementation of the lunar exploration mission. The teleoperation facility mainly includes four important capabilities: vision-based navigation and localization, reconstruction of lunar terrain, path planning for safe movement and motion planning of the robotic arm for scientic probing. These four parts jointly enable the Jade Rabbit rover to complete the lunar exploration mission successfully. This paper focuses on the current situation in the development and application of the four important technologies, and summarizes the main approaches. The application characteristics of the four technologies in the traveling and exploration of the "Jade Rabbit" rover are analyzed and their broad application perspectives are discussed. These will have a signicant impact on the application of teleoperation technology in subsequent moon exploration missions and the future Mars exploration program.

Keywords Chang'E-3; "Jade Rabbit" lunar rover; teleoperation; navition and localization; lunar terrain reconstruction; path planning; robotic arm probing

基于月面单幅图像的软着陆障碍识别与安全区选取方法*

吴伟仁，王大轶，毛晓艳，黄翔宇

摘　要　针对月球软着陆自主避障的需求，提出了一种适合月球灰尘表面的改进优化Hapke模型，给出了相对高程的求解、障碍识别与安全区选取方法，解决了已有纹理法无法识别坡度的问题，实现了利用单幅图像的月面着陆障碍识别与安全区域选取。利用月球软着陆下降段仿真图像，进行了模型解算和三维高程恢复并计算安全区域，结果表明，利用月面单幅图像能够实现障碍的识别与安全区的选取。

关键词　障碍识别；灰度重构形状；朗伯体模型；Hapke模型

0　引言

月球是一个无大气天体，在其自身地质活动、各种流星天体撞击以及炙热太阳照射的影响下，月球表面分布着高山、壑谷、陡坡以及各种各样的岩石和陨石坑等。这种地形、地貌以及石块和陨石坑等使探测器安全着陆存在较大风险。早期的月球着陆探测任务，限于当时技术水平，Lunar系列和勘察者系列月球探测器都不具备识别障碍和避障能力，导致着陆成功率非常低。Apollo系列则是通过宇航员观测着陆区并操纵人控系统实现了避障和安全着陆[1]。可见，只有着陆器具有发现和识别障碍并进行机动避障的能力，才能保证软着陆的高安全和高可靠。

目前地外天体着陆器配备的障碍识别敏感器主要包括光学敏感器和激光三维扫描仪。其中激光三维扫描仪体积功耗大且成像时间较长，扫描时刻需要着陆器位置稳定进行悬停[2]。而光学敏感器体积功耗小，瞬时成像，对着陆器无严格的位置速度要求，被列为首选方案。目前，国内外利用光学敏感器所成图像进行软着陆障碍识别的方法多为立体视觉法和纹理分析法[3]。其中立体视觉法对图像特征分布要求较高，为了达到一定的精度需要较长的基线。纹理分析法根据阴影分布判断障碍，不能对缓坡等亮度缓变的危险区域进行有效识别。针对这些问题，Horn等人提出一种利用单幅图像的地貌重构方法（Shape From Shading，SFS），其原理是利用物体成像表面亮度的变化，参照表面反射特性或形状的附加约束，解析出物体表面矢量信息，转化得到表面深度信息，从而完成形状的重

*　深空探测学报，2014，1（4）：7.

构。该方法仅利用单幅影像的灰度信息，便可重构像素点的相对高程，测量信息更完备，对图像本身的特征要求较少，相比已有方法具有明显的优势。但实际的月球表面反射特性并不符合 SFS 算法采用的理想朗伯体反射模型，而且月球表面还有灰尘覆盖，因此，已有的 SFS 算法无法实现月球表面着陆下降图像的形状恢复。针对此问题，本文提出了一种适合月球灰尘表面的改进优化 Hapke 模型，并给出了相对高程的求解、障碍识别与安全区选取方法，实现了利用单幅图像的月面着陆障碍识别。

1 灰度重构形状方法

SFS 方法成立的前提有三个：1）光源为无限远处点光源；2）反射模型为朗伯体表面反射模型；3）成像关系为正交投影。

SFS 算法基本思路描述如下。

如图 1 所示，朗伯体表面反射模型[4]为

$$E=\frac{L_i}{\pi}\rho\cos\theta_i \tag{1}$$

式中，E 为图像亮度；L_i 为入射光强；ρ 为表面反射率，均为常量；θ_i 为入射角。消除 L_i 和 ρ 的影响，归一化可得 $E=\cos\theta_i$ 。

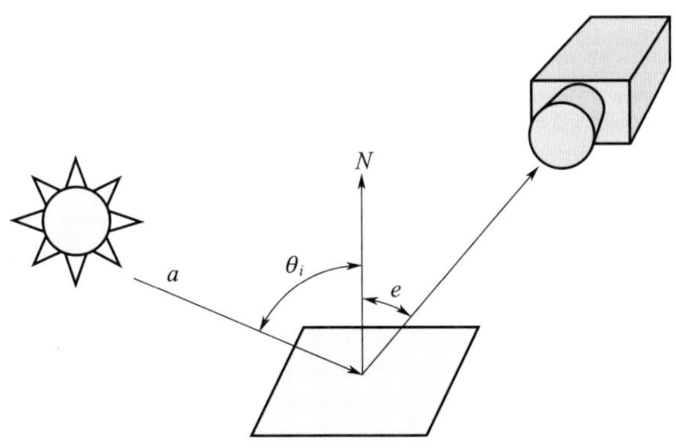

图 1　朗伯体反射模型

基于上述的三点假设，物体表面的亮度方程可以表示为：

光源矢量 $\boldsymbol{a}=(-p_s,-q_s,1)$，表面矢量 $\boldsymbol{N}=(-p,-q,1)$，则 $\cos\theta_i=\frac{\boldsymbol{a}\cdot\boldsymbol{N}}{|\boldsymbol{a}|\cdot|\boldsymbol{N}|}$，得到

$$I=I_0\cdot\frac{(p_sp+q_sq+1)}{\sqrt{1+p^2+q^2}\cdot\sqrt{1+p_s{}^2+q_s{}^2}}$$

经归一化处理，消除 I_0 的影响，简化为

$$R(p,q)=\frac{(p_sp+q_sq+1)}{\sqrt{1+p^2+q^2}\cdot\sqrt{1+p_s{}^2+q_s{}^2}} \tag{2}$$

其中：(p, q) 是物体表面梯度，且 $p(x, y)=\frac{\partial z(x, y)}{\partial x}$，$q(x, y)=\frac{\partial z(x, y)}{\partial y}$，$I_0$ 是依赖表面反射率，光源强度及光学系统参数的比例常数。$R(p, q)$ 为反射图函数，是经过归一化得到的关于 (p, q) 的函数。求解 SFS 问题就是利用已知图像的亮度和光源方向确定物体表面梯度 (p, q)，并由 (p, q) 与 z 的关系进一步求解物体的表面高度 $z(x, y)$。从式（2）可以看出，场景中每一点有两个待求的表面梯度分量，而每点只有一个已知的灰度，因此求解是个病态的逆过程。欲求解此问题，必须根据已知的关于场景的形状特性或者表面反射特性引入附加约束，建立正则化的数学模型，才能保证正确求解物体表面的三维形状参数。

SFS 原型问题可描述为

$$\iint_{\pi}[E(x,y)-R(p,q)]^2\,\mathrm{d}x\,\mathrm{d}y=0$$

其中：$E(x, y)$ 为归一化后的图像灰度值；π 是所感兴趣的地形表面所处的区域，目标就是求取使得上式达到极小的 p 和 q。

在构造能量函数时，目前主要采用的约束条件有以下几种。

光滑性约束：

$$\iint_{\Omega}(p_x^2+p_y^2+q_x^2+q_y^2)\,\mathrm{d}x\,\mathrm{d}y=0$$

可积性约束：

$$\iint_{\Omega}[(z_x-p)^2+(z_y-q)^2]\,\mathrm{d}x\,\mathrm{d}y=0$$

亮度梯度约束：

$$\iint_{\Omega}\left[\left(r_x-\frac{\partial E}{\partial x}\right)^2+\left(r_y-\frac{\partial E}{\partial y}\right)^2\right]\mathrm{d}x\,\mathrm{d}y=0$$

单位法矢量约束：

$$\iint_{\Omega}(\|\mathbf{N}\|^2-1)\,\mathrm{d}x\,\mathrm{d}y=0$$

式中，p_x 表示对 x 的偏导数，$p_x=\frac{\partial p}{\partial x}$，$p_y$、$q_x$、$q_y$、$z_x$、$z_y$、$R_x$ 及 R_y 等定义同上。

2 解算方法

目前，世界上的 SFS 解算方法大致可分为最小值方法[5]、演化方法[6]、局部方法[7]和线性化方法[8]等四大类。这几类算法具有各自不同的特点，下面对这几种算法的唯一性、收敛性、稳定性，以及对真解的逼近程度和适用范围等方面进行简要说明。

最小值方法是将物体表面反射模型和光滑表面模型均表示为能量函数的形式，然后再将它们联合表示为一个泛函极值问题或最优化控制问题，使相应问题取最小值的解即为

SFS问题的解。最小值方法充分考虑了在图像成像过程中各种可能的约束，这些附加约束和原亮度方程联立求解时，能够产生较为稳定和精确的解。但是算法在搜索最小值时，由于初始条件未知，容易陷入局部极小值。且该方法一般使用泛函变分和松弛迭代法求解，收敛速度过慢。

演化方法主要是求解 Hamilton-Jacobi 方程，从已知的初始条件或边界条件出发，随着时间参数的变化确定出所有图像点对应的物体表面点形状及高度。解算过程利用了相关可微的一些性质，隐式地表示并应用了物体的光滑表面模型，通常可以找到全局最优值。由于该方法是把光滑性假设融入算法中而不是作为单独的约束函数，可以避免由于引入二阶微分而导致的过光滑问题。但这种方法的计算复杂性过高，计算量随图像增大而增加，而且对先验知识的要求比较严格，不适用于复杂物体和实际含噪图像。

局部方法是将反射模型和物体表面局部形状假设相结合构成关于物体局部形状参数的线性偏微分方程组，利用边界条件可求得该方程的唯一解。常用的局部形状假设为球形表面假设。这种方法简单直观，对于具有光滑表面的合成图像恢复效果较好，但是当被恢复物体表面不具有局部球面特征时，算法失效。

线性化方法则认为在非线性反射函数中，低阶项占主要部分，通过对反射函数线性化，从而将 SFS 基本模型转化为一个线性问题求解。Pentland 方法采用傅立叶变换，Tsai 的方法使用了表面梯度的离散近似，但是这两种方法各有针对性，都是对某一种图像适用，某些情况下误差较大或算法失效。

综上所述，局部方法和线性化方法同属于在局部进行计算的方法，都是基于特定的假设，能通过稳定收敛的算法得到一个近似解。算法相对比较简单，不需要正则化过程，同时也因为不需要关于遮挡边界或者奇异点的先验信息，抗噪性较好，并且对解的搜索限制在线性空间中，算法速度比最小值方法和演化方法两种全局化方法提高了许多。其中，线性化方法计算过程相对简单快捷，对目标的属性要求不高，选择作为后续求解的首选方法。

3 改进的 Hapke 模型

漫反射光照模型是一种理想的模型，并不适用于所有的天体表面，针对月球环境需要修改反射模型。本文引入了 Bruce Hapke 教授提出的 Hapke 模型[9]，该模型可以用来描述月球等天体表面的辐射强度。它主要是针对由单个光源引起的天体反射情况，根据光线在天体表面反射的几何特性，以及天体表面对光线的反射系数，计算出由天体表面反射的光线到达观察位置的辐射强度。图 2 显示了 Hapke 模型中光源、目标与视点的几何关系。

此时模型表示为

$$r_H(i,e,g)=\frac{\omega}{4\pi}\frac{\cos i}{\cos i+\cos e}\{[1+B(g)]p(g)+H(\cos i)H(\cos e)-1\} \tag{3}$$

式中，i 为入射角，表示入射光线与表面法线之间的夹角；e 为反射角，表示出射方向与表

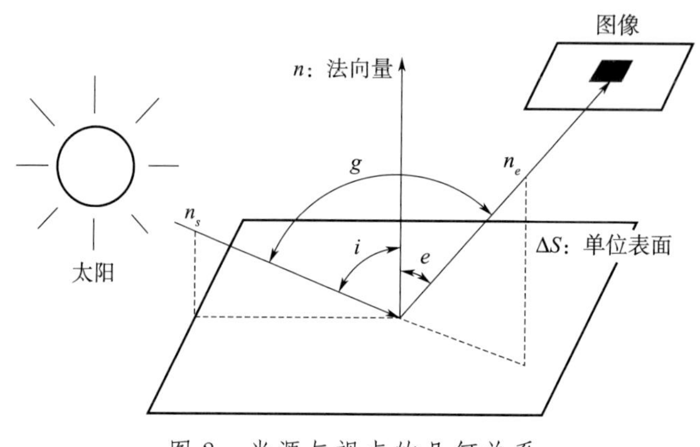

图 2　光源与视点的几何关系

面法线之间的夹角；g 为相角，表示入射光线和出射方向之间的夹角；ω 为单次散射反照率，$0<\omega<1$；$B(g)$ 表示视点方向与光源方向重合的条件，$B(g)=\dfrac{1}{1+(1/h)\tan(g/2)}$，其中 h 是粗糙度参数，与介质表面的空隙度、颗粒大小分布有关。

$p(g)$ 表示单位角散射方程，用于描述光线被陆地土壤散射时的角度分布情况

$$p(g)\approx 1+b\cos g+c\,\frac{3(\cos^2 g-1)}{2} \tag{4}$$

其中：$\cos g=\cos i\ \cos e+\sin i\ \sin e\ \cos\varphi$，$b$ 和 c 是描述月壤的参数。

$H(x)$ 表示散射光线在无穷大的介质中的双向反射系数，$H(x)=\dfrac{1+2x}{1+2\sqrt{(1-\omega)x}}$。$H(\cos i)H(\cos e)-1$ 项近似表达了混合散射对土壤二向反射率的贡献。其中 ω 表示反照率。

$\cos i$ 和 $\cos e$ 可以分别由天体表面梯度矢量和入射、出射矢量的乘积来表示，即

$$\cos i=\boldsymbol{n}\cdot\boldsymbol{n}_s=\frac{(-p\quad -q\quad 1)}{\sqrt{1+p^2+q^2}}\cdot\frac{(-p_s\quad -q_s\quad 1)}{\sqrt{1+p_s^2+q_s^2}}=\frac{pp_s+qq_s+1}{\sqrt{1+p^2+q^2}\sqrt{1+p_s^2+q_s^2}} \tag{5}$$

$$\cos e=\boldsymbol{n}\cdot\boldsymbol{n}_e=\frac{(-p\quad -q\quad 1)}{\sqrt{1+p^2+q^2}}\cdot\frac{(-p_e\quad -q_e\quad 1)}{\sqrt{1+p_e^2+q_e^2}}=\frac{pp_e+qq_e+1}{\sqrt{1+p^2+q^2}\sqrt{1+p_e^2+q_e^2}} \tag{6}$$

其中：$\dfrac{(-p_s\quad -q_s\quad 1)}{\sqrt{1+p_s^2+q_s^2}}$ 表示光源入射方向的单位矢量；$\dfrac{(-p_e\quad -q_e\quad 1)}{\sqrt{1+p_e^2+q_e^2}}$ 表示出射方向的单位矢量。

尽管 Hapke 模型被认为是目前最稳定的计算天体表面反射系数的模型，但是其仍然存在着一个突出的问题，即当光线的反射角与入射角接近的时候，光源的方向矢量与视点的方向矢量非常接近，此时 Hapke 模型会出现奇异性，计算的结果会出现较大的误差。为此，需要对其进行改进。

改进方法如下：假设 $B(g)$ 为 0 且 $p(g)$ 为 1，其中 $p(g)$ 为 1 表示散射方程具有等方向性，此时相位角可忽略不计。这样既简化了 Hapke 模型的表达式，又保证其不会出现奇异性，且保留了 Hapke 模型的基本性质。改进模型可表示为

$$R_H(p,q)=\frac{\omega}{4\pi}\frac{\cos i}{\cos i+\cos e}\frac{1+2\cos i}{1+2\gamma\cos i}\frac{1+2\cos e}{1+2\gamma\cos e}=\frac{\omega}{4\pi}\frac{C_eF_s(p,q)}{C_eF_s(p,q)+C_sF_e(p,q)}*$$
$$\left\{\frac{C_sF(p,q)+2F_s(p,q)}{C_sF(p,q)+2\gamma F_s(p,q)}\cdot\frac{C_eF(p,q)+2f_e(p,q)}{C_eF(p,q)+2\gamma F_e(p,q)}\right\}\tag{7}$$

其中

$C_e=\sqrt{1+p_e^2+q_e^2}$，$C_s=\sqrt{1+p_s^2+q_s^2}$，$F_e(p,\ q)=pp_e+qq_e+1$，$F_s(p,\ q)=pp_s+qq_s+1$，$F(p,\ q)=\sqrt{1+p^2+q^2}$，$\gamma=\sqrt{1-\omega}$ 为反照率因子。

改进模型的解法采用线性化方法，利用有限差分思想将 F 离散化

$$F=R(p_{ij},q_{ij})+\alpha\left[\frac{\partial R}{\partial p}\cdot\left(\frac{\partial p}{\partial x}+\frac{\partial p}{\partial y}\right)+\frac{\partial R}{\partial q}\cdot\left(\frac{\partial q}{\partial y}+\frac{\partial q}{\partial x}\right)\right]-\tag{8}$$
$$I(i,j)-\alpha\left[I_x(i,j)+I_y(i,j)\right]$$

根据图像差分的基本思想，以上各项得如下表示

$$\frac{\partial p}{\partial x}=\frac{z_{i+2,j}-2z_{i,j}+z_{i-2,j}}{4}$$
$$\frac{\partial p}{\partial x}=\frac{\partial q}{\partial x}=\frac{z_{i+1,j+1}-z_{i-1,j+1}+z_{i+1,j-1}-z_{i-1,j-1}}{4}$$
$$\frac{\partial q}{\partial y}=\frac{z_{i,j+2}-2z_{i,j}+z_{i,j-2}}{4}$$

$$\frac{\partial R}{\partial p}=PA\cdot\frac{C_s\sqrt{1+p^2+q^2}+2(p_sp+q_sq+1)}{C_s\sqrt{1+p^2+q^2}+2\gamma(p_sp+q_sq+1)}\cdot\frac{C_e\sqrt{1+p^2+q^2}+2(p_ep+q_eq+1)}{C_e\sqrt{1+p^2+q^2}+2\gamma(p_ep+q_eq+1)}+$$
$$PB\cdot\frac{C_e(p_sp+q_sq+1)}{C_e(p_sp+q_sq+1)+C_s(p_ep+q_eq+1)}\cdot\frac{C_e\sqrt{1+p^2+q^2}+2(p_ep+q_eq+1)}{C_e\sqrt{1+p^2+q^2}+2\gamma(p_ep+q_eq+1)}+$$
$$PC\cdot\frac{C_e(p_sp+q_sq+1)}{C_e(p_sp+q_sq+1)+C_s(p_ep+q_eq+1)}\cdot\frac{C_s\sqrt{1+p^2+q^2}+2(p_sp+q_sq+1)}{C_s\sqrt{1+p^2+q^2}+2\gamma(p_sp+q_sq+1)}$$
$$PA=\frac{C_eC_sp_s(q_eq+1)-C_eC_sp_e(q_sq+1)}{[C_e(p_sp+q_sq+1)+C_s(p_ep+q_eq+1)]^2}$$
$$PB=\frac{2(\gamma-1)C_sp(p_sp+q_sq+1)+2(1-\gamma)C_sp_s(p^2+q^2+1)}{\sqrt{p^2+q^2+1}\ \left[C_s\sqrt{p^2+q^2+1}+2\gamma(p_sp+q_sq+1)\right]^2}$$
$$PC=\frac{2(\gamma-1)C_ep(p_ep+q_eq+1)+2(1-\gamma)C_ep_e(p^2+q^2+1)}{\sqrt{p^2+q^2+1}\ \left(C_e\sqrt{p^2+q^2+1}+2\gamma(p_ep+q_eq+1)\right)^2}$$

$$\frac{\partial R}{\partial q}=QA\cdot\frac{C_s\sqrt{1+p^2+q^2}+2(p_sp+q_sq+1)}{C_s\sqrt{1+p^2+q^2}+2\gamma(p_sp+q_sq+1)}\cdot\frac{C_e\sqrt{1+p^2+q^2}+2(p_ep+q_eq+1)}{C_e\sqrt{1+p^2+q^2}+2\gamma(p_ep+q_eq+1)}+$$
$$QB\cdot\frac{C_e(p_sp+q_sq+1)}{C_e(p_sp+q_sq+1)+C_s(p_ep+q_eq+1)}\cdot\frac{C_e\sqrt{1+p^2+q^2}+2(p_ep+q_eq+1)}{C_e\sqrt{1+p^2+q^2}+2\gamma(p_ep+q_eq+1)}+$$
$$QC\cdot\frac{C_e(p_sp+q_sq+1)}{C_e(p_sp+q_sq+1)+C_s(p_ep+q_eq+1)}\cdot\frac{C_s\sqrt{1+p^2+q^2}+2(p_sp+q_sq+1)}{C_s\sqrt{1+p^2+q^2}+2\gamma(p_sp+q_sq+1)}$$

$$QA = \frac{C_e C_s q_s (p_e p + 1) - C_e C_s q_e (p_s p + 1)}{[C_e (p_s p + q_s q + 1) + C_s (p_e p + q_e q + 1)]^2}$$

$$QB = \frac{2(\gamma - 1) C_s p (p_s p + q_s q + 1) + 2(1-\gamma) C_s p_s (p^2 + q^2 + 1)}{\sqrt{p^2 + q^2 + 1}\left(C_s \sqrt{p^2 + q^2 + 1} + 2\gamma (p_s p + q_s q + 1)\right)^2}$$

$$QC = \frac{2(\gamma - 1) C_e p (p_e p + q_e q + 1) + 2(1-\gamma) C_e p_e (p^2 + q^2 + 1)}{\sqrt{p^2 + q^2 + 1}\left(C_e \sqrt{p^2 + q^2 + 1} + 2\gamma (p_e p + q_e q + 1)\right)^2}$$

$$I_i(x, y) = \frac{I(i+1, j) - I(i-1, j)}{2}$$

$$I_j(x, y) = \frac{I(i, j+1) - I(i, j-1)}{2}$$

假设初始高度为 Z^0，Z^* 为真解，对图像中 (i, j) 点进行 Taylor 展开得

$$f_k(Z^*) \approx f_k(Z^0) + \frac{\partial f_k}{\partial z_{i,j}} \Big| z = z^0 (z_{i,j}^* - z_{i,j}^0) \tag{9}$$

则最后的迭代公式可写为

$$z_{i,j}^{k+1} = z_{i,j}^k + \mu \cdot F\begin{pmatrix} z_{i-2,j}^k, z_{i-1,j}^k, z_{i+1,j}^k, z_{i+2,j}^k, z_{i,j}^k, z_{i,j-2}^k, z_{i,j-1}^k, z_{i,j+1}^k, \\ z_{i,j+2}^k, z_{i-1,j-1}^k, z_{i-1,j+1}^k, z_{i+1,j-1}^k, z_{i+1,j+1}^k \end{pmatrix} \tag{10}$$

k 表示迭代次数，$\mu = \dfrac{-1}{\partial F^k / \partial z_{i,j}}$ 表示迭代速度，进行迭代求取 z 值。

4 地形识别结果

对着陆月球的下降段图像进行仿真如图 3 所示。利用 Hapke 模型的计算结果如图 4 所示。可以看出，Hapke 模型可以有效地恢复地形图的相对三维信息，地形起伏与实际地形相符，较为准确。

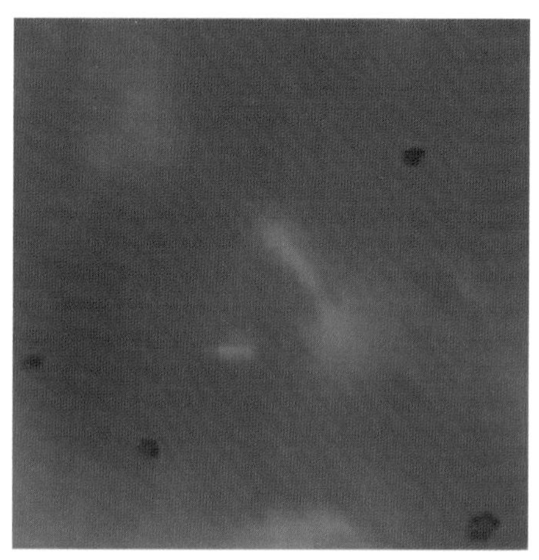

图 3 月球着陆下降段仿真图像

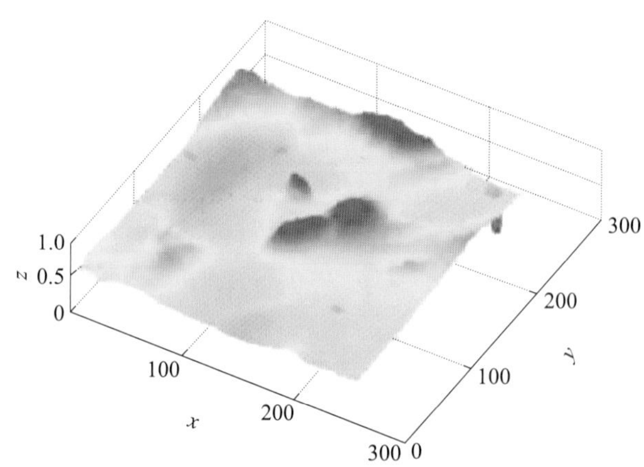

图 4 Hapke 模型的计算结果

5 障碍识别与着陆区选取方法

前面给出的 SFS 方法得到的是视场内场景的相对高程值，可以在一次成像中给出月面足够密集点的相对高度信息，但其高度值并非实际的高度，而是归一化的数值表示。因此，采用类似三维高程图获取坡度和粗糙度的计算方法对每个像点进行比较分析，找出视场范围内相对最平坦的、满足降落尺寸要求的区域。

1）确定平均坡面法线。采用最小二乘法拟合出一定单元区域（包含 $N_{i,j}$ 个数据点）的平均坡面法线，具体表达式为

$$\boldsymbol{n}=[k_1 \quad k_2 \quad k_3]^{\mathrm{T}}=(G^{\mathrm{T}}\boldsymbol{G})^{-1}G^{\mathrm{T}}\boldsymbol{h} \tag{11}$$

式中，$\boldsymbol{h}$ 为 $N_{i,j}$ 维的全 1 列向量，即 $\boldsymbol{h}=[1 \quad 1 \quad \cdots \quad 1]^{\mathrm{T}}$；$\boldsymbol{G}$ 为利用单元区域的数据点构造的 $N_{i,j}\times 3$ 矩阵，具体表达式为

$$\boldsymbol{G}=\begin{bmatrix} x_1 & y_1 & z_1 \\ x_2 & y_2 & z_2 \\ \vdots & \vdots & \vdots \\ x_{N_{i,j}} & y_{N_{i,j}} & z_{N_{i,j}} \end{bmatrix} \tag{12}$$

2）计算平均坡度。根据平均坡面法线计算该单元区域的平均坡度为

$$\varphi=\arccos\left(\frac{\boldsymbol{n}\cdot\boldsymbol{b}}{\|\boldsymbol{n}\|\cdot\|\boldsymbol{b}\|}\right) \tag{13}$$

式中，$\boldsymbol{b}=[0 \quad 0 \quad 1]^{\mathrm{T}}$，表示垂直向量。

3）计算障碍高度。根据平均坡面估算该单元区域内每个单元格的障碍高度

$$r=\max_{t=1,\cdots,N_{i,j}}\left(\frac{|k_1x_1+k_1y_t+k_3z_t-1|}{\sqrt{k_1^2+k_2^2+k_3^2}}\right) \tag{14}$$

在上述判断的基础上，根据坡度和高度进行分类，得到障碍二值图，障碍像素点置 1，安全像素点置 0。

4）确定安全着陆点。如图 5 所示，将图像划分为网格，在障碍二值图的基础上，以图像中心开始螺旋前进搜索，直至找到符合安全着陆要求的着陆区域为止，确定安全着陆点。若在视场范围内难以找到完全满足要求的安全着陆区域，则根据坡度和安全半径的加权判断选取最优的区域作为安全着陆区，确定安全着陆点。根据图 3 选取的安全着陆点如图 6 所示。

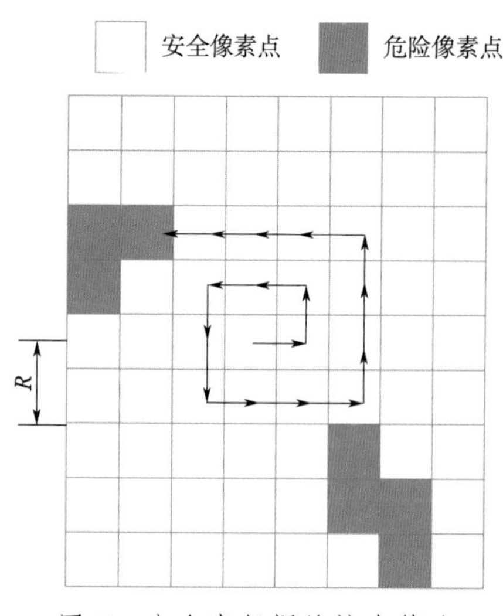

图 5　安全半径螺旋搜索算法

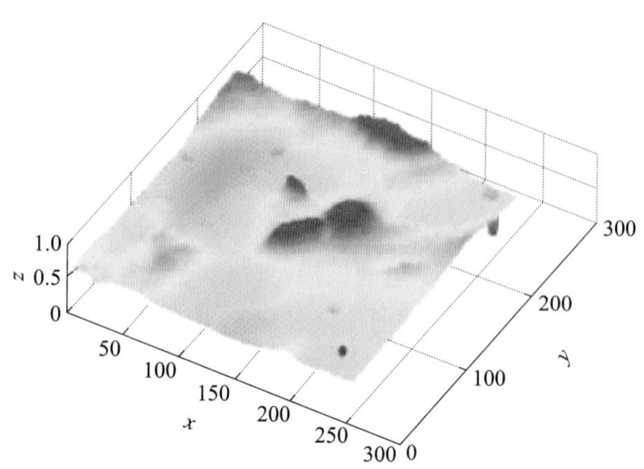

图 6　选取的安全着陆点

6 结论

针对月球软着陆过程的障碍识别问题，本文引入了灰度重构形状方法，并提出了一种适合月球灰尘表面的改进优化 Hapke 模型，实现了利用单幅月表图像的地貌重构与安全区选取。利用月球软着陆下降段仿真图像，进行了三维高程恢复和安全区域选取方法的仿真验证，仿真结果表明：

1）采用改进 Hapke 模型的灰度重构形状方法，利用单幅图像能够实现高程信息的重构，结果可信。利用相对高程信息可以进行坡度的估算，弥补了单幅图像不能准确识别坡度的缺陷；

2）根据得到的高程信息实现的障碍识别和安全着陆点选取，能够选取到实际的安全着陆点，可用于月球自主软着陆。

参考文献

[1] Klumpp A R. Apollo guidance, navigation and control [R]. [S. l.]: NASA, 1971.

[2] 张洪华，梁俊，黄翔宇，等. 嫦娥三号自主避障软着陆控制技术 [J]. 中国科学：技术科学，2014，44（6）：559-568.

[3] AndresHuertas, Yang C. Passive imaging based multicue hazard detection for spacecraft safe landing [R]. [S. l.]: ISAIRAS, 2006.

[4] Horn B K P. Obtaining shape from shading information the psychology of computer vision [M]. [S. l.]: McGraw Hill, 1975: 115-155.

[5] Horn B K P. Height and gradient from shading [J]. International Journal of Computer Vision, 1990, 5 (1): 37-75.

[6] Kimmel R, Bruckstein A M. Tracking level sets by level sets: a method for solving the shape from shading problem [J]. CVIU., 1995, 62 (2): 47-58.

[7] Dupuis P, Oliensis J. Direct method for reconstructing shape from shading [C] // IEEE Computer Society Conference on CVPR. Urbana Champaign: IEEE, 1992: 453-458.

[8] Pentland A. Shape information from shading: a theory about human perception [C] // Prov. Intl. Conf. CV. Tampa: [s. n.], 1998: 404-413.

[9] Hapke B. Bidirectional reflectance spectroscopy the coherent backscatter opposition effect and anisotropic scattering [J]. Icarus, 2002 (157): 523-534.

Obstacle recognition and safe area selection method in soft landing based on a single lunar image

WU Weiren, WANG Dayi, MAO Xiaoyan, HUANG Xiangyu

Abstract A method of ameliorated Hapke model which is the same with satellite surface covered with deep dust is put forward to satisfy the needs of soft landing on the moon. The linearization method is used to calculate the differential equation and to get the relative three-dimensional height of simulative images for obstacle recognition and selection of safe area during landing phase. It can resolve the problem that is difficult to recognize the slope by texture method. Making use of the simulating lunar images during landing, the model calculation, three-dimensional height rebuilding and safe area selection are realized. The results show the validity of this method using single lunar image.

Keywords obstacle recognition; shape from shading; Lambert model; Hapke model

New celestial assisted INS initial alignment method for lunar explorer*

WU Weiren, NING Xiaolin, LIU Lingling

Abstract In the future lunar exploration programs of China, soft landing, sampling and returning will be realized. For lunar explorers such as Rovers, Landers and Ascenders, the inertial navigation system (INS) will be used to obtain high-precision navigation information. INS propagates position, velocity and attitude by integration of sensed accelerations, so initial alignment is needed before INS can work properly. However, traditional ground-based initial alignment methods cannot work well on the lunar surface because of its low rotation rate (0. 55°/h). For solving this problem, a new autonomous INS initial alignment method assisted by celestial observations is proposed, which uses star observations to help INS estimate its attitude, gyroscopes drifts and accelerometer biases. Simulations show that this new method can not only speed up alignment, but also improve the alignment accuracy. Furthermore, the impact factors such as initial conditions, accuracy of INS sensors, and accuracy of star sensor on alignment accuracy are analyzed in details, which provide guidance for the engineering applications of this method. This method could be a promising and attractive solution for lunar explorer's initial alignment.

Keywords lunar exploration; initial alignment; inertial navigation; celestial navigation

1 Introduction

In the future lunar exploration programs of China, the inertial navigation system (INS) will be used on explorers such as Rovers, Landers and Ascenders. According to installation mode, INS can be classified into two types: platform inertial navigation system and strap-down inertial navigation system (SINS)[1]. The SINS is used in this study because of low cost, small size and good reliability. The navigation information parameters of INS such as position, velocity, and attitude are obtained by integration,

* Journal of Systems Engineering and Electronics, 2013, 24 (1): 10.

therefore the first step is to obtain initial position, velocity, and attitude of the explorer before INS begins to work. When a lunar explorer is at rest, its initial velocity is zero and its initial position can be obtained accurately by ground tracking system. The major task is to determine the initial attitude of the explorer, namely, the coordinate transformation from the explorer body frame to the navigation frame. This procedure is the so-called initial alignment.

Traditional ground-based INS initial alignment methods usually use the earth's gravity vector to obtain horizontal information, and use the earth's rotation rate vector to obtain azimuth information when the object is at rest[2-4]. Because the lunar rotation rate is only 0.55°/h (about 1/27 of that of the Earth), it cannot be used to obtain azimuth information when the accuracy of the gyroscopes is not higher than 0.001°/h. Thus, other means are demanded to assist INS alignment of lunar explorer. A celestial navigation system (CNS) will be a good choice for INS alignment on lunar surface.

INS/CNS integrated navigation methods have been widely used and studied for ballistic missiles[5-7], airplanes[8-10] and spacecrafts[11,12]. These methods mainly focus on eliminating the accumulated errors of the INS for a moving object by using CNS output. However, there are few researches on the initial alignment method of the INS assisted by CNS, especially for lunar explorer. Though the basic principles of these methods are similar, the mathematical models and impact factors are different because of the differences in objects, measurements, coordinates and applications.

A new autonomous INS initial alignment method assisted by celestial observations for lunar explorer is proposed, which uses star observations to help INS estimate its attitude, gyroscope drifts and accelerometer biases.

Moreover, the impacts of some factors on alignment accuracy are analyzed at the end of this paper, providing guidance for its engineering applications.

2 System model

Many reference frames[13] used in this celestial assisted INS initial alignment method are described in this section. Then, system models and a filter method are introduced.

2.1 Reference frames

(1) The moon inertial frame and the moon fixed frame

As shown in Fig. 1, the moon inertial frame $o_m x_i y_i z_i$ has its origin at the center of the moon. Its z- axis is normal to the equatorial plane, x -axis is in the equatorial plane and points to the vernal equinox, and the y- axis completes a right-handed orthogonal frame.

The moon fixed frame $o_m x_m y_m z_m$ has the same origin and z- axis as $o_m x_i y_i z_i$. Its x- axis is in the equatorial plane and points to the prime meridian (0° longitude), and its y-axis completes a right- handed orthogonal frame.

(2) The navigation frame

The navigation frame $ox_n y_n z_n$ is a local vertical frame and its origin is at the position of the explorer. Its x- axis points to the east, the y -axis points to the north, and the z- axis points upward. The transformation matrix from the navigation frame to the moon fixed frame $\boldsymbol{R}_n^m$ can be defined as

$$\boldsymbol{R}_n^m = (\boldsymbol{R}_m^n)^{\mathrm{T}} = \begin{bmatrix} -\sin\lambda & -\sin L\cos\lambda & \cos L\cos\lambda \\ \cos\lambda & -\sin L\sin\lambda & \cos L\sin\lambda \\ 0 & \cos L & \sin L \end{bmatrix} \tag{1}$$

where L and λ are the latitude and longitude of the explorer, respectively.

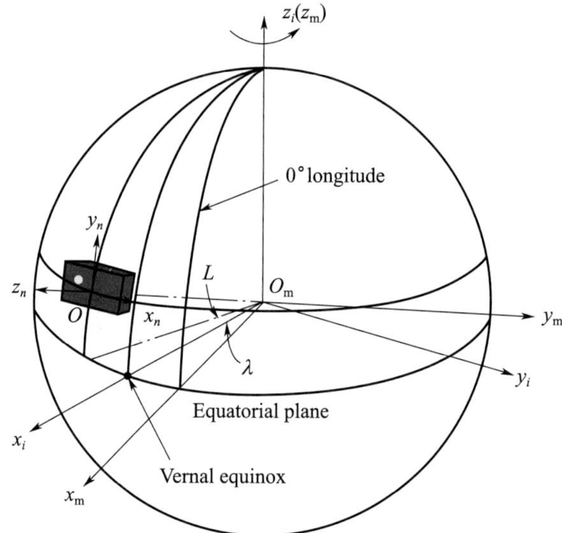

Fig. 1 Reference frames

(3) The explorer body frame

The explorer body frame $ox_b y_b z_b$ is rigidly attached to the explorer and has its origin at the center of the mass of the explorer. Its x- axis is in the symmetry plane of the body and points to the direction along which the rover moves. Its z- axis is perpendicular with the symmetry plane of the body, and the y- axis completes a right-handed orthogonal frame. $\boldsymbol{R}_b^n$ is the transformation matrix from the explorer body frame to the navigation frame, which can be expressed as

$$R_b^n=(R_n^b)^{\mathrm{T}}=\begin{bmatrix}\cos\theta\cos\psi-\sin\theta\sin\varphi\sin\psi & -\cos\varphi\sin\psi & \sin\theta\cos\psi+\cos\theta\sin\varphi\sin\psi\\ \cos\theta\sin\psi+\sin\theta\sin\varphi\cos\psi & \cos\varphi\cos\psi & \sin\theta\cos\psi-\cos\theta\sin\varphi\sin\psi\\ -\sin\theta\cos\varphi & \sin\varphi & \cos\theta\cos\varphi\end{bmatrix} \tag{2}$$

where φ, θ, ψ are the pitch, roll, and yaw angles, respectively.

2.2 System model and filter method

Traditional ground-based INS alignment methods usually use a linear INS error equation as the state equation, and the horizontal velocity errors of INS as measurements[14,15]. The observability of this method is relatively low. While in this new method, celestial observations are added as measurements, and the nonlinear INS error equation based on large initial azimuth misalignment angle is used as the state equation. Its observability is greatly improved compared with the traditional one. The state equation and measurement equation of this celestial assisted INS initial alignment method is given below.

2.2.1 State equation

On the earth, initial attitude angles can be roughly calculated by accelerometers and gyroscopes before refined initial alignment. When the gyroscope drift is 0.1°/h, the accelerometer bias is $10\mu g$, and the latitude of the object is 3°, the accuracy of three misalignment angles are about 2″, 2″ and 0.38°, respectively according to (3)[16]. However, on the moon, the accuracy of three misalignment angles decrease to about 12″, 12″, and 10° respectively under the same conditions because of its smaller gravity and much lower rotation rate. The horizontal attitude angles are acceptable with this precision, but the error of the yaw angle is too large. If the accuracy of the yaw angle can reach the same level as that on the earth, the accuracy of gyroscopes must be higher than 10^{-3}°/h. It is impossible for realization in lunar missions now.

$$\begin{cases}\delta_{\varphi_E}=\nabla_N/g\\ \delta_{\varphi_N}=\nabla_E/g\\ \delta_{\varphi_U}=\nabla_E\tan L/g-\varepsilon_E/(\Omega\cos L)\end{cases} \tag{3}$$

where δ_{φ_E}, δ_{φ_N} and δ_{φ_U} are the errors of the three misalignment angles, ∇_E and ∇_N are the horizontal accelerometer biases, ε_E is the east gyroscope drift, Ω is the rotation rate, and g is the gravity.

For these reasons mentioned above, a large initial azimuth misalignment angle may exist. The state equation of this new method using the nonlinear INS error equation based on large initial azimuth misalignment angle is expressed as follows

$$\begin{cases}\dot{\varphi}_E = -(\sin\varphi_U)\omega_{im}\cos L + \varphi_N\omega_{im}\sin L - \delta V_N/R + \varepsilon_E \\ \dot{\varphi}_N = (1-\cos\varphi_U)\omega_{im}\cos L - \varphi_E\omega_{im}\sin L + \delta V_E/R + \varepsilon_N \\ \dot{\varphi}_U = (-\varphi_N\sin\varphi_U + \varphi_E\cos\varphi_U)\omega_{im}\cos L + \delta V_E\tan L/R + \varepsilon_U \\ \delta\dot{V}_E = (1-\cos\varphi_U)f_E + \sin\varphi_U f_E - g_m(\varphi_N\cos\varphi N + \varphi E\sin\varphi_U) + 2\omega_{im}\sin L\delta V_n + \nabla_E \\ \delta\dot{V}_N = -(\sin\varphi_U)f_E + (1-\cos\varphi_U)f_N + g_m(\varphi_E\cos\varphi_U - \varphi_N\sin\varphi_U) - 2\omega_{im}\sin L\delta V_N + \nabla_N \\ \dot{\varepsilon}_E = 0 \\ \dot{\varepsilon}_N = 0 \\ \dot{\varepsilon}_U = 0 \\ \dot{\nabla}_E = 0 \\ \dot{\nabla}_N = 0 \end{cases} \tag{4}$$

where φ_E, φ_N and φ_U are the three misalignment angles, ε_N and ε_U are the north and upward gyroscope drifts, R is the mean of the moon radius and has the value of 1 738 km, ω_{im} is the rotation rate of the moon, g_m is the gravity of the moon and has the value of 1. 618 m/s2, and f_E, f_N, and f_U are the projections of the outputs of accelerometers in the navigation frame.

Assume the state vector $\boldsymbol{X} = [\varphi_E, \varphi_N, \varphi_U, \delta V_E, \delta V_N, \varepsilon_E, \varepsilon_N, \varepsilon_U, \nabla_E, \nabla_N]^{\mathrm{T}}$, the state equation of this method can be simplified as

$$\dot{\boldsymbol{X}} = f(\boldsymbol{X}) + \boldsymbol{W} \tag{5}$$

where $\boldsymbol{W}$ is the process noise.

2.2.2 Measurement equation

Traditional INS alignment methods usually use INS horizontal velocity errors as measurements. While in this new method, starlight vectors of CNS as well as horizontal velocity errors of INS are used as measurements.

(1) INS horizontal velocity errors

As the explorer is at rest, the horizontal velocities calculated from INS are velocity errors, and its measurement equation is given as

$$\delta\boldsymbol{V} = [\delta V_E, \delta V_N]. \tag{6}$$

(2) Starlight vectors

Given the two-dimensional (2D) star centroid from the threshold star image, a 3D starlight unit vector $\boldsymbol{s}_s = [x_s, y_s, z_s]^{\mathrm{T}}$ in the star sensor frame can be computed. At the same time, the direction vector of the star in the moon inertial frame can be obtained from the astronomical almanac, which is given as follows

$$\boldsymbol{s}_i = \begin{bmatrix} x_i \\ y_i \\ z_i \end{bmatrix} = \begin{bmatrix} \cos\delta\cos R_A \\ \cos\delta\sin R_A \\ \sin\delta \end{bmatrix} \tag{7}$$

where δ and R_A are the declination and right ascension of the star. The relation between $\boldsymbol{s}_s$ and $\boldsymbol{s}_i$ is

$$\boldsymbol{s}_s = \boldsymbol{R}_b^s \cdot \boldsymbol{R}_n^b \cdot \boldsymbol{R}_m^n \cdot \boldsymbol{R}_i^m \cdot \boldsymbol{s}_i \tag{8}$$

where $\boldsymbol{R}_b^s$ is an installment matrix of the star sensor, and $\boldsymbol{R}_i^m$ is a transformation matrix from the moon inertial frame to the moon fixed frame.

According to (6) and (8), we can obtain the following measurement equation of this method.

$$\boldsymbol{Z} = [\delta\boldsymbol{V}, \boldsymbol{s}_s] = h(\boldsymbol{X}) + \boldsymbol{V} \tag{9}$$

where $\boldsymbol{V}$ is measurement noise.

2.2.3 Filter method

The Kalman filter (KF) is usually applied to traditional INS initial alignment with the traditional linear INS error equation. However, state equation and measurement equation in this new method are nonlinear. Extended Kalman filter (EKF) and unscented Kalman filter (UKF) are two methods usually utilized in this nonlinear system. The comparison of alignment performances of the three filter methods is presented in Section 3.2.

3 Simulation and analysis

In this section, simulations are used to test the capability and feasibility of this celestial assisted INS alignment method.

3.1 Simulation conditions

In simulations, supposing the lunar explorer is at rest, its true position is 3°S and 336°66′E, and its initial yaw, roll, and pitch angles are 20°, 0°, and 0°, respectively. The astronomical almanac used is the JPL DE405 planetary ephemeris. The star sensor is technically installed parallel to the explorer body frame, with its optical axis pointing to the zenith as shown in Fig. 2. The accuracy of the star sensor is 3″ (1σ) and its updated rate is 5 Hz. The inertial measurement unit (IMU), fixed parallel to the explorer body frame precisely, is composed of three optical fiber gyroscopes and three quartz pendulum accelerometers. The drift of each gyroscope is 0.05°/h (1σ) and the bias of each accelerometer is 10 μg (1σ) with an updated rate of 100 Hz. The measurement errors of these sensors are shown in Fig. 3.

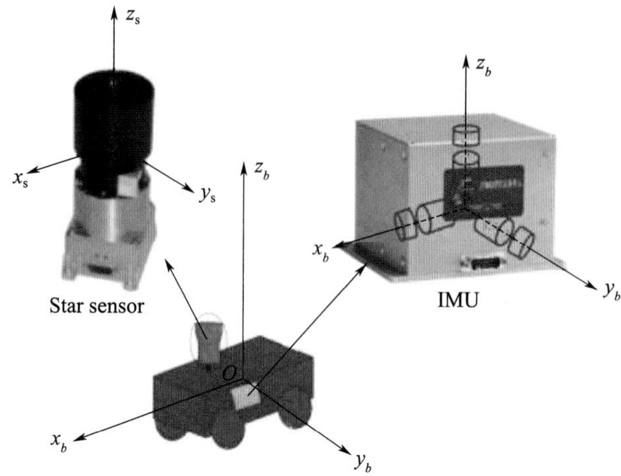

Fig. 2 Installation of star sensor and IMU

Initial position errors of latitude and longitude are assumed to be zero. Meanwhile, initial attitude errors are $1'$ in pitch, roll, and yaw angles. The filter period is 0.2 s and the entire simulation time is 5 min.

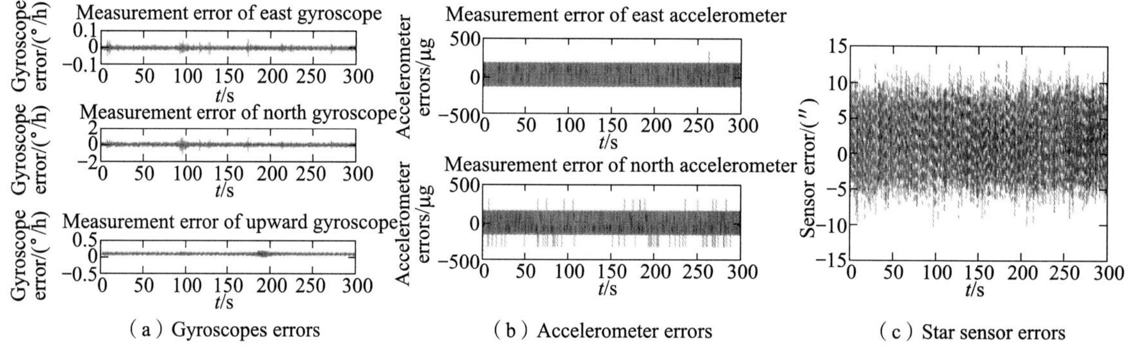

(a) Gyroscopes errors (b) Accelerometer errors (c) Star sensor errors

Fig. 3 Measurement errors of sensors

3.2 Simulation results

This section presents simulation results to demonstrate the performance of this celestial assisted INS alignment method. Fig. 4 shows the estimation results of attitude, gyroscope drifts and accelerometers biases of this method using EKF. After the filter convergence period, the estimated values of the three attitude angles quickly converge to 0°, 0°, and 20°. The estimations of the east, north, and upward gyroscope drifts are −0.082°/h, −0.013 5°/h and 0.083 5°/h, respectively. The estimations of the east and north accelerometer biases are 3.671μg and 30.411μg, respectively.

Fig. 5 shows the estimation errors of the attitude, gyroscope drifts and accelerometer biases of this method. From these results, it can be concluded that this celestial assisted

INS alignment method can meet the requirements of the high-precision initial alignment for a stationary lunar explorer.

The alignment performances of KF, EKF, and UKF are compared, when the initial errors of the yaw angle are 3′, 1 000′ and 1 800′, respectively. The state equation used in KF is the traditional linear INS error equation. The state equation used in EKF and UKF is the nonlinear INS error equation. The simulation results are presented in Table 1. Under the condition of small initial error of the yaw angle, the alignment performances of KF, EKF and UKF are similar. However, the nonlinear INS error equation demonstrates its obvious advantages under the condition of the large initial azimuth misalignment angle.

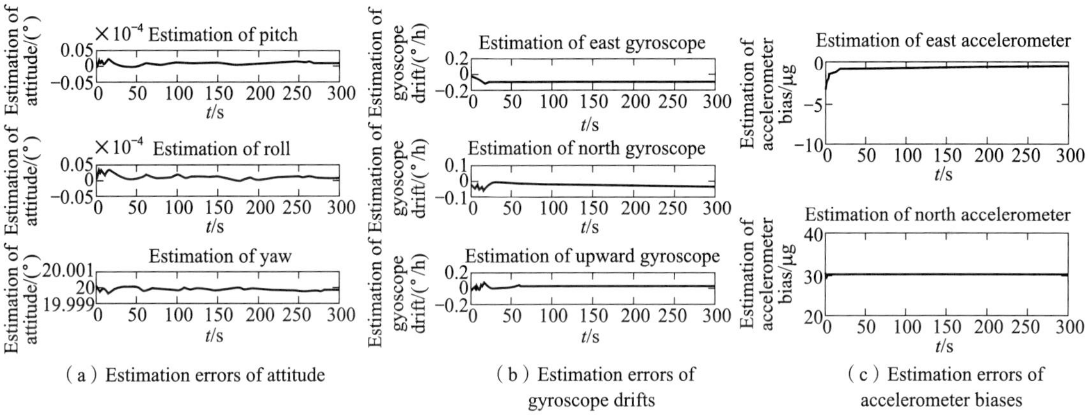

Fig. 4 Estimation of attitude, gyroscope drifts and accelerometers biases

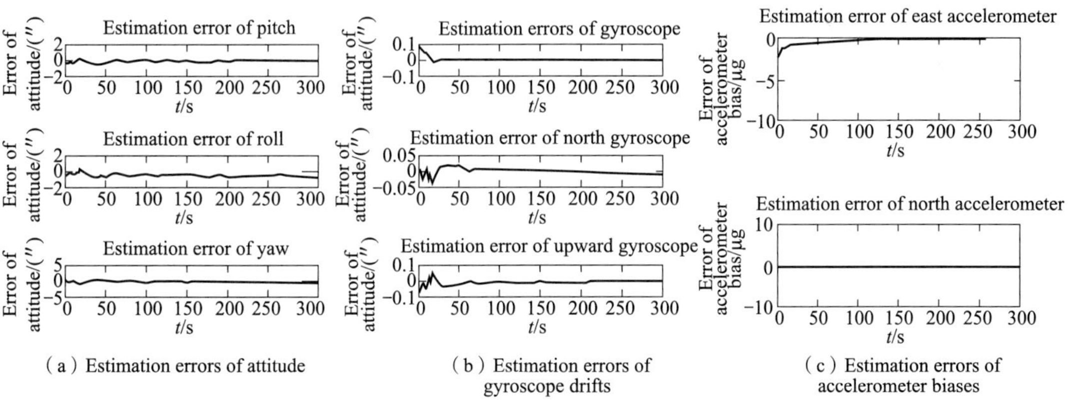

Fig. 5 Estimation errors of attitude, gyroscope drifts, and accelerometer biases

It can be seen from Table 1 that the performance of UKF is slightly better than that of EKF. As UKF costs much more computation time than EKF, EKF is still used in the following analysis.

Table 1 Performance of different filter methods

Model	Initial errors of yaw angle/ (′)	Estimation errors of attitude/ (″)			Estimation errors of gyroscope drifts/ (°/h)			Estimation errors of accelerometer biases/μg	
		East	North	Upward	East	North	Upward	East	North
Linear model (KF)	3	−0.090 1	−0.404 7	−0.035 8	0.008 8	0.010 8	0.000 2	−0.0751	0.039 5
	1 000	1.066 3	2.728 5	31.104 1	−0.027 2	0.353 4	−1.560 9	22.801 4	18.076 5
	1 800	12.974 0	4.550 8	42.462 7	0.019 3	0.476 8	−2.1221	37.281 5	41.791 7
Nonlinear model (EKF)	3	−0.089 6	−0.380 7	−0.029 4	0.008 7	0.010 7	0.000 0	−0.062 1	0.010 4
	1 000	0.796 9	−0.063 5	−0.589 4	−0.044 1	−0.019 4	0.021 7	−3.995 0	7.466 9
	1 800	2.552 1	0.743 6	−4.070 8	−0.131 2	−0.0910	0.218 4	−6.972 5	9.510 6
Nonlinear model (UKF)	3	−0.088 8	−0.375 2	−0.027 1	0.008 6	0.010 7	−0.000 1	−0.154 6	0.136 0
	1 000	−0.443 8	−0.083 9	−0.370 5	0.008 0	−0.002 3	0.021 2	−0.562 0	0.439 5
	1 800	0.889 7	−0.613 2	3.867 4	−0.054 6	0.070 8	−0.205 1	4.110 5	2.589 8

4 Analysis of impact factors

Besides the state equation and filter method, the alignment accuracy of this method mainly rests on initial conditions and the obtained accuracy of these measurements, which mainly lies on the accuracy of INS sensors and the star sensor, as shown in Fig. 6.

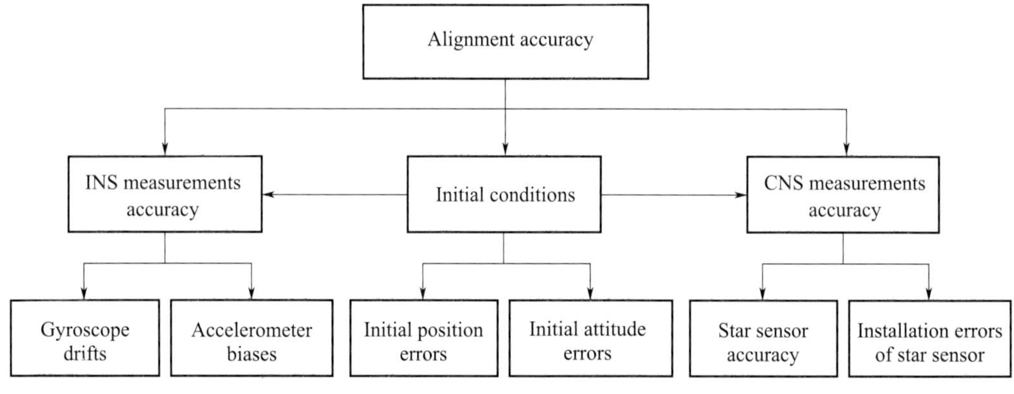

Fig. 6 Impact factors on alignment accuracy

4.1 Initial conditions

Since the navigation information of INS is obtained by integration, the initial accuracy of position and attitude has great impacts on the accuracy of INS measurements. Besides, the position information is included in $\boldsymbol{R}_m^n$ and attitude information is included in $\boldsymbol{R}_n^b$, both of them will affect the obtained accuracy of star observations.

4.1.1 Initial attitude errors

Fig. 7 shows the results when the initial error of a yaw angle gradually increases from 1′ to 1 200′ and the initial errors of other two angles are kept 1′. Other conditions are the same as described above. Table 2 shows the details.

From these results, we can see that the initial error of the yaw angle has some impact on alignment accuracy but not obviously. And the greater the initial error of a yaw angle is, the worse the alignment accuracy is. The relationship between the initial error of a yaw angle and alignment ac- curacy is nonlinear, as shown in Fig. 7.

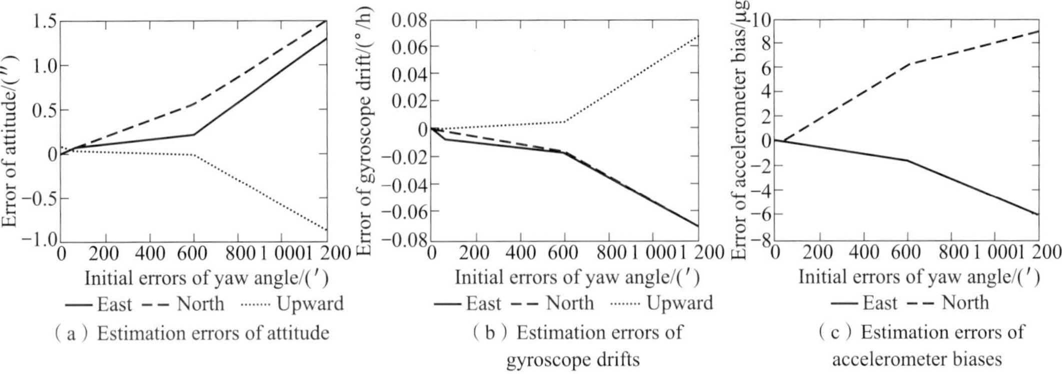

Fig. 7 Influence of initial attitude errors

Table 2 Influence of initial attitude errors

Initial errors of yaw angle / (′)	Estimation errors of attitude/ (″)			Estimation errors of gyroscope drifts/ (°/h)			Estimation errors of accelerometer biases/μg	
	East	North	Upward	East	North	Upward	East	North
1	−0.025 4	−0.032 6	0.054 0	$-1.079\ 3\times10^{-5}$	$-6.415\ 9\times10^{-4}$	$-8.931\ 0\times10^{-4}$	0.029 1	−0.064 6
10	−0.020 1	−0.031 4	0.047 2	−0.000 1	−0.0008	0.000 1	−0.038 0	0.024 5
60	0.037 6	0.066 0	0.012 8	−0.007 4	−0.002 1	0.000 5	−0.128 4	0.148 6
600	0.198 0	0.542 1	−0.028 8	−0.017 7	−0.016 4	0.004 7	−1.689 8	6.148 2
1 200	1.278 6	1.470 1	−0.892 1	−0.070 3	−0.070 6	0.066 3	−6.151 3	8.875 1

4.1.2 Initial position errors

Fig. 8 shows the results when initial position errors of latitude and longitude gradually increase from 0 km to 1 km, and initial attitude errors are kept 1′. Other conditions are the same as described above. Table 3 shows the details.

It can be concluded from Table 3 that initial position errors have a great impact on the estimation accuracy of attitude and horizontal accelerometer biases. Alignment accuracy decreases as the initial position errors increase. There is a linear relationship between initial position errors and the alignment accuracy as shown in Fig. 8. When initial position errors are increased by 0.1 km, the estimation errors of the east, north and upward attitude are increased by about 7.13″, 15.17″, and 0.67″, respectively. And the estimation errors of the east and north accelerometer biases are increased by about 12.19 μg and 5.61 μg, respectively.

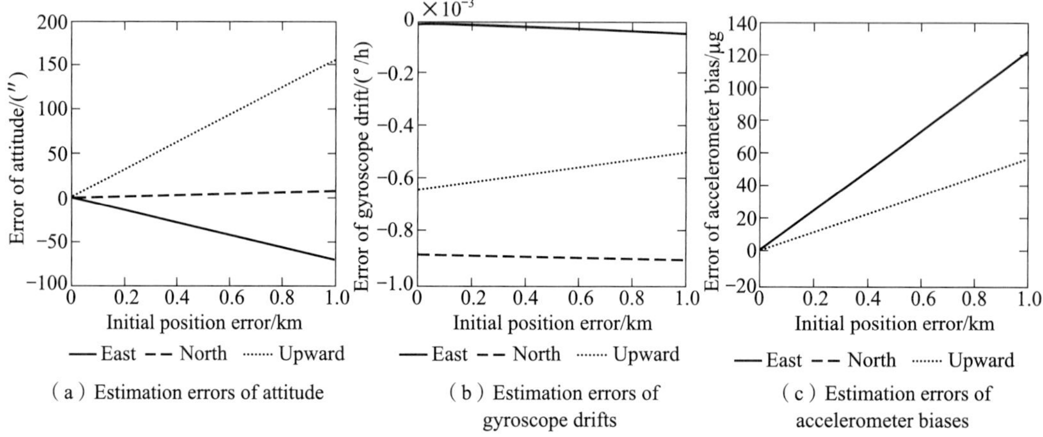

(a) Estimation errors of attitude

(b) Estimation errors of gyroscope drifts

(c) Estimation errors of accelerometer biases

Fig. 8 Influence of initial position errors

Table 3 Influence of initial position errors

Initial position errors/km	Estimation errors of attitude/ (″)			Estimation errors of gyroscope drifts/ (°/h)			stimation errors of accelerometer biases/μg	
	East	North	Upward	East	North	Upward	East	North
0	−0.025 4	−0.032 6	0.054 0	$-1.079\ 3\times10^{-5}$	$-6.415\ 9\times10^{-4}$	$-8.931\ 0\times10^{-4}$	0.029 1	−0.064 6
0.01	−0.735 5	1.487 3	0.116 0	$-1.114\ 5\times10^{-5}$	$-6.402\ 0\times10^{-4}$	$-8.933\ 2\times10^{-4}$	1.245 6	0.503 2
0.05	−3.575 8	7.567 0	0.364 2	$-1.255\ 3\times10^{-5}$	$-6.346\ 4\times10^{-4}$	$-8.942\ 1\times10^{-4}$	6.111 5	2.774 4
0.1	−7.126 2	15.166 7	0.674 4	$-1.431\ 3\times10^{-5}$	$-6.276\ 8\times10^{-4}$	$-8.953\ 3\times10^{-4}$	12.193 9	5.613 5
0.5	−35.528 7	75.964 4	3.154 4	$-2.839\ 3\times10^{-5}$	$-5.720\ 5\times10^{-4}$	$-9.042\ 7\times10^{-4}$	60.853 1	28.326 2
1	−71.030 5	151.962 8	6.250 8	$-4.598\ 9\times10^{-5}$	$-5.025\ 4\times10^{-4}$	$-9.154\ 7\times10^{-4}$	121.677 4	56.717 8

4.2 Accuracy of INS sensors

4.2.1 Gyroscope drifts

Fig. 9 shows the results when the drift of each gyroscope gradually increases from 0.01 °/h to 10 °/h, with other conditions unchanged. Table 4 shows the details.

Generally speaking, the gyroscope drifts have little impact on the alignment accuracy compared with other impact factors. It can be seen from Table 4 and Fig. 9 that the greater the gyroscope drifts are, the worse the alignment accuracy is. Data from Table 4 illustrate that attitude, gyroscope drifts and horizontal accelerometer biases can be well estimated, but the estimation accuracy decreases when the gyroscope drifts are large.

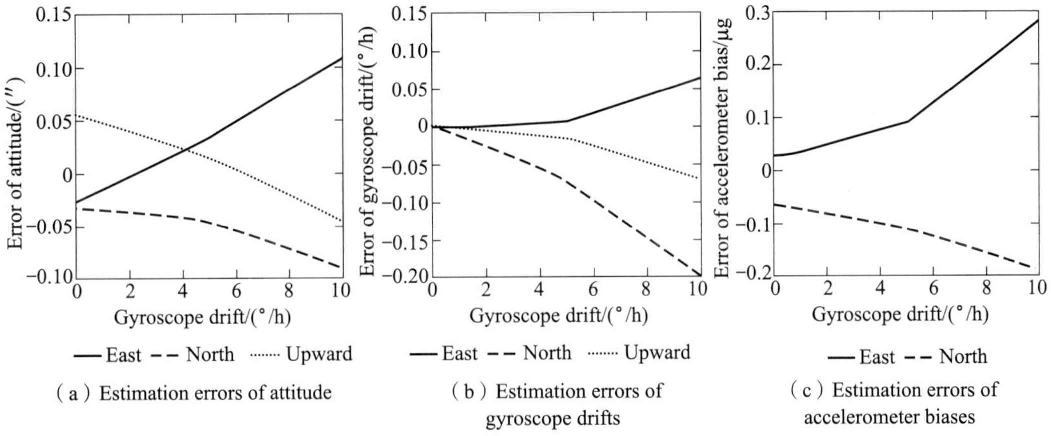

Fig. 9 Influence of gyroscope drifts

Table 4 Influence of gyroscope drifts

Gyroscope drifts/ (°/h)	Estimation errors of attitude/ (″)			Estimation errors of gyroscope drifts/ (°/h)			Estimation errors of accelerometer biases/μg	
	East	North	Upward	East	North	Upward	East	North
0.01	−0.026 4	−0.032 7	0.054 5	3.0685×10^{-4}	2.4747×10^{-4}	-9.4480×10^{-4}	0.028 6	−0.063 8
0.05	−0.026 0	−0.032 7	0.054 3	1.6366×10^{-4}	-1.4567×10^{-4}	-9.4480×10^{-4}	0.028 8	−0.064 2
0.1	−0.025 4	−0.032 6	0.054 0	-1.0793×10^{-5}	-1.4567×10^{-4}	-8.9310×10^{-4}	0.029 1	−0.064 6
0.5	−0.021 0	−0.032 6	0.051 4	−0.001 2	−0.004 8	-8.1248×10^{-4}	0.031 5	−0.068 2
1	−0.015 4	−0.032 7	0.048 1	−0.002 3	−0.010 4	−0.001 1	0.034 9	−0.072 5

Continued

Gyroscope drifts/ (°/h)	Estimation errors of attitude/ (″)			Estimation errors of gyroscope drifts/ (°/h)			Estimation errors of accelerometer biases/μg	
	East	North	Upward	East	North	Upward	East	North
5	0.034 7	−0.044 9	0.014 3	0.007 2	−0.073 6	−0.016 5	0.089 8	−0.109 5
10	0.110 2	−0.089 1	−0.046 5	0.063 5	−0.198 6	−0.068 9	0.284 6	−0.189 4

4.2.2 Accelerometer biases

Fig. 10 shows the results when the bias of each accelerometer gradually increases from 1 μg to 1 mg, when other conditions remain unchanged. Table 5 shows the details.

From these results, we can see that the accelerometer biases have little impact on the estimation of attitude and gyroscope drifts, but they have a great impact on that of accelerometer biases. The relationship between the accelerometer biases and the estimation errors of accelerometer biases is obviously linear, as shown in Fig. 10.

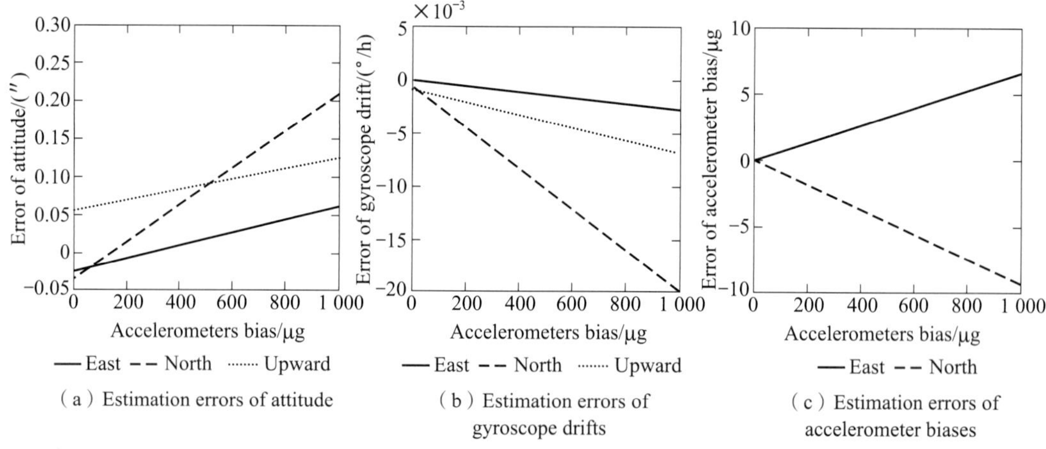

(a) Estimation errors of attitude

(b) Estimation errors of gyroscope drifts

(c) Estimation errors of accelerometer biases

Fig. 10 Influence of accelerometer biases

Table 5 Influence of accelerometer biases

Accelerometer biases /μg	Estimation errors of attitude/ (″)			Estimation errors of gyroscope drifts/ (°/h)			Estimation errors of accelerometer biases/μg	
	East	North	Upward	Esat	North	Upward	East	North
1	−0.026 2	0.053 3	−0.030 9	$1.360\ 7\times10^{-5}$	$-4.673\ 7\times10^{-4}$	$-8.394\ 3\times10^{-4}$	−0.030 9	0.020 8
5	−0.025 9	0.053 6	−0.004 2	$2.762\ 9\times10^{-6}$	$-5.448\ 0\times10^{-4}$	$-8.632\ 8\times10^{-4}$	−0.004 2	−0.017 2

Continued

Accelerometer biases /μg	Estimation errors of attitude/ (″)			Estimation errors of gyroscope drifts/ (° /h)			Estimation errors of accelerometer biases/μg	
	East	North	Upward	Esat	North	Upward	East	North
10	−0.025 4	0.032 6	0.054 0	$-1.079\ 3\times 10^{-5}$	-6.4159×10^{-4}	$-8.931\ 0\times 10^{-4}$	0.029 1	−0.064 6
50	−0.021 9	0.056 9	−0.001 1	$-1.192\ 7\times 10^{-4}$	−0.001 4	−0.0011	−0.295 9	−0.044 42
100	−0.017 5	0.060 7	−0.001 4	$-2.549\ 5\times 10^{-4}$	−0.002 4	−0.0014	−0.629 4	−0.918 7
500	0.017 5	0.087 5	0.089 9	−0.001 3	−0.010 1	−0.003 8	3.297 2	−4.714 4
1 000	0.061 5	0.209 9	0.125 4	−0.002 7	−0.019 9	−0.006 8	6.632 2	−9.458 3

4.3 Accuracy of star sensor

4.3.1 Star sensor accuracy

Fig. 11 shows the results when the star sensor accuracy gradually increases from 0.1″ to 60″, with other conditions unchanged. Table 6 shows the details.

It can be seen from Table 6 that the star sensor accuracy has some impact on alignment accuracy but not obviously. That is because the error of star sensor is Gaussian noise, which can be reduced effectively by EKF. From Fig. 11, we can see that the relationship between the star sensor accuracy and the estimation errors of attitude and accelerometer biases is obviously linear.

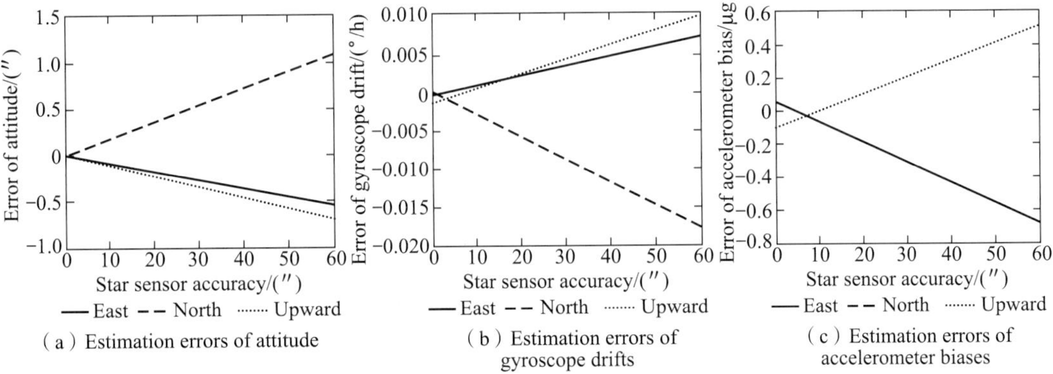

(a) Estimation errors of attitude
(b) Estimation errors of gyroscope drifts
(c) Estimation errors of accelerometer biases

Fig. 11 Influence of star sensor precision

Table 6 Influence of star sensor accuracy

Star sensor accuracy/ (″)	Estimation errors of attitude/ (″)			Estimation errors of gyroscope drifts/ (°/h)			Estimation errors of accelerometer biases/μg	
	East	North	Upward	East	North	Upward	East	North
0.1	0.001 0	0.001 3	0.001 9	$-3.830\,7\times10^{-4}$	−0.001 2	$-3.173\,6\times10^{-5}$	0.065 1	−0.094 0
0.5	−0.002 6	−0.003 4	0.009 1	$-3.317\,2\times10^{-4}$	−0.001 1	$-1.505\,4\times10^{-4}$	0.060 2	−0.089 9
1	−0.007 2	−0.009 2	0.018 1	$-2.675\,4\times10^{-4}$	−0.001 0		0.054 0	−0.084 9
5	−0.043 7	−0.056 1	0.089 8	$2.459\,5\times10^{-4}$	$-2.777\,0\times10^{-4}$	−0.001 5	0.004 3	−0.044 4
10	−0.089 3	−0.114 7	0.179 5	$8.878\,4\times10^{-4}$	$6.320\,2\times10^{-4}$	−0.003 0	−0.057 8	0.006 1
30	−0.271 9	−0.349 0	0.538 3	0.003 5	0.004 3	−0.008 9	−0.306 1	0.208
60	−0.546 0	−0.700 4	1.076 5	0.007 3	0.009 7	−0.017 8	−0.678 6	0.5166

4.3.2 Installation errors of star sensor

Fig. 12 shows the results when the installation errors of star sensor are gradually increased from 0″ to 1 000″, with other conditions unchanged.

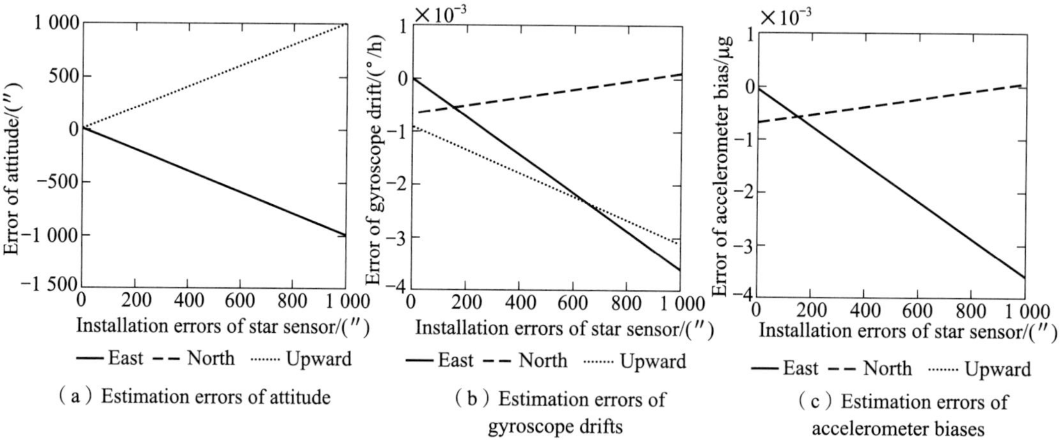

(a) Estimation errors of attitude (b) Estimation errors of gyroscope drifts (c) Estimation errors of accelerometer biases

Fig. 12 Influence of installation errors of star sensor

Table 7 shows that the installation errors of star sensor have a great impact on alignment accuracy. In a word, the bigger the installation errors of star sensor are, the worse the alignment accuracy is. This is because the installation errors of star sensor are constant, and they cannot be eliminated or reduced by EKF. The relationship between the installation errors of star sensor and the alignment accuracy is obviously linear as shown in

Fig. 12. When the installation errors of star sensor are increased by $10''$, the estimation errors of the east, north and upward attitude are raised by the same level, and the estimation errors of east and north accelerometer biases are increased by about 7.97 μg and 7.94 μg respectively.

Table 7 Influence of installation errors of star sensor

Installation errors of star sensor/ ($''$)	Estimation errors of attitude/ ($''$)			Estimation errors of gyroscope drifts/ (°/h)			Estimation errors of accelerometer biases/μg	
	East	North	Upward	East	North	Upward	East	North
0	−0.025 4	−0.032 6	0.054 0	$-1.079\ 3\times 10^{-5}$	$-6.415\ 9\times 10^{-4}$	$-8.931\ 0\times 10^{-4}$	0.029 1	−0.064 6
5	−5.025 3	−5.032 0	5.054 1	$-2.866\ 1\times 10^{-5}$	$-6.377\ 9\times 10^{-4}$	$-9.041\ 0\times 10^{-4}$	−3.971 1	−0.089 9
10	−10.025 5	−10.031 0	10.053 9	$-4.653\ 0\times 10^{-5}$	$-6.339\ 8\times 10^{-4}$	$-9.151\ 1\times 10^{-4}$	−7.971 2	−0.084 9
50	−50.035 5	−50.014 9	50.044 0	$-1.894\ 9\times 10^{-4}$	$-6.035\ 7\times 10^{-4}$	−0.001 0	−39.972 6	39.966 0
100	−100.069 8	−99.972 8	−39.972 6	$-3.681\ 9\times 10^{-4}$	$-5.656\ 0\times 10^{-4}$	−0.001 1	−79.974 4	79.996 7
500	−501.213 9	−498.764 1	100.009 9	−0.001 8	$-2.631\ 9\times 10^{-4}$	−0.002 0	−399.988 1	400.242 4
1 000	−100 4.808 7	−995.071 6	995.250 4	0.003 6	$1.113\ 1\times 10^{-5}$	−0.003 1	−800.003 8	800.550 3

The influence of the main impact factors on the alignment accuracy is analyzed in this section. From these results, we can conclude that the initial position errors and installation errors of star sensor have a significant impact on the alignment accuracy, which should be paid more attention during the alignment procedure.

5 Conclusion

To solve the problem of autonomous INS initial alignment of lunar explorer in the future lunar exploration programs of China, a new celestial assisted INS initial alignment method is studied. Simulations show that this method can not only speed up alignment, but also lead to higher alignment accuracy. This method provides a promising and attractive scheme for explorers on lunar surface. Furthermore, an analysis of impact factors shows that the initial position errors and the installation errors of star sensor have a significant impact on the alignment accuracy, which should be focused on during the alignment process in the future.

References

[1] R. M. Rogers. Applied mathematics in integrated navigation systems. Reston, USA: American Institute of Aeronautics and Astronautics, Inc., 2007.

[2] C. H. Zhu, J. Y. Liu, W. X. Qian, et al. The rapid and accurate alignment for cost-efficient strapdown inertial navigation system on stationary base [J]. Journal of Shanghai Jiaotong University, 2008, 42 (5): 836-840.

[3] R. Y. Wang, J. N. Xu, H. W. Bian. Initial alignment of azimuth rotating GINS based on observability analysis [J]. Journal of Chinese Inertial Technology, 2009, 17 (1): 15-19.

[4] J. C. Fang, J. D. Wan, H. W. Bian. A fast initial alignment method for strapdown inertial navigation system on stationary base [J]. IEEE Trans. on Aerospace and Electronic Systems, 1996, 25 (6): 714-719.

[5] B. J. Li, M. H. Wang. Research on the error correction algorithm of ballistic missile CNS/INS integrated navigation [J]. Flight Dynamics, 2006, 24 (1): 41-44.

[6] Y. Huang, K. D. Wang, B. Liu, et al. The research on the inertial/celestial integrated navigation system of the mobile space- based platform [J]. Journal of System Simulation, 2010, 22: 47-49, 54.

[7] K. Zhang, X. L. Wang. Study on information fusion method of strap down inertial/celestial integrated navigation system [J]. Aero Werponry, 2009, 4: 12-16, 23.

[8] Y. Z. Yue, Y. Tian, X. D. Zhang. Investigation on airborne inertial/celestial integrated navigation [J]. Optics & Optoelectronic Technology, 2008, 6 (2): 1-5.

[9] Q. Qu, J. Y. Liu, Z. Xiong, et al. Airborne SINS/CNS location integrated system [J]. Journal of Nanjing University of Science and Technology (Natural Science), 2010, 34 (6): 729-732, 748.

[10] Z. Xiong, J. Y. Liu, F. Yu, et al. Research of airborne INS/CNS integrated filtering algorithm based on celestial angle observation [J]. Journal of Astronautics, 2010, 2 (31): 397-403.

[11] Q. Qu, J. Y. Liu, Z. Xiong. Inertial/celestial attitude integrated algorithm based on additive quaternion [J]. Journal of Chinese Inertial Technology, 2011, 19 (3): 216-319.

[12] L. B. Zhang, N. G. Cui, S. L. Lu, et al. Design of INS/CNS integrated navigation system for launch vehicle upper stage [J]. Optics and Precision Engineering, 2010, 18 (11): 2473-2481.

[13] X. L. Ning, L. H. Wang, W. R. Wu, et al. A celestial assisted INS initialization method for lunar explorers [J]. Sensors, 2011, 11: 6991-7003.

[14] J. B. Zhou, J. P. Yuan, X. K. Yue, et al. A new fast and precision approach for SINS stationary self-alignment [J]. Journal of Astronautics, 2008, 29 (1): 133-149.

[15] I. Y. Bar-Itzhack, N. Bermant. Control theoretic approach to inertial navigation systems [J]. AIAA Journal of Guidance, Control and Dynamics, 1988, 11 (3): 237-245.

[16] C. L. Wei, H. Y. Zhang. Comparison of analytic coarse alignment methods [J]. Aerospace Control, 2000, 3: 16-21.

火星探测器转移轨道的自主导航方法*

吴伟仁，马辛，宁晓琳

摘　要　本文针对转移轨道火星探测器对自主导航的迫切需求，提出了一种基于小行星和X射线脉冲星交互观测的自主导航方法，并结合工程任务对上述量测信息的获取方式和获取条件进行了研究，仿真结果表明，与单独基于小行星或单独基于X射线脉冲星观测的自主导航系统相比，该方法不仅可获得更高的导航精度，为转移轨道中途修正提供准确的轨道信息，且工程实现简单，是一种可行的 转移轨道火星探测器自主导航方案，可为我国火星探测器自主导航系统的设计提供参考。

关键词　深空探测器；导航系统；天体导航；脉冲星导航；信息融合；转移轨道

0　引言

进入21世纪，中国的深空探测迎来了一个新纪元。我国目前正在开展月面软着陆、巡视探测和采样返回的工程实施，未来还将开展以火星和金星探测为代表的太阳系行星探测活动。在深空探测任务中，转移轨道是探测器从初始轨道（或近地停泊轨道）向目标轨道过渡的轨道。转移轨道上探测器距离地球远，飞行速度快，测控和通信受各种因素的影响大，因而对自主导航的要求迫切，并且由于转移轨道段的导航精度直接决定了探测器被行星捕获、在行星表面着陆等后续阶段的精度，因此对导航品质的要求很高[1]。

根据所观测天体的不同，深空探测器在转移轨道上的自主天文导航方法主要有：基于太阳和行星观测的自主导航方法[2]、基于小行星观测的自主导航方法[3]，基于X射线脉冲星观测的自主导航方法[4]。第一种方法由于太阳和行星到探测器的距离相对较远，因此角度测量的微小误差就会对导航位置误差产生极大的影响，且导航精度随探测器与太阳、行星之间距离的增加而降低，因此后两种方法成为转移轨道上深空探测器主要采用的自主导航方式。

美国宇航局（NASA）已经开展并成功实施了基于小行星观测的深空转移轨道自主导航探测任务。1999年美国NASA发射的深空一号（Deep Space 1）进行了多种新技术试验和验证，其中自主天文导航 技术是最引人注目的新技术之一。深空一号利用同时观测两

* 中国科学：信息科学，2012，42（8）：13.

颗以上小行星及背景恒星的视差原理，实现了对探测器的导航定位。但由于同时观测两颗以上的小行星十分困难，因此深空一号在实现时，探测器在一个导航周期内需要多次姿态机动以序列观测 12 颗小行星，导航 28 天后实现位置估计误差 250 km，速度估计误差 0。2m/s 的导航精度。此外，各国也纷纷开展了基于 X 射线脉冲星的深空自主导航方法研究。Graven 等[4-8]研究人员对脉冲星可用于深空探测导航的可行性进行了探讨，结合多种深空任务，给出了实现过程中的导航误差特性，并设计了一种基于结合深空测控网（Deep Space Network，DSN）和 3 颗脉冲星观测的导航方案，并对地火转移轨道的探测器进行了仿真，其径向、切向、法向的 位置和速度估计误差分别为 268 m，389 m，926 m。随着美国国防预先研究计划局（Defense Advanced Research Projects Agency，DARPA）的 X 射线导航与自主定位验证（X-ray Navigation and Autonomous Navigation Verification，XNANV）研究计划、NASA 的先进空间技术计划、欧空局（ESA）的深空探测器脉冲星导航研究计划等的开展与实施，基于 X 射线脉冲星的深空探测器自主导航方法得以进一步的研究与应用。虽然 X 射线脉冲星导航可获得相对于日心的高精度位置、姿态、时间导航信息，绝对精度高，但基于 X 射线脉冲星观测的绝对导航方法需要同时观测 3 颗脉冲星，需要安装多个 X 射线脉冲接收器或一个全天球观测的 X 射线脉冲接收器，工程上难以实现[8]。

我国北京航空航天大学、中国空间技术研究院、哈尔滨工业大学等多家单位积极开展基于小天体观测和基于 X 射线脉冲星的深空探测器转移轨道自主导航技术的研究，并取得了一定的研究成果。在基于小行星的转移轨道自主导航方面，研究人员已对小行星的选取方法、小行星成像敏感器的拍照序列规划和小行星自主导航算法等方面进行了研究[9,10]，且序列观测 12 颗小行星的自主导航方法导航位置估计误差为 92.832 0 km，速度估计误差为 0.088 6 m/s[9]；在基于脉冲星的转移轨道自主导航方面，研究人员对基于多个 X 射线脉冲星的最优组合选取方法、X 射线脉冲星量测误差分析及滤波方法等问题进行了深入的研究[11,12]，并在同时观测 3 颗脉冲星的条件下，转移轨道自主导航方法的位置估计误差 305.867 6 m，速度估计误差为 0.005 537 m/s[12]。目前国内所做研究大多都是基于多颗脉冲星同时观测的导航结果，虽然导航精度非常高，但是同时观测多颗脉冲星在现有技术条件下难以实现。

本文针对转移轨道火星探测器对高精度自主导航的迫切需求，结合火星探测器在转移轨道的飞行特点及导航要求，在工程可实现的前提下，研究了一种基于小行星和 X 射线脉冲星信息融合的自主导航系统方案，该方案通过交互观测一颗小行星和一颗脉冲星，利用信息融合技术，为探测器提供高精度的轨道位置信息。该方案不仅可以满足深空探测对自主导航高精度高可靠性的要求，且工程上可行、易于实现。

1 小行星观测信息的获取及观测模型建立

大约 140 000 颗以上的小行星聚集在火星和木星轨道之间的小行星带，还有一部分小行星运行于地球和火星轨道之间，成为近地小行星。地火转移轨道的火星探测器可利用木星与地球之间的这些小行星，实现自主导航。

由于长期的地基天文观测建立了这些小行星的星历库，可以观测已知星历的小行星，确定观测时刻由探测器指向小行星的视线方向，同时观测两颗以上的小行星，可得到两个以上视线方向，视线方向的交点就是探测器的位置，如图 1 所示，两视线方向的测量误差相交所构成的区域，就是探测器的定位误差。

在实际深空任务中，导航系统需要确定哪些小行星可以被观测，且需要获取小行星的观测信息，并建立其观测模型。

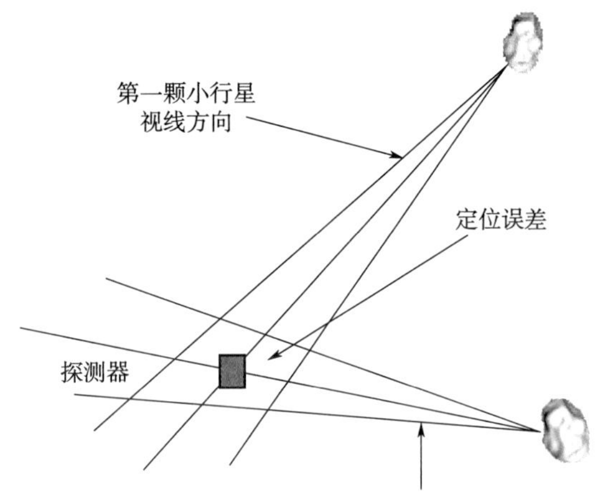

图 1　小行星自主导航原理

1.1　小行星的选取原则

自主导航观测小行星的选取因素有：小行星的相角（太阳-小行星-探测器）、视星、太阳相角（小行星-探测器-太阳）、小行星相对于探测器的视运动、三星概率和探测器到小行星的距离等。本文小行星的选取标准如表 1 所示[13,14]。

表 1　小行星选取标准

参量	阈值
小行星的相角（太阳-小行星-探测器）	$\leqslant 135°$
视星等	< 12
太阳相角（小行星-探测器-太阳）	＞传感器的视野
视运动	$<0.1\ \mu\text{rad/s}$
视场内恒星数目	$\geqslant 3$
探测器到小行星的距离	3×10^8 km

1.2　小行星星光角距量测量的获取

目前基于小行星观测的量测量主要有 3 种：1）小行星的像元像线；2）小行星的矢量

方向；3）小行星和背景恒星的星光角距。前两种量测量的导航精度不仅与敏感器精度有关，还受到探测器姿态估计误差的影响。因此本文选取小行星和背景恒星的星光角距作为量测量。

从备选的小行星库中选取一颗小行星进行观测，敏感器通过探测器姿态机动或敏感器转动机构跟踪小行星运动，敏感器对小行星进行成像，经图像处理后，提取小行星及 3 颗背景恒星质心位置的像元像线，并分别计算小行星与 3 颗恒星之间的星光角距，如图 2 所示。

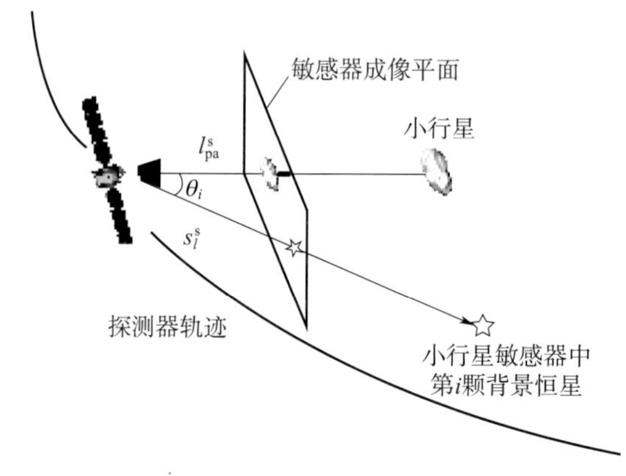

图 2　小行星星光角距示意图

具体获取过程如下：

（1）由像元像线获得二维像平面坐标

$$\begin{cases}\begin{bmatrix}x_a^{2d}\\y_a^{2d}\end{bmatrix}=\boldsymbol{K}^{-1}\left(\begin{bmatrix}p_a\\l_a\end{bmatrix}-\begin{bmatrix}p_0\\l_0\end{bmatrix}\right),\\\begin{bmatrix}x_{ai}^{2d}\\y_{ai}^{2d}\end{bmatrix}=\boldsymbol{K}^{-1}\left(\begin{bmatrix}p_{ai}\\l_{ai}\end{bmatrix}-\begin{bmatrix}p_0\\l_0\end{bmatrix}\right)\end{cases}(i=1,2,3) \tag{1}$$

式中，（x_a^{2d}，y_a^{2d}）为小行星在敏感器二维成像平面坐标系中的坐标，（x_{ai}^{2d}，y_{ai}^{2d}）为第 i 颗背景恒星在敏感器二维成像平面坐标系中的坐标，(p_a，l_a) 为小行星敏感器图像经质心提取后获得的小行星像元像线，(p_{ai}，l_{ai}) 为图像中的第 ? 颗背景恒星的像元像线；K 为小行星敏感器由毫米转为像素的相机转换矩阵，(p_0，l_0) 为小行星敏感器光轴所在的像元和像线。

（2）由二维像平面坐标获得矢量方向

$$\begin{cases}\boldsymbol{l}_{pa}^{s}=\dfrac{1}{\sqrt{(x_a^{2d})^2+(y_a^{2d})^2+f^2}}[x_a^{2d}y_a^{2d}-f]^{\mathrm{T}}\\\boldsymbol{s}_i^s=\dfrac{1}{\sqrt{(x_{ai}^{2d})^2+(y_{ai}^{2d})^2+f^2}}[x_{ai}^{2d}\quad y_{ai}^{2d}\quad -f]^{\mathrm{T}}\end{cases} \tag{2}$$

式中，$i=1$，2，3，$\boldsymbol{l}_{pa}^{s}$ 为小行星在敏感器坐标系中的单位矢量方向，$\boldsymbol{s}_i^s$ 为第 i 颗背景恒星在敏感器坐标系中的单位矢量方向，f 为小行星敏感器的焦距。

（3）由矢量方向坐标获得星光角距

$$\theta_i = \arccos(-\boldsymbol{l}_{\mathrm{pa}}^{s} \cdot \boldsymbol{s}_i^{s}) \tag{3}$$

式中，θ_i 为小行星与第 i 颗背景恒星之间的星光角距。

1.3 小行星星光角距量测模型的建立

根据小行星和恒星的星历，可以建立小行星与背景恒星的星光角距量测模型，其表达式为

$$\theta_i = \arccos(-\boldsymbol{l}_{\mathrm{pa}}^{s} \cdot \boldsymbol{s}_i^{s}) = \arccos\left(-\boldsymbol{A}_{\mathrm{sb}}\boldsymbol{A}_{\mathrm{bi}}\frac{\boldsymbol{r}-\boldsymbol{r}_a}{|\boldsymbol{r}-\boldsymbol{r}_a|} \cdot \boldsymbol{A}_{\mathrm{sb}}\boldsymbol{A}_{\mathrm{bi}} \cdot \boldsymbol{s}_i\right) = \arccos\left(-\frac{\boldsymbol{r}-\boldsymbol{r}_a}{|\boldsymbol{r}-\boldsymbol{r}_a|} \cdot \boldsymbol{s}_i\right) \tag{4}$$

式中，$\boldsymbol{A}_{\mathrm{sb}}$ 为探测器本体系到探测器敏感器坐标系的转移矩阵，$\boldsymbol{A}_{\mathrm{bi}}$ 为探测器惯性系到探测器本体系的转移矩阵，$\boldsymbol{r}$ 为探测器在日心惯性坐标系中的位置矢量，$\boldsymbol{r}_a$ 为小行星在日心惯性坐标系中的位置矢量，$\boldsymbol{s}_1$，$\boldsymbol{s}_2$，$\boldsymbol{s}_3$ 为 3 颗背景恒星星光方向在惯性坐标系中的单位矢量。

令量测量 $\boldsymbol{Z}_1 = [\theta_{11}, \theta_{12}, \theta_{13}]$，探测器的状态量 $\boldsymbol{X} = [\boldsymbol{r}, \boldsymbol{v}]^{\mathrm{T}}$，其中 $\boldsymbol{r} = (x, y, z)$，$\boldsymbol{v} = (v_x, v_y, v_z)$，分别为探测器在日心惯性坐标系中 3 轴的位置矢量和速度矢量，则基于小行星观测的量测模型式（4）可简化为

$$\boldsymbol{Z}_1(t) = h_1[\boldsymbol{X}(t), t] + \boldsymbol{V}_1(t) \tag{5}$$

式中，$h_1(\cdot)$ 为状态量到量测量的非线性函数，$\boldsymbol{V}_1(t)$ 为 t 时刻的量测噪声。

2 脉冲星观测信息的获取及观测模型建立

X 射线脉冲星是一种高速自转、辐射 X 射线频段的中子星，其辐射脉冲具有良好的周期稳定性。可通过观测 X 射线脉冲星的脉冲到达时间，确定深空探测器的位置和速度。基于脉冲星的自主导航原 理如图 3 所示，在太阳系质心惯性系中，脉冲到达太阳系质心（Solar System Barycenter，SSB）的时间 t_{SSB} 和火星探测器上测量到的脉冲到达时间 t_{SC} 之差 Δt 与光速 c 的乘积等于火星探测器位置矢量 $\boldsymbol{r} = [x, y, z]$ 在脉冲星视线单位矢量方向 $\boldsymbol{n}$ 上投影的大小，即

$$c\Delta t = c(t_{\mathrm{SSB}} - t_{\mathrm{SC}}) = \boldsymbol{n} \cdot \boldsymbol{r} \tag{6}$$

t_{SC} 可由火星探测器上的脉冲星信号接收装置测量得到，t_{SSB} 可根据脉冲相位模型精确预测得到。当 有多于 3 颗脉冲星的测量信息时，就可计算得到火星探测器的三维位置。

在对基于脉冲星的自主导航系统进行设计时，需要首先确定探测器转移轨道可以观测的脉冲星，依据脉冲星选取因素，在探测器系统中建立备选脉冲星的特征信息库；并实现对脉冲信息的合理处理，获取所需量测信息；同时依据脉冲星脉冲传播原理，建立脉冲星的观测模型。

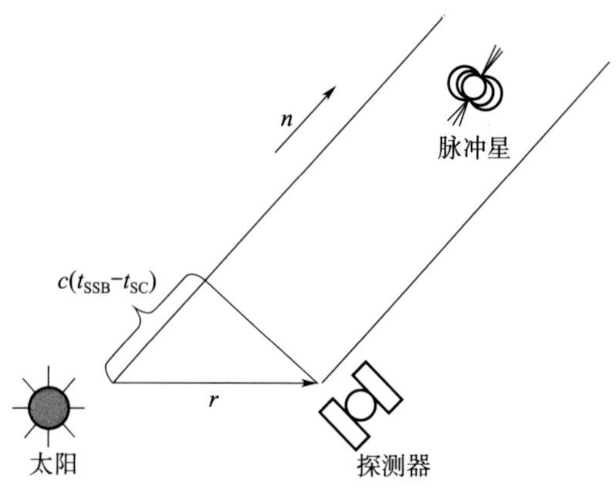

图 3　脉冲星定位的基本原理

2.1 备选脉冲星确定

导航脉冲星选取时需考虑的因素有：精确的脉冲星角位置、高信噪比的脉冲轮廓、高精度的脉冲计时模型、较高的 X 射线辐射能量、较短的脉冲周期、尖锐的脉冲形状以及长期稳定的脉冲周期等。因此选取脉冲计时模型确定、脉冲周期小于 10 000 s、辐射的能量在接收器范围内（$>0.01\ \mathrm{ph/cm^2/s}$）的 25 颗脉冲星作为备选脉冲星星库[15,16]。图 4 是备选脉冲星在天球坐标系中的分布。

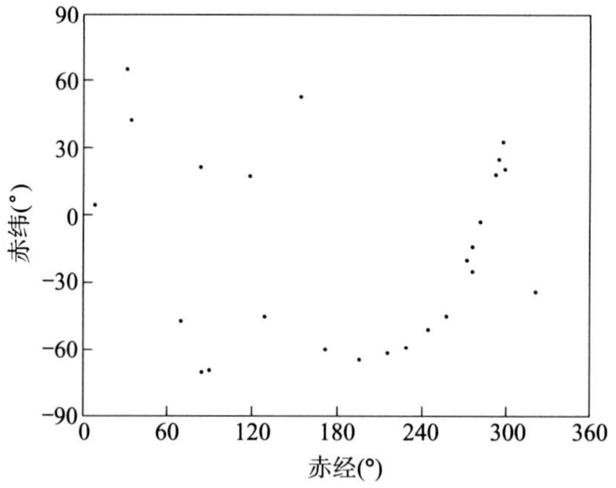

图 4　备选脉冲星在天球坐标系中的分布

由于探测器处于转移轨道，距离各天体都较远，天体的遮挡对探测器而言影响较小。此外，在选取脉冲星时需要避免选择探测器速度方向附近的脉冲星。这是由于在探测器速度方向，所接收的脉冲将受 Doppler 效应的影响，脉冲轮廓噪声大，所获取的脉冲到达时间不准确，定位误差大。

2.2 脉冲星脉冲到达时间的获取

当脉冲星辐射的 X 射线光子进入星载 X 射线探测器视场时，其光子计数器将记录 X

射线光子数量，能量和到达探测器的时间 $t_{S/C}$ ，将测量的脉冲轮廓与太阳系质心 SSB 处的高信噪比的 X 射线脉冲星脉冲模板进行互相关比较，获得 X 射线脉冲星的脉冲到达时间 Δt 。

2.3 脉冲星量测模型的建立

考虑探测器与太阳系质心之间的几何距离产生的时间 Doppler 延迟、X 射线平行到达太阳系引起的 Roemer 延迟和在太阳引力场作用下光线弯曲产生的 Shapiro 延迟，可得脉冲到达时间的量测方程为

$$\Delta_t = t_{SSB} - t_{SC} = \frac{\boldsymbol{n} \cdot \boldsymbol{r}_b}{c} + \frac{1}{2cD_0}[(\boldsymbol{n} \cdot \boldsymbol{r}_b)^2 - r_b^2 + 2(\boldsymbol{n} \cdot \boldsymbol{b})(\boldsymbol{n} \cdot \boldsymbol{r}_b) - 2(\boldsymbol{b} \cdot \boldsymbol{r}_b)] + \frac{2\mu_s}{c^3}\ln\left|\frac{\boldsymbol{n} \cdot \boldsymbol{r}_b + \boldsymbol{n} \cdot \boldsymbol{b} + \|\boldsymbol{r}_b + \boldsymbol{b}\|}{\boldsymbol{n} \cdot \boldsymbol{b} + b}\right| + v_t \tag{7}$$

式中，c 为真空中光速，$\boldsymbol{n}$ 为在太阳质心坐标系 $O_s - X_sY_sZ_s$ 中脉冲星的方向矢量，$\boldsymbol{r}$ 为太阳质心惯性坐标系中探测器的位置矢量，$\boldsymbol{r}_b$ 为在太阳系质心惯性坐标系中探测器的位置矢量，且 $\boldsymbol{r}_b = \boldsymbol{r} - \boldsymbol{b}$ ，$\boldsymbol{b}$ 为太阳系质心在太阳质心坐标系 $O_s - X_sY_sZ_s$ 的位置矢量；D_0 为脉冲星在太阳质心坐标系 $O_s - X_sY_sZ_s$ 的位置矢量大小；b ，r_b 分别表示矢量 $\boldsymbol{b}$ ，$\boldsymbol{r}_b$ 的大小；μ_s 为太阳引力常数；v_t 为脉冲到达时间的测量误差。各变量的几何意义如图 5 所示。

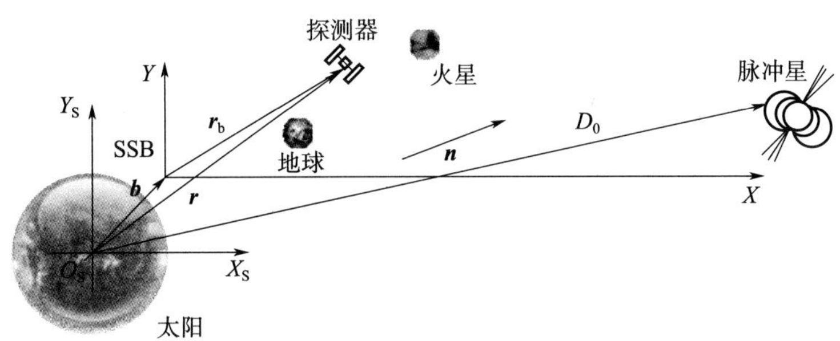

图 5　脉冲星、火星探测器、太阳及 SSB 的相互位置关系

设 $\boldsymbol{Z}_2 = [\Delta t_1]$ 为脉冲星的脉冲到达时间，则基于脉冲星观测的量测模型式（7）可简化为

$$\boldsymbol{Z}_2(t) = h_2[\boldsymbol{X}(t), t] + \boldsymbol{V}_2(t) \tag{8}$$

3 基于小行星/脉冲星交互观测的信息融合方法

单独基于小行星和单独基于脉冲星观测的导航方法都需要频繁姿态机动和敏感器框架调整获取多个小行星和多个脉冲星的观测信息，不易于工程实现，本文采用联邦滤波的信息融合方法，将二者有效结合。具体流程如图 6 所示，从图中可以看出，该信息融合系统主要包括小行星导航子系统、脉冲星导航子系统和主滤波器。

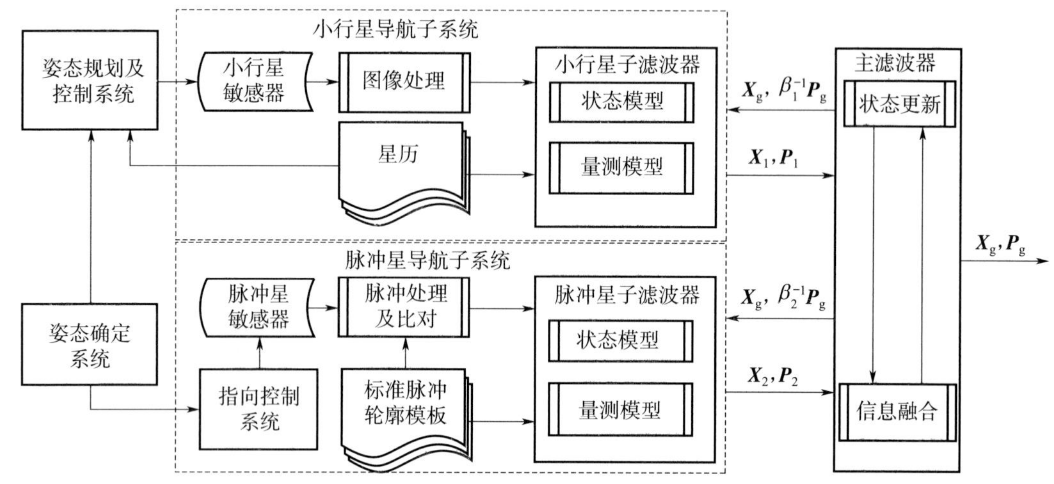

图 6　基于小行星/脉冲星的信息融合方法流程图

小行星导航子系统包括小行星敏感器、小行星图像处理部分和小行星滤波器。当需要观测小行星时，姿态规划及控制系统根据小行星星历，规划姿态机动过程，探测器利用姿态执行机构，从对日定向标称姿态转换至小行星观测所需姿态，使得小行星敏感器可以观测到备选小行星，观测后调整探测器姿态重新恢复至对日定向标称姿态。小行星敏感器所获得的小行星图像经背景恒星质心提取、小行星质心提取、计算星光角距等一系列图像处理过程后，将观测的星光角距信息输入小行星子滤波器，结合探测器轨道运动的状态模型，输出小行星导航子系统的估计状态 $\boldsymbol{X}_1$ 和估计状态方差 $\boldsymbol{P}_1$。

脉冲星导航子系统包括脉冲星脉冲接收器、脉冲接收器指向机构、脉冲处理及比对部分和脉冲星滤波器。在探测器处于对日定向 3 轴稳定姿态时，通过调整脉冲星脉冲接收器的指向机构，实现对星空中脉冲星的捕获及跟踪，获得脉冲星在探测器处的脉冲到达时间，与太阳系质心处的标准脉冲轮廓进行比对，获得脉冲星的脉冲到达时间（TDOA），将脉冲到达时间输入脉冲星子滤波器，结合探测器轨道运动的状态模型，输出脉冲星导航子系统的估计状态 $\boldsymbol{X}_2$ 和估计状态方差 $\boldsymbol{P}_2$。

由于小行星敏感器需要在姿态机动至小行星观测模式后才能获取一次小行星量测信息；而 X 射线脉冲星接收器需要在对日定向标称姿态进行观测，观测一段时间后累计并处理 X 射线脉冲星光子后，输出一次量测信息，这段观测时间内需要探测器姿态保持不变。因两个子系统对探测器的姿态要求不同，所以二者无法同时工作，需要交互观测小行星和 X 射线脉冲星。因此各子滤波器的设计方案具体如下：

在一个滤波周期 T 内，从 t_0 时间开始，经姿态机动后，小行星敏感器在 t_1 时刻获得小行星量测量；经姿态机动后在 t_2 时刻恢复对日定向模式开始脉冲星观测，观测一段时间后，在 $t_2=t_0+T$ 时刻，小行星子滤波器经过量测模型的历元转换后，与脉冲星子滤波器进行组合滤波。此时，小行星子滤波器和脉冲星子滤波器得到两个局部最优估计值 $\boldsymbol{X}_i(k)$ $(i=1, 2)$，这两个局部状态值在主滤波器中进行信息融合，得到全局最优估计值 $\boldsymbol{X}_g$，$\boldsymbol{P}_g$。

其中历元转换过程为：小行星敏感器量测量获取的时刻为 t_1，小行星和脉冲星子滤波器的滤波时刻为 $t_2=t_0+T$，因此需要在量测模型中进行历元转换，统一至同一历元时刻，即滤波时刻。具体实现方法如式（9）所示

$$Z_{t1}=h_1\{X[(t_1),t_1],t_1\}+V(t_1)=h_1\{g[X(t_2),t_2],t_1\}+V(t_1) \tag{9}$$

式中，Z_{t1} 为 t_1 时刻获取的量测信息，$X(t_1)$ 为 t_1 时刻探测器的状态，$V(t_1)$ 为 t_1 时刻量测模型的误差，t_2 为小行星子滤波器滤波时刻，$X(t_2)$ 为 t_2 时刻探测器的状态，$g(\cdot)$ 为 t_2 时刻至 t_1 时刻的状态转换函数，可以根据状态方程进行 Runge-Kutta 反向递推得到。由于使用的量测量在滤波时刻以前就可以得到，因此可以实时估计滤波时刻的状态。

两个子滤波器中的状态模型为探测器在转移轨道的轨道动力学模型，表达式为

$$\begin{cases}\dot{\boldsymbol{r}}=v\\ \dot{\boldsymbol{v}}=-\mu_s\dfrac{\boldsymbol{r}_{\mathrm{ps}}}{r_{\mathrm{ps}}^3}-\displaystyle\sum_i^n\mu_i\left[\dfrac{\boldsymbol{r}_{\mathrm{p}i}}{r_{\mathrm{p}i}^3}-\dfrac{\boldsymbol{r}_{\mathrm{s}i}}{r_{\mathrm{s}i}^3}+\boldsymbol{a}\right]\end{cases} \tag{10}$$

式中，μ_s 为太阳的引力常数，μ_i 为第 i 个行星的引力常数，$\boldsymbol{r}_{\mathrm{ps}}$ 为探测器的位置矢量，$\boldsymbol{r}_{\mathrm{s}i}$ 为第 i 个行星的位置矢量，$\boldsymbol{r}_{\mathrm{p}i}$ 为第 i 个行星到探测器的位置矢量，$\boldsymbol{a}$ 为其他未建模的加速度影响。

令 $\boldsymbol{X}=[\boldsymbol{r},\ \boldsymbol{v}]^{\mathrm{T}}$，状态模型噪声 $\boldsymbol{\omega}=[\omega_r,\ w_v]^{\mathrm{T}}$，则式（10）可简写为

$$\boldsymbol{X}(t)=f(\boldsymbol{X},t)+\boldsymbol{w}(t) \tag{11}$$

则可利用系统状态模型式（11）和量测模型式（5）和（8），构建基于信息融合的小行星/脉冲星组合导航系统信息融合主滤波器，式（11）和（5）构成小行星子滤波器，式（11）和（8）构成脉冲星子滤波器。

信息融合使用的 Unscented Kalman 滤波（Unscented Kalman Filter，UKF）方法适用于非线性自主导航系统，且具有实现简单，精度高的优点。具体实现方法参见文献[17]。

4 仿真分析

4.1 仿真条件

本文以 2013 年火星探测任务为例，选取国际上大多火星探测器采用的直接转移（由地球出发直接飞向火星）轨道作为仿真轨道，仿真中所用的火星探测器由 STK 软件生成，仿真时间为 2014 年 2 月 5 日（发射后 12 周，L+12w）～2014 年 5 月 7 日（发射后 25 周，L+25w），坐标系采用 J2000.0 日心惯性坐标系。在火星探测器的一个滤波周期内，探测器先用接近 900 s 时间实现姿态机动，探测器姿态由对日定向模式机动至指向小行星模式，保证敏感器光轴指向小行星，对小行星成像后，探测器转回对日定向 3 轴稳定姿态，保证正常的对地通信。这一过程也持续接近 900 s[5]。在探测器保持对日定向 3 轴稳定姿态时，脉冲星接收器开始观测 X 射线脉冲星，并在 1 800 s 之后输出脉冲星的脉冲到达时间。滤波周期为 3 600 s。

仿真中使用的小行星成像敏感器焦距均为 2 013.4 mm，精度均为 0.1 像素，$K_x=47.619$，$K_y=41.619$，$K_{xy}=K_{yx}=0$，$(p_0, l_0)=(512, 512)$，分辨率均为 10 μrad，导航恒星也由成像敏感器选取，小行星的获取周期为 3 600 s。

初始状态误差为 $dX=[10^4, 10^4, 10^4, 0.1, 0.1, 0.1]$，初始状态误差协方差矩阵为 $p_0=\mathrm{diag}(10^{14}, 10^{14}, 10^{14}, 10^5, 10^5, 10^5)$。

仿真中使用的 X 射线脉冲接收器参考美国 ARGOS 实验卫星的 USA（Unconventional Stellar Aspect）脉冲星敏感器，有效探测面积为 1 000 cm^2，视场为 1.2°，并且敏感器安装在一个双轴转动平台上，以保证 X 射线敏感器可以指向观测天体。X 射线敏感器及其框架平台安装在探测器的速度方向，并向后观测，平台通过沿本体 y 轴转动捕获 X 射线脉冲源，之后当探测器沿轨道运行时 X 射线敏感器沿本体 z 轴方向进行旋转跟踪目标 X 射线脉冲源，进行单星观测[18,19]。X 射线接收器接收时间为 1 800 s，导航中脉冲到达时间的随机测量误差为均值为 0 μs，方差为 0.5 μs 的高斯白噪声。

选定的小行星星历使用 SPICE 星历，恒星星历为 Tycho-2 星历，选星规则为视场范围内星等小于 12 的 3 颗恒星。

4.2 量测信息获取的规划

1）小行星的选取标准及结果。依据 1.1 小节小行星的选取原则，可从 Bowell 小行星库中选取出符合条件的小行星，图 7 给出了从发射开始之后 45 周内可观测时间最长的 5 颗小行星。从图中可以看出在仿真时间段内（L+12 w～L+25 w），43 Ariadne，2 Pallas 和 4 Vesta 小行星一直可观测，其中 43 Ariadne 距离探测器最近，因此选择 43 Ariadne 为观测小行星。

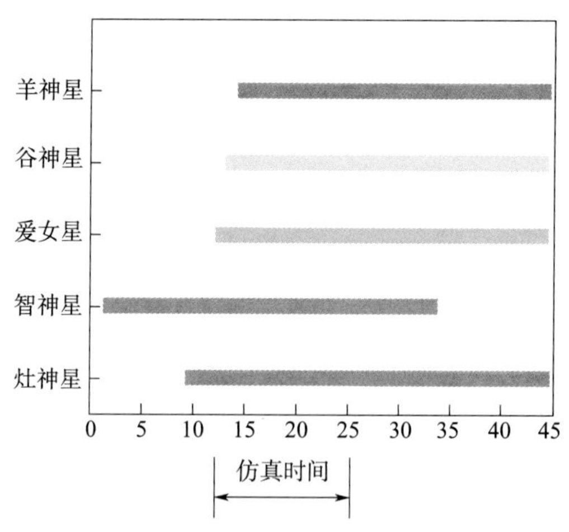

图 7　备选的小行星可观测时间段

图 8 给出了仿真时间内小行星敏感器可观测到的恒星数，从图中可以看出，这种导航方案可以保证小行星敏感器视场内可观测到 3 颗以上的恒星，在仿真中只选择其中的 3 颗恒星进行仿真，图 9 给出了 L+25 w 时 43 Ariadne 小行星的背景恒星信息。

2）脉冲星的选取标准及结果。由于X射线脉冲星的选取受到探测器速度方向的约束，表2还给出了X射线脉冲星方向与探测器速度方向的夹角（PV）。由此可以看出，探测器所接收的X射线脉冲受Doppler效应影响较小。

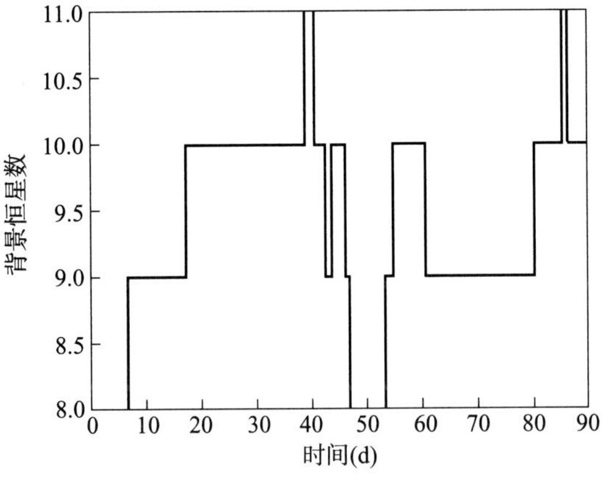

图8 仿真时间内小行星敏感器可观测的恒星数

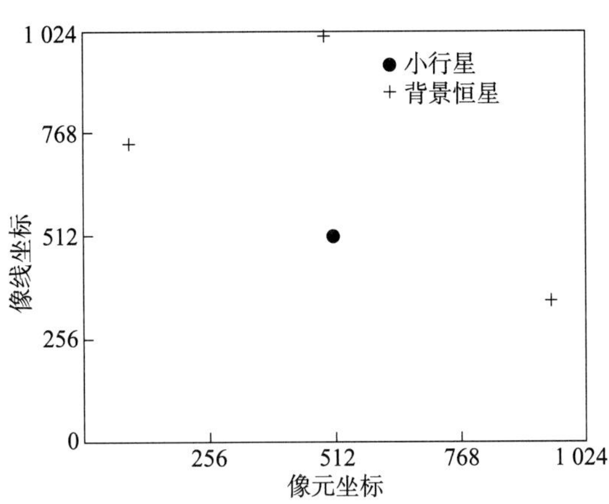

图9 L＋25 w 时小行星 43 Ariadne 与背景恒星图像

表2 探测器速度方向与X射线脉冲星方向之间的夹角

脉冲星	PV 夹角	脉冲星	PV 夹角
B0531＋21	40.55～36.75	B1821－24	127.97～131.78
J1846－0258	119.23～122.68	J0537－6910	91.43～91.69
J1617－5055	140.17～142.64	B1951＋32	91.94～94.16
B1509－58	136.24～137.72	B0540－69	90.49～90.82
J1930＋1852	101.66～104.43	J1811－1926	130.74～134.52
B1259－63	128.78～129.02	J0205＋6449	49.56～48.76
B1823－13	126.52～130.21	J1420－6048	134.69～135.56
J0218＋4232	27.42～27.10	B1937＋21	97.34～99.86
J0030＋0451	34.68～38.48	B0833－45	99.47～97.76
J0437－4715	68.04～68.00	B1706－44	138.04～141.24
J0751＋1807	72.79～68.99	B1957＋20	94.56～97.37
J1124－5916	123.29～122.64	J1012＋5307	89.98～86.93
J2124－3358	90.72～94.38		

在探测器姿态保持3轴稳定对日定向时，根据脉冲星选星标准，并结合脉冲星接收器的安装捕获 和跟踪方式，选出可观测时间最长的脉冲星，在仿真时间段内，只可捕获并跟踪 B1821-24 脉冲星。因此本文仿真选取该脉冲星。

4.3 自主导航结果

图10分别给出了单独基于小行星的自主导航系统、单独基于X射线脉冲星导航系统

和基于小行星/脉冲星信息融合导航系统的位置和速度估计误差。

为了将融合后的系统与两个子系统单独工作时的导航结果相比较，表 3 给出了这 3 个系统收敛后的位置和速度估计误差。

计算机仿真结果表明，单独一颗小行星和单独一颗脉冲星的导航精度分别为 601.167 0 km 和 846.677 8 km，虽然都可观测，但由于其可观测矩阵接近奇异，导航精度较低，无法满足转移轨道高精度自主导航的要求，基于小行星/脉冲星交互观测的导航方法可以获得 30.816 0 km 的导航精度。

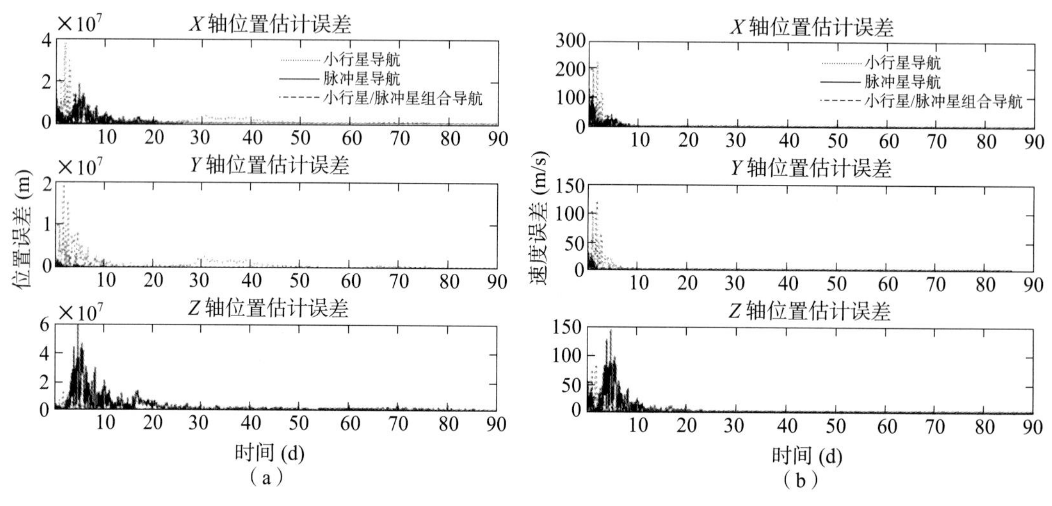

图 10 三轴位置 (a) 和速度 (b) 误差仿真结果

表 3 基于小行星观测、脉冲星观测和小行星/脉冲星导航的仿真结果比较

导航方法	位置误差 (km)		速度误差 (m/s)	
	RMS	MAX	RMS	MAX
基于小行星的自主导航系统	601.2	1 413.1	0.631 8	1.556 6
基于 X 射线脉冲星导航系统	846.7	2 562.0	0.119 8	0.435 9
基于小行星/脉冲星信息融合导航系统	30.8	60.2	0.018 0	0.031 0

由此可见，基于交互观测的信息融合方法由于可利用多种导航系统的观测信息，因此可获得更高的导航精度，且仅需要观测一颗小行星和一颗脉冲星，减少了姿态调整次数，工程实现更为简单；但这种方法的导航精度依赖于两种导航系统的观测信息，一旦失去其中一个导航信息源，导航精度将大幅下降。因此在工程应用中，如果失去其中一个导航信息源，需调整姿态以观测多个同类型导航信号源，实现多小行星导航或多脉冲星导航。

5 结论

本文针对处于转移轨道的火星探测器，在分别分析单独基于小行星和单独基于 X 射线脉冲星两种自主导航方法的基础上，提出了一种基于交互观测的小行星和X射线脉冲星信息融合方法，通过算例仿真分析，结果表明与基于小行星的和基于脉冲星的导航系统单独运行相比，本文所提方法具有更高的导航精度，且易于工程实现。

本文可为我国未来的火星转移轨道自主导航系统设计提供一种可行的导航方案，为自主导航系统敏感器的配置与安装提供参考。

参考文献

[1] 吴伟仁，王大轶，宁晓琳. 深空探测器自主导航原理与技术［M］. 北京：中国宇航出版社，2011.

[2] Fang J C, Ning X L. Celestial navigation methods for space explorers [J]. Meas Control, 2008, 41: 77-80.

[3] Bhaskaran S, Riedel E J, Synnott P S, et al. The Deep Space 1 autonomous navigation system: A post-flight analysis [C]. In: AIAA/AAS Astrodynamis Speialist Conference, Denver, 2000. 42-52.

[4] Graven P, Collins J, Sheikh S, et al. XNAV beyond the Moon [C]. In: Proceedings of ION the 63rd Annual Meeting, Cambridge, 2007. 423-431.

[5] Riedel J E, Bhaskaran S, Desai S, et al. Autonomous Optical Navigation (AutoNav) DS1 Technology Validation Report [R]. JPL Technical Report 00-10, 2000. 1-132.

[6] Downs G S. Interplanetary Navigation Using Pulsating Radio Sources [R]. NASA Technical Report 32-1594. 1974.

[7] Graven P, Collins J, Sheikh S I, et al. XNAV for deep space navigation [C]. In: Proceedings of the 31 st Annual AAS Guidance and Control Conference, Breckenridge, 2008. 1-16.

[8] Sheikh S I, Hanson J E, Collins J, et al. Deep space navigation augmentation using variable celestial X-ray sources [C]. In: 2009 Institude of Navigation International Technical Meeting, Anaheim, 2009. 34-48.

[9] 张晓文，王大轶，黄翔宇. 深空自主光学导航观测小行星选取方法研究［J］. 宇航学报，2009，30：947-952.

[10] 徐文明，崔祜涛，崔平远，等. 深空自主光学导航小行星筛选与规划方法研究［J］. 航空学报，2007，28：891-896.

[11] 褚永辉. 基于X射线脉冲星的深空探测组合导航方法［D］. 北京：北京控制工程研究所，2011.

[12] 宁晓琳，马辛，张学亮，等. 基于ASUKF的火星探测器脉冲星自主导航方法［J］. 北京航空航天大学学报，2011，37：33-40.

[13] Bowell E, Hapke B, Domingue D, et al. Application of Photometric Models to Asteroids: Asteroids II [M]. Tucson: University of Arizona Press, 1989.

[14] Chausson L, Delavault S. Optical navigation performance during interplanetary cruise [C]. In: 17th ISSFD, Moscow, 2003. 1-9.

[15] Sheikh S I. The Use of Variable Celestial X-ray Sources for Spacecraft Navigation [D]. Maryland: University of Maryland, 2005.

[16] 帅平，李明，陈绍龙，等. X射线脉冲星导航系统原理与方法［M］. 北京：中国宇航出版社，2009.

[17] Ning X L, Fang J C. An autonomous celestial navigation for LEO satellite based on unscented Kalman filter and information fusion [J]. Aerosp Sci Technol, 2007, 11: 222-228.

[18] Wood K S, Ray P S, Wolff M T, et al. Using the Unconventional Stellar Aspect (USA) experiment on ARGOS to determine atmospheric parameters by X-ray occultation [C]. In: SPIE on Optical Spectroscopic Techniques, Remote Sensing, and Instrumentation for Atmospheri and Space Research IV, San Diego, 2001. 258-777.

[19] Tournear D M. Non-quiescent X-ray Emission From Neutron Stars and Black Holes [R]. Stanford Linear Accelerator Center Report 641. 2003.

Autonomous navigation method with high accuracy for cruise phase of Mars probe

WU Weiren, MA Xin, NING Xiaolin

Abstract The high precision autonomous navigation is an urgent demand during the cruise phase of Mars probe. The paper outlines and reviews the navigation methods and their accuracies applied in interplanetary cruise phase, and introduce the practical issue that observing multiple navigation sources simultaneously is difficult in actual mission. In order to ensure the navigation accuracy and avoid the simultaneously observing difficulty, an autonomous navigation method based on information fusion by observing asteroid and X-ray pulsar star alternately is presented in this paper. After investigating the force model, the asteroid and X-ray pulsar measurement models and measurement processing, information fusion can be carried out after the asteroid and X-ray pulsar star are observed alternately and are mapped back to the same epoch. An analysis of the available measurement is studied, and the position and velocity of the probe is estimated using the asteroid navigation method, the pulsar navigation method and the asteroid/pulsar method in 2013 Mars Mission scenario. Simulations show the asteroid/pulsar navigation method achieves the best accuracy performance compared with either method alone, which can not only provide precise orbit determination information for trajectory control maneuvers, but also is easy to implement as well. The results demonstrate the method is feasible and effective during cruise phase of Mars probe, and it is particularly useful for autonomous navigation system design in the future deep space exploration.

Keywords interplanetary spacecraft; navigation system; celestial navigation; pulsar navigation; information fusion; cruise phase

Novel autonomous orbit determination method for lunar rendezvous and docking*

WU Weiren, WANG Dayi, HU Haixia

Abstract The rendezvous and docking in lunar orbit is critical during sampling return mission. The paper proposes an autonomous determination approach for chaser spacecraft during rendezvous and docking process in lunar orbit. The approach estimates the absolute orbit parameters of chaser spacecraft during whole rendezvous and docking process by comprehensively utilizing the measurements of imaging sensor, rendezvous radar and star sensor, as well as target spacecraft orbit extrapolation, integrating absolute orbit dynamics model, and designing a navigation filter by UKF algorithm. The approach provides the theoretical reference for rendezvous and docking project in lunar orbit.

1 Introduction

China will deploy the lunar sampling return plan. The rendezvous and docking in lunar orbit is critical during sampling return mission[1]. The success of lunar rendezvous mission is depended on the autonomous navigation of spacecraft. In the rendezvous and docking mission, the absolute orbital information of spacecraft is needed for the following tasks: (1) providing the orbit reference for spacecraft to keep lunar pointing during rendezvous process; (2) providing the apriori knowledge for rendezvous radar to capture the target by estimating the relative state value through the absolute orbit difference; (3) under the emergency departure mode, the absolute orbit difference provides the relative orbital information for safety departure; (4) in the calculation of relative navigation and guidance, the absolute orbital information of two spacecrafts is adopted for coordinate transformation[1].

The autonomous navigation of spacecraft in lunar orbit are mainly composed of two modes: (1) onboard orbit extrapolation; (2) autonomous navigation based on the measurement of opticalsensors[2-7], i. e., mainly utilizing such sensors as star sensor and space sextant to measure the direction of sight lines of sun, moon, earth and stars, as well as asteroids

* 63rd International Astronautical Congress, 2012.

with known ephemeris, and designing a navigation filter through integrating the orbit dynamics model to estimate the absolute orbit.

With the development of technology, the imaging sensor (such as the visible light camera) is normally used in the deep space mission, such as the lunar exploration[3]. The ultraviolet sensor is a typical imaging sensor[8,9]. It could get the direction of centroid of moon vector and the angular radius of moon as seen by the sensor at the same time, from which the attitude and the orbit information relative to lunar orbit could be obtained. Restricted by the imaging mechanism, the imaging sensor could implement the effective measurement only in the lunar sunward region. It could not be used normally in the shadowed region. Therefore, it should use other means to determine the orbit of chaser spacecraft in the process of rendezvous and docking.

In the chaser spacecraft, the relative measurement sensor, such as the rendezvous radar (microwave radar orlaser radar), is a kind of all weather measuring sensor for measuring the relative position between chaser spacecraft and target spacecraft. During the process of rendezvous and docking, since the target spacecraft will not implement the orbit maneuver, its orbit could be measured by the ground and then injected remotely into chaser spacecraft and target spacecraft. The onboard orbit extrapolation, which is based on time-sharing and stepwise fitting, implements the estimation in real time during the whole process. After getting the estimated orbit value of target spacecraft, the relationship between the orbits of target spacecraft and chaser spacecraft could be established through the measurement of relative sensors, providing the approach for determining the orbit of chaser spacecraft in the lunar shadowed region.

The paper suggests a new approach for the autonomous navigation of chaser spacecraft during lunar orbit rendezvous and docking process. In the lunar sunward region, adopting the measurement information of imaging sensor and star sensor; while in the lunar shadowed region, adopting the orbit extrapolation information of target spacecraft and the measurement information of rendezvous radar and star sensor; and designing the UKF (Unscented Kalman Filter) filter through integrating the orbit dynamics model; then estimating the absolute orbit of chaser spacecraft; in this way implementing the autonomous navigation of chaser spacecraft during whole rendezvous and docking process with high precision.

2 Measurement sensor model

2.1 Coordinate definition

1) The Lunar centroid inertial coordinate system $O_M X_I Y_I Z_I$: the origin is the centroid of moon O_M; axis $O_M X_I$ points to the mean equinox at J2000. 0 epoch time; axis $O_M Z_I$ is the positive normal of moon equatorial plane; axes $O_M Y_I$, $O_M X_I$ and $O_M Z_I$ form the right-handed coordinate system.

2) The Lunar orbit coordinate system $o_o x_o y_o z_o$: the origin o_o is the centroid of spacecraft; axis $o_o z_o$ points to the centroid of moon; axis $o_o x_o$ points to the moving direction of spacecraft in the orbital plane; axes $o_o y_o$, $o_o z_o$ and $o_o x_o$ form the right-handed coordinate system.

3) The body fixed coordinates $o_b x_b y_b z_b$: the origin o_b is the centroid of spacecraft; axis $o_b x_b$ points to the flight direction along the longitudinal axis of spacecraft; axis $o_b z_b$ is vertical to the longitudinal axis along the lateral axis of spacecraft; axes $o_b z_b$, $o_b x_b$ and $o_b y_b$ form the right-handed coordinate system. Under the ideal three axes attitude of lunar pointing, the body fixed coordinates of spacecraft and orbit coordinate system of spacecraft coincide with each other.

2.2 Imaging sensor measurement model

After shooting the image of moon, the imaging sensor could extract the direction of LOS of moon and the angular radius of moon. The direction of LOS is represented by two direction angles α_v and β_v; the angular radius of moon as seen by the sensor is represented by angle γ_v as shown in Figure 1.

The imaging sensor is installed on chaser spacecraft. Suppose the measurement coordinate system to coincide with the body fixed coordinates of chaser spacecraft, and the optical axis is along with the axis $+Z$ of chaser spacecraft; suppose $(x_c, y_c, z_c)^{\mathrm{T}}$ is the projection of centroid of moon vector of chaser spacecraft on the centroid of moon inertial coordinate system. C_{bi}^{c} is the inertial attitude matrix of chaser spacecraft. The measurement model of imaging sensor is:

$$\begin{cases} \gamma_v = \arcsin\left(\dfrac{R_l}{r_m}\right) \\ \alpha_v = \arccos\left(\dfrac{z_s}{r_m}\right) + v_{\alpha_s} \\ \beta_v = \arctan\left(\dfrac{y_s}{x_s}\right) + v_{\beta_s} \end{cases} \tag{1}$$

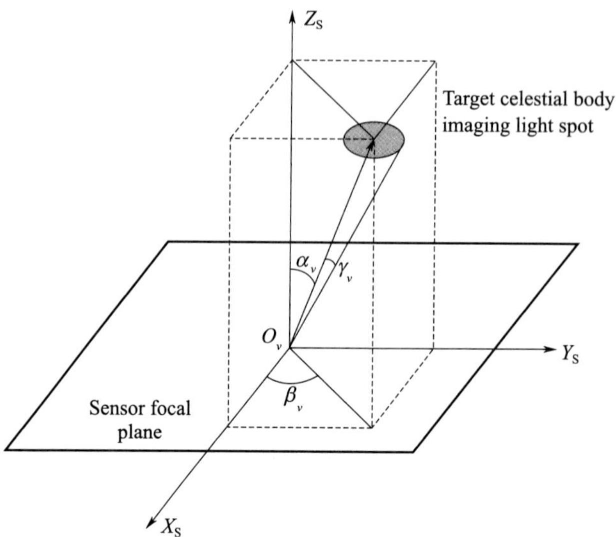

Fig. 1 Measurement of imaging sensor

where R_L is the radius of moon; r_m is the distance between spacecraft and the centroid of moon, $(x_s, y_s, z_s)^{\mathrm{T}}=C_{bi}^{c}(x_c, y_c, z_c)^{\mathrm{T}}$.

2.3 The measurement model of rendezvous radar

The rendezvous radar is installed on chaser spacecraft. Figure 2 depicts the measurement. Suppose the measurement coordinate system of rendezvous radar to coincide with the body fixed coordinates of chaser spacecraft; the rendezvous radar is installed on the position of centroid of chaser spacecraft, and the responder (corner reflector) is installed on the position of centroid of target spacecraft. The measurement output of rendezvous radar is: the LOS distance ρ_r, the elevation α_r and the azimuth β_r between target spacecraft and chaser spacecraft.

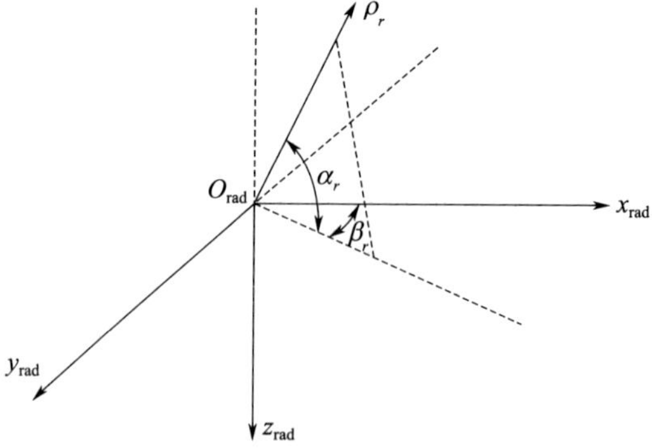

Fig. 2 Measurement of rendezvous radar

The measurement information of rendezvous radar and the attitude information of chaser spacecraft are adopted to calculate the relative position of centroid of target spacecraft relative to centroid of chaser spacecraft, the representation of which in the body fixed coordinates of chaser spacecraft is

$$\begin{cases} \rho_r = \sqrt{x_r^2 + y_r^2 + z_r^2} + v_{\rho r} \\ \alpha_r = \sin^{-1}(-z_r/\rho_r) + v_{\alpha r} \\ \beta_r = \tan^{-1}(y_r/x_r) + v_{\beta r} \end{cases} \tag{2}$$

Where,

$$(x_r, y_r, z_r)^{\mathrm{T}} = C_{bi}^{c}(x_t - x_c, y_t - y_c, z_t - z_c)^{\mathrm{T}}$$

$(x_t, y_t, z_t)^{\mathrm{T}}$ is the position vector of target spacecraft and chaser spacecraft in the centroid of moon inertial coordinate system.

2.4 Star sensor measurement model

The star sensor could get the coordinate of direction of star LOS in the body fixed coordinates of spacecraft. Suppose the optical axis of star sensor to coincide with the body axis $-Z$, the representation of starlight vector measured by star sensor in the body fixed coordinates is

$$s_B = \begin{pmatrix} \cos\alpha_s \cos\beta_s \\ \cos\alpha_s \sin\beta_s \\ -\sin\alpha_s \end{pmatrix} \tag{3}$$

Where α_s and β_s are the elevation and azimuth of starlight vector measured by star sensor respectively.

3 Autonomous navigation strategy

This section proposes a new navigation strategy of chaser spacecraft for the whole rendezvous and docking mission in lunar orbit by comprehensively using imaging sensor, rendezvous radar and star sensor of chaser spacecraft as well as the orbit extrapolation of target spacecraft.

The details specific as: in lunar sunward region, using original measurements of imaging sensor and star sensor to compute the starlight angles between the lines of sight to two relative stars and the vector of chaser to the lunar core as well as distance between spacecraft and lunar centroid, the absolute orbit of chaser spacecraft can be estimated based on UKF[10-13] algorithm, which is integrated with orbit dynamics model; in lunar shadowed region, using the measurements of rendezvous radar and star sensors of chaser spacecraft and orbit extrapolation of target spacecraft to compute the starlight angles relative to two stars as well as distance between spacecraft and lunar center, the orbit of chaser spacecraft can also be estimated based on UKF algorithm, integrating with orbit dynamics model.

Though different sensor is adopted at different time, measurements such as starlight angle and distance between spacecraft and lunar centroid are identical by means of final transformation, so the navigation filter design can be carried out consistently.

As measurement equation and orbit dynamics model are considered as nonlinear equation, UKF algorithm can be used to design the navigation filter. For nonlinear system, if EKF (Extended Kalman Filter) is used to design the filter, Jacobi determination is required to solve, which is tedious and large in work quantities, while UKF does not need to implement linear approximation of nonlinear system, and its estimation accuracy is superior to that of EKF.

3.1 State equation

Only the tow body orbit dynamics model is used as the state equation for designing the filter are given below[14]

$$\begin{cases} \ddot{x} = -\dfrac{\mu x}{R^3} + a_x \\ \ddot{y} = -\dfrac{\mu y}{R^3} + a_y \\ \ddot{z} = -\dfrac{\mu z}{R^3} + a_z \end{cases} \tag{4}$$

Where $\mu = 4.902\ 800\ 269 \times 10^{12}$ is moon gravity constant, a_x, a_y and a_z are the control acceleration of a each coordinate axis, respectively.

The state variables are position and velocity of chaser spacecraft in the lunar centroid inertial coordinate system and described as

$$\boldsymbol{X} = (x_c \quad y_c \quad z_c \quad \dot{x}_c \quad \dot{y}_c \quad \dot{z}_c)^{\mathrm{T}}$$

Takethe orbit dynamics model as state equation:

$$\dot{\boldsymbol{X}} = \boldsymbol{f}(\boldsymbol{X}) + \boldsymbol{U}(t) + \boldsymbol{W}(t) \tag{5}$$

Where,

$$\boldsymbol{f}(\boldsymbol{X}) = \begin{cases} \dot{x}_c \\ \dot{y}_c \\ \dot{z}_c \\ -\dfrac{\mu x_c}{R_c^3} \\ -\dfrac{\mu y_c}{R_c^3} \\ -\dfrac{\mu z_c}{R_c^3} \end{cases} \quad \boldsymbol{U}(t) = \begin{cases} 0_{3\times 1} \\ a_x \\ a_y \\ a_z \end{cases}$$

Such a state equation is a continuing equation. In order to design filter conveniently, it needs to be discretized.

$$X_{k+1} = X_k + f(X_k)\Delta t + U(t)\Delta t + W_k \tag{6}$$

Where,

$$E[W_k W_k^{\mathrm{T}}] = Q_k = Q(t)/\Delta t$$

3.2 Measurement equation

The starlight angles with respect to two different stars and the distance between spacecraft and lunar centroid are used as measurement data and the measurement equation can be given below

$$Z_{k+1} = \begin{pmatrix} r_m \\ \alpha_1 \\ \alpha_2 \end{pmatrix} = \begin{pmatrix} \sqrt{x^2 + y^2 + z^2} \\ \arccos(S_{B1} \cdot R_B / |R_B|) \\ \arccos(S_{B2} \cdot R_B / |R_B|) \end{pmatrix} + \begin{pmatrix} v_r \\ v_{a1} \\ v_{a2} \end{pmatrix} \tag{7}$$

Where S_{B1} and S_{B2} are the direction vectors of the two LOS of stars in the body fixed coordinates of spacecraft obtained by star sensor; $R_B = C_{bi}^c R_I$, while $R_I = (x_c \quad y_c \quad z_c)^{\mathrm{T}}$, C_{bi}^c is the attitude transformation matrix of spacecraft at J2000.0 obtained by the measurement data of star sensor; $(v_r \quad v_{a1} \quad v_{a2})^{\mathrm{T}}$ is the corresponding measurement noise.

3.3 Measurement solution while imaging sensor available

In lunar sunward region, the measurement data of filter is obtained by using the direct measurements of imaging sensor and star sensor.

By calculating the measurements of the imaging sensor, we get

$$r_m = \frac{R_l}{\sin(\gamma_v)} \tag{8}$$

$$l_m = \begin{pmatrix} \sin(\alpha_v)\cos(\beta_v) \\ \sin(\alpha_v)\sin(\beta_v) \\ \cos(\alpha_v) \end{pmatrix} \tag{9}$$

Then,

$$\alpha_1 = \arccos(S_{B1} \cdot l_m) \tag{10}$$

$$\alpha_2 = \arccos(S_{B2} \cdot l_m) \tag{11}$$

3.4 Measurement solution while imaging sensor not available

In lunar shadowed region, the measurement data of filter is obtained by using the measurements of rendezvous radar and star sensor, and the orbit extrapolation data of target spacecraft. Thus the relative position is specified in the inertial coordinate system by rendezvous radar.

$$r_{rel}=\begin{bmatrix}\rho_r\cos(\alpha_r)\cos(\beta_r)\\ \rho_r\cos(\alpha_r)\sin(\beta_r)\\ -\rho_r\sin(\alpha_r)\end{bmatrix} \tag{12}$$

So the coordinate of position vector of chaser spacecraft is determined in the body fixed coordinates.

$$R_B=C_{bi}^{c}R_t-r_{rel} \tag{13}$$

Where R_t is the position vector of target spacecraft in the inertial coordinate system, which is extrapolated from ground injects by onboard computer of chaser spacecraft, the measurement data is

$$r_m=|R_B| \tag{14}$$

$$\alpha_1=\arccos(S_{B1}\cdot R_B/|R_B|) \tag{15}$$

$$\alpha_2=\arccos(S_{B2}\cdot R_B/|R_B|) \tag{16}$$

3.5 Orbit extrapolation for lunar orbit spacecraft

The orbit elements of lunar orbit spacecraft for a period of future in inertial coordinate system can be extrapolated from ground-based high accuracy numerical calculation and stored at a certain step size h ($h\leqslant 60$ s), the initial value of orbit extrapolation is determined by orbit determination. Perturbations which affect lunar orbit spacecraft such as lunar non-spherical gravitation perturbation should be taken into account as well as earth perturbation and sun perturbation, the order of which is higher than 30 order; the high accuracy numericalsolution is adopted in the extrapolation method.

3.6 UKF-based filter

The advantage of UKF is that it does not need to implement the linearization of non-linearization equation; such discrete random systems should be taken into account

$$\boldsymbol{X}_{k+1}=\boldsymbol{f}(\boldsymbol{X}_k)+\boldsymbol{W}_k \tag{17}$$

$$\boldsymbol{Z}_{k+1}=\boldsymbol{h}(\boldsymbol{X}_{k+1})+\boldsymbol{V}_{k+1} \tag{18}$$

Where $\boldsymbol{X}_k\in\boldsymbol{R}^n$ denotes system state, $\boldsymbol{Z}_{k+1}\in\boldsymbol{R}^m$ denotes measurements of sensor. $\boldsymbol{W}_k$ and $\boldsymbol{V}_k$ are process noise and measurement noise, respectively; set all the noise to be the white Gaussian noise with zero mean, and the variance meets below

$$E(\boldsymbol{W}_k\boldsymbol{W}_k^{\mathrm{T}})=\boldsymbol{Q}_k, E(\boldsymbol{V}_k\boldsymbol{V}_k^{\mathrm{T}})=\boldsymbol{R}_k, E[\boldsymbol{W}_i\boldsymbol{V}_j^{\mathrm{T}}]=0$$

For system described by Eqs. 17 and 18, the design procedure based on UKF filter dividesinto[10-13]:

(1) Obtain sampling point

According to the state at time and the estimated value of error covariance $\hat{\boldsymbol{X}}_k$ and $\hat{\boldsymbol{P}}_k$, the sampling point $\boldsymbol{\chi}_{i,k}(i=0\cdots 2n_x)$ is given by

$$\begin{cases} \boldsymbol{\chi}_i, k = \hat{\boldsymbol{X}}_k & \omega_i = k/(n+k) \quad i=0 \\ \boldsymbol{\chi}_i, k = \hat{\boldsymbol{X}}_k + \left(\sqrt{(n+k)\hat{\boldsymbol{P}}_k}\right)_i & \omega_i = 1/[2(n+k)] \quad i=1,\cdots,n \\ \boldsymbol{\chi}_i, k = \hat{\boldsymbol{X}}_k - \left(\sqrt{(n+k)\hat{\boldsymbol{P}}_k}\right)_i & \omega_i = 1/[2(n+k)] \quad i=n+1,\cdots,2n \end{cases} \tag{19}$$

Where k denotes the parameter to control the density of sampling points, $\left(\sqrt{(n+k)\hat{\boldsymbol{P}}_k}\right)_i$ denotes the i column of $\sqrt{(n+k)\hat{\boldsymbol{P}}_k}$.

(2) Time update

$$\boldsymbol{\chi}_{i,k+1|k} = \boldsymbol{f}(\boldsymbol{\chi}_{i,k}) \tag{20}$$

$$\hat{\boldsymbol{X}}_{i,k+1|k} = \sum_{i=0}^{2n} w_i \boldsymbol{\chi}_{i,k+1|k} \tag{21}$$

$$\hat{\boldsymbol{P}}_{k+1|k} = \sum_{i=0}^{2n} w_i (\hat{\boldsymbol{X}}_{k+1|k} - \boldsymbol{\chi}_{k+1|k})(\hat{\boldsymbol{X}}_{k+1|k} - \boldsymbol{\chi}_{k+1|k})^{\mathrm{T}} + \boldsymbol{Q}_k \tag{22}$$

(3) Resample

Accordingto $\hat{\boldsymbol{X}}_{k+1|k}$, sampling point can be resampled according to $\hat{\boldsymbol{P}}_{k+1|k}$ of procedure 2, and represented as $\hat{\boldsymbol{\chi}}_{k+1|k}(i=0\cdots 2n)$.

(4) Estimate mean value of measurements, variance and covariance

$$\boldsymbol{Z}_{i,k+1|k} = \boldsymbol{h}(\boldsymbol{\chi}_{i,k+1|k}) \tag{23}$$

$$\hat{\boldsymbol{Z}}_{i,k+1|k} = \sum_{i=0}^{2n} w_i \boldsymbol{Z}_{i,k+1|k} \tag{24}$$

$$\hat{\boldsymbol{P}}_{zz,k+1|k} = \sum_{i=0}^{2n} w_i (\boldsymbol{Z}_{i,k+1|k} - \hat{\boldsymbol{Z}}_{k+1|k})(\boldsymbol{Z}_{i,k+1|k} - \hat{\boldsymbol{Z}}_{k+1|k})^{\mathrm{T}} + \boldsymbol{R}_{k+1} \tag{25}$$

$$\hat{\boldsymbol{P}}_{xz,k+1|k} = \sum_{i=0}^{2n} w_i (\hat{\boldsymbol{X}}_{k+1|k} - \boldsymbol{\chi}_{i,k+1|k})(\hat{\boldsymbol{Z}}_{k+1|k} - \boldsymbol{Z}_{i,k+1|k})^{\mathrm{T}} \tag{25}$$

(5) Measurement update

$$\hat{\boldsymbol{X}}_{k+1} = \hat{\boldsymbol{X}}_{k+1|k} + \boldsymbol{K}_{k+1}(\boldsymbol{Z}_{k+1} - \hat{\boldsymbol{Z}}_{k+1|k}) \tag{27}$$

$$\boldsymbol{K}_{k+1} = \hat{\boldsymbol{P}}_{xz,k+1|k} \hat{\boldsymbol{P}}_{zz,k+1|k} \tag{28}$$

$$\hat{\boldsymbol{P}}_{k+1} = \hat{\boldsymbol{P}}_{k+1|k} - \hat{\boldsymbol{K}}_{k+1} \hat{\boldsymbol{P}}_{zz,k+1|k} \boldsymbol{K}_{k+1}^{\mathrm{T}} \tag{29}$$

4 Mathematical simulation

The autonomous navigation approach proposed in this paper is applied to the absolute orbit determination of chaser spacecraft in the mission of lunar orbit rendezvous and docking. In the simulation, the initial orbit of target spacecraft is assumed as follows:

$a=1\,937.4$ km, $e=0.000\,1$, $i=25.34$, $\Omega=86.64°$, $w=34.62$, $f=109.60°$.

The measurement noise of sensors is all assumed as the zero-mean Gaussian white noise, among which γ_v, α_v and β_v output by the imaging sensor is 0.1°, 0.02° and 0.02° (3σ) respectively; ρ_r, α_r by the rendezvous radar is 10 m, 0.1° and 0.1° (3σ) respectively. And the measurement noise of star sensor is 10″ (3σ).

The following mathematical simulation results can be obtained by applying the simulation conditions above-mentioned and the autonomous navigation approach in the second section.

4.1 Navigation results while imaging sensor available

The conclusions can be obtained from Figure 3～4 and Table 1～2: (1) The position estimation accuracy of spacecraft is within 100 m and the velocity estimation accuracy is within 1 m/s. Based on such precision, the accuracy requirements of rendezvous and docking mission on the absolute orbit can be achieved; (2) The convergence time of filter is about 1 000 s which can be optimized through adjusting the filtering parameters (i. e. increasing the process noise variance matrix Q). However, speeding up the speed of filter convergence of the filter will decrease the steady-state estimation accuracy which is more important in actual missions, so the steady-state filter gains cannot be made too much large.

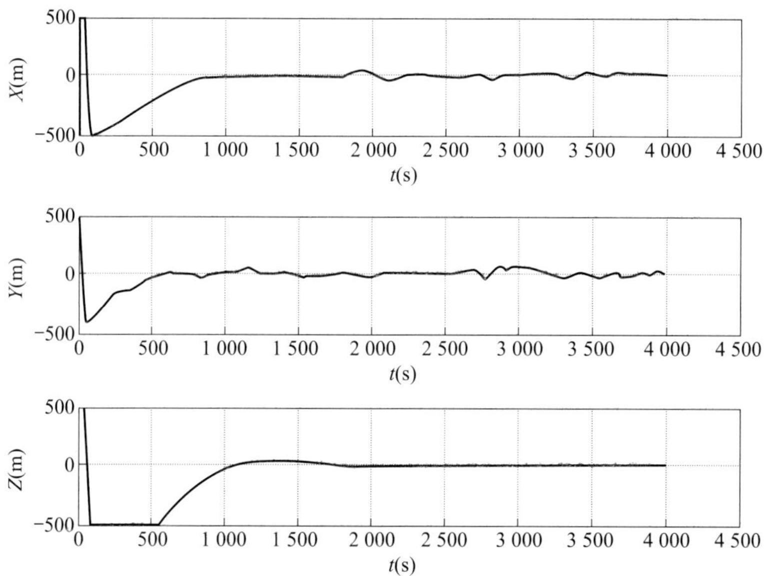

Fig. 3 Chaser's position estimation errors

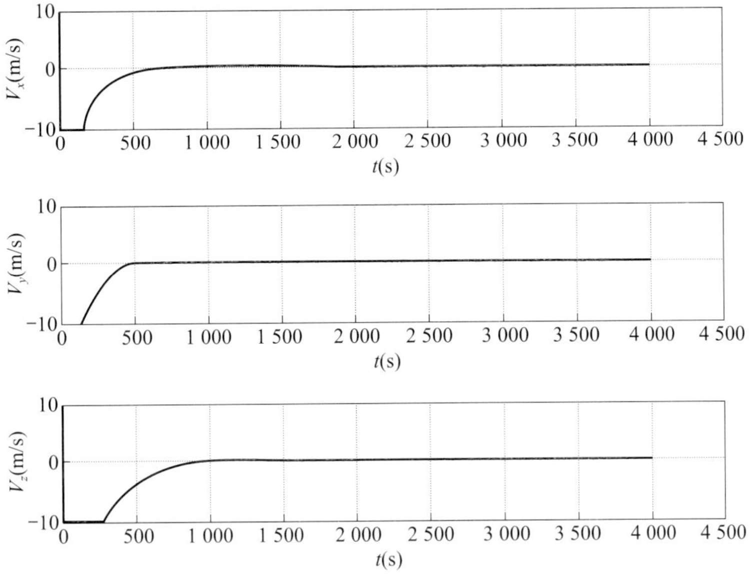

Fig. 4 Chaser's velocity estimation errors

Table 1 The estimation position accuracy when the imaging sensor is effective

	X (m)	Y (m)	Z (m)
Mean	−2.006 9	4.427 2	1.781 8
Mean square deviation	18.141 7	19.689 3	17.708 3
3 σ error	56.431 8	63.495 1	54.906 9

Table 2 The estimation velocity accuracy when the imaging sensor is effective

	V_x (m/s)	V_y (m/s)	V_z (m/s)
Mean	0.042 8	−0.052 4	0.054 7
Mean square deviation	0.099 2	0.119 5	0.123 3
3 σ error	0.340 2	0.410 9	0.424 7

4.2 Navigation results while imaging sensor not available

The conclusions can be obtained from Figure 5～6 and Table 3～4: (1) The position estimation accuracy of spacecraft is within 2 200 m and the velocity estimation accuracy is within 2 m/s. Such precision can meet the attitude control requirements of lunar pointing; (2) From the velocity estimation, the filter convergence time is about 1 000 s; (3) Under such conditions, the navigation accuracy is mainly affected by the orbit extrapolating precision of target spacecraft. As the calculation error of target spacecraft's orbit extrapolation is not the white noise but shows the long period, slow time-varying property. The minimum variance estimation including UKF cannot effectively overcome the influence of slow time-varying error unless the error can be modeled and be expanded to the estimated state.

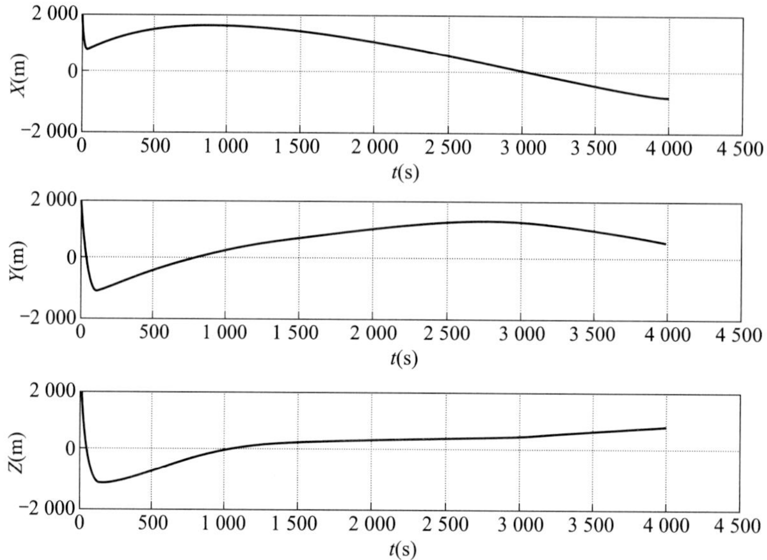

Fig. 5 Chaser's position estimation errors

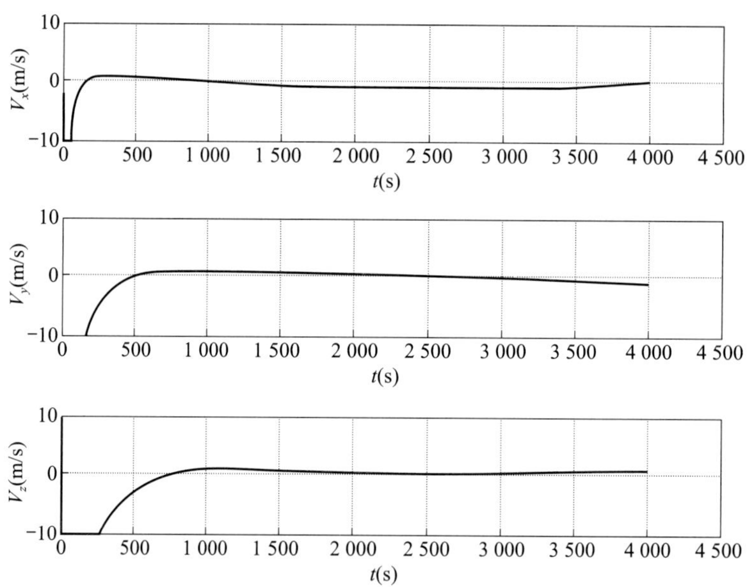

Fig. 6 Chaser's velocity estimation errors

Table 3 The estimation position accuracy when the imaging sensor is ineffective

	X (m)	Y (m)	Z (m)
Mean	1 141.519 2	853.142 2	182.635 0
Mean square deviation	324.060 6	314.980 4	89.893 5
3 σ error	2 113.700 9	1 798.083 4	452.315 4

Table 4　The estimation velocity accuracy when the imaging sensor is ineffective

	V_x (m/s)	V_y (m/s)	V_z (m/s)
Mean	−0.634 0	0.569 5	0.269 8
Mean square deviation	0.312 7	0.225 1	0.201 2
3 σ error	1.572 0	1.245 0	0.873 5

5 Conclusion

The study on the autonomous navigation of chaser spacecraft in the process of lunar orbit RVD has been carried out in this paper and an autonomous navigation approach based on the starlight angles and the distancebetween the spacecraft and the centroid of moon has been proposed. In the sunward region of moon, the orbit estimation of chaser spacecraft utilizes the measurement information of imaging sensor and star sensor; while in the lunar shadowed region, the orbit extrapolation information of target spacecraft and the measurement of rendezvous radar and star sensor are utilized. Although it is different in the sensor utilization during the periods of sunward and shadowed regions, the last measurement equation is unanimous, namely, the starlight angles and the distance between the spacecraft and the centroid of moon are always treated as the measurements in the filter equations, which can uniformly design filters onboard and simplify the onboard algorithm.

The mathematical simulation results show that the orbit information of chaser spacecraft can be autonomously achieved in the process of rendezvous and docking by applying the autonomous navigation approach proposed in this paper. In the lunar sunward region, the high navigation precision can be achieved; in the lunar shadowed region, the autonomous navigation precision is mainly dependent on the orbit extrapolating accuracy of target spacecraft when the imaging sensor is not effective. Hence, it is an important approach to solve the autonomous navigation problem of spacecraft with high precision in the lunar shadowed region by developing the imaging sensor which can be used in the lunar shadowed region and design the more accurate orbit extrapolating algorithm.

References

[1] Weiren Wu, Dayi Wang, Xiaolin Ning. Autonomous Navigation Principle and Technology for Deep Space Explorer [M]. Chinese Aerospace Publishing House, 2011.

[2] Mark L. Psiaki and Joanna C. Hinks. Autonomous Lunar Orbit Determination Using Star Occultation Measurements. AIAA Guidance, Navigation and Control Conference and Exhibit 20-23 August 2007, Hilton

Head, South Carolina.

[3] Dayi Wang, Xiangyu Huang. Survey of Autonomous Navigation and Control for Deep Space [J]. Exploration. Aerospace Control and Application, 2009, 35 (3).

[4] Joel Getchius, Timothy Crain, Christopher D'Souza. Optical Navigation for the Orion Vehicle. AAS 08-105.

[5] Renato Zanetti, _ Brian Crousey and Chris D'souza. Autonomous Optical Lunar Navigation. AAS 09- 7751.

[6] Weiren Wu, Dayi Wang, Haixia Hu, etc. An Autonomous Orbit Determination Method for Lunar Orbit Rendezvous and Docking Spacecraft [J]. Chinese Science: Technical Science, 2012, 42 (5): 548-555.

[7] Yan Zhang, Wuxing Jing. Autonomous Navigation for Lunar Satellite Based on the Azimuth Information of Sun-Earth-Moon [J]. Journal of Astronautics, 2005, 26 (4): 495-523.

[8] Xin Huang, Li Wang, Xin Lu. An Ultraviolet Lunar Sensor for CE-1 Spacecraft [J]. Aerospace Control and Application, 2008 (1).

[9] Yuncai Hao, Li Wang. Several Critical Problems about Ultraviolet Lunar Sensor for Lunar Exploration Mission [J]. Aerospace Control, 2005 (1).

[10] S. J. Julier, J. K. Ulhmann, and H. F. Durrant Whyte, B. A New Method for the Nonlinear Transformation of Means and Covariances in Filters and Estimators [J]. IEEE Trans. Autom. Control, 2000, 45 (3): 472-482.

[11] JULIER S J, J K Uhlmann. A New Extension of the Kalman Filter to Nonlinear System [C]. The Proceedings of the 11th International Symposium on Aerospace/Defense Sensing, Simulation and Controls, Orlando FL, USA, SPIE, 1997.

[12] JULIER S J, UHLMANN J K, Unscented Filtering and Nonlinear Estimation [C]. Proceedings of the IEEE, 2004, 92 (3): 401-422.

一种环月交会对接航天器的自主导航方法*

吴伟仁，王大轶，胡海霞，刘涛，金光远

摘　要　我国正在进行月球采样返回工程，月球轨道交会对接是采样返回任务中的关键环节之一。本文提出了一种新颖的交会过程中目标航天器和追踪航天器的自主导航方法。该方法综合利用成像敏感器、交会雷达和激光高度计的测量信息，结合绝对轨道动力学模型，利用UKF滤波算法设计导航滤波器，能够同时估算得到交会对接过程中追踪航天器和目标航天器的绝对轨道参数。在月球阳照区，采用成像敏感器和交会雷达测量信息进行自主导航；在月球阴影区，则采用交会雷达和激光高度计的测量信息进行自主导航。通过理论分析和数学仿真，验证了所提出的自主导航方法的有效性。本文所提出的方法为月球轨道交会对接的工程实现提供了理论参考。

关键词　月球轨道交会；自主导航；成像敏感器；交会雷达；激光高度计

按照探月工程“绕、落、回”的总体规划，我国将实现月球采样返回地球。月球轨道交会对接是月球采样返回任务中的关键环节[1]。

航天器的自主导航决定着月球交会任务的成败。在交会对接任务中，航天器的绝对轨道信息主要用于完成以下任务：1）为交会过程中航天器保持对月定向提供轨道基准；2）由绝对轨道差分得到相对状态估值，为交会雷达捕获目标提供先验信息；3）在紧急撤离模式，绝对轨道差分为安全撤离提供相对轨道信息；4）相对导航和制导计算中需要用到两航天器的绝对轨道信息，以进行坐标转换[1]。

目前，环月轨道航天器的自主导航方式主要有两种：1）星上轨道外推方式。由于初值误差、轨道动力学模型误差以及加速度计测量误差的影响，其计算误差会逐渐放大；2）基于光学敏感器测量的自主导航方式[2,3]。即主要利用星敏感器、空间六份仪等敏感器测量日、月、地、恒星以及星历已知的小行星的视线方向，通过结合轨道动力学模型设计导航滤波器，估计绝对轨道。这种方式由于仅利用角度信息，滤波器收敛时间通常较长。月球轨道交会任务通常只进行2个轨道周期，并且期间涉及频繁的轨道机动，该方法无法满足任务要求。

近年来，成像敏感器（如可见光相机）在月球探测等深空任务中大量使用[3]。我国嫦娥一号和嫦娥二号卫星上安装的紫外敏感器就是一种典型的成像敏感器[4,5]，可以同时获

* 中国科学：技术科学，2012，42（5）：8.

得月心矢量方向和月心距。利用月心矢量方向和月心距进行轨道确定比仅利用视线方向的系统的可观度更强，这为月球轨道交会对接的航天器自主导航提供了新的途径。但成像敏感器也存在不足，由于成像机理的限制，成像敏感器只能在月球阳照区进行有效测量，在月球阴影区则无法正常应用。

为完成月球交会任务，在追踪航天器上往往安装有交会雷达（微波雷达或激光雷达）等相对测量敏感器，用来测量追踪航天器和目标航天器间的相对位置，并且交会雷达是一种全天候测量敏感器。Psiaki[6,7]提出可以利用相对位置测量信息，直接估计得到两航天器的绝对轨道参数。通过对系统的可观性进行分析，Psiaki 指出两航天器轨道差异越大则系统的可观性越强；两航天器共面且相距较近时，系统的可观性最弱，而这正是交会对接过程两航天器所处的状态。因此，单靠相对测量信息无法实现交会对接任务中高精度绝对轨道的确定，还需借助其他测量信息，如利用激光高度计测量追踪航天器的轨道高度信息（我国嫦娥一号卫星上配置了激光高度计用于测量卫星距月面的高度）有助于增强系统的可观性。

1 测量敏感器模型

1.1 坐标系定义

1）月心惯性坐标系，$o_m x_i y_i z_i$ ，以月心 o_m 为原点，$o_m x_i$ 轴指向 J2000.0 历元时刻的平春分点，$o_m z_i$ 轴为月球赤道面的正法向，$o_m y_i$ 轴与 $o_m x_i$ ，$o_m z_i$ 轴构成右手系。

2）轨道坐标系：$o_o x_o y_o z_o$ 原点 o 为航天器的质心，$o_o x_o$ 轴指向月球质心，$o_o x_o$ 轴在轨道平面内指向航天器的运动方向，$o_o y_o$ 与，$o_o z_o$， $o_o x_o$ 轴构成右手系。

3）本体坐标系：$o_b x_b y_b z_b$ ：原点 o_b 为航天器的质心，$o_b x_b$ 轴沿航天器的纵轴，指向飞行方向，$o_b y_b$ 轴沿航天器的横轴，垂直于纵轴，$o_b z_b$ 轴与 $o_b x_b$ ，$o_b y_b$ 轴构成右手系。在理想对月定向三轴姿态下，航天器本体系和航天器轨道坐标系重合。

1.2 成像敏感器测量模型

成像敏感器在拍摄到月球图像后能够提取出月球的视线方向与视半径，其中视线方向是用两个方向角 α_s ，β_s 表示，视半径用角度 γ_s 表示，如图 1 所示。

成像敏感器安装于追踪航天器上，测量示意图如图 1 所示，设成像敏感器的测量坐标系与追踪航天器本体系重合，光轴沿着追踪航天器的 $+Z$ 轴。设 $[x_{ci} \quad y_{ci} \quad z_{ci}]^{\mathrm{T}}$ 为追踪航天器月心矢量在月心惯性系下的投影，C_{bi}^{c} 为追踪航天器惯性姿态阵，可利用星敏感器确定。则成像敏感器的测量模型为

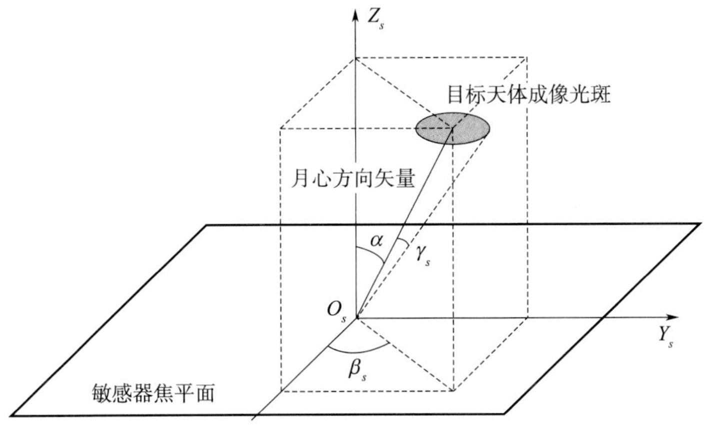

图 1　成像敏感器测量示意图

$$
\begin{cases}
\gamma_s = \arcsin\left(\dfrac{R_L}{R_c}\right) + \nu_{\gamma s} \\
\alpha_s = \arccos(z_s / R_c) + \nu_{\alpha_s} \\
\beta_s = \arctan\left(\dfrac{y_s}{x_s}\right) + \nu_{\beta_s}
\end{cases}
\tag{1}
$$

其中，R_L 为月球半径，R_c 为航天器月心距，$[x_s \quad y_s \quad z_s]^{\mathrm{T}} = \boldsymbol{C}_{\mathrm{bi}}^{c} \, [x_{\mathrm{ci}} \quad y_{\mathrm{ci}} \quad z_{\mathrm{ci}}]^{\mathrm{T}}$ 。

1.3 交会雷达测量模型

交会雷达安装于追踪航天器上，测量示意图如图 2 所示。假设交会雷达测量坐标系和追踪航天器本体系重合，且交会雷达安装在追踪航天器的质心位置、应答机（角反射器）安装在目标航天器的质心位置。则交会雷达的测量输出为：目标航天器相对于追踪航天器的视线距离 ρ_{r} ，目标航天器相对于追踪航天器的仰角 α_{r} 和目标航天器相对于追踪航天器的方位角 β_{r} 。

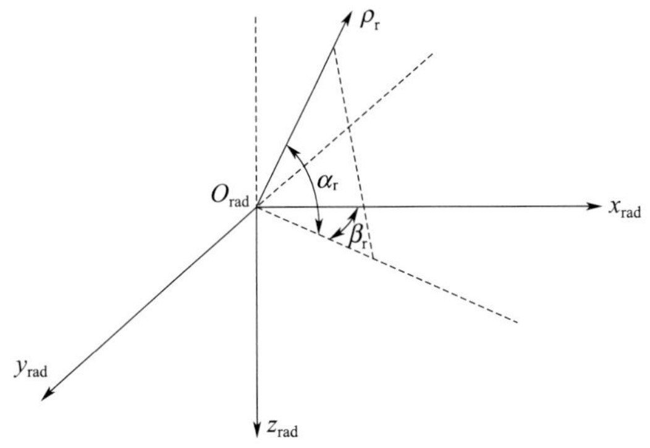

图 2　交会雷达测量示意图

利用交会雷达测量信息和追踪航天器的姿态信息，可以计算得到目标航天器质心相对于追踪航天器质心的相对位置在追踪航天器本体系中的表示

$$\begin{cases}\rho_r = \sqrt{x_r^2 + y_r^2 + z_r^2} + \nu_{\rho_r} \\ \alpha_r = \sin^{-1}(-z_r/\rho_r) + \nu_{\alpha_r} \\ \beta_r = \tan^{-1}(y_r/x_r) + \nu_{\beta_r}\end{cases} \tag{2}$$

其中，$[x_r \quad y_r \quad z_r]^T = C_{bi}^c\ [x_{ti} - x_{ci} \quad y_{ti} - y_{ci} \quad z_{ti} - z_{ci}]^T$，$[x_{ti} \quad y_{ti} \quad z_{ti}]^T$ 为目标航天器和追踪航天器在月心惯性系中的位置矢量。

1.4 激光高度计模型

航天器环月飞行时，激光高度计向月面发射波束很窄的激光，然后接收月面反射的激光回波，通过测量激光往返时间得到距离信息，再结合月面地形先验信息，最终得到航天器月心距的测量值。测量模型表达为

$$\rho_l = \sqrt{x_{ci}^2 + y_{ci}^2 + z_{ci}^2} + v_{\rho l} \tag{3}$$

2 轨道动力学模型

为减小算法的计算量，本文采用仅考虑中心引力的轨道动力学模型作为滤波器设计的状态方程[8]

$$\begin{cases}\ddot{x}_{ji} = -\dfrac{\mu x_{ji}}{R_j^3} + a_{x,j} \\ \ddot{y}_{ji} = -\dfrac{\mu y_{ji}}{R_j^3} + a_{y,j}, \quad j = c, t \\ \ddot{z}_{ji} = -\dfrac{\mu z_{ji}}{R_j^3} + a_{z,j}\end{cases} \tag{4}$$

其中，下标 c 表示追踪航天器，t 表示目标航天器，μ 为月球引力常数，a 表示控制加速度。

3 自主导航方法

通过综合利用安装于追踪航天器上的成像敏感器、交会雷达以及激光高度计，提出一种适用于月球轨道交会对接任务，能同时确定两航天器绝对轨道的自主导航方法。

具体思路是：在月球阳照区，利用成像敏感器和交会雷达的测量信息，结合轨道动力学模型，利用 Unscented Kalman Filter（UKF）[9] 滤波方法设计滤波器 1，同时对追踪航天器和目标航天器的绝对轨道进行估计；在月球阴影区，利用交会雷达和雷达测高仪的测量信息，结合轨道动力学模型，利用 UKF 滤波方法设计滤波器 2，同时对追踪航天器和目标航天器绝对轨道进行估计。根据敏感器的特点，分段使用滤波器 1 和滤波器 2，以保证在整个交会对接过程中同时获得两航天器的绝对轨道信息。

3.1 自主导航滤波器 1

将追踪航天器和目标航天器在月心惯性系下的位置和速度作为状态量，记为 $\boldsymbol{X}=[\boldsymbol{X}_{ci}^{T} \quad \boldsymbol{X}_{ti}^{T}]^{T}$。

将轨道动力学模型作为状态方程，则状态方程列写为

$$\dot{\boldsymbol{X}}=\boldsymbol{f}(\boldsymbol{X})+\boldsymbol{U}(t)+\boldsymbol{W}(t) \tag{5}$$

其中，

$$\boldsymbol{f}(\boldsymbol{X})=\begin{bmatrix} f_c(X_c) \\ f_t(X_t) \end{bmatrix}$$

$$\boldsymbol{f}_j(\boldsymbol{X}_{ji})=\begin{bmatrix} \dot{x}_{ji} \\ \dot{y}_{ji} \\ \dot{z}_{ji} \\ \hline -\dfrac{\mu x_{ji}}{R_j^3} \\ -\dfrac{\mu y_{ji}}{R_j^3} \\ -\dfrac{\mu z_{ji}}{R_j^3} \end{bmatrix}, j=c,t$$

$$\boldsymbol{U}(t)=\begin{bmatrix} \boldsymbol{0}_{3\times 1} \\ \boldsymbol{a}_x^c \\ \boldsymbol{a}_y^c \\ \boldsymbol{a}_z^c \\ \boldsymbol{0}_{6\times 1} \end{bmatrix}$$

状态方程为连续方程，为便于滤波器设计，需要进行离散化处理。即有

$$X_{k+1}=X_k+\boldsymbol{f}(X_k)\Delta t+\boldsymbol{U}(t)\Delta t+W_k \tag{6}$$

其中 $E[W_k W_k^T]=Q_k=Q(t)/\Delta t$。

将成像敏感器测量得到的月心矢量方向和月心距，以及交会雷达测量得到的相对距离和相对视线方向作为测量信息，测量方程为

$$z_{1,k+1}=h_1(X_{k+1})=\begin{bmatrix} \arcsin\left(\dfrac{R_L}{R_c}\right) \\ \arccos(z_{s,k+1}/R_c) \\ \arctan\left(\dfrac{y_{s,k+1}}{x_{s,k+1}}\right) \\ \sqrt{x_{r,k+1}^2+y_{r,k+1}^2+z_{r,k+1}^2} \\ \arcsin(-z_{r,k+1}/\rho_{r,k+1}) \\ \arctan(y_{r,k+1}/\rho_{r,k+1}) \end{bmatrix}+\begin{bmatrix} \nu_{y_s} \\ \nu_{a_s} \\ \nu_{\beta_s} \\ \nu_{\rho_r} \\ \nu_{a_r} \\ \nu_{\beta_r} \end{bmatrix} \tag{7}$$

3.2 自主导航滤波器 2

在月球阴影区，将交会雷达测量信息和激光高度计的测量信息作为测量量，测量方程写为

$$Z_{2,k+1}=h_2(X_{k+1})=\begin{bmatrix}\sqrt{x_{\mathrm{r},k+1}^2+y_{\mathrm{r},k+1}^2+z_{\mathrm{r},k+1}^2}\\ \arcsin(-z_{\mathrm{r},k+1}/\rho_{\mathrm{r},k+1})\\ \arctan(y_{\mathrm{r},k+1}/\rho_{\mathrm{r},k+1})\\ \sqrt{x_{\mathrm{ci},k+1}^2+y_{\mathrm{ci},k+1}^2+z_{\mathrm{ci},k+1}^2}\end{bmatrix}+\begin{bmatrix}\nu_{\rho_\mathrm{r}}\\ \nu_{\alpha_\mathrm{r}}\\ \nu_{\beta_\mathrm{r}}\\ \nu_{\rho_1}\end{bmatrix} \tag{8}$$

状态方程仍然为（6）式。

3.3 UKF 滤波算法

由第 2 和 3 节可知，导航系统的测量方程和状态方程均为非线性，若利用 EKF 来设计滤波器，则雅可比矩阵的求解非常繁琐。另外，由于仅仅采用了一阶 Taylor 近似，EKF 的估计精度也比较低。本文采用 UKF 滤波方法设计相应的导航滤波器，这种滤波算法对非线性系统无需进行线性化近似，且估计精度较 EKF 更好。UKF 滤波器设计步骤如文献[9]，在此不再赘述。

3.4 滤波间的切换策略

滤波器 1 和 2 的具体使用由导航策略决定。在切换点上，将当前使用滤波器的状态估计值以及方差阵作为将要使用滤波器的初始值。

4 导航系统可观性分析

滤波系统可观是设计导航滤波器的前提，而系统的可测度分析可用于对系统的估计性能进行评价。

自主导航滤波器 1 系统显然是可观的，由于直接采用绝对位置和相对位置作为测量信息，系统的可观度也比较高，这里不再进行分析。

本节重点利用非线性系统局部可观性判断定理对滤波器 2 的可观性进行分析；此外将利用基于奇异值分解的系统可观度分析方法，对系统以及系统各状态的可观度进行分析。

对于一般的非线性系统

$$\dot{\boldsymbol{X}}=\boldsymbol{f}(\boldsymbol{X})+w \tag{9}$$

$$\boldsymbol{Z}=\boldsymbol{h}(\boldsymbol{X})+v \tag{10}$$

式中，$\boldsymbol{w}$ 为过程噪声，$x\in\mathbb{R}^n$，其可观性有以下结论。

定义 1[10] 对于由（9）和（10）式描述的非线性系统，定义可观矩阵

$$\boldsymbol{\Theta}=\begin{bmatrix}\mathrm{d}\boldsymbol{h}(\boldsymbol{X})\\ \mathrm{d}L_f\boldsymbol{h}(\boldsymbol{X})\\ \cdots\\ \mathrm{d}L_f^{n-2}\boldsymbol{h}(\boldsymbol{X})\\ \mathrm{d}L_f^{n-1}\boldsymbol{h}(\boldsymbol{X})\end{bmatrix} \tag{11}$$

其中 $\mathrm{d}L_f^k\boldsymbol{h}(\boldsymbol{X})=\dfrac{\partial L_f^k\boldsymbol{h}(\boldsymbol{X})}{\partial\boldsymbol{X}}$，当可观矩阵在 $\boldsymbol{X}_0$ 处的秩 $\mathrm{rank}(\boldsymbol{\Theta}(\boldsymbol{X}_0))=n$ 时，称系统在 $\boldsymbol{X}_0$ 处满足可观性秩条件。如果对所有的 $\boldsymbol{X}\in\boldsymbol{M}$（$\boldsymbol{M}\subset\mathbb{R}^n$，$\boldsymbol{M}$ 为开集，称为系统的状态流形）处都满足可观性秩条件，则称系统满足可观性秩条件。

引理 1[10] 如果由（9）和（10）式描述的系统满足 可观性秩条件，那么该系统是局部弱可观的。

局部弱可观表明了系统在一定邻域内的完全能观性，超出该邻域的状态有可能和邻域内的状态之间不能观。由于实际的导航系统对真实状态的变化范围通常都有先验信息，所以只要系统局部弱可观，就意味着利用获得测量能够唯一确定状态，所以可以通过设计滤波器对状态进行估计。

将考虑月球 J2 项影响的轨道动力学模型作为分析使用的状态方程

$$\begin{cases}\ddot{x}_{ji}=-\dfrac{\mu x_{ji}}{R_j^3}\left(x_{ji}+\dfrac{3}{2}J_2\left(\dfrac{R_e}{R_j}\right)^2\left(1-5\dfrac{z^2}{R_j^2}\right)\right)\\ \ddot{y}_{ji}=-\dfrac{\mu y_{ji}}{R_j^3}\left(x_{ji}+\dfrac{3}{2}J_2\left(\dfrac{R_e}{R_j}\right)^2\left(1-5\dfrac{z^2}{R_j^2}\right)\right)\\ \ddot{z}_{ji}=-\dfrac{\mu z_{ji}}{R_j^3}\left(1+\dfrac{3}{2}J_2\left(\dfrac{R_e}{R_j}\right)^2\left(3-5\dfrac{z^2}{R_j^2}\right)\right)\\ j=c,t\end{cases} \tag{12}$$

为简化分析过程，分析中采用如下观测方程

$$Z_{2,k+1}=\left(\dfrac{\begin{matrix}x_{\mathrm{ti},k+1}-x_{\mathrm{ci},k+1}\\ y_{ti,k+1}-y_{\mathrm{ci},k+1}\\ z_{\mathrm{ti},k+1}-z_{\mathrm{ci},k+1}\end{matrix}}{\sqrt{x_{\mathrm{ci},k+1}^2+y_{\mathrm{ci},k+1}^2+z_{\mathrm{ci},k+1}^2}}\right)+V_{k+1} \tag{13}$$

（13）与（8）式所示的测量方程是等价的，只是测量噪声的统计特性不同，但这不影响分析结论。要构造完整的可观阵 $\boldsymbol{\Theta}$ 计算量过大，为此仅分析如（14）式所示的矩阵的秩

$$\tilde{\boldsymbol{\Theta}}=\begin{bmatrix}\mathrm{d}\boldsymbol{h}(\boldsymbol{X})\\ \mathrm{d}L_f\boldsymbol{h}(\boldsymbol{X})\\ \mathrm{d}L_f^2\boldsymbol{h}(\boldsymbol{X})\\ \mathrm{d}L_f^3\boldsymbol{h}(\boldsymbol{X})\end{bmatrix} \tag{14}$$

显然，若 $\tilde{\boldsymbol{\Theta}}$ 列满秩，则必有 $\boldsymbol{\Theta}$ 列满秩.

由于涉及 Lie 导数计算，$\tilde{\boldsymbol{\Theta}}$ 的形式仍然非常复杂，利用其解析解不便于进行分析。为

此，采用代入实际轨道参数进行数值分析的方法来考察 $\widetilde{\boldsymbol{\Theta}}$ 的列满秩情况。

目标航天器的初始轨道根数为

$a = 1\ 938$ km，$e = 0.000\ 3$，$i = 25°$，$\Omega = 180°$，$w = 240°$，$f = 0°$

追踪航天器的初始轨道根数为

$a = 1\ 928$ km，$e = 0.000\ 93$，$i = 25.008\ 4°$，$\Omega = 179.984\ 4°$，$w = 246.63°$，$f = 352.384\ 2°$。可以得到结果如图 3 和图 4 所示。

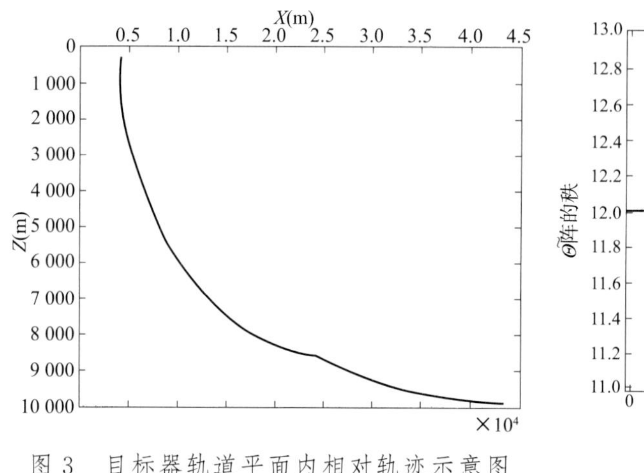

图 3　目标器轨道平面内相对轨迹示意图

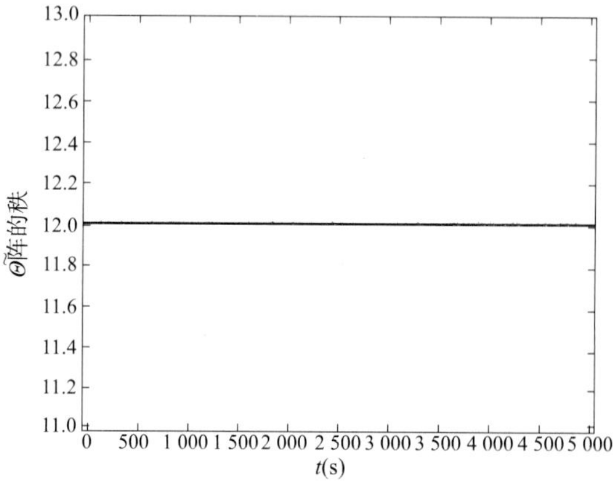

图 4　交会过程中 $\widetilde{\boldsymbol{\Theta}}$ 阵的秩

可见，交会过程中，$\widetilde{\boldsymbol{\Theta}}$ 始终列满秩。所以滤波系统 2 是局部弱可观的。这就说明了利用该系统可以通过设计滤波器对状态进行估计。但是，实际影响估计效果的是系统的可观程度，即可观度。可观度越高则可能达到越高的估计精度。

本文利用基于奇异值分解的可观度分析方法[11]，对滤波系统 2 的可观度进行进一步深入分析。基于奇异值分解的可观度分析方法的特点是：利用状态变化对相应输出变化的影响大小作为系统以及状态可观度的描述，物理意义很明确。以下对基于奇异值分解的可观度分析方法进行简单的介绍。

考虑一般的线性时变离散系统：

$$\begin{cases} \boldsymbol{X}_{k+1} = \boldsymbol{A}_k \boldsymbol{X}_k + \boldsymbol{b}_k \\ \boldsymbol{Z}_{k+1} = \boldsymbol{H}_{k+1} \boldsymbol{X}_{k+1} + \boldsymbol{c}_{k+1} \end{cases} \tag{15}$$

式中，$\boldsymbol{X}_k$ 为 n 维状态向量，$\boldsymbol{Z}_{k+1}$ 为 m 维输出向量，$\boldsymbol{A}_k$，$\boldsymbol{b}_k$，$\boldsymbol{H}_k$，$\boldsymbol{c}_k$ 是取决于时刻 k 的时变矩阵。

系统可观性矩阵 $\boldsymbol{Q}_{O,k}$ 为

$$\boldsymbol{Q}_{O,k} = \begin{bmatrix} \boldsymbol{H}_k \\ \boldsymbol{H}_{k+1}\boldsymbol{A}_k \\ \cdots \\ \boldsymbol{H}_{k+l-1}\boldsymbol{A}_{k+l-2}\cdots\boldsymbol{A}_k \end{bmatrix},(l \geqslant n) \tag{16}$$

定义系统的可观度为[11]

$$\kappa_k = \sigma_{\min}(\boldsymbol{Q}_{O,k}) \tag{17}$$

定义各个状态的可观度为[11]

$$\eta_{i,k} = \left\| \begin{bmatrix} \dfrac{\nu_{1i}}{\sigma_1} & \dfrac{\nu_{2i}}{\sigma_2} & \cdots \dfrac{V_{ni}}{\sigma_n} \end{bmatrix}^{\mathrm{T}} \right\|_2^{-1}, i = 1, \cdots, n \tag{18}$$

其中，$[\nu_{1i} \quad \nu_{2i} \quad \cdots \quad \nu_{ni}]^{\mathrm{T}}$ 为对系统可观性矩阵 $\boldsymbol{Q}_{O,k}$ 进行奇异值分解后，右奇异矩阵 $\boldsymbol{V}^{\mathrm{T}}$ 的第 i 列，$[\sigma_1 \quad \sigma_2 \quad \cdots \quad \sigma_n]^{\mathrm{T}}$ 为奇异值。

从（15）式可以看到，该方法适用于线性系统，所以应用于非线性系统时需要进行线性化，具有近似性，但对滤波器设计具有指导意义。

代入真实轨道数据所得结果如图 5～7 所示。

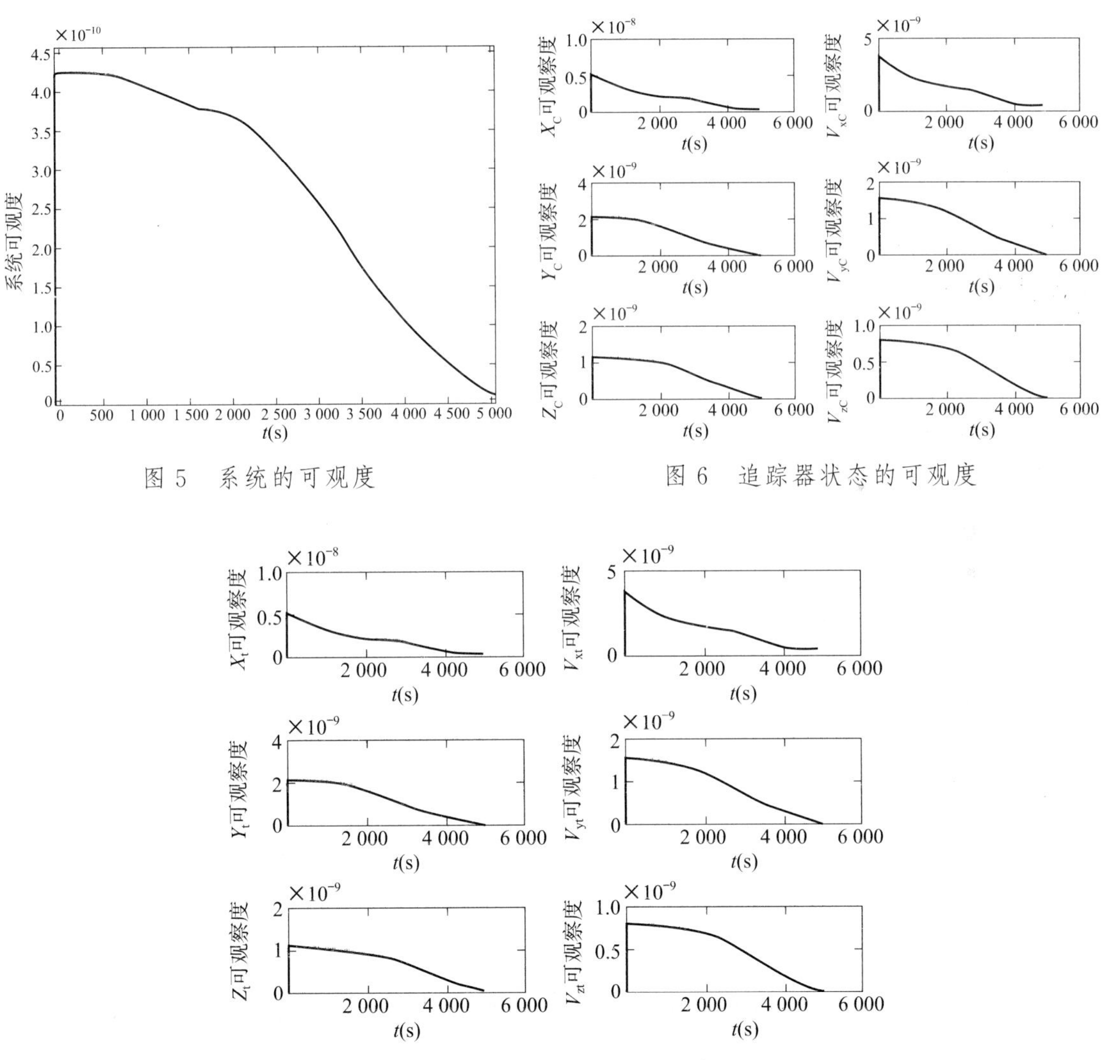

图 5　系统的可观度

图 6　追踪器状态的可观度

图 7　目标器状态的可观度

从图 5～7 可以清楚地看到，在交会过程中，系统的可观度始终不为零，这再次说明了系统始终是可观的，X，Y，Z 三轴状态的可观度依次降低；同时系统的可观度和状态的可观度均随着时间呈现下降趋势；另一方面，从相对轨迹可看到，随着交会过程的推进，两航天器的轨迹越来越接近。从而说明了两航天器的轨迹越接近则系统的可观度越低。这与 Psiaki 的结论是吻合的。

虽然在相对测量信息的基础上增加了追踪器高度测量信息，但当两航天器轨道很接近时系统虽仍可观，但可观度比较差。

以上分析结果为交会对接策略提供了设计约束，即交会初始阶段，相对距离较远可选择在月夜中进行，以使用滤波器 2 作为轨道确定方式，将近距离交会对接安装在月昼进行，以使用滤波器 1 作为轨道确定方式。

5 数学仿真

将本文所提出的自主导航方法，应用于月球轨道交会对接任务中目标航天器和追踪航天器的绝对轨道确定。仿真中采用的目标器和追踪器轨道与第 4 节中相同；成像敏感器的输出 γ_s，α_s 和 β_s 的测量噪声均为零均值高斯白噪声，3σ 分别为：0.05°，0.02°和 0.02°；交会雷达的输出 γ_r，α_r 和 β_r 的测量噪声均为零均值高斯白噪声，3σ 分别为：10 m，0.1°和 0.1°；激光高度计的测量误差 $3\sigma_{\rho 1}=5\ 000$ m；初始状态通过在真实状态基础上加定轨误差生成，定轨误差为高斯白噪声，其中位置误差为 $3\sigma_{pos}=10$ km，速度误差为 $3\sigma_{vel}=10$ m/s。

这里对交会对接自主段的寻的和接近过程进行仿真，仿真时间 5 000 s，其中前 500 采用滤波器 1，此后的 0.5 个轨道周期进入月夜采用滤波器 2，出月夜后再切回到滤波器 1。仿真结果图 8～11，以及表 1 和 2 所示。

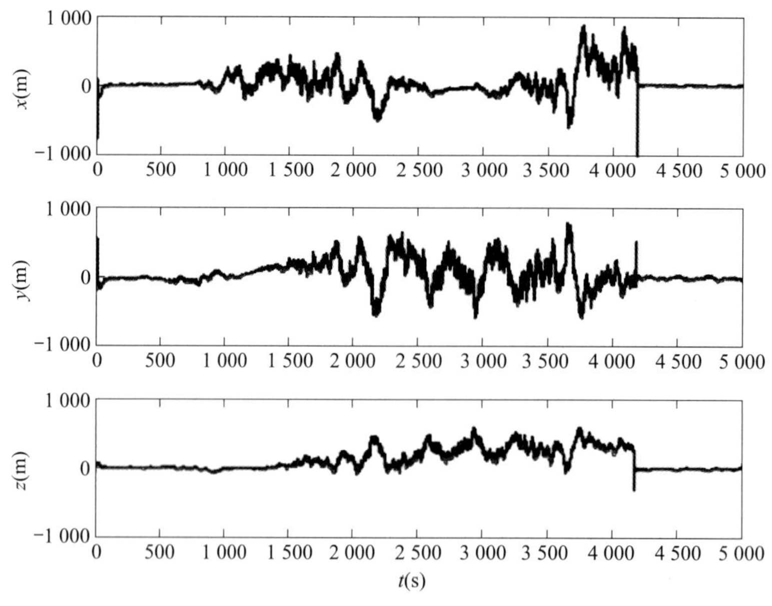

图 8　追踪航天器位置估计误差

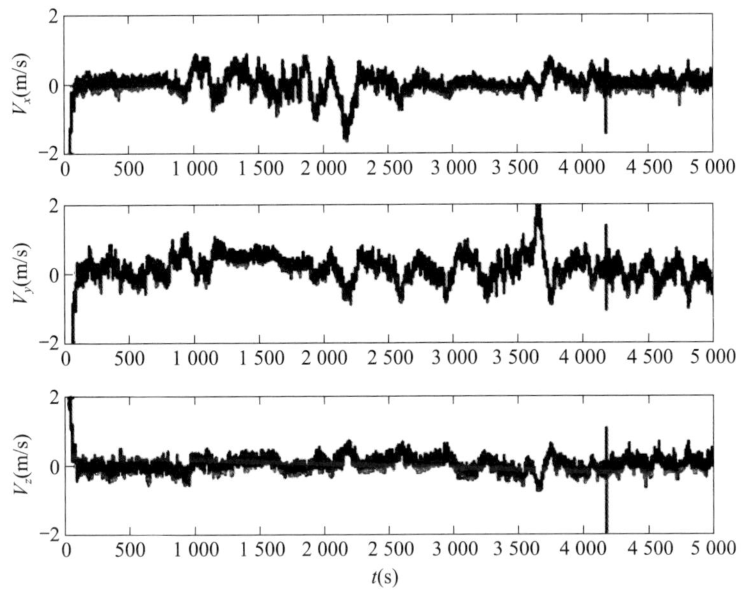

图 9　追踪航天器速度估计误差

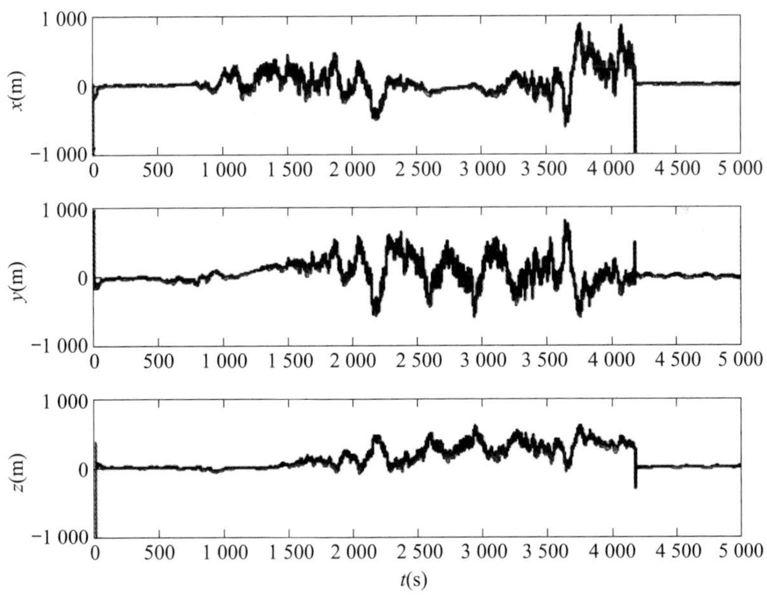

图 10　目标航天器位置估计误差

从图 8～11 以及表 1 和 2 的结果可以看到：1）采用滤波器 1 时，两航天器的位置估计精度小于 100 m，速度估计精度小于 1 m/s，这样的导航精度，显然可以满足交会对接任务对绝对轨道的精度要求；2）采用滤波器 2 时，位置确定误差小于 1 km，速度确定误差小于 2 m/s；3）随着相对距离的接近，滤波器 2 的估计精度也相应下降，这与导航系统可观性分析中的结论相一致；4）位置确定误差 1 km 所引起的姿态确定误差小于 0.03°，

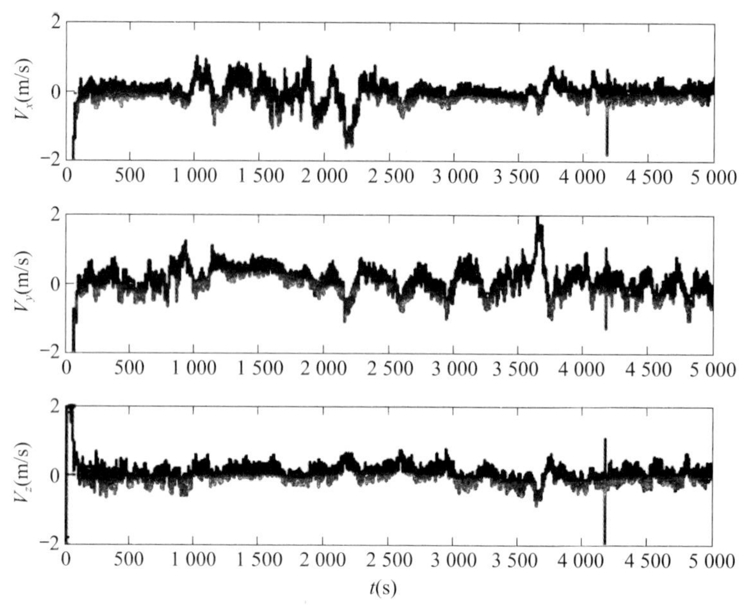

图 11 目标航天器速度估计误差

能够满足对月定向姿态确定的要求，但是这样的绝对轨道差分值不能作为相对导航的备份；5）从仿真曲线也可以看出，从滤波器 2 切换到滤波器 1 时导航精度很快得到改善，但估计值会出现突跳，这是滤波器 1 的收敛过程出现的现象，在实际工程应用中，可以采用两滤波器并行滤波，待滤波器 1 收敛后再实施导航值切换，以免影响控制系统的整体性能。

表 1 自主导航滤波器 1 的估计精度（3σ）

航天器	X (m)	Y (m)	Z (m)	V_x (m/s)	V_y (m/s)	V_z (m/s)
追踪器	13.303 7	38.129 0	17.583 8	0.389 4	0.825 6	0.485 6
目标器	14.660 1	39.239 6	20.564 3	0.460 1	0.799 3	0.670 7

表 2 自主导航滤波器 2 的估计精度（3σ）

航天器	X (m)	Y (m)	Z (m)	V_x (m/s)	V_y (m/s)	V_z (m)
追踪器	640.204 0	712.802 2	649.048 2	1.012 4	1.304 2	0.661 7
目标器	640.316 8	712.442 6	649.386 5	1.020 9	1.300 8	0.679 2

6 结论

本文对月球轨道交会对接过程中目标航天器和追踪航天器的轨道确定问题进行了研究，提出了一种新颖的月球轨道交会对接航天器自主轨道确定方法。该方法综合利用成像敏感器、交会雷达和激光高度计的测量信息，当阳照区成像敏感器有效时，将成像敏感器和交会雷达的测量值作为测量量，对目标航天器和追踪航天器的轨道进行估计；当阴影区成像敏感器无效时，将交会雷达和激光高度计的测量信息作为测量量设计导航滤波器，同时估计得到目标航天器和追踪航天器的绝对轨道参数。

数学仿真结果表明，利用本文提出的自主导航方法，可以在交会对接寻的和接近过程得到两航天器较为精确的轨道信息，能够满足月球轨道交会对接任务的要求。本文提出的方法可用于我国将要进行的月球采样返回任务工程实践，也可为火星等深空探测采样返回任务提供参考。

通过导航系统可观性分析可以看到，在相对距离较近时，采用相对导航信息估计绝对轨道，系统的可观性较弱，即使增加了高度测量信息，仍无法完全克服。所以在近距离是还要通过增加追踪航天器绝对轨道测量信息的角度来增强系统的可观度，例如增加天文导航敏感器等。这将在后续研究中加以讨论。

参考文献

[1] 吴伟仁，王大铁，宁晓琳. 深空探测器自主导航原理与技术 [M]. 中国宇航出版社，2011.

[2] Psiaki M L, Hinks J C. Autonomous lunar orbit determination using star occultation measurements [C]. AIAA Guidance, Navigation and Control Conference and Exhibit 20-23 August 2007, Hilton Head, South Carolina.

[3] 王大轶，黄翔宇. 深空探测自主导航与控制技术综述 [J]. 空间控制技术与应用，2009，35：6-12.

[4] 黄欣，王立，卢欣. 嫦娥一号卫星紫外月球敏感器 [J]. 空间控制技术与应用，2008，1：51-55.

[5] 郝云彩，王立. 紫外月球敏感器的几个关键问题 [J]. 航天控制，2005，1：87-91.

[6] Psiaki M L. Absolute orbit and gravity determination using relative position measurements between two satellites [C]. AIAA Guidance, Navigation and Control Conference and Exhibit 20-23 August 2007, Hilton Head, South Carolina.

[7] Psiaki M L. Autonomous orbit determination for two spacecraft from relative position measurements [J]. J Guid Control Dyn, 1999, 22: 305-312.

[8] 刘林，王歆. 月球探测器轨道力学 [M]. 北京：国防工业出版社，2006.

[9] Julier S J, Ulhmann J K, Durrant Whyte H F B. A new method for the nonlinear transformation of means and covariances in filters and estimators [J]. IEEE Trans Autom Control, 2000, 45 (3): 472-482.

[10] 洪奕光，程代展. 非线性系统的分析与控制 [M]. 北京：科学出版社，2005，48-52.

[11] 范伟，李勇. 基于奇异值分解的航天器自主导航系统能观度分析 [J]. 航天控制，2009，27 (2)：50-55.

月球车巡视探测的双目视觉里程算法与实验研究*

吴伟仁，王大轶，邢琰，龚小谨，刘济林

摘　要　月球车在月面巡视的移动距离测量是实现安全有效探测的重要保障。基于视觉里程计的定位方法是解决月面滑移，提高行驶里程推算精度的有效方法，对月球车实现高精度定位具有重要意义。本文对双目视觉里程算法的设计及实现技术进行了深入研究，并对基于不同特征提取算法的视觉里程定位方法进行了实验验证，通过与高精度全站仪数据比较，验证了算法的测量精度和有效性。

关键词　月球车；视觉里程计；导航定位

0 引言

高精度导航定位是月球车实现路径规划、运动控制、对日对地定向的重要保障，也是衡量导航控制性能的主要指标之一[1,2]。由于月球表面存在坑、坡及岩石等不平坦地形，且表面覆盖着一层松软月壤，月球车移动时会产生较大滑移，在无滑移补偿的情况下，基于轮系里程计的定位误差明显，且随着移动里程的增加而累积[3,4]；同时由于移动速度较慢，单一的惯性导航定位方法不适用。因此大滑移情况下的高精度定位是月球车导航控制的关键技术之一。

视觉里程计是利用安装在月球车或其他运动载体上的单目或双目摄像机，拍摄图像序列，经过图像处理和运动估计来获取本体姿态和位置的方法[5,6]。与传统的基于轮系编码器和惯导设备的航位推算方法相比，视觉里程计能够精确估计本体6个自由度（3个方向的位置和姿态）的运动参数变化，有效克服由车轮滑动引起的编码器读数偏移以及惯导“漂移”等问题，因此更适用于斜坡、沙地，以及不可预知的非结构化自然地形环境，如月球、火星等的表面。

双目视觉里程计通过双目摄像机拍摄得到的立体图对序列获取本体姿态和位置的相对变化，曾应用于美国的“勇气号”和“机遇号”火星车上，有效解决了火星车的位置确定问题，定位误差可达1%，远远优于轮系里程计（误差大于20%）[7,8]。而最近几年研究者们对视觉里程算法的持续研究，则主要集中在提高其算法的精确性、鲁棒性以及快速性

* 中国科学：信息科学，2011，41（12）：8.

方面[8,9]。

双目视觉里程计的实现方法可分为基于致密光流（Optical Flow）的方法和基于稀疏特征（Feature）的方法。早期的研究主要是基于光流的连续处理方法。当摄像机与场景目标间有相对运动时，在图像平面上所观察到的亮度模式运动称为光流。根据光流可以恢复场景中物体的运动和形状参数。基于特征的方法是从相邻时刻的两帧或多帧图像中提取诸如角点、直线等特征，建立特征对应关系，根据这些特征对应估计摄像机的运动[4]。

基于致密光流的方法计算量巨大，且实际应用中受限因素多[4]；而稀疏特征点方法在匹配和跟踪上更易得到鲁棒结果，运算也更为快速。本文主要对基于稀疏特征点的双目视觉里程计开展研究。

全文主要内容共分为3部分。第1节阐述了双目视觉里程计的实现流程和关键算法，重点研究了基于SIFT（Scale Invariant Feature Transform）和基于CenSurE（Center Surround Extrema）的两种特征提取算法；第2节介绍了利用Pioneer 3-AT移动机器人，在室外自然地形下对双目视觉里程计的实验验证情况，包括两种算法的实验结果以及与全站仪测量数据的对比；第3节针对算法研究和实验验证情况，对视觉里程计的设计和应用进行了综合评价，并提出了后续研究应用的重点方向。

1 双目视觉里程计算法研究

基于稀疏特征点的双目视觉里程计首先对立体像对序列进行特征提取、特征匹配与跟踪等处理，重建稀疏三维点云；并根据三维点云的相对位置，估算本体姿态的变化；最后通过光束平差（Bundle Adjustment）约束，获得更精确的姿态与位置变化信息。双目视觉里程算法的主要流程如图1所示。

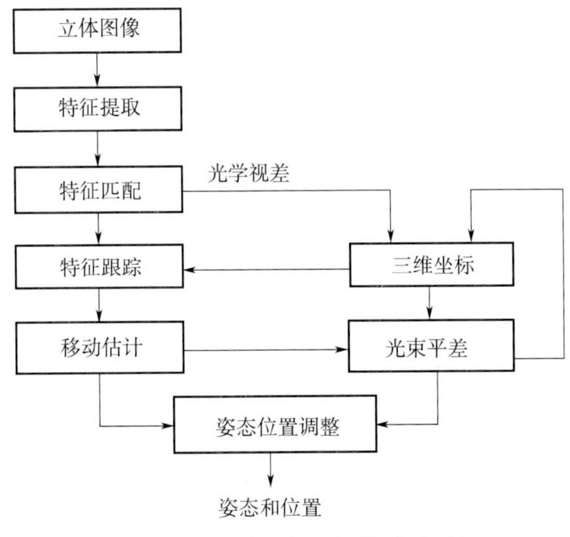

图1 双目视觉里程算法流程

1.1 特征提取

常用的特征点提取算法包括早期的 Harris 角点检测、Förstner 角点检测、1999 年 Lowe[10]提出的 SIFT，以及在最近几年受 SIFT 启发提出的快速算法 CenSurE[11] 和 SURF[12]等。经过算法比较研究，SIFT 算法提取的特征点数量和精度均优于其他算法；CenSurE 算法快速性较好。因此本文不对所有算法进行详细介绍和推导，仅对 SIFT 与 CenSurE 两种特征提取算法进行比较研究。

1.1.1 SIFT 角点检测算法

SIFT 是一种具有尺度、旋转以及部分仿射不变特性的特征提取算法。其首先利用式（1）所示的 DoG（Difference of Gaussian）算子来近似尺度空间的 LoG（Laplace of Gaussian）算子，提取尺度空间中 DoG 算子响应的极值点作为特征点。然后以特征点为中心取 8×8 的邻域，在邻域内每个 4×4 像素的子区域计算 8 个方向的梯度方向直方图，得到每个梯度方向的统计值作为特征描述向量。这种邻域方向性信息联合的思想增强了算法抗噪声的能力，同时对含有定位误差的特征匹配也具有较好的容错性。

$$D(x,y,\sigma)=[G(x,y,k\sigma)-G(x,y,\sigma)]\times I(x,y)=L(x,y,k\sigma)-L(x,y,\sigma) \quad (1)$$

其中，

$$G(x,y,\sigma)=\frac{1}{2\pi\sigma^2}e^{-(x^2+y^2)/2\sigma^2} \quad (2)$$

σ 代表了 Gauss 正态分布的方差。

1.1.2 CenSurE 角点检测算法

SIFT 算法具有较好的准确性，但计算复杂度相对较高。CenSurE 采用中心围绕的多边形滤波器（见图 2）来近似尺度空间的 LoG 算子，在保留了有效的特征提取能力，特征点具有旋转、尺度不变性的同时，极大地提高了计算速度。采用圆形的为 BLoG（Bi-level Laplace of Gaussian）算子，具有最高的旋转不变性；采用正方形滤波器的为 CenSurE-DoB（Difference of Box）算子，检测速度最快；将正方形滤波器替换为八边形滤波器后为 CenSurE-DoO（Difference of Octagon）算子，可得到更佳的旋转不变的特征点，最接近圆形滤波器。文献［11，13，14］中给出 CenSurE 算法的原理和具体实现，本文在月球车视觉里程计实验研究中采用 CenSurE-DoB 算子。

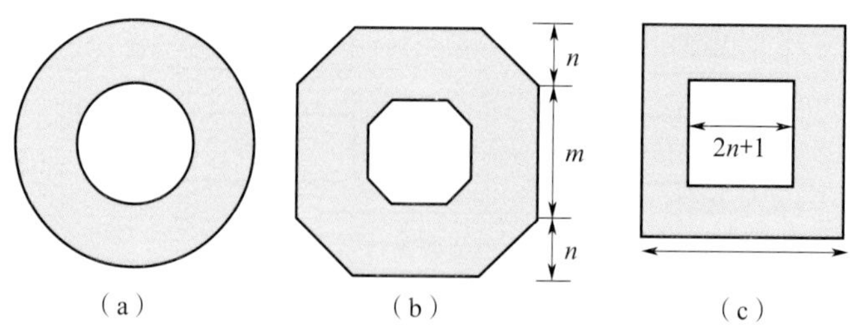

图 2 中心环绕的近似 LoG 滤波器

1.2 特征匹配与跟踪

通过特征提取算法提取两幅图像的特征点后，利用其特征向量的 Euclid 距离来判定两幅图像中特征点的相似性。即对于一幅图像中的某个特征点，找出另一幅图像中与其 Euclid 距离最近的前两个特征点，如果其中最近的距离除以次近的距离小于某个比例阈值，则接受这一对匹配点。降低这个比例阈值，特征点匹配的数目会减少，但更加稳定。Euclid 距离最近点的查找主要使用 k-d 树结合 BBF（Best Bin First）算法实现。

图 3 显示了对一组相连立体图像对使用 SIFT 进行特征提取与匹配的结果，其中图 3（a）为运动前、后左右图像对的特征提取与匹配结果，图 3（b）为左图像运动前、后的特征提取与跟踪结果。在分辨率为 640×480 的图像对中，所提取及匹配上的 SIFT 特征点总数约在 1 000 左右（图中仅显示部分结果），而用 CenSurE 得到的匹配特征点数在 700 左右。

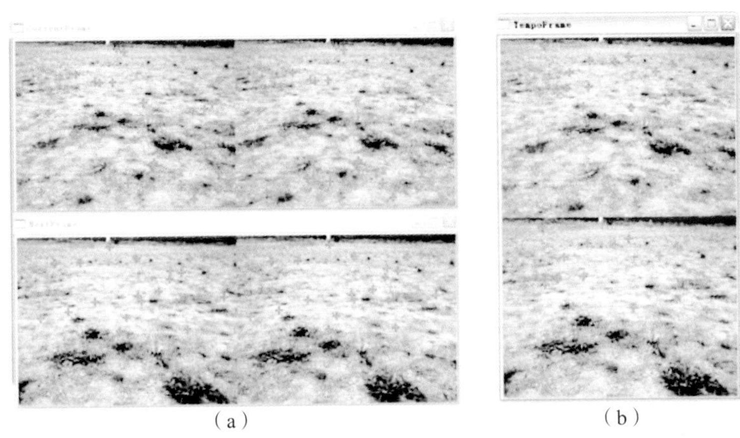

(a) (b)

图 3 SIFT 特征提取与匹配结果

1.3 运动估计

左右图对（见图 3（a））在得到匹配的特征点对后，可以根据相机的内参及两个相机的相对位置，重建一组三维点云。根据前后立体图对得到的两组三维点云，可以用 Horn[15] 提出的四元组算法估算运动参数。假设 $\boldsymbol{P}_{cj}$ 与 $\boldsymbol{P}_{pj}$ 分别代表本帧和前帧中第 j 个特征点对应的摄像机坐标系下的三维坐标，$j=1, 2, \cdots, n$；那么前后两帧车体的旋转 $\boldsymbol{R}$ 和平移 $\boldsymbol{T}$ 满足以下关系

$$\boldsymbol{P}_{cj} = \boldsymbol{R}\boldsymbol{P}_{pj} + \boldsymbol{T} \tag{3}$$

在存在误差的情况下，$\boldsymbol{R}$ 和 $\boldsymbol{T}$ 的估计，形式化为式（4）的非线性优化问题。Horn 算法利用四元组的特性，将非线性优化问题转化为线性问题求解。

$$E(\boldsymbol{R}, \boldsymbol{t}) = \sum_{j=1}^{n} \| \boldsymbol{P}_{cj} - (\boldsymbol{R}\boldsymbol{P}_{pj} + \boldsymbol{T}) \|^2 \tag{4}$$

运动估计仅得到初始的运动参数，受各种误差影响，需要进行平差处理，以获取高精度的运动参数。

1.4 基于局部双目光束法平差的优化

光束平差[16]通过 Levenberg-Marquardt（L-M）非线性优化算法最小化三维点在图像序列中的反投影误差，以得到最优的运动模型，因此常常应用于视觉里程计的最后阶段，用于优化前期得到的单帧处理的结果。常用的光束法平差通常基于单目视觉。本文结合双目立体相机，推导出双目光束法平差优化，并通过滑动窗口来提高计算速度。

假设在 M 帧图像中可以看到 N 个三维点，用 x_{ij} 表示第 i 个三维点在第 j 幅图像上的反投影，$\boldsymbol{R}_j$ 和 $\boldsymbol{T}_j$ 表示第 j 帧图像的运动参数，用向量 $\boldsymbol{p}_i$ 表示第 i 个三维点的坐标参数，则双目光束法平差即对包含了所有三维点和运动参数的反投影误差代价方程进行最小化，如式（5）所示

$$\arg\min_{R_j \quad T_j}\sum_{i=1}^{n}\sum_{j=1}^{m}(\|Q_l(\boldsymbol{R}_j,\boldsymbol{T}_j,\boldsymbol{p}_i)-x_{lij}\|^2+\|Q_r(\boldsymbol{R}_j,\boldsymbol{T}_j,\boldsymbol{p}_i)-x_{rij}\|^2) \tag{5}$$

其中 Q_l 和 Q_r 分别为三维点在左图和右图的投影预测值，而 x_{lij} 和 x_{rij} 分别对应该三维点在左图和右图中的测量值。

双目光束法平差通过式（5）获得运动参数。与同时处理全部的运动参数和三维点坐标的全局优化方法不同，本文采用一个滑动窗口[17]来限制参与 BA 的图像帧范围，并称之为局部双目光束法平差（LBBA），以降低参数空间的维度，减少优化时间，提高视觉里程计的效率。式（5）中的 M 即为滑动窗口的大小。每当得到 n_k 帧新运动参数时，需要进行一次局部双目光束平差，优化包括从第 $M-N_k+1$ 到第 M 帧（最新帧）的运动参数，以及在这 N_k 帧图像中跟踪到的 N 个三维点。通过滑动窗口极大地缩短了 BA 的时间；同时双目约束保证了算法在滑动窗口很小的情况下能够快速有效地收敛。

2 实验验证

为验证所研究方法的可行性，我们在图 4 所示的 Pioneer 3-AT 移动机器人平台上，配备了双目立体相机，在自然地形下进行了直径约 13 m 的闭合环形路径移动定位试验，分别采用两种视觉里程算法进行定位，实际位置由全站仪测量获得，作为评价视觉里程定位结果的基准。

2.1 实验平台与环境

实验平台上配备了 Bumblebee 2 双目立体相机，由两个 SONY 1/3″彩色逐行扫描 CCD 相机组成，分辨率取为 640×480，相机视场角为 42.78°。双目相机基线长为 0.1 m，安装高度为 0.78 m，俯仰角度 25.17°。

机器人移动轨迹的真实值由索佳全站仪 SRX1（见图 5）测量，测量精度为 2 mm。机器人每移动一步，将采集一对图像，进行视觉里程计的计算（由于配备了较高精度陀螺，视觉里程计在实验中只用于位置确定），并通过指令控制全站仪也进行一次定位测量。在全站仪测量完成后，机器人再次移动，以此循环完成整个路径的数据采集和视觉里程计的计算。

图 4　Pioneer3-AT 移动机器人

图 5　全站仪

2.2 实验结果

在闭合环形路径实验中，实验平台移动里程总长为 41.25 m。单步直行距离约为 0.3 m，单步旋转角度为 5°。实验过程中共采集 197 帧立体图像对。双目视觉里程计测量的行驶轨迹如图 6 所示可以看出，基于 SIFT 算法和 CenSurE 算法的视觉里程定位结果都较好地跟踪了全站仪的测量结果。

表 1 给出了运算时间、失效次数以及里程误差的结果。从表 1、图 6 和 7 的里程累积误差可以看出，SIFT 算法的结果优于 CenSurE 的结果，但是运算时间上来说后者减少较多。

表 1　基于 SIFT 和 CenSurE 的双目视觉里程计结果比较

	里程总长（m）	运行时间（s）	平均时间（s）	失效次数	累计误差（m）
SIFT（640×480）	41.520	928.81	4.71	0	0.26（0.63%）
CenSurE（640×480）	42.381	114.60	0.58	11	1.18（2.84%）

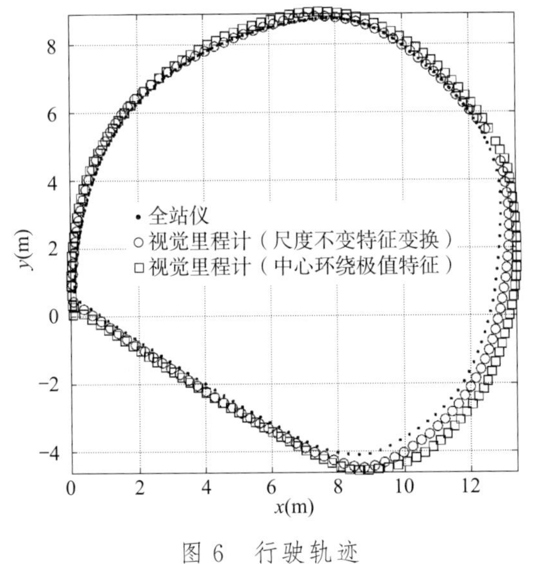

图 6　行驶轨迹

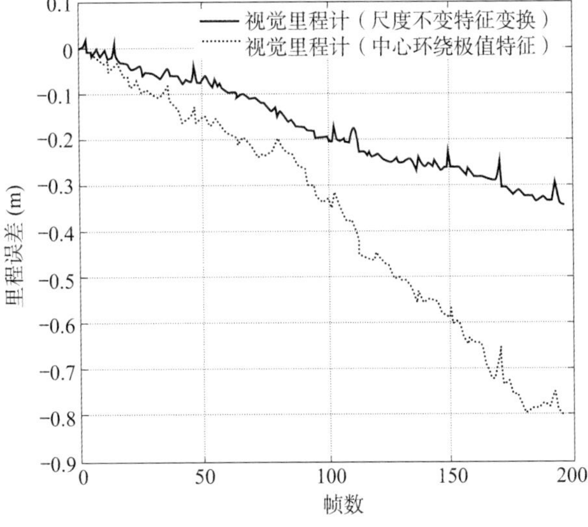

图 7　里程计累积误差

3 结束语

视觉里程计是一种高精度相对位置和姿态测量方法，适合于非结构化地形下用机器人或巡视探测器的自主导航定位。本文研究了双目视觉里程算法及实现中的关键问题，并利用地面移动机器人在室外自然地形下对所研究的算法进行了实验验证，使用高精度的全站仪测量数据作为参照，验证了视觉里程算法的有效性。同时，针对视觉里程计中耗时最多、最影响系统性能的特征提取模块，分别研究了 SIFT 和 CenSurE 两种算法，并进行了实验比较。研究与实验结果表明：

（1）与一般基于轮系测量的里程计相比，视觉里程计能够有效克服滑移带来的定位误差增大问题，定位精度显著提高，适用于自然地形下进行慢速移动探测的月球车自主导航定位。

（2）精度和鲁棒性是视觉里程计设计需关注的两个方面。本文经实验验证表明：SIFT 特征提取算法在鲁棒性和精度上明显优于 CenSurE 算法，但计算耗时较长；而后者运算速度较快、效率高，但由于提取点的数量减少，误差相对增大（仍然大大优于惯性定位和轮系里程计）。视觉里程计算法设计时需考虑计算资源限制和精度要求。当计算机资源受限时，可采用基于 CenSurE 等快速算法，适当放宽精度要求；否则可优先采用 SIFT 算法，以保证精度和鲁棒性。

（3）由于涉及立体图像处理，视觉里程计的效果与光照和地形环境等密切相关，且计算量巨大。实际应用中应考虑与其他导航定位方法（如惯性定位、轮系里程计等）结合使用并有效融合，以获得有效的定位结果。如在爬坡、越障等滑移严重的情况下采用视觉里程定位为主的方法；在平坦地形下移动时采用轮系里程定位为主的方法；惯性定位作为短期替代手段，在视觉里程定位或轮系里程定位暂时失效时启用。

（4）本文研究结果具有高精度和环境适用性，可用于月球车巡视探测的工程实践中，对未来火星车等深空探测任务也具有重要的参考意义。

参考文献

［1］ 吴伟仁，王大轶，宁晓琳. 深空探测器自主导航原理与技术［M］. 北京：中国宇航出版社，2011. 1-6.

［2］ Xing Y, Chen J X, Zhang Z. Analysis and experimental investigation of localization technology for lunarrover［J］. J Astronaut, 2007, 28: 85-91.

［3］ 宋小康. 被动柔顺式月面巡 视探测器轮-地交互及运动控制研究［D］. 沈阳：中国科学院沈阳自动化所，2009.

［4］ 马玉娇. 基于视觉里程计的移动机器人定位研究［D］. 武汉：武汉科技大学，2009.

［5］ 彭勃. 立体视觉里程计关键技术与应用研究［D］. 杭州：浙江大学，2008.

［6］ Nist'er D, Naroditsky O, Bergen J. Visual odometry［C］. In: Proceedings of IEEE Computer Society Conference on Computer Vision and Pattern Recognition. Washington, 2004. 652-659.

［7］ Yang C, Maimone M, Matthies L. Visual odometry on the Mars exploration rovers［C］. In: Proceedings of the

IEEE International Conference on Systems, Man and Cybernetics. Piscataway, 2005. 903-910.

[8] Maimone M, Yang C, Matthies L. Two years of visual odometry on the Mars exploration rovers [J]. J Field Robot, 2007, 24: 169-186.

[9] Johnson A E, Goldberg S B, Yang C, et al. Robust and efficient stereo feature tracking for visualodometry [C]. In: Proceedings of IEEE International Conference on Robotics and Automation. Pasadena, 2008. 39-46.

[10] Lowe D G. Distinctive image features from scale-invariantkeypoints [J]. Int J Comput Vis, 2004, 60: 91-110.

[11] Agrawal M, Konolige K, Blas M R. CenSurE: center surround extremas for realtime feature detection and matching [C]. In: Proceedings of the 10th European Conference on Computer Vision. Marseille, 2008. 102-115.

[12] Herbert B, Andreas E, Tuytelaars T, et al. SURF: speeded up robust features [J]. Comput Vis Image Underst, 2008, 110: 346-359.

[13] Ebrahimi M, Mayol-Cuevas W W. SUSurE: speeded up surround extrema feature detector and descriptor for realtime applications [C]. In: Proceedings of 2009 IEEE Conference on Computer Vision and Pattern Recognition. Miami Beach, 2009. 487-492.

[14] 许允喜, 陈方. 基于 CenSurE 特征的 SAR/INS 组合导航景象匹配算法 [J]. 控制与决策, 2011, 26: 1175-1186.

[15] Horn B K P. Closed-form solution of absolute orientation using unitquaternions [J]. J Opt Soc Am A, 1987, 4: 629-642.

[16] Triggs B, Mclauchlan P, Hartley R, et al. Bundle adjustment-a modern synthesis [C]. In: Proceedings of Lecture Notes in Computer Science. Corfu, 2000. 298-372.

[17] Mouragnon E, Lhuillier M, Dhome M, et al. Real time localization and 3D reconstruction [C]. In: Proceedings of 2006 IEEE Computer Society Conference on Computer Vision and Pattern Recognition, 2006. 363-370.

Binocular visual odometry algorithm and experimentation research for the lunar rover

WU Weiren, WANG Dayi, XING Yan, GONG Xiaojin, LIU Jilin

Abstract In this paper we introduce the design and implementation of a binocular stereo based visual odometry. The major modules of the implementation are illustrated thoroughly. Methods based on different feature detection and matching algorithms are compared with each other. By examining the experimental results with the ground truth data attained from Total Station, we show that our algorithms are efficient and effective.

Keywords lunar rover; visual odometry; navigation and localization

月球软着陆避障段定点着陆导航方法研究*

吴伟仁，王大轶，李骥，黄翔宇，金光远

摘　要　我国正在实施月球软着陆工程，月球软着陆避障段是着陆器动力下降过程的关键阶段。在该阶段，导航系统除了需要提供着陆器的位置、速度和姿态测量信息外，还需要识别月表障碍、寻找安全着陆点并将着陆器导引到该着陆点。软着陆避障段的自主导航以惯性导航为基础，为了克服惯性导航的累积误差，并实现对安全着陆点的高精度相对导航，需要引入图像敏感器与测距仪的测量信息对惯导系统加以修正。为此，本文提出了一种基于图像信息的高精度相对导航方法，先用图像处理技术选择着陆区，然后通过跟踪自主选择的特征点序列实现精确的相对导航。仿真计算表明，该方法能够有效地修正惯性导航误差，实现安全避障和精确定点软着陆。

关键词　月球软着陆；光学成像；匹配跟踪；避障导航；定点着陆

0 引言

我国成功发射嫦娥一号和嫦娥二号，实现了绕月探测的目标，下一步将发射月球探测器，实现在月球表面软着陆。月球是一个无大气天体，在其自身地质活动、各种流星天体撞击以及炙热太阳照射的影响下，月球表面分布着各种高山壑谷，即使是相对平坦的月海地区，也遍布着大大小小的岩石和陨石坑。这种地形、地貌以及石块和陨石坑使探测器安全着陆存在较大风险，这就要求着陆器必须具有发现和识别各种障碍并进行机动避障的能力。从 20 世纪 60 年代至今，美国和苏联/俄罗斯等国家先后发射了多个月球着陆探测器[1]，成功率不足一半。其中重要原因之一是受到当时技术的限制，不具备自主避障定点着陆的能力。为此，国外在未来的地外天体软着陆项目中都提出了精确定点着陆的概念[2]。而为了保证我国未来月球探测器的安全着陆，避障段高精度导航也是当前必须攻克的关键技术之一。

月球探测器软着陆过程一般分为 3 个阶段：首先是减速段，这一段的目的是减小速度、降低高度；其次是调姿段，当到达月面一定高度后，通过反推发动机基本消除探测器水平速度后，探测器调整姿态到垂直向下；最后是避障段，也是实现安全软着陆的关键

* 中国科学：信息科学，2011，41（9）：10.

段，这一阶段探测器要保持垂直状态缓慢降，与此同时探测器自主识别并避开障碍，实现定点着陆[3,4]。本文的研究内容即针对避障段的导航问题展开。

避障段的导航以惯性导航为基本手段，它能够提供连续的位置、速度和姿态测量。但是惯性导航是一种递推式导航方法，受到初值以及惯性器件误差的影响导航解算误差不断增大；此外月球软着陆避障段导航还需要考虑月面地形的影响，实现精确的相对测量。因此必须引入外部的测量信息进行导航修正。

为便于描述，如图 1 所示，定义如下坐标系。

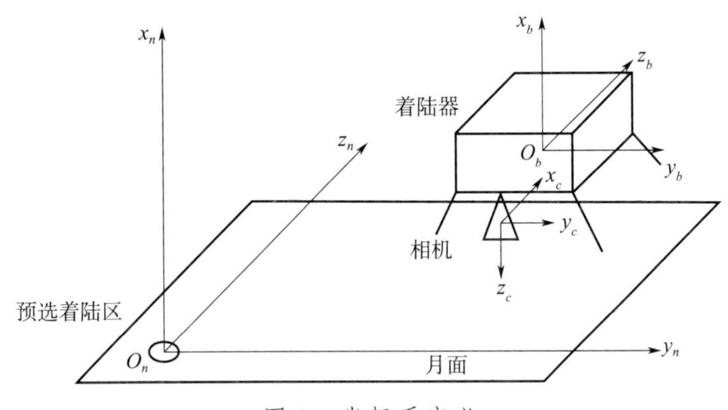

图 1　坐标系定义

着陆坐标系：该坐标系原点为预先选择的着陆点，x 轴从月心指向预定着陆点，y 轴指向月理东向，z 轴指北。该坐标系也是软着陆避障阶段的导航参考坐标系，简称 n 系。

探测器本体系：该坐标系固联在探测器本体上，原点位于探测器质心，x 轴指向主发动机喷气反方向，y 和 z 轴分别指向本体的两个固定方向，并构成右手直角坐标系。该坐标系简称 b 系。

相机坐标系：该坐标系固联在导航相机上，x 和 y 轴构成的平面平行于成像平面，z 轴与主光轴重合。该坐标系简称 c 系。相机的 z 轴指向本体系 $-x$ 轴。

1 惯性导航算法

惯性导航依赖的测量敏感器为陀螺和加速度计。陀螺用于测量本体系相对惯性空间的旋转角速度，记为 $\boldsymbol{\omega}_{ib}^{b}$ ；加速度计用于测量探测器受到的非引力加速度（称为比力），记为 $\boldsymbol{f}^{b}$ 。陀螺和加速度计每隔一个固定周期就可以提供这两个量的测量结果，利用它们就可以进行惯性导航的解算[5]。

1.1 惯导基本方程

设探测器相对月面的速度为 v ，它符合如下基本方程

$$\dot{\boldsymbol{v}}^{n}=\boldsymbol{f}^{n}-2\boldsymbol{\omega}_{in}^{n}\times\boldsymbol{v}^{n}+\boldsymbol{g}^{n}-\boldsymbol{\omega}_{in}^{n}\times[\boldsymbol{\omega}_{in}^{n}\times(\boldsymbol{R}^{n}+\boldsymbol{P}^{n})]\tag{1}$$

其中，$\boldsymbol{\omega}_{in}$ 为着陆坐标系相对惯性空间的旋转角速度。由于着陆坐标系相对月球固定，且着陆坐标系原点的位置预先由地面确定，因此

$$\boldsymbol{\omega}_{in}^{n}=\begin{bmatrix}\sin\varphi_L\\0\\\cos\varphi_L\end{bmatrix}\omega_m \tag{2}$$

式中，φ_L 是预先选定的着陆点纬度，ω_m 是月球自转角速度。

$\boldsymbol{f}^n$ 根据加速度计测量和探测器姿态计算

$$\boldsymbol{f}^n=\boldsymbol{C}_b^n\boldsymbol{f}^b \tag{3}$$

其中，$\boldsymbol{C}_b^n$ 是本体系到着陆坐标系的姿态变换矩阵，它是姿态矩阵 $\boldsymbol{C}_n^b$ 的转置。g 是月球重力加速度，$\boldsymbol{R}^n$ 是月球中心到着陆系原点的矢径（表示在着陆坐标系中），$\boldsymbol{P}^n$ 是探测器在着陆坐标系中的位置。在着陆坐标系中有

$$\boldsymbol{R}^n=\begin{bmatrix}R_L\\0\\0\end{bmatrix} \tag{4}$$

其中，R_L 是预定着陆点处的月球半径。$\boldsymbol{g}^n$ 可以用二体引力模型近似计算出

$$\boldsymbol{g}^n=G_m\frac{\boldsymbol{R}^n+\boldsymbol{P}^n}{\|\boldsymbol{R}^n+\boldsymbol{P}^n\|^3} \tag{5}$$

对式（1）进行积分便可实现速度更新。

1.2 姿态矩阵的更新

惯导根据陀螺输出的角速度 $\boldsymbol{\omega}_{ib}^{b}$ 进行姿态解算。定义本体系相对着陆坐标系的姿态四元数为 $\boldsymbol{q}_{nb}$ ，则姿态四元数运动方程是

$$\dot{\boldsymbol{q}}_{nb}=\frac{1}{2}\Omega(\boldsymbol{\omega}_{nb}^{b})\boldsymbol{q}_{nb} \tag{6}$$

其中

$$\Omega(\boldsymbol{\omega})=\begin{bmatrix}0&\omega_z&-\omega_y&\omega_x\\-\omega_z&0&\omega_x&\omega_y\\\omega_y&-\omega_x&0&\omega_z\\-\omega_x&-\omega_y&-\omega_z&0\end{bmatrix} \tag{7}$$

$\boldsymbol{\omega}_{nb}^{b}$ 是本体系相对着陆系的旋转角速度，它根据陀螺测量 $\boldsymbol{\omega}_{ib}^{b}$ 进行计算，

$$\boldsymbol{\omega}_{nb}^{b}=\boldsymbol{\omega}_{ib}^{b}-\boldsymbol{\omega}_{in}^{b}=\boldsymbol{\omega}_{ib}^{b}-\boldsymbol{C}_n^b\boldsymbol{\omega}_{in}^{n} \tag{8}$$

对式（6）进行积分便可实现姿态更新。

定义四元数姿态矩阵 $\boldsymbol{A}(\boldsymbol{q})$ 为

$$\boldsymbol{A}(\boldsymbol{q})=\begin{bmatrix}q_1^2-q_2^2-q_3^2+q_4^2&2(q_1q_2+q_3q_4)&2(q_1q_3-q_2q_4)\\2(q_1q_2-q_3q_4)&-q_1^2+q_2^2-q_3^2+q_4^2&2(q_2q_3+q_1q_4)\\2(q_1q_j+q_2q_4)&2(q_2q_3-q_1q_4)&-q_1^2-q_2^2+q_3^2+q_4^2\end{bmatrix} \tag{9}$$

则姿态矩阵为

$$\boldsymbol{C}_n^b = \boldsymbol{A}(\boldsymbol{q}_n B) \tag{10}$$

由着陆器姿态矩阵 $\boldsymbol{C}_n^b$ 可以解算出 3 个 Euler 姿态角。

1.3 探测器位置的解算

对速度 $\boldsymbol{v}^n$ 进行积分就可以获得着陆器在着陆坐标系中的位置 $\boldsymbol{P}^n$ ，即

$$\dot{\boldsymbol{P}}^n = \boldsymbol{v}^n \tag{11}$$

对式（1），（6）和（11）积分，就可以完成惯导的位置、速度和姿态更新。记递推获得的位置和速度分别为 $\boldsymbol{P}_{\mathrm{INS}}^n$ ，$\boldsymbol{v}_{\mathrm{INS}}^n$ 。

2 着陆区域和导航特征点的选择

惯性导航需要外部的位置或者速度测量进行修正。测距仪能够提供高程方向的修正信息，而图像信息能提供水平方向的修正信息，因此利用测距仪和成像敏感器能够对惯导的三维位置、速度误差进行修正。成像敏感器的另一个重要用途，就是对月表图像数据进行实时处理，选择探测器的着陆点，以实现安全软着陆。

在利用导航图像进行导航修正之前，首先必须根据第一幅导航图像获取相对平坦的区域，确定目标着陆点，同时还需要在当前位置与目标着陆点之间提取出一系列具有明显特征的月坑或岩石作为特征点，如图 2 所示。图中 T 表示目标着陆点，$C1$，$C2$ 和 $C3$ 是选择出的特征点，S 表示着陆器。

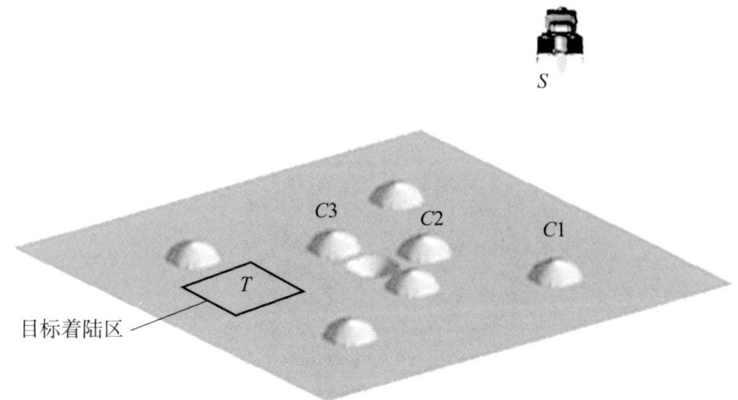

图 2　目标着陆区和特征点选择

2.1 目标着陆点的选取

目标着陆点是目标着陆区的中心，因此选择目标着陆点的前提就是选择目标着陆区。为了保证着陆器的安全，目标着陆区的选择有如下几个原则：

1）目标着陆区的面积必须大于着陆器停留于月面时的占地面积并考虑 GNC（Guidance Navigation and Control）系统的控制误差留有适当余量；

2）在该区域内，月面的坡度必须小于一定的角度，以避免着陆器接触月面时发生倾覆；

3）该区域内，突起的石块高度和凹坑陷入的深度都不能超过一定值，以避免磕碰和翻倒；

4）安全着陆区尽可能接近当前着陆器位置，以避免出现过多的推进剂消耗。

在实际，进行目标点选取时，首先根据石块识别算法、撞击坑识别算法、斜坡识别算法，确定出坡度、石块、月坑以及它们的高度；然后使用搜索算法从近到远确定若干块相对平坦的合适区域；最后综合考虑该区域的大小以及距离着陆器的远近，按照一定的准则选出最佳的区域作为目标着陆区，其中心点就是目标着陆点 T 。

图 3 是利用导航图像对着陆区进行选取的效果，其中图 3（a）是导航相机获得的原图，图 3（b）是阴影处理后的导航图像，图中方框表示挑选的被选着陆区。

(a)

(b)

图 3　利用阴影分割选取目标着陆区

2.2 特征点的选取

由于目标着陆区相对平坦，没有典型的纹理或者边缘特征，不利于后续的导航图像跟踪。因此需要沿飞行路径选择一系列的月表特征点[6]。在着陆过程中，只需要对这些特征点进行跟踪就可以确定着陆器的位置。

特征点是具有下面特征的像素点：1）强度和周围区域明显不同；2）照明条件和视线稍有变化时，特征点图像信息没有太大变化。定性地讲，一个好的特征点是质地、结构在各个方向上都有很强变化的图像窗口[7]。

对于月面着陆任务来说，由于太阳高度角固定，且月球上没有大气，因此岩石和月坑存在明显的阴影效果，是导航图像处理中最易于获取的图像特征点。由于月表地形较为复杂，能够提取的特征点很多，但是为了减少算法的复杂度也不需要将所有的特征点都引入导航修正，在选择特征点时有如下原则：

1）特征点必须清晰明确易于识别，过小的岩石和月坑不用考虑；

2）在选取的特征点必须在着陆器当前星下点到目标着陆点连线的附近；

3）着陆点的分布最好能够从疏到密，即当前星下点附近特征点可较少，但目标着陆点附近特征点应较多，以适应着陆器高度不断下降，导航相机所覆盖的月面越来越小的变化趋势。

2.3 着陆点和导航特征点参考位置的确定

设定探测器 $-x$ 轴方向安装一台测距敏感器和一台导航相机。如图 1 所示，设在 t_0 时刻选出的安全着陆区中心点为 T，它在相机坐标系内的像点为 $[u_T(t_0), v_T(t_0)]$，相机的焦距为 f。那么 T 点在相机系内的方向矢量为

$$\boldsymbol{r}^c_{ST,\mathrm{camera}}(t_0)=\frac{1}{\sqrt{u_T(t_0)^2+v_T(t_0)^2+f^2}}\begin{bmatrix}u_T(t_0)\\ v_T(t_0)\\ f\end{bmatrix} \tag{12}$$

着陆器测距仪给出的是探测器沿本体系 $-x$ 方向到月面的距离 l。考虑到测距仪方向与相机光轴方向平行，均指向本体系 $-x$ 向，则可以求出着陆器 S 到目标着陆点 T 的矢量

$$\boldsymbol{R}^c_{ST,\mathrm{camera}}(t_0)=\frac{l(t_0)}{f}\begin{bmatrix}u_T(t_0)\\ v_T(t_0)\\ f\end{bmatrix} \tag{13}$$

设 t 时刻的姿态阵为 $C^b_n(t_0)$，相机安装矩阵 C^c_b 的转置矩阵为 C^b_c，则可以将该矢量转换到 n 系下

$$\boldsymbol{R}^n_{ST,\mathrm{camera}}(t_0)=C^n_b(t_0)C^b_c\boldsymbol{R}^c_{ST,\mathrm{camera}}(t_0) \tag{14}$$

设 t 时刻惯导计算的着陆器位置为 $\boldsymbol{P}^n_{\mathrm{INS}}(t_0)$，那么 T 在导航系下的位置为

$$\boldsymbol{P}^n_T=\boldsymbol{P}^n_{\mathrm{INS}}(t_0)+\boldsymbol{R}^n_{ST,\mathrm{camera}}(t_0) \tag{15}$$

按照同样的方法，可以求出特征点 $C1$，$C2$，… 在导航系下的位置 $\boldsymbol{P}^n_{C1}$，$\boldsymbol{P}^n_{C2}$，……

3 基于特征点跟踪的导航修正

着陆器在接近目标着陆点的过程中，高度不断下降，这使得导航相机拍摄的月球表面区域逐渐移动且覆盖范围越来越小。因此需要一系列特征点来进行接力式的跟踪。

设 t_k 时刻导航图像中跟踪的是特征点 C_i，获得的像素坐标为 $[u_{Ci}(t_k), v_{Ci}(t_k)]$，则可以按照上一节介绍的方法求出当前时刻着陆器到特征点 C_i，的矢量 $\boldsymbol{R}^n_{SCi,\ \mathrm{camera}}(t_k)$.由于特征点 C_i 与目标着陆点间相对位置不变，因此着陆器到目标着陆点的矢量为

$$\boldsymbol{R}^n_{SCI,\mathrm{camera}}(t_k)=\boldsymbol{R}^n_{SCi,\mathrm{camera}}(t_k)+\boldsymbol{P}^n_T+\boldsymbol{P}^n_{Ci} \tag{16}$$

由于 T 点的位置已知，因此可以根据导航图像数据计算出着陆器 t_k 时刻的位置

$$\boldsymbol{P}^n_{\mathrm{camera}}(t_k)=\boldsymbol{P}^n_T-\boldsymbol{R}^n_{ST,\mathrm{camera}}(t_k) \tag{17}$$

由（15）和（17）式可知，相机获得着陆器位置计算值 $\boldsymbol{P}^n_{\mathrm{camera}}(t_k)$ 中只包含 t 时刻的

惯导位置误差，t_0 时刻的测距误差和成像误差，以及 t_k 时刻的测距误差和成像误差，它们都不随时间累积，因此将 $\boldsymbol{P}^n_{\text{camera}}(t_k)$ 与惯导计算的位置 $\boldsymbol{P}^n_{\text{INS}}(t_k)$ 进行比较，可以获得惯导位置误差的观测量。

令惯导的位置误差、速度误差和姿态误差分别为 $\Delta\boldsymbol{P}^n_{\text{INS}}$、$\Delta\boldsymbol{v}^n_{\text{INS}}$ 和 $\Delta\theta^n_{\text{INS}}$，且陀螺漂移和加速度计零偏已在动力下降前标定并补偿，则根据惯导方程（1），（6）和（11）可以得到导航滤波的系统方程为[8]

$$\begin{bmatrix}\Delta\dot{\boldsymbol{P}}^n_{\text{INS}}\\ \Delta\dot{\boldsymbol{v}}^n_{\text{INS}}\\ \Delta\dot{\theta}^n_{\text{INS}}\end{bmatrix}=\begin{bmatrix}\boldsymbol{0} & \boldsymbol{I} & \boldsymbol{0}\\ \boldsymbol{0} & -2[\boldsymbol{\omega}^n_{in}\times] & [\boldsymbol{f}^n\times]\\ \boldsymbol{0} & \boldsymbol{0} & -[\boldsymbol{\omega}^n_{in}\times]\end{bmatrix}\begin{bmatrix}\Delta\boldsymbol{P}^n_{\text{INS}}\\ \Delta\boldsymbol{v}^n_{\text{INS}}\\ \Delta\theta^n_{\text{INS}}\end{bmatrix}+\boldsymbol{\omega} \tag{18}$$

其中

$$[\boldsymbol{f}^n\times]=\begin{bmatrix}0 & -f^n_z & f^n_y\\ f^n_z & 0 & -f^n_x\\ -f^n_y & f^n_x & 0\end{bmatrix}, \tag{19}$$

$$[\boldsymbol{\omega}^n_{in}\times]=\begin{bmatrix}0 & -\omega^n_{in,z} & \omega^n_{in,y}\\ \omega^n_{in,z} & 0 & -\omega^n_{in,x}\\ -\omega^n_{in,y} & \omega^n_{in,x} & 0\end{bmatrix} \tag{20}$$

导航滤波的测量方程为

$$\boldsymbol{P}^n_{\text{camera}}(t_k)-\boldsymbol{P}^n_{\text{INS}}(t_k)=\Delta\boldsymbol{P}^n_{\text{INS}}(t_k)+\boldsymbol{v} \tag{21}$$

利用（18）和（21）式可以构造 Kalman 滤波器[9]，估计出惯导的位置、速度和姿态误差。定义位置误差估计和速度误差估计分别为 $\Delta\hat{\boldsymbol{P}}^n_{\text{INS}}$ 和 $\Delta\hat{\boldsymbol{v}}^n_{\text{INS}}$，则可以利用它们修正惯导结果，从而得到探测器的位移和速度

$$\begin{cases}\hat{\boldsymbol{P}}^n(t_k)=\boldsymbol{P}^n_{\text{INS}}(t_k)+\Delta\hat{\boldsymbol{P}}^n_{\text{INS}}(t_k)\\ \hat{\boldsymbol{v}}^n(t_k)=\boldsymbol{v}^n_{\text{INS}}(t_k)+\Delta\hat{\boldsymbol{v}}^n_{\text{INS}}(t_k)\end{cases} \tag{22}$$

4 数学仿真分析

仿真条件为：导航相机视场为 30°×30°，分辨率为 1 024×1 024，焦距为 0.1 m，图像处理精度为 1 个像素；测距仪测量精度为 0.1 m；着陆器从 100 m 高度开始进入避障段，导航的初始速度误差在三个方向上的分量为 [0.6 m/s，−0.6 m/s，0.6 m/s]；导航相机在距月面 100 m 高度上获得第一幅导航图像，从中提取出一个导航特征点和安全着陆点；设该特征点位于探测器下方偏东 15 m、偏北 20 m 处，安全着陆点位于着陆器下方偏东 30 m、偏北 30 m 处。

4.1 不采用光学匹配跟踪

不采用光学匹配跟踪，若只依靠惯性导航结果实施向目标着陆点的机动，喷气控制的周期是 1 s，探测器的机动轨迹如图 4 所示，仿真时间 60 s。从图 4 可以看出，探测器并没有飞行到着陆点上方。这是由惯导系统存在的较大的初始速度误差造成的，它使得导航系统给出的位置推算误差随时间不断累积，从而导致探测器偏离目标。若增加测距和测速修正，由于它们只能对速度和高度进行修正，并不能抑制惯导水平位置误差的发散，因此仍然不能保证探测器准确的降落在安全着陆点。这种情况下的探测器水平移动轨迹如图 5 所示。

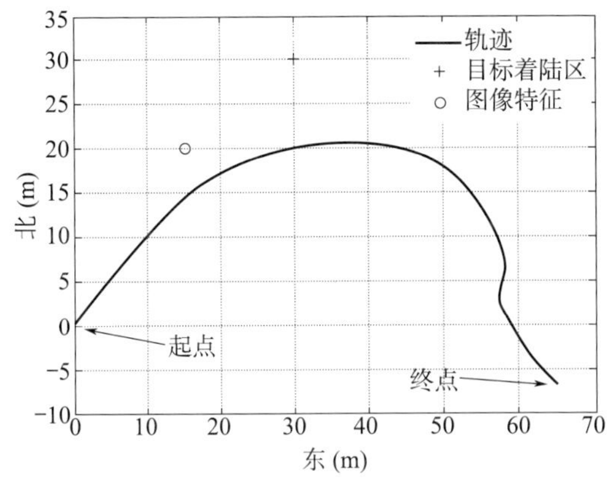

图 4　纯惯导时的探测器机动轨迹

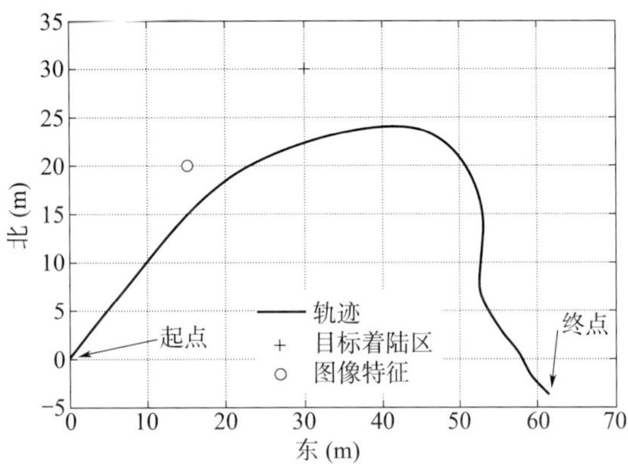

图 5　由测距测速修正时的探测器机动轨迹

4.2 采用光学匹配跟踪

采用光学匹配跟踪，并且导航相机每 3 s 提供一次对特征点方位的观测数据，则可以利用其数据对惯导速度误差进行估计，并用估计值修正惯导解算的结果。在这种情况下，探测器的机动轨迹如图 6 所示，而滤波得到的惯导系统速度误差估计如图 7 所示。可以看到，凭借光学匹配跟踪，能够准确地估计出惯导的速度误差，经修正后的惯导精度得到了大幅提高，从而保证着陆器准确地移动到目标着陆点上方，最终着陆位置误差为 2 m。

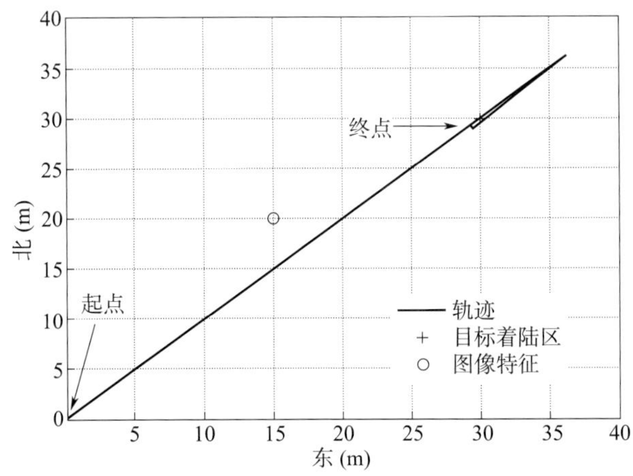

图 6　有光学匹配跟踪时的探测器机动轨迹

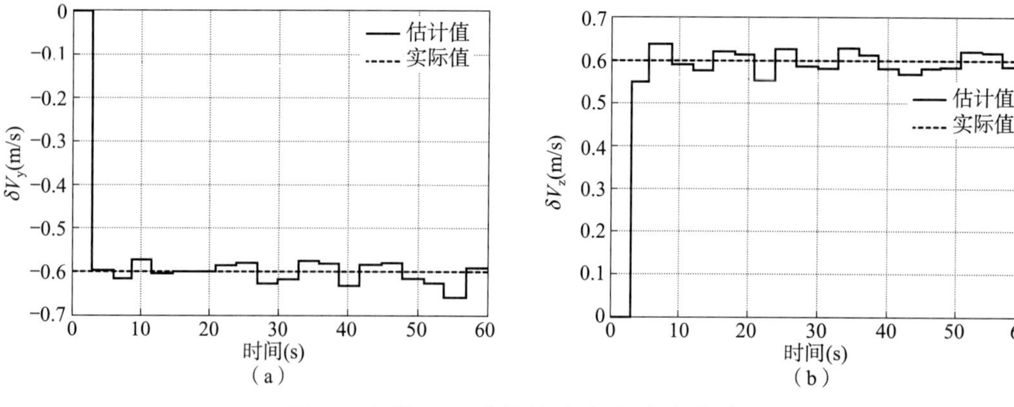

图 7　光学匹配对惯导速度误差的估计

5 结论

惯性导航系统的初始速度误差是造成软着陆避障和精确定点软着陆的主要误差源，它会造成位置误差随时间的累积而不断变大。通过对月表图像进行处理，从中选择出目标着陆点和相关的特征点。利用这些特征点进行匹配跟踪，可以有效地消除惯性导航误差的影响，实现高精度导航和避障。数学仿真分析表明：

(1) 月球软着陆最终避障段，若只依靠高度和速度修正，不能抑制导航系统水平位置误差的发散，导致着陆器偏离目标着陆点，不能实现准确和安全的着陆；

(2) 采用了依靠月表图像特征点匹配跟踪方法后，导航系统的水平位置误差得到修正，最终相对目标着陆点的导航误差不大于 2 m；

(3) 采用序列特征点图像匹配修正的定点着陆导航方法简捷有效，能够满足避障和定点软着陆高精度导航的需要，可用于月球软着陆工程实践。

参考文献

[1] Wu W R, Wang D Y, Ning X L. Deep Space Spacecraft Autonomous Navigation Principle and Technology (in Chinese) [M]. Beijing: China Astronautics Press, 2011. 1-6.

[2] Wolf AA, Graves C, Powell R, et al. Systems for pinpoint landing at Mars [C]. In: 14th AIAA/AAS Space Flight Mechanics Meeting. Maui, Hawaii, 2004. 8-12.

[3] Straan A L, Jhonson A E. Terrain Hazard Detection and Avoidance During the Descent and Landing Phase of the Altair Mission. American Institute of Aeronautics and Astronautics. 7722. 2010.

[4] Klumpp A R. Apollo lunar-descent guidance [R]. MIT Charles Stark Draper Laboratory Report. R695. 1971.

[5] Chen Z. Strapdown Inertial Navigation System Principle (in Chinese) [M]. Beijing: Astronautics Press, 1986. 19-24.

[6] Cheng Y, JohnsonA E, Mattheis L H, et al. Passive image-based hazard avoidance for spacecraft safe landing

[C]. In: Proceedings of the 6th International Symposium on Artificial Intelligence and Robotics & Automation in Space: i-SAIRAS, 2001.

[7] Nixon M S, Aguado A S. Feature Extraction and Image Processing. 2nded [M]. Beijing: Electronic Industry Press, 2010.

[8] Qin YY. Inertial Navigation (in Chinese) [M]. Beijing: Science Press, 2006. 287-355.

[9] Qin YY, Zhang H Y. Kalman Filter and Integrated Navigation Principle (in Chinese) [M]. Xi'an: Northwestern Poly technical University Press, 1998. 69-138.

Research of the pinpoint landing navigation method in the hazard avoidance phase of lunar landing

WU Weiren, WANG Dayi, LI Ji, HUANG Xiangyu, JIN Guangyuan

Abstract Hazard avoidance phase is one of the most important flight phases in lunar descent and safe landing. In this phase, the navigation system must take the capability of detecting hazards, designating a safe site and guiding the lander to the selected safe site, besides the normal ability of providing the information about position, velocity and attitude. The basic navigation instrument in hazard avoidance phase is Inertial Navigation System (INS). In order to eliminate the accumulated calculation errors in INS, the measurements from other sensors are always introduced, such as optical cameras and altimeters. In this paper, a relative navigation method for safe landing based on optical images is proposed. First, a safe landing site and a series image features are selected using image processing techniques, and then a kind of accurate relative navigation algorithm is performed by matching and tracking those selected image features. The simulation results imply that this method is effective to reduce the INS errors and can be used for hazard avoidance and pinpoint landing on the moon.

Keywords lunar soft landing; optical imaging; matching and tracking; avoidance navigation; pinpoint landing

深空探测器自主天文导航技术综述（上）*

宁晓琳，吴伟仁，房建成

21 世纪世界各国都加快了深空探测的脚步。随着深空探测任务的增多，探测器的智能自主技术已成为一项亟待解决的关键技术。而深空探测器的自主导航是实现其自主管理，从而提高在轨生存能力的基础。对于深空探测器来说，拥有自主导航的能力具有重大意义。

当前深空探测器主要依靠地面站进行跟踪和测量，目前美国利用深空网（DSN）和多普勒测量 VLBI、DVLBI 等方法，在地月距离可达几十米的定位精度。但地面站测控的缺点是受探测器和地面站之间相互位置的制约，可测控的时间和弧段总是有限，一旦通信设备出现故障，探测器就有可能出现生命危险。探测器进行自主导航一方面有助于提高探测器的生存能力；另一方面，还可以大大降低探测任务和地面支持的成本以及地面站的负担。因此，世界各国都在积极研究各种自主导航方法。目前，深空探测器的自主导航方法主要有惯性导航、图像导航、天文导航和组合导航等。其中，天文导航具有全自主、精度高、误差不随时间积累、抗干扰能力强、可提供位置和姿态信息等优点，是一种非常重要的深空探测器自主导航手段。

1 深空探测器自主天文导航概述

深空探测器的自主天文导航方法大致可分为以下三类。

（1）基于太阳和行星的自主导航

利用太阳和行星进行自主导航是最为简单和成熟的天文导航方案。由于太阳和行星在任意时刻的位置可根据星历表获得，而从探测器上观测到的行星之间的夹角、行星和恒星之间的夹角和行星视线方向等信息是探测器位置的函数，通过这些观测量利用几何解析的方法或结合轨道动力学滤波即可获得探测器的位置、速度等导航参数。

早在 20 世纪 60 年代，美国阿波罗登月计划中就已使用了该类导航方法。1982 年美国喷气推进实验室（JPL）研制的自主制导和导航系统（AGN）在用于木星飞行任务时，也是利用星体跟踪器和 CCD 敏感器测得的行星和恒星之间的夹角进行深空探测器的天文导航和姿态确定。近年来，随着深空探测任务的增多，该方法也随着测量仪器和滤波方法的

* 中国航天，2010（6）：4.

改进，得到越来越多的关注。该方法的优点是计算简单，易于实现，缺点是导航精度随探测器与太阳、行星之间距离的增加而降低。

（2）基于小行星或行星卫星的自主导航

由于太阳和行星到探测器的距离相对较远，因此角度测量的微小误差就会对导航的位置误差产生极大的影响。利用探测器在转移轨道中遇到的近距离小行星进行定位，可大大提高导航精度。

该方法的基本原理与上述基于太阳和行星的自主导航方法基本相同。但由于小行星和探测器之间距离较近，因此导航精度较前者高。其缺点是，通常，探测器与小行星相遇的时间很短，且小行星的观测也较困难。

该方法已应用于早期的水手号、旅行者号、伽利略号和近期的深空一号和深度撞击号等多颗深空探测器中，是目前最成熟的方法。

（3）基于X射线脉冲星的自主导航

1974年，美国喷气推进实验室的德恩斯博士首次提出了基于射电脉冲星的行星际探测器自主轨道确定方法。该方法定轨精度约为150 km。1981年，美国通信系统研究所的切斯特和巴特曼提出利用脉冲星X射线源为探测器导航的构想。X射线集中了脉冲星绝大部分的能量辐射，更易于探测和处理。1993年，美国海军研究实验室的伍德博士设计了非常规恒星特征（USA）试验，提出了利用X射线源确定探测器的轨道和姿态以及利用X射线脉冲星进行时间保持的方法。斯坦福大学的汉森博士针对USA试验做了深入细致的研究，提出了基于X射线源的探测器姿态测量算法和时间保持锁相环路设计方案。目前，美国国防部国防高级研究项目局正在积极开展“基于X射线源的自主导航验证”（XNAV）计划。

基于X射线脉冲星的深空探测器自主导航的基本原理与GPS相似，是利用甚长基线干涉（VLBI）等测量手段确定脉冲星在太阳系质心坐标系中的位置矢量和X射线脉冲的标准到达时间，将其与深空探测器上携带的X射线探测器测得的脉冲星视线方向和实际到达时间相比较，采用适当的滤波算法，得到探测器的位置、速度、姿态和时间等导航信息。该方法的优点是在提供导航信息的同时还可提供时间基准，不足在于目前X射线脉冲星的数目还较少，且测量精度无法保证。目前基于X射线脉冲星的自主导航方法还处于研究探索之中，离实际应用还有差距。

2 深空探测器天文导航的发展过程

20世纪七八十年代太阳系中各大行星所处的位置使得利用当时有限的推进系统对太阳系多颗行星进行探测成为可能，这样难得的机会大概每171年才会出现一次。但是这样的任务要求探测器必须进行多次精确的轨道修正，才能确保探测器能与多颗行星相遇。由于距离遥远，地面无线电导航的局限性迫切需要一种完全自主的导航方法。天文导航是一种最适于深空探测的自主导航方法，并且与地面测控具有互补性。20世纪70年代，为了满足美国NASA深空探测的任务要求，JPL实验室的C. D. 托马斯最先研究了利用深空探测器上自身携带的量测设备，通过观测天体进行天文导航的方法。

2.1 天文导航作为辅助导航手段

在早期，天文导航通常作为地面测控的辅助导航系统，不能独立完成导航定位的任务。本小节以天文导航在水手 9 号、海盗号、旅行者号和伽利略号深空探测任务中的应用为例，介绍了天文导航作为辅助导航手段的发展过程。

（1）水手 9 号的天文导航

水手 9 号探测器是美国的第一颗火星卫星。该探测器于 1971 年 5 月发射，同年 11 月进入火星轨道，主要用于拍摄地表照片，并利用红外及紫外仪器分析火星大气。水手 9 号也是第一颗对自主天文导航技术进行验证的深空探测器。星上摄像机拍摄的恒星背景下的火卫一和火卫二的科学图像被用于实时导航，帮助水手 9 号成功地进入了火星轨道。实时和事后的飞行评估结果表明，水手 9 号获得的卫星/恒星的量测数据比预先估计的更精确，亮度仅有 9 等的恒星的测量精度可达 3″（1σ），仅利用天文观测数据就可完成入轨阶段的导航任务，但将地面多普勒数据与星上的天文观测数据相结合可获得更高的导航精度，并且就导航效果而言观测行星的卫星比观测行星本身更好。

在水手 9 号天文导航系统中使用的观测量是火卫二、火卫一和恒星在图像中像素点的位置。图 1 为一幅实际拍摄的图像，其中有火卫二和 10 颗亮度从 3.9 等到 9.2 等的恒星，图像的分辨率为 900×700。利用实际拍摄的火卫二、火卫一相对背景恒星的位置与其事先估计的位置进行比较，就可得到深空探测器和火星卫星的轨道信息。

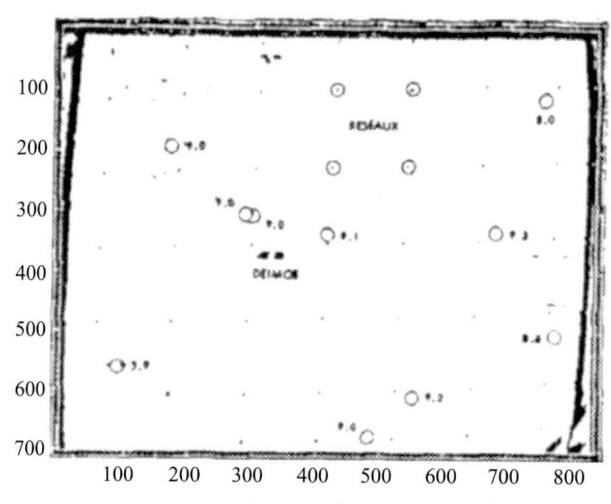

图 1　水手 9 号实际拍摄的火卫二图像

（2）海盗号的天文导航

美国海盗 1 号和 2 号分别于 1975 年 8 月 20 日和 9 月 9 日在肯尼迪航天中心发射升空，其任务是先进入环火星轨道，然后在火星表面着陆，最终目标是寻找外星生命的证据。两个海盗号探测器的导航精度远远超过以往的无人驾驶星际飞行任务。探测器上采用了地面测控和星上自主天文导航相结合的导航方法，如图 2 所示。

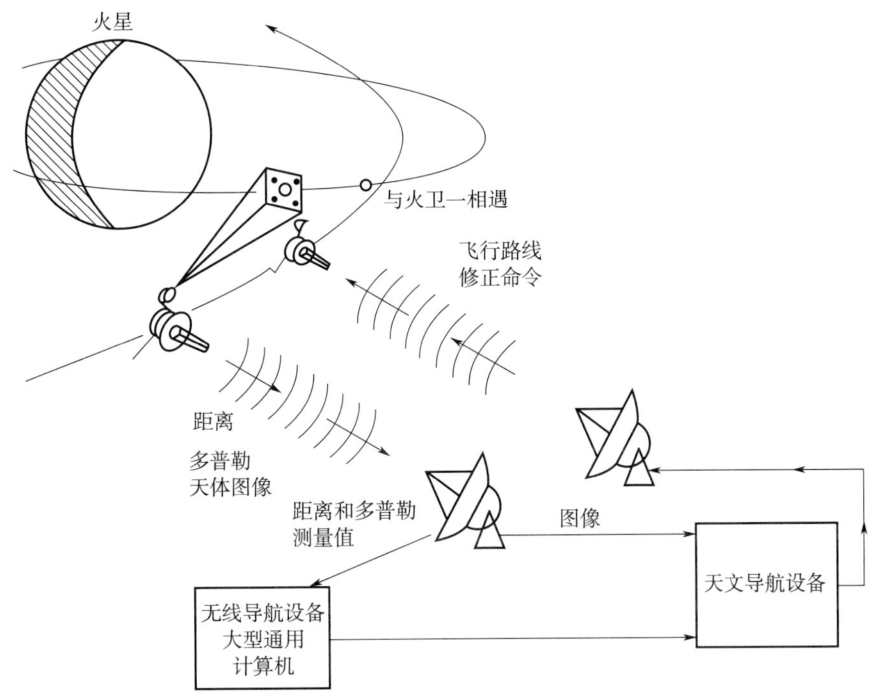

图 2　海盗号的测控/天文导航原理

海盗号探测器轨道确定系统的观测信息包括地面的无线电多普勒相对速度、相对距离和星上的天文光学观测信息。这些信息通过最小二乘估计得到参考历元下探测器的位置和速度估计值，具体流程如图 3 所示。图中使用的轨道模型为 $\ddot{r}(t)=f(r(t),\ t)$，其中 r 为探测器的位置矢量，t 为时间，f 为加速度函数，包括了太阳、行星及其卫星的引力作用。天文量测信息主要包括火星和火卫二的质心位置，这些信息与相机的指向信息一起给出了火星和火卫二相对某个惯性参考方向的角度关系。海盗号的天文导航系统工作非常好，行星质心的测量精度达到了火星半径的 1%以内（约 35 km），最终海盗 1 号和海盗 2 号的导航精度分别达到 6 km 和 2 km。

与水手号探测器的天文导航相比，海盗号在轨道模型和最优估计方法上均有所改进。

(3) 旅行者号的天文导

航美国 1977 年 8 月和 9 月分别发射了行星和行星际探测器旅行者 1 号和 2 号。旅行者号携带的仪器和能源设备比先驱者号更先进，在探测木星、土星、天王星和海王星过程中有大量惊人发现。因此，旅行者的星际探测被誉为“最伟大的太空之旅”。旅行者 1 号于 1979 年 3 月先期飞近木星，旅行者 2 号于 7 月到达，拍摄了木星大红斑照片，并发现木卫一有活火山喷发、木卫二上面完全由一层冰覆盖。旅行者 2 号探测器接着又飞近土星观察了土星环，1986 年飞抵天王星附近，1989 年飞抵海王星附近。

旅行者深空探测器是迄今为止飞行时间最长、距离最远的探测器，且采用了借力飞行技术，通过借助多颗行星的引力改变探测器的速度从而实现太阳系环旅。因为这项技术对入轨精度的要求极高，因此也给探测器的导航带来挑战。天文导航技术在旅行者号的探测

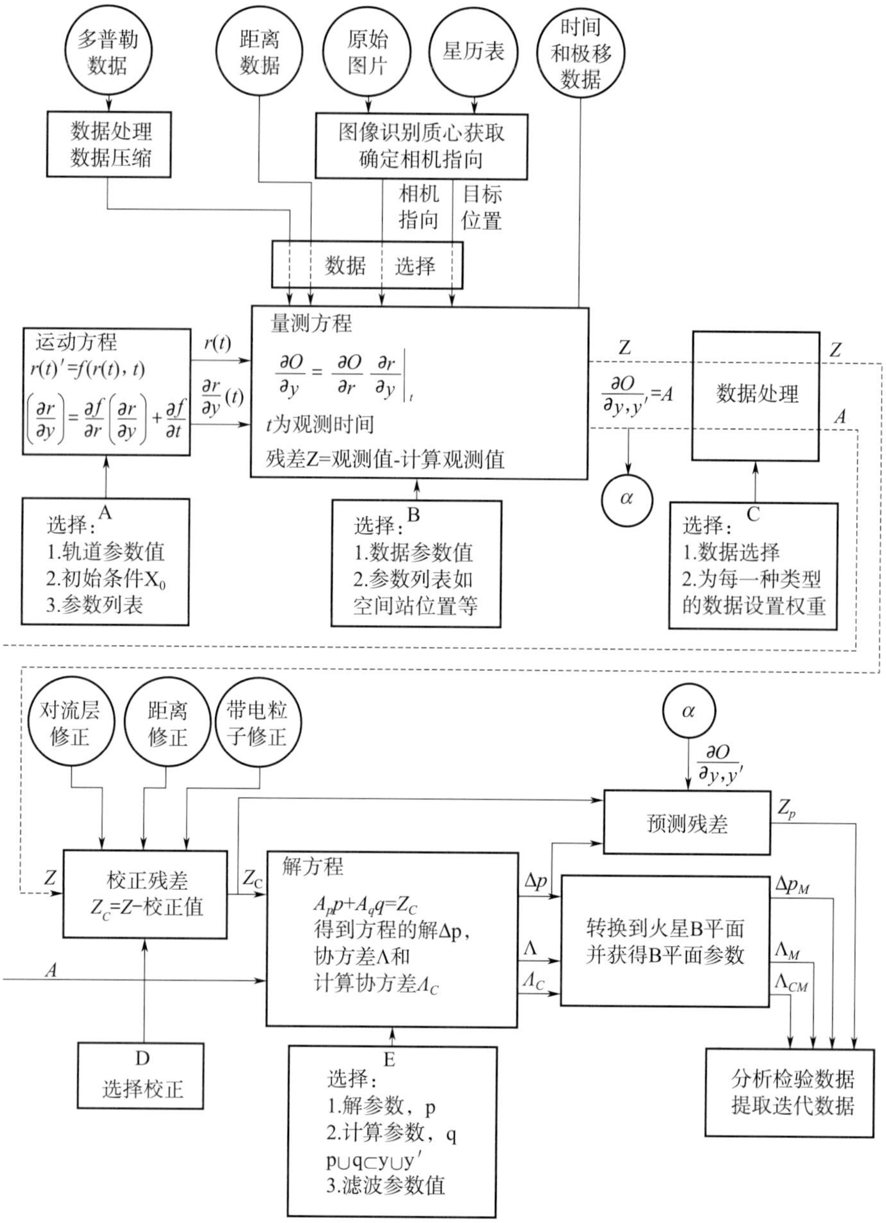

图 3　海盗号探测器的轨道确定流程图

任务中发挥了重要的作用，在探测器与木星、土星尤其是天王星和海王星遭遇过程中都采用了天文导航技术。

旅行者号采用的天文导航技术与海盗号探测器的相似，均是利用恒星背景下拍摄的行星卫星的图像（见图 4）结合地面无线电测速和测距信息，联合确定探测器的位置和速度。在旅行者号经过天王星和海王星的过程中，该方法不仅辅助发现了海王星的新卫星（图 5 中的 1989N1），还通过对探测器的轨道参数和卫星的重力场和轨道参数进行联合估计，辅助确定了天王星和海王星卫星的轨道参数和质量。

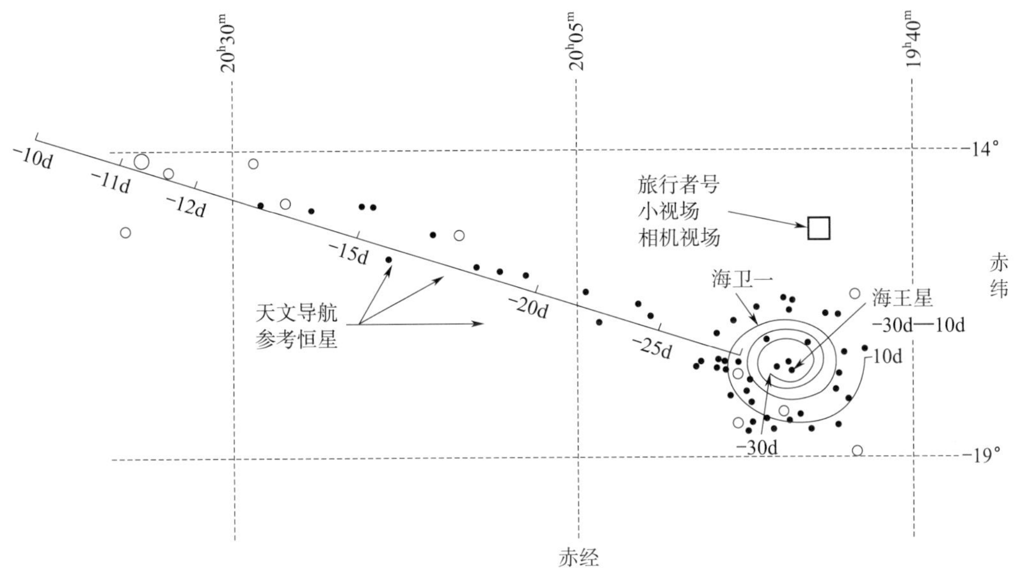

图 4　旅行者 2 号拍摄的恒星背景下的海王星系统

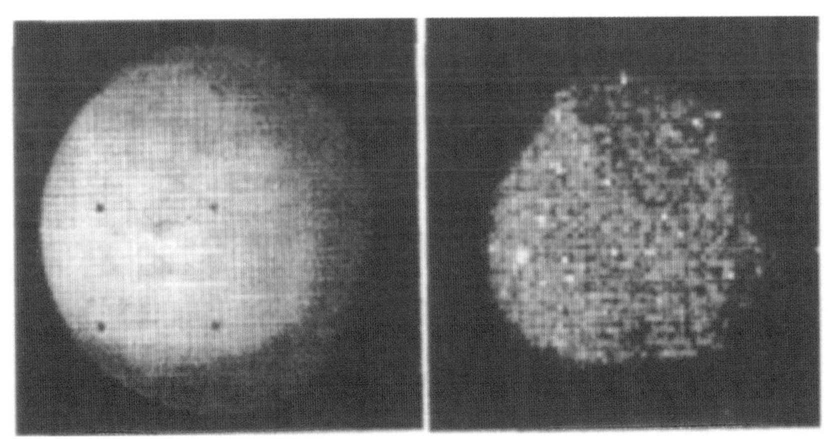

图 5　旅行者 2 号拍摄的海王星卫星 Triton 和 1989N1

（4）伽利略号的天文导航

1989 年 10 月 18 日由亚特兰蒂斯号航天飞机送入轨道的伽利略号木星探测器，是美国航天局的第一个木星探测器。在 1995 年 12 月飞抵环木星轨道后的 7 年多时间内，伽利略探测器共绕木星运行 34 周，与木星主要卫星相遇 35 次，在木星的三颗卫星上发现了地下液态盐水存在的证据，并第一次从轨道上对木星系统进行了完整考察，对木星大气进行了直接测量。伽利略探测器同样采用了借力飞行技术，先进入金星的轨道，借助金星引力来加速，再两度折回地球加速，然后前往木星。值得一提的是在伽利略前往木星的途中还顺便探测了小行星安菲特律特，并在经过小行星带时，先后拍摄到了 951 号小行星 Gaspra 和 243 号小行星 Ida 的照片。在伽利略探测小行星的过程中，天文导航同样发挥了重要作用。

由于伽利略探测器上的主天线——高增益天线出现了故障，它仅能利用低增益天线与地球进行通信。因此，在整个小行星 Gaspra 的探测过程中，仅能拍摄 4 幅图像。为了尽可能提高图像中的信息量，伽利略号采用了创新性的单帧图像拼接技术。事实证明虽然仅有 4 幅图像可用（见图 6），但依靠单帧图像拼接技术获得的天体量测信息还是获得了较高的导航精度，导航误差约为 10 km。

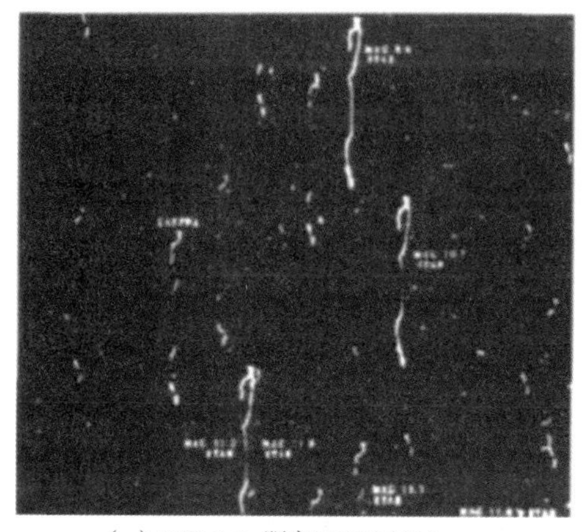

（a）1991.9.6　距离37 329 000 km。分辨率373 km/像素

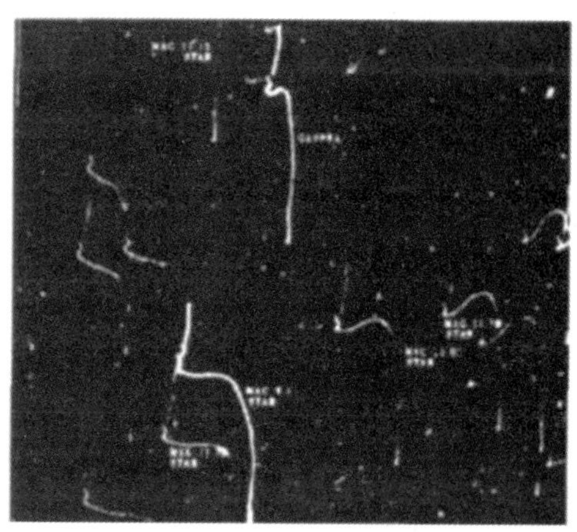

（b）1991.9.28　距离22 103 000 km。分辨率221 km/像素

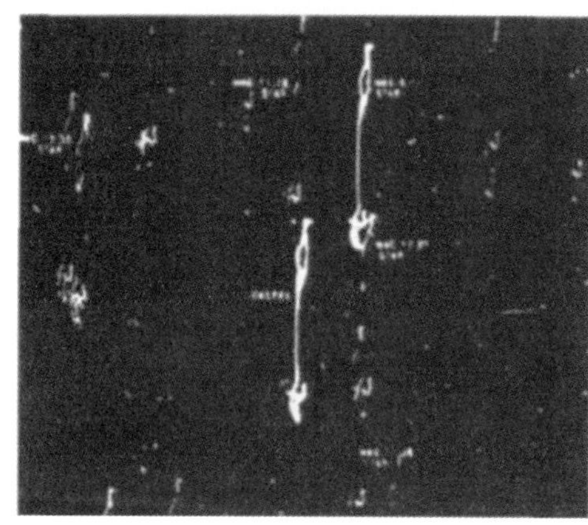

（c）1991.10.13　距离11 133 000 km。分辨率111 km/像素

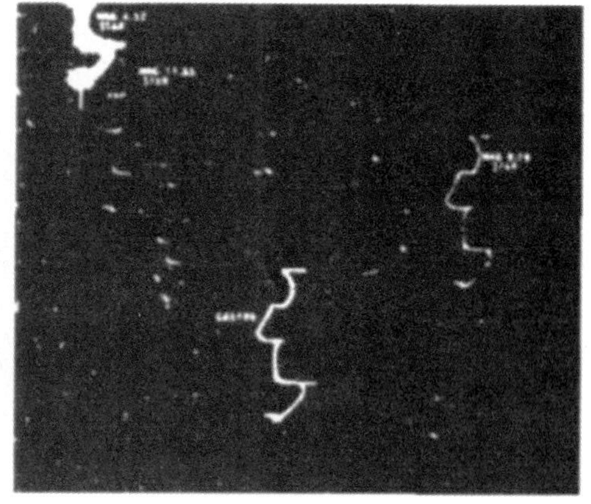

（d）1991.10.21　距离5 772 000 km。分辨率57.7 km/像素

图 6　伽利略号拍摄的 4 幅用于天文导航的图像

从上述天文导航技术的发展历史可以看出，通过不断解决实际任务中出现的问题，天文导航在观测仪器、观测信息的处理、导航系统的状态模型和滤波估计方法方面不断发展。这些研究为天文导航成为独立的导航手段奠定了基础。

进入 21 世纪后，世界各主要航天大国或组织纷纷提出规模更为庞大的深空探测计划。随着这些深空探测任务的开展和实施，深空探测器的自主天文导航技术也进入了新的发展阶段，终于作为一种独立的导航手段在深空一号和深度撞击任务中得到了应用。（待续）

深空探测器自主天文导航技术综述（下）*

宁晓琳，吴伟仁，房建成

2.2 天文导航作为主要导航手段

(1) 深空一号的自主天文导航

1998年10月24日发射的深空一号是NASA新千年计划中的第一个任务。在发射之后的9个月内，深空一号就成功地测试了全部12项的新技术，还进行了小行星布莱叶的近点飞行。在1999年末主要任务完成后，它的恒星跟踪器出现故障。2000年初专家在3亿千米之外成功地重新配置探测器，修复了故障，并大胆地提出了Borrelly彗星的探测任务。2001年9月，深空一号飞近Borrelly彗星冰冷的彗核，在相距只有2 171 km处拍下了有史以来最高分辨率的彗星图像。

深空一号是第一颗真正实现了自主天文导航的探测器。图7给出了深空一号的天文自主导航系统与以往导航系统的区别。从图中可以看出，深空一号完全不依赖地面测控，仅利用拍摄的小行星和恒星图像，并通过先进的卡门滤波技术实现了探测器自主导航和轨道

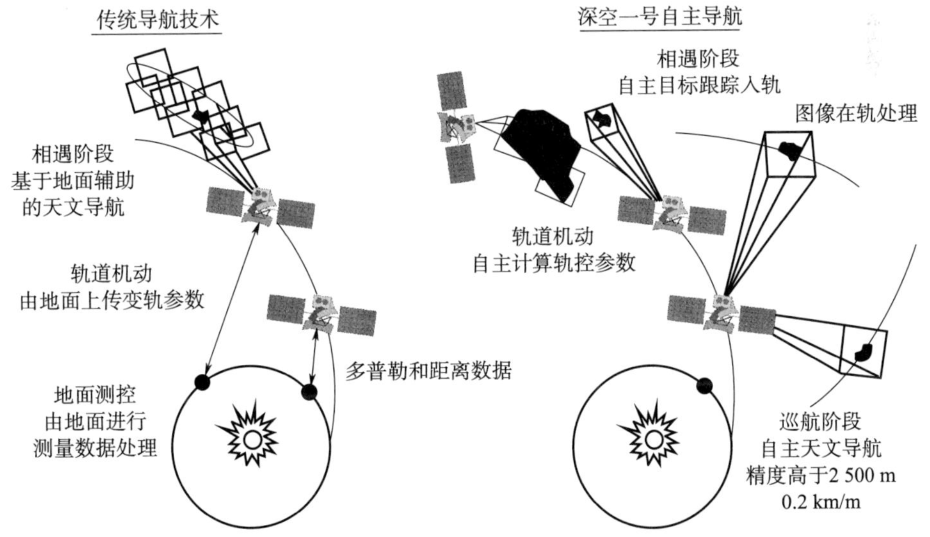

图7 深空一号的天文自主导航系统与以往导航系统的区别

---

* 中国航天，2010 (7)：4.

修正。该天文自主导航系统（AutoNav）包括了图像获取、姿态控制和轨道控制等一系列软件，其主要子系统包括：①NavRT，为姿态控制子系统提供星历信息；②NavExec，规划和执行各种与导航相关命令，如图像的获取和处理、离子推进系统点火和轨道机动等；③图像处理单元，负责图像处理；④轨道确定单元，进行轨道确定；⑤轨道机动单元，负责与离子推进系统相关的轨道机动计算。图 8 给出了该自主导航系统的结构及其与其他系统的关系。

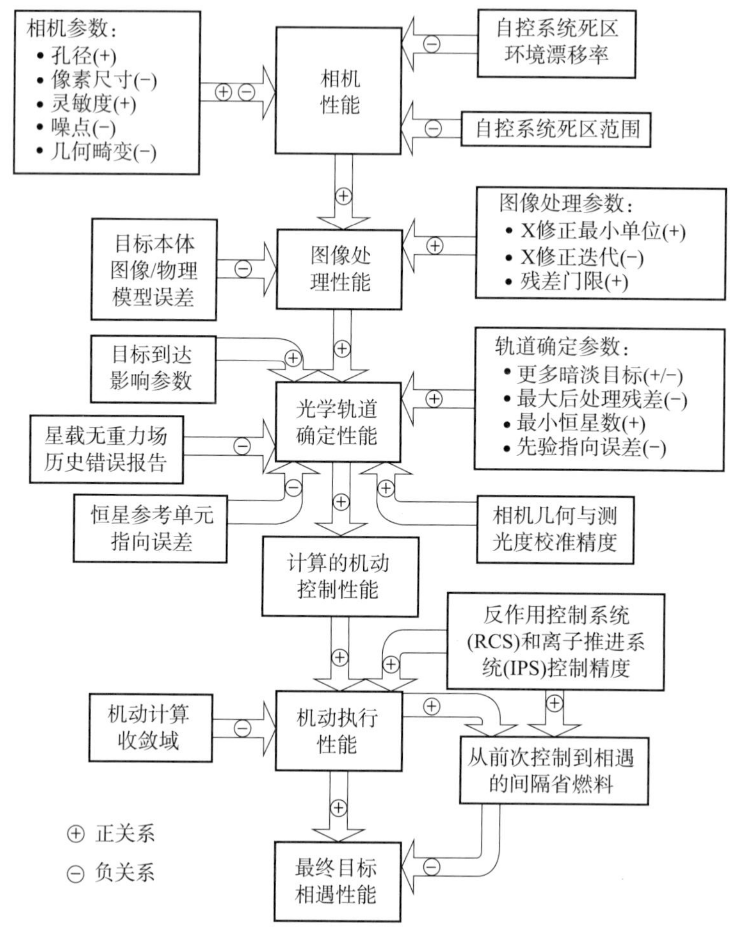

图 8　深空一号天文自主导航系统的结构及其与其他系统的关系

深空一号自主导航系统的运行并不顺利，1998 年 10 月发射后不久就遇到了一系列严重的挑战。首先是成像系统出现了严重的漏光问题。同时由于相机的灵敏度不够，导致可获得的清晰的小行星图像非常有限。而且，漏光问题还降低了图像处理单元的数据压缩能力。此外，发射后相机的几何失真也远高于发射前的实验室测试结果。所有这些因素使得最初探测器的位置和速度误差分别高达 10 000 km 和 7 m/s。虽然这样的结果基本也能满足深空探测任务在巡航阶段的导航要求，但是工作人员立即努力对上述问题进行了补救 19 年 2 月和 6 月分别对星上软件进行了更新，导航精度也随之提高到了 250 km 和 0.2 m/s，基本接近发射前预估的性能指标，并已大大优于任务要求与小行星布莱叶相遇的过程中，自主导航系统顺利完成了轨道确定和机动任务，达到了预定的入轨精度。图 9 分别给出了深空一号自主天文导航系统在 1999 年 4 月 5 日、5 月 31 日和 7 月 21 日的导航结果。

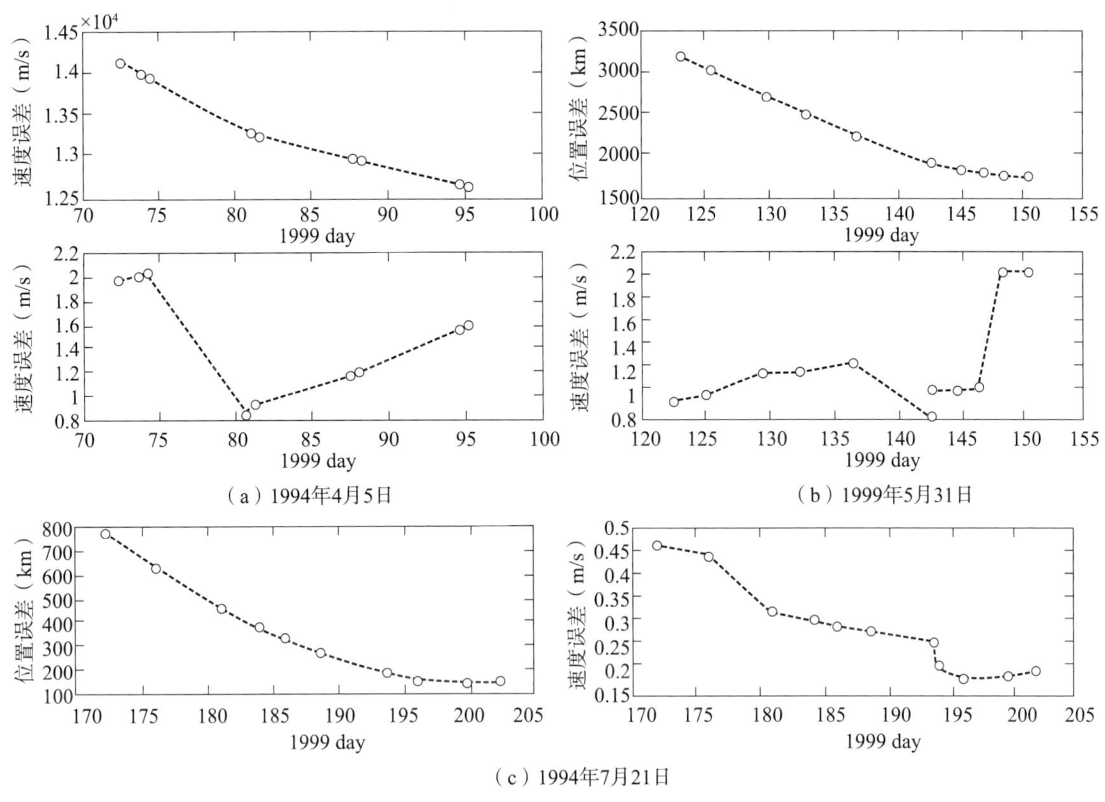

图 9 DS1 自主天文导航系统的导航结果

（2）深度撞击号的自主天文导航

深度撞击号探测器是 NASA“发现”计划的第八项任务，由波音德尔它运载火箭在 2005 年 1 月 12 日发射进入太空。2005 年 7 月 4 日，探测器成功撞击坦普尔一号彗星，从发射到撞击，深度撞击号历时 172 天，飞行距离为 43 亿 km。深度撞击号探测器主要由飞行器和撞击器 02 两部分组成。其上装备的光学成像仪器有高分辨率相机（HRI）、中分辨率相机（MRI）、星跟踪器和撞击器目标敏感器（ITS），在整个过程中这些仪器具有导航获取数据和选择撞击点的作用，如图 10 所示。

深度撞击号探测器的成功离不开其自主导航、制导和控制系统。该系统的主要组成部分为：①撞击器目标（瞄准）敏感器（ITS）；②高可靠轻型星上计算机 RAD750；③高精度星敏感器 CT-633；④自主天文导航软件（为深空一号开发，经剪裁被本次任务采用）；⑤四个横向肼推力器，用于撞击器飞行航向控制；⑥姿态确定与控制系统（ADCS），用于保证撞击器高精度姿态稳定，消除撞击器分离后的姿态偏差（速率阻尼）。

深空一号和深度撞击号的天文导航都充分继承了前面任务中所获得的成果和经验，在不依赖地面测控系统支持的条件下获得了成功。

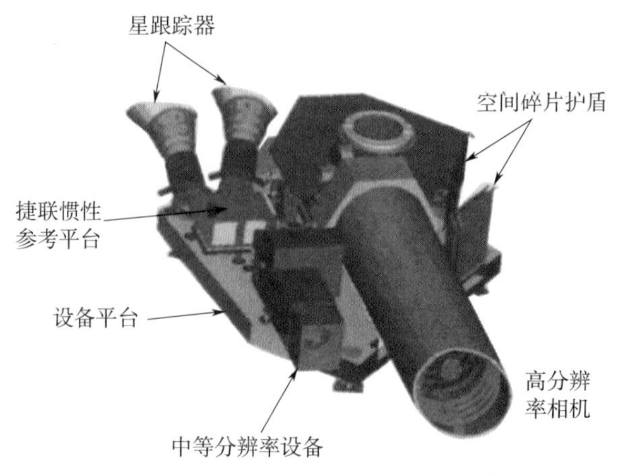

图 10　DI 的天文导航仪器

目前自主天文导航技术已成功地应用于美国的多颗深空探测器上。我国也已开始该方向的研究工作，但与国外先进水平相比还存在较大差距。

3　深空探测器天文导航的关键技术和发展趋势

综上所述，从国外天文导航的发展过程可以看出，深空探测器自主天文导航的关键技术可分成两类：一类是与自主天文导航理论和方法相关的关键技术；一类是与导航系统硬件相关的关键技术。二者相互影响，相互制约。

3.1　天文导航理论和方法

目前，常用的基于轨道动力学滤波的深空探测器自主天文导航的基本原理是：在天文量测信息的基础上结合探测器的轨道模型进行滤波估计从而获得探测器的位置、速度和姿态等导航信息。因此，其涉及的关键技术主要有三个，第一个是系统状态方程，也即轨道动力学模型的精确建立；第二个是系统量测方程，也即与天文量测信息相关的信息获取方式和相应的建模方法；第三个是滤波方法，也即最优估计方法。

(1) 状态方程的精确建模

天文导航系统中状态模型的精度是影响导航精度的一个重要因素。以深空探测器为例，传统的状态模型也即轨道动力学模型中重力、太阳光压和推力等采用的均是简化近似的模型。未来则需要建立更精确的轨道动力学模型，如以天体的高阶重力模型替代质点重力模型，对使用大型太阳电池阵的深空探测器建立太阳系通用的太阳光压模型，建立含随机加速度误差的推进力的精确模型等。但如果一味追求模型的高精度，会使模型过分复杂虽然精度高但计算量也大，难以实际应用。研究既满足导航精度要求又计算简单的动力学模型是深空探测器自主天文导航的重要研究内容。

未来的深空探测将会进行深空交会对接小行星采样无大气天体着陆，大气再入、跳出以及制动等更复杂的任务。如何针对这些不同任务的不同运动规律和需求建立相应的运动模型也是值得进一步研究的问题。

（2）新型测量原理和相应量测方程的建立

当前深空探测器自主天文导航中常用的天体敏感器多为可见光敏感器观测的天体主要为恒星和行星，使用的测量信息主要为天体视线方向和天体间的角度。由于深空探测器多在外层空间运行，观测不受大气影响，因此除了可见光敏感器之外，还可利用红外和紫外敏感器以及多光谱复合敏感器，将来还可能发展出射电、X 射线和 γ 射线等波段的敏感器，有助于获得更多量测信息。同时新型测量原理如天文干涉技术等也使得天体测量仪器的精度越来越高，这些都为高精度天文量测信息的获取创造了条件。此外，关于除恒星和行星外的其他特殊天体如脉冲星、黑洞和宇宙微波背景辐射等用于深空探测器自主天文导航的可行性研究也是非常值得探索的前沿课题，当探测器距离自然天体较近时，天体就不能再视为点光源时，天体就不能再视为点光源。此时要想精确获得天体的质心，就需利用已知信息建立该天体的虚拟测量影像，以辅助实际测量影像获得导航所需的量测信息。因此如何建立太阳系天体的精确虚拟影像及相应的质心获取算法也是值得研究的方向之一。

（3）先进滤波方法及相应的理论分析方法在天文导航中的应用

天文导航系统属于非线性系统，且其系统噪声和量测噪声的分布也不是高斯分布，因此必须采用先进的非线性滤波方法提高导航精度。目前先进的估价理论和方法层出不穷，如模糊理论多模型理论、神经网络理论、遗传算法等。探索适用于深空探测器自主天文导航系统的滤波新方法，并对其性能进行可观测性、稳定性、收敛性等理论分析是天文导航的重要研究内容。

在滤波参数的选择上，除了探测器的位置、速度和姿态之外，在未来的深空探测任务中未知或不确定天体的重力场参数、星历参数、IMU 误差等参数也需要在滤波过程中进行实时估计。

（4）天文组合导航方法

随着航天技术的发展，对深空探测器自主导航系统性能的要求将越来越高，单独任何一种自主导航系统都无法独自满足日益增加的高精度和高可靠性的需求。将天文导航方法与其他导航方法相结合构成组合导航系统，可实现各种导航方法之间的优势互补，并使组合导航系统的性能优于各子系统，组合导航系统，可实现各种导航方法之同的优势互补，并使组合导航系统的性能优于各子系统，是最为实用的深空探测器自主导航系统实现方案。如将探测行星的陆标信息和天文信息相结合，就可提高深空探测器在绕飞和变轨时的轨道控制精度和着陆时的准确性。利用轨道器之间或轨道器和着陆器间的相对距离和速度信息与天文信息相结合可提高深空探测器在交会对接时的导航精度。

此外，利用信息融合技术进行组合导航也是未来深空探测器提高系统故障检测和隔离能力的重要途径。

3.2 天文导航系统技术

在硬件方面，随着现代微电子技术、光电子技术以及 MEMS（微机电系统）技术的不断飞厌，深空探测器自主天文导航系统正朝着微小型化、模块化和集成化的方向快速发展。

美国代表了深空探测器自主天文导航技术的最高水平。下面介绍几种美国最新研制的自主天文导航系统。

(1) 火星采样返回任务的天文导航系统

在美国成功实现自主天文导航的深空一号和深度撞击号两个任务中，均是借用科学探测有效载荷作为导航敏感器。获取天体的导航图像。虽然这些任务均获得了成功，但是自主导航系统的性能却因此受到诸多限制。未来的深空探测任务如火星采样返回（MRO）等需要成像设备不仅可适应远距离拍摄还可适应近距高拍摄。由于导航系统要求获取尽可能多的观测信息，而探测器本身则希望尽量减少姿态机动，固定体装的导航相机无疑会增CPU 的消耗。在深空一号和深度撞击号任务中，自主天文导航系统几乎占用了其 CPU（分别为 RAD6K 和 RAD750）可用资源的 50%。因此，未来的自主导航系统应该在硬件上将传感器、导航计算机甚至姿态控制系统集成在一起。以最大限度地降低任务设计和集成的成本。

即将用于火星采样返回任务（MRO）的天文导航系统经历了 6 年多的设计周期，吸收了深空一号自主导航的经验。该导航系统可拍摄明亮天体附近的暗淡的目标，如恒星、遥远的小行星和轨道器等，因此它具有很强的动态响应能力及低噪声的特性。该系统与卡西尼探测器的摄像系统相比体积重量和功耗均较小，精度和动态性能则更优。图 11 为该系统的设计图和在 MRO 探测器上的安装情况。

图 11　MRO 天文导航系统的设计图和安装图

(2) 惯性恒星罗盘

查尔斯·斯塔克·德雷帕实验室（CSDL）开发的惯性恒星罗盘（ISC），如图 12 所示，是一种实时、微小型、低功耗的恒星惯性姿态确定系统，由一个宽视场的动态像元星敏感器和一个微机电（MEMS）陀螺组成。ISC 不仅可完成通常情况下的姿态确定任务，而且由于其具有全天球的星图识别能力，因此还可解决探测器翻滚等特殊情况下的姿态确定同题。由于 ISC 集成了星敏感器和陀螺，因此即使在姿态快速变化使得恒星无法跟踪时也可利用 MEMS 陀螺获得姿态信息。ISC 的另一创新技术是将软硬件集成为个单元。ISC 采用了基于 SPARC 架构的 BRC-32 芯片，并安装了 RTEMS 实时操作系统（RTOS）。德雷帕实验室地面验证的结果显示，ISC 每 5 分钟利用星光信息对惯性信息进行更新，纠正其漂移误差，每个轴的姿态精度优于 0.1°（1σ），动态范围可达 40°/s，姿态捕获能力强（可覆盖 99%的星空），重 2.9 kg，功耗 3.5 W。该惯性恒星罗盘已在美国发射的 ST-6 上进行了飞行实验验证，达到了良好的效果。

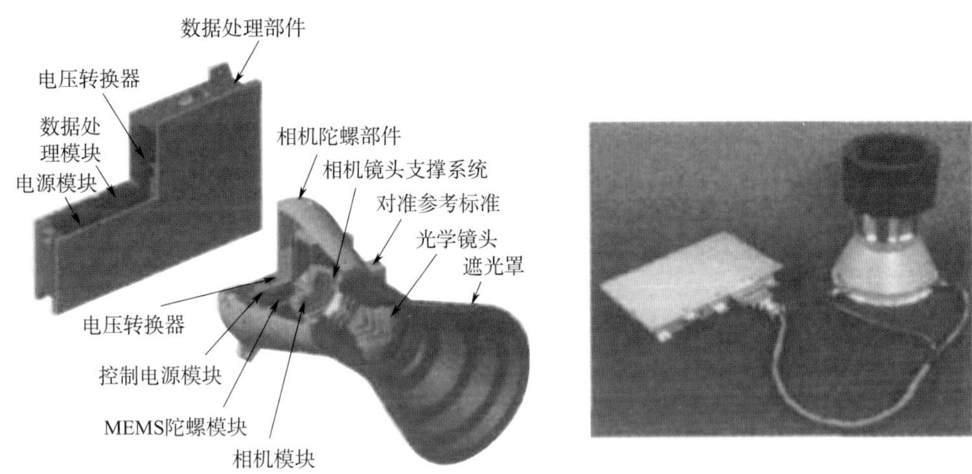

图 12　惯性恒星罗盘的结构图和原理样机

不仅导航定姿系统朝着一体化、集成化的方向发展制导、姿态控制系统也朝着集成化的方向迈进。研究集导航、制导与控制为一体的高精度深空探测器天文 GNC 系统，例如基于微小型敏感器、执行机构和嵌入式操作系统的 GNC 系统是深空探测器天文导航系统未来的发展趋势。

4 结论

21 世纪将是人类深空探测的新纪元，世界各航天国家均制定了详细的深空探测发展规划，将对整个太阳系甚至更远的深空进行探测，重点是月球探测、火星探测、巨行星探测、小行星及彗星探测等。美国计划 2030 年左右将人类送往火星。欧洲的深空探测计划与美国相似，计划 2025～2035 年发射火星载人飞船。俄罗斯在深空探测领域也不甘落后。根据俄罗斯政府发布的“2006～2040 年俄联邦远期航天发展规划”，俄罗斯将于 2025 年实现载人登月，2028～2032 年间建立有人居住的月球基地，2035 年后开展载人登陆火星任务。日本的宇宙航空研究开发机构（JAXA）在 2005 年也公布了一个“太空开发远景规划”草案，计划在 2015 年前实现机器人探月，2025 年研制出可重复使用的载人航天器实现载人登月和建立月球太阳能研究基地，并对金星、水星和小行星等进行探测。而印度也在加速发展深空探测。2006 年印度空间研究组织（ISRO）也提出了未来的深空探测计划，具体包括在 2011 年前执行“月船”2 探测任务，2020 年前后实现载人登月梦想，2019 年开展火星探测任务。

国际上轰轰烈烈的深空探测活动的序幕已拉开，我国也制定了自己的深空探测计划。2004 年 1 月，以“嫦娥工程”命名的绕月探测工程正式启动，标志着我国探空探测的开始。中国的月球探测工程分为“绕”“落”“回”三个阶段。2007 年，嫦娥一号月球探测器成功实现绕月飞行，表明一期工程成功完成。第二、三阶段从 2008～2017 年，将分别实现月面软着陆探测与巡视勘察和月球采样返回。更深入的火星探测等深空探测计划也在积极酝酿之中。

深空探测工程的开展与实施为深空探测器各项技术的发展带来了新的机遇和挑战，尤其是对深空探测器的自主导航技术提出了更高的要求。随着深空探测的蓬勃发展，天文导航技术作为深空探测器自主导航的有效手段也必将得到更快的发展。

Autonomous optical navigation for interplanetary exploration based on information of earth-moon*

WU Weiren, TIAN Yulong , HUANG Xiangyu

Abstract The image elements of earth center and moon-center are obtained by processing the images of earth and moon, these image elements in combination with the inertial attitude information and the moon ephemeris are utilized to obtain the probe initial position relative to earth, and the Levenberg-Marquardt algorithm is used to determine the accurate probe position relative to earth, and the probe orbit relative to earth is estimated by u sing the extended Kalman filter. The autonomous optical navigation algorithm is validated using the digital simulation.

Keywords autonomous optical navigation; interplanetary exploration; Levenberg-Marquardt algorithm

Introduction

In order to reduce operational complexity and costs of missions, it is necessary to automate the navigation system for interplanetary explorations. Optical navigation is one of the important components in autonomous navigation system. The key technologies of optical navigation for interplanetary exploration are developed in Voyager missions, such as the image processing technologies for the obtaining of the center of celestial bodies in the image. Later, the optical navigation technology is successfully applied in the mission of the approaching and flying by the asteroid Ida and Gaspra of Galileo probe[1,2]. But it is in Deep Space 1 mission that the first application of entire autonomous optical navigation technology[3]. In the departure phase (from leaving the harboring orbit phase of the earth to entering the cruise phase), the navigation based on the ground is used and verified other than autonomous optical navigation method in Deep Space 1[4].

The earth and the moon are the ideal selected celestial bodies for the optical navigation because of theirs explicit motion regulation, outstanding optical characteristic and easy

* Journal of Harbin Institute of Technology (New Series), 2003, 10 (3): 6.

identification. Using optical navigation technique inherited from the Voyager, Galileo mission and Deep Space 1, this paper presents the autonomous optical navigation algorithm based on information of earth-moon for deep exploration departure phase. In the algorithm, first, the image elements of the earth-center and moon-center are obtained by processing the images of earth and moon; then, these image elements in combination with the inertial attitude information and the moon ephemeris in this epoch are utilized to obtain the probe initial position relative to earth; third, the Levenberg-Marquardt algorithm is used to determine the accurate probe position relative to earth, and the probe orbit relative to earth is estimated by using the extended Kalman filter.

1 Probe orbit dynamic model

Mainly considering the gravitation of the sun, the earth and moon, the thrust of the engines and the solar radiation pressure, in the earth-center equatorial inertia coordination, the equations of probe orbital dynamics can be given by

$$\dot{\boldsymbol{r}} = \boldsymbol{v},$$

$$\boldsymbol{v} = -\frac{\mu_e}{r^3}\boldsymbol{r} + \mu_s\left[\frac{\boldsymbol{r}_{rs}}{r_{rs}^3} - \frac{\boldsymbol{r}_{ps}}{r_{ps}^3}\right] + \mu_m\left[\frac{\boldsymbol{r}_{rm}}{r_{rm}^3} - \frac{\boldsymbol{r}_{pm}}{r_{pm}^3}\right] - \frac{AG}{mr_{rs}^3}\boldsymbol{r}_{rs} + \frac{k}{m}\boldsymbol{T} + \boldsymbol{a} \tag{1}$$

where $\boldsymbol{r}$ and $\boldsymbol{v}$ are the position and velocity vectors respectively, and $r = \|\boldsymbol{r}\|$. $\boldsymbol{r}_{ps}$ and $\boldsymbol{r}_{pm}$ are the location vectors of sun and moon in the earth center equatorial inertia coordination, and $r_{ps} = \|\boldsymbol{r}_{ps}\|$, $r_{pm} = \|\boldsymbol{r}_{pm}\|$; $\boldsymbol{r}_{rs}$ and $\boldsymbol{r}_{rm}$ are the location vectors of sun and moon from the probe respectively, i. e., $\boldsymbol{r}_{rs} = \boldsymbol{r}_{ps} - \boldsymbol{r}$, $\boldsymbol{r}_{rm} = \boldsymbol{r}_{pm} - \boldsymbol{r}$, and $r_{rs} = \|\boldsymbol{r}_{rs}\|$, $r_{rm} = \|\boldsymbol{r}_{rm}\|$; μ_e, μ_s, and μ_m are gravitational constants of the earth, the sun and the moon respectively. A is the sectional area of the probe; m is the mass of the probe; G is the sun flux constant, and $G = k' p_0 \Delta_0$, where k' is the integrate absorbable coefficient, Δ_0 is the distance from the sun to the earth surface, and p_0 is the solar radiation pressure intensity on the earth surface; k is the engine coefficient, $\boldsymbol{T}$ is the thrust vector; $\boldsymbol{a}$ is all the other perturbation accelerations vector.

2 Autonomous optical navigation algorithm

2.1 Image processing system

The image processing system is the core of the autonomous optical navigation system. Its primary function is to process the image of the earth and moon that taken by the navigation camera and to determine the pixels that correspond with the center of the earth and moon respectively. There are two navigation cameras in the navigation system; one has a narrow FOV (field of view) and another has a wide FOV. Each navigation camera is composed of one telescope and one CCD light-sensitive element, and its parameters cited from the Voyager mission are shown in Tab. 1[5]. The navigation cameras are fixed on the scan platform which can rotate in up-down and left-right direction to ensure the tracking of the observational object.

Table 1 Navigation camera parameters

Camera parameter	Wide-angle	Narrow-angle
Nominal focal length/ mm	200	1 500
FOV angle/ (°) × (°)	3. 2×3. 2	0. 42×0. 42
Specifications/pixels	1 024×1 024	1 024×1 024

Considering the FOV of the navigation cameras and the distance from the probe to the earth or moon, the navigation cameras cannot observe the whole earth or moon during the first departure phase (referring to the phase from probe leaving the parking orbit to its distance about 1×10^9 m from the earth center). So we must scan the edge of the earth and moon several times by using the wide and narrow viewing field cameras, then process the image of the earth and moon edge using the spatial acquisition algorithm for extended source given by Ref. [6] based on the geometry of the earth and moon (approximately sphere) to find the pixel that corresponding with the centers of the earth and moon. The detailed process of the algorithm can be found in Ref. [6].

During the far-earth phase, the whole earth and moon are in the sight of the navigation cameras. The image of the earth and moon can be obtained by taking their photos using the wide and narrow FOV camera, respectively. The pixels that correspond with the centers of the earth and moon can be obtained by using the center-finding technique. The center-finding technique is developed and perfected in Voyager mission and the detailed procedure and results of image processing can be found in Refs. [1, 7]. There has relation between the precision of the obtained center pixel and the optical characteristic and the existing image information of the navigation body. Because the optical characteristic of the earth and moon are outstanding and their shapes are approximately sphere, it can be identified easily and obtained accurately the center pixel of the earth and moon.

2.2 Probe initial position computation

The direction of earth-center and moon-center relative to probe in the camera coordinate system, $[p_i, l_i, f]^T/\sqrt{(p_i^2+l_i^2+f^2)^2}$, can be determined by using the image elements of earth-center and moon-center $[p_i, l_i](i=1, 2)$, and the navigation camera focal length, f The direction of earth-center and moon-center relative to probe in the probe coordinate system, i. e., $\boldsymbol{R}_{peb0}$ and $\boldsymbol{R}_{pmb0}$ (see Fig. 1) respectively, can be obtained by using the camera relative position to the probe. The probe inertial attitude is provided by the Attitude Control System. we define the inertial to the probe body-fixed rotation matrix as $\boldsymbol{T}_{IB}$, then the direction of earth-center and moon-center relative to probe in the inertial coordinate system can be calculated by $\boldsymbol{R}_{pe0}=\boldsymbol{T}_{IB}^{T}\boldsymbol{R}_{peb0}$ and $\boldsymbol{R}_{pm0}=\boldsymbol{T}_{IB}^{T}\boldsymbol{R}_{pmb0}$, respectively. Using the moon ephemeris, $\boldsymbol{R}_{em}$, the position vector of moon-center to earth-center in the inertial coordinate system at this epoch, can be obtained. Let $\boldsymbol{R}_{em0}=\boldsymbol{R}_{em}/\|\boldsymbol{R}_{em}\|$, then

$$\cos\alpha=\boldsymbol{R}_{pm0}^{T}\boldsymbol{R}_{em0},\cos\beta=-\boldsymbol{R}_{pe0}^{T}\boldsymbol{R}_{em0} \tag{2}$$

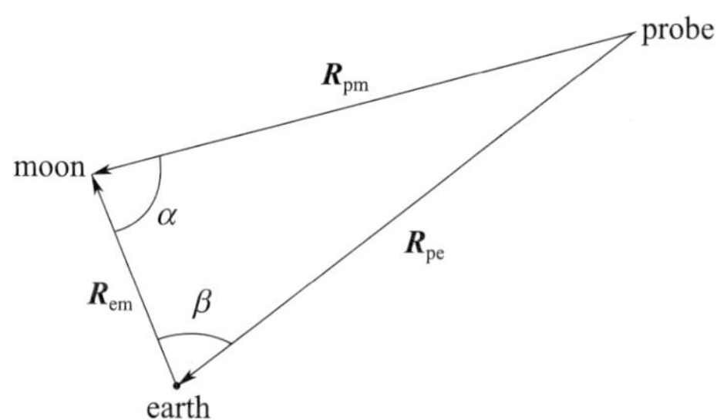

Fig. 1 Geometry of earth-moon-probe

For $0<\alpha$, $\beta<\pi$, then

$$\sin\alpha=\sqrt{1-\cos^2\alpha}\ ,\ \sin\beta=\sqrt{1-\cos^2\beta} \tag{3}$$

Using the triangle sine law, then

$$\sin\alpha\|\boldsymbol{R}_{pm}\|=\sin\beta\|\boldsymbol{R}_{pe}\| \tag{4}$$

Using the triangle sine law, then

$$\|\boldsymbol{R}_{pm}\|^2=\|\boldsymbol{R}_{pe}\|^2+\|\boldsymbol{R}_{em}\|^2-2\|\boldsymbol{R}_{em}\|\cdot\|\boldsymbol{R}_{pe}\|\cos\beta \tag{5}$$

By combining Eqs. (4) and (5), then $\|\boldsymbol{R}_{pe}\|$, the distance between the probe and the earth can be obtained. So the position vector of probe to earth-center can be given by

$$\boldsymbol{R}_{ep}=-\|\boldsymbol{R}_{pe}\|\boldsymbol{R}_{pe0} \tag{6}$$

However, the Geometry of earth-moon-probe has a serious effect on the precise of this position determination algorithm. So the rough position vector of probe can be determined by using this algorithm and used to the initial position.

2.3 Position estimation for probe

The Levenberg-Marquardt algorithm is used to obtain the precise position vector $\boldsymbol{X}$ of probe in the inertial coordinate system. The probe attitude information, the camera parameters, the moon ephemeris and the initial position of probe are required to compute the image element of earth and moon centers and do the Levenberg-Marquardt produre.

2.3.1 Image element computation of the earth and moon centers

In order to compute the pixel and line coordinates of the center of moon and earth in camera FOV, the transformation of an inertial vector into camera pixel and line coordinates is needed. This is a three step process: the first step is to rotate an inertial vector into a camera coordinate system, the second is to project these vectors into the camera focal plane, and the last is to scale the result into values of pixel and line.

First, we need the inertial to the probe body-fixed rotation matrix $\boldsymbol{T}_{IB}$. This is provided by the Attitude Control System. Second, the rotation matrix $\boldsymbol{T}_{BC}$ of the camera to the probe at this epoch. Then, the transformation matrix of the inertial to the camera frame is $\boldsymbol{T}_{IC}=\boldsymbol{T}_{IB}\boldsymbol{T}_{BC}$.

Then the inertial line of sight vector $\mathbf{V}_1$ (vectors of probe to earth-center or probe to moon-center, $\boldsymbol{R}_{pe}=-\boldsymbol{X}$ or $\boldsymbol{R}_{pm}=\boldsymbol{R}_{em}-\boldsymbol{X}$) can be rotated into a vector in the camera coordinates $\mathbf{V}_e$.

$$\mathbf{V}_e=\begin{bmatrix} V_{e1} \\ V_{e2} \\ V_{e3} \end{bmatrix}=\boldsymbol{T}_{IC}\mathbf{V}_1 \tag{7}$$

Transform $\mathbf{V}_e$ into the 2-Dcamera focal plane

$$\begin{bmatrix} x \\ y \end{bmatrix}=\frac{f}{V_{e3}}\begin{bmatrix} V_{e1} \\ V_{e2} \end{bmatrix} \tag{8}$$

where f is the camera focal length , V_{e1}, V_{e2}, V_{e3} are the components of the line-of-sight vector in the camera frame, x, y is the projection of the line-of-sight vector into focal plane coordinates.

Considering the electromagnetic and opticaldistorlion, the projection in the camera focal plane is corrtedted as

$$\begin{bmatrix} x' \\ y' \end{bmatrix}=\begin{bmatrix} x \\ y \end{bmatrix}+\begin{bmatrix} -yr & xr^2 & -yr^3 & xr^4 & xy & x^2 \\ xr & yr^2 & xr^3 & yr^4 & y^2 & xy \end{bmatrix}\begin{bmatrix} e_1 \\ e_2 \\ e_3 \\ e_4 \\ e_5 \\ e_6 \end{bmatrix} \tag{9}$$

Where $r^2=x^2+y^2$, $e_i\,(i=1, 2, \cdots, 6)$ are distortion coefficient.

Finally, the conversion from the rectangular coordinates to pixel and line is

$$\begin{bmatrix} p \\ l \end{bmatrix}=\boldsymbol{K}\begin{bmatrix} x' \\ y' \\ x'y' \end{bmatrix}+\begin{bmatrix} p_0 \\ l_0 \end{bmatrix} \tag{10}$$

Where $\boldsymbol{K}=\begin{bmatrix} K_z & K_{xy} & K_{xzy} \\ K_{yx} & K_y & K_{yxy} \end{bmatrix}$ is a transformation matrix from the rectangular coordinates to pixel and line, p_0, l_0 are the center pixel and line of the CCD[8].

2.3.2 Levenberg-Marquardt algorithm

To perform the Levenberg-Marquardt algorithm, partial derivatives of the observables with respect to the instantaneous position X of the probe are needed. According to the Eq (8), we can obtain

$$\begin{bmatrix} \dfrac{\partial x}{\partial \boldsymbol{V}_1} \\ \dfrac{\partial y}{\partial \boldsymbol{V}_1} \end{bmatrix} = \frac{\dfrac{\partial f}{\partial \boldsymbol{V}_1} V_{e3} - f \dfrac{\partial V_{e3}}{\partial \boldsymbol{V}_1}}{V_{e3}^2} \begin{bmatrix} V_{e1} \\ V_{e2} \end{bmatrix} + \frac{f}{V_{e3}} \begin{bmatrix} \dfrac{\partial V_{e1}}{\partial \boldsymbol{V}_1} \\ \dfrac{\partial V_{e2}}{\partial \boldsymbol{V}_1} \end{bmatrix}. \tag{11}$$

Note that $\partial f / \boldsymbol{V}_1$ is zero if the camera focal length is constant, and that $\partial \boldsymbol{V}_e / \partial \boldsymbol{V}_1$ is simply $\boldsymbol{T}_{IC}$, i. e., the inertial to camera frame rotation matrix.

Because the distortion coefficients are very small, for example, the narrow camera distortion coefficients of Voyager2[8], $e_1=-1.115\times10^{-4}$, $e_2=1.169\times10^{-4}$, $e_3=-2.475\times10^{-5}$, $e_4=-1.008\times10^{-5}$, $e_5=-2.335\times10^{-5}$, $e_6=-2.110\times10^{-4}$, the effective of distortion coefficients is very small. Where we neglect the electromagnetic and optical distortion when we compute the partial derivatives, i. e., $[x, y]=[x', y']$.

Using the Eq. (10), then

$$\begin{bmatrix} \dfrac{\partial p}{\partial \boldsymbol{V}_1} \\ \dfrac{\partial l}{\partial \boldsymbol{V}_1} \end{bmatrix} = \begin{bmatrix} \dfrac{\partial p}{\partial x} & \dfrac{\partial p}{\partial y} \\ \dfrac{\partial l}{\partial x} & \dfrac{\partial l}{\partial x} \end{bmatrix} \begin{bmatrix} \dfrac{\partial x}{\partial \boldsymbol{V}_1} \\ \dfrac{\partial y}{\partial \boldsymbol{V}_1} \end{bmatrix} = \begin{bmatrix} K_x + K_{xxy} y & K_{yx} + K_{xxy} x \\ K_{yx} + K_{yxy} y & K_y + K_{yxy} y \end{bmatrix} \begin{bmatrix} \dfrac{\partial x}{\partial \boldsymbol{V}_1} \\ \dfrac{\partial y}{\partial \boldsymbol{V}_1} \end{bmatrix} \tag{12}$$

For the earth center, $\boldsymbol{V}_1=-\boldsymbol{X}$; For the moon center, $\boldsymbol{V}_1=\boldsymbol{R}_{em}-\boldsymbol{X}$, then $\dfrac{\partial \boldsymbol{V}_1}{\partial \boldsymbol{X}}=-1$, so

$$\begin{bmatrix} \dfrac{\partial p}{\partial \boldsymbol{X}} \\ \dfrac{\partial l}{\partial \boldsymbol{X}} \end{bmatrix} = \begin{bmatrix} \dfrac{\partial p}{\partial \boldsymbol{V}_1} \\ \dfrac{\partial l}{\partial \boldsymbol{V}_1} \end{bmatrix} \frac{\partial \boldsymbol{V}_1}{\partial \boldsymbol{X}} = -\begin{bmatrix} \dfrac{\partial p}{\partial \boldsymbol{V}_1} \\ \dfrac{\partial l}{\partial \boldsymbol{V}_1} \end{bmatrix} \tag{13}$$

By combing Eqs. (11), (12) and (13), $\begin{bmatrix} \dfrac{\partial p}{\partial \boldsymbol{X}} & \dfrac{\partial l}{\partial \boldsymbol{X}} \end{bmatrix}^{\mathrm{T}}$ can be computed.

Let $\boldsymbol{H}_i=\begin{bmatrix} \dfrac{\partial p_i}{\partial \boldsymbol{X}} & \dfrac{\partial l_i}{\partial \boldsymbol{X}} \end{bmatrix}^{\mathrm{T}}$, $\boldsymbol{Y}_i=[\Delta p_i \quad \Delta l_i]^{\mathrm{T}}$, $i=1, 2$. Where Δp_i, Δl_i are the observed minus computed pixel and line residuals, respectively.

Let $C(\boldsymbol{X})=\sum_{i=1}^{n}\|\boldsymbol{Y}_i\|^2$, $A=\sum_{i=1}^{n}\boldsymbol{H}_i^{\mathrm{T}}\boldsymbol{H}_i$, and $B=\sum_{i=1}^{N}\boldsymbol{H}_i^{\mathrm{T}}\boldsymbol{Y}_i$, then, the Levenberg-Marquardt algorithm[9] is as follow:

(1) Give the initial value of $\boldsymbol{X}$, compute $C(\boldsymbol{X})$;

(2) Let $\lambda = 0.001$;

(3) Compute A, b and solve $\delta \boldsymbol{X}$ by using the equation $(A + \lambda I)\delta \boldsymbol{X} = -b$;

(5) Compute $C(\boldsymbol{X} + \delta \boldsymbol{X})$, if $|C(\boldsymbol{X} + \delta \boldsymbol{X}) - C(\boldsymbol{X})| \leqslant 0.00001$, then, output $\boldsymbol{X}$, break;

(6) If $C(\boldsymbol{X} + \delta \boldsymbol{X}) \geqslant C(\boldsymbol{X})$, then, let $\lambda = 10\lambda$ goto (3).

Else let $\lambda = 0.1\lambda$, $\boldsymbol{X} = \boldsymbol{X} + \delta \boldsymbol{X}$ go to (3).

Where λ is a damp factor; If λ is large enough, then the convergence of iteration can be ensured; However, if λ is too larger, then convergence rate of iteration will be very slow. Under the precondition of ensured convergence, λ must be as small as possible. The Levenberg-Marquardt algorithm based on this criterion is given.

Using the Levenberg-Marquardt algorithm, the accurate position vector of probe can be estimated. As such, the position vector is input to the extended Kalman filter which determines the probe orbit relative to the earth.

3 Simulation and results

A digital simulation as follows was carried out to verify the autonomous optical navigation algorithm for interplanetary exploration based on information of earth-moon.

The assumptions in the simulation are as follows,

(1) The nominal orbit of the probe. It can be obtained by the numerical integrating Eq. (1). The initial value of the orbit is

$$[1.1190\times 10^{7} \quad 1.1054\times 10^{7} \quad 1.0862\times 10^{7} \quad 1.50\times 10^{4} \quad -1.5073\times 10^{4} \quad 1.5014\times 10^{4}]$$

(2) Observation model. Given the nominal attitude of the probe, the pixels of the earth-center and moon-center are obtained by using the nominal ephemeris and the nominal orbit of the probe and combining Eqs. (7) ~ (10), and then noises are added.

(3) Measure precision. The measure precision of the star sensor is $2''$ (3σ). The earth and moon's center calculation error during near-earth phase is: pixel 0.175, line 0.175. The measure precision during far-earth phase is: pixel 0.001, line −0.021.

(4) Measure frequency. The measure results are outputted at 600 s sampling interval during near-earth phase, but 3 600 s during far-earth phase.

(5) Initial error. The error variances of the probe position in three directions are $9\times 10^{10}\ \mathrm{m}^2$ and $25\ \mathrm{m}^2/\mathrm{s}^2$ for velocities.

(6) Ephemeris error. The error variances of the ephemeris of the moon in three directions are $10^8\ \mathrm{m}^2$.

The simulation results are shown as the figures. In the figures, r_x, r_y, r_z denote the components of the probe position vector in the earth center equator inertia coordinate system x, y, z, respectively, and v_x, v_y, v_z denote the components of the velocity.

It can be shown from Figs. 2～6 that the position error obtained by the initial position computation is increasing along with time. It is to say, the error of the initial position computation algorithm is rising with the increasing of the distance between the probe and the earth. From Fig. 3, we can see that the location error is 30 km. In Fig. 7, the location error is 500 km during far-earth phase. The error increase is slow in first phase but turn fast while it flies away The from the earth and moon. So this position determination method can only be applied during the departure phase. The position error of the filter output is 10 km and velocity error is 0. 5 m/s during near-earth phase in Figs. 4 and 5; and the position error of the filter output is 100 km and velocity error is 0. 5 m/s during far-earth phase in Figs. 8 and 9. Thus the autonomous optical navigation algorithm based on information of earth-moon can satisfy the precision need of the departure phase.

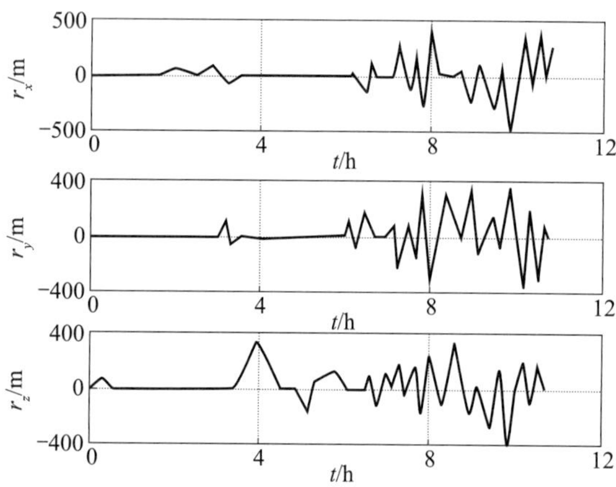

Fig. 2 Position computation error during near-earth phase

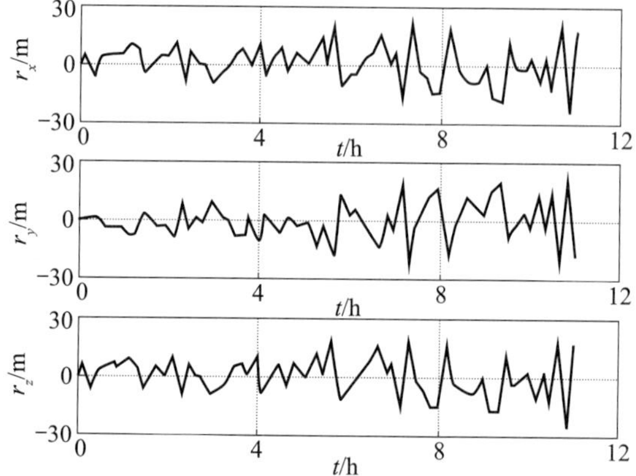

Fig. 3 Position determination error during near-earth phase

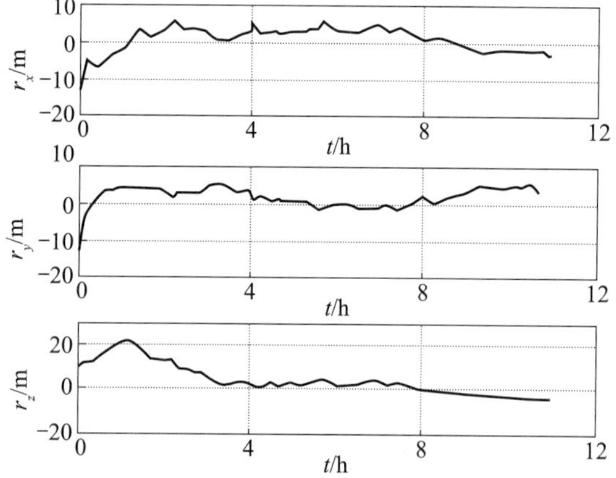

Fig. 4 Position error of filtering output during near-earth phase

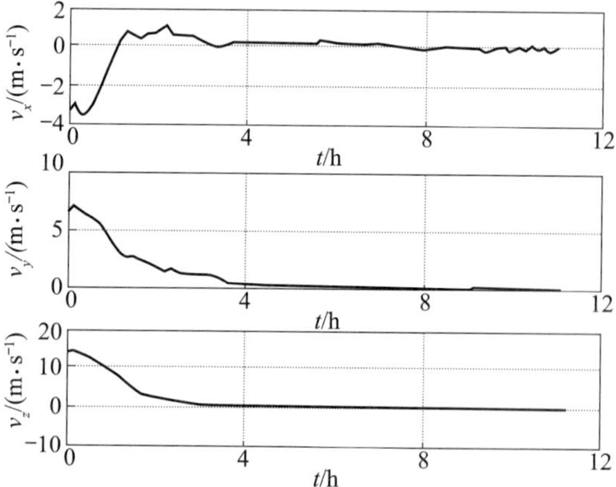

Fig. 5 Velocity error of filtering output during near-earth phase

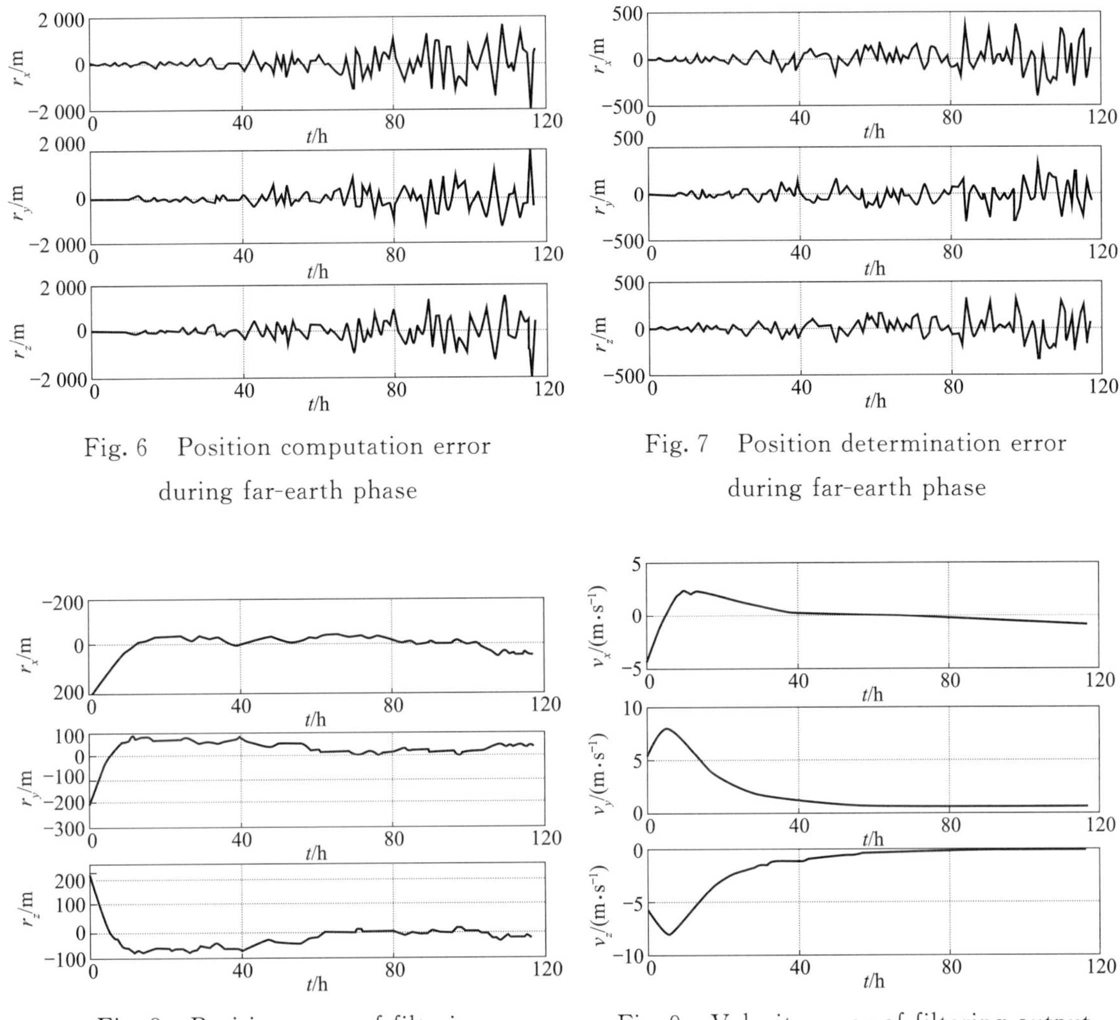

Fig. 6 Position computation error during far-earth phase

Fig. 7 Position determination error during far-earth phase

Fig. 8 Position error of filtering output during far-earth phase

Fig. 9 Velocity error of filtering output far-earth phase

4 Conclusion

The autonomous optical navigation algorithm based on information of earth-moon for deep exploration departure phase is presented. The simulation results show that the navigation algorithm is effective. The influence factors of the navigation accuracy need to be further studied and analyzed.

References

[1] DESAI S, HAN D, BHASKARAN S, et al. Autonomous Optical Navigation (AutoNav) Technology Validation Report, Deep Space 1 Technology Validation Report Autonomous —Optical Navigation (AutoNav) [R]. [s. l.]: [s. n.], 2000.

[2] BHASKARAN S, RIEDEL J. E, SYNNOTT S P. Autonomous optical navigation for interplanetary missions [A]. Proceedings of the Conference [C]. Bellingham: Society of Photo- Optical Instrumentation Engineers, 1996.

[3] LISMAN S S, CHANG D H, SINGH G, et al. Autonomous guidance and control of a solar electric propulsion spacecraft [A]. AIAA Guidance, Navigation and Control Conference [C]. New Orleans: AIAA, 1997.

[4] RIEDEL J E, BHASKRAN S, SYNNOTT S P, et al. An autonomous optical navigation and control system for interplanetary exploration missions [A]. IAA Symposia and Scientific MEETings [C]. Washington D C: [s. n.], 1996.

[5] BENESH M, JEPSEN F. Voyager Imaging Science Subsystem Calibration Report Report, Jet Propulsion Laboratory Rept [R]. [s. l.]: [s. n.], 1978.

[6] SHINHK L, TSUN-YEE Y. A robust spatial acquisition algorithm for extended source using subpixel image scanning [A]. Int Conf Signal Processing Applications and Technology [C]. Orlando: ICSPAT99, 1999.

[7] VAUGHAN R M, RIEDEL J E, DAVIS R P. Optical navigation for the galileo gaspra encounter [A]. AIAA/AAS Astrodynamics Conference [C]. Hilton Head: AIAA, 1992.

[8] JACOBSON R A. The orbit of Phoebe from earthbased and voyager observations, astronomy & astrophysics supplement series [J]. Aston Astrophys, 1998, 128 : 7-17.

[9] JOHNSON E A, MATTHIES H L. Precise image-based motion estimation for autonomous small body exploration [A]. Proceedings of the Fifth International Symposium on Artificial Intelligence, Robotics and Automation in Space [C]. Netherlands: [s. n.], 1999.

Image matching navigation based on fuzzy information*

TIAN Yulong, WU Weiren, TIAN Jinwen, LIU Jian

Abstract In conventional image matching methods, the image matching process is mostly based on image statistic in formation. One aspect neglected by all these methods is that there is much fuzzy information contained in these images, A new fuzzy matching algorithm based on fuzzy similarity for navigation is presented in this paper. Because the fuzzy theory is of the ability of making good description of the fuzzy information contained in images, the image matching method based on fuzzy similarity would look forward to producing good performance results. Experimental results using matching algorithm based on fuzzy information also demonstrate its reliability and practicability.

Keywords image matching; fuzzy information; similarity

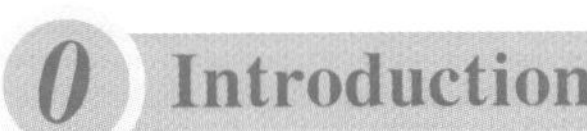

0 Introduction

Image matching algorithms play a very important role in image navigation systems , Because of the influence of imaging conditions and imaging devices, there are always existing intensive changes and geometric distortions between the reference image and the real time image. Though some methods can be applied to improve the quality of the image before further processing, some color and geometric distortion may still exist, as well as the noise disturbance. For the sake of navigation accuracy, it is expected that matching algorithms should be not only computationally efficient and feasible for hardware implementation but also tolerant to noise disturbance and certain geo metric distortions. Much study has been conduct to deal with image matching methods[1,2] by both international and domestic researchers. Generally speaking, convention al methods can be broadly divided into three categories: gray scale correlation based methods; image features based methods, and image interpretation based methods. Methods based on gray scale correlation might produce serious matching errors when images have large differences

* Journal of Harbin Institute of Technology (New Series), 2003, 10 (4): 3.

in scale or geometric distortions. Methods based on interpretation need the help of expert systems for automatic interpretation and recognition of images. There is still not breakthrough work so far about the image matching algorithms. In the paper, a brand new matching method using the fuzzy-set similarity is presented. Experimental results using the algorithm showed good performance.

1 Fuzzy set similarity

Since Zadeh published his classic paper in 1965, fuzzy set theory has received wide attention from re searchers, and gained a lot of achievements in a wide range of scientific areas. Herein, we briefly introduce the conception of fuzzy set similarity. The conception of similarity is used to describe the degree of closeness of two sets.

Definition 1 Let $F(V)$ be all the fuzzy sets of class V. A, $B \in F(V)$, the similarity on $F(V)$ is de fined by mapping : ρ: $F(V) \times F(V) \rightarrow [0, 1]$.

It satisfies the following three axioms:

(1) If $A=B$, then $\rho(A, B)$ has a maximum value; If A is null set and B is full set, $\rho(A, B)$ has a minimum value;

(2) For all A, $B \in F(V)$, $\rho(A, B)=\rho(B, A)$ hold on;

(3) For all A, B, $C \in F(V)$, if $A \supseteq B \supseteq C$, or $C \supseteq B \supseteq A$, then $\rho(A, B) > \rho(A, C)$.

Actually, similarity describes the fuzzy relationship between two variables, which satisfying preceding basic axiom (1), (2), and (3) defined on $F(V)$. It indicates the closeness of two fuzzy sets. vary expressions of similarity can be given:

(1) $\rho_1(A, B)=1-\delta_1(A, B)$, where $\delta_1(A, B)=\frac{1}{n}\sum_{i=1}^{n}|\mu_A(x_i)-\mu_B(x_i)|$ is the relative hamming distance of A and B.

(2) $\rho_2(A, B)=1-\delta_2(A, B)$, where $\delta_2(A, B)=\frac{1}{n}\sqrt{\sum_{i=1}^{n}[\mu_A(x_I)-\mu_B(x_I)]^2}$ is the relative Euclid distance of A and B.

(3) $$\rho_3(A, B)=\begin{cases}\left\|\frac{A \cap B}{A \cup B}\right\|, & \text{if } A \cup B \neq \Phi \\ 1, & \text{if } A \cap B=\Phi\end{cases}$$

(4) $$\rho_4(A, B)=\begin{cases}\frac{2\|A \cap B\|}{\|A\|+\|B\|}, & \text{if } A \cup B \neq \Phi \\ 1, & \text{if } A \cap B=\Phi\end{cases}$$

It is easy to prove that: $\rho_3(A, B) \leqslant \rho_4(A, B)$. ρ_1, ρ_2 are the similarities based on distance, which have following properties: $\rho_i(A, B)=1$ if and only if $A=B$; If A and B are ordinary sets and A is a complement of B, then $\rho_i(A, B)=0$ $(i=1, 2)$; ρ_3, ρ_4 are similarities based on base number, which have following properties: if $A \cup B \neq \Phi$ and $A \cap B \neq \Phi$, then $\rho_i(A, B)=0$ $(i=3, 4)$. In our experiments, we adopt the third expression of similarity for image matching.

2 Matching algorithm based on fuzzy information

In order to establish the principle of matching based on fuzzy similarity introduced previously, the membership function must be known. We first discuss how to define the membership function[3].

2.1 Defining membership function

For a practical application, accurate definition of the membership function plays a very important role. Herein, according to the purpose of the paper, we propose an approach to define the membership function as follows.

2.1.1 Membership function defined based on gray level

Let elements in fuzzy set A have vary gray scale levels (for example, 0, 1, 2, 3 … 255), then the membership function of A is defined as:

$$\mu_A(x)=kg_A(x), \forall x \in A$$

where k is normalized constant. $g_A(x)$ be the gray scale value of element x in set A. In the member function based on gray scale level, we define gray as the fuzzy similarity of image, the smaller the gray level is, the smaller value the member function value is. So the intensity is defined as the fuzzy similarity of image.

2.1.2 Membership function defined based on gray discrete minus

Suppose g_A is the meaning of fuzzy set A, then of member function of A is defined as follows

$$\mu_A(x)=1-k\mid g_A(x)-\overline{g}_A\mid$$

where k is normalized constant. In this member function, the smaller the minus of grey level and mean gray level are, the bigger the membership function value is.

2.1.3 Membership function defined based on gray correlation

Suppose elements in set B have the same propertiesas those in set A and A and B have the same number of elements, the member function of set A is defined as follows

$$\mu_A(x_i)=k\mid g_A(x_i)-\overline{g}_A)(g_B(y_i)-\overline{g}_B)\mid$$

where $\overline{g}_A = \sum_{i}^{n} g_A(x_i)$, $\overline{g}_B = \sum_{i}^{n} g_B(y_i)$, $x_i \in A$, $y_i \in B$, k is normalized constant, we call it the member function of A related to B .

2.2 Image matching algorithm based on fuzzy similarity

In order to get an efficient matching algorithm satisfying the requirement of real time, we consider it from for lowing aspects.

2.2.1 Matching strategy

It is well known that the strategy of coarse-to-fine matching is a good matching strategy, since it allows gross features to be matched first and to guide the following high resolution search for best matching. In the matching principle based on fuzzy similarity, we use normalized gray scale correlation in coarse matching, and use fuzzy matching principle in fine matching.

2.2.2 Matching algorithm

(1) Coarse matching.

Pyramidal image structures are used in coarse matching to reduce the searching regions and to smooth the noise. It is the key to fast matching and reducing mis matching ratio. There are two pyramidal structure commonly used, one is Gaussian Pyramidal structure, the other is called the partitioning and averaging pyramidal structure. Herein, we use the second one. Matching principle: (a) Getting candidate matching images in the reference image with the same size as the sensed image. Scanning points are located on the center (or the left up corner) of the corresponding candidate matching images. (b) Computing the normalized gray scale correlation coefficient of the sensed image and each candidate matching image. (c) Preserving N (usually $N = 5$) candidate matching images whose absolute normalized gray scale correlation are bigger than the others as coarse matching results.

(2) Fine matching.

(a) Centering the coordinates from coarse matching to form 5×5 searching region.

(b) Matching the image using the similarity method pixel by pixel. The results obtained are the final results.

Matching algorithm based on fuzzy information has following properties:

(a) If the reference and sensed image overlap completely, the similarity reaches maximum.

(b) As using the neighboring information, the method is insensitive to geometric distortion. Also by using the smoothing techniques, the method is insensitive to noise.

3 Results and discussions

We have used groups of images in our experiments to test our algorithm. Results show that when the same object in both the reference image and the sensed image has certain geometric distortions, the gray scale correlation algorithm and other algorithms can not match correctly, while the algorithm based on fuzzy similarity generates both high matching ratio and high match accuracy. The algorithm is simple in computation. When the size of the reference image is 200×200, the size of the sensed image is 40×40, the running time is 10 s (our computer is 486/DX100). Following are our expermental results.

We use MAD method for a comparison. Experiment 1 is to matching a satellite image with an aerial one (the reference image is the satellite image, the sensed image is the aerial one). There are intensive changes and geometric distortions between the reference image and the sensed image. Fig. 1 shows a result of experiment 1; the second experiment is to perform the matching process between two aerial images, where sensed image is part of the large aerial image shown in Fig. 1 and the reference image is the aerial image in Fig. 1 by adding some geometric distortion and noise, the result is shown in Tabs. 1 and 2. The black frame indicates the correct matching position in Fig. 1. Tabs. 1 and 2 list the matching ratios and matching accuracy using the two different matching algorithms. The total 100 s images are chosen randomly from the large image. Here, standard for judging the matching correctness is that the matching points displace within 3 pixels.

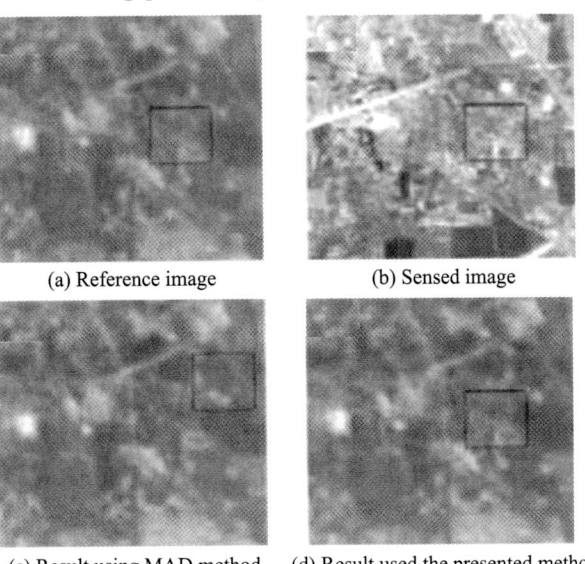

(a) Reference image (b) Sensed image

(c) Result using MAD method (d) Result used the presented method

Fig. 1 Results of experiments

Table 1 Results comparison of two approaches (Aerial picture matching satellite picture)

Matching degree	Fuzzy similarity		MAD	
	matching ratio/ %	matching accuracy	matching ratio/ %	matching accuracy
aerial to satellite	54	1.07	4	0.84

Table 2 Results comparison of two approaches (Aerial picture added differ signal noise ratio)

Signal noise ratio	Fuzzy similarity	MAD
	matching ratio/ %	matching ratio/ %
3	97	98
2	90	90
1	85	79
0.8	77	67

Results show the matching algorithm based on fuzzy similarity is proof against geometric distortions. Based on the algorithm analysis and experimental results comparison, we found that for ground scenes the algorithm is suitable for the following case: the reference and sensed image are similar, and certain radiate distortions and geometric distortions are accepted.

4 Conclusion

A brand new matching algorithm based on fuzzy set similarity is proposed in this paper. The algorithm is noisy insensitive, simple in computation and tolerant to certain geometric distortions and radiate distortions. Threshold choosing and parameters setting are not needed any more, which effectively gets rid of the artificial disturbance. Furthermore, the algorithm is adaptive, robust. Results show it has good prospects for practical uses.

References

[1] BROWN L G. A survey of image registration techniques [J]. ACM Computers Surveys, 1992, 24 (4): 325-376.

[2] BELSHER J F, WILLIAMS H F, KIN R H. Scene matching with feature detect [J]. SPIE, 1976, 186: 28 -32.

[3] KELLER J M, GIVENS J. Membership function issues in fuzzy pattern recognition [A]. Proc Conference on SMC [C]. Tucson: [s. n.], 1985. 210-214.

深空探测其他关键技术

近地小行星撞击风险应对战略研究*

吴伟仁，龚自正，唐玉华，张品亮

摘　要　小行星撞击地球引发过10次以上不同程度的生物灭绝事件，是人类长期共同面临的重大潜在威胁；防范近地小行星（NEA）撞击风险事关全球安危与人类文明存续，相关研究现实需求迫切、战略意义深远。本文阐述了NEA撞击危害及撞击地球风险情况，研判了积极开展应对的重要意义；系统分析了当前NEA撞击风险应对的国际研究态势，涵盖应对流程、监测预警、撞击灾害评估、在轨处置等内容；全面总结了我国NEA撞击风险应对的基础进展及存在不足。在此基础上，研究提出了我国应对NEA撞击风险的发展目标、体系构成，论证形成了监测预警、在轨处置、灾害救援等重点任务以及基础研究、国际合作主导方向。研究建议，加强撞击风险应对能力顶层设计和长远谋划，高效建立“内聚外联”撞击风险应对业务体系，快速形成撞击风险应对能力和创新能力，着力构建行星防御领域人类命运共同体，由此发展适应国情特色且“监测精准、预警可靠、应对有效、救援有力”的行星防御体系。

关键词　近地小行星；撞击危害；撞击风险应对；监测预警；在轨处置；国际合作

0　前言

在天文学上，将轨道近日点距离在1.3 AU（1 AU＝1.496×10^8 km）以内的小行星称为近地小行星（NEA）。截至2022年3月7日，已发现的NEA共有28 464颗[1]，其中直径大于140 m的有10 024颗，直径大于1 km的有887颗，具有潜在危险的有2 263颗。NEA亮度暗弱、分布广泛、难以发现，运动轨道易受大行星牵引而改变；可能与地球交会，撞击地球具有一定的突发性。在历史上，NEA撞击地球事件频发[2-6]。地球上发生过22次不同程度的生物灭绝事件，至少10次是由NEA撞击地球所致[7]。2013年2月15日，一颗直径约为18 m、质量约为7 000 t的NEA以18.6 km/s的速度在俄罗斯车里雅宾斯克地区约30 km高空爆炸，造成了人身伤害和财产损失。仅在2021年，全球发生NEA飞掠地球事件约1 600次，观测到29颗NEA进入地球大气层；我国的河南省驻马店市等地也发生了火流星事件。

* 中国工程科学，2022，24（2）：12.

NEA飞向地球，在大气层会发生空爆，撞击到地表可能引发地震、海啸、火山爆发，还可能导致全球气候环境灾变，甚至造成全球性生物灭绝和文明消失；作为人类长期面临的重大潜在威胁，需要世界各国联合应对；也给国际航天界、天文界等领域带来了重大科学和技术挑战。关于NEA撞击风险应对，国际上一般称为行星防御。1994年彗-木撞击事件、2013年俄罗斯车里雅宾斯克NEA撞击事件，都促使相关问题得到国际社会的普遍重视，如联合国和平利用外层空间委员会（UNCOPUOS）、政府、非政府3个层面都成立了行星防御组织，积极开展应对工作。1995年，联合国首次召开“预防近地天体撞击地球”国际研讨会。2014年，在UNCOPUOS框架下成立国际小行星预警网（IAWN）、空间任务规划咨询小组（SMPAG）。2016年，联合国大会将每年的6月30日定为国际小行星日，以引导公众更多了解NEA对地球的潜在威胁。2009年起，国际宇航科学院、联合国外空司定期举办国际行星防御大会（PDC）。在政府层面，美国成立了行星防御协调办公室（PDCO）（2016年），发布了《国家近地天体应对战略及行动计划》（2018年）[8]，旨在提升NEA的发现、跟踪、表征能力并发展NEA偏转和摧毁技术，颁布了《近地天体撞击威胁紧急协议报告》（2021年）[9]；德国、英国、俄罗斯、日本等国家先后成立了近地天体监测预警防御中心。

相比之下，我国NEA撞击风险应对工作起步较晚，研究工作多为自发、零星、分散，缺乏综合性部署规划和专门的支持渠道，导致基础薄弱、国际贡献率低、国际话语权小；与优势国家的差距呈现拉大趋势，既不利于国家安全，也影响了在面临NEA撞击威胁这种攸关全球安危重大事件时的自主决策和主导权，与负责任、有担当的大国形象，建设科技强国、航天强国的国际地位不相称。2021年起，国家航天局联合有关部委，启动了我国NEA撞击风险应对的中长期发展规划论证工作，旨在系统性加强NEA撞击风险应对处置能力。本文作为相关研究的先导内容，剖析应对需求、梳理现状趋势、总结面临差距，提出发展目标、论证体系构成、策划重点任务，以期为NEA撞击风险应对相关的国家规划制定、总体研究工作提供基础参考。

1 积极应对近地小行星撞击风险的重要意义

1.1 近地小行星撞击危害概述

NEA撞击地球产生的危害程度与撞击能量直接相关[10]，相应过程分为超高速进入大气层、撞击地表、长期环境效应3个阶段（见图1）。NEA以极高速度（约20 km/s）进入地球大气层，在大气层中形成高温、高压冲击波；冲击波向地表传播，引起地面超压损伤。NEA在气动热、气动力耦合作用下出现剧烈烧蚀和解体，甚至在空中爆炸形成火球，与大气分子电离一起形成热辐射，进而传至地表造成热辐射损伤并引发森林大火。直径较小、结构疏松度较大的解体碎块，将在大气层中烧为灰烬；直径较大、结构疏松度较小的解体碎块，将穿过大气层撞击到地球表面，在短时间内急剧释放其携带的巨大动能。通常直径大于 60 m 的石质陨石（S 型）或大于 20 m 的铁质陨石（M 型）才能穿过地球大气层撞击到地球表面[11]。

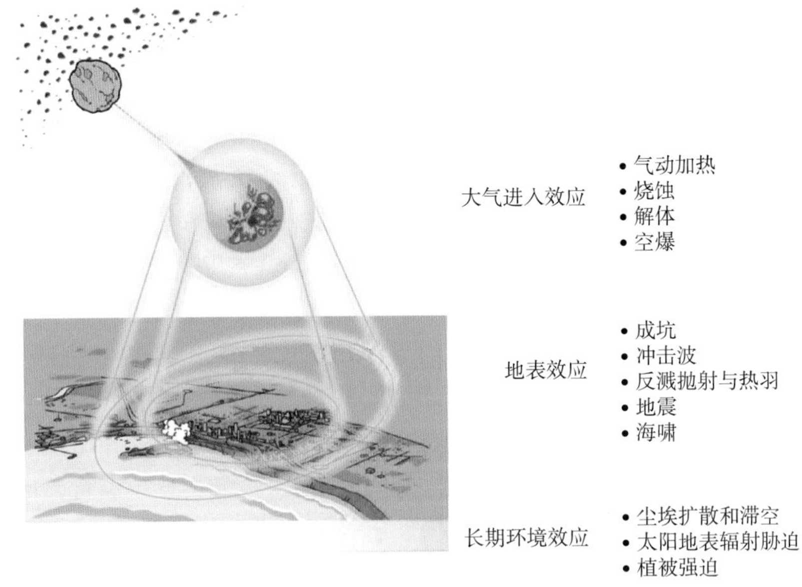

图 1　NEA 撞击地球的过程与危害示意图

NEA 撞击地表后，撞击区域的材料瞬间经历温度从 300 K 到 105 K、压强从 0.1 MPa 到 10 TPa、应变率高达 10^8/s 的极端状态，发生破碎、熔化、气化乃至等离子体化相变，产生撞击坑[12]。NEA 撞击会引起地表岩石发生化学反应（产生各种气体），可能将地表部分物质、尘埃抛向空中（产生反溅碎片云），相应的冲击波可诱发强烈地震。这些气体、尘埃和灰烬将弥漫充斥整个大气层（遮住阳光），特殊情况下可使地表的年平均温度下降 2～5 ℃，影响长达百万年[13,14]。NEA 对海洋的直接撞击，会激起数百米高的巨浪，引发强烈的海啸与地震、大量的海水蒸发/溅射；海底沉积物与岩石粉尘抛射到平流层中并滞留，海洋中大量生物死亡。

NEA 撞击地球是一个物理-力学-化学强耦合过程。需要开展超高速进入和撞击实验，结合数值模拟与理论分析，才能建立有关进入大气、撞击地表过程及效应的准确模型，这是国际性的重大前沿和难点问题。然而相比其他参数，NEA 直径较易获得，NEA 质量也可通过等效直径来估算，因此国际上通常用等效直径来表征撞击危害。相应危害程度主要划分为 5 类[8,15]：①等效直径为千米级，可引发全球性灾难，如 6 500 万年前 K-T 事件，该类事件发生概率为每 1×10^8 年 1 次；②等效直径为 140 米级，可引发洲际性灾难，如 2019 OK 小行星事件，该类事件发生概率为每 1 000 年 1 次；③等效直径为 50 米级，可引发大型城市级灾难，如 1908 年俄罗斯通古斯事件，该类事件发生概率为每 100 年 1 次；④等效直径为 10 米级，可引发小城镇级灾难，如 2013 年俄罗斯车里雅宾斯克事件，该类事件发生概率为每 30～50 年 1 次；⑤等效直径为米级，大多产生空爆并出现火流星现象，如 2021 年河南省驻马店市火流星事件，该类事件频繁发生。对撞击事件的统计表明，

NEA 的撞击落点在地球表面是均匀分布的[16]。

1.2 近地小行星撞击风险分析

撞击风险指撞击地球的概率与撞击所致危害的乘积，评估 NEA 撞击风险通常涉及都灵风险指数[17]、巴勒莫风险指数[18]：前者采用 11 个整数（0～10）将风险等级划分为 5 种，对应不同的撞击概率及危害；后者由撞击概率、距离发生撞击的时间、撞击能量等计算获得。为进一步明晰相关指数的物理意义，有研究[19]将人员伤亡估算引入 NEA 撞击风险评估中，建立了基于撞击概率、撞击事件类型和预警时间，可给出撞击导致死亡人数的定量评估指数。数据分析显示[1]：100 年内威胁最大的 NEA 是直径约 370 m 的编号 99942 小行星，预测在 2029 年 4 月 14 日在距离地表 3.1×10^4 km 处（高度小于 GEO 轨道）飞越地球，2068 年再次接近地球（撞击概率约为百万分之七）；10 年内威胁最大的 NEA 是直径约 18 m、编号 2016NL39 小行星，预计在 2030 年 6 月 30 日距离地球 1.2×10^5 km 处（约 1/3 的地月距离）飞越地球。

需要指出的是，超过 98%（以数量计）的 NEA 尚未被人类发现编目，可能对地球构成严重威胁[8]；如直径 140 m 以上的约 70%、直径 50～140 m 的约 97%、直径 10～50 m 的约 99%的 NEA 未被发现[20]。这些大量未被发现的 NEA，其运动过程因受到其他大型天体引力影响而造成飞行轨道变化，撞击威胁难以准确预测，因而实际风险较已掌握情况严重得多；亟需提升 NEA 探测水平、发展更为精确的撞击风险预估理论及模型。从历史情况看，直径 1 km 以上 NEA 的撞击事件发生概率较低，短期内难以有效实施在轨处置防御；直径 10 m 以下的撞击事件虽然频发，但实际危害较小；因而直径 10～1 000 m 的 NEA 应是国际社会关注和应对防范的重点对象，而直径 30～50 m 的 NEA 则是“重中之重”。

国际上通常依据 NEA 等效直径，将撞击风险和对应的预警及响应分为 4 个等级[8,15]：①Ⅰ级风险（对应红色预警），特别严重危害事件，重点对象为直径 140 m 以上的 NEA，危害范围为洲际级至全球；②Ⅱ级风险（对应橙色预警），严重危害事件，重点对象为直径 50～140 m 的 NEA，危害范围为大型城市级至洲际级；③Ⅲ级风险（对应黄色预警），较严重危害事件，重点对象为直径 20～50 m 的 NEA，危害范围为中小城市级至大型城市级；④Ⅳ级风险（对应蓝色预警），一般危害事件，重点对象为直径 20 m 以下的 NEA，危害范围为城镇级至中小城市级。

1.3 近地小行星撞击风险的应对意义

与地震、洪水等自然灾害不同，NEA 撞击地球的危害具有以下特征：一是瞬间发生的全球性灾害，在直径 50 m 以上特别是 140 m 以上的 NEA 撞击下，没有国家和人员能够幸免；二是撞击威胁可测，只要持续提升监测预警能力，稳步增强国际合作，就可对 NEA 的撞击时间、撞击落点、危害程度进行相对准确的提前预报；三是撞击危害可防，积极发展多手段在轨处置技术，形成一定的主动防御能力，可完全避免或显著降低撞击造成的损失。加强 NEA 撞击风险的应对工作，具有重要的现实意义和深远的历史意义。

一是贯彻落实总体国家安全观不可或缺的重要实践。NEA 撞击地球的风险概率虽然不高，但危害极大，几乎与国家安全体系中所有领域的安全密切相关；NEA 撞击地球直接威胁居民生命财产安全，影响经济社会发展和安全稳定局面。稳妥应对 NEA 撞击风险，既是统筹各项事业全面发展的必然要求，也是筑牢国家安全基础、推动深度融合发展的重要切入点。

二是引领科技创新发展的重要动力。应对 NEA 撞击风险，需要解决所涉及的天文学、数学、物理学、力学、地学、信息科学、控制科学、航空宇航科学、法学等领域的基础科学与关键技术问题，多学科交叉特征显著。提升相关领域的科学技术水平并形成体系能力，是超前布局外层空间资源开发利用、牵引新型空间技术发展的重要途径，也是辐射带动关联产业发展、加快建设科技强国、航天强国的应有之义。

三是推动构建外层空间人类命运共同体的重要举措。NEA 撞击地球事件一旦发生，人类都身在其中，应对举措的成效事关人类文明存续；因而做好撞击风险应对、保护地球家园是人类、各国的共同责任。我国积极应对 NEA 撞击风险，与国际社会一道保护人类安全，将彰显负责任航天大国的良好形象，体现和平利用空间、增进人类福祉的一贯宗旨，支撑构建新型国际关系和人类命运共同体。

2 近地小行星撞击风险应对的国际研究态势

2.1 撞击风险应对流程

综合国际上有关 NEA 撞击风险研究，应对流程可概括如下（见图 2）。①监测预警，包括搜索发现、跟踪定轨及数据更新、物性测量、撞击风险预报等，为撞击风险评估提供输入。②撞击风险评估，包括依据小行星轨道及理化特性参数开展撞击概率计算、撞击风险走廊预估、撞击落点预报、撞击效应分析等，为在轨处置提供输入。③在轨处置，在对危险 NEA 进行预警的前提下，改变 NEA 轨道以避免撞击地球，或将 NEA 分裂为碎片以避免或降低对地球的危害；包括处置任务规划、处置方案设计、处置任务实施、处置效果评估，为开展灾害救援工作提供输入。④灾害救援，对于未能提前预警的撞击事件或处置不成功的撞击事件，建立撞击灾害应急响应机制，开展灾害救援以降低灾害损失并恢复环境。

2.2 监测预警研究进展

NEA 监测预警方式有多种，按照观测点位置可分为地基监测、天基监测，从技术原理角度又可细分为光学观测、红外谱段观测、雷达探测。监测预警主要有 3 类场景：①日常编目场景，通过专用的天基、地基设备，例行执行巡天搜索以发现新的 NEA，由精测望远镜进行跟踪以获取足量数据并进行定轨编目；②威胁预警场景，针对日常编目中 20 年内撞击概率大于 1%的 NEA，通过地基、天基等专用/兼用设备开展精密跟踪，获取精

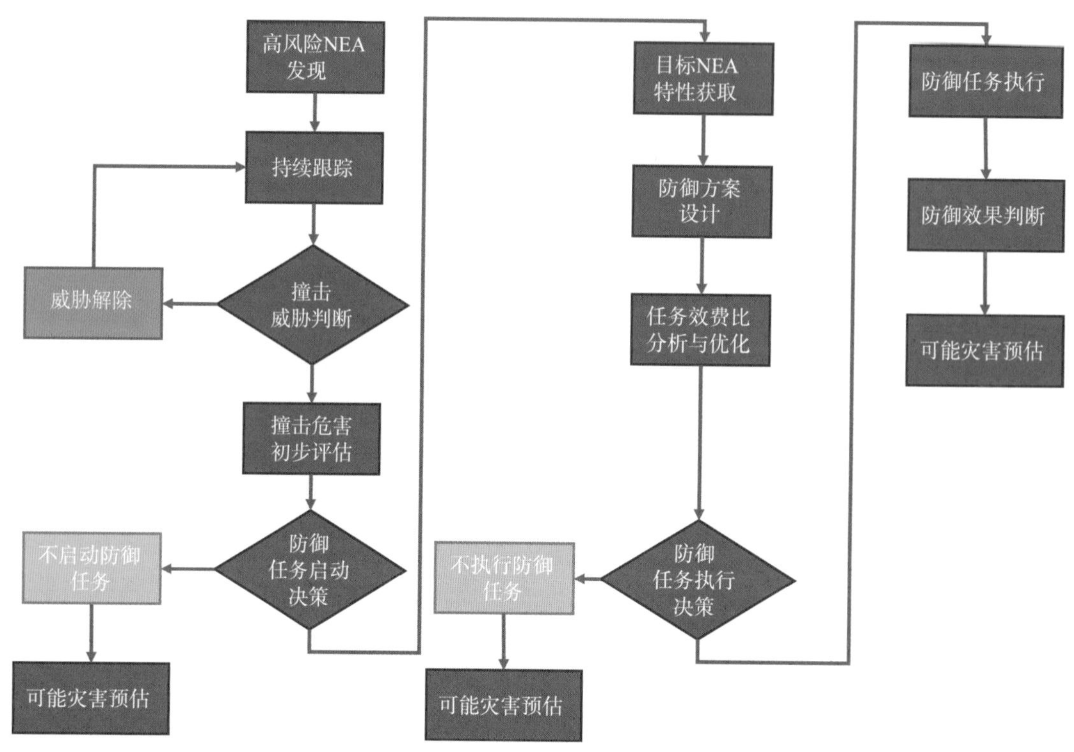

图 2 NEA 撞击风险的通用应对流程

密轨道并细化评估撞击风险及危害；③短临预报场景，针对进入距地球 7.5×10^6 km 范围之内，撞击概率大于 10%的 NEA，开展加密跟踪和特性测量，获取理化特性并持续性预报撞击区域（落点）信息。

美国的 NEA 监测预警项目开始于 1992 年（“太空卫士巡天”项目），目前相对完整地构建了地基为主、天基补充的监测网络，是世界近地天体监测技术的先行者和监测数据的主要贡献者；监测发现体系具有不同口径搭配、光学与雷达配合、南/北半球布局、专/兼结合等特点，国际编目贡献率超过 98%。例如，在日常编目方面，有 11 台专用光学望远镜（口径 0.5～1.8 m），兼用望远镜最大口径为 4.2 m[1]；平均每年新发现约 1 500 个 NEA，构建数据库并公开发布；正在建设天基红外望远镜（口径 0.5 m）、地基大视场巡天望远镜（口径 8.4 m），将形成监测 1 AU 远处直径 30 m NEA 的能力。欧洲航天局（ESA）2013 年成立了行星防御办公室，组织开展 NEA 监测、数据处理、在轨处置等技术研究工作；现有 14 台兼用望远镜（口径 0.4～4.2 m），国际编目贡献率为 0.88%，正在建设口径 1 m 的“复眼”系统以显著提升搜索效率。俄罗斯 2002 年成立了行星防御中心，现有 9 台专用望远镜（口径 0.2～0.7 m），但面向国际共享的监测数据偏少（国际编目贡献率为 0.08%）；兼用望远镜最大口径 2.6 m，主要用于 NEA 特性测量；2016 年投入使用的 AZT-33VM 大型望远镜（直径 1.6 m）可对远距离 NEO 进行探测。在监测编目的基础上，美国利用地基光学设备、阿雷西博射电望远镜、金石太阳系雷达等，开展有威胁 NEA 的精确定轨、特性测量等研究，细化评估撞击风险。建立的“哨兵”撞击监测系统，可分析确定新发现 NEA 的精确轨道，计算撞击地球的概率；寻找未来 100 年内可能与地球接近的 NEA，及时更新并公开发布分析结果，为 PDCO 提供决策支持。与此同时，对于大量短期内无法编目、可能突然接近地球的 NEA，形成了良好的短临预报能力（如 2008 TC3、2014 AA、2018 LA、2019 MO 等数起 NEA 撞击地球事件）。

地基监测预警系统建设起步早、技术相对成熟，是目前的骨干设备，但在精度、效率、能力上有其难以克服的固有缺陷，无法实现全空域、全天时监测预警，主要体现在：自身能力受大气条件、台站位置制约，存在太阳光照区域“死角”，仅能监测约 30％的天域；属于“守株待兔”工作模式，到达探测数量峰值耗时长，无法在给定期限内完成探测。天基监测预警系统具有监测范围广、追踪手段多样、轨道预测准确等技术优势，能够弥补地基监测系统的固有缺陷，成为当前各国重点建设方向，但也面临成本高、在轨维护困难、有效载荷配置单一等制约因素。后续，监测预警的设备及技术发展方向表现为：地基为主转向地基/天基协同，口径进一步加大、视场继续拓宽，可见光向红外、单一波段向多波段集成转变，重视前沿技术演示验证和软硬件升级；形成天地一体化监测预警能力，对直径大于 140 m 的 NEA 完成不低于 90％的编目，开展直径 50 米级的 NEA 监测预警及编目。

2.3 撞击灾害评估研究进展

美国国家航空航天局（NASA）将超高速飞行器研制所发展的空气动力学技术拓展应用到 NEA 进入大气层过程，建立了 NEA 超高速进入大气高温流场、激波层辐射及烧蚀的耦合算法、进入过程中 NEA 材料烧蚀及辐射效应的地面试验手段、NEA 进入过程激波效应数值模拟方法，深入研究了 NEA 的气动热环境、烧蚀及冲击波传播问题。美国劳伦斯利弗莫尔国家实验室发展了模拟 NEA 进入与撞击效应的冲击动力学方法，研究了 NEA 进入中的解体、空中爆炸以及撞击成坑、撞击海洋引起海啸等问题。2017 年，NASA 建立了 NEA 进入与撞击风险分析评估系统（PAIR），可对设定的 NEA 撞击地球过程及效应进行定量分析，对地面人口和设施的危害开展定量评估，成为实施 NEA 撞击联合应急桌面演习/演练的主要支撑工具。英国帝国理工大学、比利时冯卡门流体力学研究所、德国斯图加特大学、捷克科学院等机构研究了 NEA 超高速进入过程中的解体、空中爆炸、热辐射以及撞击地表成坑等问题，发展了相应的冲击动力学仿真手段；英国科研机构建立了 NEA 进入与撞击效应模型，研制了 NEA 撞击灾害评估软件，提供开放使用服务。

目前，NEA 撞击灾害的研究热点及难点有：精确描述 NEA 撞击地球全过程，揭示致灾与灾害演化机理，建立全过程响应模型及灾害演化模型。①在 NEA 极高速进入大气效应与机理方面，国际上缺乏速度大于 12 km/s 的高温气体模型、地面实验技术，NEA 多孔隙、含裂纹、各向异性、几何形貌复杂等特性进一步增加了问题难度，数十年来研究进展缓慢。②在 NEA 极高速撞击地表效应与建模方面，因相对速度极高（平均 20 km/s）、撞击地表产生固-液-气-等离子体多相混合态而成为物理-力学-化学强耦合过程，国际上尚不能开展此类极高速撞击实验；撞击区材料处于固-液-气多相混合状态，描述此类状态的宽区多相状态方程的理论建模还不成熟。③在 NEA 撞击地球的致灾机理与长期环境效应方面，已有工作集中在冲击波、地震、火灾、溅射物、撞击成坑、海啸、火山爆发等单灾种，而撞击引发的各灾种耦合效应研究未有开展，撞击后的灾害长期演化研究存在空白。

2.4 在轨处置研究进展

在轨处置研究始于20世纪80年代，已经形成较完整的技术体系[15]，重点发展两类手段：以动能撞击为主的瞬时作用方式，已开展在轨演示验证任务；激光烧蚀、拖曳、引力牵引等长期作用方式，尚处于概念探索阶段。

美国2005年成功实施“深度撞击”任务[21]，质量为370 kg的铜制撞击器在飞行4.3×10^8 km后以10 km/s的相对速度撞击坦普尔1号彗星彗核，验证了动能撞击防御小行星的技术可行性。NASA、ESA联合开展了“小行星撞击偏转评估计划”（AIDA）[22]，旨在进一步在轨验证动能撞击防御技术。AIDA项目中的“双小行星重定向测试”（DART）任务由NASA负责实施，已于2021年11月24日成功发射；计划在2022年9月，采用质量为550 kg的撞击器以6.6 km/s相对速度撞击距离地球1.1×10^7 km远的双小行星（编号65803）中较小的B星（直径160 m），撞击后预估B星出现约0.4 mm/s的速度变化，绕转周期则缩短约10 min；随后采用地面光学设备、伴飞小卫星（撞击前10天释放）开展联合观测，对抵近探测、动能撞击、效能评估等关键技术进行演示验证。ESA承担对撞击效应及效果进行抵近测量与评估任务，相应的伴飞小卫星拟于2024年发射、2026年绕飞撞击后的小行星，可更精确地评估动能撞击效果并修正动能撞击偏转模型。

在轨处置研究趋势主要有：进一步在轨验证动能撞击偏转技术的有效性，完善处置-评估一体化技术；发展激光烧蚀偏转、拖曳等新型技术，从概念研究向关键技术攻关迈进；全面分析并评价单一处置技术对各类目标的适用性、效能及成本，开展多手段协同的高效处置方案设计；综合在轨与地面演示验证，加速小行星防御能力的实用化进程。

3 我国近地小行星撞击风险应对的基本情况

3.1 整体进展

我国小行星防御领域研究起步较晚，2000年起依托国家国防科技工业局“空间碎片专项科研”，才陆续形成空间碎片监测预警及清除等共性技术和设备，为开展NEA撞击风险应对提供了关键基础积累。2018年召开了以“小行星监测预警、安全防御和资源利用的前沿科学问题及关键技术”为主题的第634次香山科学会议，聚焦研讨小行星安全防御问题。2018～2020年，组织召开了3届“全国行星防御研讨会”。2019年，“近地小天体调查、防御与开发问题”入选中国科学技术协会第21届年会发布的20个对科学发展具有导向作用、对技术和产业创新具有关键推动作用的重大前沿科学问题和工程技术难题。2021年10月，第一届全国行星防御大会顺利召开，共有300多名代表参会。

2020年，国家航天局牵头组建专家组，针对NEA撞击风险应对问题开展方案论证工作。2021 年 4 月，国家航天局表示，中国航天将论证实施探月工程四期、行星探测工程、国际月球科研站、NEA 防御系统，由此启动新时期我国探索九天的新序章。2021 年，国家航天局牵头论证制定我国 NEA 撞击风险应对中长期发展规划。《2021 中国的航天》白皮书提出论证建设 NEA 防御系统。可以认为，2021 年是我国全面开展行星防御业务架构、机制流程、体系能力建设的肇始之年。

3.2 技术研究与对外合作情况

在地基观测方面，中国科学院紫金山天文台的 1 m 口径望远镜是我国仅有的 1 台 NEA 监测专用设备（位于江苏省淮安市盱眙县，台站编号 D29），已加入国际联测网并支持日常编目工作，可监测直径 300 m 以上的 NEA[15]；至 2021 年共发现 33 颗 NEA，国际编目贡献率为 0.13%。我国另有 32 台望远镜（口径 1 m 以上）也可兼顾 NEA 监测。

在天基观测方面，我国还没有在轨服役的天基监测预警装备。我国提出的构建天基异构星座的 NEA 普查与定位系统（CROWN）方案[15]，拟在距太阳 0.6～0.8 AU 的类金星轨道上部署数颗小卫星（含 1 颗搭载窄视场光学-红外望远镜的机动主星、多颗搭载宽视场光学波段望远镜的微小卫星）；卫星星座，视场、分辨率、灵敏度、巡天模式、星上计算等多个层面均采取异构设计，由此形成普查与详查相结合的天基任务模式。我国学者还提出了地球领航轨道天基监测预警远望镜任务概念，通过在地球前方或后方约 1×10^{7} km 处部署天基望远镜，为弥补地基监测盲区、预警来自白天方向的 NEA 提供了可行方案[23]。我国迄今没有自行建立小行星数据库。

在撞击灾害评估方面，我国开展了基于观测数据的 NEA 物理-化学特性及其统计分布规律研究，先期探索了部分关键技术和地面缩比试验方法；研究了 NEA 进入地球大气层的气动热环境、烧蚀、冲击波、地面成坑及反溅碎片云问题，发展了 NEA 撞击陆地与海洋的数值仿真方法，初步建立了 NEA 进入大气层、撞击地表效应的分析评估模型[12]。开展了动能撞击偏转小行星动量传递规律的建模与仿真、基于激光烧蚀驱动移除空间碎片地面试验及半物理仿真系统的激光偏转防御技术可行性等研究[24]，在动能撞击方面具备基本的效能评估能力。提出了“以石击石”[25]“末级击石”[26]等加强型动能撞击防御方案构思，为防御大尺寸潜在威胁 NEA 提供了除核爆之外的新选项；开展了核爆防御 NEA 的作用机理数值仿真，获得了不同核爆条件下的 NEA 偏转规律，同时开展了典型核设施在 NEA 撞击条件下的安全评估分析。

我国高度重视 NEA 防御的国际合作，近年来在该领域的参与度稳步提高。2018 年，亚太空间合作组织理事会批准了亚太空间科学天文台项目，拟在 8 个正式成员国（含中国）分别部署 1 台小口径望远镜，开展 NEA 监测预警研究。2019 年，中国科学院和高校所属的盱眙站、长春站、新疆站、威海站，参与了 1999KW4 小行星国际联合观测。此外，对于行星防御领域的法律法规，因涉及防御的合法性、责任、义务、决策机制等宽泛内容，我国相关研究尚处于起步阶段。

3.3 发展面临的迫切问题

一是 NEA 撞击风险应对的顶层设计缺乏。我国尚未形成该领域的顶层规划与系统设计，对应的组织体系、流程机制、各个环节的工作责任主体尚未明确。

二是专用监测设备与信息平台缺乏。目前仅有 1 台专用望远镜，只能监测直径 300 m 以上 NEA（亮度相当于绝对星等 20），不具备 NEA 轨道编目能力；尚未自主建立 NEA 信息平台，无法汇聚数据并开展预警业务，监测预警数据依赖国际公开平台。

三是相关科学研究与技术储备不足。对于 NEA 撞击风险应对的科学与技术问题，系统梳理、体系布局、深化研究均有待开展，且当前重技术、轻科学的研究倾向突出；在轨处置技术基本上处于概念研究阶段，撞击灾害评估与在轨处置研究深度、广度均不足，撞击灾害评估与在轨处置全过程仿真模拟平台未能建立，无法支持开展全过程演习/演练。

四是行星防御领域的国际贡献率低、话语权小。受限于 NEA 监测设备和技术能力，国内机构向国际社会提供的观测数据较少，没有形成与我国国际地位相匹配的影响力。尤其在相关国际规则研究与制定方面，未能积极发声，缺少话语权，与我国负责任航天大国形象不符。

4 我国近地小行星撞击风险应对处置体系与重点任务

4.1 应对处置体系发展目标

结合国情、体现共性，按照“夯基础、补短板、挖潜力、强体系、上水平”的原则，稳步发展我国 NEA 撞击风险应对处置体系。国际前沿的研究水平与保障有力的业务能力并重，以此为核心目标开展处置体系构建；实施小行星天地协同监测网、在轨处置演示验证系统、重大灾害救援系统等重大工程，形成“监测精准、预警可靠、处置有效、救援有力”的行星防御能力。

在近期（2025 年前），重点构建 NEA 监测预警网络，具备直径 140 米级 NEA 自主发现与持续编目能力，提升我国的国际编目贡献率；完成动能撞击等在轨处置关键技术研究，择机开展在轨处置技术演示验证；初步建立特种灾害救援力量体系，提升灾害救援先进适用装备的供给能力；建立国内应对工作机制与国际合作机制。

在中期（2030 年前），重点提高在轨处置能力，建立天地协同的监测预警网络；具备直径 50 米级 NEA 自主发现与持续编目能力，建设以自主数据为基础的 NEA 数据库，进一步提升我国的国际编目贡献率；开展动能撞击等处置技术及处置效果评估的在轨演示验证，形成直径 50 米级 NEA 的在轨处置技术能力；常态化开展联合演习/演练，提升特种灾害救援综合能力。

在远期（2035 年前），全面提升体系应对能力，建成全面可靠的监测预警网络；具备直径 30 米级 NEA 自主发现与持续编目能力，我国的编目贡献率达到国际先进水平；深化处置技术在轨演示验证，具备直径 50 米级 NEA 的多手段在轨处置技术能力；显著提升复合型巨灾应急救援综合实力，着力构建行星防御领域人类命运共同体。

4.2 应对处置体系构成

按照 NEA 撞击风险的应对处置流程，应对处置体系主要分为决策指挥层、组织协调层、执行层（见图 3）；成立专家委员会支撑各层级技术工作，制定工作机制并规范流程，形成科学的层级工作程序。决策指挥层负责防范 NEA 撞击相关重大事项决策。组织协调层负责资源协调与任务规划，例行开展常规工作。执行层负责防范决策的具体实施，涉及监测预警、在轨处置、灾害救援、国际合作等主要方面：①开展常态化监测，在发现 NEA 撞击威胁后实施应急监测，及时判明风险、通报预警信息，为在轨处置提供预警数据和输入；②评估 NEA 撞击危害、制定处置方案，实施在轨处置任务，评估处置效果；③在平时做好应急准备，得到预警、危害评估信息后启动实施应急救援，在撞击事件发生后进行紧急恢复；④参与国际联测/联防/联援并交换共享数据，国际相关政策法规和标准制定，提出发挥我国影响力的 NEA 撞击风险应对国际研究计划等。

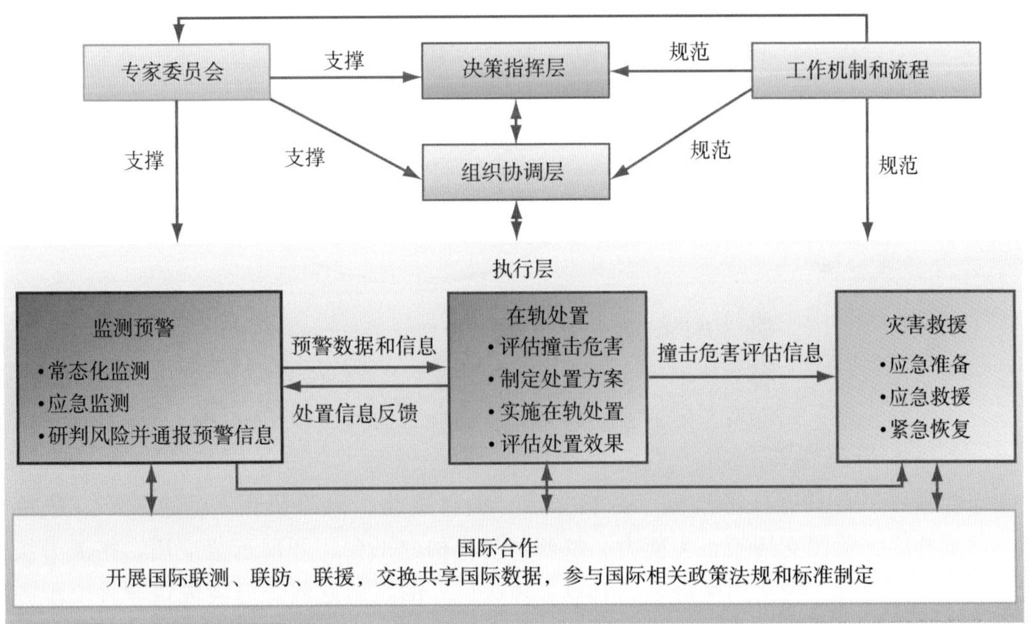

图 3　我国 NEA 撞击风险的应对处置体系构成

4.3 应对处置体系重点建设任务

（1）监测预警

建设重点在于天地一体化监测系统和综合服务平台。按照“天地协同、能力互补、场景驱动、业务运行”基本思路，构建精准预警、常态运行的天地一体化协同监测预警体系。

立足现有地基设备基础条件，增建直径 140 米级 NEA 日常编目能力，形成多口径搭配、多功能结合、高效协同的地基监测网。按照“国内优化布局、推动海外建站、普测/精测全面发展”的技术路线，建设国际一流水平的地基监测网。构建“可视天区互补、分时协同编目、短/临发现告警、广域巡天普查”的天基监测网，具有与地基监测网高效联合作业的能力。按照“开展验证试验、部署监测系统、能力升级完善”的技术演进路线，全面突破天基监测系统总体布局、先进监测载荷等关键技术。重点关注可在近地轨道、地月平动点、月球、日地平动点、地球公转轨道、类金星轨道等进行部署的天基监测设备（见图 4），丰富天基监测手段，力争尽快实现对先发国家、国际先进水平的追赶和超越。

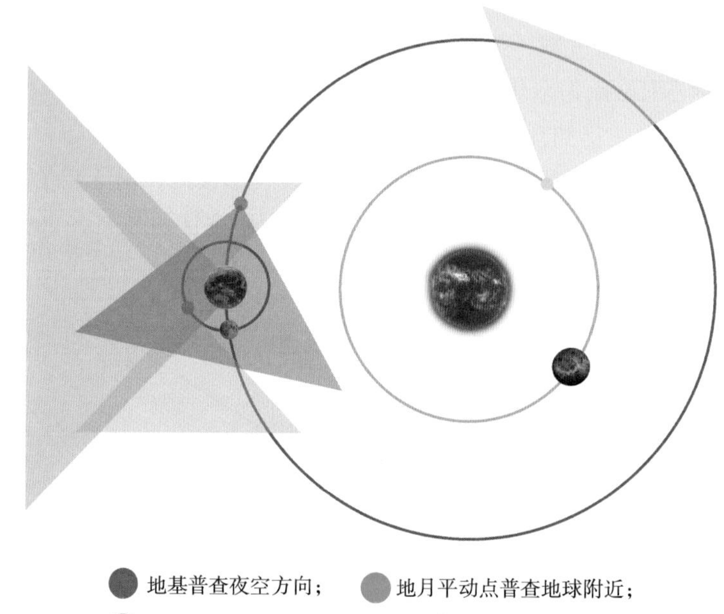

图 4　天基监测预警系统和设备布局示意图

综合服务平台具有任务规划、数据集成、编目更新、风险研判、信息发布、决策指挥、资源调度、救援支持等各类能力。按照“初步构建平台、开展示范应用，拓展升级应用、开展业务运行，强化内聚外联、有效支撑决策”的发展路线，开发先进软件、配齐必要硬件，为天地监测网的协同运行及预警业务实施提供综合服务保障。

（2）在轨处置

建设重点在于发展以动能撞击为主的在轨处置技术体系，开展有中国特色、国际亮点的在轨处置演示验证任务。以处置-评估结合、多目标/多手段协同作用等在轨飞行任务为牵引，开展以动能撞击瞬时作用为主、拖曳及激光偏转等长期作用为辅、兼顾新概念处置技术的关键技术研究；发展并完善涵盖瞬时作用、中长期作用、前沿探索类的处置技术体系，综合评估效能（如效率、成熟度、成本），明确场景适应性；建立在轨处置决策支持与评估、任务全流程设计仿真、地面试验验证等系统，支持地面推演与在轨验证。按照“撞得上、撞得动、防得住”的策略，分步实施具有国际显示度及影响力的在轨演示验证任务，形成直径50米级NEA多手段协同在轨处置任务能力。基于NEA目标理化特性，研究撞击地球的各种危害效应，建立危害效应的理论模型。在“探月工程”基础上，研究、试验、建设兼顾天基监测预警与在轨处置能力的“观-处”一体化体系方案，是我国行星防御领域赶超国际先进水平的突破口。

（3）灾害救援

立足现行的国家应急救援体系，针对NEA撞击地球的灾害特点，重点发展复合型巨灾应急救援能力；按照“健全体制机制、完善综合能力、显著提升能力”的发展路径，分步开展建设，同步完善各级应急指挥机构。建立覆盖多灾种、灾害链的监测评估预警系统，优化复杂场景下灾情演化及快速评估模型，实现利用模拟仿真平台开展NEA撞击灾害救援演习/演练的常态化。针对性加强NEA撞击风险应对所需的特种灾害救援力量，提升重大场景下的保障能力。

（4）有关前沿基础研究

依据“引领学科发展，牵引并支撑未来重大任务”的基本原则，着眼未来5～10年行星防御发展趋势，开展有关基础研究和概念性/原理性研究，提升领域基础研究与创新能力，培育专精人才队伍。围绕NEA的轨道运行规律、物理化学特性、撞击效应与致灾机理、处置响应机理等方向，布局前沿基础科学问题研究，如小行星起源与演化、小行星轨道动力学演化机制、NEA物质组成/结构特性/辐射特性、NEA在大天体摄动影响下的轨道不确定性、NEA进入大气层的热-力学耦合/烧蚀/爆炸解体机理、NEA撞击地表的瞬时作用及引发的次生灾害机理、NEA撞击对地球环境的长期演化影响、动能撞击下NEA的动态响应与能量传递规律、近距离核爆对NEA的作用机理及效应、激光烧蚀等非接触式作用下的NEA偏转机理及轨道偏移规律等。

（5）国际合作

NEA撞击危害的特点决定了有效防御离不开国际合作。采取“重点提升融入程度、着力发展区域合作、贡献更多中国力量”的基本思路，根据国情实际，深度参与国际组织机构（如IAWAN、SMPAG、PDC），积极开展双边和多边国际合作。在双边国际合作方面，充分利用我国航天双边合作机制，开展联合观测、联合处置、联合救援，提高数据共享水平，推动实现应对“共商”、设备“共建”、数据“共享”，激发航天合作新活力。在多边国际合作方面，深入参与相关国际合作规则制定与完善工作，以构建外层空间人类命运共同体理念为指导，提出由我国主导的NEA撞击风险应对的国际研究计划、国际谈判规则、国际合作机制建议方案。

5 对策建议

5.1 加强撞击风险应对能力顶层设计和长远谋划

充分发挥我新型举国体制优势，加强组织体系及应对流程机制建设，明确各环节责任主体。强化领域顶层设计，加快制定并适时发布 NEA 撞击风险应对的中长期发展规划及路线图。可按照 2025 年前重点构建监测预警体系，2030 年前重点提高应对处置能力，2035 年前全面提升体系应对能力的步骤安排，尽快实现撞击威胁可测、可防，形成与国际地位相匹配的 NEA 国家级应对能力体系。

5.2 高效建立“内聚外联”撞击风险应对业务体系

组建 NEA 撞击风险应对专家委员会，为撞击风险应对提供智力支撑。依托优势技术单位，设立国家小行星监测预警研究中心。建立小行星信息平台，打造高水平、业务化、开放型的国家研发力量，常态化开展日常编目、威胁预警、短临预报、信息分享等业务工作。增强行星防御数据安全、提升国际话语权，保障国家层面工作协同机制开展 NEA 风险防御相关工作。积极调动社会力量介入，可部分采用商业化发展模式。

5.3 快速形成撞击风险应对能力与创新能力

建议设立国家自然科学基金委员会-国家国防科技工业局行星防御联合基金，以重大专项方式支持 NEA 撞击风险应对涉及的基础科学问题研究，为行星防御工程提供坚实的科学基础支撑。建议统筹国家国防科技工业局空间碎片专项科研、民用航天科研等渠道，结合正在论证实施的行星探测工程，设立 NEA 撞击风险应对国家科技重大专项，支持行星防御关键技术攻关及体系能力建设，尽快建立体系化的 NEA 撞击风险应对能力。建议尽早成立深空探索国家实验室，汇聚相关领域优势力量，构建科学、技术、工程协同一体的创新研发体制机制，支撑行星防御国家科技协同创新平台建设。

5.4 着力构建行星防御领域人类命运共同体

居安思危、未雨绸缪，从构建人类命运共同体理念出发，以开放、包容、合作、引领的姿态参与行星防御国际事务，联合开展 NEA 撞击风险应对工作。深度参与联合国有关组织，发挥主动作为，彰显我国负责任航天大国的良好形象。与国际社会共商“联防”机制、共享“联测”数据、共建“联援”力量，为世界行星防御积极贡献中国智慧、中国方案、中国力量。

致谢

中国科学院国家空间科学中心李明涛研究员，中国科学院紫金山天文台赵海斌研究员，钱学森空间技术实验室霍卓玺研究员，北京卫星环境工程研究所陈川博士、任思远博士、宋光明博士为本文撰写提供了有益帮助，谨致谢意。

参考文献

[1] Jet Propulsion Laboratory. Discovery statistics [EB/OL]. (2020-05-15) [2022-03-07]. https://cneos.jpl.nasa.gov/stats/.

[2] Alvarez L W, Alvarez W, Asaro F, et al. Extraterrestrial cause for the Cretaceous-Tertiary extinctions [J]. Science, 1980, 208 (4448): 1095-1108.

[3] Chyba C F, Thomas P J, Zahnle K J. The 1908 Tunguska explosion: Atmospheric disruption of a stony asteroid [J]. Nature, 1993, 361 (6407): 40-44.

[4] Brown P G, Assink J D, Astiz L, et al. A 500-kiloton airburst over Chelyabinsk and an enhanced hazard from small impactors [J]. Nature, 2013, 503 (7475): 238-241.

[5] Popova O P, Jenniskens P, Yanenko V E, et al. Chelyabinsk airburst, damage assessment, meteorite recovery, and characterization [J]. Science, 2013, 342 (6162): 1069-1073.

[6] Astronomy. A large asteroid just zipped between earth and the moon [EB/OL]. (2019-07-25) [2022-01-15]. https://astronomy.com/news/2019/07/a-large-asteroid-just-zipped-between-earth-and-the-moon.

[7] 欧阳自远. 奔走天地间-欧阳自远科普文选 [M]. 北京：科学出版社，2014.

[8] National Science & Technology Council. National near-earth object preparedness strategy and action plan [EB/OL]. (2018-06-05) [2022-01-15]. https://www.nasa.gov/sites/default/files/atoms/files/ostp-neo-strategy-action-plan-jun18.pdf.

[9] National Science & Technology Council. Report on near-earth object impact threat emergency protocols [EB/OL]. (2021-01-15) [2022-01-15]. https://trumpwhitehouse.archives.gov/wp-content/uploads/2021/01/NEO-Impact-Threat-Protocols-Jan2021.pdf.

[10] European Space Agency. ESA NEO risk page [EB/OL]. (2017-01-15) [2022-01-15]. https://neo.ssa.esa.int/risk-list.

[11] Rumpf C M, Lewis H G, Atkinson P M. Asteroid impact effects and their immediate hazards for human populations [J]. Geophysical Research Letter, 2017, 44 (8): 3433-3440.

[12] 刘文近，张庆明，马晓荷，等. 近地小天体对地撞击成坑模型研究进展 [J]. 爆炸与冲击，2021，41 (12)：1-16.

[13] O'Keefe J D, Ahrens T J. Impact production of CO2 by the Cretaceous/Tertiary extinction bolide and the resultant heating of the earth [J]. Nature, 1989, 338: 247-249.

[14] Chen G Q, Tyburczy J A, Ahrens T J. Shock-induced devolatilization of calcium sulfate and implications for K-T extinctions [J]. Earth and Planetary Science Letters, 1994, 128 (3-4): 615-628.

[15] 龚自正，李明，陈川，等. 小行星监测预警、安全防御和资源利用的前沿科学问题及关键技术 [J]. 科学通报，2020，65 (5)：346-372.

[16] Schmidt N. Planetary defense: Global collaboration for defending earth from asteroids and comets [M]. Switzerland: Springer, 2019.

[17] Binzel R P. The torino impact hazard scale [J]. Planetary and Space Science, 2000, 48 (4): 297-303.

[18] Chesley S R, Chodas P W, Milani A, et al. Quantifying the risk posed by potential earth impacts [J]. Icarus, 2002, 159 (3): 423-432.

[19] Rumpf C M, Hugh G L, Atkinson P M. Southampton asteroid impact hazard scale [C]. Tokyo: The 5th IAA Planetary DefenseConference, 2017.

[20] Johnson L. Planetary defense at NASA: A planetary defense primer [R]. Washington DC: NASA Planetary Defense CoordinationOffice, 2019.

[21] A'Hearn M F, Belton M J S, Delamere W A, et al. Deep impact: Excavating comet Tempel 1 [J]. Science, 2005, 310 (5746): 258-264.

[22] Cheng A F, Atchison J, Kantsiper B, et al. Asteroid impact and deflection assessment mission [J]. Acta Astronautica, 2015, 115: 262-269.

[23] Wang X T, Zheng J H, Li M T, et al. Warning of asteroids approaching Earth from the sunword direction using two Earthleadingheliocentric telescopes [J]. Icarus, 2022, 377: 1-15.

[24] Song G M, Chen C, Gong Z Z, et al. Experimental study on momentum coupling law of interaction between pulse laser and asteroid like material [C]. Dubai: The 71th International Astronautical Congress, 2021.

[25] Li M T, Wang Y R, Wang Y L, et al. Enhanced kinetic impactor for defecting large potentially hazardous asteroids via maneuveringspace rocks [J]. Scientific Reports, 2020 (10): 1-15.

[26] Wang Y R, Li M T, Gong Z Z, et al. Assembled kinetic impactor for deflecting asteroids by combining the spacecraft with the launch vehicle upper stage [J]. Icarus, 2021, 368 (1): 1-15.

Response to risk of near-Earth asteroid impact

WU Weiren, GONG Zizheng, TANG Yuhua, ZHANG Pinliang

Abstract Near-Earth asteroid (NEA) impacts on the Earth have caused over 10 biological extinction events of different degrees, threatening all human beings in the long term. The prevention of NEA impacts concerns global security and the survival of human civilization and urgently requires extensive research. In this paper, the hazards and risks of NEA impact on the Earth are described, and the significance of active response is discussed. The current international research situation and trend regarding NEA impact risk response were analyzed, involving response procedures, monitoring and early warning, impact hazard assessment, and on-orbit disposal. The basic progress and shortcomings of NEA impact risk response in China are summarized. Based on the above analysis, the development goals and system structure of NEA impact risk response in China are proposed, and the key tasks are summarized and discussed involving monitoring and early warning, on-orbit disposal, disaster rescue, basic research, and international cooperation. Furthermore, we suggest that China should strengthen the top-level design and long-term planning of impact risk response, establish an integrated impact risk response system, develop impact risk response and innovation capabilities, and build a community with a shared future for mankind in the field of planetary defense, thereby creating a planetary defense system that adapts to China's national conditions and achieves accurate monitoring, reliable warning, effective disposal, and efficient rescue.

Keywords near-Earth asteroid; impact hazards; impact risk response; monitoring and early warning; on-orbit disposal; international cooperation

地月空间近地小行星观测系统研究*

唐玉华，吴伟仁，李明涛，韩思远，祁海明，王新涛，
周琪，张哲，田少杰，石萌，金霄

摘　要　近地小行星撞击是造成人类毁灭性灾难的七大威胁之一，开展小行星防御、保护地球家园是全人类共同的责任。做好小行星防御，首先要建立和完善小行星监测系统。目前，国际小行星监测主要以地基光学系统监测为主，由于光学观测条件限制，导致来自太阳方向的小行星无法及时被“捕获”跟踪，而天基监测系统由于其特定的位置优越性，成为地基观测系统的有益补充。本文系统梳理了地基监测系统存在的问题和不足，分析了月基和地月空间轨道部署望远镜的优劣，提出了基于地月系统 L4，L5 点轨道部署天基望远镜用于近地小行星观测的方案，并提出了国际合作实施建议，对未来构建近地小行星监测系统具有参考价值。

关键词　地月空间；行星防御；近地小行星；拉格朗日点轨道；红外望远镜

0　引言

2013 年 2 月 15 日，一颗直径约 18 m 的小行星，在毫无预警的情况下，袭击了俄罗斯车里雅宾斯克上空，产生的冲击波造成了大面积区域受损，导致接近 1 500 人受伤，3 000 多栋房屋受损[1,2]。更有 1908 年，小天体撞击引起的通古斯大爆炸造成约 2 000 km^2 树木被摧毁；6 500 万年前发生的 K-T 撞击事件，一颗直径约 10 km 的小行星撞击墨西哥尤卡坦半岛，导致 95%的海洋生物和包括恐龙在内 75%的陆地生物灭绝[3]。近年来，人类频繁地观测到近地小行星飞掠事件，仅 2021 年就发生 1 590 次，观测到 29 颗小行星进入大气层，形成火流星事件①。

天文学上，近地小行星是指与太阳的最近距离小于 1.3 AU（AU 为天文单位，等效 1 个日地平均距离，约 1.5 亿 km）的小行星。小行星撞击地球由于其进入速度大、撞击能量高，给人们造成极大威胁，被认为是毁灭人类文明的七大威胁之一。近地小行星撞击风险应对是全人类长期面临的重大挑战。

---

* 中国科学：信息科学，2022，52（7）：17.

① https：//cneos. jpl. nasa. gov/stats/totals. html。

提前发现并编目近地小行星是应对小行星撞击威胁的前提条件。截至2021年10月15日，人类已经发现了27 098颗近地小行星。km级直径的近地小行星撞击可以导致全球性灾害，根据近地小行星尺寸数量分布的理论模型，其编目完成率超过了95%；直径140 m级近地小行星（绝对星等小于22等，若假设其几何反照率为0.14，则对应140 m直径）撞击可以导致中小型国家级灾害，编目完成率仅约40%；直径50 m级近地小行星撞击可以导致大型城市级威胁，编目完成率仅约3%；而直径20 m级近地小行星撞击可以导致城镇级威胁，编目完成率不足1%[4]。因此，目前还有大量未知、具有潜在撞击威胁的小行星尚未被编目。加强对近地小行星的发现编目工作仍然任重道远。

目前近地小行星的发现编目主要依赖地基光学望远镜。受大气和阳光的影响，地基光学望远镜仅能在夜晚工作，无法在白天对来自太阳一侧方向的近地小行星进行预警[1,5]。近200年来，4次最为知名的近地小行星撞击事件（1908年通古斯大爆炸事件、1976年吉林陨石雨事件、2013年车里雅宾斯克事件、2018年白令海峡事件），小行星全部来自太阳一侧方向。因此，太阳一侧方向是目前近地小行星监测预警体系的盲区[6]。天基监测是弥补地基光学观测盲区的有效途径[7-9]。

月球作为距离地球最近的地外天体，地月空间的开发探索是本世纪以来世界航天的焦点。我国已经完成嫦娥工程第1阶段“绕、落、回”发展目标，未来将建设国际月球科研站，使得在地月空间建设望远镜成为可能[10]。本文研究基于地月空间构建近地小行星观测网络，对其必要性、观测能力和拓展应用进行了分析，提出了未来国际合作实施建议。

1 地月空间近地小行星观测系统需求分析

地基光学望远镜是近地小行星发现的主力设备，发现了98.6%的近地小行星。但现有地基光学望远镜观测网络由于在连续观测时间、可观测天区、地理布局等方面存在不足之处，仍需要天基或月表观测系统进行补充[11]。

1.1 地基望远镜观测网络的不足

目前地基望远镜观测网络主要存在5方面不足。

1）有效观测时间短，单站持续观测时间短。地基光学望远镜只能在夜晚工作，并且容易受到天气、月光等影响，有效观测时间短，年有效观测时间不足1/3，影响巡天观测效率。此外，由于地球自转，导致观测弧段不连续，单站的观测时间较短，无法较长时间对目标进行持续跟踪，影响跟踪观测效率。

2）存在太阳一侧方向的观测盲区。由于大气散射影响，白天地球上光线比较强，小行星信号[12-15]被淹没在背景噪声中。因此，地基光学望远镜在太阳一侧方向存在观测盲区，如果近地小行星从太阳一侧方向抵近地球，地基望远镜无法提前预警。2013年车里雅宾斯克事件中，肇事小行星就是从太阳一侧方向撞击地球的，在撞击前没有任何预警。

3）地基观测手段受限。小行星观测主要包括可见光、红外和雷达等手段。其中，光学和红外是被动观测手段，通过接收小行星的反射和辐射信号来探测小行星，可以用于对大范围天区进行巡天搜索，并且探测距离较远。而雷达是一种主动观测手段，一般针对已知小行星进行跟踪观测，通过发射信号并接受小行星反射的回波，对小行星的轨道、形态、结构和物质组成进行精细探测。雷达一般用于对飞临地球已知小行星进行探测。

红外波段与光学波段观测相结合，可以获得小行星的反照率和较为准确的尺寸[16]，对准确估计小行星的撞击能量具有重要意义。地基观测由于大气对红外线的吸收，红外信号损失较大，不适合做地基红外巡天。而天基不受大气影响，非常适合红外观测。

4）地理分布不均衡。受全球经济发展不平衡、海陆分布等因素影响，地基望远镜观测网络南北、东西半球分布不均匀。主要观测设备集中在北半球和西半球，南半球和东半球观测设备少。如果小行星从南半球抵近地球，很难提前发现。近地小行星 2019 OK 直到抵达地球前 6 个小时[17]，才被位于巴西的民间爱好者天文台发现，其中一个重要原因是南半球的观测设备少。

5）未来可能受人类大量地球附近空间活动影响。随着巨型星座的建设，数以万计的卫星将被发射到近地轨道上，可能对地基光学观测构成较大的影响，在望远镜图像中留下拖着长尾的轨迹，影响近地小行星的发现效率。除此之外，人类愈加频繁的空间活动，在近地轨道上形成大量空间物体和空间碎片，这些太空物体都可能会对小行星观测造成干扰。

1.2 月表和天基观测的优势

月表和天基观测将能够有效克服地基观测的弊端，具有以下优势。

1）有效观测时间长，单站持续观测时间长。月球上没有大气，在能源充足的条件下，可以不受昼夜影响，连续开展巡天观测。月球自转缓慢，能够对特定目标进行较长时间的连续跟踪观测。

这方面天基观测具有更大的优势。通过选择合理的轨道，可以保证能源和视场问题，实现连续巡天观测和对特定目标开展长时间的持续跟踪观测。

2）提升对地基盲区覆盖能力。月球和轨道上没有大气散射影响，能够对太阳附近的天区进行观测，从而对地基光学系统的观测盲区形成有益补充，提升对地球太阳一侧方向近地小行星的监测能力，为形成完善的监测体系提供支持。

3）可以完善观测手段，获得小行星较详细的特性信息。可以在月球和轨道上布局红外望远镜，获取小行星的尺寸、反射率、热物理等信息，为小行星防御、资源探测和科学探测提供丰富的信息[18]。

4）可以弥补南半球观测设备空缺。将望远镜部署在月球南极，能弥补地球南半球观测设备空缺的现状。如果在月球北极部署另外一组望远镜，将具备南北半球天区观测能力。

在轨道上部署的望远镜具有几乎全天区的视场，仅需要规避太阳方向的部分天区。也可以通过观测指向规划，弥补地球南半球观测设备的空缺。

5）受人类空间活动影响小。月球远离近地空间，不受巨型星座和人类空间活动的影响。通过选择合理的轨道布局，可以避开巨型星座的影响，受人类空间活动影响小。

1.3 地月空间观测系统与地基望远镜互补作用

综合以上分析，地月空间望远镜系统与地基望远镜存在较好的互补关系，主要体现在以下几个方面。

1）弥补地基观测有效观测时间短的不足，实现近地小行星的长时间连续观测；

2）对地基望远镜白天方向观测盲区形成有益补充，提升对来自太阳一侧方向小行星的观测能力；

3）弥补地基红外观测的不足，实现近地小行星尺寸、反射率、热物理特性等探测，为小行星防御提供精细信息；

4）弥补地基望远镜地理布局不均衡的不足，实现南北半球均衡观测；

5）与地基望远镜联合观测，提升对近地小行星的跟踪弧长，改进观测几何，进而提升定轨精度[19,20]。

2 地月空间观测系统布局方案

2.1 月表观测系统

首先讨论月表望远镜的布局问题。望远镜在月球表面的位置决定了望远镜的观测视场。月球近似是一个球体，望远镜只能看到当地水平面之上一定仰角的天区，如图 1 所示。月球上无大气，仰角 γ 主要考虑地形遮挡，一般为小角度，因此也可以近似认为望远镜可以看当地水平面之上的半个天区。理论上，只要两台对称部署的望远镜，可以近似实现具备全天区指向观测的能力。

纬度越靠近南半球，越有利于对南半球方向飞来的近地小行星开展观测。布局在南极，则可以具备对南半球天区的观测能力。纬度越靠近北半球，越有利于对北半球方向飞来的近地小行星开展观测。布局在北极，则可以具备对北半球天区的观测能力。将望远镜布局在极区，通过转动调整望远镜指向，能够对从不同经度方向飞来的小行星进行观测。由于小行星可能从不同经度方向飞向地球，因此具备不同经度方向的观测能力至关重要。此外，极区太阳高度角低，有利于保持较低的温度，为红外望远镜工作创造良好的温度条件。

布局在赤道地区的望远镜，通过转动调整望远镜指向，可以对不同纬度方向飞来的小行星进行观测，但经度方向受到月球的遮挡。部署在月球正面的望远镜，无法对背面飞来的小行星进行观测；反之，部署在月球背面的望远镜，无法对正面飞来的小行星进行观测。而小行星可能从不同经度方向飞来，如果只有 1 台望远镜，则不具备对不同经度方向飞来的小行星进行观测的能力。此外，由于小行星主要从黄道面方向飞来，而太阳和地球恰恰在黄道面内，在规避太阳和地球的同时，也可能会漏掉部分小行星。此外，月球正面

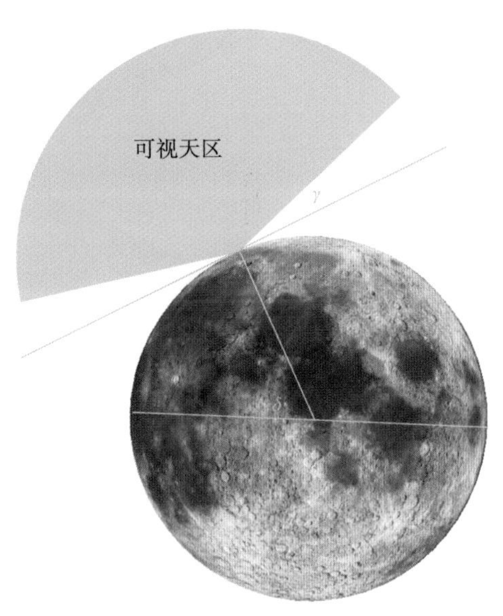

图 1　月表望远镜可视天区

的望远镜容易受到地球遮挡、地球辐照影响；而月球背面望远镜，则需要额外的中继通信支持。赤道地区太阳高度角变化剧烈，不利于保持恒定的低温，不利于红外望远镜工作。在月表不同位置部署望远镜综合分析如表 1 所示，需要说明的是，尽管月球正面部署望远镜存在容易受到地球遮挡的缺点，但将望远镜部署在正面，可以在空间态势感知、月基对地观测方面具有应用前景，需要进一步论证。

表 1　不同位置部署望远镜比较分析

位置	极区（南）	极区（北）	赤道（近端）	赤道（远端）
有利天区	南半球	北半球	近端半球	远端半球
盲区	北半球	南半球	远端半球	近端半球
地球遮挡	无	无	有	有
通信条件	适中	适中	良好	需要中继星
太阳高度角变化	轻微	轻微	剧烈	剧烈

在月球南极和北极各部署一台望远镜，就可以实现根据需要对全天区进行扫描观测的能力，如图 2 所示。而极区的光照角度较低，可为红外望远镜提供良好的低温环境。考虑到南半球地基观测设备较少，建议优先在南极地区部署望远镜。

单纯从小行星观测的角度，建议第 1 步在月球南极地区，光照、温度和地形条件比较好的区域，建设第 1 台望远镜，优先具备南半球的天区观测能力；随后在月球北极地区部署第 2 台望远镜，共同实现南北半球天区观测能力。同时选址时，应考虑红外探测器对温度的要求、地形遮挡、能源供应、与地面的通信等综合因素，需要持续深化论证。

需要说明的是，将望远镜部署在月球表面的运输代价更大，而且存在月球遮挡。而将望远镜部署在轨道上，可以规避这些问题。

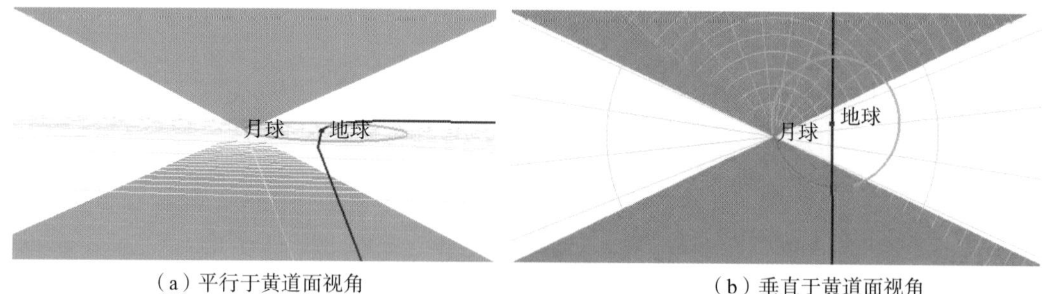

(a) 平行于黄道面视角　　(b) 垂直于黄道面视角

图 2　月球南极、北极部署望远镜

2.2 地月空间轨道观测系统布局方案

相比在月球表面部署望远镜，在地月空间轨道上布局望远镜具有更大的优势。

1）不受地球和月球遮挡，视野开阔，通过调整观测指向，单台望远镜就可以具备南北半球天区的观测能力；

2）通过选择合适的轨道可以保证光照条件，地月平动点轨道具有阴影时间少、光照充足的优势；

3）对地可见性时间长，通信条件比较好；

4）部署望远镜需要的运输成本比较低。

综合以上分析，在地月空间轨道上布局望远镜更具有优势。地月空间轨道包括近地轨道、近月轨道和平动点轨道等类型。

对于近地/近月轨道，观测时容易受到地球/月球遮挡。地月空间共有 5 个平动点，如图 3 所示，其中 L1，L2，L3 点为共线平动点，L4 和 L5 点为三角平动点。L1 和 L2 点距离月球较近，在观测时，也容易受到月球遮挡，影响观测天区。同时，由于共线平动点在动力学上是不稳定的，需要进行一定的轨道维持。如果从兼顾月球探测的角度，也可以在共线平动点布局望远镜，但从小行星观测的角度，共线平动点并非优选位置。

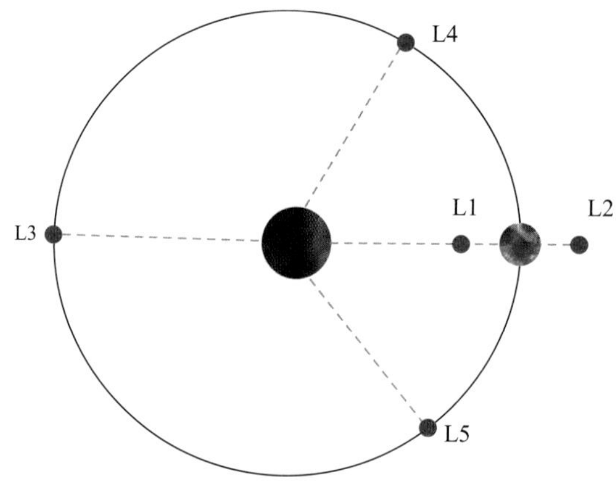

图 3　地月系统平动点示意图

L4 和 L5 两个三角平动点与地球和月球构成等边三角形，相距地球和月球约 38 万 km，视野开阔。三角平动点在动力学上是稳定的，适合部署长期运行的轨道望远镜。同时 L4 和 L5 点轨道的发射转移代价也比较小。因此，建议优先在 L4 和 L5 点部署望远镜，用于近地小行星观测。

考虑近地小行星的轨道分布、与地基望远镜观测天区互补、红外望远镜观测能力等因素，天基望远镜的观测天区一般指向地球轨道前方或者后方天区，如图 4 所示。

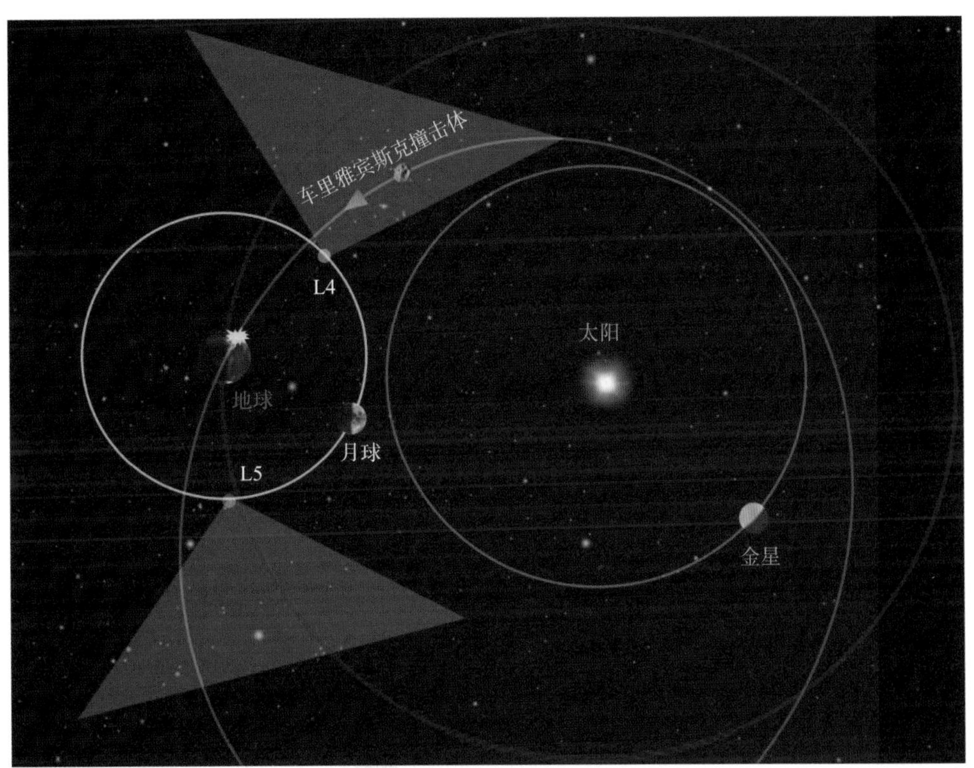

图 4　地月 L4 和 L5 点轨道观测系统

2.3 地月空间轨道观测系统与其他天基轨道望远镜比较

在近地小行星天基观测方面，美国和欧洲提出了日地 L1 点、L2 点、类金星轨道、DRO 轨道，我国提出了地球领航/尾随轨道等轨道布局方案。地月系统 L4/L5 点轨道组成的观测系统可与地基观测系统、其他天基系统形成互补和协同关系。

相比其他轨道布局方案，地月系统 L4/L5 点轨道具有如下优势。

1）轨道稳定性好。L4/L5 点轨道在动力学上是稳定的[21]，通过设计合理的目标环绕轨道，能够将轨道维持间隔保持在年尺度量级，既能够节省燃料，也降低了测控成本。

2）轨道转移时间短，燃料节省。从地球停泊轨道出发后，经过约 15～20 天飞行时间，可以到达 L4 和 L5 点轨道，停泊轨道逃逸后所需速度增量约 300 m/s。相比其他天基轨道，地月空间轨道具有转移时间短、燃料节省的优点。

3）距离地球近，有利于数据传输。L4 和 L5 点距离地球约 38 万 km，相比日地 L1 点轨道（150 万 km）、日地 DRO 轨道、地球领航轨道（千万 km 量级）和类金星轨道（千万～亿 km 量级），具有距离近的优势，有利于数据传输。

4）可以兼顾在轨处置。L4 和 L5 点望远镜可以在日常开展监测预警，在应急时刻，可以去撞击来袭的近地小行星，兼顾近地小行星的在轨处置。

5）拓展应用多。L4 和 L5 点优良的特性，使得其在空间天文、空间物理、导航通信、空间态势感知等领域也具有优势，拓展科学与工程应用多。

6）可以继承探月成熟技术。L4 和 L5 点任务能够继承月球探测工程的技术基础，成熟度高，有利于节省成本。

相比地球领航轨道、日地 L1 点等日心轨道，地月系统轨道的缺点是其观测时需要综合考虑太阳、地球和月球的规避，观测策略[22]设计较为复杂。由于天体遮挡，如果小行星恰巧来自地球或者月球方向，可能无法及时发现这些小行星。

此外，由于地月平动点距离地球比较近，对近地小行星的预警距离不如深空轨道远，预警时间不如深空轨道长。由于温控、能源、光噪声等约束，地月平动点轨道无法完整覆盖地基光学盲区，在太阳方向仍然存在无法观测的区域，需要其他天基轨道，如地球领航轨道[23,24]、类金星轨道等进行补充，形成既满足巡天发现，又满足临近预警的监测预警体系。

2.4 地月空间轨道观测系统观测策略设计

2.4.1 地球和月球遮挡天区分析

一般将望远镜小行星连线与望远镜太阳的连线的夹角称为太阳相位角。当太阳相位角为 180°时，目标与太阳处于望远镜两侧，为全顺光观测；当太阳相位角为 0°时，目标与太阳处于同一方向，为全逆光观测。

典型观测天区如图 5 所示，地基观测系统的优势观测天区为观测相位角为－145°～－180°区域和 145°～180°之间的区域。为了与地基观测形成互补，天基观测一般选择－145°～－40°和 40°～145°的天区。根据地球运动方向，称 40°～145°为前半区，而－145°～－40°为后半区。地基望远镜仅能在黎明前几个小时可以看到前半区天区，但观测角度较低，使得其信噪比降低。同理，地基望远镜仅在黄昏后几个小时可以看到后半区天区，但观测角度较低，也会降低信噪比。

考虑到热控、光学噪声、能源等约束条件，天基望远镜一般指向前半区和后半区开展观测，在与地基形成有效互补的同时，尽量避免将望远镜视场指向过于靠近太阳的天区。实际上，车里雅宾斯克事件和通古斯事件中小天体均来自这两个天区。当然，这种指向策略，也会导致遗漏一部分来自太阳方向的近地小行星，要解决这个问题，需要将望远镜送入深空轨道，比如地球领航轨道或者地球尾随轨道[23,24]。这也是构建多种轨道构成的天基系统的必要性[22]。

以 L4/L5 点轨道望远镜为中心，地球相对其做圆周运动，地球出现在观测天区的时间比例约为 1/2。首先考虑平面情况，由于在轨道上，没有大气，考虑地球规避角为±6°

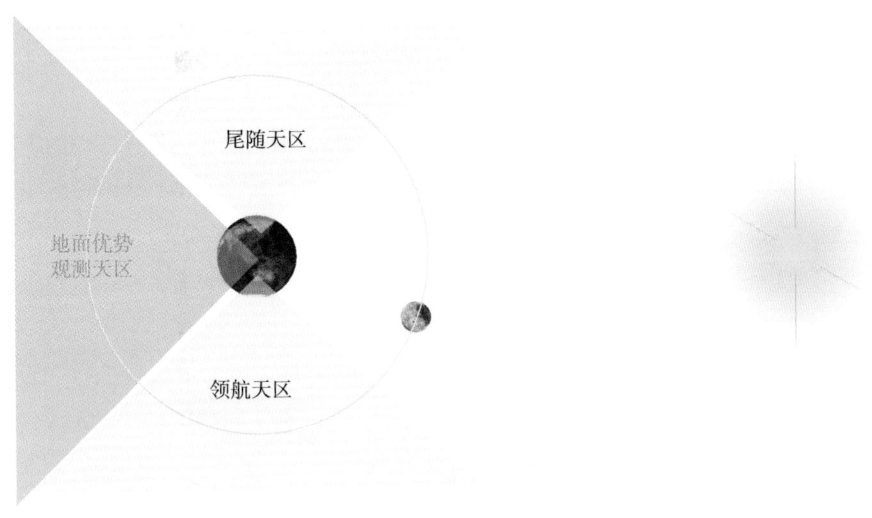

图 5　典型观测天区

[远大于地球圆面的张角（约为 1.9°）]，可以计算出地球对可观测天区的遮挡比例为 6.3%。考虑巡天需要对黄道面上下 45°的广大立体天区进行搜寻，遮挡比例进一步降低到 0.84%。

同理，由于月球亮度较小、反射率较低，假设规避角为±3°[远大于月球圆面的张角（约为 0.5°）]，则可以计算出月球对可观测天区的遮挡比例为 3.2%。考虑到黄道面上下方扫描，遮挡比例进一步降低到 0.2%。

从巡天的角度，地球和月球对可观测天区的遮挡比例约为 1%，相当于巡天时，存在两个 12°×12°，6°×6°的孔洞。相比 2×95°×90°的目标天区范围，几乎可以忽略。

需要说明的是，尽管存在地月可能遮挡 1%的观测天区，但在实际观测时，对巡天观测的影响很小。因为望远镜的瞬时视场一般为 10 平方度左右，可以在扫描策略设计时，先扫描未被地月遮挡的天区，等待地月不再遮挡时再去扫描其他天区。以图 6 为例，在新月时，优先扫描后半天区；在满月时，优先扫描前半天区。

2.4.2　考虑地月遮挡的 L4/L5 双望远镜观测策略设计

考虑 L4 点，L5 点，地球，月球，太阳的相位关系，设计了观测策略，通过在 L4 点，L5 点双望远镜的配合与视场切换，使得两台望远镜分别观测前半区和后半区，如图 7 所示。

具体策略如下。

1）初始时刻月球位于日地连线地球外侧，从地球上看月相为满月，此时 L5 点望远镜看后半区，L4 点望远镜看前半区；

2）约 7 天后，月相为下弦月，此时切换观测视场，L5 点望远镜看前半区，L4 点望远镜看后半区；

3）约 7 天后，月相为新月，此时 L5 点望远镜保持看前半区，L4 点望远镜保持看后半区；

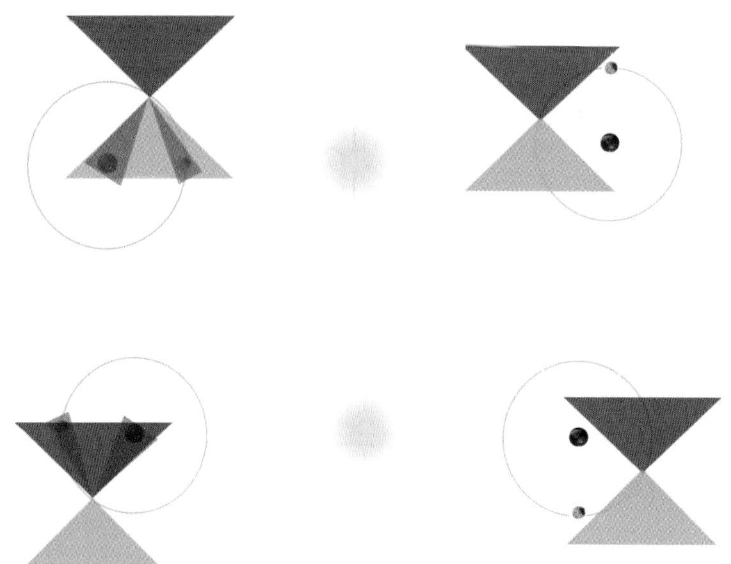

图 6　地月对 L4 点望远镜观测天区的遮挡示意

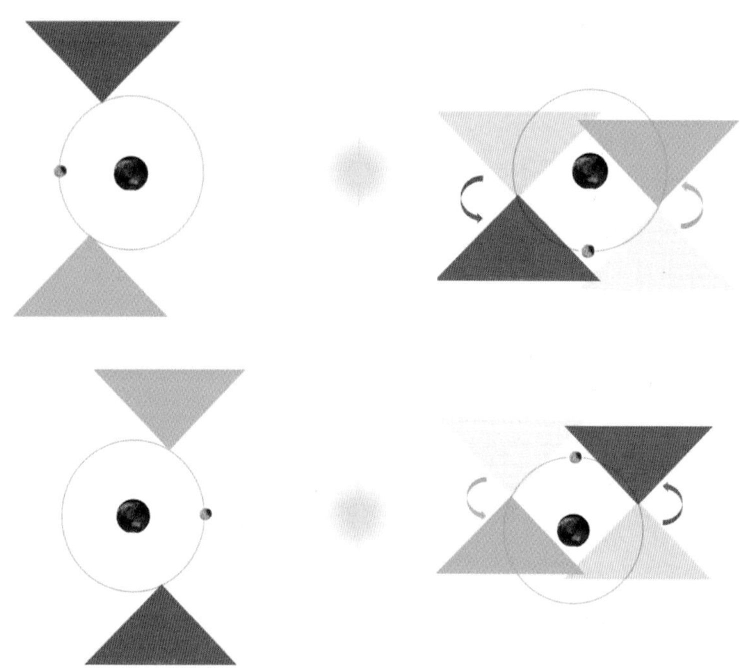

图 7　L4 和 L5 双望远镜配合观测

4）约 7 天后，月相为上弦月，此时切换观测视场，L5 点望远镜看后半区，L4 点望远镜看前半区。

如此，周而复始，实现前后天区的探测能力。每台望远镜只看半天区，约 8 550 平方度。假设望远镜视场为 10 平方度，单次观测时间为 180 s，1.8 天可以扫描天区一遍，5.4 天可以扫描天区 3 次，实现对小行星巡天搜索发现。此外，两台望远镜还可以互为后随观测，一台望远镜发现目标后，另外一台望远镜可以开展后随跟踪观测。

2.5 总体布局方案

月基观测能够对地基观测形成有益的补充，但观测视场受到月球遮挡，并且发射部署代价比较大，也面临着能源供应、通信等问题。

地月系统 L4/L5 点观测系统，具有受地月遮挡影响小、视场开阔等优点，而且发射部署、通信、能源代价小，可以利用探月工程现有成熟技术。

因此建议优先发展 L4/L5 点轨道观测系统：在地月空间稳定的三角平动点，部署两台空间红外望远镜，与地基观测系统配合，实现对近地小行星的监测预警。

在经济条件允许的情况下，可以依托月球国际科研站工程，在月球南极/北极等区域部署红外望远镜，与地基和 L4/L5 点轨道观测系统开展协同观测，提升对近地小行星的监测密度，缩短天区重访周期，提升监测预警的时效性。

3 近地小行星监测能力分析

考虑小行星的反射和辐射信号、天空背景噪声、探测器噪声、读出噪声、仪器自身辐射等仿真参数，如表 2 所示，根据参考文献［23］中的计算公式，可以计算望远镜对小行星的信噪比，进一步可以计算出望远镜对应的观测能力等高线图，如图 8 所示。

表 2 观测能力仿真参数

参数	值
孔径	500 mm
焦距	1 m
光学效率	0.8
波长带	8～12 μm
量子效率	0.6
暗电流噪声	4 000 e/s/pixel @8～12 μm
仪器自身辐射噪声	294 e/s/pixel@8～13μm
读出噪声	30e-RMS@500 kHz
逆增	105/214
像素大小	18 μm
小行星温度	快速旋转模型
小行星辐射率	0.9
小行星反射率	0.15
积分时间	180
信噪比	6

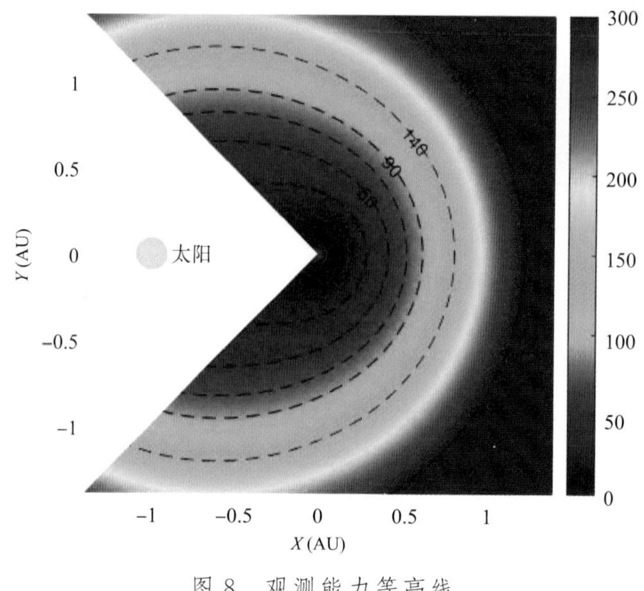

图 8　观测能力等高线

由表 3、表 4 和图 8 可以看出，红外望远镜对低太阳相位角（更靠近太阳天区）观测具有优势，可对地基盲区起到较好的弥补作用。需要说明的是，在本文仿真中，小行星的温度模型采用快速自转小行星模型，后续还需要根据不同的温度模型进行深化研究。

表 3　观测能力仿真结果（积分时间 180 秒）

小行星直径（m）	不同太阳相位角对应的有限探测范围（10 000 km）		
	45°	90°	180°
20	5 250	3 850	3 140
50	14 000	8 400	6 260
90	19 600	12 600	9 250
140	23 800	16 400	12 000

表 4　观测能力仿真结果（积分时间 30 秒）

小行星直径（m）	不同太阳相位角对应的有限探测范围（10 000 km）		
	45°	90°	180°
20	2 700	2 300	1 950
50	8 300	5 350	4 200
90	14 300	8 600	6 400
140	18 500	11 750	8 600

4 在轨处置兼顾能力分析

等效直径为20～50 m级的小尺寸近地小行星数量高达数百万颗，难以在短时间内完成小尺寸的近地小行星的完全编目。对这类小行星，可以利用地月空间观测系统实施短临告警，在发现小尺寸小行星飞临地球前，及时告警，为地面疏散人口财产，降低损失提供提前预警信息。

鉴于直径20～50 m级近地小行星，可引发城镇至大型城市级威胁，疏散所需的时间成本较高，并且很多财产和基础设施是无法疏散的，因此如果有一定预警时间，在轨处置仍然是优先选项。这类小行星发现时间较短，往往只有7天甚至更短的预警时间。如果从地面发射撞击器，是无法具备完整的发射准备时间的。因此，利用天基部署的撞击器将是可能选项。

地月观测系统可以在日常开展近地小行星观测，在应急时刻，可以转变工作模式，改变轨道以撞击来袭的近地小行星，在小行星撞击地球之前将小行星的轨道偏转或者摧毁[25]。

考虑到轨道偏转需要的作用时间较长，在7天左右的预警时间条件下，预期可以偏转的距离将微乎其微。而小行星距离地球太近，无法使用颇具争议的核爆手段。利用动能撞击器，破坏小行星结构，摧毁或者撞裂小行星以减缓灾害，将是一种值得探索的手段。

关于如何破坏小行星的结构的研究由来已久，Holsapple等[26]在2019年综述了摧毁小行星结构的相关研究，并给出了摧毁不同直径小行星所需的能量密度。参考文献［26］的能量密度估算，可以利用吨级撞击器使得直径约30 m的岩石类小行星产生明显的裂痕，甚至使得小行星分裂为碎块，从而使其在高层大气中解体，减缓小行星撞击危害，为拦截摧毁小行星奠定了理论基础。然而实际上，破坏小行星的结构是复杂的，需要综合小行星特性开展数值仿真与试验研究才能确定破坏小行星结构所需的能量密度。

小行星撞击地球，必然会经过地月空间，如果在地月系统L3、L4、L5点部署拦截器，则可以守株待兔，对来袭小行星进行动能拦截，如图9所示。通过部署多个拦截器，还能进行协同拦截，提供撞击的能量密度，增加拦截成功率。

假设撞击器驻守在L3、L4和L5点，具有1 km/s的速度增量，拦截时间为5天，通过轨道动力学仿真，可以计算出撞击器的变轨可达区域，如图10所示。可以看出，如果在地月系统L3、L4和L5点部署3个撞击器，将具备拦截各个方向来袭小行星的能力，可以形成约2倍地月距离，约80万km的防御圈。拦截器可以对进入防御圈内的小天体进行拦截。

可以看出，增加地月系统L3点轨道后，可以实现对不同方向飞来小行星的拦截，能够增加拦截的方向完备性。因此，从处置完备性的角度，在L3点轨道增加一颗卫星是必要的。L3点卫星也可以平时做监测预警，应急时刻去拦截小行星。但其需要携带更多的燃料进行轨道维持。

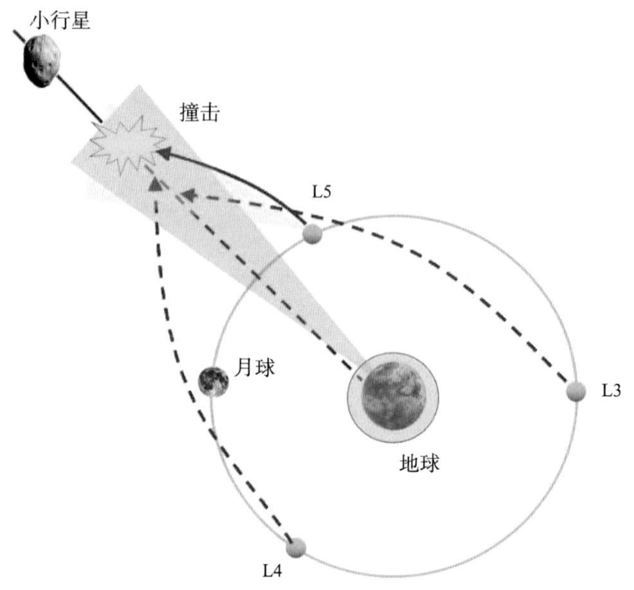

图 9　近地小行星拦截示意图

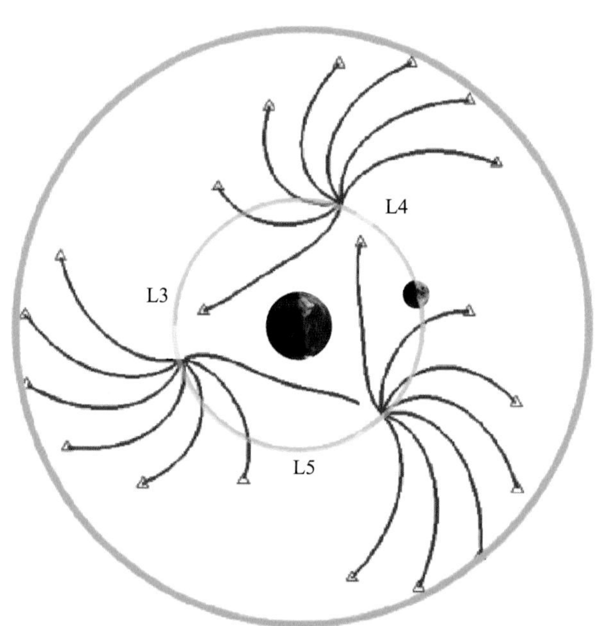

图 10　地月平动点拦截器防御圈

“观处一体”对观测星的设计提出了更高要求，要求飞行器同时具备广域高灵敏监测能力和超高速撞击能力，其工程实施代价和技术方案尚需深化论证。

5 拓展科学应用

5.1 空间红外天文

红外望远镜能够对行星际空间进行巡天，对星际有机分子、系外行星、恒星演化等进行探测开展红外天文研究。

5.2 空间物理和空间天气

通过搭载空间物理场探测载荷，能够对地月空间的空间物理现象进行探测，揭示大尺度空间物理场的变化规律，为认识地月空间环境提供支持，为地月空间探测和载人登月提供空间天气预警服务。

5.3 导航通信

在地月 L4/L5 点可以搭载高稳定时钟，作为空间时间基准；搭载导航载荷，补充提升北斗导航系统能力；搭载通信转发载荷，实现地月空间通信中继能力。构成大基线的天基 VLBI 系统，提升深空探测测控通信支持能力，同时也可应用于射电天文研究。

5.4 空间态势感知

在地月 L4/L5 点的望远镜对地球同步轨道也具有感知能力，能够实现对地球同步轨道带的编目普查，提升对同步轨道带高价值空间资产的保护能力。

6 国际合作实施建议

地月空间小行星观测系统能够与现有地基观测系统形成良好的互补关系，对覆盖地基光学观测盲区、延长观测弧段、改善观测几何等具有重要意义，未来也能够与地球领航轨道[24]、日地 L1 点[27]、DRO 轨道的天基观测系统形成有效配合，在空间天文、空间物理、导航通信和空间态势感知等领域也具有较好的潜在应用前景，未来有望建设成地月空间综合观测系统。

6.1 合作思路

未来可依托月球科研站建设、载人月球探测、空间科学等重大航天工程，充分利用国际合作资源，推动以我为主、多方共建、成果共享的国际合作计划，分阶段建成地月空间综合观测系统。

• 任务层次合作：可多方分别发射地月 L4 和 L5 点观测任务，以及在月球不同地理位置部署望远镜，共同构成地月空间联合观测系统；

• 载荷层次合作：以我国为主完成空间观测系统的发射部署，其他国家可提供载荷，参与完成地月空间观测系统的建设。

• 器件层次合作：国外提供红外探测器等关键载荷模块，我国完成载荷的系统集成、研制、发射和组网部署。

• 数据共享与联合科学研究：建立科学研究联盟，实现数据共享，开展联合科学研究，推动重大成果产出。

6.2 建设路线图

按照“结合重大工程建设、先易后难、稳步实施、协同组网”的原则，稳步推进地月空间小行星观测系统的建设。

第 1 步，推动地月系统 L4/L5 点试验卫星任务，开展轨道运行控制、观测能力、观测模式等技术验证，开展小行星观测试验，在任务末期开展小行星动能撞击试验。

第 2 步，根据轨道观测试验结果，适时启动地月系统 L4/L5 点轨道观测系统建设，形成业务化运行的地月空间小行星观测系统；在适当时候，补充 L3 点轨道观测系统建设，从此兼顾监测预警与在轨处置的天基系统布局方案。

第 3 步，依托国际月球科研站，择机在南极或者北极建设月表红外望远镜，开展月表小行星观测试验。

第 4 步，适时拓展空间天文、空间物理、通信导航和空间态势感知等多用途科学试验，形成完整的地月空间观测系统。

7 结论

本文针对地基光学望远镜观测网络现有的不足，分析了地月空间观测系统与地基光学望远镜观测网络的互补和协同作用，提出了在地月系统 L4/L5 点部署红外望远镜观测网络，用于近地小行星观测，并初步分析了望远镜观测能力，进一步展望了相关拓展应用和国际合作设想。分析表明，地月空间望远镜观测系统能够与地基望远镜观测网络在观测盲区、观测波段、连续观测时间等方面有效互补，能够继承月球探测工程的技术基础，拓展科学应用多，具有良好的发展前景，同时可与地球领航轨道、类金星轨道等深空轨道构成互补，共同形成近地小行星天基监测体系。未来可充分利用国际合作资源，逐步发展地月空间近地小行星观测系统，适时开展空间天文、空间物理、导航通信和空间态势感知等拓展科学试验。本文开展的研究属于概念设计阶段，在载荷能力分析、观测模式设计、在轨处置可兼顾性、破坏小行星结构等方面还需进一步深化。

致谢

感谢北京空间机电研究所刘志敏、中国科学院上海技术物理研究所孙海彬关于红外载荷的讨论。

参考文献

[1] Brown P G，Assink J D，Astiz L，et al. A 500-kiloton airburst over Chelyabinsk and an enhanced hazard from small impactors. Nature，2013，503：238-241.

[2] Micheli M，Wainscoat R J，Denneau L. Detectability of Chelyabinsk-like impactors with Pan-STARRS. Icarus，2018，303：265-272.

[3] O' Keefe J D，Ahrens T J. Impact production of CO_2 by the Cretaceous/Tertiary extinction bolide and the resultant heating of the Earth. Nature，1989，338：247-249.

[4] Granvik M，Morbidelli A，Jedicke R，et al. Debiased orbit and absolute-magnitude distributions for near-Earth objects. Icarus，2018，312：181-207.

[5] Verĕs P，Jedicke R，Wainscoat R，et al. Detection of Earth-impacting asteroids with the next generation all-sky surveys. Icarus，2009，203：472-485.

[6] Emel' yanenko V V，Popova O P，Chugai N N，et al. Astronomical and physical aspects of the Chelyabinsk event（February 15，2013）. Sol Syst Res，2013，47：240-254.

[7] Wie B，Zimmerman B，Lyzhoft J，et al. Planetary defense mission concepts for disrupting/pulverizing hazardous asteroids with short warning time. Astrodynamics，2017，1：3-21.

[8] Jedicke R，Morbidelli A，Spahr T，et al. Earth and space-based NEO survey simulations：prospects for achieving the spaceguard goal. Icarus，2003，161：17-33.

[9] Coder R D，Wetterer C J，Hamada K M，et al. Inferring active control mode of the hubble space telescope using unresolved imagery. J Guidance Control Dyn，2018，41：164-170.

[10] 裴照宇，刘继忠，王倩，等．月球探测进展与国际月球科研站［J］. 科学通报，2020，65：2577-2586.

[11] Mainzer A，Grav T，Bauer J，et al. Survey simulations of a new near-Earth asteroid detection system. Astron J，2015，149：172-189.

[12] 李振伟，张涛，张楠，等．暗弱空间目标的高精度定位［J］. 光学精密工程，2015，23：2627-2634.

[13] Lyzhoft J，Basart J，Wie B. A new terminal guidance sensor system for asteroid intercept or rendezvous missions. Acta Astronaut，2016，119：147-159.

[14] 王书宏，胡谋法，陈曾平．天文 CCD 相机的噪声分析与信噪比模型的研究［J］. 半导体光电，2007，28：731-734.

[15] 孙成明，袁艳，赵飞．空间目标天基成像探测信噪比分析［J］. 红外与激光工程，2015，44：1654-1659.

[16] Michelsen R，Haack H，Andersen A C，et al. Asteroid and NEA detection models. In：Proceedings of International Conference on Recent Advances in Space Technologies，2003.

[17] 龚自正，李明，陈川，等．小行星监测预警、安全防御和资源利用的前沿科学问题及关键技术［J］. 科学通报，2020，65：346-372.

[18] 王晓彬，黄佳宁，王翱，等．近地小行星基本物理性质的测光研究［J］. 光学精密工程，2020，28：2549-2562.

[19] 王秀红，李俊峰，王彦荣．天基照相机监测空间目标定轨方法及精度分析［J］. 光学精密工程，2013，21：1394-1403.

[20] 王翔．基于多弧段测量数据的低轨空间目标精确定轨方法研究［D］. 哈尔滨：哈尔滨工业大学，2017.

[21] Hou X Y, Liu L. On quasi-periodic motions around the triangular libration points of the real Earth-Moon system. Celest Mech Dyn Astr, 2010, 108: 301-313.

[22] Grav T, Mainzer A, Sonnett S, et al. The NEO Surveillance Mission (NEOSM) Survey Simulations. In: Proceedings of AAS/Division for Planetary Sciences Meeting Abstracts, 2020. 52: 208-03.

[23] 王新涛，郑建华，李明涛．地球公转轨道危地小行星天基光学监测仿真研究 [J]. 光学精密工程，2020，28: 2563-2571.

[24] Wang X T, Zheng J H, Li M T, et al. Warning of asteroids approaching Earth from the sunward direction using two Earth-leading heliocentric orbiting telescopes. Icarus, 2022, 377: 114906.

[25] 马鹏斌，宝音贺西．近地小行星威胁与防御研究现状 [J]. 深空探测学报，2016，3: 10-17.

[26] Holsapple K A, Housen K R. The catastrophic disruptions of asteroids: History, features, new constraints and inter- pretations. Planet Space Sci, 2019, 179: 104724.

[27] Dunham D W, Reitsema H J, Lu E, et al. A concept for providing warning of earth impacts by small asteroids. Sol Syst Res, 2013, 47: 315-324.

Near-Earth asteroids observation system in cislunar space

TANG Yuhua, WU Weiren, LI Mingtao, HAN Siyuan, QI Haiming, WANG Xintao, ZHOU Qi, ZHANG Zhe, TIAN Shaojie, SHI Meng, JIN Xiao

Abstract One major threat to humanity is the impact of near-Earth asteroids (NEAs). Planetary defense is a shared responsibility of all human beings to protect our home planet. For planetary defense, we must first set up an asteroid monitoring system. At the moment, asteroid monitoring mostly relies on ground-based optical systems. Because of the limitations of optical observation conditions, asteroids from the sunward direction during the daytime cannot be detected and tracked in time during the day. Due to its specific location advantages, an appropriate space-based monitoring system would be a useful supplement to the ground-based observation system. In this paper, the problems and shortcomings of the ground-based monitoring system, as well as the benefits and drawbacks of space-based telescopes, were summarized. The mission concept of space-based telescopes for NEAs observation based on the L4 and L5 point orbits of an Earth-Moon system is proposed. Furthermore, suggestions for international cooperation are made. This research will be useful in the future when building the NEAs monitoring system.

Keywords cislunar space; planetary defense; near-Earth asteroids; Lagrange point orbit; infrared telescope

空间核反应堆电源研究*

吴伟仁，刘继忠，赵小津，代守仑，于国斌，万钢，刘仓理，
罗琦，庞涪川，朱安文，唐生勇，柳卫平，张传飞，曾未

摘　要　空间核反应堆电源是自持的核裂变能在空间的应用，能从根本上解决未来航天器大功率需求的瓶颈问题，是大规模开发和利用空间资源的前提。本文在综述国外新型空间核裂变反应堆电源的技术方案、发展规划的基础上，结合未来发展趋势、任务需求和主要技术路线，提出了空间核反应堆电源按照 10，100，1 000 kWe 级不同功率等级分阶段滚动发展的设想，以及需重点突破的关键技术、涉核安全性应重点关注的内容，可为未来空间核反应堆电源的研制提供参考。

关键词　空间核反应堆电源；任务需求；关键技术；安全性；总体方案

0 引言

核动力航天器主要包括同位素衰变能源航天器、核裂变反应堆能源航天器等，基于经济性、比功率等方面考量，空间核反应堆（以下简称空间堆）能源是当前大功率空间飞行器应用研究的重点。空间堆电源是指通过持续的链式裂变反应产生热量，由冷却剂将热量载出至热电转换系统发电，为探测器或飞船提供电能的能源装置。

空间堆电源（见图 1）具有不依赖太阳、能量自主产生、能量密度高等优点，可有效突破传统太阳能电池阵功率上限 50 kWe 的瓶颈，大幅提高空间可用电功率水平和推进系统可使用时间，特别适用于难以获取太阳能或具有瞬时大功率能量需求特点的空间任务。

空间堆电源是牵动航天产业发展和空间技术进步的重大空间能力设施，是我国进入空间、利用空间等能力大幅跃升的基础支撑。在深空探索、空间科学等方面，是不可或缺的技术支持条件；在地球高轨高分辨率勘查、空间综合服务等领域（见图 2），是大幅提升工作效能的技术手段，具有重要的经济效益和社会效益。

* 中国科学：科学技术，2019，49（1）：12.

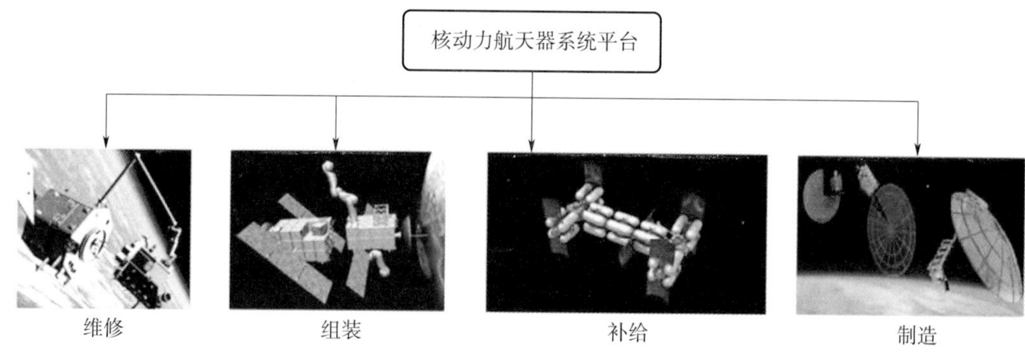

图1　空间堆电源应用示意图

图2　基于空间堆的星球表面科研站示意图

1 国际空间堆电源发展情况

美国和俄罗斯（苏联）历来都把空间核动力视为国家战略核心技术[1]，围绕切实增强应用空间、控制空间的战略目标，在空间堆保持了持续的资金投入和技术研发，并取得了重要突破。

1.1 历史情况

自20世纪50年代以来，围绕空间堆电源开展了全面而深入的研究设计、地面试验与在轨应用[2]。

从1965年到1988年，全世界入轨的空间堆电源共计36个，主要用于海洋监视卫星。美国仅于1965年发射了人类首颗SNAP-10A型空间堆电源航天器，采用液态金属冷却快中子堆+温差发电的路线，输出电功率565W，热电转换效率1.6%。苏联于1970～1988年，成功发射了33颗BUK型空间堆电源，采用液态金属冷却快中子堆+温差发电的路线，电源系统总重1250 kg，设计输出电功率3 kWe，最长在轨运行时间135 d。1987年发射了2颗TOPAZ-Ⅰ型空间堆电源卫星，采用液态金属冷却快中子堆和热离子发电方式，电源系统重1 200 kg，设计输出电功率6 kWe，最长在轨运行时间342 d。该时期，美苏发射入轨的空间堆电源均为低功率（最大5 kWe）和短寿命（最长不到1年）电源[3]，而实际使用寿命一直未达到设计要求。

1988年以后，因太阳能电池技术水平发展迅速，替代效应明显，空间堆不再发射入轨。但美俄仍有计划地持续攻关，促进了反应堆工程、热电转换、传散热等关键技术发展，反应堆传热技术路线从单一的液态金属冷却扩展为液态金属冷却、热管冷却、气体冷却堆等，热电转换方式从温差/热离子等低效率发电方式向斯特林、布雷顿、磁流体等高效发电方式拓展，高效率废热排散等技术也得到了发展[4-15]。

21世纪以来，因传统太阳能不能有效满足星球表面科研站等深空探索需要[16]，以及未来空间活动对100 kWe级以上功率的潜在需求[17]，美俄空间堆的研发再次进入高潮，分别提出了电功率达到百千瓦级至兆瓦级、寿命不小于10年的发展计划[17,18]，以切实提高能量利用效率为主线，保持资金投入持续推进相关研究工作[19-23]。

1.2 21世纪以来俄罗斯发展情况

俄罗斯TEM新型空间堆电源（见图3）重点聚焦超高温气冷快堆＋布雷顿发电＋热管/液滴辐射散热技术方案，由4个布雷顿系统共同产生900 kWe的电功率，预期最高转换效率34%，飞行轨道高度为1 200 km，于2012年完成初步设计，预计2025年实施在轨飞行[24,25]。

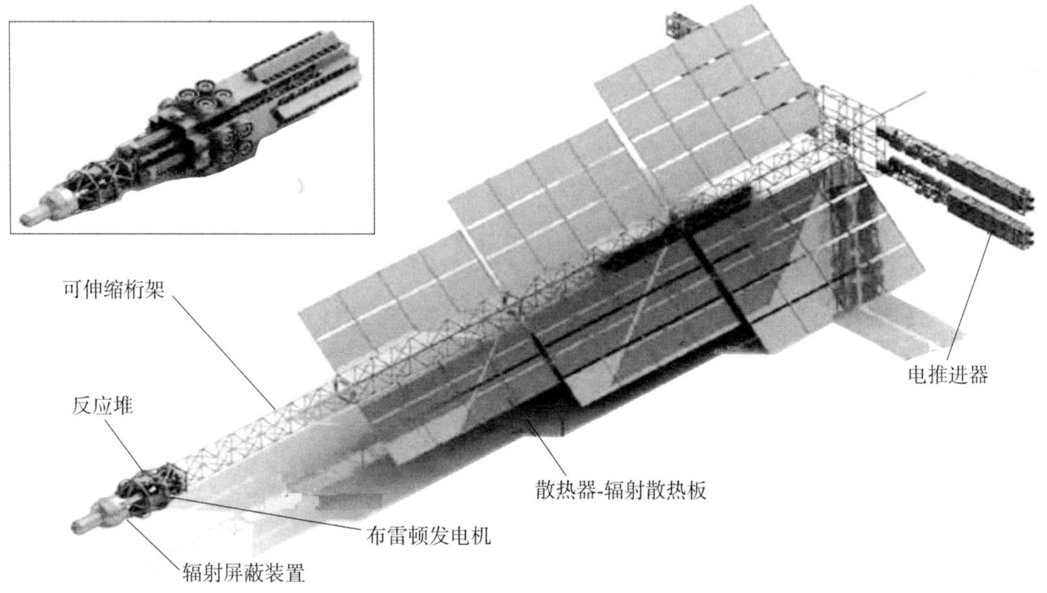

图3　俄罗斯TEM新型空间堆航天器

1.3 21世纪以来美国发展情况

美国NASA基于钚-238库存及年产能力，结合经费需求情况，同位素电源适宜的热功率上限1 000 W[26-28]，为满足未来空间任务的需求，加快实施了空间堆电源的研发工作。得益于持续多年的研发，以及20世纪90年代苏联解体后美国引进了当时最先进的6套TOPAZ-Ⅱ型空间堆电源[26]，美国新型空间堆电源研制进展迅速。

2015年，美国NASA发布了空间核动力技术路线图，按功率等级对空间堆技术途径进行了分析：1～4 kWe建议采用铀钼（UMo）合金燃料、液态金属热管冷却、温差发电；1～10 kWe采用铀钼合金燃料、液态金属热管冷却、斯特林发电；10～100 kWe采用氧化铀（UO_2）陶瓷燃料、斯特林发电，或采用氧化铀陶瓷燃料、静态发电（主要指高效率温差发电）；1～10 MWe采用金属基高温陶瓷燃料（钨基氧化铀、钼基氮化铀）、高温高效率热电转换技术；10 MWe以上采用金属基高温陶瓷燃料（钨基氧化铀）、高温高效率热电转换技术。此外，技术路线图还提到，开发满足近期应用需求的较低功率（10 kWe级及以下）的空间核反应堆电源所涉及的材料、燃料、能量转换、排热等技术已突破，面临的系统集成与验证等主要挑战解决后，可形成安全、可靠、经济性强的空间堆电源。而较大功率（100 kWe级以上）空间堆电源的主要挑战是高温反应堆燃料与材料、高温高效率能量转换技术、轻型高温热辐射器[17]。

2017年11月至2018年3月，美国NASA与国家能源局共同完成了可用于星际探索和火星探测任务的Kilopower空间堆电源（见图4）系统带核样机地面测试工作[23,24]。

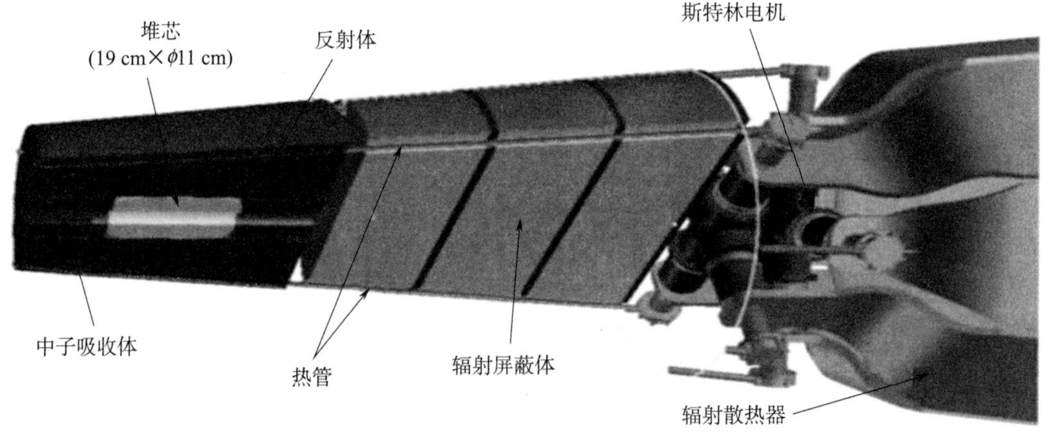

图4 美国Kilopower空间堆装置

1 kWe电功率的Kilopower空间堆电源采用高富集度块状铀钼合金作为活性区燃料，堆芯产生的热量（4.3 kWt）由布置在燃料外围的8根非能动Na热管载出，采用8个125 We的自由活塞斯特林发电机产生1 kWe电能（见图5）。系统总质量406 kg，热电转换效率为24%，满功率工作寿命不低于15年[29-32]。若采用较高热电转换效率的斯特林发电技术，在不改变燃料类型和控制方式的前提下，系统发电功率可扩展至10 kWe[33]。

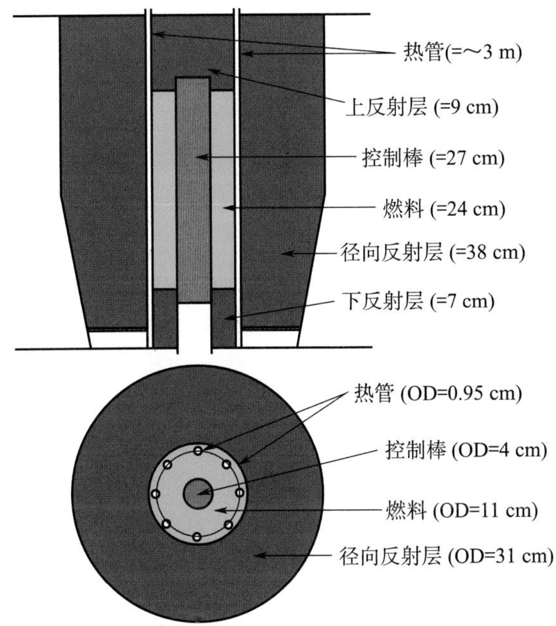

图 5 Kilopower 反应堆结构示意图

1.4 发展趋势分析

基于对国际空间堆电源发展历程和未来发展规划的调研分析，可以看出空间堆电源的任务需求明确且迫切，总的发展趋势是：切实提升能源利用效率是目标，重点技术路线+多路线并行研究是策略，10 kWe 级空间堆电源是突破口，设计寿命、热电转换效率、比功率等关键指标由低到高、循序突破是途径，最终实现系列化空间堆电源产品并通过模块化组合满足在轨应用。

在反应堆方面，美俄以提高反应堆出口温度为目标，持续开展耐高温、低蠕变、抗辐照的燃料及结构材料的选型与工艺制备技术研究与攻关；在发电技术方面，先期以技术较为成熟的斯特林发电（适用功率小）为突破口并开展飞行应用，同步开展布雷顿和磁流体（适用功率大）等技术路线的研发工作，不断提升热电转换效率和比功率。

从 Kilopower 空间堆电源的发展情况来看，10 kWe 级小功率核动力装置因体积和质量小，为整个系统的安全性和可靠性的大冗余设计提供了必要条件，是空间堆电源研发的突破口。研制 10，100，1 000 kWe 级不同功率的标准模块，通过多模块组合满足任务实际功率需求，可有效降低研制成本和任务成本。

2 空间堆需求分析

空间堆电源的应用方向主要体现在：解决传统太阳能电池阵能力上限约 50 kWe 的瓶

颈问题；解决因距离太阳太远或星表昼夜交替导致太阳能无法利用的问题；解决化学推进比冲低的难题；解决大功率遥感卫星对指向精度和姿态稳定度要求高的难题；解决在轨制造、维护等任务对大功率能源的需求难题等。

2.1 深空探测领域

（1）太阳系边际探测任务

受限于太阳光照强度，木星以远的 10 kWe 级以上深空探测任务，空间堆是唯一选择。可提供持久的推进动力并极大提升载荷能力、数传能力，实现太阳系内全域到达，有效开展太阳系内行星及其卫星的探测，以及太阳系边缘柯伊伯带甚至恒星际空间探测。

（2）星表基地建设与行星资源开发任务

在星体表面上建设基地可更直接、更深入地进行科学探测。受天体自转、星表沙尘暴等影响，太阳能的应用受到了限制。空间堆电源功率范围大、寿命长、生存能力强、不依赖阳光、可全天候工作，是星球表面基地建设和星球开发电能和热能供给的理想方案，能大幅提升星表科研站有效工作时间和效率。

（3）深空轨道转移运输任务

对火星、木星等天体的采样返回或未来的载人星际航行，探测器的质量、功耗大幅提升。基于空间堆可实现更加高效、快速的火星及以远的行星际轨道转移。以载人火星探测为例，相同的任务时间和等效速度增量情况下，采用化学推进的航天器系统 LEO 运载能力（货运飞船）要求为千吨量级，且 80％是推进剂，而采用核电/核热推进的航天器 LEO 运载能力要求为百吨量级，具有更优的整体任务效能。

2.2 地球高轨领域

（1）空间综合服务

基于 100 kWe 级以上核动力高轨综合服务站，每年可服务约 15～20 个 GEO 目标，具有切实的经济效益和战略价值。此外，空间堆还可在天基数据处理、信息传输、通信广播等领域发挥积极作用。

（2）高分辨率对地观测领域

未来 36 000 km 轨道高分辨率微波遥感卫星（GEO-SAR）功率需求为 100 kWe 级，1 100～ 1 300 km 轨道高分辨率 SAR 卫星的功耗将达到 40～60 kWe 左右，空间堆具有良好经济竞争力。较大功率柔性太阳翼因帆板面积大、翼展长，姿态调整引起平台颤振而严重影响卫星成像质量，空间堆装置无此类问题。

3 空间堆电源主要技术路线

空间堆电源装置由核反应堆（含堆芯冷却及传热）、屏蔽体、能量转换单元、散热单元、电源管理共 5 部分，不同路线的差异主要体现在采用了何种反应堆（含堆芯冷却及传热）和热电转换单元。不同反应堆类型，其质量、工作温度和压力等各不相同，与之对应了几种适宜的热电转换方式。目前暂不存在某一方案在不同功率需求下，均能表现出较好的性能。

确定技术路线的主要原则：一是满足应用需求的总体要求，包括经济性、安全性、使用寿命等；二是电源方案具有较高的性能指标，尤其是具有较高的功率质量比；三是具有较好的技术基础，研发难度小、可实现性好；四是不同方案间的继承性和借鉴性好。

从系统复杂度、质量等方面考量，空间用反应堆主要以快中子能谱堆（简称快堆）为主，可省掉中子慢化系统以减少质量和复杂度，代价是铀 235 的燃烧率低。从技术成熟度、与发电方式匹配程度等方面考虑，反应堆主要采用的冷却方式有热管冷却（液态钠或锂为工质）、液态金属冷却（液态钠钾合金或锂为工质）、惰性气体冷却。反应堆主要技术路线见表 1 和表 2。

热管冷却快中子堆电源具有系统结构简单、防单点失效、非能动、不需专门解冻等优点。采用的热电转换方式主要为温差发电和斯特林（美国 Kilopower 为此方式）发电。技术较成熟，适用于 10～100 kWe 级低功率需求。

碱金属回路冷却快中子堆电源，导热能力最强，须考虑空间极端环境冷却系统解冻问题。采用的热电转换方式主要有温差发电、斯特林发电、热离子发电、碱金属等。技术较成熟，功率扩展性优于热管冷却快中子堆电源。

气体回路冷却堆，热电转换方式采用闭式布雷顿循环（俄罗斯 TEM 为此方式）和磁流体发电。由于工作温度高，对材料提出了很高的要求（使用耐高温合金），在 100 kWe 级以上具有明显优势。

表 1　空间堆主要类型及特点

类型	特点
热管冷却快中子堆	通过内部工质液气相变和毛细力回流来实现高效传热传质，热端受热液体工质受热蒸发汽化，蒸汽在微小的压差下流向冷端放出热量，凝结成液体，液体依靠多孔材料毛细力的作用流回蒸发段。 优点：系统结构简单，每根热管自成一独立的热传导回路，有效避免单点失效；利用毛细力驱动传热，无运动部件，有助于停堆后的余热排出；内压小，对材料蠕变强度要求低；无需专门解冻、能自启。 缺点：传热效率受限，适用于中低功率堆型
液态金属冷却快中子堆	通过电磁泵，驱动密封回路内的液态碱金属，将堆芯热量带出。 优点：传热效率高，接口较简单；内压小，对材料蠕变强度要求低。 缺点：回路易冻结，且冻结后解冻重启困难；回路存在泄漏风险；需要高温电磁泵驱动，技难度大；若存在裂变气体，弱重力下气液分离困难
气体冷却快中子堆	通过密封回路内的高压气体将堆芯热量带出。 优点：可允许很高的堆芯温度，不需专门解冻；惰性气体无腐蚀；易于与布雷顿、磁流体发电匹配，适用于 MWe 级大功率发电。 缺点：高气压（0.3～3 MPa）对结构材料高温蠕变强度的要求最高；气体泄漏风险较大；需要压缩机驱动，存在运动部件

表 2 空间堆电源发电技术分类及特点

发电技术	技术特点
温差	(1) 技术成熟，可靠性高，长寿命 (2) 效率 4%～6.8%，系统功率 5 We～40 kWe (3) 效率低，不具有大功率的拓展能力
热离子	(1) 结构紧凑，布局简单，可靠性高，技术成熟度高，寿命约 3～5 年 (2) 效率 5.5%～10%，系统功率 5～40 kWe (3) 效率低，需解决材料蠕变肿胀导致寿命偏低的问题
碱金属	(1) 结构简单、理论转换效率高 (2) 效率 20%～30%，系统功率 5～100 MWe (3) 基体合多孔薄膜电极易被堵塞导致转换器寿命低，技术不成熟
磁流体	(1) 能量密度高，理论效率高；技术成熟度低，高电导率解决难 (2) 效率 22%～55.2%，系统功率 40 kWe～100 MWe (3) 反应堆出口温度高（1 500 K 以上），材料和工艺要求高，发电通道腐蚀防护难等
布雷顿	(1) 内燃机原理，地面技术成熟 (2) 效率 14%～25%，单机 35～350 kWe，系统 35 kWe～1.4 MWe (3) 耐高温、高转速、长寿命、小尺寸的涡轮机研制难度大
斯特林	(1) 最接近理想卡诺循环 (2) 效率 22%～28%，单模块电功率 10 We～10 kWe，系统 400 We～200 kWe (3) 单机功率低，长寿命难度大

4 空间堆电源发展设想

4.1 划分为 10，100，1 000 kWe 级 3 个功率级别的主要考量

受运载火箭发射能力和整流罩包络的约束，应尽可能提高反应堆出口温度并采取高效率热电转换技术，切实提升比功率，避免系统的体积与质量因功率提升呈线性增加。

划分为 3 个功率级别的主要原因：一是不同功率等级有着与之对应的任务需求；二是功率越大技术难度也大幅增加。故基于综合技术成熟度、技术递进关系、研发周期等因素，按照由易到难、不断突破、滚动发展的研制思路，有效突破难熔金属选型及加工工艺、材料长期辐照肿胀预防及应对、高效废热排散技术等关键技术，不断提升指标与性能，循序开展 10，100，1 000 kWe 级空间堆电源的研制。

选择 10 kWe 级为空间堆电源突破口的主要考量：一是设计裕度相对宽松，由于系统功率小，结构质量小、辐射剂量小、体积小，可以采取较大的设计裕度和冗余设计，提升系统的可靠性、安全性；二是技术指标要求不高，热电转换效率和反应堆出口温度相对较低，故最核心的技术难题——元件材料与反应堆结构材料要求也低，与现有工程体系基本相当，工程应用和安全设计基础好。可在较短的研制周期内，根据空间任务的需求，以较少的经费开展 10 kWe 级空间堆装置的研制与飞行应用，是经费省、风险小的现实途径。

4.2 10 kWe 级空间堆电源基础航天器

10 kWe 级是空间堆电源航天器的基础型，适用功率范围为 1～100 kWe，主要应用目标是难以使用太阳能的空间探索任务，如太阳系边际探测、星球表面科研站等。重点突破空间堆电源总装集成、非核与涉核试验、数字仿真与验证等关键技术，实现空间堆动力装置的首次在轨飞行与应用。

总的研制思路是研制功率范围为 1～10 kWe 的单个空间堆电源，根据任务需求通过模块化组装的方式，实现 1～100 kWe 的电功率输出能力。当前主要有热管冷却快中子堆＋温差/斯特林和液态金属冷却热中子堆＋热离子热电转换等技术路线。10 kWe 级核动力航天器具备 10～25 年寿命空间运行能力，可为长周期空间任务提供充足电力供给。10 kWe 级核动力航天器展开状态构型示意如图 6 所示。

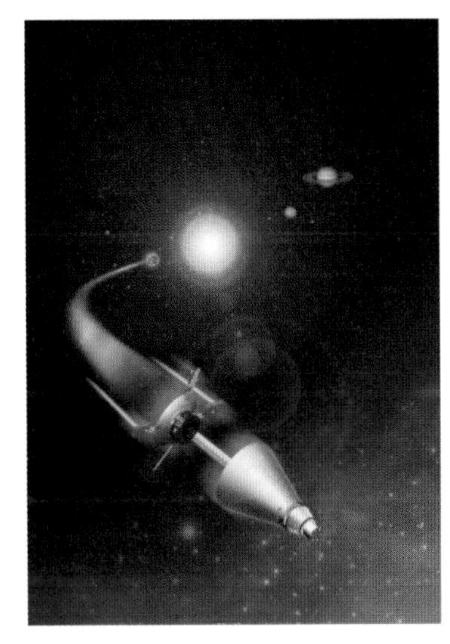

图 6　10 kWe 级核动力深空探测器飞行示意图

4.3 100 kWe 级空间堆电源实用航天器

利用 10 kWe 级空间堆电源航天器研制及在轨应用数据，开展 100 kWe 级空间堆电源航天器的研制。主要应用目标是深空轨道转移、高分辨率对地观测、空间综合服务等。

研制功率范围为 100～250 kWe 的单个空间堆电源，根据任务需求通过模块化的方式，实现 100～900 kWe 的功率输出能力。当前有锂热管冷却快中子堆＋斯特林发电、液态锂冷却快中子堆＋斯特林发电、热管冷却快中子堆＋热声电发电（见图 7）、液态锂冷却快中子堆＋布雷顿循环发电和气冷快中子堆＋磁流体发电等技术路线；此外，若碱金属发电技术获得突破，将十分具有竞争力。

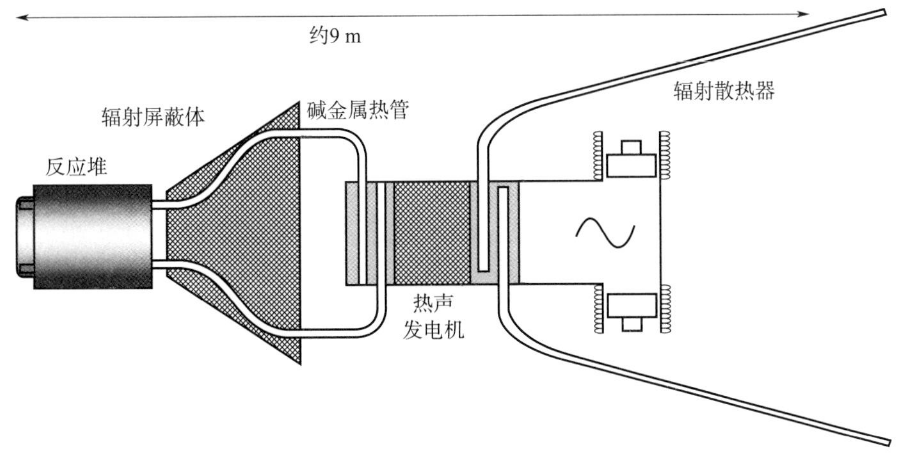

图 7　100 kWe 级热管冷却快中子堆＋热声电发电技术方案示意图

4.4 1 000 kWe 级空间堆电源应用航天器

基于前期核动力航天器研制和应用经验，开展 1 000 kWe 级空间堆电源航天器（见图 8）的研制。应用目标是地月、地火转移轨道大质量往返运输能力，支撑各类空间站等大型空间基础设施建设，载人火星探测货运舱飞行等深空任务等。

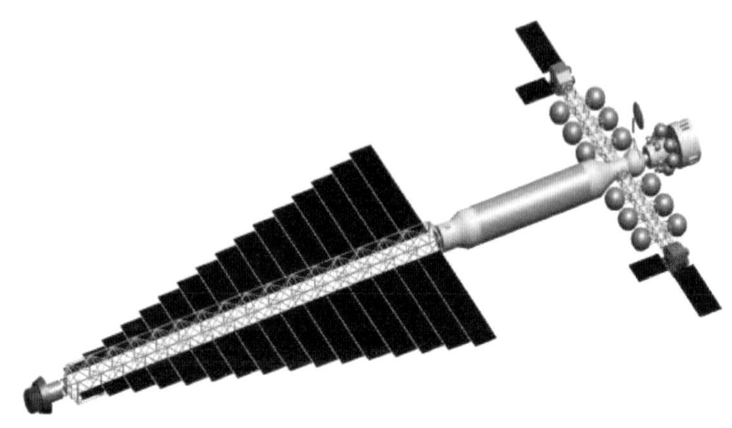

图 8　1 000 kWe 级空间核动力航天器示意图

若将 100 kWe 级空间堆装置简单放大至 1 000 kWe 级，将导致系统质量、结构尺寸的线性增加，运载能力难以负荷。应尽可能提升系统热电效率，须突破耐极高温的核燃料元件及结构材料、高热电转换效率、超高效率的热排散等关键技术，进一步提升比功率。

研制功率范围为 500～2 500 kWe 的空间堆电源，通过模块化组合达到实际任务功率要求。目前主要有气体冷却快中子堆＋磁流体发电和气体冷却快中子堆＋布雷顿发电两种技术方案。由于系统效率的原因，超大功率的空间堆电源需要发展非常高效率的热电转换技术，以有效降低系统废热排散功率和辐射屏蔽层质量。

5 空间堆电源关键技术分析

空间堆电源作为深度融合航天工业和核工业的大型、复杂航天器系统，涉及特种航天器总体、空间堆、热电转换、辐射散热、伸展机构、电源管理等多个分系统（见图 9）与学科专业，各系统紧密耦合且相互制约，对总体设计、集成与试验提出了严酷的要求。总体设计需要从系统工程的角度，综合考虑系统之间接口关系和众多约束条件，开展总体参数优化设计，最终形成满足任务需求的最优解决方案。

5.1 空间堆技术

空间堆电源是核动力航天器能源供给的源头，通过中子诱发持续的链式裂变反应释放能量，其行为与系统内中子的空间、能量、时间分布有关（见图 10）。空间堆与热电转换、

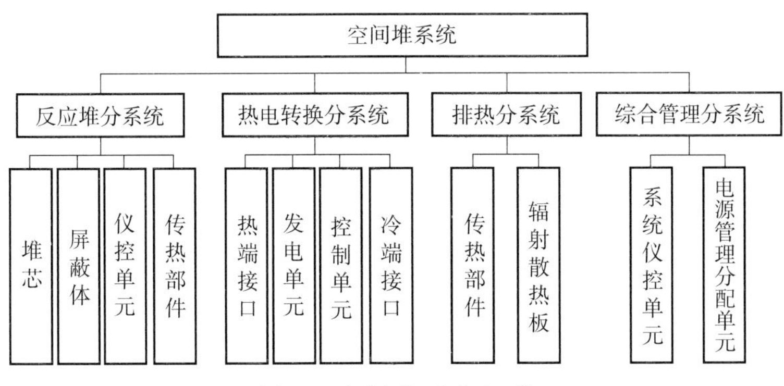

图 9　空间堆系统组成

辐射散热等分系统之间亦存在着强烈的耦合性，瓶颈是高温难熔材料及其制备工艺技术。应基于已有的数据与模型，利用数字化仿真与验证技术，综合考量质量、寿命、可靠性等各参数之间的匹配和制约关系，开展空间堆方案论证与设计，选择效率高、技术基础好、可实现性较强的系统方案。

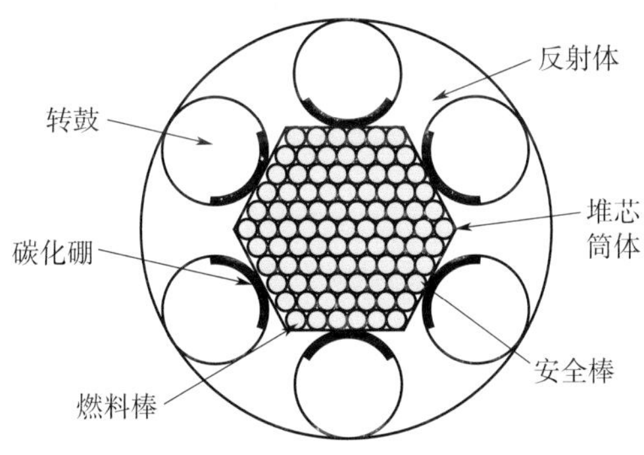

图 10　燃料棒式空间堆堆芯示意图

核心指标：具备多次启堆/停堆能力；反应堆系统满功率运行寿期≥10 年；辐射剂量符合约束；事故工况下保证临界安全。

5.2 高效热电转换技术

热电转换系统是将核热能转换为电能的核心系统（见图 11），不同的热电转换技术须采用与之最匹配的反应堆。重点是提高系统效率、寿命和可靠性，特别是动态发电技术由于包含机械旋转部件且运转速度和循环温度均较高，对高温性能、长寿命性能和空间环境适应性提出了较高要求。

核心技术指标：10 kWe 级整个电源系统热电转换效率≥5%，寿命≥10 年（太阳系边际探测≥25 年）；100 kWe 级整个电源系统热电转换效率≥20%，寿命≥10 年；1 000 kWe 整个电源系统热电转换效率≥40%，寿命≥10 年。

图 11　空间布雷顿发电装置示意图

5.3 大功率热排散技术

热排散效率是关系到空间堆体积与质量的关键因素，当前热管式热排散具有较好基础，散热效率更高的液滴式排散技术（见图 12）是未来攻关重点。由于核动力电源往往是与大功率电推进装置组合使用，且电推进热排散问题也比较突出，由航天器统一考虑热排散有利于系统减重。

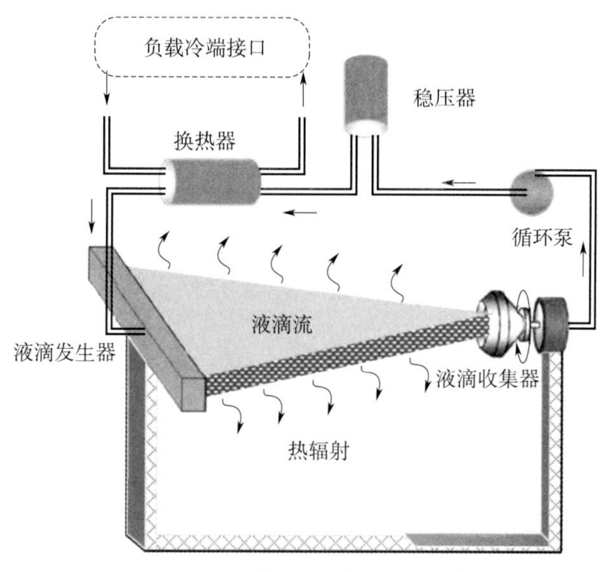

图 12　液滴式热排散原理示意图

基于空间堆大功率热量排散需求，进行大功率辐射散热系统总体方案设计及热仿真分析。主要开展泵驱动中高温流体回路技术、热管式及液滴式轻质辐射器技术以及大型辐射器折叠展开技术研究，重点是降低辐射散热系统的整体质量和尺寸。

核心技术指标包括：展开式辐射器耐温上限不低于 400～600 K；满足核动力飞行器质量及尺寸包络要求。

5.4 高性能核燃料/结构材料选型与工艺制备

提高反应堆出口温度可有效提升系统热电转换效率，与堆芯燃料元件材料和结构材料（导热管道、能量转换单元等）的性能密切相关，应具备在高温、辐照、腐蚀等环境下稳定的工作能力，材料选型与工艺制备是技术可行性和研发成本的核心因素。

燃料元件材料宜选取密度较大、力学性能和热学性能较好的核燃料。目前主要的核燃料包括陶瓷燃料（UO_2，UN，UC）、铀合金（Umo，Uzr，UZrH）、金属陶瓷等，从材料抗辐照性能角度宜采用陶瓷燃料。在陶瓷材料中，UC 在高温下蠕变速率最低[34]，但高温辐照下肿胀最显著，随着燃耗增加将存在较大的芯块-包壳作用风险；UN 在高温辐照下随着燃耗增加会释放氮气和裂变气体，在包壳内形成高压甚至穿孔；UO_2 存在铀密度低、高温热导率较差的不足，但由于其辐照肿胀小、裂变气体释放率低、制备技术成熟且经过长期考验，仍是目前的最佳选择。

结构材料应有良好的抗辐照性能（如辐照硬化和脆化、肿胀、相变、蠕变等）和高温力学性能（高强度、抗热蠕变、抗老化等），此外还需拥有良好的加工焊接性能和与碱金属的相容性。奥氏体不锈钢和镍基合金技术最为成熟，基本满足 10 kWe 级空间堆研制需要。对于工作温度设计值为 1 500 K 左右中等 100 kWe 级空间堆，仅钼合金、铌合金和钨合金满足设计温度要求。钼合金相对于钨合金具有密度和韧脆转变温度（DBTT）更低的优势，相对铌合金具有更好的抗氧脆性能（10^{-6} 量级的氧杂质变会导致拉伸性能严重恶化）和较低的密度，因而成为热管结构材料的首选。对于工作温度达约 2 000 K 或更高的 1 000 kWe 级空间堆，只能采用钨合金作为结构材料。涉及的主要基础问题是要设计出耐高温、抗辐照、耐腐蚀（碱金属）的钨合金（或钼合金）结构材料体系，掌握所需结构件的制备加工、密封焊接等技术。

5.5 轻质高效辐射屏蔽技术

对于超大功率的空间堆电源，利用不同材料对不同射线的屏蔽作用，研制出轻质高效复合辐射屏蔽层。采用高原子序数元素的材料（如钨、贫化铀等）屏蔽 γ 射线，钨是质量最轻的 γ 射线衰减材料[35]；采用含有轻元素和有较大热中子吸收截面元素的材料来慢化和吸收中子（如氢化锂和碳化硼）。氢化锂是优异的中子屏蔽材料[35]，氢具有最佳快中子慢化性能，锂-6 具有优良的中子吸收性能，可大大降低屏蔽体质量，但氢化锂使用条件苛刻，辐照条件下高温易分解、低温易肿胀，在高温端需采用辐照肿胀低且使用温度范围宽的碳化硼材料，并需要对屏蔽体进行温控。高效轻质反应堆复合辐射屏蔽层结构基本构成如图 13 所示。

5.6 试验验证技术

在反应堆试验验证方面，结合反应堆在空间环境约束下的特殊性开展不同功率量级和堆型地面试验，验证设计方案的合理可行性，以及反应堆的安全可靠性。主要涉及反应堆结构材料试验、高温燃料元件试验、中子物理试验、热工水力循环试验、辐射屏蔽试验、

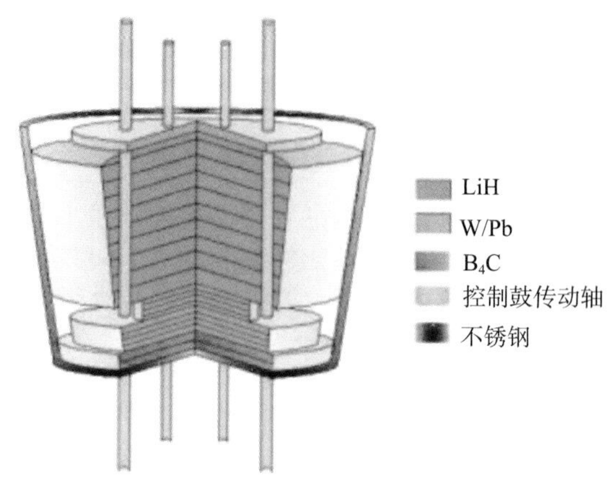

图 13　高效轻质反应堆复合辐射屏蔽层示意图

临界安全试验等，需重点建立结构材料与核燃料高温辐照性能考核试验、中子物理设计验证和热工设计验证三类试验平台[36-40]，并发展数字仿真验证技术。

在核动力电源航天器试验方面，需在大挠性航天器姿态控制、大功率热管理、发电和电源管理等方面开展试验，验证设计方案的安全性和可靠性。主要涉及轻型高刚度伸展机构地面模拟试验；基于热管、热回路和新型散热技术的中高温热综合管理和验证试验；动静态空间热电转换模拟试验；超大功率电源传输模拟试验；核辐射、空间辐射模拟及防护试验等。针对空间堆电源发射与在轨应用环境的特殊性，在地面上需开展空间堆电源各类力、热、电磁等试验，模拟空间环境完成整体的鉴定级和验收级试验，主要包括模态试验、振动试验、噪声试验、冲击试验、热平衡试验、热真空试验、磁测试、检漏、电磁兼容试验、老练试验等，以及各类可靠性试验。为此，需加强地面试验能力建设并提高保障条件，一方面充分利用已有的实验装置、台架和设备，并补充完善试验条件，包括必要的辐射安全保障场所等；另一方面需系统规划并新建满足 10，100，1 000 kWe 不同功率等级的核电源系统验证和考核试验条件。

6　涉核安全性问题

核安全是空间核能应用的核心和基础，也是公众能否接受的重要因素。与地面核设施相比，由于空间堆电源装置的运行环境和任务剖面不同，特别是体积质量的强约束和系统的不可维护维修性，在设计时无法做到与空间堆电源装置整个寿命周期会经历地面、发射、在轨运行等多个阶段，一旦发生事故可能影响的范围和空间也更大。因此，空间核安全问题十分重要和特殊。

6.1　历史上空间核安全问题

截至目前，美国共开展了 36 次载有核动力装置的太空任务，其中有 3 次发射或部署失败，但均未造成有害的放射性影响。苏联及俄罗斯在其 42 次空间载核任务中报告过 6 次失败的任务，最为严重的是 1978 年苏联载有反应堆的 COSMOS 954 卫星再入大气层并解体，带有放射性的碎片散落在加拿大北部无人区，事后通过处理和回收，并未造成明显的环境影响，但往后的空间核电源便更加注重安全设计与应用规范。

基于以往经验的分析表明，在应用放射性同位素源的空间任务中，一旦发生发射失败或意外再入，保持放射性同位素源的完整性比在高空烧毁对生物圈的影响更小，是更为安全的策略。对于空间堆，裂变反应前将其完全烧毁并完全扩散是减轻放射性危害的较优策略；发射至 800 km 以上高度再启动裂变反应，发生意外事故不会对地面产生危害。

6.2 国际公约情况

空间核应用需遵守相关的国际规则[36]，目前直接规范空间核动力源的国际文件有 1992 年通过的《关于在外层空间使用核动力源的原则》，以及 2009 年制定的《外层空间核动力源应用安全框架》。该两个文件为空间核动力装置的应用提供了需遵循的一般原则和技术性规范；关于安全问题也提出了相应标准，要求空间核动力自身的辐射与毒性，以及事故条件下的危害，应低于国际辐射防护委员会、国际辐射防护有关准则等的要求，以确保空间核动力源达到放射性防护和核安全目标。

6.3 不同阶段的核安全考虑

空间核电源从地面发射至轨道上应用可分为多个活动阶段，各个阶段均需进行专门的安全性考虑。例如，在地面阶段，需考虑运输、装料、装配和测试等情况下的安全问题；在发射准备阶段，需考虑起火、爆炸、撞击等情况下的安全问题；在发射部署阶段，需考虑发射失败、轨道偏离等情况下的安全问题；在运行阶段，需配置可靠的启停控制手段和相关辅助安全应急系统；在废弃处置阶段，需确保核动力装置处于足够高的规定高度上，避免使其再入。

6.4 涉核安全的主要研究内容

空间涉核安全的关键内容是极端意外情况下核动力装置安全指标的确定及其试验验证方法，为此需构建空间核动力安全认证体系，主要包括涉核试验、核动力航天器应用全流程的安全指标及试验方法，包括故障模式和极端意外情形下进行安全认证的能力[41]。尽管很多为地面核设备开发的安全措施可以直接应用到空间堆系统，但由于结构、运行要求和环境等存在很大不同，产生了很多独特的安全问题，应充分考虑核反应堆空间应用的特殊性，借鉴国外前期探索的经验教训，开展系统全面的故障模式分析、极端环境条件研究、安全指标及试验方法研究等，制定合理的安全原则和策略，加强安全与可靠性设计，建立覆盖全面、指标合理的空间核动力安全认证体系。

7 结束语

航天发展动力先行，针对未来航天器大功率能源与动力供应的卡脖子问题，我国有关部门应积极统筹航天与核领域的优势力量，建立抓重大、抓尖端、抓基本的有利局面，竞争择优，在先期多条路线并行探索的基础上，迭代形成重点技术路线进行集中攻关，分阶段滚动开展 10，100，1 000 kWe 级核动力航天器的研制与飞行试验，实现我国空间飞行器能力跨越式发展。

参考文献

[1] 苏著亭，杨继材，柯国土. 空间核动力 [M]. 上海：上海交通大学出版社，2016. 122-123.

[2] Bennett G L. CRC Handbook ofThermoelectrics [M]. Boca Raton：CRC Press，1995. 515.

[3] El-Genk M S. Deployment history and design considerations for space reactor power systems [J]. Acta Astronaut，2009，64：833-849.

[4] Slaby J G. Overview of free-piston stirling SP-100 activities at the NASA Lewis Research Center [C]. In：Third International Stirling Engine Conference. Rome，1986. CONF-860676-2.

[5] Anderson R V，Atkins D F，Bost D S，et al. Power plant system assessment-final report [R]. Technical Report. SP-100 Program. NASA，1983.

[6] Demuth S F. SP100 space reactor design [J]. Prog Nucl Energy，2003，42：323-359.

[7] Slaby J G，Alger D L. Overview of free-piston stirling technology for space power application [C]. In：22nd Intersociety Energy Conversion Engineering Conference. Philadelphia，1987.

[8] Van Dyke M K，Martin J J，Houts M G. Overview of nonnuclear testing of the Safe，Affordable 30-kW Fission Engine including end-to-end demonstrator testing [R]. NASA Technical Report，2003，NASA/TM-2003-212930.

[9] Hrbud I，Van Dyke M，Houts M，et al. End-to-end demonstrator of the Safe Affordable Fission Engine (SAFE) 30：Power conversion and ion engine operation [R]. NASA Technical Report，2001，NASA-9-99055-40.

[10] Steeve B E. Safe affordable fission engine 100 a heat exchanger thermal and structural analysis [R]. NASA Technical Report，2005，NASA/TM-2005-213609.

[11] Houts M G，Poston D I. Heatpipe Power System Development [R]. Technical Report，1999，LA-UR-98-3276.

[12] JIMO Team. Jupiter Icy Moons Orbiter (JIMO) —An element of the Prometheus Program [R]. Annual Report，2004，JPL 04-01610-04.

[13] Houts M G，Poston D I，Ranken W A. Heatpipe space power and propulsion systems [C]. In：STAIF-96 Meeting. Albuquerque，NM，1996.

[14] Poston D I. The Heatpipe-Operated Mars Exploration Reactor (HOMER) [R]. Technical Report，2000，LA-UR-00-5209.

[15] Van Dyke M，Martin J. Hardware progress made in the Early Flight Fission Test Facilities (EFF-TF) to support near-term space fission systems [R]. NASA Technical Report，2005，NASA/TM-2004-213447.

[16] Bennett G L. Space nuclear power：A status review [C]. In：33rd Aerospace Sciences Meeting and Exhibit. Reno，1995，AIAA 95-0025.

[17] NASA. NASA Technology Roadmaps—TA3：Space Power and Energy Storage [R]. NASA Technical Report，2015. 5-7.

[18] Akimov V N，Koroteev A A，Koroteev A S. Space nuclear power systems：Yesterday，today，and tomorrow [J]. Therm Eng，2012，59：953-959.

[19] 朱安文，刘磊，马世俊，等. 空间核动力在深空探测中的应用及发展综述 [J]. 深空探测学报，2017，4：397-404.

[20] 胡古，赵守智. 空间核反应堆电源技术概览 [J]. 深空探测学报，2017，4：430-443.

[21] Elliott J O，Reh K，MacPherson D. Lunar Fission Surface Power System design and implementation concept [J]. AIP Conf Proc，2006，813：942.

[22] Mason L S. A comparison of fission power system options for Lunar and Mars surface applications [R]. NASA Technical Report，2006，NASA/TM-2006-214120.

[23] Fission Surface Power Team. Fission Surface Power System initial concept definition [R]. NASA Technical Report，2010，NASA/TM-2010-216772.

[24] Interview：Academician Anotoly Koroteyev. An Inside Look at Russia's Nuclear Power Propulsion System [J]. 21 st Century，Fall/Winter 2012-2013. 57-59.

[25] Submitted by the Russian Federation. Current and Planned Applications，and Challenges [C]. UN COPUOS Scientific and Technical Subcommittee 59th Session，A/AC. 105/C. 1/2012/CRP. 6，Vienna，Feb 2012.

[26] IAEA. The Role of Nuclear Power and Nuclear Propulsion in the Peaceful Exploration of Space [J]. Austria：International Atomic Energy Agency，2005. 3，59-60.

[27] Teofilo V L. Space Power Systems for the 21 st Century. AIAA 2006-7288.

[28] Cataldo R L，Bennett G L. US Space radioisotope power systems and applications：Past，present and future [P]. NASA 20120000731.

[29] Gibson M A，Oleson S R，Poston D I，et al. NASA's Kilopower reactor development and the path to higher power missions [R]. NASA Technical Report，NASA/TM-2017-219467，2016.

[30] Sanchez R G. Kilowatt Reactor Using Stirling Technology（KRUSTY）experiment update [R]. Technical Report. 2017.

[31] Palac D，Gibson M，Mason L，et al. Nuclear Systems Kilopower Overview. Cleveland：NASA Glenn Research Center，2016.

[32] McClure P，Poston D，Dixon D. Final results of demonstration using flattop fissions（DUFF）experiment [R]. Technical Report. 2012，LA-UR-12-25165.

[33] Gibson M A，Mason L，Bowman C. Development of NASA's samll fission power system for science and human exploration [C]. In：12th International Energy Conversion Engineering Conference. Cleveland，OH，2014. 7.

[34] Susan S V，Rodriguez E A. Russian TOPAZ II system test program（1970-1989） [J]. AIP Conf Proc，1994，301：803.

[35] William J B. Review of previous shield analysis for space reactor. Space Nuclear Power Systems [M]. In：1984：Orbit Book Company. Malabar，Fl，1985. 329-336.

[36] Poston D. Space nuclear reactor engineering [R]. Technical Report. 2017，LA-UR-17-21903.

[37] Mason L，Casani J. A small fission power system for NASA planetary science missions [R]. Technical Report. NASA/TM-2011-217099，2011.

[38] Mason L，Bailey S，Bechtel R. Small fission power system feasibility study [R]. Final Report. 2010，NASA/DOE.

[39] Mason L，Palac D，Gibson M. Design and test plans for a non-nuclear fission power system technology demonstration unit [R]. Technical Report. 2011，NASA/TM-2011-217100.

[40] Bragg S, Bess J, Werner J. Reactor testing and qualification: Prioritized high-level criticality testing needs [R]. Technical Report. 2011, INL/EXT-11-22725.

[41] 王国语，吕瑞. 空间核动力源应用国际规则现状与发展分析 [J]. 中国航天，2016，9：40-41.

System engineering research and application foreground of spacenuclear reactor power generators

WU Weiren, LIU Jizhong, ZHAO Xiaojin, DAI Shoulun, YU Guobin, WAN Gang, LIU CangLi, LUO Qi, PANG Fuchuan, ZHU Anwen, TANG Shengyong, LIU Weiping, ZHANG Chuanfei , ZENG Wei

Abstract Space nuclear reactor power is the application of self-sustaining nuclear fission energy in space, which can fundamentally solve the bottleneck problem of high power demand of spacecraft in the future. It is also the premise of large-scale development and utilization of space resource. New technology of nuclear reactor power and its development roadmaps are reviewed in this paper. Based on the future development trend, mission requirement, and main technical route, we suggest that the space nuclear reactor power could be developed in stages according to grades of 10, 100, 1000 kWe. Issues of key technologies and nuclear safety are also analyzed. The content of this work may provide a reference for the future development of space nuclear reactor power.

Keywords space nuclear reactor power; mission requirements; key technology; safety; overall program

放射性同位素热源/电源在航天任务中的应用*

吴伟仁，王倩，任保国，罗志福

摘　要　综述了放射性同位素热源/电源（RHU/RTG）在美国、苏联/俄罗斯航天任务中的应用情况。其中包括：美国首次作为空间飞行辅助电源的 SNAP-3B RTG，首次作为卫星主电源的 SNAP-9A RTG，首个满足空间安全性的 SNAP-19B RTG，首个采用模块化设计的通用热源（GPHS）；苏联/俄罗斯首次在空间应用的 ^{210}Po RTG 和应用于火星探测的 ^{238}Pu RTG；美国和苏联/俄罗斯发生的 6 次航天应用意外事件及其影响。概述了国际上空间核安全政策与措施，可为中国月球探测工程核能源的应用提供参考。

关键词　航天；深空探测；放射性同位素电源　；放射性同位素热源

0　引言

空间探测器进行深空探测时，随着太阳距离的增加，所接收到的太阳辐射热流急剧下降，并且空间热环境异常恶劣（如月球上长达 14 个地球日无光照、−180 ℃低温的月夜），导致采用常规的电源系统（太阳电池阵+蓄电池）和热控系统已无法满足探测器的生存需求。在这种情况下，核能源成为深空探测的首选[1]。放射性同位素热源（Radioisotope Heat Unit，RHU）和放射性同位素电源（Radioisotope Thermoelectric Generator，RTG）用于空间探测的研究工作始于 20 世纪 50 年代后期，当时美国启动了“空间核辅助电源”（SNAP）计划，苏联也开展了相关的研究。其后几十年中，RHU/RTG 多次被成功地应用于月球和行星际探测。目前，美国拥有世界上最先进的研制、应用 RTG 的技术。中国的嫦娥三号探测器将使用 RHU，实现着陆器和巡视器的月夜生存。

RTG 是一种利用温差电材料的塞贝克效应，直接将放射性同位素衰变所释放的热能转换成电能的静态能量转换装置。它主要由 RHU、温差电转换器及散热壳体三部分组成[2]。与传统的化学电源、太阳电池相比，RTG 不受太阳光和其他环境条件的影响，工作寿命长，可靠性高，不仅可为空间探测器提供电能，还可为探测器的热控系统提供热能，是月球及太阳系行星际探测的理想电源[3]。要实现核技术在航天中的应用，必须解决 RHU/RTG 在应用过程中的可靠性和意外事件中的安全性[4]。它们可能出现应用事故，

*　航天器工程，2013，22（2）：6.

主要在两个阶段——调试贮存阶段和航天器发射实施阶段。在国外航天任务中，曾出现过6次比较大的核电源应用意外事件，其中美国3次，苏联/俄罗斯3次，均发生在航天器发射阶段。

本文主要综述了美国和苏联/俄罗斯RHU/RTG的应用情况，其中包括几种典型型号，以及6次意外应用事件；在此基础上，总结了空间核安全的政策与措施，可为中国月球探测工程核能源的应用提供参考。

1 美国和苏联/俄罗斯RTG的应用情况

1.1 美国的应用情况

在1961—2011年，美国发射了27个带有42个RTG的航天器。其中：一部分RTG用于美国国防部发射的导航和通信卫星；另一部分用于美国国家航天局（NASA）发射的气象卫星、月球站、火星着陆器及行星际探测器。目前，尚有30多个RTG在轨道上运行，最长的工作寿命已超过30年。

美国在航天任务中应用的所有RTG均采用放射性同位素^{238}Pu，其输出功率已从最早的2.7 W提高到300 W，最高热电转换效率达6.7%，最高质量比功率达5.36 W/kg，设计寿命也由早期的5年提高到15年左右。表1列出了美国在航天任务中成功应用RTG的情况（共24次）[1,5,6]。

表1 美国在航天任务中成功应用RTG情况

RTG型号	数量	初期功率/W	航天器	热源材料	发射时间	备注
SNAP-3B7	1	2.7	子午仪-4A（导航）	^{238}Pu金属	1961-06-29	RTG运行了近15年；卫星仍在轨道上
SNAP-3B8	1	2.7	子午仪-4B（导航）	^{238}Pu金属	1961-11-15	RTG运行了近9年；自1962年高轨道核试验后，卫星中断运行，1971年得到最后信号
SNAP—9A	1	>25.2	子午仪5BN-1（导航）	^{238}Pu金属	1963-09-28	RTG按计划运行；发射9个月后，卫星因电路故障失效（并非RTG造成）
SNAP—9A	1	26.8	子午仪5BN-2（导航）	^{238}Pu金属	1963-12-05	RTG运行超过6年；发射1.5年后，卫星失去导航能力
SNAP—19B3	2	28.2	雨云-3（气象）	$^{238}PuO_2$微球	1969-04-14	RTG运行超过2.5年（此后未查到相关数据）
SNAP-27	1	73.6	阿波罗-12	$^{238}PuO_2$微球	1969-11-04	RTG工作8年；1977年9月30日，月球站关闭

续表

RTG 型号	数量	初期功率/W	航天器	热源材料	发射时间	备注
SNAP-27	1	72.5	阿波罗-14	$^{238}PuO_2$ 微球	1971-01-31	RTG 工作 6.5 年；1977 年 9 月 30 日，月球站关闭
SNAP-27	1	74.7	阿波罗-15	$^{238}PuO_2$ 微球	1971-07-26	RTG 工作 6 年以上；1977 年 9 月 30 日，月球站关闭
SNAP-19	4	40.7	先驱者-10（行星际）	$^{238}PuO_2$-Mo 陶瓷	1972-03-02	RTG 工作 31 年以上；2003 年 1 月，因距离遥远，探测器信号微弱，失去联系；探测器成功飞越木星、冥王星
Transit-RTG	1	35.6	子午仪-TRIAD	$^{238}PuO_2$-Mo 陶瓷	1972-09-02	RTG 寿命超过 33 年
SNAP-27	1	70.9	阿波罗-16	$^{238}PuO_2$ 微球	1972-04-16	RTG 工作 5.5 年；1977 年 9 月 30 日，月球站关闭
SNAP-27	1	75.4	阿波罗-17	$^{238}PuO_2$ 微球	1972-12-07	RTG 工作 5 年；1977 年 9 月 30 日，月球站关闭
SNAP-19	4	39.9	先驱者-11（行星际）	$^{238}PuO_2$-Mo 陶瓷	1973-04-05	RTG 的寿命超过 32 年；探测器成功飞越木星、土星、冥王星，1995 年 11 月与地面失去联系
SNAP-19	2	42.3	海盗-1（火星）	$^{238}PuO_2$-Mo 陶瓷	1975-08-20	着陆器关闭前，RTG 工作 6 年以上
SNAP-19	2	43.1	海盗-2（火星）	$^{238}PuO_2$-Mo 陶瓷	1975-09-09	继电器失效前，RTG 工作 4 年以上
MHW-RTG	2	153.7	林肯-8（通信）	$^{238}PuO_2$ 燃料球	1976-03-14	RTG 的寿命超过 30 年
MHW-RTG	2	154.2	林肯-9（通信）	$^{238}PuO_2$ 燃料球	1976-03-14	RTG 的寿命超过 30 年
MHW-RTG	3	159.2	旅行者-2（行星际）	$^{238}PuO_2$ 燃料球	1977-08-20	RTG 仍在工作；探测器成功飞越木星、土星、天王星、海王星，预计到 2030 年仍有信息
MHW-RTG	3	156.7	旅行者-1（行星际）	$^{238}PuO_2$ 燃料球	1977-09-05	RTG 仍在工作；探测器成功飞越木星、土星，预计工作到 2020 年
GPHS-RTG	2	287.1	“伽利略”（木星）	$^{238}PuO_2$ 陶瓷片	1989-10-08	RTG 工作 14 年；2003 年 9 月 21 日，探测器坠入木星大气层
GPHS-RTG	1	282.0	“尤里西斯”（太阳）	$^{238}PuO_2$ 陶瓷片	1990-10-06	RTG 的寿命超过 15 年；2008 年，探测器结束科学探测任务
GPHS-RTG	3	300.0	“卡西尼”（土星）	$^{238}PuO_2$ 陶瓷片	1997-10-15	RTG 仍在工作；2004 年 7 月 1 日，探测器进入土星轨道

续表

RTG 型号	数量	初期功率/W	航天器	热源材料	发射时间	备注
GPHS-RTG	1	249.0	“新地平线”（冥王星）	$^{238}PuO_2$ 陶瓷片（10.9 kg）	2006-01-19	RTG 仍在工作；探测器预计 2015 年抵达冥王星
MMRTG	1	125.0	好奇心号（火星）	$^{238}PuO_2$ 陶瓷片（4.8 kg）	2011-11-26	2012 年 8 月 6 日，好奇心号巡视器着陆火星

注：表中 MHW 为 multihundred 的缩写，表示“数百瓦级”。

1.1.1 美国的典型 RTG 型号

（1）SNAP-3BRTG

SNAP-3BRTG 是首个用于空间飞行的辅助电源。1961 年 1 月 29 日，美国在世界上首次研制出 RTG，即 SNAP-3BRTG，并将其应用于近地轨道的子午仪-4A（Transit-4A）导航卫星上。SNAP-3BRTG 的功率为 2.7 W，设计寿命为 5 年，实际工作超过 10 年。SNAP-3BRTG 选用的是^{238}Pu 金属，其熔点为 650 ℃。在发生意外事件时，所有的^{238}Pu 金属应在高空烧蚀成亚微米级尘埃，并扩散至大气层稀释，使大气内^{238}Pu 的浓度达到可接受的水平。图 1 是子午仪-4A 卫星及其 SNAP-3BRTG 的结构示意图[6,7]。

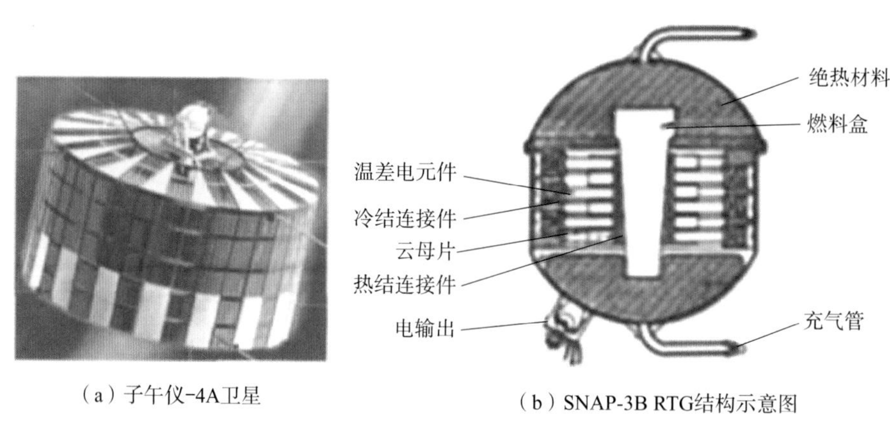

（a）子午仪-4A卫星　　（b）SNAP-3B RTG结构示意图

图 1　子午仪-4A 卫星及其 SNAP-3B RTG

（2）SNAP-9ARTG

在 SNAP-3BRTG 试验成功之后，美国国防部决定继续使用核电池作为导航卫星的电源，在 SNAP-3BRTG 的基础上研制了 SNAP-9ARTG。SNAP-9ARTG 第 1 次作为主电源为卫星供电，在任务初期的输出电功率为 26.8W，是 SNAP-3BRTG 输出电功率的 10 倍。SNAP-9ARTG 由 6 个^{238}Pu 热源组成，提供的总热功率为 525W。每个热源外部装有石墨包壳，并彼此分离。

（3）SNAP-19RTG

图 2 为 SNAP-19RTG 的 RHU 结构示意图。其中，SNAP-19BRTG 是首个满足空间安全性要求的 RTG。其特点是使用了一个全新设计的热功率为 645W 的热源（称作抗撞击热源），所用的源芯由^{238}Pu 金属改进为$^{238}PuO_2$ 微球，熔点由 650 ℃提升至 2 230 ℃，化

学和物理稳定性好，难溶于氢氟酸、硝酸等强酸中。在发生意外事件时，即使热源的包壳受损，也不会造成大量^{238}Pu以气凝胶的形式散入大气中，从而避免人体吸入。同时，还改进RHU包壳的安全设计，在多种意外事件下，如发射场火灾、运载器发射事故、再入大气层的高温烧蚀、高速撞击硬地面、掉入深海等，可保证不发生放射性物质扩散。

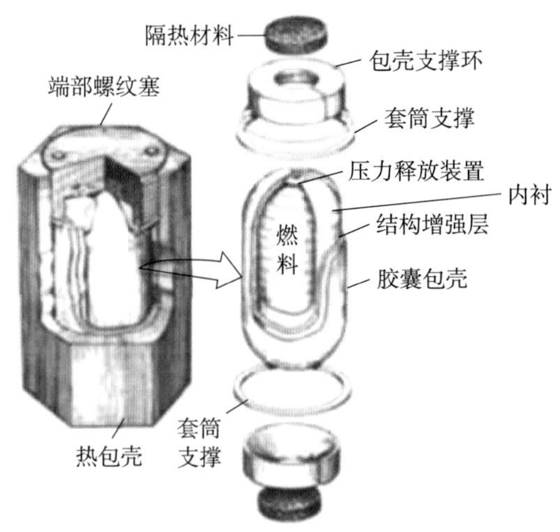

图2 SNAP-19 RTG的RHU结构示意图

（4）SNAP-27RTG

在“阿波罗”登月计划中，由于长期月面探测的急需，美国研制了SNAP-27RTG。为保证电源的安全性和航天员在月球表面操作的灵活性，SNAP-27RTG的热源单独存放在密封的石墨模具桶中，由月球舱携带升空，在月面再由航天员将热源装入转换器中。“阿波罗”计划先后成功使用了5次RTG，这些RTG在月面连续工作5～8年。

（5）GPHS-RTG

美国航天活动中曾发生过核电源应用事故，因此对RHU的设计提出了更加严格的要求，主要是加大了通用性和安全性的研究，研发了通用热源（General Propose Heat Source，GPHS）。GPHS（见图3[6]）是首个采用模块化设计的RHU，每个模块包含2个单体，每个单体有2个$^{238}PuO_2$芯块，芯块由铱合金包裹，每两个芯块组合装进石墨制的缓冲罐内，中间放置石墨隔板填充，以防止机械挤压和碰撞。单个GPHS模块的热功率为250 W，可根据需要进行模块化配置。图4为GPHS-RTG结构示意图[6]。

GPHS自1989年在“伽利略”探测器上第1次应用后，又应用于“尤里西斯”“卡西尼”“新地平线”等探测器和好奇心号巡视器。2011年11月26日，美国发射了好奇心号火星巡视器，其上携带了1台MMRTG（Multi-Mission RTG，见图5）。该RTG采用8个GPHS模块，热功率为2 000 W，任务初期的输出电功率为125 W，设计寿命为14年，热电转换效率为6.3%。好奇心号完全由核电源供电，不再利用太阳能供电。

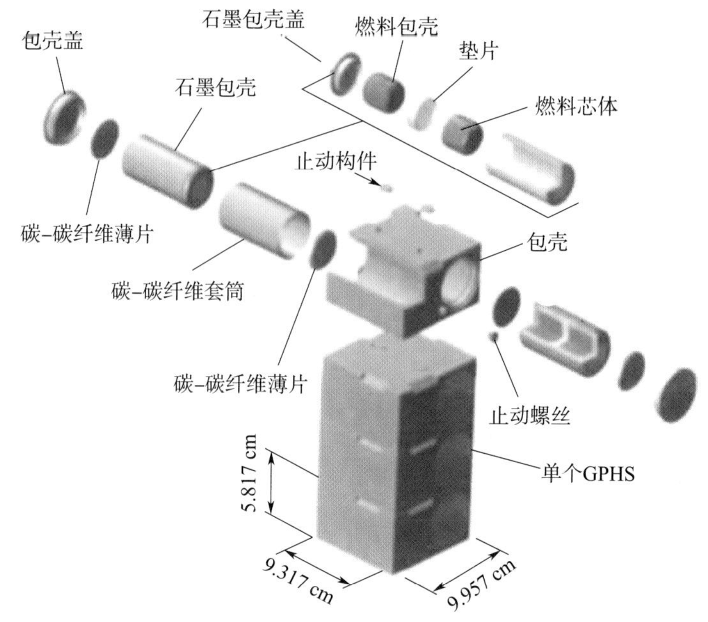

图 3 GPHS 模块结构

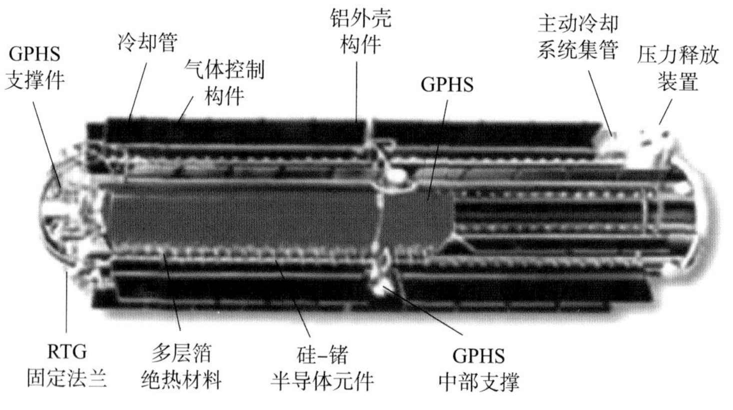

图 4 GPHS-RTG 结构示意图

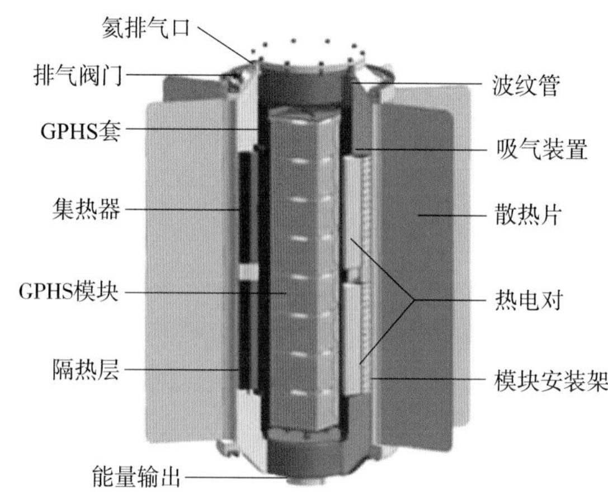

图 5 好奇心号巡视器上的 RTG

1.1.2 美国的意外事件及其应急处理

美国将 RHU/RTG 应用于航天任务的过程中，出现了 3 次意外事件。

第 1 次是 1964 年 4 月 21 日携带 SNAP-9ARTG 的子午仪 5BN-3（Transit 5BN-3）导航卫星发射失败。运载火箭飞行至南极上空海拔 1 609 km 的高度时发生意外，没有到达预定轨道，最后在大气层中烧毁。数据显示，运载火箭在莫桑比克海峡处重返大气层，约 17 000 Ci（居里）、1 kg 的^{238}Pu 金属经高温烧蚀成直径为 2.54×10^{-6} cm 的尘埃，散布到大气层中。运载火箭失事形成的尘埃扩散范围较广，相对浓度较低，未对人类健康构成危害，环境监测设备在大气中监测到^{238}Pu 核素的存在。由于此次事故，人们注意到载有 RTG/RHU 的航天器发射失利会造成放射性同位素扩散的危险，因此更加注重 RTG/RHU 结构的安全设计，使其在重返大气层后仍然保持完整，不破坏整体性，便于回收。

第 2 次是 1968 年 5 月 18 日发射的雨云 B-1（NimbusB-1）气象卫星，由于火箭导航故障实施了遥控自毁，在 30.48 km 的高空爆炸。卫星上的 2 个 SNAP-19B2RTG 坠入赤道以北 3.2～5.4 km 范围内的巴巴拉海峡 180 m 的海底。5 个月后，RHU 被发现并打捞出海（见图 6）。该热源封装完好，无任何^{238}Pu 泄漏。

图 6 坠落在海水中的 RHU

第 3 次是发生在阿波罗-13 飞船载人登月任务中。1970 年 4 月，携带 SNAP-27RTG 的阿波罗-13 飞船内的氧气罐爆炸，飞船重返大气层时，带有石墨包套的 RHU 坠入了汤加附近的太平洋里（约 9 km 深）。美国能源部对失事地点的空气和海洋检测数据表明，没有发生^{238}Pu 的泄漏，预计该热源包壳在 870 年（10 个半衰期）内不会发生泄漏。这是美国装有 RTG 的航天器最后一次发生意外事件。

1.2 苏联/俄罗斯的应用情况

苏联/俄罗斯早期曾研究过空间用的 RTG，后来主要致力于空间核反应堆电源的研究和应用；20 世纪 90 年代，又重新开始了以^{238}Pu 为热源的 RTG 空间应用研究，其总体水平略逊于美国。

1.2.1 苏联/俄罗斯的典型 RTG 型号

(1)^{210}Po RTG

1965 年，苏联在军事通信卫星宇宙-84 和宇宙-90 上首次应用了^{210}Po 温差电池猎户座-1 和猎户座-2，作为卫星的辅助电源，其输出功率为 10W。

(2)^{238}Pu RTG

1996 年 11 月，俄罗斯发射了使用 RTG 作为电源系统的火星-96 探测器，以完成新一轮火星着陆考察任务。火星-96 所用的^{238}Pu RHU 被命名为 Angel，热功率为 8.5 W。Angel 的研究和设计，严格遵守了 1992 年联合国大会通过的在宇宙空间利用核能的准则、关于限定从事放射性物质活动的国际指令性文件和俄罗斯联邦国家现行标准。

俄罗斯对 Angel 热源进行了大量的地面试验，包括 29 个模拟样品和 18 个^{238}Pu 试验样品的试验，验证了在实际运行和紧急事件情况下热源结构的安全性和可靠性。Angel 热源的外观及内部结构如图 7 所示。

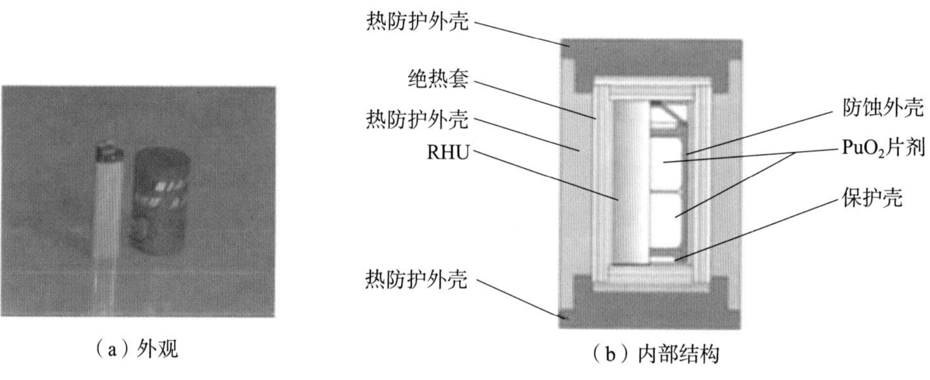

图 7 Angel 热源的外观及内部结构

1.2.2 苏联/俄罗斯的意外事件及其应急处理

RHU/RTG 应用于苏联/俄罗斯航天任务的过程中，也出现了 3 次意外事件，其中 2 次是携带空间核反应堆电源的地球轨道卫星，1 次是携带^{238}Pu RTG 的火星-96 探测器。第 1 次是 1978 年 1 月宇宙-954 卫星（携带含 50 kg 浓缩铀的核反应堆）失控，重返大气层时烧毁，放射性物质坠落在加拿大西北部，去除放射性污染持续了几个星期。第 2 次是 1982 年宇宙-1402 卫星（携带含 45 kg 浓缩铀的核反应堆）失控，卫星在 1983 年 2 月坠入大西洋南部海域。第 3 次是 1996 年 11 月 16 日发射的火星-96 探测器升空后爆炸，探测器残骸坠入太平洋。该探测器携带有 18 个毫瓦级的 RTG（Angle-RTG），含有 270g 的^{238}Pu。截至目前，俄罗斯专家仍在相关海域进行监测，没有发现^{238}Pu 的泄漏。根据设计数据推算，^{238}Pu RHU 的密封结构可保证 100 年内不会发生泄漏。

2 国际空间核安全政策与措施

由于核技术在空间使用的明显优势，联合国等国际机构提出：在保证安全的条件下，可以在外太空使用核动力系统。1992 年 12 月 14 日，联合国大会通过了关于在外层空间使用核动力源的原则。

鉴于空间核动力系统的安全性至关重要，因此各国在发展空间核动力时，必须遵循相关国际法的规定，保障核安全，在发射核动力源航天器时，应保护人类和生物圈免受辐射危害；在核动力源航天器正常工作期间，以及从规定的足够高

的轨道重返地球时，应满足对公众的辐射防护目标；在航天器正常工作期间，不得产生明显的辐射；核动力源系统的设计和构造应符合辐射防护准则，以减小事故造成的辐射。

在外层空间使用核动力源时，应遵守关于辐射和核安全问题的国际制度。其中包括：联合国的《及早通报核事故公约》《核事故或辐射紧急情况援助公约》《核安全公约》；国际原子能机构的《辐射防护和辐射源安全》《核装置安全和放射性废物管理的原则》《关于防止电离辐射和辐射源安全的国际基本安全标准》《核动力卫星重返应急规划和准备问题》等准则。

20 世纪，美国和苏联/俄罗斯相继发生在轨核装置的意外事故，引起了全世界对核问题的高度关注。经过数十年的实践，对于如何保障空间核安全，美国和俄罗斯已经形成了一整套严格的审查监督程序、评估方法和技术措施，使空间核动力源可能发生意外的概率降至最低。事实上，通过采取合理的措施，可以实现保障空间核安全的目的。RHU/RTG 的空间应用，应遵守《外层空间使用核动力源的原则》，主要包括以下两点。

（1）行星际航天任务和其他脱离地球引力场的航天任务，可使用 RHU/RTG。高轨道地球卫星也可使用 RHU/RTG，但卫星工作寿命结束后，应将卫星弃置于高轨道上，且在任何情况下都须做出最终处理。

（2）RHU/RTG 应采用封闭系统加以保护，该系统的设计和构造应保证在可预见的轨道条件下承受再入大气层的高热和空气动力环境。一旦坠地发生撞击，封闭系统应确保没有放射性物质散入周边环境，以便通过一次回收作业完全清除撞击区的放射性物质。

3 结束语

自 20 世纪 60 年代以来，美国和苏联/俄罗斯在航天任务中多次应用了 RHU/RTG。中国正在实施月球探测工程，将在月球软着陆并开展长达数月的就位探测，同时巡视器将开展巡视探测。为解决度过月夜低温、实现月夜生存的工程研制难题，需要使用 RHU 或 RTG 为仪器设备供电供热。在嫦娥三号探测器中，将首次使用 RHU 等涉核产品。为保

证 RHU 的安全性和可靠性，开展了一系列工作，可为 RHU 成功地应用于中国月球探测工程提供重要保证。

参考文献

[1] 侯欣宾，王立. 美国空间同位素能源装置发展现状 [J]. 航天器工程，2007，16 (2)：41-49.

[2] 贾阳，任德鹏，刘强. 同位素温差电源辐射器散热性能研究 [C] //中国宇航学会深空探测技术专业委员会第三届学术会议论文集. 北京：中国宇航学会，2006：345-351.

[3] 强文义，赵广播. 关于我国发展空间核电源的建议 [C] //中国核学会 2004 年学术会议. 北京：中国核学会，2004：121-125.

[4] 康海波. 同位素电源系统研究进展 [J]. 电源技术，2011，35 (8)：1031-1033.

[5] 蔡善钰，何舜尧. 空间放射性同位素电池发展回顾和新世纪应用前景 [J]. 核科学与工程，2004，24 (2)：97-104.

[6] Schmidt G R，Sutliff T J，Dudzinski L A. Radioisotope power：a key technology for deep space exploration [M] //Singh N. Radioisotopes-applications in physical sciences. New York：InTech，2011：419-456.

[7] 黄志勇，吴知非，周世新，等. 温差发电器及其在航天领域的应用 [C] //中国宇航学会深空探测技术专业委员会第一届学术会议论文集. 北京：中国宇航学会，2005：36-39.

Application of RHU/RTG in space missions

WU Weiren，WANG Qian，REN Baoguo，LUO Zhifu

Abstract The applications of RHU/RTG in American and Russian space missions are summarized. In American space missions，SNAP-3B RTG is the first space auxiliary power，SNAP-9A RTG is the first main power for satellite，SNAP-19B RTG is the first satisfying space safety，and the GPHS is the first modularized heat source. In Russian space missions，^{210}Po RTG is the first RTG in space and ^{238}Pu RTG is used in Mars exploration. Six space application accidents and their influences in America and Russia are also introduced. The international safety policies and measures of space nuclear energy are summarized，which can be a reference for the utilization of space nuclear energy in the China lunar exploration project.

Keywords space；deep space exploration；RTG；RHU

Remote sensing image compression for deep space based on region of interest*

WANG Zhenhua, WU Weiren, TIAN Yulong, TIAN Jinwen, LIU Jian

Abstract A major limitation for deep space communication is the limited bandwidths available. The downlink rate using X-hand with an L2 halo orbit is estimated to be of only 5.35 GB/d. However, the Next Generation Space Telescope (NGST) will produce about 600 GB/d. Clearly the volume of data to downlink must he reduced by at least a factor of 100. One of the resolutions is to encode the data using very low hit rate image compression techniques. A very low hit rate image compression method based on region of interest (ROI) has been proposed for deep space image. The conventional image compression algorithms which encode the original data without any data analysis can maintain very good details and haven't high compression rate while the modem image compressions with semantic organization can have high compression rate even to be hundred and can maintain too much details. The algorithms based on region of interest inheriting from the two previews algorithms have good semantic features and high fidelity, and is therefore suitable for applications at a low bit rate. The proposed method extracts the region of interest by texture analysis after wavelet transform and gains optimal local quality with hit rate control. The Result shows that our method can maintain more details in ROI than general image compression algorithm (SPIHT) under the condition of sacrificing the quality of other uninterested areas.

Keywords wavelet; compression; ROI; deep space

0 Introduction

The major limitation for deep space communication is the limited bandwidths available. For example, the available transmission bit rate is currently less than 100 kB/s between Mars and Earth when line of sight is available[1]. The second example is that the Next Generation Space Telescope (NGST) of NASA will produce about 600 GB/d[2].

* Journal of Harbin Institute of Technology (New Series), 2003, 10 (3): 4.

However, the NASA NGST study estimates a downlink rate of 5. 35 GB/d using X-band with an L2 halo orbit. Clearly the volume of data to downlink must be reduced by at least a factor of 100. One of the resolutions is to encode the data in very low bit rate image compression techniques.

The conventional image compressions only encode the original pixels without any analysis, there are many encoding methods to reduce transmission information in Refs. [3, 4], which are the base of the current image/video standards. These first generation techniques have very good performance in middle and high bit rate with low distortion. However, they have unaccepted distortion in low bit rate (For example, the annoying mask effective in DCT) which limit the compression rate.

With the development of artificial intelligence and pattern recognition techniques, the information hierarchical organization of the image, such as the semantic characteristics, has been studied[5]. The result shows that the image compression rate can be up to hundred on the base of holding original semantics.

The image compression algorithm based on the region of interest, which inherit from the former two kind of methods, can maintain good semantics and achieve high fidelity. This kind of algorithm, which preprocess-es the images onboard before transmitting so that they can be downloaded at low bit rate, is very suitable to deep space exploration requirement. In this article, we propose an algorithm based on the region of interest that obtains the region of interest by texture analysis after wavelet transformation, achieves local quality constraints by controlling the bit rate.

1 Determination of the region of interest and classified map

In deep spaceexploration, only parts of the image are interested in depending on the application background. Some image area such as water, canoe, texture area on the moon can be looked as the region of interest (ROI). The experts should be able to explain the compressed data after decoding the compressed data transmitted from space crafter to the ground. In general, the region of interest is determined by remote sensing customers (scientific unities). For example, the region of interest can be obtained by multi-spectral characteristics, or features such as image texture according to the requirement of the customer. Here we just appoint the region of interest in software simulation interactively after segmenting the texture area by the algorithm described in Ref. [6] without loss of general.

The segmentation algorithm is based on free angle to locate boundaries of textured regions in gray-level images. The algorithm simply exploits the fact that a textured region has a high density of edge pixels associ ated with it, irrespective of the nature of the texture. According to the algorithm, in order to identify the boundary pixels of a point cluster, all we have to do is to calculate the free angle associated with each pixel and threshold the free angle values appropriately. With the method described in Ref. [6], we can extract the closed bounder of the region of interest. For each area, the pixels are labeled with region filling algorithm after the minimum close box is determined.

To compress the region of interest with high quality, the classified map, which is a labeled map cones ponding to the region of interest in wavelet transformation domain, should be determined. Fig. 1 (a) is the original remote sensing image which is Apollo 17 metric camera moon picture of Euler crater at upper left and ridges, the black area is the selected region of interest in Fig. 1 (b) and the classified map is shown in Fig. 1 (c) where the black areas represent the region of interest and the white area represents the other parts in image.

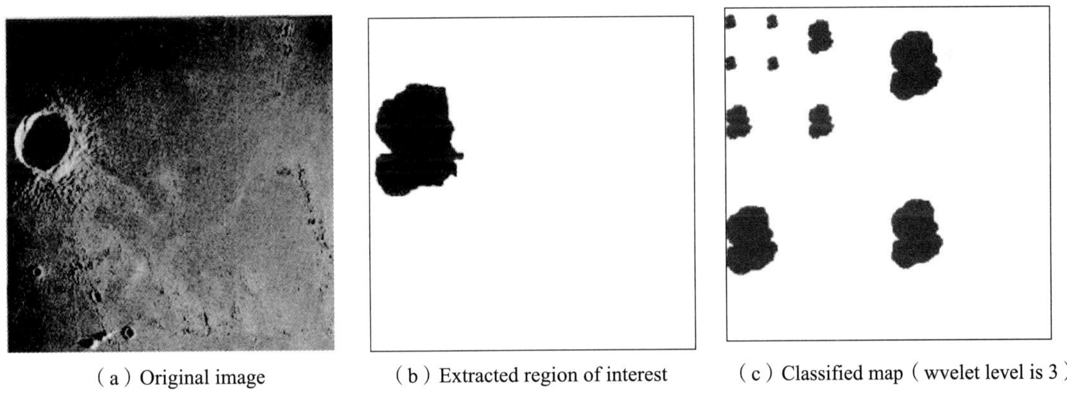

(a) Original image (b) Extracted region of interest (c) Classified map (wvelet level is 3)

Fig. 1 original image and classified map when the wavelet level is 3

2 Quantification under the constraint of local quality

After building classified map, we can encode the image, and control the bit rate. In this article we select the quantification method of bit rate controlling. The weight should be given to every pixel when the distortion distance is calculated, since we want to give priority to the region of interest compared with the other parts. The weight values depend on the classification of the pixels. Suppose the set in the pixel domain is I, the weight value to each pixel is w_i, the space weighted average distortion is

$$D = \sum_{i \in I} w_i D(i)$$

To process the distortion distance $D(i)$ of pixel i, the quantification noise $N_p(i)$ is introduced. As it is a centered random variant, we have

$$D=\sum_{i\in I} w_i \operatorname{var}[N_p(i)] \tag{1}$$

where var $[N_p(i)]$ is the variance of the variant $N_p(i)$.

The reconstructed value $p(i)$ in position i depends on the quantified wavelet coefficients, and so the quantification noise depends on their value. The single reconstructed step of quantified sub-band s is described as following: the pixel value is reconstructed by interpolating the quantified sub-band coefficient C_{sq}^* with row interpolating filter $\tilde{h}_s(i)$ and column interpolating filter $\tilde{h}_s(i)$, this procedure is equal to that the pixel value is reconstructed by the quantified sub-band coefficient C_{sq}^* passing through equivalent filter $\tilde{F}_s$ after row and column up-sampling.

The equivalent synthesis filter $\tilde{F}$, is applied on the interpolating quantified sub-hand s, which is the set $\{C_{sq}\}$. Suppose the number of wavelet transformation layer is L, then the sub-hand number is $3L+1$ after wavelet transformation, and we define $3L+1$ different filters $\tilde{F}_s$.

We can compute the reconstructed valued $p(i)$, and noise $N_p(i)$ by sum up the quantified noise $N_{C_S}(j)$ of the coefficient j

$$p(i)=\sum_{s=0}^{s}\Big\{\sum_j \tilde{h}_s(i-j)C_{s_q}(j)\Big\},$$

$$N_p(i)=\sum_{s=0}^{s}\Big\{\sum_j \tilde{h}_s(i-j)N_{C_S}(j)\Big\}$$

so,

$$\operatorname{var}[N_p(i)]=\operatorname{var}\Big[\sum_{s=0}^{S}\Big\{\sum_j \tilde{h}_s(i-j)N_{C_S}(j)\Big\}\Big]$$

Assuming $[N_{C_S}(i)]$ to be uniformed centered around 0 and the quantification to be uniformed[11]

$$\operatorname{var}[N_{C_S}(j)]=E[N_{C_S}(j)^2]=\frac{1}{12}Q_{C_S}(j)^2$$

here, $Q_{C_S}(j)$ is the quantification step applied to the coefficient j. Supposing the variant $N_{C_S}(j)$ is independent

$$\operatorname{var}[N_p(i)]=\frac{1}{12}\sum_{i=0}^{s}\sum_{J}\tilde{h}_s(i-j)^2 Q_{C_S}(j)^2$$

In practice the sum on j is limited: only few coefficients are involved in reconstructing $p(i)$. The coefficient $C_{s_q}(j)$ of the region of interest is what is in the limited shape of the filter when it is centered in the position i, and also what is not null. We write this set of position as J_s , and insert the result into Eq. (1)

$$D=\frac{1}{12}\sum_{i\in I}\sum_{s=0}^{S}\sum_{j\in J_s}\tilde{h}_s(i-j)^2 Q_{C_S}(j)^2 w_i$$

According to Lagrange theory, given bit rate R_0, to minimize space weighted distortion D, we should

$$\min\{D+\lambda R\}$$

We select the algorithm described in Ref. [8] to find the optimal $Q_{C_S}(j)$ by sweeping λ.

3 Bit rate and local quality control

The encoded data stream is formed in style of progressive transmission which requires embedded bit rate. We adopt the layered bit stream similar with the method Ref. [10], to privilege the ROI with regard to the other parts of the image, we select the ROI processing method MAXSHIFT [9] used in JPEG2000 to control the bit rate which allows the coding the ROL without transmitting any shape information to the decoder. the bit rate controlling is hidden in the algorithm, and the bit stream can be truncated at any position while the ROI still maintain good quality with regard to the other parts of the image.

4 Results

Fig. 2 (a) is the original image, Fig. 2 (b) is the reconstructed image which includes the ROI, Fig. 2 (c) is the image reconstructed from the commonly popular SPIHT encoding data. Both compression ratio are 100. If we focus on the ROI (as shown in Fig. 3), we can find that, the ROI area in the image with our method has better reconstructed quality, but the other areas become blurrier compared with the counterparts in the image with SPIHT.

(a) Orginal image

(b) Reconstructed image including ROI

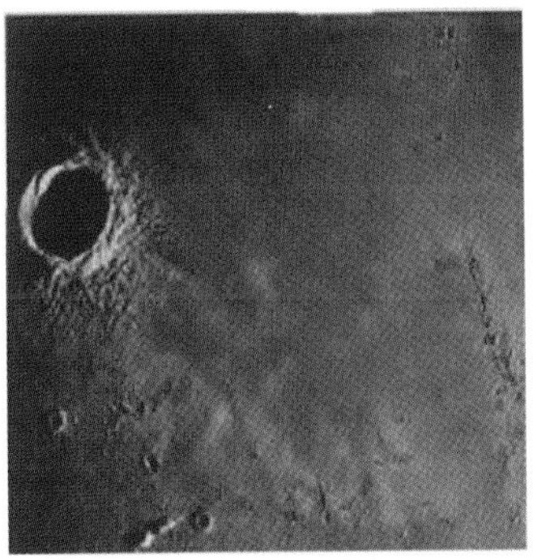

(c) Image in general SPIHT algorithm

Fig. 2 Original image, reconstructed image including ROI and image in general SPIHT algorithm

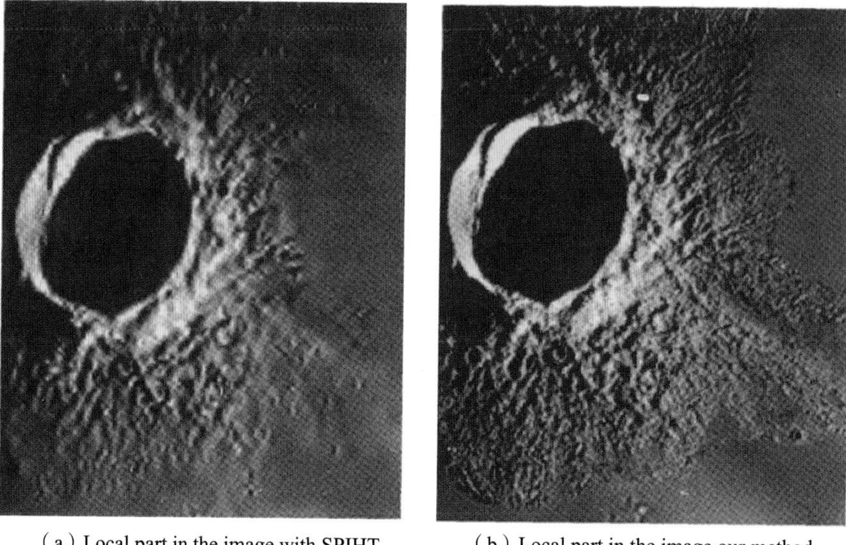

(a) Local part in the image with SPIHT (b) Local part in the image our method

Fig. 3 Comparison of the images with SPIHT and with our method

5 Conclusion

In this paper we propose an image compression algorithm based on ROI and wavelet transformation. The algorithm combines the image analysis to original image and conventional compression algorithm, and realizes the local quality optimality by local bit rate controlling so that there is still high fidelity in the ROI of the image while maintaining high compression rate.

References

[1] MCGOWAN III J F. GIT Group Incorporated, Very Low Bitrate Video for Mars Missions [EB/OL]. http: //www. jmcgowan. com/papers. html.

[2] NIETO-SANTISBEBAN M A, FIXSEN D J, OFFEN- BERG J D, et al. Data Compression for NGST [EB/OL]. http: //gsfe. nasa. gov/cgibin/iptsprodpage? ID=14.

[3] WALLACE G K. The JPEG still picture compression standard [J]. IEEE Trans Consumer Electronics1992, 38 (1): XVIIT-XXXIV

[4] MALLET S G. A theory for multiresolution signal decom-pression: wavelet representation [J]. IEEE Transactions on Pattern Analysis and Machine Intelligence 1989, 11 (7) : 674-693.

[5] MANDUCHI R, DOLINAR S, POLLARA F, et al. Semantic progressive transmission for deep space communications [A]. Data Compression [C]. [s. l.]: [s. n.], 2000. 561.

[6] PALMER P L, PETROU M. Locating boundaries of textured regions [J]. IEEE Transactions on Geoscience and

Remote Sensing，1997，35（5）1367-1371.

[7] GUEN D L，PATEUX S，LABIT C，et al. Bit rateand local quality control using a rating- distortion criterion for on board satellite images compression [A]. Data Compression Conference [C]. [s. l.]：[s. n.]，2000. 558.

[8] SHOHAM Y，GERSHO A. Efficient bit allocation for arbitrary set ofquantizers [J]. IEEE Transactions on Accoustics Speech and Signal Processing1998，36（9）：1445-1453

[9] CHRISTOPOULOS C，SKODRAS A，EBRAHIMI T. The JPEG2000 still image coding system：An overview [J]. IEEE Transactions on Consumer Electronics，2000，46（4）：1103-1127.

[10] CHRISTOPOULOS C，ASKELOF J，LARSSON M. Efficient region of interest encoding techniques in the upcoming JPEG2000 still image coding standard [A]. Proc IEEE Int Conference Image Processing [C]. Vancouver：[s. n.]，2000. 41-44.

[11] OPPENHEIM A V，SCHAFER R W. Digital SignalProcessing [M]. [s. I.] Prentice Hall Inc，191.

国防科技研究

突出重点 整体推进 大力提高国防科技自主创新能力*

吴伟仁

新中国成立50多年来，国防科技工业战线坚持独立自主、自力更生的方针，在极其艰苦的条件下，建立了相对独立、比较完整的国防科技工业体系，取得了以“两弹一星”为标志的辉煌成就。近年来，特别是党的十六大以来，全系统牢固树立、全面落实科学发展观，坚决贯彻党中央、国务院的一系列决策部署，以重大工程为牵引，强化基础、自主创新，国防科技实现了重大跨越：

——高新技术武器装备研制生产能力显著提升。制约武器装备发展的关键技术取得重要突破，以“歼十”为代表的一大批重点型号飞机实现批产并交付部队，我军武器装备实现跨代跃升，履行新世纪新阶段历史使命的能力显著提高。

——载人航天和绕月探测取得重大突破。继神舟五号、神舟六号飞船顺利发射和回收、载人航天飞行任务获得圆满成功之后，我国首颗绕月探测卫星嫦娥一号发射成功，标志着我国航天科技实现重大跨越，极大地激发了全国人民的爱国热情，对于增强我国的科技实力、综合国力、国家竞争力和民族凝聚力发挥了重要作用。

——重大科技专项进展顺利。国家中长期科技发展规划纲要中确定的16个重大科技专项中，国防科技工业系统牵头和参与的有9项，探月工程、大型飞机、高温气冷堆核电站示范工程、高分辨率对地观测系统等重大专项正在按计划稳步推进，部分关键技术先期研究已经启动。

——军民结合产业技术创新能力显著增强。全行业加大了高新技术产品开发力度，突破并掌握了一批核心技术。ARJ21新支线飞机正在总装，拟于明年首飞，新一代运载火箭已进入研制阶段，风云二号D星、海洋一号B星等民用卫星成功发射并开始交付运行，大型液化天然气船等高技术、高附加值船舶攻克关键技术，并实现批量建造。

——基础研究和能力建设取得新进展。国防基础科研计划取得多项科研成果，建成了一批高水平的国防科技重点实验室和企业技术中心。航空发动机验证“APTD计划”、船舶动力“MPRD计划”、飞机制造数字化工程等重点科技项目顺利实施民用航天、民用航空、核电、民船、民爆等标准体系建设全面启动。

——科技成果与知识产权快速增长。100多项科技成果获得国家奖，载人航天工程等项目获得科技进步特等奖励。国家科学技术奖励制度改革后仅有的4项特等奖，均产生于

* 中国科技产业，2007（12）：2.

国防科技工业系统。空缺 6 年的国家技术发明一等奖在 2005 年、2006 年和 2007 年实现突破，族奖项目均为军工基础研究科研项目。实施知识产权推进工程取得显著成效。

——领军人才和创新团队不断涌现。广大科技人员和干部职工在各自领域刻苦攻关、努力拼搏，为我国国防科技事业实现跨越发展做出了突出贡献。

深入贯彻党的十七大精神，关键是要以科学发展观为统揽，深入实施“强化基础，提高能力，军民结合，跨越发展”的科技发展战略，努力建设创新型国防科技工业。

一是加快推进重大科技专项的实施。党的十七大对认真落实《国家中长期科学和技术发展规划纲要（2006—2020 年）》提出了明确要求。我们将加紧组织实施载人航天和探月工程、大型飞机、高分辨率对地观测系统、大型先进压水堆和高温气冷堆核电站等重大专项。发挥重大科技专项的牵引作用，突破核心和关键技术，成体系地带动科技发展，全面提高集成创新、原始创新和引进消化吸收再创新能力。

二是着力打造军品科研生产和民用产业两个技术创新链。以新一代武器装备发展需求为牵引，按照“生产一代、研制一代、预研一代、探索一代”的要求，对基础研究、应用研究、设计研发、工艺制造、试验鉴定和生产等创新流程进行总体筹划，对各环节创新要素进行链接与集成，提高武器装备自主研制与保障能力。按照十七大提出的“提升高新技术产业，发展航空航天等产业”的要求，按照知识、技术、产品、产业化的创新流程进行链接与集成，提高科技创新对军民结合高技术产业的支撑能力，提高核电与核技术应用、民用航天、民用飞机、民用船舶等军民结合产业的核心竞争力，实现军工产业结构的升级换代。

三是加快建设军民结合、寓军于民的国防科技创新体系。进一步打破军民界限，在国防科研生产中大量利用先进适用的民用科技成果和研发力量，吸纳全社会优势创新资源参与国防科技工业建设。开展专业化重组，推进产学研结合，加快军工企事业单位机制创新步伐，激发创新活力。

四是深入实施基础能力发展战略。继续加大对基础性科技活动的投入，大力开展技术的前期研究，重点解决材料、元器件、制造工艺、可靠性等制约发展的瓶颈问题，攻克技术难关，着力改善基础科研的条件，建设一批国防科技重大实验室，覆盖动力、先进材料、电子元器件等关键技术领域，建设一批基础研究和试验验证设施与基地，全面推进基础能力科研工程，夯实国防科技发展的基础。

五是大力实施人才兴业战略。人才是创新之本，是第一资源。我们将大力实施“以人为本、着力创新、高端引进、促进发展”的人才兴业战略，把核心人才队伍建设作为保障科技发展和创新的战略性措施，创新人才工作理念和机制，加强创新人才、创新群体和优秀团队培养，不断扩展规模，优化结构。大力弘扬“两弹一星”和载人航天精神，加强创新文化建设，充分发挥各方面的积极性、主动性和创造性。

党的十七大对新时期国防科技工业的发展改革做出了重要战略部署，提出了新要求，指明了方向。我们将深刻领会党的十七大精神，切实把思想和行动统一到中央的决策部署上来，锐意进取，扎实工作，努力开创建设创新型国防科技工业的新局面，为国防建设和国民经济发展，为全面建设小康社会做出新的贡献。

加强自主创新　推动军工先进制造技术快速发展*

吴伟仁

党的十六届五中全会指出“国防科技工业要坚持军民结合、寓军于民，继续调整改造和优化结构，健全军民互动合作的协调机制，提高产品的研发和制造水平，增强平战转换能力”；“坚持以信息化带动工业化，广泛应用高技术和先进适用技术改造提升制造业”，为国防科技工业的发展提出了明确要求。国防科技工业是国家战略性产业，也是国家制造业的重要组成部分。国防科技工业的发展对增强国防实力促进国防现代化和高技术发展带动其他产业及提高工业化整体水平有着重要的作用。军工产品的研制生产离不开数控装备的支撑，其独特的需求又带动了数控装备和技术的快速发展。

1　国防科技工业数控装备发展迅速

自改革开放以来，国防科技工业的数控设备及其应用得到了快速发展。特别是在海湾战争和科索沃战争后，国家加大了技术改造的投入，承担高新工程研制生产任务的企业相继配置和增加了数量可观的数控设备。目前各种国产和进口的加工中心、数控车、铣、钻、镗、磨、电火花线切割、电火花成型等数控设备种类齐全。此外，在“十五”期间还启动了数控技术改造传统机床项目。到“十五”末期，国防科技工业机床的数控化率已经达到一个较高的水平。

数控加工在武器装备的研制和生产中发挥了重要作用。如飞机 5 大类重要结构件（梁、框、肋、接头、壁板）、发动机典型零件（盘环、机匣、箱体、轴、叶轮）都离不开数控设备和数控技术，飞机加工结构件 50％以上的加工工作量由数控加工完成；导弹、坦克和潜艇中的复杂结构和复杂型面也都是通过数控加工来实现，数控加工已经成为高新技术武器装备研制生产中的主力军。

---

* 新技术新工艺，2006（4）：2.

2 采取有力措施推动先进制造技术发展及数控工艺装备技术进步

国防科技工业一直非常重视先进制造技术和高效加工工艺技术的发展，采取一系列有效措施来推动全行业制造技术的发展及数控加工工艺技术的进步。

2.1 制定“三工”发展纲要，对军工制造业的发展统筹规划

国防科工委在对航天、航空等 6 大行业 97 家典型企业调查研究的基础上，向全行业颁发了《关于加快企业信息化、工艺现代化、工人高技能化，促进军工制造业发展纲要》。提出了以“三工”为主线，提高国防科技工业整体素质，增强国防科技工业持续发展能力和核心竞争力，以适应武器装备和国民经济发展的目标，围绕这一目标的实现，提出了发展先进制造技术的重要任务。其中用高新技术和先进适用技术改造传统装备，加强企业普通设备数控化改造，提高装备使用效率，使全行业数控加工效率大幅度提高，就是其中重点任务之一。

2.2 安排关键技术研究，加强先进制造技术开发应用

针对全行业数控设备增多，亟需提高数控加工效率这一共性问题，从 2000 年起，我们系统地安排了“飞机和发动机高效数控加工技术”和“数控加工工艺优化技术”等课题研究，采取产学研结合的方式，对军工制造业高效数控加工工艺准备、数控加工工艺优化、数控加工数据库、大型复杂零件高速切削加工、超精密加工等技术进行了深入研究，取得了一批具有自主知识产权的高效加工技术成果，并逐步应用于实际生产之中。由昌河飞机集团公司和北航等单位承担的“数控加工工艺优化技术”课题，在集团公司的认真组织下，紧密结合集团公司和军工产品生产过程的实际需要，经过 4 年的研究试验和现场实践，掌握了数控切削过程仿真的最新技术，使加工效率提高 2～3 倍，切削参数获取时间减少为原传统试切方法的 1/8，并且获得大量数据，取得了丰硕成果，为整个行业提升数控加工效率做出了贡献。

2.3 建设先进技术研究应用中心，加强军工制造能力平台建设

为了加快突破共性制造关键技术、用高新技术改造传统生产工艺的步伐，国防科工委加强了军工制造能力平台建设。针对高新技术武器装备研制生产和军工制造业发展的急需，在“十一五”期间，要建立若干个跨行业、跨专业的先进技术研究应用中心，逐步形成研究开发、推广应用、咨询服务和教育培训的创新体系。目前已建立焊接自动化及精密铸造 2 个技术研究应用中心，为推动科研成果的转化，提升军工制造业的整体制造技术水平，实现持续发展奠定良好基础。

2.4 培养一批工艺技术能手，使工人队伍建设得到重视

为加强生产技术工人队伍建设，着力转变军工制造业操作人才匮乏的局面，国防科工委开展了培养、表彰国防科技工业技术能手的活动，国防科工委和劳动保障部联合发文，决定从 2003 年起，每 2 年 1 次在国防科技工业战线联合组织开展“国防科技工业技术能手”的选拔表彰工作，目前已有 2 批共 200 名军工企业人员获得技术能手称号。这是国防科工委实施人才兴业战略的一项重要举措，这项工作对战斗在军工制造业一线的工人产生了巨大鼓舞。

3 建议与展望

“十一五”是国防科技工业改革发展的关键时期，我们正站在一个新的历史起点上。未来国家发展的几大关键领域——奔向太空、走向海洋、开发新能源、推进信息化等，都与国防科技工业密不可分。核技术、空间技术、海洋技术、电子信息技术等高技术，是我国实现和平崛起必须占领的战略制高点。军工产业作为高技术产业群，是我国参与未来国际竞争的重要骨干力量。国家对军工高科技和产业发展高度重视，寄予厚望。而这一切都离不开先进制造技术的支撑。我们要把提高军工持续发展能力摆到战略位置，为不断增强我国综合国力做出应有的贡献。

3.1 实施基础能力发展战略

2004 年 8 月 3 日，胡锦涛总书记对国防科技工业贯彻科学发展观明确提出了“四个坚持”的要求。从国防建设和经济建设协调发展的战略高度，为新时期国防科技工业改革和发展明确了指导方针。

国防科工委审时度势，明确提出“强化基础，提高能力，军民结合，跨越发展”的基础能力战略，并要求在当前和今后一段时期，国防科技工业改革和发展，要坚持基础能力发展战略，提高产业能力和实力，提高经济运行的质量和效益，推进体制机制创新，加强人才队伍建设，实现更快更好的发展。

3.2 务实推进军工关键工艺及专用装备技术进步

国防科工委党组以科学发展观统揽国防科技工业能力建设，提出了实施基础能力发展战略，凝炼若干基础能力项目的要求，围绕着力解决制约军工制造业发展的重大基础技术问题，着眼于新一代军工产品自主研发创新平台建设，拟组织论证基础能力重大科技项目，其中以提升军工制造业核心能力为目标的军工关键工艺及专用装备技术就是筹划中的基础能力项目中的预选内容。

为进一步推动全行业的工艺工作，我们拟在 2006 年召开国防科技工业首届工艺工作会议，全面总结国防科工委成立以来的工艺工作，确定未来工艺工作发展思路及目标，制

定加强工艺工作的政策措施，以提升全行业工艺制造技术水平和管理水平。

3.3 以自主创新的精神加快先进制造技术的发展

科技自主创新是国防科技工业的本质要求。武器装备争取追求超越对手的属性，决定了国防科技工业必然是一个自主发展、持续创新的行业。历史和现实经验一再证明，军工核心技术是买不来的。必须把提高自主创新能力摆在全部工作的突出位置。这种创新不仅体现在武器装备自身的创新发展方面，也体现在武器装备研制生产能力与手段的自主创新方面，体现在先进制造技术的发展方面。

我们要以高新武器装备和主导民品的发展为牵引，加强工艺技术研究与创新，加强新工艺在型号科研生产中的应用，特别要加强超精密加工、特种加工、极端制造、整体成型、复合材料制备、发动机制造和火炸药生产等领域的先进工艺技术研究和应用，满足武器装备高指标、小型化、轻质化、高可靠、长寿命、低成本的工艺制造要求；同时加强工艺管理创新，实现生产模式的转变，推动国防科技工业的转型升级。

3.4 以数字化技术为突破口提高数控加工效率

数控切削加工效率和质量的提高，一直是国防工业军工产品生产过程中的关键问题，也是全行业普遍关心的问题，对提高我国国防工业的加工能力，武器装备和主导民品的生产水平都有重大的意义。现代大规模数控生产涉及数量庞大的生产、配套和信息管理，只有采用先进的信息交流手段和管理技术，才能使整个数控生产体系高效运转起来。数控设备的高效性能只有在一个高效的信息管理平台支撑下才能充分发挥出来。因此军工企业提高数控加工效率，必须以数字化技术为突破口，大力发展军工制造业数字化，加速推动军工制造业向集成化、协同化和网络化转变，同时加强高速切削数据库的建设，实现制造数据资源在军工行业的有效共享与应用，全面提高军工产品研制的生产效率和质量，加快形成和提升军工制造业的产品开发创新能力、快速响应生产能力、经营管理与企业协作能力，形成敏捷响应、快速研制、资源共享和异地协同的新型国防科技工业体系。

全力推动国防科技工业工艺技术跨越发展*

吴伟仁

工艺技术是产品研制生产的重要手段，是制造业生存和发展的核心和基础技术，也是市场竞争能力和制造业可持续发展能力的重要体现。军工工艺技术具有覆盖面宽、技术要求高、特殊工艺专用性强等特点，在缩短研制周期、降低生产成本、提高经济可承受性和批生产能力方面起着至关重要的作用，是武器装备研制生产和军民结合高技术产业发展的关键技术，是国防科技工业实现可持续发展的重要保障。

为满足国防建设和国民经济发展的需要，全面增强自主创新能力、高新技术武器装备供给能力和军民结合高技术产业发展能力，建立新型国防科技工业体系，国防科工委将于近期召开首次国防科技工业工艺工作会议，以全面总结国防科技工业工艺工作，制定加强工艺技术创新能力的措施，明确“十一五”工艺工作重点任务，推动全行业工艺技术进步。

1 国防科技工业工艺技术发展现状

从 2000 年开始，国防科工委开展了振兴军工制造业专题研究，组织完成了对航天、航空等六大行业 97 家典型企业的工艺调研。在此基础上，制定并向全行业颁发了《关于加强企业信息化、工艺现代化、工人高技能化，促进军工制造业发展纲要》，对军工制造业的发展统筹规划，推动了工艺工作的发展。“十五”期间，通过技术改造、条件建设、国防基础科研等计划的支持，国防科技工业工艺装备设施有了很大改善，工艺技术水平明显提高，为武器装备研制生产和军民结合高技术产业的发展做出了重要贡献。主要表现在：

建立了比较完整的军工关键工艺技术体系。军工制造业面向核、航天、航空、船舶、兵器、军工电子等六大行业武器装备和军民结合高技术产品的研制生产，已形成了一个技术特色突出、门类比较齐全的国防科技工业关键工艺技术体系。按照行业和产品特点划分，军工关键工艺技术分为核关键工艺、航天关键工艺、航空关键工艺、船舶关键工艺、兵器关键工艺、军用电子关键工艺等 6 个大类；按照专业技术划分，军工关键工艺技术分

* 国防科技工业，2006 (9)：3.

为精密/超精密与微纳加工工艺、毛坯精密成型工艺、特种加工工艺、精密及自动化焊接工艺、表面防护及改性工艺、元器件制造与电气互联工艺、弹药装药与推进剂制备工艺、复合材料加工工艺、绿色安全生产工艺、数字化工艺基础、装配工艺等11类。这一体系在我国各类武器装备的研制生产和军民结合高技术产业发展中起着关键技术支撑作用，提供了重要的工艺保障，是国防科技工业的核心基础能力。

工艺装备数控化率和工艺信息化水平明显提高。“十五”期间，国家加大了技术改造的投入，承担重点工程研制生产任务的企业不同程度地配置和增加了数控设备。目前各种国产和进口的加工中心、数控车、铣、钻、镗、磨、电火花线切割、电火花成型等数控设备类型百余种，数量数千台。大多数企业开始采用计算机辅助设计、计算机辅助工艺规划和计算机辅助制造技术。部分企业已初步形成数字化工艺平台，关键件数控加工效率明显提高，工艺规程和工艺说明书通过计算机辅助工艺规划系统编制，建立典型工艺参数数据库，采用基于生产计划的企业制造资源和物流管理系统，实现工装模具的数字化设计与制造，车间生产计划和设备负荷计划自动生成，提高了整个工艺制造系统的应变能力。

关键工艺技术的突破支持了高新技术武器装备的研制生产。国防基础科研等一批科研计划的实施，突破了一批工艺技术瓶颈，对型号研制、批生产起到了重要支持作用，其中部分技术打破了国外在该领域的封锁和限制。如具有自主知识产权的调压铸造技术使产品关键部件的生产摆脱了受制于人的局面；精密光学加工技术成功应用于激光陀螺制造；代表国际飞行器焊接技术最新水平的搅拌摩擦焊已用于航天部分产品的焊接加工；飞机关键件制造整体工艺取得了重要的进展；兵器大口径弹体毛坯精化、弹带焊接和自动化装药三大关键工艺技术的研究取得了突破，实现了大口径无槽弹带焊接的从无到有。全行业攻克各类工艺技术难关近千项，促进了高新技术武器装备的研制生产。

先进适用技术改造传统工艺提升了整体工艺水平。结合先进工艺科研成果的推广，各企业开展了对传统落后工艺的改造。全行业在精密加工、成形、焊接、装配、检测、火工品制造等领域的整体水平得到提升。通过推广普通机床数控化改造，三年研制出10种具有自主知识产权的经济型、普及型和高端数控系统，为全行业改造普通机床3 000余台，比引进国外同类机床节省资金60%以上；船舶行业开始推广应用双丝单面MAG焊接工艺技术，实现了22 mm厚度平板焊缝一次焊接双面成形，取代传统的CO_2气保焊和埋弧焊接工艺，效率提高7倍，焊丝消耗降低35%。

但也应当看到，面对武器装备和军民结合高技术产业发展的需求，部分关键工艺还存在比较大的差距。军工制造业整体生产效率不高，环境污染问题比较严重，制约发展的问题仍较突出。

关键工艺技术落后，部分产品关重件的制造受到制约。主要表现在发动机制造工艺整体落后，大型复杂结构件制造能力有限，军用电子元器件制造及微组装工艺与国外先进水平差距明显。如航空发动机定向空心叶片精铸毛坯合格率低，与工业发达国家差距较大；航天固体发动机在工艺上仍以手工操作为主，生产人员与火工品近距离接触，生产效率低，安全性差；我国在高密度组装水平与国外先进水平还有很大差距，影响了军用电子装备的小型化、轻量化和可靠性。

部分军工专用关键工艺装备受制于人。美欧等西方国家对敏感的固体推进剂自动化装药装备、高端数控机床、大口径强力旋压等军工关键工艺装备实施禁运。如大口径非球面超精密加工设备，只出售口径较小的设备，且不提供工艺技术和工艺数据，设备效能发挥受到很大制约。

精密成形技术落后，原材料利用率低。精密成形毛坯精化工艺对减轻武器装备构件重量、降低制造成本具有重要作用，在工业发达国家广泛采用，材料利用率一般达到80%，国内民用制造业也正在积极推广。在军工制造业中，精密成形技术尚未得到广泛应用，毛坯生产仍以传统工艺为主。“肥头大耳”毛坯普遍存在，导致后续加工复杂，浪费惊人。

先进工艺装备效益远未发挥。由于缺乏配套技术开发，对加工工艺和过程优化研究不够，集成制造水平较低，致使先进工艺设备的效益远未发挥。目前大多数企业数控设备加工效率仅为20%～40%，而国外效率一般达到80%以上。企业普遍存在着数控设备集成性差、操作水平和编程水平低、刀具管理落后的现象。“高能低用、精机粗用、五轴当三轴、多头当单头”的情况比较普遍。

绿色安全生产问题依然突出。军工制造业中有不少火炸药、推进剂、战斗部等涉及高污染、高危险的落后生产工艺。如火炸药等危险品的生产工艺技术落后，存在着很大的安全隐患；盐浴炉、冲天炉等热处理技术，造成较大的资源消耗和环境污染；印制板组装件清洗，所采用的氟利昂清洗溶剂含有破坏臭氧层的物质。

2 推动国防科技工业工艺技术跨越发展是大势所趋

坚持工艺技术创新是走新型工业化道路的需要。国家中长期科技发展规划提出积极发展绿色制造，研究开发绿色流程制造技术，“十一五”期间单位国内生产总值能源消耗降低20%左右、主要污染物排放总量减少10%，基本遏制环境污染趋势，使资源消耗、环境负荷水平进入国际先进行列。军工制造业现行工艺技术状况参差不齐，生产效率普遍较低，“三耗”高，部分军工特色工艺对环境污染严重，这与落实科学发展观，建立资源节约型社会很不协调，与建立创新型国防科技工业的发展战略极不适应。采用先进适用技术改造传统工艺，坚决淘汰落后的工艺技术与设备，降低能源消耗、材料消耗和劳动力消耗，既是国防科技工业落实中央要求的一项重要任务，也是建立资源节约型企业、走新型工业化道路、增强竞争能力，实现国防科技工业转型升级、保持国防科技工业平稳较快发展的需要。

提高工艺技术水平是保障武器装备研制生产的需要。“十一五”期间，国防科技工业任务重。随着武器装备向着高效能、小型化、低成本、多功能以及精确打击的方向发展，对工艺技术提出了更高的要求。因此，必须重视企业工艺技术水平的提高，特别要重视产品生产过程中重大关键工艺技术的创新与进步。

开发关键工艺与装备技术是打破国外封锁与限制的需要。军工行业用的工艺装备历来是国外对我进行封锁和限制的重要方面，80年代冷战时期的“巴统协定”禁运、几年前美国的“考克斯报告”、美国参议院通过的“控制高技术机床出口法案”，以及在国际机床展会上展示的Cincinnati数控复合材料缠绕设备的国家限制说明等，对出口到中国的数控设备和电子制造装备等进行跟踪，以限制用于军工等，都明确地将各种高端精密数控工艺装备列为对我国进行禁运和限用的重要内容，以此来制约我国制造业尤其是军工制造业的发展。关键工艺装备买不来，核心工艺技术更买不来，对于关键工艺装备和技术，我们必须立足自力更生。

提升工艺制造能力是转变经济增长方式的需要。国防科技工业的经济规模不断扩大，发展速度保持在较高的水平，但要实现经济效益与发展规模同步增长，必须大力推广先进工艺技术在企业的应用。随着国内外市场竞争越来越激烈，工艺技术水平和保障能力已成为争夺市场的重要因素。如我国力争成为世界造船强国，必须全面采用壳、舾、涂一体化和焊接自动化的先进工艺，缩短生产周期，降低制造成本，才能增强国际市场竞争能力；兵器工业采用精密成型技术，每减少一毫米弹体毛坯壁厚差，就能降低大量的原材料消耗和制造成本。因此，先进工艺技术在转变经济增长方式、壮大军工经济方面有广阔的发展空间。

3 自主创新为动力提升全行业整体工艺技术水平

未来五年，是国防科技工业发展和改革的关键时期。为提高军民品研发和制造水平，“十一五”期间，要紧密围绕高新技术武器装备研制生产和军民结合高技术产业发展对工艺技术的需求，以提高工艺自主创新能力为主线，以新工艺技术研究应用为重点，用先进适用技术改造传统产业，用信息技术带动研发和制造水平升级，提高工艺装备使用效率和产品生产质量，转变生产模式，实现安全生产和清洁生产，提升全行业的整体工艺技术水平。具体措施为：

重点突破一批制约武器装备研制生产的关键和瓶颈工艺技术。围绕高新技术武器装备的紧迫需求，重点突破高精度陀螺超精密与微纳加工、单晶空心无余量叶片和高性能涡轮盘制造、大型复合材料构件自动铺放、大口径非球面光学加工、长寿命高可靠电路模块高密度组装、增韧陶瓷基复合材料构件制造等先进工艺技术的研究和工程化应用，保障高新技术武器装备的研制生产。

先期研究一批对未来发展有重要影响的前沿性工艺技术。重点开展对未来武器装备和军民结合高技术产业发展具有重要影响的新型工艺技术的先期研究。如生物制造、纳米制造、微机电制造、智能制造等新型工艺制造技术，以支持未来微小型武器系统、微型航天器等新型武器装备和军民结合高技术产品的跨越式发展。

推广应用一批提升制造业整体水平的先进适用工艺技术。重点推广高效、节能降耗、绿色环保的新技术和新工艺，改造传统工艺，提升整体技术水平。如高效数控加工工艺、温挤复合成型工艺、大型复杂薄壁精密铸造工艺、微变形热处理工艺和战斗部注装药和模块化装药等先进工艺技术。

改造淘汰一批高能耗和高污染的落后工艺技术。根据国家限制淘汰落后工艺与设备目录和有关政策规定，研发一批先进替代工艺，统筹规划，系统组织，引导企业改造淘汰一批污染重、消耗大、效益差的落后工艺、设备及生产线，如含氰电镀表面处理，盐浴炉热处理、电路板氟利昂清洗、引信和火工品人工装配、单基发射药压伸成型等落后工艺。

重点建设一批军工企业和行业的工艺技术研究应用中心。围绕研制生产任务和重点工程对工艺技术的迫切需要，自主开展先进工艺技术的研究与应用，推动企业工艺技术进步；国防科工委重点建设一批跨行业、共性和关键工艺技术的研究应用中心，进行工程化研究开发，推广应用，为企业提供成熟配套的先进工艺技术，为全行业先进工艺技术应用提供整体解决方案和咨询服务，培训先进工艺技术应用人才。

完善建立一批工艺标准规范和数字化工艺数据库。为适应高新武器装备及军民结合高技术产品研发、批生产和企业信息化要求，合理规划、科学布局，构建高效数控切削加工、钣金和管材加工、自动化焊接和复合材料构件制造等工艺基础数据库。完善数字化精益生产、柔性制造、工艺参数优化、快速生产准备等标准规范。使全行业逐步实现制造技术资源共享，提高整体工艺技术水平。

争取到“十一五”末，基本解决型号研制和批产的瓶颈工艺技术，形成主导产品的核心工艺技术体系；以信息化带动制造水平升级，推进数字军工建设；使超精密与微纳加工工艺及自动化焊接等关键技术达到国内领先水平；精密成型工艺技术在全行业内推广应用面达到60%以上，能耗、材料利用率和制造成本达到国内同行业的先进水平；绿色安全生产形势得到进一步改善；在重点企业实现工艺过程与工艺管理的数字化，提升企业快速响应制造能力，在整体上提高国防科技工业工艺技术水平，促进国防科技工业转型升级。

实施知识产权战略　建设创新型国防科技工业*

吴伟仁

胡锦涛总书记在全国科学技术大会上指出，建设创新型国家，核心就是把增强自主创新能力作为发展科学技术的战略基点，走出中国特色自主创新道路，推动科学技术的跨越式发展。他强调，必须培育一大批具有自主创新能力、拥有自主知识产权的企业。这是以胡锦涛同志为总书记的党中央高瞻远瞩、审时度势做出的科学决策。

国防科技工业作为国家战略性产业，肩负着保障武器装备建设和推动国民经济发展的重任。回顾国防科技工业"十五"以来在自主创新和知识产权工作方面取得的成就，展望"十一五"国防科技工业发展目标，我们更加深刻地认识到，建设创新型国防科技工业是建设创新型国家的重要组成部分，要建设创新型国防科技工业，必须大力提高国防科技工业自主创新能力，而提高国防科技工业自主创新能力，必须拥有更多的自主知识产权。

1 "十五"期间，国防科技工业知识产权工作成效显著

通过五年的努力，国防科技工业行业逐步形成了尊重知识产权、保护知识产权、运用知识产权的良好氛围，全行业知识产权意识不断增强，专利申请数量和质量加速增长。统计表明，"十五"期间全行业专利申请年均增长46%，尤其是2002年以来，专利申请数量连续翻番，其中发明专利占50%，在某些关键技术领域拥有了一批自主知识产权。

航天科技集团一院自主研制的具有自主知识产权的50吨级氢氧发动机试车成功，标志着我国新一代运载火箭的基础动力装置实现重大技术突破；西北工业大学的"耐高温长寿命抗氧化陶瓷基复合材料应用技术"，拥有12项发明专利，突破国外技术封锁，实现了重大原始性创新，并荣获国家技术发明一等奖；南京航空航天大学的"新型超声电机技术"，打破国外专利技术长期垄断，申请和授权的国家发明专利达21项；北京航空航天大学研制成功我国第一台50 Nms磁悬浮反作用轮原理样机和150 Nms磁悬浮储能飞轮样机，掌握了航天高精度控制的核心技术，达到国际先进水平，获得了10余项专利；中国船舶工业集团公司研制成功具有自主知识产权的单面焊接双面成型MAG焊机，整体性能达到国外同类产品的先进水平，实现我国造船焊接技术的第三次变革，使我国造船自动化水平大幅度提高。这些成绩充分体现了实施国防知识产权战略，对于提高国防科技工业自

* 国防科技工业，2006 (5)：3.

主创新能力，建设创新型国防科技工业的巨大推动和保障作用。

“十五”期间，国防科工委坚持“政府推动、政策配套、主体实施、制度保障”的原则，采取有力措施，以点带面，全面推进，在国防科技工业知识产权保护与管理方面，开展了大量卓有成效的工作，为国防科技自主创新奠定了坚实基础。

完善国防科技工业知识产权法律法规建设。

2001 年，国防科工委颁布实施了《关于加强国防科技工业知识产权工作的若干意见》，提出了将知识产权管理纳入国防科研、生产、管理和经营全过程的新理念，并有针对性地指导全行业开展知识产权工作；2004 年，国防科工委和总装备部联合起草了新的《国防专利条例》，并由国务院、中央军委颁布实施。这些相关法律法规的出台，对规范国防科技工业知识产权工作，促进国防科技工业自主创新起到了积极作用。

创新国防科技工业知识产权工作管理模式。

2002 年，国防科工委在全行业选择了 15 家具有代表性的厂所、院校，开展为期两年的军工企事业单位知识产权试点工作。2004 年，国防科工委联合国家知识产权局，在全行业启动了为期两年的国防科技工业知识产权推进工程。通过试点工作和实施推进工程，全行业知识产权意识明显提高，运用知识产权制度的能力不断增强，知识产权数量和质量快速增长。

开展国防科技工业知识产权研究工作。

围绕国防科技工业要坚定不移地走军民结合、寓军于民的发展道路的中心工作，国防科工委开展了一系列国防科技工业知识产权理论和实践问题研究，对国防科技工业知识产权现状、问题及发展目标、发展重点进行了深入的分析，提出了适合国防科技工业发展的知识产权发展模式和相关政策建议措施。

将知识产权作为重要的评价指标。

建立国防科技工业绩效考核评价新体系，将专利数量和质量列入军工集团综合管理绩效考核指标，将知识产权与国防科技奖励紧密结合，作为“国防科学技术奖”的重要条件，极大地调动了军工企事业单位自主创新的积极性，推动国防科技工业知识产权工作快速发展。

2 知识产权制度是建设创新型国防科技工业的重要保障

正如温家宝总理所指出的，“没有知识产权保护，就不可能有自主创新。”建设创新型国防科技工业，核心就是要增强国防科技自主创新能力，要在国防科技工业若干重要领域掌握一批核心技术，拥有一批自主知识产权。在实践中我们体会到，要将这些核心技术转化为国防竞争实力和市场竞争优势，就是要充分运用知识产权制度，发挥其对自主创新的重要保障作用。

知识产权制度是激励国防科技自主创新的有效手段。

国防科技的自主创新往往需要投入相当大的人力、财力和物力，国防科技工业知识产权制度为涉及国防的智力成果提供法律保护，在保障国家利益的前提下，充分体现创新主体智力劳动的价值，使之获得相应的权利与回报，从而有效地激发创新主体的内在动力，激励人们继续新的发明创造的积极性。

知识产权制度有利于营造国防科技工业有序竞争的环境。

要创新就必须有竞争。发达国家的经验告诉我们，在竞争的驱动下，企业能够释放更强劲的创造力，为生存发展而不断进取。没有竞争，企业将固步自封，失去创新的动力。随着改革的逐步深入，国防科技工业将面临更加开放的环境，军工企事业单位也将面临更加激烈的竞争。而知识产权制度营造了尊重发明、鼓励创造、保护知识成果的文化与法律环境，有助于引导并形成公平有序的市场竞争规则。

知识产权制度可以科学配置国防科技创新资源。

统计表明，全世界90％以上的最新发明创造信息都可以通过专利文献反映出来。在国防领域，充分运用知识产权信息，不仅可以了解世界国防技术的发展方向和重点，掌握我国相关领域的技术发展动态，而且能够提高国防科研的开发起点，节约研究经费和时间，避免低水平重复研究造成的浪费，从而为科学配置国防科技创新资源，实施高水平的国防科研管理提供决策支撑。

知识产权制度能够有效促进国防科技创新成果的产业化。

知识产权是自主创新的基础，也是参与市场竞争的重要手段。在创新成果产业化的过程中，知识产权具有非常重要的推动作用。知识产权制度将技术成果所创造的市场效益与创新主体的利益挂钩，引导创新主体将其国防科技自主创新成果实施转化，将创新优势转化为市场优势，促进国防科技的自主创新走向良性循环。

几年来，国防科工委充分发挥知识产权的支撑和引领作用，积极推进国防科技工业自主创新。涌现出以长安汽车（集团）公司、哈尔滨工业大学、昆明船舶设备集团有限公司等为代表的先进典型，为国防科技工业知识产权制度保障自主创新提供了鲜活实例。

3 大力实施知识产权战略，建设创新型国防科技工业

“十一五”期间，国防科技工业要大力实施知识产权战略，建设创新型国防科技工业，面临着新的机遇与挑战。新军事变革加速推进，高新技术迅猛发展的形势，国家之间的竞争更多地体现为高技术的竞争，知识产权正成为自主创新能力的主要标志。

在高技术领域国外申请专利已占绝对优势。

截至2004年，在国防技术领域，国外在华申请发明专利是国内申请发明专利数量的2倍多，其中在核技术领域是3.4倍，航天技术领域是2.3倍。尤其在某些关键技术领域，国外在华申请专利已占绝对优势。如卫星技术领域国外申请占89.5％，核燃料技术领域国外申请占96.8％，航空发动机技术领域国外申请占97.8％。如果不扭转这种被动不利局面，建立国防科技

工业“军民结合、寓军于民”的创新体系就无法实现，也不利于自主创新，更谈不上建设创新型国防科技工业。

国防科技工业知识产权意识不强，竞争能力弱。

国防科技工业受长期计划经济的影响，参与市场竞争的意识不强，对市场环境下的知识产权制度缺乏应有的认识和经验，知识产权保护观念淡薄、管理机制不完善、管理体系不健全、高素质专业人才匮乏，知识产权制度运用能力弱，导致全行业发明专利申请数量少，严重制约着我国国防科技工业未来的发展。

国防科技工业知识产权权属与利益分配机制不适应新形势要求，激励作用难以发挥。

国防科技工业知识产权权属问题已成为制约军工企业和科研院所发展的主要因素之一。国家有关法规规定，用于国防目的的技术成果归国家所有，知识产权的责、权、利不明晰，不能充分体现智力成果的价值，不利于调动国防科技创新主体的积极性，不适应建设创新型国防科技工业的新形势。另外，国防科技工业知识产权无偿使用现象时有发生、维权困难等，也制约了国防科技工业知识产权工作的发展，使激励作用难以发挥。

形势严峻，形势逼人。只有尽快采取有效措施，建立有利于知识产权产生、保护和运用的机制，才能激发科研人员自主创新的内在动力，为建设创新型国防科技工业提供有力保障。“十一五”期间，国防科工委要以提高国防科技工业核心竞争力为重点，不断探索具有国防科技工业特色的知识产权发展模式，实施国防科技工业知识产权战略，着力抓好以下几方面工作：

完善国防科技工业知识产权激励机制，营造有利于自主创新的良好环境。

在国家知识产权战略的总体框架下，针对国防科技工业面临的形势和发展需求，研究制定国防科技工业知识产权战略。要进一步完善国防科技工业知识产权政策法规体系，制定符合我国国情的国防科技工业知识产权归属与利益分配政策，建立知识产权评价体系，加大对知识产权创造者的奖励力度，营造有利于自主创新的良好环境，最大限度地激发军工企事业单位和广大科研人员从事国防科技创新活动的内在动力。

加大国防科技工业知识产权管理与保护力度。

加强对国家重大科技专项、军民结合高技术产业以及重要民品的知识产权全过程管理，要在国防科研计划项目的立项、研制和验收各环节中，把形成和保护自主知识产权作为重要的考核指标；加强国防关键技术领域的知识产权战略研究，编制并定期发布应掌握自主知识产权的技术指南和产品目录，对列入指南和目录的予以重点支持；建立企业并购、技术交易等重大经济活动知识产权特别审查制度；建设国防科技工业知识产权信息平台，加快国防科技工业知识产权信息资源整合利用，实现信息共享；采取有效措施，加速国防科技工业知识产权的实施和转移，同时，吸纳先进的民用技术服务于国防建设。

强化知识产权宣传与培训，加强国防科技工业知识产权人才队伍建设。

采取多种形式，深入开展知识产权宣传与培训工作，提高全行业知识产权保护与管理意识；积极推进知识产权专业教育，培养一支高素质的知识产权人才队伍，切实解决专业人才匮乏的问题，满足国防科技工业知识产权工作长远发展的需要。

建设创新型国防科技工业，是时代赋予我们光荣而艰巨的使命。“十一五”期间，国防科工委将贯彻落实科学发展观和党中央对国防科技工业提出的“四个坚持”战略要求，大力实施国防科技工业知识产权战略，着力提高国防科技工业自主创新能力和核心竞争力，为建设创新型国防科技工业而努力奋斗！

提高自主创新能力　建设创新型国防科技工业*

吴伟仁

在参加了国防科技工业工作会议和刚闭幕的国家科技大会之后，国防科工委科技质量司司长吴伟仁深有感触，他说，从上世纪中叶开始，我国用五十多年时间赶超发达国家科技领先两三百年的差距，这是一项需要我们为之不懈奋斗的全民族的伟大事业。

工作会议首次明确提出国防科技工业要加快“转型升级”，吴伟仁认为，它不仅符合国际潮流，而且是我国建设创新型国防科技工业的必然选择。首先，我们可从美国军事战略的成功调整得到借鉴。本世纪初，为适应新军事变革的需要，美国转变了过去冷战时期确立的长达40年的进攻型三角军事战略形成由进攻＋防御＋国防工业能力的新三角军事战略，首次把国防科技研发与工业基础作为构成美国“新三位一体”战略威慑力量的三个支撑之一，并由此又提出了与之相适应的基于作战能力与效果的国防工业的转型。我们从美国这一战略调整中也可受到启发。其次我国提出建设创新型国家的总体目标，这将推动我国经济增长模式从资源依赖型转向创新驱动型，以此为宗旨我们的发展定位于建设“创新型国防科技工业”的战略目标，使科技发展成为整个行业发展的牵引，从而实现转型升级这正是落实科学发展观的具体体现。

建设创新型国防科技工业增强自主创新能力，要抓好国防科技创新体系建设，吴伟仁介绍说国家创新体系由五大部分组成其中之一就是国防科技创新体系。我们正在组织研究，要进一步明确国防科技创新体系的定义和内涵。

加强自主创新，建设创新型国防科技工业，是一项系统工程，要把握好政府和市场的关系。吴伟仁说，目前我国政府的行政作用还比较强，从长远来看政府的主要职责是做好具有前瞻性战略性的规划，制定相关政策，引导组织科研计划实施。

吴伟仁说，培养军工企业真正成为技术创新的主体，是我们的目标，也是艰巨的任务。目前，军工系统创新主体主要还是科研院所和大学，每年部级科研成果的80％都出自科研院所和大学。下一步要通过一系列改革措施使创新主体真正转向企业。

加强自主创新首先要分析找准差距。我们在评价某一项技术与国际水平的差距时，方法往往还停留在定性阶段，而差距在哪里，到底差多少，需要从定性分析到定量判断。只有在找准差距的基础上才能集中力量予以进行突破。我们已开始着手对国防关键技术进行系统全面的评价，在此基础上，形成我国军工系统的关键技术谱系。

---

* 国防科技工业，2006（1/2）：1.

“十一五”期间，加强自主创新需要明确科技发展的重点任务。吴伟仁特别提出，一、只有加强基础研究和前沿技术的突破，才能提高整个国家的创新能力。因此要加大基础研究、应用基础研究的投入比例。二、要形成以创新为标准的科技奖励评价体系，成绩和成果要分开，评奖是评成果。要调整、提高对创新成果的奖励力度。三、抓好先进工业技术尤其是关键工艺技术的推广应用。我们计划在今年召开全行业第一次工艺工作会，大力推进工艺制造水平的提升。四、抓好科技创新平台建设，国防科技重点实验室作为前瞻性、前沿性、基础性研究平台，主要开展新原理、新技术、新方法的研究，对于提高自主创新基础能力承担着重大使命。同时，为培养军工企业真正成为技术创新的主体，按照“研究、示范、服务、培训”，做好先进技术研究与应用中心建设。五、抓好重大科技工程的实施实现重点跨越。这些重大工程包括探月二、三期工程、大型飞机等已进入国家重大科技工程序列。实施重大科技工程能够以局部突破带动相关领域技术水平的整体提升，具有深远的战略意义。

军民结合、寓军于民是国防科技工业必须长期坚持的战略方针，“十一五”期间要大力发展军民两用技术。吴伟仁说，军工每年的科研成果，相当部分是可以转为民用的。要做好民用技术转军用，就必须打破目前还相对封闭的局面，形成向普通科研院所、高校以及民口企业开放的格局。在做好保密工作的前提下，政府欢迎并支持民间力量包括民营高科技企业进入军品科研生产领域。

军工制造业与信息化*

吴伟仁

信息化在改变着世界，在改变着整个传统军工制造业。信息化是我国军工制造业加快实现现代化的必然选择和重要机遇。我们要从国际战略全局和国家发展的大局谋划军工制造业的发展，以信息化带动工业化作为我国军工制造业实现跨越式发展的战略举措。利用信息技术、动化技术、代管理技术与制造技术的结合带动产品研制方法和技术的创新、企业管理模式的创新、业间协作关系的创新，现从以工业化生产为特征的，机械军工，向以集成化、信息化、网络化为特征的，数字军工，转变，大力振兴军工制造业，全面提高军工制造业的能力和水平。

20 世纪中叶，以计算机应用为标志，揭开了现代信息技术革命的序幕。技术已成为当代覆盖面最宽、渗透性最强、增效应最大的技术。21 世纪的竞争，主要是以信息技术为核心的高新技术产业的竞争。信息化程度将成为衡量国家和地区发展的重要标志，为世界经济结构调整和带动制造业优化升级的推动力量。

军工制造业是国家制造业的重要组成部分。在我国，工制造业是指研制、生产武器装备（包括系统、整机、零部件等）和具有明显军工高技术特色的主导产品的制造业的总称，涉及核、航天、航空、船舶、兵器和电子等行业及相应产品，具有高技术密集和军民两用的特点。军工制造业担负着武器装备研制生产和参与国民经济建设的双重历史使命，它的水平直接决定着国防科技工业的供给能力和国防现代化的进程，对国民经济发展和技术进步也具有重要推动作用。

 1 信息化是军工制造业实现跨越式发展的必由之路

1.1 军工制造业信息化是科学技术发展的必然趋势

进入 21 世纪，经济全球化进程不断加快，综合国力竞争日趋激烈，以信息技术、生物技术等为代表的科学技术的迅猛发展，给世界各国的经济发展和人类社会的明进步带来了新的机遇和挑战。

* 中国制造业信息化，2006（12）：7.

信息化是当今世界制造业科技发展的主要趋势。制造业信息化技术集成了电子信息、自动控制、现代管理、先进制造等多项高新技术，能够同时调控物流、资金流、信息流和知识流，从而有效地提高劳动生产率，改善产品质量，降低生产成本，加快企业对市场的响应速度，大幅度增强企业的竞争力。目前各国都在加快推进制造业信息化，以保持自己在世界分工的有利位置。我国军工制造业也必须牢牢把握这个大趋势，站在世界科技发展前沿，加快信息化建设进程，推动军工制造业发展。

1.2 军工制造业信息化是适应新军事变革和现代武器装备研制生产的需要

从 20 世纪后期开始的世界新军事变革呈现出强劲的发展势头。信息化是这场变革的基本特征，伴随着战争高度信息化和数字化战场的形成，武器装备已开始从机械化向数字化跃升。伊拉克战争中，作为进攻方的美军自始至终以信息技术为基础，以信息环境为依托，将指挥、控制、通信、情报、电子对抗等网络系统联为一体，实现了各兵种信息资源共享，作战信息及时交换及零时差的“时敏打击”，牢牢掌握着战争的主动权。从这场战争中，人们看到信息化战争的巨大威力。

面对世界新军事变革的挑战，我军确定了完成机械化和信息化双重历史任务，实现军队现代化建设跨越式发展的战略。现代战争爆发突然、进程短促、应变快速，陆海空天一体化和精确打击的特点，迫切要求军工制造业实现研制手段、生产过程和管理方法的信息化，具备快速响应、柔性生产、精确制造、产品全生命周期质量保障和网络化管理等多方面的能力，建立基于信息化技术的生产系统以及军工快速响应研制体系，而这一切都建立在信息化基础之上。我们必须以世界眼光和战略思维，构筑以信息化为主导的军工制造业，为国防现代化提供强大的实力后盾，迎接新军事变革的挑战。

1.3 军工制造业信息化是适应我国加入世界贸易组织和增强企业竞争力的需要

我国加入 WTO 以及世界经济全球化进程的加快，使得既为传统产业、又为高科技战略性产业的军工制造业面临空前激烈的外部竞争环境，军工制造业的民品产品也同样面临国内外知名厂商的严峻挑战。不论是武器装备，还是民品，产品的竞争力主要体现在研制周期、成本、质量和服务几个方面。为提高这些方面的竞争力，世界各知名制造厂商都在大力采用信息技术改造和提升企业。如美国通用汽车公司应用现代集成制造系统技术，将轿车的开发周期由原来的 48 个月缩短到、24 个月，碰撞试验的次数由原来的几百次降低到几十次，应用电子商务技术降低销售成本 10%；我国航空企业在进行国际合作设计直升机和民机转包生产过程中，数字化设计能力和数字化装备也成为首要条件，充分反映了信息技术在竞争中的地位和作用。军工制造业中民品的生产占有很大的比重，信息化技术上不去，我们就不能在市场竞争中取得优势，因此军工制造业一定要跟上时代发展的步伐，通过信息化提高企业的管理水平、劳动生产率和市场竞争能力。

2 国内外军工制造业信息化技术发展现状及趋势

2.1 国外军工制造业信息化技术发展迅速

信息化技术得到世界各国政府的重视和大力支持。美国自20世纪80年代开始，由国防部和军方共同制订和实施了一系列旨在以信息化技术为主导的先进制造技术计划。美国将先进制造技术列入国防关键技术计划和国防科学技术发展战略中，并批准和启动了连续采购与全生命周期支援计划CALS、国家工业信息基础结构协议（NIIIP）研究计划、虚拟制造研究计划、敏捷制造使能技术计划（TEAM）、先进制造技术（AMT）计划等；1998年美国又立法规定，美国国防部长每年都要为国防制造技术规划制订一份年度性的5年计划，其，2010年及其以后的美国国防制造工业，的国防制造技术规划目标为“在国防武器系统整个生命周期内，实现能作出快速反应的、世界一流水平的制造能力，并在经济可承受的条件下，满足战争的各种需求”。日本和德国也制订了相应的智能制造系统计划和工业基础技术研究计划。这些计划的核心，就是用计算机技术、网络技术和现代控制技术以及现代生产管理技术，改造传统制造业尤其是军工制造业，以满足现代社会生产和国防的需要。

美国的飞机制造业在这场信息化革命中走在前列。总的发展趋势是从信息集成。过程集成到企业集成，从产品并行设计。企业过程重组到全球制造。

波音公司以Boeing-777为标志，建立了世界第一个全数字化样机，开辟了制造业信息化的一个里程碑。采用产品数字化定义（DPD）、数字化预装配（DPA）和并行工程（CE），达到比传统方法设计更改和返工减50%，研制周期缩短50%的显著效果，保证了飞机设计、制造、试飞一次成功；以联合攻击战斗机JSF为代表的全球性虚拟制造企业，开创了数字化生产方式。美国与英国、土耳其、意大利等8国建立了以项目为龙头的全球虚拟动态联盟，充分利用这些国家已有的技术、人力、资金、设备等资源，实现异地设计制造，加速产品的研制生产，取得了很大的成功，达到减少设计时间50%，减少制造时间66%，减少制造成本50%的效果。

信息化技术给造船制造业也带来了革命性的变化。以信息化为核心的舰艇总段建造和模块化生产技术蓬勃发展。它不仅涉及设计制造技术的改变，更涉及生产组织、质量管理方法的改变；把过去按工种串行进行作业的生产方法，转变为按总段和模块多工种并行进行作业，从而把大量各种舱室中的工作，从船坞和舾装码头分别转移到专门的工厂或生产车间进行，大大缩短了建造周期，是造船方式的一次革命。

核潜艇模块化建造始于20世纪80年代。通过采用预先设计好的通用模块装配成具有不同功能、使用性能和尺寸的核潜艇。美国“海狼”号攻击型核潜艇是世界上第一艘全部采用模块化设计和建造的核潜艇。通过数字样船，将整艘舰艇划分为若干个由模块、次模块、组件、附件和零件构成的舱段；运用数字化预装配，预先解决许多在建造中才能发现的碰撞，振动间隙和通道可用性等问题，采用共享三维数据库直接产生机加、弯管和切割指令，驱动数控机床、数控弯管机和数控切割机；采用信息化技术进行生产过程管理和质量监控；通过网络将生产过程中的问题直接反馈给设计和管理部门，从而缩短了建造周期，加快了型号的更新换代，提高了产品的可靠性和维修性，降低了制造费用，目前这一系统正用于“弗吉尼亚”级核潜艇的建造中。

日本政府从 1996 年起实施船舶 CALS 计划，由本国 7 大造船企业及相关机构联合承担。其重点是通过构建共同的网络系统，实现企业之间的信息共享，促进造船生产、物料设备采购和船舶运营支持信息的综合集成，最终达到提高全国船舶工业整体生产效率，增强国际竞争力的目标；最近，日本政府为进一步加快信息技术在造船中的应用，正在着手制订一系列新的计划，推动“数字化造船”的实施，其中包括建立有关造船工艺规程的信息数据库，在各造船企业中推广。如通过对加热弯板工艺规程参数的数字化，工人可以十分便利地利用计算机网络系统找到相应弯板工件最适合的加热温度、时间及加热和冷却的频率等各项规范参数，从而大大提高弯板质量和生产效率。

韩国各大造船企业也在积极致力于信息技术的发展。例如现代重工采用的“综合生产信息管理系统”，把各个生产工序的信息变成数据库的内容，用于预测产量和原材料需求量，提高工序自动化水平。三星重工提出了“数字化船厂”的发展目标，拟在 2004 年前建成一套数字化造船系统，可在虚拟环境下模拟从开工到下水的整个造船过程。通过与 CAD 系统的接口，可在实际生产前对人力负荷、建造方法、物流及自动化应用等建造过程进行快速模拟和优化，从而大幅度提高生产效率。

2.2 国内军工制造业信息化取得一定进展

（1）军工制造业具备了一定数量的软硬件资源。

通过近年来加大对信息化的投入，军工制造业已经具备了一定的信息化软硬件基础和条件。大部分集团公司建成信息专网，实现了集团公司总部与所属企事业机构以及企事业机构相互之间的加密传输和互联互通，改变了传统的办公方式，从信息发布、处理、交流、共享到公文办理实现了电子化，形成了上下畅通、高效、便捷的协同办公环境。

军工企业都配备了相当数量的计算机和网络系统，基础装备有了较大的改观。以某集团公司 2002 年调查的 8 个企业为例：计算机拥有量为 1 603 台，平均为 200 台/厂；企业普遍建立了内部网络少数建有外部网络。如某船舶制造厂于 1998 年建立了覆盖全厂、以光纤为主干的内部网，跨江两岸的内部网络通过加密微波相连；某飞机制造厂从 1993 年开始进行计算机应用改造，现在全公司拥有 DEC 工作站和各类服务器 10 余台，各种图形工作站及其 CAD/CAM 系统 100 余套。企业的计算机应用工作面已覆盖了生产、经营、设计、物质、财务和人事等方面，保障了军民品的研制和生产。

（2）军工制造业信息化单项技术应用普遍。

军工制造业的信息化技术应用起步较早，其单项技术应用已非常普及。以计算机辅助设计 CDA、计算机辅助工艺设计 CAPP、计算机辅助制造 CAM 为例。

CDA 技术在绝大部分军品设计上已普遍采用。设计部门基本上取消了人工绘图，实

现了，甩掉图板，设计人员利用计算机及应用软件进行设计和绘图。

CAPP技术应用在企业逐步开展。通过对97个企业的调查，有50%的企业开展或局部开展了CAPP应用工作，部分CAPP系统已经实现了与材料库、设备库、工艺数据库、典型工艺库以及工装、量具的集成，完成工艺卡片填写、工艺文件编制及管理性质的任务，不仅使工艺技术人员从繁重的重复劳动中解脱出来，提高了工艺设计的质量和效率，同时也为工艺技术文件管理的科学化、规范化提供了工具，使工艺工作上了一个新台阶。

CAM技术在拥有数控设备较多的企业开展得较好。在某飞机制造厂，凡是与飞机外形有关的复杂型面类零件、关键对接类零件以及相关的工装，如型架、钣金模具、样板、标准样件等都采用了数控加工，并且有相当部分实现了数控自动编程，大大提高了加工效率和产品质量。在数控弯管、钣金下料、数控高压水切割、数控激光切割方面，CAM的应用也比较普及，如数控弯管可以直接根据设计数据进行数控弯管编程。

（3）军工制造业各行业集成化技术应用效果显著。

集成化制造是军工制造业的重要发展方向。受先进武器装备批量生产和市场竞争的需求驱动，3C集成（CAD/CAPP/CAM）、CIMS、敏捷制造、精益生产等集成技术和新型制造模式开始受到重视，部分已在军工制造业开始应用，并且取得良好的效果。以航空和船舶为例。航空制造业信息集成技术整体水平相对较高。部分民机和军机已实现了飞机整机或部件、零件的三维数字化设计，建立了数字化样机模型，实现了部件或整机的虚拟装配、运动机构仿真、装配干涉检查、空间分析、管路设计、气动分析、强度分析等；广泛采用数字化建模和数字化协调技术，代替了原来的模线、模板，直接利用数字化模型进行NC加工，减少了中间环节和工装数量，显著提高了飞机设计质量，缩短了设计周期，也保障了企业按照国际惯例转包生产；某设计所在国内率先采用并行工程和设计制造一体化技术，初步实现了应用国际先进CAD软件进行三维结构设计、数字化结构件和主要系统件的预装配，建立了全机规模的电子样机；某制造厂在PDM技术应用方面取得了重大进展，在国际合作型号上得到实施，显著地提高了工作效率。按传统工作方式，工程技术人70%的时间用于查找资料，30%的时间用于设计开发，在实施PDM后技术人员只花费10%的时间查找资料，90%的时间可用于具体设计，这对提高产品设计质量和缩短设计周期产生了巨大影响。

船舶制造业信息集成技术起步较早。进入80年代后期，我国民船产品基本上以出口船为主。为解决激烈的国际竞争中造船周期过长的问题，引进TRIBON造船软件并在全行业广泛应用，提高了设计和建造效率；为使船舶设计中的初步设计、技术设计、详细设计、生产设计等各个阶段和船、机、舾、涂等多个专业在同一数据平台上工作，建立了产品电子信息模型，将实船生产中的问题提前发现和解决，而且为生产管理提供必要的信息；部分企业开发了具有船舶性能计算、船舶完工计算、计算机辅助绘图等功能造船在内的工程计算分析系统，使产品开发设计中的舱容、静力、重量重心、纵强度校验等繁复计算任务可以在几天内高质量完成，而新的船型可在船型库中选出母型船后进行快速变型设计。这些系统的应用为新产品开发提供了有效的工具，产品报价设计从原来需1～2个月/艘到目前每年可完成数百艘。

过去为设计出既满足各项性能指标，又具有一定设备安装和维修空间的潜艇，对于设备布置复杂的主要舱段，往往需要建造1∶1的实尺模型，反映实船的主要构布置，以考核设计的合理性及维修空间。这样不仅耗费大量人力、物力和周期，而且由于这样生成的模型不易更改，很难做到设计优化。通过建立潜艇三维立体模型，在计算机三维空间中，将船体型线、有关结构、系统、管路、电缆、阀体、船体按照统一约定的产品装配树、分结点、分层次、分颜色绘制，确定其实际位置和具体走向，使相互之间的空间关系表达清楚，满足干涉检查、布置优化以及各专业施工设计的需求；对设计中工作强度较大的管路系统安装图和电气系统安装图以及机电管脚安装图等，研究其三维模型的拓扑结构，实现从三维模型和工程图纸的自动转换或程序交互生成。

2.3 军工制造业信息化工作中应该注意的几个问题

（1）各级领导还要进一步转变观念，提高认识。

军工制造业信息化总体进展良好，但发展不平衡，我们对97户典型军工企业进行了调查，发现有些企业“一把手”对信息化重视不够，认识不到位，理念陈旧，有的把信息化仅仅看作是技术工程，没有认识到信息化是企业提高能力和水平、提高整体素质和核心竞争力、实现跨越式发展的必然选择和必由之路。因此在实施信息化过程中决心不大、力度不够、浅尝辄止，更缺乏对企业实施信息化的整体规划和长远设想，不能充当企业信息化的火车头。

（2）要加强信息化技术指导和基础建设。

军工制造业信息化建设要按照总体目标，协调一致地开展信息化建设，杜绝各行其是、自成体系、相互隔离、低水平重复的现象发生。但部分单位和部门在实施信息化过程中缺少宏观技术指导，环境不统一，信息不共享，“孤岛”现象严重。有的设计单位和制造单位采用不同的软硬件和数据平台，设计单位的图纸和数据到生产单位还必须重新建模和转换，造成重复劳动和设计制造集成困难。

信息化基础建设包括标准规范、数据库和网络安全。长期以来由于“重硬件轻软件”等倾向，导致标准规范和数据库建设等基础性工作不能协调发展。同时全行业在网络安全、系统防盗、硬盘保护、身份认证及存储权限等方面也显不足。

（3）企业信息化要与结构重组和业务流程再造相结合。

信息化不是简单地用计算机代替手工劳动，也不是将传统的管理方式照搬到计算机网络中，而是借助现代信息技术、现代管理理念，对落后的管理方式、僵化的组织结构、低效的管理流程等进行全面而深刻的变革，否则信息化的优势难以发挥。有的单位在信息化工作中，技术和管理“两张皮”，不注意按照信息化要求，对现有结构和流程进行梳理和优化，进行结构重组和流程再造，而是对原有结构和流程的电子复制。这种信息化，注定是没有出路的。

（4）军工制造业信息化要注重复合型人才的培养。

信息化成功的关键是人才，没有系统理解与把握信息化知识技能的管理层、技术层和执行层人才队伍的密切配合，信息化难以成功。目前企业普遍反映缺少信息化复合型人才，在工艺人员中既懂工艺、又懂信息技术的人才比例较少，而且现有人才流失严重，这种状况对企业信息化建设带来很大的不利影响。

（5）要多渠道筹措资金，加大对信息化的投入力度。

要改变军工制造业信息化落后的状况，适应武器装备发展和军工制造业自身发展的需要，必须加大对信息化的投入，要多渠道筹措。一是结合技术改造项目进行，改变过去那种主要以型号专项为牵引，就事论事的改造方式，形成以提升基础、打造能力为目标的技改模式；二是政府投入必要的资金，进行导向性支持，重点对信息化示范工程和共性关键技术给予支持；三是以企业为主体，加大对本单位企业信息化的投入。

3 军工制造业信息化工作的几点思考

综上所述，要搞好军工制造业信息化，首先要做好以下几项工作。

3.1 明确指导思想

在党和国家关于“以信息化带动工业化，以工业化促进信息化”的一系列方针政策的指导下，从军工制造业的实际出发，吸取国内外发展信息化的成功经验，以军工产品数字化设计制造和信息资源集成化管理系统为重点，以数字化标准规范和数据库建设为基础，以高新武器装备研制生产企业为应用验证对象，全方位推进科研、生产、经营和管理的数字化，全面提高军工制造业整体素质、增强军工制造业核心竞争力和可持续发展能力。

3.2 选择实施途径

（1）实施一批数字化示范工程。

以承担国家重点型号项目的单位为主要对象，在若干个企业建立数字化设计制造管理集成系统。实现武器装备计算机辅助设计、制造、测试、仿真和管理一体化，促进军工产品传统生产方式向数字化生产方式的转变，提升企业研制生产能力和水平。

（2）建立一个数字化基础体系。

以数字化设计制造和管理为中心，制定数字化技术基础标准，应用标准和相应的管理标准，建立起基本满足军工制造业数字化需求的国家，行业和企业三位一体的标准体系；建设一批基础性和通用性的数据库，知识库和模型库，支持数字化设计，制造，仿真和试验测试工作。

（3）突破一批数字化关键技术。

研究和开发一批具有自主知识产权的支撑软件和集成技术，打破国外软件厂商的垄断局面，同时建立我国国防科技工业软件研发基地，使信息化工作走上良性循环发展的道路。

（4）培养锻炼一支数字化队伍。

全方位、多层次地进行数字化培训工作，提高全员对军工制造业实现数字化的认识水平和业务水平，锻炼和培养一批“数字军工”的管理与技术人才；同时建立符合军工制造业特点和市场机制的数字化技术服务专业队伍和中介服务机构，推动全行业数字化技术的发展。

3.3 做好几项工作

（1）做好军工制造业数字化的整体规划。

信息化是实现军工制造业跨越式发展的有效途径，也是一项规模庞大而复杂的系统工程，要在认真做好军工制造业信息化调查、分析和研究工作的基础上，根据行业的特点和自身发展的需求，统筹考虑信息化建设的全局性问题，搞好顶层设计，制定切实可行的整体规划和政策措施，加强对全行业信息化工作的引导；企业则要依据军工制造业信息化规划，紧密结合企业实际需求和基础条件，在认真分析研究企业存在问题及所产生原因的基础上，确定信息化规划，脚踏实地工作，注重取得实效。

（2）加强军工数字化基础建设。

根据军工制造业的特点，从基础标准、数字化设计与制造标准、数字化试验与评价标准等方面进行研究，制定出符合军工实际以及发展需求的军工数字化标准规范体系，建立一个通畅、稳定、安全的网络通信平台。加强数据库系统、网络系统、标准规范等现代信息基础建设工作，逐步实现统一平台、统一标准、互联互通、资源共享。

（3）实施军工企业数字化重点示范应用工程。

以承担国家重点型号项目的单位为主要对象，2016 年之前在若干个企业分层次建立数字化设计制造管理集成系统。

1）初级数字化水平：（以单项数字化技术为主）在产品设计制造过程中实现CAD、CAM、CAE、CAPP和计算机辅助检测技术CAT等的大部分功能；在企业管理信息化方面，使用管理信息系统（MIS）和办公自动化系统（OA）初步实现以财务管理为核心的人、财、物、产、供、销的计算机辅助管理。

2）中级数字化水平：（以系统集成技术为主）实现设计制造集成，即CAD/CAPP/CAE/CAM/CAT的集成，产品数据管理技术（PDM）等，使传统设计制造模式向以数字样机为核心的产品虚拟化设计制造模式转化；在对业务流程进行梳理、优化和再造的基础上，基本实现MRPⅡ、ERP的主要功能。

3）高级数字化水平：（以优化价值链为核心的虚拟制造和电子商务）实现多厂所之间的异地协同设计与制造，应用先进的信息技术和数字化制造设备，实现生产过程的自动化和最优智能控制；以优化价值链为核心，在实现ERP的基础上，实施SCM、CRMH和管理方式网络化；实行B2B（企业对企业、B2C（企业对客户）等电子商务，并与企业内部的ERP集成，全程实现商务运营电子化。

（4）采用高新适用技术特别是数字化技术改造传统工艺装备。

改造传统产业是信息化的重要任务。尽管近年来军工制造业引进了大量先进设备，但数控设备所占比例仍然满足不了实际需求，再加上数控加工基础技术研究不配套，严重制约了数控设备效率的发挥。因此，在推进信息化进程中也应加强普通设备数控化改造，把经数控化改造的普通制造设备组织到全数控化生产线中，发挥“狼群”效应，同时加强工艺技术研究和开放式数控系统等关键技术研究和应用，提高数控加工效率。

（5）加强军工数字化人才队伍和服务体系建设。

人是企业生产经营的最关键因素，要培养一批致力于信息化建设、既善于经营管理、又懂现代信息技术、还具有先进管理理念的复合型人才，充分发挥他们的作用，并建立与信息化建设相适应的用人机制，同时加强全员信息化培训工作。

要在充分发挥现有培训、咨询、推广等中心作用的基础上建立包括工程化、标准化、科技信息、推广应用、咨询服务和人员培训等的配套服务体系，做好军工数字化工程应用的人员引导、支撑和服务工作。

4 结束语

古人云：“虽有智慧，不如乘势，虽有磁基，不如待时。”现在，军工制造业的信息化建设正是恰其时，当其势。我们必须高度重视信息化建设的重要性，坚持“三个代表”的重要思想，与时俱进，大力推进军工制造业的信息化建设，全面提高军工制造业的整体素质，增强核心竞争力和持续健康发展的能力，适应武器装备发展和国民经济建设的需要，适应新军事变革对军工制造业的要求，实现军工制造业的跨越式发展。